Hinweise für den Benutzer

Das Lernpaket „Berufsfeld Bautechnik Maurer" besteht aus drei Büchern:

- **Lehrbuch**
  mit den Lernfeldern 1–17

- **Aufgabenband – Grundstufe**
  Lernfelder 1–6 mit Aufgaben, Versuchen, Tests und Projekten

- **Aufgabenband – Fachstufen**
  Lernfelder 7–17 mit Aufgaben, Versuchen, Tests und Projekten

Das vorliegende Lehrbuch **„Berufsfeld Bautechnik Maurer"** wurde unter Berücksichtigung des Rahmenlehrplans und der entsprechenden Ausbildungsverordnung nach Lernfeldern und Lernabschnitten unterteilt, um kleinere – in sich abgeschlossene Einheiten – zu bilden.

Dies ist gerade unter dem Aspekt der „Zeitknappheit" sinnvoll und ermöglicht gleichzeitig schwächeren Schülerinnen/Schülern ein leichteres Lernen.

Erworbenes Fachwissen wird in Handlungssituationen bzw. Lernsituationen an den beiden Projekten (Grundstufe: Ferienhaus; Fachstufen: 6-Familien-Haus mit Tiefgarage) immer wieder überprüft, ohne jedoch die pädagogische Freiheit des Lehrers für eigene Projekte einzuschränken.

Fragen zu den Kapiteln der Lernfelder, Aufgaben, Versuche und Tests – wobei nach dem ganzheitlichen Ansatz auch die Technische Mathematik und die Technische Kommunikation einbezogen werden – vertiefen in den beiden gesonderten Arbeitsheften je nach Jahrgangsstufe das Gelernte und machen die einzelnen Lernabschnitte für Schüler und Lehrer überprüfbar.

Hinweis für den Lehrer: Die Lehrerhandbücher zu den Arbeitsheften enthalten neben den Lösungen der Arbeitsblätter zusätzlich Vorschläge zu Klassenarbeiten, die vom Lehrer für Unterrichtszwecke kopiert werden dürfen. Die Lösungen der Klassenarbeiten finden Sie im Anhang der Lehrerhandbücher.

BiBox westermann
inkl. E-Book

Dieses Lehrwerk ist auch als BiBox erhältlich. In unserem Webshop unter www.westermann.de finden Sie hierzu unter der Bestellnummer des Ihnen vorliegenden Bandes weiterführende Informationen zum passenden digitalen Schulbuch.

Für Anregungen und Kritik sind wir dankbar.

Dieser Fachbuchteil zum Ausbildungsberuf Maurer umfasst die

Lernfelder Bautechnik – Grundstufe

mit den

Lernfeldern 1–6

und den dazugehörigen Lernabschnitten:

Lernfeld 1
Einrichten einer Baustelle

- Arbeitssicherheit/Unfallverhütung
- Umweltgerechtes Bauen
- Übersicht zum Bauablauf
- Baustelleneinrichtung
- Einmessen von Bauobjekten

Lernfeld 2
Erschließen und Gründen eines Bauwerks

- Baugrund, Baugruben und Gräben
- Gründungen
- Entwässerung
- Einfassungen und Beläge

Lernfeld 3
Mauern eines einschaligen Baukörpers

- Mauersteine
- Mauermörtel
- Mauerwerk
- Mauerverbände
- Abdichten von Mauerwerk

Lernfeld 4
Herstellen eines Stahlbetonbauteils

- Betonschalungen
- Betonbewehrungen
- Beton

Lernfeld 5
Herstellen einer Holzkonstruktion

- Holz- und Holzwerkstoffe
- Holzschutz
- Holzbearbeitung
- Verbindungsmittel
- Holzverbindungen

Lernfeld 6
Bekleiden und Beschichten eines Bauteils

- Putzmörtel
- Estrich
- Fliesen und Platten

Dieses Fachbuch zum Ausbildungsberuf Maurer umfasst die

Lernfelder Bautechnik – Fachstufe 1

mit den

Lernfeldern 7–12

und den dazugehörigen Lernabschnitten:

Lernfeld 7 **Mauern einer einschaligen Wand**
– Wandarten
– Mauersteine
– Mauermörtel
– Einschaliges Mauerwerk
– Mauerverbände für Großformate
– Bauweisen mit Bauplatten – Gerüste

Lernfeld 8 **Mauern einer zweischaligen Wand**
– Zweischalige Außenwände
– Herstellen der Außenschale
– Detailvergleich: ein-/zweischalig
– Zierverbände

Lernfeld 9 **Herstellen einer Massivdecke**
– Betonschalungen
– Betonbewehrungen
– Betontechnologie
– Deckenausführungen

Lernfeld 10 **Putzen einer Wand**
– Putze, Putzmörtel
– Wand- und Deckenputze
– Putztechniken

Lernfeld 11 **Herstellen einer Wand in Trockenbauweise**
– Trockenbau
– Trockenbauanwendungen

Lernfeld 12 **Herstellen von Estrich**
– Estriche
– Estricheinbringung
– Estrichausführungen

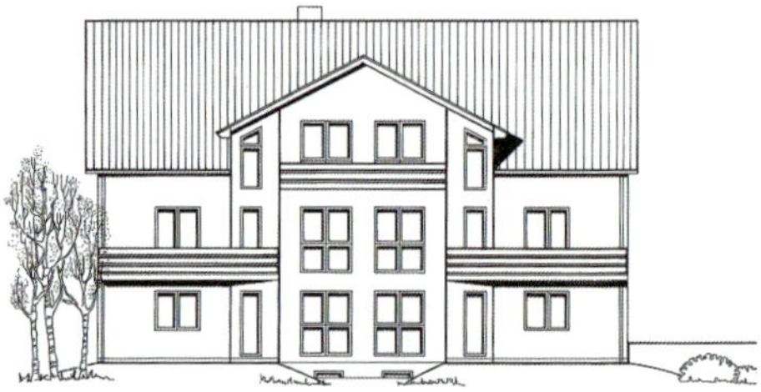

SÜDANSICHT

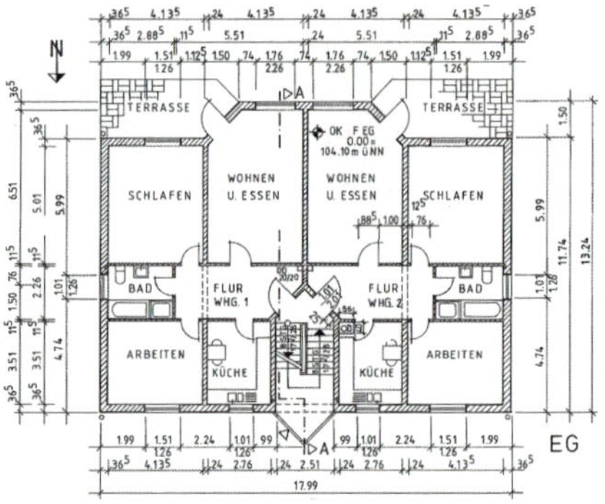

An diesem geplanten „6-Familien-Haus mit Tiefgarage" sollen möglichst viele Probleme bearbeitet und Lösungen aufgezeigt werden.

Dieser Fachbuch zum Ausbildungsberuf Maurer umfasst die

Lernfelder Bautechnik – Fachstufe 2

mit den

Lernfeldern 13–17

und den dazugehörigen Lernabschnitten:

Lernfeld 13
Herstellen einer geraden Treppe

- Treppen
- Treppenberechnungen
- Treppenausführungen

Lernfeld 14
Überdecken einer Öffnung mit einem Bogen

- Rundungen
- Bögen

Lernfeld 15
Herstellen einer Natursteinmauer

- Naturgesteine
- Natursteinmauerwerk
- Mauerwerk aus Natursteinen

Lernfeld 16
Mauern besonderer Bauteile

- Schiefwinklige Mauern
- Frei stehende Mauern und Fachwerke
- Form- und Fertigteile
- Hausschornsteine
- Feuchtigkeitsschutz von außen

Lernfeld 17
Instandsetzen und Sanieren eines Bauteils

- Bauerhaltung und Bausanierung
- Mauerwerksschäden
- Betonschäden
- Putzschäden

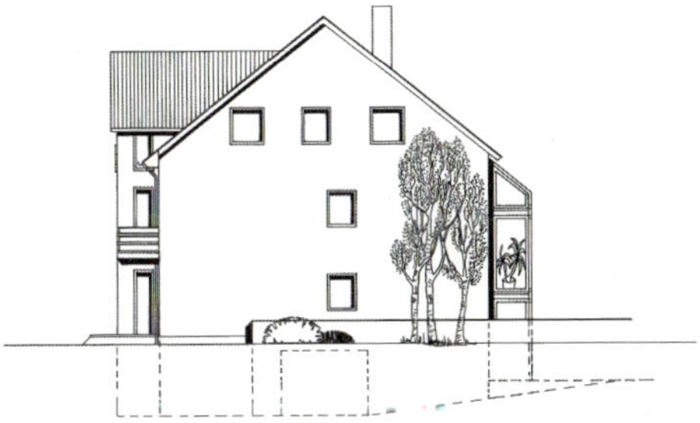

OSTANSICHT

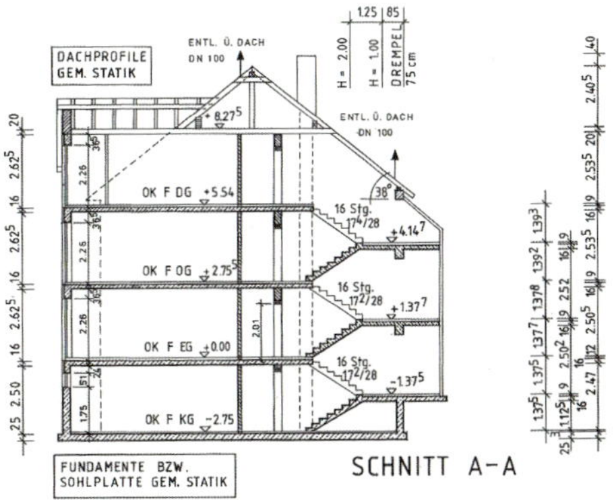

SCHNITT A–A

Auch weiterhin sollen an dem geplanten „6-Familien-Haus mit Tiefgarage" möglichst viele Probleme bearbeitet und Lösungen aufgezeigt werden.

Bevor Sie anfangen, mit diesem Buch zu arbeiten, sollten Sie diese Seite lesen. Was hier steht, werden Sie im Buch immer wieder finden.

1. Zeichen und Symbole:

Farbig unterlegt	= Das müssen Sie wissen.
Grau unterlegt	= Das sollten Sie wissen.
unterstrichen	= Das sollten Sie kennen und erklären können.
xxxxxxx	= Jede weitere kleinere *schräge* Schrift sind Anmerkungen oder Tipps.

A – Te = *Hinweis auf Aufgaben aus dem Bereich der Technologie*
A – Ma = *Hinweis auf Aufgaben aus dem Bereich der Technischen Mathematik*
A – TK = *Hinweis auf Aufgaben aus dem Bereich der Technischen Kommunikation*
V = *Hinweis auf Versuche und „Demos“*
T = *Hinweis auf Tests → als Vorbereitung auf mögliche schriftliche Arbeiten*

2. Abkürzungen

ca.	= circa, etwa, ungefähr
d. h.	= das heißt
evtl.	= eventuell
mind.	= mindestens
i. d. R.	= in der Regel
u. a.	= und andere(s)
usw.	= und so weiter
vgl.	= vergleiche
bzw.	= beziehungsweise
z. B.	= zum Beispiel
Abb.	= Abbildung
Anm.	= Anmerkung
DIN	= Deutsches Institut für Normung
EN	= Europäische Normung
Kap.	= Kapitel
Nr.	= Nummer
Pos.	= Position
Tab.	= Tabelle
z. Zt.	= zurzeit
⇒	= Folge, Auswirkungen
→	= das könnte geschehen

3. Mathematische Zeichen:

2.	= zweitens
...	= und so weiter bis
+	= plus, mehr
–	= minus, weniger
× ·	= multipliziert, mal
: —	= dividiert, geteilt
=	= gleich
~	= etwa, proportional
<	= kleiner als
≤	= kleiner oder gleich
>	= größer als
≥	= größer oder gleich
Σ	= Summe
A, B, C	= Punkte
$\overline{AB}$	= Strecke von A bis B
$\overline{AB}$,a	= Länge der Strecke
∢	= Winkel
^{2}, ^{3}	= Hochzahlen
%	= Prozent
α, β	= griechische Buchstaben

4. Vielfache und Teile von Einheiten

	Hochzahl	Name	Kurzzeichen		Hochzahl	Name	Kurzzeichen
das Zehnfache	10^1	Deka	da	das Zehntel	10^{-1}	Dezi	d
das Hundertfache	10^2	Hekto	h	das Hundertstel	10^{-2}	Zenti	c
das Tausendfache	10^3	Kilo	k	das Tausendstel	10^{-3}	Milli	m
das Millionenfache	10^6	Mega	M	das Millionstel	10^{-6}	Mikro	μ

5. Kennzeichnung von Maßen in Bauzeichnungen

In Bauzeichnungen werden die Maße wie folgt angegeben:

- Meter (z. B. 3 m) .... = 3,00
- Zentimeter (z. B. 25 cm) .... = 25
- Millimeter (z. B. 5 mm) .... = ...^{5}
- Eine Länge unter 1 Meter wird immer in Zentimeter **ohne** Komma angegeben! Beispiel: 87 cm 5 mm .... = 87^5
- Eine Länge über 1 Meter wird immer **mit** Komma angegeben! Beispiel: 3 m 87 cm 5 mm .... = $3{,}87^5$

Familie Maier will sich ein Ferienhaus bauen lassen.
Dieses Bauvorhaben wollen wir in diesem Buch in den Lernfeldern 1–6 begleiten und einzelne Probleme – wenn möglich – an diesem geplanten „Bau“ bearbeiten.
Die Zeichnungen dazu liegen schon vor. Damit alles schön deutlich wird, wurde nach den Zeichnungen ein **Modell** gefertigt.
Immer, wenn Sie auf den Seiten der Lernfelder 1–6 das folgende Zeichen sehen, wird an „unserem“ Ferienhaus gearbeitet: 

(= alle Pläne im Maßstab 1:100;
→ *sind im Druck verkleinert worden*)

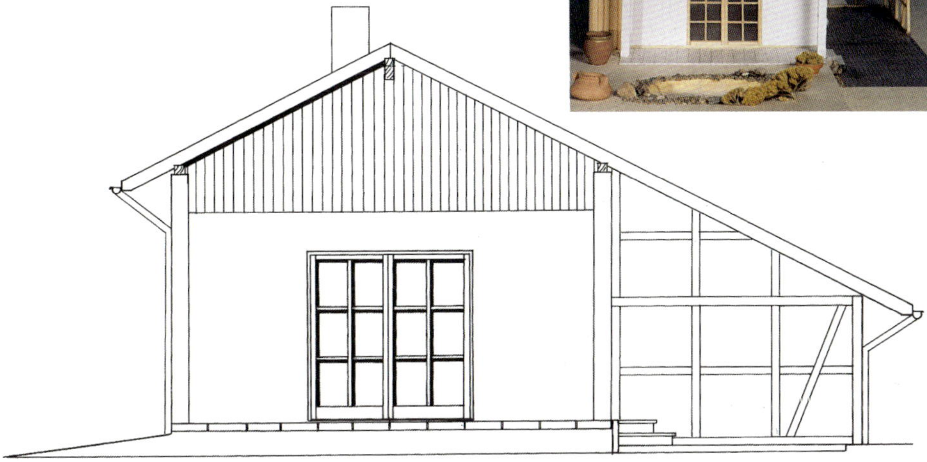

So sieht das Ferienhaus und die gezeichnete Ansicht von **Süden** aus (Südansicht).

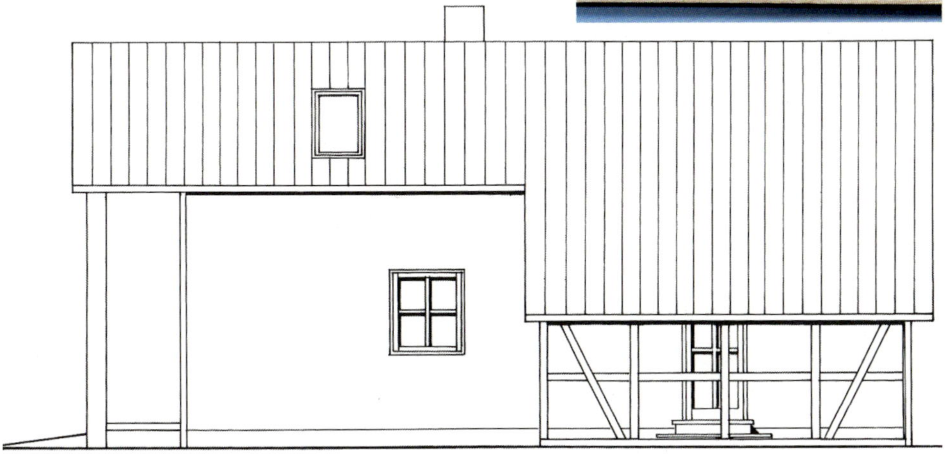

So sieht man das Ferienhaus von **Osten** (Ostansicht).

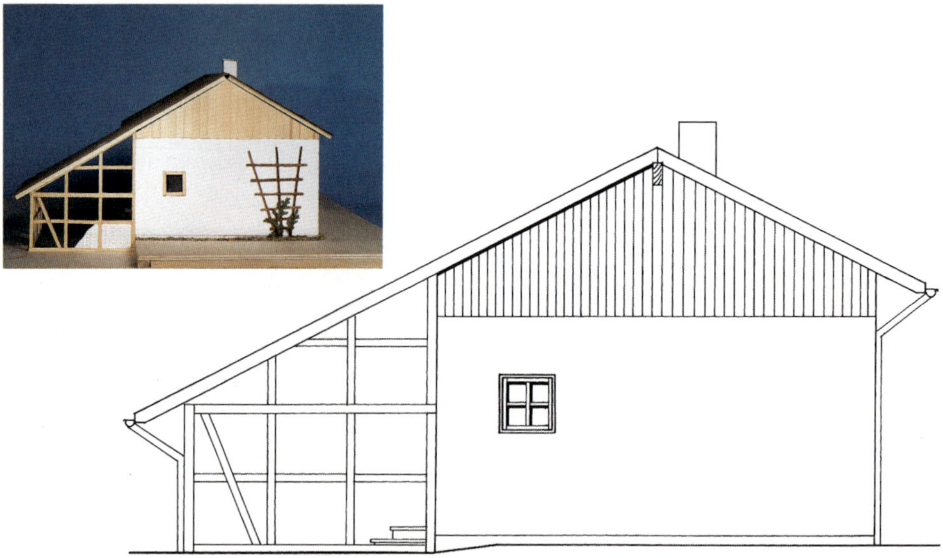

So soll das Ferienhaus später von **Norden** betrachtet aussehen (Nordansicht).

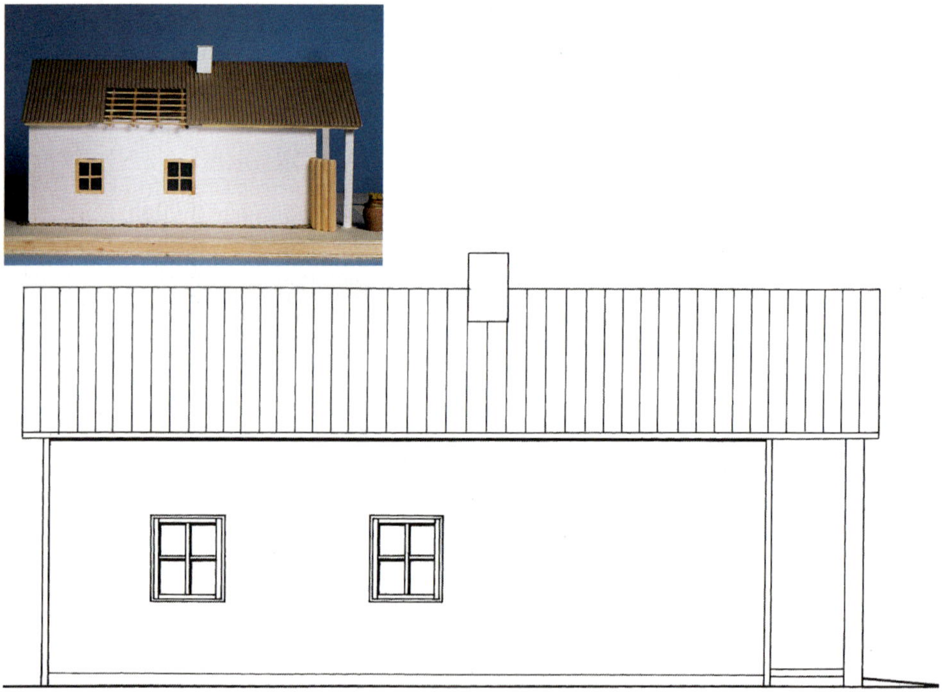

Und das ist die Ansicht von **Westen** auf das Ferienhaus (Westansicht).

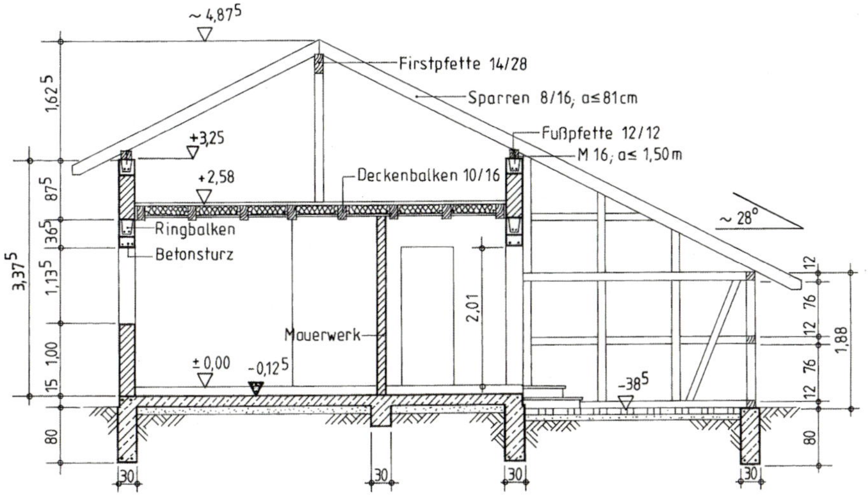

Würde man das Haus „durchschneiden", so wäre dies die **Schnittdarstellung**.
→ *Hier sind nun schon Maße über die Höhe des Ferienhauses angegeben.*

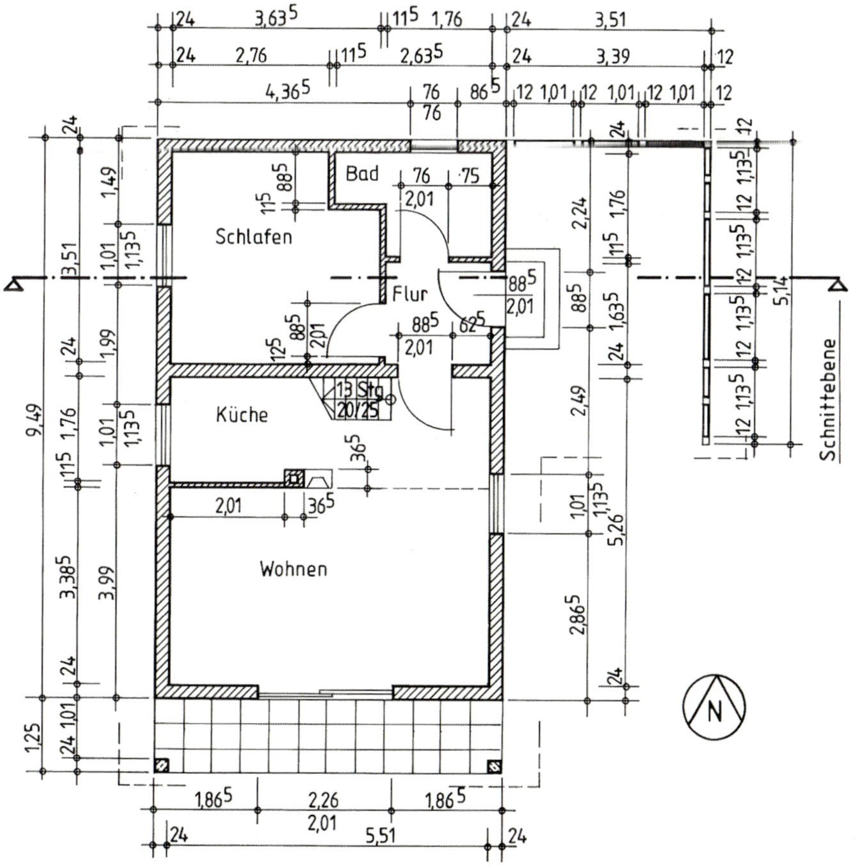

Der **Grundriss** ist der waagerechte Schnitt (in etwa 1,00 m Höhe) durch das Gebäude. Entsprechend den Brüstungshöhen kann der waagerechte Schnitt auch höher liegen, um alle Fensteröffnungen zu erfassen.
→ *Hier sind dann schon sehr viele Abmessungen zu entnehmen.*

So würde der Grundriss des Ferienhauses im Modell aussehen, wenn man das Dach und die obere Decke abnähme.

Überlegen Sie:
Welche Teile aus dem Ferienhaus sind auf den zwei Fotos zu sehen?

Am Ende des Schuljahres sollten Sie in der Lage sein,
- ⇒ Zeichnungspläne von solch einem Haus „lesen“ zu können und
- ⇒ teilweise auch selbst zu zeichnen.

Trauen Sie sich das „Lesen“ dieser Zeichnungen schon zu?
Versuchen Sie es einmal!

1. Wie viele Räume hat die Familie Maier in ihrem Ferienhaus geplant?
2. Wie hoch wird das Ferienhaus bis zur Dachspitze?
3. Wie lang ist das Ferienhaus?
4. Wie breit wird das Ferienhaus?
5. Wie bezeichnet man den Anbau mit der Holzkonstruktion normalerweise?
6. Wie viele Fenster sind in dem Ferienhaus vorgesehen?
7. Wie dick sind die Außenwände des Ferienhauses?

Lernfeld 1: Einrichten einer Baustelle

In diesem Lernfeld erhalten Sie Informationen zu den Themen:

Arbeitssicherheit/Unfallverhütung
Seiten 28–35

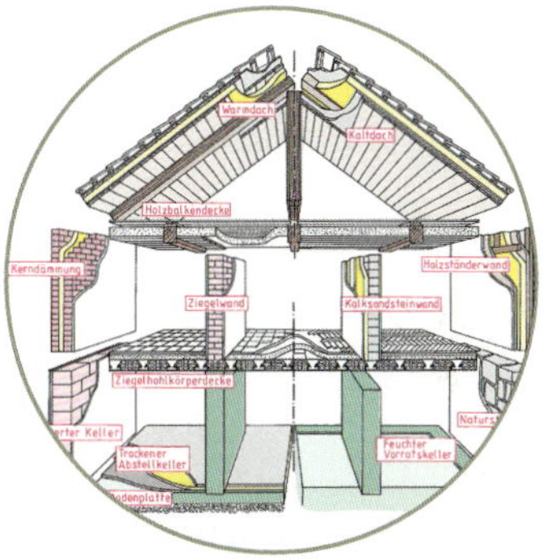

Umweltgerechtes Bauen
Seiten 36–38

Übersicht zum Bauablauf
Seiten 39–40

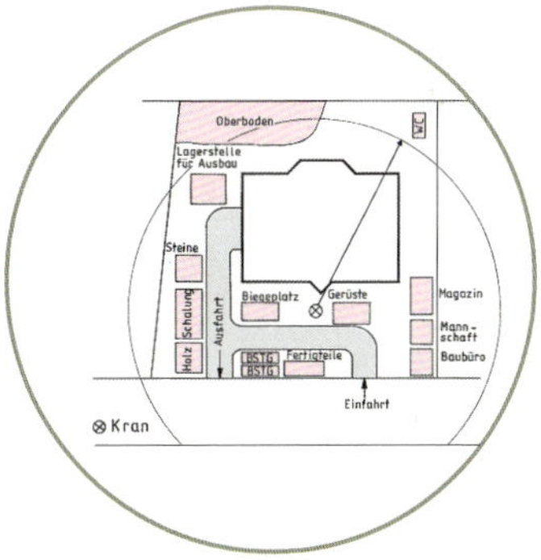

Einrichten der Baustelle
Seite 41

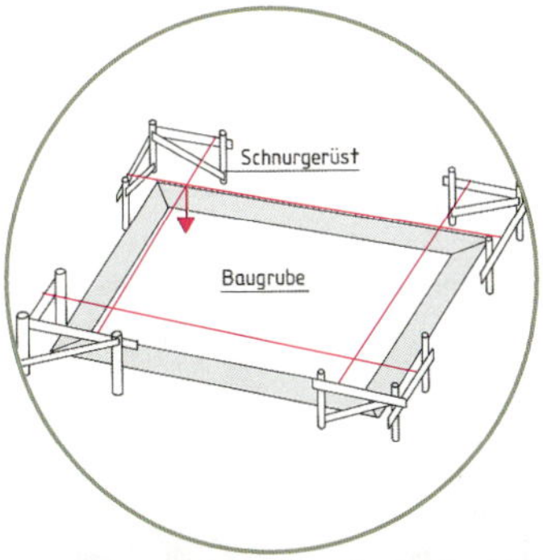

Einmessen von Bauobjekten
Seiten 42–55

1 Sicherheit am Bau

Über einen Witz kann man lachen ...
... wenn man im Krankenhaus liegt, lacht man nicht mehr!

Arbeitssicherheit und Unfallverhütung haben auf der Baustelle **absoluten Vorrang** bei allen Arbeitsschritten.

Ein Arbeitsunfall bedeutet für den Betroffenen immer Schmerzen. Je nach Schwere des Unfalls können dauerhafte gesundheitliche Beeinträchtigungen oder schlimmstenfalls der Tod die Folge sein.

Deshalb gehört zu jeder Arbeitsplanung auch die Planung der Arbeitssicherheit.

Die Bau-Berufsgenossenschaft ist Trägerin der Unfallversicherung. Sie erlässt Unfallverhütungsvorschriften, die einzuhalten sind.

Aus den zahlreichen Sicherheitsvorschriften haben wir im Folgenden wichtige Punkte zusammengetragen, die Sie berücksichtigen müssen.

„Unsere“ Sicherheitsvorschriften umfassen die Bereiche:
- persönliche Schutzausrüstung,
- Sicherheitskennzeichen und ihre Bedeutung,
- allgemeines Verhalten am Arbeitsplatz,
- Umgang mit Werkzeugen und Maschinen,
- Umgang mit gefährlichen Arbeitsstoffen,
- Umgang mit elektrischem Strom und
- Verhalten bei Unfällen.

Merke:

Die Grundregeln am Arbeitsplatz lauten immer:
S = **Sicherheit** (und)
O = **Ordnung** (und)
S = **Sauberkeit**

1.1 Die persönliche Schutzausrüstung

Zur persönlichen Schutzausrüstung gehören:

Bausicherheitsschuhe

Stahlkappe

durchtrittsichere Sohle

Arbeitskleidung

Schutzhelm

Bausicherheitsschuhe, Schutzhelm und Arbeitskleidung auf der Baustelle immer tragen!

Schutzbrille

Schutzhandschuhe

Gehörschutz

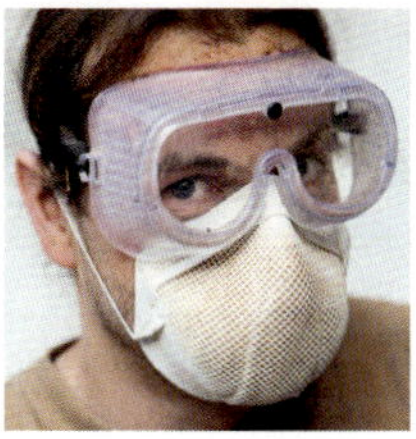

Atemschutz

Schutzbrille, Schutzhandschuhe, Gehörschutz und Atemschutz bei entsprechend gefährlichen Arbeiten tragen!
Zum Beispiel bei Bauarbeiten:

1.2 Sicherheitszeichen und ihre Bedeutung

Durch Kenntnis und Einhaltung von Zeichen – z. B. durch Schilder – helfen und schützen Sie sich und andere.
Man unterscheidet: Verbots-, Warn-, Hinweis- und Gebotszeichen.

Verbotszeichen (rot/weiß) sind z. B.:

Rauchen verboten

Feuer, offenes Licht und Rauchen verboten

Für Fußgänger verboten

Verbot, mit Wasser zu löschen

Kein Trinkwasser

Warnzeichen (gelb/schwarz) sind z. B.:

Warnung vor radioaktiven Stoffen oder ionisierenden Strahlen

Warnung vor schwebender Last

Warnung vor Flurförderzeugen

Warnung vor gefährlicher elektr. Spannung

Warnung vor einer Gefahrenstelle

Hinweiszeichen (grün/weiß) sind z. B.:

Erste Hilfe

Arzt

Notruftelefon

Sammelplatz

Augenspülvorrichtung

Gebotszeichen (blau/weiß) sind z. B.:

Augenschutz tragen

Kopfschutz tragen

Gehörschutz tragen

Atemschutz tragen

Schutzschuhe tragen

und ganz wichtig:

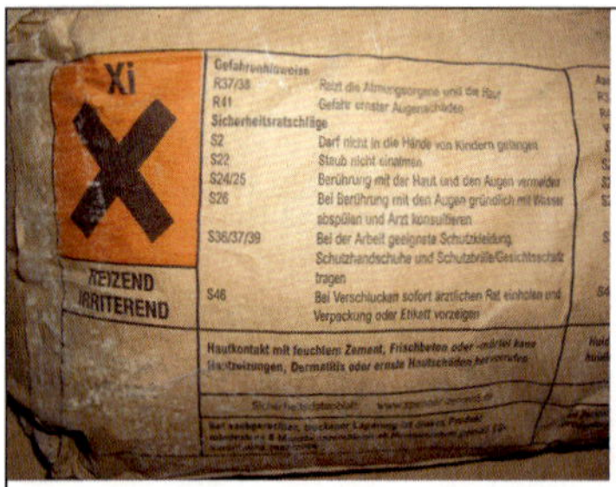

Lesen der Gefahrstoffhinweise

ohne Kommentar

1.3 Allgemeines Verhalten am Arbeitsplatz

Merke:

- **Arbeitsplatz** stets so einrichten, dass keine Gefährdung durch herumliegendes Material und Werkzeug eintritt.
- **Scharfe Werkzeuge** nie ungeschützt tragen und weglegen!
- **Verkehrswege** unbedingt freihalten!

1.3.1 Umgang mit Werkzeugen und Maschinen

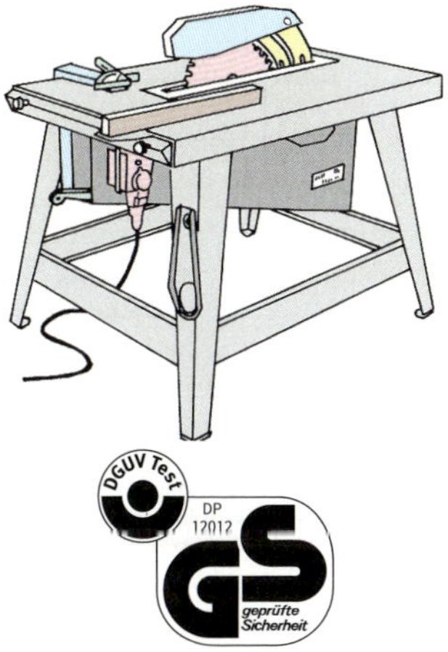

Maschinen sollten ein Prüfzeichen besitzen!

Grundsätzlich gilt:

Arbeiten Sie nur mit einwandfreiem Werkzeug und Maschinen ⇒ Defektes aussortieren!

- Prüfen Sie vor Arbeitsbeginn den Zustand von Maschine und elektrischem Anschluss!
- Anschlussleitung darf nicht geknickt werden!
- Entfernen Sie nie die Schutzvorrichtung!
- Greifen Sie nie in eine laufende Maschine!
- Schalten Sie eine Handmaschine vor dem Ablegen ab!
- Befestigen Sie das Werkstück gut, an dem Sie arbeiten!
- Maschinen darf nur der benutzen, der dazu befugt und mit dem Gerät vertraut ist! → *Das gilt besonders für eine Maschine wie die dargestellte Baukreissäge.*

1.3.2 Umgang mit elektrischem Strom

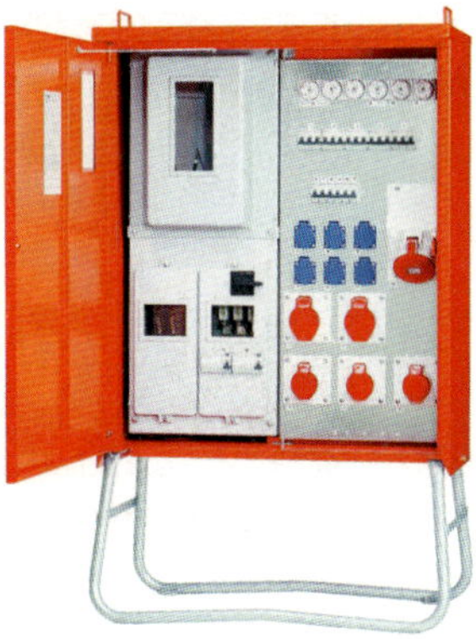

Baustrom nur vom Baustromverteiler

Grundsätzlich gilt:

Stromkontakt bedeutet immer Lebensgefahr.

- Prüfen Sie vor Beginn der Arbeit, ob das Gerät und die Zuleitungen in Ordnung sind!
- Berühren Sie nie eine Freileitung! → Abstand halten.
- Benutzen Sie auf Baustellen immer einen Baustromverteilerkasten *(siehe Bild)*.
- Benutzen Sie nur strahlwassergeschützte und isolierte Boden- und Wandleuchten.
- Keine schadhaften oder geflickten Mehrfachstecker, Leitungen und Geräte verwenden!
- Elektrische Anlagen sind nur von Elektrofachleuten zu reparieren und zu installieren.
- Fehlerstrom-Schutzeinrichtung (PRCD)

Kommt es trotzdem zu einem Stromunfall, dann:

1. Strom unterbrechen ⇒ Stecker herausziehen oder Hauptschalter ausschalten.
2. Den Verunglückten vor Abschalten des Stroms nicht anfassen.
3. Bei Bewusstlosen sofort mit Wiederbelebungsversuchen beginnen und nicht Eintreffen des Arztes abwarten.

1.3.3 Umgang mit gefährlichen Arbeitsstoffen

Vor Beginn der Arbeit mit gefährlichen Stoffen (gesundheitsschädliche Stoffe ⇒ z. B. Salzsäure, feuergefährliche Stoffe ⇒ z. B. Bitumenlösung oder auch Holzschutzmittel) muss man sich über die möglichen Gefahren informieren.

Grundsätzlich gilt:

- **Sicherheitsbestimmungen** unbedingt beachten!
- **Gebrauchsanweisung** der Hersteller lesen!

1.3.4 Verhalten bei Unfällen

Euronummer 112

Ist es trotz aller Vorsichtsmaßnahmen zu einem Unfall gekommen, muss man wissen, dass richtige Erste Hilfe oft lebensrettend sein kann.

Bei Unfällen beachten:

- Ruhe bewahren,
- eigenen Schreck überwinden,
- erst denken, dann handeln,
- zusätzliche Schäden verhindern,
- Unfallstelle absichern,
- Hilfe herbeiholen (z. B. Notruf 112),
- Verletzten möglichst nicht allein lassen.

2 Baugerüste und Leitern

Merke:

Gerüste sind Hilfskonstruktionen, die nur während der Bauphase genutzt werden. Mit Leitern sollen Gerüste bestiegen werden. Als Dauerarbeitsplatz sind sie nicht zu verwenden!

Gerüste

werden verwendet als:

Schutzgerüste

Aufgaben:
- Gegen Herabstürzen (ab)sichern
- Schutz vor herabfallenden Gegenständen

Arbeitsgerüste

Aufgaben:
- Arbeitsplatz erreichen
- Arbeiten ermöglichen
- Lasten tragen

Beispiel eines Schutzgerüstes

Beispiel eines Arbeitsgerüstes

2.1 Schutzgerüste

Der beste Schutz gegen einen Absturz von Arbeitsgerüsten sind

a) die eigene Vorsicht und

b) alle Einrichtungen, die zunächst einmal helfen, Abstürze zu verhindern.

Das können u. a. sein:

Seitenschutz

Haltenetze

Begrenzungen

Abdeckungen

Sollte es dennoch zum Absturz von Menschen und auch Material kommen, sollen Schutzgerüste das Schlimmste verhindern.

Schutzgerüste werden baulich wie die Arbeitsgerüste ausgeführt.

Um ihre Schutzaufgabe erfüllen zu können, werden bestimmte Anforderungen an sie gestellt.
Dabei unterscheiden wir:

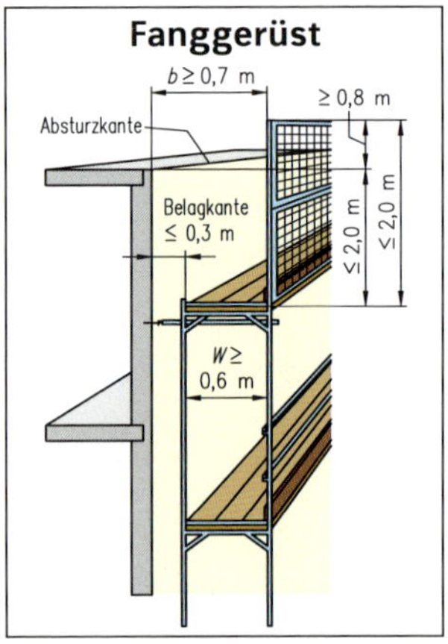

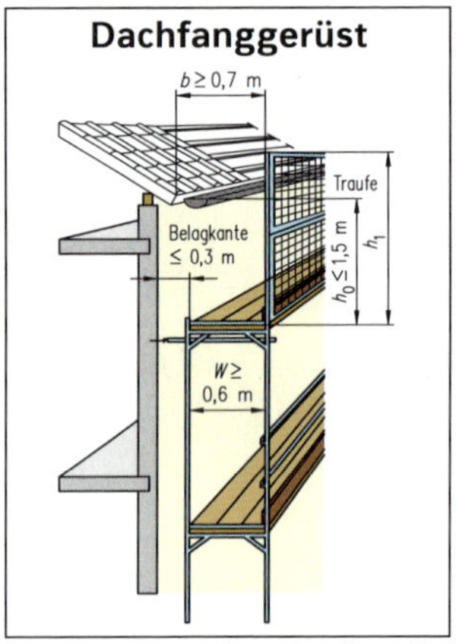

$h_1 - h_0 \geq 1{,}5$ m – b; außerdem gilt $h_1 \geq 1$ m

Weitere Möglichkeiten sind:

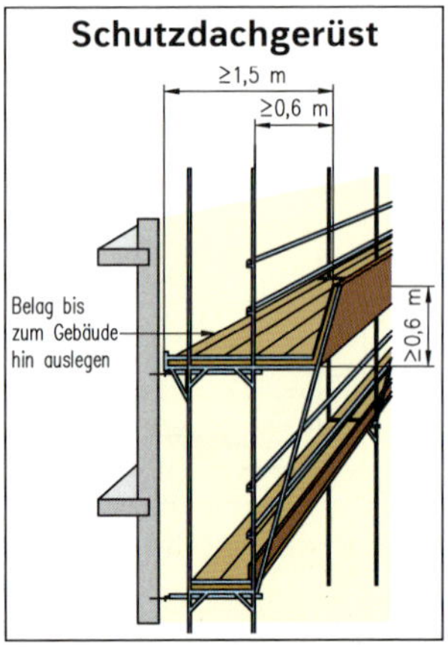

Schutznetze

und natürlich **Anseilschutz**

Als Arbeitsgerüst wird in der Grundstufenausbildung am häufigsten das **Bockgerüst** verwendet → *hiermit können unsere Bauhöhen (max. 3,00 m) sicher erreicht werden.*

Das müssen Sie bei Bockgerüsten beachten!

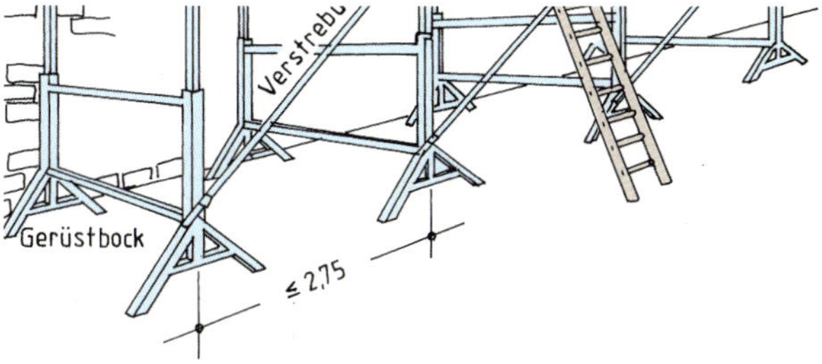

- Möglichst nur stählerne Gerüstböcke verwenden!
- Gerüstböcke nur auf sicherer Unterlage aufstellen!
- Seitenschutz ab 2,00 m Gerüstbockhöhe erforderlich!
- Gerüstbohlen und Seitenschutzbretter auf Risse prüfen. Nur einwandfreie Bohlen mit der richtigen Dicke verwenden!
- Belag darf nicht wippen. (→ höchstens 30 cm über den letzten Bock hinausragen lassen)
- Gerüstbohlen müssen sich überlappen.
- Zum „Besteigen" des Gerüstes nur Leitern verwenden, die gegen Abrutschen und Umstürzen gesichert sind! **Anstellwinkel überprüfen!!!**

Und so müssen sich die Gerüstbohlen überlappen:

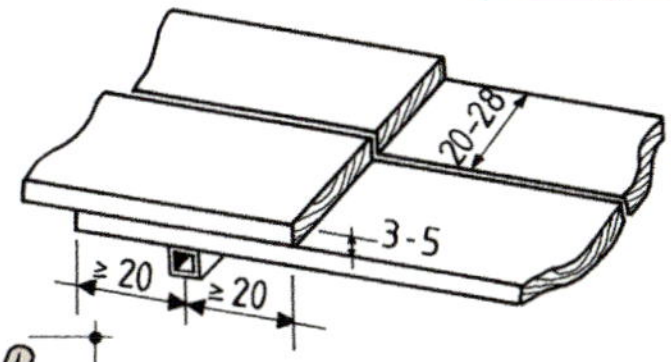

Bei Leitern beachten:

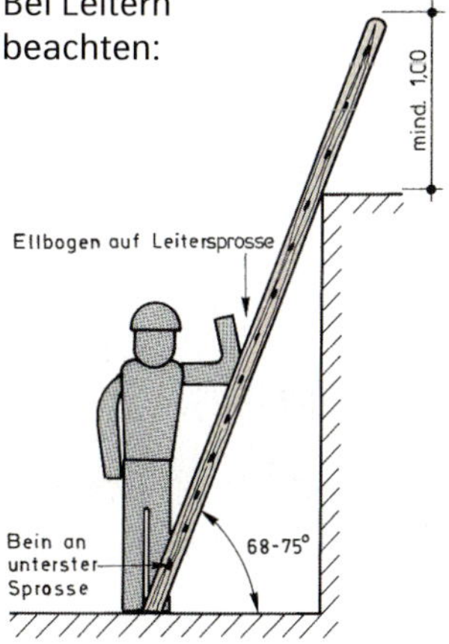

← So prüfen Sie den richtigen Anstellwinkel!

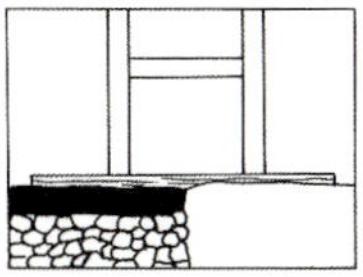

Am unteren Ende sind Leitern abzusichern gegen Einsinken

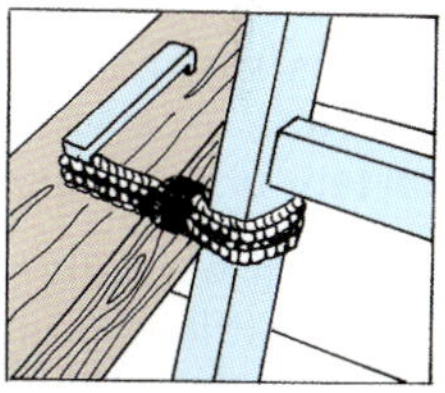

Am oberen Ende sind Leitern abzusichern gegen seitl. Abrutschen

Zusammenfassung von Kapitel 1 und 2:

Arbeitssicherheit/Unfallverhütung

- Die **Unfallverhütungsvorschriften** (UVV) der Bauberufsgenossenschaften sind einzuhalten!
- **S-O-S**: Sicherheit – Ordnung – Sauberkeit sind Grundregeln für sicheres Arbeiten. Hinzu kommen Verbots-, Hinweis-, Warn- und Gebotszeichen.
- Beim Gerüstbau unterscheidet man **Arbeits- und Schutzgerüste**.
- Das **Bockgerüst** darf nur mit einwandfreien, standsicheren Leitern bestiegen werden.

3 Umweltfreundliches Bauen

Möchte man wirklich umweltfreundlich bauen, dann hat man vieles zu beachten.

Umweltfreundliches Bauen

zu bedenken sind z. B. beim

Planen	Bauen	Nutzen	(Wieder-)Verwerten
– Konstruktion des Gebäudes, – Grünflächen.	– Baustoffauswahl, – Schadstoffe, – Dämmung.	– Energietechnik, – Wassernutzung, – Gesundheit.	– Abfallbeseitigung, – Verwertung benutzter Baumaterialien.

→ *Damit Sie einen Eindruck bekommen, an was man alles denken muss, greifen wir hier einmal zwei Bereiche aus dem „Planen“ heraus, mit denen Sie im Rahmen der Grundstufenausbildung zu tun haben werden:* Die (Gebäude-)Planung und der Baustellenbetrieb.

3.1 Gebäudeplanung

Baugrundstück/Standort

→ Bodenaushub? Ziel: so wenig wie möglich, so viel wie nötig
→ Wo und wie die Muttererde lagern? Wohin mit dem Restboden?
→ Verschattung durch Nebengebäude vermeiden

Gebäudeplanung

→ Lage der Zimmer im Gebäude: Wohnzimmer nach Süden (Sonne), Schlafzimmer nach Norden (kühl)
→ Wärmedämmende Maßnahmen besonders beachten, auch bezüglich Größe und Gestaltung der Fenster

Garten- und Terrassenbereich (schon vor Baubeginn berücksichtigen)

→ Möglichst naturnah gestalten; kein Zierrasen, sondern viele unterschiedliche heimische Pflanzen ansiedeln
→ Geländestrukturen (Hügel, Senken) belassen. Durch geeigneten Bewuchs kann so ein Biotop entstehen.
→ Wie können vorhandene Bäume und Hecken erhalten bleiben?

Wie das in der Praxis aussehen könnte, sehen Sie auf der nächsten Seite:

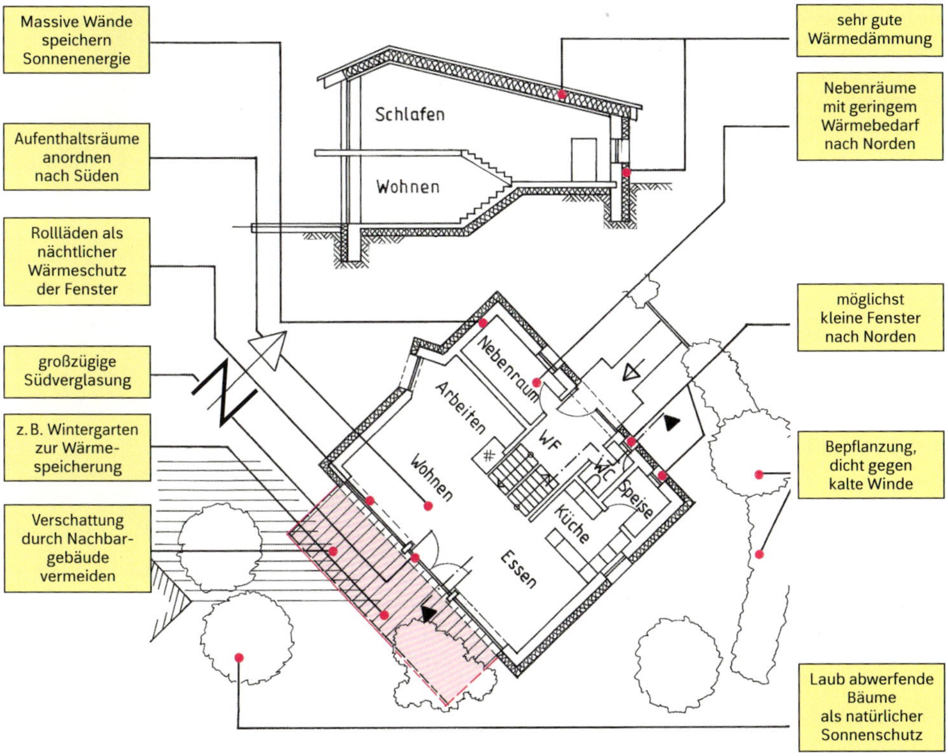

3.2 Baustellenbetrieb

Wie kann eine Baustelle umweltfreundlicher betrieben werden?

Durch Maßnahmen, die kaum Mehrkosten verursachen, kann eine Baustelle umweltfreundlicher arbeiten. Maßnahmen können u. a. sein:

Bodenschutzmaßnahmen und Baulärm-Minderung

- Bodenverdichtungen möglichst vermeiden
- Humusboden lagern
  ⇒ wird zur späteren Garten- und Terrassengestaltung benötigt
- Erdreich (Bodenaushub) abfahren
  ⇒ kann z. B. für „Renaturalisierungsprojekte" verwendet werden
- Nur Baumaschinen verwenden, die schallgedämmt sind.

Der ausgehobene Mutterboden wird in „Mieten" zwischengelagert
(möglichst begrünen → z. B. Lupinen)

Abfalltrennung auf der Baustelle
Mindestforderung: ⇒ sortieren nach:

- mineralischem Schutt, Metall, Glas, Kunststoff und unbelasteten Restabfällen

Merke:

Auf vielen Verpackungen stehen Hinweise, wie mit Baustoffresten umzugehen ist!

Baumschutzmaßnahmen
Auf dem Baugrundstück vorhandene Bäume und Hecken müssen
a) vor evtl. erforderlichen Grundwasserabsenkungen und
b) vor Beschädigungen durch Baufahrzeuge geschützt werden.

Das bedeutet:
- evtl. während der Bauphase Bäume bewässern,
- Holzverschalung um den vorhandenen Baumbestand anbringen (frei stehend).

Holzverschalung nicht an Baum annageln

Und wenn Sie Fragen haben, wenden Sie sich an den:

„Baustellen-Umweltschutzbeauftragten"
Ein von der Bauleitung einzusetzender Kollege, der
a) Ansprechpartner für alle Belange des Umweltschutzes ist und
b) die neuerdings geforderten Verwertungs- und Entsorgungsnachweise führt.

Was geschieht mit Baumaterialresten und dem Abbruchmaterial alter Gebäude?

Sie werden **wieder verwertet**. Zum Beispiel:

- **Beton- und Ziegel** ⇒ verwerten als: Zuschlagstoffe für (Streifen-)Fundamente,
- **Hochbauschutt** ⇒ verwerten als: Frost- und Tragschichten im Straßenbau,
- **Textil- und Teppichreste** ⇒ verwerten als: Dämm- und Isoliermaterial

Merke: umweltgerechtes Bauen

Ein nach einem konsequenten umweltfreundlichen Gesamtkonzept errichtetes Gebäude
- schont unsere immer knapper werdende „offene Landschaft",
- trägt zur Energieeinsparung bei,
- verringert den Wasserverbrauch,
- vermeidet und vermindert Bau- und Hausabfälle,
- spart Rohstoffe,
- beachtet die Maßstäbe der Umwelt- und Gesundheitsverträglichkeit von Baustoffen,
- schafft ein gesundes Raumklima und
- fördert das Wohlbefinden der Bewohner.

4 Der Bauablauf

Die Herstellung eines Bauwerkes – so auch „unser“ geplantes Ferienhaus – verläuft in der Regel nach einem bestimmten Verfahren.

Der Bauablauf gliedert sich in drei Phasen:

1. Phase → Bauplanung,
2. Phase → Baugenehmigung,
3. Phase → Bauausführung

So sieht der Ablauf eines Bauvorhabens im Schema aus:

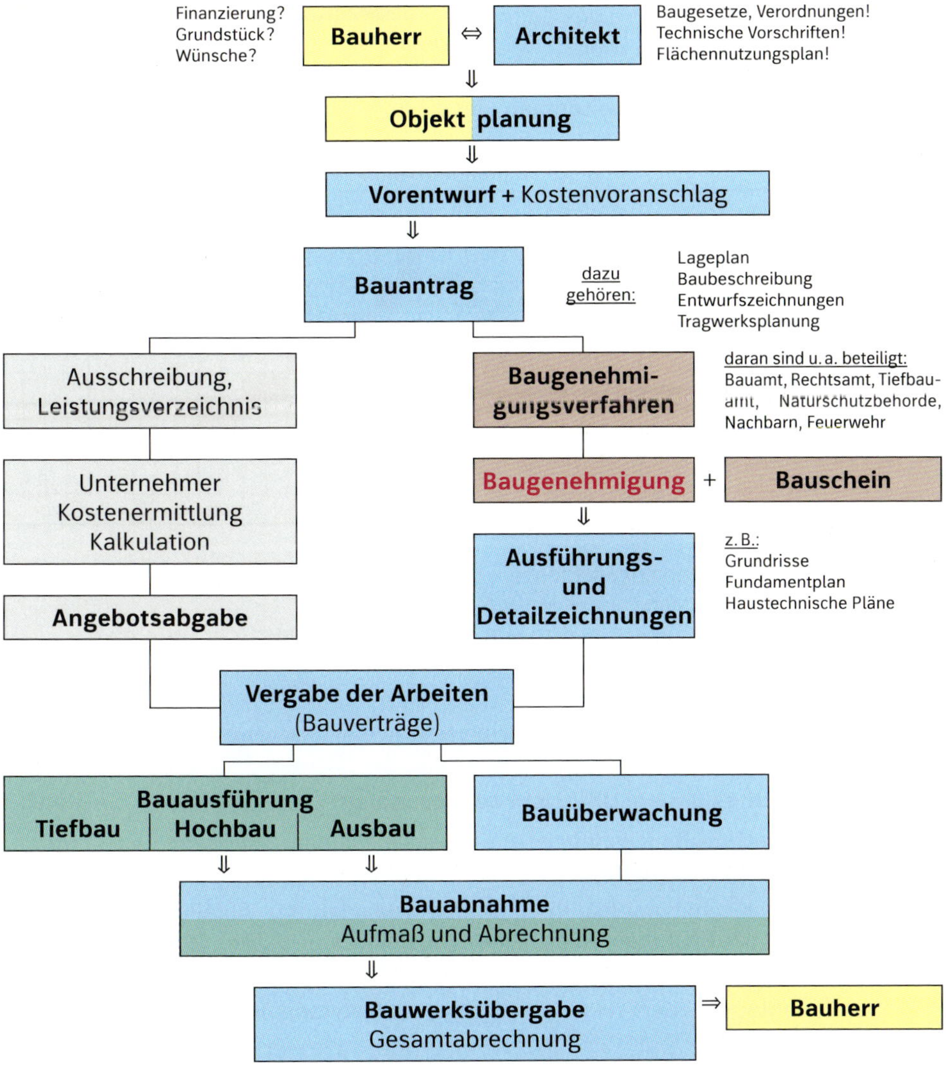

Merke:

Erst wenn
- die Baugenehmigung vorliegt und
- der Bauschein sichtbar am Bauplatz aufgestellt ist, darf mit der
- Bauausführung begonnen werden!

Bauschein

In der Zwischenzeit werden von der mit der Bauausführung beauftragten Firma für die einzelnen Bauabschnitte Pläne aufgestellt, damit der „Bau" termingerecht fertiggestellt werden kann.

Einer dieser Pläne ist der **Bauzeitenplan**, der die anfallenden Arbeiten zeitlich regelt:

So könnte ein Bauzeitenplan für „unser" Ferienhaus auszugsweise aussehen:

Arbeiten	Arbeiter	Tage	1. Woche					2. Woche					3. Woche					...			
			1	2	3	4	5	1	2	3	4	5	1	2	3	4	5	1	2	3	.
Baugrundstück räumen	2	1	■																		
Ferienhaus abstecken	2	1		■																	
Baustelle einrichten	3	2			■	■	▨														
Abtrag Oberboden	1/*	1						■													
Fundamentgraben ausheben	3/*	1 ½							■	■											
Grundleitungen verlegen	3	2									■	■									
...	...	...																			
...	...	...																			

* = siehe hierzu Maschineneinsatzplan ■ = Einsatzzeit ▨ = Pufferzeit

Sind die Planungsarbeiten abgeschlossen, beginnen die Arbeiten auf der neuen Baustelle. Das sind die ersten „sichtbaren" Maßnahmen:
- evtl. Räumen des Baufeldes (⇒ Sträucher, Bäume und hohes Gras entfernen)
- Einmessen und Abstecken des neuen Gebäudes
- Einrichten der Baustelle.

Zusammenfassung von Kapitel 3 und 4:

Umweltgerechtes Bauen; Übersicht zum Bauablauf

- Umweltgerechtes Bauen umfasst alle Bereiche: Planung, (Bau)herstellung, Nutzung und Wiederverwertung.
- Durch Bodenschutzmaßnahmen, Baulärm-Minderung, Abfalltrennung und Baumschutzmaßnahmen kann eine Baustelle umweltfreundlich betrieben werden.
- Der **Bauablauf** gliedert sich in drei Phasen: Bauplanung, Baugenehmigung und Bauausführung.
- Die Bauausführung kann erst nach Erteilung der Baugenehmigung und Zuweisung des Bauscheines begonnen werden.

5 Baustelleneinrichtung

Das Einrichten der Baustelle ist ein Teil der vorbereitenden Arbeiten, muss sorgfältig überlegt sein und kann gerade bei großen Bauvorhaben erhebliche Kosten einsparen. Für diese Arbeiten gibt es den **Baustelleneinrichtungsplan**. Ein „Patentrezept" dafür gibt es nicht. Der Baustelleneinrichtungsplan ist jeweils auf die örtlichen Gegebenheiten (z. B. Größe des Grundstückes, Lage u. a.) abzustimmen.

Welche Entscheidungen müssen vorher getroffen werden?

Aus der Vielzahl der Überlegungen greifen wir stichwortartig die wichtigsten heraus.

Einzuplanen sind:

- Aufenthaltsräume, Umkleideräume, Toiletten,
- Baubuden für Baustoffe, Geräte und Maschinen,
- Lagerplätze für Schalungsmaterial, Baustähle, Gerüste, Mauersteine, Zuschlagstoffe, Aushub, Oberboden usw.,
- Arbeitsplätze für Holz- und Stahlarbeiten,
- Transportmittel, Transportwege, technische Einrichtungen (Strom, Wasser),
- Absperrmaßnahmen.

Gerade bei kleinen Bauvorhaben mit kleiner Grundstücksgröße (Einfamilienhäuser oder Lückenbebauung) sind Lagerplätze kaum vorhanden. Hier muss in der Regel das Material „abgerufen" werden (d. h. heute anrufen – morgen liefern). Das setzt eine abgestimmte und bewegliche Bauführung voraus. Hier müssen Bauleitung, Polier und die Bauarbeiter eng zusammenarbeiten.

So könnte die Baustelleneinrichtung für „unser" Ferienhaus aussehen:

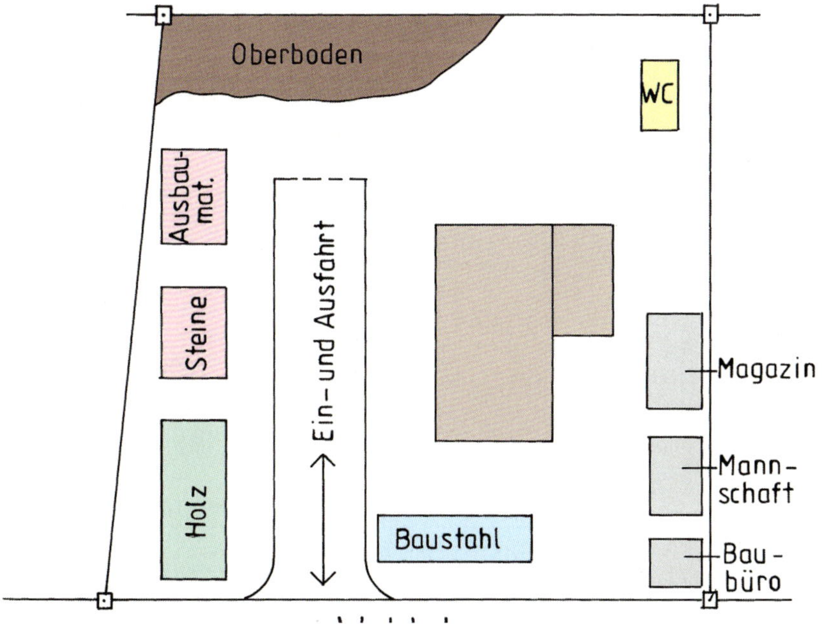

6 Das Grundwissen zur Vermessung

Das Messen ist die Grundlage allen Planens und Bauens.

⇒ *Bevor wir daher an „unserem“ Ferienhaus arbeiten können, müssen Sie die Messgeräte und die verschiedenen Messverfahren kennenlernen und beherrschen.*

Vermessungsarbeiten umfassen z. B.
- Einmessen von Fundamenten, Wänden und Stützen,
- Übertragen von Höhen (z. B. Meterrissen, Bordfluchten),
- Messen von Längen und Winkeln (z. B. beim Einmessen von Gebäuden u. a.),
- Fluchten und Einmessen von Strecken (z. B. Wegen und Rohrleitungen),
- Anlegen von Gefällen (z. B. Rohrleitungen, Straßen).

6.1 Die wichtigsten Messgeräte

Die folgende Übersicht zeigt die wichtigsten Geräte, ihre Verwendung und worauf besonders zu achten ist.

Messgeräte	Verwendung	Anmerkungen
Messbänder 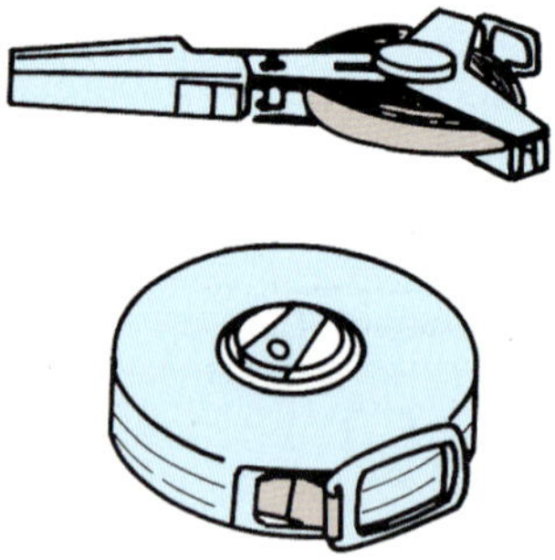	Messen von Längen 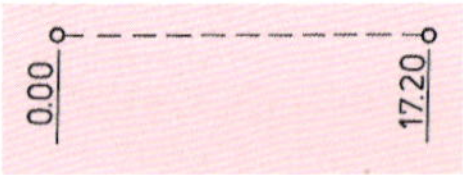 	- Vor Nässe schützen, sonst z. B. Rostbildung. - Verschmutzte Stahlbandmaße sind zu reinigen und einzufetten. - Achten Sie auf unterschiedliche 0-Marke bei Messbändern. 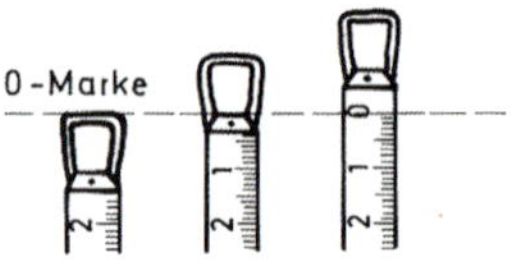
Fluchtstäbe 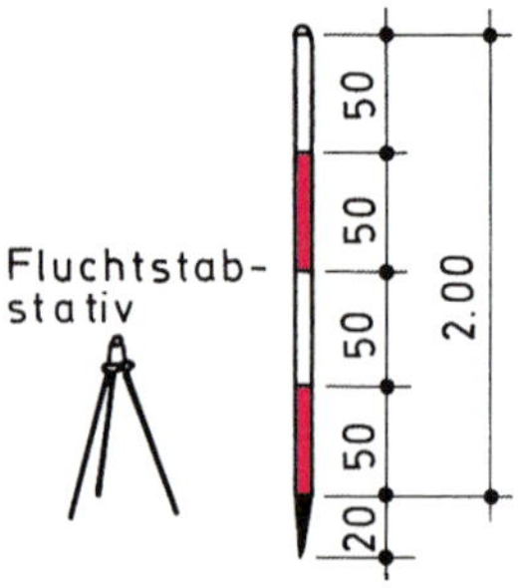 	Einfluchten, Abstecken und Markieren von Punkten im Gelände 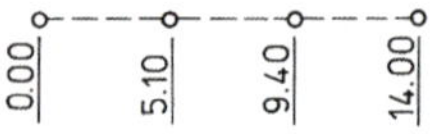 	- Abwechselnd alle 50 cm rot und weiß lackiert. - Fluchtstäbe immer lotrecht aufstellen. Dazu dient der Lattenrichter. 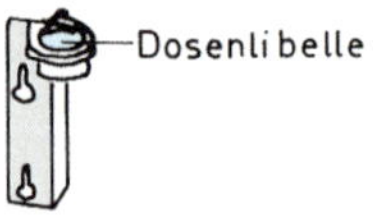 Lattenrichter

Prismen  z. B. Winkelprisma	Abstecken rechter Winkel 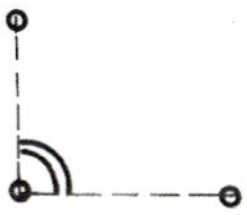	– Optische Rechtwinkelinstrumente – Der rechte Winkel ist dann vorhanden, wenn sich die Fluchtstäbe im Prisma decken. 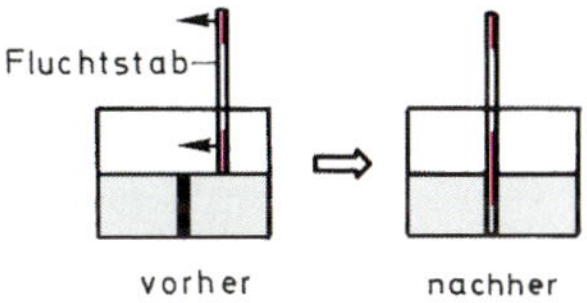
Bau-Nivellier  Nivellierinstrument mit Messlatte	Messen von Höhen, Höhenübertragung über weite Entfernungen	– Schutz gegen Stoß und Witterung. – Einstellen der Waagerechten mithilfe der Rohrlibelle und der Fußschrauben. – Nivellierlatte immer auf standsichere Unterlage stellen. – Aufpassen beim Ablesen! So sieht die Skaleneinteilung auf der Nivellierlatte aus! ⇒ dm-Einteilung (z. B. 07 = 7 dm) 
Baulaser   Sender Empfänger	Einfluchten, Höhenübertragung über weite Strecken, Höhenübertragung im Gebäude, Einmessen von Rohrleitungen	Laserstrahlen sind gefährlich! – Augenschutz tragen. – Hände schützen. – Warnschild aufstellen! 

Das sind weitere Messgeräte:

Wasserwaage

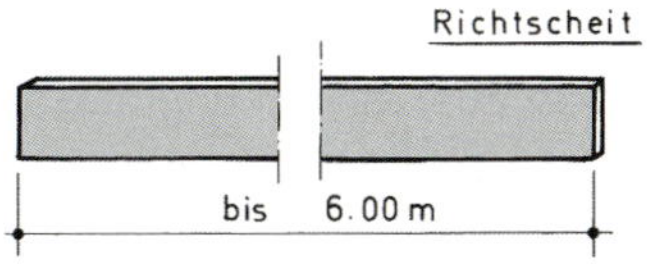

Richtscheit

Senklote
(auch Lot)

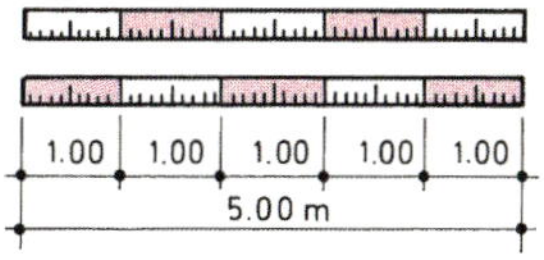

Messlatten (dm-Einteilung!)

Messnadeln

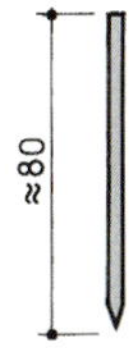

Schnurnägel

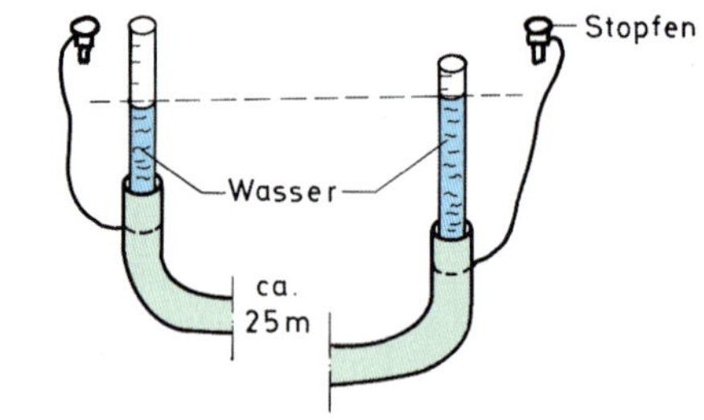

Schlauchwaage

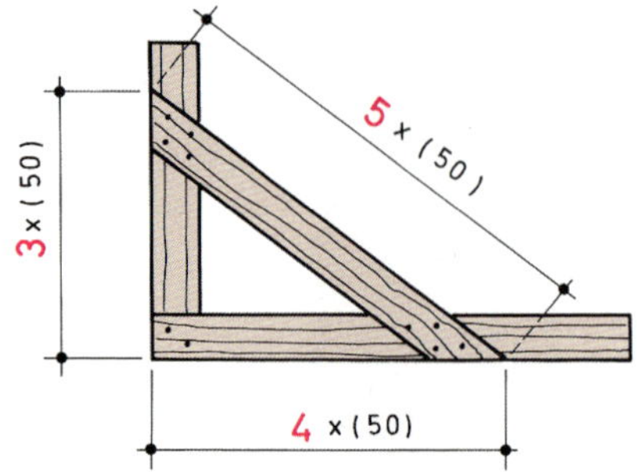

Bauwinkel

6.2 Die Messverfahren

Bei Vermessungsarbeiten sind Längen-, Winkel- und Höhenmessungen durchzuführen. Die gebräuchlichsten Verfahren sollen Ihnen im Folgenden vorgestellt werden.

6.2.1 Die Längenmessungen

Im Bauwesen werden Längen in mm, cm und m angegeben.
Strecken werden in der Regel waagerecht und in der Flucht (= Gerade) gemessen.

Kleinere Strecken (bis 50 m) werden mit Messbändern (seltener mit der Messlatte) gemessen. Für das Messen größerer Strecken benutzt man optische Instrumente. Für unsere Aufgaben reichen kurze Streckenmessungen aus.

Wie wird die Längenmessung ausgeführt?

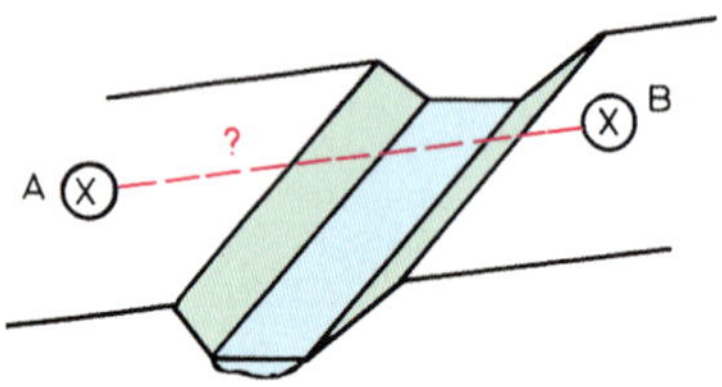

Aufgabe: *Die waagerechte Entfernung zwischen den Punkten A und B (= Strecke AB oder kurz $\overline{AB}$) soll gemessen werden.*

Wie macht man das?

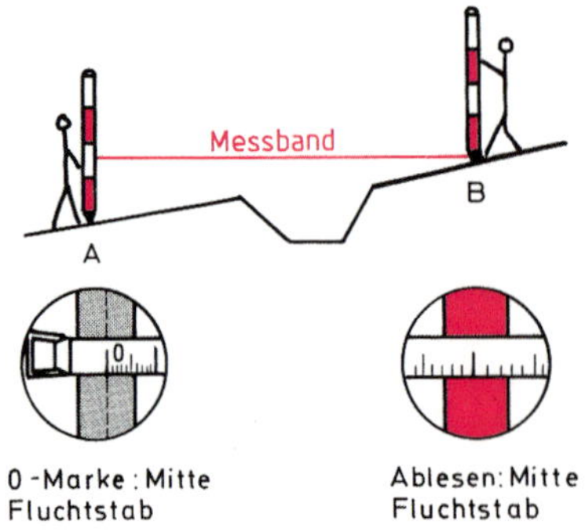

Lösung:
1. Aufstellen von Fluchtstäben in den beiden Punkten (lotrecht stellen).
2. Messband waagerecht spannen (nach Augenschein).
3. Ablesen der Länge.

Anm.: Bei längeren Strecken werden zusätzliche Fluchtstäbe „zwischengefluchtet“.

Bei Messungen im stark geneigten Gelände verwendet man die **Staffelmessung**. Dazu benötigt man Messlatte, Wasserwaage und Senklot. Das Ganze sieht dann so aus:

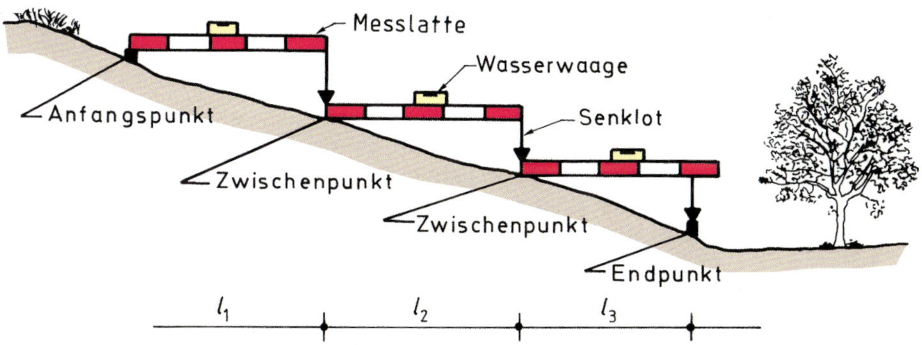

6.2.2 Die Winkelmessungen

Auf der Baustelle werden vorwiegend rechte Winkel (90° = Altgrad oder 100 gon = Neugrad) abgesteckt. Bei kurzen Strecken verwendet man Bauwinkel und Messband. Längere Streckenmessungen werden mit optischen Instrumenten durchgeführt.

Wie wird die Winkelmessung ausgeführt?

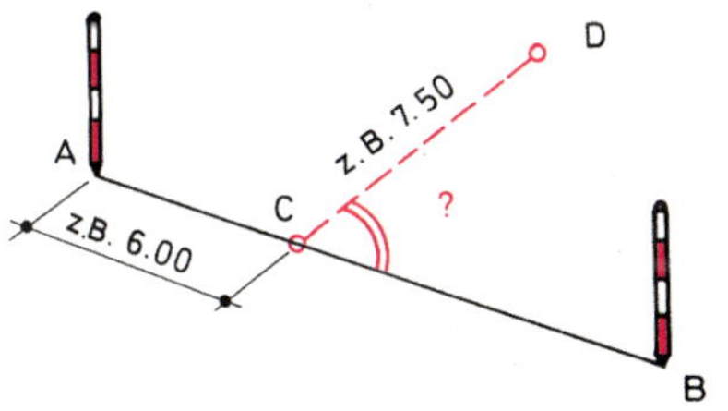

<u>*Aufgabe:*</u> *Auf der Strecke AB soll im Punkt C (z. B. 6,00 m von Punkt A entfernt) der rechte Winkel abgesteckt und die Strecke $\overline{CD}$ eingemessen werden (z. B. $\overline{CD}$ = 7,50 m).*

Wie macht man das?

⇒ Hierzu gibt es mehrere Lösungsmöglichkeiten. Die auf der Baustelle „gängigsten" wollen wir Ihnen vorstellen.

Lösung 1: **durch „angewandten Pythagoras"**

<u>Prinzip:</u> Man verwendet ein rechtwinkliges Dreieck mit den beiden kürzeren Seiten (Katheten) 3 m und 4 m. Die längere Seite (Hypotenuse) beträgt dann immer 5 m. Durch Anlegen einer kurzen Seite auf die Grundlinie im Punkt C entsteht dort ein rechter Winkel.

⇒ Für die Ausführung braucht man ein Messband von mindestens 3 m + 4 m + 5 m = 12 m Länge.

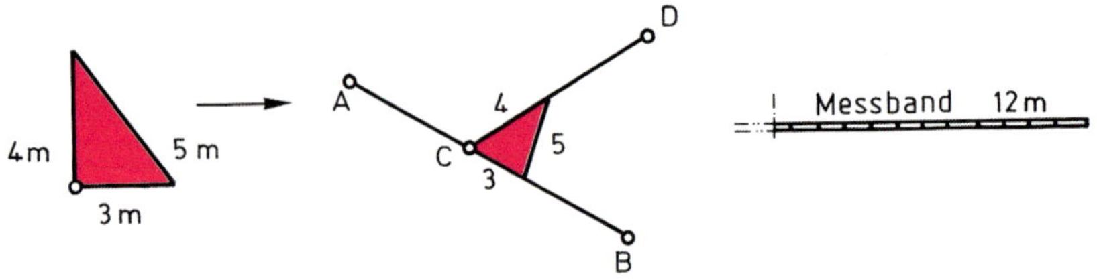

Lösung: Zur Festlegung des Punktes D geht man folgendermaßen vor:
(Anmerkung: Punkt C ist durch Längenmessung von Punkt A aus festgelegt und markiert.)

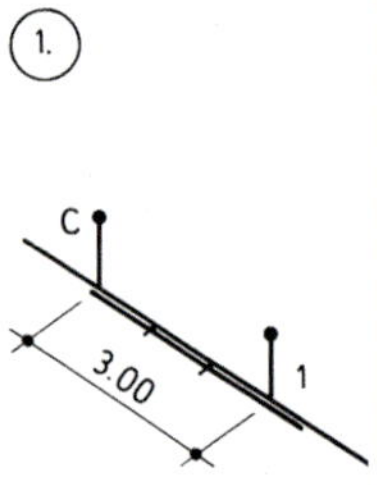	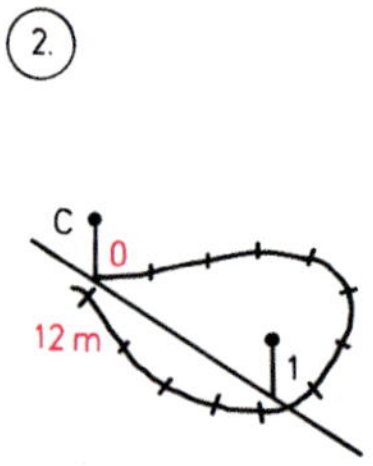	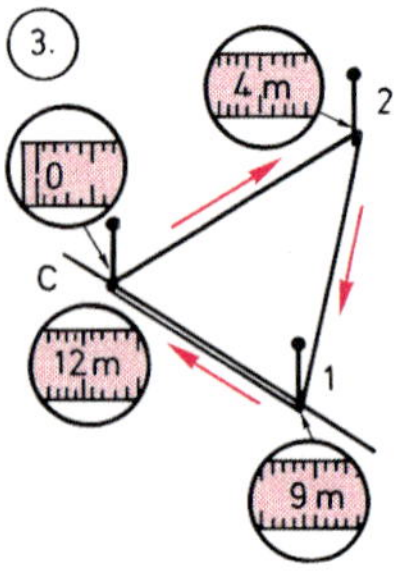	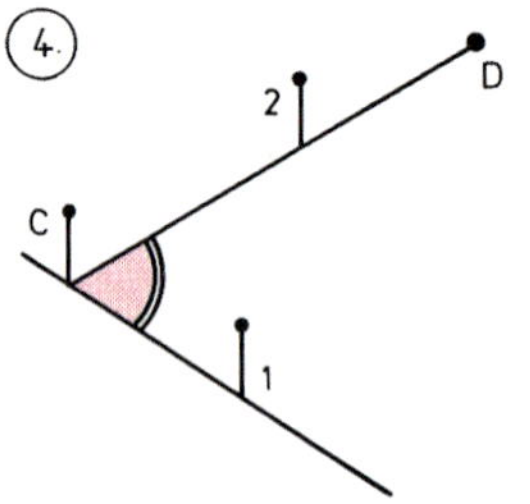
Von Punkt C aus in Richtung B die Strecke 3 m abmessen, Punkt 1 einfluchten und markieren.	Messband um Punkt 1 führen, 0-Marke und 12-m-Marke in Punkt C festlegen.	Das ausgelegte 12-m-Messband spannen und 4-m-Marke (Punkt 2) durch Messnadel markieren. Kontrolle: In Punkt 1 liegt die 9-m-Marke.	Messband entfernen und über Punkt 2 die Strecke $\overline{CD}$ abmessen und einfluchten.

A – Ma *Der Lehrsatz des Pythagoras ist sehr wichtig.*
Üben Sie diesen. Möglichkeiten hierzu finden Sie im Arbeitsheft, Blatt 1 und 2.

Lösung 2: **durch „gleichschenkliges Dreieck"**

Prinzip: Man verwendet ein Dreieck mit zwei gleich langen Schenkelseiten (hier: 7 m). Die Verbindung des Schenkeleckpunktes mit dem Halbierungspunkt der Grundseite (hier 6 m : 2 = 3 m) ergibt einen rechten Winkel im Halbierungspunkt.

⇒ Für die Ausführung braucht man ein Messband mit beliebiger Länge (hier: 14 m).

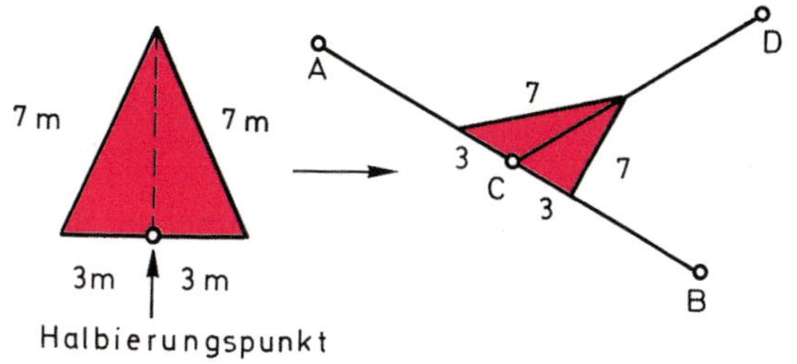

Lösung: Zur Festlegung des Punktes D geht man folgendermaßen vor:
(Anmerkung: Punkt C ist durch Längenmessung von Punkt A aus festgelegt und markiert.)

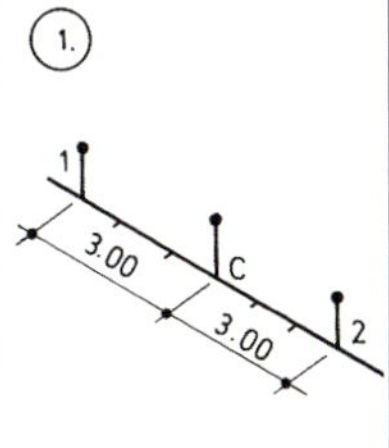	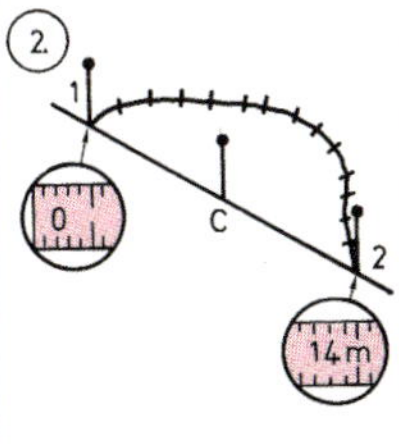	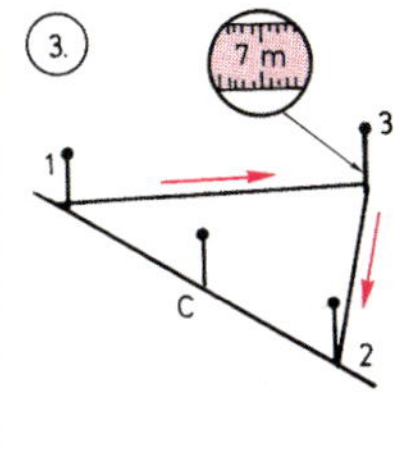	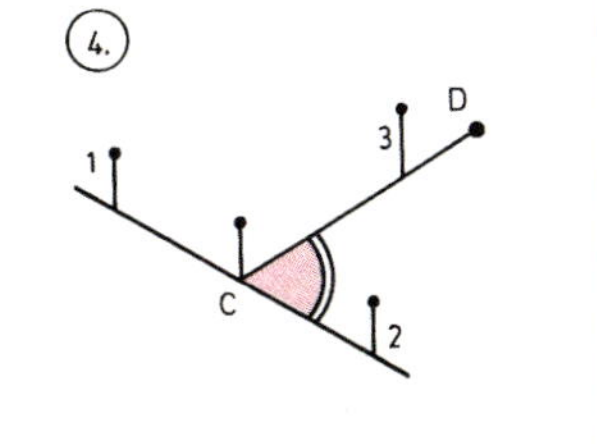
Von Punkt C aus die Punkte 1 und 2 durch Messnadeln markieren.	In Punkt 1 die 0-Marke, in Punkt 2 die 14-m-Marke des Messbandes festlegen.	Messband spannen und bei 7-m-Marke Punkt 3 mit Messnadel markieren.	Messband entfernen und über Punkt 3 die Strecke $\overline{CD}$ abmessen und einfluchten.

Lösung 3: **durch Winkelprisma**

Prinzip: Die Lichtstrahlen werden im Winkelprisma „gebrochen".
Lösung: Zur Festlegung des Punktes D geht man folgendermaßen vor:
(Anm.: Punkt C ist durch Längenmessung von Punkt A aus festgelegt und markiert.)

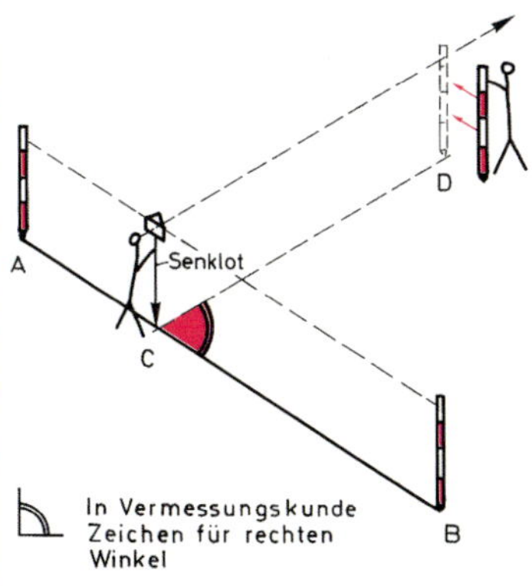

1. Das Winkelprisma wird im Punkt C lotrecht in die Flucht AB gehalten.
   (Die Stäbe A und B müssen sich im Prisma decken.)
2. Einweisen des Fluchtstabes D.
   (Der Stab steht dann rechtwinklig zur Strecke AB in Punkt C, wenn sich im Prisma alle 3 Stäbe decken.
3. Fluchtstab D aufstellen.

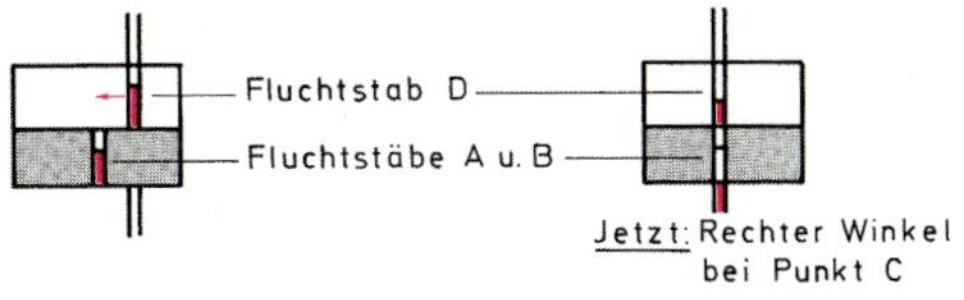

6.2.3 Die Höhenmessungen

Mit der Höhenmessung können a) Höhenunterschiede ermittelt und b) eine bestimmte Höhe auf andere Punkte übertragen werden.

Höhenmessungen sind erforderlich, um z.B. Höhen von Bauteilen zu ermitteln, Neigungen von Straßen und Gehwegen zu bestimmen oder Gefälle von Rohrleitungen herzustellen.

Grundsätzlich gilt: Höhenmessungen beziehen sich immer auf Normalnull (NN).

Wie wird ein Höhenunterschied ermittelt?

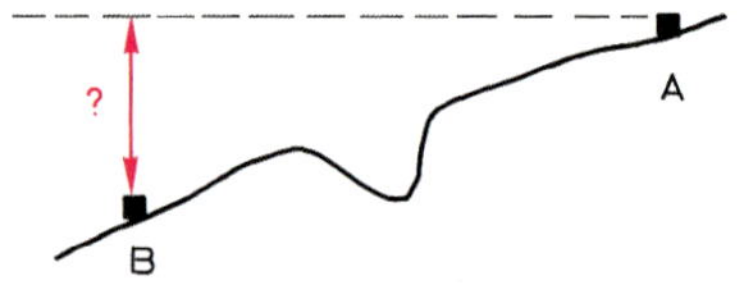

Aufgabe: *Der Höhenunterschied zwischen den Punkten A und B soll bestimmt werden!*

Wie macht man das?

Hierzu gibt es verschiedene Möglichkeiten. Für kurze Entfernungen benutzt man Messlatte, Richtscheit und Wasserwaage; für größere Entfernungen das Nivellierinstrument und Baulaser. Beide Möglichkeiten sollen kurz vorgestellt werden.

Lösung 1: **mit Richtscheit, Messlatte und Wasserwaage**

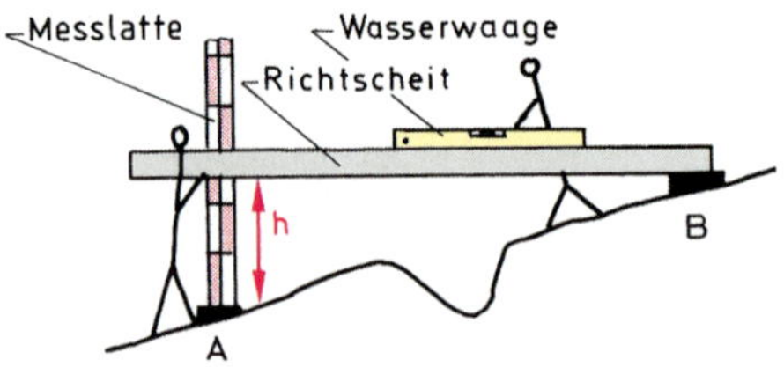

- Messlatte einloten (d. h. lotrecht stellen),
- Richtscheit mit Wasserwaagen einwiegen (d. h. genau waagerecht halten).
- Höhenunterschied an der Unterkante der Messlatte ablesen.

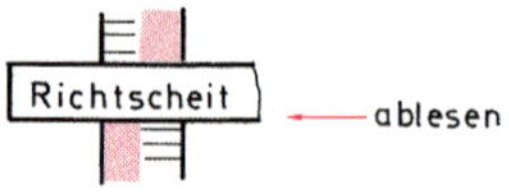

Anm.: Besonders geeignet für kurze Entfernungen mit steilen Böschungen oder Gräben.

Lösung 2: **mit Nivellierinstrument und Nivellierlatte**

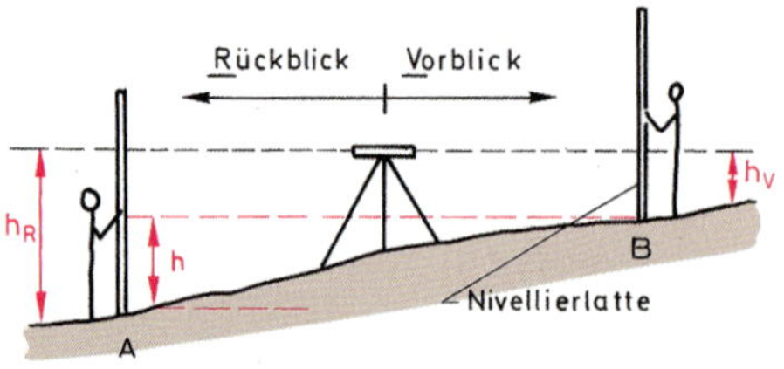

- Nivellierinstrument aufstellen und einrichten
- Nivellierlatte im Punkt A lotrecht halten.
- Nivellierlatte im Punkt B lotrecht halten.
- Im Rückblick die Höhe h_R ablesen.
- Im Vorblick die Höhe h_V ablesen.

Der Höhenunterschied h wird berechnet aus Rückblick – Vorblick.

Beispiel: *Es wurde abgelesen:*

$h_R = 1{,}97$ m; $h_V = 1{,}26$ m

$\Rightarrow h = h_R - h_V = 1{,}97 \text{ m} - 1{,}26 \text{ m} = \underline{0{,}71 \text{ m}}$

Anm.: Geeignet für größere Messweiten

Ü – Ma *Arbeiten mit dem Nivellierinstrument lernen Sie in der Praxis. Die Auswertung solch einer Messung ist nicht einfach. Im Arbeitsheft, Blatt 3 und 4 finden Sie eine Übung hierzu.*

Gleiche Höhen müssen aber auch auf andere Gebäudeteile übertragen werden. Dies machen wir in der Regel **im** Bauwerk mithilfe der Schlauchwaage.

Wie wird eine Höhe mithilfe der Schlauchwaage übertragen?

Die Schlauchwaage besteht aus einem mit Wasser gefüllten Schlauch, an dessen Enden zwei Glasröhrchen eingebaut sind. Beim Übertragen der Höhen stellt sich der Wasserstand in beiden Röhrchen gleich hoch ein (Prinzip der verbundenen Gefäße).

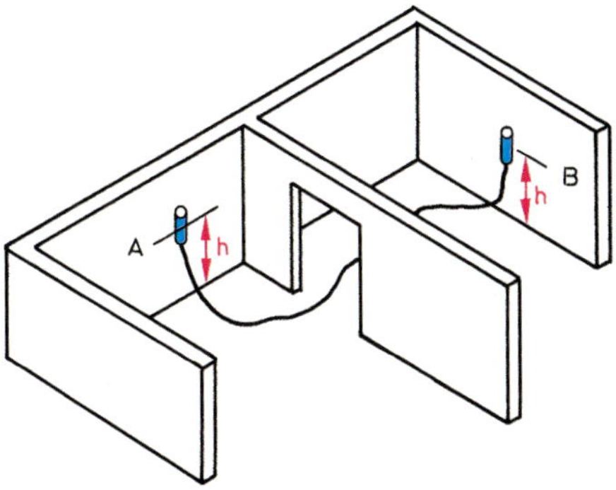

Beispiel: *Höhenübertragung in einen anderen Raum.*

- Schlauchwaage muss blasenfrei gefüllt sein.
- Schlauchwaage an festgelegten Höhenpunkt A anlegen.
- Nach Einstellen des Wasserstandes im Höhenpunkt A kann die Höhe nach Punkt B übertragen werden.

Anmerkung: Mit der Schlauchwaage wird vorwiegend ein „Meterriss" (d.h. die Höhe von 1 m) übertragen.

Zusammenfassung von Kapitel 6:

Grundwissen zur Vermessung

- Das **Messen** ist die Grundlage des Planens und Bauens.
- **Längen-, Winkel- und Höhenmessungen** sind wichtige Vermessungsarbeiten.
- **Endpunkte** von Strecken und auch **Zwischenpunkte** werden durch Fluchtstäbe markiert.
- **Längenmessungen** werden waagerecht durchgeführt.
- Das **Abstecken rechter Winkel** kann mithilfe der Methoden „angewandter Pythagoras", „gleichschenkliges Dreieck" oder mit Prismen durchgeführt werden.
- **Höhenmessungen** werden bei kurzen Strecken mit Richtscheit, Messlatte und Wasserwaage, bei größeren Entfernungen mit dem Nivellierinstrument durchgeführt.
- **Im Gebäude** werden gleiche Höhen meist mit der Schlauchwaage übertragen.

Testen Sie sich • Testen Sie sich

Nennen Sie ...

1. mindestens sechs Messgeräte.
2. mindestens drei Messverfahren.
3. den Verwendungszweck von Prismen.
4. zwei Punkte, die bei Messarbeiten mit Messbändern zu berücksichtigen sind.
5. die drei Möglichkeiten, rechte Winkel einzumessen.

7 Die Vermessungsarbeiten

Zu den Hauptaufgaben der Vermessungsarbeiten zählt das Einmessen von geplanten Bauten im Gelände. Man bezeichnet diese Tätigkeit als das „Abstecken von Bauten". Ausgehend von **Festpunkten** im Gelände (z. B. Grenzsteinen, Höhenbolzen u. a.) werden für das Abstecken eines Bauwerkes (z. B. Haus) **behelfsmäßige Punkte** durch Fluchtstäbe gekennzeichnet und sichtbar gemacht.

7.1 Das Abstecken von Geraden

Beim Abstecken von Geraden werden u. a. folgende Vermessungsarbeiten von Ihnen gefordert:

- „Einfluchten" von Zwischenpunkten, ⇒ d. h. Einfügen weiterer Punkte in eine abgesteckte Strecke.
- „Überfluchten" von Strecken, ⇒ d. h. Verlängern einer abgesteckten Strecke über einen oder beide Endpunkte hinaus.

Wie macht man das?

1. Einmessen und Einfluchten

   Beispiel: *Zwischen zwei Festpunkten (1 und 2) sollen die Punkte A und B eingemessen und eingefluchtet werden.*

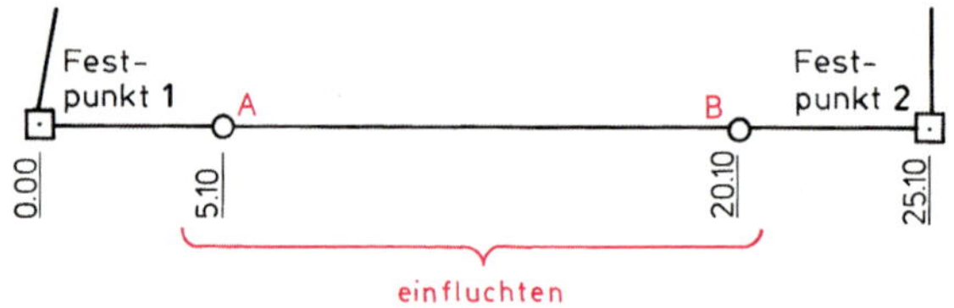

Für das **Einfluchten von Zwischenpunkten** werden zwei Personen benötigt (Einweiser und Einzuweisender). Bei kürzeren Strecken geschieht die Einweisung per Zuruf, bei größeren Strecken per Handzeichen.

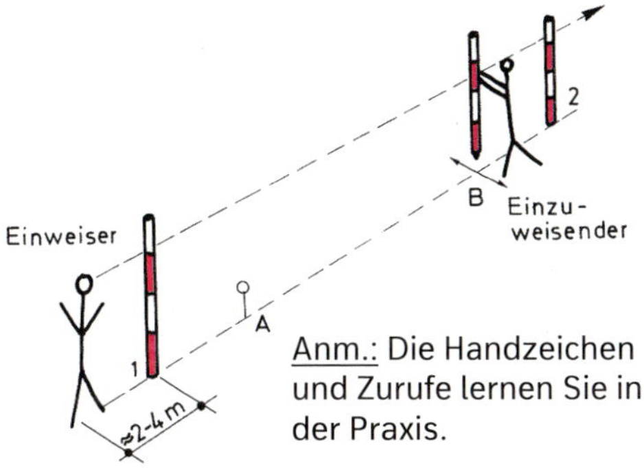

Anm.: Die Handzeichen und Zurufe lernen Sie in der Praxis.

1. Festpunkte 1 und 2 markieren.
2. Die Zwischenpunkte A und B einmessen und mit Messnadeln markieren.
3. Einweiser weist per Zuruf oder Handzeichen den Einzuweisenden ein ⇒ Dieser muss außerhalb der Flucht stehen.
   Beachte: Der Fluchtstab ist zwischen Daumen und Zeigefinger als Lotpendel im oberen Drittel anzufassen.
4. Es wird von „hinten" nach „vorn" eingefluchtet ⇒ erst B dann A.

2. **Überfluchten** einer Strecke
   Beispiel: *Die abgesteckte Strecke $\overline{AC}$ soll nach Punkt E eingemessen und mit Fluchtstab markiert werden.*

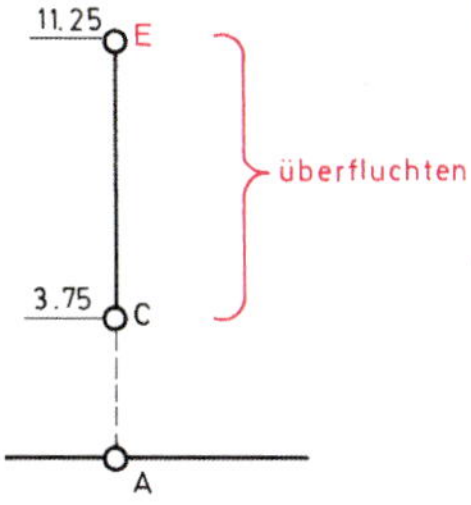

1. Streckenpunkte A und C durch Fluchtstäbe markieren.
2. Länge $\overline{CE}$ einmessen und markieren
3. Einweiser weist den Einzuweisenden per Zuruf in Punkt E ein.

(Haltung des Fluchtstabes beachten.)

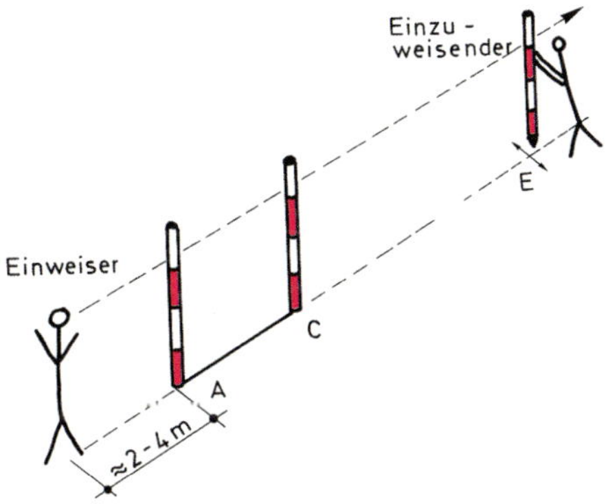

Dieses Überfluchten kann auch von einer Person durchgeführt werden. Dazu sollten Sie wissen: Ist die Strecke $\overline{CE}$ größer als die Hälfte von $\overline{AC}$, dann sollte(n) ein oder mehrere Hilfsfluchtstäbe abschnittweise abgesteckt werden, bevor der Endpunkt E eingefluchtet wird ⇒ Sonst zu große Ungenauigkeit.

A – Te *Diese Grundlagen sind das A und O für das folgende Kapitel. Zur Überprüfung sollten Sie die Aufgaben im Arbeitsheft, Blatt 8, bearbeiten.*

7.2 Die Gebäudeabsteckung

Der dem Bauantrag beigefügte **Lageplan** (Maßstab 1 : 1 000 oder 1 : 500) zeigt das Baugrundstück mit dem geplanten Neubau. Der Lageplan reicht in der Regel für ein Abstecken des Gebäudeumrisses auf der Baustelle nicht aus.

Für „unser“ Ferienhaus könnte der Auszug aus dem Lageplan auf dem Flurstück 197, Gemarkung ... so aussehen:

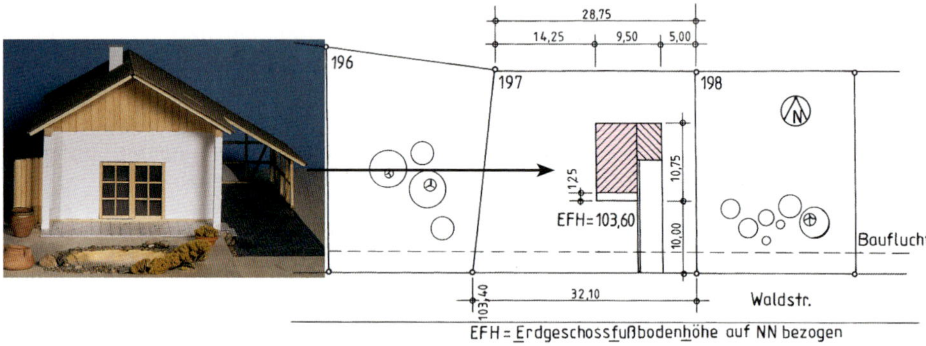

Das Abstecken des neuen Gebäudes erfolgt nach dem **Bauabsteckungsplan**. Er wird bei größeren Bauwerken (z. B. Industrieanlagen) durch ein Vermessungsbüro, bei kleineren Bauvorhaben (z. B. Wohnhäusern) durch das Bauunternehmen selbst erstellt und umgesetzt. In der Regel macht diese Arbeit der Polier mit einem Arbeiter oder Auszubildenden.

So könnte der Bauabsteckungsplan für das Flurstück 197 aussehen:

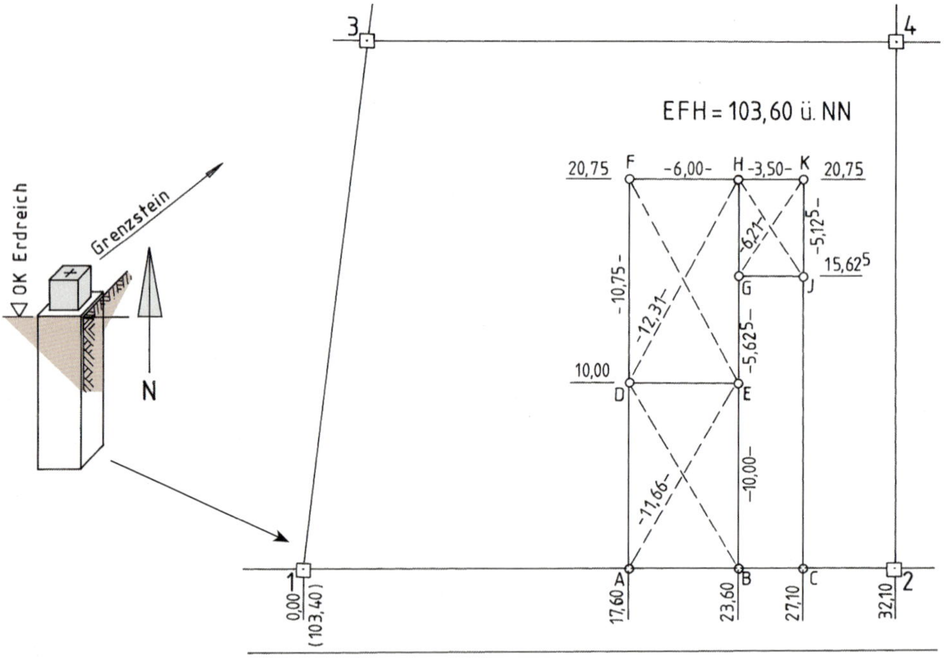

Die weitere Vorgehensweise hängt vom jeweiligen Bauobjekt ab.

Gebäude **mit Kellergeschoss**	Gebäude **ohne Kellergeschoss**
Reihenfolge der nächsten Bauaufgaben:	
1. **Bauabsteckung** 2. **Aufstellen** der Schnurgerüste 3. **Abkreiden** des Bodenaushubes 4. **Aushub** der Baugrube (z. B. Bagger)	1. **Abkreiden** des Bodenabtrages 2. **Abschieben** des Oberbodens (z. B. Raupe) 3. **Bauabsteckung** 4. **Aufstellen** der Schnurgerüste

⇒ *„Unser" Ferienhaus ist nicht unterkellert, also gehen wir wie folgt vor:*

1. Bodenabtrag abkreiden
   (→ diese Arbeit macht der Polier i.d.R. selbst)

2. Oberboden abschieben
   (nach den Vorgaben EFH = 103,60 und Vermessungspunkt 1 = 103,40 sind dies etwa 20 cm)
   → d.h.: die Sohle unserer „Minibaugrube" liegt auf der Vermessungshöhe von 103,10 ü. NN
   (oder 50 cm unter EFH)

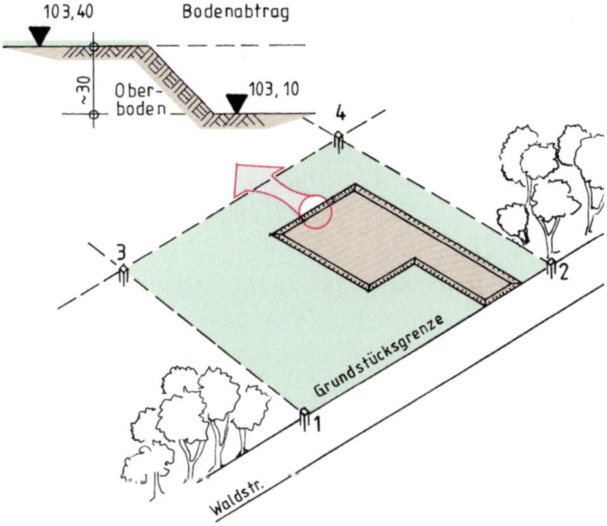

So sieht die zukünftige Baustelle nach Abschluss dieser Arbeiten aus.

7.2.1 Das Abstecken und Sichern der Gebäudeeckpunkte

Aufgabe: *Das geplante Ferienhaus auf dem Flurstück 197 soll nun nach dem erstellten Bauabsteckungsplan abgesteckt und gesichert werden.*

So soll die Absteckung später aussehen:

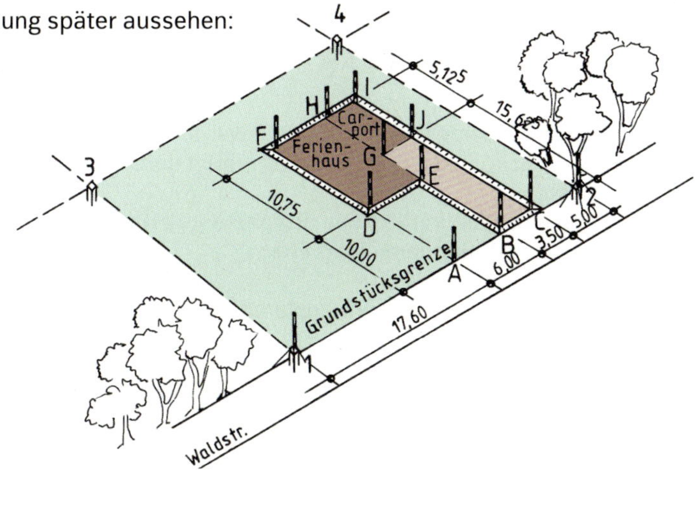

So geht man dazu vor:

1. *Grenzsteine 1–4 aufsuchen, Fluchtstäbe in 1 und 2 aufstellen.*
2. *Punkte A (17,60 m von 1), B (23,60 m von 1) und C (5,00 m von 2) einmessen und einfluchten.*
3. *In A und B rechten Winkel errichten und in 10,00 m Abstand mit Fluchtstab D und E markieren.*
4. *In C rechten Winkel errichten und in 15,625 m Abstand Fluchtstab J setzen.*
5. *Sicherheitshalber: Kontrollmessung mit Messband von A nach E und von B nach D (Länge jeweils 11,66 m).*
6. *„Strecke $\overline{AD}$" überfluchten und Punkt F einmessen (20,75 m von A).*
7. *„Strecke $\overline{BE}$" überfluchten und Punkt G (15,625 m von B) und Punkt H (20,75 m von B) einmessen.*
8. *„Strecke $\overline{CJ}$" überfluchten und Punkt I einmessen (20,75 m von C).*
9. *Kontrollmessungen: (Überprüfung der Messungen mittels Diagonalen)*
   a) DH und EF = 12,31 m; b) GI und JH = 6,21 m

Grenzsteine können übrigens so aussehen:

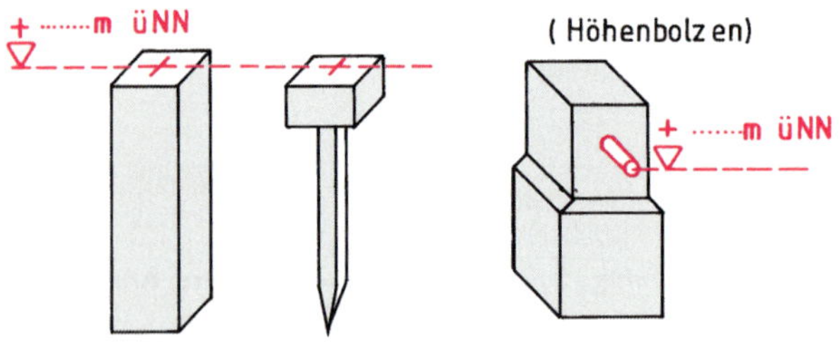

Fluchtstab auf Grenzstein so aufstellen:

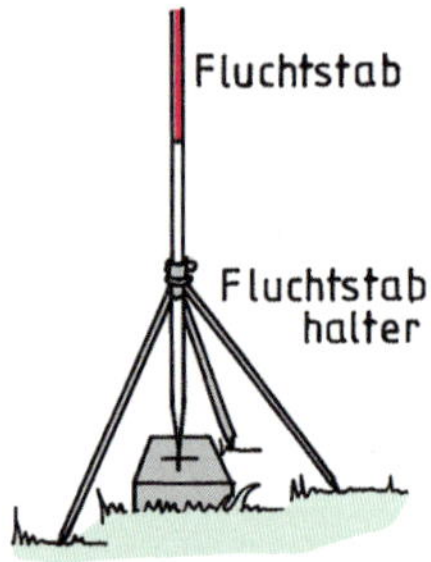

Alle Fluchtstäbe, die Gebäudeeckpunkte markieren, werden vor Ausheben der Baugrube wieder entfernt.

Wie werden die Gebäudeeckpunkte gesichert?

Damit die Eckpunkte jederzeit erkennbar sind, werden **Schnurgerüste** angelegt. Schnurgerüste sichern die Eckpunkte. Die Sicherung erfolgt durch Übertragen der Eckpunkte auf das Schnurgerüst.
Gleichzeitig kann eine bestimmte Höhe des geplanten Hauses markiert werden, ⇒ in der Regel die Erdgeschossfußbodenhöhe (EFH).

Der Abstand der Schnurgerüste vom geplanten Bauwerk wird vom Bauleiter festgelegt und ergibt sich aus:

- der Tiefe der Baugrube,
- dem Arbeitsraum (≈ 50 cm) und
- der Neigung der Böschung,
- dem Sicherheitsstreifen (≈ 60 cm).

Als Anhalt merken Sie sich:

Abstand der Schnurgerüste	Böschungswinkel 45°	60°	80°
Abstand bei Gebäuden mit Keller: (Baugrubentiefe ~ 2,00 m)	≈ 3,50 m	≈ 2,50 m	≈ 1,50 m
Abstand bei Gebäuden ohne Keller: (keine Baugrube vorhanden)		≈ 1,00 m	
Garagen, Nebengebäude		≈ 0,60 m	

Pflock, Gerüstbrett und (mögliche) Aussteifung bilden das Schnurgerüst. Ausführung: beliebig. Hauptsache: die Gebäudeeckpunkte sind nach Entfernen der Fluchtstäbe **dauerhaft festgelegt**.

Und das ist nun die Gebäudeabsteckung + Sicherung „unseres" Ferienhauses!

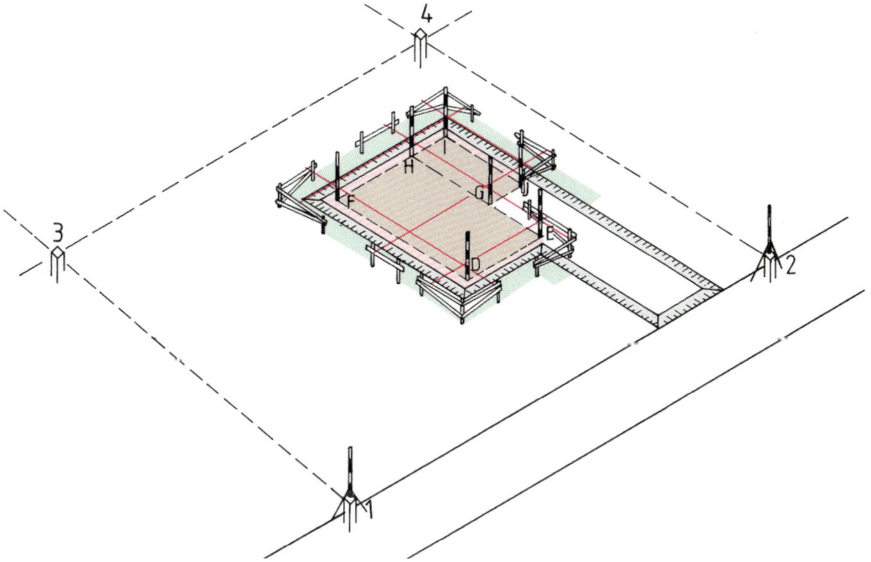

Wie die Gebäudeeckpunktsicherung bei „unserem" Ferienhaus aussieht, sehen Sie auf der nächsten Seite.

Zusammenfassung von Kapitel 7:

Vermessungsarbeiten

- Wichtige Vermessungsarbeiten sind das **Abstecken** von Geraden und rechten Winkeln, sowie das Einfluchten und Überfluchten.
- Bei Vermessungsarbeiten wird von **Festpunkten** ausgegangen. Festpunkte sind genau bestimmte Punkte (z. B. Grenzsteine, Höhenbolzen).
- Die **Sicherung** eingemessener und markierter Punkte (z. B. Eckpunkte eines Gebäudes) geschieht durch Schnurgerüste.

A – TK *Grundlagen des Technischen Zeichnens müssen Sie für die nächsten Aufgaben beherrschen. Einen „Schnelleinführungskurs" finden Sie im Arbeitsheft, Blatt 5 bis 7.*

Proj *Eine Projektaufgabe finden Sie im Arbeitsheft, Blatt 9, 10.*

T *Eine Vorbereitung für eine mögliche KA finden Sie als Testarbeit im Arbeitsheft auf Blatt 11, 12.*

Lernfeld 2:
Erschließen und Gründen eines Bauwerkes

In diesem Lernfeld erhalten Sie Informationen zu den Themen:

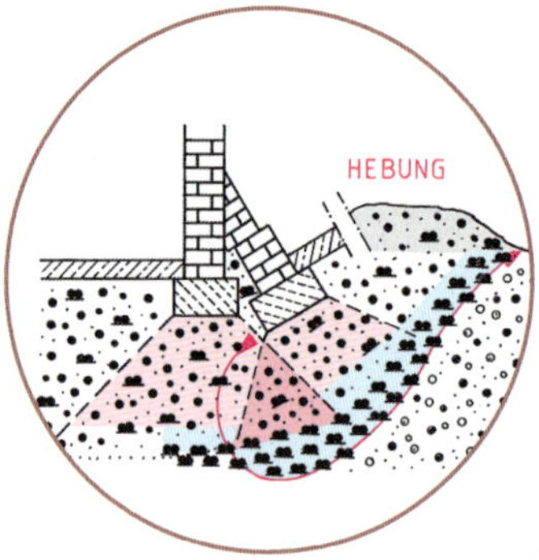

Baugrund, Baugruben und Gräben
Seiten 57–72

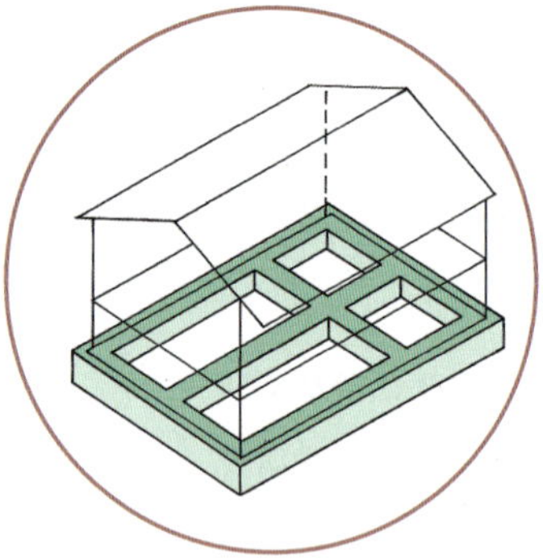

Gründungen
Seiten 73–80

Entwässerung
Seiten 81–92

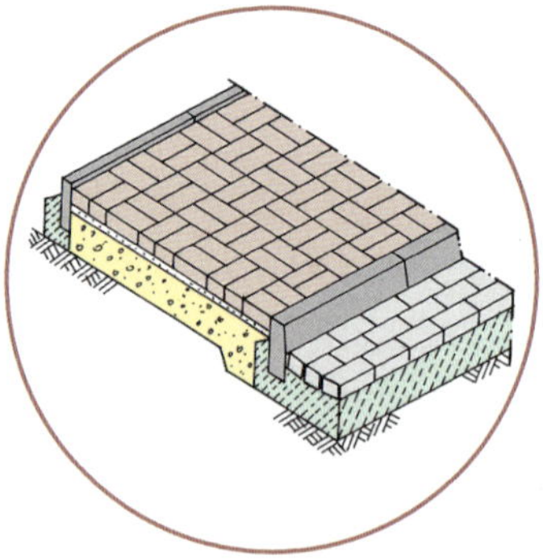

Einfassungen und Beläge
Seiten 93–101

1 Die Bodenarten

Nach Abschluss der Vermessungsarbeiten kann bei Bauten mit Keller mit dem Ausheben der Baugrube begonnen werden.
Aber Achtung! Durch den Bau eines Hauses wirken etliche Tonnen auf den Baugrund ein. Deshalb muss man schon vorher wissen, was „da unten“ los ist, wie sich der Boden unter Belastung verhalten kann (oder wird).
Denn nach der Beschaffenheit des Baugrundes richten sich wiederum die Gründungen (⇒ Fundamente), die Absicherungen für die Baugrube oder die Einsatzmöglichkeiten der Erdbaumaschinen.
Fels z. B. ist bester Baugrund, deshalb braucht man ihn nur hinsichtlich der Bearbeitung zu prüfen. Aufgeschütteter Boden (u. a. Bauschutt, Müllkippe aus früherer Zeit) ist selten als Baugrund geeignet.

1.1 Die Einteilung der Böden

Hier interessieren uns die natürlich entstandenen Bodenarten, auf (oder in) denen Bauwerke errichtet werden.
Im baugrundtechnischen Sinne werden natürlich entstandene Lockergesteine als gewachsene Böden bezeichnet. Gewachsener Boden ist unberührter Boden, der durch Verwitterung und durch Ablagerung entstanden ist. Man unterscheidet bindige und nicht bindige sowie organische Böden.

→ bindige Böden = nehmen Oberflächen- oder Grundwasser auf
→ nicht bindige Böden = nehmen **kein Wasser** auf.

groß ← **Tragfähigkeit** → klein

Fels **Gewachsener Boden** Boden aufgeschüttet

wird eingeteilt in:

Nicht bindiger Boden
dazu gehören: **Sand, Kies, Steine**

Bindiger Boden
dazu gehören: **Ton, Lehm, Schluff**

Für **nicht bindige und bindige Böden** findet man in Zeichnungen und Tabellen diese Kennzeichnungen:

Korngröße	bis Tennisball				bis Stecknadelkopf			Einzelkorn mit Auge nicht erkennbar			
		63 mm			2,0 mm			0,06 mm			0,002 mm
In Zeichnung	Nichtbindiger Boden							Bindiger Boden			
Einteilung		63 grob	20 mittel	6,3 fein	2,0 grob	0,6 mittel	0,2 fein	0,06 grob	0,02 mittel	0,006 fein	0,002
	Steine (X)	**Kies (G) (G = Grant)**			**Sand (S)**			**Schluff (U)** (= Tonminerale, Feldspat)			**Ton (T)**

Was Sie noch über die Bodenarten wissen sollten:

Das Wichtigste im „Telegrammstil“:

- Fels = Felsgestein. ⇒ Tragfähigkeit: hoch
- Aufgeschütteter Boden = Verdichtete oder unverdichtete Bodenart verschiedener Korngruppen oder Schlacke oder Bauschutt. ⇒ Tragfähigkeit: gering
- Ober- bzw. Mutterboden (organischer Boden) = Belebter Boden mit Pflanzen und Kleinlebewesen. Arten: Humus, Torf u. Ä. ⇒ Tragfähigkeit: keine
  Trotzdem ist dieser Boden „wertvoll“.

Woran sind bindige und nicht bindige Böden sofort zu erkennen?

Bei bindigem Boden haften die einzelnen Teilchen aneinander. (Korngröße der einzelnen Teilchen kleiner als 0,06 mm).

Bei nicht bindigem Boden haften die einzelnen Teilchen nicht aneinander. (Korngröße der einzelnen Teilchen größer als 0,06 mm).

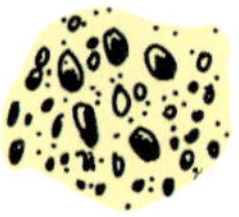

z. B. Grobsand

Nicht bindige Bodenarten „zerfallen“.

z. B. Lehm

Bindige Bodenarten bleiben als „Klumpen“ erhalten.

1.2 Das Tragverhalten des Bodens

Die Tragfähigkeit des Bodens wird vorwiegend beeinflusst von:

dem *Wassergehalt* und der *Korngröße* des Bodens.

⇒ *Welche Bedeutung das Wasser im Boden hat, darüber gibt die Bauphysik Auskunft.*

Bauphysik ⇒ Die Kapillarität

Der Boden besteht aus Körnern mit sehr unterschiedlichen Größen. Zwischen diesen Körnern befinden sich Hohlräume, die in Verbindung miteinander stehen. Sie bilden ein Netz von **Porenkanälen** (vergleichbar einem Schwamm).
Wenn diese Porenkanäle haarfein sind (d. h. einen Durchmesser von kleiner als 0,1 mm besitzen), wirken hier **Adhäsions- und Kohäsionskräfte** auf besondere Weise zusammen. Dadurch kann Wasser – entgegen der Schwerkraft – hochsteigen. Dieser Vorgang wird als **Kapillarität oder Haarröhrchenwirkung** bezeichnet.

Bei weiterer Vergrößerung sieht man:

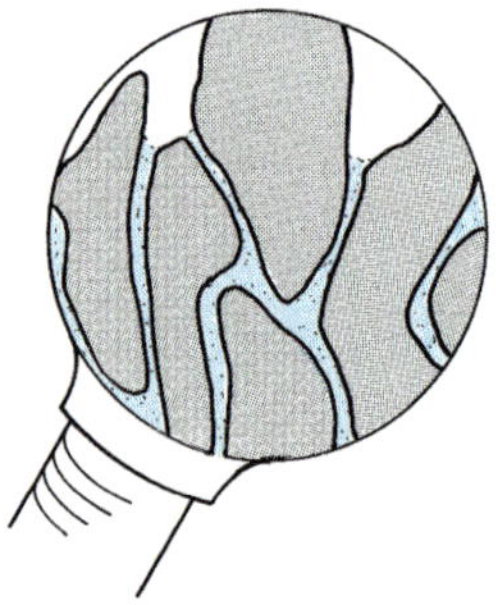

⇒ Wasser steigt in den Porenkanälen hoch!

Wie tragfähig sind nun bindige und nicht bindige Böden?

Tragfähigkeit

im **trockenen** Zustand:		im **nassen** Zustand:	
Bindiger Boden	Nicht bind. Boden	Bindiger Boden	Nicht bind. Boden
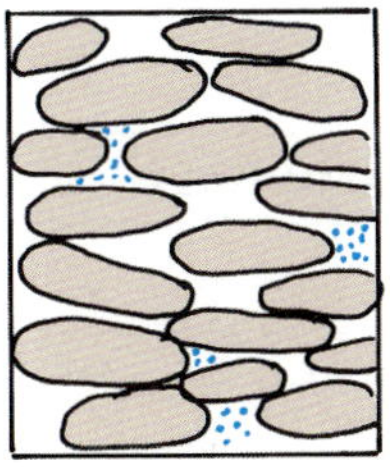	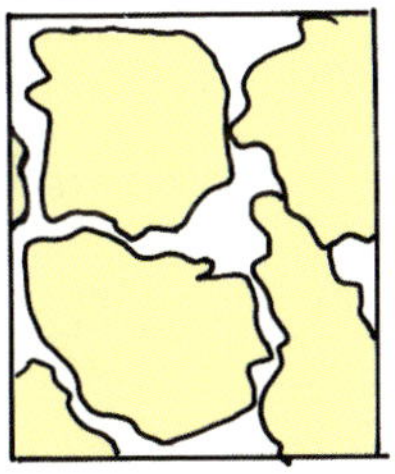		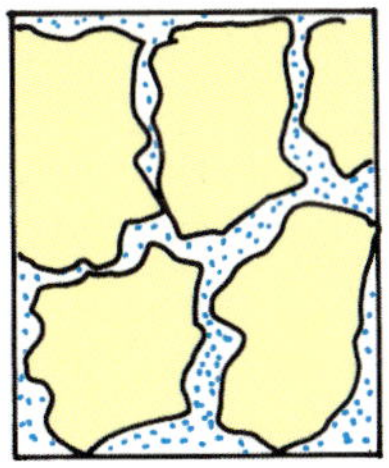
trotz geringer Wasserreste	*durch innere Reibung*	*durch Wasseraufnahme und Kapillarität*	*durch innere Reibung trotz Wasser in Hohlräumen*
Tragfähigkeit **„gut“**	Tragfähigkeit **„gut“**	Tragfähigkeit **„schlecht“**	Tragfähigkeit **„gut“**

Und was passiert, wenn die beiden Bodenarten „gemischt“ vorhanden sind?

Gesamtbeurteilung der Tragfähigkeit gemischter Böden	
im trockenen Zustand **„gut“**	im nassen Zustand **„beeinträchtigt“**

Somit merken Sie sich:

In Bodengemischen bis zu einer Korngröße von etwa 2,0 mm gibt es Kapillarität (Wasser kann aufsteigen). Dadurch wird die Tragfähigkeit beeinflusst – auch bei nicht bindigen Böden.

Kies- und Grobsandböden sind als Baugrund immer geeignet!

Bodenart:

Kapillarität:

Tragfähigkeit bei nassem Boden:

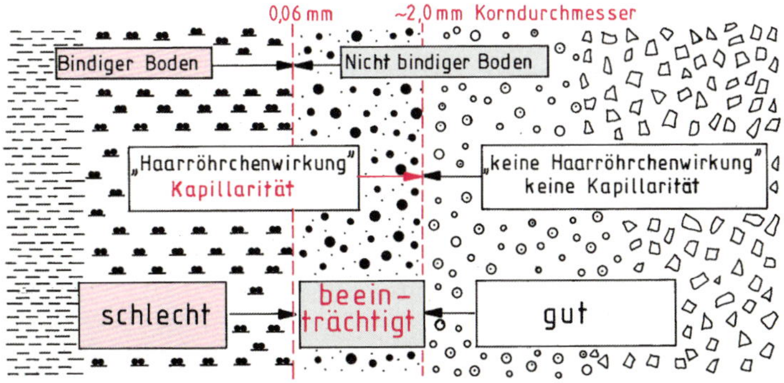

V – Te *Einen Versuch zum Tragverhalten bindiger/nicht bindiger Böden finden Sie im Arbeitsheft, Blatt 13.*

1.2.1 Setzungen und Bodenpressung

Unter Belastungen wird der Boden „zusammengepresst"; er setzt sich. Diese Setzungen (z. B. unter den Fundamenten eines Gebäudes) sind bei verschiedenen Bodenarten unterschiedlich und daher zu beachten.

Wie sind die Setzungen bei bindigen und nicht bindigen Böden?

	Bindiger Boden	**Nicht bindiger Boden**
Verhalten bei Dauerbelastung (z. B. Fundament)	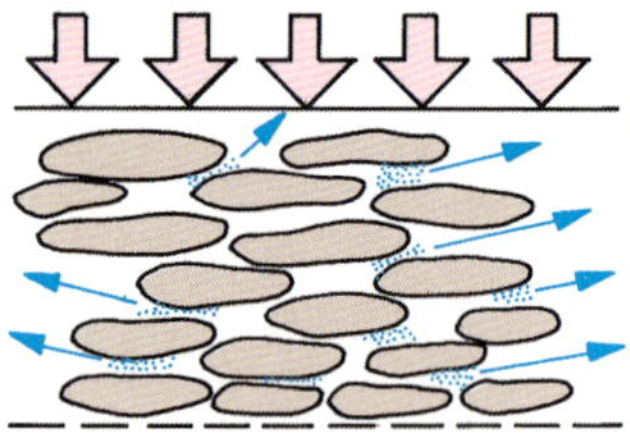 ⇒ Das Wasser wird aus den Kapillaren (Haarröhrchen) **langsam** herausgedrückt.	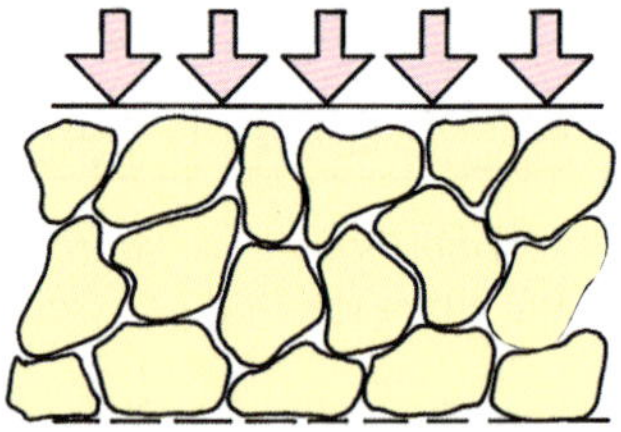 ⇒ Die einzelnen Körner werden **sofort** etwas enger zusammengedrückt.
Zeitdauer	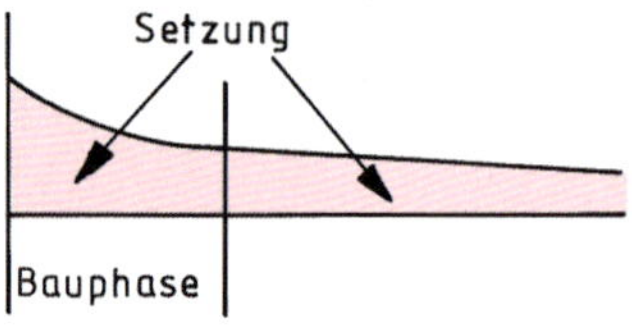 *langer* Zeitraum (über Jahre)	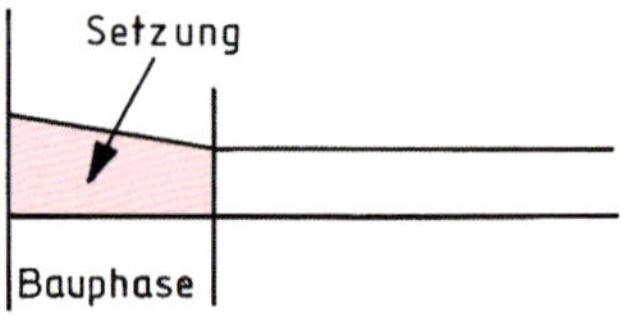 *kurzer* Zeitraum (meist nur in Bauphase)
mögliche Folgen	Spätschäden am Bauwerk	Spätschäden kaum zu erwarten

Bei ungünstiger Verteilung von bindigen/nicht bindigen Böden wird die Standsicherheit beeinträchtigt.

Ursache: **Ungleichmäßige Setzungen** durch unterschiedlichen Baugrund ⇒ unterschiedliches Setzungsverhalten

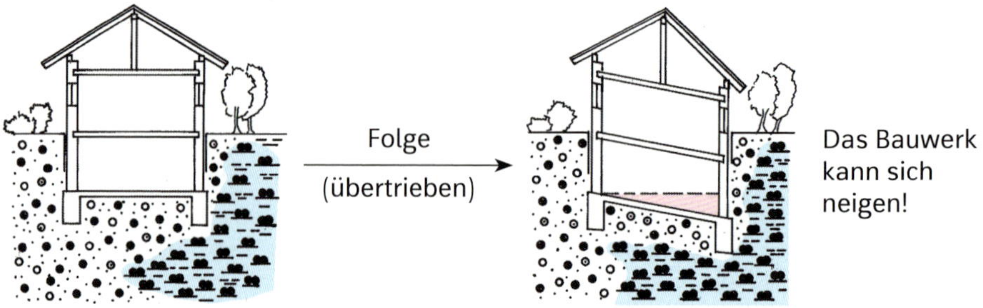

Bei nicht bindigen Bodenarten unter einem Bauwerk treten in der Regel **gleichmäßige Setzungen** auf, die im Millimeterbereich liegen und im Allgemeinen keine Bauschäden hervorrufen. Um jedoch Setzungen „kalkulierbar" zu machen, dürfen die Bodenarten nur bis zu einem bestimmten Wert „zusammengepresst", d.h. belastet werden.

1.2.2 Druckverteilung und Grundbruch

Belastungen durch Bauteile erzeugen im Boden Druckspannungen. Diese Druckspannungen werden richtigerweise in Form einer **Druckzwiebel** seitlich und nach unten über „Isobaren" (= Linien gleichen Druckes) abgebaut.
(⇒ *ist für den Fachmann wichtig)*

Wir merken uns jedoch die vereinfachte Annahme:

Durch Bauteile erzeugte Druckspannungen werden unter einem Winkel von 45° an den Baugrund abgegeben.

So sieht das aus:

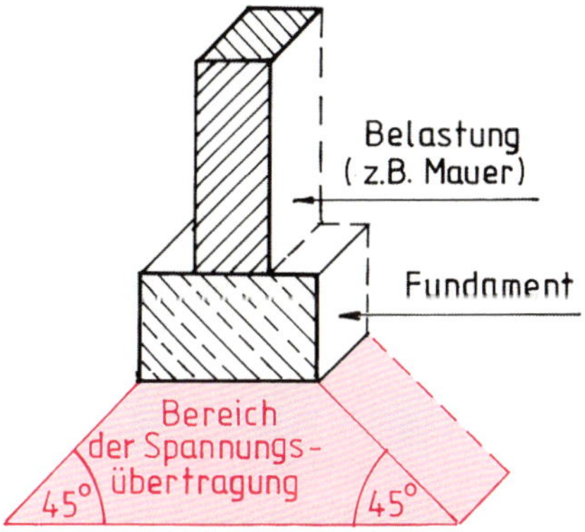

Achtung!
Damit die Druckspannungen der einzelnen Fundamente sich nicht überlagern, muss der Abstand untereinander mindestens die **4-fache Fundamentbreite** betragen.

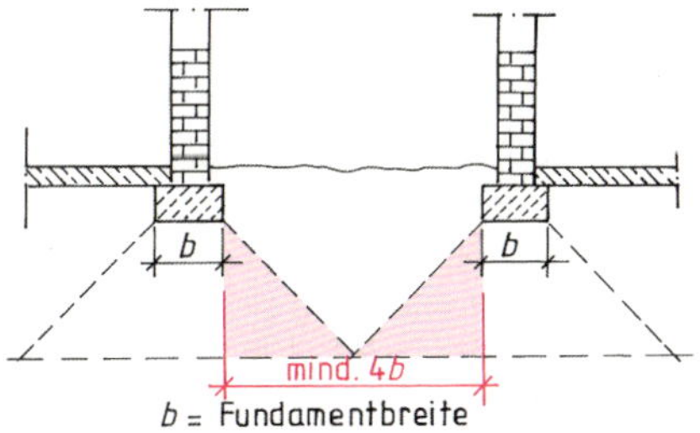

Welche möglichen Folgen hat eine falsche Druckverteilung?

Werden Fundamente zu dicht nebeneinander errichtet, kann es zu Spannungsüberlagerungen kommen ⇒ ungleichmäßige Setzungen.
Wird der Baugrund durch Spannungsüberlagerungen „überlastet", kann es zum **Grundbruch** kommen.

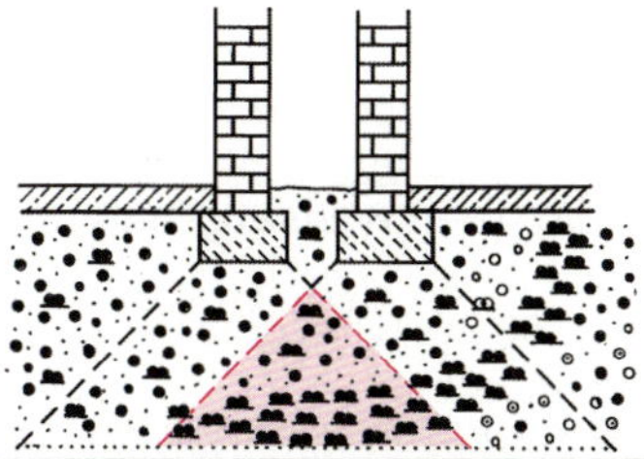

Überlagerung der Spannungen und/oder Bodenpressung zu groß

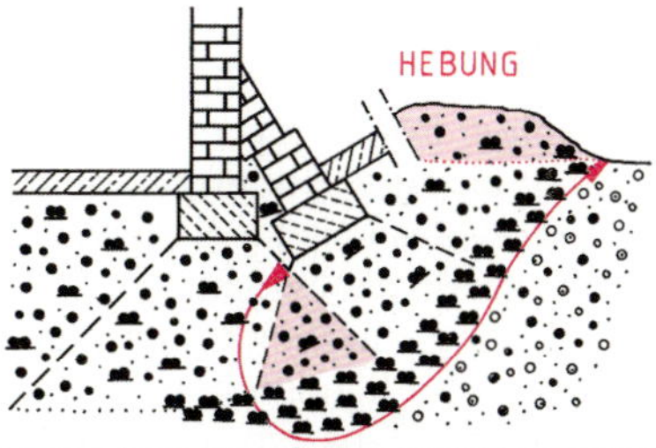

Grundbruch: Abscheren des Bodens mit anschließender Aufwölbung oberhalb der Geländeoberfläche

1.3 Maßnahmen gegen Wasser

Bei gemischten, insbesondere aber bei bindigen Böden ist die Tragfähigkeit bei Nässe nicht gut. Hinzu kommt, dass Wasser gefrieren kann. Darum sind:

- bindige Böden besonders **frostgefährdet**
  → *sie halten Wasser und „saugen“ zusätzlich Wasser durch Kapillarität.*
- nicht bindige Böden **frostsicher**
  → *sie halten kein Wasser. Sie sind ziemlich „wasserfrei“.*

Welche baulichen Maßnahmen sind daher bei bindigem Baugrund notwendig?

Dazu bieten sich vier Maßnahmen an:

❶ **Frostfreie Gründung** der Fundamente (80 cm bis 1,20 m) → *(Ab dieser Tiefe kann kein Schaden mehr auftreten)*

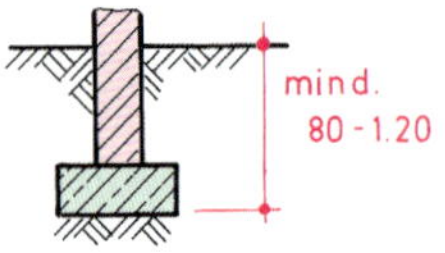

Frostfrei gründen

❷ Einbau von **Kiesschichten** als „kapillarbrechende Schicht“ unter der Bodenplatte

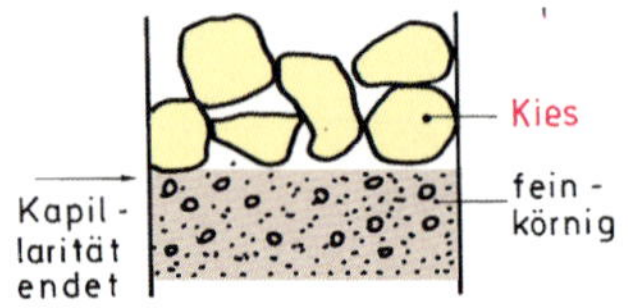

Kiesschicht einbauen

❸ Einbau von **Dränagen** um oder unter das Bauwerk → *(Dadurch wird das Wasser abgeleitet)*

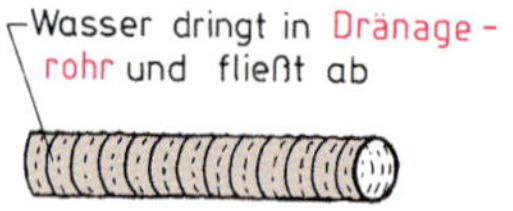

Dränage einbauen

❹ Abdichten des Bauwerkes durch **Sperrschichten** (z.B. Sperrpappe, Schutzanstriche, Folien)

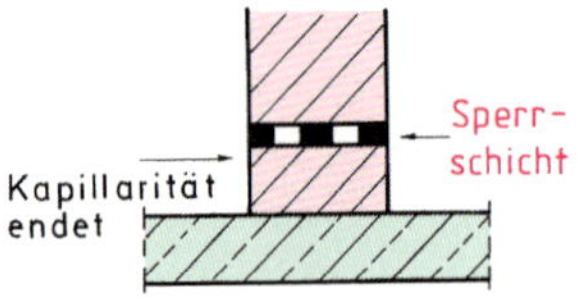

Sperrschicht einbauen

Zusammenfassung von Kapitel 1:

Der Baugrund

- Nach der **Tragfähigkeit** des Bodens unterscheidet man Fels, aufgeschütteten und gewachsenen Boden.
- **Gewachsener Boden** wird eingeteilt in bindigen und nicht bindigen Boden.
- **Bindiger Boden** (bis etwa Korngröße 0,06 mm) haftet aneinander.
- **Nicht bindiger Boden** hat keinen Zusammenhalt, er zerfällt.
- Die Tragfähigkeit des Bodens wird beeinflusst durch den **Wassergehalt und die Korngröße** des Bodens.
- In Bodengemischen bis zu einer Korngröße von **2,00 mm** wird durch aufsteigendes Wasser (Kapillarität) die Tragfähigkeit beeinflusst.
- **Bindige** Bodenarten setzen sich langsam; **nicht bindige** Bodenarten setzen sich rasch und wenig merkbar.
- Bodengemische setzen sich unterschiedlich. Es besteht die Gefahr von **Setzungsrissen.**

- Die Überlagerung von Spannungen kann zu **ungleichmäßigen Setzungen** und zum **Grundbruch** führen.
- Bindiger Boden ist „wassersaugend“ und somit **frostgefährdet**. Bauwerke in bindigem Boden müssen frostfrei gegründet werden (Frosttiefe 0,80–1,20 m).
  Nicht bindiger Boden (etwa ab 2,0 mm Korngröße) ist **frostsicher**.
- Bauwerke müssen im bindigen Boden vor **Wasser und Bodenfeuchtigkeit** geschützt werden.

A – Te *Aufgaben zur Wiederholung finden Sie im Arbeitsheft, Blatt 14, 15.*

Testen Sie sich • Testen Sie sich

Nennen/Erläutern Sie ...

1. je zwei bindige und nicht bindige Bodenarten.
2. die zwei Punkte, die die Tragfähigkeit des Bodens beeinflussen.
3. die Ursache, warum in Bodengemischen bis 2,0 mm Korngröße die Tragfähigkeit beeinträchtigt werden kann.
4. welche Schutzmaßnahmen gegen Wasser an Bauwerken im Boden vorgenommen werden müssen.
5. mögliche Auswirkungen, die bei der Überlagerung von Spannungen im Boden entstehen können.
6. den Begriff „Kapillarität“.

Und so könnten die baulichen Maßnahmen „vor Ort“ dann aussehen!

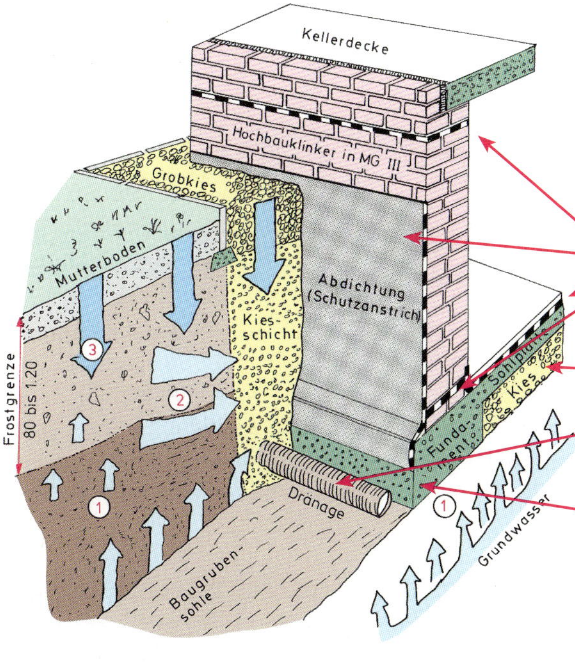

Wasserarten am Bau sind:
① Grundwasser und Kapillarfeuchte
② Stau- und Schichtenwasser
③ Sickerwasser

Dies sind die Schutzmaßnahmen:

Sperrschichten und Schutzanstrich

Kiesschicht

Dränage

Frostfreie Gründung

2 Untersuchung von Boden und Baugrund

Das unterschiedliche Tragverhalten der Böden macht eine Untersuchung des Baugrundes ***vor jedem*** Baubeginn erforderlich.

Baugrunduntersuchungen

werden vorgenommen durch:

Schürfungen | **Sondierungen** | **Bohrungen**

Je nach der Bodenbeschaffenheit richtet sich auch der Arbeitsaufwand für das Ausheben von Baugruben und Gräben. Daher wird der Boden in **sieben Bodenklassen** eingeteilt (⇒ wichtig für den Maschineneinsatz und die notwendige Baugrubensicherung).

Boden-klasse	Bezeichnung	Beschreibung	Auf-lockerungs-faktor	Böschungs-winkel der Baugrube
1	Oberboden (Muttererde)	oberste Bodenart (Humus; Gemisch verschiedener Bodenarten)	1,15	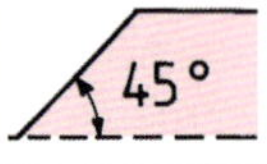
2	Fließende Bodenarten	flüssiger bis breiiger Boden	–	
3	Leichter Boden	vorw. nicht bindiger Boden mit geringen Beimengungen aus Ton/Schluff und Steinen	1,15	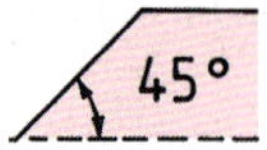
4	Mittelschwerer Boden	Bindiger Boden mit Sandanteilen	1,20–1,25	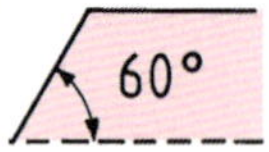
5	Schwerer Boden	Bindiger Boden mit Steinanteilen (über 6,3 cm)	1,30–1,35	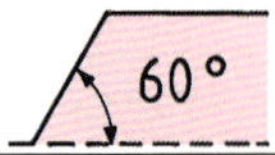
6	Leichter Fels	locker gelagerte Gesteine (brüchig oder verwittert)	1,35	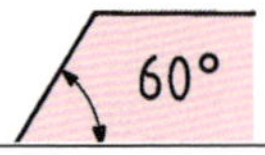
7	Schwerer Fels	fest gelagertes Gestein	1,45	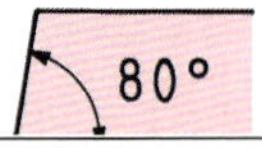

Bodenklassen werden künftig durch Homogenbereiche ersetzt. Hintergrund: Im August 2015 wurden u. a. die folgenden DIN-Normen mit Bezug zum Baugrund zurückgezogen und ersetzt:

DIN-Norm	Gewerk	alt	neu
DIN 18300	Erdarbeiten	18300:2012-09	18300:2015-08
DIN 18301	Bohrarbeiten	18301:2012-09	18301:2015-08

3 Erdarbeiten

Nach allen vorbereitenden Arbeiten (Planung, Vermessung, Baustelleneinrichtung u. a.) sind die Erdarbeiten die ersten sichtbaren praktischen Arbeiten am neuen Bauwerk. Unter Erdarbeiten versteht man den Aushub von Baugruben und Gräben, den Transport, das Lagern und den Einbau (Verfüllen) des Bodens.

Dies sind die gängigsten Erdbaumaschinen:

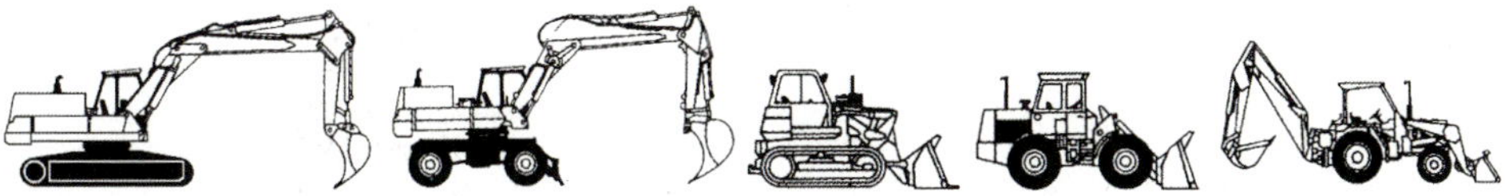

Raupenbagger Radbagger Laderaupe Radlader Mehrzweckmaschine

3.1 Baugruben

Die meisten Gebäude besitzen ein „Untergeschoss“ → meist Kellergeschoss. Dazu muss man „in die Erde“, d. h., man muss eine Baugrube ausheben.
Für das Ausheben von Baugruben gelten besondere **Regeln und Sicherheitsvorschriften.**

So darf eine Baugrube nicht aussehen!
⇒ *Hier sind einige Regeln und Vorschriften nicht beachtet worden.*

Tipp:
Wenn Sie die folgenden 6 Regeln gelesen haben, werden Sie die Fehler leicht finden.

Was muss beim Anlegen von Baugruben und Gräben beachtet werden?

1. **Baugruben** müssen ab einer bestimmten Tiefe **abgeböscht** werden!

Bis **1,25 m** Baugrubentiefe:	Bis **1,75 m** Baugrubentiefe:	Ab **1,75 m** Baugrubentiefe:
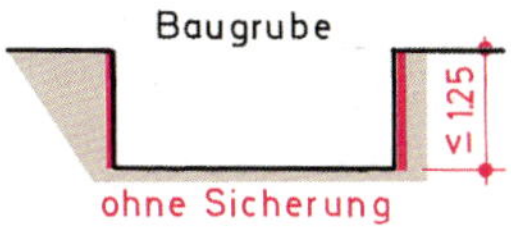	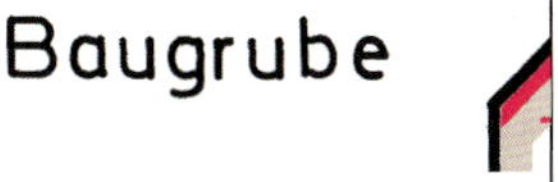	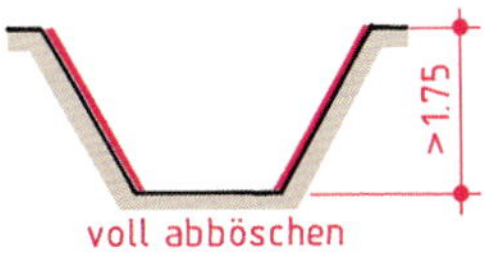
→ **Keine Absicherung nötig**	→ **Oberen Teil** (über 1,25 m) **abböschen oder verbauen**	→ **In voller Höhe abböschen**

2. **Sicherheitsstreifen:** **60 cm** mindestens hierfür hinter der Baugrube freihalten
3. **Abböschen:** vorgeschrieben ab bestimmten Tiefen *(→ siehe Punkt 1)*
4. **Neigung der Böschung:** = Böschungswinkel → richtet sich nach der Bodenart
5. **Arbeitsraum:** **50 cm** dafür freihalten – rund um das Bauwerk!
6. **Baugrubensohle:** eben und waagerecht muss sie unbedingt sein.

Frage: Welche Regeln wurden auf dem Bild mit Sicherheit missachtet?

So müsste eine Baugrubenecke für ein unterkellertes Gebäude vorschriftsmäßig aussehen!

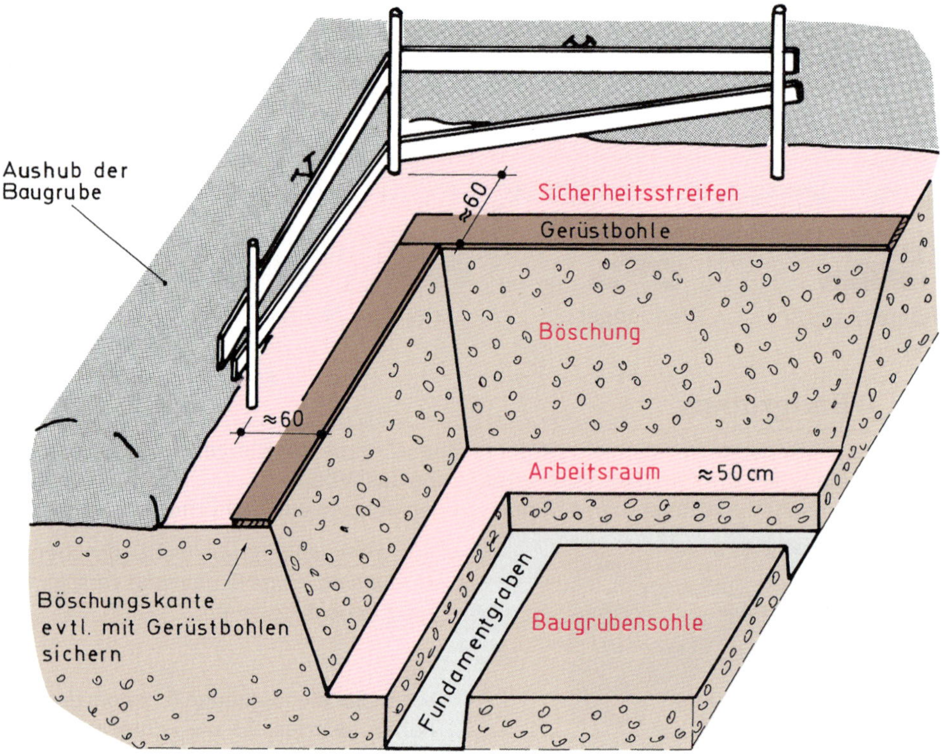

Weitere Vorschriften für Baugruben sind:

- Reicht der vorhandene Grundstücksplatz für das Abböschen nicht aus, dann Baugrube durch Verbau sichern (z. B. Bohlen, Kanthölzer, Spindeln oder Verbaugeräte).
- Baugrubensohle vor Durchnässen schützen (z. B. Rinne, Pumpensumpf und Dränage).
- Verfüllen der Bautiefe erst dann, wenn die Kellerwände durch Kellerdecke und Wände ausgesteift und die Abdichtung aufgetragen wurde.
- Vor dem Verfüllen Arbeitsraum säubern (z. B. Schutt, Folie, Holzreste etc. entfernen).
- Das Verfüllen lagenweise vornehmen und jeweils sorgfältig verdichten. Verdichtungsgeräte sind: Walzen, Handstampfgeräte und Plattenrüttler.

Wie wird die Neigung der Böschung (Böschungswinkel) bestimmt?

Der Böschungswinkel ist von der Bodenart abhängig. Die Böschungsbreite *b* ist von der Bodenklasse und von der Baugrubentiefe *t* abhängig und muss jeweils berechnet werden.

Eine Hilfe hierzu bietet die Übersicht auf der nächsten Seite.

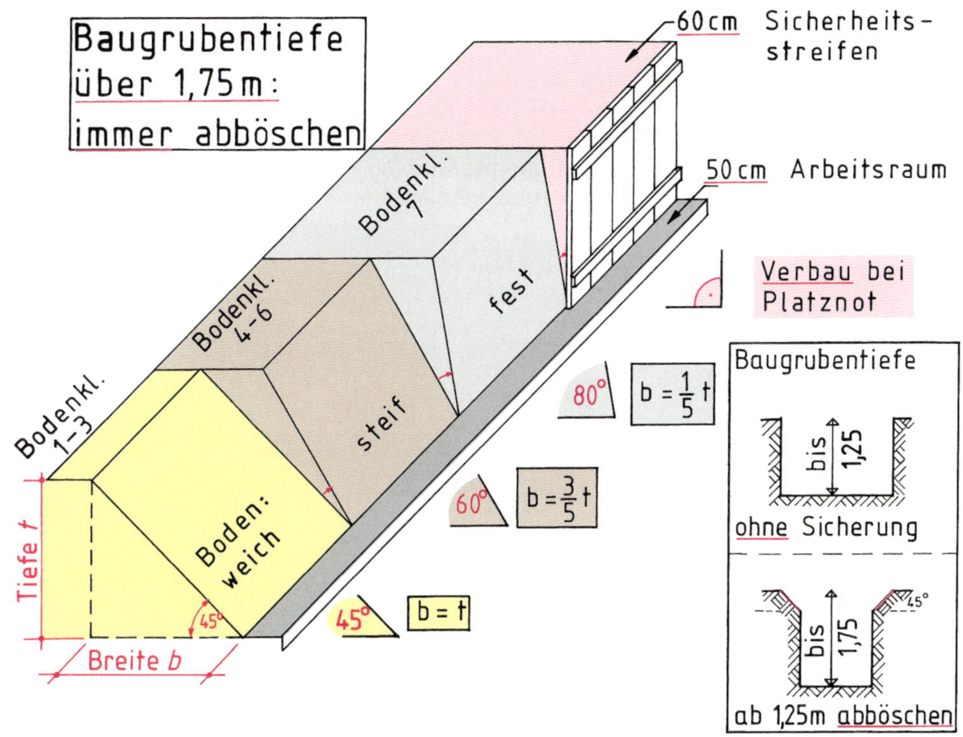

Berechnungsbeispiele:

Weicher Boden Bodenklasse 1–3	**Steifer** Boden Bodenklasse 4–6	**Fester** Boden Bodenklasse 7
Böschungswinkel: 45°	Böschungswinkel: 60°	Böschungswinkel: 80°
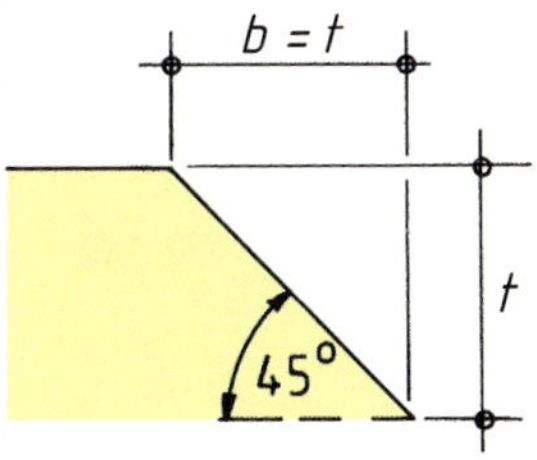	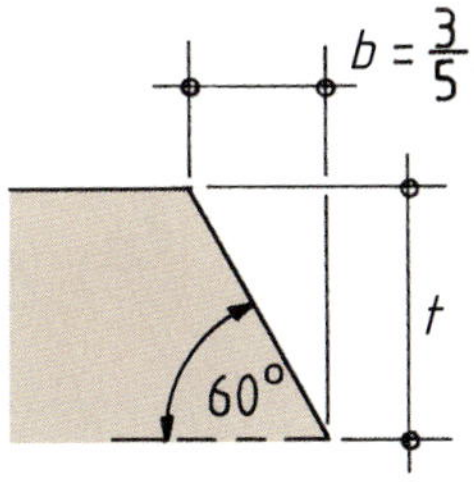	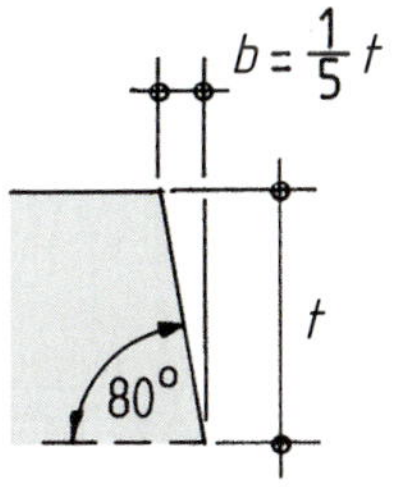
Beispiel: Baugrubentiefe t = 2,00 m Böschungsbreite b = ? $b = t$ = <u>2,00 m</u>	**Beispiel:** Baugrubentiefe t = 2,00 m Böschungsbreite b = ? $b \; \frac{3}{5} \cdot t = \frac{3}{5} \cdot 2{,}00\ \text{m} = \underline{1{,}20\ \text{m}}$	**Beispiel:** Baugrubentiefe t = 2,00 m Böschungsbreite b = ? $b \approx \frac{1}{5} \cdot t = \frac{1}{5} \cdot 2{,}00\ \text{m} = \underline{0{,}40\ \text{m}}$

A – Ma *Aufgaben zur Berechnung von Böschungswinkel und Baugrube finden Sie im Arbeitsheft, Blatt 16, 17.*

A – TK *Baugruben sind auch zeichnerisch darzustellen. Eine Einführung und Übungen finden Sie im Arbeitsheft, Blatt 18, 19.*

A – Ma *Berechnungsaufgaben zum Erdaushub von Baugruben finden Sie im Arbeitsheft, Blatt 20, 21.*

3.1.1 Wasserhaltung in Baugruben

Baugruben müssen trocken gehalten werden.

Es darf möglichst kein Oberflächenwasser und besonders kein Grundwasser in die Baugrube eindringen. ⇒ Einsturz der Baugrubenwände oder Abrutschen der Böschung. Maßnahmen zur Trockenhaltung der Baugrube werden unter dem Fachbegriff „Wasserhaltung“ zusammengefasst.

Welche Möglichkeiten der Wasserhaltung werden verwendet?

Wasserhaltung

wird unterschieden in:

Offene Wasserhaltung

angewendet, wenn:

Grundwasserspiegel: **niedrig**

Das Wasser wird **in** der Baugrube in Rinnen oder Dränleitungen zum Pumpensumpf geführt und dort abgesaugt.

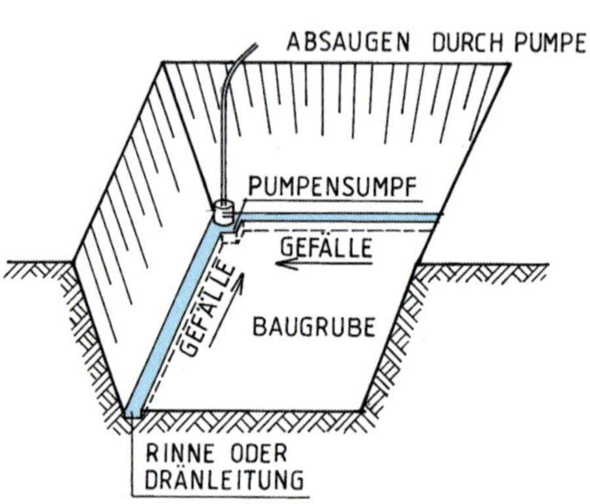

Grundwasserabsenkung

angewendet, wenn:

Grundwasserspiegel: **hoch**

Das Grundwasser wird **vor** der Baugrube mithilfe von Saugrohren, Ringleitungen und Pumpen um **mindestens 50 cm** unter die Baugrubensohle abgesenkt.

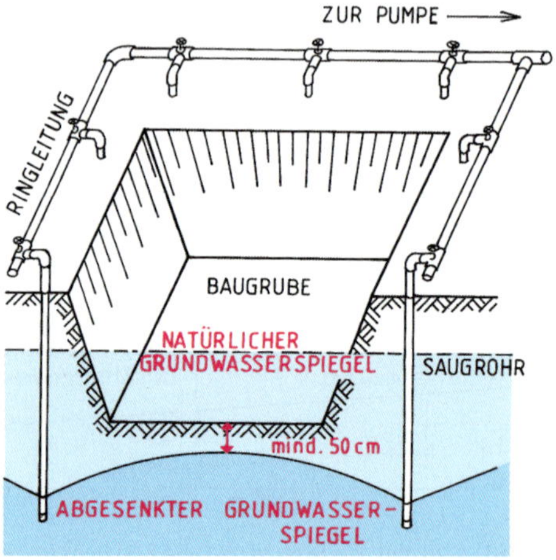

3.2 Gräben

Das Grabenprofil zum Einbau einer Leitung richtet sich nach folgenden Kriterien:
- Durchmesser der Leitung oder des Kanals
- Verlegetiefe einschl. Bettung des Rohres
- Mindestbreite des Arbeitsraumes
- Verbaustärke oder unverbaut
- Bodenart/Bodenklasse

Bezeichnungen zur Berechnung eines Grabenaushubprofils:

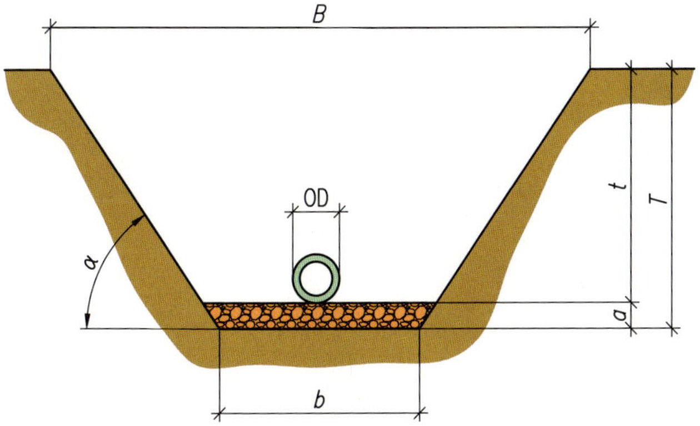

B = Gesamtbreite

T = Gesamttiefe

a = Bettungszone

t = Verlegetiefe

α = Böschungswinkel

b = Arbeitsraumbreite

Mindestgrabenbreite nach DIN EN 1610

DN	Mindestgrabenbreite (OD + *x*) in m		
	verbauter Graben	unverbauter Graben	
		β > 60°	β ≤ 60°
≤ 225	OD + 0,40	OD + 0,40	
> 225 bis 350	OD + 0,50	OD + 0,50	OD + 0,40
> 350 bis 700	OD + 0,70	OD + 0,70	OD + 0,40
> 700 bis 1 200	OD + 0,85	OD + 0,85	OD + 0,40
> 1 200	OD + 1,00	OD + 1,00	OD + 0,40

3.2.1 Verbausysteme

In unseren Städten sind abgeböschte Baugruben und Gräben aus Platzmangel kaum noch möglich. Hier kann nur durch **Verbau** (d. h. Sicherung der senkrechten Wände) Abhilfe geschaffen werden.

Der Einsatz von **Verbaugeräten** (bei einem Graben) sieht so aus:

Schweres Verbaugerät

So ist der Arbeitsablauf:

1. 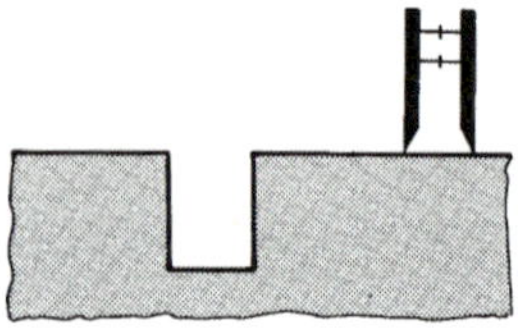 Aushub des Grabens mit Bagger	**2.** 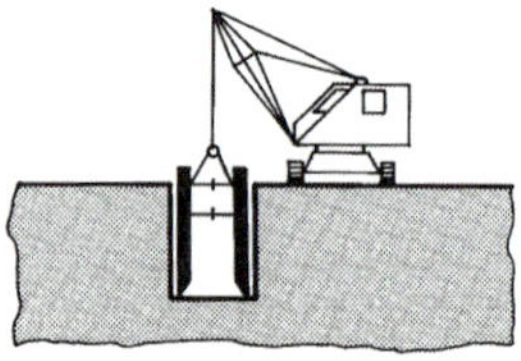 Einbau des Verbaugerätes
3. 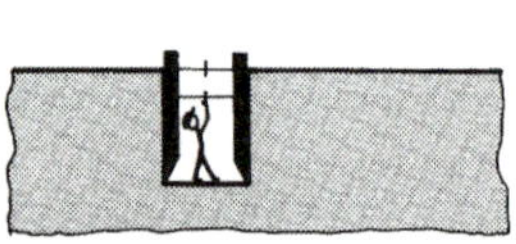 Anpressen der Verbauplatten an die Grabenwände	**4.** 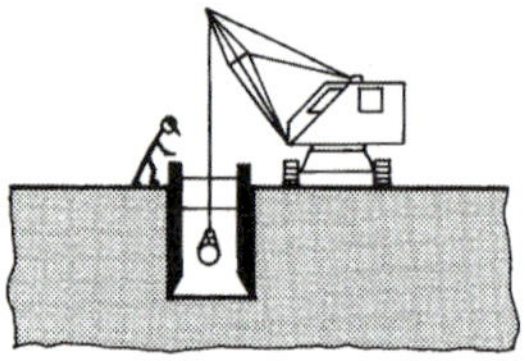 Beginn der Rohrverlegung

- Bei einer Grabenbreite über 80 cm ist oben ein Laufsteg (60 cm) erforderlich.
- Gräben mit einer Tiefe über 1,25 m dürfen nur über Leitern oder Treppen betreten werden.

Das **Verfüllen des Grabens** erfolgt durch lagenweises Einbringen und Verdichten des Bodens.

3.3 Umweltschutz bei Erdarbeiten

Bei Erdarbeiten wird die Erdoberfläche „verändert". Beschädigungen an Bäumen und Erdreich sind nicht auszuschließen ⇒ z. B. Bodenverdichtung durch Baufahrzeuge, Grundwasserabsenkung, Bodenverunreinigungen u. Ä.
Zum Schutz der Umwelt sind daher bestimmte Auflagen zu beachten, hier **Baumschutz**:
⇒ Spielt bei Erdarbeiten eine wichtige Rolle.

– Bäume im Wurzelbereich möglichst mit einem Zaun umgeben (Fahrverbot). mindestens jedoch: – Schutz des Stammes durch „Umwicklung" mit Brettern (Nicht annageln, sondern anbinden!)	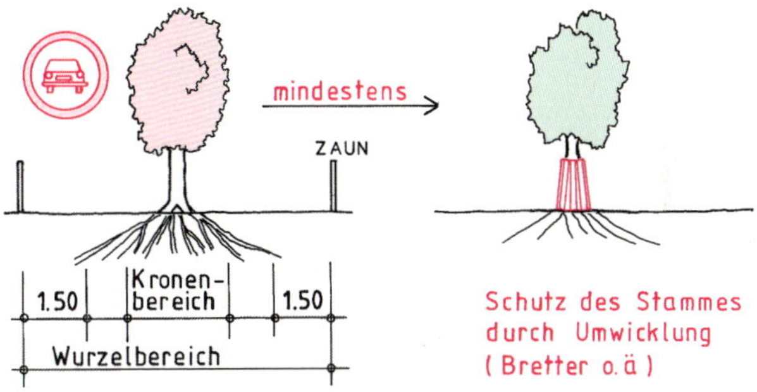
– Im Wurzelbereich keine Baustoffe lagern. höchstens jedoch: – Lagerung auf Paletten, aber nur kurzfristig	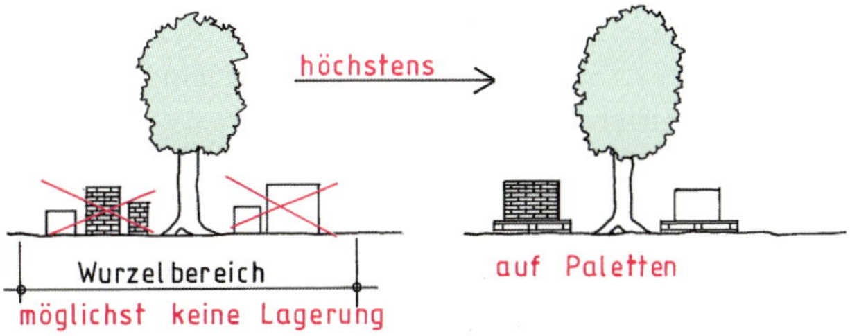
Baugrubenabstand von Bäumen mindestens 2,50 m (ohne Sicherheitsstreifen)	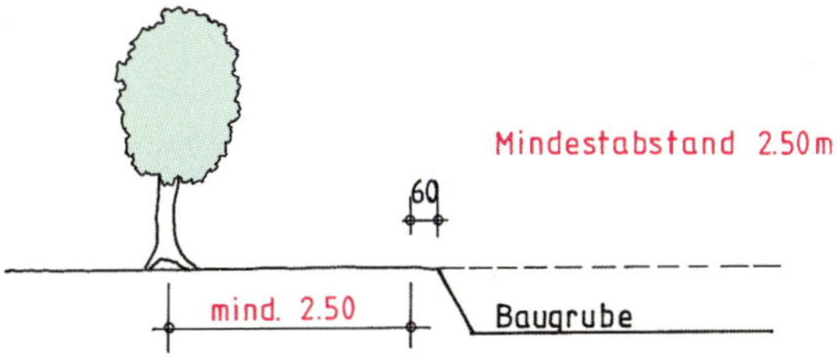

bei Gräben: Gräben im Wurzelbereich in Handarbeit „graben".	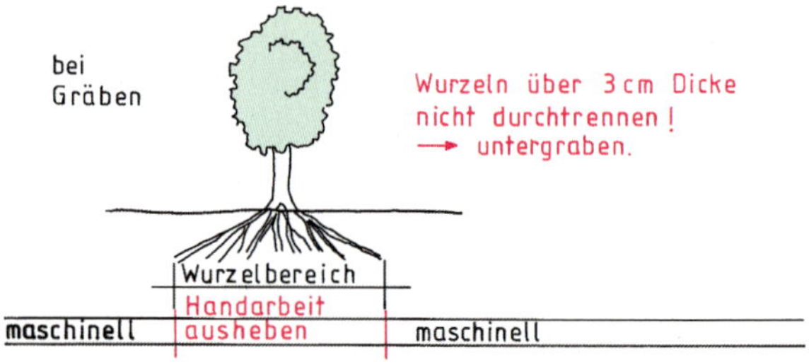
bei Grundwasser-absenkung	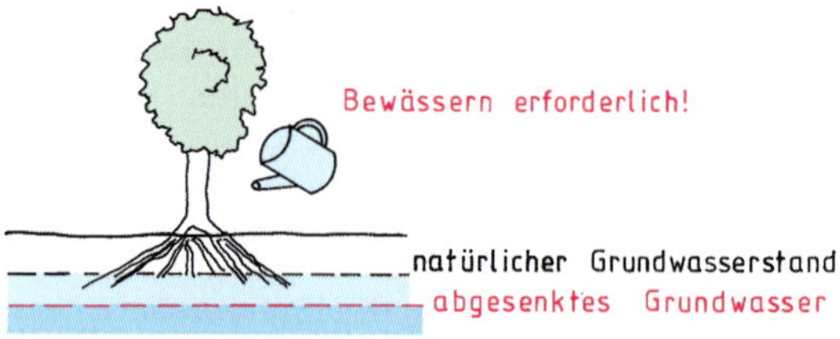

Zusammenfassung von Kapitel 2 und 3:

Erdarbeiten

- Böden unterscheidet man nach dem Arbeitsaufwand für das Lösen (= Ausheben) in **7 Bodenklassen.**
- Bei Baugruben und Gräben ist ein oberer **Sicherheitsstreifen** von 60 cm einzuhalten.
- Bei Baugruben ist ein **Arbeitsraum** von 50 cm einzuhalten.
- Je nach Bodenart sind verschiedene **Böschungswinkel** einzuhalten.
- **Baugruben und Gräben** müssen bis 1,25 m Tiefe nicht, bis 1,75 m Tiefe teilweise und über 1,75 m Tiefe vollständig gegen Einsturz gesichert werden. Dies geschieht durch Böschungen und/oder Verbau.
- **Wasserhaltung** ist die Trockenhaltung der Baugrube. Man unterscheidet offene Wasserhaltung und Grundwasserabsenkung.
- Die Breite von Rohrgräben richtet sich nach dem Rohrdurchmesser, der Grabensicherung und der Tiefe des Grabens.
- Baugruben können durch Stützwände verbaut werden. **Gräben** werden in der Regel durch Verbaugeräte gesichert.

A – Te *Aufgaben zur Wiederholung finden Sie im Arbeitsheft, Blatt 22.*

T *Einen Test zum Lernabschnitt „Baugrund, Baugruben und Gräben" → Arbeitsheft, Blatt 23, 24.*

Testen Sie sich • Testen Sie sich

Nennen Sie ...

1. die Einteilung der Bodenklassen.
2. mindestens drei Sicherheitsregeln, die bei Baugruben und Gräben einzuhalten sind.
3. die beiden Punkte, die beim Verfüllen der Baugrube zu berücksichtigen sind.
4. die Mindestgrabenbreite für einen verbauten Graben bei einem Rohrdurchmesser von 60 cm und einer Grabentiefe von 2,60 m.

4 Gründungen

Um alle Lasten und Kräfte, die auf ein Bauwerk wirken, einwandfrei in das Erdreich abzuleiten, müssen die Bauwerke sicher mit dem Baugrund verbunden werden. Das nennt man „Gründung"!
Von großer Bedeutung sind hierbei die „Verbindungsstücke" zwischen Bauwerk und Baugrund: die Fundamente.

4.1 Die Aufgaben der Fundamente

Fundamente haben die Aufgabe, die Bauwerkslasten **sicher und gleichmäßig** auf den Baugrund zu übertragen.

Sicher und gleichmäßig können die Bauwerkslasten nur an den Baugrund abgeleitet werden, wenn:

1. die Fundamentabmessungen ausreichend groß sind.
2. die Fundamente frostfrei bis auf eine Tiefe von 80 cm bis 1,20 m gegründet werden.

Um uns das Prinzip der Lastübertragung zu verdeutlichen, hier ein **Beispiel**:

Baustatik	
Lastübertragung bei einem Damenschuh!  Die Last wirkt auf die Fläche von **1 Karo**! Folge: **Große** Druckspannung	Lastübertragung bei einem Herrenschuh! 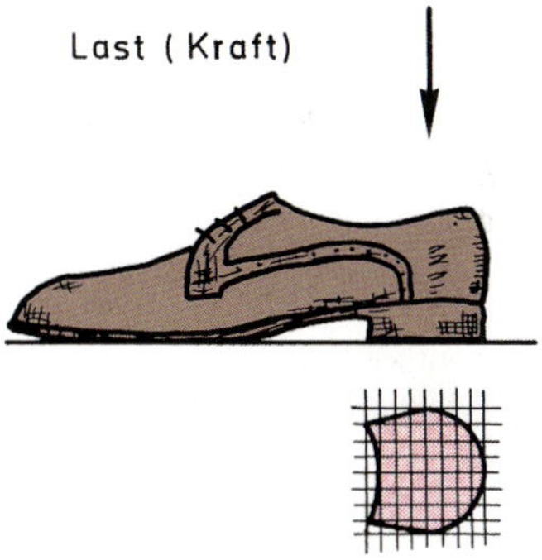 Die Last wirkt auf die Fläche von **ca. 36 Karos**! Folge: **Kleine** Druckspannung
Was können wir daraus ableiten?	
Je **kleiner** die Fläche, desto **größer** die Druckspannungen.	Je **größer** die Fläche, desto **geringer** die Druckspannungen.

Und welche Bedeutung haben diese Erkenntnisse für die Fundamente?

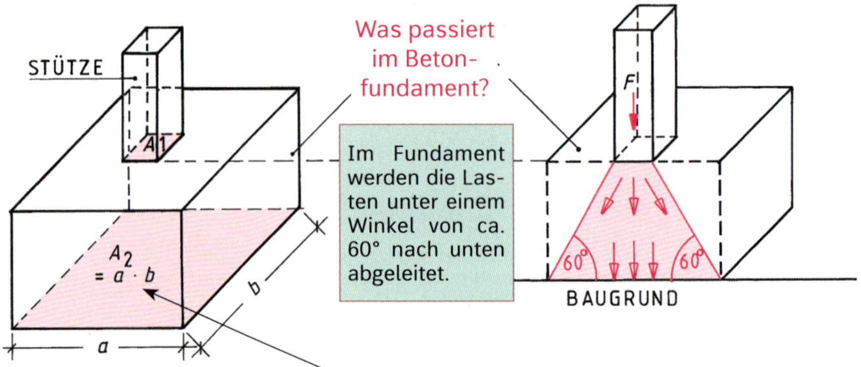

Eine Stütze steht auf einem Fundament. Ihre Fläche $\boldsymbol{A_1}$ ist **klein** die **Druckspannung** also **groß**.
Der Fundamentbeton hat eine hohe Druckfestigkeit und kann daher diese Druckspannungen **sicher** aufnehmen.

An der Fundamentunterkante verteilt sich die Bauwerkslast auf die **große** Fläche $\boldsymbol{A_2}$ die **Druckspannung** ist also **klein**.
Das ist gut, denn ...

Auf den Baugrund wirkt jetzt auch nur noch eine kleine Druckspannung und die kann er jetzt sicher aufnehmen.

Daher gilt:

Fundamente vergrößern die Druckfläche. Dadurch können die Bauwerklasten sicher und gleichmäßig übertragen werden.

Merke:

Von den richtigen Fundamentabmessungen hängt die Standfestigkeit des Bauwerks ab.

Welche weiteren Anforderungen werden an die Fundamente gestellt?

Die Fundamentsohle muss eben und frostfrei sein. Die Kraft muss senkrecht auftreffen.
⇒ Dadurch werden ungleichmäßige Setzungen und evtl. Grundbruch verhindert.

so nicht:

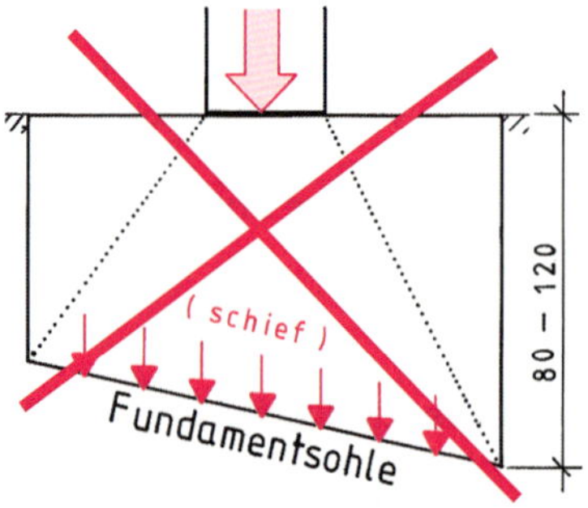

sondern so:

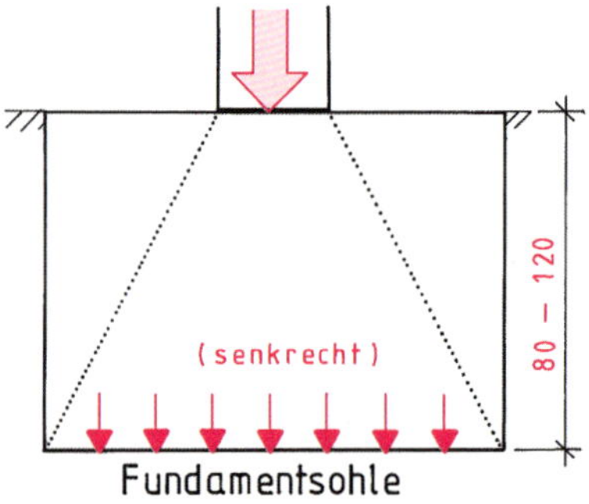

4.2 Die Arten der Gründungen

Je nach Tragfähigkeit des Baugrundes sind unterschiedliche Gründungsarten nötig.

Gründungen

werden eingeteilt in:

Flächengründungen	**Tiefgründungen**
Kennzeichen: Die Bauwerkslasten werden <u>direkt</u> auf den tragfähigen Baugrund übertragen.	Kennzeichen: Die Bauwerkslasten werden <u>über Pfähle</u> auf tiefer gelegenen, tragfähigen Baugrund übertragen.

Flächengründungen sind:

- Streifenfundamente
  (z. B. unter tragenden Wänden)
- Einzelfundamente
  (z. B. unter Stützen)
- Plattenfundamente
  (z. B. unter dem ganzen Bauwerk)
- Wannengründungen
  (z. B. bei Untergeschossen)

Tiefgründungen sind:

- Pfahlgründungen
  (z. B. durch Rammpfähle)
- Brunnengründungen
  (z. B. durch Brunnenrohre)
- Druckluftgründungen
  (z. B. durch Senkkästen)

4.2.1 Flächengründungen

Voraussetzung hierfür ist, dass **<u>ausreichend tragfähiger Baugrund</u>** an der Fundamentsohle vorhanden ist.

<u>1. Streifenfundamente:</u>

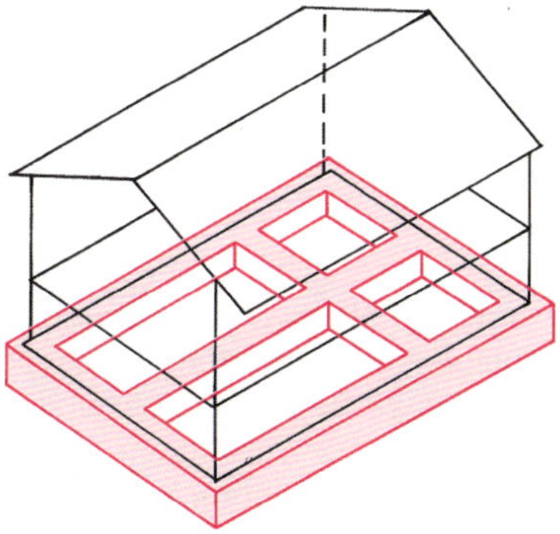

Streifenfundamente unter einem Haus z. B. immer unter den tragenden Wänden

Breitere Streifenfundamente werden meist geschalt.

Über Streifenfundamente sollen Sie wissen:

- Alle Gräben für die Fundamente **maßgenau** ausheben.

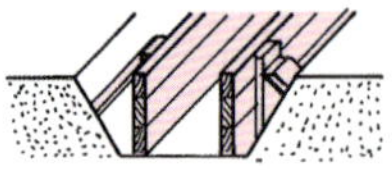	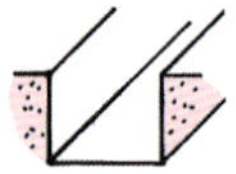	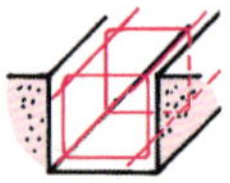	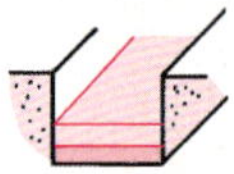
Schalen bei lockerem Boden	Nicht Schalen bei festem Boden	Einbau von Bewehrung ist möglich	Beton lagenweise einbringen, verdichten u. eben abziehen

2. Einzelfundamente:

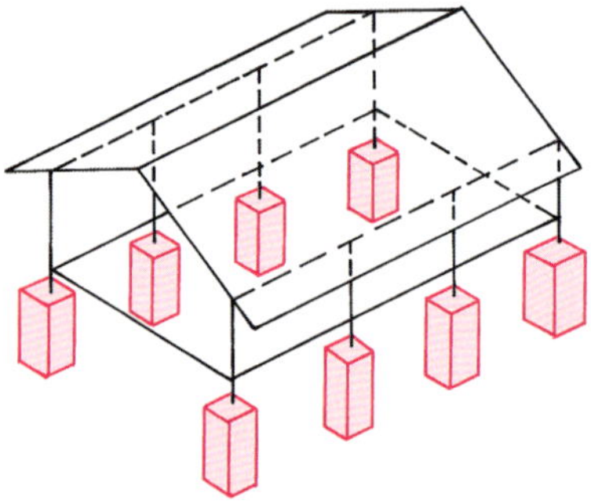

Einzelfundamente werden z. B. unter tragenden Stützen angeordnet.

Einzelfundamente werden geschalt, meist bewehrt und der Stützenanschluss vorbereitet.

Über Einzelfundamente sollten Sie wissen:

- Einzelfundamente sind in der Regel bewehrt.
- Die Betongüte ist höher als bei Streifenfundamenten.
- Sauberkeitsschicht unter dem Fundament anlegen.

	Ausführungsformen können so aussehen:		
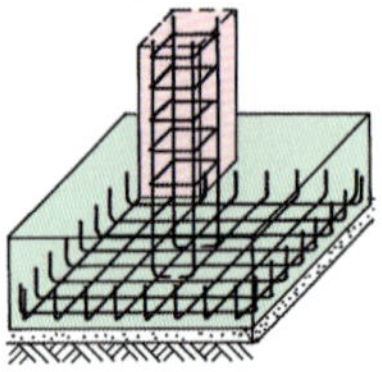 *So könnte ein bewehrtes Einzelfundament mit Stützenanschluss aussehen.*	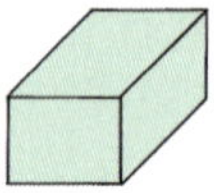 Blockfundament	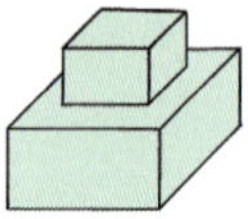 Abgetrenntes Fundament (Köcherfundament)	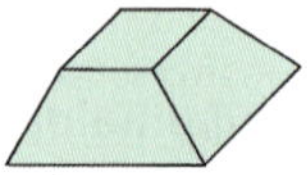 Abgeschrägtes Fundament

3. Plattenfundament:

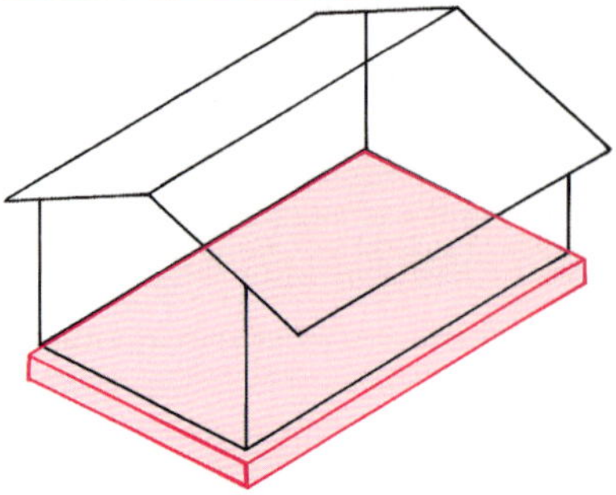

- Anwendung: Wenn der Baugrund aus verschiedenen Bodenarten besteht oder eine zu geringe Tragfähigkeit besitzt.
- Ausführung: Die gesamte Bauwerksfläche wird mit einer mindestens 20 cm dicken Stahlbetonplatte versehen.

Die Bewehrung in einem Plattenfundament.

Die Ränder der Fundamentplatte werden eingeschalt.

4. Wannengründungen:

- Anwendung: Wenn der Baugrund nicht nur aus verschiedenen Bodenarten besteht, sondern auch hoher seitlicher Druck (z. B. bei Gebäuden, die im Grundwasser stehen) auf das Bauwerk einwirkt.
- Ausführung: Fundamentplatte, Wände und evtl. Decke(n) sind eine Einheit. Sie sind fest miteinander verbunden und werden aus Stahlbeton hergestellt. Sie bilden eine Wanne.

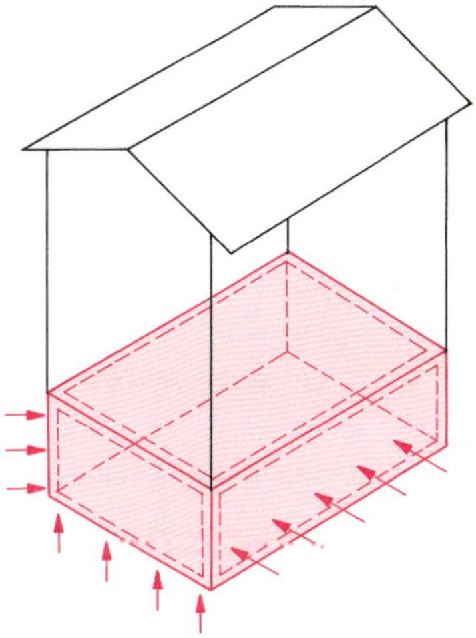

4.2.2 Tiefgründungen

Voraussetzungen hierfür sind, dass unter dem Bauwerk **kein tragfähiger Baugrund** vorhanden ist, sondern sich erst in größerer Tiefe vorfindet.
Wir unterscheiden Pfahl-, Brunnen- und Druckluftgründungen.

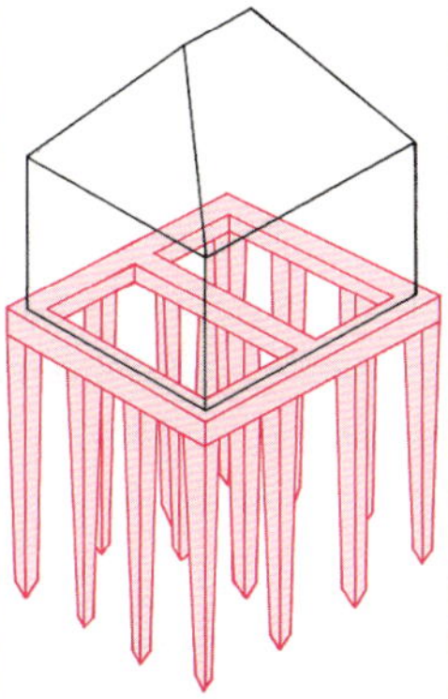

Pfahlgründung

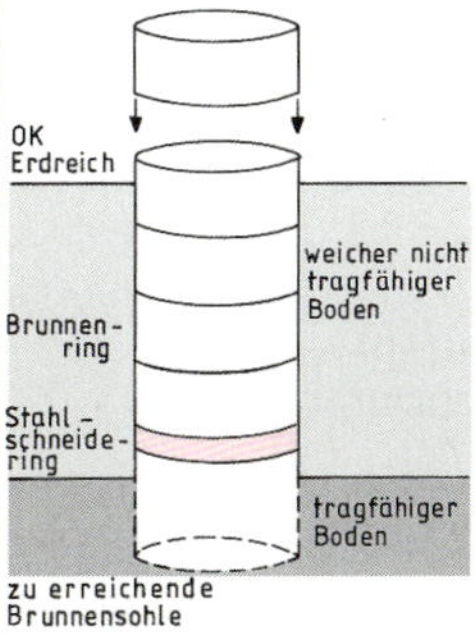

Brunnengründung

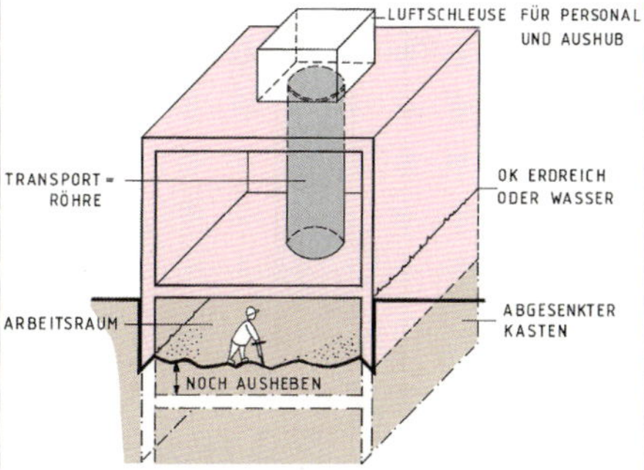

Druckluftgründung

Tiefgründungen sind Sache der „Tiefbauspezialisten“ → lernen diese in ihrer Fachstufenausbildung kennen.

A – Te *Aufgaben zur Wiederholung hierzu finden Sie im Arbeitsheft, Blatt 25.*

4.3 Herstellen von Gründungen

Am Beispiel „unseres“ Ferienhauses wollen wir zeigen, wie das geht.

Frage: Kann man anhand des Bildes die Fundamentarten festlegen?

→ *Das ist nicht einfach! Genaue Auskunft gibt der zugehörige Fundamentplan.*

Worüber muss ein Fundamentplan Auskunft geben?

- Fundamentarten mit Abmessungen
- Gesamtlängen mit Tiefe
- Besonderheiten
- möglichst eine Schnittdarstellung beifügen

Das ist der Fundamentplan für „unser“ Ferienhaus!

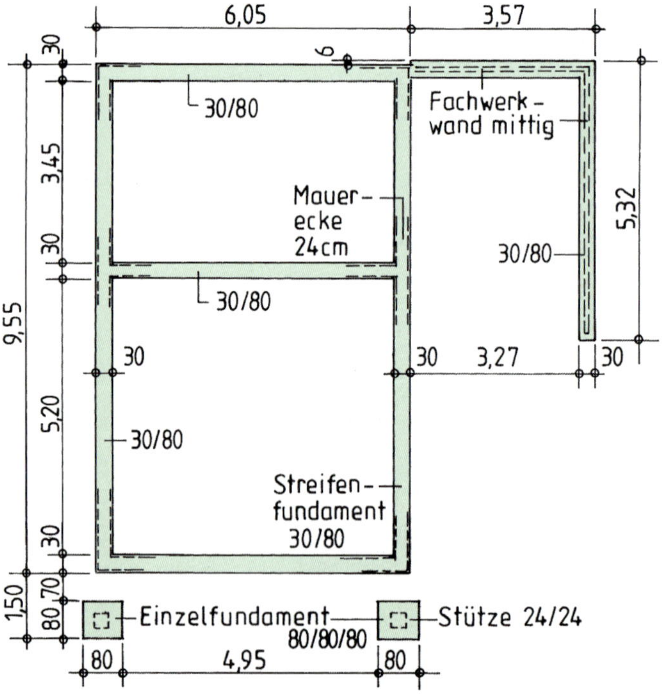

Und das ist der zugehörige **Schnitt** durch das Streifenfundament!

→ *Das, was für uns hier von Bedeutung ist, haben wir farbig angelegt.*

Der weitere Aufbau ist gestrichelt ⇒ darauf kommen wir später noch zurück.

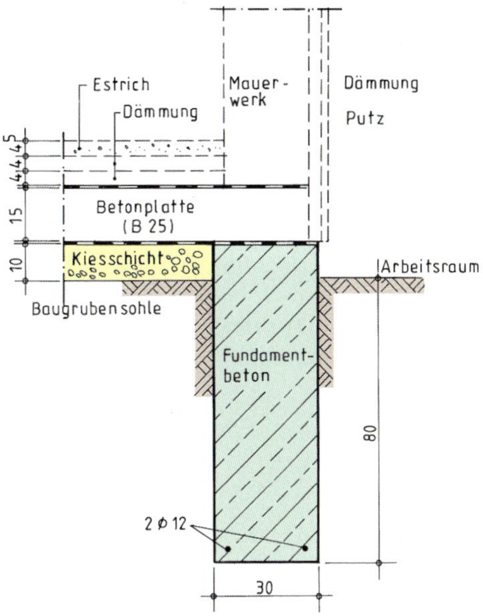

Was kann man aus dem Fundamentplan entnehmen?

1. Das Ferienhaus einschließlich Carport hat ein Streifenfundament von 30 cm Breite und 80 cm Tiefe. (30/80) → *dieses hat der Tragwerksplaner nach der Bodenuntersuchung so berechnet.*
2. Die Stützen auf der Terrasse haben Einzelfundamente 80 cm breit, 80 cm lang, 80 cm tief (80/80/80).
3. Zur „Verstärkung" der Streifenfundamente unter Außenwänden muss eine Ringankerbewehrung eingelegt werden → zwei Betonstäbe mit einem Durchmesser von 12 mm (2 ⌀ 12). Vorzugsweise sind Bewehrungskörbe einzusetzen.
4. Auf die Baugrubensohle wird eine 10 cm dicke Kiesschicht als Sperrschicht gegen Bodenfeuchtigkeit aufgebracht, bevor die Bodenplatte (Beton) betoniert wird.

Wie geht man nun „an die Arbeit" und stellt die Fundamente her?

1. Ausbaggern (oder Ausschachten) der Streifenfundamente *(30 cm breit, 80 cm tief)* und der beiden Einzelfundamente *(80 cm breit, 80 cm lang, 80 cm tief)*.
   Erde abfahren!
2. Rechts und links vom Fundamentgraben Kanthölzer oder Bretter *(10 cm hoch)* aufstellen und befestigen.

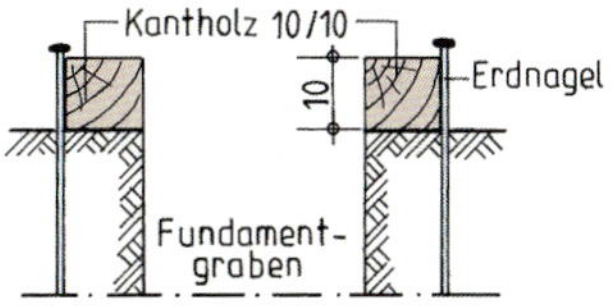

3. Einzelfundamente einschalen und bewehren.
   → *siehe hierzu im Lerngebiet „Beton- und Stahlbeton" die Lernabschnitte „Betonschalung" + „Betonbewehrung"*
4. Streifenfundamente bewehren *(zwei Betonstabstähle ⌀ 12 mm).*
   Fundamentbeton (C 12/15) einbringen und verdichten.
   → *was C 12/15 bedeutet, lernen Sie im Lerngebiet „Beton- und Stahlbeton"*
   Auf den Kanthölzern den Beton sauber abziehen!

5. Wenn der Beton erhärtet ist, Kiesschicht *(10 cm)* einbringen.

Später dann: Bodenplatte einschalen, bewehren, Folie auf Kiesschicht legen, Beton (C 20/25) einbringen, verdichten und nachbehandeln.
→ *Lernen Sie im Lernfeld „Beton und Stahlbeton" noch kennen.*

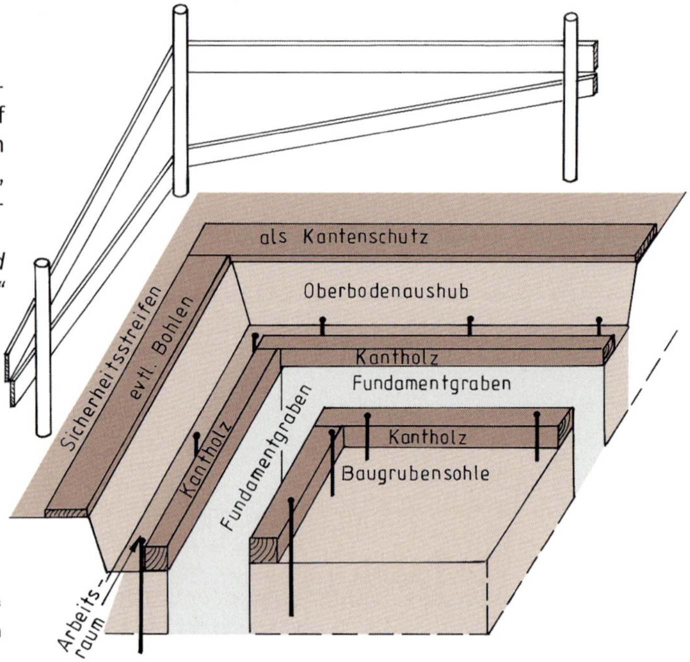

So sieht eine Ecke „unseres" Ferienhauses vor Einbringen des Fundamentbetons vorschriftsmäßig aus!

Zusammenfassung von Kapitel 4:

Gründungen

- **Fundamente** vergrößern die Druckfläche.
- Fundamente sollen die **Bauwerklasten** sicher und gleichmäßig auf den Baugrund übertragen.
- Fundamente müssen frostfrei gegründet sein.
- Die Fundamentsohle muss eben sein.
- **Gründungen** werden eingeteilt in Flächen- und Tiefgründungen.
- Streifenfundamente, Einzelfundamente, Platten- und Wannenfundamente sind Ausführungsarten der **Flächengründungen**. Die Bauwerklasten werden direkt auf den tragfähigen Baugrund übertragen.
- Pfahl-, Brunnen- und Druckluftgründungen sind Ausführungsarten der **Tiefgründungen**. Hierbei werden die Bauwerklasten vorwiegend über Pfähle auf den tiefer gelegenen tragfähigen Baugrund übertragen.

U – TK *Eine zeichnerische Aufgabe zu den Gründungen → Arbeitsheft, Blatt 26.*

Proj *Aufgaben zum Berechnen des Erdaushubes für Gründungen als Projekt finden Sie im Arbeitsheft, Blatt 27, 28.*

T *Und abschließend: Eine Vorbereitung auf eine mögliche Klassenarbeit zum Lernabschnitt „Gründungen" finden Sie im Arbeitsheft, Blatt 29, 30.*

5 Wasserversorgung und Entwässerung

Wasserversorgung = Zuführung von Trinkwasser

Entwässerung = Ableitung von Abwässern

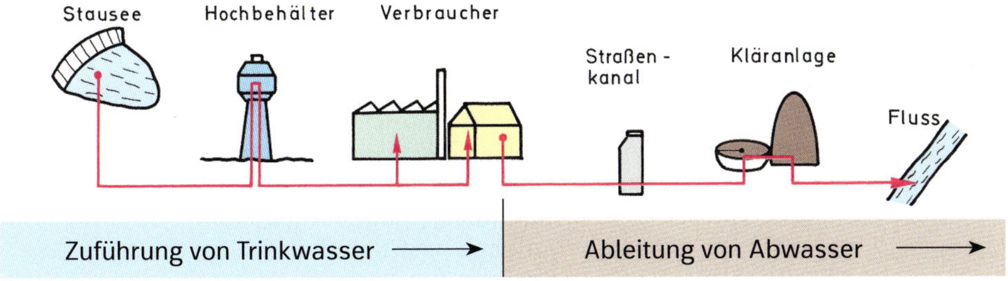

Die Ableitung des Abwassers macht größere Probleme als die Zuführung des Trinkwassers.

Entsorgt werden müssen alle Abwasserarten. Das sind:

⇒ 1. Schmutzwasser (verbrauchtes Wasser aus Industrie und Haushalt),
⇒ 2. Regenwasser (sog. Oberflächenwasser) und
⇒ 3. Dränwasser (Sickerwasser, das sich in der Dränage sammelt).

Für die Abwasserableitung gibt es zwei Verfahren:

Mischsystem	**Trennsystem**	
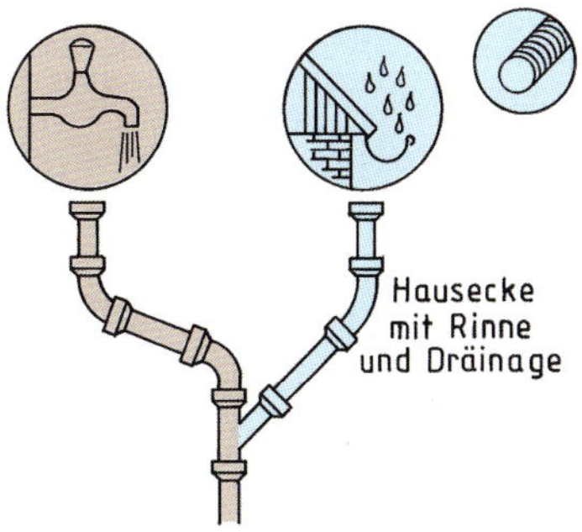	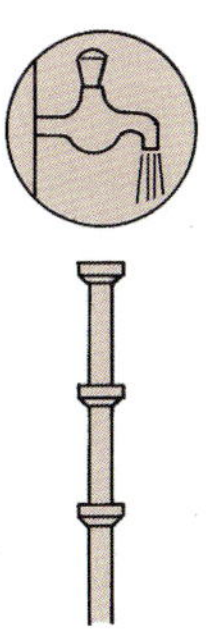	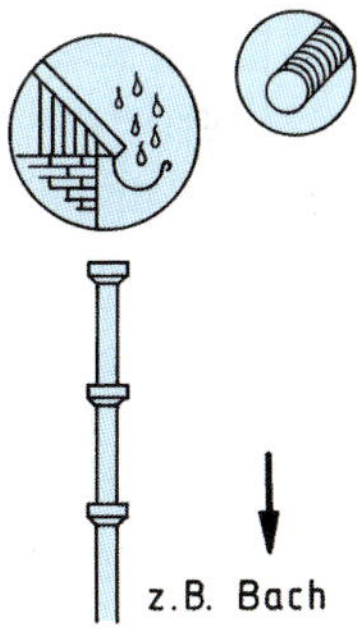
Gesamtes Abwasser in gemeinsamer Leitung zur Kläranlage.	Nur Schmutzwasser (*stark* verunreinigt) in eigener Leitung zur Kläranlage.	Nur Regen- und Dränwasser ungeklärt (*wenig* verunreinigt) in eigener Leitung zum nächsten Gewässer.

Welche Vor- und Nachteile haben die beiden Entwässerungssysteme?

Mischsystem:	Vorteile:	– Materialkosten klein (nur eine Leitung), – Montage- und Wartungskosten klein.
	Nachteile:	– Kläranlage muss neben dem Schmutzwasser auch noch Regen- und Dränwasser reinigen ⇒ zusätzliche Umweltbelastung, – hohe Kosten durch unnötige Klärung, – große Kläranlage erforderlich.

⇒ Wird wegen der vielen Nachteile heute kaum noch genehmigt.

Trennsystem:	Vorteile:	– Nur das Schmutzwasser wird gereinigt, – Kläranlagen werden optimal ausgenutzt, – Umweltbelastung geringer, – Wartungs- und Unterhaltskosten der Kläranlage geringer.
	Nachteile:	– Höhere Materialkosten (zwei Leitungen), – höhere Herstellungskosten.

⇒ Trotz der Nachteile heute das gängige Verfahren.

5.1 Entwässerungsleitungen

Wie sieht die Entwässerung eines Grundstückes im Einzelnen aus?

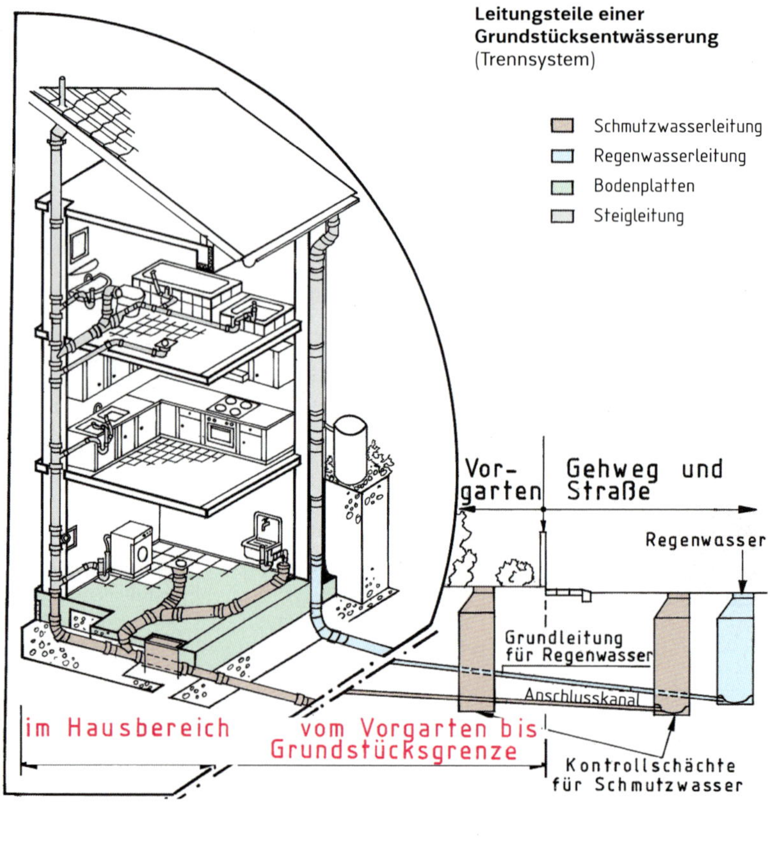

Merke:

Schmutzwasserleitungen und Regenwasserleitungen sind Grundleitungen. Das bedeutet, sie müssen vor dem Betonieren der Bodenplatte in der Erde verlegt und „eingebettet“ sein.

So sieht z. B. eine verlegte Grundleitung aus:

Welche Rohrmaterialien werden für Entwässerungsleitungen verwendet?

Hauptsächlich werden verwendet:

1. **Steinzeugrohre**
   → *vorw. für Grundleitungen und Anschlusskanäle*
2. **Kunststoffrohre**
   → *vorw. für Grundleitungen und Dränagen*
3. **Betonrohre**
   → *vorw. für Leitungen mit großem Durchmesser und Anschlusskanäle*

5.2 Rohrmaterialien

Merke:

Der Durchmesser von Rohrmaterialien wird als Nennweite bezeichnet und hat die Abkürzung **DN**. Wobei der Durchmesser innen als auch außen sein kann.

Beispiel: *DN 125 bedeutet: Rohrdurchmesser von 125 mm.*
→ Die einzelnen Rohrmaterialien lernen Sie in der Praxis kennen, daher das Wichtigste in Schlagworten.

5.2.1 Steinzeugrohre

Steinzeugrohre sind grobkeramische Erzeugnisse, hergestellt aus Ton und Schamotte, evtl. noch glasiert.

- Grundleitungen mit DN 100 bis DN 800 möglich
- Formstücke gibt es als Abzweige, Bögen, Übergangsstücke (→ von einer kleineren zur größeren Nennweite)
- Muffenabdichtung durch Steckmuffen

Für Grundleitungen werden weiterhin benötigt:

- Übergangsringe ⇒ bei Übergangsstücken und zur Verbindung mit Kunststoffrohren,
- Manschettendichtungen ⇒ für die Verbindung von zwei Rohrenden,
- Anschlussringe ⇒ zur Verbindung mit Reinigungsrohren,
- Schneidring ⇒ zum Kürzen der Steinzeugrohre

Übergangsring

Anschlussring

Manschettendichtung

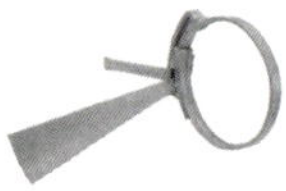

Schneidring

5.2.2 Kunststoffrohre

Kunststoffrohre sind als KG-Rohre (KG = Kanalgrundleitung) und Dränrohre für den Rohrleitungsbau im Handel. Sie bestehen aus Hart-PVC.

Eigenschaften: geringes Gewicht, leicht zu verlegen, Ablängen durch Sägen, chemisch beständig

Nennweiten: DN 100–DN 500

Rohrlängen: 0,50–5,00 m

Dichtungsart: Rollringe

Formstücke: gibt es als Bögen, Abzweige, Übergangsrohre, Reinigungsrohre, Anschlussstücke (für andere Rohrmaterialien)

So werden KG-Rohre miteinander verbunden und abgedichtet

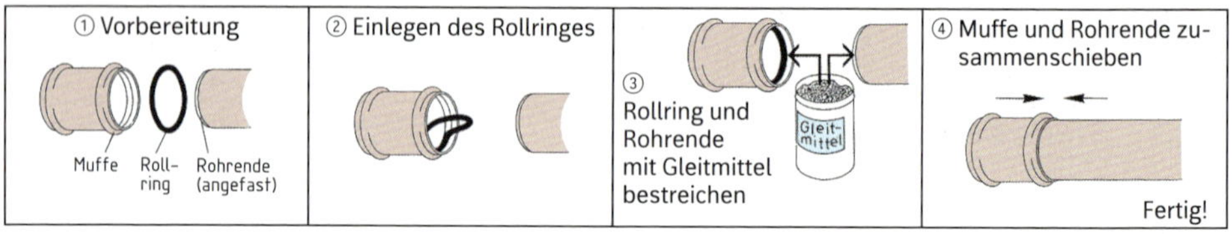

5.2.3 Betonrohre

Herstellung: Als unbewehrter oder bewehrter Beton mit rundem oder eiförmigem Querschnitt.

Eigenschaften: Hohe Festigkeit, nicht säurebeständig, daher teilweise keramikverkleidet.

Rohrgrößen: DN 100–1800

Dichtungsarten: Rollring – oder Gleitringdichtung.

5.3 Der Entwässerungsplan

Die Haus- und Grundstücksentwässerung kann nicht willkürlich hergestellt werden. Sie muss vor **Baubeginn** festgelegt, in einem Entwässerungsplan festgehalten und den Baueingabeplänen des Architekten beigefügt werden.

In solch einem Entwässerungsplan müssen festgehalten werden:

- alle wichtigen Grundleitungen
- der Verlauf der Grundleitungen und der Anschlusskanäle
- die Art des Abwassers

So könnte eine Entwässerung aussehen (hier „zusammengedrängt"):

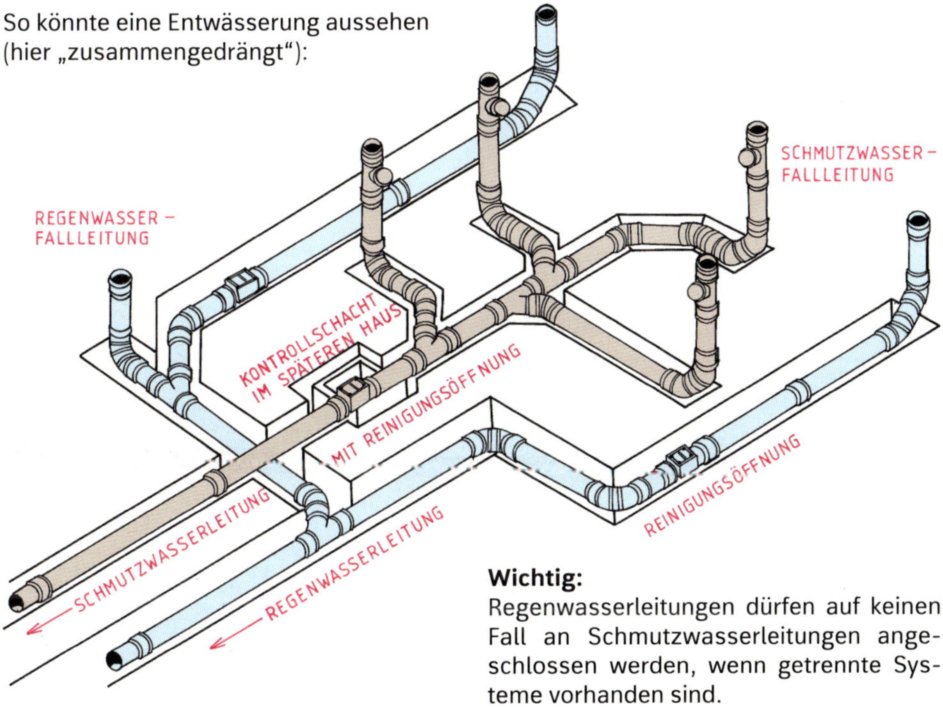

Wichtig:
Regenwasserleitungen dürfen auf keinen Fall an Schmutzwasserleitungen angeschlossen werden, wenn getrennte Systeme vorhanden sind.

Solch ein Verlauf der Grundleitungen muss nun „im Plan" überschaubar sein!
Dazu merken wir uns:

Leitungen zu den geplanten Wänden: möglichst parallel oder im Winkel von 45°.	45°
Gefälle für Regenwasserleitungen: ≥ 1 %, Gefälle für sonstiges Wasser: 1 – 2 %.	1 %
Dränage wird nicht dargestellt, nur vermerkt	z. B.: (Dränage ringsum ⌀ 100)

So könnte der Entwässerungsplan für „unser“ Ferienhaus aussehen!

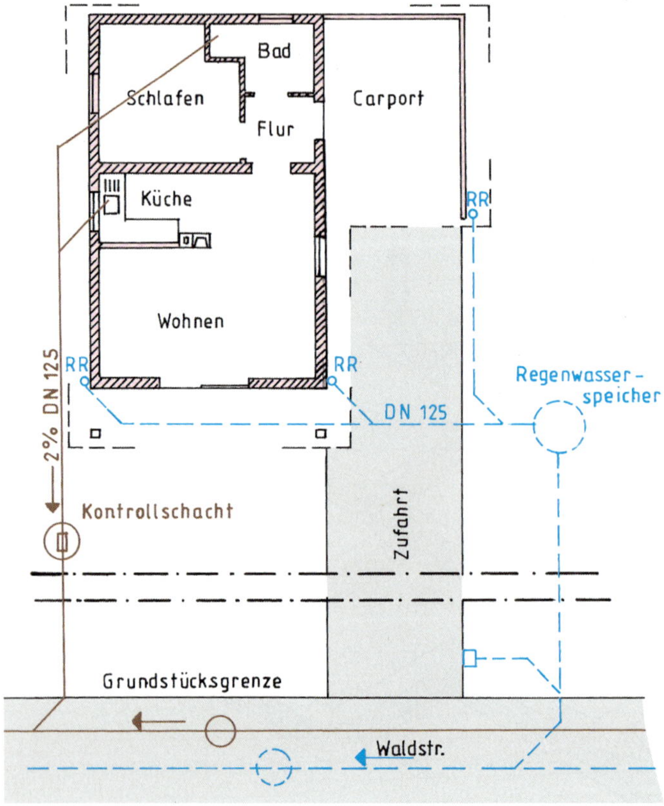

Diese Zeichen/Symbole gelten für die Entwässerung:

→ *In „unserem“ Entwässerungsplan finden Sie nur einige davon.*

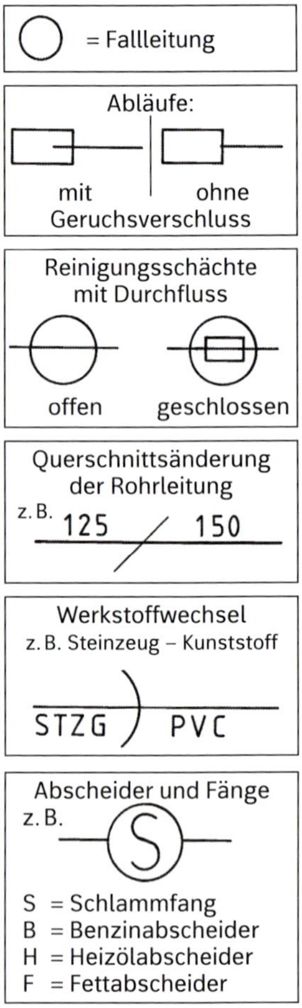

5.4 Regenwasserspeicherung

Trinkwasser ist ein knapp gewordenes „Lebensmittel“ und daher zu schade für Gartenbewässerung, Hofreinigung, Waschen oder Toilettenspülung.
Grundstücksbesitzer können auf Dauer viel Geld sparen, wenn sie Regenwasser speichern und hierfür verwenden.

Regenwasserspeicherung – Worauf muss man achten?

Die einfachste Möglichkeit, z. B. Regenwasser zum Gießen zu haben, ist die Regentonne. Wer mehr sparen möchte, baut eine Speicherung, die etwa so aussieht.

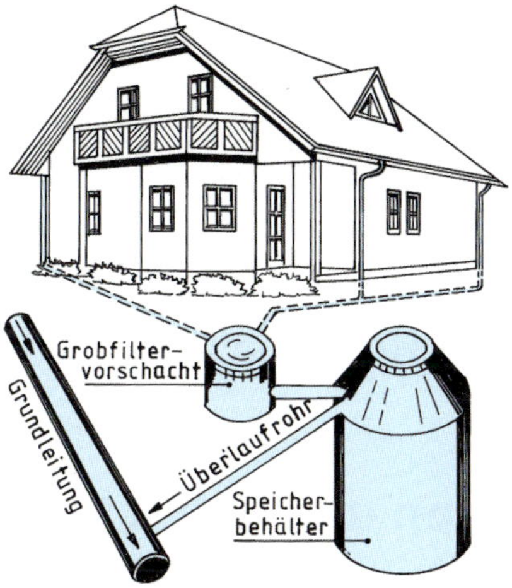

Regenwasser wird über einen Grobfilter-Vorschacht, der die groben Schmutzstoffe zurückhält, in einen Speicherbehälter geleitet. Dieser kann z. B. als Fertigbehälter geliefert werden. Ein Überlaufrohr leitet überschüssiges Wasser in die Regenwassergrundleitung ab.

Anhalt für ein Einfamilienhaus:
- nur Gartenbewässerung ~ 5000–7000 l-Speicher,
- zusätzliche Hauswassernutzung ~ 10000–12000 l-Speicher

Und so könnte eine Regenwasserspeicheranlage im Schnitt aussehen:

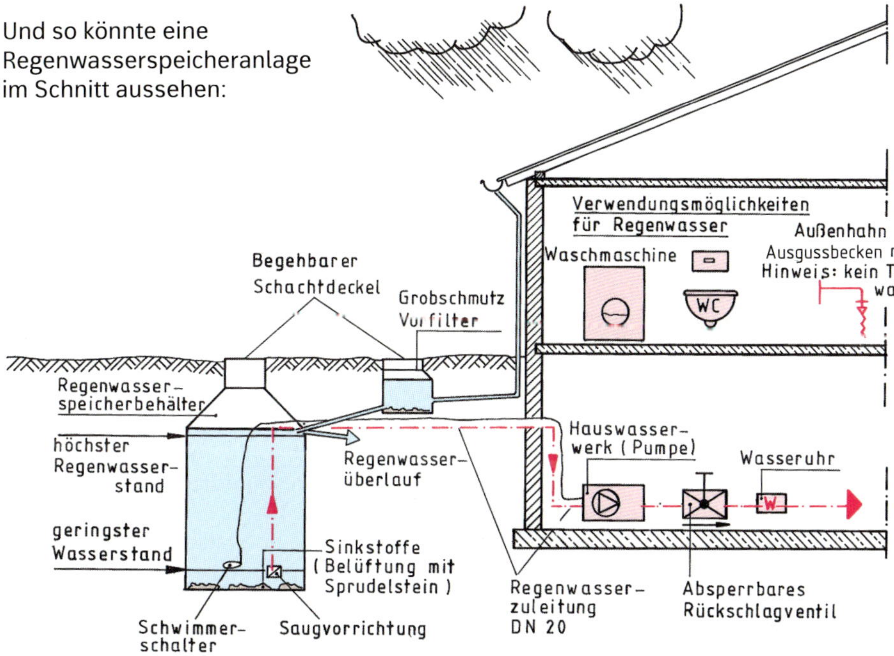

Zusammenfassung von Kapitel 5:

Wasserversorgung und Entwässerung

- Abwasserarten sind Schmutzwasser, Regenwasser und Dränwasser.
- Entwässerungsleitungen werden vorwiegend aus Steinzeug, Beton, Kunststoff und Faserzement hergestellt.
- Die **Ableitung** der Abwässer geschieht durch Trenn- und Mischsystem.
- Entlüftungsleitungen, Fallleitungen, Grundleitungen, Abschlusskanäle und Kontrollschächte sind Leitungsteile der Grundstücksentwässerung.

- Der **Entwässerungsplan** legt die Haus- und Grundstücksentwässerung fest.
- Leitungsführung der Grundleitungen und Anschlusskanäle, Art des Abwassers und alle wichtigen Leitungsteile sind durch Zeichen und Symbole im Entwässerungsplan festzuhalten.
- **Regenwasserspeicher** sind eine sinnvolle Ergänzung der Hausentwässerung.

A - Te *Aufgaben zur Entwässerung finden Sie im Arbeitsheft, Blatt 33.*

U - Ma *Zum Üben! Gefälle- und Steigungsberechnungen → Arbeitsheft, Blatt 31, 32.*

6 Herstellung von Leitungen und Schächten

Die Herstellung einer Grundleitung mit Anschlusskanal, einer Dränage und eines Kontrollschachtes sind praktische Tätigkeiten, bei denen einiges zu berücksichtigen ist. Diese Arbeiten sollen näher betrachtet werden.

6.1 Grundleitungen und Anschlusskanäle

Grundleitungen und Anschlusskanäle leiten die Abwässer zur Straßenkanalisation ab; **N**ennweiten-**D**urchmesser der Rohre (Abk.: **DN**) ≥ 100.

Was ist bei Grundleitungen/Anschlusskanälen unbedingt zu beachten?

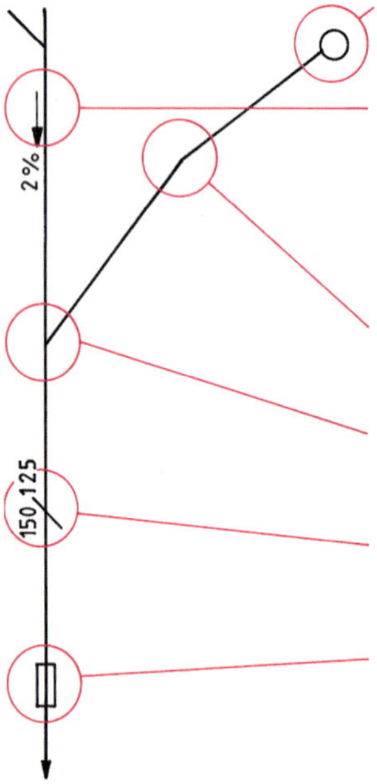

1. Übergang von Fallleitungen in Grundleitungen nur durch zwei Bögen je 45°.
2. Grundleitungen/Anschlusskanäle mit einem Gefälle von höchstens 5 % verlegen. Mindestgefälle jedoch:
   - Regenwasserleitungen ≥ 1 %,
   - Schmutzwasserleitungen und Mischsysteme 1–2 %.

   Rohrmuffen liegen stets gegen die Fließrichtung.
3. Richtungsänderungen nur mit Bögen (15°–45°) ausführen.
4. Zusammenführen von Leitungen nur durch Abzweig von 45°.
5. Vergrößerung der Leitung (Nennweitenänderung) nur unter Verwendung von Übergangsstücken.
6. Reinigungsrohre sind bei längeren Grundleitungen nach höchstens 40 m sowie bei Richtungsänderungen von mehr als 45° vorzusehen (in Kontrollschächten).

Wie geht man beim Herstellen der Grundleitung vor?

Hierfür gilt folgender Anhalt:

① Rohrgräben ausheben

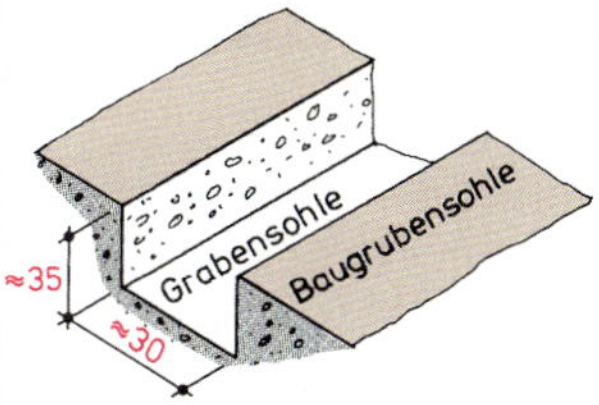

- Gräben nach Plan abstecken und abkreiden,
- Gräben in der Baugrubensohle ≈ 35 cm tief (10 cm tiefer als Rohrsohlenhöhe) und ≈ 30 cm breit ausheben,
- Grabensohle mit ungefährem Gefälle anlegen.

② Rohre verlegen

a)

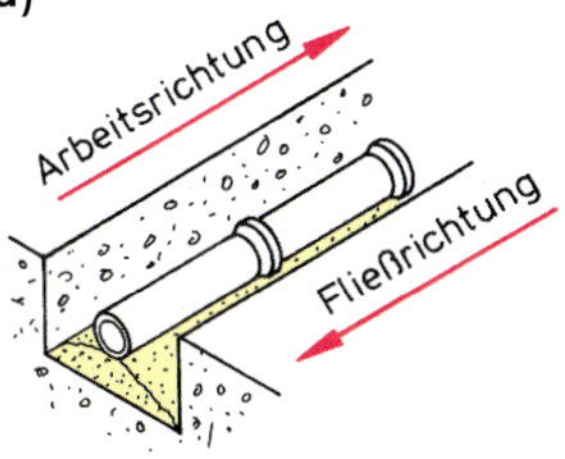

- Am tiefsten Punkt mit dem Verlegen der Rohre beginnen,
- Arbeitsrichtung entgegen der Fließrichtung.

b)

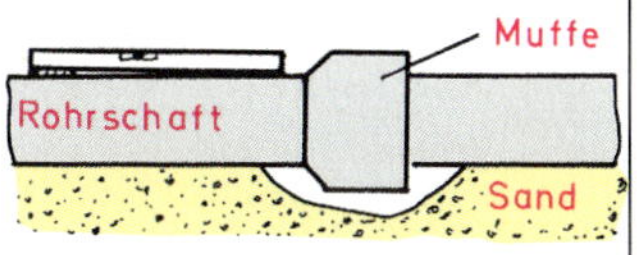

- Rohrschaft liegt satt auf, Muffe bleibt frei,
- Dichtung und Gleitmittel nicht vergessen!

Tipp: Kontrolle des Gefälles mit der Wasserwaage

③ Rohre festlegen

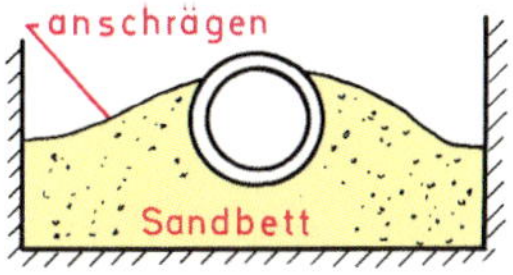

- Rohre mit Sand anschrägen und verdichten.

④ Leitung einbetten

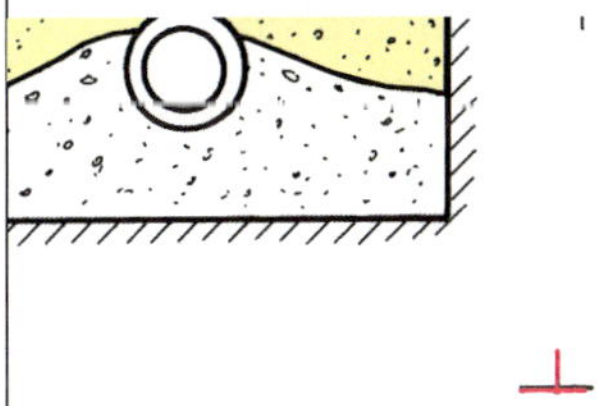

- Rohröffnungen verschließen,
- mit Sand auffüllen und verdichten.

⑤ Rohrgräben verfüllen

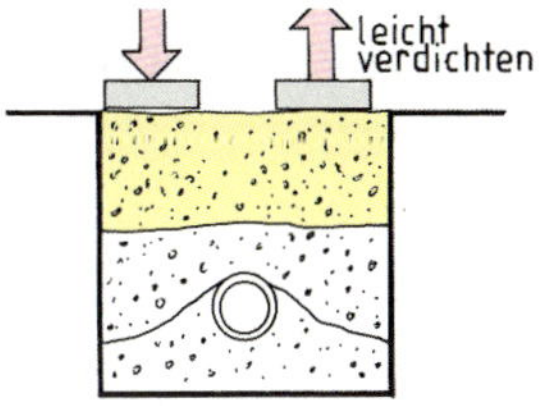

- Lagenweise (= 25 cm) verfüllen und verdichten.

6.2 Bau von Dränagen

Was eine Dränage soll:
Wasser, das oberhalb des Grundwasserspiegels im Boden als Sicker-, Schichten- und Druckwasser auf das Bauwerk wirken kann, soll durch die Dränage aufgenommen und abgeleitet werden.

Kurzinfo über Dränrohre
- Nennweiten: DN 50–125
- Rohrlängen: beliebig (aufgerollt)
- Rohrverbindungen: Eckverbindungen durch 90°-Winkel, T-Stück, Rohreinmündung unter 45°-Winkel, Reduzierstücke
- Abdichtung: nicht erforderlich

Was ist bei der Anlage einer Dränage zu berücksichtigen?

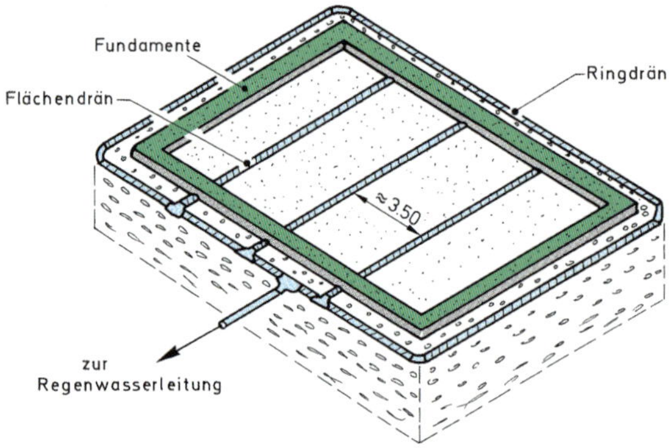

Anlage einer Ring- und Flächendränage

Bei normalem Wasseranfall reicht eine **Ringdränage** aus, bei stärkerem Wasseranfall wird zusätzlich eine **Flächendränage** angelegt.
Das aufgenommene Wasser wird in der Regel der Regenwasserleitung zugeführt. → *evtl. Schacht mit Pumpe erforderlich.*

Wichtig für die Herstellung einer Dränage sind:

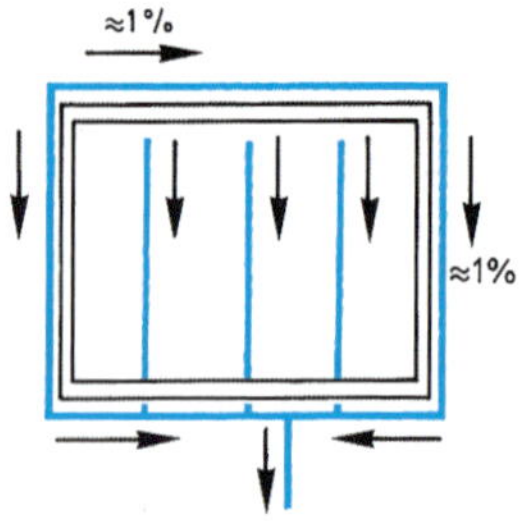	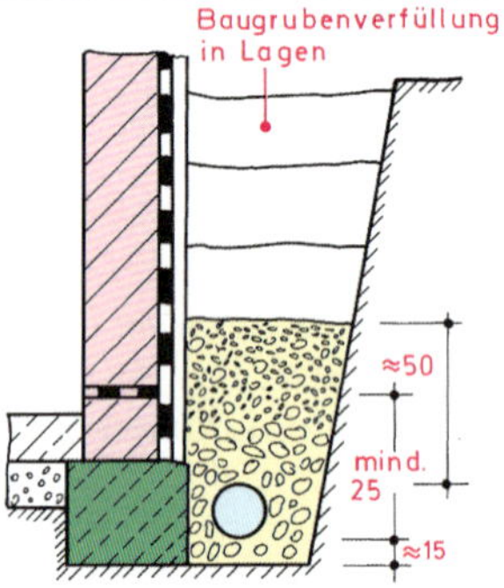	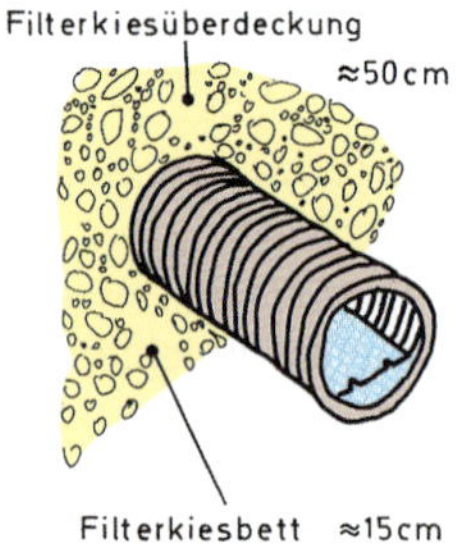
- Gefälle der Dränage etwa 1 %. (Ausgangspunkt ist die höchste Stelle.) - DN sollte mindestens **100** betragen.	- Filterkiesbett ≈ 15 cm. - Filterkiesüberdeckung ≈ 50 cm. - Baugrubenverfüllung in Lagen. - Abstand der waagerechten Abdichtung zur Sohle der Dränleitung mindestens 25 cm.	Anm.: Feinstteile des Bodens dürfen nicht in das Dränrohr gelangen Verstopfung. Daher Filterkies. Besser noch dazu: Dränrohr mit Umhüllung.

Überlegen Sie einmal: Bei „unserem" Ferienhaus ist keine Dränage erforderlich. Warum wohl?
(Hilfen: Bodenart? Keller: ja – nein?)

6.3 Prüf- und Kontrollschächte

Zur Kontrolle von Anschlusskanälen und von der Straßenkanalisation sind Kontrollschächte erforderlich. Sie sind i. d. R. besteigbar.
- Lage: auf dem Grundstück oder in der Straße,
- Ausführung: fast nur noch Fertigteile aus Beton, (meist mit rundem Querschnitt)
- Tiefe: ab 80 cm

Zur Kontrolle der Reinigungsöffnungen in Grundleitungen werden Prüfschächte angelegt.
- Lage: meist im Keller,
- Ausführung: gemauert oder aus Beton (seltener),
- Tiefe: bis etwa 80 cm.

Wie sieht so ein Kontrollschacht aus?

Straßenkontrollschacht im Schnitt:

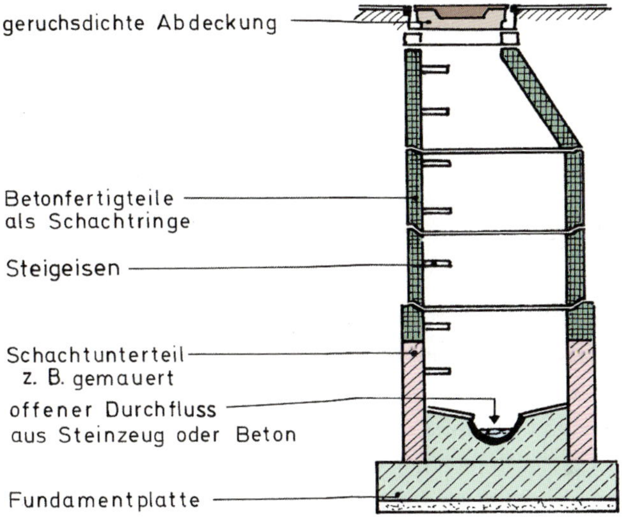

Wie sieht so ein Hausprüfschacht aus?

Draufsicht:

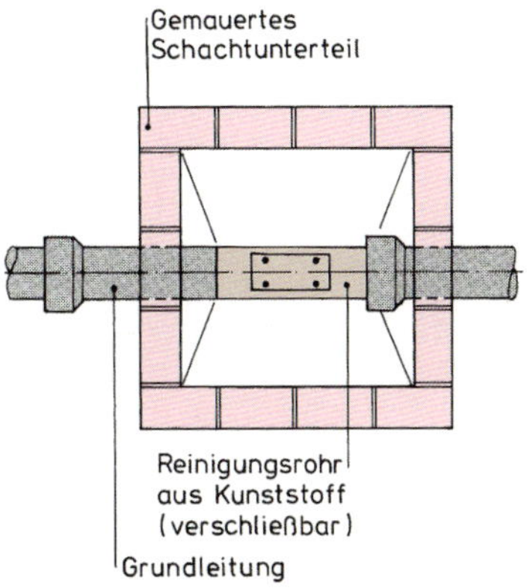

Zusammenfassung von Kapitel 6:

Herstellung von Leitungen und Schächten

- **Grundleitungen und Anschlusskanäle** müssen sorgfältig unter Einhaltung wichtiger Regeln verlegt werden.
- **Mindestgefälle** bei Regenwasserleitungen ≥ 1 %, bei Schmutzwasserleitungen und im Mischsystem 1–2 %.
- **Dränagen** (Gefälle ~ 1 %) werden vorwiegend als Ring- oder Flächendränagen angelegt.
- Die **Trockenhaltung** von im Erdreich stehenden Bauteilen geschieht durch Abdichtungen, Filter, Dränplatten, Dränage und Spülschächte.
- Zur Kontrolle von **Entwässerungsleitungen** sind Prüf- und Kontrollschächte erforderlich.

A – Te *Aufgaben zur Wiederholung finden Sie im Arbeitsheft, Blatt 34.*

Proj *Zusätzliche Berechnungen zum Rohrleitungsbau als Projekt → Arbeitsheft, Blatt 35, 36.*

T *Einen Test zum Lernabschnitt „Entwässerung" finden Sie im Arbeitsheft, Blatt 37.*

Testen Sie sich • Testen Sie sich

Nennen Sie ...

1. die verschiedenen Abwasserarten.
2. den Unterschied zwischen Trenn- und Mischsystem.
3. mindestens vier Zeichen und Symbole, die im Entwässerungsplan verwandt werden.
4. die gebräuchlichsten Rohrmaterialien für Entwässerungsleitungen.
5. drei Punkte, die bei der Herstellung einer Dränage zu berücksichtigen sind.
6. mindestens fünf Punkte, die bei der Herstellung einer Grundleitung zu berücksichtigen sind.

7 Die Einteilung der Außenbeläge

Ein wichtiges Arbeitsgebiet der Straßenbauer ist die Herstellung von Platten- und Pflasterbelägen. Sie dienen der Befestigung von Fußgängerzonen, Geh- und Fahrwegen, Parkstreifen und -plätzen.

Außenbeläge sind der Witterung ausgesetzt und **müssen** daher frostbeständig sein.

Welche Materialien werden verwendet?

Außenbeläge

werden eingeteilt in:

Plattenbeläge	**Pflaster**beläge

Ausführung als:	Ausführung als:

Natursteinplatten	Bindemittelgebundene Platten	Keramikplatten	Natursteinpflaster	Betonsteinpflaster	Klinkerpflaster
⇓	⇓	⇓	⇓	⇓	⇓
z. B. Sandsteinplatten	z. B. aus Beton 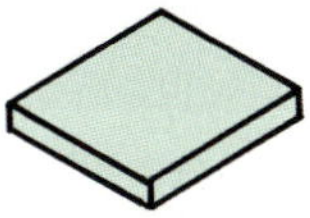	z. B. Keramikplatten	z. B. Grauwacke, Granit	z. B. 	z. B. 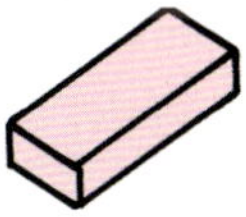

Gehwegplatten aus Beton, Betonsteinpflaster und Klinkerpflaster werden in der Praxis am häufigsten verwendet. Daher wollen wir uns im Folgenden nur diesen zuwenden.

7.1 Arten und Ausführungen von Belägen

7.1.1 Gehwegplatten aus Beton

Herstellung: Einschichtiger oder zweischichtiger Aufbau (Unter- und Vorsatzbeton)

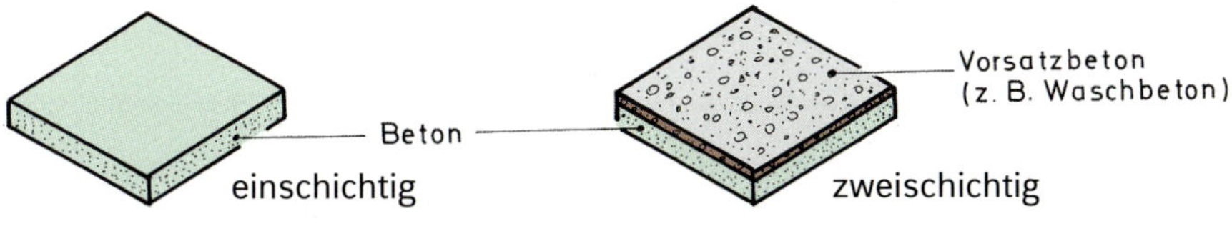

Abmessungen: (in cm) 30 × 30 × 4; 35 × 35 × 5; 40 × 40 × 5; 50 × 50 × 6

Besondere Eigenschaften: Hoher Abnutzungswiderstand

Verwendung: Für leicht beanspruchte Verkehrsflächen (z. B. Fußwege)

Betonplatten, verlegt

z. B. mit Marmorkörnung

Welches sind die gebräuchlichsten Verlegearten mit Gehwegplatten?

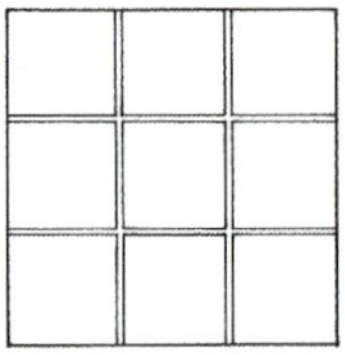

Kreuzverband

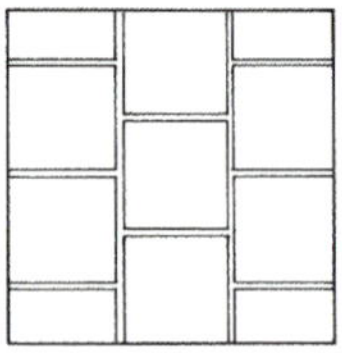

Halbverband

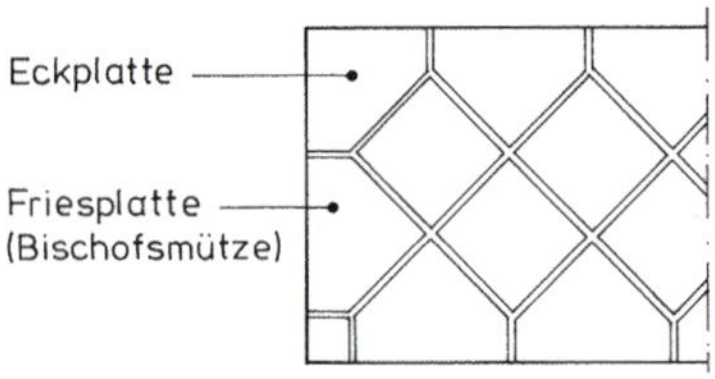

Diagonalverband

7.1.2 Betonsteinpflaster

Auch hier in Kurzübersicht:

Herstellung: Aus Normzementen und Zuschlagstoffen sowie farblichen Beimengungen. Einschichtig oder zweischichtig. Vollkantig oder abgefast.

Abmessungen:
a) Rechteckige Pflastersteine im Seitenverhältnis 1:2 (z. B. 10 × 20 cm) oder quadratische Ausführung.
b) Verbundpflastersteine in unterschiedlichen Formen mit Rand- und Abschlusssteinen.

Besondere Eigenschaften: Hohe Druckfestigkeit, hoher Abriebwiderstand.

Verwendung: Für leicht und schwer beanspruchte Verkehrsflächen (z. B. Gehwege, Fußgängerzonen, Industriehöfe).

Welches sind gebräuchliche Verlegearten mit Betonsteinpflaster?

Beispiele:

Rechteckige/quadratische Pflastersteine:

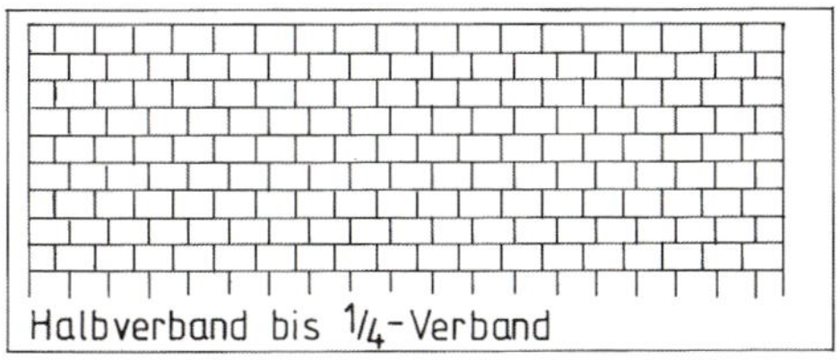
Halbverband bis 1/4-Verband

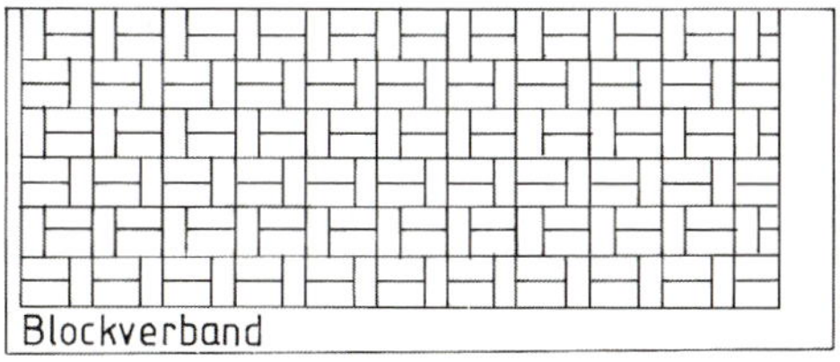
Blockverband

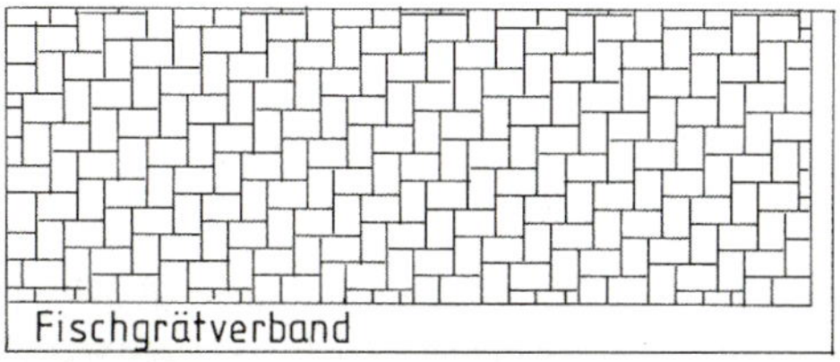
Fischgrätverband

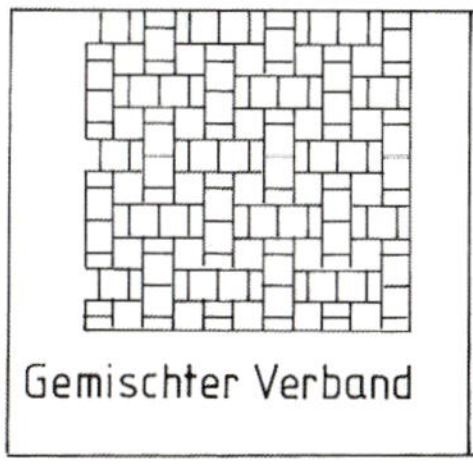
Gemischter Verband

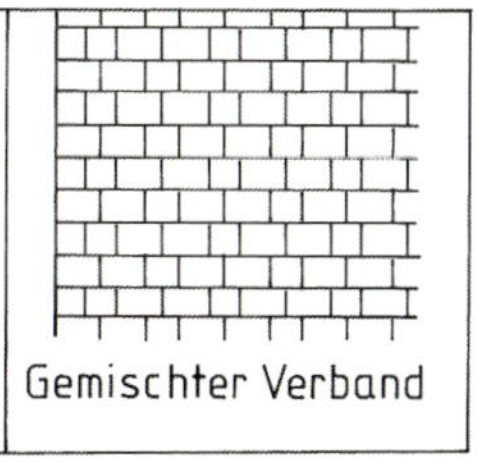
Gemischter Verband

Verbundsteinpflaster:

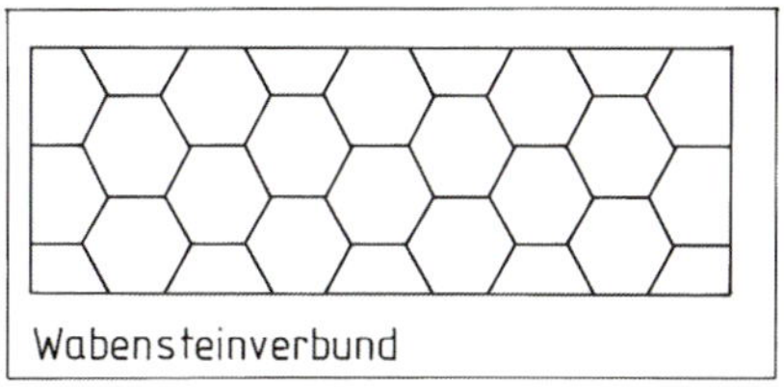
Wabensteinverbund

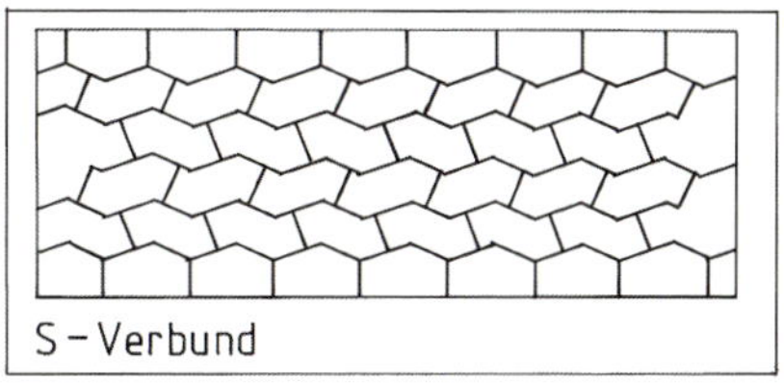
S-Verbund

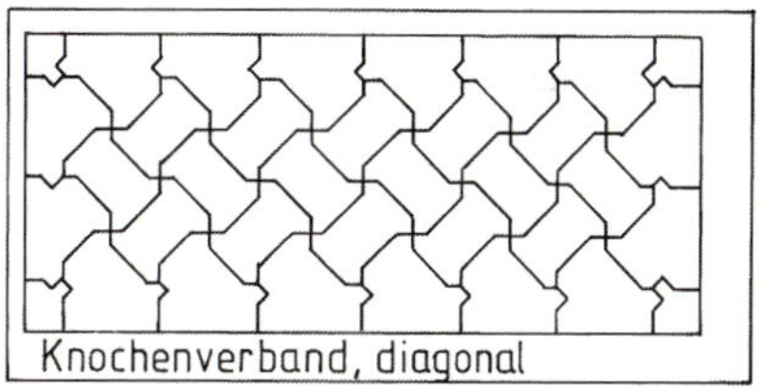
Knochenverband, diagonal

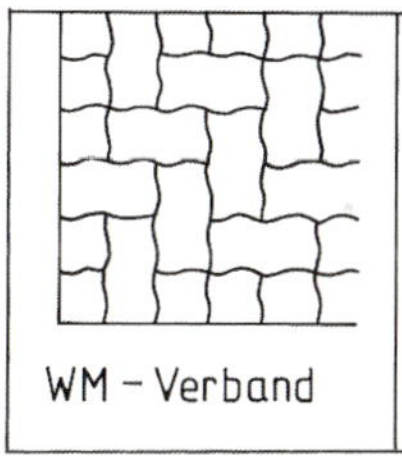
WM-Verband

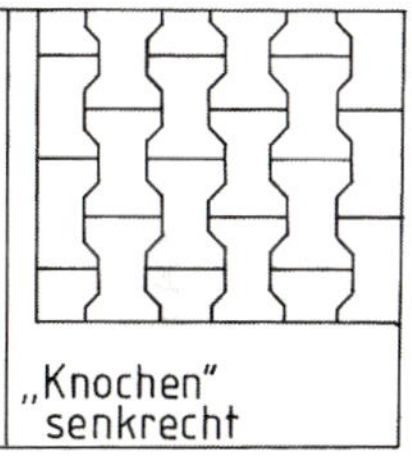
„Knochen" senkrecht

7.1.3 Klinkerpflaster

Herstellung: Wie Mauerziegel, bis zur Sinterung gebrannt

Abmessungen (in cm) Für Straßenklinker üblich
24 × 11,5 × 5,2
24 × 11,5 × 7,1
22 × 10,5 × 5,2

Besondere Eigenschaften: Hohe Druckfestigkeit,

Verwendung: Für alle Verkehrsflächen (z. B. Radwege, Wohnstraßen), Einsatz: vorwiegend in Norddeutschland

Welches sind gebräuchliche Verlegearten?

Flachschichtpflaster – Halbverband

Rollschichtpflaster – Fischgrätverband

7.1.4 Bordsteine

Zur Abgrenzung der Fahrbahn vom Gehweg sowie zum Einfassen von Verkehrsflächen werden Bordsteine gesetzt. Bordsteine werden heute in der Regel aus Beton hergestellt.

Man unterscheidet Hochbordstein und Tiefbordstein:

Hochbordstein

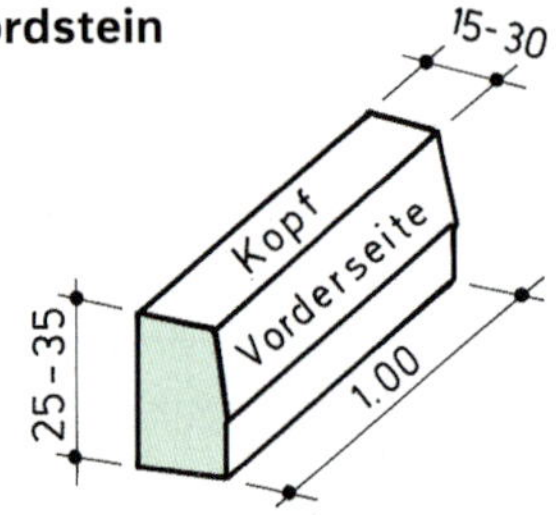

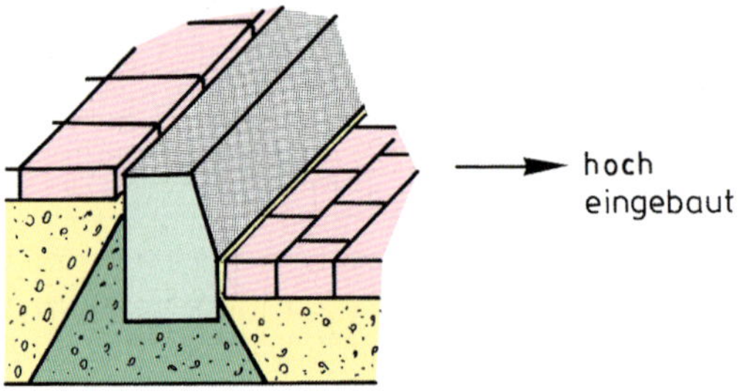

Tiefbordstein

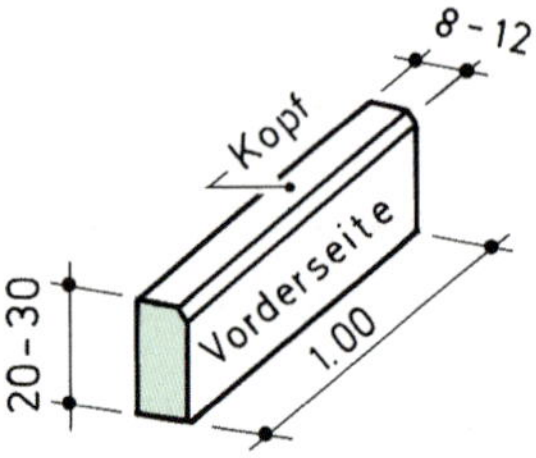

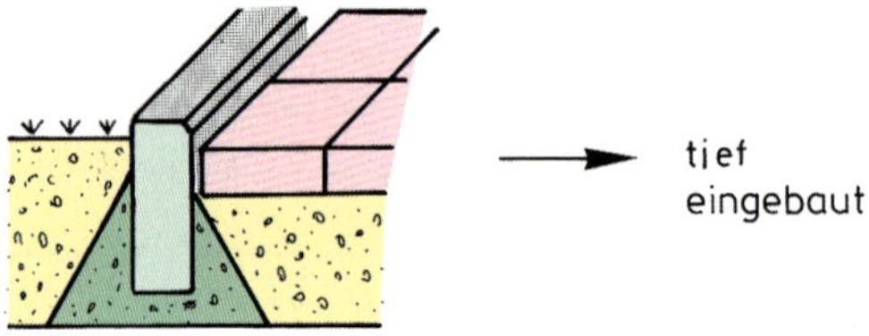

Für Krümmungen gibt es Bogensteine.

Verlegearten: 1. Auf Kiessandbett ⇒ Kiesbettung
2. Auf Betonfundament mit Rückenstütze ⇒ Betonbettung

8 Ausführungen von Straßen, Gehwegen und Zufahrten

Wichtige Aufgabe in der Praxis ist die Herstellung von Straßen, Geh- und Fahrwegen.

Straßenbau (von Bundesautobahnen bis hin zu Gemeindestraßen) ist Aufgabe „reiner" Straßenbauer → ist daher Themenbereiche in deren Fachausbildung.

Gehwege mit Gosse an Verkehrs- und Anliegerstraßen sind nicht nur Aufgabe der Straßenbauer, sondern sollten auch von Hochbaufacharbeitern erstellt werden können.

Zufahrten und Abstellflächen zu und auf Grundstücken sind ähnlich wie Gehwege aufgebaut, doch kann die Ausführung unterschiedlich sein.

So sind Gehwege vom Prinzip her aufgebaut!

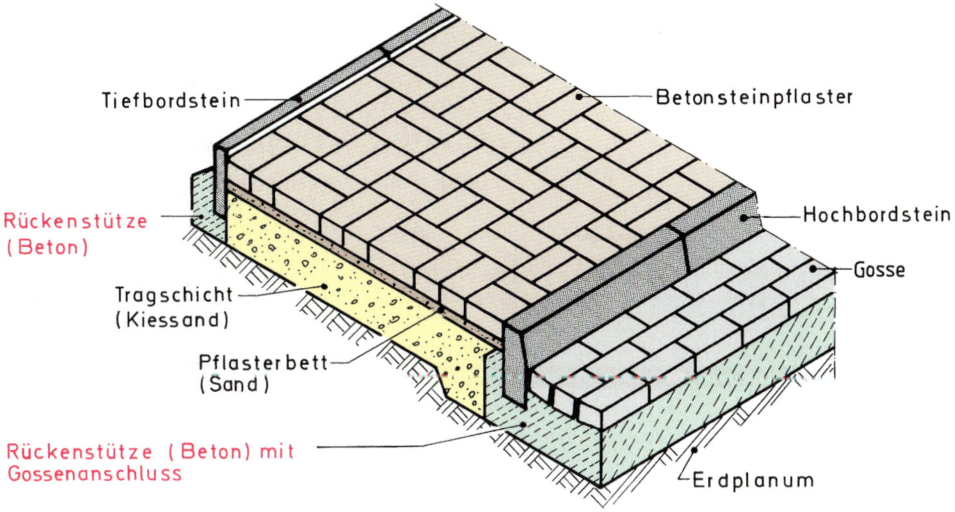

Worauf ist bei der Herstellung von Gehwegen zu achten?

Wichtige Voraussetzungen für die Dauerhaftigkeit eines Pflasterbelages sind:

1. Auswahl der geeigneten Materialien für Tragschicht und Belag.
2. Sorgfältige Verdichtung des Erdplanums, der Tragschicht und des Pflasterbelages.
3. Gepflasterte Flächen müssen ein Quergefälle von 2–3 % haben.
4. Die Gosse (Bordrinne) muss mit einem Längsgefälle von mindestens 0,5 % zu einem Straßenablauf versehen werden.
5. Die Höhenlage des Pflasterbelages ist abhängig von Zwangspunkten wie Eingangsstufen, Einfahrten usw.

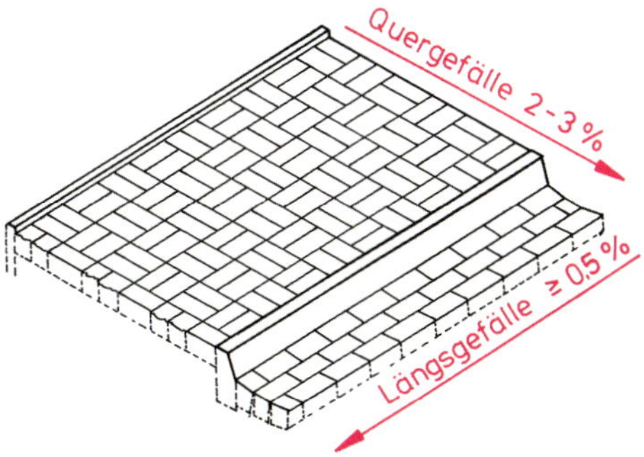

Die Ausführung von Zufahrten und Abstellflächen hängt stark von den Geländegegebenheiten ab und lässt viele Möglichkeiten zu.

Zufahrten, Abstellflächen

können hergestellt werden als:

unversiegelte Flächen

Ausführung:

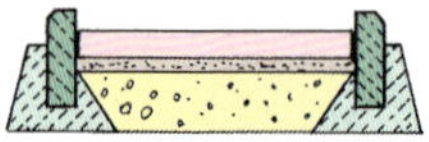

i.d.R. ohne Gefälle

versiegelte Flächen

Ausführungsmöglichkeiten:

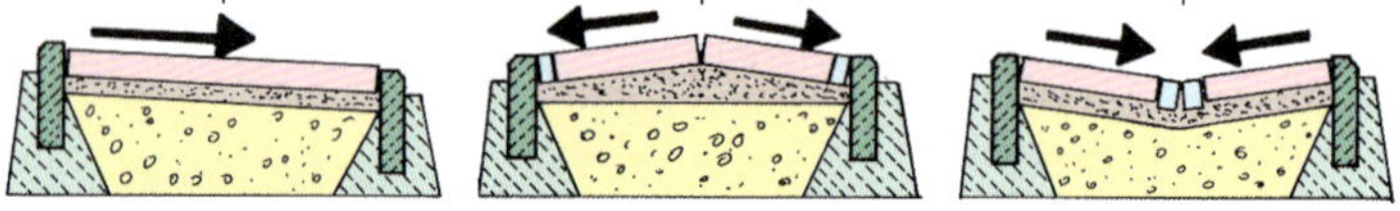

*immer **mit** Gefälle und Regenwasserabfluss*

A – Te *Eine Wiederholung zu den Außenbelägen finden Sie im Arbeitsheft, Blatt 38.*

I/A – TK *Informationen und eine Übung zum Zeichnungslesen im Straßenbau → Arbeitsheft, Blatt 39.*

9 Herstellen einer Zufahrt

Am Beispiel „unseres" Ferienhauses soll dies behandelt werden.

Zufahrt mit Carport:

Im Modell sieht die Zufahrt so aus:

Auf der nächsten Seite sehen Sie im Schnitt (Draufsicht) die zu pflasternde Fläche.

Anm.: So schlicht wie im Modell soll die Zufahrt natürlich nicht werden.

Die graue Fläche soll gepflastert werden.

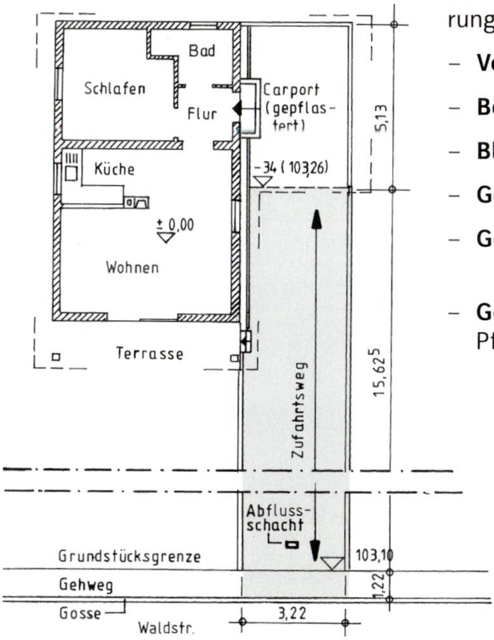

Für die Zufahrt wählen wir folgende Ausführung:

- **Versiegelte Fläche** (= leicht freizuhalten)
- **Betonsteine** (= sehr strapazierfähig)
- **Blockverband**
- **Gosse:** 2-reihig, innen liegend
- **Gefälle** – quer ≈ 2,5 % (= 2,5 cm/m)
  – längs ≈ 1 % (= 1,02 cm/m)
- **Gesamteinbauhöhe:**
  Pflaster + Sand- und Tragschicht = 26 cm

So soll „unsere“ Einfahrt werden:

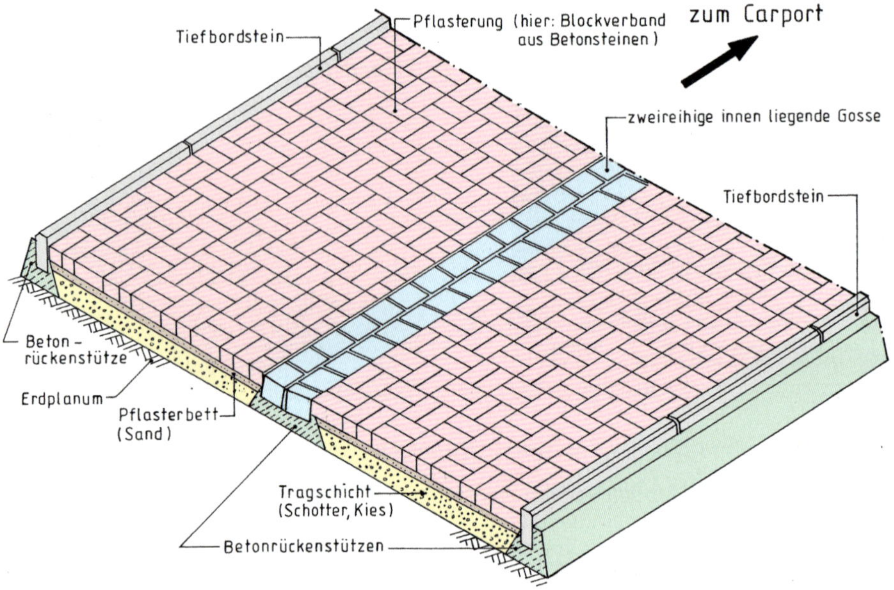

Schnitt (mit Höhenangaben) direkt vor dem Carport:

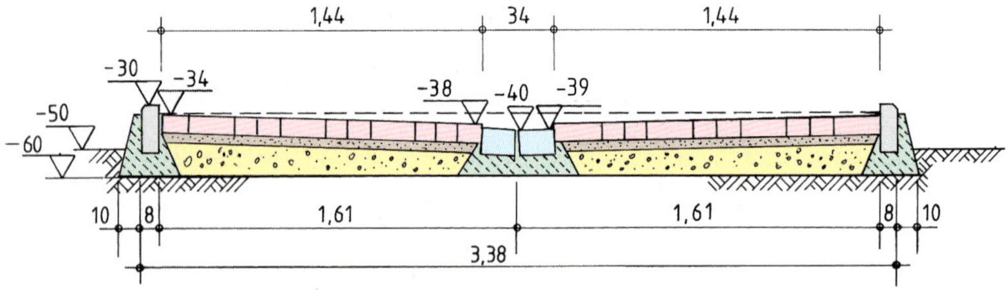

Wie geht man bei der Herstellung der Zufahrt vor?

Hier lassen sich sechs Arbeitsschritte unterscheiden:

1. Schritt:	Vermessungsarbeiten durchführen (siehe Vermessungskunde)
2. Schritt:	Erdplanum für Zufahrt, Bordrillen und Gosse erstellen und verdichten
3. Schritt:	Tiefbordsteine versetzen und 2-reihige Gosse pflastern
4. Schritt:	Tragschicht (Grobplanung) und Pflasterbett (Feinplanum) aufbringen
5. Schritt:	Pflasterbelag verlegen
6. Schritt:	Zufahrt verdichten und verfugen

Zusammenfassung von Kapitel 7, 8 und 9:

Einteilung der Außenbeläge; Ausführungen von Straßen, Gehwegen und Zufahrten; Herstellen einer Zufahrt

- **Außenbeläge** unterscheidet man in Platten- und Pflasterbeläge.
- Die **Verlegearten** richten sich vorwiegend nach den Abmessungen, der Beanspruchung der Verkehrsflächen sowie nach gestalterischen Gesichtspunkten.
- **Bordsteine** grenzen die Fahrbahn vom Gehweg ab und fassen Verkehrsflächen ein.
- Wichtige Voraussetzungen für die Dauerhaftigkeit eines Pflasterbelages sind:
  - Auswahl der geeigneten Materialien für Tragschicht und Belag,
  - sorgfältige Verdichtung des Erdplanums, der Tragschicht und des Pflasterbelages,
  - gepflasterte Flächen müssen ein Quergefälle von 2–3 % haben.
  - Die Gosse (Bordrinne) muss mit einem Längsgefälle von mindestens 0,5 % zu einem Straßenablauf versehen werden.
  - Die Höhenlage des Pflasterbelages ist abhängig von Zwangspunkten wie Eingangsstufen, Einfahrten usw.

A – Ma *Massenberechnungen und Materialbedarf finden Sie im Arbeitsheft, Blatt 40.*

T *Einen Test zum Lernabschnitt „Einfassungen und Beläge“ finden Sie im Arbeitsheft, Blatt 41.*

Testen Sie sich • Testen Sie sich

Nennen/Erläutern Sie ...

1. je zwei Verlegeverbände für Gehwegplatten aus Beton, rechteckiges Betonsteinpflaster und Klinkerpflaster.
2. die beiden Arten der Bordsteine.
3. den Unterschied zwischen unversiegelten und versiegelten Flächen.
4. die Arbeitsschritte, die zur Herstellung eines Gehweges oder einer Zufahrt erforderlich sind.
5. mindestens drei Punkte, die bei der Ermittlung des Ausklinkmaßes für das Abziehbrett zu berücksichtigen sind.
6. den Gefälleunterschied bei einer Gehwegbreite von 1,50 m und 2 % Quergefälle.
7. die beiden Aufgaben der Bordsteine.

Lernfeld 3: Mauern eines einschaligen Baukörpers

In diesem Lernfeld erhalten Sie Informationen zu den Themen:

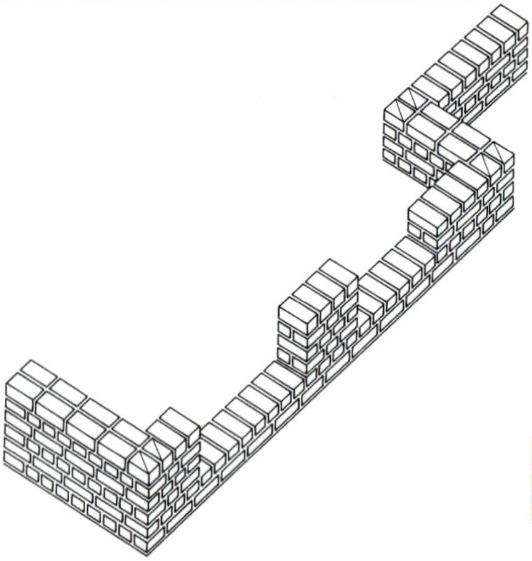

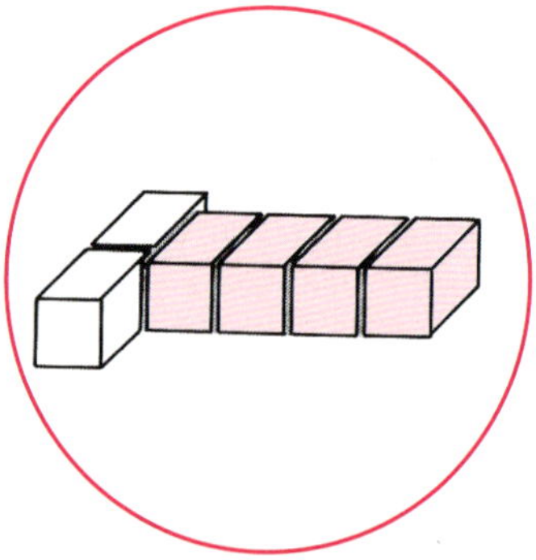

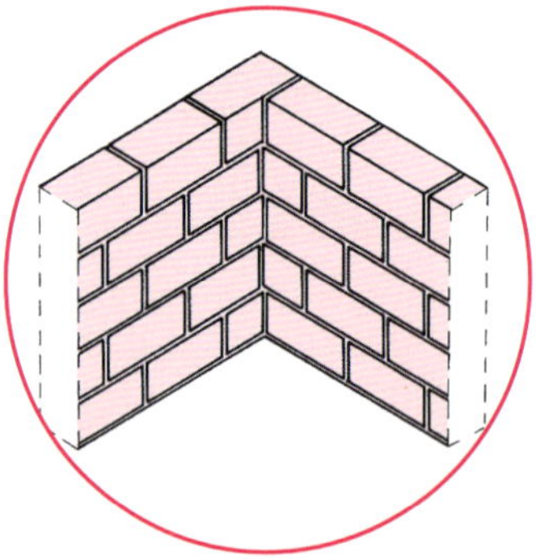

Der moderne Mauerwerksbau ist ohne die Verwendung künstlicher Mauersteine, Mörtel und Beton nicht mehr denkbar. Aber in letzter Zeit werden die natürlichen Bausteine wieder öfter verwendet (Altstadtsanierung, Restaurierung u. Ä.).
Die Kenntnisse über die Entstehung bzw. Herstellung und Eigenschaften der einzelnen Baustoffe, die wir im Bauwesen verwenden, sind für Sie eine wichtige Voraussetzung zur richtigen Anwendung in der Praxis.

1 Die Bausteine im Mauerwerksbau

Alle Bausteine im Mauerwerksbau sind entweder natürliche Gesteine, oder sie stammen von natürlichen Gesteinen ab. (Fachbegriffe hierfür: **Naturgesteine**)

1.1 Naturgesteine und ihre Verwendung

Das Wichtigste als „Kurzinfo" → wird in der Fachstufenausbildung eingehender behandelt.

Naturgesteine

werden nach dem Entstehungsort eingeteilt in:

Erstarrungsgesteine	**Ablagerungsgesteine**	**Umwandlungsgesteine**
hierzu gehören:	*hierzu gehören:*	*hierzu gehören:*
Alle Gesteine, die direkt aus dem heißen Gesteinsbrei der Erde entstanden	Alle Gesteine, die auf der Erdoberfläche entstanden	Alle Gesteine, die in der Erde nachträglich verändert wurden

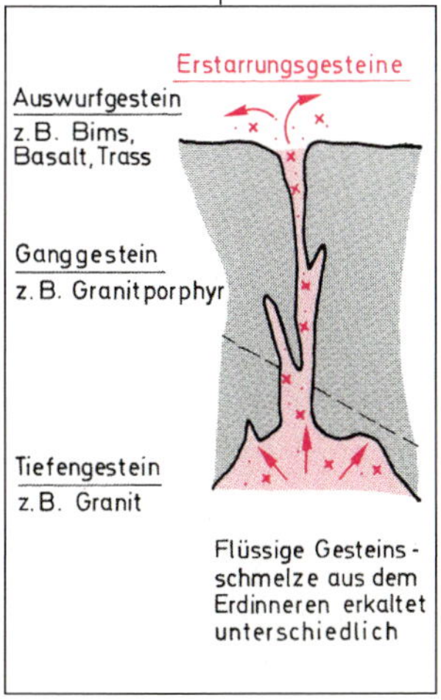

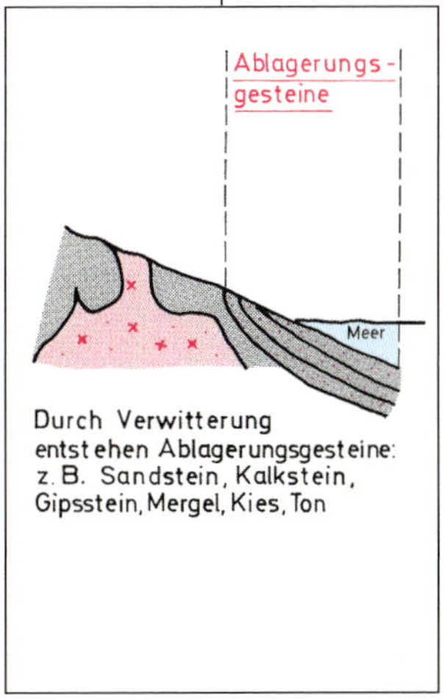

Naturgesteine werden in Steinbrüchen gewonnen. Sie dienen vorwiegend als Rohstoffe für andere Baustoffe.

Natursteine

werden verwendet als:

Natursteine ≈ 5 %

Verwendung im:

Mauerwerksbau, Straßenbau

Kennzeichen:
Die Steine werden „passend“ bearbeitet und direkt verwendet.

Natursteinmauer

Rohstoffe ≈ 95 %

daraus werden u. a. hergestellt:

Bindemittel, Putze, Keramik, Glas

künstliche Mauersteine

Kennzeichen:
Durch die Verarbeitung der natürlichen Rohstoffe entstehen
neue Stoffe mit neuen Eigenschaften

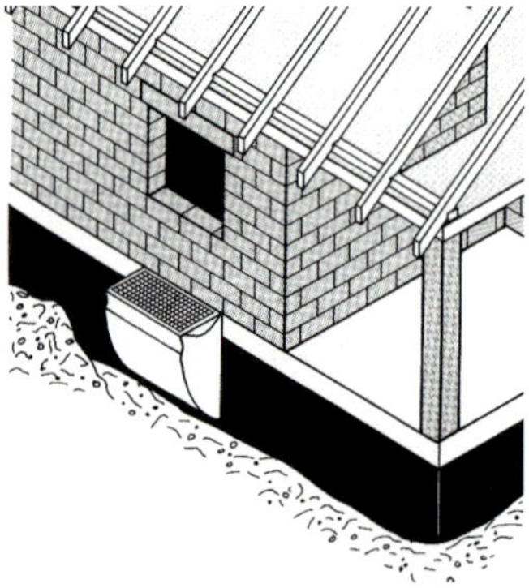

z. B.: Künstliche Mauersteine beim Neubau eines Hauses

1.2 Die künstlichen Mauersteine

Künstliche Mauersteine

werden eingeteilt in:

Gebrannte Mauersteine

dazu gehören:

alle Mauerziegel
Leichtziegel, Klinker

Hauptrohstoffe sind:

Lehm, Ton

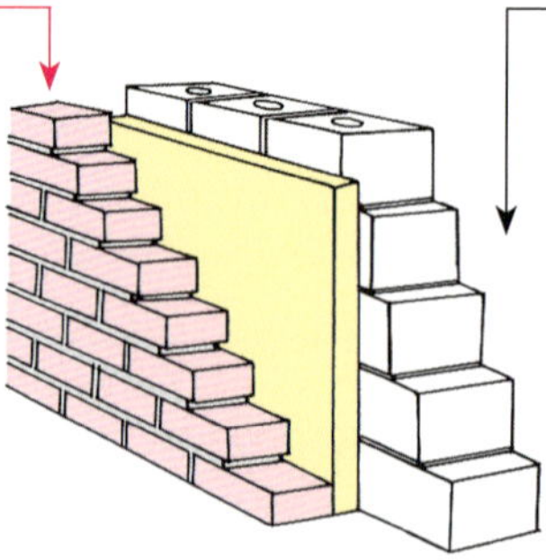

Ungebrannte Mauersteine

dazu gehören:

alle Kalksandsteine
Porenbetonsteine, Leichtbetonsteine u. a.

Hauptrohstoffe sind:

Kalk, Zement, Sand

Durch die künstliche Herstellung sind viele Steinausführungen möglich.
Nach Gewicht und Format gilt folgende Grobeinteilung:

Einhandsteine
→ sind alle Steinformate, die der Maurer mit einer Hand verarbeiten kann, ohne dabei die Maurerkelle aus der Hand zu legen.

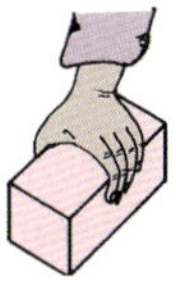

- Griffbreite: bis 11,5 cm
- Steingewicht: bis 7,5 kg

Zweihandsteine
→ sind alle Steinformate, die der Maurer nur mit beiden Händen versetzen kann.

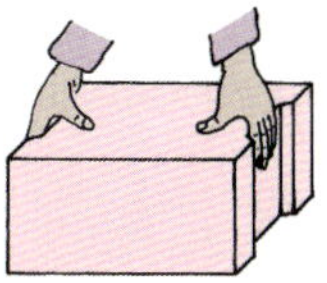

- Griffhilfen: notwendig
- Steingewicht: bis 25 kg

Achtung! Ab 25 kg Steingewicht gilt:
Nicht von Hand,

nur maschinell vermauern!

1.2.1 Die Formate künstlicher Mauersteine

Grundsätzlich gilt:

Die Steine werden in cm angegeben, mm dabei als Hochzahl: 11^5 = 11,5 cm.

Abmessungen eines Mauersteins (z. B. 2 DF-Format):

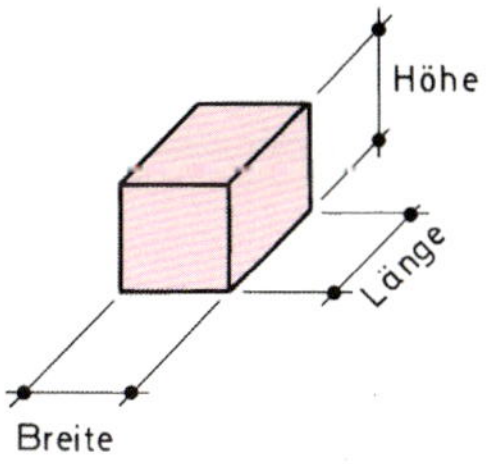

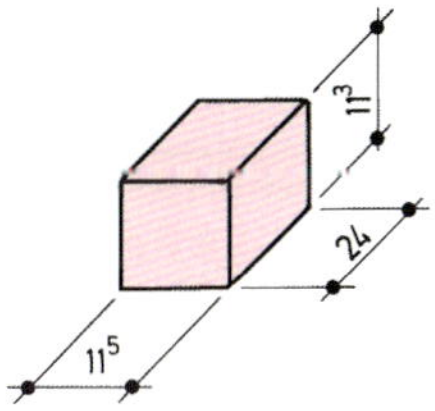

Zahlenbeispiel

Maße in cm

Länge	Breite	Höhe
24	115	113

So steht das in Tabellen.

→ Da Sie in der Grundstufe nur mit klein- und mittelformatigen Steinen zu tun haben werden, müssen Sie die nachfolgende Übersicht unbedingt können, denn das sind die „berühmten“ **Vorzugsformate**, mit denen Sie vorwiegend zu arbeiten haben.

Vorzugsformate sind:

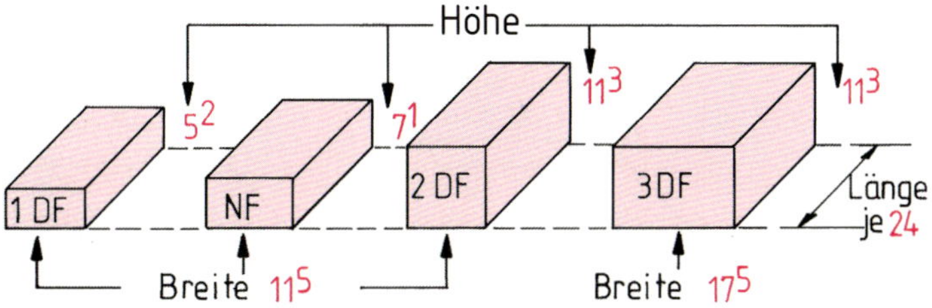

Weitere Steinformate, deren Abmessungen Sie können sollten, sind 4 DF, 5 DF und 6 DF.

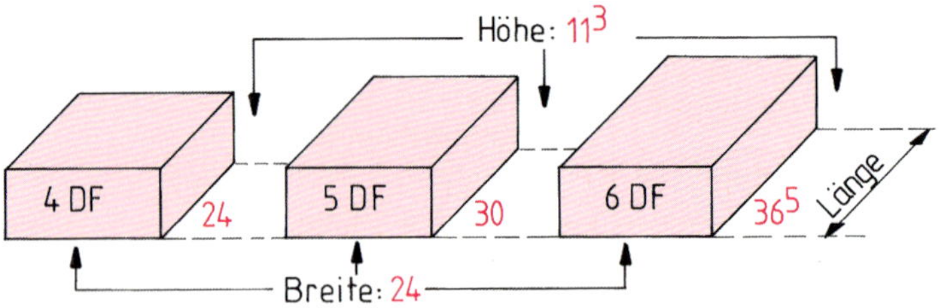

Und hier noch einmal alle wichtigen Formate als Tabelle zusammengefasst!
Gruppen, Formate und Abmessungen künstlicher Mauersteine (Auszug)

Einhandsteine	Format	Länge	Breite	Höhe	
Kleinformate	1 DF	24	11^5	52	**Vorzugsformate**
	NF	24	11^5	71	
Mittelformate	2 DF	24	11^5	11^3	
	3 DF	24	17^5	11^3	
	4 DF	24	24	11^3	
	5 DF	30	24	11^3	
	6 DF	36^5	24	11^3	DF = **Dünnformat** NF = **Normalformat**
Zweihandsteine					
Großformate	10 DF	30	24	23^8	
	12 DF	36^5	24	23^8	
	16 DF	49	24	23^8	
	20 DF	49	30	23^8	
	24 DF	49	36^5	23^8	

Warum haben alle Steinformate (außer NF) die Bezeichnung ... DF?

Der „kleinste" Mauerstein (1 DF = Dünnformat) ist die Bezugsgröße. Er „passt" mit einer (gedachten) Fuge in die anderen Formate – entsprechend der vorgestellten Zahl – hinein.

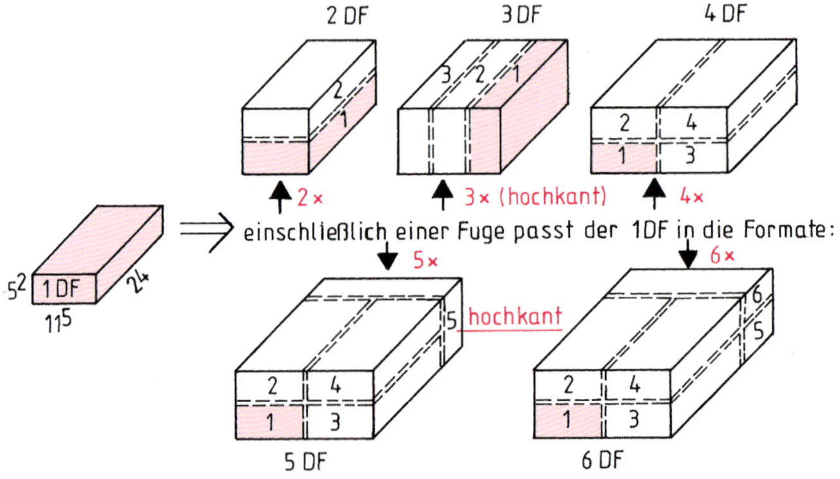

1.2.2 Rohdichte und Druckfestigkeit der Mauersteine

Um Mauersteine richtig zu verwenden, muss man das „Innenleben" der Steine kennen und die richtigen Rückschlüsse daraus ziehen. Von besonderer Bedeutung sind dabei zwei Faktoren: die **Rohdichte** und die **Druckfestigkeit**.

Um dieses zu verstehen, müssen wir einen „Ausflug" in die Bauphysik unternehmen. Die Erkenntnisse, die wir hier gewinnen, benötigen wir immer wieder.

Festigkeitslehre

1. Die Rohdichte der Steine

Wenn man eine Stahlkugel und eine gleich große Holzkugel in die Hand nimmt, so stellen wir fest, dass die Stahlkugel schwerer ist.

- Woran liegt das?

⇒ Die Stahlteilchen sind „dichter" zusammengedrängt!

Mithilfe einer starken Lupe würden wir folgendes Bild sehen:

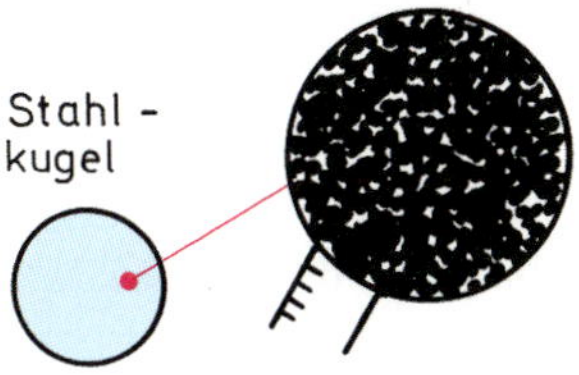

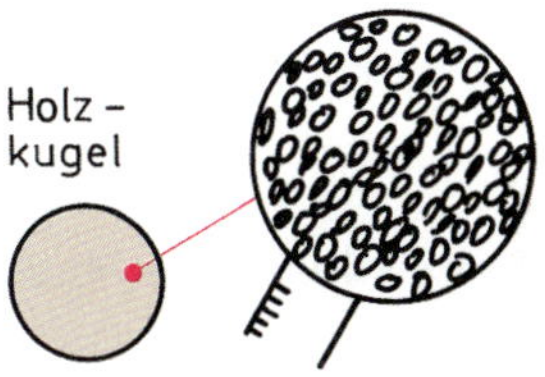

Diese „dichte" Lagerung der einzelnen Teilchen wird als **Dichte** eines Stoffes bezeichnet. Sie ist eine Eigenschaft des Materials und ist bei allen Stoffen unterschiedlich!

Was bedeutet dieses für den Mauerwerksbau?

Da wir bei den natürlichen und künstlichen Steinen nie eine ganz dichte Lagerung der Teilchen nebeneinander haben, sondern immer Poren und Hohlräume im Stein vorhanden sind, wird diese Art der Dichte als **Rohdichte** der Steine bezeichnet.

Die Rohdichte gibt Auskunft über verschiedene Eigenschaften der Mauersteine (z. B.: Welche Belastung kann der Stein aushalten? Welche Masse (früher: Gewicht) hat der Stein? usw.

Diese Rohdichte kann nur rechnerisch genau bestimmt werden. Sie ergibt einen Zahlenwert!

Wie berechnen wir die Rohdichte?

Die Rohdichte bestimmen wir aus der Masse einer bestimmten Steinmenge, geteilt durch das Volumen der gleichen Steinmenge.

als Formel: $\varrho_R = \frac{m}{V}$ dabei bedeuten: ϱ_R = Abkürzung für die Rohdichte

m = Abkürzung für die Masse

V = Abkürzung für das Volumen

ϱ = griechischer Buchstabe, sprich „rho"

Wir bestimmen die Rohdichte der Steine in der Einheit $\frac{kg}{dm^3}$

Die Masse wird gewogen. Das Volumen wird bestimmt nach der Formel:
$V = l \times b \times h$

Und so macht man das:

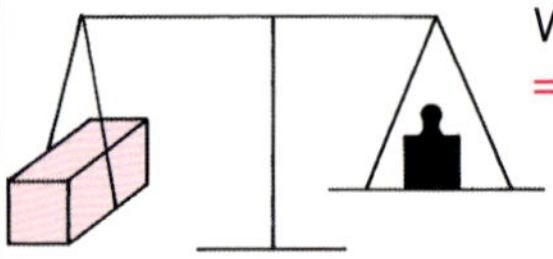

Wiegen
= Wie viel kg?

ergibt die Masse

$$\frac{m}{V} = \frac{?\,\text{kg}}{?\,\text{dm}^3} = \text{Rohdichte}$$

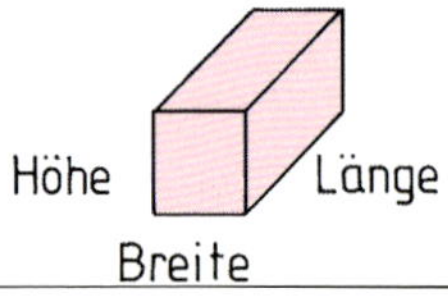

Maße aus Formattabelle (in **dm**) und dann:
$l \times b \times h$

= Wie viel dm³?

ergibt das Volumen

Erinnerung: 7 cm = 0,7 **d**m; 31 cm = 3,1 **d**m!

Beispiel: Masse = 5 kg, Volumen = 3 dm^3 → Rohdichte = 1,7 $\frac{\text{kg}}{\text{dm}^3}$

Die Rohdichte künstlicher Mauersteine reicht von 0,5 kg/dm³ bis 2,2 kg/dm³.

2. Die Druckfestigkeit der Steine

Wenn man einen Reißbrettstift in eine Korkplatte drückt und einen anderen in eine Holzplatte, so brauchen wir bei der Holzplatte mehr Kraft.

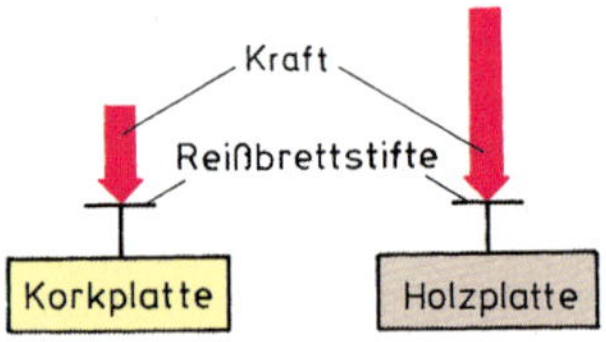

Woran liegt das?

⇒ Die Holzplatte setzt dem Reißbrettstift einen größeren Widerstand entgegen als die Korkplatte. Die „Kraft des Drückens“ (Druckkraft) muss daher größer sein!

Diese Widerstandsfähigkeit eines Stoffes gegen eine Druckkraft wird als **Druckfestigkeit** bezeichnet. Sie ist umso größer, je „dichter“ der Stoff ist. Sie ist also auch eine Eigenschaft des Materials und bei allen Stoffen unterschiedlich!

Was bedeutet dies für den Mauerwerksbau?

Die Druckfestigkeit der natürlichen und künstlichen Steine ist aufgrund der Rohdichte unterschiedlich. Die Frage „Wo liegt die Höchstgrenze der Druckfestigkeit?“, d.h., bei welcher Belastung geht der Stein zu Bruch, ist für die Verwendung von großer Wichtigkeit. Die Grenze der Druckfestigkeit kann durch Versuche rechnerisch bestimmt werden.

Wie bestimmen wir die Druckfestigkeit?

Wir bestimmen die Grenze der Druckfestigkeit aus **Bruchlast *F*** und **Druckfläche *A***.
Bruchlast *F* = In diesem Moment geht der Prüfkörper zu Bruch.
Druckfläche *A* = Das ist die gedrückte Fläche. Zu berechnen mit: $A = I \times b$

als Formel:

$$\sigma_D = \frac{F}{A}$$

dabei bedeuten:
σ_D = Abkürzung für die Druckfestigkeit in N/mm^2
F = Abkürzung für die Last in N
A = Abkürzung für die Fläche in mm^2

σ = griechischer Buchstabe, sprich „Sigma".

Wir bestimmen die Druckfestigkeit eines Steines in der Einheit $\frac{N}{mm^2}$

Und das macht man so:

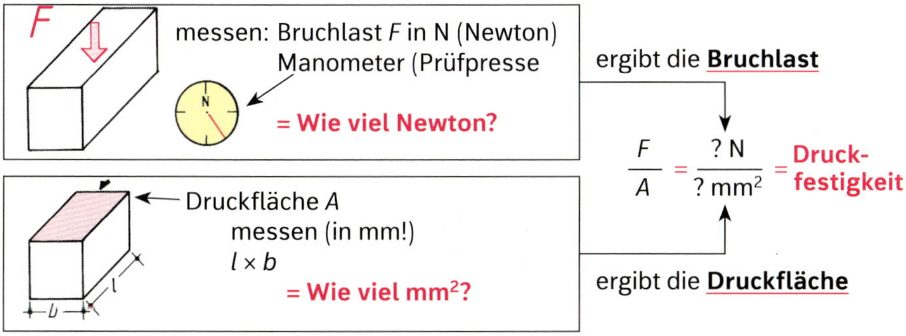

Erinnerung: 24 cm = 240 mm! 11,5 cm = 115 mm
Beispiel: Bruchlast = 400 000 N, Druckfläche = 27 600 mm^2 → Druckfestigkeit = 14,5 N/mm^2

Was bedeutet eigentlich N/mm^2?

→ Dies ist ein Wert, den man schlecht „greifen" kann. Daher eine kleine Hilfe.
- 10 N (Newton) sind etwa 1 kg.
- 1 mm^2 hat etwa die Größe eines Stecknadelkopfes.

Beispiel: *Druckfestigkeit = 14,5 N/mm^2 besagt:*

Auf die Größe eines Stecknadelkopfes muss – rein theoretisch – eine Belastung von 1,45 kg gestellt werden können, bevor der Mauerstein zu Bruch gehen darf.

Aus der Steinfestigkeitsklasse der Mauersteine und der Festigkeit des Mauermörtels ergibt sich die zulässige Druckspannung des Mauerwerkes. Es handelt sich hierbei um den Bereich von 2 N/mm^2 bis 60 N/mm^2.

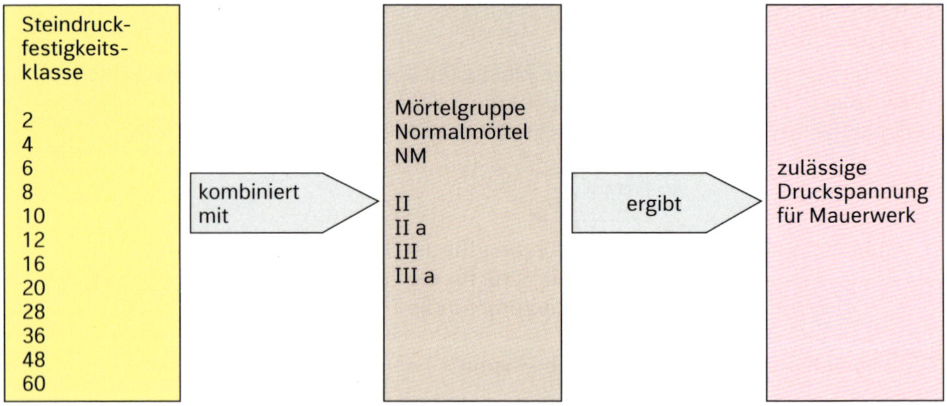

Anm.: Um einen kompletten Aufschluss über die Eignung der Mauersteine als Baustoff zu erhalten, müssten wir noch das Schall- und Wärmeverhalten untersuchen. Dieses geschieht in der Fachstufenausbildung (aber die Ergebnisse berücksichtigen wir jetzt schon).

Ergebnis unserer Untersuchungen auf einen Blick:

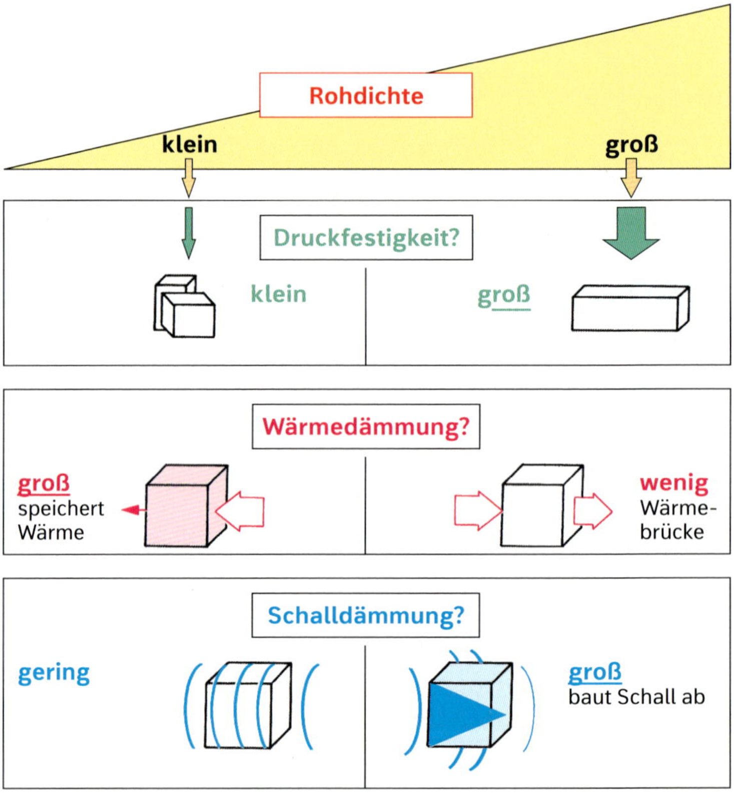

V – Te *Die Beziehung zwischen Rohdichte und Druckfestigkeit können Sie mithilfe einer „Demo" überprüfen. Einen Auswertungsbogen finden Sie im Arbeitsheft, Blatt 42.*

Ü – Ma *Haben Sie bei sich Schwierigkeiten bei der Umrechnung von Längen-, Flächen- und Volumeneinheiten festgestellt? Wenn ja → Übungen hierzu: Arbeitsheft, Blatt 43.*

Was Sie noch über die künstlichen Mauersteine wissen sollten:

Um Verwechselungen der Mauersteine auszuschließen, gibt es für jede Steinart eine genormte Kurzbezeichnung, die **Normbezeichnung**. Diese enthält folgende Angaben:

Normbezeichnung künstlicher Mauersteine

1. Beispiel: *Mauerziegel*

DIN 105 – Mz – 12 – 1,6 – DF

- Steinformat (24 × 11,5 × 5,2)
- Rohdichte (1,6 kg/dm³)
- Druckfestigkeitsklasse (12 N/mm²)
- Steinart im Kurzzeichen (Mauerziegel-Vollstein)
- Nummer des Normblattes (DIN-Nr. 105; Mauerziegel)

2. Beispiel: *Kalksandsteine*

Kalksandstein DIN V 106 – KS L-R P 12 – 1,4 – 8 DF (240)

- Wanddicke (bei Nut- und Federsystem)
- 248 × 240 × 248
- 1,21 bis 1,40 kg/dm³ Trockenrohdichte
- Steindruckfestigkeitsklasse mind. 12 N/mm²
- P = Planstein
- Steinart: L = Lochanteil, R = Nut- und Federsystem, Blockstein
- KS-Norm (Nummer des DIN-Normblattes)
- Steinsorte

Zusammenfassung von Kapitel 1–1.2:

Eigenschaften von Bausteinen im Mauerwerksbau

- Wir unterscheiden **natürliche Bausteine und künstliche Mauersteine**.
- Die **natürlichen Bausteine** werden nach ihrer Entstehung eingeteilt in: Erstarrungs-, Ablagerungs- und Umwandlungsgesteine.
- Die **Eigenschaften** der natürlichen Bausteine bestimmen ihre Verwendung am Bau.
- Die **künstlichen Mauersteine** werden in gebrannte und ungebrannte Steine unterschieden; Hauptrohstoffe sind zum einen Lehm und Ton, zum anderen Kalk, Zement und Sand.
- **Vorzugsformate** sind DF, NF, 2 DF und 3 DF.
- Die **Rohdichte** und die **Druckfestigkeit** der Steine geben Aufschluss über die Eignung des Materials als Baustoff.

A – Te *Aufgaben zur Wiederholung des bisher Gelernten finden Sie im Arbeitsheft, Blatt 44.*

Testen Sie sich • Testen Sie sich

Nennen/Erläutern Sie ...

1. je ein Beispiel für Erstarrungs-, Ablagerungs- und Umwandlungsgesteine.
2. das Kennzeichen, wenn natürliche Rohstoffe verarbeitet werden.
3. die Begriffe „Einhand- und Zweihandsteine“.
4. die Abmessungen der Vorzugsformate.
5. den Zusammenhang zwischen Rohdichte und Druckfestigkeit.
6. die Bezeichnung „DIN 105 – Mz – 16 – 1,6 – 3 DF“.

1.3 Die gebrannten Mauersteine

Ein Kennzeichen dieser Steine ist: Sie werden gebrannt.
Dazu gehören: alle Mauerziegel, Leichtziegel und Klinker.
Hauptrohstoffe für die Steine sind: Lehm und Ton.

Die Mauerziegel

Mauerziegel werden aus Ton, tonigen Massen oder Lehm (teils unter Verwendung von Zusatzstoffen)

1. *gemischt,*
2. *geformt,*
3. danach *getrocknet* und
4. ***gebrannt.***

Aus der Vielzahl der Mauerziegel werden in der Grundstufenausbildung verwendet:

Vollziegel Mz

z. B. Mz NF

Hochlochziegel HLz

z. B. HLz 2 DF

z. B. HLz 3 DF

Die Leichtziegel

Das Wichtigste in Kurzübersicht

z. B. HLzW

Sie sind besonders leicht, weil sie viele Luftporen enthalten. Die entstehen beim Brennvorgang, bei dem die Ausgangsstoffe vorher mit brennbarem Material (Sägemehl, Polystyrolschaumkügelchen) vermengt werden. → Rohdichte deshalb nur 0,6 bis 1,0 kg/dm^3.
Es gibt:
→ **Leichthochlochziegel HLz** und – mit größerer Lochung **HLzW**.

Die Vormauerziegel und Klinker

Das Wichtigste in Kurzübersicht

z. B. VMz

z. B. KMz

Kennzeichen für beide Ziegelarten:
- sie sind frostbeständig
- sie bleiben am Bau sichtbar.

Sie sind außerdem sehr schwer: Rohdichte über 1,8 kg/dm^3.
Klinker sind an der Oberfläche dicht (wasser- und dampfdicht).
Diese besonderen Eigenschaften entstehen bei der Herstellung durch Sinterung: Die Steinrohlinge werden dabei so hoch erhitzt, dass die Poren verschmelzen.
Es gibt:
- **Vormauer-Vollziegel** VMz

w

Und hier sind die gängigen Ziegelarten auf einen Blick:

Ziegelarten	Kurzzeichen	Formate	Bemerkung/Eigenschaft
Vollziegel	Mz	DF-NF- ... 3DF	Querschnitt massiv oder bis zu 15 % gelocht
Hochlochziegel	HLz	2-3-4-...12DF	Senkrecht zur Lagerfläche gelocht. Lochungsart A oder B
Vormauerziegel	VMz-VHLz	DF-NF-...3DF	Frostbeständig
Klinker	KMz-KHLz	DF-NF-2-5DF	Oberfläche gesintert, frostbeständig
Keramikklinker	KK-KHK	DF-NF-2DF	Säurefest, hohe Rohdichte und Druckfestigkeit, abriebfest
Leichthochlochziegel	HLz, HLzW	2-... 16DF	Dem Rohstoff werden Porosierungsmittel zugesetzt, geringe Rohdichte, hohe Wärmedämmung
Leichtlanglochziegel	LLz-LLp	6-10-12-16DF	Zur Erstellung von leichten Trennwänden
Verfüllziegel	–	großformatig	Werden zur Erhöhung des Schallschutzes mit Mörtel verfüllt
Mauertafelziegel	HLzT	großformatig	Zur Herstellung von vorgefertigten Mauertafeln

1.4 Die ungebrannten Mauersteine

Ein Kennzeichen dieser Steine ist: Sie werden **unter Druck gehärtet**. Dazu gehören: Kalksandsteine, Porenbeton-, Leicht- und Hüttensteine.
Hauptrohstoffe sind: Kalk, Zement und Sand.

Kalksandsteine werden aus Kalk und kieselsäurehaltigen Zuschlägen (z. B. Sand)
❶ *gemischt,*
❷ in Pressen *geformt* und
❸ unter Dampfdruck ***gehärtet***.

Aus der Vielzahl der Kalksandsteine greifen wir die wichtigsten heraus:

→ Diese verwenden wir in der Grundstufenausbildung. → Diese sollten Sie kennen.

Kalksand- **Vollsteine**	Kalksand- **Lochsteine**	Kalksand- **Blocksteine**	Kalksand- **Hochblocksteine**
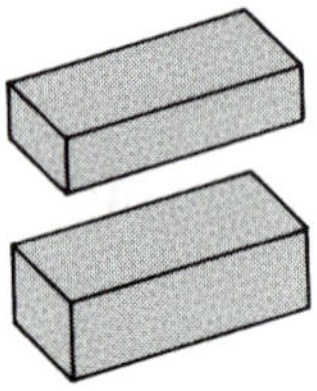	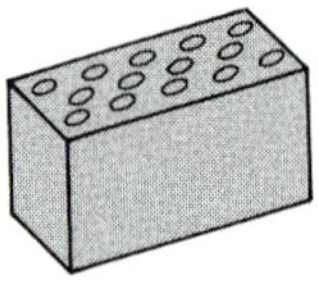	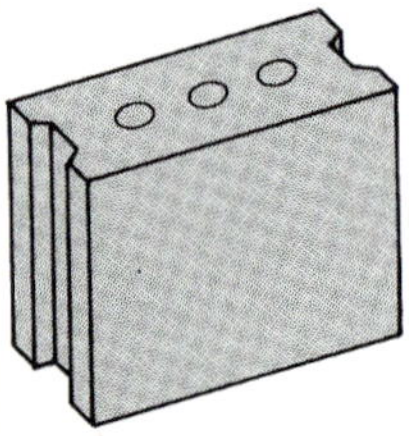	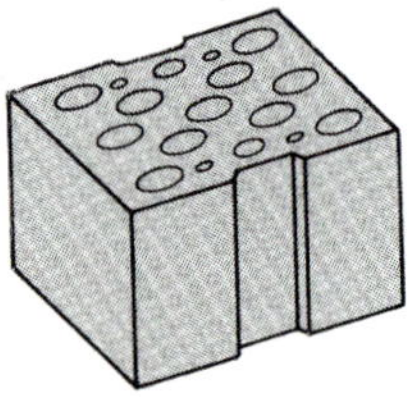
Steinformate: 1–5 DF, NF	Steinformate: 1–5 DF, NF	Steinformate: 4–12 DF	Steinformate: 4–12 DF

Und hier sind die „gängigen" Kalksandsteinarten auf einen Blick:

Steinart	Kurzzeichen	Format	Bemerkung
KS-Vollstein	KS	DF, NF, 2–6 DF	Querschnitt massiv oder bis zu 15 % gelocht
KS-Lochstein	KS L	DF, NF, 2–6 DF	Senkrecht zur Lagerfläche um mehr als 15 % gelocht
KS-Blockstein	KS	8 DF–24 DF	Steinhöhe > 113 mm, bis zu 15 % gelocht
KS-Hohlblockstein	KS L	8 DF–24 DF	Steinhöhe > 113 mm, mehr als 15 % gelocht
KS-Plansteine	KS(P) KS L(P)	8 DF–24 DF	Voll-, Loch-, Block- und Hohlblocksteine, die in Dünnbettmörtel zu versetzen sind
KS-R-Steine	KS-R KS L-R	4 DF–24 DF	Block-, Hohlblock- und Plansteine mit Nut- und Federsystem und Griffhilfen. Stoßfugen unvermörtelt
KS-Bauplatten	KS P	d = 5 oder 7 cm	Vollsteine für nicht tragendes Mauerwerk
KS-Planelement	KS-Quadro	l/h = 8/49,8 cm b = 11,5–36,5 cm	Großformatige Vollsteine werden mit Dünnbettmörtel mittels Versetzgerät (Minikran) vermauert
KS-Planelement	KS-PE	l/h=99,8/62,4 cm b = 115–300	Werksseitig vorgefertigte Wandbausätze, werden nach Versetzplan mit Minikran vermauert
KS-Vormauerstein	KS Vm	1–5 DF,	Für witterungsbeanspruchtes Sichtmauerwerk
KS-Verblender	KS Vb	1–3 DF	Wie KS-Vm

Von der Kalksandsteinindustrie wird eine Vielzahl an Formaten für die Handvermauerung und für das Vermauern mit Versetzgerät angeboten. Die regionalen Lieferprogramme sind zu beachten.
Im Markt sind unterschiedliche Marken bzw. Produkte bekannt.

Die Porenbetonsteine

Das Wichtigste in Kurzübersicht

Porenbetonsteine sind sehr leicht (Rohdichte: 0,4 bis 0,8 kg/dm^3; Druckfestigkeit: von 2,5 bis 10,0 N/mm^2). Deshalb sind sie gute Wärmedämmer und lassen sich gut bearbeiten (sägen u. a.). Sie enthalten feinkörnigen Sand (und/oder Hochofenschlacke) und als Bindemittel Zement (und/ oder Kalk) mit porenbildenden Zusätzen. Es gibt:

- **Blocksteine PB**
- **Plansteine PP**

Die Leichtbetonsteine

Das Wichtigste in Kurzübersicht
Leichtbetonsteine haben porige Zuschläge (Bims, Ziegelsplitt, Blähton u. a.). Zusammen mit Zement werden sie geformt, verdichtet und erhärtet.
Rohdichte bis 2 kg/dm³, Druckfestigkeit bis 12 N/mm².
Es gibt:
- **Vollsteine V** → 1 bis 10 DF (ohne Kammern)
- **Hohlblocksteine Hbl** → 6 bis 24 DF (1–4 Kammern)

Hohlblockstein aus Leichtbeton

Schalstein – Endstein

Wozu braucht man dieses „Zahlen- und Buchstabenwissen" eigentlich?

Nur dann, wenn Sie die „Normbezeichnungen" verstehen, sind Sie in der Lage,
- **das zweckmäßigste Steinmaterial** *(Mz, KS, PB ... ???)*
- **mit dem günstigsten Format** *(DF, NF, ... 12 DF ... ???)*
- **gemäß den Anforderungen** *(gute/geringe Wärmedämmung, gute/geringe Schalldämmung, hohe/geringe Druckfestigkeit ...???)*

für die entsprechende Wandart auszuwählen und zu „vermauern".

1.5 Wandarten in einem Wohngebäude

Die Wände eines Wohngebäudes haben unterschiedliche Aufgaben zu erfüllen. Im gemauerten Bauwerk müssen sie vorrangig die **Standsicherheit** gewährleisten.
Unterschieden werden: tragende, aussteifende und nicht tragende Wände.

Tragende Wände in einem Gebäude sind z. B.:
- Außenwände,
- Kelleraußenwände,
- Innenwände,
- Wohnungstrennwände,
- Mauerpfeiler.

Aussteifende Wände in einem Gebäude sind z. B.:
- querverlaufende Innenwände (⇒ mit einer Wanddicke $d \geq 11{,}5$ cm),
- Treppenhauswände,
  (Anm.: Aussteifende Wände gelten stets auch als tragende Wände.)

Nicht tragende Wände in einem Gebäude sind z. B.:
- dünnwandige Wände bis 11,5 cm
- Ausfachungen von Fachwerk
- leichte Trennwände aus Mauerwerk, Holz oder Metallständerwände

Tragende Außenwände:
sollen vorwiegend **senkrechte Belastungen** (z. B. aus Dach, Decke) **nach unten ableiten**.
Daher: Hauptanforderungen an das Mauerwerk
⇒ ausreichend große Steinfestigkeitsklasse (wird vom Tragwerkplaner angegeben), z. B. SFK ≥ 12

Aussteifende Innenwände:
sollen das **Ausknicken oder Ausbiegen tragender Wände verhindern** und müssen fest mit diesen verbunden werden. Weiterhin sollen sie **schalldämmend** wirken.

Nicht tragende Wände:
tragen „nur sich selbst" (Putz, Anstriche, Einrichtungsgegenstände). Verbindung zu anderen Wänden durch Verbindungsanker oder Mauerstoß.
Daher: Keine besonderen Anforderungen an die Mauersteine

Bei „unserem" Ferienhaus sind folgende Wandarten vorhanden:

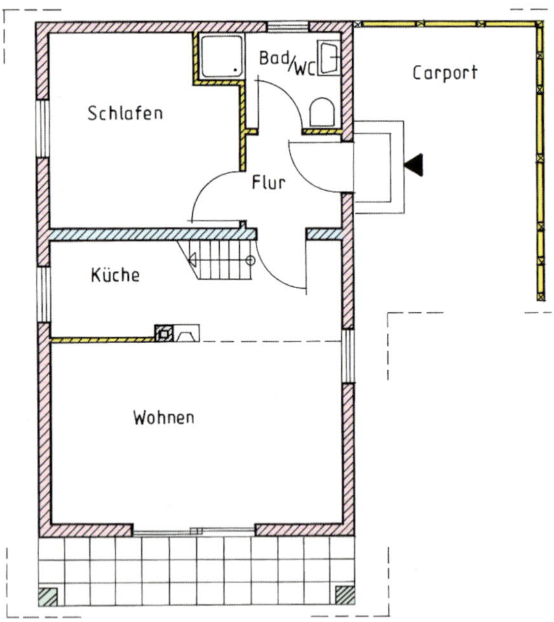

Tragende Wände:

rot — Außenwände

grün — Pfeiler (aus Beton)

Aussteifende Wand:

blau — Innenwand

Nicht tragende Wände:

gelb — leichte Trennwände Ausfachung Carport

Welche Aufgaben sollen die einzelnen Wandarten erfüllen?

Zusammenfassung von Kapitel 1.4 und 1.5:

Bausteine im Mauerwerksbau

- Bei **Mauerziegeln** verwenden wir vorwiegend Voll- und Hochlochziegel.
  Ihre Rohdichte: 0,6 bis 2,2 kg/dm^3.
  Ihre Druckfestigkeit 4 bis 28 N/mm^2.
- Beim Kalksandstein gibt es Voll-, Loch-, Block- und Hohlblocksteine.
  Ihre Rohdichte: 0,6 bis 2,2 kg/dm^3.
  Ihre Druckfestigkeit: 6 bis 28 N/mm^2.

A – Te *Aufgaben zu den Mauersteinen finden Sie im Arbeitsheft, Blatt 45 und 46.*
T *Ein „Kurztest" hierzu → Arbeitsheft, Blatt 47.*

2 Mörtel

Mörtel wird vorwiegend so verwendet:

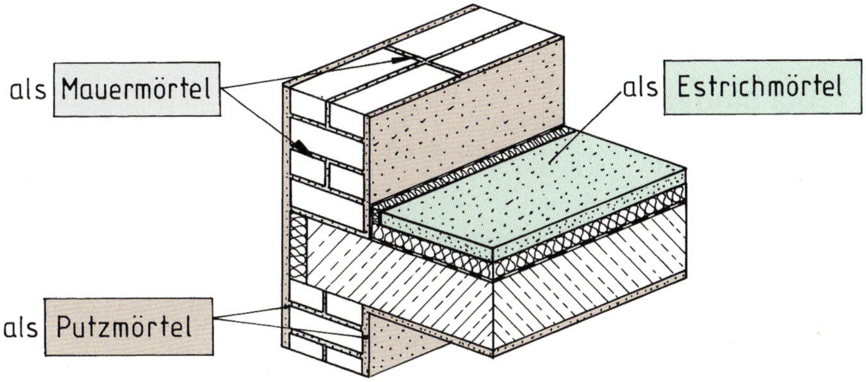

Welche Aufgaben erfüllen die verschiedenen Mörtelarten?

Mauermörtel: → Er soll die einzelnen Mauersteine fest miteinander verbinden, sodass sie sich nicht mehr verschieben können. Außerdem soll er die Unebenheiten der vermauerten Steine ausgleichen.

Putzmörtel: → Er soll zum Schutz von Wand- und Deckenflächen sowie zur Schall- und Wärmedämmung dienen. Außerdem verschönert er die Fassaden.

Estrichmörtel: → Er wird zur Herstellung von ebenen und verschleißfesten Fußböden verwendet.

Mörtel ist immer – je nach Anwendung – ein Gemisch aus verschiedenen Bestandteilen. Diese sind:

Korngröße: 0–4 mm	hauptsächlich: – Baukalke, Zemente, Gipse	Leitungswasser

Wodurch unterscheiden sich die einzelnen Mörtelarten?

Hauptunterscheidungsmerkmal für alle Mauer-, Putz- und Estrichmörtel sind allein die verschiedenen Bindemittel und die Zusammenstellung der Mischung. Danach richten sich auch die betreffenden „Mörtelgruppen“.

Damit Sie das später nicht verwechseln, hier schon eine Übersicht über diese Gruppen

Mauermörtel: Mörtelgruppen **MG I, II, IIa, III, IIIa** (Kennzeichen **MG**)
Putzmörtel: Mörtelgruppen **PI – PIV** (Kennzeichen **P**)
Estrichmörtel: je nach Bindemittel oder Verwendung unterschiedlich

→ *Putz- und Estrichmörtel lernen Sie im Lernfeld 6 näher kennen.*

2.1 Die Bindemittel

Die Bindemittel zur Mörtelherstellung sind vorwiegend **Baukalke, Normalzemente** und **Baugipse**.

Was Sie über die einzelnen Bindemittel wissen sollten:

Baukalke	Zemente	Baugipse
	Rohstoffe	
Kalkstein (Mergel)	Kalkstein + Ton	Gipsstein
	Behandlung aller Rohstoffe:	
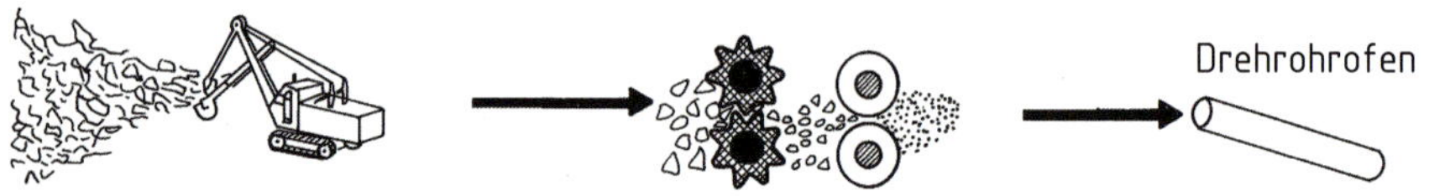		
1. zerkleinern	2. mahlen	3. brennen
	Zwischenstufen:	
... bei etwa 900 °C entsteht *ungelöschter Kalk* **4.** löschen (mit Wasser) gelöschter Kalk	... bei etwa 1450 °C entsteht *Zementklinker* **4.** mahlen von Zementklinker mit verschiedenen Zusätzen	bei etwa 150 °C entsteht **Stuckgips** bei etwa 300 °C entsteht **Putzgips** bei etwa 1000 °C entsteht
	Produkte:	
→ **Luftkalk** oder **hydraulischer Kalk**	→ **verschiedene Zemente**	→ **Estrichgips**
	Lieferung:	
40 kg/25 kg (sackweise)	25 kg (sackweise)	40 kg (sackweise)
	Besondere Merkmale dabei:	
a) Abgabe von Kohlendioxid (CO_2) beim Brennen b) Aufnahme von CO_2 beim Erhärten (bei gleichzeitiger Abgabe von Wasser = Neubaufeuchte	Hohe Festigkeiten durch besonders feines Mahlen des Zementklinker	Je höher die Temperatur, desto später setzt das Versteifen ein und desto höher ist die Festigkeit

Im Folgenden beschäftigen wir uns nur mit den Baukalken.
⇒ *Normalzemente*: werden ausführlich im Lernfeld 4 behandelt,
⇒ *Baugipse*: werden eingehender im Lernfeld 10 behandelt.

2.1.1 Baukalke

Baukalke

werden unterschieden in:

Luftkalke	Hydraulische Kalke
Rohstoffe sind:	
Kalkstein	**Mergel** = Ton und Kalk
Art der Erhärtung	
Mörtel aus Luftkalk braucht zum Erhärten aus der Luft das **Kohlendioxid** ⇒ wird (nur) hart an der Luft Anm.: Die Herstellung und Erhärtung des Luftkalkes bezeichnet man als „Kreislauf des Luftkalkes“.	Mörtel aus hydraulischen Kalken brauchen zum Erhärten **Hydraulefaktoren** ⇒ wird hart an Luft und unter Wasser Anm.: Hydraulefaktoren nennt man die Bestandteile in Ton, die beim Brennvorgang angeregt werden. Dadurch werden beim Erhärtungsvorgang ohne Luft wasserunlösliche Stoffe gebildet.
Druckfestigkeit (nach 28 Tagen)	
Keine Druckfestigkeit gefordert	2–20 N/mm^2
Gebräuchliche Kalksorten sind:	
– Weißkalk (CL) – Dolomitkalk (DL)	– Hydraulischer Kalk (HL)

Wie sieht die Kennzeichnung der Baukalke aus?

Säcke von Baukalken, die nach Vorschrift hergestellt wurden, führen ein Gütezeichen.

Außerdem kann man aus dem Aufdruck u. a. ersehen, welche Sorte es ist, woher sie stammt und wie sie zu verarbeiten ist.

Beispiel für hydraulischen Kalk

Was Sie noch über die Baukalke wissen sollten:

- Luftkalke dürfen mit Zement oder Gips gemischt werden.
- Hydraulische Kalke dürfen nicht mit Gips gemischt werden.
- Gelöschter und ungelöschter Kalk soll nicht mit der Haut in Berührung kommen.
  ⇒ *Gefahr von Verätzungen. Besonders gefährdet sind die Augen!*
- Alle Baukalke müssen trocken gelagert werden.
  ⇒ *Der Kalk erhärtet sonst teilweise und wird klumpig.*

Hinweise beachten

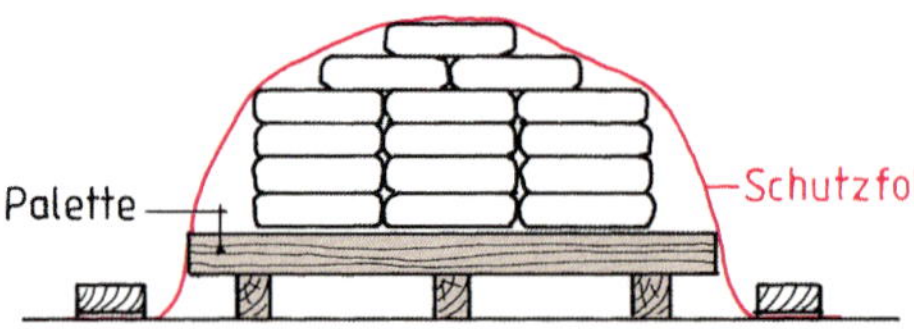

Vor Nässe schützen

2.2 Der Zuschlag

Der Zuschlag für Mörtel ist Sand bis 4 mm Korngröße. Die Kornzusammensetzung soll **gemischtkörnig** sein.

Zuschläge für Mörtel sind:

Zuschlag	 Feinstsand	 Feinsand	 Grobsand	
Korngröße in mm	0–0,25	0,25–1	1–2	2–4
Kornzusammensetzung in %	~ 50		~ 20	~ 30

2.3 Das Wasser

Wasser, das zum „Anmachen“ von Mörtel (und Beton) verwendet wird, bezeichnen wir als **Zugabewasser**.

Welche Anforderung ist an das Wasser zu stellen?

Das Zugabewasser muss frei von Verunreinigungen sein. Am besten ist Leitungswasser. Ungeeignete Wässer sind z. B. Moorwasser, Salzwasser u. Ä. (wegen der organischen Anteile und Salze).

A - Te *Aufgaben zu den Mörtelbestandteilen finden Sie im Arbeitsheft, Blatt 48.*

3 Die Herstellung von Mauermörtel

Mauermörtel kommt in verschiedenen Herstellungsweisen und Lieferformen auf die Baustelle, daher sollen die Begriffe erläutert werden.

Mauermörtel

wird hergestellt als:

- **Baustellenmörtel** (heute selten)
- **Werkmörtel** – dieser wird geliefert als:
  - Werk-Vormörtel
  - Werk-Trockenmörtel
  - Werk-Frischmörtel

Baustellenmörtel	Werk-Vormörtel	Werk-Trockenmörtel	Werk-Frischmörtel
Kennzeichen: Alle Mörtelbestandteile auf der Baustelle **abmessen** und **mischen**.	*Kennzeichen:* Im Werk hergestellter vorgenässter Kalkmörtel. Auf Baustelle nur **Wasser** (+ evtl. Zement) zugeben und mischen.	*Kennzeichen:* Bindemittel, Sand und evtl. Zusätze werden im Werk trocken abgemessen. Auf der Baustelle **nur noch Wasser** zugeben und mischen.	*Kennzeichen:* Alle Mörtelbestandteile werden im Werk abgemessen und gemischt. **Gebrauchsfertiger Nassmörtel** – sofort zu verwenden.

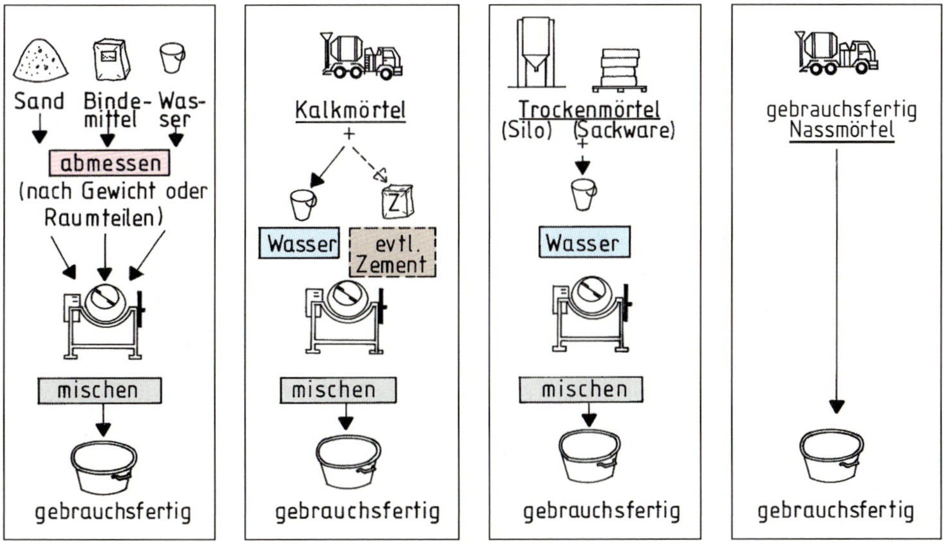

Obwohl heute auf den Baustellen fast nur noch Werkmörtel verwendet wird, muss für kleinere Mengen und Restarbeiten sehr oft noch Mörtel per Hand → also Baustellenmörtel hergestellt werden.

Das bedeutet:

Das richtige Abmessen und Mischen der Mörtelbestandteile ist – auch heute noch – eine wichtige Angelegenheit des Baufacharbeiters.
⇒ *daher müssen wir uns eingehender damit beschäftigen.*

3.1 Aufgaben und Eigenschaften des Mauermörtels

Welche Aufgaben sollen die einzelnen Mörtelbestandteile übernehmen?

Mauermörtel setzt sich – normalerweise – aus Sand, Kalk und/oder Zement zusammen. Dabei gilt:
- Der **Zuschlag** (Sand) gibt dem Mörtel das tragende Gerüst.
- Die **Bindemittel** verbinden die Zuschlagskörner fest und dauerhaft.
- Das **Wasser** macht den Mörtel verarbeitbar und setzt den Abbindevorgang der Bindemittel in Gang.
  ⇒ Die Wasserzugabe richtet sich nach dem Verwendungszweck.

Welche Eigenschaften soll Mauermörtel haben?

Mauermörtel soll sich gut verarbeiten lassen. – **Warum?**
Der Mörtel soll geschmeidig sein, damit sich die Fugen leicht mit wenig Arbeitsaufwand vollständig füllen lassen.

Mauermörtel soll elastisch sein. – **Warum?**
Um Setzungen des Mauerwerks, Erschütterungen durch Verkehr und Dehnungen durch wechselnde Temperatur auszugleichen.

Mauermörtel soll ausreichend fest werden. – **Warum?**
Um die Steine fest zu verbinden und die Belastungen im Mauerwerk übertragen zu können.

Diese Anforderungen kann Mauermörtel nur erfüllen, wenn das alles richtig ist:
- die Auswahl der Bindemittel,
- die Kornzusammensetzung des Sandes,
- die Mischungsverhältnisse.

Als Grundsatz gilt daher (für alle Mörtelarten):

Die in den Normen angegebenen Mischungsverhältnisse bei der Mörtelherstellung müssen eingehalten werden!

Besonders wichtig ist das genaue Zumischen des/der Bindemittel. Ein paar Liter mehr oder weniger können erhebliche Folgen haben.

Was passiert, wenn zu wenig Bindemittel zugegeben wird?

Dann werden nicht alle Zuschlagkörner vom Bindemittelleim umhüllt.

Folgen:
1. Geringe Festigkeit des Mörtels.
2. Der Mörtel „sandet“ ab.

Man bezeichnet dies als zu mageren Mörtel.

Was passiert, wenn zu viel Bindemittel zugegeben wird?

Dann bildet sich ein Bindemittelüberschuss.

Folgen:
1. Bildung von Rissen im Mörtel.
2. Der Mörtel „schwindet“ zu stark.

Man bezeichnet dies als zu fetten Mörtel.

A – Te *Aufgaben zum Mauermörtel finden Sie im Arbeitsheft, Blatt 49.*

3.4 Die Mörtelausbeute

Bei der Mörtelherstellung wird zunächst der Zuschlag mit dem Bindemittel gemischt (Fachbegriff: **„Trockenmischung“**). Anschließend wird das Wasser zugegeben. Durch die Wasserzugabe und das anschließende Vermischen verringert sich das Volumen des Mörtels, weil die im trockenen Mischgut enthaltene Luft entweicht.

⇒ Aus der (großen) **losen Masse** entsteht → (weniger) **fertiger (Frisch)mörtel.**

Beispiel: *Herstellung eines MG I*

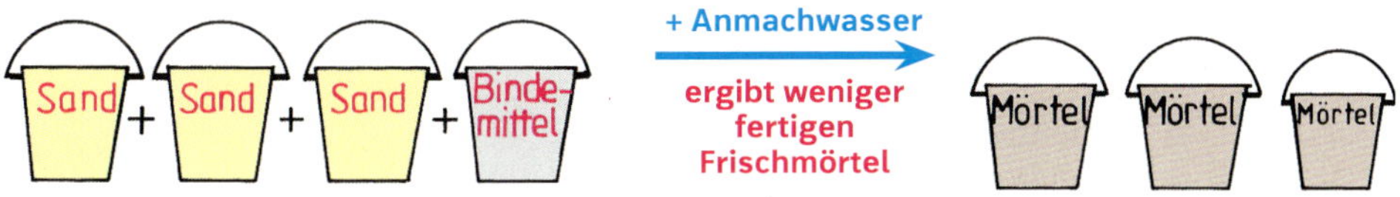

Der Volumenverlust beträgt ca. 25–35 %. → *ist vom Feuchtegehalt des Sandes abhängig*

Die Mörtelmenge, die dann noch zur Verfügung steht, bezeichnet man als **Mörtelausbeute**.

Der **Einmischfaktor** gibt an, in welchem Umfang sich das Volumen verringert.
Die Mörtelausbeute wird in Prozent angegeben, der Einmischfaktor ist ein Wert, der dieser Prozentzahl entspricht.

Kann man trotzdem für eine benötigte Mauermörtelmenge die einzelnen Bestandteile genau berechnen?Antwort: Ja, das kann man.

Am Beispiel „unseres“ Ferienhauses wollen wir dieses einmal aufzeigen.

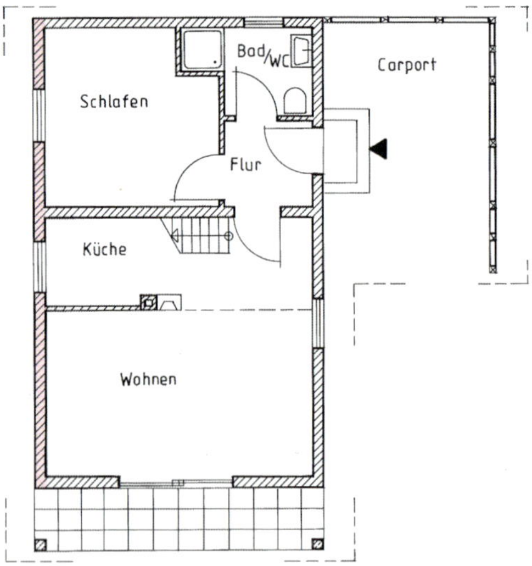

Die Außenwand (rot) soll erstellt werden!

Dazu werden benötigt:

- 1630 KS-Steine 2 DF
- 1235 Liter Mauermörtel (Frischmörtel)
  → *Wie man das ausrechnet, erfahren Sie in Lernabschnitt „Mauerwerk".*

Vorgaben:

- Es soll Kalkzementmörtel (MG II) mit einem Mischungsverhältnis MV = 2 : 1 : 8 verwendet werden.
- Die Mörtelausbeute beträgt 70 %

Frage:
Wie viel Liter Kalkhydrat, Zement und Sand sind als lose Masse erforderlich?

Wie berechnet man das?

1. Schritt — **Gesamtvolumen der losen Masse bestimmen.**

Lose Masse = **1235 l** (Frischmörtel) × 100 % : 70 % (Mörtelausbeute) = **1765 l**

Für Kalk, Zement und Sand braucht man also 1765 Liter.

2. Schritt — **Anzahl der Raumteile bestimmen.**

MV (von MG II) = 2 : 1 : 8 → Raumteile gesamt also **11**

3. Schritt — **Volumen von 1 Raumteil bestimmen.**

11 Raumteile = 1765 l
1 Raumteil = 1765 l : 11 = **160,5 l**

4. Schritt — **Einzelvolumen von Kalk, Zement und Sand bestimmen.**

MV = 2 (Raumteile Kalk) : **1** (Raumteil Zement) : **8** (Raumteile Sand)

→ Kalkbedarf: 2 × 160,5 l = **321,0 l**
→ Zementbedarf: 1 × 160,5 l = **160,5 l**
→ Sandbedarf: 8 × 160,5 l = **1280,0 l**

Kontrolle Gesamtvolumen (s. 1. Schritt): = 1765,5 l H 1765 l

5. Schritt — **Umrechnen der Volumen in Bestellmengen.**

Man kann nicht „160,5 l Zement" bestellen. Die folgenden Tabellen zeigen die Lieferweise.

Lieferweisen

Bindemittel	**Volumen** (je Sack)	**Masse** (je Sack)
Luftkalk (Hydrat) Hydraulischer Kalk Zement	≈ 40 l ≈ 25 l ≈ 20 l	20 kg 25 kg 25 kg
Anm.: Sand wird in m^3 bestellt. 1 m^3 = 1000 l		

Zu bestellende Mengen:

Bindemittel	Bedarf: Volumen	Bestellung
Luftkalk (Hydrat) Zement Sand	321,0 l : 40 l 160,5 l : 20 l 1284,0 l	**≈ 8 Sack** **≈ 8 Sack** **≈ 1,3 m^3**

A – Ma *Berechnungen zur Mörtelausbeute und Mörtelbedarfsberechnungen finden Sie im Arbeitsheft, Blatt 50, 51.*

Zusammenfassung von Kapitel 3:

Mauermörtel

- **Mörtel** wird vorwiegend als Mauer-, Putz und Estrichmörtel verwendet.
- Mörtel ist ein **Gemisch** aus Zuschlag (bis 4 mm), Bindemitteln und Wasser.
- Bei der **Mörtelherstellung** müssen die Mischungsverhältnisse eingehalten werden.
- **Kalke** werden unterschieden in Luftkalke und hydraulische Kalke.
- **Luftkalke** werden nur an der Luft fest; **hydraulische Kalke** können sowohl an der Luft als auch nach kurzer Luftlagerung unter Wasser fest werden.
- Der **Mauermörtel** besteht aus Kalk und/oder Zement als Bindemittel sowie Sand und Wasser.
- Nach den **Anforderungen** wird Mauermörtel in fünf Gruppen eingeteilt: I, II, IIa und III/IIIa.
- **Mauermörtel** wird entweder auf der Baustelle hergestellt oder als **Werkmörtel** geliefert.

T *Einen Test zum Mauermörtel finden Sie im Arbeitsheft, Blatt 52.*

Testen Sie sich • Testen Sie sich

Nennen/Erläutern Sie ...

1. die gebräuchlichsten Baukalksorten.
2. den Unterschied zwischen Luftkalken und hydraulischen Kalken.
3. die Aufgaben der Mörtelbestandteile.
4. die Auswirkungen von zu wenig Bindemittelanteilen.
5. warum die Schaufel zur Abmessung der Mörtelbestandteile unzulässig ist.
6. die Mauermörtelgruppe, die mit 12 N/mm^2 belastet werden kann.

4 Mauerwerk aus künstlichen Steinen

Gemauerte Bauteile sollen die Belastungen über die Steine und Fugen nach unten in den Baugrund ableiten.

Die verschiedenen Mauersteine und -ziegel kennen Sie bereits. In diesem Lernabschnitt erfahren Sie, welche Regeln und Probleme es beim Mauern gibt.

4.1 Die Mauerfugen

Welche Aufgaben haben die Mauerfugen?

Die mit Mörtel gefüllten Fugen sollen die Steine/Ziegel fest miteinander zu einem einzigen Bauteil verbinden, aber:

Die Fuge ist das schwächste Glied im Mauerwerk!

Druckfestigkeit der Mauersteine	bis 28 N/mm^2
Druckfestigkeit des Mörtels	bis 10 N/mm^2 (Ausnahme: MG III a)

Die Druckfestigkeit des Mörtels ist also erheblich kleiner. Deshalb ist auf die Ausführung der Fugen besonders zu achten.

Welche Fugenarten und Fugendicken gibt es?

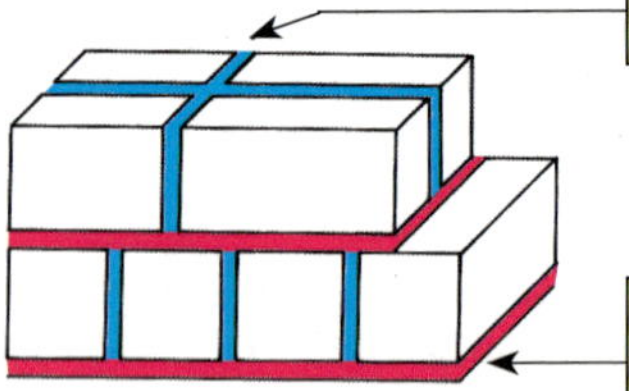

Stoßfugen – immer **1 cm** dick – immer senkrecht

Die (Fugen)Dicke ist wichtig für die Berechnung von Mauern.

Lagerfugen – fast immer **1²** **(!!) cm** dick – immer waagerecht

Wie muss die Fuge ausgeführt werden?

Alle Fugen vollfugig mauern! → *Macht man das nicht, ist die Druckfestigkeit des Mörtels in der Fuge noch kleiner.*

4.2 Die Mauersteine

Wie benennen wir die einzelnen Seiten am Mauerstein?

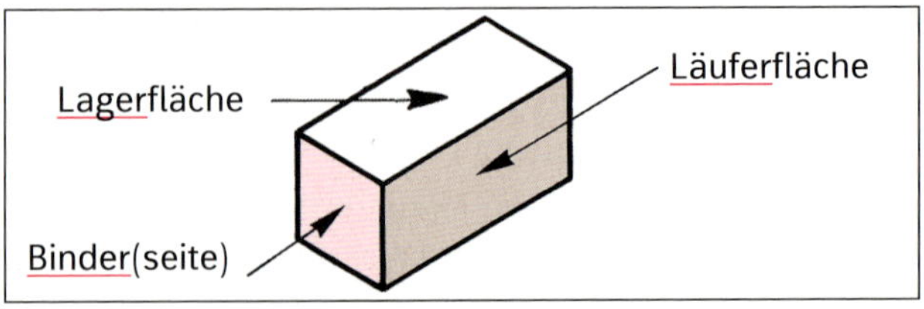

Wie nennen wir die einzelnen Mauerschichten?

Nach den Bezeichnungen der Seiten am Stein werden auch die einzelnen Mauerschichten in einem Mauerwerk benannt.

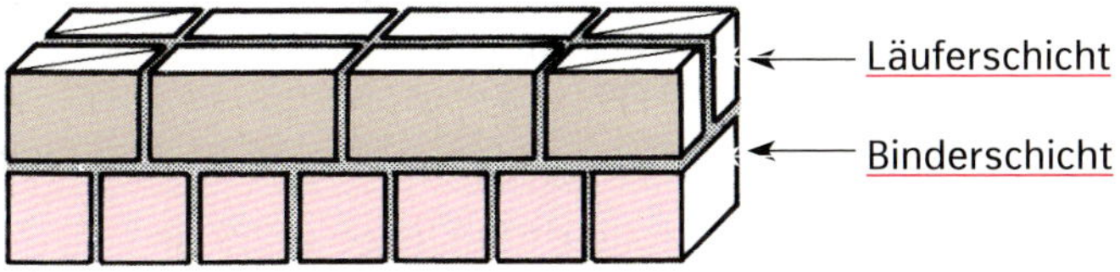

4.3 Ganze Steine – Teilsteine

Wozu braucht man Teilsteine?

Teilsteine sorgen dafür, dass nicht Fuge über Fuge sitzt.

Das ist **verboten**!!!	So ist es **richtig**!!!
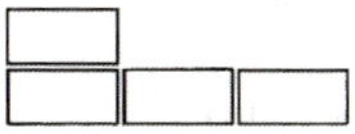 Fuge über Fuge	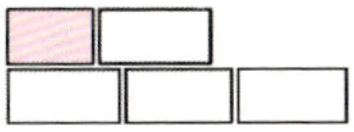 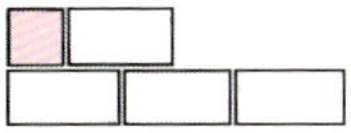

Woher bekommt man die Teilsteine?

Man schlägt sie „vor Ort“ mit dem Maurerhammer von ganzen Steinen (wenn das Mauerwerk später verputzt wird). Ansonsten werden sie mit einer Steinsäge geschnitten.

Welche Teilsteine sind üblich?

Teilsteine müssen so „geschlagen oder geschnitten“ werden, dass sie einschließlich Fugen wieder zusammengesetzt einen ganzen Stein ergeben.

Ganzer Stein	⇒	Halber Stein	Viertelstein	Dreiviertelstein
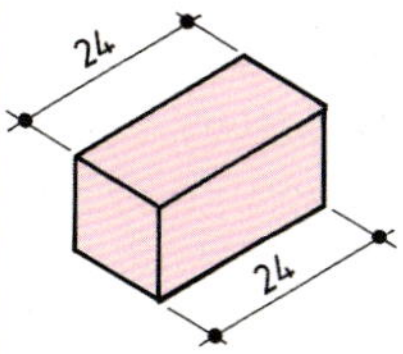	⇒	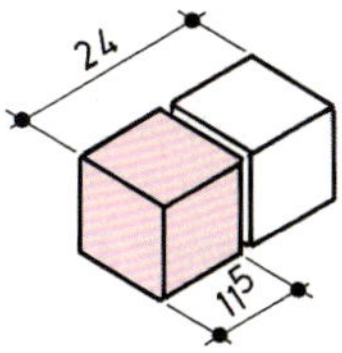 2 halbe Steine + 1 Fuge: $2 \cdot 11^5 + 1 = 24$	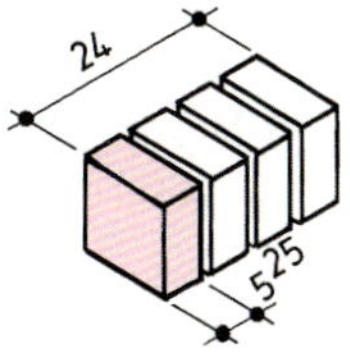 4 Viertelsteine + 3 Fugen: $4 \cdot 5^{25} + 3 \cdot 1 = 24$	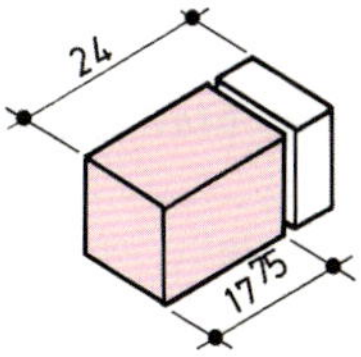 1 Dreiviertelstein + 1 Viertelstein + 1 Fuge: $17^{75} + 5^{25} + 1 = 24$

Wie erkennt man Teilsteine in Zeichnungen?

Anm.: Für die Symbole verwendet man die Form der Lagerfläche.

5 Die Maßordnung im Hochbau

Eine Grundvoraussetzung für korrekte Arbeit am Bau ist die Maßgenauigkeit.
Die zur Zeit geltende Maßordnung im Mauerwerksbau bezieht sich immer auf ein Vielfaches oder einen Teil von **25 cm**.

Ausgangspunkt aller Berechnungen ist das sogenannte **Achtelmeter**:

1. Feststellung: **1 Binder**seite + **1** Stoß**fuge** = **12,5 cm**
2. Feststellung: 12,5 cm ist der **achte Teil** eines Meters (1,00 m : **8** = 0,125 m = 12,5 cm).

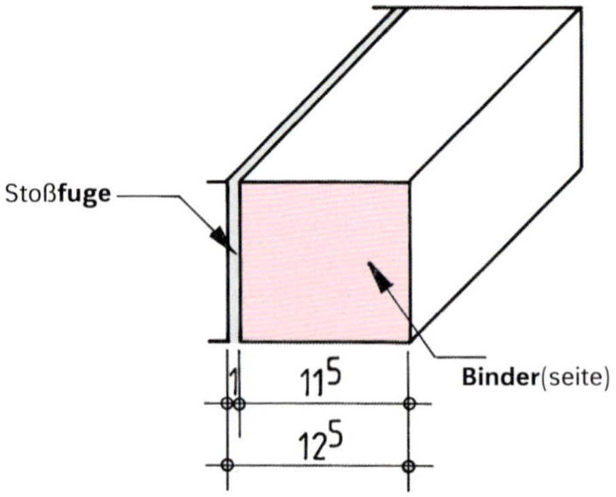

> Daraus kann man ableiten:
> 1 **Achtelmeter (Abk. „1 am“)**
> **= 12,5 cm**
> entspricht bei Mauersteinen
> **1 Binder**(seite) + **1 Fuge = 1 am**
> Auf der Baustelle spricht man von Köpfen und meint damit:
> **1 Kopf = 1 am = 12,5 cm**

Jedes Mauermaß sollte ein Vielfaches oder Teile von 1 am oder 1 Kopf sein, damit die verschiedenen Steingrößen auch miteinander kombiniert werden können.
Bei den Mauermaßen unterscheidet man Baurichtmaße und Baunennmaße.

5.1 Baurichtmaße

Was sind Baurichtmaße?

Baurichtmaße sind **Vielfache oder Teile des am**. → *37,5 = **3** × 12,5; 6,25 = ½ × 12,5*
Alle Steine (ganze, ½-, ¼-, ¾-Steine) und alle Mauern beziehen sich auf diese Baurichtmaße.

Jedes Maß am Bau ist ein Teil oder Vielfaches von 1 am (1 Kopf).

Beispiel: *Vielfaches*

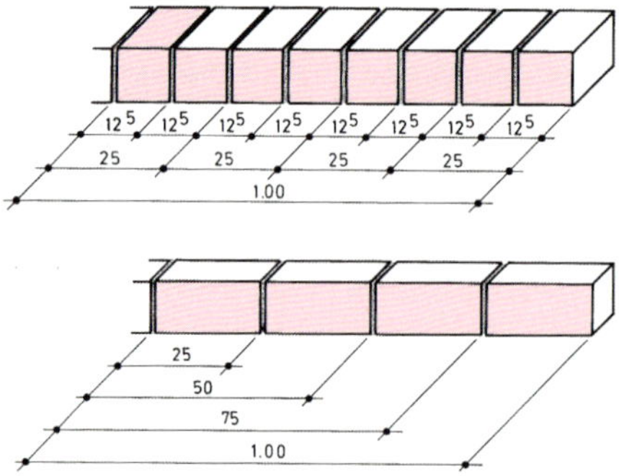

⇒ 1,00 m = 8 am = 8 Köpfe

Beispiel: *Teile*

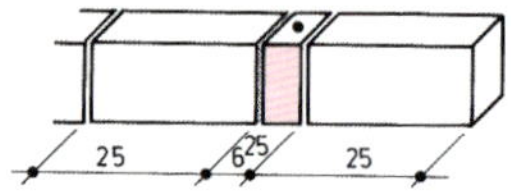

⇒ Viertelstein = ½ am = ½ Kopf

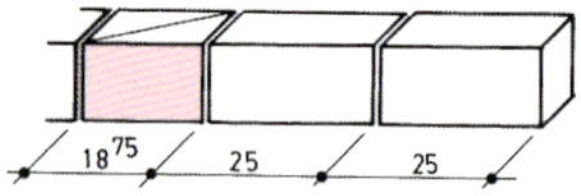

⇒ Dreiviertelstein = 1½ am = 1½ Kopf

5.2 Baunennmaße

Normalerweise bilden Stein + Fuge eine „Rechen-Einheit" → das Baurichtmaß.
In der Praxis jedoch stellt man schnell fest, dass dieses Baurichtmaß nicht immer stimmt, sondern manchmal um einen Zentimeter mehr oder weniger abweicht.
Diese nun wirklichen Maße der Bauteile heißen **Baunennmaße**.

Baunennmaße sind die „wirklichen Maße" eines Bauteiles.

Dabei unterscheidet man drei Ausführungsmöglichkeiten:

Baunennmaße

werden unterschieden in:

Außenmaß oder **Pfeilermaß**	**Vorlagenmaß** oder **Anbaumaß**	**Öffnungsmaß** oder **Innenmaß**

Da die Bezeichnung von Region zu Region unterschiedlich ist, wählen wir folgende Abkürzungen

A-Maß	**V-Maß**	**Ö-Maß**

Kurzwiederholung:

Zur Erinnerung:
Im Folgenden brauchen wir jetzt unbedingt die Längenangaben in Bauzeichnungen. Kennen Sie die noch? Wenn nicht: siehe Seite 22 f.

5.2.1 Außen- oder Pfeilermaß

Wie ergibt sich die Mauerlänge?

Beispiel: *Ein frei stehendes Mauerstück aus vier Steinen*

So sieht das aus:

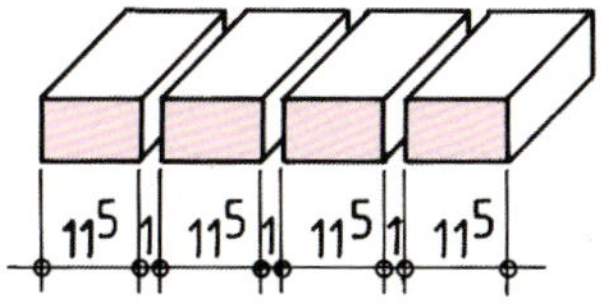

(An den Außenseiten ist keine Fuge.)

Was fällt auf?
4 Köpfe, aber nur 3 Fugen!
somit:
$4 \times 12^5 - 1 =$ **49** (statt 50 → Baurichtmaß)
als Formel:
A-Maß = Baurichtmaß – 1 cm

Merke:

Beim **A-Maß** ergibt sich immer **eine Stoßfuge weniger** als die Kopfanzahl.

Wo tritt das A-Maß in der Praxis auf?

Beispiel:

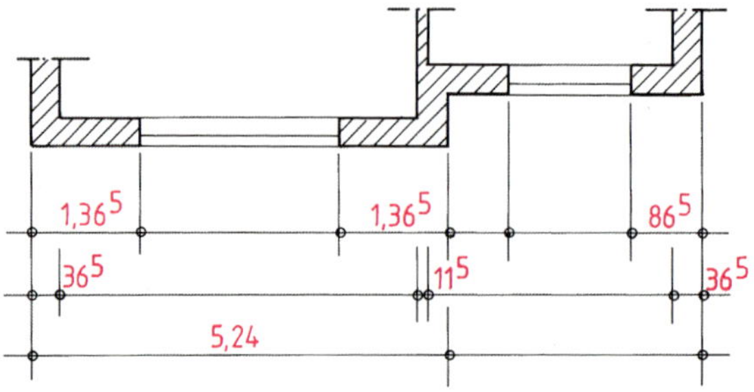

Das sind A-Maße:
- bei den Hausaußenmaßen,
- bei Wanddicken,
- bei frei stehenden Mauern (und in der Skizze nicht dargestellt)
- bei Pfeilern.

5.2.2 Vorlagen- oder Anbaumaß

Wie ergibt sich die Mauerlänge?

Beispiel: *Ein „angebautes" Mauerstück aus vier Steinen*

So sieht das aus:

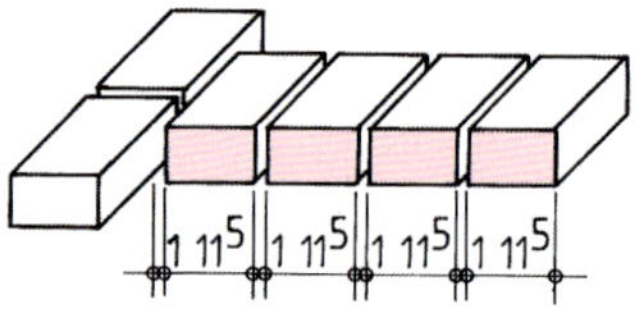

Was fällt auf?

4 Köpfe und 4 Fugen!

somit:

$4 \times 12^5 =$ **50** (50 → Baurichtmaß)

als Formel:

V-Maß = Baurichtmaß

Merke:

Beim **V-Maß** ergibt sich immer **gleiche Fugenzahl und gleiche Kopfzahl.**

Wo tritt das V-Maß in der Praxis auf?

Beispiel:

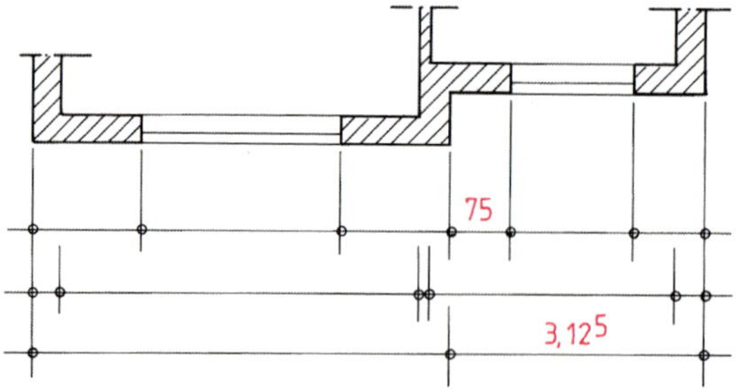

Das sind V-Maße:
- bei Mauervorsprüngen, (sog. Vorlagen),
- bei einseitig angebauten Mauern.

5.2.3 Öffnungs- oder Innenmaß

Wie ergibt sich die Mauerlänge?

Beispiel: *Ein zwischen zwei Mauern eingefügtes Mauerstück aus vier Steinen*

So sieht das aus:

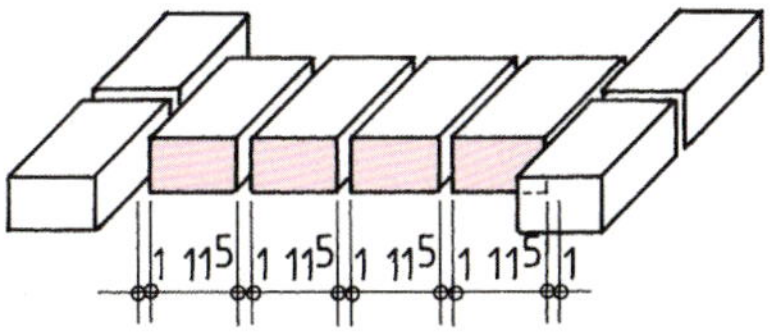

(An beiden Mauerseiten ist eine Fuge.)

Was fällt auf?
Vier Köpfe, aber fünf Fugen!
somit:
$4 \times 12^5 + 1 = 51$ (50 → Baurichtmaß)

als Formel:
Ö-Maß = Baurichtmaß + 1 cm

Merke:

Beim **Ö-Maß** ergibt sich immer **eine Stoßfuge** mehr als die Kopfanzahl.

Wo tritt das Ö-Maß in der Praxis auf?

Beispiel:

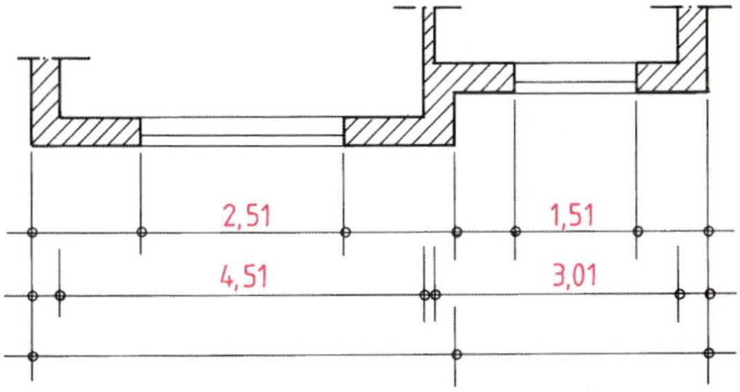

Das sind Ö-Maße:
- bei Raummaßen (Innenmaße),
- bei Maueröffnungen (z. B. Fenster, Türen).

5.2.4 Die Berechnung von Mauerlängen – Baunennmaße

Das Wichtigste über Baurichtmaß und Baunennmaße noch einmal auf einen Blick:

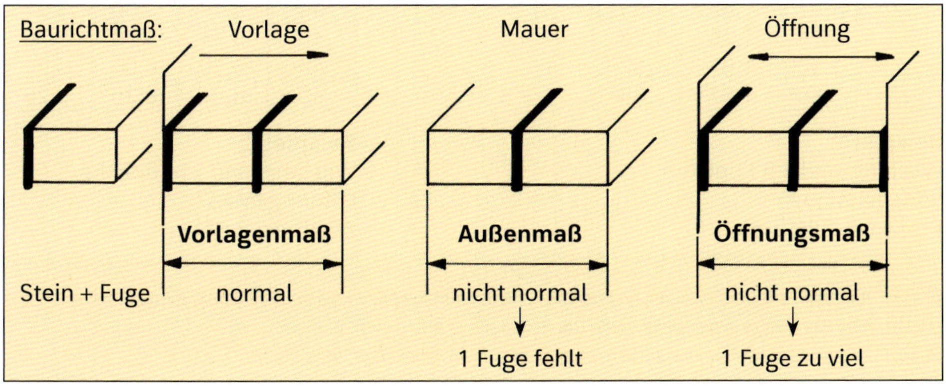

Das Ausrechnen der Mauerlängen ist Kopfrechnen oder Sache des Taschenrechners. Wichtig für Sie ist:

1. Zeichnung anschauen und dann 2. richtig beurteilen, ob ein A-, V- oder Ö-Maß vorliegt. Wenn Sie das können, dürften Mauerlängenberechnungen keine Probleme mehr darstellen.

Als Rechenhilfe dient eine Kopfmaßtabelle

Kopfmaßtabelle
A = Außenmaß
V = Vorlagenmaß
Ö = Öffnungsmaß

Kopfanzahl	A	V	Ö
0,5	5^{25}	6^{25}	7^{25}
1	11^{5}	12^{5}	13^{5}
1,5	17^{75}	18^{75}	19^{75}
2	24	25	26
2,5	30^{25}	31^{25}	32^{25}
3	36^{5}	37^{5}	38^{5}
3,5	42^{75}	43^{75}	44^{75}
4	49	50	51
4,5	55^{25}	56^{25}	57^{25}
5	61^{5}	62^{5}	63^{5}
5,5	67^{75}	68^{75}	69^{75}
6	74	75	76
6,5	80^{25}	81^{25}	82^{25}
7	86^{5}	87^{5}	88^{5}
7,5	92^{75}	93^{75}	94^{75}
8	99	1,00	1,01
8,5	$1{,}05^{25}$	$1{,}06^{25}$	$1{,}07^{25}$
9	$1{,}11^{5}$	$1{,}12^{5}$	$1{,}13^{5}$
9,5	$1{,}17^{75}$	$1{,}18^{75}$	$1{,}19^{75}$
10	1,24	1,25	1,26
10,5	$1{,}30^{25}$	$1{,}31^{25}$	$1{,}32^{25}$
11	$1{,}36^{5}$	$1{,}37^{5}$	$1{,}38^{5}$
11,5	$1{,}42^{75}$	$1{,}43^{75}$	$1{,}44^{75}$
12	1,49	1,50	1,51
12,5	$1{,}55^{25}$	$1{,}56^{25}$	$1{,}57^{25}$
13	$1{,}61^{5}$	$1{,}62^{5}$	$1{,}63^{5}$
13,5	$1{,}67^{75}$	$1{,}68^{75}$	$1{,}69^{75}$
14	1,74	1,75	1,76
14,5	$1{,}80^{25}$	$1{,}81^{25}$	$1{,}82^{25}$
15	$1{,}86^{5}$	$1{,}87^{5}$	$1{,}88^{5}$

Beispiel 1:
Wie lang sind 8,5 Köpfe im Vorlagenmaß?
Ergebnis: $1{,}06^{25}$ m

Kopfanzahl	A	V	Ö
15,5	$1{,}92^{75}$	$1{,}93^{75}$	$1{,}94^{75}$
16	1,99	2,00	2,01
16,5	$2{,}05^{25}$	$2{,}06^{25}$	$2{,}07^{25}$
17	$2{,}11^{5}$	$2{,}12^{5}$	$2{,}13^{5}$
17,5	$2{,}17^{75}$	$2{,}18^{75}$	$2{,}19^{75}$
18	2,24	2,25	2,26
18,5	$2{,}30^{25}$	$2{,}31^{25}$	$2{,}32^{25}$
19	$2{,}36^{5}$	$2{,}37^{5}$	$2{,}38^{5}$
19,5	$2{,}42^{75}$	$2{,}43^{75}$	$2{,}44^{75}$
20	2,49	2,50	2,51
21	$2{,}61^{5}$	$2{,}62^{5}$	$2{,}63^{5}$
22	2,74	2,75	2,76
23	$2{,}86^{5}$	$2{,}87^{5}$	$2{,}88^{5}$
24	2,99	3,00	3,01
25	$3{,}11^{5}$	$3{,}12^{5}$	$3{,}13^{5}$
26	3,24	3,25	3,26
27	$3{,}36^{5}$	$3{,}37^{5}$	$3{,}38^{5}$
28	3,49	3,50	3,51
29	$3{,}61^{5}$	$3{,}62^{5}$	$3{,}63^{5}$
30	3,74	3,75	3,76
32	3,99	4,00	4,01
34	4,24	4,25	4,26
36	4,49	4,50	4,51
38	4,74	4,75	4,76
40	4,99	5,00	5,01
42	5,24	5,25	5,26
44	5,49	5,50	5,51
46	5,74	5,75	5,76
48	5,99	6,00	6,01
50	6,24	6,25	6,26

Beispiel 2:
Wie lang sind 21 Köpfe im Öffnungsmaß?
Ergebnis: $2{,}63^{5}$ m

A – Te *Aufgaben zur „Maßordnung im Hochbau" – Mauerlängen finden Sie im Arbeitsheft, Blatt 53, 54.*

I/A – TK *Eine Einführung in perspektivische Darstellungen → Arbeitsheft, Blatt 55.*

A – Te *Technologische Fragen zum Gelernten finden Sie im Arbeitsheft, Blatt 56.*

5.3 Mauerhöhen

Die Höhe einer Mauerschicht ergibt sich aus der **Steinhöhe** und der Dicke einer **Lagerfuge**.

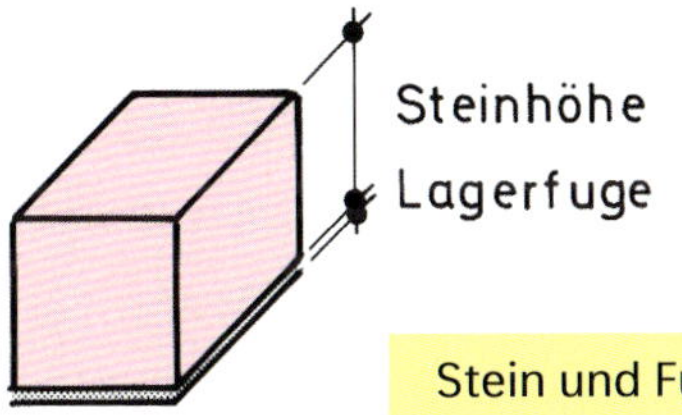

Höhe einer Mauerschicht!
⇒ Die zugehörige Lagerfuge liegt immer **unterhalb** des Steines.

Stein und Fuge zusammen müssen ein Baurichtmaß ergeben.

Damit alle Steine (Klein-, Mittel- und Großformate) miteinander kombiniert werden können, müssen sie **alle 25 cm** „auf einer Höhe" sein → d. h., hier wird dann das Baurichtmaß 2 am erreicht.

Wie kommt man bei den verschiedenen Steinformaten auf diese 25 cm?

Kleinformate:		Mittelformate:		Großformate:
DF (Steinhöhe: 5^2)	**NF** (Steinhöhe: 7^1)	**2 DF** (Steinhöhe: 11^3)	**3 DF**	**ab 8 DF** (Steinhöhe: 23^8)

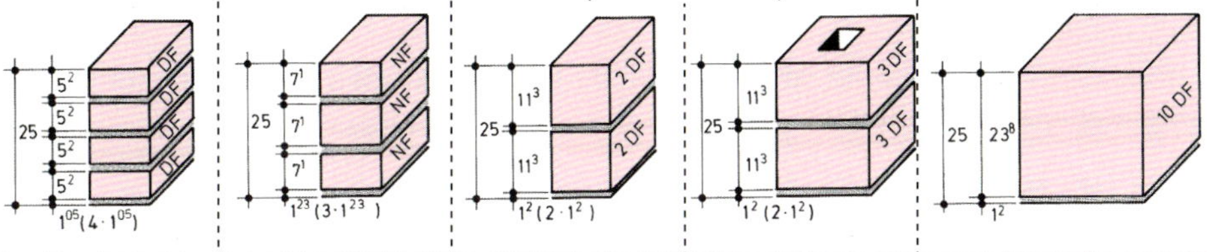

Wie hoch ist dann die zugehörige Lagerfuge?

Lagerfuge: 1^{05}	Lagerfuge: 1^{23}	Lagerfuge: 1^2	Lagerfuge: 1^2

Beispiel 2 DF: *$2 \times 11^3 + 2 \times$ Fuge $= 25 \rightarrow 25 - 22^6 = 2^4 \rightarrow 2^4 : 2 = 1^2$ (jede Lagerfuge)*

Was Sie über die Mauerhöhe verschiedener Steinformate wissen sollten:

	1 DF	NF	2 DF / 3 DF	Großformate
Steinhöhe:	5^2	7^1	11^3	23^8
Lagerfugendicken:	1^{05}	1^{23}	1^2	1^2
Schichthöhe:	6^{25}	8^{33}	12^5	25
Schichtenzahl auf 25 cm:	4	3	2	1
Schichtenzahl auf 1,00 m:	16	12	8	4
Schichtenzahl auf *n* Meter:	*n* x 16	*n* x 12	*n* x 8	*n* x 4

Das Wichtigste über die Mauerhöhen zusammengefasst lautet:

- Eine Mauer beginnt unten immer mit einer Lagerfuge.
- Anzahl Steine = Anzahl Fugen.
- Jeder Stein hat (s)eine Fuge.

Im Gegensatz zur Berechnung von Baunennmaßen braucht man für die Berechnung von Mauerhöhen keine Tabelle. Das kann man relativ schnell selbst ausrechnen.

Wie können Mauerhöhen und Schichtenzahlen „schnell“ berechnet werden?

1. Beispiel: *Eine Mauer ist 3 m hoch. Wie viel Schichten mit 2 DF-Steinen sind das?*

> *⇒ Hier rechnet man einfach:* ***1 m = 8 Schichten*** *→ 3 m = 3 × 8 =* ***24*** *Schichten*

2. Beispiel: *Eine Mauer soll aus 20 Schichten DF gefertigt werden. Wie hoch wird sie?*

> *Schnell-Berechnung* ***Mauerhöhe*** *⇒ Steinhöhe von DF:* 6^{25} *→ 20 ×* 6^{25} *=* ***1,25 m***

3. Beispiel: *Die Mauer soll „ungefähr“ 1,80 m hoch werden. Welche Schichtenzahl bei 3 DF wäre das?*

> *Schnell-Berechnung* ***Schichtenzahl*** *⇒ Steinhöhe von 3 DF:* 12^{5} *→ 180 : 12,5 = 14,4*
> *14 Schichten = 14 × 12,5 =* ***1,75 m*** *oder: 15 Schichten = 15 × 12,5 =* ***1,87⁵ m***

5.4 Mauerdicken

Grundsätzlich gilt für Mauern:
- Mauerdicken werden in cm angegeben.
- Bei Mauern aus einer Steinreihe ist die Mauerdicke durch die Stein-Nennmaße bereits vorgegeben.
- Bei Mauern aus mehreren Steinreihen ist die Mauerdicke gleich der Gesamtbreite aller Steinreihen und Stoßfugen.

Wie sieht das im Einzelnen bei unseren Vorzugsformaten aus?

Mauern aus einer Steinreihe		
11^5-er Mauer 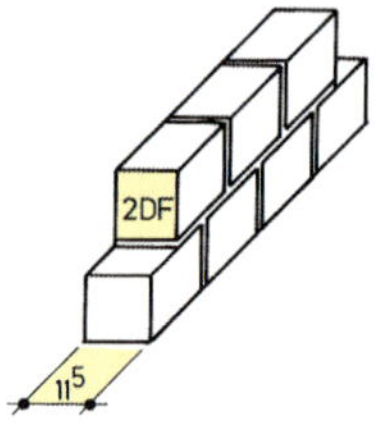 machbar mit: DF, NF 2 DF	**17^5-er Mauer** 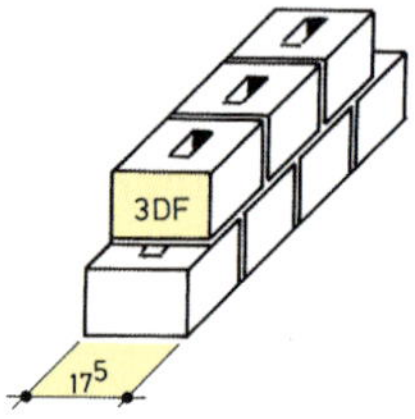 fast ausschließlich mit 3 DF	**24-er Mauer** 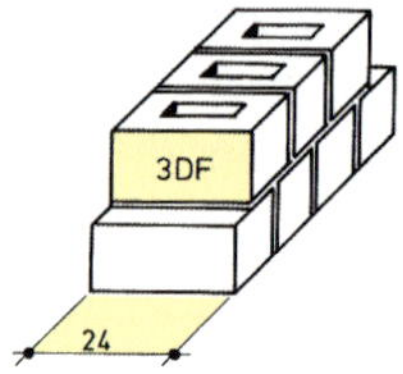 machbar i. d. R. mit 3 DF (2DF)
Mauern aus zwei Steinreihen		
24-er Mauer 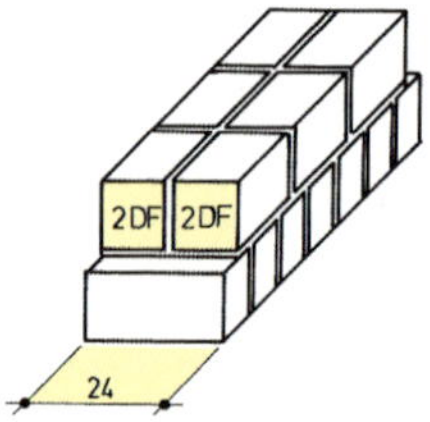 machbar mit: DF, NF, 2 DF	**30-er Mauer** 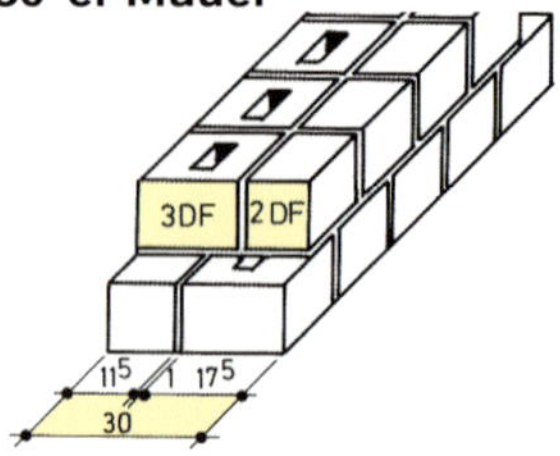 machbar i. d. R. mit 2 DF, 3 DF	**36^5-er Mauer** 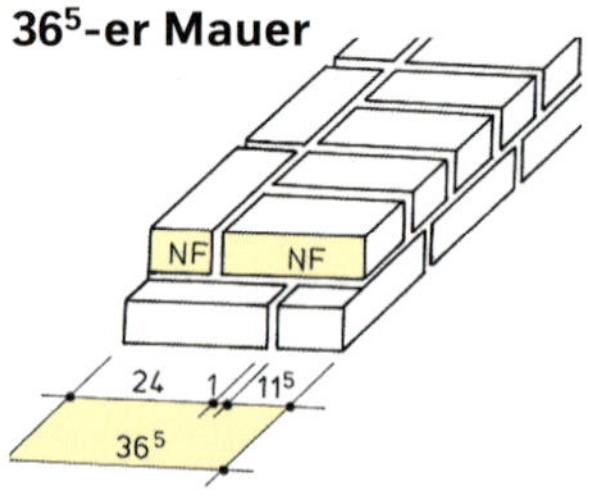 machbar mit: DF, NF, 2 DF (heute sehr selten)

Zusammenfassung von Kapitel 5:

Das Mauerwerk aus künstlichen Mauersteinen

- Die **Mauerfugen** sind das schwächste Glied im Mauerwerk; wir unterscheiden sie in Stoß- und Lagerfugen.
- Am **Mauerstein** heißen die einzelnen Seiten: Lagerfläche, Läuferseite und Binder- oder Kopfseite.
- Bei den **Mauerschichten** unterscheiden wir nach Läuferschicht und Binderschicht.
- Als **Teilsteine** gibt es: Viertelstein, halben Stein und Dreiviertelstein.
- **Baurichtmaße** sind ein Vielfaches von 25 cm oder ein Bruchteil davon; sie gelten für Entwurfszeichnungen.
- Das **Achtelmeter** (am) = 125 = 1 Kopf ist die Grundgröße zur Berechnung von Mauerlängen.
- Die **Nennmaße** werden nach Außen-, Vorlagen- oder Öffnungsmaß unterschieden; sie gelten für Ausführungszeichnungen.
- Eine **Mauerschichthöhe** setzt sich aus der Steinhöhe und der Lagerfuge zusammen.
- Die **Schichtenzahl** beträgt für 1 m Mauerhöhe:

  Dünnformat: 16 Schichten, Normalformat: 12 Schichten, 2 DF/3DF: 8 Schichten, Großformate: 4 Schichten.

Testen Sie sich • Testen Sie sich

Nennen Sie ...

1. die Längen der Teilsteine.
2. die Symbole der Teilsteine in Zeichnungen.
3. acht Zahlenbeispiele für Baurichtmaße.
4. den Unterschied zwischen A-, V- und Ö-Maß.
5. je zwei Beispiele, wo A-, V- und Ö-Maße in der Praxis auftreten.
6. die Kopfanzahl für eine Mauerlänge von 3,01 m (Ö-Maß).
7. die Schichtanzahl für NF-Formate bei einer Mauerhöhe von 2 m.

T *Einen Test über Mauerwerk und natürlich Baunennmaße finden Sie im Arbeitsheft, Blatt 57, 58.*

6 Materialbedarf für Mauerwerk

Wenn Sie ein Bauteil erstellen sollen, brauchen Sie einen Anhalt über den Bedarf an Steinen und Mauermörtel.
Diesen Bedarf haben wir für die Vorzugsformate bei einer Wandfläche von **1 m²** mit unterschiedliche Mauerdicken in einer Tabelle zusammengestellt. ⇒ Arbeitserleichterung.
Nun brauchen Sie dieses nur für die Mauerfläche ihres Bauteiles zu berücksichtigen.

Stein und Mörtelbedarf für Mauerwerk:

⇒ Einschließlich „Verlust", d. h. Bruch bei Mauersteinen, Streuverlust bei Mörtel.

Mauerdicke in cm	verwendetes Steinformat	Bedarf für 1 m² Mauerfläche: an Mauersteinen (Stück)	an Mauermörtel (in dm³)
11^5er	DF	66	29
	NF	50	26
	2 DF	33	19
17^5er	3 DF	33	29
24er	DF	132	70
	NF	99	65
→	→ 2 DF →	→ 66 →	→ 50
	3 DF	45	44
30er	2 DF + 3 DF	33 + 33	60
36^5er	DF	198	111
	NF	149	104
	2 DF	99	83

Zur Handhabung der Tabelle:

Beispiel: *Wie viele Mauersteine und Mauermörtel braucht man für 1 m² Mauerfläche?*

Gegeben: ⇒ 24er Mauerdicke; Steinformat 2 DF.

Lösung:
Siehe 24er, dann zu Spalte 2 DF gehen, ergibt:
66 Mauersteine und 50 dm³ Mauermörtel.

Lösen Sie selbst:
Wie viele Mauersteine und -mörtel werden für 7 m² Mauerfläche benötigt? (geg.: 11^5er, NF)

Und dazu jetzt ein praktisches Beispiel von „unserem" Ferienhaus.

Das Foto zeigt die Westwand „unseres" Ferienhauses.

Frage:
Wie groß ist der Stein- und Mörtelbedarf für diese Wand?

Vorgaben:
- Mauersteine: 2 DF
- Mauermörtel: MG II (2 : 1 : 8); Ausbeute: 70 %

Wie macht man das? Wie geht man vor?

1. Schritt: Zeichnung lesen → d.h., alle benötigten Maße und Angaben aus den Skizzen entnehmen.

Diese Maße brauchen wir aus dem ***Grundriss****.*

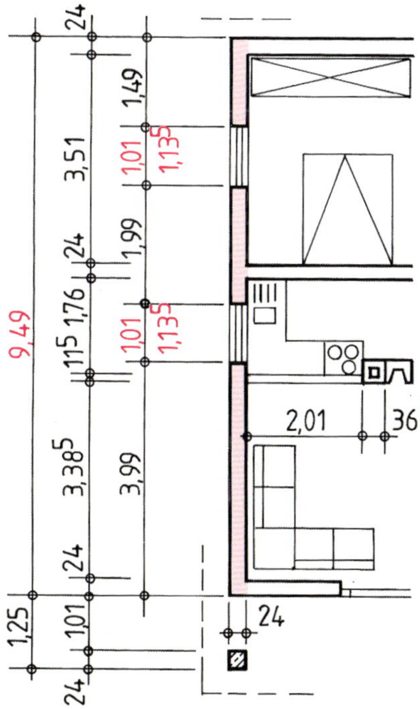

Diese Maße/Angaben brauchen wir aus dem ***Schnitt****.*

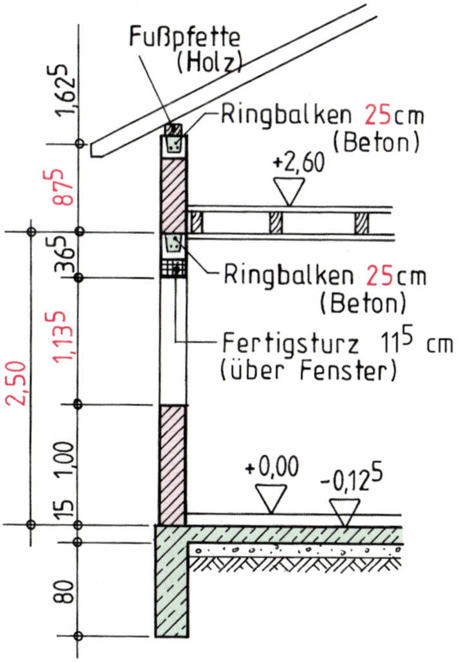

2. Schritt: **Eigene Skizze erstellen.**

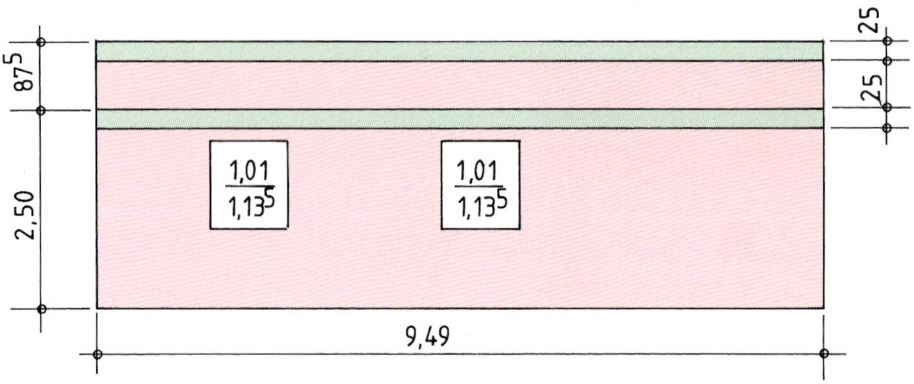

3. Schritt: **Wandfläche berechnen (Fensteröffnungen, Fensterstürze und Ringbalken berücksichtigen).**

- Wandlänge (Außenmaß): 9,49 m
- Wandhöhe: 2,50 m + 0,875 m – 0,25 m – 0,25 m = 2,875 m

- Wandfläche (ohne Abzug Fensteröffnungen): 9,49 m × 2,875 m = $27{,}284\ m^2$
- Fläche der Fensteröffnungen abziehen: 2 x (1,01 m × 1,135) = $2{,}293\ m^2$
- Fläche der Fensterstürze abziehen: 2 x (1,31 m × 0,115 m) = $0{,}302\ m^2$

Tatsächliche Wandfläche: $27{,}284\ m^2 - 2{,}293\ m^2 - 0{,}302\ m^2 = 24{,}689\ m^2 =$ **$24{,}7\ m^2$**

4. Schritt: **Bedarf an Mauersteinen und Mauermörtel berechnen.**

→ Tabelle „Bedarf für 1 m² Mauerfläche“ (S. 134) → 24er Dicke – 2 DF nachsehen:

Für **1 m²** braucht man: 2 DF = **66 Steine** MG II = **50 Liter**

Für die **24,7 m²** brauchen wir demnach:
an 2 DF: 24,7 × 66 = **1630 Steine** an MG II: 24,7 × 50 = **1235 Liter**

5. Schritt: **Bedarf an „Trockenmörtel“ berechnen.**

→ *Nicht mehr notwendig, denn das haben wir im Lernabschnitt „Mauermörtel“ berechnet. Wenn Sie dort nachschauen, werden Sie unsere errechneten Zahlen wiederfinden. Nun wissen Sie, wie wir dazu bei der Mörtelberechnung gekommen sind.*

A – Ma *Materialermittlungen sollten Sie unbedingt weiter üben → Zwei Übungen finden Sie im Arbeitsheft, Blätter 59 bis 61.*

7 Mauerverbände

Verband nennt man die Art der Zusammenfügung von Mauersteinen zu einem Mauerwerk. Im Rahmen Ihrer Ausbildung können nicht alle Verbandsarten behandelt werden; wir beschränken uns auf

- Endverbände → *Mauerenden, Mauerecken, Mauerstöße,*
- Zwischenverband → *Mauerkreuzung* und
- Pfeilerverbände.

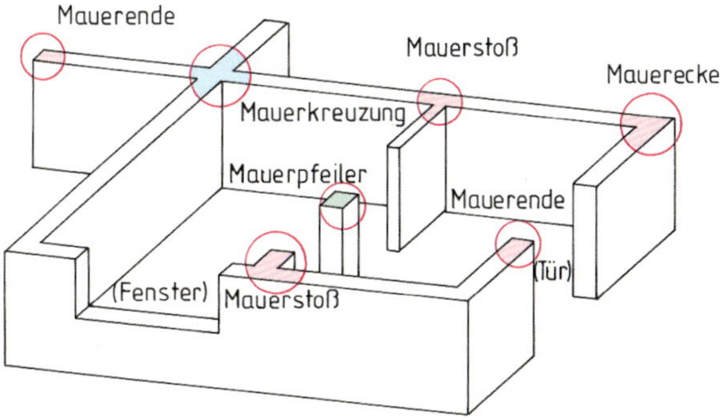

7.1 Die Grundregeln für Mauerverbände

Die Grundregeln sind Vorschriften, wie Mauersteine im Mauerwerk anzuordnen sind. Sie müssen **immer** beachtet werden.

1. Regel:

> Niemals Stoßfuge über Stoßfuge setzen
> *(→ sonst entsteht eine Kreuzfuge)*

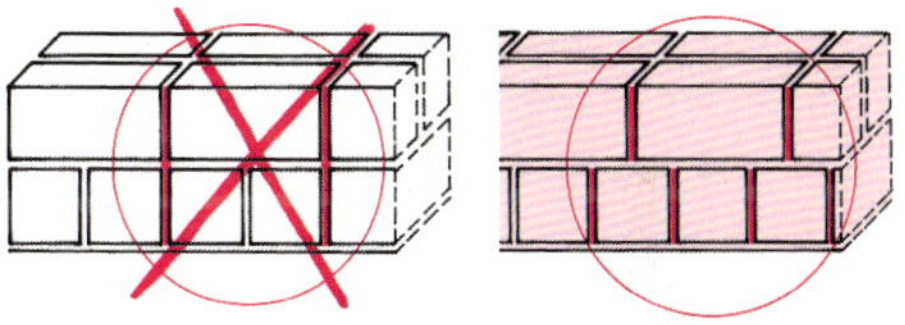

So **nicht!** Sondern so!

2. Regel:

> Die Überbindung *ü (= Abstand von Stoßfuge zu Stoßfuge)* der Mauersteine muss mindestens 4,5 cm sein

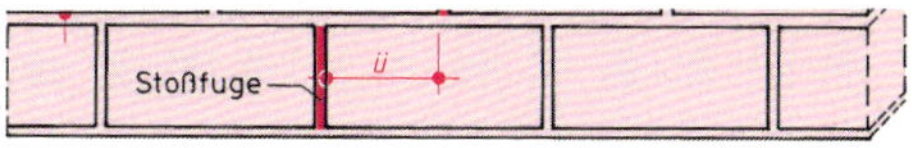

Am besten ist: ***ü* = ½ Stein**

Die Mindestüberbindemaße sind festgelegt:
- bei klein- und mittelformatigen Steinen (bis 6 DF): $ü = 0{,}4\,h \geq 4^5 \rightarrow 0{,}4 \cdot 11{,}3\text{ cm} = 4{,}5\text{ cm}$
- bei großformatigen Steinen (ab 8 DF): $ü = 0{,}4\,h \geq 9^5 \rightarrow 0{,}4 \cdot 23{,}8\text{ cm} = 9{,}5\text{ cm}$

3. Regel:

> Die Steine einer Mauerschicht sollten gleiche Steinhöhe haben.

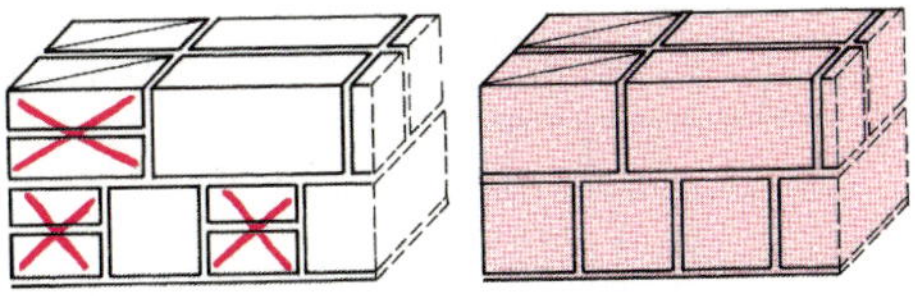

Falsch Richtig

4. Regel:

> Die Läuferschichten haben bei Ecken, Stößen und Kreuzungen „Vorfahrt“

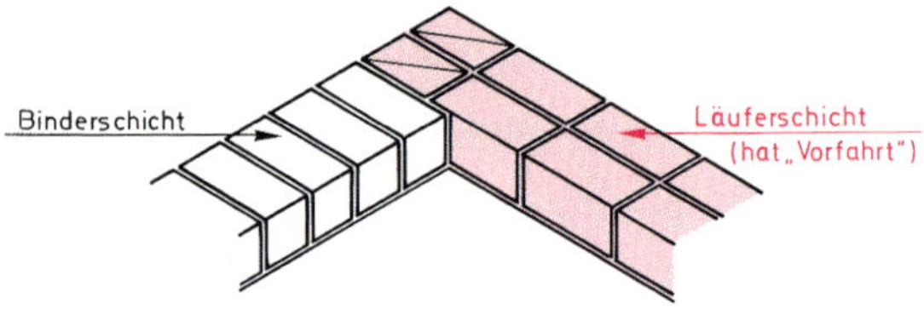

Weitere Regeln:

5. Regel: Möglichst viele ganze Steine vermauern.

6. Regel: Die Arbeitsregeln beim Mauern einhalten. Diese sind:

Arbeitsregeln beim Mauern

- Stark saugende Steine vor dem Vermauern ausreichend **annässen**, damit dem Mörtel nicht das Wasser entzogen wird.
- **Vollfugig mauern**, da die Fuge das schwächste Glied im Mauerwerk ist.
- **Fluchtrecht mauern**, damit die Bauteile eben werden.
- **Lotrecht mauern**, z. B. Mauerecken und die seitlichen Leibungsflächen von Tür- und Fensteröffnungen, damit die Einbauteile passen.
- Mauersteine **nicht nachrichten**, wenn der Mauermörtel schon angesteift ist, damit die Haftung zwischen Stein und Mörtel nicht gelockert wird. Denn sonst wird die Tragfähigkeit und Standfestigkeit beeinträchtigt.
- **Mauerwerksverbandregeln** einhalten zwecks Verteilung der Lasten und Kräfte im Mauerkörper.

7.2 Verbandsarten

Welche Verbandsarten muss man kennen?

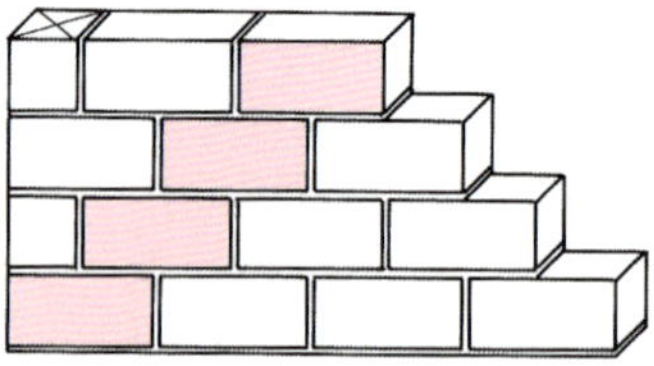

Läuferverband
- Es werden nur Läuferschichten gemauert.
- Das Überbindemaß beträgt ***ü* = 1 am**.

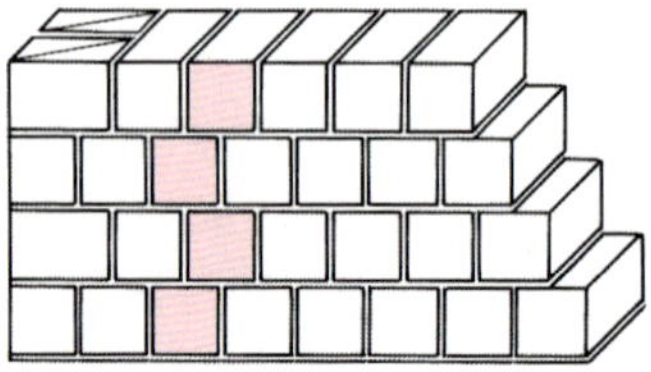

Binderverband
- Es werden nur Binderschichten gemauert.
- Das Überbindemaß beträgt ***ü* = ½ am**.

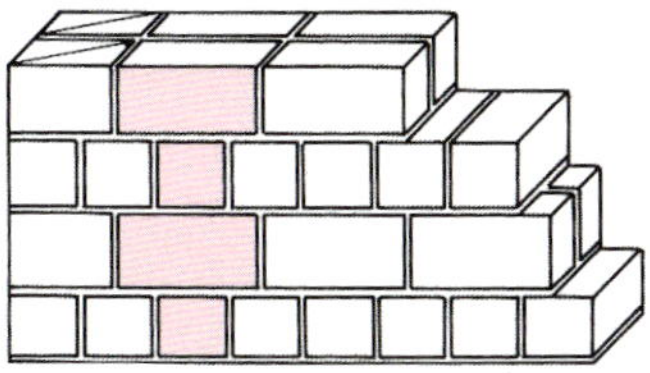

Blockverband
- Binder- und Läuferschichten wechseln regelmäßig schichtweise ab.
- Das Überbindemaß beträgt ***ü* = ½ am**.

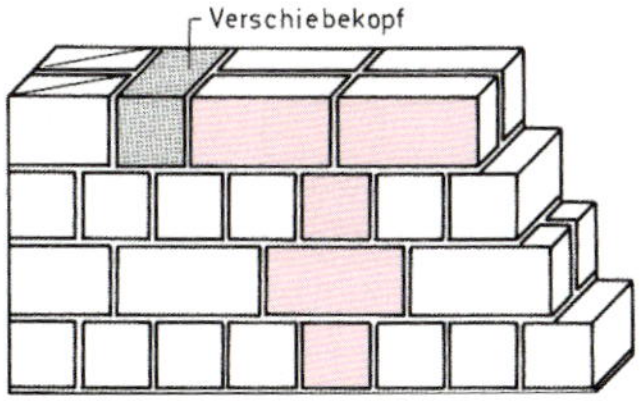

Kreuzverband
- Der Kreuzverband ist ein Blockverband mit einem Verschiebekopf am Anfang jeder zweiten Läuferschicht (am Läuferschicht-Anfang)
- Das Überbindemaß beträgt ***ü* = ½ am.**

Wodurch sind Block- und Kreuzverband sofort erkennbar?

⇒ Antwort: Am **Muster**

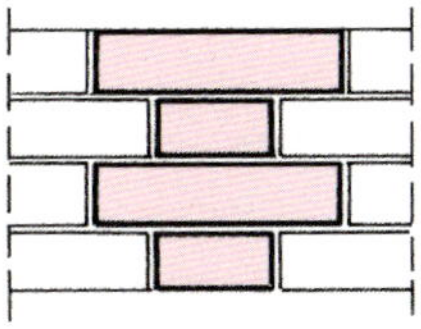

Blockverband

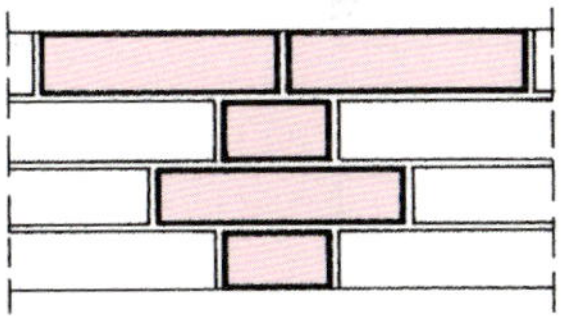

Kreuzverband

A – Te *Eine Kurzwiederholung des Grundlagenwissens finden Sie im Arbeitsheft, Blatt 62.*

⇒ Tipp: Zum Einstieg in die einzelnen Verbände sollten Sie vorher noch einmal die Symbole der Teilsteine wiederholen, damit Sie die Darstellungen der Mauerverbände auf den folgenden Seiten verstehen.

8 Das 11^5er-Mauerwerk

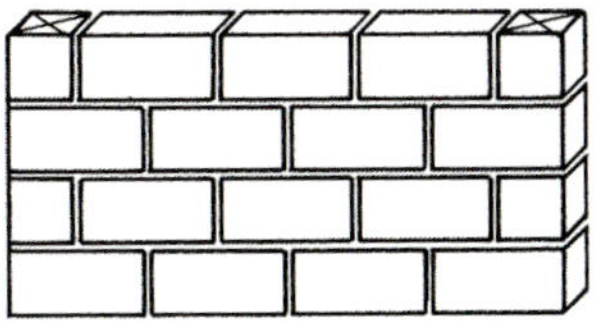

Anwendung: Im Allgemeinen für unbelastete Innenwände und Sichtmauerwerk.

Verbandsart: Nur Läuferverband.

Steinformate: DF, NF, 2 DF. → Steinbreite = 115

8.1 Verband für Maueranfang und Mauerende

Wiederholung:

1. Es werden nur Läuferschichten gemauert

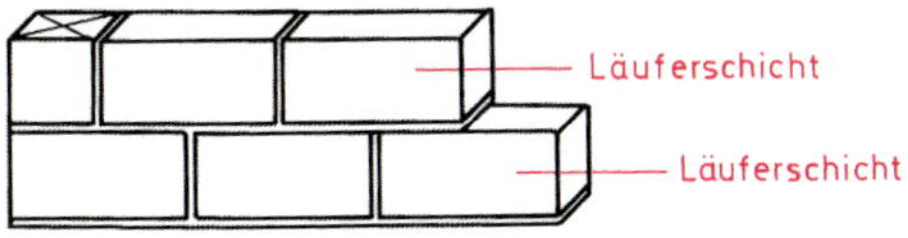

2. Überbindung und Verband: mittig = 1 am

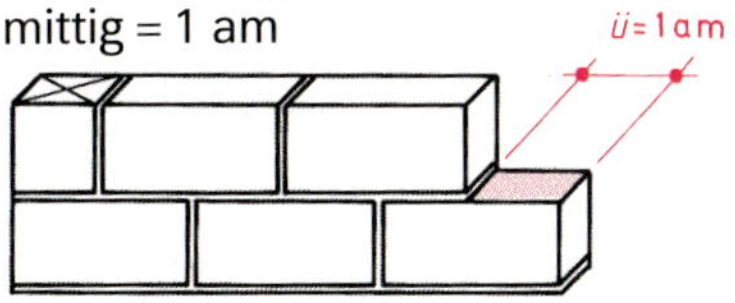

Welche Ausführungsarten gibt es für
- **Maueranfang und**
- **Mauerende**

bei 11^5er-Mauerwerk?

Grundsätzlich gilt:

Der Maueranfang ist immer gleich.

Und zwar so:

4.
3.
2.
1.

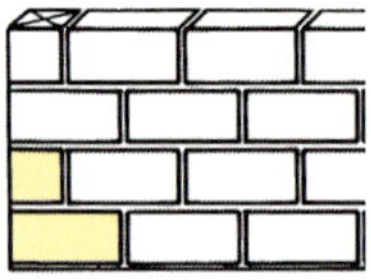

2. Schicht (und alle anderen geraden Schichten)

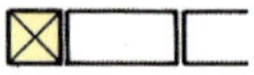

1. Schicht (und alle anderen ungeraden Schichten)

Das Mauerende ist unterschiedlich!

Und zwar:

Mauerlänge mit: gerader am-Zahl

(Mauerlänge z. B.: 4, 6, 8 ... 22 am ...)-

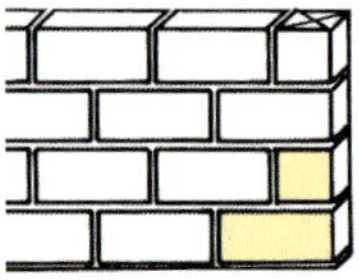

4.
3.
2.
1.

2. Schicht (und alle anderen geraden Schichten)

1. Schicht (und alle anderen ungeraden Schichten)

Mauerlänge mit: gerader + ½ am-Zahl

(Mauerlänge z. B.: 4 ½, 6 ½, 8 ½ ... 22 ½ am ...)

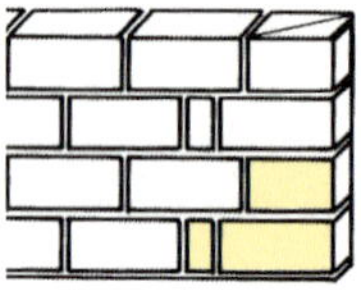

4.
3.
2.
1.

2. Schicht (und alle anderen geraden Schichten)

1. Schicht (und alle anderen ungeraden Schichten)

Mauerlänge mit: ungerader am-Zahl

(Mauerlänge z. B.: 5, 7, 9 ... 21 am ...)

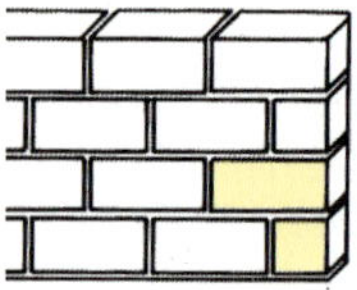

4.
3.
2.
1.

2. Schicht (und alle anderen geraden Schichten)

1. Schicht (und alle anderen ungeraden Schichten)

Mauerlänge mit: ungerader + ½ am-Zahl

(Mauerlänge z. B. 5 ½, 7 ½, 9 ½ ... 21 ½ am ...)

4.
3.
2.
1.

2. Schicht (und alle anderen ungeraden Schichten)

1. Schicht (und alle anderen ungeraden Schichten)

A – Te *Aufgaben zur 11^5er-Mauer finden Sie im Arbeitsheft, Blatt 63.*

8.2 Die 11⁵er-Mauerecke

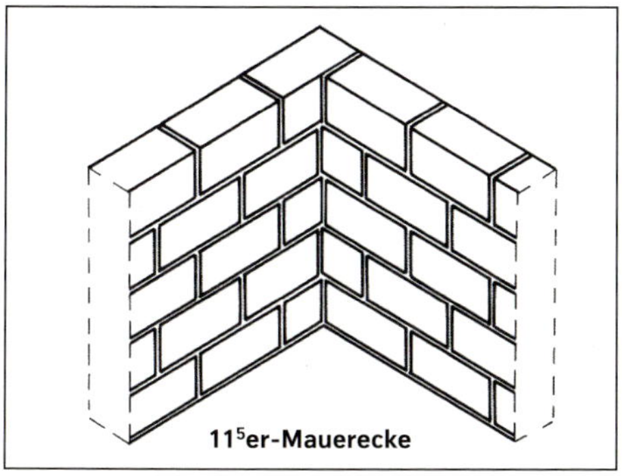

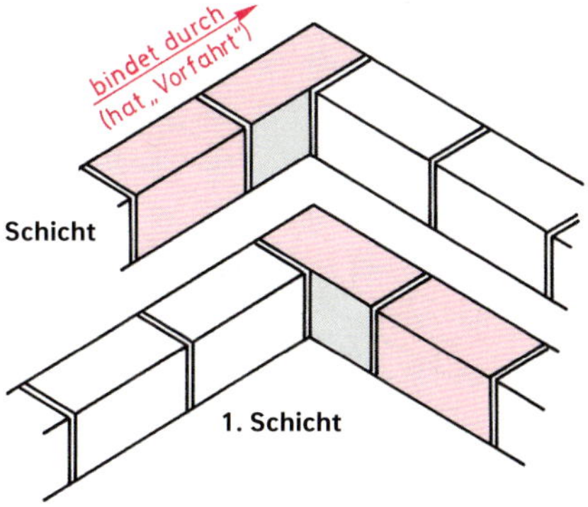

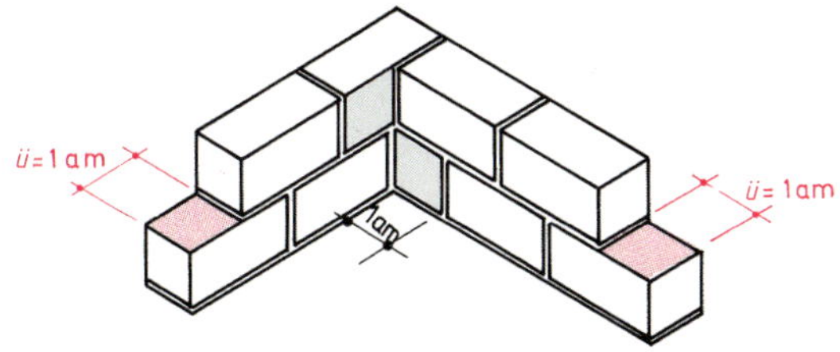

Das ist wichtig:

„Vorfahrt" beachten!

Überbindung einhalten!
(ü = 1 am = 1 Kopf)

A – Te *Aufgaben zur Mauerecke → Arbeitsheft, Blatt 64*

A – TK *Eine vorwiegend zeichnerische Aufgabe hierzu → Arbeitsheft, Blatt 65.*

8.3 Der 11⁵er-Mauerstoß

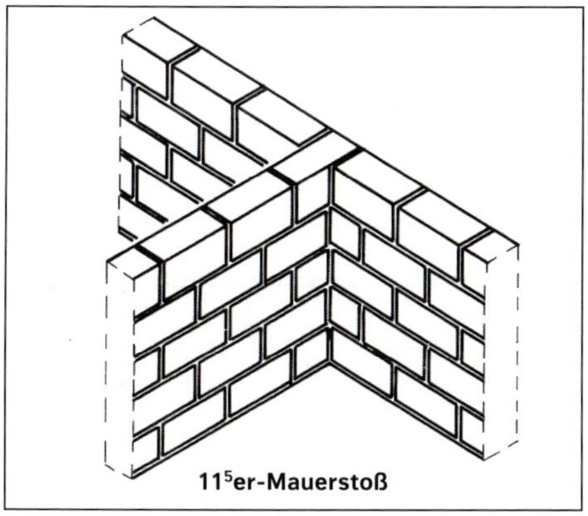

„Vorfahrt" und Steine beachten!

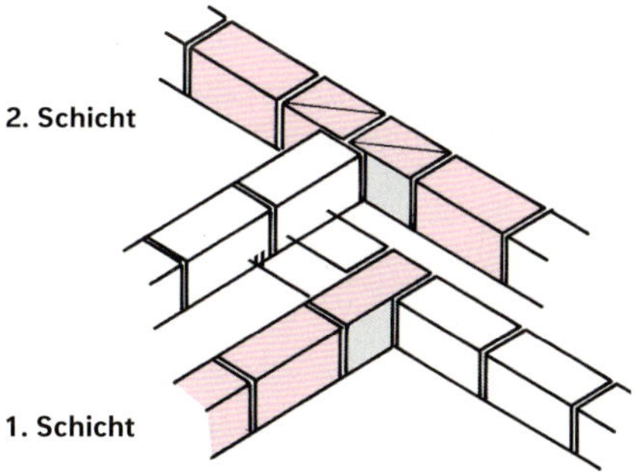

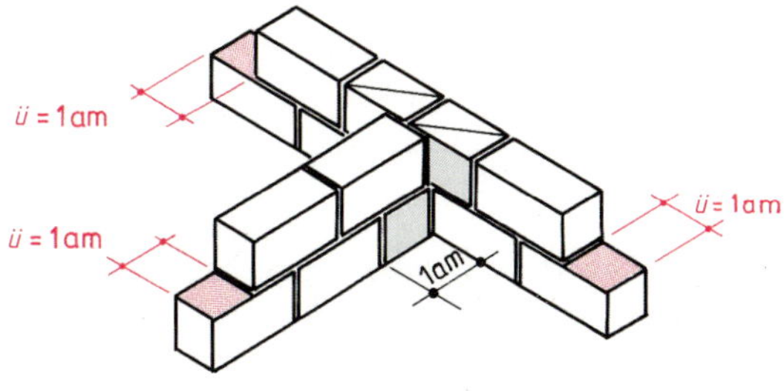

Überbindung einhalten!
(ü = 1 am = 1 Kopf)

8.4 Die 11⁵er-Mauerkreuzung

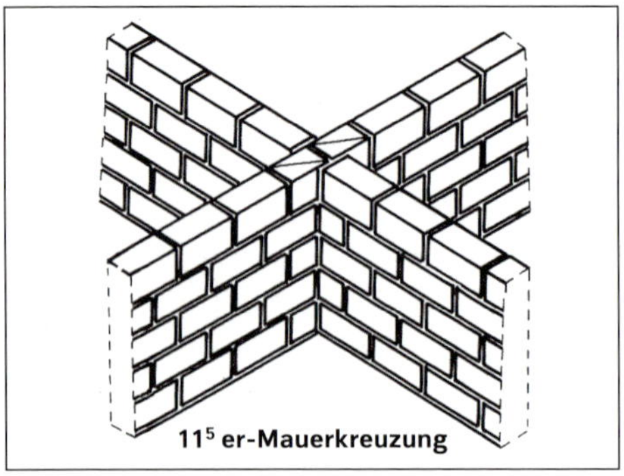

„Vorfahrt" beachten und immer zwei 3/4-Steine verwenden

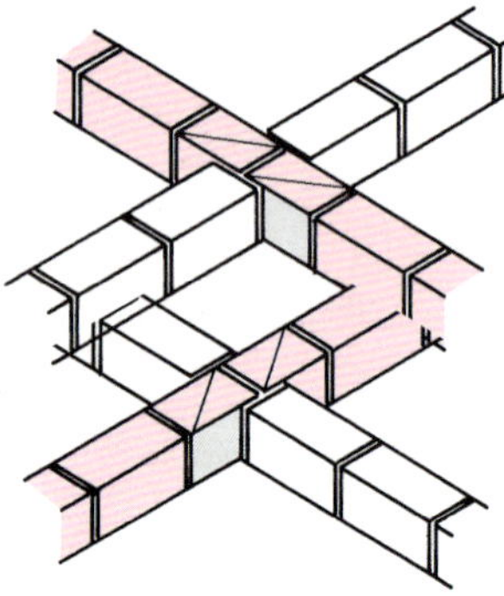

Überbindung einhalten!
($ü$ = 1 am = 1 Kopf)

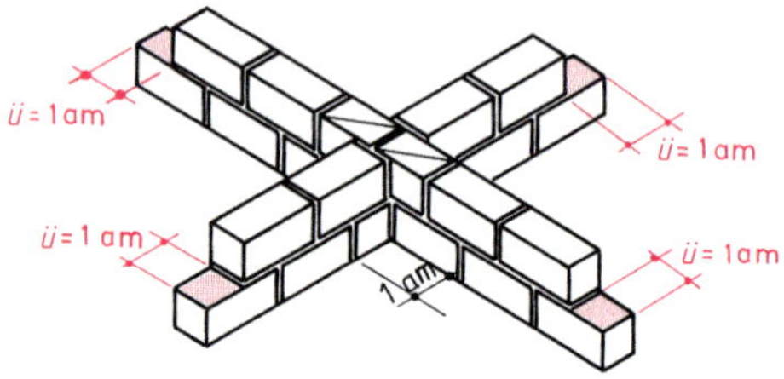

A – TK *Aufgaben zur Mauerecke, Mauerstoß und zur Mauerkreuzung → Arbeitsheft, Blatt 66.*

T *Einen „Kurztest" zum 11⁵er-Mauerwerk → Arbeitsheft, Blatt 67.*

9 Das 17⁵er-Mauerwerk

Anwendung: Im Allgemeinen für belastete Innen- und Trennwände

Verbandsart: Nur Läuferverband

Steinformate: Nur 3 DF

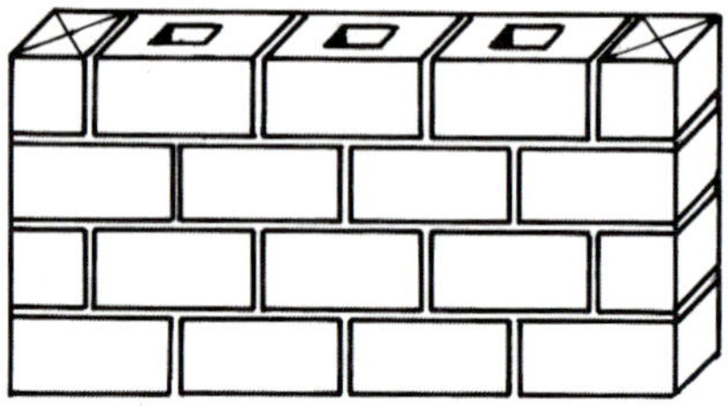

Beim 17⁵er-Mauerwerk beschränken wir uns auf Maueranfang/-ende und die -ecke.
→ *Mauerstoß und Mauerkreuzung werden in der Praxis nicht so oft gebraucht.*

9.1 Verband für Maueranfang und Mauerende

Nicht vergessen:
1. Es werden nur Läuferschichten gemauert.
2. Überbindung und Verband: mittig; $ü$ = 1 am

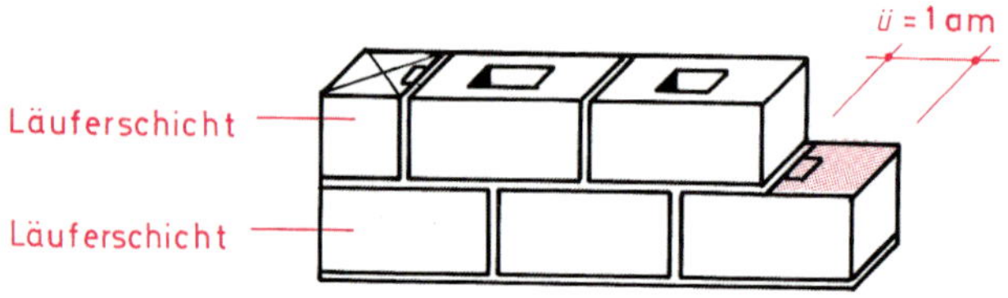

Zur Wiederholung: Symbole des 3-DF-Steines in Zeichnungen

Welche Ausführungsarten gibt es für
– Maueranfang und
– Mauerende
bei 175er-Mauerwerk?

Grundsätzlich gilt auch hier:

Der Maueranfang ist immer gleich.

Und zwar so:

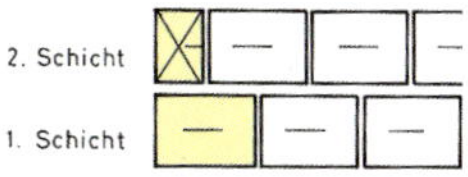

Das Mauerende ist unterschiedlich!

Und zwar:

Draufsicht 1. + 2. Schicht

Mauerlänge mit: **gerader am**-Zahl

(Mauerlänge z. B.: 4, 6, 8 ... 22 am ...)

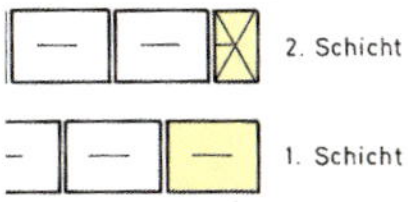

Mauerlänge mit: **gerader + 1/2 am**-Zahl

(Mauerlänge z. B.: 4 ½, 6 ½, 8 ½ ... 22 ½ am ...)

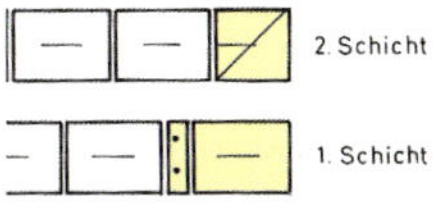

Mauerlänge mit: **ungerader am**-Zahl

(Mauerlänge z. B.: 5, 7, 9 ... 21 am ...)

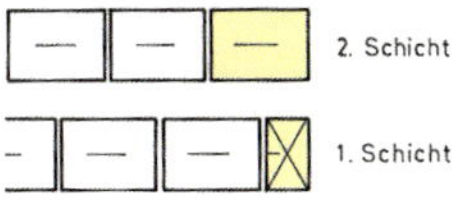

Mauerlänge mit: **ungerader + 1/2 am**-Zahl

(Mauerlänge z. B.: 5 ½, 7 ½, 9 ½ ... 21 ½ am ...)

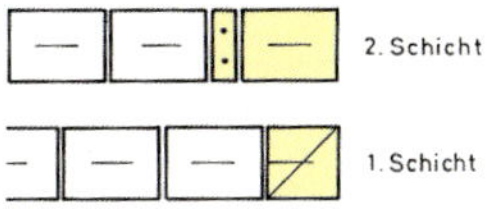

9.2 Die 17^{5}er-Mauerecke

17^{5}er-Mauerecke

Wichtig:

„Vorfahrt" beachten!

Überbindung einhalten!
(*ü* = 1 am = 1 Kopf)
→ *Dies erreicht man durch das Einfügen eines Viertelsteines.*

10 Das 24er-Mauerwerk

Anwendung: Für tragende Innenwände und unter besonderen Bedingungen (z. B. Anordnung einer Wärmedämmung) auch für Außenwände → z. B. für „unser" Ferienhaus

Verbandsarten:
- Block- und Kreuzverband ⇒ vorw. mit DF, NF, 2 DF (3 DF)
- Binderverband ⇒ vorw. mit 2 DF und 3 DF
- Läuferverband ⇒ ab 4 DF

In der Grundstufenausbildung beschränken wir uns auf Block-, Kreuz- und Binderverband. Schwerpunkt ist der Kreuzverband.

Welche Regeln sind beim Block- und Kreuzverband immer zu beachten?

1. Regel

Binder- und Läuferschichten wechseln regelmäßig ab.

2. Regel

Das Überbindemaß beträgt immer ½ am

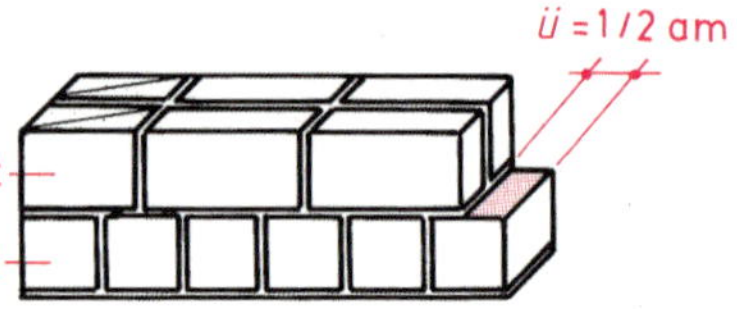

3. Regel
Am Maueranfang gilt:

- Binderschicht ⇒ Binder
- Läuferschicht ⇒ 2 Dreiviertelsteine

Bei Mauerwerk aus DF und NF-Steinen sind immer Dreiviertelsteine zu „schlagen"!
Wichtiger Tipp:

Bei Mauerwerk mit 2 DF-Steinen sollte man berücksichtigen:

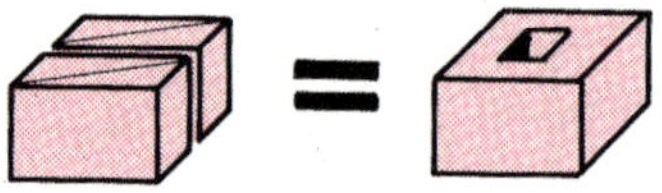

2 DF → besser → 3 DF

Statt 2 Dreiviertelsteine zu „schlagen", 3 DF-Steine verwenden.

10.1 Blockverband

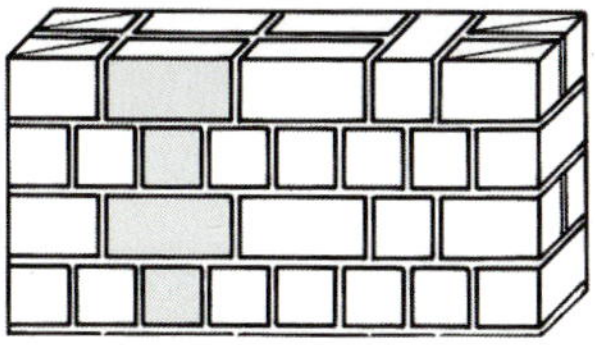

24er-Mauer im Blockverband

Der Blockverband ist sofort erkennbar an:
- Binder über Binder
- Läufer über Läufer

Auf den Blockverband gehen wir nur kurz ein, denn Sie finden die ersten beiden Schichten später beim Kreuzverband wieder vor.

Welche Ausführungsarten gibt es für
- **Maueranfang und**
- **Mauerende**

bei 24er-Mauerwerk?

Grundsätzlich gilt auch hier:

Der Maueranfang ist immer gleich!

Und zwar so:

2. Schicht Läuferschicht (und alle anderen geraden Schichten)

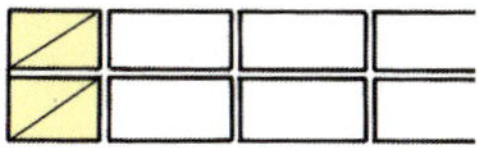

1. Schicht Binderschicht (und alle anderen ungeraden Schichten)

Das Mauerende ist unterschiedlich!

Und zwar:

Draufsicht 1. + 2. Schicht

Mauerlänge mit: gerader am-Zahl

(Mauerlänge z. B.: 4, 6, 8 ... ... am ...)

2. Schicht Läuferschicht (und alle anderen geraden Schichten)

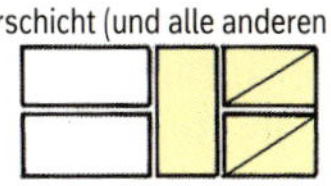

1. Schicht Binderschicht (und alle anderen ungeraden Schichten)

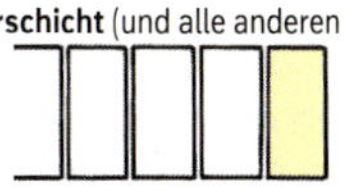

Mauerlänge mit: gerader + ½ am-Zahl

(Mauerlänge z. B.: 4 ½, 6 ½, 8 ½ ... ½ am ...)

2. Schicht Läuferschicht (und alle anderen geraden Schichten)

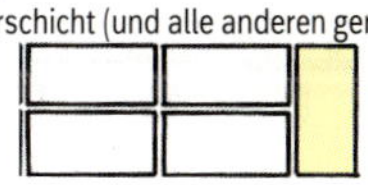

1. Schicht Binderschicht (und alle anderen ungeraden Schichten)

Mauerlänge mit: ungerader am-Zahl

(Mauerlänge z. B.: 5, 7, 9 ... am...)

2. Schicht Läuferschicht (und alle anderen geraden Schichten)

1. Schicht Binderschicht (und alle anderen ungeraden Schichten)

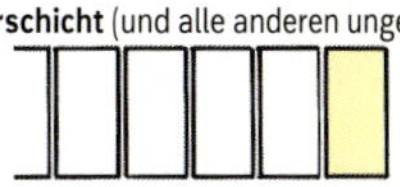

Mauerlänge mit: ungerader + ½ am-Zahl

(Mauerlänge z. B.: 5 ½, 7 ½, 9 ½ ... ½ am ...)

2. Schicht Läuferschicht (und alle anderen geraden Schichten)

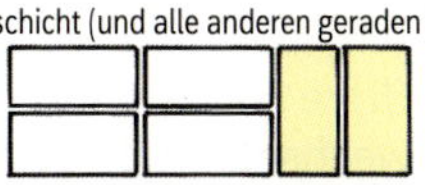

1. Schicht Binderschicht (und alle anderen ungeraden Schichten)

A – Te *Möglichkeiten zur Vertiefung des Blockverbandes finden Sie im Arbeitsheft, Blatt 68.*

10.2 Kreuzverband

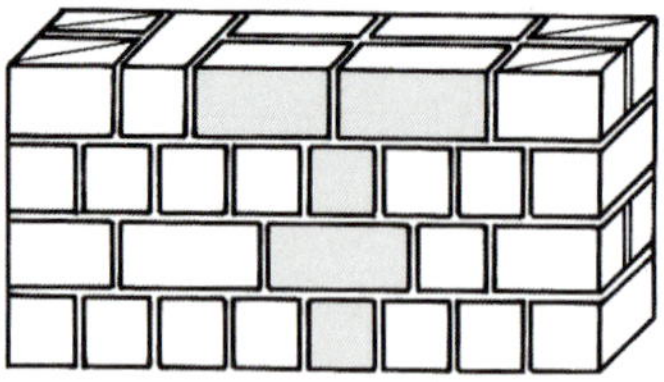

24er-Mauer im Kreuzverband

Der Kreuzverband ist sofort erkennbar am:
- Muster „Kreuz“

10.2.1 Verband für Maueranfang und Mauerende

Der Kreuzverband ist eine Weiterentwicklung des Blockverbandes.
Obwohl der Maueranfang ebenfalls immer gleich ist, zeigen wir jetzt immer ein „komplettes“ Mauerstück als Beispiel.
→ *Dadurch wird die Lage der **„Verschiebeköpfe“** deutlicher!*

Mauerlänge mit gerader am-Zahl (z. B.: 4, 6 ... hier 10 am ...)	**Mauerlänge mit ungerader am-Zahl** (z. B.: 5, 7 ... hier 9 am ...)
Ansicht: 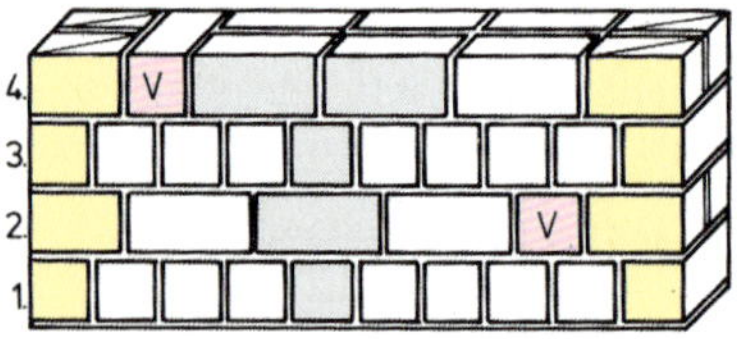 	Ansicht: 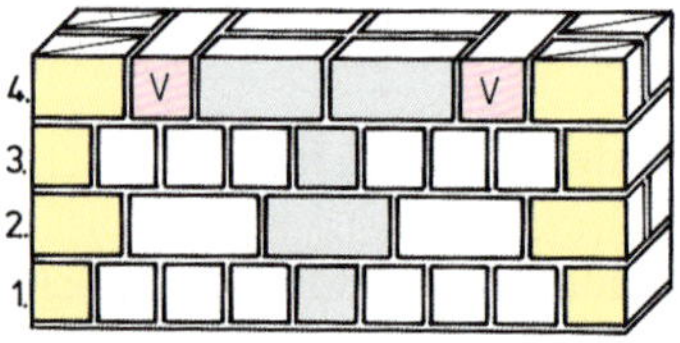
Draufsicht: 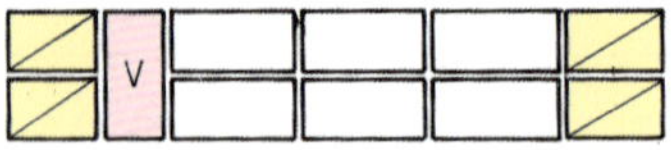 **4. Schicht** (und jede weitere 4. Schicht)  **3. Schicht** (Binderschicht) 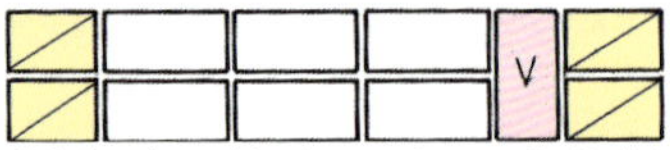 **2. Schicht** (und jede weitere 4. Schicht)  **1. Schicht** (Binderschicht)	Draufsicht: 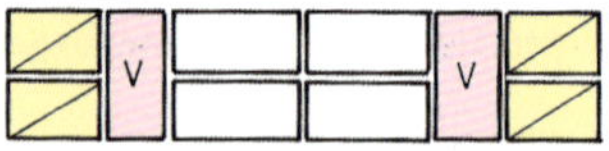 **4. Schicht** (und jede weitere 4. Schicht) 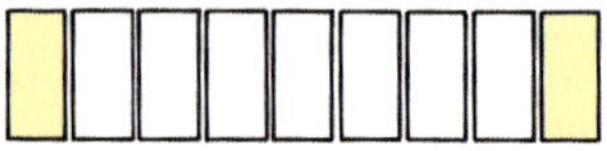 **3. Schicht** (Binderschicht) 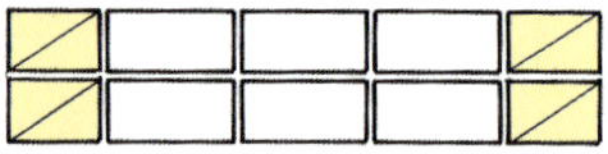 **2. Schicht** (und jede weitere 4. Schicht) 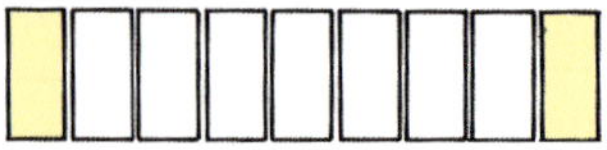 **1. Schicht** (Binderschicht)
Der eingefügte Kopf – genannt **Verschiebekopf** – wechselt in den Läuferschichten immer von einem Mauerende zum anderen.	In der einen Läuferschicht ist **kein Verschiebekopf**, in der nächsten Läuferschicht ist an **jedem Ende ein Verschiebekopf eingefügt**.

Mauerlänge mit gerader + ½ am-Zahl
(z. B.: 4 ½, 6 ½ ... hier 10 ½ am ...)

Ansicht:

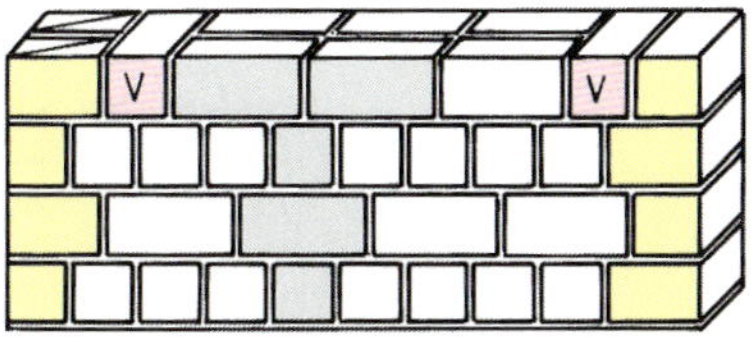

Draufsicht:

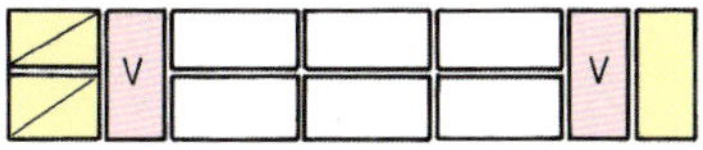

4. Schicht (und jede weitere 4. Schicht)

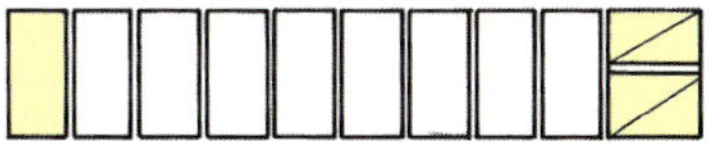

3. Schicht (Binderschicht)

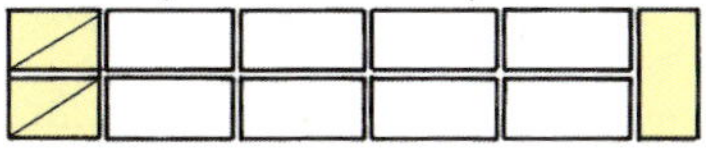

2. Schicht (und jede weitere 4. Schicht)

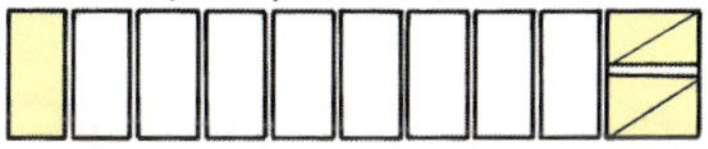

1. Schicht (Binderschicht)

In jeder 2. Läuferschicht liegen **zwei Verschiebeköpfe**.

Mauerlänge mit ungerader + ½ am-Zahl
(z. B.: 5 ½, 7 ½ ... hier ½ am ...)

Ansicht:

Draufsicht:

4. Schicht (und jede weitere 4. Schicht)

3. Schicht (Binderschicht)

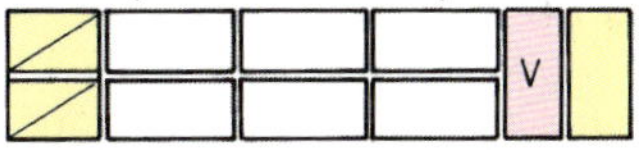

2. Schicht (und jede weitere 4. Schicht)

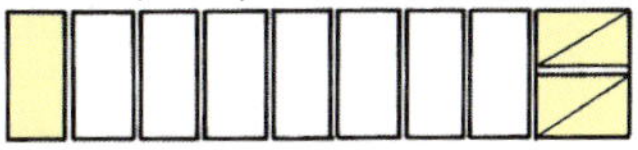

1. Schicht (Binderschicht)

In jeder Läuferschicht wechselt der **Verschiebekopf die Seite**.

Generell gilt beim Kreuzverband:
Nach zwei Läuferschichten müssen zwei Verschiebeköpfe „vermauert“ sein!

Anm.:
Mauern mit „krummer“ am-Zahl (7 ½ am, 8 ½ am) werden als **„umgeworfener“ Verband** bezeichnet. Der umgeworfene Verband hat seinen Namen daher, weil
- an einem Ende der Binderschicht ein Läuferendblock und
- an einem Ende der Läuferschicht ein Binderendblock liegt.

Binderschicht

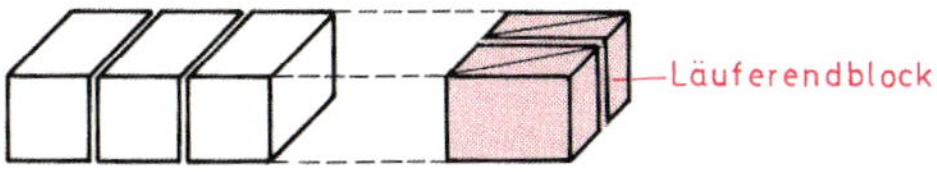

Läuferschicht

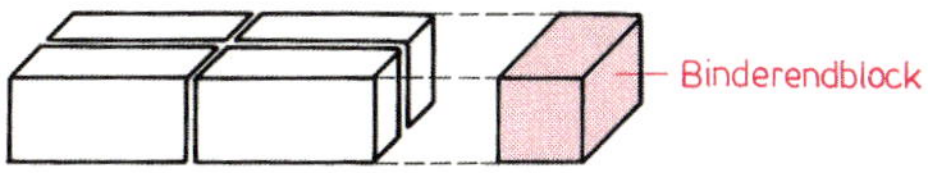

A – Te *Möglichkeiten zur Wiederholung des Kreuzverbandes → Arbeitsheft, Blatt 69.*

10.2.2 Die 24er-Mauerecke (im Kreuzverband)

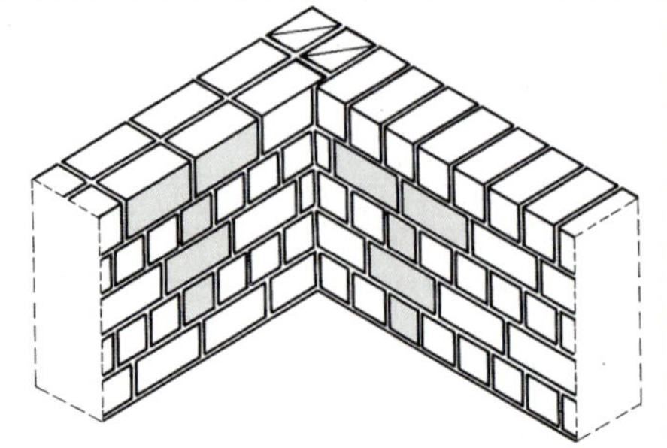

24er-Mauerecke im Kreuzverband

1. „Vorfahrtsregel" und Verschiebekopf

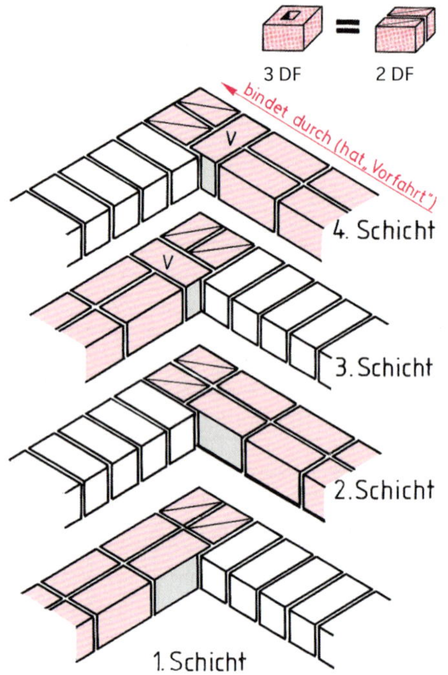

(→ 5. Schicht ist gleich der 1. Schicht)

V = Verschiebekopf

2. Schichten und Überbindung

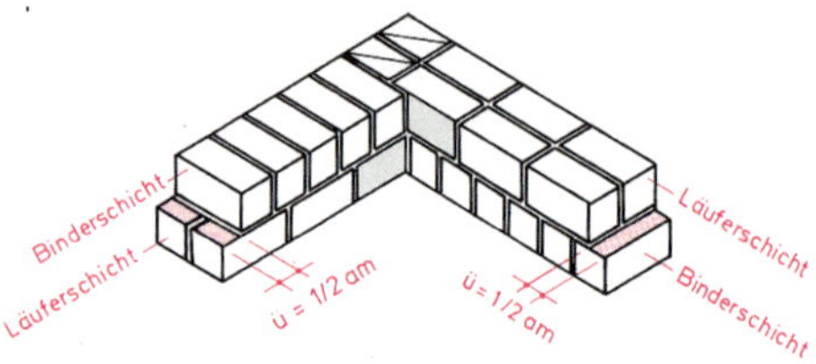

3. Stoßfuge beachten

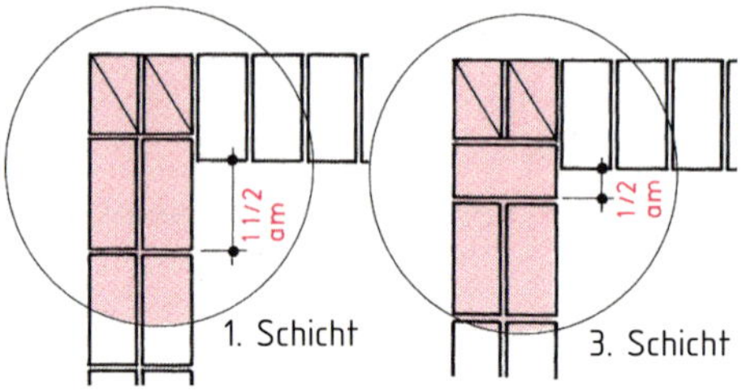

2. und 4. Schicht sind entsprechend!

A – Te *Aufgaben zur Mauerecke finden Sie im Arbeitsheft, Blatt 70, 71.*

Können Sie das schon?

1. Wie sieht die 14. Mauerschicht aus?
2. Wie viele 24er-Mauerecken haben wir in „unserem" Ferienhaus?

10.2.3 Der 24er-Mauerstoß (im Kreuzverband)

Statt zwei Dreiviertel 2 DF wird in der Regel ein 3 DF verwendet, wenn kein Sichtmauerwerk erstellt wird.

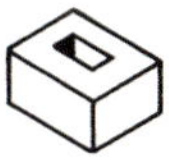

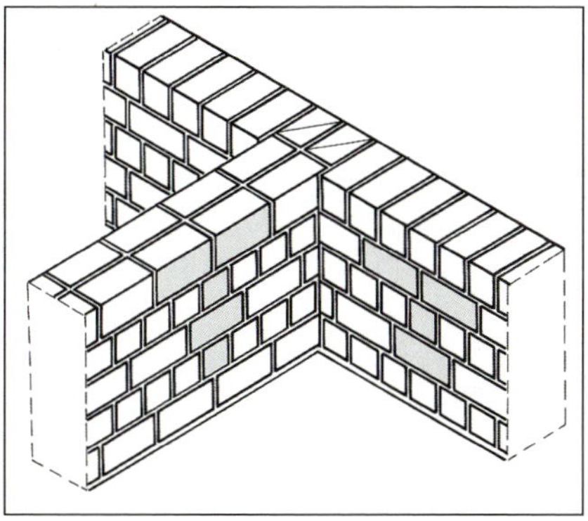

24er-Mauerstoß im Kreuzverband

1. Schichten und Überbindung

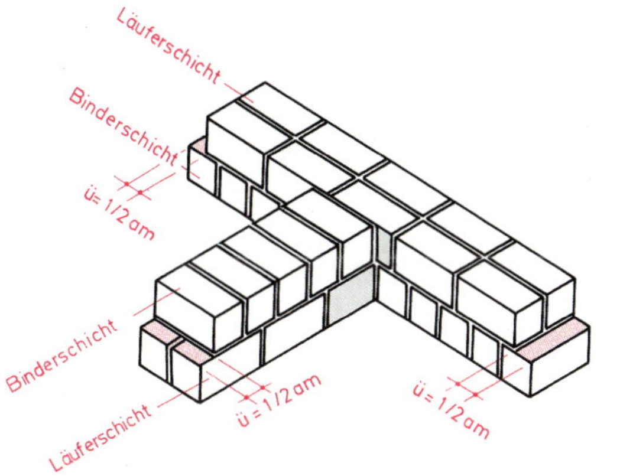

3. Stoßfugenabstand von der Innenecke

z. B. bei 2. und 4. Schicht

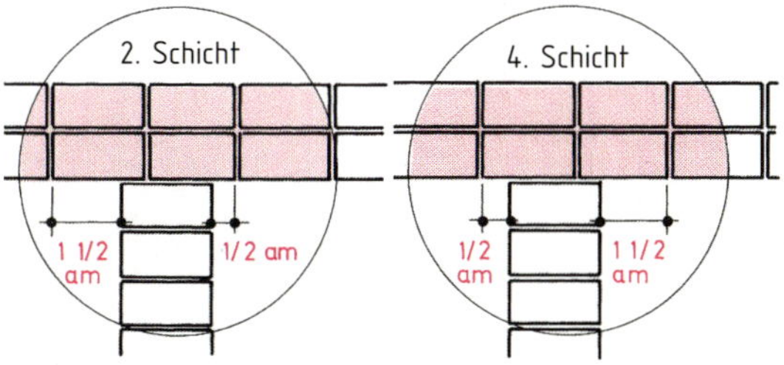

So müssen die Läufer der „Vorfahrtsschicht" richtig liegen!

2. „Vorfahrtsregel" und Verschiebekopf

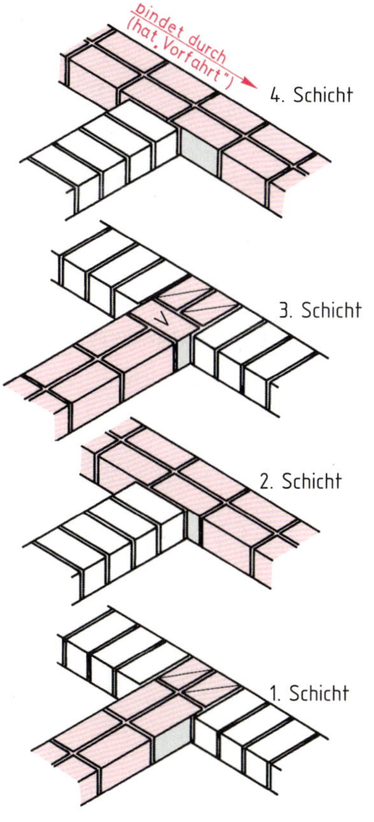

V = Verschiebekopf

A – Te *Aufgaben zum Mauerstoß finden Sie im Arbeitsheft, Blatt 72.*

10.2.4 Die 24er-Mauerkreuzung (im Kreuzverband)

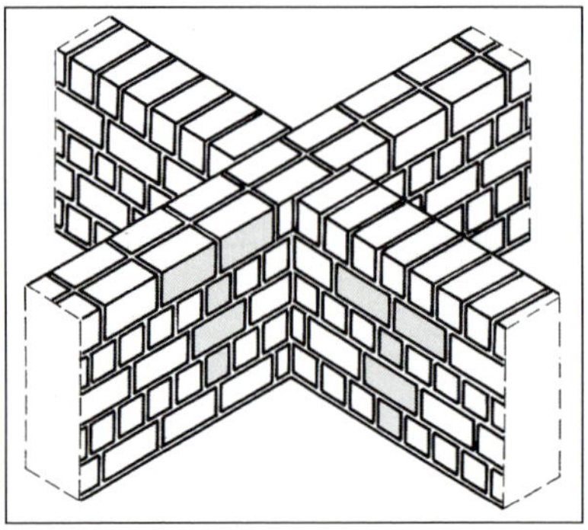

24er-Mauerkreuzung im Kreuzverband

1. Schichten und Überbindung

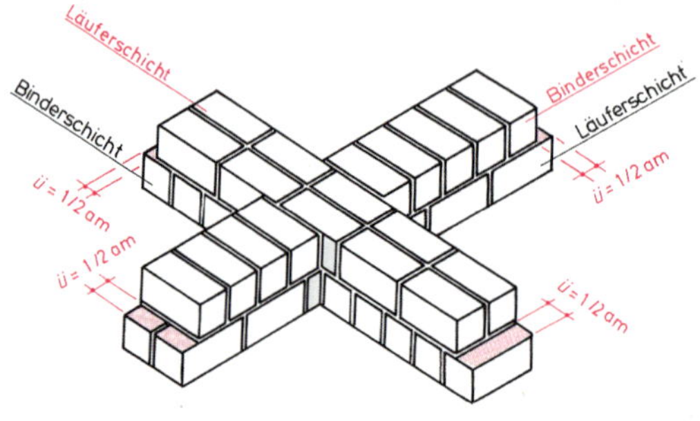

3. Stoßfugenabstand von der Innenecke

z. B. bei 1. und 3. Schicht

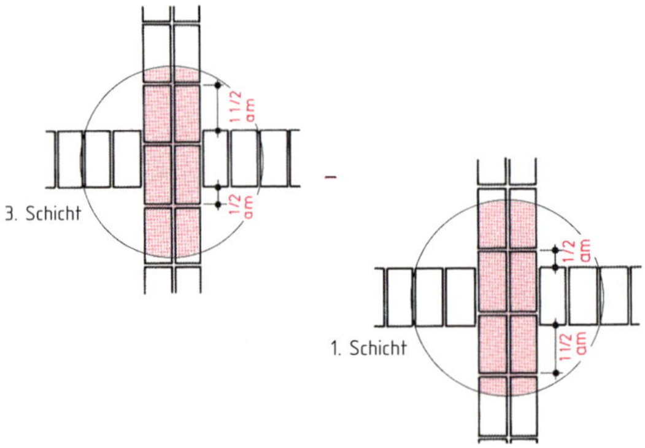

A – Te *Eine kleine Übung finden Sie im Arbeitsheft, Blatt 73.*

I/A – Te *Eine „Spezialaufgabe" finden Sie im Arbeitsheft, Blatt 74.*

2. „Vorfahrtsregel"

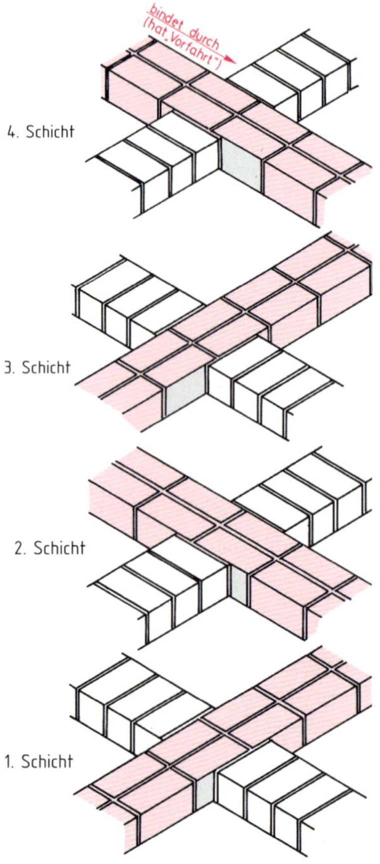

Der Verschiebekopf ist hier nicht „sichtbar". Er liegt an den Mauerenden!

10.3 Der 24er-Binderverband

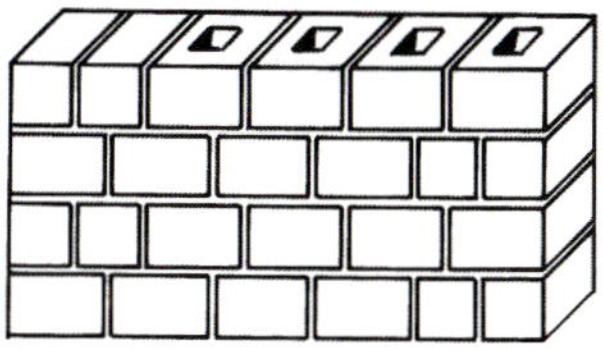

Der 24er-Binderverband ist ein besonders wirtschaftlicher Verband, da – unter Verwendung von 2 DF – und 3 DF-Steinen – keine Teilsteine „geschlagen" werden müssen.

Außerdem: Steinlänge = Mauerdicke

Folgende Regeln sind zu beachten:

1. Nur Binderschichten mauern.
2. Überbindemaß beträgt ½ am
3. Es wird im **„schleppenden Verband"** gemauert.

Was bedeutet „Schleppender Verband"?

Die Stoßfuge ist im gesamten Mauerwerk außermittig → d.h., sie wird „nachgeschleppt".

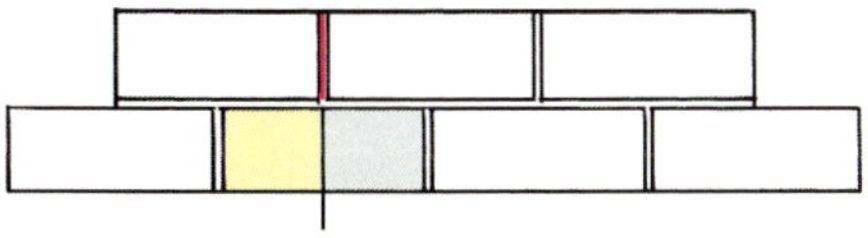

Stoßfuge = mittig

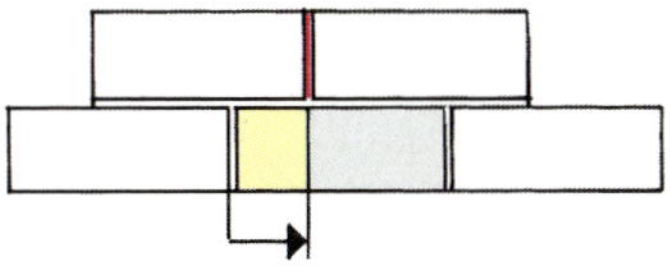

Stoßfuge = außermittig („nachgeschleppt")

4. Maueranfang immer:
   - 2. Schicht: 1 bzw. 2 ganze 2 DF-Steine
   - 1. Schicht: Ganzer 3 DF-Stein

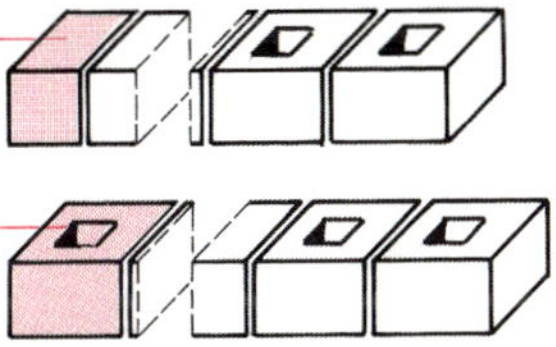

Wie können die Ausführungsarten für Maueranfang und Mauerende aussehen?

Mauerlänge mit Gerader am-Zahl
(z.B.: 4, 6 ... hier 10 am ...)

Ansicht:

Draufsicht:

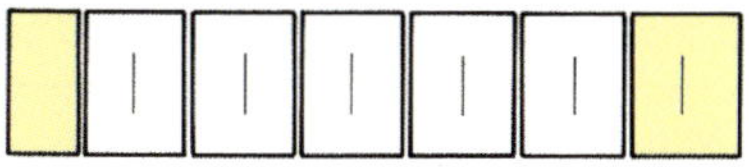

2. Schicht (und jede weitere gerade Schicht)

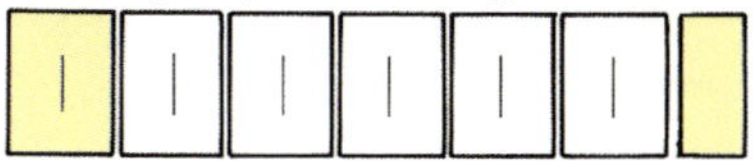

1. Schicht (und jede weitere ungerade Schicht)

Mauerlänge mit Ungerader am-Zahl
(z.B.: 5, 7 ... hier 11 am ...)

Ansicht:

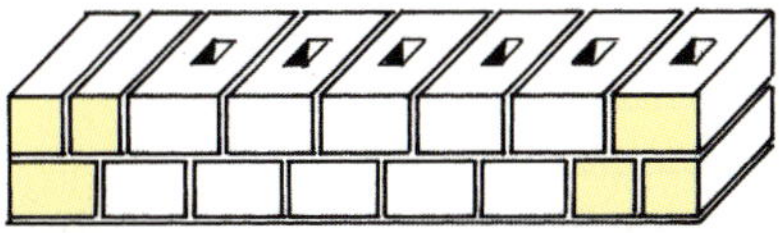

Draufsicht:

2. Schicht (und jede weitere gerade Schicht)

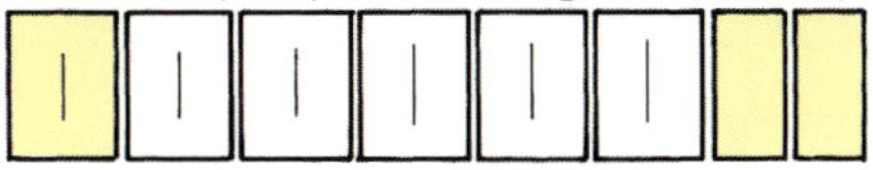

1. Schicht (und jede weitere ungerade Schicht)

A – Te *Aufgaben zur Wiederholung des 24er-Mauerwerks → Arbeitsheft, Blatt 75.*

T *Einen Test zum 24er-Mauerwerk finden Sie im Arbeitsheft, Blatt 76.*

11 Breite Mauern mit Klein- und Mittelformat

Normalerweise verwendet man ab 30er-Mauerwerk größere Steinformate (ab 5 DF) und kann damit einlagig im Läufer- oder Binderverband arbeiten.
In Prüfungen wird aber (immer noch) verlangt, dass solch ein Mauerwerk auch mit Klein- und Mittelformaten herzustellen ist. Dies betrifft das 30er- und das 36, 5er-Mauerwerk. Solche Mauern sind dann **2-lagig** auszuführen.
Gleichzeitig wollen wir – da solche Mauern mit Vorzugsformaten in der Fachstufenausbildung nicht mehr vorkommen – unsere „Mauerpalette" vervollständigen.

Wie erhält man Mauerbreiten von 30 und 36,5 cm?

Mauerbreite 30 cm	Mauerbreite 36,5 cm
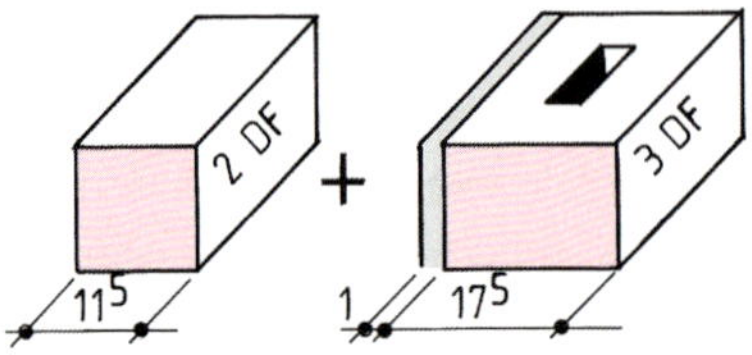	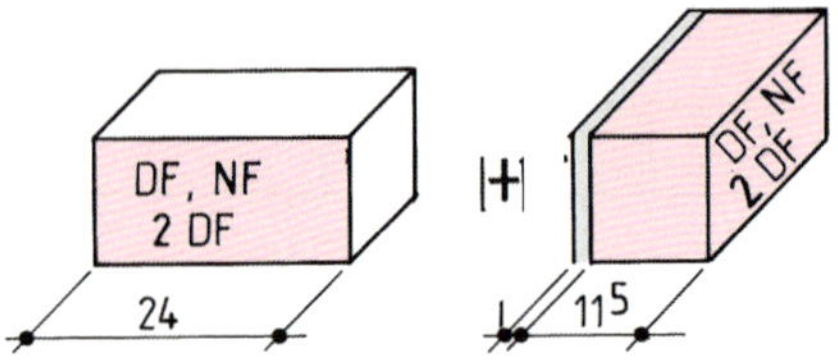
Diese Lösung wäre schlecht: 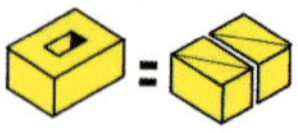 3 DF 2 DF denn sonst → *massenweise Steine „schlagen"*	Diese Lösung wäre möglich: 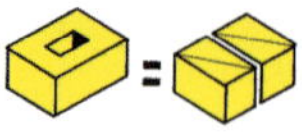 3 DF 2 DF → *besonders an den Mauerenden*

11.1 Das 30er-Mauerwerk

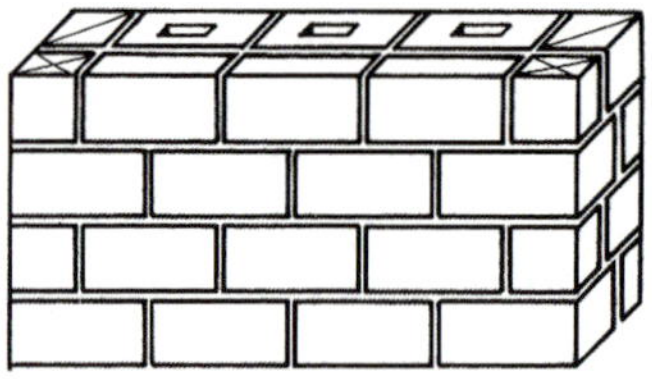

30er-Mauerwerk

Anwendung: Für stark belastete Innenwände und auch für Außenwände.

Verbandsart: Läuferverband

Steinformate: Vorwiegend 2 DF und 3 DF.

Worauf ist zu achten?

Überbindung: in Mauerlängsrichtung = 1 am; in Mauerquerrichtung = ½ am

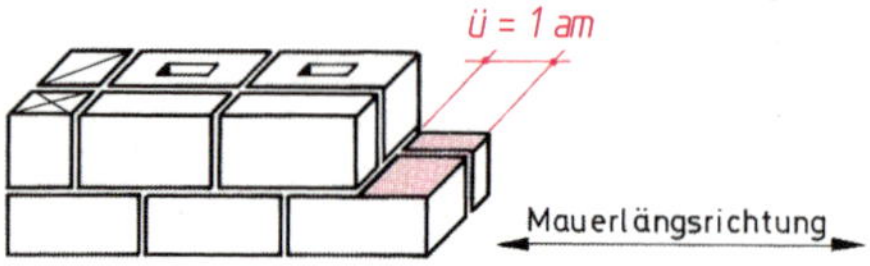

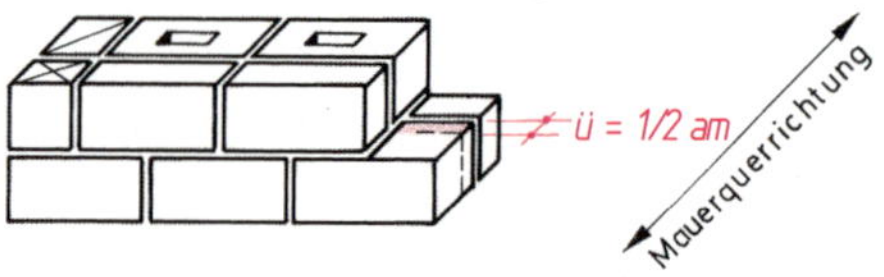

11.1.1 Verband für Maueranfang und Mauerende

Welche Ausführungsarten gibt es für
- **Maueranfang und**
- **Mauerende**

beim 30er-Mauerwerk?

Grundsätzlich gilt:

Der Maueranfang ist immer gleich!

Und zwar so:

2. Schicht

1. Schicht

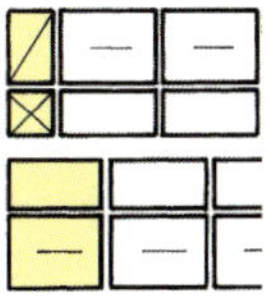

Das Mauerende ist unterschiedlich!

Und zwar:

Draufsicht 1. + 2. Schicht

Mauerlänge mit: **gerader am**-Zahl
(Mauerlänge z. B.: 4, 6, 8 ... 22 am ...)-

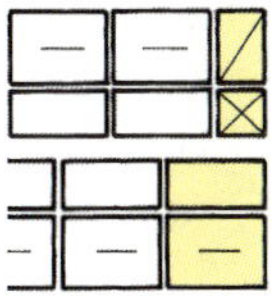

Mauerlänge mit: **gerader + ½ am-Zahl**
(Mauerlänge z. B.: 4 ½, 6 ½, 8 ½ ... 22 ½ am ...)

Mauerlänge mit: **ungerader am-Zahl**
(Mauerlänge z. B.: 5, 7, 9 ... 21 am ...)

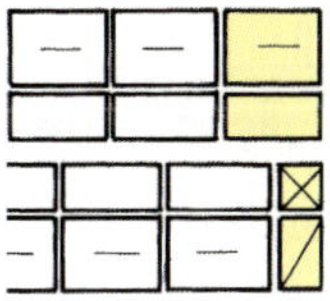

Mauerlänge mit: **ungerader ½ am-Zahl**
(Mauerlänge z. B.: 5 ½, 7 ½, 9 ½ ... 21 ½ am ...)

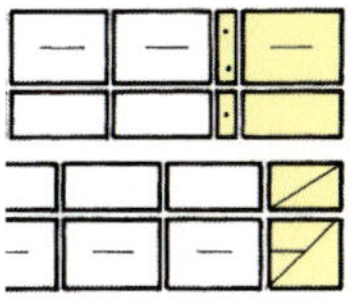

11.1.2 Die 30er-Mauerecke

Was muss beachtet werden?

1. „Vorfahrtsregel“

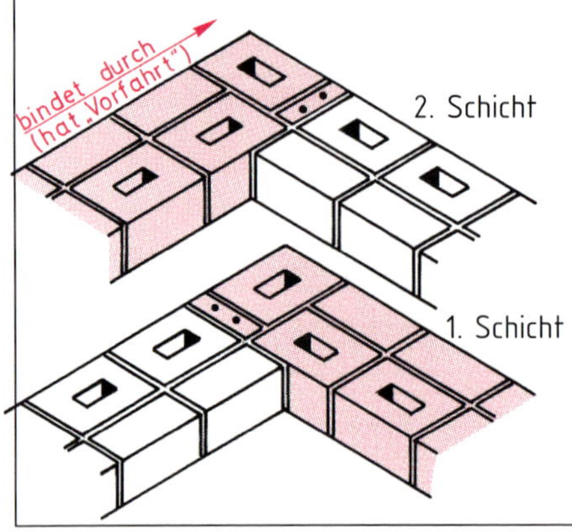

2. Stoßfugenabstand

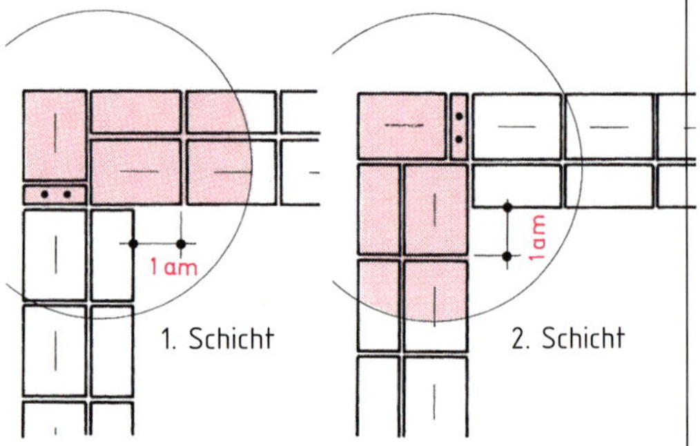

Mauerstoß und Mauerkreuzung sollen hier nicht besprochen werden, denn sie kommen nur sehr selten vor.

11.2 Das 36^{5}er-Mauerwerk

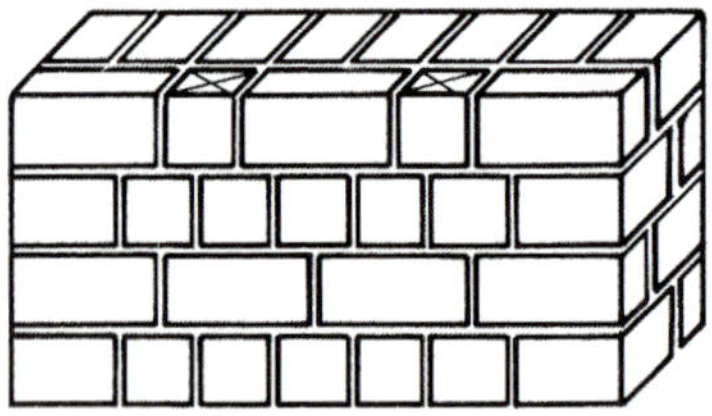

Anwendung: Für Außenwände; auch bei mehrgeschossigen Häusern als tragende Innenwand.

Verbandsarten und Steinformate:

a) Block- und Kreuzverband
⇒ Aus DF, NF, 2 DF

b) Läufer- und Binderverband
⇒ Vorwiegend aus großformatigen Steinen.

Welche Regeln müssen beachtet werden?

1. In **jeder** Schicht sind Läufer und Binder vorhanden.

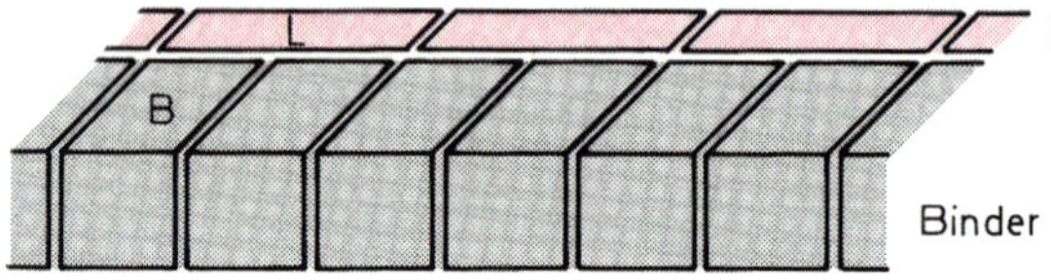

2. Die **Lage** der Binder und Läufer wechselt schichtweise die Seite!

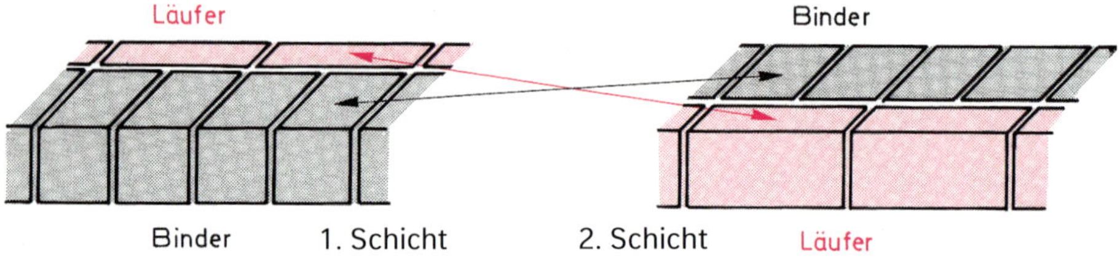

3. Beide Seiten (Läuferschicht und Binderschicht) müssen immer den Regeln der Verbandsart entsprechen!
   <u>*Bedeutet:*</u> *Beim Kreuzverband den Regeln des Kreuzverbandes → siehe 24er-Mauer.*

11.2.1 Verband für Maueranfang und Mauerende

Auch hier gibt es (eigentlich) vier Möglichkeiten. Wir zeigen aber nur die „Normalfälle," und zwar wieder als komplettes Mauerstück. → *Dadurch wird die Lage der Köpfe deutlicher.*

Mauerlänge mit gerader am-Zahl
(z. B.: 4, 6 ... hier 10 am ...)

Ansicht:

Draufsicht:

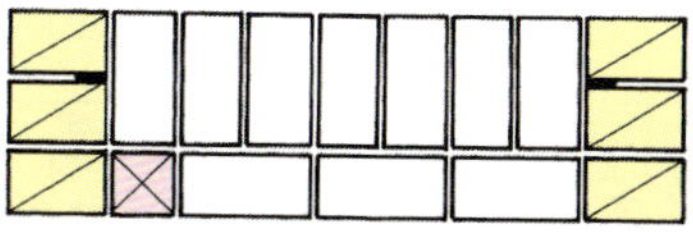

4. Schicht (und jede weitere 4. Schicht), z. B. 8, 12

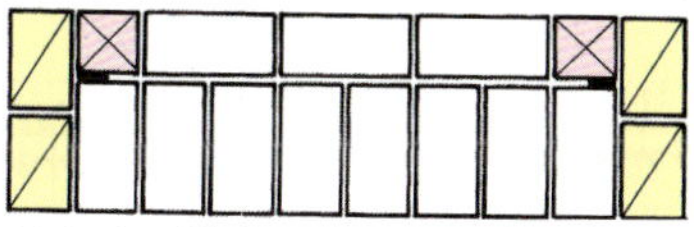

3. Schicht (und jede weitere 4. Schicht), z. B. 7, 11

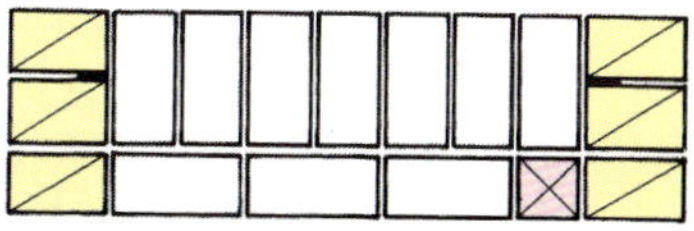

2. Schicht (und jede weitere 4. Schicht), z. B. 6, 10

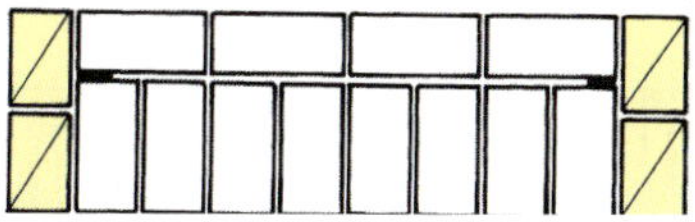

1. Schicht (und jede weitere 4. Schicht), z. B. 5, 9

Mauerlänge mit ungerader am-Zahl
(z. B.: 5, 7 ... hier 11 am ...)

Ansicht:

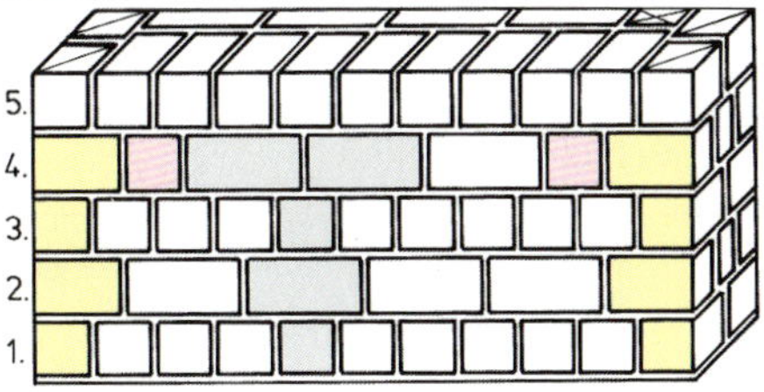

Draufsicht:

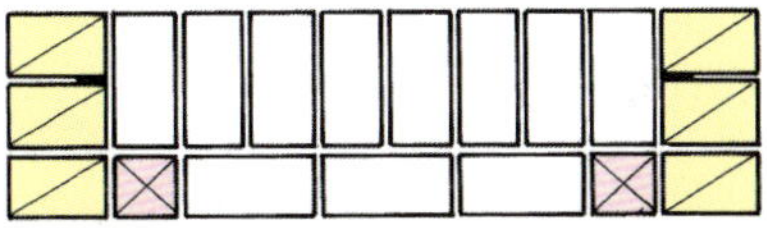

4. Schicht (und jede weitere 4. Schicht), z. B. 8, 12

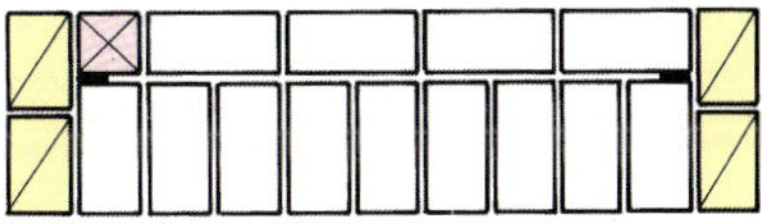

3. Schicht (und jede weitere 4. Schicht), z. B. 7, 11

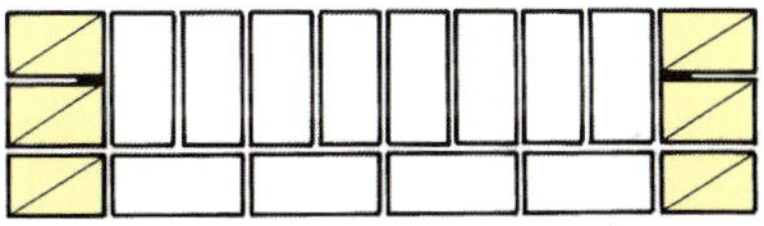

2. Schicht (und jede weitere 4. Schicht), z. B. 6, 10

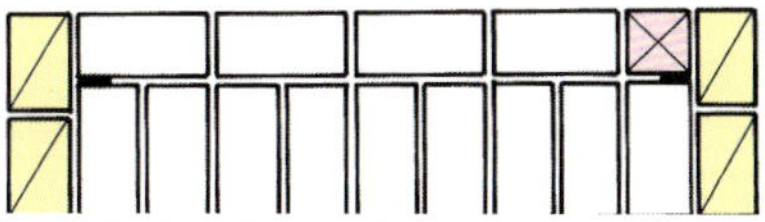

1. Schicht (und jede weitere 4. Schicht), z. B. 5, 9

▬ Diese Fugendeckung von $^1/_2$ am ist nach Norm zulässig.

Merke:

- **Ungerade Schichten** haben an beiden Mauerenden zwei Dreiviertelsteine.
- **Gerade Schichten** haben an beiden Mauerenden drei Dreiviertelsteine.
- Ansonsten gelten die Regeln der 24er-Mauer (im Kreuzverband).

⇒

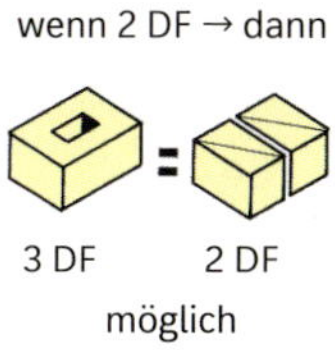

A – Te *Wenn Sie das 36er-Mauerwerk einmal üben wollen → Arbeitsheft, Blatt 77.*

12 Die Mauerpfeiler

Was sind Mauerpfeiler?

Bei Mauerpfeilern handelt es sich um schlanke Bauteile, die meist stärker belastet werden als normales Mauerwerk. Es ist vor allem darauf zu achten, dass möglichst keine Stoßfugenüberdeckung entsteht.

Wie werden die Mauerpfeiler ausgeführt?

Dazu wollen wir nur beispielhaft die Verbände aus 2 DF/ 3 DF in Tabellenform für die 1. und 2. Schicht vorstellen

		Pfeilerbreite in cm		
		36^5	**49**	**61^5**
Pfeilerdicke in cm	**24**	**2. Schicht** 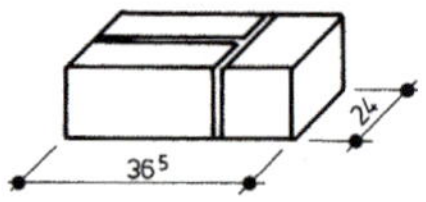 **1. Schicht** 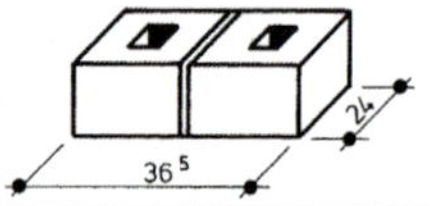	**2. Schicht** 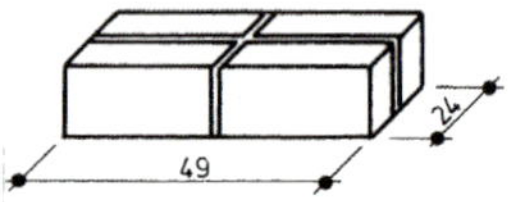 **1. Schicht** 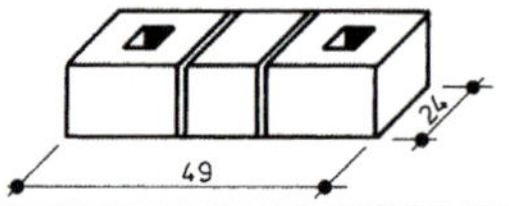	**2. Schicht** 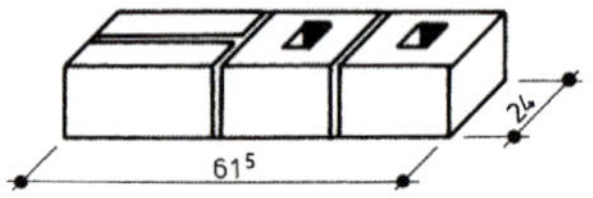 **1. Schicht** 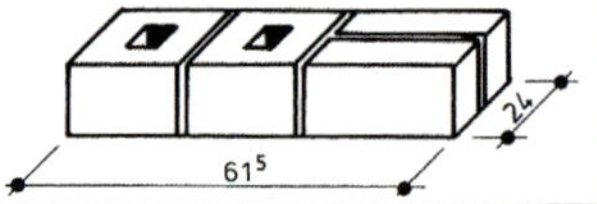
	30	**2. Schicht** 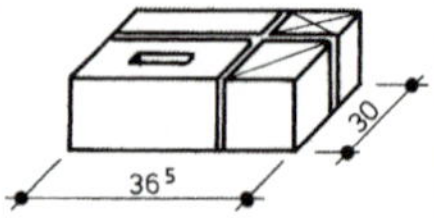 **1. Schicht** 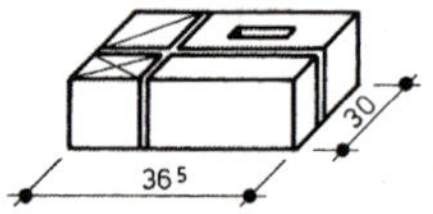	**2. Schicht** 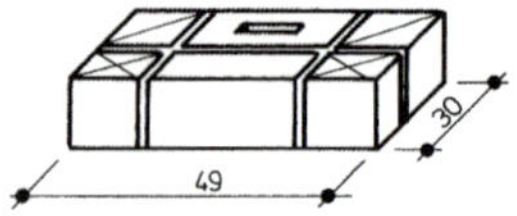 **1. Schicht** 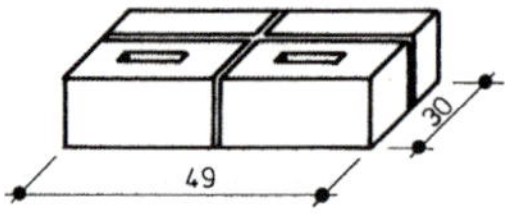	**2. Schicht** 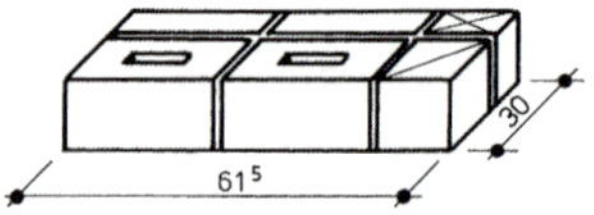 **1. Schicht** 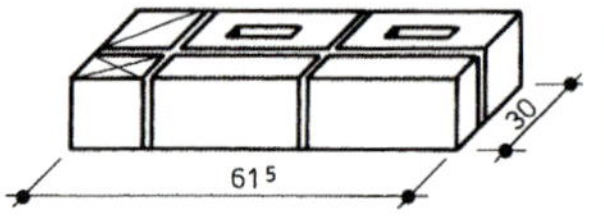
	36^5	**2. Schicht** 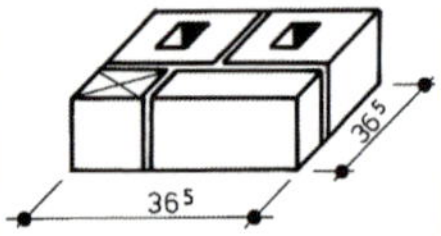 **1. Schicht** 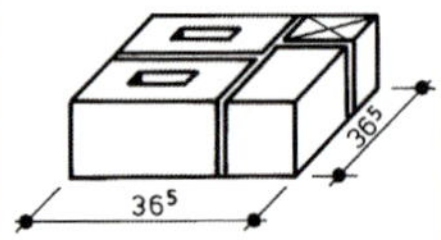	**2. Schicht** 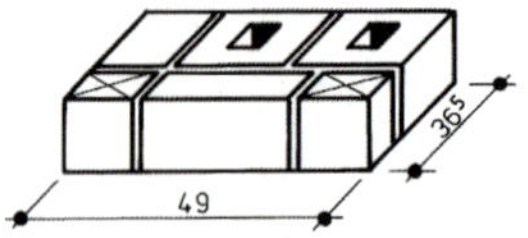 **1. Schicht** 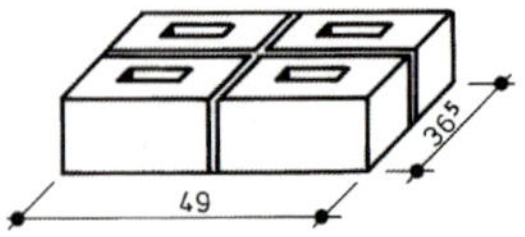	**2. Schicht** 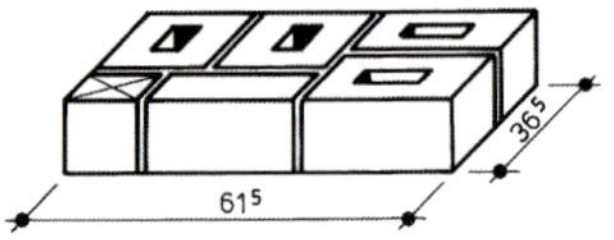 **1. Schicht** 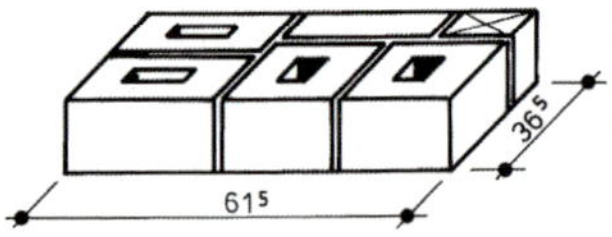

13 Kombinierte Mauerverbände

Bei einem Bauwerk treten in der Regel unsere aufgezeigten Mauerverbände nicht so „reinrassig“ auf, wie wir sie hier behandelt haben, sondern sind meist kombiniert. Das heißt z. B.: Bei Bauwerken, wo noch Klein- und Mittelformate verwendet werden, also Bauteile mit rund 24 cm Mauerdicke, kann Folgendes passieren: Eine 11^5er-Mauer trifft auf eine 17er-Mauer oder 24er-Mauer.

Für die Kombination 24er/11^5er-Mauerwerk wollen wir in Kurzform Lösungsmöglichkeiten aufzeigen.

Welche Regeln müssen generell beachtet werden?

1. Regel: Die 11^5er-Mauer wird in die Binderschicht der 24er-Mauer eingebunden.

2. Regel: Die Stoßfuge liegt 1 am = 12,5 cm aus der Innenecke entfernt.

Und hier nun die **Beispiele:**

24/11^5er-Mauerecke

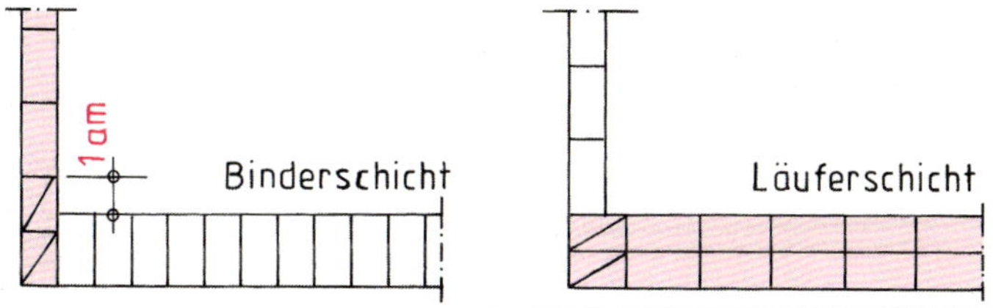

24/11^5er-Mauerstoß

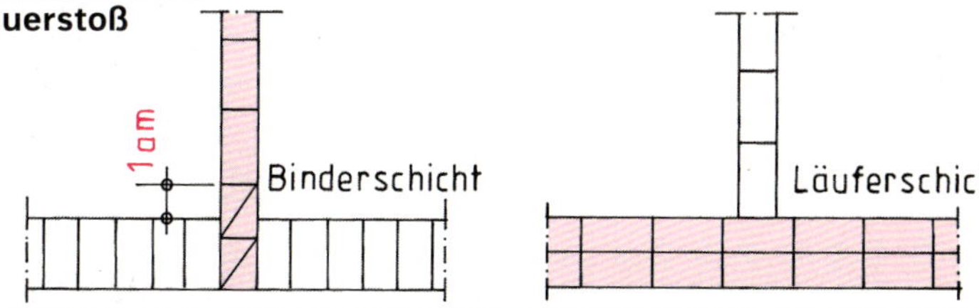

24/11^5er-Mauerkreuzung

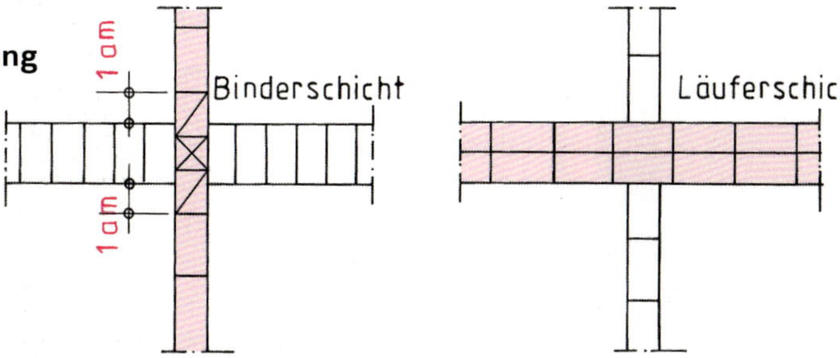

A – Te *Kombinierte Aufgaben 11^5/17^5er und 24er finden Sie im Arbeitsheft, Blatt 78.*

14 Anwendung der verschiedenen Verbandsregeln

Sicher haben Sie anhand der zahlreichen Aufgaben gelernt, Verbände richtig zu zeichnen. Schwieriger wird es, wenn man das für einen umfassenderen Gebäudeteil machen soll.

An einem praktischen Beispiel aus „unserem“ Ferienhaus können Sie jetzt sehen, wie man mithilfe eines Schemas selbst kompliziertes Mauerwerk verbandsgerecht zeichnen kann. Wenn Sie nach diesem (oder einem ähnlichen) Schema vorgehen, werden Ihnen selten Fehler unterlaufen.

Voraussetzung: Die Verbandsregeln müssen Sie beherrschen.

Das Bad „unseres“ Ferienhauses soll gemauert werden.

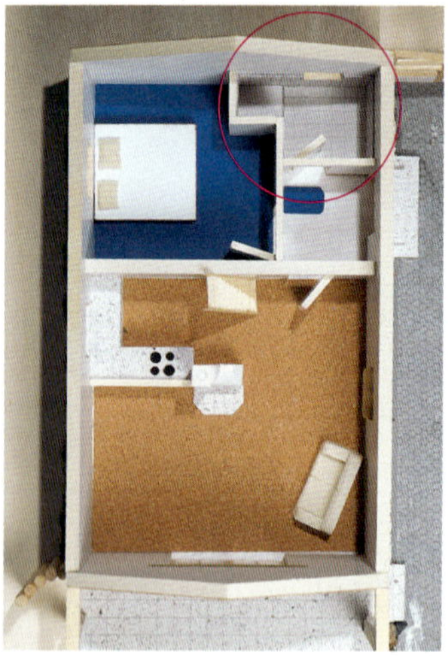

Für den markierten Teil im Grundriss wollen wir die 1. und 2. Schicht verbandsgerecht entwickeln.

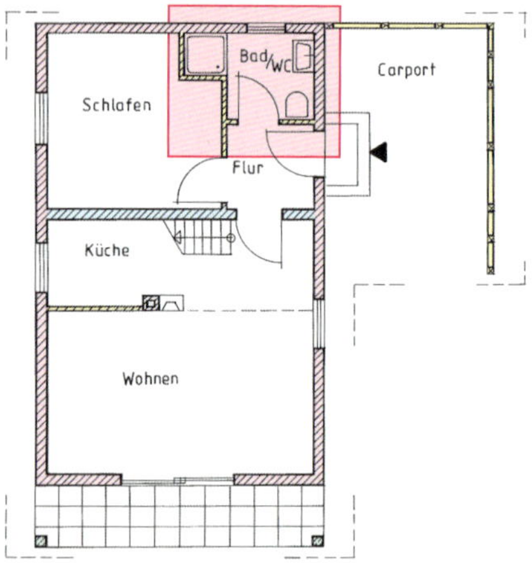

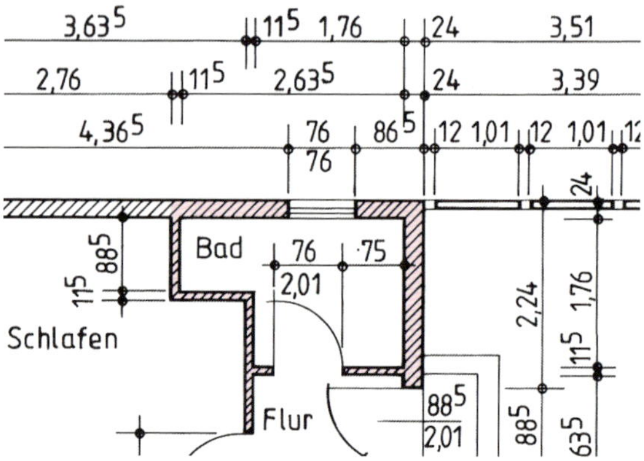

Wie geht man vor?

1. Schritt: Aufzeichnen des „ganzen Übungsstückes“ – oder Zeichnen der geforderten Teile auf kariertes Papier.

So etwa müsste Ihre Skizze dann aussehen.

→ Sicherheitshalber sollten Sie jede Schicht einzeln zeichnen ⇒ also 2 Skizzen

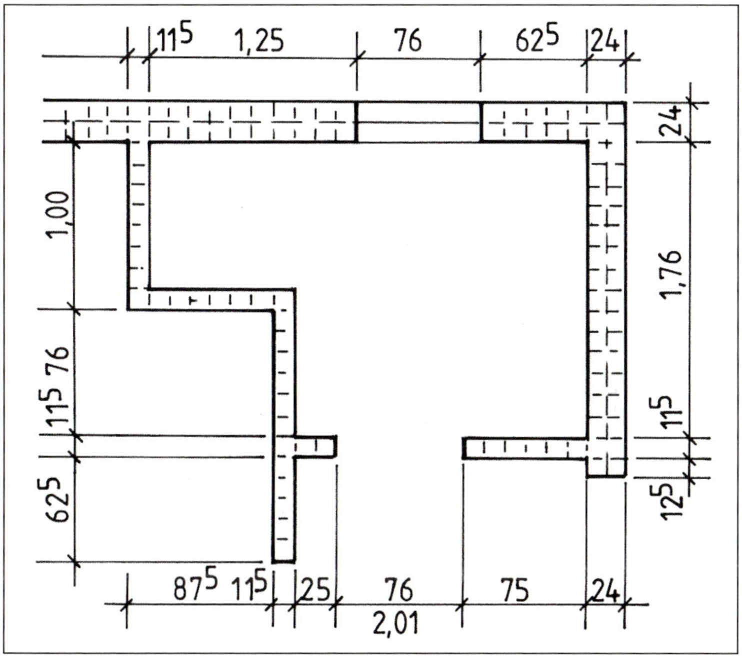

2. Schritt: In der 1. und 2. Schicht die durchlaufende Läuferschicht festlegen (evtl. farbig anlegen), dann die durchgehende Fuge einzeichnen.

Tipp: In der 1. Schicht durchlaufende Schicht senkrecht, in der 2. Schicht waagerecht anlegen.

3. Schritt: Endverbände in den Läuferschichten einzeichnen.

4. Schritt: In 24er-Mauerwerk eintragen:
a) Läufer in Läuferschichten
b) Binder in Binderschichten

5. Schritt: In 11^5er-Mauerwerk eintragen:
– Läufer in 1. und 2. Schicht

→ *Üben Sie diese Aufgabe selbst einmal anhand der Arbeitsschritte.*

Zusammenfassung von Kapitel 8–14:

Die Mauerverbände

- Durch **Mauerverbände** sollen die Lasten und Kräfte im Mauerkörper günstig verteilt werden.
- Für die Mauerverbände unterscheiden wir allgemeine Grund- und besondere Verbandregeln.
  Grundregeln gelten für alle Verbände (z. B. niemals Stoßfuge über Stoßfuge setzen).
  Besondere Verbandregeln gelten vorwiegend für den einzelnen Mauerverband.
- **Mauerverbände** – sind: mittiger Läuferverband, Block-, Kreuz- und Binderverband.
- **11^5er-Mauerwerk** wird überwiegend im mittigen Läuferverband gemauert.
- **17^5er-Mauerwerk** ebenfalls im Läuferverband.
- **24er-Mauerwerk** wird überwiegend im Block- oder Kreuzverband hergestellt.
- **30er-Mauerwerk** wird vorwiegend im Läuferverband ausgeführt.
- **36^5er-Mauerwerk** wird bei klein- und mittelformatigen Steinen im Block- und Kreuzverband, bei großformatigen Steinen im Läufer- und Binderverband hergestellt.
- **Mauerpfeiler** werden nach den Regeln für Mauerenden hergestellt.

Proj – Te *Eine kleine Projektaufgabe finden Sie im Arbeitsheft, Blatt 79.*

Testen Sie sich • Testen Sie sich

Nennen/Erläutern Sie ...

1. die Arten der Lasten am Bau.
2. mindestens vier Grundregeln für die Verbände.
3. die vier Verbandsarten.
4. mindestens zwei Regeln, die für die 24er-Mauer beachtet werden müssen.
5. die beiden Kennzeichen des „umgeworfenen Verbandes“.
6. die Verbandsarten beim 24er-Mauerwerk.

15 Schutz vor Feuchtigkeit

Die Auswahl des richtigen Abdichtungssystems hängt von der Art der Wasserbeanspruchung ab. Erst das richtige Einordnen der Belastung ermöglicht eine dauerhaft funktionsfähige Bauwerksabdichtung. Die DIN 18195 unterscheidet die Wasserbeanspruchungen nach folgenden vier Lastfällen:

Lastfall 1	Lastfall 2	Lastfall 3	Lastfall 4
Bodenfeuchte	Nicht stauendes Sickerwasser	Zeitweise aufstauendes Sickerwasser	Von außen drückendes Wasser
Bodenfeuchte ist im Erdreich kapillar gebundenes Wasser.	Nicht stauendes Sickerwasser beansprucht die Abdichtung wie der Lastfall 1 (Bodenfeuchte).	Zeitweise aufstauendes Sickerwasser übt einen hydrostatischen Druck auf die Abdichtung aus.	Von außen drückendes Wasser ist für die Abdichtung die gleiche Beanspruchung wie der Lastfall 3.
Bodenfeuchte ist als Mindestbeanspruchung immer im Erdreich vorhanden.	Um dauerhaft dem Lastfall standzuhalten, muss ein Dränagesystem eingebaut werden.	Durch bindigen Boden kann das Wasser nicht schnell genug zum Grundwasser absickern.	Im Unterschied dazu liegt der Bemessungswasserstand weniger als 30 cm unter der Unterkante der Bodenplatte.

Lastfall 1

Lastfall 2

Lastfall 3

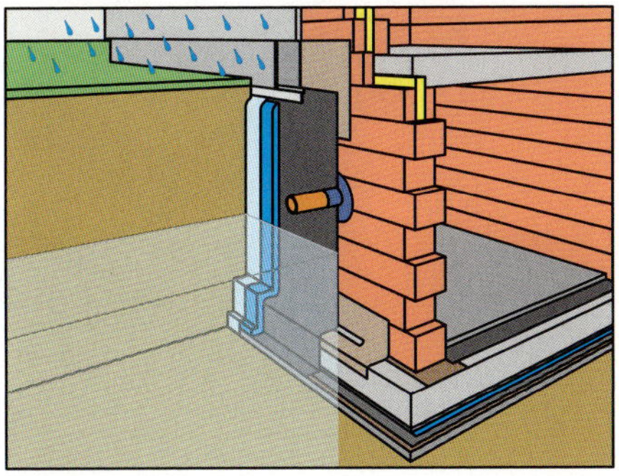

Lastfall 4

15.1 Abdichtung gegen Bodenfeuchte und nicht drückendes Wasser

Im Lerngebiet „Gründungs- und Pflasterarbeiten“ haben Sie bereits gelernt, dass Bauwerke vor Bodenfeuchtigkeit und Wasser durch Sperrschichten (Abdichtungen), Kiesschichten und Dränagen geschützt werden.

Im Einzelnen gehören dazu:

- waagerechte Abdichtungen der Kellerwände durch Dichtungsbahnen,
- senkrechte Abdichtung der Kellerwände als Feuchteschutz durch Anstriche oder Dickbeschichtungen
- Einbau von Dränplatten oder Perimeterdämmung vor die Kellerwände
- Einbau von Kiesschichten unter der Boden- oder Fundamentplatte gegen aufsteigende Bodenfeuchtigkeit sowie der evtl. notwendigen Dränage mit Spülschächten
- wasserabweisender Putz im Sockelbereich

So könnte die Abdichtung an einer im Erdreich stehenden Kellerwand einschließlich Dränage aussehen:

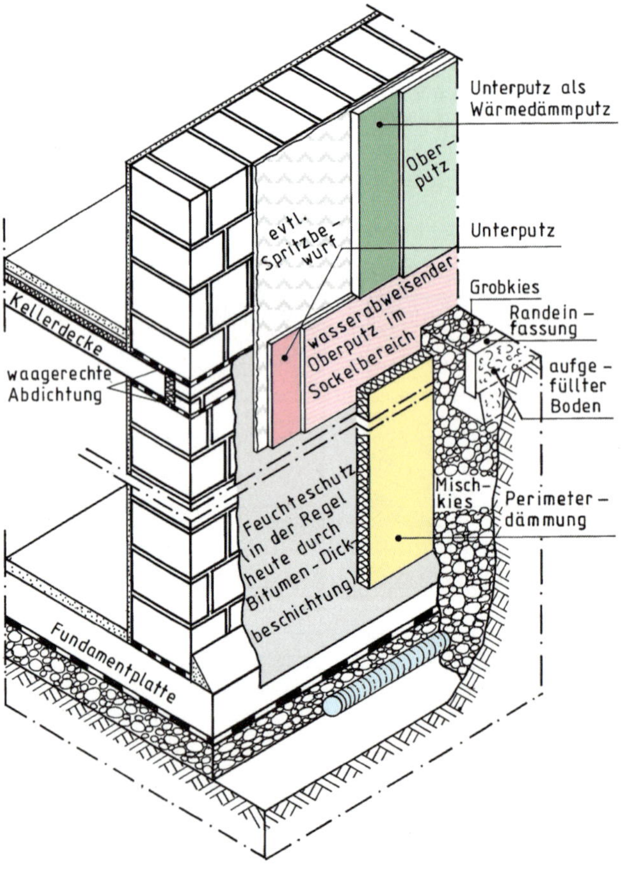

So können die Abdichtungsmaßnahmen aussehen:

Waagerechte Abdichtung	Senkrechte Abdichtung	Einbau von Dränplatten oder Perimeterdämmung
→ *Hier wird z. B. eine Dichtungsbahn nach der 1. Schicht ausgelegt.*	→ *Hier wird eine Dickbeschichtung als Feuchteschutz aufgetragen.*	→ *Hier werden Dränplatten als Schutzschicht angebracht.*

Was ist eigentlich eine **Perimeterdämmung?**

Diese Art von Dämmung besteht aus extrudiertem Polystyrolhartschaum und ist geeignet für Kellerwände mit besonderer Feuchtigkeitsbelastung und dynamischer Druckbeanspruchung. Es handelt sich um eine Vertikalabdichtung erdberührter Bauteile. Sie dient der Vermeidung einer Beschädigung durch das Verfüllen der Baugrube. Sinnvoll ist es, gleichzeitig mit der Schutzschicht eine Wärmedämmung zu schaffen. Im erdberührten Bereich wird diese als Perimeterdämmung bezeichnet.

Wie sieht die Abdichtung „unseres" Ferienhauses aus?

Wir haben keinen Keller. Daher sind solche umfangreichen Abdichtungen nicht erforderlich. Für „unser" Ferienhaus reichen folgende Schutzmaßnahmen aus:

- Durchgehende Folie über der Bodenplatte
  → *darauf kommen Dämmung und Estrich (siehe Lerngebiet „Ausbauarbeiten")*
- Durchgehende Folie unter der Bodenplatte
  → *damit kein Zementleim in die Kiesschicht eindringen kann*
- Waagerechte Abdichtungsbahn durch das Mauerwerk nach etwa 30 cm (Spritzwasserhöhe)
- Senkrechte Abdichtung (Dickbeschichtung) an der Außenseite bis Spritzwasserhöhe
- Wasserabweisender Sockelputz über der Außendämmung auftragen (mind. 30 cm)
  → gegen Spritzwasser

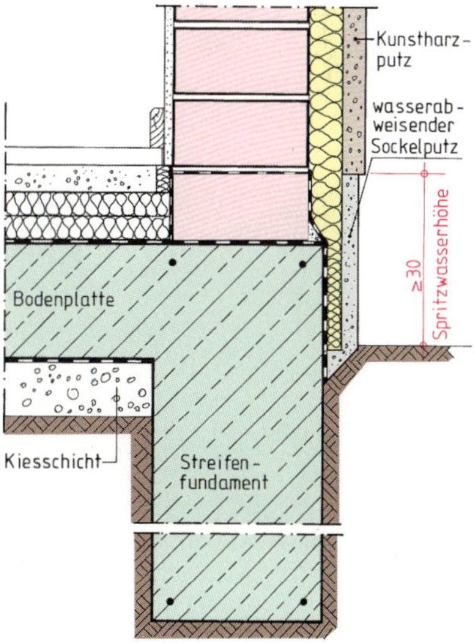

15.2 Abdichtungsstoffe und ihre Anwendung

Abdichtungsstoffe werden fast ausschließlich auf Bitumenbasis hergestellt. Dabei unterscheiden wir:

Abdichtungsstoffe

- **Bahnen und Folien** – *hierzu gehören:*
  - Kunststofffolien
  - Dichtungsbahnen
  - Schweißbahnen
- **Bituminöse Schutzmittel** – *hierzu gehören:*
  - Anstriche
  - Spachtelmassen
  - Dickbeschichtung

Wichtig! Kunststofffolien und Schweißbahnen darf nur der Dachdecker verlegen.

Was Sie über Dichtungsbahnen, Anstriche, Spachtelmassen und Dickbeschichtungen wissen sollten:

Bitumen ist bei normalen Temperaturen fest und lässt sich nicht streichen oder spachteln. Das Aufbringen von Bahnen und Folien mithilfe von erhitztem Bitumen ist meist Sache des Dachdeckers und kommt daher für uns nicht infrage.
Bitumen kann aber auch besonders aufbereitet und dann **kalt** verarbeitet werden. Das Aufbringen dieser **bituminösen Schutzmittel** ist dann „unsere Sache".

Beispiele bituminöser Abdichtungsstoffe für Kaltverarbeitung

Das Wichtigste jeweils in Kurzübersicht:

Dichtungsbahnen

- etwa 2 mm dick,
- Die Bahnen enthalten Rohfilz (R) oder Glasvlies (G) und haben beidseitig bituminöse Beschichtung, auf die Feinsand oder Talkum gestreut ist.

- **Verwendung:** besonders zur waagerechten Abdichtung, gut geeignet sind: R 333, R 500 (R 500 bedeutet: Das Gewicht der **R**ohfilzeinlage beträgt **500** Gramm je Quadratmeter).
- **Verarbeitung: lose** Verlegung bei **waagerechter Abdichtung**; bei senkrechter Abdichtung Bauwerk mit einem Voranstrich versehen und Dichtungsbahn mit Kaltkleber aufkleben. In der Regel sind mehrere Lagen notwendig. → Sie sind miteinander zu verkleben (z. B. durch Gieß- und Einwalzverfahren) ⇒ heute selten, da sehr zeit- und arbeitsaufwendig.

Anstriche

Für Voranstrich: dünnflüssige Bitumenlösung = mit Lösungsmittel (z. B. Benzin) aufgelöstes Bitumen,
Für Deckenanstrich: dickflüssige Bitumenlösung, auch als Bitumenlack bezeichnet.

- **Verwendung:** als senkrechte Abdichtung gegen Bodenfeuchtigkeit,
- **Verarbeitung:** trockenes Bauwerk mit Voranstrich versehen, drei Deckanstriche aufbringen (senkrecht, waagerecht, diagonal), Baugrube erst nach Trocknung verfüllen: **Trocknungszeit: ~ 1 Woche einhalten.**

Sicherheitshinweise:
- entzündlich,
- nur in belüfteten Bereichen verwenden, Dämpfe nicht einatmen, → Dämpfe schwerer als Luft, deshalb: Vorsicht vor zu tiefer Kopfhaltung in der Baugrube
- Berührung mit Augen und Haut vermeiden,
- bei Verarbeitung nicht ins Erdreich oder Kanalisation gelangen lassen.

Spachtelmasse

- Material: faserverstärkte Spezialbitumenlösung, hochelastisch.

- **Verwendung:** besonders für senkrechte Abdichtung bei Maueranschlüssen und zu Reparaturarbeiten,
- **Verarbeitung:** Untergrund mit Voranstrich grundieren, Spachtelmasse in Schichten auftragen (2-fach bei Außenwänden).
  Trocknungszeit: 1 mm in 24 Std.,
- Sicherheitshinweise: wie bei Anstrichen.

Dickbeschichtung (Dichtungssystem)

Dies ist heute das „gängigste" Verfahren, wenn der Grundwasserspiegel unterhalb des Bauwerkes liegt.
- Material: mit Polystyrol gefüllte lösungsmittelfreie Bitumen-Latex-Emulsion (Emulsion = Mischung aus Bitumen, Wasser und Latex als Emulgator → hält die Bitumenteilchen im Wasser in der Schwebe).

- **Verwendung:** zur senkrechten Abdichtung gegen Bodenfeuchtigkeit und nicht drückendes Wasser,
- **Verarbeitung:** voll und bündig verfugtes Mauerwerk mit Voranstrich behandeln. Dickbeschichtung in einem Arbeitsgang etwa 5 mm dick von unten nach oben auftragen.

  Auftrag ist nach 4 Std. regenfest.
  Nicht bei Regen und unter + 8 °C verarbeiten.

  Trocknungszeit: etwa 3–7 Tage.
- Sicherheitshinweise: keine, da kein Lösungsmittel vorhanden.

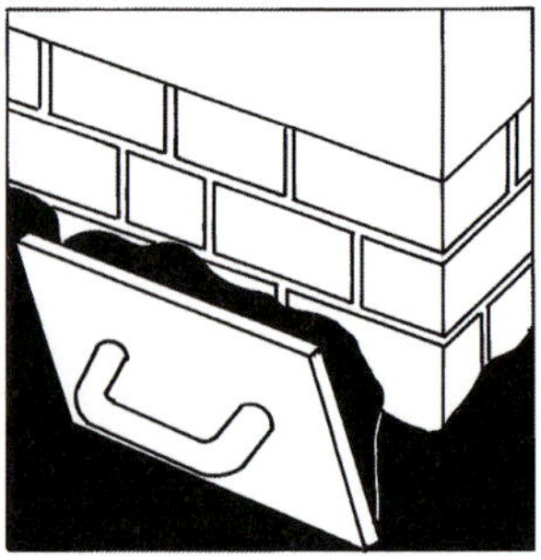

Zusammenfassung von Kapitel 15:

Schutz vor Feuchtigkeit

- Schutz vor Feuchtigkeit bei Bauteilen im Erdreich umfasst **Schutzmaßnahmen** gegen Bodenfeuchtigkeit, nicht drückendes Wasser und drückendes Wasser.
- Der Grundwasserspiegel liegt bei Bodenfeuchtigkeit und nicht drückendem Wasser **unterhalb**, bei drückendem Wasser **oberhalb** der Fundamente.
- Maßnahmen zur Abdichtung sind abhängig vom vorhandenen **Baugrund** und den damit anfallenden **Wasserarten**.
- Gegen Bodenfeuchte und nicht drückendes Wasser wird eine gemauerte Kelleraußenwand durch **waagerechte** und **senkrechte Abdichtungen** sowie mögliche weitere Schutzmaßnahmen (z. B. Sperrschicht, Dränage) geschützt.
- **Abdichtungsstoffe** werden eingeteilt in:
  - Bahnen und Folien (Kunststofffolien, Dichtungs- und Schweißbahnen) und
  - bituminöse Schutzmittel (Anstriche, Spachtelmassen und Dickbeschichtungen).

Testen Sie sich • Testen Sie sich

Nennen Sie ...

1. Wasserarten, die Bodenfeuchtigkeit hervorrufen können.
2. das Merkmal für drückendes Wasser.
3. ein Beispiel für eine Schutzschicht vor der senkrechten Abdichtung.
4. welche Aufgabe die Folie unter der Sohl- bzw. Fundamentplatte erfüllen soll.
5. mindestens fünf Abdichtungsstoffe.

Lernfeld 4: Herstellen eines Stahlbetonbauteiles

In diesem Lernfeld erhalten Sie Informationen zu den Themen:

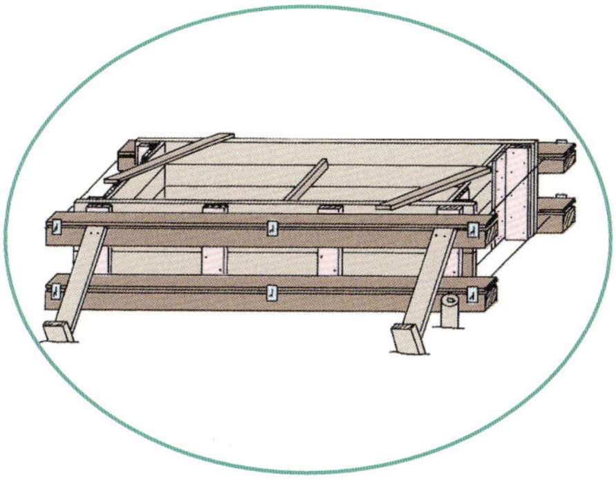

Betonschalungen
Seiten 172–186

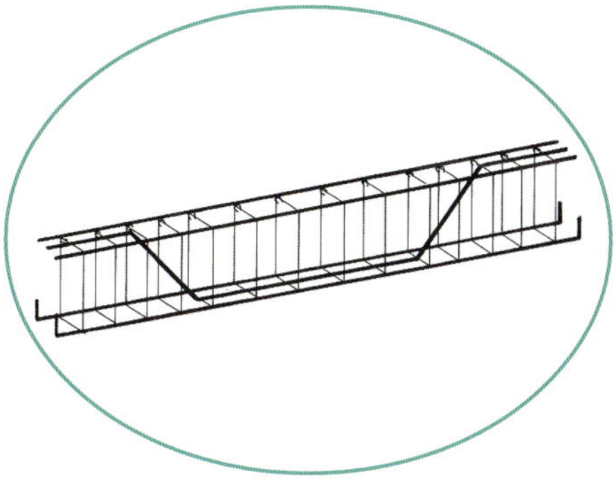

Betonbewehrungen
Seiten 187–204

Beton
Seiten 205–229

1 Schalung

Damit der Festbeton sein gewünschtes Aussehen bekommt, wird er als Frischbeton in entsprechende Formen eingebracht, in denen er erhärtet. Diese Formen nennt man Betonschalung.

1.1 Die drei Aufgaben der Betonschalung

Betonschalung

besteht aus drei Teilen:

Schalhaut	**Aussteifung**	**Unterstützung**
Aufgabe:	*Aufgabe:*	*Aufgabe:*
Sie soll den Frischbeton formen und das Aussehen (Oberfläche) des Frischbetons bestimmen.	Sie soll die auftretenden Kräfte aufnehmen und damit die festgelegten Abmessungen einhalten.	Sie soll die auftretenden Kräfte an den Untergrund weiterleiten und die festgelegte Lage sichern.

Beispiel: *Stahlbetonbalken*

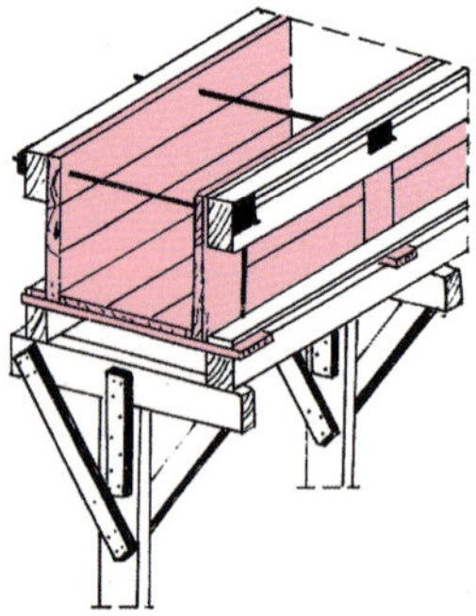

Die **Schalhaut** formt.

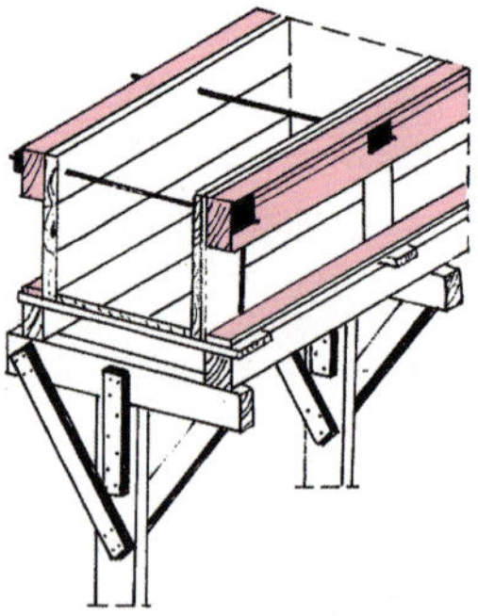

Die **Aussteifung** nimmt die Kräfte auf.

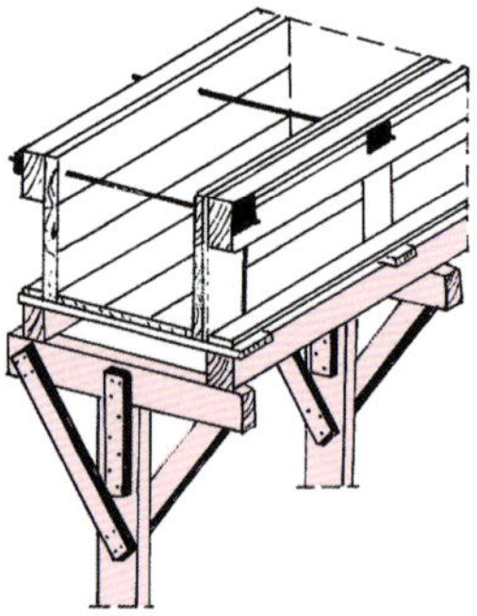

Die **Unterstützung** leitet die Kräfte ab.

1.2 Die Anforderungen an Betonschalungen

An Betonschalungen werden mehrere Anforderungen gestellt. Diese sind:

1.	**Schalungen für Beton müssen maßgenau sein!**

D. h. ⇒ *Die geforderten Maße müssen beim Erstellen der Schalung genau eingehalten werden.*

2.	**Schalungen für Beton müssen sauber sein!**

D. h. ⇒ *Schmutz, Holzreste, Nägel, Drahtreste usw. sind vor dem Einbringen des Betons zu entfernen.*

3.	**Schalungen für Beton müssen dicht sein!**

D. h. ⇒ *Passgenaue dichte Schalungen herstellen. Sonst fließt Zementleim heraus und die Bildung von Kiesnestern ist möglich.*

4.	**Schalungen für Beton müssen mit Trennmittel behandelt werden!**

D. h. ⇒ *Auf die Schalhaut muss vor dem Einbringen der Bewehrung und des Betons Schalöl, Schalwachs (notfalls Wasser) o. Ä. aufgebracht werden.*

Achtung! Schalung aus Brettern (→ Brettschalung) vorher ausreichend annässen, denn trockenes Holz saugt Wasser.
→ Dann kann später auch einwandfrei ausgeschalt werden.

5.	**Schalungen für Beton müssen standfest sein!**

D. h. ⇒ *Die Schalhaut muss so ausgesteift sein, dass beim Einbringen und Verdichten des Betons kein Durchbiegen, Verformen, Umkippen oder Verschieben möglich ist.*

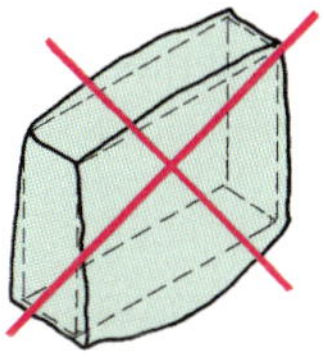

So darf das Bauteil nachher nicht aussehen!

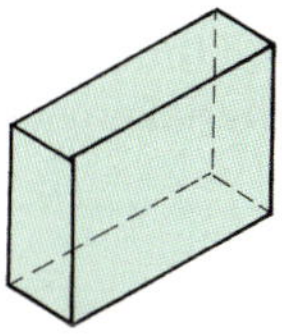

So sollte das ausgeschalte Bauteil später aussehen!

Was beeinflusst die Standfestigkeit der Betonschalung?

- Masse des Frischbetons
- Schüttgeschwindigkeit beim Einbringen des Frischbetons
- Art der Verdichtung

Hierdurch wird die Schalung auf zwei Arten beansprucht:

1. Seitlicher Druck auf die Schalung:	Lösung in der Praxis: z. B. Stützenschalung
Merke: Der seitliche Druck auf die Schalung wird nach unten hin immer **größer**. 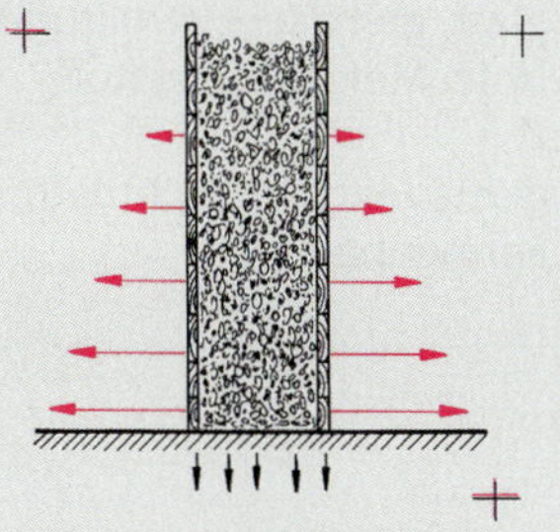	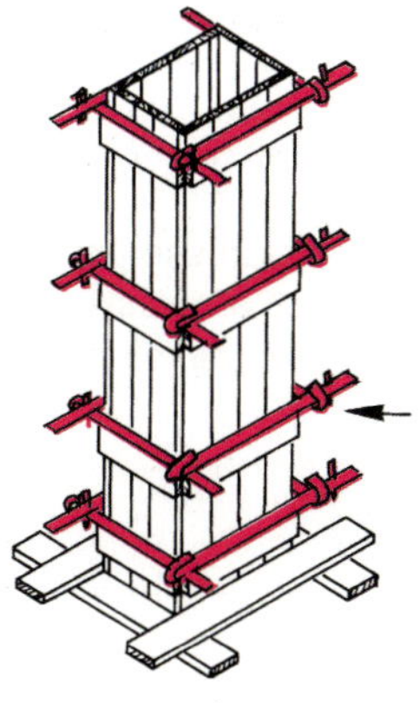 Laschen der Schalhaut und Spannvorrichtung der Aussteifung werden **unten enger** gesetzt.

2. Senkrechter Druck auf die Schalung:	Lösung in der Praxis: z. B. Balkenschalung
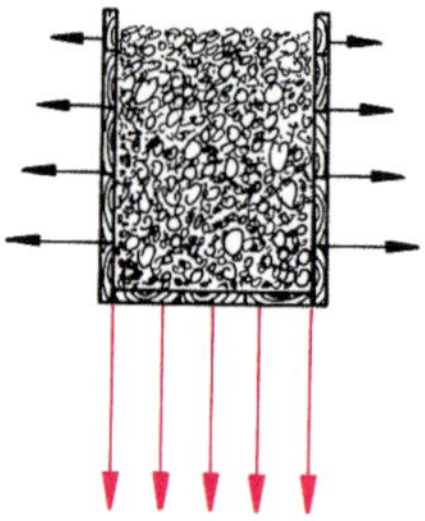	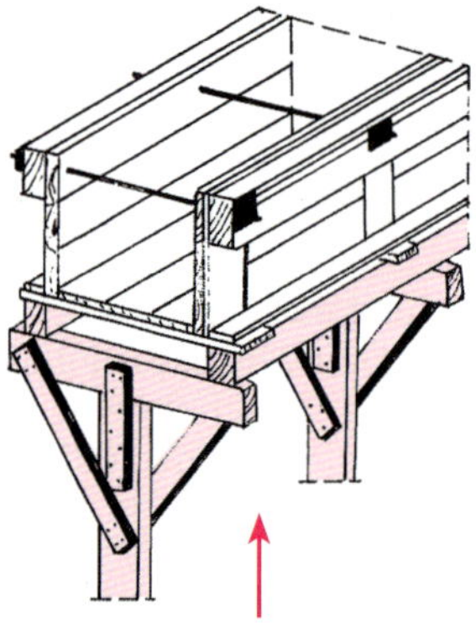
Merke: Der senkrechte Druck auf die Schalung wird **direkt** von der Unterstützung aufgenommen.	standfeste Unterstützung (hier: Kopfstützen)

1.3 Die Teile der Schalung

Schalhaut, Aussteifung und Unterstützung sind die drei Schalungselemente. Sie können aus unterschiedlichen Materialien hergestellt werden.

1.3.1 Die Schalhaut

Welche Materialien werden für die Schalhaut verwendet?

Schalhaut

kann hergestellt werden als:

- **Holzschalung**
  gibt es als:
  - **Brettschalung**
  - **Schaltafeln**
  → aus Vollholz oder Sperrholz.
- **Stahlschalung**
- **Kunststoffschalung**

Für die Auswahl und das Material der Schalhaut ergeben sich folgende Überlegungen von Bedeutung:

- Wie soll die Betonoberfläche aussehen? → glatt, gemasert, strukturiert?
- Welches Material eignet sich am besten? → Holz, Metall, Kunststoff?
- Wo und wie oft kann das Material eingesetzt werden? → glatte Flächen, Sichtbeton, Formenbau?
- Die Kosten für die Schalhaut.

Was Sie über Schalungen aus Holz wissen sollten:

Holzschalungen

Je nach dem verwendeten Bauholz unterscheiden wir Brettschalungen, Vollholz-Schaltafeln und Sperrholz-Schaltafeln.

Brettschalungen: Dabei werden raue oder gehobelte Bretter zu Schalungsplatten zusammengenagelt. Achtung: Die Kernseiten müssen immer zum Beton zeigen!

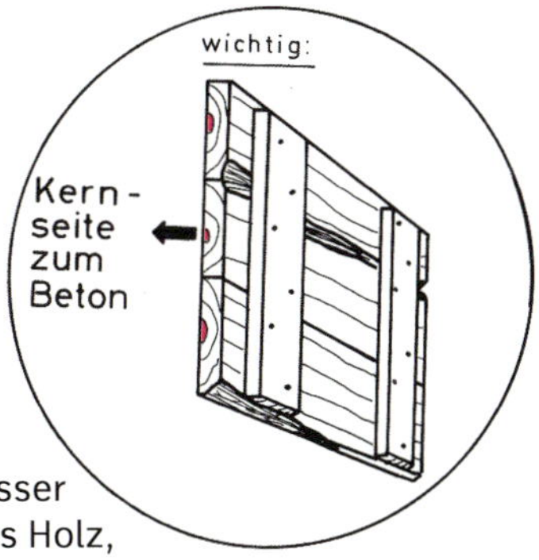

Warum?
Durch Wasser „quillt" das Holz, die Holzfugen werden dicht!

Für die Maße und Abmessungen gelten:

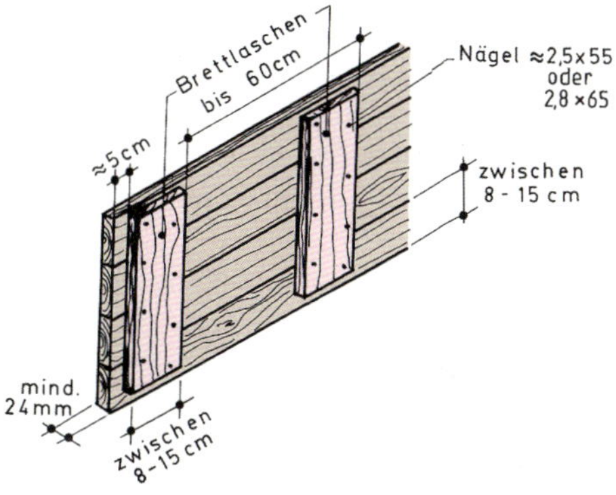

Schaltafeln aus Vollholz

Das sind fabrikmäßig hergestellte Tafeln, die aus mehreren, meist beidseitig gehobelten Brettern bestehen. Die Ecken und Stirnseiten sind durch Stahlprofile geschützt.

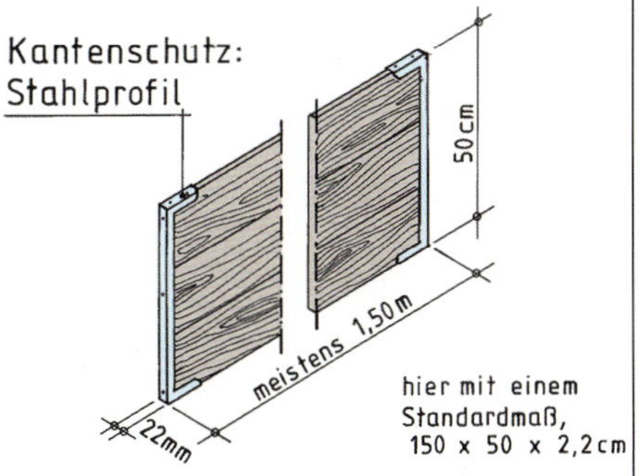

Schaltafeln aus Sperrholz

Diese bestehen meist aus mehreren Schichten (Holzlagen). Die beiden Außenflächen sind i.d.R. mit Kunstharz beschichtet.

Mehrschichtige Furnierplatte (© Doka)

Generell wird durch die Beschichtung die Haltbarkeit der Schalungsoberfläche verbessert.

Nichtbeschichtete Schalplatten nehmen Wasser auf, lassen sich schlecht reinigen (⇒ „saugende Schalung").
Beschichtete Schalplatten nehmen kaum oder kein Wasser auf (⇒ „nichtsaugende Schalung").

Kunststoffschalungen

Besonderheiten des Schalungsmaterials

Auf die Schalhaut werden Kunststoff-Matrizen als „Vorsatzschalung“ befestigt, die der Betonfläche eine bestimmte Struktur verleihen (Sichtbeton).

Vorteile/Nachteile:
+ Alle gewünschten Strukturen möglich,
+ gutes Aussehen der Betonoberfläche,
+ geringes Gewicht,
- der Beton kann den Kunststoff angreifen,
- Kunststoffschalung vor Wärme zu schützen.

Einsatzbereich: strukturierter Sichtbeton,
Einsatzmöglichkeiten: bis ~ 50-mal.

Stahlschalung

Besonderheiten des Schalungsmaterials

Es gibt:
- Stahlblechplatten (w = 2–5 mm)
- Furnierplatten mit Stahlrahmen

Vorteile/Nachteile:
+ Großflächige Betonschalung,
+ schnelles Entschalen,
- Schalhaut kann „anrosten“.

1.3.2 Die Aussteifung

Verwendung vorwiegend: Kanthölzer und Bretter, die verspannt werden.
Erfolgt die Aussteifung durch Kanthölzer, heißen sie je nach Lage Gurthölzer (oben) oder Dränghölzer (unten).
Erfolgt die Aussteifung durch Bretter, heißen sie Drängbretter.

Welche Materialien zur Aussteifung/Verspannung werden verwendet?

Neben den noch üblichen Kanthölzern und Brettern werden eingesetzt:

Aussteifungen und Verspannungen

dazu dienen:

Schalzwingen | **Schalanker** | **Stützenzwingen** | **Abstützungsböcke**

Zum Verspannen dienen:

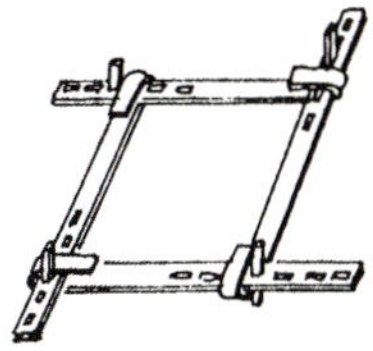 **Säulenzwinge**	 **Fundament-Zwinge**	 **Schraubverbindung**

Zur Sicherung des gleichmäßigen Abstandes zwischen der Schalhaut dienen:

Bauteildicke	Bauteildicke	Bauteildicke
 **Abstandhalter**	 **Sternrohr**	 **Spreizen (kurze Brettstücke)**

1.3.3 Unterstützung (Tragkonstruktion)

Die Tragkonstruktion stützt die Schalhaut mit dem Frischbeton bis zu seiner Erhärtung. Auftretende Kräfte in waagerechter und senkrechter Richtung müssen an den Untergrund weitergeleitet werden.

Welche Materialien werden zur Unterstützung verwendet?

Unterstützungsarten

sind:

Holzstützen | **Stahlrohrstützen** | **Schalungsträger**

Arten und Ausführungen von Unterstützungen

1. Holzstützen ⇒ sie sind heute auf der Baustelle kaum noch zu finden.

Verwendung (wenn noch): beim Einschalen von Fenster- und Türstürzen.

Beispiel: *Balkenschaltung*

Bockstütze (heute seltener)

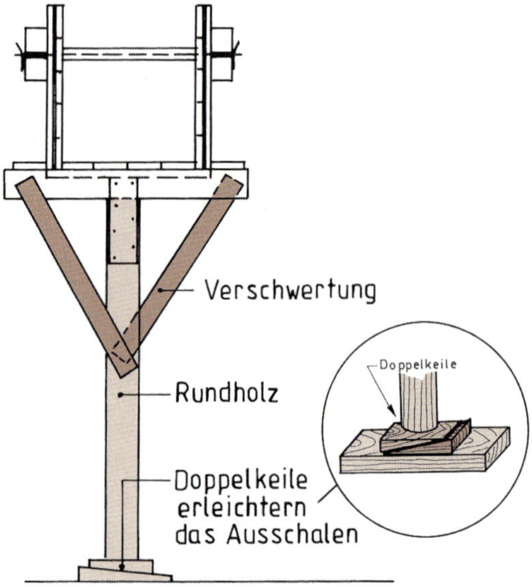

2. Schalungsträger

Schalungsträger können aus Holz oder Metall (z. B. Aluminium) bestehen.

- Beim Holzgitterträger werden die Streben mit den Gurthölzern verzapft und verleimt, → erkennbar an der Zickzacklinie.
- Beim Holzvollwandträger ist der vollwandige Steg mit Keilzinken in den Gurthölzern verankert, → sehen aus wie Schienen aus Holz.

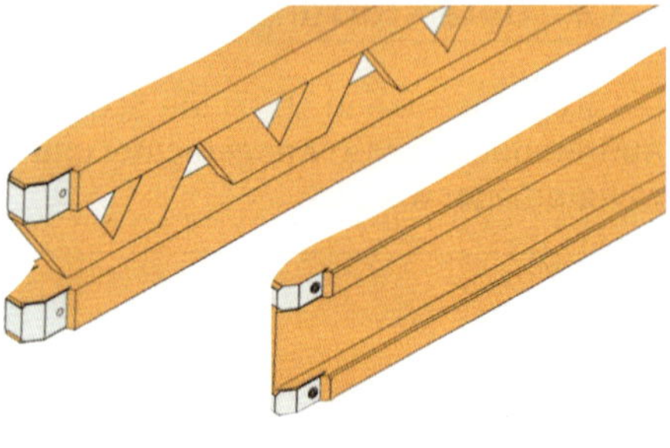

Schalungsträger aus **Metall** (Stahl oder Aluminium) sind als Kastenprofile oder Gitterträger in der Länge verstellbar und können der erforderlichen Stützweite angepasst werden.

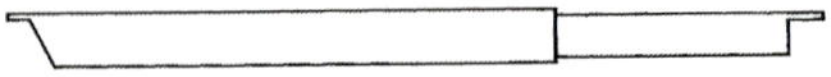

2. Stahlrohrstützen

Stahlrohrstützen lassen sich ausziehen und durch Bolzen und Gewindemuffen in jeder Lage feststellen. Die Bodenplatte dient zur Befestigung auf der Unterlage (z. B. Bohle). Die Kopfplatte ist auswechselbar, sodass eine gute Verbindung mit einer anderen Unterstützung (Schalungsträger) möglich ist.

So können Stahlrohrstützen angepasst werden:

Kreuzkopf für Holzträger

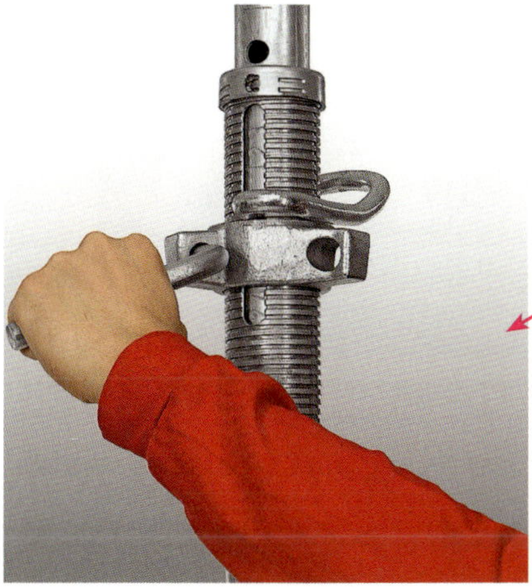

Ausführung mit Bolzen und Gewindemuffe

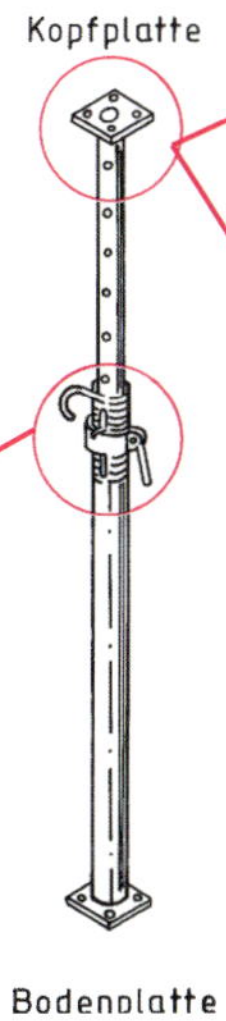

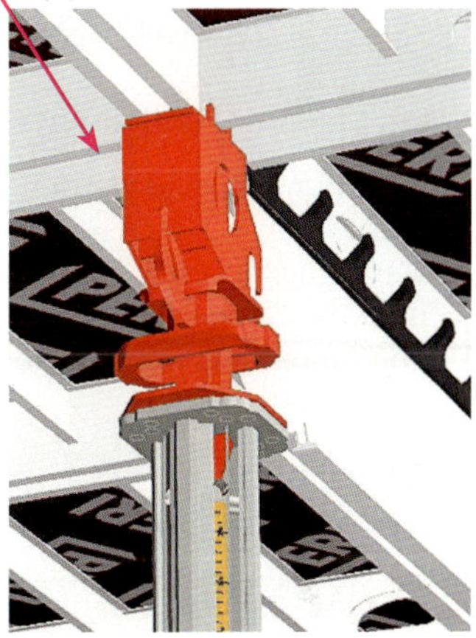

Fallkopf für Aluminiumträger

Zusammenfassung von Kapitel 1:

Die Betonschalung

- Die Betonschalung besteht aus Schalhaut, Aussteifung und Unterstützung.
- Betonschalungen müssen maßgenau, dicht, sauber, standfest und mit Trennmittel behandelt sein.
- Die Schalhaut kann aus Holz, Stahl oder Kunststoff bestehen. Schaltafeln werden hauptsächlich auf der Baustelle verwendet.
- Die Art der Aussteifung wird durch die aufzunehmenden Drücke bestimmt.
- Die Unterstützung (Tragkonstruktion) muss die Kräfte in den Untergrund ableiten. Unterstützungsarten sind vorwiegend Stahlrohrstützen und Schalungsträger.

A – Te *Aufgaben zur Wiederholung finden Sie im Arbeitsheft, Blatt 80*

2 Das Herstellen von Betonschalungen

In der Grundstufenausbildung werden Sie vorwiegend Einzelschalungen (Fundament-, Stützen- und Balkenschalungen) erstellen.

2.1 Die Fundamentschalung

Fundamente werden als Streifen- oder Einzelfundamente hergestellt.

Streifenfundament

Einzelfundament

Was Sie über Fundamente wissen sollten:

- Betonfundamente werden direkt auf den Baugrund oder eine Sauberkeitsschicht betoniert.
- Der seitliche Druck wird von der **Schalung**, der senkrechte Druck wird vom **Baugrund** oder der Sauberkeitsschicht aufgenommen.
- Fundamente können bewehrt (*mit Stahleinlagen*) und *unbewehrt* (*ohne Stahleinlagen*) hergestellt werden.

2.1.1 Streifenfundamente

Beispiel: *„Unser" Ferienhaus*

Nach solch einem Fundamentplan wird gearbeitet.

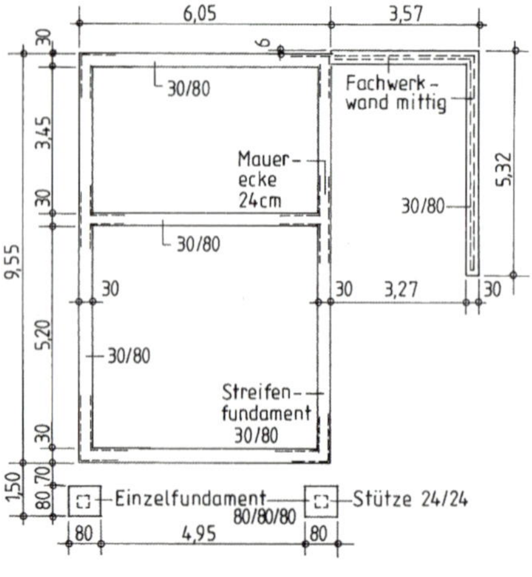

Und so werden die Streifenfundamente i.d.R. angelegt:

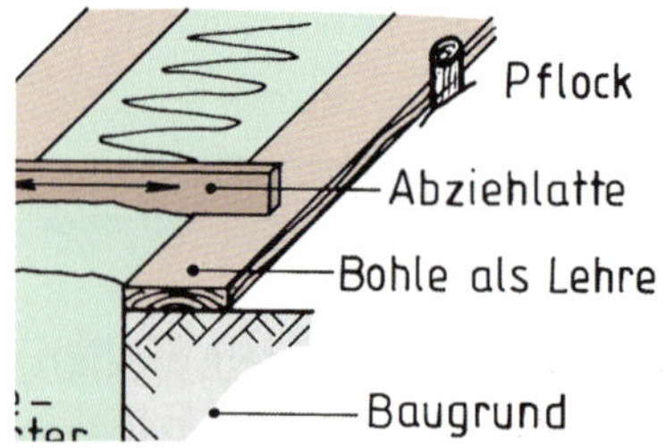

Darauf ist zu achten:

- Fundamentsohle → eben und waagerecht,
- Fundamentwände → senkrecht,
- Oberkantenschutz → Kantholz oder Bohle,
- Betoneinbringung → lagenweise verdichten,
- Oberfläche → abziehen (Abziehlatte).

Höher liegende Streifenfundamente müssen eingeschalt werden. Dies kann dann z. B. so aussehen:

Fundamentecke

in der Perspektive:

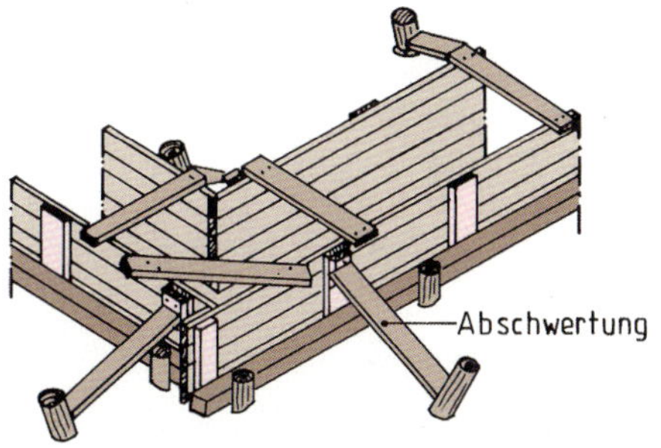

in der Draufsicht (ohne Abschwertung):

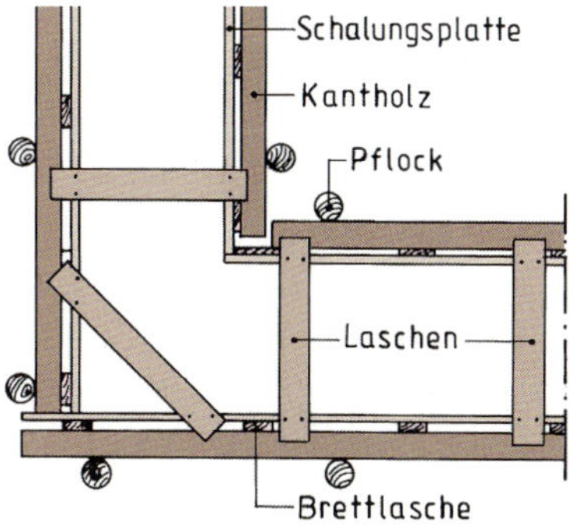

2.1.2 Einzelfundamente

Immer dort, wo große Einzelbelastungen auftreten, müssen Einzelfundamente errichtet werden. Sie können rechteckige oder quadratische Formen besitzen.

Wie benennt man die einzelnen Teile der Schalung?

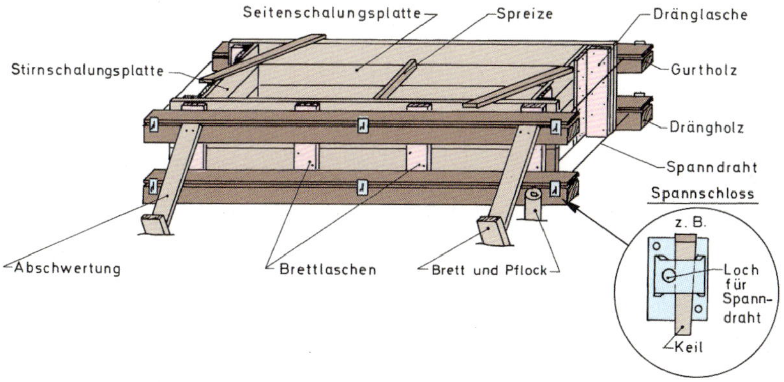

2.2 Die Stützenschalung

Allgemeines:

- Die Stützenschalung wird am Boden durch einen Fußkranz gesichert. Die Abschwertung sichert gegen seitliches Verschieben.
- Laschen und Säulenzwingen sind unten enger als oben anzuordnen.
- In der Regel ist die unterste Lasche ≈ 20 cm, die oberste Lasche ≈ 5 cm vom jeweiligen Plattenende entfernt.
- Dreikantleisten sind in den Schalungsecken anzuordnen. Dadurch wird verhindert:
  1. Bildung von Kiesnestern
  2. Ausfließen von Zementleim
  3. Verletzungsgefahr durch scharfe Kanten

Wie benennt man die einzelnen Teile?

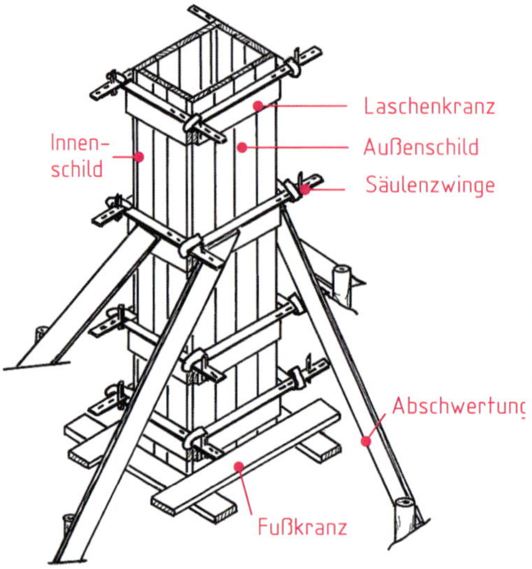

Stützenherstellung

2.3 Die Balkenschalung

Wie benennt man die einzelnen Teile?

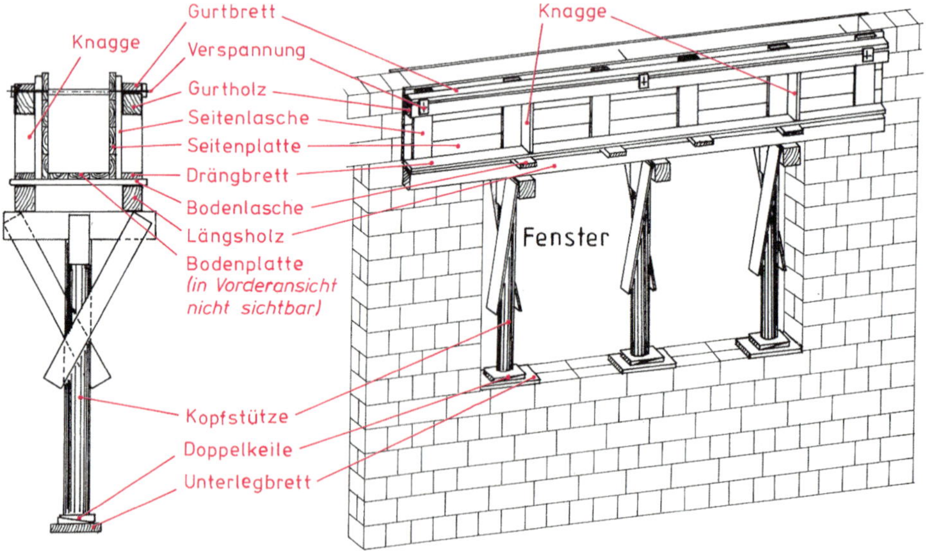

Querschnitt **Balkenschalung** **Vorderansicht**

Dabei gehören zur:

- Unterstützung: Längsholz und komplette Kopfstütze,
- Aussteifung: Verspannung, Gurtholz, Gurtbrett, Drängbrett (Knagge dient nur als Gurtholzauflager),
- Schalhaut: Seitenplatten, Bodenplatte und die Laschen.

Beispiel: *„Unser" Ferienhaus*

Über der zweiflügeligen Terrassentür muss ein Stahlbetonbalken angeordnet werden.

An der gekennzeichneten Stelle liegt der Stahlbetonbalken.

Welche Arbeitsschritte sind zur Balkenherstellung erforderlich?

Abmessungen:
l = 3,01 m; b = 24 cm; h = 36,5 cm

Schalbretter:
2,4 × 10 cm und 2,4 × 12 cm

So soll der Stahlbetonbalken später die Türöffnung überdecken!

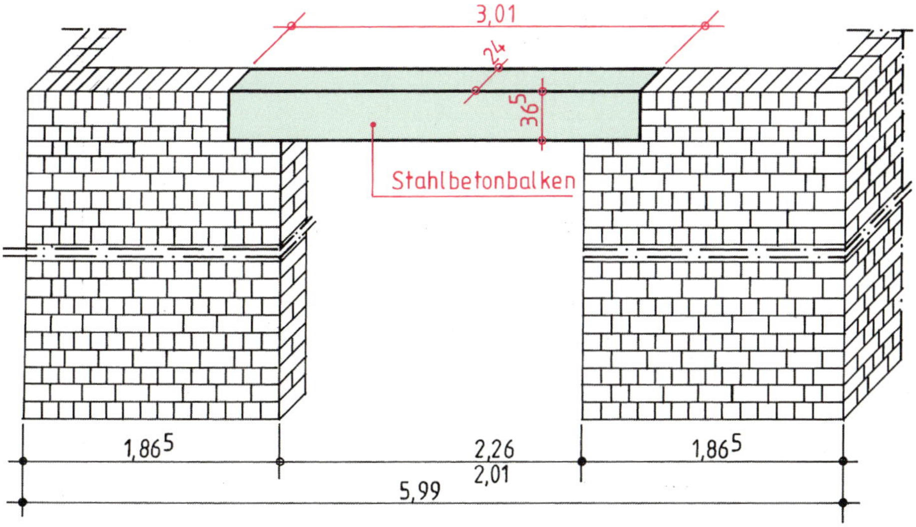

Die Planung umfasst:

1. Länge der Seitenplatte ermitteln:
   Balkenlänge = 2,26 + 2 · 0,375 . . . . = 3,01 m
   + 2 × seitlicherAnschlag (etwa 5 cm). . . . . = 0,10 m
   + 1 × Breite der Brettlasche. = 0,10 m gewählt: 3,20 m
   . . . . 3,21 m

2. Höhe der Seitenplatte ermitteln:
   Balkenhöhe . . . . = 36,5 cm
   + Brettdicke der Bodenplatte . . . . = 2,4 cm
   . . . . 38,9 cm gewählt: 39 cm

3. Länge der Bodenplatte ermitteln:
   Öffnungsmaß – ½ cm = 2,26 m – 0,005 m. . . . . = $2{,}25^5$ m
   (½ cm ⇒ um leichter auszuschalen)

4. Länge der Bodenlasche ermitteln:
   Balkenbreite . . . . = 24 cm
   + 2 × seitlicher Überstand (etwa 15 cm) . . . . = 30 cm
   . . . . = 54 cm

5. Abstände der Laschen sind vorgegeben . . . . = 50 cm

1. Schritt: **Schalhaut nach Zeichnung erstellen.**

Nach dieser Zeichnung können Sie die Schalungsplatten herstellen:

Schalplan Stahlbetonbalken – unmaßstäblich

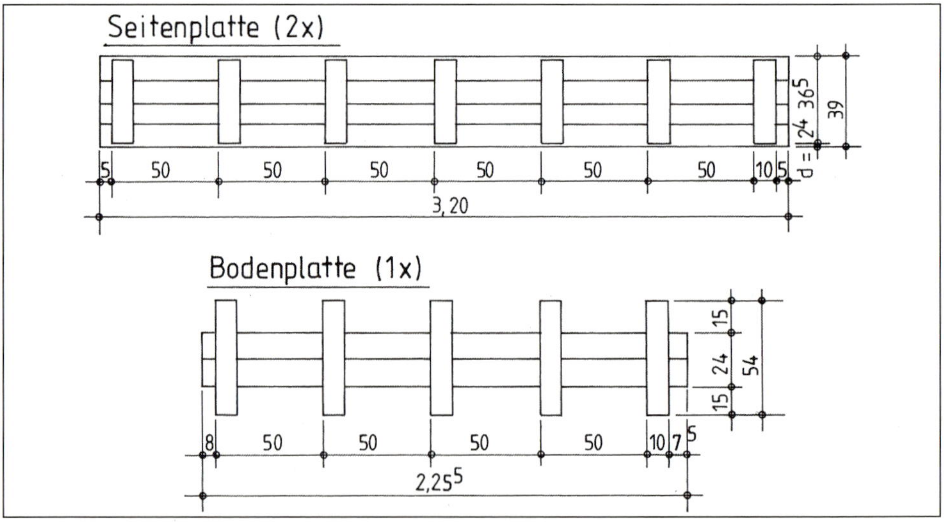

A – Te *Eine „Konstruktionsübung“ hierzu finden Sie im Arbeitsheft, Blatt 81.*

2. Schritt:
- Aussteifung und Unterstützung herstellen
- Bewehrung anfertigen (siehe Lernabschnitt „Betonbewehrung“)
- Unterstützung aufstellen
- Schalhaut mit Trennmittel behandeln

3. Schritt:

- Schalhaut auf die Unterstützung stellen
- Aussteifung anbringen
- Bewehrung einbauen (siehe Lernabschnitt „Betonbewehrungen“)

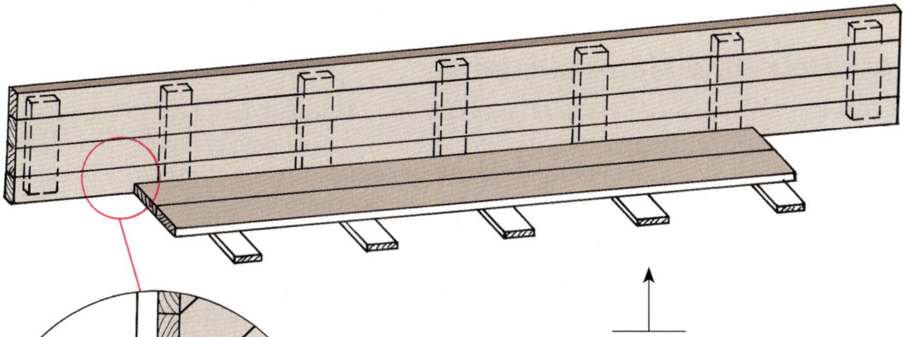

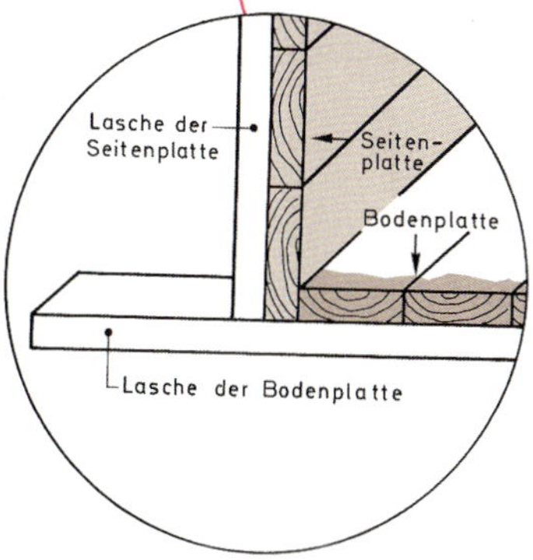

So sieht die Schalhaut – ohne die vordere Seitenplatte – dazu aus!

Beachten Sie:

1. Die Seitenplatte wird direkt auf die Lasche der Bodenplatte gestellt.
2. Die Lasche der Seitenplatte steht auf der Lasche der Bodenplatte.

So muss die Balkenschalung vor dem Betonieren „stehen“:

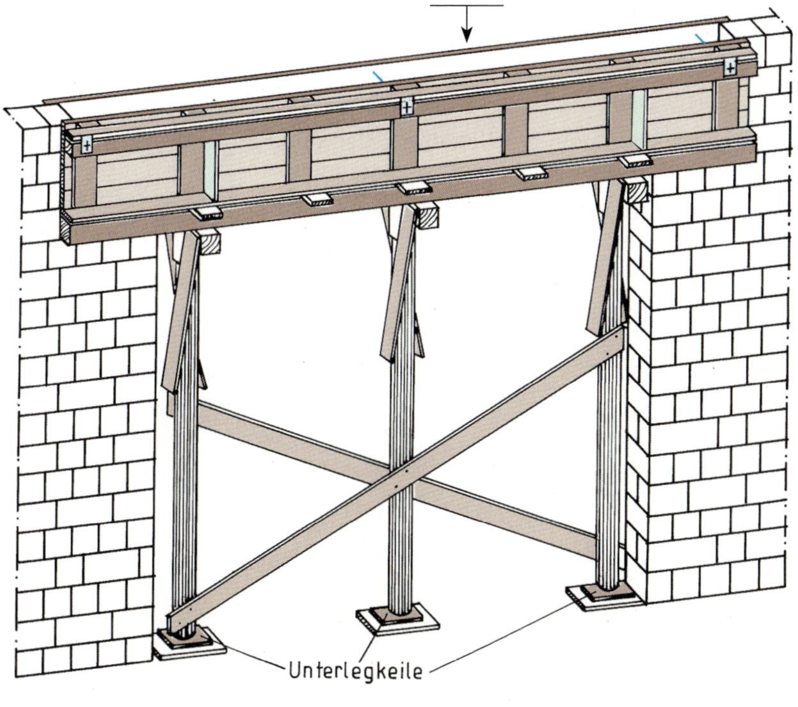

4. Schritt: Beton einbringen, verdichten und nachbehandeln.

5. Schritt: Schalung umgekehrt wie Aufbau ausschalen und weiter nachbehandeln.

2.4 Holz- und Materiallisten

Das für die Schalung benötigte Holz und Material (z. B. Nägel) muss vor der Herstellung zusammengestellt und berechnet werden. Dazu verwendet man entsprechende Listen.
→ *Den Holzbedarf für „unseren" Stahlbetonbalken wollen wir exemplarisch einmal anfangen zu errechnen ⇒ vervollständigen können Sie das bestimmt allein.*

Nr.:	Verwendung	Anzahl	Fertigmaße in m		Nettomenge in m² (= ohne Verschnitt)
			Länge	Breite	
	Seitenplatten				
1	Schalbretter	8	3,20	0,10	2,56
2	Brettlaschen	14	0,39	0,10	0,55
	Bodenplatte				
3	Schalbretter	2	2,255	0,12	0,54
4	Brettlaschen	5	0,54	0,10	0,27
	Aussteifung				
5	Gurtbretter	...	...	...	...
...	...	...	...	...	...

A - Ma *Weitere Aufgaben hierzu finden Sie im Arbeitsheft, Blatt 82, 83, 84.*

Zusammenfassung von Kapitel 2:

Herstellen von Betonschalungen

- **Betonfundamente** werden in der Regel direkt auf den Baugrund oder auf eine Sauberkeitsschicht betoniert.
- Der **seitliche Druck** wird **von der Schalung**, der **senkrechte Druck** wird **vom Baugrund** oder der Sauberkeitsschicht aufgenommen.
- **Betonstützenschalungen** bestehen aus Außen- und Innenschilden. Durch den nach unten zunehmenden seitlichen Betondruck sind dort Laschen und Säulenzwingen enger anzuordnen.
- **Betonbalkenschalungen** bestehen aus zwei Seiten- und einer Bodenplatte. Der senkrechte Druck auf die Schalung wird über Kopfstützen abgeleitet, der seitliche Druck auf die Schalung wird von Verspannungen, Gurtung und Drängbrettern aufgenommen.

T *Zum Abschluss dieses Lernabschnittes finden Sie einen Test im Arbeitsheft, Blatt 85.*

3 Bewehrungen

Stahlbetonbauteile sind Bauteile aus Beton mit Stahleinlagen. Diese Stahleinlagen nennt man **Bewehrung**.

3.1 Aufgabe der Bewehrung

Um Ihnen die Aufgabe der Bewehrung zu verdeutlichen, benötigen Sie Kenntnisse aus der Festigkeitslehre.

Statik, Festigkeitslehre
Druckkräfte, Zugkräfte und Schubkräfte

1. Druck- und Zugkräfte in Betonteilen

Wir belasten einen Betonbalken ohne Stahleinlagen und einen Betonbalken mit Stahleinlagen mit jeweils gleicher Last!

Betonbalken
ohne
Stahleinlage

⇒ der Balken bricht

Betonbalken
mit
Stahleinlage

⇒ der Balken hält!

Wie kann das passieren?

Mithilfe eines Schaumstoffbalkens (um die Vorgänge sichtbar werden zu lassen) wollen wir dies erklären.

<table>
<tr><th>Versuch und Beobachtung</th><th>Erklärung</th></tr>
<tr><td rowspan="3">ohne Belastung
mit Belastung
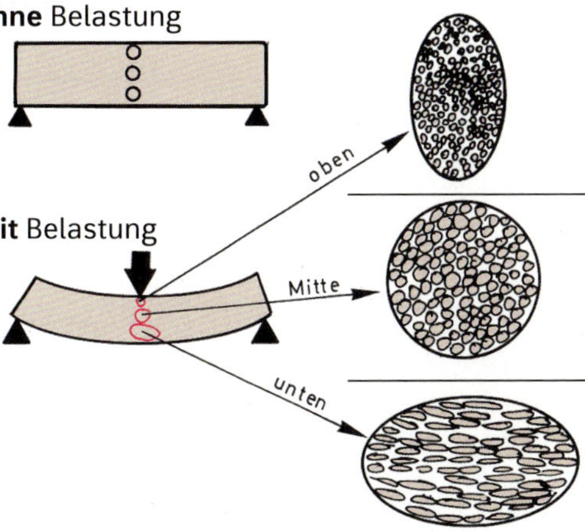
</td><td>Die Teilchen sind zusammen-„gedrückt“ worden. Hier wirken demnach
Druckkräfte</td></tr>
<tr><td>Mit den Teilchen ist nichts passiert. Hier wirken demnach keine Kräfte
Neutral</td></tr>
<tr><td>Die Teilchen sind auseinander-„gezogen“ worden. Hier wirken demnach
Zugkräfte</td></tr>
</table>

Der gleiche Vorgang ist – wenn auch nicht sichtbar – im Betonbalken abgelaufen. Bei Belastung entstehen im oberen Bereich Druckkräfte (genannt Druckzone), im unteren Bereich Zugkräfte (genannt Zugzone). Zwischen Druck- und Zugzone liegt die neutrale Faserschicht.

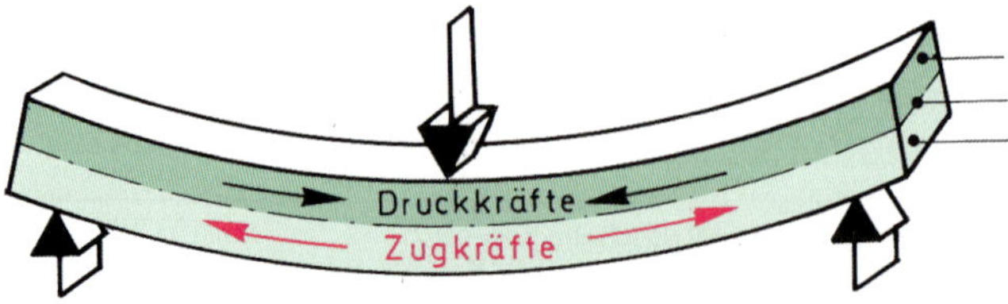

Warum ist aber der Betonbalken mit Stahleinlagen nicht gebrochen?

Um dies zu verstehen, untersuchen wir die beiden Baustoffe Beton und Stahl einzeln.

Beton

Druckfestigkeitsprüfung

Ein Betonstück wird „gedrückt".

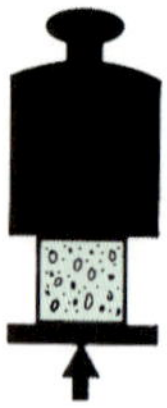

Ergebnis:
Der Beton kann große Belastungen durch Druck (sprich Druckkräfte) aufnehmen.

Große Druckfestigkeit

Zugfestigkeitsprüfung

An einem Betonstück wird „gezogen".

Ergebnis:
Der Beton kann nur geringe Belastungen durch Zug (sprich Zugkräfte) aufnehmen.

Kleine Zugfestigkeit

Stahl

Druckfestigkeitsprüfung

Ein Stahlstab wird „gedrückt".

Ergebnis:
Der Stahl kann große Belastungen durch Druck (also Druckkräfte) aufnehmen.

Große Druckfestigkeit

Zugfestigkeitsprüfung

An einem Stahlstab wird „gezogen".

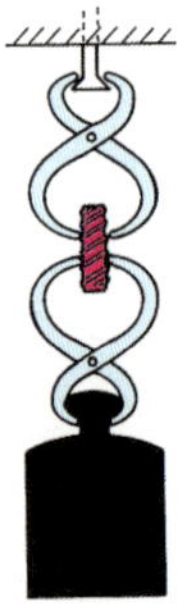

Ergebnis:
Der Stahl kann große Belastungen durch Zug (also Zugkräfte) aufnehmen.

Große Zugfestigkeit

Jetzt können wir die Ausgangsversuche erklären:

1. Der Betonbalken ohne Stahleinlagen bricht, weil der Beton die Zugkräfte nicht aufnehmen kann.
2. Der Betonbalken mit Stahleinlagen bricht nicht, weil der Stahl die Zugkräfte aufnehmen kann.

Was bedeuten diese Erkenntnisse für den Betonbau?

Betonbauteile werden durch Lasten und Kräfte am Bau (siehe dazu Lerngebiet „Mauerwerksbau“) überwiegend auf Biegung beansprucht. Dabei entstehen Druck- und Zugkräfte im Beton.

Die Druckkräfte kann der Beton in der Regel selbst aufnehmen. Die Zugkräfte müssen durch Stahleinlagen aufgenommen werden. Stahl hat ja eine große Zugfestigkeit.

Die Stahleinlagen heißen daher **Zugbewehrung**!

→ Der Betonbalken hält.

Betonbalken mit Zugbewehrung

Regel 1:

> Immer dort, wo Zugkräfte im Beton auftreten, muss die **Zugbewehrung** eingelegt werden!

2. Schubkräfte in Betonteilen

Wir belasten jetzt einen bewehrten Betonbalken mit einer höheren Last!

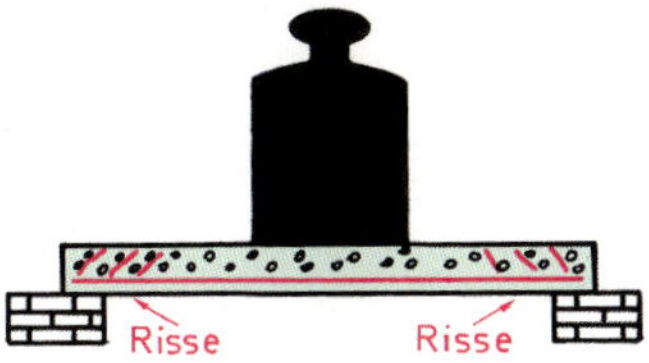

→ Der Betonbalken hält,
aber:
in Auflagernähe treten Risse auf!

Wie kann das passieren?

Zur Verdeutlichung benutzen wir wieder den Schaumstoffbalken.

Versuch und Beobachtung	Erklärung
ohne Belastung  **mit** Belastung 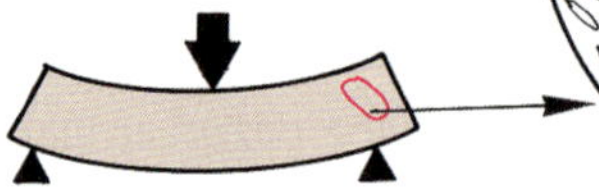 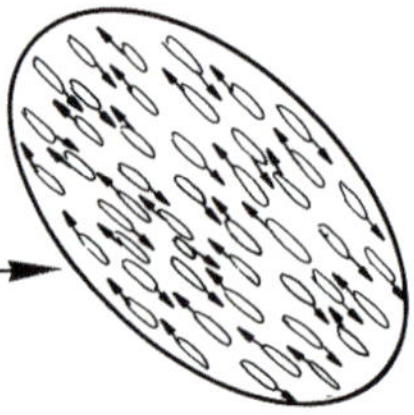	Die Teilchen haben das Bestreben, sich gegeneinander zu „verschieben“. Die hier wirkenden Kräfte nennt man **Schubkräfte**

Der gleiche Vorgang ist – wenn auch nicht sichtbar – im Betonbalken abgelaufen. Bei Belastung entstehen in Auflagernähe größere Schubkräfte.

Was bedeuten diese Erkenntnisse für den Betonbau?

Bei Betonbauteilen, die auf Biegung beansprucht werden, entstehen in Auflagernähe Schubkräfte.

Die Schubkräfte werden durch zusätzliche Stahleinlagen aufgenommen. Diese können sein:

1. schräg aufgebogene Stähle (genannt Aufbiegungen),
2. senkrechte Stähle (genannt Bügel).

Die Stahleinlagen bezeichnet man als **Schubbewehrung**!

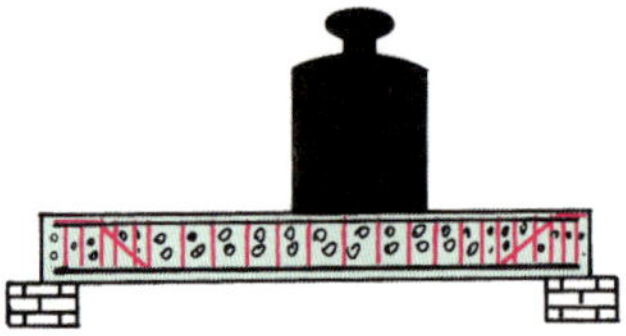

Der Betonbalken hält und hat keine Risse.

Betonbalken mit Zug- und Schubbewehrung

Regel 2:

> In Auflagernähe treten größere Schubkräfte auf! Deshalb muss dort **Schubbewehrung** eingelegt werden!

Was können wir daraus ableiten?

1. In Stahlbetonbauteilen muss die Bewehrung vorwiegend **Zugkräfte** aufnehmen.
2. Die Bewehrung muss nach vorgegebenen Zeichnungen erstellt und sorgfältig unverrückbar in die Schalung eingebaut werden.

V – Te *Mithilfe einer „Demo" können Sie den 1. Merksatz überprüfen. Einen Auswertungsbogen finden Sie im Arbeitsheft, Blatt 86.*

3.2 Das Zusammenwirken von Stahl und Beton

Bei allen Arbeiten mit Beton und Bewehrung muss man sich immer wieder klarmachen, dass man hier einen einzigen Stoff, den Verbundbaustoff „Stahlbeton" herstellt. Für das gute Zusammenwirken von Stahl und Beton sind folgende Eigenschaften vorhanden:

1. Stahl und Beton **haften** gut aneinander.
2. Beton **schützt** den Stahl vor Rost.
3. Die **Wärmeausdehnung** bei Stahl und Beton ist etwa gleich.

Zu 1. **Haftung**

Durch die gerippte Oberfläche der Bewehrung wird die Haftung erhöht.

Merke:

Durch Schmutz, Schalungsöl oder losen Rost auf der Oberfläche der Stahleinlagen wird die Haftung vermindert. Damit kein Öl versehentlich an die Bewehrung kommt, muss die Schalhaut vorher – also vor Einbau der Bewehrung – mit Trennmittel (z. B. Schalöl) behandelt werden.
Leicht angerostete Betonstähle dürfen aber unbedenklich verwendet werden.

Zu 2. **Schutz**

Die Bewehrung muss vollständig und in ausreichender Dicke vom Beton umhüllt sein, damit die aggressiven Bestandteile aus der Luft (z. B. bei Regen) nicht an den Bewehrungsstahl gelangen können. Dies bezeichnet man als **Betondeckung**.

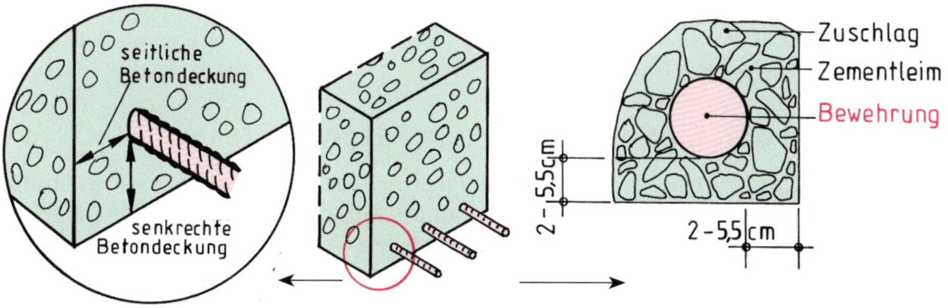

Mindestbetondeckung

Die Dicke (Abk.: c) der Betondeckung ist für den Erhalt der Bewehrung so wichtig, dass bestimmte Dicken vorgeschrieben sind. Diese heißt „Mindestbetondeckung“ und ist für alle Stahlbetonbauteile festgelegt. Sie muss sicherstellen:

- Korrosionsschutz der Bewehrung
- Übertragung von Verbundkräften
- Vermeidung von Betonabplatzungen
- Brandschutz

Beispiel: *Expositionsklasse XC1 (Bauteile in Innenräumen mit üblicher Luftfeuchte)*

	Stabdurchmesser in mm						
Expositionsklasse	**≤ 10**	**12**	**14**	**16**	**20**	**25**	**28**
XC1	**20**	**22**	**24**	**26**	**30**	**35**	**38**

In Bewehrungszeichnungen ist die erforderliche Betondeckung angegeben. Die Betondeckung muss beim Einbringen des Betons kontrolliert werden!

Abplatzungen und Netzrisse an einer Stahlbetonwand

Wenn die Betondeckung nicht eingehalten wird, können schädliche Bestandteile der Luft und des Wassers eindringen.
Folge: Der Stahl rostet und der Beton platzt ab!

Absprengungen an einer Betonstütze

Zu 3. Wärmeausdehnung

Bei Wärme dehnen sich die Bauteile aus, bei Kälte ziehen sie sich zusammen.

Bei <u>Beton und Stahl</u> ist diese Längenänderung **etwa gleich**.

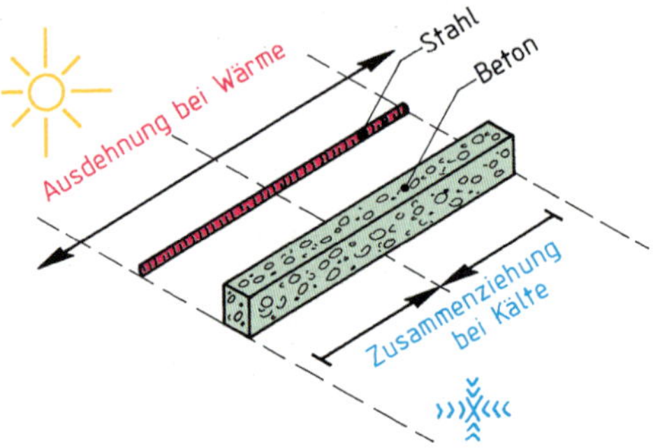

3.3 Arten und Eigenschaften der Betonstähle

Betonstahl ist Stahl mit besonders hoher Festigkeit. Er wird sowohl in Form von gerippten Stäben mit annähernd kreisrundem Querschnitt in Nenndurchmessern von 6 mm bis 40 mm als auch in Form von Matten aus kreuzweise verschweißten, gerippten Stäben von 4 mm bis 14 mm Nenndurchmesser hergestellt.

Das sind Betonstabstähle:

Darunter versteht man gerippte Einzelstäbe mit einem Durchmesser von 6–40 mm

Das sind Betonstahlmatten:

Darunter versteht man gerippte Stäbe, die sich kreuzen, mit einem Durchmesser von 4–14 mm

Eigenschaften von Betonstählen nach DIN 488 und EC2-1-1 (Auszug)

Benennung	**B 500 A**	**B 500 B**	**B 500 A**	**B 500 B**
Erzeugnisform	Betonstabstahl		Betonstahlmatte	
Duktilität	normal	hoch	normal	hoch
Streckgrenze in N/mm²	500			
Stahldehnung unter Höchstlast in ‰	25	50	25	50

Betonstähle werden nach ihrer Streckgrenze bezeichnet. Die Streckgrenze ist ein Werkstoffkennwert und wird in N/mm² angegeben, z. B. B 500 A.

Infolge einer Zugspannung kann sich ein Werkstoff verformen. Wenn sich nach Rücknahme der Zugbelastung der Werkstoff wieder in die alte Form begibt, bezeichnet man dies als Streckgrenze. Die Verformung bleibt hier reversibel bzw. elastisch.

Duktilität: Ein duktiler Werkstoff zeichnet sich durch eine starke plastische Verformung aus, bevor es zu einem Versagen kommt.

Das Verhalten des Betonstahls

a) Bei Aufnahme nicht zu großer Zugkräfte kehrt der Stahl in seine „Ruhelage“ zurück, d. h., es tritt keine Verformung ein (elastisches Verhalten wie beim Gummiband). Man bezeichnet das als „elastischen Bereich“.

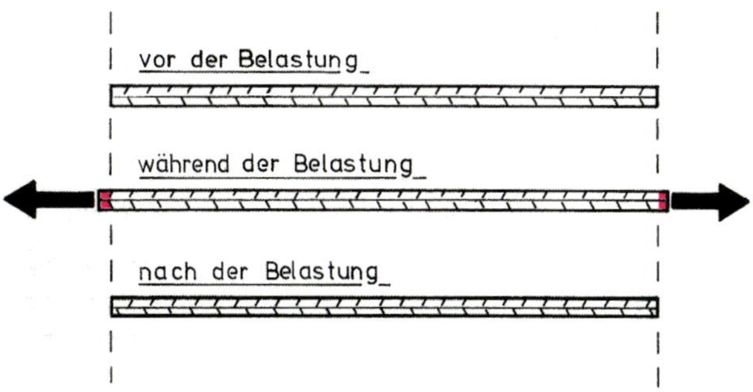

b) Bei der Aufnahme von zu großen Zugkräften kehrt der Stahl nicht mehr in seine „Ruhelage“ zurück, d. h., es tritt eine Verformung ein (plastisches Verhalten wie beim Kaugummi). Man bezeichnet das als „plastischen Bereich“.

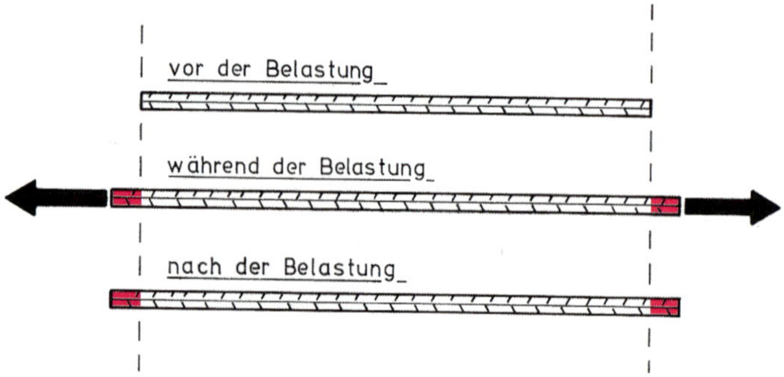

Für die Baupraxis stehen drei Mattenarten zur Verfügung:
- Lagermatten = typisierte Betonstahlmatten
- Vorratsmatten = standardisierte Betonstahlmatten
- Listenmatten = werden vom Tragwerkplaner projektiert

Die Matten werden durch Kurzzeichen charakterisiert, wie z. B. Q 335 A oder R 257 A.

Art der Matte	**R-Matten**	**Q-Matten**
Lastabtragung	für einachsige Lastabtragung	für zweiachsige Lastabtragung
Stahlquerschnitt in mm^2/m und Stababstände in mm	in Längs- und Querrichtung unterschiedlich	in Längs- und Querrichtung gleich (außer Q 636 A)
Duktilitätsklasse A oder B	normal oder hoch	normal oder hoch
Länge/Breite in m	6,00/2,30	6,00/2,30 bzw. 6,00/2,35
Gewicht je m^2 in kg	2,43 bis 5,49	3,02 bis 9,36
Gewicht je Matte in kg	33,6 bis 75,7	41,7 bis 132,0

Beispiel: *Kennzeichnung einer Lagermatte*

R 377 A gibt an:

Mattenart
(R = Rechteck)

Querschnitt
(der Längsstäbe pro Meter hier: 4,43 cm^2/m)

A = Zusatzbezeichnung, *normalduktil*
So sieht die Kennzeichnung von Betonstahlmatten aus!

Beispiele *für die Kennzeichnung von Betonstahlmatten:*

Eckiges Schild:
Kennzeichnung einer **Lagermatte**

Rundes Schild:
Kennzeichnung einer **Listenmatte**

- Betonstabstähle werden vorwiegend verwendet bei Balken und Stützen.
- Betonstahlmatten werden vorwiegend verwendet bei Decken und Wänden.

Weitere Informationen über die Betonstahlmatten erhalten Sie in der Fachstufenausbildung.

Zusammenfassung von Kapitel 3:

Bewehrungen

- **Stahlbeton** ist ein Verbundbaustoff aus Beton und Stahl.
- Der **Beton** nimmt die Druckkräfte, der **Betonstahl** die Zug- und Schubkräfte auf.
- **Zugkräfte** werden durch die Zugbewehrung (Stahleinlagen), **Schubkräfte** werden durch die Schubbewehrung (Aufbiegungen und Bügel) aufgenommen.
- Das **Zusammenwirken** von Stahl und Beton wird ermöglicht durch die Haftung und der etwa gleichen Längenänderung bei Temperaturänderungen.
- Nur bei ausreichender **Betondeckung** wird die Bewehrung vor Rost geschützt.
- **Betonstahl** wird als Betonstabstahl B 500 A oder B 500 B und Betonstahlmatte B 500 A oder B 500 B hergestellt.
- Als **Streckgrenze** wird die höchstmögliche Zugbeanspruchung im elastischen Bereich des Stahles bezeichnet.

A – Te *Aufgaben zur Wiederholung finden Sie im Arbeitsheft, Blatt 87, 88.*

Testen Sie sich • Testen Sie sich

Nennen/Erläutern Sie ...

1. die Aufgaben der Stahleinlagen in Betonbauteilen.
2. die Eigenschaften von Stahl und Beton für das Zusammenwirken im Verbundbaustoff Stahlbeton.
3. die Einteilung des Betonstahles.
4. durch welche Maßnahme der Stahl im Beton vor Rosten geschützt werden kann.
5. die Art der Kräfte, die vom Beton aufgenommen werden.
6. die Art der Kräfte, die vom Betonstahl aufgenommen weden.

4 Die Bewehrungsarbeiten

Die Bewehrungsarbeiten umfassen das Herstellen und den Einbau der Bewehrung. Das Herstellen der Bewehrung unterteilt sich in das Vorbereiten (Ablängen, Biegen) und das Zusammenbauen der Bewehrungseinheit.

In der Grundstufenausbildung werden Sie vorwiegend Bewehrungen aus Betonstabstählen für Stützen und Balken (nach Zeichnung) herstellen.

Herstellen eines Bewehrungskorbes

4.1 Das Vorbereiten der Bewehrung

Die Biegeformen der Stahleinlagen sind verschieden.
Wir unterscheiden:

Gerade Stahleinlage

Gerade Stahleinlage mit Winkelhaken

Aufgebogene Stahleinlage

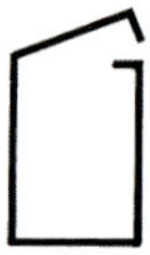

Geschlossene Bügel

Im **Bewehrungsplan** sind neben der Biegeform für jede Stahleinlage auch alle weiteren Angaben enthalten, die das Vorbereiten der Bewehrung ermöglichen. Sie umfassen: Positionsnummer des Stabes, Stabanzahl, Stabdurchmesser, Kurzzeichen der Stahlsorte, evtl. Biegerollendurchmesser und Schnittlänge.

Wie sieht das im Bewehrungsplan aus?

Beispiel: *Aufgebogene Stahleinlage*

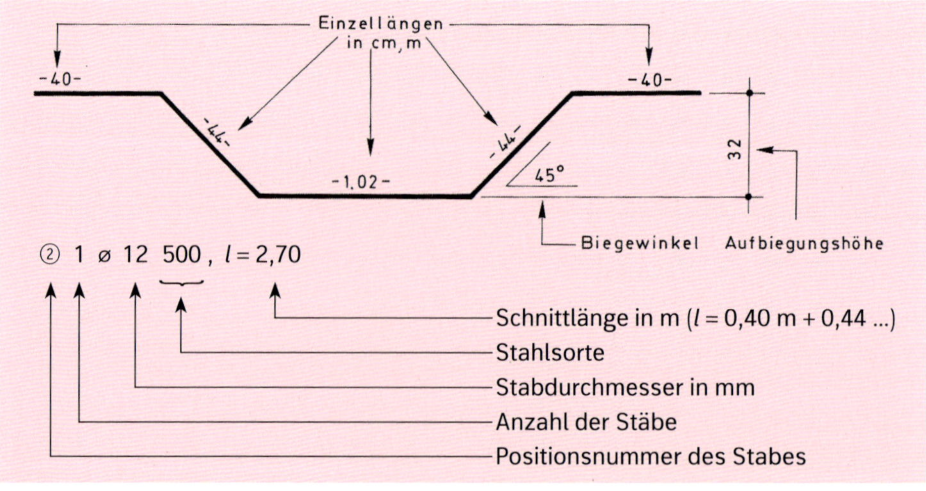

4.2 Das Zusammenbauen der Bewehrung

Die Biegeform der Stahleinlagen richtet sich nach dem „Kraftverlauf" im Bauteil. Dementsprechend ist auch die Bezeichnung der Bewehrungsteile.

Zugstäbe = Tragstäbe

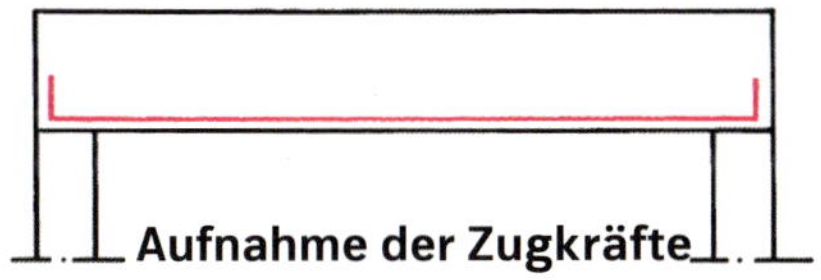

Aufnahme der Zugkräfte
Gerade Stäbe mit/ohne Winkelhaken

Montagestäbe

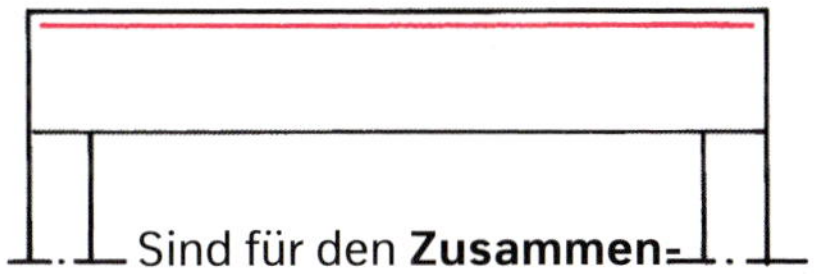

Sind für den **Zusammenbau** erforderlich

Aufgebogene Stäbe

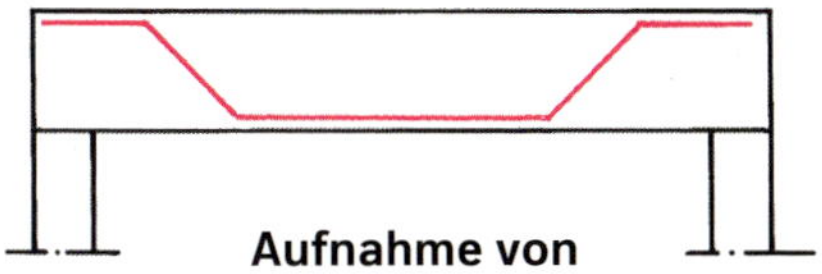

Aufnahme von Zugkräften (unten)
Schubkräfte
(in Auflagernähe)

Bügel

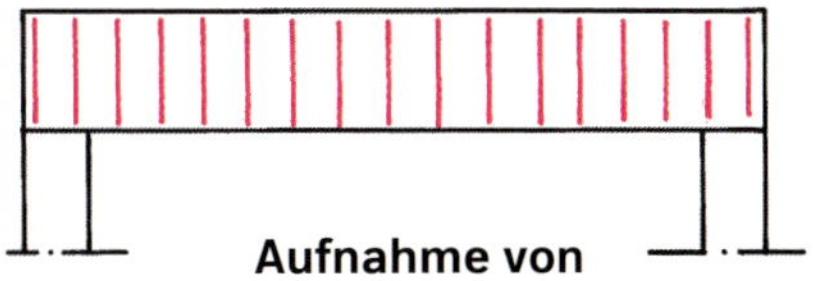

Aufnahme von Längsschubkräften
„Stütze" des Korbes

Bewehrung für Stütze und Balken

So kann ein Bewehrungskorb für einen **Stahlbetonbalken** aussehen!

So kann ein Bewehrungskorb für eine **Stahlbetonstütze** aussehen!

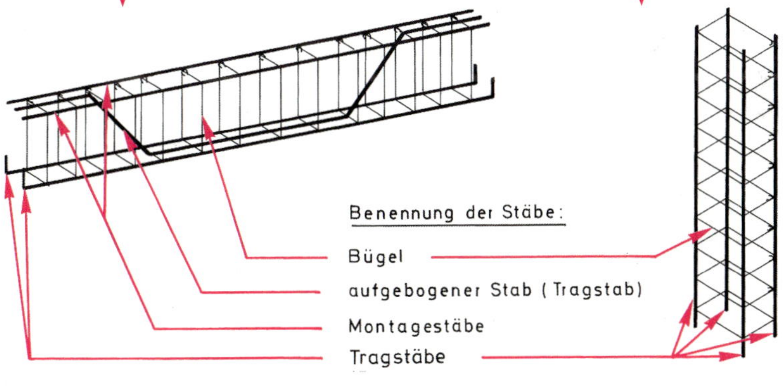

Anm. für Stützenbewehrungen: Für den sicheren Transport und den Einbau in der geplanten Form werden Diagonalstäbe zusätzlich eingebaut (sind hier nicht dargestellt).

Welche Aufgaben haben die einzelnen Stäbe?

- **Tragstäbe** übernehmen die Zugkräfte (Zugbewehrung), bei Stützen überwiegend nur Druckkräfte.
- **Aufgebogene Stäbe** übernehmen ebenfalls Zugkräfte (sind also auch Tragstäbe) und durch die Aufbiegung auch Schubkräfte (Schubbewehrung).

- **Bügel** nehmen bei Balken Schubkräfte auf. Bei der Stütze nehmen sie Zugkräfte auf, denn sie verhindern das seitliche Ausknicken der Tragstäbe. Weiterhin dienen sie zur Herstellung eines steifen Bewehrungskorbes.
- **Montagestäbe** ermöglichen die Herstellung eines Bewehrungskorbes für einen Balken (werden oben in den Ecken der Bügel angeordnet).

Wie werden die Stäbe miteinander verbunden?

Die Verknüpfung der Stäbe miteinander zu einem steifen, unverschieblichen Bewehrungskorb geschieht mit Bindedraht, Drahtschlaufen oder Spannklammern. Als Werkzeuge dienen die Flechterzange oder der Drillstab. Von den verschiedenen Verknüpfungsarten stellen wir nur die wichtigsten vor.

Verknüpfungsarten	Arbeitsschritte
Bei einfachen Kreuzungsstellen: **Eckschlag** z. B. Verbindung von Trag-, Verteiler- und Montagestäben	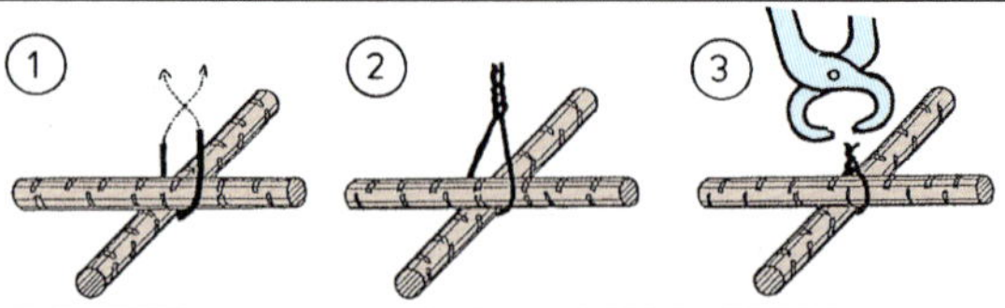
Bei Säulen- und Balkenbewehrungen: **Nackenschlag** z. B. Verbindung von Tragstäben und Bügel	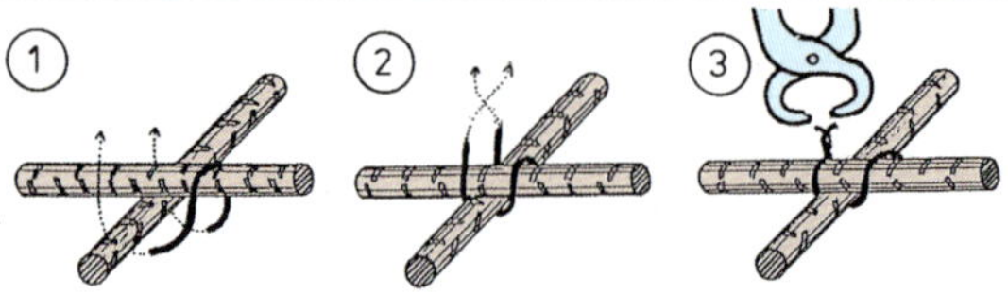
Bei Bewehrungsstäben mit großem Durchmesser: **Kreuzschlag** z. B. Verbindung von Tragstäben und Verteilerstäben	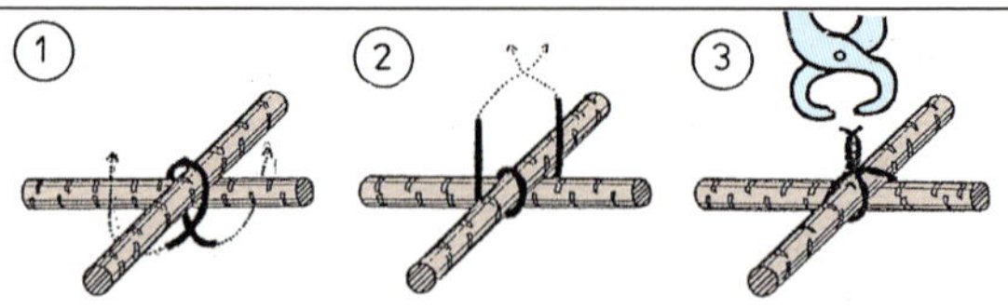
Weitere Verknüpfungsart mit: Drillstab 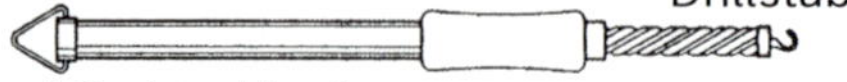 und Drahtschlaufen 	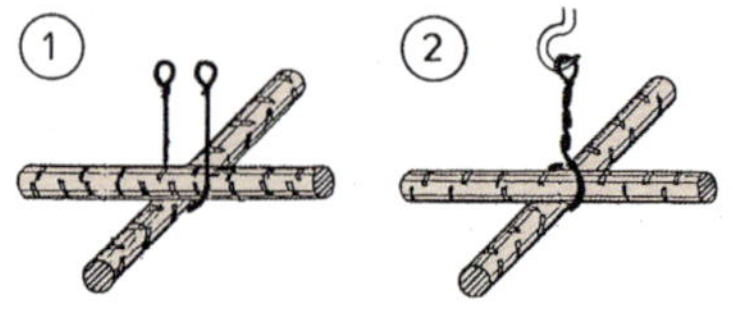
und: **Spannklammern**:	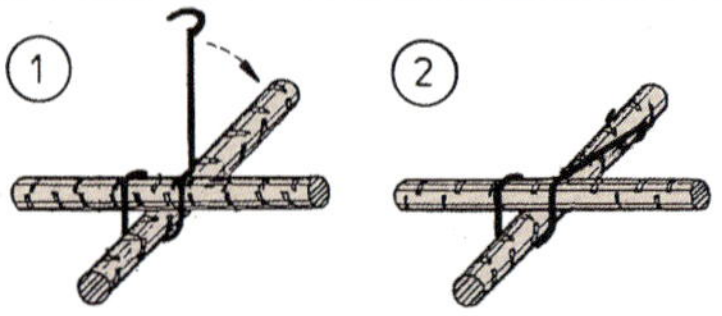

4.2.1 Der Bewehrungsplan

Die Bewehrung wird vom Tragwerksplaner berechnet und danach ein **Bewehrungsplan** erstellt.

Der Bewehrungsplan besteht aus **Bewehrungszeichnung und Stahlliste**

Beispiel: *Bewehrung eines Stahlbetonbalkens*

So soll der Bewehrungskorb für einen Balken auf zwei Stützen aussehen!

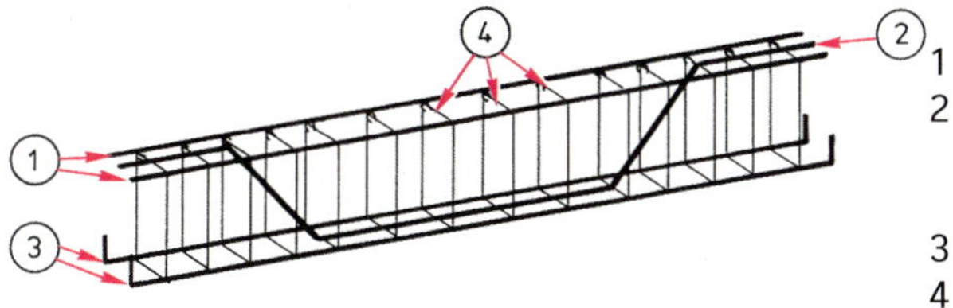

1 = Montagestäbe
2 = Aufgebogener Stab der Zugbewehrung (→ dient zur Schubsicherung)
3 = Zugbewehrung
4 = Bügel

Für die Herstellung des Bewehrungskorbes braucht man eine genaue „Lageskizze" der Betonstähle also eine Bewehrungszeichnung. Für die Bestellung, die Abrechnung und das mögliche Biegen braucht man eine „Materialliste" also eine Stahlliste.

Das ist der Bewehrungsplan für einen Balken:

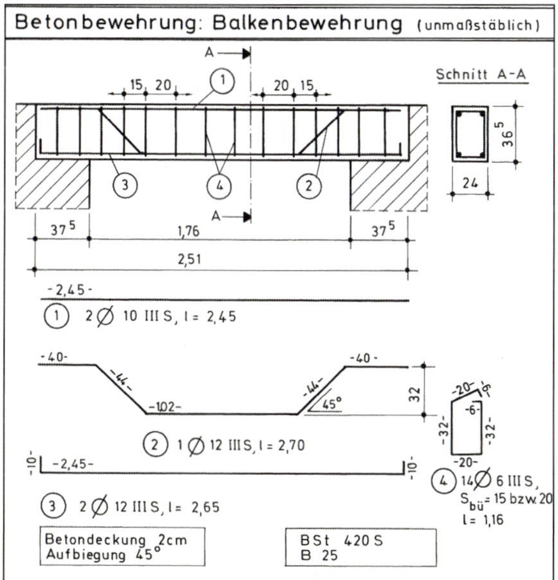

Stahlliste

Pos. Nr.	Stück	∅	Schnitt-länge	Form	Gesamtlänge ∅ 6	Gesamtlänge ∅ 10	Gesamtlänge ∅ 12	dbr in mm
1	2	10	2,45			4,90		
2	1	12	2,70				2,70	≥ 180
3	2	12	2,65				5,30	≥ 48
4	14	6	1,12		15,68			≥ 24
				Gesamtlänge m	15,68	4,90	8,00	
				Masse je m kg/m	0,222	0,617	0,888	
				Masse je ∅ kg	3,48	3,02	7,10	
				Masse ges. kg	13,60			

Die Bewehrungszeichnung enthält u. a. folgende Angaben:

- Pos.-Nr. der Stäbe (im Kreis)
- Stabanzahl
- Stabdurchmesser
- Einzellänge der Stähle
- Kurzzeichen der Stahlsorte
- Darstellung der Biegeform
- Gradzahl der Aufbiegung
- Schnittlänge
- Abstände der Bügel
- Betondeckung
- Druckfestigkeitsklasse
- Art der Verankerung (z. B. Winkelhaken)

Die Stahlliste wird zum Schluss aufgestellt.

4.2.2 Die Balkenbewehrung

Allgemeines:
- Balken werden vorwiegend auf Biegung beansprucht. Dabei entstehen im Balken Zug- und Druckkräfte, außerdem Schubkräfte.
- Die Tragstäbe übernehmen Zugkräfte, der Beton die Druckkräfte.
- Bügel und aufgebogene Stähle nehmen die Schubkräfte auf. Die Bügel liegen in Auflagernähe meistens enger beieinander.
- Montagestäbe ermöglichen das Herstellen eines steifen Bewehrungskorbes.

Beispiel: *„Unser" Ferienhaus*

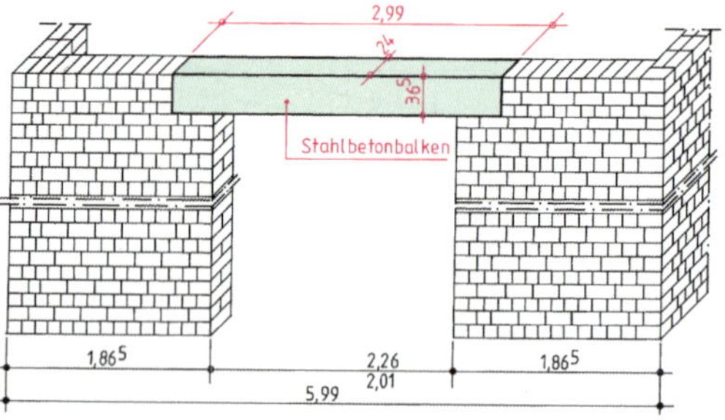

So sollte der fertige Stahlbetonbalken später aussehen.

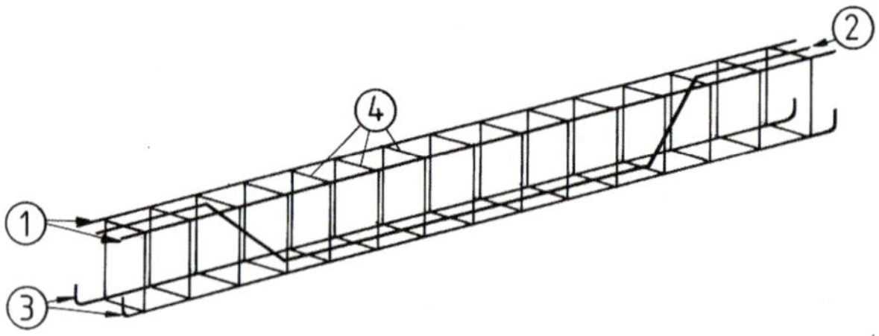

So sieht die dazugehörige Bewehrung aus.

① = Montagestäbe, 2 Stück – 10
② = aufgebogener Stab für Schubbewehrung, 1 Stück – 14
③ = Tragstäbe für Zugbewehrung, 2 Stück – 14
④ = Bügel, 15 Stück – 6

1. Schritt: **Vorbereiten der Stahleinlagen Pos. Nr. ①–④**

Zu Pos. Nr. ④: Bügelabmessungen = Balkenhöhe (in cm) – 2 × Betondeckung
hier: 36,5 cm – 2 · 2,5 cm = 31,5 cm, gewählt: 31 cm.

Anm.: Die Bügelmaße (Höhe und Breite) werden immer auf volle Zentimeter abgerundet (31,5 cm ≈ 31 cm). Warum? Damit die Mindestbetondeckung immer eingehalten wird.

Bewehrungsplan: **Stahlbetonbalken – Terrassentür** (unmaßstäblich)

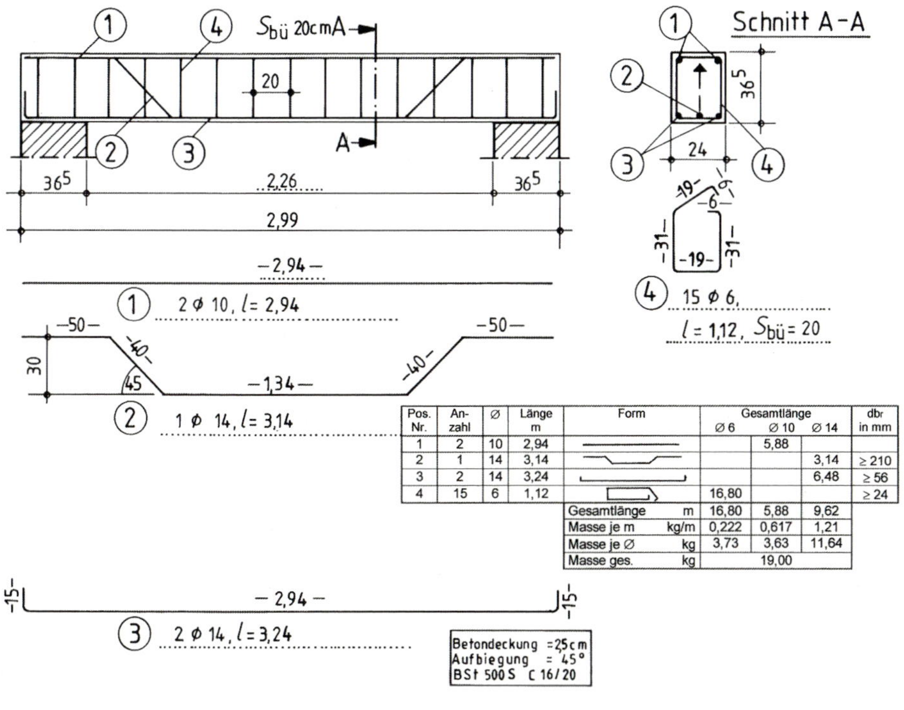

Pos. Nr.	Anzahl	Ø	Länge m	Form	Gesamtlänge Ø 6	Ø 10	Ø 14	dbr in mm
1	2	10	2,94			5,88		
2	1	14	3,14				3,14	≥ 210
3	2	14	3,24				6,48	≥ 56
4	15	6	1,12		16,80			≥ 24
				Gesamtlänge m	16,80	5,88	9,62	
				Masse je m kg/m	0,222	0,617	1,21	
				Masse je Ø kg	3,73	3,63	11,64	
				Masse ges. kg	19,00			

2. Schritt: **Herstellen des Bewehrungskorbes**

Dazu geht man so vor:

- Montagestäbe auf Montageböcke auflegen,
- Bügelabstände anreißen (veränderliche Abstände beachten),
- Bügel auf die Montagestäbe wechselseitig aufziehen und befestigen. (Die Bügelschlösser müssen oben liegen und abwechselnd rechts und links.)
- Tragstäbe und den aufgebogenen Stab einlegen, anschließend verknüpfen,
- Untere und seitliche Abstandhalter anbringen (siehe dazu nächstes Kapitel),
- Bewehrungskorb überprüfen.

3. Schritt: **Einbau des Bewehrungskorbes in die Schalung**

A – Ma/TK *Auch hierfür finden Sie eine „Konstruktionszeichnung" im Arbeitsheft, Blatt 89.*

A – Ma *Das „Lesen" von Zeichnungen will gelernt sein. Am Beispiel eines Balkens können Sie sich überprüfen. Arbeitsheft, Blatt 90.*

4.3 Der Einbau der Bewehrung

Beim Einbau der Bewehrung in die Schalhaut ergeben sich in der Regel keine Schwierigkeiten, wenn:

1. beim Ablängen und Biegen der Stahleinlagen maßgenau gearbeitet wurde,
2. die Stabverbindungen fachgerecht in den Bügelecken mit Bindedraht verknüpft wurden und
3. die Bügelschlösser gesichert sind d. h. es dürfen keine abstehenden Stabenden vorhanden sein.

So **nicht**

sondern so!

Die wichtigste Aufgabe beim Einbau jedoch ist:

Die Betondeckung (c) immer einhalten!
Das wird gewährleistet durch den Einbau von **Abstandhaltern**.
Abstandhalter dürfen sich bei Einbau und späterem Verdichten des Betons nicht verschieben, verformen oder in die Schalhaut drücken.

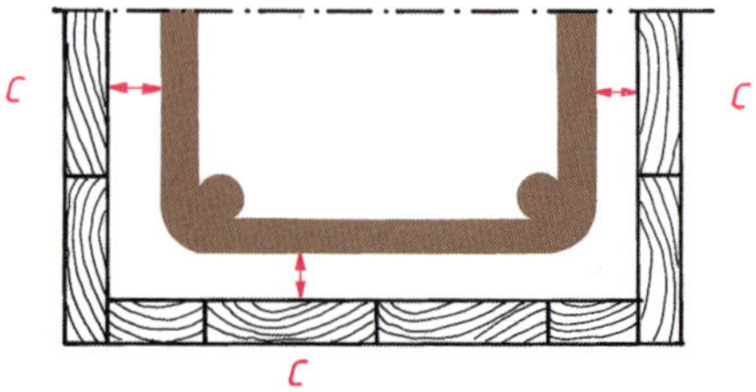

Aufgaben der Betondeckung sind:
- Verbund zwischen Bewehrung und Beton zu sichern,
- Schutz der Bewehrung vor Rost (Korrosion),
- den Stahl vor vorzeitigem Festigkeitsverlust im Brandfall zu schützen.

Abstandhalter gibt es aus Beton, Faserzement, nicht rostendem Metall und Kunststoff. Einen Überblick über die Vielzahl der Arten und Anwendungsbeispiele gibt die folgende Übersicht:

Arten der Abstandhalter:	**Anwendungsbeispiel:**
Für Einzelauflagerung 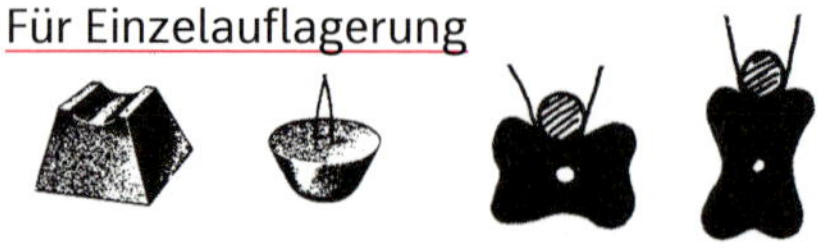 aus Beton oder Faserzement  aus Kunststoff	

Für Wandbewehrung und Deckenbewehrung

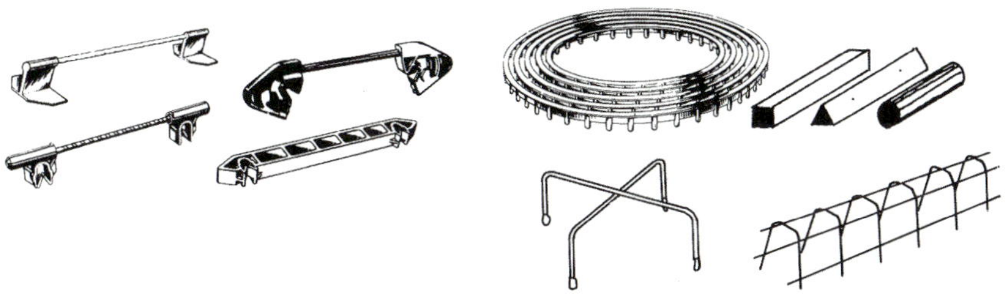

Unterstützungskorb

Die Anzahl der erforderlichen Abstandhalter richtet sich im Wesentlichen nach der Steifigkeit der Bewehrung. Für Balken- und Stützenbewehrung sollten die folgenden Richtwerte eingehalten werden:

Anzahl und Abstand der Abstandhalter

in Längsrichtung:

⌀ der Tragstäbe	Abstand
bis 10 mm	≈ 50 cm
12 bis 20 mm	≈ 100 cm
über 20 mm	≈ 125 cm

in Querrichtung:

Breite bzw. Höhe des Bauteiles	Anzahl
bis 100 cm	~ 2

• = Abstandhalter

So könnte das bei einer Stützenbewehrung aussehen!

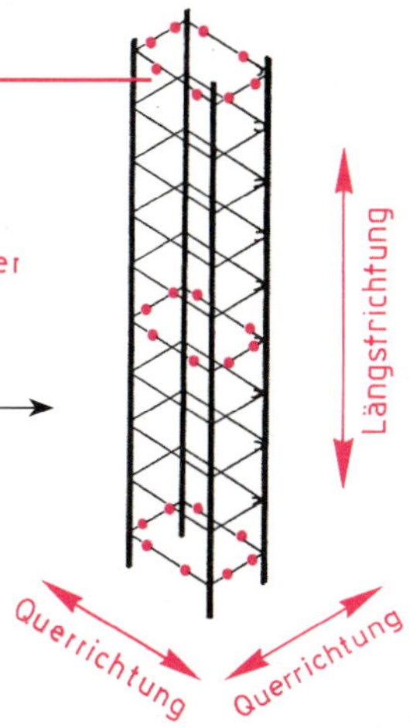

Zusammenfassung von Kapitel 4:

Die Bewehrungsarbeiten

- Der **Bewehrungsplan** legt die Lage, Abmessungen und Ausführungsform jeder Stahleinlage genau fest.
- Um Risse an den Biegestellen zu vermeiden, müssen die Stäbe über **Biegerollen** gebogen werden.
- Bei Stahlbetonstützen und -balken wird die Bewehrung als **Bewehrungskorb** hergestellt.
- Je nach ihrer **Aufgabe** unterscheidet man die Stäbe in Tragstäbe, aufgebogene Stäbe, Montagestäbe und Bügel.
- Die **Bewehrung** muss fachgerecht verknüpft und eingebaut werden, damit die einzelnen Stahleinlagen in ihrer geplanten Lage bleiben.
- Beim Einbau ist die **Betondeckung** unbedingt einzuhalten.

U – Ma *Stahllisten und Betonberechnungen sollten Sie weiter üben. Hierzu finden Sie Aufgaben im Arbeitsheft, Blatt 91.*

T *Einen Test zum Lernabschnitt finden Sie im Arbeitsheft, Blatt 92.*

Testen Sie sich • Testen Sie sich

Nennen Sie ...

1. mindestens drei Formen der Stahleinlagen.
2. den Unterschied zwischen Einzellänge und Schnittlänge am Beispiel eines Bügels.
3. die Winkelgröße normaler Aufbiegungen.
4. mindestens fünf Angaben, die im Bewehrungsplan enthalten sind.
5. die drei mit Bindedraht hergestellten Verknüpfungsarten der Stähle.
6. die Aufgabe der Tragstäbe.
7. die Aufgabe der Abstandhalter.

Beton ein **künstlich hergestellter Stein**

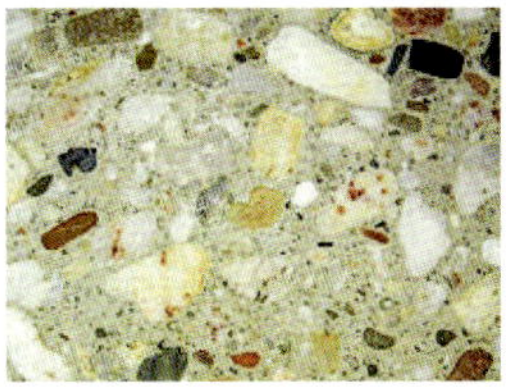

besteht aus
- → **Normalzement,**
- → **Gesteinskörnungen** (Kies, Sand u. a.)
- → und Wasser (jedoch nur zur Herstellung)

Um den Beton „richtig“ einzusetzen, müssen Sie einiges über die Ausgangsstoffe wissen.

5 Die Normalzemente

5.1 Zementherstellung und Zementarten

Wie werden Normalzemente hergestellt und welche Arten gibt es?

Dazu sind mehrere Arbeitsschritte erforderlich:

a) Vom Rohstoff zum „Zementklinker“

Gewinnung: Aufbereitung: Brennen: Lagerung:

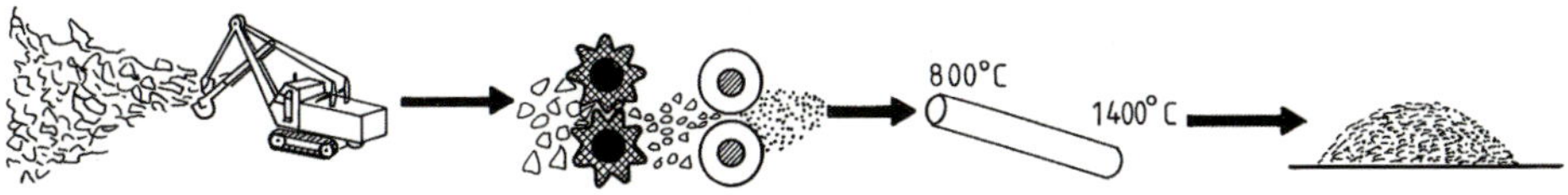

Kalksteinmergel Brechen und Mahlen Brennen im Drehrohofen „Zementklinker“

Mit diesem „Zementklinker“ kann man noch nichts anfangen. Er muss weiter aufbereitet werden.

b) Vom „Zementklinker“ zu den Normalzementen

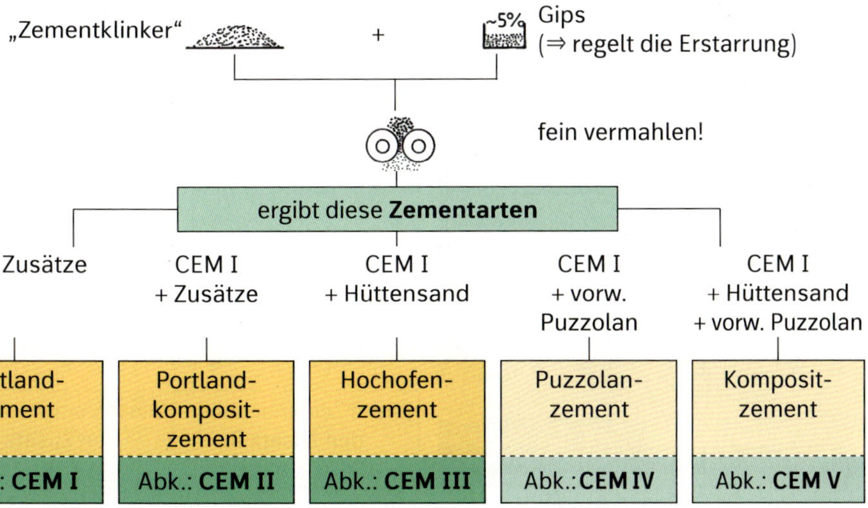

Anm.: In Deutschland werden vorwiegend die Zemente CEM I – CEM III verwendet und sind daher verstärkt hervorgehoben.

5.2 Wie erhärtet Zement?

Wenn man dem Zement Wasser zugibt, entsteht ein weicher bis flüssiger Brei. Das wird als Zementleim bezeichnet. Was dann mit dem Zement passiert, verdeutlicht die Skizze.

Zeit	0 Std.	+1 Std.	+12 Std. … 28 Tage
Bezeichnung:	**Anmachen**	**Erstarren**	**Erhärten**
		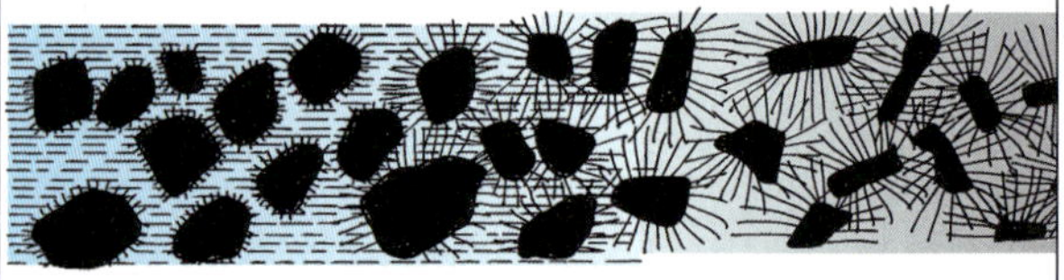	
Was passiert dabei mit dem Zement?	Durch das „Anmachwasser“ quillt das Zementkorn auf.	Es bilden sich kristallartige Fasern aus dem Zementkorn heraus. Dabei tritt große Wärme auf.	Die kristallartigen Fasern wachsen zu einem festen Gefüge zusammen. Ergebnis: Ein fester Stein.
Was entsteht?	Zement-**Leim**	Zement-**Gel**	Zement-**Stein**
		dieser Vorgang der Wasserbindung heißt **Hydratation.**	

Was kann man daraus ableiten?

1. Fein gemahlener Zement löst sich schneller mit Wasser auf, es bilden sich schneller feste Fasern, der Zement wird schneller fest. Solch einen Zement braucht man z. B. für Bauteile, bei denen der Beton schnell fest werden muss. *Freitags betonieren, um Montags weiterbauen zu können.*
2. Grob gemahlener Zement löst sich langsamer mit Wasser auf, es bilden sich langsamer die festen Fasern, der Zement wird langsamer fest. Solch einen Zement braucht man z. B. für Bauteile, bei denen der Beton besonders dicht werden muss. z. B. Staudämme, „dicke“ Bauteile (*durch langsame Wärmeentwicklung verringert sich die Gefahr von Rissbildung der Beton wird „dicht“*)

So sehen die Zementfasern aus (Aufnahme mit Rasterelektronenmikroskop).

Und so erkennt man Zemente:

feiner Zement	**grober** Zement
R	N
mit schneller Anfangserhärtung ⇓	mit langsamer Anfangserhärtung ⇓
Diese Zemente haben den Zusatz **R** (**R**apid = schnell)	Diese Zemente haben den Zusatz **N** (**N** = normal)

Wir merken uns:

1. Je feiner der Zementklinker gemahlen wird, desto größer wird auch die Druckfestigkeit des Zementes. Druckfestigkeit bedeutet dabei die Widerstandsfähigkeit gegen Belastungsdruck.
2. Alle Zemente müssen nach 28 Tagen eine Normfestigkeit haben. Die Druckfestigkeit wird in N/mm² angegeben.
3. Nach der Normfestigkeit wird der Zement in drei Festigkeitsklassen eingeteilt.

Den Zusammenhang zwischen Festigkeitsklassen und Druckfestigkeiten soll Ihnen die folgende Übersicht verdeutlichen:

Festigkeitsklassen	**Druckfestigkeit in N/mm²**			
nach DIN EN 197-1 und EN 14216	**Anfangsfestigkeit nach**		**Normfestigkeit nach**	
	2 Tagen	**7 Tagen**	**28 Tagen**	
22,5[1]	–	–	> 22,5	≤ 42,5
32,5 L[2]	–	≥ 12		
32,5 N	–	≥ 16	≥ 32,5	≤ 52,5
32,5 R	≥ 10	–		
42,5 L	–	≥ 16		
42,5 N	≥ 10	–	≥ 42,5	≤ 62,5
42,5 R	≥ 20	–		
52,5 L	≥ 10	–		
52,5 N	≥ 20	–	≥ 52,5	–
52,5 R	≥ 30	–		

(1) Sonderzement mit sehr niedriger Hydratationswärme
(2) gilt nur für Hochofenzement
L = niedrige Anfangsfestigkeit

5.3 Kennzeichnung von Zement

Nach der Gefahrstoffverordnung müssen auch Risiko- (= R) und Sicherheitshinweise (= S) am Tütenrand angegeben werden.

Und so sieht das dann z. B. aus:

Gefahrenhinweise, Sicherheitsratschläge

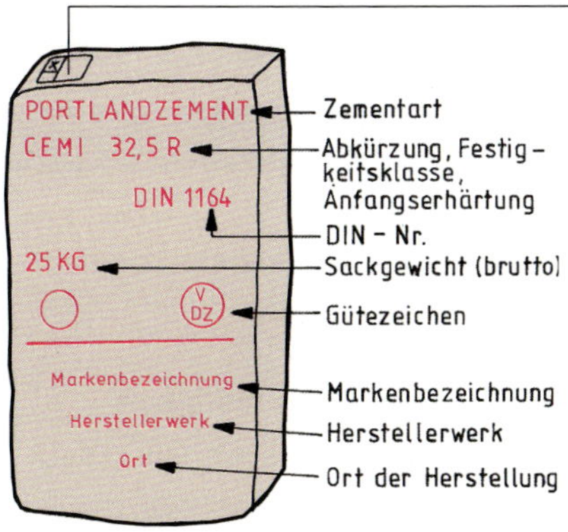

CEM I 32,5 R

Das bedeutet: Portlandzement der Festigkeitsklasse 32,5 N/mm² mit schneller Anfangserhärtung.

Gefahrenhinweise

- R 36/38 Reizt die Augen und die Haut
- R 43 Sensibilisierung durch Hautkontakt möglich

Sicherheitsratschläge

- S 2 Darf nicht in die Hände von Kindern gelangen
- S 24 Berührung mit der Haut vermeiden
- S 25 Berührung mit den Augen vermeiden
- S 26 Bei der Berührung mit den Augen gründlich mit Wasser abspülen und Arzt konsultieren
- S 27 Geeignete Schutzhandschuhe tragen

Das Symbol „reizend“ gilt für alle Zemente (ohne besondere Zusätze).

Anhand der Farbe der Säcke und der Farbe des Aufdrucks kann man die Festigkeitsklasse des Zements sofort erkennen.

Festigkeits-klasse	Zement-tüte	Aufdruck-farbe
32,5 N	hellbraun	schwarz
32,5 R	hellbraun	rot
42,5 N	grün	schwarz
42,5 R	grün	rot
52,5 N	rot	schwarz
52,5 R	rot	weiß

Was Sie noch über die Normalzemente wissen sollten:

Normalzemente **erstarren** frühestens 1 Std. nach dem Anmachen mit Wasser.

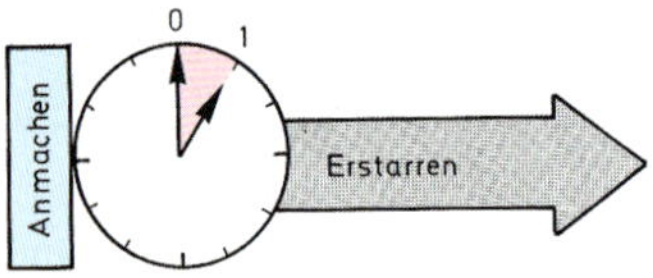

Normalzemente müssen trocken gelagert werden!

Grund: Zement nimmt Feuchtigkeit auf wird „klumpig“ geringere Festigkeit

Merke:

Auf der Baustelle soll die Zementlagerung höchstens zwei Monate betragen!

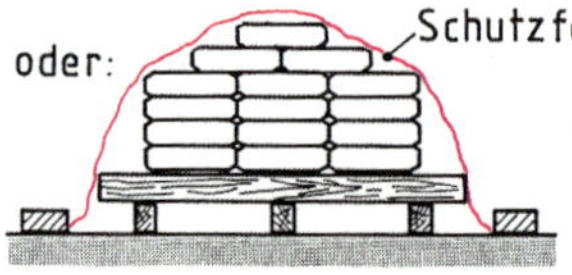

Normalzemente werden regelmäßig überprüft:
a) durch den Hersteller
b) durch Prüfstellen

An solchen Zeichen ist ein nach Norm hergestellter Zement zu erkennen:

CE Ü

Zusammenfassung von Kapitel 5:

Normalzemente

- **Normalzemente** sind Portlandzement (CEM I), Portlandkompositzement (CEM II) und Hochofenzement (CEM III). Seltener sind: Puzzolanzement (CEM IV) und Kompositzement (CEM V).
- Je feiner der Zement gemahlen ist, desto größer ist seine **Druckfestigkeit**.
- **Zementfestigkeitsklassen** sind 22,5; 32,5; 42,5 und 52,5, jeweils mit dem Zusatz L, N oder R.
- Die Zementfestigkeitsklasse gibt die Normfestigkeit nach 28 Tagen in N/mm^2 an.

A – Te *Aufgaben zu den Normalzementen finden Sie im Arbeitsheft, Blatt 93.*

6 Gesteinskörnungen für Beton

Die Gesteinskörnungen bilden das feste Gerüst des Betons. Sie machen den größten Mengenanteil aus und unterliegen – wie der Zement – einer Eigen- und Fremdüberwachung, d. h., auch die Gesteinskörnungen für Beton müssen eine bestimmte Güte aufweisen.

Güteschutzzeichen Beton

6.1 Arten der Gesteinskörnungen

Gesteinskörnungen

werden unterschieden in:

- **Natürliche Gesteinskörnungen**
  diese kommen vor als:
  - **Ungebrochene** Gesteine
    dazu gehören u. a.: Sand, Kies, Grobkies
    Kennzeichen: rund, glatt
  - **Gebrochene** Gesteine *(d. h. zerkleinert)*
    dazu gehören u. a.: Brechsand, Splitt, Schotter
    Kennzeichen: scharfkantig, rau
- **Künstliche Zuschläge**
  dazu gehören u. a.:
  - Hüttenbims
  - Hochofenschlacke
  - Ziegelsplitt
  - Blähschiefer
  - Blähton
  - rezyklierter Beton
  - Bauwerksmaterialien

Ungebrochene Gesteinskörnungen, nach Korngrößen sortiert.

Die am häufigsten verwendeten Gesteinskörnungen sind Sand und Kies. Daher soll auf diese im Folgenden näher eingegangen werden.

6.2 Anforderungen an die Gesteinskörnungen

Damit das „Betongerüst" fest und dauerhaft bleibt, dürfen nur geeignete Gesteinskörnungen verwendet werden. Daher werden an Sand und Kies Anforderungen gestellt.

Welche Anforderungen werden an Sand und Kies gestellt?

1. Kornfestigkeit:

Die Gesteinskörner müssen eine ausreichende Eigenfestigkeit haben.

2. Frostbeständigkeit:

Die Gesteinskörner müssen frostbeständig sein.

3. Verunreinigungen:

Gesteinskörnungen müssen frei von Verunreinigungen sein.

4. Kornform:

Die Kornform soll gedrungen sein.

Kies – gedrungen

Splitt – gedrungen

Diese Kornform ist gut.

Kies – länglich, plattig

Diese ist schlechter.

6.3 Die Zusammensetzung von Gesteinskörnungen für Beton

Für einen guten Beton ist die richtige Zusammensetzung der Gesteinskörnungen von großer Wichtigkeit. Daher prüfen und bewerten wir verschiedene Kornzusammensetzungen auf Vor- und Nachteile.

1. Möglichkeit:	**2. Möglichkeit:**	**3. Möglichkeit:**
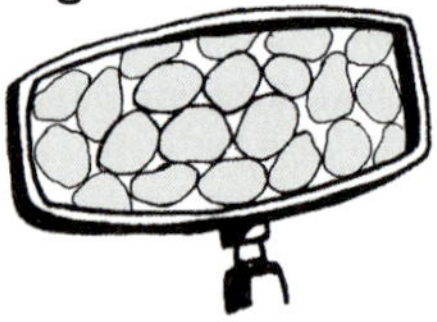	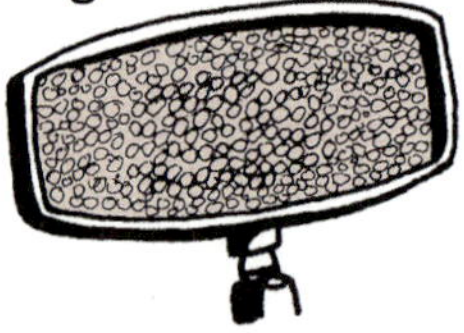	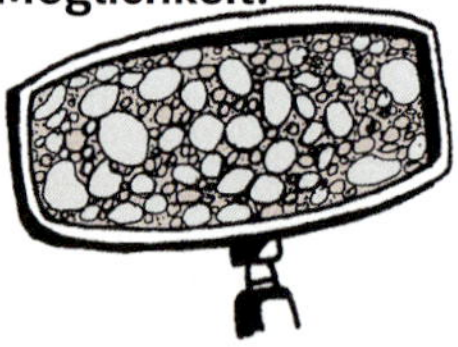
Nur **große, grobe Körner d. h. nur Kies** bedeuten: Große Hohlräume, kleine Oberfläche	Nur **kleine, feine Körner d. h. nur Sand** bedeuten: Viele kleine Hohlräume, große Oberfläche der Körner	**Gemisch aus verschiedenen Korngrößen d. h. Sand + Kies** bedeutet: Weniger Hohlräume, geringe Oberfläche der Körner
Nachteile: – erfordern viel Bindemittel, um die Hohlräume auszufüllen, – begünstigen Schwindrisse durch hohen Bindemittelanteil, – schlechte Verarbeitung, – geringe Druckfestigkeit.	**Nachteile:** – erfordern viel Bindemittel, um die Hohlräume auszufüllen und die vielen, kleinen Körner zu „umhüllen“ – begünstigen Schwindrisse durch den hohen Bindemittelanteil – geringe Druckfestigkeit.	**Vorteile:** – erfordern weniger Bindemittel – Verminderung von Schwindrissen durch geringeren Bindemittelanteil – gute Verarbeitung – hohe Druckfestigkeit
Folgerung: So ist die Kornzusammensetzung **schlecht**!	**Folgerung:** Auch so ist die Kornzusammensetzung **schlecht**!	**Folgerung:** So ist die Kornzusammensetzung **gut**!
Bei dieser Kornzusammensetzung braucht man für 1 m^3 Beton etwa 650 Liter Zementleim.	Bei dieser Kornzusammensetzung braucht man für 1 m^3 Beton etwa 500 Liter Zementleim.	Bei dieser Kornzusammensetzung braucht man für 1 m^3 Beton etwa nur 250 Liter Zementleim.

Daher gilt grundsätzlich:
Die Gesteinskörnungen von Beton (und auch von Mörtel) sollen immer ein Gemisch verschiedener Korngrößen sein. Das nennt man: **gemischt körnig**.

Woraus setzt sich eine gemischt körnige Gesteinskörnung zusammen?

Bestandteile	1. Gesteins**mehl**	2. **Feine** Gesteinskörnung					3. **Grobe** Gesteinskörnung		
Gesteinsarten							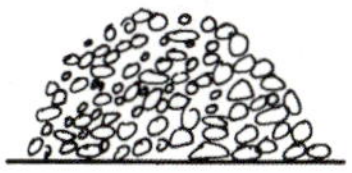		
Korngröße in mm	0 – 0,063	0,063 – 0,25	0,25 0,5	0,5 1,00	1 2	2 4	4 8	8 16	16 32
Anteile in % (Anhalt)	0,5	4,5	10	10	7	8	15	20	25
Gesamtanteile	**≈ 40 %**						**≈ 60 %**		
Gesteinsbezeichnung	Füller	Sand, Brechsand					Kies, Splitt		
Kornzusammensetzung von Gesteinsgemischen	Wird durch Sieblinien ermittelt.								

Früher – als man den Beton noch vorwiegend auf der Baustelle hergestellt hat – musste man die Kornzusammensetzung mittels Sieblinien noch selbst ermitteln. Heute wird diese Aufgabe in den Herstellerwerken „grammgenau“ durchgeführt.

6.4 Das Wasser

Ohne Wasser gibt es keinen Beton. Für die Herstellung ist es genauso wichtig wie Zement und die Gesteinskörnungen. Als Zugabewasser ist am besten **Leitungswasser** geeignet; schlechter Regen- und Brunnenwasser. (wegen möglicher Verunreinigungen)
Ungeeignet sind:
- Moorwasser (organische Stoffe, z. B. Kleinstlebewesen, Pflanzen)
- Meerwasser (Salze = „zerfressen“ den Beton)

Zusammenfassung von Kapitel 6:

Gesteinskörnungen für Beton

- **Natürliche Gesteinskörnungen** (gebrochene oder ungebrochene) sind vorwiegend Sand, Kies, Splitt und Schotter.
- An die Gesteinskörnungen werden bestimmte **Anforderungen** gestellt: z. B.: Kornfestigkeit, Frostbeständigkeit, Sauberkeit und Kornform.
- Die Gesteinskörnungen für Beton sollen **gemischt körnig** sein.
- Die Zusammensetzung dieser Gemische wird mittels Sieblinien ermittelt.
- Die richtige Zusammenstellung eines Gemisches wird durch **Korngruppen** sichergestellt.
- Leitungswasser eignet sich am besten als Zugabewasser für Beton.

A – Te *Aufgaben zu den Gesteinskörnungen finden Sie im Arbeitsheft, Blatt 94.*

T *Einen Test über die Normzemente und die Gesteinskörnungen als Vorbereitung auf eine mögliche Klassenarbeit finden Sie im Arbeitsheft, Blatt 95.*

Testen Sie sich • Testen Sie sich

Nennen/Erläutern Sie ...

1. die Kennzeichen von gebrochenen und ungebrochenen Gesteinen.
2. die Anforderungen an die Kornform.
3. mind. drei Vorteile gemischt körniger Zusammensetzung von Gesteinskörnungen.
4. was eine werksgemischte Lieferkörnung ist.

7 Fachbegriffe im Betonbau

Damit wir im Folgenden immer eine einheitliche Sprache „sprechen“, müssen Sie zunächst einmal ein paar Fachbegriffe kennenlernen.
Das sollten Sie aber als erstes wissen:

Beton ist ein **Gemisch** aus:

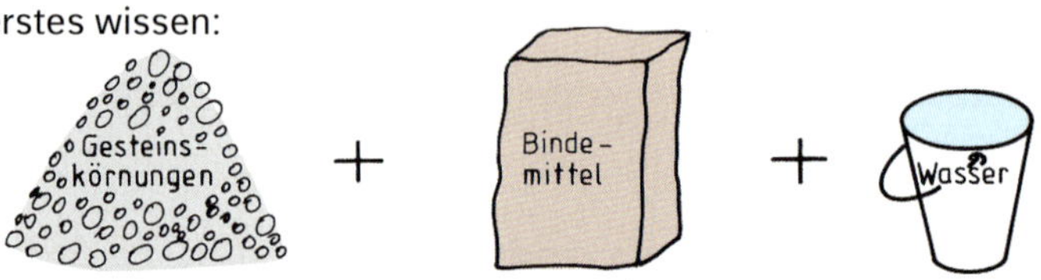

Sand + Kies + Zement + Wasser

Aber der Begriff „Beton“ wird verschieden verwendet, daher hier eine Übersicht.
Die besonders hervorgehobenen Fachbegriffe (fett und gerade geschrieben) müssen Sie können! Diese kommen später immer wieder vor.

1. Betonbegriffe bei der **Herstellung**

Baustellenbeton	⇒	*Beton, dessen Bestandteile auf der Baustelle zusammengestellt und gemischt werden. (wird heute nur noch selten oder für Rest- oder Flickarbeiten benötigt).*
Transportbeton	⇒	Beton, der im Betonwerk hergestellt und im Mischfahrzeug zur Baustelle gebracht und dort übergeben wird.

2. Betonbegriffe nach der **Ausführung**

Stahlbeton = bewehrter Beton	⇒	ein Verbundbaustoff aus Beton und Stahl (z. B. für Stützen, Balken, Wände, Decken u. a.).
Unbewehrter Beton	⇒	Enthält keine Stahleinlagen (z. B. für die meisten Streifenfundamente).

3. Betonbegriffe nach der **Rohdichte**

Leichtbeton	→	*Gesteinskörnungen: Blähton, Naturbims u. a. (Rohdichte ≤ 2,0 kg/dm³).*
Normalbeton	⇒	Enthält als Gesteinskörnungen i. d. R. Sand und Kies (Rohdichte von 2,0 bis 2,6 kg/dm³).
Schwerbeton	→	*Zuschlag: Eisenerz, Schwerspat, Basalt (Rohdichte ≥ 2,6 kg/dm³).*

4. Betonbegriffe nach dem Einbau

Ortbeton	⇒	Angemachter Beton, der auf der Baustelle in seine endgültige Form eingebracht wird und dort erhärtet.
Betonfertigteile Betonwaren Betonwerkstein	→	*Im Betonwerk hergestellte und im fertigen Zustand angelieferte Teile, die auf der Baustelle nur noch eingebaut werden (z. B. Verbundsteine, Platten, Träger).*

5. Betonbegriffe nach dem Alter

Frischbeton	⇒	Beton, der noch <u>verarbeitbar</u> ist (bis etwa 1 Stunde).
Junger Beton	→	*Beton, der erstarrt und nicht mehr verarbeitbar ist (nach 1 Stunde bis etwa 3 Tagen).*
Festbeton	⇒	Beton, der <u>erhärtet</u> ist (nach dem Ausschalen).

8 Das theoretische Grundwissen über Beton

Welche Eigenschaften hat Beton?

Festbeton hat eine große Druckfestigkeit und kann daher eine **hohe Druckbelastung** aushalten!

Diese wichtige Eigenschaft kann der Beton jedoch nur erreichen, wenn:

die **richtigen Bestandteile** im **richtigen Verhältnis** gemischt werden.

Richtige Bestandteile, auf die zu achten ist:

- Gesteinkörnungen mit möglichst gedrungener Kornform. Die Kornzusammensetzung ist <u>gemischt körnig</u>.
- Nur Normalzemente mit bestimmten Eigenschaften.
- Wasser ohne Verunreinigungen, am besten Leitungswasser.

Richtiges Mischungsverhältnis bedeutet:
Gesteinskörnungen, Zement und Wasser werden nicht „so in etwa“ zusammengestellt, sondern nach berechneten Anteilen gemischt.
Erledigt für uns i. d. R. das Betonwerk.

8.1 Der Wasserzementwert

Von besonderer Bedeutung ist das Verhältnis von Wasser (w) zu Zement (z), was man auch **W**asser**z**ementwert (w/z) nennt.

Mit dem **W**asser**z**ementwert (w/z) wird vorgeschrieben, wie viel Wasser und Zement zu nehmen ist.

$$\frac{w}{z} \triangleq \frac{\text{Masse (Gewicht) des Wassers in kg (\textasciitilde l)}}{\text{Masse (Gewicht) des Zements in kg}}$$

Ein guter Wasserzementwert $\frac{w}{z}$ liegt bei 0,5.

Das bedeutet:

Auf 

nimmt man 

entspricht → $\frac{w}{z}$ = **0,5**

10 l Wasser — 20 kg Zement

Warum soll der Wasserzementwert 0,5 eingehalten werden?

Bei diesem Wert wird eine **hohe Betondruckfestigkeit** erreicht.

8.2 Die Anforderungen an den Frischbeton

Auf der Baustelle wird ein Beton benötigt, der sich gut fördern, einbauen und verdichten lässt. Ein Maß für die Verarbeitung des Frischbetons ist die **Konsistenz** = Steifigkeit des Betons. Für die Konsistenz gilt folgende Unterteilung:

Steifer Beton (Unterteilung in: sehr steif und steif) **Plastischer Beton**	**Weicher Beton** = Regelkonsistenz (Unterteilung in: weich und sehr weich) **Fließfähiger Beton**

So kann man den Beton „mit dem Auge“ unterscheiden:

Steifer Beton	Plastischer Beton	Weicher Beton

noch lose	schollig	schwach fließend

Die Konsistenz richtet sich nach den Bedingungen auf der Baustelle (Art des Bauteils, Verdichtungsmöglichkeiten usw). Transportbeton, der heute fast auf jeder Baustelle verwendet wird, wird i. d. R. als weicher Beton geliefert.

Diese Tabelle gilt für das Verdichtungsmaß:

Konsistenz des Betons	Kurzzeichen	Verdichtungsmaß
Sehr steifer Beton	C0	≤ 1,46
Steifer Beton	C1	1,45 bis 1,26

Konsistenz des Betons	Kurzzeichen	Verdichtungsmaß
Plastischer Beton	C2	1,25 bis 1,11
Weicher Beton	C3	1,10 bis 1,04

Merke:

Das Verdichtungsmaß wird durch Verdichtungsversuche ermittelt und für Berechnungen i. d. R. vorgegeben.

Die Konsistenz des Betons können Sie (auch in der Schule) im Baulabor anhand mehrerer Versuche selbst bestimmen. Bei uns sind zwei Versuche üblich. Diese sind:

Ausbreitversuch

V – Te *Ein Arbeitsblatt für den Ausbreitversuch finden Sie im Arbeitsheft, Blatt 96.* ⇐
(Hier können sechs Konsistenzklassen F1 ... F6 geprüft werden.)

V – Te *Ein Arbeitsblatt für den Verdichtungsversuch finden Sie im Arbeitsheft, Blatt 97.* ⇒
(Hier können vier Konsistenzklassen C0 ... C3 geprüft werden.)

Verdichtungsversuch

Anm.: Anleitungen zur Durchführung und Auswertung der Versuche sind bei den entsprechenden Versuchsblättern vorhanden.

8.3 Anforderungen an den Festbeton

Festbeton muss zwei Bedingungen erfüllen:

a) eine **hohe Druckfestigkeit** erreichen (dadurch erfüllt er die statischen Anforderungen) und
b) **bestimmten Umweltbedingungen** gerecht werden.

Diese Anforderungen kann der Festbeton nur erfüllen, wenn bei der Zusammensetzung, Herstellung und Verarbeitung des Frischbetons folgende Faktoren berücksichtigt werden:

Hierauf hat der „Planer“ Einfluss:

- die Wahl der geeigneten Zementart *(→ CEM I, CEM II ...)*,
- die Zementmenge *(→ Zementanteil im bestimmten Verhältnis zugeben)*,
- die Festigkeitsklasse des Zements *(→ 32,5 N oder R; 42,5 N oder R; 52,5 ...)*,
- die Art und Zusammensetzung der Gesteinskörnungen *(→ gemischt körnig)*,
- den *w/z*-Wert *(→ je höher der w/z-Wert, desto niedriger ist die Druckfestigkeit)*.

Hierauf haben Sie auf der Baustelle Einfluss:

- die Art der Verdichtung *(→ welches Verdichtungsgerät für welche Konsistenz?)*,
- die Nachbehandlung *(→ Sommer? Winter?)*.

Die Probe, die man (möglicherweise) zur Bestimmung der Druckfestigkeit benötigt, wird der jeweiligen Betonlieferung entnommen und nach Erhärtung im Labor geprüft ⇒ *durch Druckversuche*.

Die Prüfung muss die anfangs geforderte Beton-Druckfestigkeitsklasse bestätigen!

Ansonsten muss das „Nicht-Erreichen“ sofort einer amtlichen Prüfstelle mitgeteilt werden.

Nur durch das Zusammenwirken aller Faktoren kann die Entwicklung vom Frisch- zum Festbeton (also die Betonerhärtung) optimal verlaufen.
Den Verlauf der Betonerhärtung und die Entwicklung der Druckfestigkeit zeigt die nachfolgende Skizze.

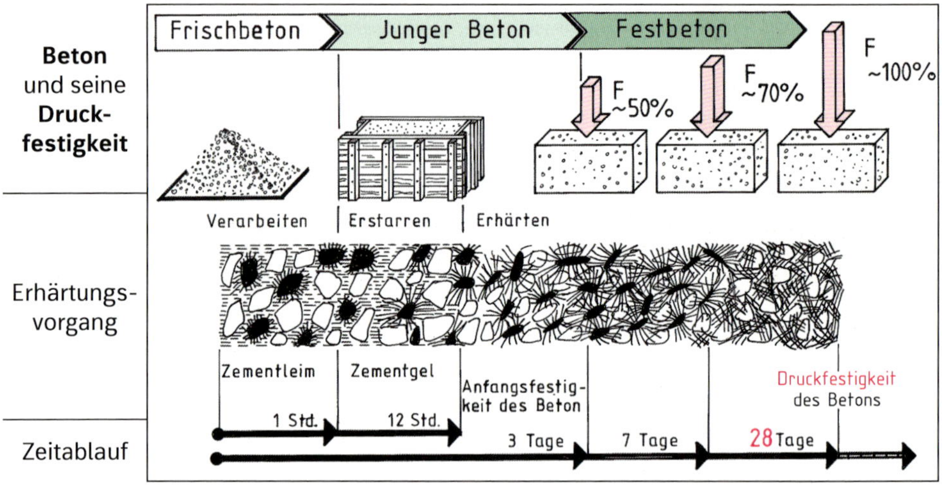

Merke:

Die Druckfestigkeit muss geprüft werden!
(Druckfestigkeit = die Festigkeit, die ein Beton erreichen muss.)

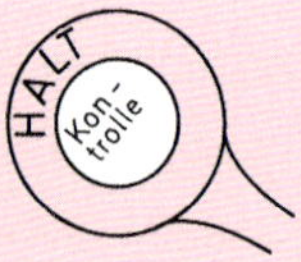

⇒ Das machen wir durch „Druckversuche".

Für „Druckversuche" gibt es zwei Möglichkeiten:

In den meisten EU-Ländern üblich: Druckfestigkeitsprüfung	Vorw. in Deutschland noch üblich: Druckfestigkeitsprüfung
von (Probe-)**Zylindern**	von (Probe-)**Würfeln**

Abmessungen des Probezylinders (in cm)	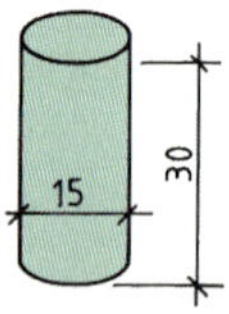	Abmessungen des Probewürfels (in cm)	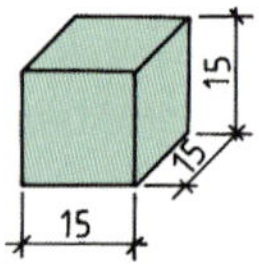

Wie wird die Betondruckfestigkeit geprüft?

① **Probekörper herstellen**

 oder 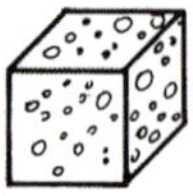

② **Probekörper 28 Tage lagern!**
(nach EN 12 390-2)

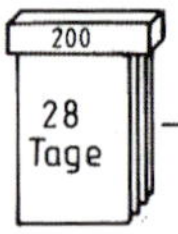

→ 1 Tag in der Form
+ 27 Tage im Wasser

③ Probekörper auf Druckfestigkeit mit einer Prüfpresse prüfen

Probezylinder in der Prüfpresse vor dem „Abdrücken“

Vorgang:
Probekörper bis zur mindestens geforderten Druckfestigkeit (siehe nachfolgende Tabelle) belasten.
Diese Druckfestigkeit muss erreicht werden. Vorher darf der Probekörper nicht zu Bruch gehen.
Anschließend den Probekörper weiter belasten (bis zum Bruch), um die Bruchlast an der Prüfpresse ablesen zu können.

Probewürfel in der Prüfpresse vor dem „Abdrücken“

④ **Prüfergebnis** (anhand nachfolgender Tabelle) **begutachten**
Druckfestigkeit des (oder der) Probekörper(s) der entsprechenden Druckfestigkeitsklasse für Beton zuordnen.
Dazu müssen Sie wissen:
Je nach Herstellung und Verwendung gibt es

2 Beton-**Arten**
mit insgesamt
16 Beton-**Druckfestigkeitsklassen**

Normalbeton C8/10 ... C50/60 und **Hochfester Beton** C55/67 ... C100/115

Anhand der vorgenommenen Druckfestigkeitsprüfung kann man nun „seine“ Probekörper in die entsprechende Beton-Druckfestigkeitsklasse einordnen.

Und dies sind die entsprechenden Tabellen hierfür:

Normalbeton					
Beton-druckfestig-keitsklasse	Zylinder-druckfestig-keit in N/mm^2	Würfeldruck-festigkeit in N/mm^2	Beton-druckfestig-keitsklasse	Zylinder-druckfestig-keit in N/mm^2	Würfel-druckfestig-keit in N/mm^2
C8/10	8	10	C30/37	30	37
C12/15	12	15	C35/45	35	45
C16/20	16	20	C40/50	40	50
C20/25	20	25	C45/55	45	55
C25/30	25	30	C50/60	50	60

Hochfester Beton					
Beton-druckfestig-keitsklasse	Zylinder-druckfestig-keit in N/mm^2	Würfeldruck-festigkeit in N/mm^2	Beton-druckfestig-keitsklasse	Zylinder-druckfestig-keit in N/mm^2	Würfel-druckfestig-keit in N/mm^2
C55/67	55	67	C80/95	80	95
C60/75	60	75	C90/105	90	105
C70/85	70	85	C100/115	100	115

Was bedeutet die Bezeichnung C ...? Als Beispiel: C16/20

C	16	20
Concrete (engl. = Bezeichnung für Beton)	Geforderte Druckfestigkeit des Probe**zylinders** nach 28 Tagen in N/mm² (hier: 16 N/mm²)	Geforderte Druckfestigkeit des Probe**würfels** nach 28 Tagen in N/mm² (hier: 20 N/mm²)

V – Te *Einen Auswertungsbogen für eigene Würfeldruckversuche finden Sie im Arbeitsheft, Blatt 98.*

A – Te *Aufgaben zur Wiederholung des Gelernten finden Sie im Arbeitsheft, Blatt 99, 100.*

8.4 Berücksichtigung von Umweltbedingungen

Vor Ort werden Sie mit dem Folgenden nur dann in Berührung kommen, wenn Sie den Lieferschein einer Betonmischung entgegennehmen und kontrollieren müssen. Da tauchen dann Begriffe auf, die Sie wenigstens ansatzweise verstehen sollten.

Merke:

Jedes Betonbauteil muss zwei Bedingungen erfüllen:

1. den **statischen Anforderungen** genügen
   Die Berechnungen hierfür macht der Tragwerksplaner.
2. ganz **bestimmten Umweltbedingungen** gerecht werden
   Die Überprüfungen und Festlegungen macht der Betonbesteller (in Abstimmung mit dem Tragwerksplaner).

Nur wenn beides „geprüft“ ist, kann das Betonbauteil eine lange Nutzungsdauer erreichen und den Einwirkungen und Einflüssen der Umwelt standhalten.

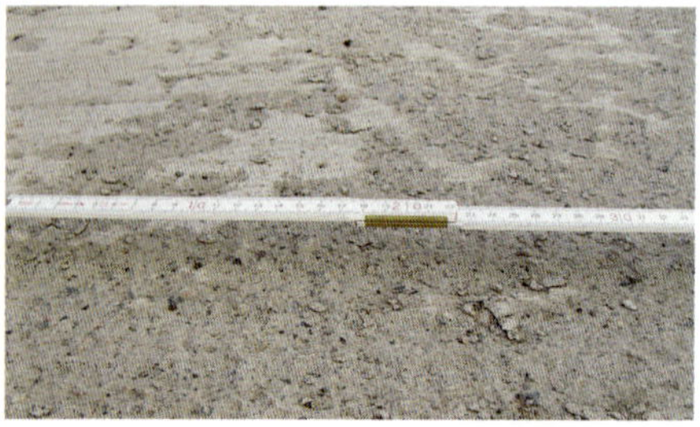

Abgewitterte Betonoberfläche

Baufehler: Kein Beton mit hohem Frost- und Tausalzwiderstand XF4 verwendet

Um Bauwerke vor Umweltbelastungen und Witterungseinflüssen zu schützen, hat man versucht

vorbeugende Schutzmaßnahmen

gegen

- Karbonatisierung
  (= Umwandlung des Beton)
- Chloride
  (= Salze → z. B. Streusalz, Meerwasser)
- Frost
- Chemikalien
  (= Laugen, Säuren)
- Verschleiß

bei der **Betonherstellung** zu berücksichtigen.

Mögliche Schädigungsart: ↓		**Umgebungsbedingungen**	**„Schutzklasse“ ❶**		**Kommt vor bei:** (Anwendungsbeispiele)
1. **Bewehrungs-**		trocken	**XC 1**	→	Innenbauteile
schäden		nass, selten trocken	**XC 2**	→	Gründungsbauteile
durch		mäßig feucht	**XC 3**	→	Offene Hallen, Hallenbäder
Karbonatisierung ❷		wechs. nass/trocken	**XC 4**	→	Außenbauteile bei Regen
2. **Beweh-**	nicht	mäßig feucht	**XD 1**	→	Einzelgaragen
rungs-	aus Meer-	nass, selten trocken	**XD 2**	→	Schwimmbecken, Solebäder
schäden	wasser	wechs. nass/trocken	**XD 3**	→	Fahrbahndecken, Parkdecks
durch	aus	salzhaltige Luft	**XS 1**	→	Außenbauteile in Küstennähe
Chloride	Meer-	unter Wasser	**XS 2**	→	Bauteile in Hafenbecken
❸	wasser	Sprühnebel, Tide	**XS 3**	→	Kaimauern
3. **Beton-**	mäßig	ohne Taumittel	**XF 1**	→	Außenbauteile
schäden	Wasser	mit Taumittel	**XF 2**	→	Verkehrsflächen
durch	viel	ohne Taumittel	**XF 3**	→	Offene Wasserbehälter
Frost ❹	Wasser	mit Taumittel	**XF 4**	→	Straßenbeläge
4. **Beton**schäden		schwach	**XA 1**	→	Güllebehälter
durch angreifende		mäßig	**XA 2**	→	Bauteile in/um Meerwasser
Chemikalien ❺		stark	**XA 3**	→	Gärfuttersilos, Kühltürme
5. **Beton**schäden		mäßig	**XM 1**	→	Böden durch luftbereifte Kfz
durch		schwer	**XM 2**	→	Böden durch Vollgummi-Kfz
Verschleiß ❻		extrem	**XM 3**	→	Böden für Kettenfahrzeuge
Keine Schädigungsgefahr für Beton		Alle Umgebungsbedingungen, außer: XF, XA und XM	**X0**	→ →	**Unbewehrte** Fundamente (ohne Frost) und Innenbauteile

Erläuterungen zu der Tabelle:

❶ = *Kurzzeichen für die jeweils vorher beschriebenen Umgebungsbedingungen und mögliche Schädigungsart*

❷ = *Beton mit Bewehrung, der Luft sowie Feuchtigkeit ausgesetzt ist*

❸ = *Beton mit Bewehrung, der salzhaltigem Wasser ausgesetzt ist*

❹ = *Durchfeuchteter Beton, der in erheblichem Umfang dem „Frieren und Tauen“ ausgesetzt ist*

❺ = *Beton ohne/mit Bewehrung, der chemischen Angriffen durch natürliche Böden, Grund- und Meerwasser ausgesetzt ist*

❻ = *Beton ohne/mit Bewehrung, der erheblichen mechanischen Beanspruchungen (z. B. Bremsen, Anfahren) ausgesetzt ist*

Es ist Sache des Tragwerkplaners und des Bauleiters, dieses bei der Betonbestellung zu berücksichtigen. Für Sie ist wichtig: Die daraus sich ergebende Druckfestigkeitsklasse und das Verlegemaß der Betondeckung sind unbedingt zu überprüfen und einzuhalten.

Zusammenfassung von Kapitel 7 und 8:

Das theoretische Grundwissen über Beton

- Für die Betonherstellung gelten Anforderungen an den Zement, die Gesteinskörnungen, das Wasser und die Mischungsverhältnisse.
- **Frischbeton** ist verarbeitbarer Beton in den Konsistenzbereichen „steif“, „plastisch“, „weich“ und „fließfähig“.
- **Festbeton** ist erhärteter Beton, der eine hohe Druckfestigkeit haben soll.
- Beton wird in die **Betonarten** Normal- (und Schwerbeton) sowie Hochfester Beton eingeteilt.

- Jede Betonart hat verschiedene **Druckfestigkeitsklassen**.
- Die Druckfestigkeitsklasse legt die **geforderte Druckfestigkeit** fest, die Probekörper (Zylinder/Würfel) nach 28 Tagen in N/mm^2 erreichen müssen.
- Beton wird unterschieden nach:
  1. der **Herstellung** in: Transport-, Baustellenbeton.
  2. der **Ausführung** in: Stahlbeton, unbewehrter Beton.
  3. der **Rohdichte** in: Leicht-, Normal-, Schwerbeton.
  4. dem **Einbau** in: Ortbeton, Betonfertigteile, Betonwaren, Betonwerkstein.
  5. dem **Alter** in: Frischbeton, Junger Beton, Festbeton.
- Die **Umweltbedingungen** müssen berücksichtigt werden.

Testen Sie sich • Testen Sie sich

Nennen/Erläutern Sie ...

1. fünf Fachausdrücke und ihre Bedeutung.
2. die Konsistenzbereiche des Frischbetons.
3. mindestens drei Punkte, durch die eine hohe Druckfestigkeit des Festbetons erreicht werden kann.
4. die Betonarten und je zwei Beispiele für die dazugehörigen Druckfestigkeitsklassen
5. die Bezeichnung C20/25.

9 Das praktische Wissen über die „Betonherstellung“

Für die verschiedenen Bauaufgaben kommt Beton in zwei Anwendungsformen zum „Einsatz“:

1. als **Transportbeton** *und ganz selten noch als* 2. **Baustellenbeton**

Kennzeichen:
Der Frischbeton wird außerhalb der Baustelle im **Betonwerk** zusammengestellt und gemischt. Der Beton wird einbaufertig in **Mischfahrzeugen** zur Baustelle befördert.

Kennzeichen:
Der Frischbeton wird **auf der Baustelle** zusammengestellt und in **Mischern** selbst gemischt. Dabei sind verschiedene Vorschriften einzuhalten.

9.1 Die „Lieferformen" des Betons

Beton wird heute in drei Ausführungsformen auf die Baustelle geliefert:

1. als **Beton nach Eigenschaften**	*heute vorwiegend üblich*
2. als **Beton nach Zusammensetzung**	„Spezialbeton" *wird nicht behandelt*
3. als **Standardbeton**	*kann auch auf der Baustelle hergestellt werden*

Merke:

Beton kommt nur noch als Transportbeton fertig auf die Baustelle.
Die Herstellung von Beton auf der Baustelle ist „out"
Ausnahmen gelten nur noch für Standardbeton

9.1.1 Beton nach Eigenschaften

Das ist Beton, für den der „Planer" (z. B. Tragwerksplaner und/oder Bauunternehmen) **bestimmte Betoneigenschaften fordert** *nach Statik und Bauteilkatalog, z. B. Frostbeständigkeit, Verschleißbeständigkeit usw.*

Nach diesen Forderungen muss das Betonwerk die richtigen Ausgangsstoffe auswählen und den Beton herstellen. Es ist für die Einhaltung der Forderungen verantwortlich und führt auch die notwendigen Prüfungen durch.

Was muss bei der Betonbestellung eines „Betons nach Eigenschaften" demnach alles angegeben werden?

Das zeigt die folgende Übersicht:

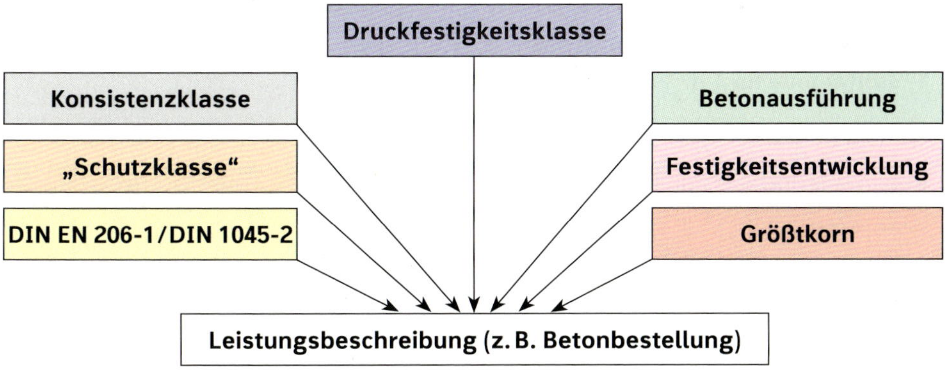

Und so könnte eine Betonbestellung aussehen!

Angaben über:	**Beispiel:** *Decke EG*
– Betonausführung	→ *Stahlbeton*
– Bezug auf DIN EN 206-1/DIN 1045-2	→ *gem. Eurocode 2 (EC 2)/DIN 1045-2*
– Druckfestigkeitsklasse	→ *C25/30*
– „Schutzklasse(n)" – Expositionsklassen	→ *1. XC 4, XF 1 (für Balkonplatte)*
	→ *2. XC1 (für Platte, innen)*
– Konsistenz	→ *C3*
– Festigkeitsentwicklung	→ *Rapid*
– Größtkorn Gesteinskörnung	→ *32 mm*

9.1.2 Standardbeton

Das ist Beton aus natürlichen Gesteinskörnungen, Normalzement und Wasser **ohne** jegliche andere Zusätze, wobei ein **vorgegebener Mindestzementgehalt** eingehalten werden muss. Dieser Beton unterliegt nur der Eigenkontrolle des Herstellers.

Anforderungen an Standardbeton

Für Standardbeton werden durch die DIN EN 206-1 bzw. DIN 1045-2 exakte Vorgaben für den Anwendungsbereich, die Betonzusammensetzung und die Festlegung gegeben (siehe folgende Tabelle).

Anforderungen	Beschränkungen
– Normalbeton (bewehrt, unbewehrt) – Expositionsklasse (nur X0, XC1, XC2) – Feuchtigkeitsklasse – Konsistenzbezeichnung – Druckfestigkeitsklasse ≤ C16/20 – Festigkeitsentwicklung – Nennwert des Größtkorns der Gesteinskörnung	– Natürliche Gesteinskörnung (z. B. keine Hochofenschlacke) – keine Zusatzmittel (z. B. Verzögerer) – keine Zusatzstoffe (z. B. Gesteinsmehl) – Zementart (z. B. Sulfatwiderstand) – Mindestzementgehalt (abhängig von der Gesteinskörnung)

Da dieser Beton nur eingeschränkt zu verwenden ist, kann er – unter Beachtung der oben genannten Einschränkungen – auch auf der Baustelle als „Baustellenbeton" hergestellt werden.

Aber:

Als „Baustellenbeton" sollte der Standardbeton nur für Restarbeiten in kleineren Mengen hergestellt werden (zu großer Aufwand an Material und Zeit).

Um den Standardbeton auch „richtig" herzustellen, sollte die nachfolgende „Rezeptur" eingehalten werden.

1. Stoffanteile für 1 m³ Frischbeton (nur Anhalt)

Betonfestigkeitsklasse →				C 8/10			C 12/15			C 16/20		
Zementfestigkeitsklasse	Größtkorn der Gesteinskörnung	Sieblinienbereich	Konsistenz	Zement * (kg)	Zugabe Wasser (l)	Gesteinskörnung (kg)	Zement * (kg)	Zugabe Wasser (l)	Gesteinskörnung (kg)	Zement (kg) (kg)	Zugabe Wasser (l)	Gesteinskörnung (kg)
32,5 N 32,5 R	32	günstig	steif	210	85	2008	272	88	1953	290	86	1935
			plastisch	230	108	1935	300	110	1872	320	112	1860
			weich	260	130	1852	330	138	1790	360	136	1769
	16	günstig	steif	230	108	1940	300	110	1878	320	110	1878
			plastisch	250	133	1866	330	135	1800	350	130	1778
			weich	288	156	1780	362	158	1710	398	157	1682
42,5 N 42,5 R	32	günstig	steif	189	85	2025	243	87	1977	261	87	1968
			plastisch	207	109	1958	270	110	1902	288	109	1895
			weich	234	131	1875	297	133	1826	324	131	1801
	16	günstig	steif	210	108	1960	270	112	1907	290	107	1885
			plastisch	230	131	1886	300	135	1825	320	130	1812
			weich	260	154	1798	330	157	1739	360	154	1718

2. Anzahl der Mischungen für 1 m³ Frischbeton nach Mischergröße (grober Anhalt)

Mischergröße →		**150 l**	**250 l**	**375 l**	**500 l**	**750 l**	**1000 l**
Anzahl der Mischungen bei:	Steifer Beton	8	5	3,54	2,5	1,5	1
	Plastischer Beton	7,5	4,5	3,5	2	1,5	1
	Weicher Beton	7	4	3	2	1,5	1

A – Ma *Eine Aufgabe zum Standardbeton – als Baustellenbeton hergestellt – finden Sie im Arbeitsheft, Blatt 101.*

9.2 Die Betonbestellung

Bis wann sollte Transportbeton bestellt werden?

- Betonmengen bis 100 m^3: 24 Stunden vorher
- **größere Betonmengen:** 2 bis 3 Tage vor Bedarf

Die Betonbestellung selbst wird (mit Sicherheit) vom Bauleiter, Meister oder Polier gemacht werden.

Welche Aufgabe haben „wir" im Rahmen der Betonbestellung zu übernehmen?

Sie müssen die benötigten Betonmengen berechnen können!

1. Schritt:

Nach den Bauteilabmessungen das Volumen in m^3 berechnen
Volumen = *Länge (m) × Breite (m) × Dicke bzw. Höhe (m)*
V = *l × b × d (h)* *Ergebnis in m^3*

2. Schritt:

Berechnen der erforderlichen Frischbetonmenge in m^3
Wie macht man das?

Beispiel: *„Unser" Ferienhaus*
Aufgabe: Die Bodenplatte aus Stahlbeton soll betoniert werden. Wie viel m^3 Frischbeton sind zu bestellen?

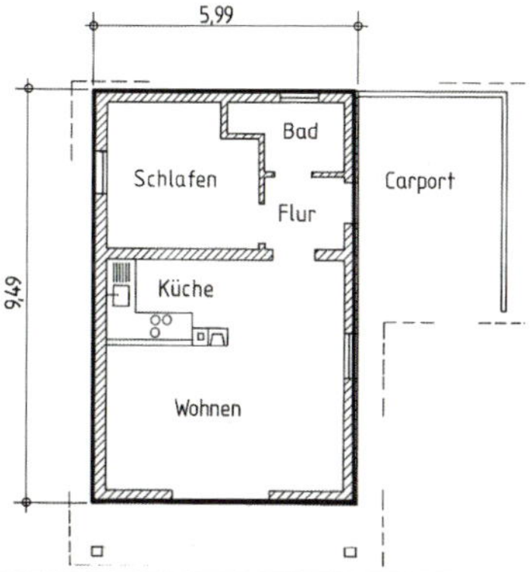

Vorgaben:
- Dicke der Bodenplatte $d = 15$ cm
- Betondruckfestigkeitsklasse C20/25
- Verdichtungsmaß des Frischbetons C3 = 1,05

1. Schritt: Volumenberechnung der Bodenplatte
V = 9,49 m × 5,99 m × 0,15 m = 8,53 m^3
2. Schritt: Berechnung der Frischbetonmenge
→ *Dazu müssen Sie wissen:*

Beton muss immer verdichtet werden.
Das Maß der Verdichtung hängt von der Konsistenz des Betons ab.

→ *Das ist bei der Betonbestellung zu berücksichtigen!*

Zur Wiederholung! Diese Tabelle gilt für das Verdichtungsmaß:

Konsistenz des Betons	Kurzzeichen	Verdichtungsmaß
Sehr steifer Beton	C0	≥ 1,46
Steifer Beton	C1	1,45 bis 1,26

Konsistenz des Betons	Kurzzeichen	Verdichtungsmaß
Plastischer Beton	C2	1,25 bis 1,11
Weicher Beton	C3	1,10 bis 1,04

Merke:

Das Verdichtungsmaß wird durch Verdichtungsversuche ermittelt und für Berechnungen i. d. R. vorgegeben.

Zurück zu unserem Beispiel:
Jetzt kann die Frischbetonmenge berechnet werden!
Frischbetonmenge = Volumen × Verdichtungsmaß
→*Verdichtungsmaß: siehe Vorgabe*
= 8,53 m^3 × 1,05 = 8,96 m^3 = 9,0 m^3 Frischbeton
Lieber etwas mehr bestellen, als nachher zu wenig zu haben!

Welchen Fehler macht man häufig bei Betonmengenberechnungen?

Man vergisst das Verdichtungsmaß zu berücksichtigen Folge: beim Betonieren fehlt eine Restmenge bedeutet: i. d. R. Nachbestellen bis 0,33 m^3 liefert das Betonwerk.

Proj *Eine Projektaufgabe zur Betonberechnung finden Sie im Arbeitsheft, Blatt 102.*

10 Das praktische Grundwissen über Beton

10.1 Die Verarbeitung des Frischbetons

Betonverarbeitung = Transportieren + Einbringen + Verdichten + Nachbehandeln

Aufgepasst! Es folgen jetzt viele Regeln, die Sie wissen sollten!

10.1.1 Betontransport und Betonförderung

Das ist heute üblich:

Betontransport bis zur Baustelle durch

Betonmischfahrzeug

Betonbeförderung auf der Baustelle durch:

Fördergerät: Krankübel

Fördergerät: Betonpumpe

„Gängige" Fördergeräte auf der Baustelle sind:
- Kran + Kübel,
- Betonpumpen,
- Rutschen,
- Förderbänder.

Kaum noch üblich:
- Schubkarre

Regel: Beim Befördern auf der Baustelle darf sich der Frischbeton **nicht entmischen**!

Entmischung bedeutet:
- Der Zuschlag trennt sich in Fein- und Grobkorn.
- Der Zement löst sich vom Zuschlag.

⇒ Folge: Schlechte Güte des Festbetons (evtl. Bildung von Kiesnestern)

Kiesnester durch Entmischung

Welches Fördergerät ist für welche Konsistenz empfehlenswert?

Fördergerät	Konsistenz			
	steif	plastisch	weich	fließfähig
Betonpumpe			x	x
Kran + Kübel		x	x	
Förderband		x		
Rutschen	x	x	x	x
Schubkarre	x	x		

Bei Einhaltung dieser „Empfehlungen" besteht kaum die Gefahr der Entmischung von Frischbeton.

10.1.2 Betoneinbringung

Baustellenbeton Standardbeton ist nach dem Mischen „einzubringen".
→ bei trockenem und warmem Wetter spätestens nach einer 1/2 Std.
→ bei kühlem und feuchtem Wetter spätestens nach 1 Std.
Transportbeton ist sofort nach dem Anliefern „einzubringen".

Welche Regeln müssen beachtet werden?

1. Schalung reinigen und vorbereiten

Reinigen heißt: Bindedrahtreste, Nägel usw. entfernen.
Vorbereiten heißt: Schalung muss dicht, standfest und mit Trennmittel behandelt sein. Bewehrung kontrollieren!

Warum? Sonst fließt z. B. Zementleim aus der Schalung, oder ein sauberes Trennen der Schalung vom Beton ist nicht möglich.

2. Fallhöhen vermeiden, „frisch in frisch" betonieren

Große freie Fallhöhen vermeiden

Fallhöhen sollten nicht höher als 1 m sein, ansonsten Entmischung.
„Frisch in frisch" bedeutet: Beton zügig verarbeiten, sodass keine Absätze oder unbeabsichtigten Betonierfugen entstehen.
Warum? Einschluss von Luftporen, dadurch entstehen undichte Stellen im Beton.
Folge: die Kräfte werden nicht richtig übertragen. Die Standsicherheit ist gefährdet!

Regel: Bei Stahlbeton vor und nach dem Einbringen **Bewehrung kontrollieren!**

Das bedeutet:
- Bewehrung erst nach der Vorbehandlung der Schalung mit Trennmittel einbauen.
- Anzahl der Abstandhalter kontrollieren.
- Während des Einbringens darf sich die Lage der Bewehrung nicht verändern und
- die Bewehrung muss gleichmäßig mit Beton überdeckt werden.
- Schalungskontrolle während des Betonierens.

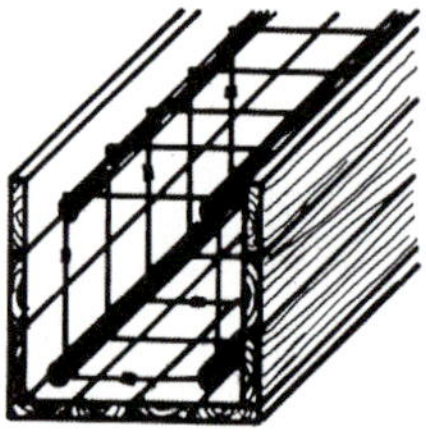

Betoneinbau (besonders bei Decken): Frischbeton einbringen, immer vom verdichteten Beton weg.

Warum? → sonst Einschluss von Luftporen

Bei dickeren oder höheren Bauteilen Frischbeton lagenweise in Schichten von etwa **30 bis 50 cm** einbringen.

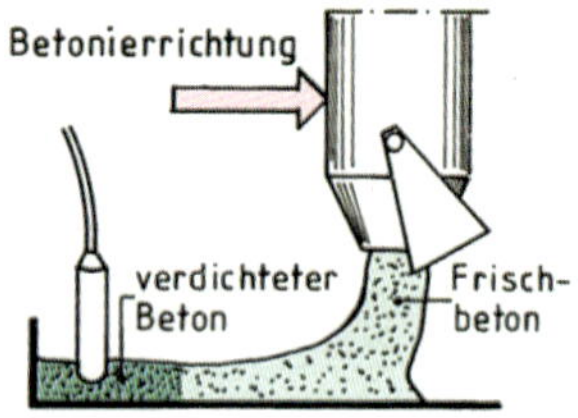

10.1.3 Betonverdichtung

Regel: Frischbeton **muss grundsätzlich verdichtet** werden!

Regel: Die Art der Verdichtung hängt von der **Konsistenz** des Frischbetons ab!

Heute ist Maschinenverdichtung üblich. Ihr Ziel:
- ein dichtes Gefüge des Betons zu erreichen,
- alle Bewehrungsstäbe dicht mit Beton zu umhüllen.

Innenrüttler (Rüttelflasche)

Außenrüttler (Schalungsrüttler)

Oberflächenrüttler (Rüttelplatten, -walzen)

Die heute kaum noch übliche „Handverdichtung" erfolgt mit diesen Werkzeugen:

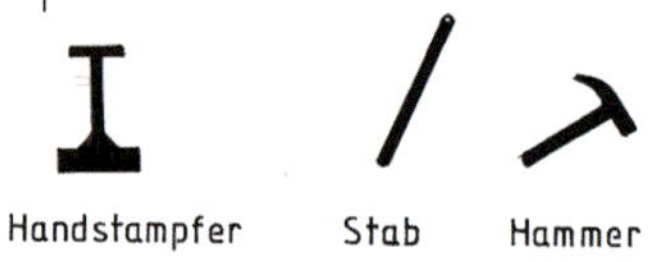

Betonaussehen ... nach **guter** Verdichtung

... nach **schlechter** Verdichtung

Regel: **Das Verdichten des Frischbetons erfolgt schichtweise!**

⇒ Dadurch werden die Hohlräume verringert. **Folge:** Der Festbeton wird druckfester, wasserundurchlässiger und witterungsbeständiger.

Die Schichtdicke beträgt beim Einsatz von:		
Außenrüttler: ≤ 30 cm	Innenrüttler: ≤ 50 cm	Oberflächenrüttler: ≤ 15 cm

Das gebräuchlichste Rüttelgerät auf der Baustelle ist die Rüttelflasche (Innenrüttler).
Dazu sollten Sie wissen:

- Rüttelflasche zügig eintauchen, langsam herausziehen.
- Abstand der Eintauchstellen ca. 25 bis 70 cm (je nach Größe der Rüttelflasche).
- Eintauchtiefe in die bereits verdichtete Schicht ca. 10 bis 20 cm.
- Schalung und Bewehrung mit der Rüttelflasche nicht berühren.
- So lange rütteln, bis sich an der Oberfläche eine Schicht zäher „Schlempe" (= trübes Wasser) zeigt.

und weiter ist zu beachten:
- Eintauchstellen müssen sich überschneiden,
- bei flachen Betonlagen die Rüttelflasche „schleppend" ziehen!

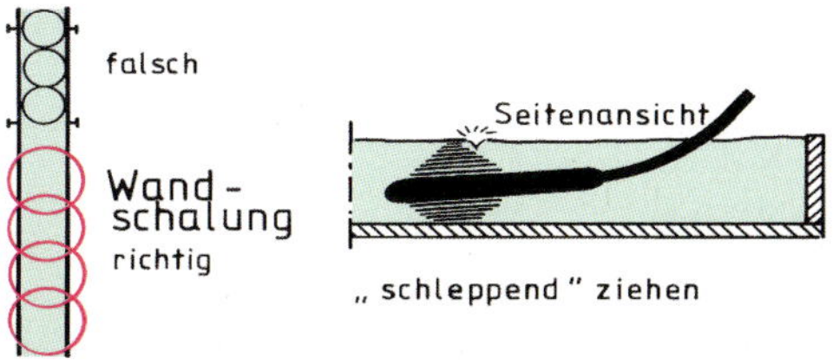

10.2 Die Nachbehandlung des jungen Betons

Für den noch jungen Beton sind Schutzmaßnahmen notwendig, weil er sonst austrocknen kann. ⇒ Folge: Die Druckfestigkeit als Festbeton kann geringer sein als gewünscht.
Die Schutzmaßnahmen gehören zur Nachbehandlung.

Hauptsächlich besteht die Gefahr von:

vorzeitigem Austrocknen.
⇒ Sonst: geringe Festigkeit, Gefahr der Schwindrissbildung.

Temperaturschwankungen.
⇒ Sonst: Verformungen und Rissbildung.

Erschütterungen.
⇒ Sonst: Beschädigung der Betonoberfläche und des Gefüges.

Wann beginnt, wann endet die Nachbehandlung?

Beginn: In der Regel sofort nach dem Verdichten.
Ende: Wenn der junge Beton etwa 50 % seiner Nennfestigkeit erreicht hat.

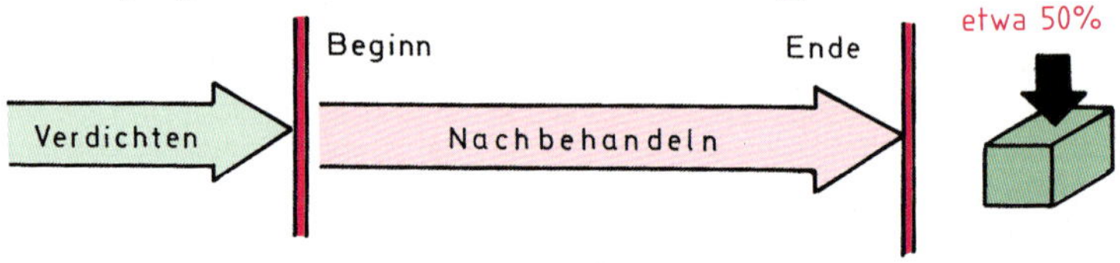

Welche Arten der Nachbehandlung sind üblich?

Das richtet sich in der Regel nach den Jahreszeiten!

Im Sommer:

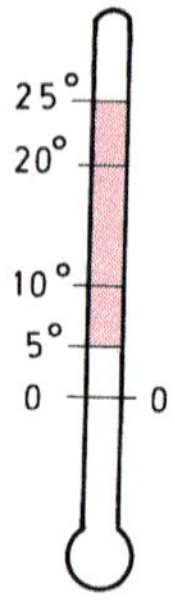

Gleichmäßiges Feuchthalten des jungen Betons durch ⇒

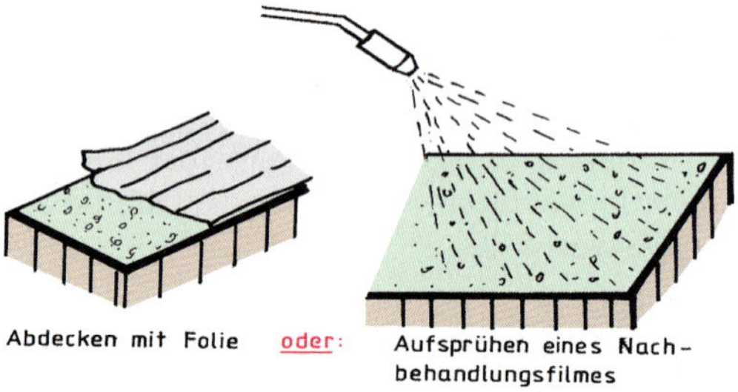

Im Winter:

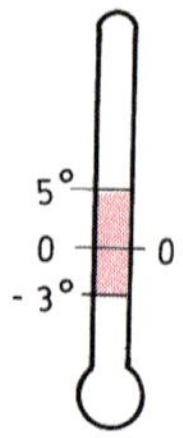

Vermeidung von Frostschäden beim jungen Beton durch ⇒

Merke:

Die Nachbehandlungsdauer richtet sich nach dem Verlauf der Betonerhärtung.

Als grober Anhalt kann gelten: *(→ bei einer Annahme von mind. +10 °C)*

Verlauf der Betonerhärtung:	Äußere Bedingungen für das Bauteil: vor Sonne und Wind geschützt, feucht	etwas Sonne, etwas Wind, trocken	starke Sonne, starker Wind, sehr trocken
schnell	mind. 1 Tag	mind. 1 Tag	mind. 2 Tage
normal	mind. 2 Tage	mind. 3 Tage	mind. 4 Tage
langsam	mind. 2 Tage	mind. 4 Tage	mind. 5 Tage

Anm.: Bei Temperaturen **unter** + 10 °C: → Nachbehandlungszeit verdoppeln.

Zusammenfassung von Kapitel 9 und 10:

Betonherstellung und Betonverarbeitung

- Als **Standardbeton** kann Beton auch auf der Baustelle hergestellt werden.
- **Arbeitsschritte** bei der Frischbetonverarbeitung sind: Betontransport, -einbringung, -verdichtung und -nachbehandlung.
- Arbeitsregeln beim Betontransport sind:
- Der Frischbeton darf sich nicht entmischen; – die Förderart richtet sich nach der Konsistenz des Frischbetons; – die Betonverarbeitung muss nach 1 Std. beendet sein.
- Arbeitsregeln bei der Betoneinbringung sind:
- Kontrolle der Schalung; – Freifallhöhe höchstens 1 m; – schichtweise Einbringung des Frischbetons; – Kontrolle der Bewehrung und der Schalung bei Stahlbeton.
- Arbeitsregeln bei der Betonverdichtung sind:
- Frischbeton muss grundsätzlich verdichtet werden; – die Verdichtungsart richtet sich nach der Konsistenz des Frischbetons; – bestimmte Arbeitsregeln beim Umgang mit Rüttlern sind einzuhalten.
- Durch die **Nachbehandlung** des jungen Betons soll das vorzeitige Austrocknen verhindert, Temperaturschwankungen ausgeglichen und Erschütterungen vermieden werden!

I – TK *Eine Einführung in die Dreitafelprojektion → Arbeitsheft, Blatt 105.*
T *Einen Test zum Lernabschnitt „Beton“ → Arbeitsheft, Blatt 103, 104.*

Testen Sie sich • Testen Sie sich

Nennen/Erläutern Sie ...

1. die Arbeitsschritte der Frischbetonverarbeitung.
2. die zwei Regeln, die beim Betontransport zu beachten sind.
3. die Verdichtungsarten.
4. die Arbeitsregeln beim Einsatz des Innenrüttlers.
5. die Arten der Nachbehandlung des jungen Betons.
6. mögliche Auswirkungen, wenn die Betonnachbehandlung unterbleibt.

Lernfeld 5: Herstellen einer Holzkonstruktion

In diesem Lernfeld erhalten Sie Informationen zu den Themen:

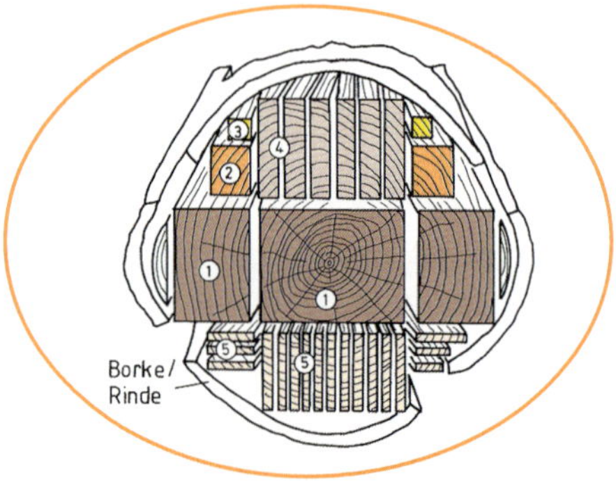

Holz- und Holzwerkstoffe
Seiten 231–246

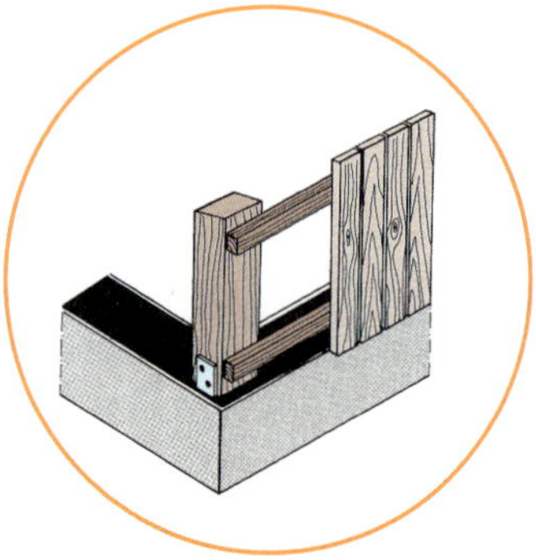

Holzschutz
Seiten 247–253

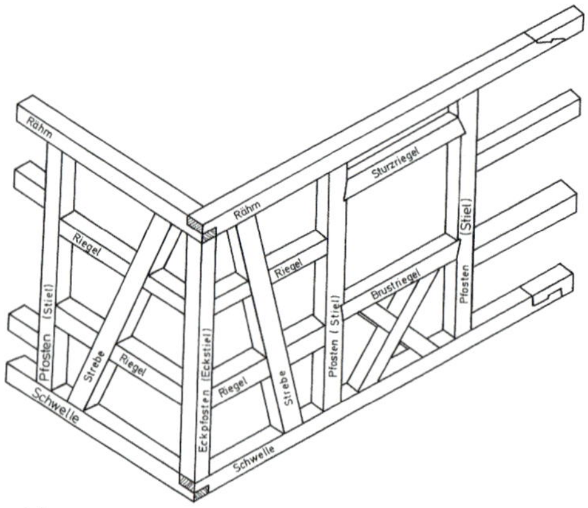

Holzbearbeitung
Seiten 254–268

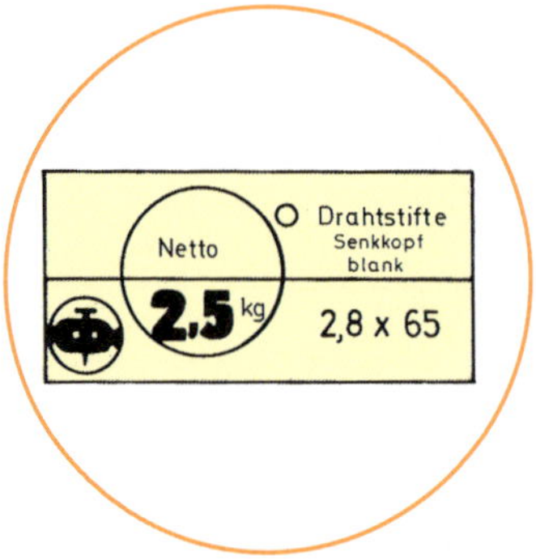

Verbindungsmittel
Seiten 269–278

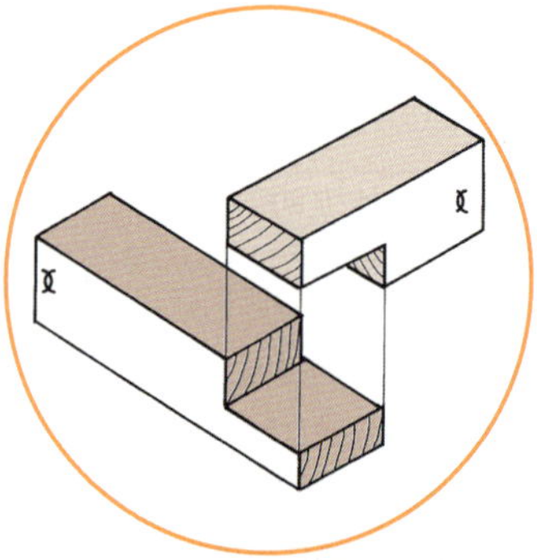

Holzverbindungen
Seiten 279–298

Das Arbeiten mit Holz steht im Mittelpunkt des Lernfeldes „Holzbau".
Die richtige Bearbeitung des Holzes und das Herstellen von Verbindungen müssen Sie ***können****; das Grundwissen über den Baustoff Holz müssen Sie* ***kennen****.*

1 Holz und Holzarten

Im Bauwesen wird Holz vorwiegend für Dachkonstruktionen, Betonschalungen, Fachwerke und im Innenausbau verwendet. Durch Verarbeitung von Holz zu Holzwerkstoffen (z. B. Furniere, Spanplatten) haben sich die Verwendungsmöglichkeiten noch erweitert.

Welche mitteleuropäischen Holzarten sind im Bauwesen gebräuchlich?

Die folgenden Holzarten sollten Sie unterscheiden können:

Holzarten

unterscheiden sich in

Nadelhölzer				**Laubhölzer**	
Lärche	**Fichte**	**Kiefer**	**Tanne**	**Buche**	**Eiche**

Erkennungsmerkmale:					
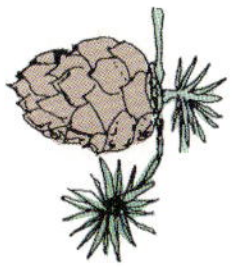					
Nadeln und Frucht	Nadeln und Frucht	Nadeln und Frucht	Nadeln und Frucht	Blatt und Frucht	Blatt und Frucht
Vorwiegende Verwendung für:					
Schalungen, Dachstühle, Furniere, Türen, Fenster	Schalungen, Dachstühle, Türen, Fenster	Schalungen, Dachstühle, Gerüstbohlen, Fachwerke	Fußböden, Treppen, Türen, Fenster, Furniere, Zäune, Stege	Treppen und Holzpflaster im Innenbereich, Werkzeuge, Furniere	Fachwerk, Treppen, Parkett, Außentüren, Schwellen

Es gibt noch viele weitere Naturholzarten. Diese lernen angehende Zimmerer in der Fachstufenausbildung kennen.

1.1 Der Aufbau des Baumes

Der Baum – eine chemische Fabrik

Der Baum braucht zum Wachsen:

Wasser Nährstoffe	aus dem Boden
Kohlendioxid	aus der Luft
Energie	von der Sonne

Wie eine chemische Fabrik stellen die Blätter oder Nadeln des Baumes daraus her:

Verschiedene Zuckerarten
braucht der Baum zum Wachsen.

Sauerstoff
wird als „frische Luft“ an die Umwelt abgegeben.

Diesen chemischen Vorgang bezeichnet man als **„Fotosynthese“**.

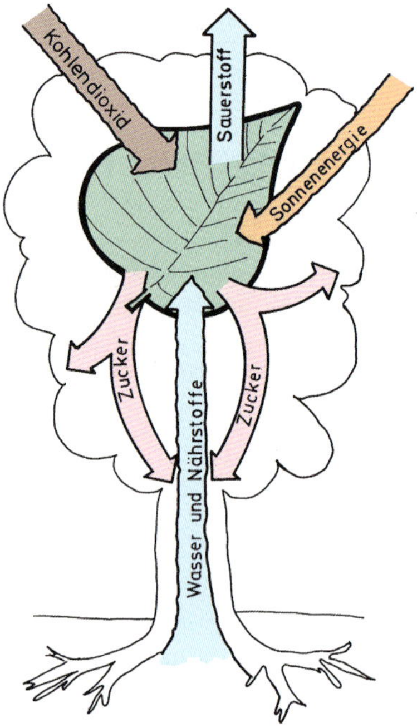

Vorgang der Fotosynthese

Was ist eigentlich Holz?

Holz ist der Zusammenschluss zahlloser Zellen, die wie ein Röhrchenbündel nebeneinander liegen. Dieser Aufbau ist ein Grund für die besonderen Eigenschaften des Holzes.

Mit bloßem Auge: | Unter dem Mikroskop: | Unter dem Elektronenmikroskop:

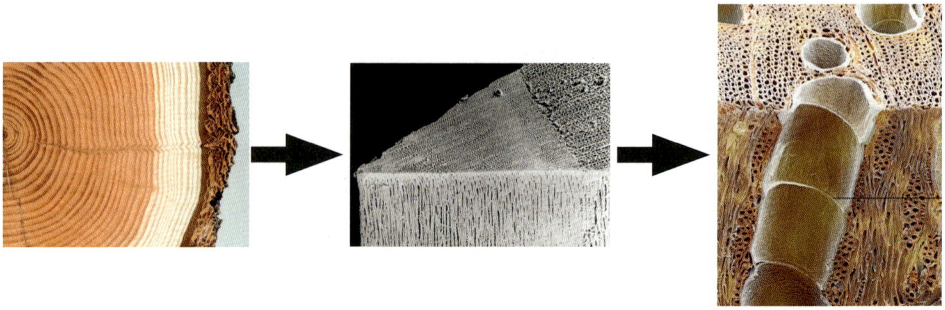

So etwa sieht Holz im Schnitt aus.
⇒ Grobaufbau erkennbar, Zellen sind nicht zu erkennen.

Man erkennt deutlich die vielen langfaserigen Zellen in Bündelform.

Unterschiedliche Zellformen sind erkennbar.

Die Aufgaben der verschiedenartigen Zellen sind unterschiedlich und verteilen sich auf bestimmte Schichten des Baumes. Diese sind hier zu sehen:

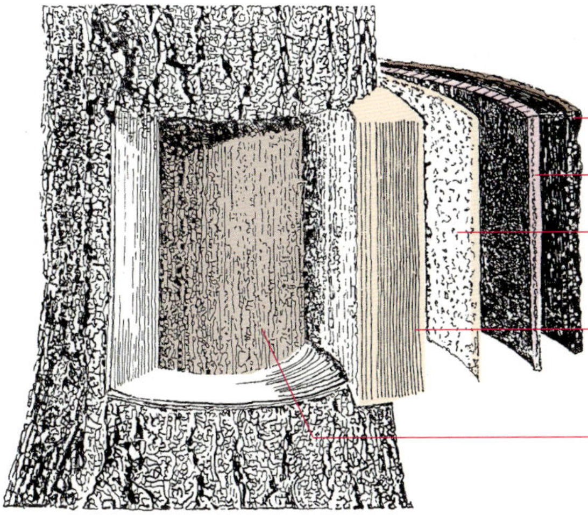

Welche Aufgaben erfüllen die einzelnen Schichten?

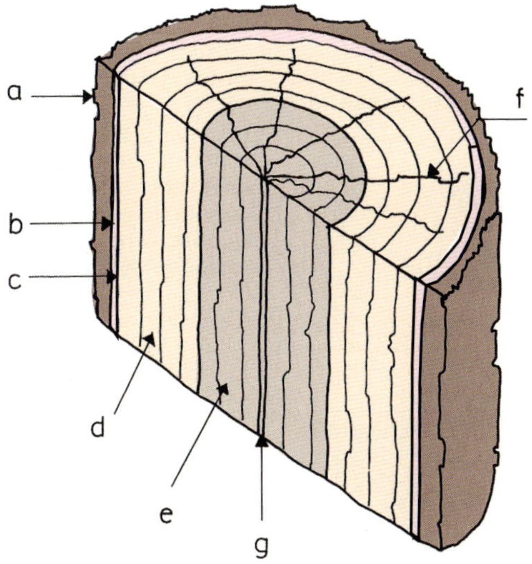

a **Borke/Rinde**: besteht aus abgestorbenen Zellen.

b **Bastschicht**: Nahrung wird transportiert von oben nach unten (z. B. Zucker).

c **Kambium**: Wachstumsschicht. Bildet nach außen Bast und Borke/Rinde, nach innen Splintholz.

d **Splintholz**: Junges Holz, sorgt für Wasser und Nährstoffe von unten nach oben.

e **Kernholz**: Abgestorbenes, festeres Holz. Fachbegriff: das Holz ist „verkernt".

f **Markstrahlen**: Leiten Nährstoffe von innen nach außen.

g **Mark**: Trocknet bei älteren Bäumen aus → Bildung einer **Markröhre**.

Überlegen Sie einmal:

Ist diese „Aufgabenverteilung" für den Baum günstig?
Wenn nein, welches ist die größte „Schwachstelle"?

1.2 Holzeinschlag und Holzfehler

Ist der Baum „schlagreif“ *(→ eine Kiefer etwa nach 80 Jahren)*, wird er gefällt und entsprechend gekennzeichnet.

Dies sind frisch geschlagene Bäume:

So etwa sieht die Kennzeichnung aus:

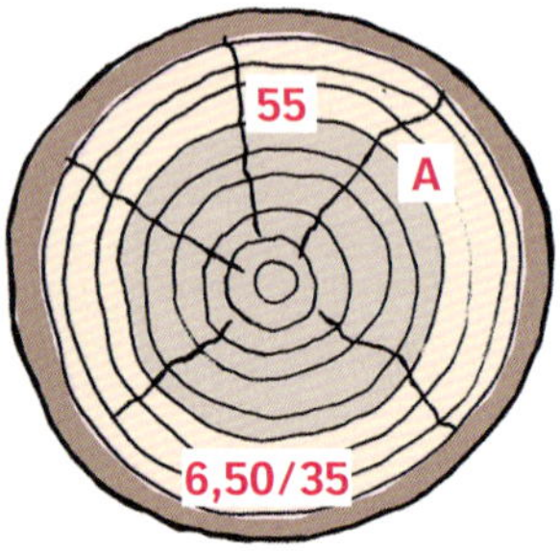

Es bedeuten z. B.:
55
= Stammnummer
A
= Güteklasse
6,50
= Stammlänge
35
= mittlerer Durchmesser

Wachstumsfehler der Bäume (z. B. durch Einfluss der Witterung), Fehler beim Fällen, Tansportieren und Lagern der Bäume mindern den Nutzwert des Holzes. Holzfehler, die für die Verwendung als Bauholz von Bedeutung sind, können sein:

1. Krumm- und Gabelwuchs

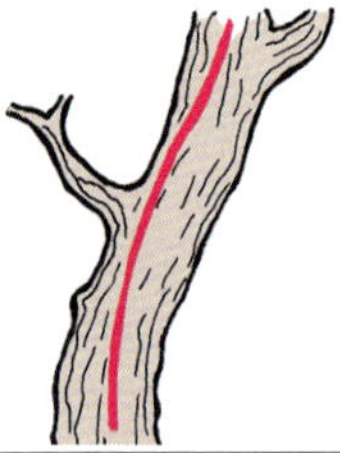

Krummwüchsige Bäume eignen sich nicht als Bauholz.

2. Drehwuchs

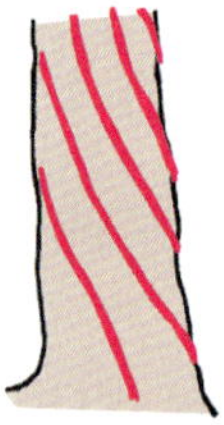

Die Holzfasern verlaufen spiralförmig. Geringe Tragfähigkeit. **Darf nicht als Bauholz verwendet werden.**

3. Fäll- oder Transportrisse

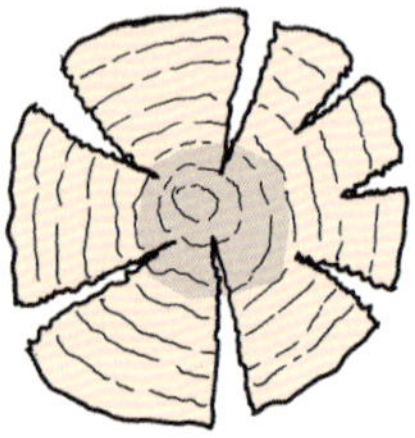

Entstehen z. B. durch Austrocknen nach dem Fällen. **Darf als tragendes Bauholz nicht verwendet werden.**

4. Kernrisse

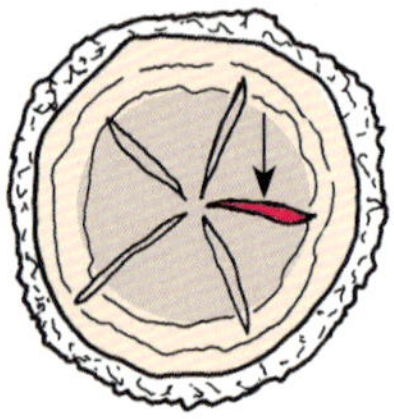

Entstehen z. B. beim zu schnellen Austrocknen des Holzes. **Darf als tragendes Bauholz nicht verwendet werden.**

5. Flügellast

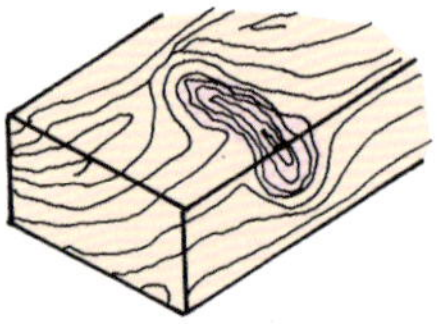

Beeinträchtigt die Tragfähigkeit; **schwer zu bearbeiten.**

6. Durchfallast

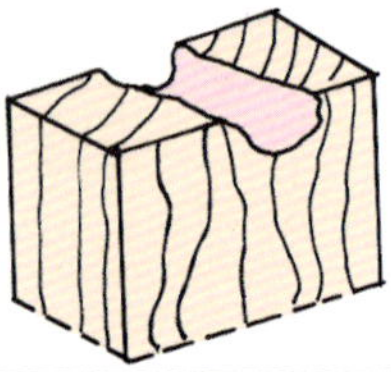

Dadurch wird die Holzgüte vermindert, **schlecht zu bearbeiten.**

Der – ohne Wachstumsfehler – geschlagene Baum wird ausgemessen und die zur Verfügung stehende Holzmenge berechnet.

Wie wird die Holzmenge (das Volumen) gemessen und berechnet?

Die Formel zur Berechnung der Holzmenge lautet:

$$\text{Volumen} = \left(\frac{d_1 + d_2}{2}\right)^2 \cdot \frac{\pi}{4} \cdot \text{Stammlänge}$$

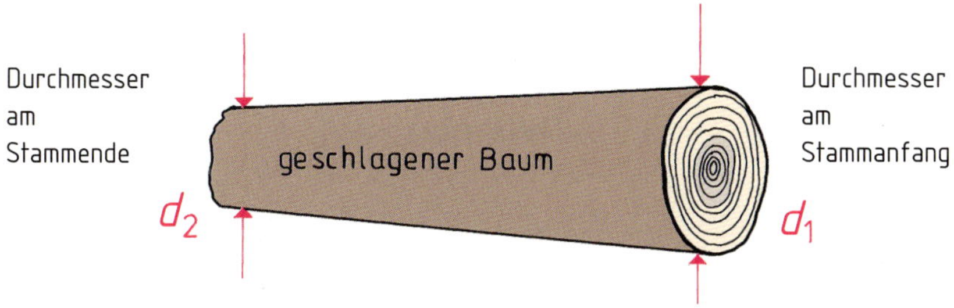

Beispiel: *⌀ Stammanfang d_1 = 0,45 m; ⌀ Stammende d_2 = 0,30 m; Stammlänge 3,00 m*

$$V = \left(\frac{0{,}45\text{ m} + 0{,}30\text{ m}}{2}\right)^2 \cdot \frac{3{,}14}{4} \cdot 3{,}00\text{ m} = 0{,}33\text{ m}^3$$ Holz stehen zur Verfügung.

A – Ma *Aufgaben zur Berechnung von Holzmengen finden Sie im Arbeitsheft, Blatt 106.*

Zusammenfassung von Kapitel 1:

Holz und Holzarten

- Von den heimischen Hölzern werden vorwiegend Kiefer, Fichte, Tanne, Lärche, Buche und Eiche im Bauwesen verwendet.
- **Holz** ist der Zusammenschluss zahlloser Zellen in Bündelform.
- Durch die **„Fotosynthese“** lebt und wächst der Baum.
- Der **Stammquerschnitt des Baumes** zeigt verschiedene Schichten. Diese sind: Borke/Rinde, Bast, Kambium, Splint- und Kernholz.
- Wachstumsfehler und Fehler beim Fällen, Transportieren und Lagern mindern den Nutzwert des Holzes.
- Die nutzbare Holzmenge wird in m^3 berechnet.

A – Te *Aufgaben zur Wiederholung des bisher Gelernten finden Sie im Arbeitsheft, Blatt 107.*

Testen Sie sich • Testen Sie sich

Nennen/Erläutern Sie ...

1. die sechs im Bauwesen gebräuchlichsten heimischen Holzarten.
2. die drei Voraussetzungen zum Wachsen der Bäume.
3. die Aufgaben der Baumschichten.
4. mindestens vier Holzfehler.
5. Beispiele für die vorwiegende Verwendung der Nadelhölzer.
6. was die Kennzeichnung eines geschlagenen Baumes angeben muss.

2 Die Handelsformen des Holzes

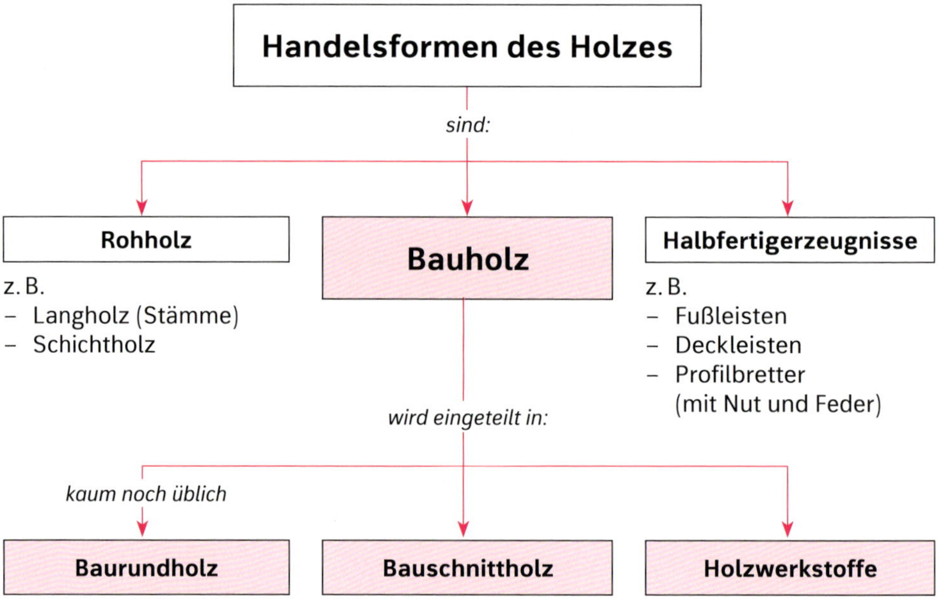

Rohholz und Halbfertigerzeugnisse sind für uns Bauleute von geringer Bedeutung. Unser Schwerpunkt liegt bei Bauschnittholz und Holzwerkstoffen.

2.1 Bauholz

Als Bauholz werden solche Hölzer bezeichnet, die auf der Baustelle verwendet werden. Die Bauhölzer sind „genormt".

2.1.1 Bauschnittholz

Bauschnittholz wird durch Auftrennen von Baumstämmen im Sägewerk hergestellt. Arten der Bauschnitthölzer sind:

- **Balken,**
- **Kanthölzer,**
- **Dachlatten,**
- **Bohlen und Bretter.**

Je nach Einschnittverfahren unterscheidet man Blockware und besäumte Ware:

Blockware
(nur Bretter oder Bohlen)
Dabei wird der Stamm parallel aufgetrennt. Der Rundholz-„Block" bleibt erhalten. Die Seiten sind nicht geschnitten, sie sind „unbesäumt".

Besäumte Ware
(evtl. alle Arten der Bauschnitthölzer)
Dabei werden alle Seiten der Hölzer mit der Säge geschnitten.
Sie sind „besäumt".

Nach der **Lage** im „Block“ unterteilt man Bretter/Bohlen in:

① = Kernbrett/-bohle
② = Mittelbrett/-bohle
③ = Seitenbretter/-bohlen
④ = Schwarte

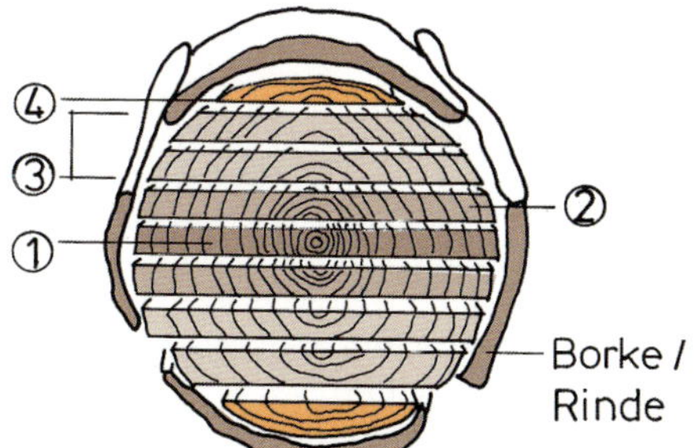

Nach den **Abmessungen** bezeichnet man die Hölzer als:

① = Balken
② = Kanthölzer
③ = Dachlatten
④ = Bohlen
⑤ = Bretter

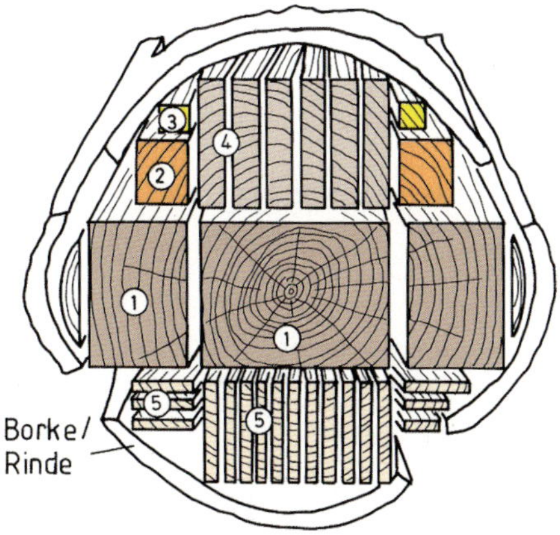

Was Sie über die Bauschnitthölzer wissen sollten:

Nach den Abmessungen gibt es fünf Arten von Bauschnitthölzern.

Balken	Kanthölzer	Dachlatten	Bohlen	Bretter
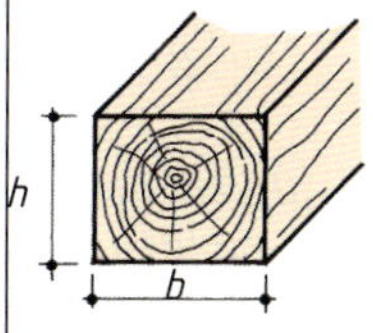	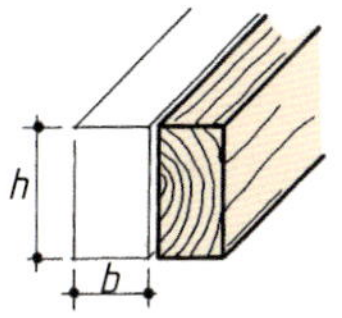	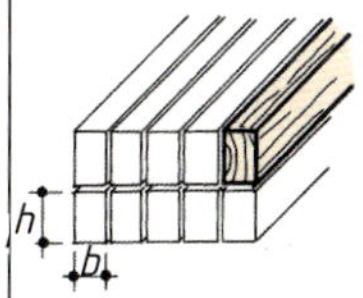	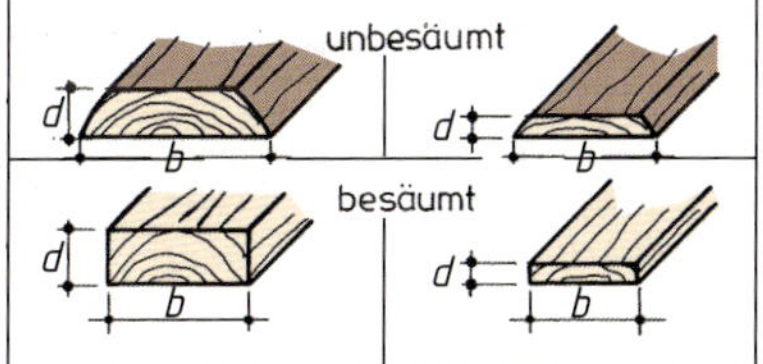	
Nach den Abmessungen richtet sich die Einteilung!				
b: > **8** cm *h*: ≥ **20** cm	*b*: > **6** cm *h*: ≤ **18** cm	*b*: **2,4; 3; 4** cm *h*: **4,8; 5; 6** cm	*d*: ≥ **4** cm *b*: ≥ **7,5** cm	*d*: < **4** cm *b*: ≥ **7,5** cm
Bevorzugte Abmessungen (in cm) sind:				
10/20; 12/24; 16/20; 18/22; 20/20 30/30	6/6; 6/12; 10/10; 12/16; 14/16; 16/18	2,4/4,8 (selten) 3/5 4/6	4/20 6/20 6/30	2,4/12 3/16 3/20
Vorwiegende Verwendung für:				
Dachgerüste, Fachwerke, Holzbalkendecken	Dachgerüste, Schalungen im Betonbau, Fachwerke	Dachdeckungen, Wandbekleidungen	Gerüste, Verbau im Kanalbau, Abdeckungen	Schalbretter, Dachdeckungen

Bauschnitthölzer aus Nadelholz werden nach der Tragfähigkeit in **Sortierklassen** eingeteilt. Für diese Einteilung werden Anteile der Äste, Risse im Holz, Verlauf der Holzfasern und andere Holzfehler mit berücksichtigt.

Die Sortierung kann maschinell oder durch „Augenscheinprüfung“ (visuell) vorgenommen werden.

Sägewerke bieten Bauholz in folgenden Schnittklassen an:

Schnittklasse A	Schnittklasse B	Schnittklasse C
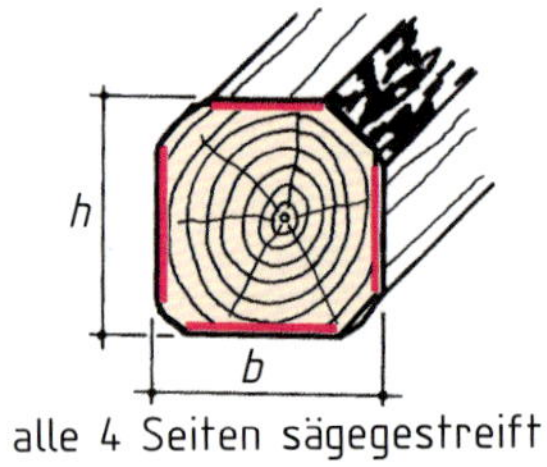	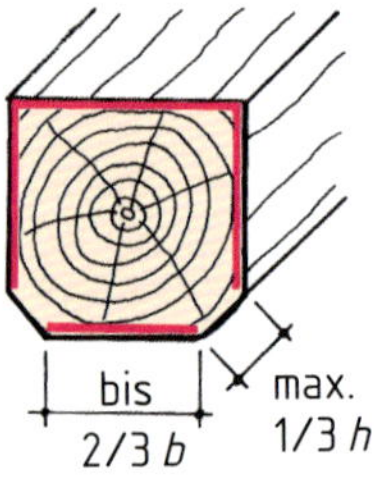	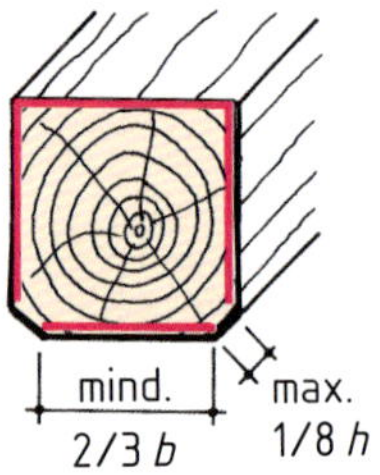

——— = *Hier ist das Holz geschnitten worden.*

Außerdem wird die Schnittklasse S angeboten, die sich vor allem dadurch auszeichnet, dass keine Baumkante vorhanden ist, d. h., alle Kanten sind scharf.

Sortierklassen

Holz als natürlicher Baustoff unterliegt Schwankungen in der Qualität. Es ist deshalb zweckmäßig, eine Sortierung vorzunehmen. Die DIN 4074-1 verlangt drei Sortierklassen: S 7, S 10 und S 13. Die Zahlen 7, 10 und 13 stehen für die jeweils zulässige Biegezugspannung. Die Sortierklassen sind den Festigkeitsklassen zuzuordnen.

Zuordnung von Sortierklassen und Festigkeitsklassen (Auszug):

Holzart	Sortierklasse DIN 4074-1: 2012-06	Festigkeitsklasse DIN EN 338
Fichte, Tanne, Kiefer, Lärche	S 10	C 24 (Biegung)

Beispiel: *Ein Kantholz, bestehend aus Nadelschnittholz der Sortierklasse S 10, wird gemäß Tabelle der Festigkeitsklasse C 24 zugeordnet. Das bedeutet, dass die Biegezugfestigkeit 24 N/mm² beträgt.*

2.1.2 Holzwerkstoffe

Holzwerkstoffe sind Platten mit ganz anderen Eigenschaften als Holz. Hierzu wird Holz in dünne Scheiben geschnitten oder zu Spänen oder gar Fasern zerkleinert und anschließend verklebt, geformt und gepresst.

Holzwerkstoffe

werden eingeteilt in:

- **Sperrholz**
  - *gibt es als:*
    - **Furnierplatten**
    - **Tischlerplatten**
- **Spanplatten**
- **Faserplatten**

Was Sie über die Holzwerkstoffe wissen sollten:

Sperrholz		**Spanplatten**	**Faserplatten**
Furnierplatten	**Tischlerplatten**		
mindestens dreilagig 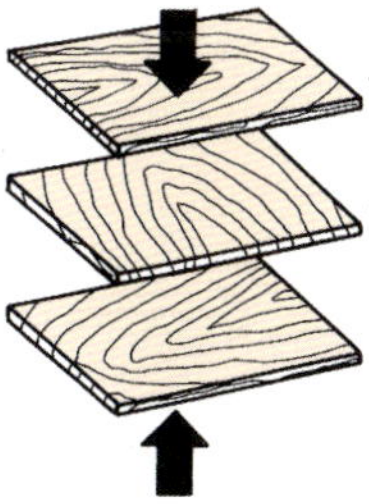	z. B. mit Mittelstäben 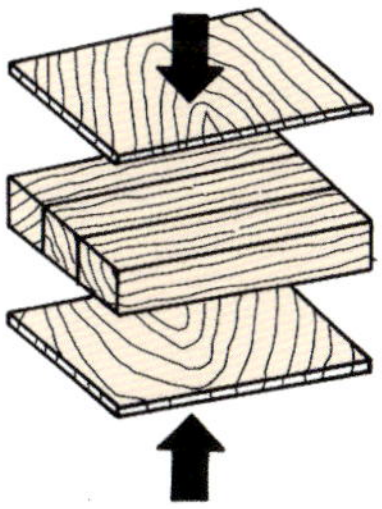	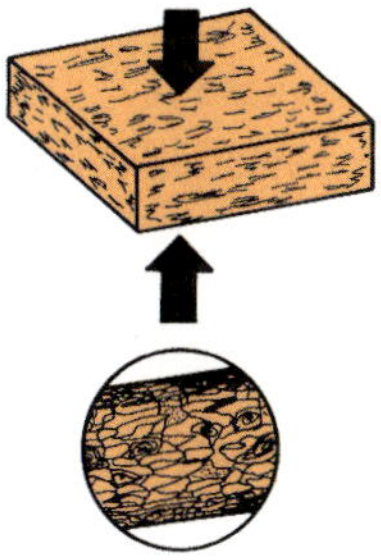	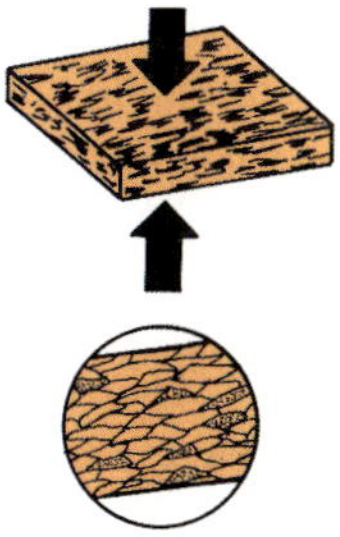
Vorwiegende Verwendung am Bau als:			
– Baufurnierplatten: Im Innen- und Außenbereich. – Betonschalungsplatten: Als Vorsatzschalung, beschichtet.	– Bautischlerplatten: Als großflächige Schalungsplatten, beschichtet.	– Holzspanplatten: Als Fußböden, Wand- und Deckenverkleidung (beschichtet und unbeschichtet).	– Holzfaserplatten: a) Poröse Platten zur Wärme- und Schalldämmung. b) Harte Platten als Vorsatzschalungsplatten (beschichtet und unbeschichtet).
Herstellung in Stichworten:			
– Dünne Furnierscheiben (0,5–1 mm); – Faserrichtung wird um 90° verdreht; – Unter Druck zusammengeklebt Dieses nennt man „absperren“; – Mindestens dreilagig.	– Zwei Furnierscheiben und eine Mittellage aus Holzleisten; – Faserrichtung der Mittellage um 90° gedreht; – Unter Druck zusammengeklebt („abgesperrt“).	– Holzspäne werden mit Kunstharz vermischt; – Unter Druck und Wärme zu Platten geformt; (Können mehrschichtig sein = grobe/feine Späne).	– Zerfasertes Holz wird mit Bindemitteln vermischt; – Formen unter leichtem Druck poröse Platten; – Formen unter hohem Druck harte Platten.

Zusammenfassung von Kapitel 2:

Handelsformen des Holzes

- **Bauholz** wird eingeteilt in Baurundholz, Bauschnittholz und Holzwerkstoffe.
- **Bauschnittholz** wird als Balken, Kantholz, Dachlatten, Bohlen und Bretter verwendet.
- Für Bauschnitthölzer gelten **Schnitt- und Sortierklassen**.
- **Holzwerkstoffe** sind Platten aus zersägtem, zerspantem, zerfasertem und verklebtem Holz.
- Die wichtigsten Holzwerkstoffe sind: **Furnier-, Tischler-, Span- und Faserplatten**.

A – Te *Zur Wiederholung finden Sie hierzu Aufgaben im Arbeitsheft, Blatt 108.*

Testen Sie sich • Testen Sie sich

Nennen Sie ...

1. die Handelsformen des Bauholzes.
2. drei Arten der Bauschnitthölzer mit je einem Abmessungsbeispiel für Breiten und Höhen.
3. je zwei Beispiele für die Verwendung der einzelnen Bauschnitthölzer.
4. die Einteilung der Holzwerkstoffe.
5. den Dickenunterschied zwischen Brettern und Bohlen.

3 Der Werkstoff Holz

3.1 Die Eigenschaften des Holzes

Holz ist als Rohstoff einer der ältesten und noch immer wichtigsten Werkstoffe.
Holz hat gute und schlechte Eigenschaften.

„Gute“ Eigenschaften:	**„Schlechte“** Eigenschaften:
+ Gut zu bearbeiten, + schönes Aussehen in Farbe und Maserung, + recht dauerhaft bei richtiger Verwendung, Verarbeitung und Behandlung.	– Leicht brennbar, – anfällig gegen Holzkrankheiten, – Wertminderung durch Holzfehler.

3.1.1 Rohdichte und Härte

Über den Begriff „Rohdichte“ finden Sie eingehendere Informationen im Lerngebiet „Mauerwerksbau“.

Wir wiederholen daher nur:
Die „dichte“ Lagerung der einzelnen Teilchen eines Stoffes wird als „Dichte“ dieses Stoffes bezeichnet. Da Holz aus Zellen besteht und somit Hohlräume hat, bezeichnet man diese Art der Dichte als Rohdichte.

Die Rohdichte ist bei den Hölzern unterschiedlich; sie hängt ab von der Holzart, dem Holzgefüge und der Holzfeuchtigkeit.

Welche Bedeutung hat die Rohdichte für die Holzeigenschaften?

Bei „üblicher“ Bauholzfeuchte von 20 % gilt:

- Je **größer** die Rohdichte, desto **härter** ist das Holz.
  Die Bearbeitung ist schwieriger (Hartholz).
- Je **kleiner** die Rohdichte, desto **weicher** ist das Holz.
  Die Bearbeitung ist leichter (Weichholz).

Nach der Rohdichte teilt man Bauhölzer wie folgt ein:
- **Weich**hölzer Fichte, Kiefer, Tanne, Lärche
- **Hart**hölzer Buche, Eiche

3.1.2 Die Festigkeit des Holzes

Allgemein gilt:

Zunahme der Rohdichte

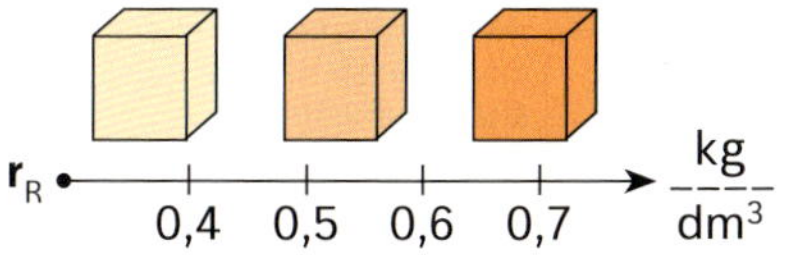

Abnahme der Holzfeuchte

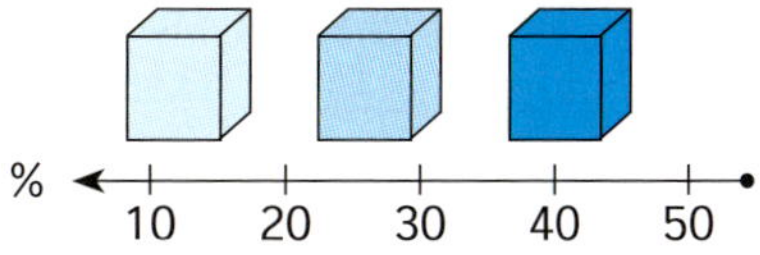

bedeutet: **Zunahme der Holzfestigkeit**

Diese Feststellungen sind für unsere Holzarbeiten jedoch noch zu allgemein. Da Holzbauteile durch äußere Belastungen beansprucht werden, interessiert besonders die Frage, wie groß die Holzfestigkeit bei den einzelnen Belastungen tatsächlich ist. Durch versuchsähnliche Beispiele wollen wir dies feststellen:

Wie verhält sich Holz bei Druckbelastung?

Versuch	Ergebnis	Erklärung
 Druck in Richtung der Holzfasern.	 Gerade sichtbare Eindrücke im Holz	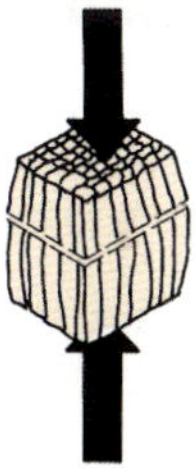 Das Röhrensystem der Holzfasern wird in Längsrichtung auf Druck beansprucht, und somit wirken die einzelnen Röhren wie Stützen. Es kann eine hohe Druckbelastung aufnehmen.
 Druck senkrecht zur Richtung der Holzfasern.	 Sichtbare Eindrücke und eventuelle Risse im Holz.	 Das Röhrensystem der Holzfasern wird in Querrichtung auf Druck beansprucht und die Röhren lassen sich leicht zusammendrücken. Es kann eine geringe Druckbelastung aufnehmen.

Wie verhält sich Holz bei Zugbelastung?

Versuch	Ergebnis	Erklärung
 Zug in Richtung der Holzfasern.	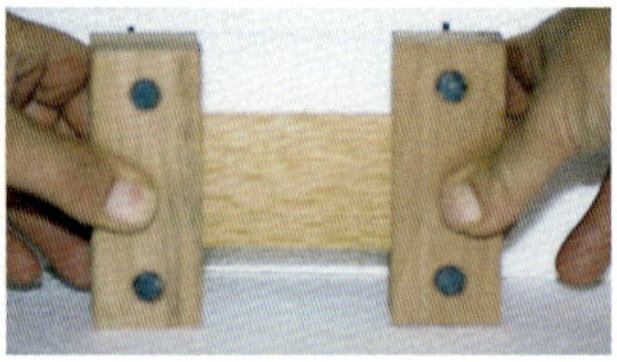 Keine sichtbaren Formveränderungen	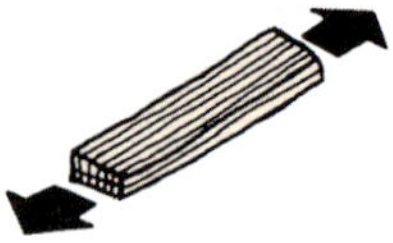 Das Röhrensystem der Holzfasern wird in Längsrichtung beansprucht und kann somit eine hohe Zugbelastung aufnehmen.
 Zug quer zur Richtung der Holzfasern	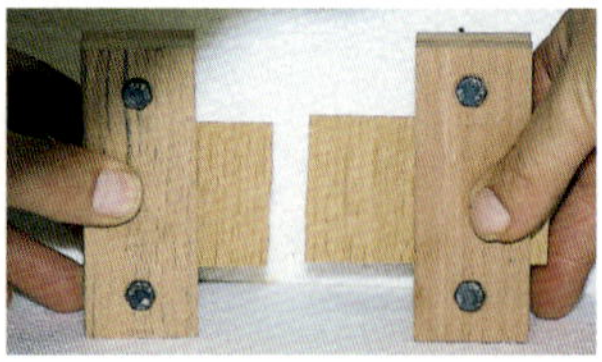 Das Holz reißt auseinander.	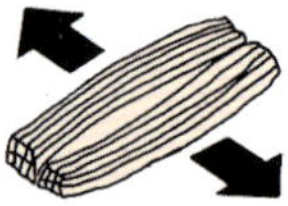 Das Röhrensystem der Holzfasern wird in Querrichtung beansprucht. Die Röhren lösen sich leicht voneinander, weil sie nur wenig „verklebt“ sind. Somit kann es nur geringe Zugbelastung aufnehmen.

V-Te *Für die Ermittlung der Druckfestigkeit von Weich- und Hartholz finden Sie einen Auswertungsbogen im Arbeitsheft, Blatt 109.*

3.2 Das „Arbeiten“ des Holzes

Holz hat aufgrund seines Zellaufbaues die Eigenschaft, Feuchtigkeit aufzunehmen, zu speichern und auch wieder abzugeben. Dadurch verändert es seine Form, der Fachmann sagt dazu „das Holz arbeitet“.

3.2.1 Schwinden und Quellen des Holzes

Frisch geschlagenes Holz enthält bis zu 60 % Wasser (Holzfeuchte). Gutes Bauholz soll „lufttrocken“ sein, d.h. eine Holzfeuchte von 15–20 % haben. Das frische Holz muss daher durch Lagerung „getrocknet“ werden.
Zwei „Wasserarten“ sind dabei von Bedeutung:

freies Wasser in den Holzzellen

gebundenes Wasser in den Holzzellwänden

Was passiert in den Holzzellen bei Änderung der Holzfeuchte?

Holzfeuchte

bis 60 %	30 % (Fasersättigungspunkt)	~ 20 %	0 %
frisch	**halb trocken**	**trocken**	**darr-trocken**
bedeutet: – Freies Wasser in den Holzzellen – Gebundenes Wasser in den Holzzellwänden	bedeutet: – Kein freies Wasser mehr in den Holzzellen – Nur noch gebundenes Wasser in den Holzzellwänden	bedeutet: – Gebundenes Wasser entweicht aus den Holzzellwänden	

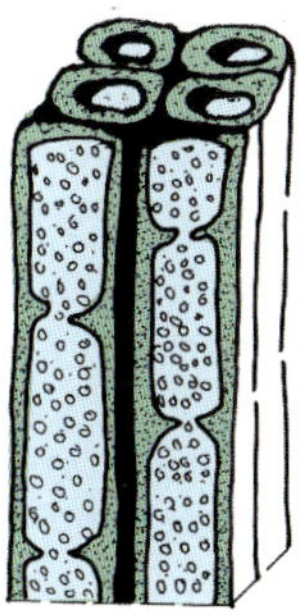

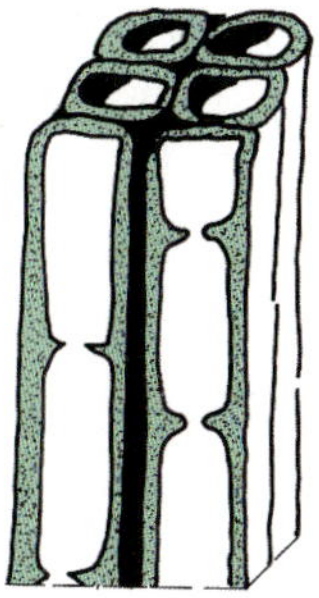

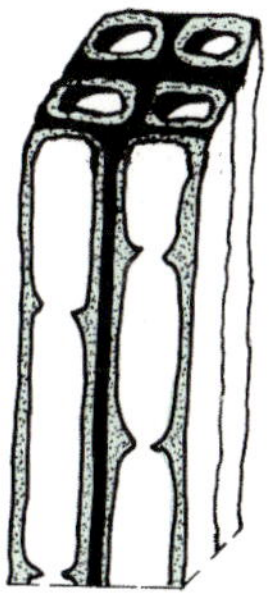

Das Holz schwindet. →

← Das Holz quillt.

- Sinkt die Holzfeuchte (durch Wasserabgabe) unter ~ 30 %, **schwindet** das Holz!
- Steigt die Holzfeuchte (durch Wasseraufnahme) bis ~ 30 %, **quillt** das Holz!

Da Bauholz meist mit größerer Feuchte eingebaut wird und es am Einbauort nachtrocknet, ist das Schwinden meist von größerer Bedeutung.
Ist das Holz „draußen“ der Witterung (d. h. nass und trocken im Wechsel) ausgesetzt, muss das Holz so eingebaut werden, dass Schwinden und Quellen möglich ist, ohne die Konstruktion zu beeinträchtigen.

Welche Formveränderungen entstehen durch Schwinden und Quellen an Bauschnitthölzern?

Die Formveränderungen durch „Quellen“ spielen kaum eine Rolle.
Formveränderungen durch „Schwinden“ müssen jedoch bei der Verarbeitung des Holzes berücksichtigt werden.

3.2.2 Formveränderungen der Bauschnitthölzer

Formveränderungen sind abhängig von:
- Art und Dichte des Holzes, z. B. Weich-/Hartholz
- der Wachstumsrichtung, z. B. Wetterseite
- Aufbau des Stammes, z. B.: Splintholz schwindet mehr als Kernholz

Formveränderungen, die auftreten können, sind:

- Maßveränderungen des Schnittholzes
- Verformungen des Querschnittes
- Reißen des Holzes

In der Regel treten die Formveränderungen gleichzeitig auf. Der Übersicht wegen werden sie hier getrennt behandelt.

Maßänderungen des Querschnittes

Holz schwindet und quillt aufgrund seines Faseraufbaues unterschiedlich. So werden drei Richtungen unterschieden:

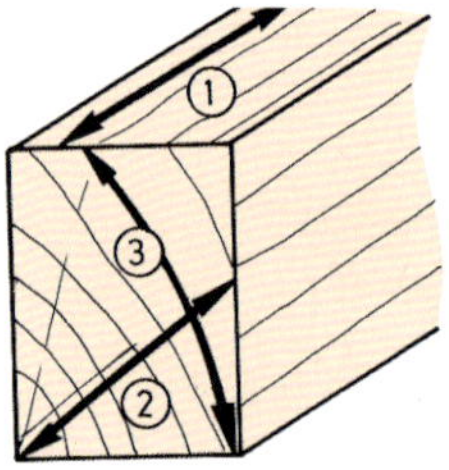

① = Faserrichtung etwa 0,1 % (ohne Bedeutung für uns)
② = Richtung der Markstrahlen etwa 5 %
③ = Richtung der Jahresringe etwa 10 %

Anm.: Jahresring = Holzzunahme innerhalb eines Jahres (Frühholz Wachstum im Frühjahr/Sommer; Spätholz Wachstum im Herbst). Beide Wachstumsphasen bilden den Jahresring.

Verformungen des Holzquerschnittes

Verformungen treten besonders bei Schnitthölzern mit hohem Splintholzanteil (Bretter/Bohlen und Kanthölzer) auf.

Splintholz ⟶ „wasserreich" ⟶ starkes Schwinden
Kernholz ⟶ „wasserarm" ⟶ geringes Schwinden

Beispiel 1: *Verformung bei Bohlen/Brettern aus Blockware*

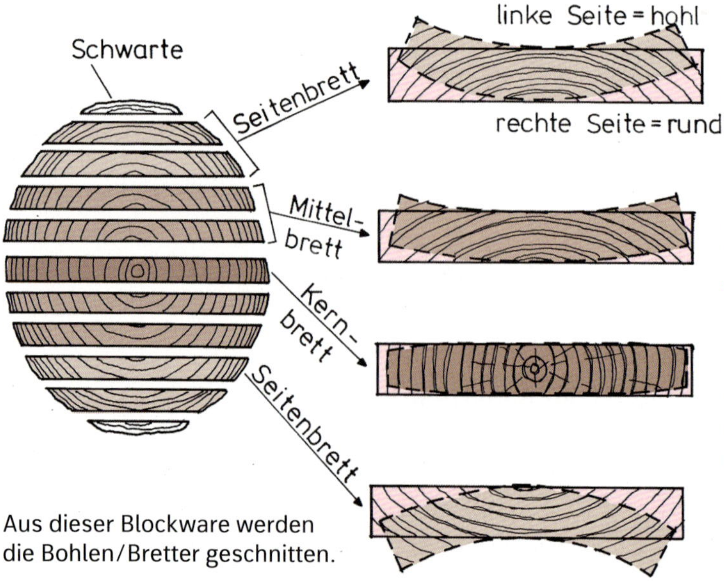

Aus dieser Blockware werden die Bohlen/Bretter geschnitten.

→ **Seitenbrett**
Verformung: **stark**

→ **Mittelbrett**
Verformung: **schwächer**

→ **Kernbrett**
Verformung: **kaum**
Querschnitt ist außen dünner

Beispiel 2: *Verformungen an Kanthölzern*

Ganzholz	Halbholz	Viertelholz
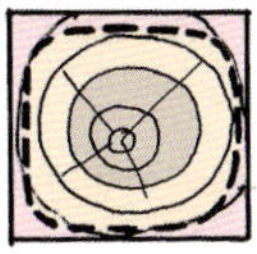	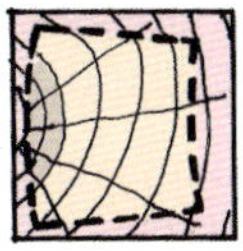	
Verformungen: **vorwiegend an den Ecken**	Verformungen: **im Splintholzbereich stärker**	Verformungen: **in Richtung der Jahresringe stark**

Reißen des Holzes

Die äußeren Jahresringe haben einen größeren Umfang als die inneren Jahresringe. Dadurch verkürzen sie sich stärker. Es entstehen Spannungen, die zu Rissen führen können.

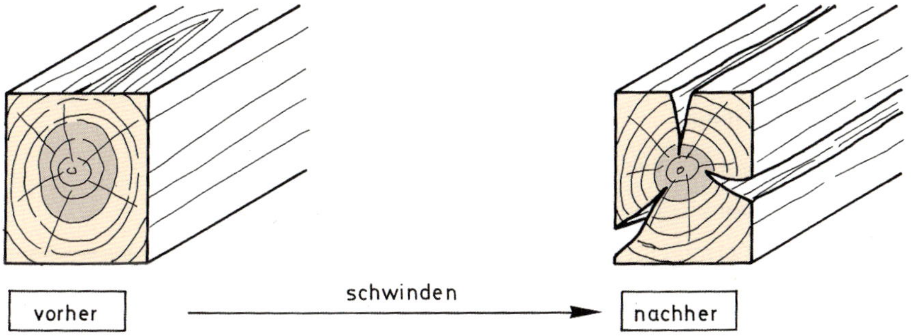

Formveränderungen, die durch Schwinden und Quellen hervorgerufen werden, bezeichnet der Fachmann als **Arbeiten des Holzes**!

Wie wird das Arbeiten des Holzes in der Praxis berücksichtigt?

Das Arbeiten des Holzes kann man grundsätzlich nicht verhindern.
Deshalb muss beim Einbau der Hölzer das Arbeiten des Holzes berücksichtigt werden.

Beispiel: *Herstellung von Betonschalung*

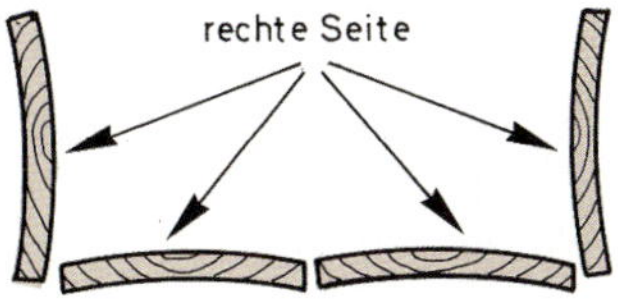

So sieht übertrieben die Schalhaut einer Betonschalung bei trockenem Wetter vor dem Betonieren aus!
⇒ **„Geworfene" Bretter**

Durch Quellen nach dem Annässen → wird die Schalhaut gerade und dicht.

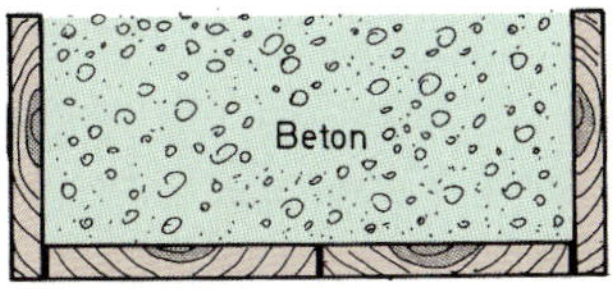

Das Arbeiten des Holzes wurde berücksichtigt!
⇒ **Rechte Brettseite zum Beton**

A – Te *Zu den Eigenschaften des Holzes finden Sie Aufgaben im Arbeitsheft, Blatt 110.*

3.3 Die Trocknung und Lagerung von Holz

Zweck der Trocknung ist es, die Holzfeuchte so zu vermindern, dass die Formveränderungen (durch Schwinden) am Einbauort möglichst gering sind.

Arten der Holztrocknung. Hier gibt es zwei Möglichkeiten:

1. Die natürliche Holztrocknung geschieht durch Trocknen des Holzes im Freien in Stapeln und mit evtl. Nachtrocknen im Schuppen.
2. Die künstliche Holztrocknung geschieht durch Trocknen des Holzes in Trockenkammern.

Vorteile:
- Verkürzung der Trockenzeit,
- Feuchtigkeitsgehalt des Holzes kann genau bestimmt werden,
- Holzvorrat kann kleiner gehalten werden.

Nachteile:
- kostspieliger

Bauholz wird meistens natürlich getrocknet!

Wie werden Bauschnitthölzer bei natürlicher Trocknung gelagert?

Das Trocknen geschieht im Freien durch Anlage von Stapeln.

Wir unterscheiden dabei:

Blockstapel vorwiegend für unbesäumte Bretter und Bohlen

Kastenstapel vorwiegend für besäumte Schnittware

Evtl. Nachtrocknen erfolgt im Schuppen oder in einer Holzlagerhalle.

Für die fachgerechte Anlage von Holzstapeln ist folgendes zu beachten:

- Stapelunterbau besteht aus Stapelfüßen und Lagerhölzern,
- der Stapel soll ein leichtes Längsgefälle (~ 2 %) erhalten,
- Abstand vom Erdboden zur 1. Holzlage etwa 40–60 cm,
- Stapelleisten senkrecht übereinander,
- Überprüfung der Holzfeuchte (durch Holzfeuchtemessgerät).

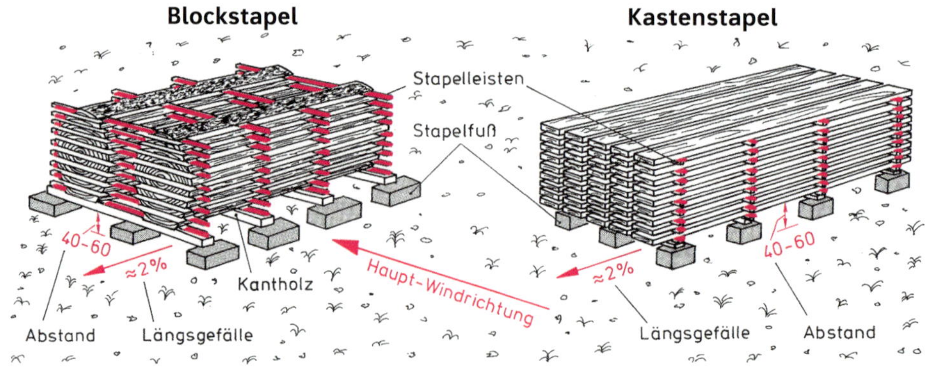

Übrigens: Eine genaue Messung der Holzfeuchte macht man durch die **Darrprobe**.

Elektrischer Feuchtemesser

T *Zur Wiederholung dieses Lernabschnittes finden Sie einen Test im Arbeitsheft, Blatt 111, 112.*

Testen Sie sich • Testen Sie sich

Nennen Sie ...

1. die Begründung für die Holztrocknung.
2. die Folgen der Feuchtigkeitsaufnahme für getrocknetes Holz.
3. die Formveränderungen, die durch das „Arbeiten des Holzes" hervorgerufen werden.
4. die Schwindmaße des Holzes in %.
5. mindestens drei Punkte, die bei der Anlage von Holzstapeln zu beachten sind.

4 Holzschädlinge

Holzschädlinge

werden unterschieden in:

Tierische Schädlinge ← **Insekten** | **Pilze** → **Pflanzliche Schädlinge**

4.1 Die Insekten

Die Insekten zerstören das Holz vorwiegend durch die Fraßgänge ihrer Larven

a) am lebenden Baum oder im gelagerten Holz — z. B. durch: → Borkenkäfer, Bockkäfer, Holzwespen.

b) am verarbeiteten Holz — z. B. durch: → Hausbockkäfer, Splintholzkäfer, Klopfkäfer.

Merke:

1. Das Splintholz der Eiche ist sehr anfällig für Insektenbefall. Es darf nicht verarbeitet werden.
2. Der Hausbockkäfer ist der größte Feind für verarbeitetes Bauholz.

Was Sie über den Hausbockkäfer wissen sollten:

So sieht der „Holzfeind“ aus:

als Käfer:
(bis 2,5 cm)

als Larve:
(bis 3 cm)

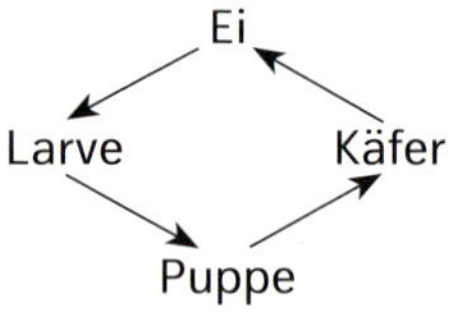

Zerstörung durch die Larve des Hausbockkäfers

Den bezeichnet der Laie als Holzwurm.

Merkmale:

- Vorkommen nur im trockenen Nadelholz (z. B. Dachgebälk, Holzbalkendecken),
- Weibchen legt bis zu 400 Eier im Jahr,
- Larven (auch Holzwurm genannt) nagen nur unter der Holzoberfläche daher kaum sichtbar,
- lange Entwicklungszeit der Larven (3–6 Jahre),
- kleine, ovale Fluglöcher mit darunter liegendem Bohrmehl.

Wie kann man den Hausbockkäfer „bekämpfen“?

Nur durch: Freilegen der Fraßgänge, vergiften der Larven.

4.2 Die Pilze

Pilze zerstören die Holzfasern und damit die Festigkeit

a) am gefällten und geschnittenen Holz — z. B. durch: → Rotfäule, Blaufäule.

b) am verarbeiteten Holz — z. B. durch: → echten Hausschwamm, Kellerschwamm.

Merke:

Der gefährlichste Pilz für verarbeitetes Bauholz ist der echte Hausschwamm.

Was Sie über den echten Hausschwamm wissen sollten:

So sieht der „Holzfeind“ aus:

Merkmale:

- Befällt Laub- und Nadelhölzer (außer Eiche).
- Macht Holz in kürzester Zeit „brüchig“ (z. B. Balken, Fußböden, Wandverkleidungen).
- Pilze lieben Feuchtigkeit können erst ab ~20 % Holzfeuchte „leben“.
- Kann Mauerwerk durchdringen und weiter entfernt eingebautes Holz befallen.
- Hohe Widerstandsfähigkeit gegen Trockenheit kann daher nur durch Abflammen vernichtet werden.

Der Befall muss der Baubehörde gemeldet werden!

Wie kann man den echten Hausschwamm „bekämpfen“?

Nur durch Ab- oder Verbrennen der befallenen Teile.

5 Holzschutzmaßnahmen

Durch Holzschädlinge, Feuer und Feuchtigkeit wird Holz zerstört. Um dies zu verhindern, sollen (müssen) vorbeugende Holzschutzmaßnahmen durchgeführt werden.

Holzschutz

- **Vorbeugender baulicher und konstruktiver Holzschutz**
- **Vorbeugender oder ergänzender chemischer Holzschutz**

Baulicher Holzschutz
- Vorbeugende bauliche Maßnahmen gemäß DIN 68 800-2
- Feuchte während Transport, Lagerung und Einbau
- Feuchte im Gebrauchszustand
- Tragende oder aussteifende Holzwerkstoffe; Holzwerkstoffklassen

5.1 Konstruktiver Holzschutz

Vorbeugender baulicher Holzschutz wird durch zwei Maßnahmen sichergestellt. Diese sind:

1. **Nur gesundes und trockenes Holz verwenden.**
   Bauholz muss „lufttrocken" und frei von Borken- und Bastteilen sein. Eine Behandlung mit Holzschutzmitteln empfiehlt sich.
2. **Holz werkgerecht einbauen.**
   Bauholz muss „belüftet" und durch Sperrstoffe vor Feuchte (und evtl. Brand) geschützt werden.

Wodurch kann der bauliche Holzschutz erreicht werden?

Z. B. beim **Dachaufbau**

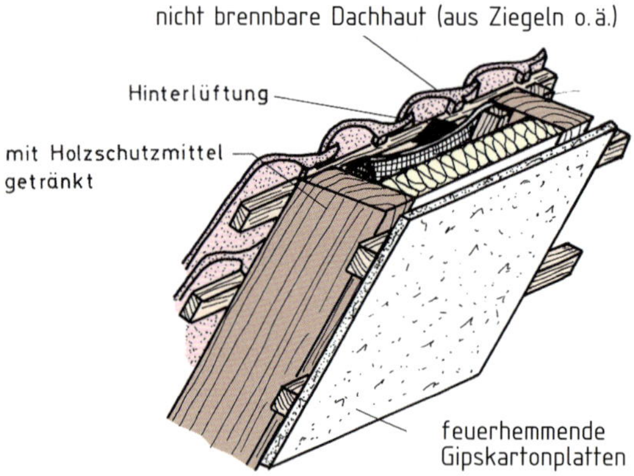

Holzschutzmaßnahmen hierbei sind:

1. vorwiegend gegen Feuchtigkeit:
   - Hinterlüftung Holz kann trocknen,
   - Dachhaut leitet Wasser sofort zur Dachrinne weiter,
2. vorwiegend gegen Brand:
   - feuerhemmende Gipskartonplatten,
3. vorwiegend gegen Holzschädlinge:
   - holzschutzmittelgetränkte Hölzer.

Die grundlegende Voraussetzung für ein hygienisches Raumklima ist der Feuchtigkeitsschutz. Seit der verbindlichen Einführung der Energieeinsparverordnung (EnEV) im Jahre 2009 steigen ständig die Anforderungen an den Wärmeschutz. Das bedeutet, dass zunehmend die Tauwasserbildung (auch im Inneren des Bauteils) eine Rolle spielt.

Tauwasser kann man auch als Kondenswasser bezeichnen, z. B. kondensiert auf einer Fensterscheibe Wasserdampf aus der Raumluft, weil die Lufttemperatur an der Oberfläche der Glasscheibe abgekühlt wird.

Oder z. B. bei einer Fachwerkecke mit Klinkermauerwerk *am Carport „unseres Hauses"*

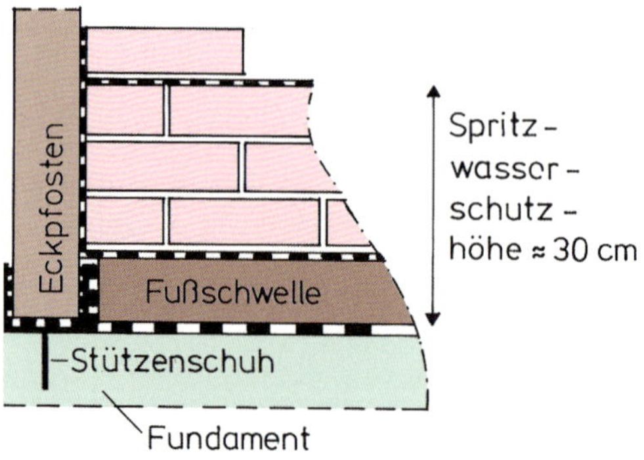

Holzschutzmaßnahmen hierbei sind:

1. vorwiegend **gegen Feuchtigkeit:**
   - mehrere Lagen Feuchtigkeitssperren aus Bitumenpappe (vorwiegend „rund um das Holz"),
   - Spritzwasserhöhe bis zur letzten Feuchtigkeitssperre mind. 30 cm,
   - Schutzanstrich aller Holzteile mit Holzschutzmittel (i. d. R. schon vorbehandelt).
2. vorwiegend **gegen Holzschädlinge**:
   - Schutzanstrich der Holzkonstruktion.

5.2 Holzschutzmittel

Holzschutzmittel ergänzen die baulichen Schutzmaßnahmen. Von den vielen Mitteln, die es gibt, muss jedes Mittel eine vorgeschriebene Kurzbezeichnung führen, mit Hinweisen auf Wirksamkeit und Anwendung.

Welche Wirksamkeit und Anwendung der Holzschutzmittel gibt es?

Wirkungsbereiche		Anwendungshinweise	
Iv	Insekten vorbeugend	L	Leimverträglichkeit (bestimmte Leime)
(Iv)	Iv nur bei Tiefschutz (Tränken)	K	keine Lochkorrosion Chrom-Nickel-Stahl
Ib	Insekten bekämpfend (bei Befall)		
P	Wirksam gegen Pilze	S	Streichen, Spritzen, Sprühen, Tauchen
W	Witterungsgeeignet ohne Erdkontakt	(S)	S in stationären Anlagen
E	für Erdkontakt, extreme Beanspruchung	ST	(S) sowie Streichen in stationären Anlagen
M	Schwammbekämpfung	T	Tauchen, Tränken

Merke:

Chemischer Holzschutz ist entsprechend den Gefährdungsklassen nach DIN 68 800-3 für tragende und aussteifende Bauteile baurechtlich vorgeschrieben!

Wovon hängt die Wirksamkeit ab?

Die Wirksamkeit ist abhängig von der **Eindringtiefe** des Holzschutzmittels ins Holz. Wir unterscheiden:

- Oberflächenschutz (**OS**):
  Das Schutzmittel wirkt nur an der Holzoberfläche.

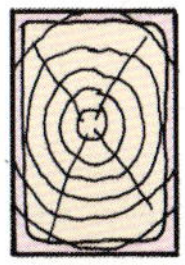

OS

- Randschutz (**RS**):
  Eindringtiefe nur wenige Millimeter.

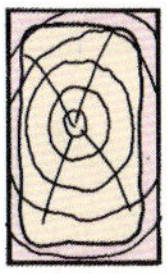

RS

- Tiefschutz (**TS**):
  Eindringtiefe mindesens 1 cm.

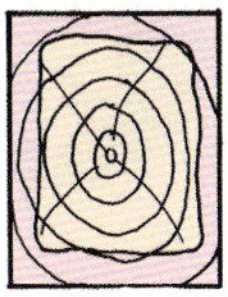

TS

- Vollschutz (**VS**):
  Tiefschutz bis in alle Teile (außer stark verharztes Kernholz).

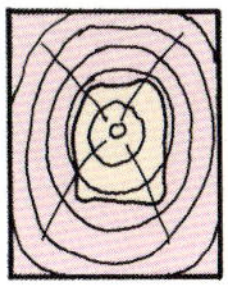

VS

Das Einbringverfahren bestimmt die Eindringtiefe.

Welche Einbringverfahren sind üblich?

– Streichen oder Spritzen	nur OS
– Tauchen oder Trogtränkung	RS und TS
– Kesseldruck- oder Vakuumtränkung	TS und VS

Holzschutzmittel sind für Menschen gesundheitsschädlich.
Daher gelten besondere Schutzregeln.

Welche Schutzregeln sind unbedingt einzuhalten?

Sicherheit bei der Arbeit geht vor, daher aufpassen!

	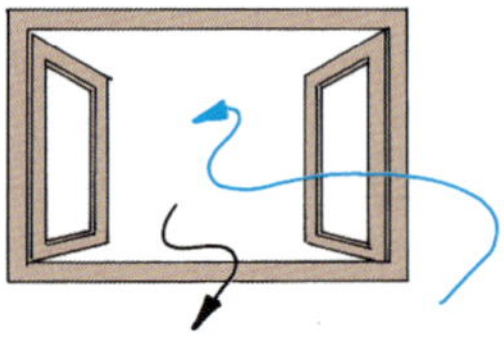	
Feuer, offenes Licht und **Rauchen** verboten	Für gute **Be- und Entlüftung** sorgen	Vor Regen geschützt arbeiten
		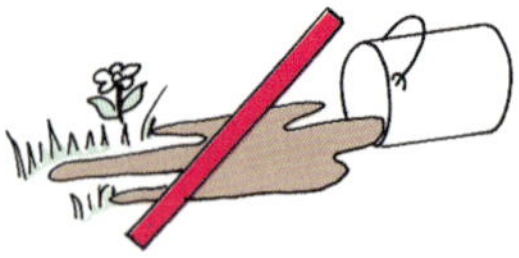
Nicht essen oder trinken! **Kein Alkohol!**	**Gebrauchsanweisung** beachten; nur **Originalbehälter** verwenden	Holzschutzmittel dürfen **nicht** ins Erdreich, Wasser oder Abwasser gelangen
	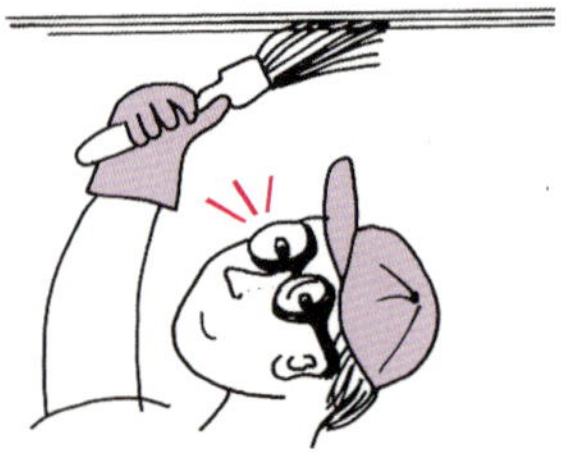	
Schutzhandschuhe tragen, ggf. auch Atemschutzmaske	Bei Überkopf-Arbeiten **Schutzbrille** tragen	Reste und leere Gebinde richtig **entsorgen**

Zusammenfassung von Kapitel 4 und 5:

Holzschädlinge, Holzschutzmaßnahmen

- Die **Larven der Insekten** zerstören durch die Fraßgänge das Bauholz; der Hausbockkäfer ist das gefährlichste Insekt.
- **Pilze** zerstören die Holzfasern und damit die Festigkeit; der echte Hausschwamm ist der gefährlichste Pilz.
- **Bauliche Maßnahmen** (Konstruktiver Holzschutz) sind in jedem Falle anzuwenden; der Einsatz von Holzschutzmitteln, wenn erforderlich.
- Bauliche Maßnahmen beziehen sich auf die **Auswahl des Holzes** (gesund, trocken) und auf den **werkgerechten Einbau**.
- **Holzschutzmittel** müssen eine vorgeschriebene Kurzbezeichnung haben, die Aufschluss über Wirksamkeit und Anwendung gibt.
- **Vorsicht beim Umgang** mit Holzschutzmitteln, denn sie sind gesundheitsschädlich

A – Te *Aufgaben zur Wiederholung finden Sie im Arbeitsheft, Blatt 113.*

Testen Sie sich • Testen Sie sich

Nennen Sie ...

1. vier Möglichkeiten für den konstruktiven Holzschutz.
2. die Aufgabe der Bitumenpappe.
3. die Einbringverfahren für Holzschutzmittel.

6 Die Voraussetzungen für die Holzbearbeitung

Um Bauschnitthölzer und Holzwerkstoffe fachgerecht verarbeiten zu können, müssen Sie neben der Handhabung der Werkzeuge und dem Umgang mit Maschinen auch die „Holzsprache", das Messen und das Anreißen sowie die Bearbeitungsrichtungen des Holzes erlernen.

6.1 Die „Holzsprache" – Zeichen und Risse

In der Holzbearbeitung verständigen sich Fachleute durch Zeichen und Risse auf dem Holz oder in Zeichnungen. Und so sehen sie aus.

Die dargestellten Zeichen müssen Sie können. Sie sind für die Praxis unbedingt erforderlich!

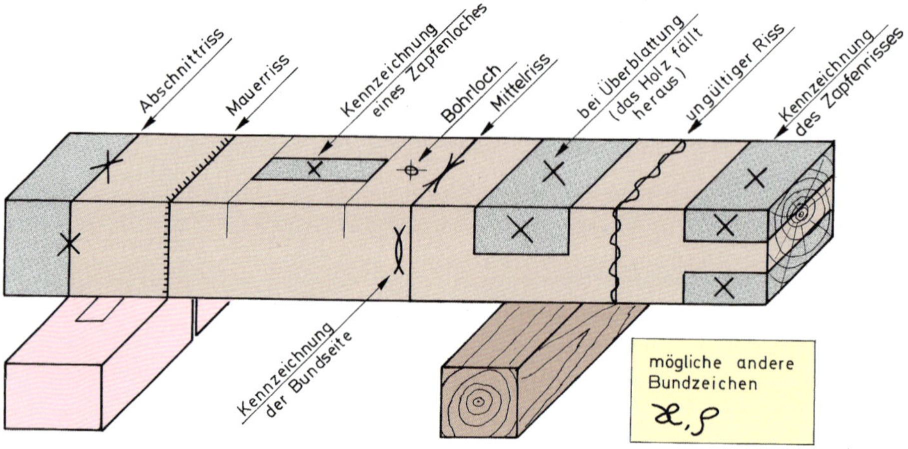

Bedeutung von Zeichen und Rissen

Was soll mit diesen Zeichen ausgedrückt werden?

Abschnittriss:	Hier wird das Holz rechtwinklig auf Länge abgesägt.
Mauerriss:	Kennzeichnet die Stelle, wo das Holz auf der Mauerkante aufliegt.
Zapfenloch:	Dieses Teil des Holzes wird herausgestemmt.
Zapfenriss:	Die beiden seitlichen Holzstücke werden herausgesägt oder gestemmt. Das Mittelstück bleibt stehen ist das passende Gegenstück zum Zapfenloch.
Überblattung:	Ein Zeichen für die Holzbreite und Tiefe des Wegfallstückes.
Bohrloch:	Kennzeichnet eine Bohrung im Holz durch kreuzende Risse.
Mittelriss:	Die Mitte einer Holzlänge.
Ungültiger Riss:	Eine falsche Kennzeichnung.
Bundseite:	Da Bauholz nach dem Trocknen nicht mehr maß- und winkelgenau ist, wird die Seite gekennzeichnet, die den Anforderungen fluchtrecht und vollkantig am nächsten kommt.

6.2 Messen und Anreißen

Zu einer wirklich passgenauen Holzbearbeitung gehört ein genaues Messen und Anreißen der geforderten Abmessungen auf dem Holz.

Hinweis hierzu:

Von der Bundseite werden alle Mess- und Anreißarbeiten durchgeführt (Bezugseite).

Welche Mess- und Anreißwerkzeuge gebrauchen wir in der Regel?

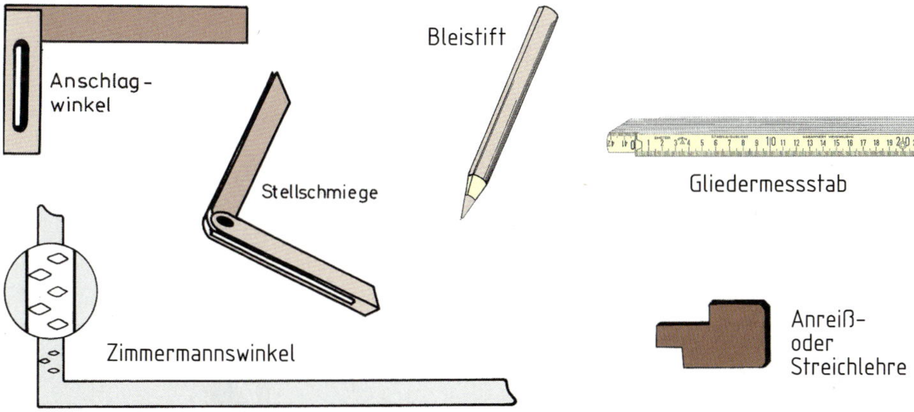

Worauf muss man beim Messen und Anreißen achten?

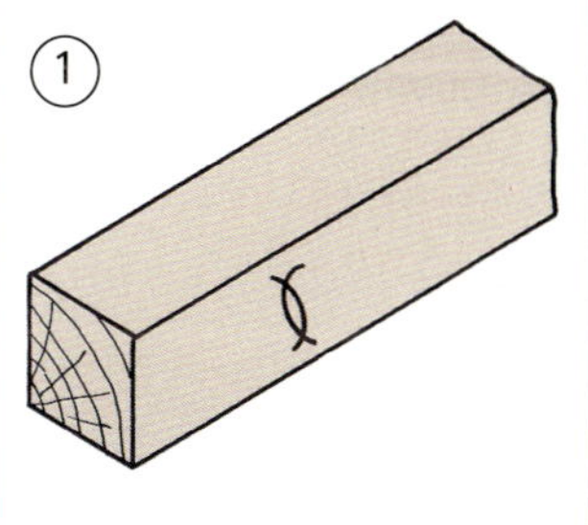	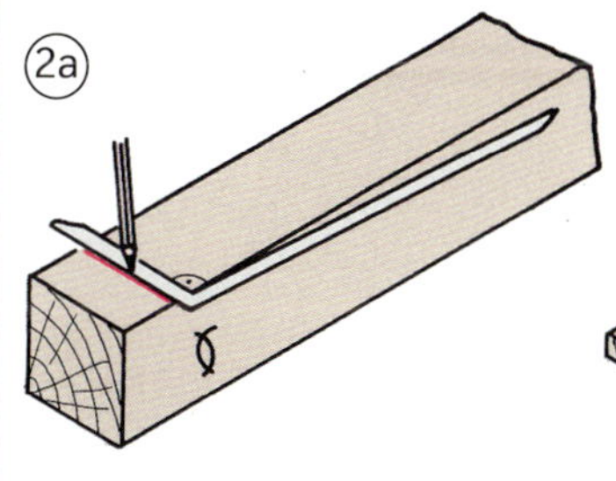	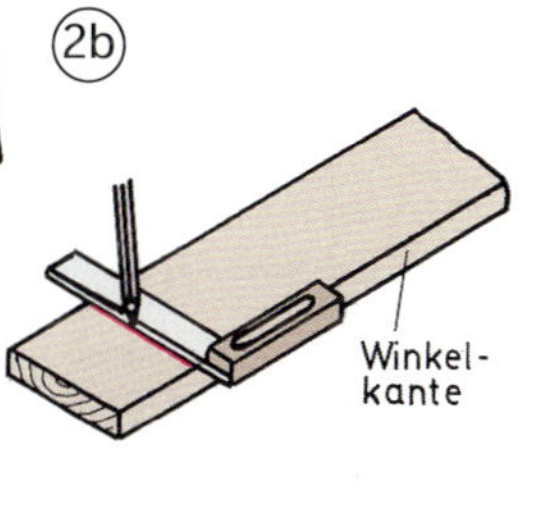
Bundseite festlegen durch Prüfen der geraden Kanten („fluchten" – Augenscheinprüfung).	Abschnittriss mit dem Zimmermannswinkel anreißen. (Langer Schenkel wird an der Bundseite angelegt.) Bei Brettern wird der Abschnittriss auch mit dem Anschlagwinkel angerissen. (An der Winkelkante anlegen.)	
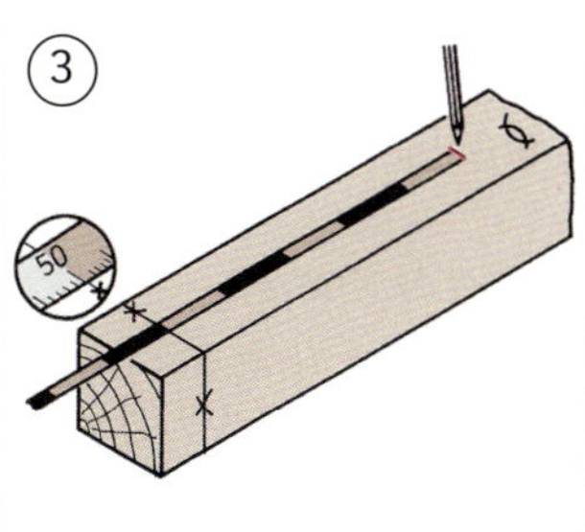	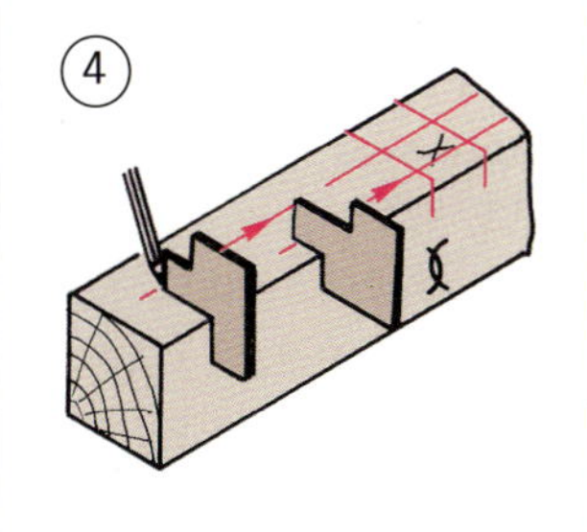	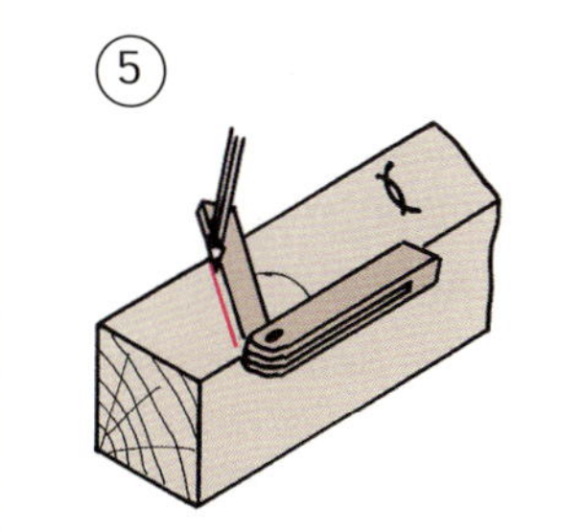
Abschnittriss auf drei Kantholzseiten übertragen. Die Länge (hier 50 cm) vom Abschnittriss der Bundseite aus abmessen.	Zapfenloch und Zapfen mit Anreißlehre anreißen (lohnt nur, wenn man mehrere Zapfenlöcher und Zapfen herstellt.)	Schräge Holzabschnitte oder Holzverbindungen mit Stellschmiege anreißen.

6.3 Die Bearbeitungsrichtungen des Holzes

Bei der Bearbeitung des Holzes werden **vier Bearbeitungsrichtungen** unterschieden: in Faserrichtung (mit und gegen die Faser), – quer zur Faser, – senkrecht zur Faser.

① = in Faserrichtung (gegen und mit der Faser)

② = quer zur Faser

③ = senkrecht zur Faser

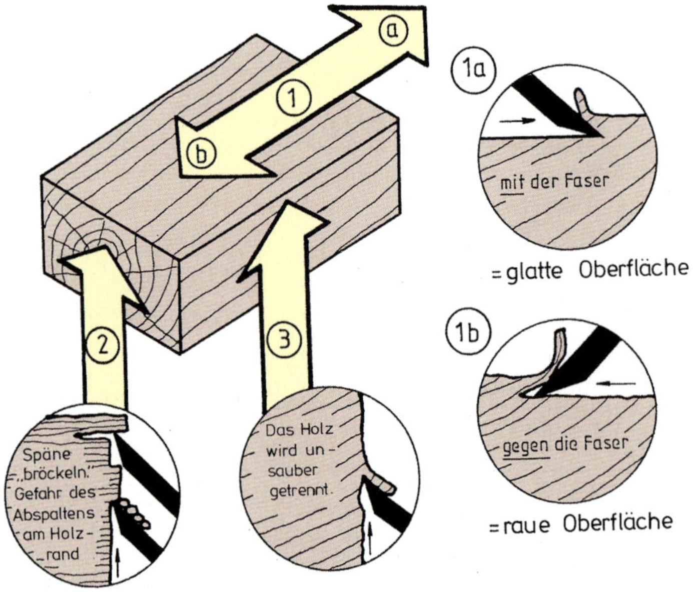

Merke:

Um eine glatte Oberfläche zu erhalten, muss mit der Faser gearbeitet werden!

Zusammenfassung von Kapitel 6:

Die Voraussetzungen für die Holzbearbeitung

- Durch **einheitliche Kennzeichnung** sollen Risse und abfallende Holzstücke sofort erkennbar sein.
- Die **Bundseite** ist die Bezugseite für alle Mess- und Anreißarbeiten.
- **Mess- und Anreißwerkzeuge** sind: Gliedermaßstab, Anschlag- und Zimmermannswinkel sowie Stellschmiegen.
- **Anreißlehren** erleichtern das Anreißen von Zapfenloch und Zapfen.
- **Die Bearbeitungsrichtungen** des Holzes sind: in Faserrichtung (mit der oder gegen die Faser), quer zur Faser und senkrecht zur Faser. Um eine glatte Oberfläche zu erhalten, muss mit der Faser gearbeitet werden.

Testen Sie sich • Testen Sie sich

Nennen Sie ...

1. mindestens fünf Zeichen und Risse.
2. die Bedeutung der Bundseite.
3. mindestens vier Mess- und Anreißwerkzeuge.
4. die Bearbeitungsrichtung, die eine glatte Oberfläche ergibt.
5. das Ergebnis der Holzbearbeitung senkrecht zur Faser.
6. die vier Bearbeitungsrichtungen des Holzes.

A – Te *Zur weiteren Wiederholung finden Sie Aufgaben im Arbeitsheft, Blatt 114.*

7 Aufbau und Handhabung der Handwerkzeuge

Bauteile aus Holz werden entweder maschinell oder „per Hand" mit Handwerkzeugen bearbeitet. In der Grundstufenausbildung lernen Sie besonders die Wirkungsweise der Handwerkzeuge kennen.

Der Aufbau der Werkzeuge, die Wirkungsweisen und die richtige Handhabung müssen Sie kennen und können!

7.1 Die spanabhebenden Werkzeuge

Die Holzwerkzeuge formen das Werkstück durch das Abheben von Spänen. Werkzeuge dieser Art bezeichnet man als spanabhebende Werkzeuge.

Spanabhebende Werkzeuge haben als Grundform den Keil!

Wir unterscheiden:

Keilform	Werkzeuge	Einsatz bei ...
 Zweiseitige Keilform	Beile, Äxte, Spaltkeile.	grober Holzbearbeitung
 Einseitige Keilform	Stemmeisen, Stoßaxt, Hobel, Sägen, Feilen, Bohrer.	feiner, genauerer Holzbearbeitung

Wo zeigt sich bei den Schneiden der Handwerkszeuge die Keilform?

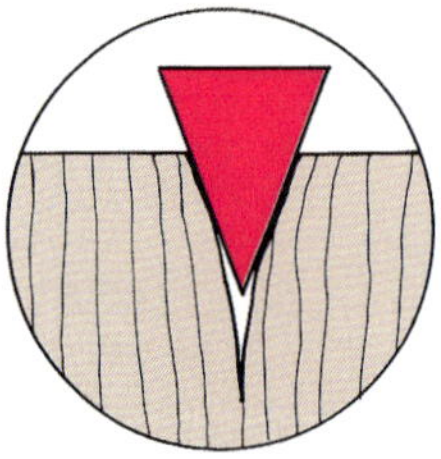	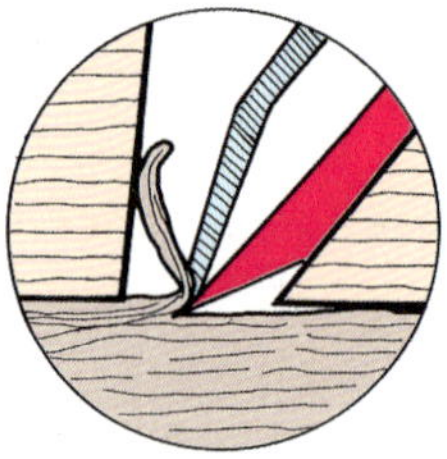	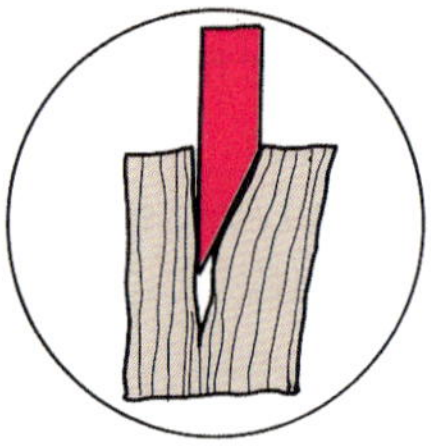	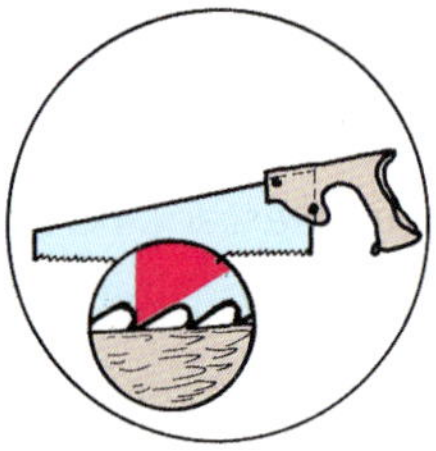
Keilform beim **Spaltkeil**	Keilform beim **Hobel**	Keilform beim **Stemmeisen**	Keilform bei der **Säge**

7.1.1 Die Hobel

Durch Hobeln sollen ebene und glatte Flächen hergestellt werden.

Hobel

werden eingeteilt in:

Hobel mit Hobeleisen

dazu gehören:
Schrupphobel,
Schlichthobel

Verwendung:
zum Ebnen

Hobel mit Hobeleisen und Klappe

dazu gehören:
Putzhobel,
Doppelhobel,
Raubank
(Langhobel)

Verwendung:
zum Glätten

Wie ist die Wirkungsweise beim Hobeln?

Hobeleisen

⇒ Die Druckkante begrenzt das Vorreißen:

Dickere Spanabnahme,
grobe Oberfläche

Hobeleisen mit Klappe

⇒ Die Klappe bricht den Span frühzeitig, deshalb glatte Oberfläche:

Dünnere Spanabnahme,
glatte Oberfläche

Was man noch über das Hobeln wissen sollte!

Die **Oberflächengüte** einer gehobelten Fläche hängt hauptsächlich ab:
- von der richtigen Einstellung des Hobeleisens und
- von der Bearbeitungsrichtung des Holzes.

Selbstverständlich muss das Hobeleisen sorgfältig geschärft sein!

Hobeleisen richtig einstellen:

Ganz flach über die Hobelsohle schauen! Hobeleisen sollte gerade sichtbar sein.

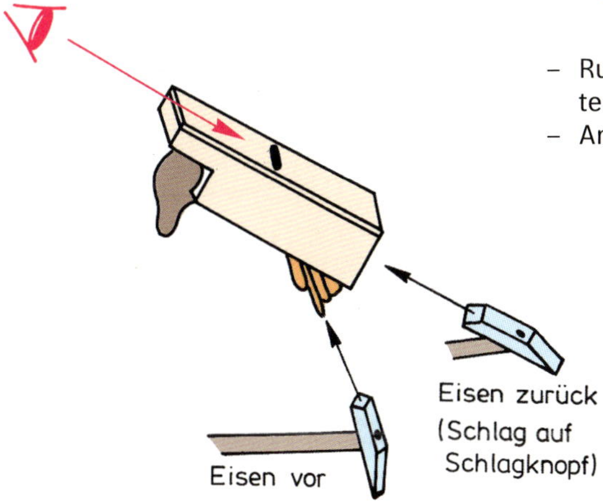

Bearbeitungsrichtung berücksichtigen:

- Runde Seite nach oben und als erstes hobeln.
- Am besten immer mit der Faser hobeln.

Was muss bei der Handhabung des Hobels beachtet werden?

1 Anstoßen (am Anfang)

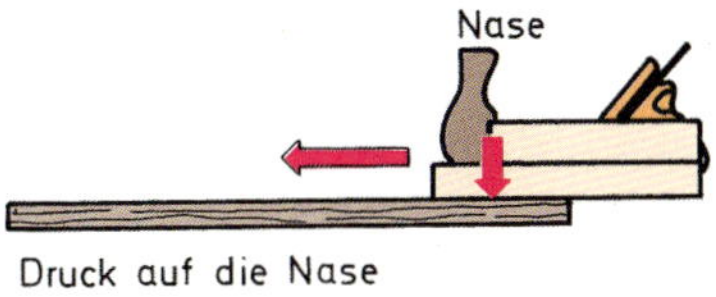

2 Durchstoßen (in der Mitte)

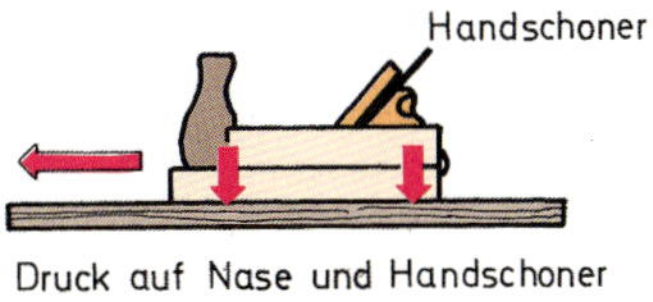

3 Ausstoßen (am Ende)

4 Rückführen

Beim Rückführen (4) über Längskante ankippen (ohne Druck), um ein unnötiges Stumpfwerden des Hobeleisens zu verhindern.

7.1.2 Die Sägen

Ein richtiger Einsatz von Sägen ist nur möglich, wenn man deren Wirkungsweise und Handhabung kennt.

Sägen

werden eingeteilt in:

Gespannte Sägen	**Ungespannte Sägen**
dazu gehört:	dazu gehören:

Gestellsäge

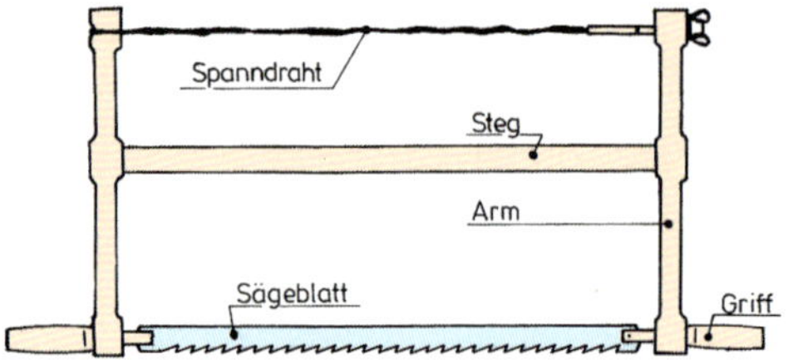

Schrotsäge

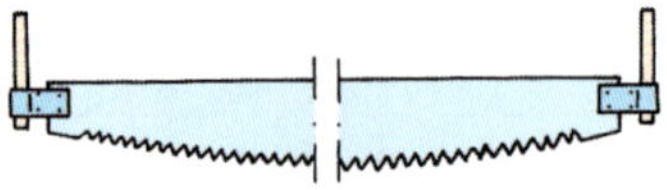

Fuchsschwanz

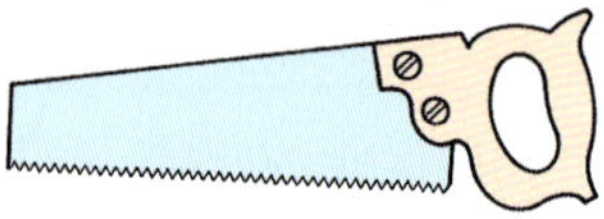

Vorwiegende Verwendung:

im Brettbau

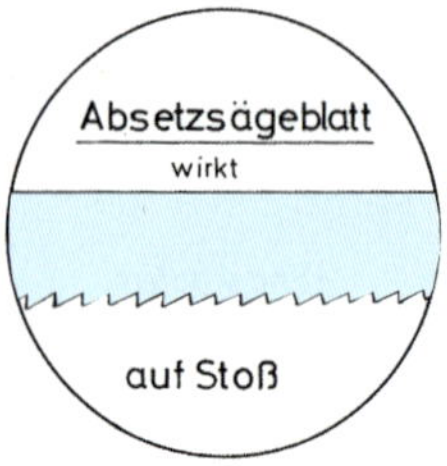

im Kantholzbau

Stichsäge

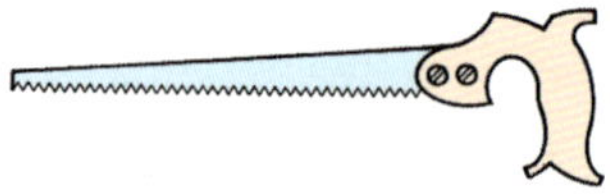

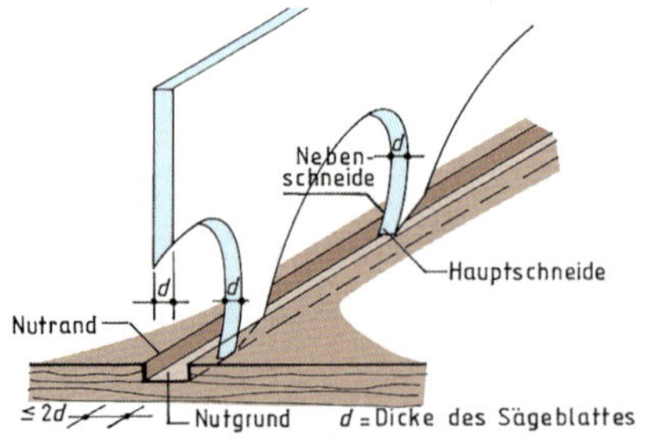

Die Sägezähne sind vergleichbar mit vielen hintereinandergestellten schmalen Hobeleisen. Die Säge schneidet beim Sägevorgang eine Nut in das Holz. Dabei trennt der Sägezahn mit der Hauptschneide am Nutgrund und mit der Nebenschneide am Nutrand die Späne ab.

Sägen müssen geschränkt sein! Die Sägezähne sind abwechselnd etwas nach rechts und links aus dem Sägeblatt herausgebogen.

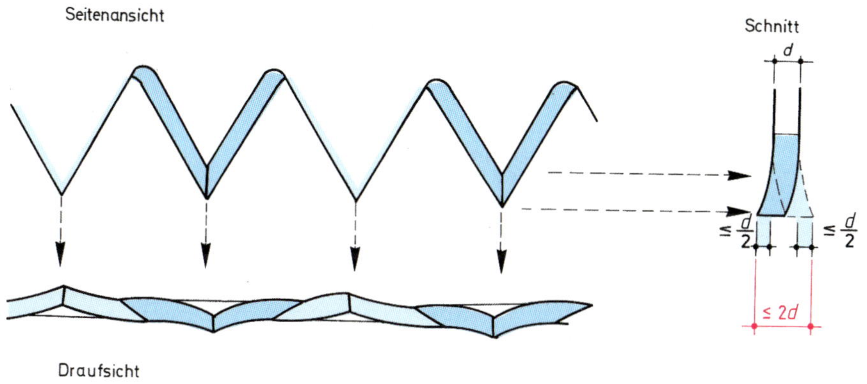

d = Dicke des Sägeblattes

$\frac{d}{2}$ = Die „Schränkung“ sollte höchstens die halbe Sägeblattdicke betragen!

Durch Schränken wird ein Festklemmen des Sägeblattes verhindert.

Wenn eine Säge geschränkt werden muss, soll nach folgender Reihenfolge verfahren werden:

1. Schränken der Säge
2. Schärfen der Säge

⇒ Schärfen kommt zuletzt, denn Sägen können beim Schränken wieder stumpf werden!

Was muss bei der Handhabung der Sägen beachtet werden?

① 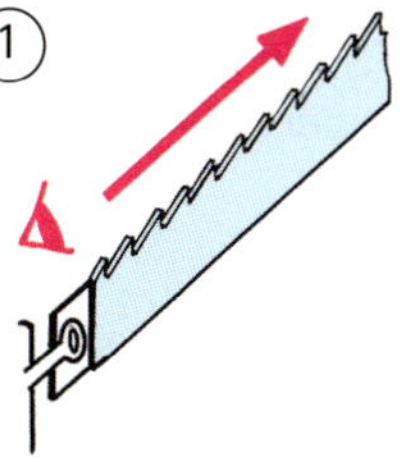	② 	③ 
Sägeblatt durch „Augenprüfung“ fluchtgerecht einstellen.	Nicht auf dem Riss, sondern neben dem Riss sägen (⇒ Wegen der Schnittbreite).	- Daumen parallel ans Sägeblatt legen, dient als Anschlag beim Ansägen. - Säge in einem Winkel von ca. 20–30° ansetzen.

7.1.3 Die Stemmwerkzeuge

Unter dem Begriff **„Stemmen"** versteht man das Ab- und Ausheben von Holzteilen (z. B. Zapfenlöchern).

Stemmwerkzeuge

sind:

- **Beitel (Stemmeisen)**
  Es gibt drei Arten:
  - **Stemmbeitel**
  - **Lochbeitel**
  - **Hohlbeitel**
- **Stoßaxt**
- **Schlagwerkzeug**

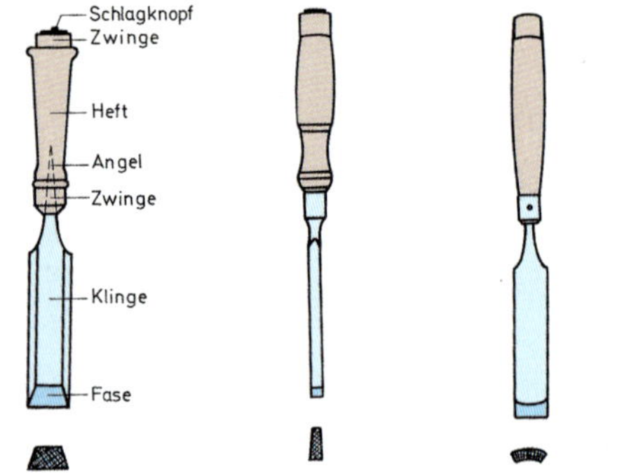

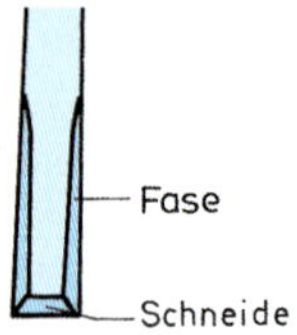

Was sollte bei Stemmarbeiten beachtet werden?

Beim Abheben zu dicker Späne versucht das Stemmeisen durch die einseitige Keilform zu „verlaufen".

Das Verlaufen kann durch das Abheben dünnerer Späne verhindert werden.

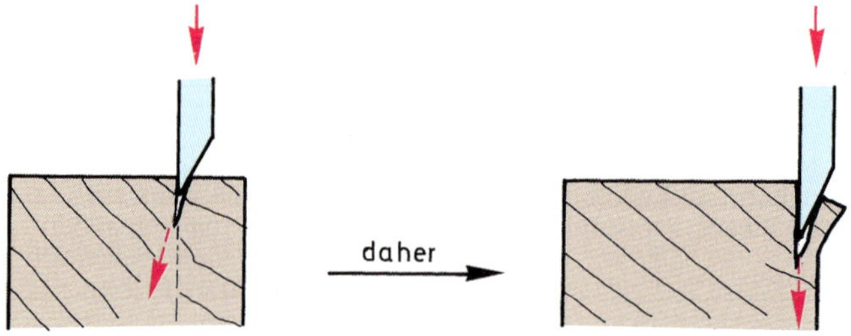

Beispiel: *Stemmen eines Zapfenloches*

Vorstemmen des Zapfenloches

① Das angerissene Zapfenloch wird an beiden Längsseiten und an einer Querseite vorgestemmt. Dabei 1–2 mm weiter innen ansetzen.

Merke:

Der Zimmermann sitzt auf dem Holz vor dem zu stemmenden Zapfenloch.

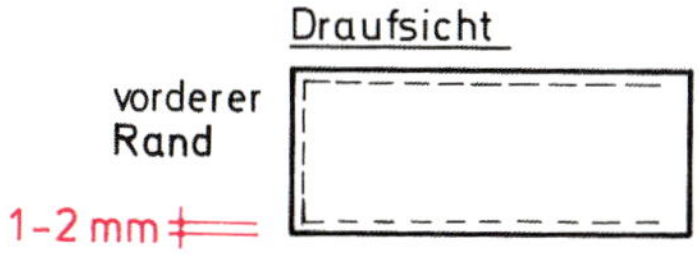

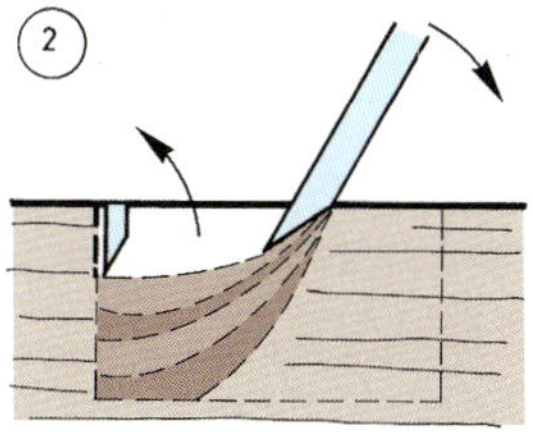	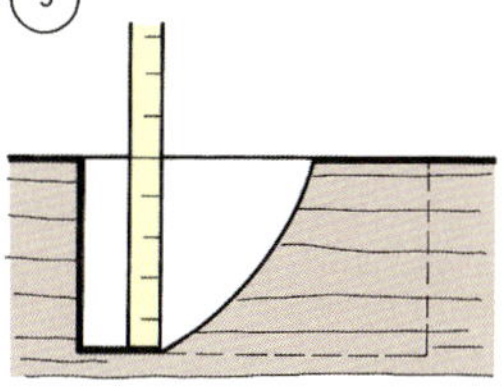	
Zapfenloch von der Mitte zum vorderen Rand ausstemmen. Span heraushebeln.	Die erforderliche Tiefe kontrollieren und dann nach außen hin weiterstemmen.	Am hinteren Rand senkrecht herunterstemmen, dann die Seiten nachputzen.

7.1.4 Die Bohrwerkzeuge

Bohrungen im Holz dienen zur Aufnahme von Verbindungsmitteln wie Dübeln, Schrauben, Bolzen usw.

Bohrwerkzeuge

werden eingeteilt in:

elektrische Bohrmaschinen | **Handbohrer**

z. B. Zimmerei-Bohrmaschine

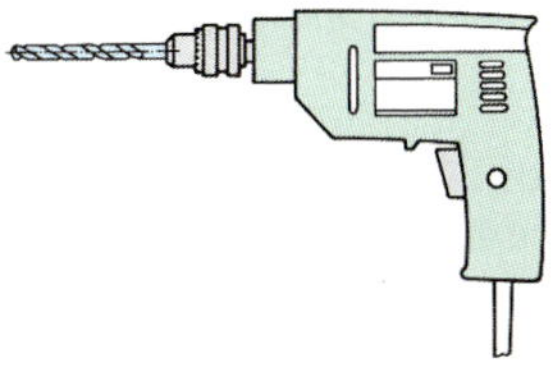
z. B. Handbohrmaschine

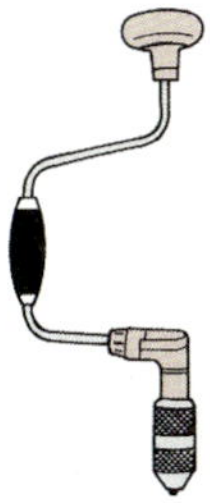
z. B. Bohrwinde mit Knarre

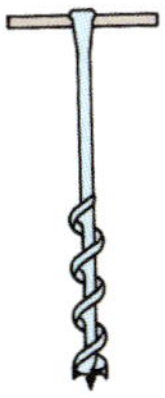
z. B. Stangenbohrer

Welche Bohrer werden überwiegend verwendet?

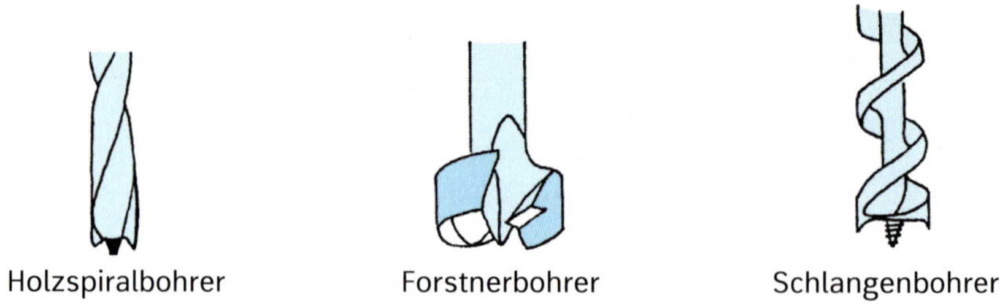

Wie ist die Wirkungs- und Arbeitsweise der Bohrer?

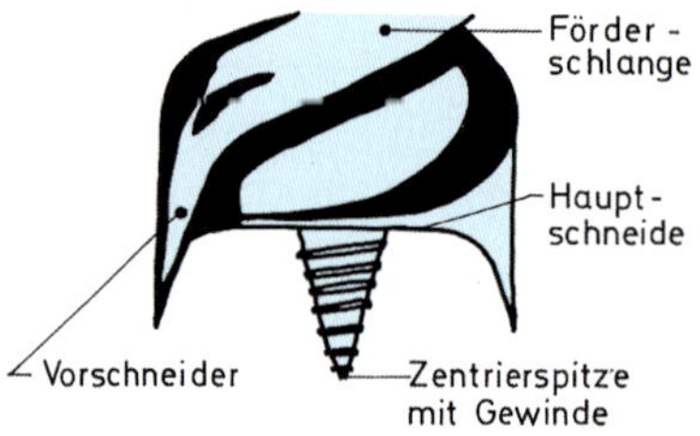

Beispiel: *Wirkungsweise am Schlangenbohrer*

Bei der Drehung des Bohrers zieht sich zunächst die Zentrierspitze ins Holz.

Der Vorschneider schneidet das Holz auf den Bohrerdurchmesser.

Die Hauptschneide (Keilform) spant das Holz ab.

Die Förderschlange transportiert das Holz aus dem Bohrloch.

Was sollte bei Bohrarbeiten beachtet werden?

- Bohrer im geforderten Winkel zum Holz ansetzen (meist senkrecht),
- kurze Holzstücke fest einspannen.

A – Te *Ihr Wissen über die Handwerkzeuge können Sie durch Aufgaben im Arbeitsheft, Blatt 115 überprüfen.*

Zusammenfassung von Kapitel 7:

Aufbau und Handhabung der Handwerkzeuge

- Der **Keil** ist die Grundform der spanenden Werkzeuge. Einseitige Keilform haben Sägen, Stemmwerkzeuge, Hobel, Bohrer u. a.
- **Sägen** werden eingeteilt in gespannte und ungespannte Sägen. Die Gestellsäge ist eine gespannte Säge; Fuchsschwanz, Stich- und Schrotsäge sind ungespannte Sägen.
- **Sägen** müssen geschränkt und geschärft sein. Die Schränkung sollte höchstens die halbe Sägeblattdicke betragen.
- **Hobel** werden eingeteilt in Hobel mit Hobeleisen und Hobel mit Hobeleisen und Klappe.
- Die **Oberflächengüte** einer gehobelten Fläche hängt von der Einstellung und Schärfe des Hobeleisens sowie der Bearbeitungsrichtung des Holzes ab.
- Beim **Stemmen** des Zapfenloches ist etwa 1–2 mm vom Riss vorzustemmen.
- Gebräuchliche **Bohrwerkzeuge** sind: Zimmerei-Bohrmaschine, Handbohrmaschine, Bohrwinde und Stangenbohrer.
- Holzspiral-, Forstner- und Schlangenbohrer sind die gebräuchlichsten **Holzbohrer**.

Testen Sie sich • Testen Sie sich

Nennen Sie ...

1. mindestens fünf spanabhebende Werkzeuge.
2. die Wirkungsweise der Handsäge.
3. vier Stemmwerkzeuge.
4. drei gebräuchliche Holzbohrer.
5. die Wirkungsweise des Hobeleisens mit Klappe (Doppelhobel).
6. die Handhabung des Hobels beim Hobelvorgang.
7. die Aufgabe der Druckkante.

8 Die Holzbearbeitungsmaschinen

Dies sind die gebräuchlichen Holzbearbeitungsmaschinen:

Baukreissäge

Bandsäge

Dickenhobelmaschine

Abrichthobelmaschine

Bei allen Arbeiten an Holzbearbeitungsmaschinen müssen die Unfallverhütungsvorschriften und das Mindestalter für Auszubildende unbedingt eingehalten werden!

In der Grundstufenausbildung sind die Baukreissäge und die Dicktenhobelmaschine die gebräuchlichsten Holzbearbeitungsmaschinen.

Wegen ihrer besonderen Bedeutung wollen wir uns im Folgenden jedoch nur der Baukreissäge zuwenden. ⇒ Die anderen Holzbearbeitungsmaschinen lernen angehende Zimmerer in der Fachstufenausbildung kennen.

8.1 Die Baukreissäge

Welche Sicherheitsregeln sind beim Umgang mit Baukreissägen zu beachten?

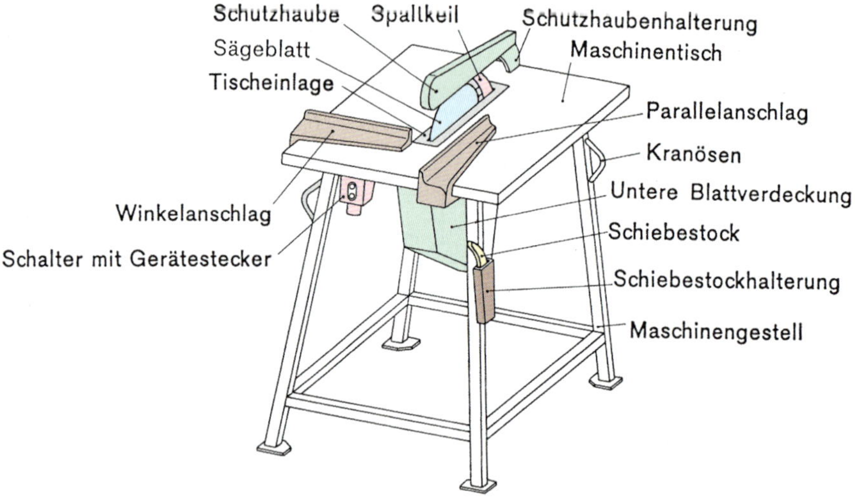

Das sind die Sicherheitsregeln:

- Die Baukreissäge muss fest und waagerecht stehen.
- Nur einwandfreie Sägeblätter verwenden.
- Der Spaltkeil und die Schutzhaube müssen voneinander getrennt befestigt sein (Spaltkeil höchstens 1 cm vom Sägeblatt entfernt).
- Das Sägeblatt soll nur wenig höher als die Werkstückdicke eingestellt sein.
- Arbeitswege dürfen durch das elektrische Kabel nicht versperrt werden!
- Winkelanschlag, Parallelanschlag, Keilschneideeinrichtung usw. sind bei entsprechenden Holzschnitten zu benutzen.
- Beim Sägeblattwechsel oder anderen Arbeiten Gerätestecker herausziehen.

Ganz wichtig ist der **Schiebestock**:

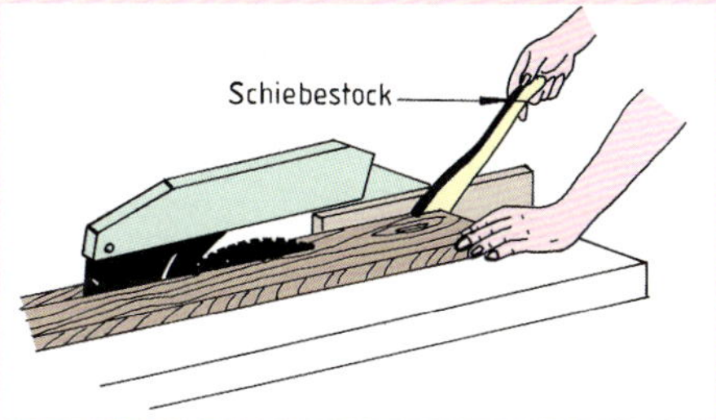

- Kurze Werkstücke, schmale Bretter und Leisten immer mit dem Schiebestock am Sägeblatt vorbeiführen.

⇒ Ein Schiebestock lässt sich ersetzen – ein Finger nicht!

Welche Aufgabe hat der Spaltkeil bei der Kreissäge?

Abstand zwischen Sägeblatt und Spaltkeil höchstens 1 cm!

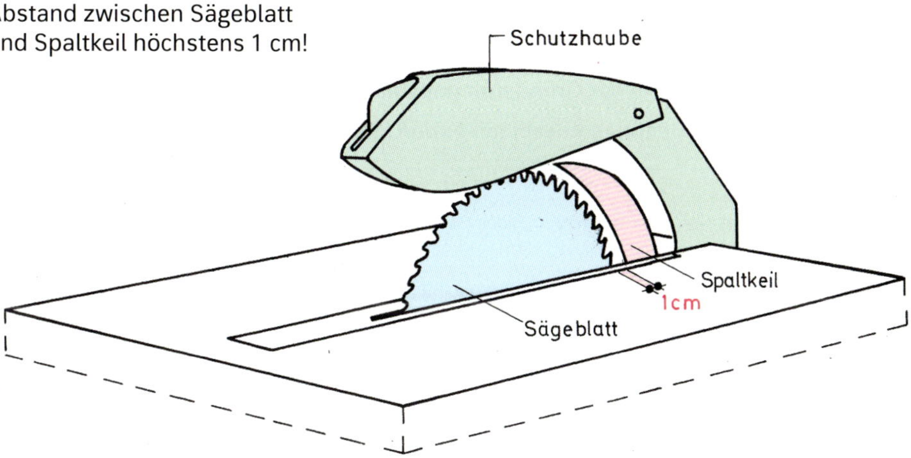

Ohne Spaltkeil: Holz klemmt ⇒ **Rückschlaggefahr**!

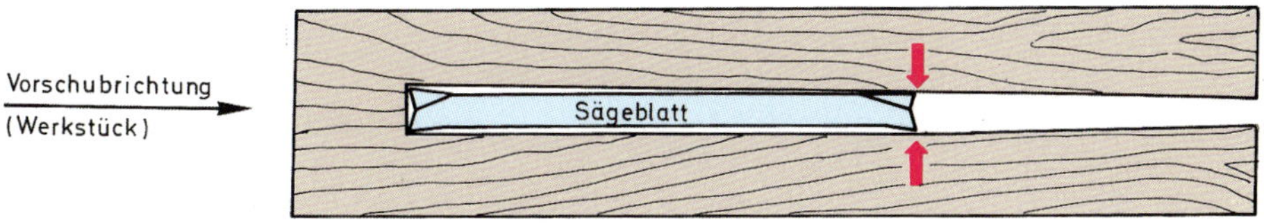

Mit Spaltkeil: Schnittfuge offen ⇒ keine Rückschlaggefahr!

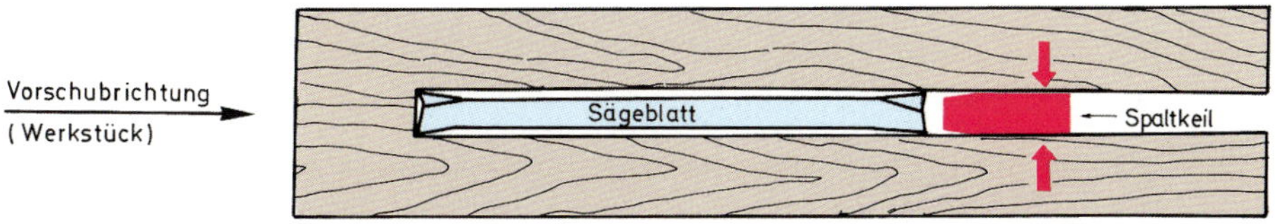

Aufgabe des Spaltkeils ist, die Schnittfuge offen zu halten und damit die Rückschlaggefahr zu verhindern!

Besonders groß ist die Rückschlaggefahr bei feuchtem, drehwüchsigem oder knorrigem Holz. Es hat verstärkt das Bestreben, sich an das Sägeblatt „anzupressen".

Rückschlag:

Das Werkstück wird hochgedrückt und zurückgeschleudert.

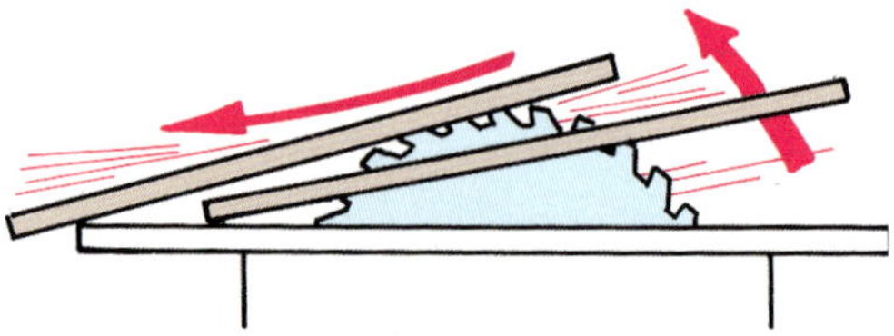

Für den Umgang mit tragbaren Handmaschinen gelten in etwa dieselben Sicherheitsvorschriften wie für ortsfeste Maschinen (z. B. Handkreissäge ⇒ vgl. Tischkreissäge).

Zusammenfassung von Kapitel 8:

Holzbearbeitungsmaschinen

- **Baukreissäge** und Dicktenhobelmaschine sind die gebräuchlichsten Holzbearbeitungsmaschinen in der Grundstufenausbildung.
- Für alle Holzbearbeitungsmaschinen gelten strenge **Sicherheitsvorschriften**.

I/Ü – TK *Skizzierübungen von Holzwerkstücken finden Sie im Arbeitsheft, Blatt 116.*

Testen Sie sich • Testen Sie sich

Nennen Sie ...

1. zwei gebräuchliche Holzbearbeitungsmaschinen.
2. fünf Sicherheitsregeln für das Arbeiten mit Baukreissägen.
3. die Aufgabe des Spaltkeiles.
4. die Bedeutung des Schiebestockes.

9 Holzverbindungsmittel

Holzverbindungsmittel sind Nägel, Schrauben und Klebstoffe. Sie verbinden u. a. Bretter mit Bohlen und Kanthölzer mit Balken.

Merke:

- Holzverbindungen mit Nägeln und Klebstoffen sind **nicht lösbar**.
  → *Das Holz oder das Verbindungsmittel wird beschädigt oder sogar zerstört.*
- Holzverbindung mit Schrauben sind **lösbar**.
  → *Mit dem Schraubendreher kann die Holzverbindung ohne (große) Beschädigung des Holzes wieder gelöst werden.*

Nagelverbindung	**Klebverbindung**	**Schraubverbindung**
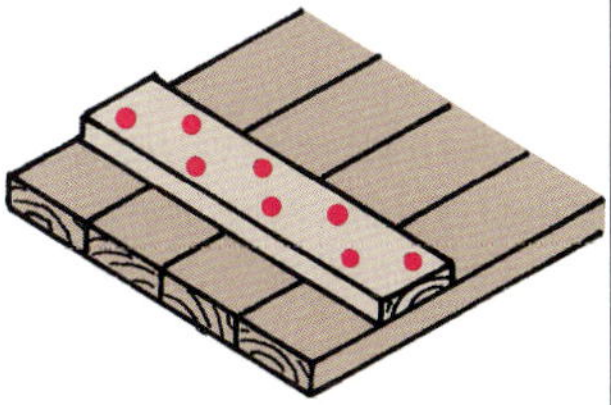	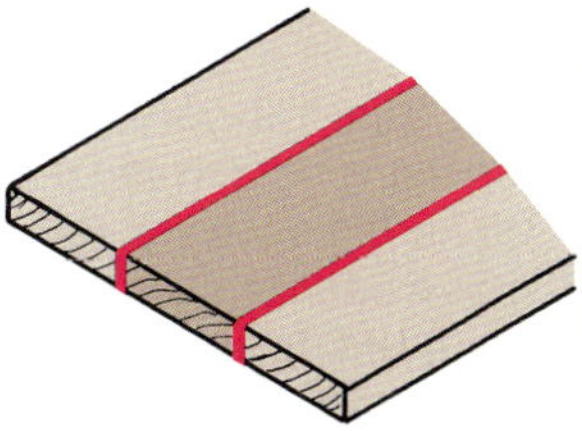	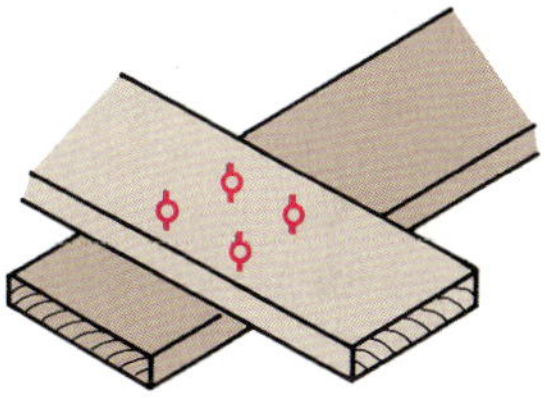

9.1 Nagelverbindungen

Nageln ist die einfachste Art, zwei Holzteile zu verbinden. Der Fachausdruck für Nagel ist: **Drahtstift**.
→ *wir schreiben aber weiter „Nagel“.*
Die wichtigsten Kopfformen sind rechts angegeben.

Kopfformen:

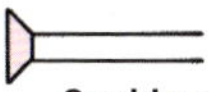

Senkkopf

Flachkopf

Stauchkopf

Im Holzbau verwenden wir vorwiegend den Nagel mit Senkkopf und glattem Schaft. Sonderformen der Nägel haben einen schraubenförmigen Schaft (Schraubnägel) oder einen geriffelten Schaft (Anker- oder Rillennägel)

Auf der Verpackung (**„Nagelpaket“**) sind jeweils angegeben:

- Art des Nagels
- Ausführung
- Nageldurchmesser
- Nagellänge
- Masse des Nagelpaketes

Bezeichnungen am Drahtstift, Senkkopf:

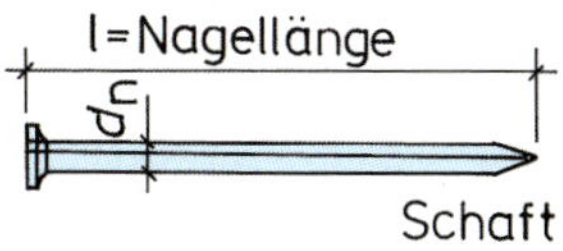

d_n = Durchmesser des Nagels

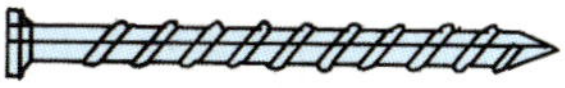

Schraubnagel

Anker- und Rillennagel

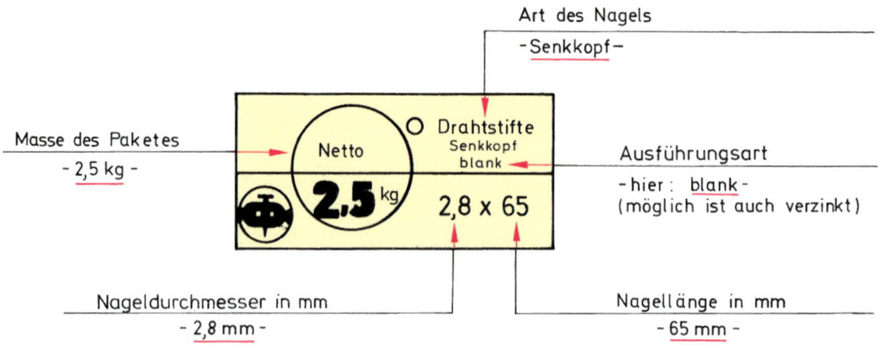

Kennzeichnung eines Nagelpaketes

Welche Grundsätze gelten für Nagelverbindungen?

Die Festigkeit einer Nagelverbindung hängt ab von der **Haltekraft** der Nägel. Diese Haltekraft wird beeinflusst von der Nagellänge innerhalb des unteren Holzteiles (Einschlagtiefe) und den Nagelabständen. Weiterhin auch von der Holzart (Weich- oder Hartholz), dem Feuchtegehalt des Holzes (nass oder trocken) und dem Faserverlauf des Holzes (Nagel längs, quer oder senkrecht zur Holzfaser eingeschlagen).

Merke:

Nägel in Hirnholz haben nur geringe Haltekraft.

Nagellänge:

Die Nagellänge l soll das 2,5- bis 3-fache der Dicke des dünnsten Holzes (d_{Holz}) betragen.

Beispiel für die Berechnung der Nagellänge:

Brettdicke d = 24 mm
Nagellänge l = 2,5 d bis 3,0 d
= 2,5 · 24 bis 3,0 · 24
= 60 bis 72 mm

Nach der Nageltabelle bietet sich als „gängiger" Nagel der Senkkopf 2,8 × 65 an.

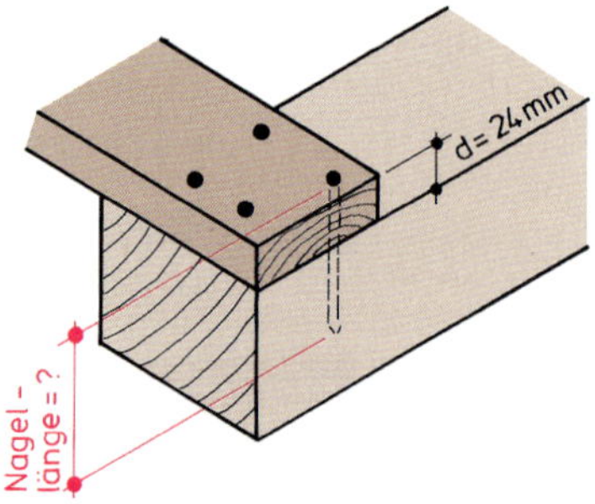

Größen für runde Drahtstifte (Nägel)		
Größe in mm		Senkkopf
d_n	l	
2,2	45	2,2 × 45
2,2	50	2,2 × 50
2,2	55	–
2,5	55	2,5 × 55
2,5	60	2,5 × 60
2,8	65	2,8 × 65
3,1	65	3,1 × 65
3,1	70	3,1 × 70
3,1	80	3,1 × 80
3,4	80	3,4 × 80
3,4	90	3,4 v 90
3,8	100	3,8 × 100
4,2	100	4,2 × 100

Auszug aus der Nageltabelle
(Die rot unterlegten Nagelgrößen sind am gebräuchlichsten.)

Nagelabstände

1. Eine tragende Nagelverbindung soll aus mindestens **4** gleichen Nägeln bestehen.
2. Eine Heftverbindung soll aus mindestens **2** gleichen Nägeln bestehen.
3. Der Mindestabstand der Nägel von jedem Brettrand ist **5 d_n** (d_n = Durchmesser des Nagels).
4. Der Abstand der Nägel untereinander ist unterschiedlich und wird berechnet. Als Faustregel gilt: mindestens **10 d_n**.

Anm.:
- Tragende Nagelverbindungen sind z. B. Dachkonstruktionen, Brettbinder (⇒ müssen berechnet werden).
- Heftverbindungen sind z. B. Zusammenbau einer Schalungsplatte, Wand- und Deckenverschalungen (⇒ werden nicht berechnet).

Was muss bei der praktischen Arbeit beachtet werden?

① Jede Nagelverbindung normgerecht kennzeichnen.
Nägel versetzt und von Vorder- und Rückseite aus einschlagen. (Dadurch wird nicht dieselbe Faser getroffen und das Holz gespalten.) → Nagel „anstauchen“

② Nägel, die an der Unterseite austreten, über einen Dorn umschlagen und erst dann parallel zur Holzfaser versenken.

③ Beim Herausziehen eines Nagels Holzstück unterlegen, damit die Holzoberfläche nicht beschädigt wird.

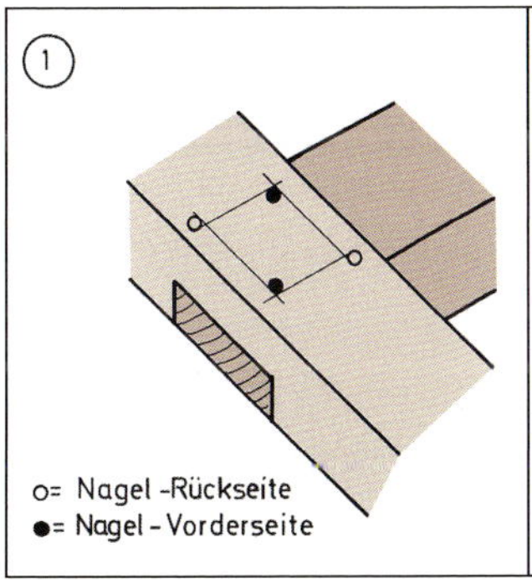

Normgerecht kennzeichnen

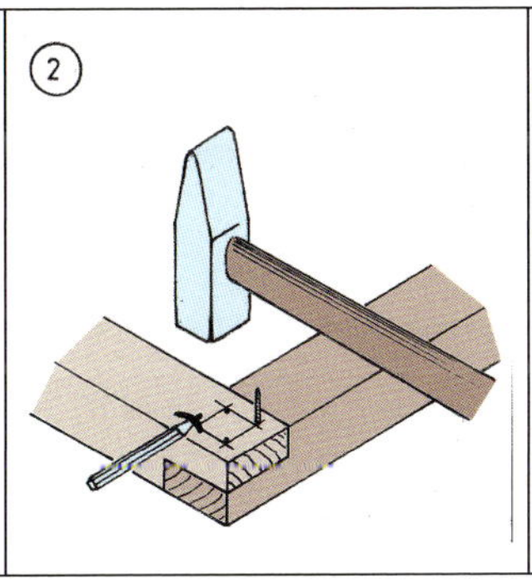

Dorn verwenden

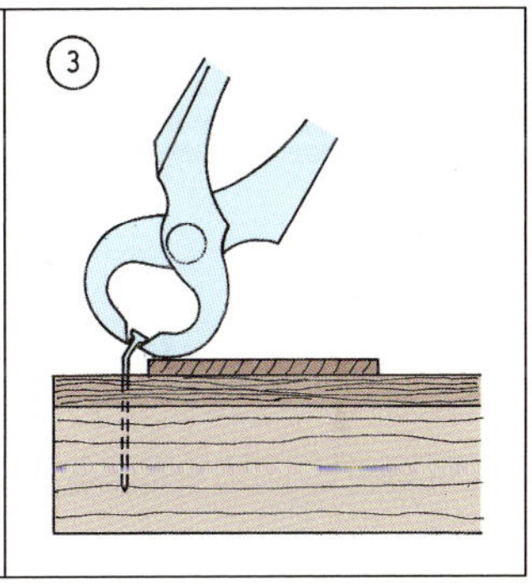

Holz unterlegen!

9.2 Holzschraubenverbindungen

Schraubenverbindungen haben folgende Merkmale:
- Verbindungen sind wieder lösbar.
- Die Haltekraft von Schrauben ist größer als bei glattschäftigen Nägeln.
  → *Das Gewinde schneidet in das Holz und verankert sich.*

Kopfformen:

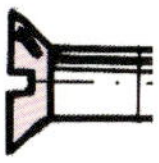
Flachkopf

Rundkopf

Linsenkopf

Bezeichnungen an der Schraube:

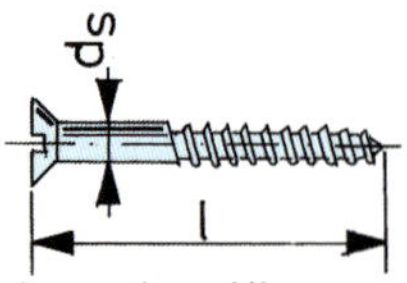

l = Schraubenlänge
d_S = Schraubendurchmesser

Ausführung mit:

Längsschlitz **Kreuzschlitz**

Nach der Kopfform werden unterschieden

Flachkopf (Flako) | Rundkopf (Ruko) | Linsenkopf (Liko) | Sechskant- (Schlüssel-)

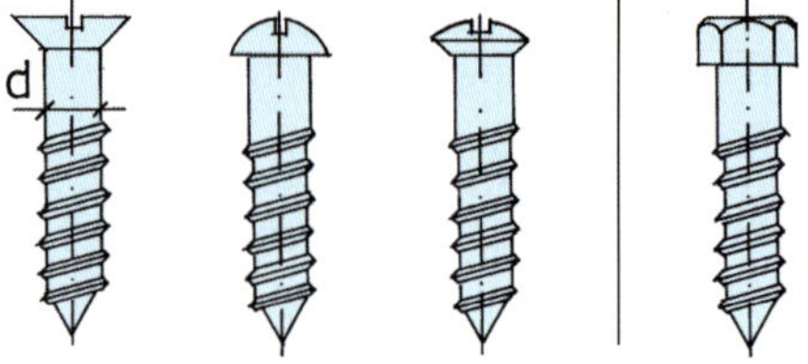

Schnellbauschrauben, Schlossschrauben

Ähnlich den Nägeln müssen Schrauben gekennzeichnet sein.
Die Kennzeichnung auf einem Schraubenpaket enthält folgende Angaben:

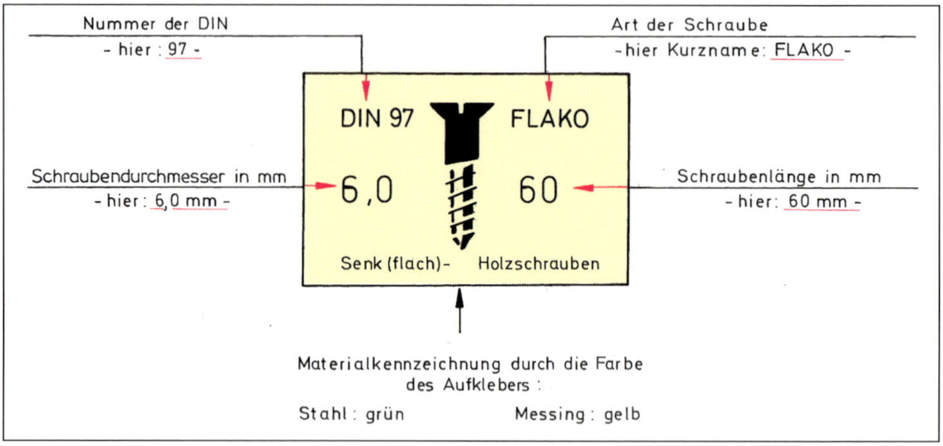

Kennzeichnung eines Schraubenpaketes

Welche Grundsätze gelten für Schraubenverbindungen?

1. Eine **tragende Holzverbindung** mit Schrauben besteht aus:
   a) mindestens **4** gleichen Schrauben, wenn der Schraubendurchmesser (d_s) < 10 mm beträgt;
   b) mindestens **2** gleichen Schrauben, wenn der Schraubendurchmesser (d_s) ≥ 10 mm beträgt.
2. Der Mindestabstand der Schrauben von jedem Brettrand ist ≥ **3** d_s (3-mal Schraubendurchmesser).
3. Schraubenlöcher müssen vorgebohrt werden. (Bohrlochdurchmesser 0,7 × d_s).
4. Tragende Schraubenverbindungen in Hirnholz dürfen im Allgemeinen nicht hergestellt werden.

Was muss bei der praktischen Arbeit beachtet werden?

① Jede Schraubenverbindung normgerecht kennzeichnen. Schraubenlöcher versetzt anordnen, damit nicht in dieselbe Faser geschraubt wird (Spaltgefahr).
② Schraubenlöcher vorbohren (Holzspiralbohrer). Das Bohrloch muss enger sein als der Schraubendurchmesser; Tiefe ca. 3/4 der Schraubenlänge.
Werden Schrauben versenkt; Senkbohrer benutzen.
③ Schrauben nicht mit dem Hammer ganz oder teilweise in das Holz schlagen. (⇒ Haltekraft wird verringert.)

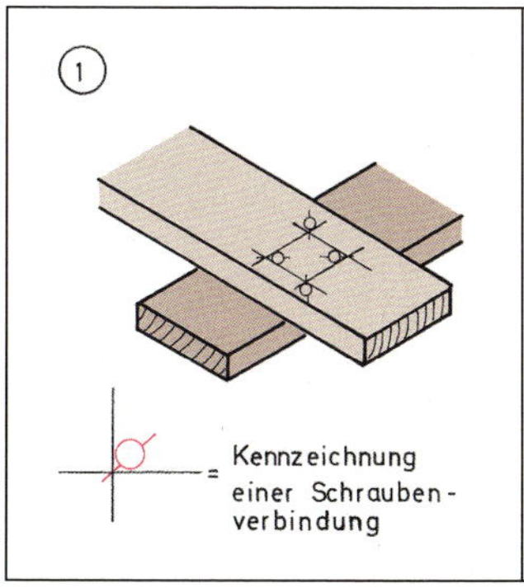

Schraubenverbindung kennzeichnen

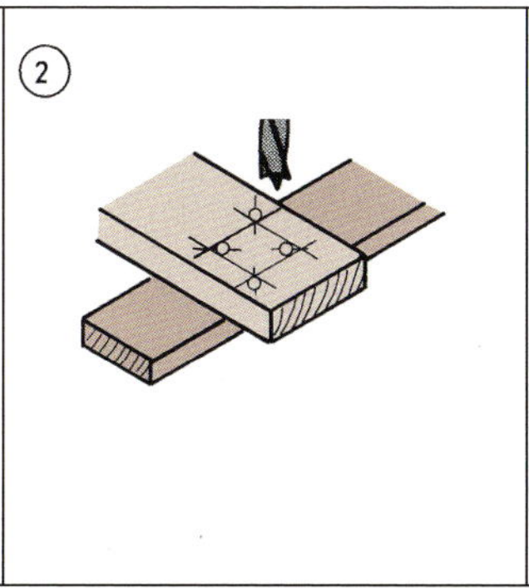

Vorbohren

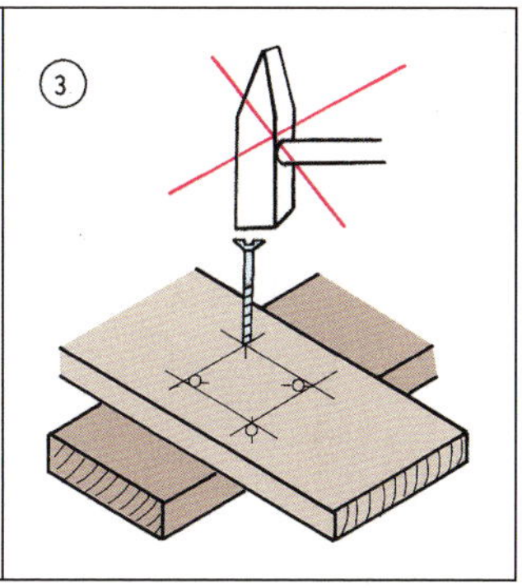

Keinen Hammer verwenden

④ Schrauben mit dem passenden Schraubendreher eindrehen. ⇒ Sonst wird der Schraubenschlitz und evtl. auch die Holzoberfläche zerstört.
⑤ Bei Schlüssel- oder Schlossschrauben Unterlegscheiben verwenden.
⑥ Tipp: Das „Eintauchen" der Schrauben in Öl, Wachs oder Seife erleichtert das Eindringen in Hartholz.

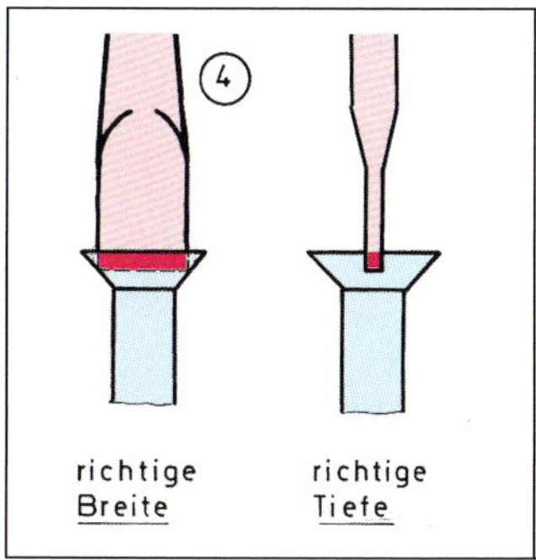

Passender Schraubendreher

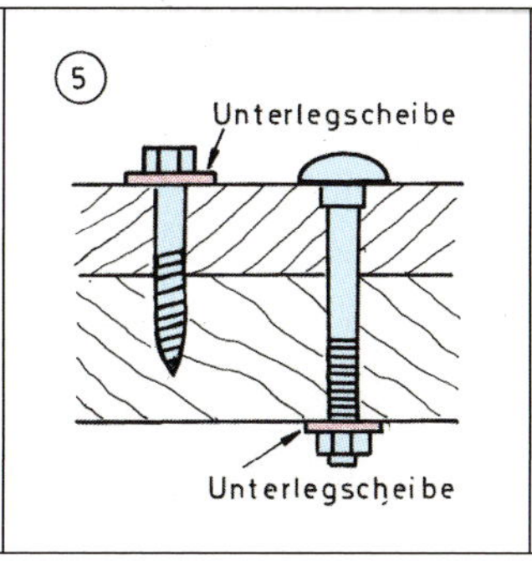

Unterlegscheiben verwenden

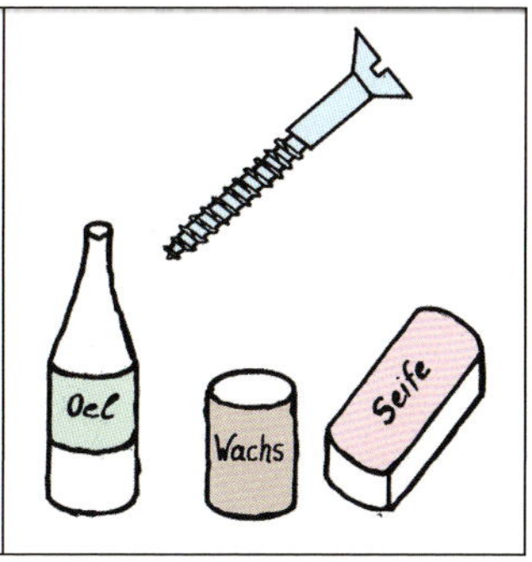

Damit geht's leichter

9.3 Geklebte und geleimte Verbindungen

Neben Nagel- und Schraubenverbindungen spielen geklebte und geleimte Verbindungen eine wichtige Rolle. Der jeweils verwendete Klebstoff bestimmt die „Klebetechnik".

Was Sie über Klebstoffe und den Abbindevorgang (Klebetechnik) wissen sollten:

Klebstoffe

werden unterschieden in:

Leime

Merkmal:
Die Klebeteilchen **schweben** in feinster Form im Wasser.

Abbindevorgang:

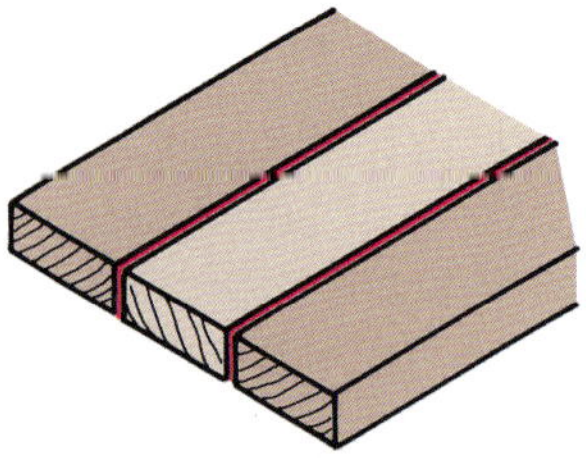

Die Flächen werden nach dem Leimauftrag zusammengepresst, das Wasser verdunstet oder zieht ins Holz ein. Der Leim bleibt in fester Form in der Fuge und verbindet die beiden Teile.

Kleber

Merkmal:
Die Klebeteilchen sind durch ein Lösungsmittel **aufgeweicht**.

Abbindevorgang:

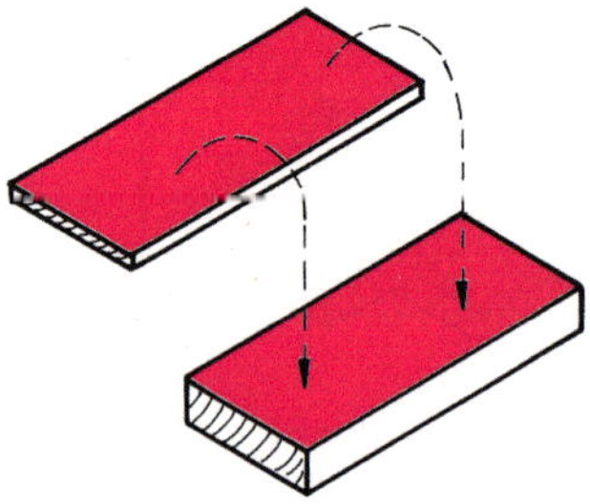

Die Flächen bleiben offen liegen, bis das Lösungsmittel an der Oberfläche verdunstet ist („ablüften“).
Erst danach werden die beiden Teile zusammengepresst.

Was ist typisch für diese Klebeverbindung?

Leime: Hoher Anpressdruck von **langer Dauer** nötig.

Kleber: Hoher Anpressdruck von **kurzer Dauer** nötig.

Leimarten sind z. B.:
- „Weißleime“
- weißer Holzleim

Kleberarten sind z. B.:
- Kontaktkleber
- Komponentenkleber
- Kunstharzkleber

Merke:

Bei der Verwendung von Klebstoffen sind die Anwendungs- und Verarbeitungsvorschriften der Herstellerfirmen genau zu beachten!

Warum haben geklebte Holzverbindungen eine so hohe Festigkeit?

Die hohe Festigkeit von geklebten Holzverbindungen beruht auf dem Zusammenwirken von Adhäsion und Kohäsion.

Was unter Adhäsion (Anhangskraft) und Kohäsion (Zusammenhangskraft) zu verstehen ist, haben Sie im Lernfeld 2 gelernt (⇒ *Kapilarität*).

Bauchemie

Die Adhäsion ist zwischen den Stoffen unterschiedlich. Sie hängt ab von der „Benetzbarkeit“. Je besser die Benetzbarkeit, um so größer ist die Adhäsion.
Die Benetzbarkeit kann auch von einigen Stoffen verhindert werden (z. B. Trennmittel)!

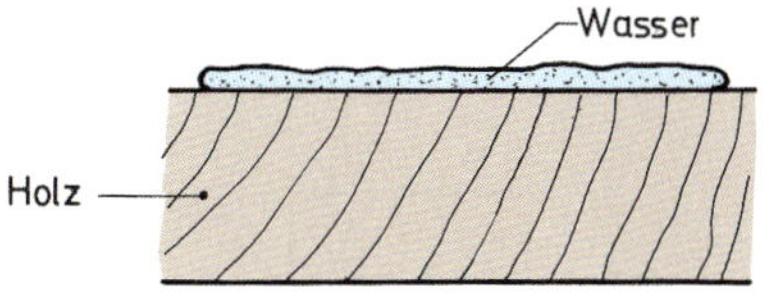

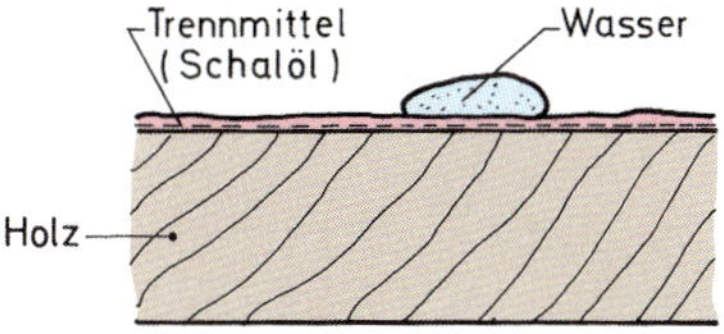

ohne Trennmittel:
Das Wasser verteilt sich auf der Holzoberfläche.

mit Trennmittel:
Das Trennmittel (z. B. Schalöl) verhindert die Benetzbarkeit ⇒ nutzen wir im Schalungsbau.

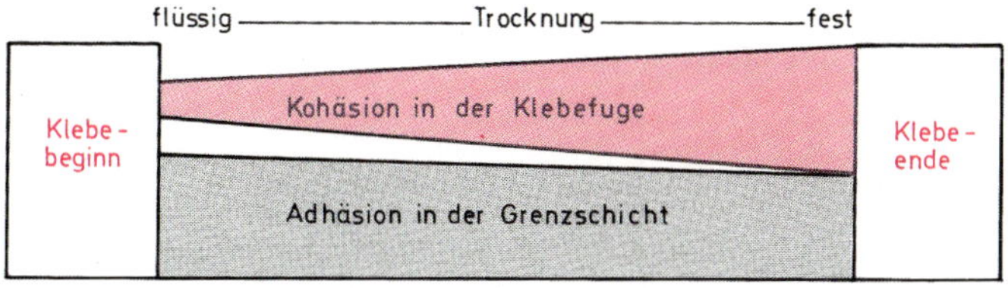

Was muss bei der praktischen Arbeit beachtet werden?

① Die zu verklebende Fläche muss eben, passgenau und frei von Schmutz, Staub und Öl sein.
② Klebstoff gleichmäßig dünn und flächendeckend auftragen.

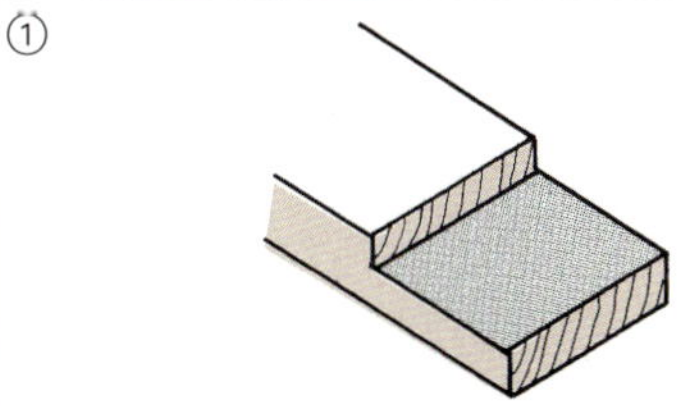

Ebene Fläche, sauber und passgenau

Gleichmäßig auftragen

③ Bei Klebeverbindungen sollte die Klebefläche möglichst groß sein.
④ Klebeverbindung zusammenpressen, Holzstücke verwenden

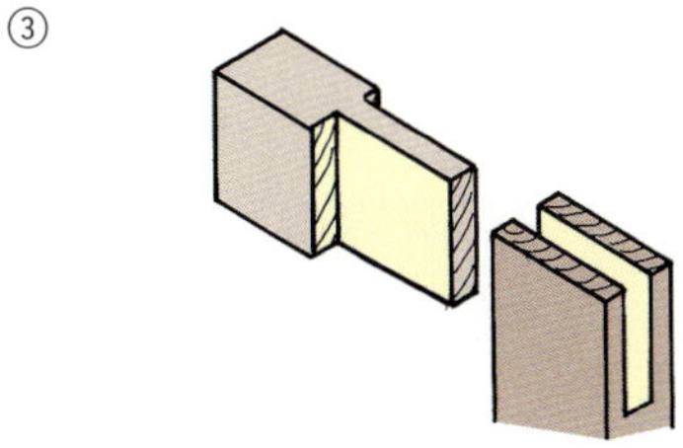

Klebeflächen möglichst groß

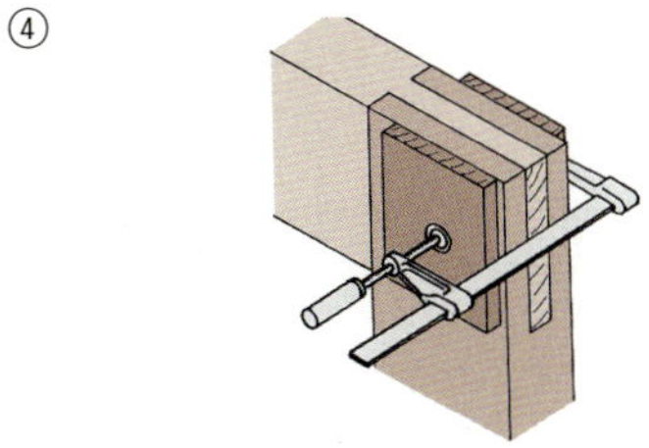

Zusammenpressen

Wo werden heute vorwiegend geleimte Verbindungen verwendet?

Im ingenieurmäßigen Holzbau *(siehe dazu Kap. 10.2, S. 287 ff.)* werden für freitragende Dachkonstruktionen, z. B. beim Hallenbau, sogenannte Leimbinder angewendet.
Diese Leimbinder bestehen aus Brettschichtholz (= schichtweise verleimte Brettlagen) und haben große Querschnitthöhen und Längen.

Gebogener Leimbinder
Deutlich sind die einzelnen Brettlagen erkennbar.

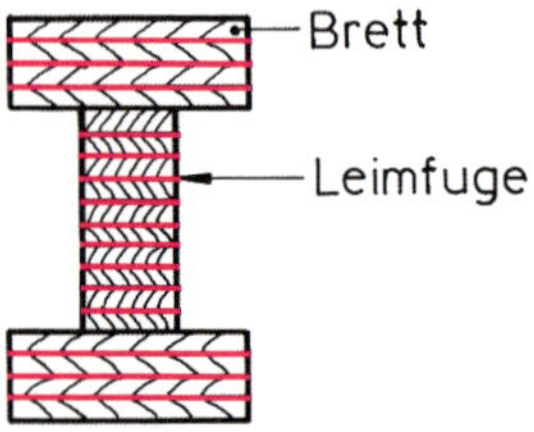

Aufbau eines Leimbinders (T-Profil)

9.4 Verbindungen mit Blechformteilen

Um nicht nur Holzteile, sondern auch andere Baustoffe miteinander verbinden zu können, werden Blechformteile als Verbindungsmittel eingesetzt. Dieses ist schneller und kostengünstiger.

Welche Blechformteile werden wo eingesetzt?

Verbindung: **Beton – Holz**

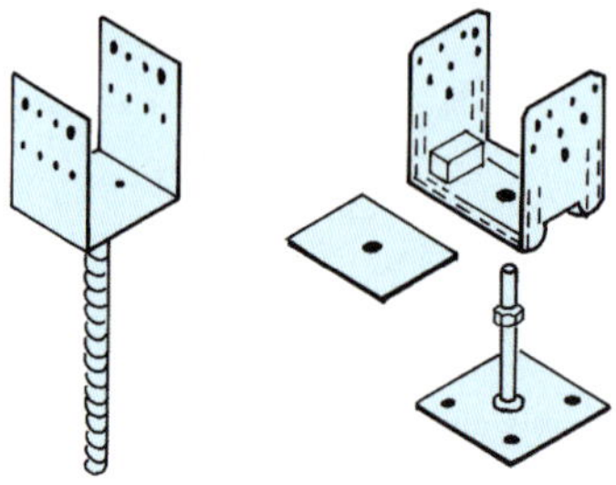

Stützenschuhe

Betonwinkel

U-Anker

Beispiel:

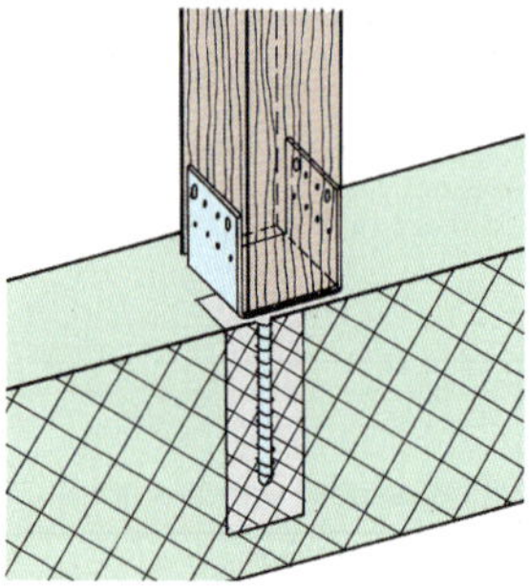

Beispiel:

Verbindung: **Holz – Holz**

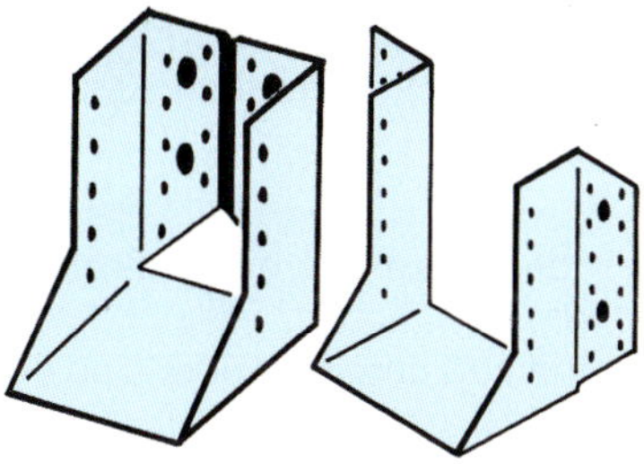

Balkenschuhe

Beispiel:

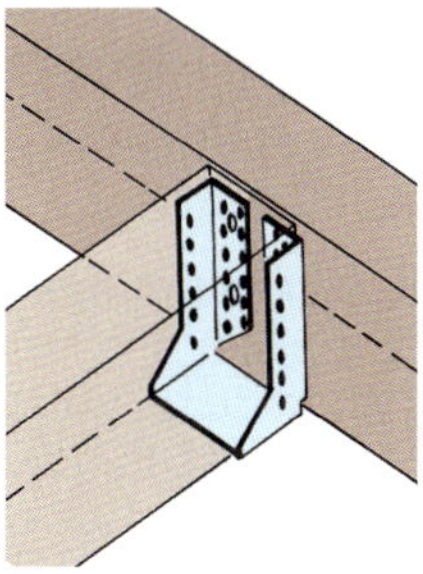

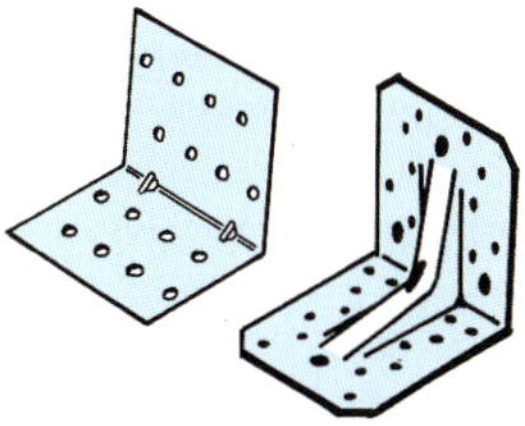

Winkelverbinder

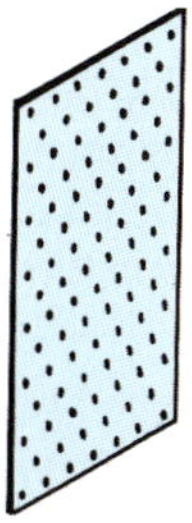

Lochblechplatte

Beispiel:

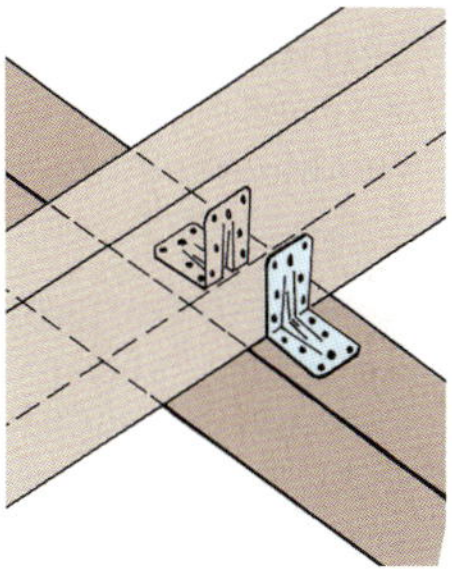

als **Verbindungsmittel**

a) **Dübel**

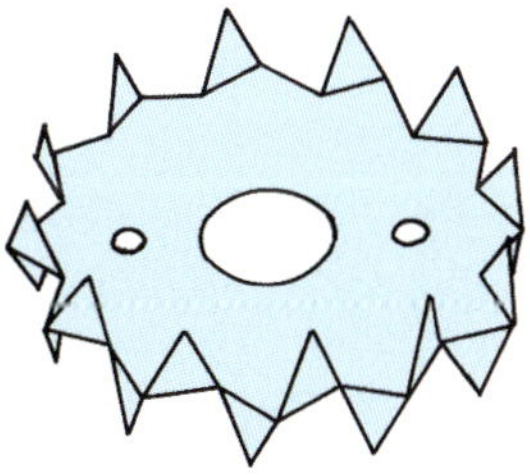

2-seitiger Einpressdübel Typ C

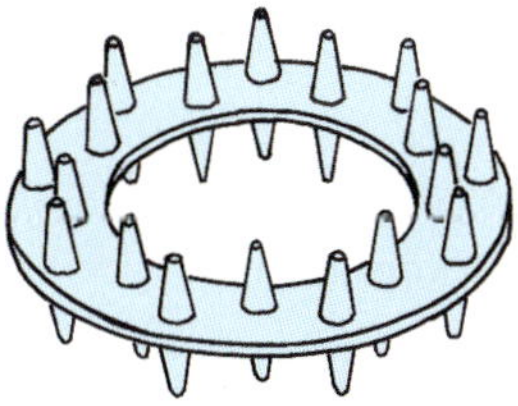

2-seitiger Einpressdübel Typ D

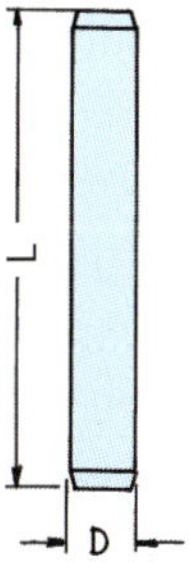

Stabdübel

b) **Nägel**

Schraubnagel

Kammnagel

Nagelplattenverbindungen

So sieht eine aufgeschnittene Nagelplattenverbindung aus!

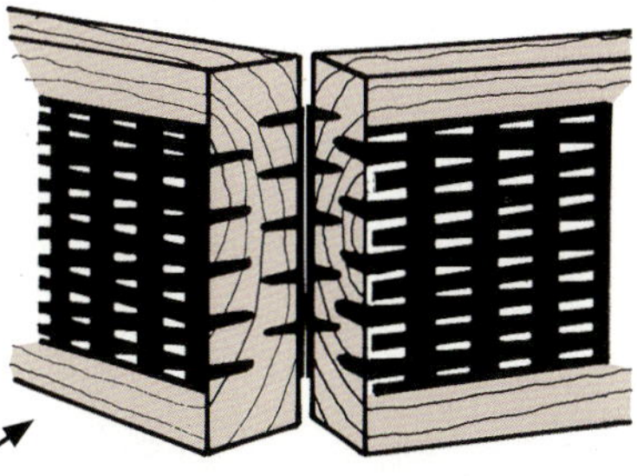

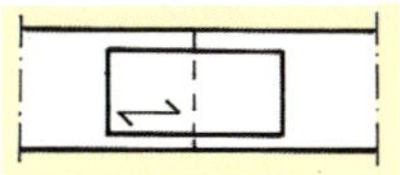

So muss die Verbindung gekennzeichnet werden.

Zusammenfassung von Kapitel 9:

Holzverbindungsmittel

- Übliche **Verbindungsmittel** sind Nägel (Drahtstifte), Schrauben, Klebstoffe und Blechformteile.
- **Nagelverbindungen:**
  1. Die Wahl des Nagels richtet sich nach der Dicke des dünnsten Holzes der Verbindung (Holz).
  2. Mindestabstände der Nägel vom Brettrand und untereinander sind einzuhalten.
  3. Eine tragende Nagelverbindung besteht aus mind. vier gleichen Nägeln.
  4. Nägel in Hirnholz haben nur eine geringe Haltekraft.
- **Holzschraubenverbindungen:**
  1. Eine tragende Schraubenverbindung besteht aus mind. zwei oder vier gleichen Schrauben. Die Anzahl richtet sich nach dem Schraubendurchmesser.
  2. Der Mindestabstand vom Brettrand ist einzuhalten.
  3. Tragende Schraubenverbindungen in Hirnholz dürfen nicht hergestellt werden.
- **Klebeverbindungen:**
  1. Klebstoffe ist der Oberbegriff für alle Leime und Kleber.
  2. Die hohe Festigkeit von geklebten Holzverbindungen beruht auf dem Zusammenwirken von Adhäsion (Anhangskraft) und Kohäsion (Zusammenhangskraft).

A – Te *Aufgaben zur Wiederholung der Verbindungsmittel finden Sie im Arbeitsheft, Blatt 117, 118.*

T *Einen Test zur Holzbearbeitung und zu den Verbindungsmitteln finden Sie im Arbeitsheft, Blatt 119, 120.*

Testen Sie sich • Testen Sie sich

Nennen/Erläutern Sie ...

1. die Nagelbezeichnungen nach der Kopfform.
2. die Faustregel für die Nagellänge.
3. drei Punkte, die bei Schraubenverbindungen beachtet werden müssen.

10 Einteilung der Holzverbindungen

Holzverbindungen sollen zusammentreffende Bauhölzer so fest miteinander verbinden, dass sie die auftretenden Belastungen aufnehmen können.

Dabei unterscheidet man zimmermannsmäßige Holzverbindungen und ingenieurmäßige Holzverbindungen.

Was sind zimmermannsmäßige Holzverbindungen?

Bei Verbindungen von **Brettern/Bohlen**		Bei Verbindungen von **Kanthölzern/Balken**	
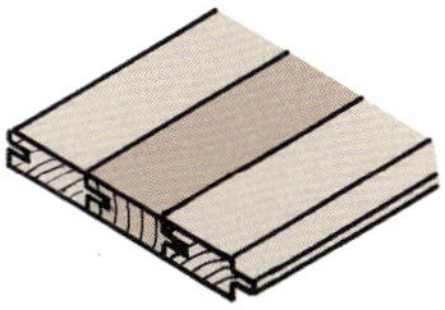	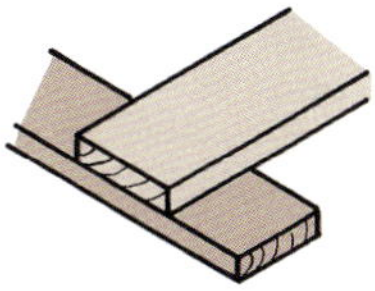	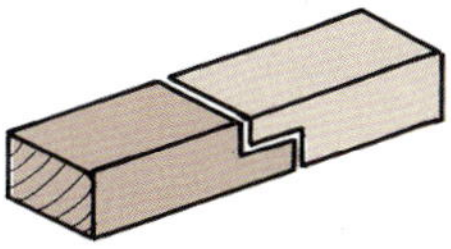	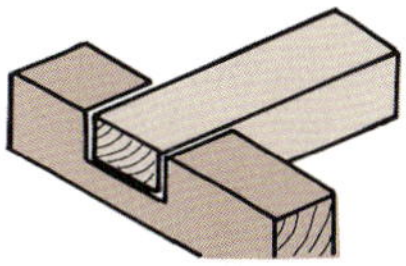
Breiten-verbindungen	Quer-verbindungen	Längen-verbindungen	Winkel-verbindungen

Was sind ingenieurmäßige Holzverbindungen?

Darunter versteht man Holzverbindungen, deren Querschnitte am Verbindungspunkt nicht „geschwächt" wurden. Die Tragfähigkeit dieser Verbindungen ist in der Regel zu berechnen. Nach der Art der Verbindungsmittel unterscheidet man Bolzen-, Dübel-, Stabdübel-, tragende Nagelverbindungen, Stahlblech-Holz-Nagelung sowie großflächige Leimverbindungen. (⇒ Werden im Kap. 10.2 ausführlicher dargestellt.)

Beispiel für eine ingenieurmäßige Winkelverbindung

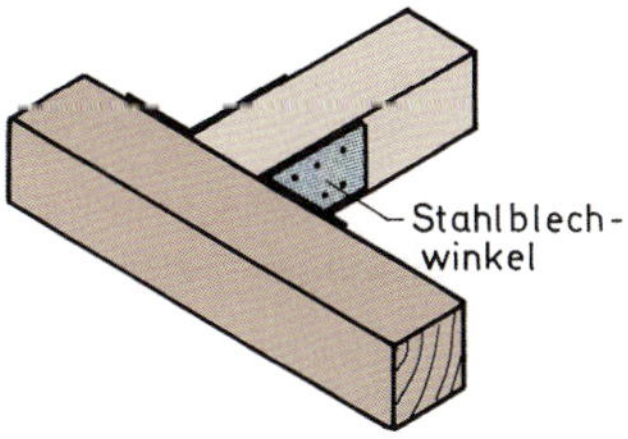

⇒ *Im Folgenden werden wir uns vorwiegend dem „Kantholzbau" zuwenden.*

10.1 Zimmermannsmäßige Holzverbindungen

Zimmermannsmäßige Holzverbindungen mit Kanthölzern und Balken entwickelten sich in jahrhundertelangen Erfahrungen. Ihre Herstellung erfordert sorgfältige Hand- oder Maschinenarbeit. Sie finden Anwendung bei Dachkonstruktionen, Fachwerken und deren Wiederherstellung (Restaurierungsarbeiten).
Nägel, Schrauben, Bolzen, Dübel, Laschen und Blechverbinder sichern die Holzverbindung; bei Fachwerkarbeiten kann nach altem Vorbild der Holznagel verwendet werden.

Anhand „unseres“ Ferienhauses wollen wir die gängigsten Holzverbindungen aufzeigen!

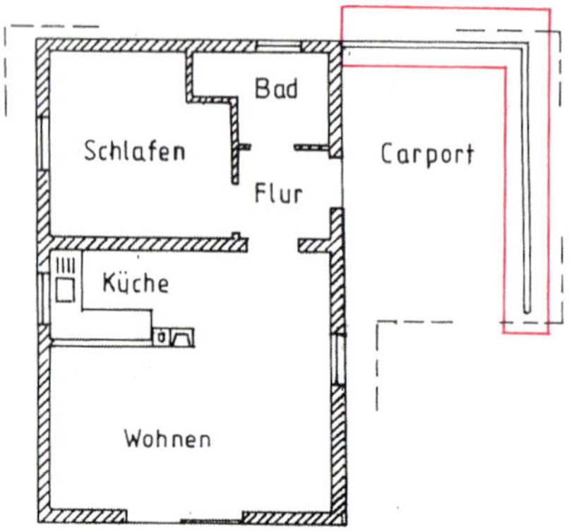

Das Carport soll als Fachwerk ausgeführt werden.

Das ist „unser“ Carport in der Gesamtansicht!

→ Die spätere „Ausfachung“ mit Klinker oder KS-Steinen ist teilweise angedeutet.

Und das ist die gesamte Fachwerkkonstruktion:

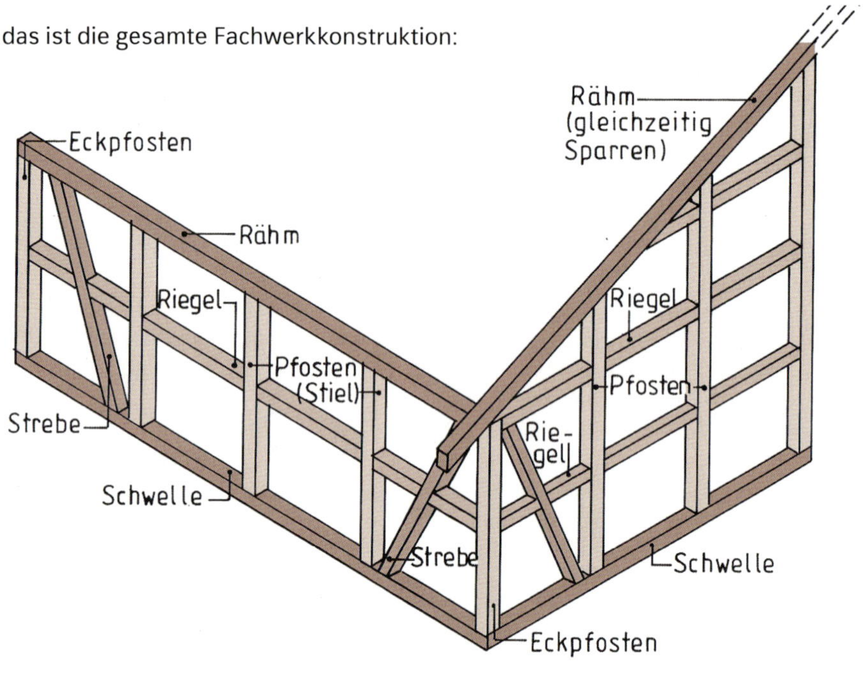

10.1.1 Längsverbindungen

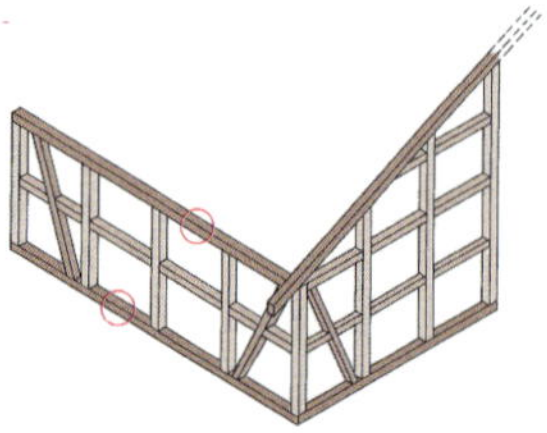

Längsverbindungen werden immer dann benötigt, wenn die erforderliche Kantholz- oder Balkenlänge nicht ausreicht!

Welche Ausführungen sind üblich und was muss man beachten?

Vorwiegend verwendet man das **gerade Blatt**, das **gerade Hakenblatt** und das **schräge Hakenblatt**. Für „unser" Carport wählen wir das gerade Hakenblatt.

Gerades Blatt

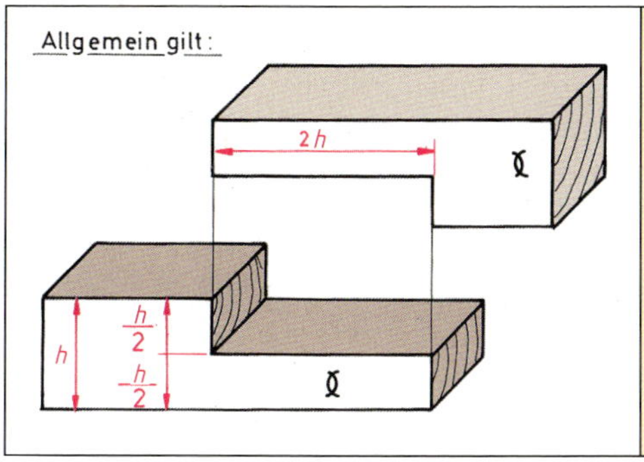

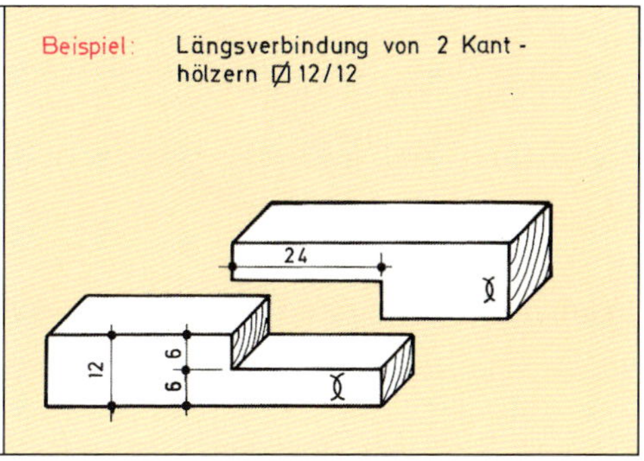

Gerades Hakenblatt

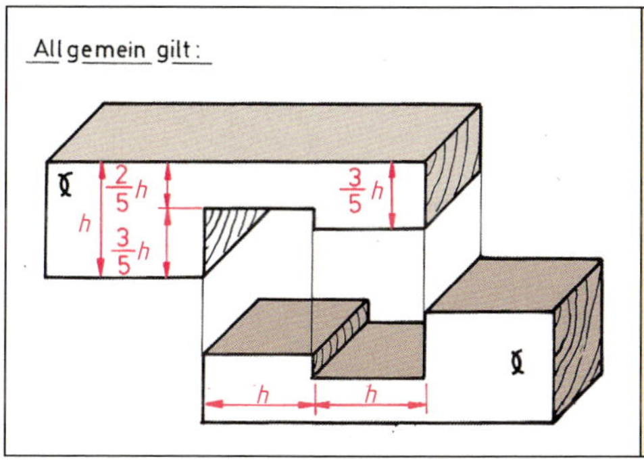

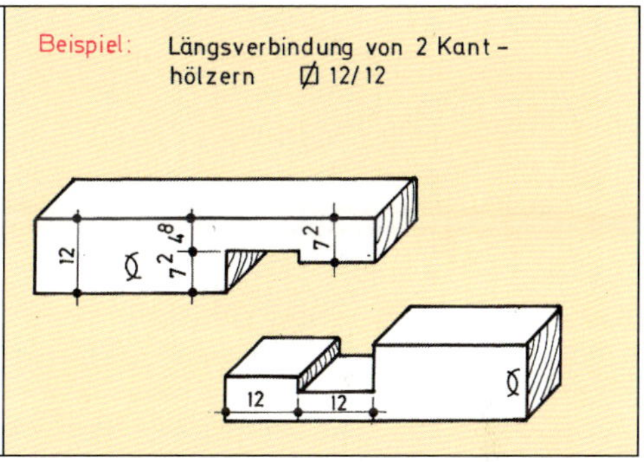

Schräges Hakenblatt

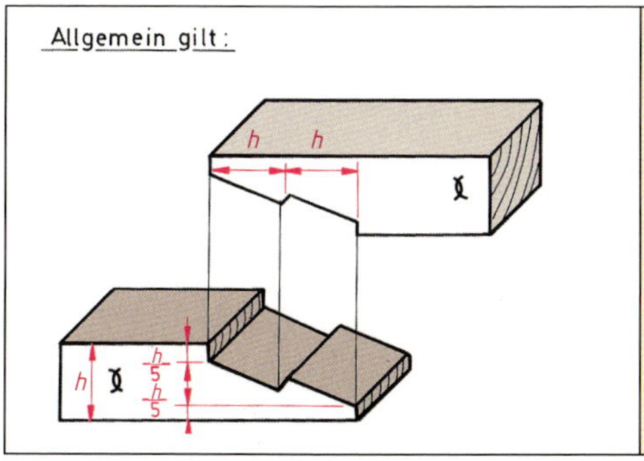

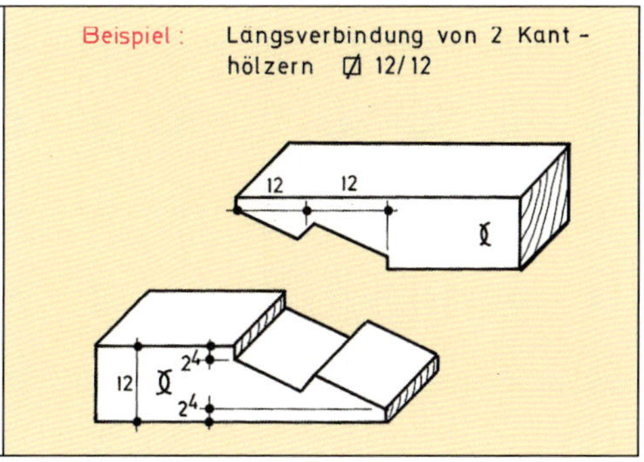

10.1.2 Eckverbindungen

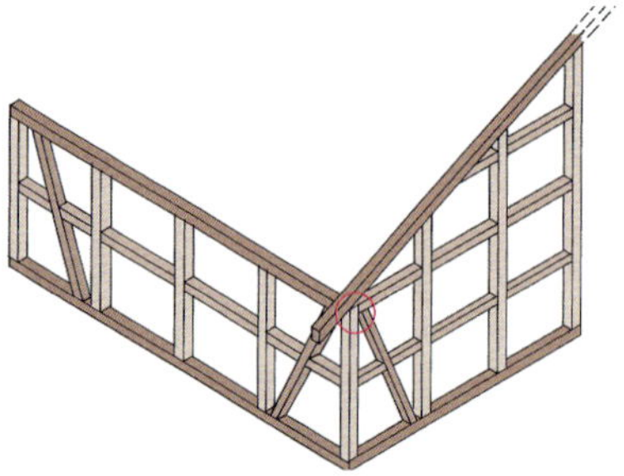

Eckverbindungen werden benötigt, wenn Balken oder Kanthölzer (z. B. Schwellen und Rähm) rechtwinklig an einer Ecke zusammentreffen.

Welche Ausführungen sind üblich und was muss man beachten?

Vorwiegend verwendet man **Eckblatt** und **Druckblatt**.

Eckblatt → z. B. bei „unserem" Carport in der oberen Ecke

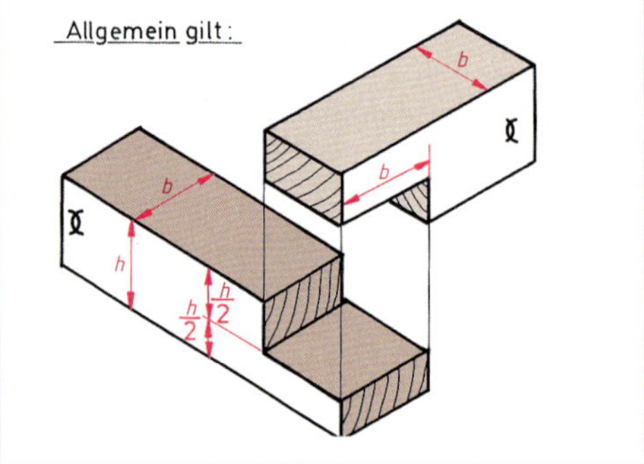

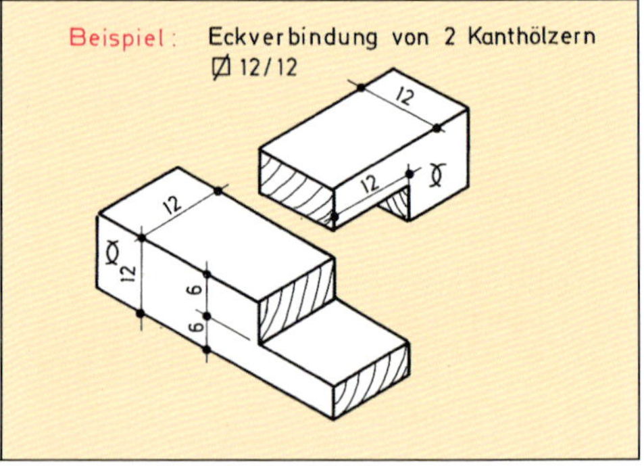

Druckblatt

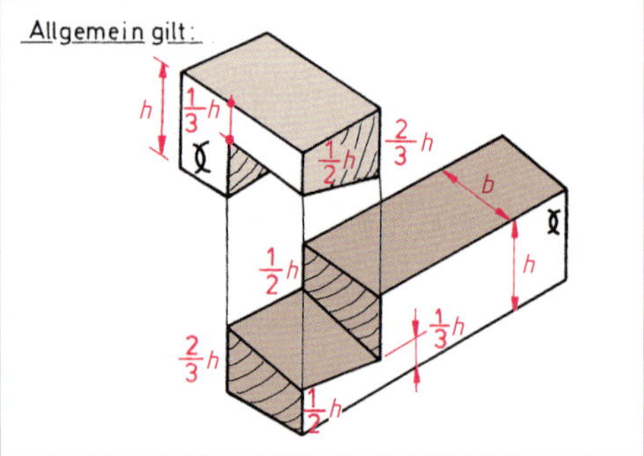

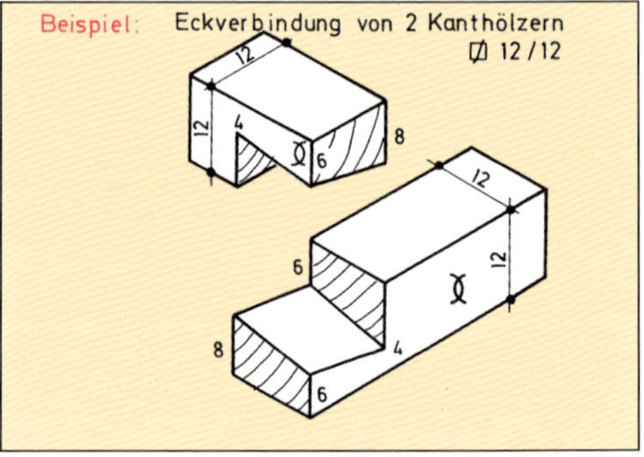

10.1.3 Winkelverbände

Bei den Winkelverbänden unterscheidet man rechtwinklige und schiefwinklige Winkelverbände. Dabei werden vorwiegend Druckkräfte auf die darunter liegenden Hölzer übertragen. Sie dienen auch zur Aussteifung des Fachwerkes.

Rechtwinklige Winkelverbände

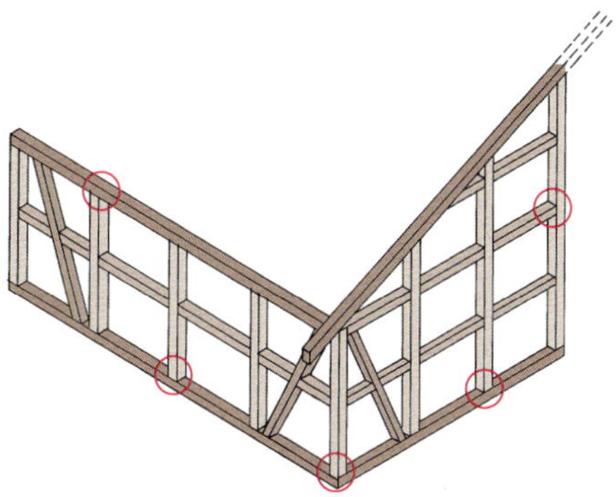

Rechtwinklige Winkelverbände werden benötigt, um Pfosten mit Schwellen, Rähm oder Pfetten zu verbinden.

Welche Ausführungen sind üblich und was muss man beachten?

Vorwiegend verwendet man den Zapfen, wobei verschiedene Arten möglich sind.

Normaler Zapfen

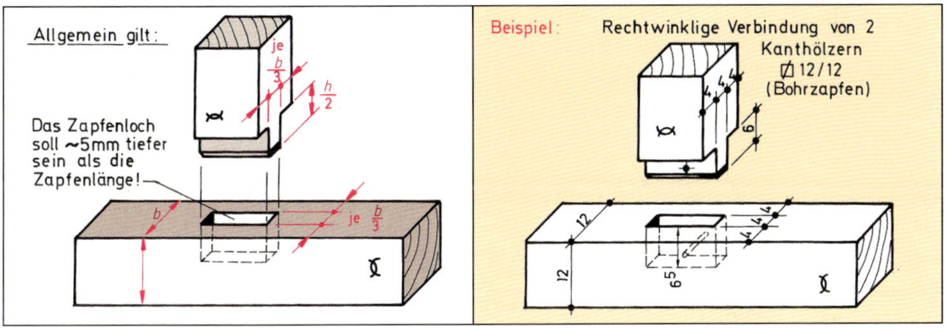

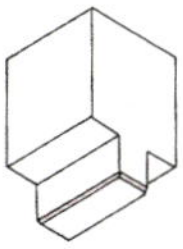

Jeder Zapfen ist mit einer „Abschrägung“ (Fase) zu versehen. ⇒ Dadurch „gleitet“ der Zapfen besser in das Zapfenloch.

Abgesteckter Zapfen → z. B. bei „unserem“ Carport an der Ecke

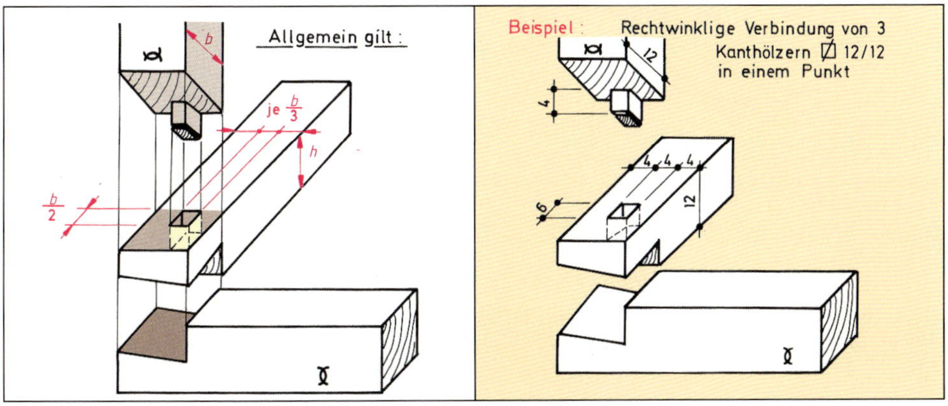

In der Regel tritt diese Zapfenverbindung beim Zusammentreffen von drei Hölzern in einem Punkt auf (hier: mit Druckblatt).

Schiefwinklige Winkelverbände

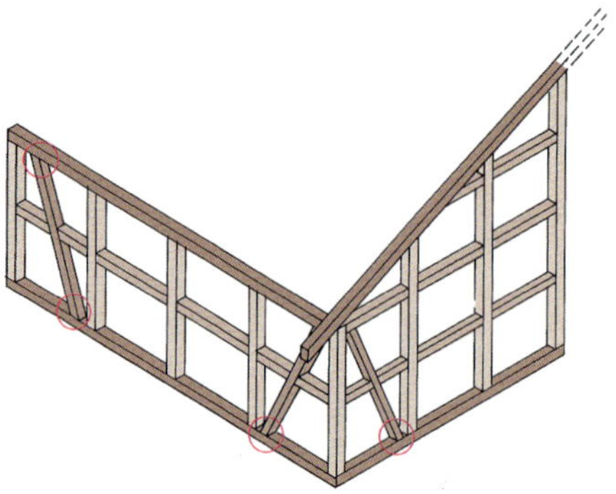

Schiefwinklige Winkelverbände (z. B. Streben) dienen der Aussteifung.

Welche Ausführungen sind üblich und was muss man beachten?

Vorwiegend verwendet man **Stirnversatz** und **abgestirnten Zapfen**.

Stirnversatz

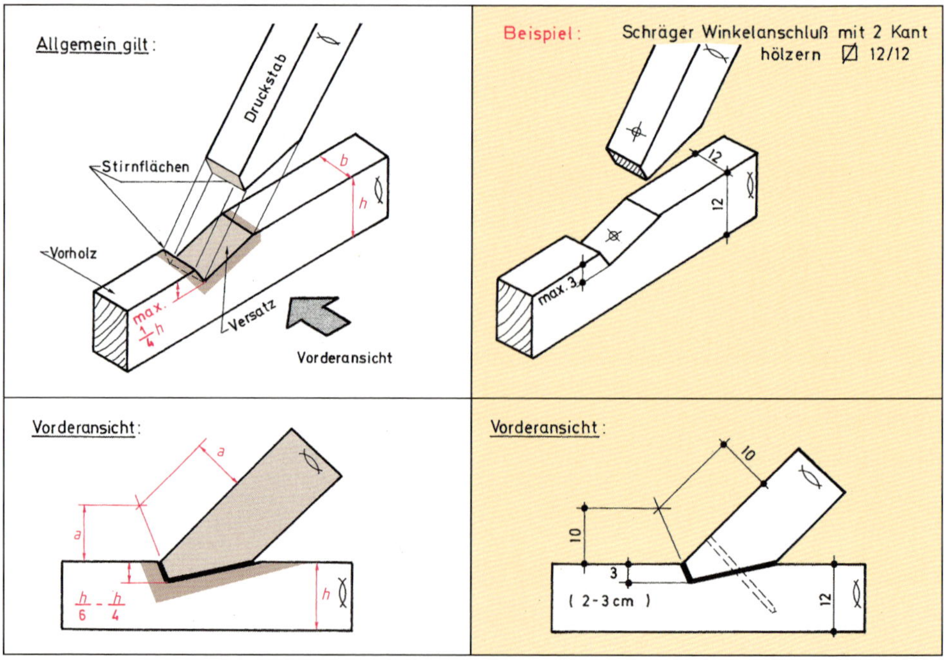

Merke:

Der Druckstab wird durch einen Versatz (hier: Stirnversatz) angeschlossen. Die Schräge der Stirnfläche wird am einfachsten mithilfe von Parallelen zu den Stäben im gleichen Abstand a (z. B. 10 cm) ermittelt. (⇒ Dies Lernen Sie in der Praxis.)

Abgestirnter Zapfen

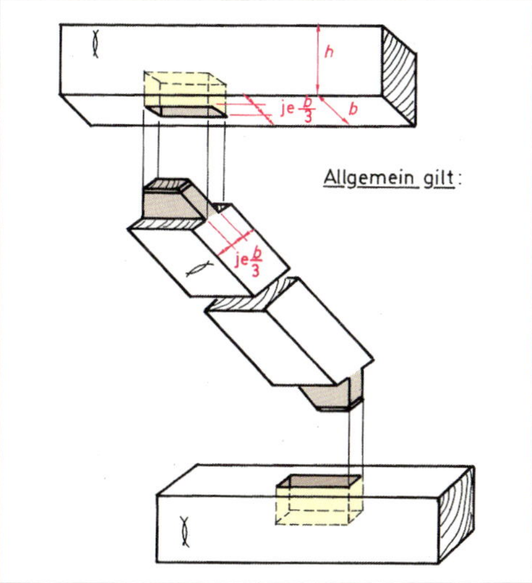

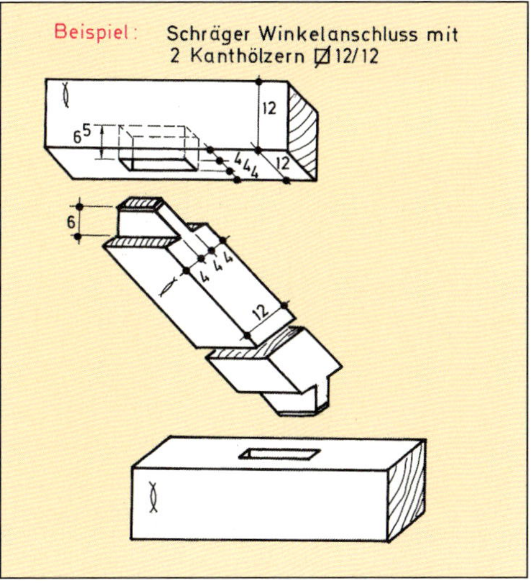

10.1.4 Kreuzungen

Kreuzungen kommen „bei uns" nicht vor. Hier das Prinzip an anderem Fachwerk:

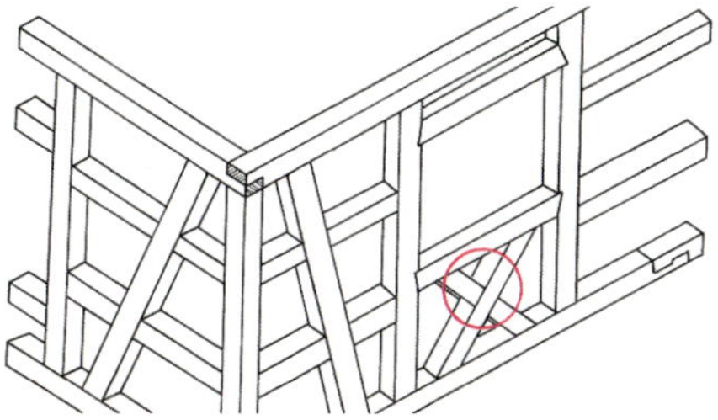

Kreuzungen werden benötigt, wenn sich Balken und Kanthölzer höhengleich und nicht höhengleich kreuzen.

Höhengleich:
Im zusammengebauten Zustand beide Seiten eine Höhe.

Nicht höhengleich:
Im zusammengebauten Zustand unterschiedliche Höhe.

Welche Ausführungen sind üblich und was muss man beachten?

Vorwiegend verwendet man **Kreuzblatt** und **Mittelkamm**.

Kreuzblatt (höhengleich)

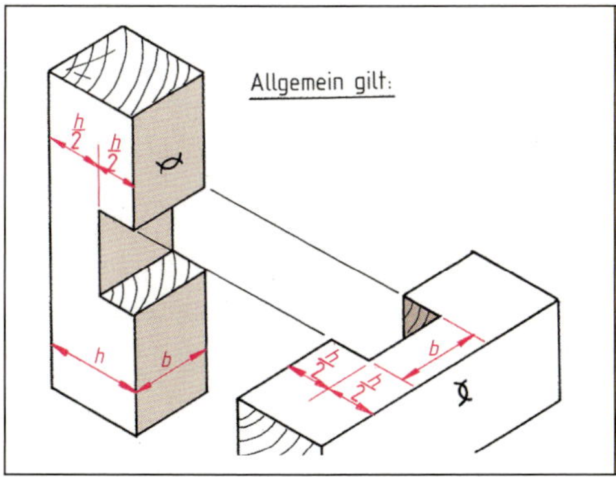

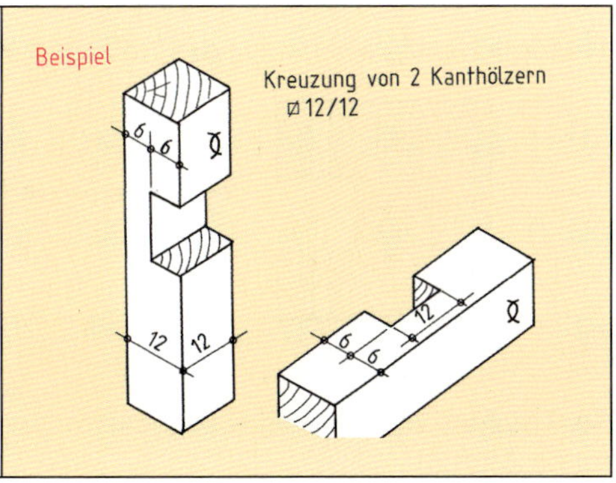

Mittelkamm (nicht höhengleich)

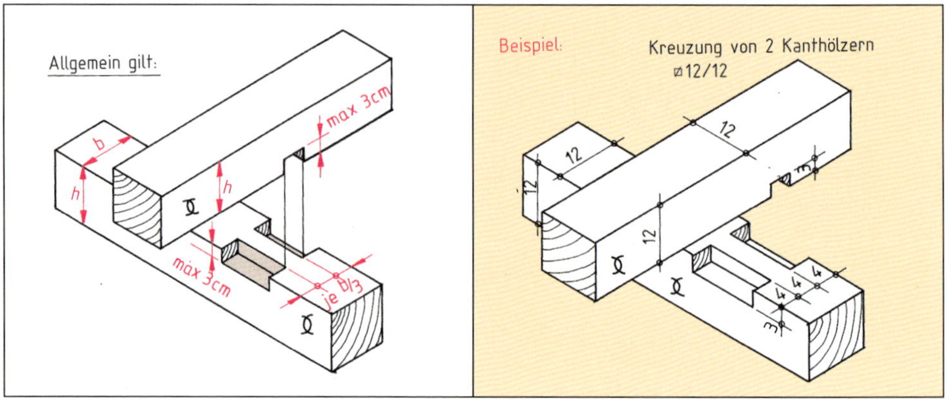

10.1.5 Verbindungsmittel Holznagel

Beim Fachwerk verwendet man bei der Zapfenverbindung nach altem Vorbild den Holznagel als Verbindungsmittel. Damit der Zapfen fest in das Zapfenloch gezogen wird, muss auf „Zug gebohrt" werden. Zur Verdeutlichung schneiden wir die Zapfenverbindung in der Mitte auf.

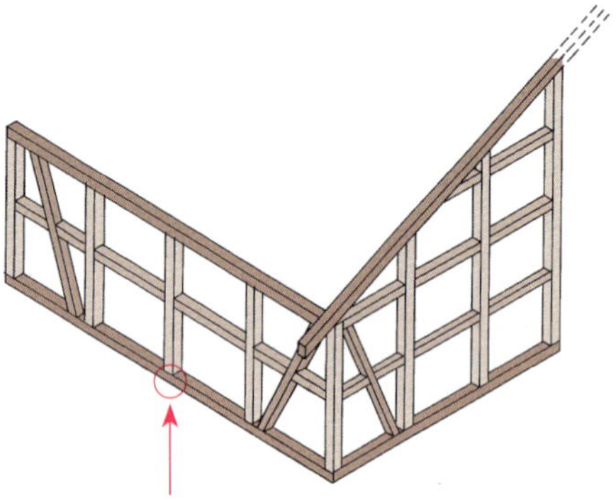

Diese Holzverbindung soll gesichert werden.

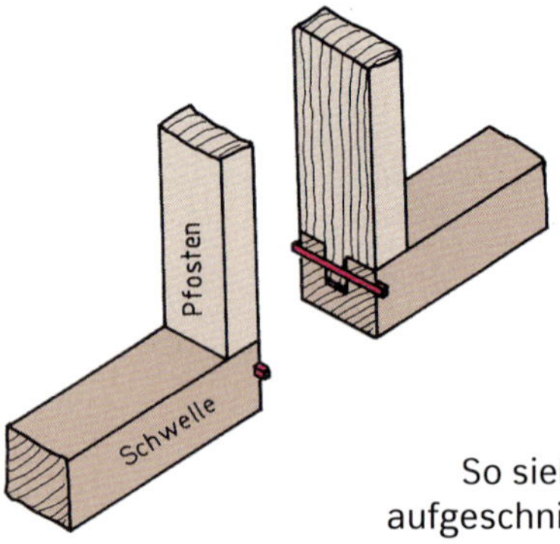

So sieht die aufgeschnittene Verbindung mit Holznagel aus.

Wie wird „auf Zug" gebohrt?

1. Möglichkeit (Arbeitslage des Holzes ist liegend):

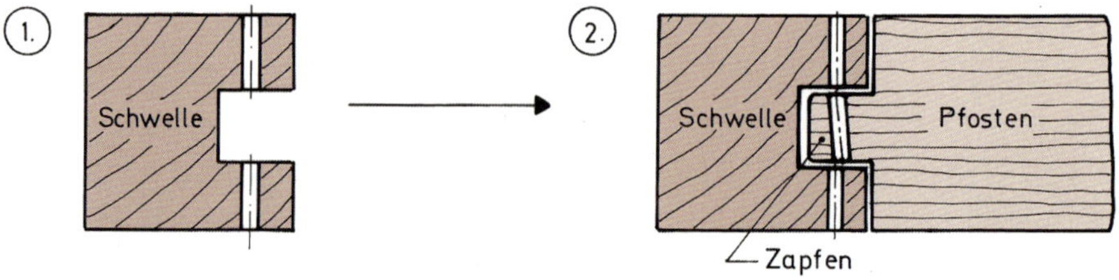

Senkrechtes Vorbohren des Loches (ohne Zapfen)

Leicht schräges Nachbohren durch Zapfen

2. Möglichkeit:

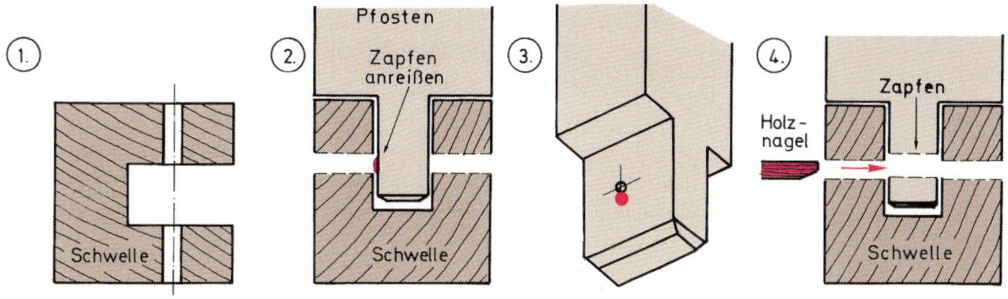

1. Senkrechtes Verbohren des Loches
2. Zapfen einsetzen, etwas anreißen (z. B. Bleistift)
3. Bohrloch im Zapfen etwas höher durchbohren
4. Zusammenfügen und mit Holznagel abnageln

A – Te *Aufgaben zu den Holzverbindungen finden Sie im Arbeitsheft, Blatt 121.*

10.2 Ingenieurmäßige Holzverbindungen

Ingenieurmäßige Holzverbindungen haben gegenüber den zimmermannsmäßigen Holzverbindungen folgende Merkmale:

1. Keine Schwächung des Holzquerschnittes an der Verbindungsstelle.
2. Die Tragfähigkeit jeder Verbindung wird berechnet.
3. Geringerer Holzverbrauch.
4. Schnelle und kostengünstige Herstellung.
5. Die Verbindungen werden nach der Art des Verbindungsmittels bezeichnet.

Beispiele möglicher Verbindungen zeigt Ihnen die folgende Übersicht.

Einschnittige Nagelverbindung

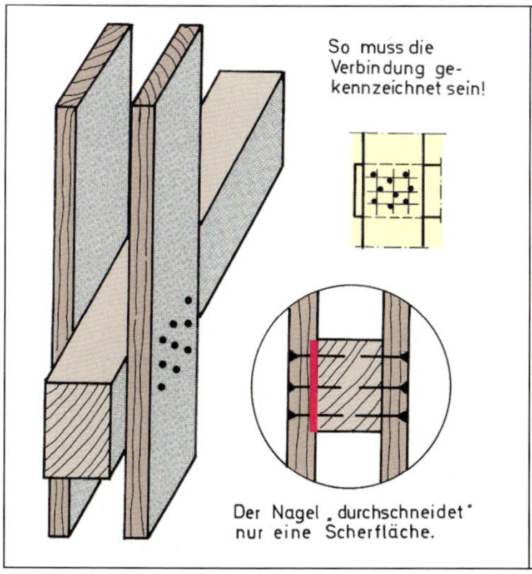

Zweischnittige Nagelverbindung

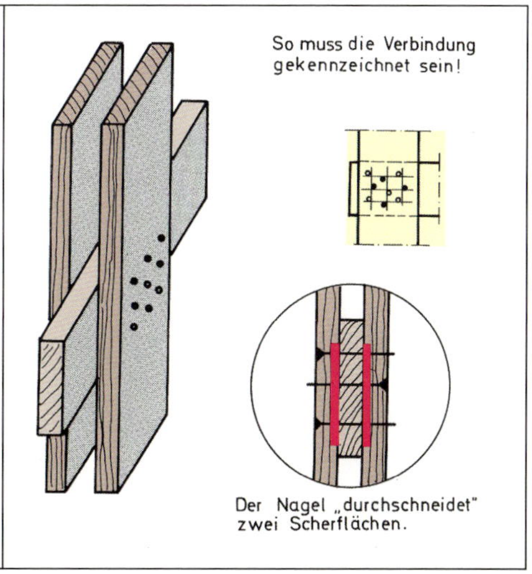

Stabdübelverbindung

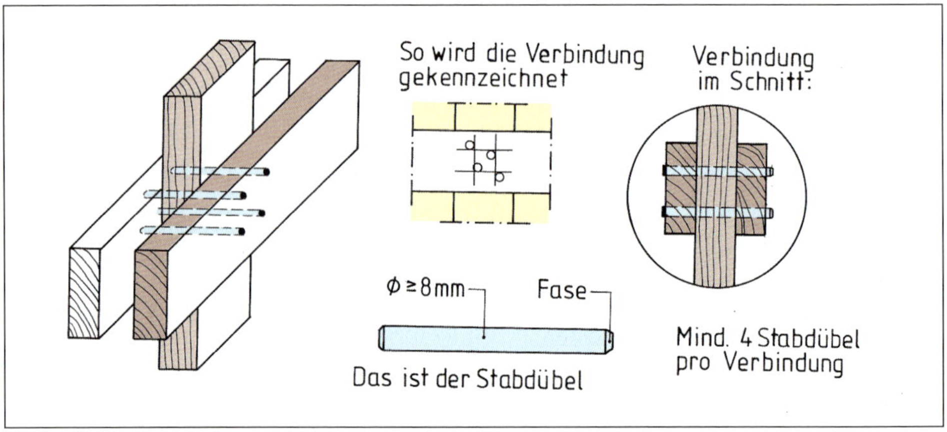

Bolzenverbindung

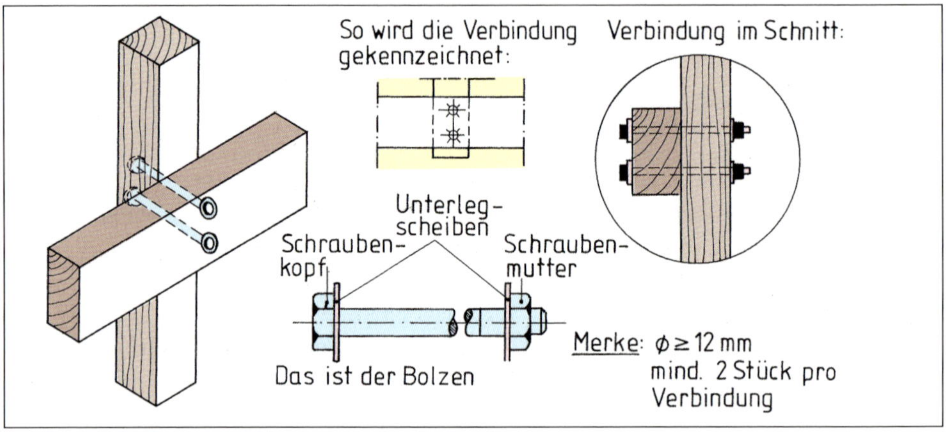

Dübelverbindung

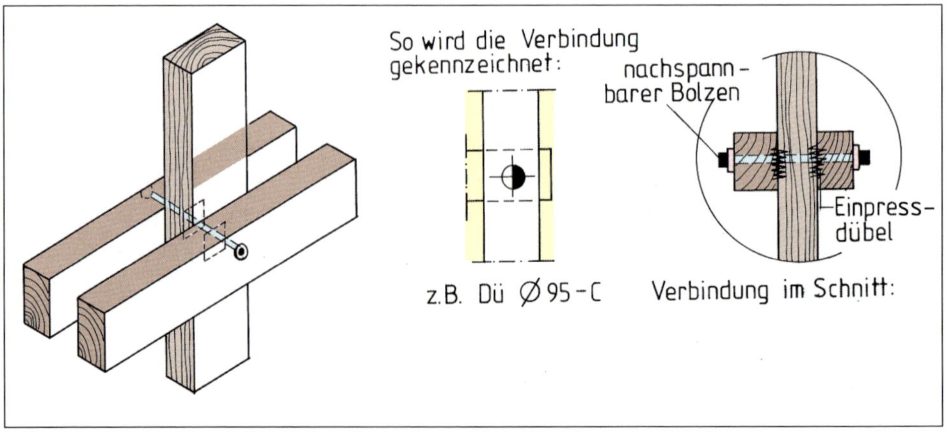

Beispiele für Einpressdübel

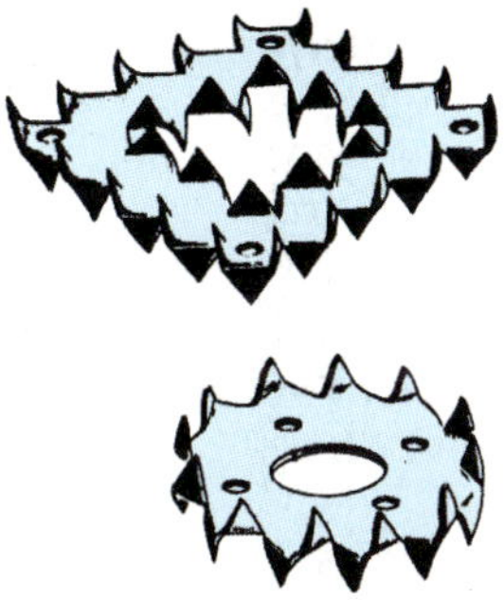

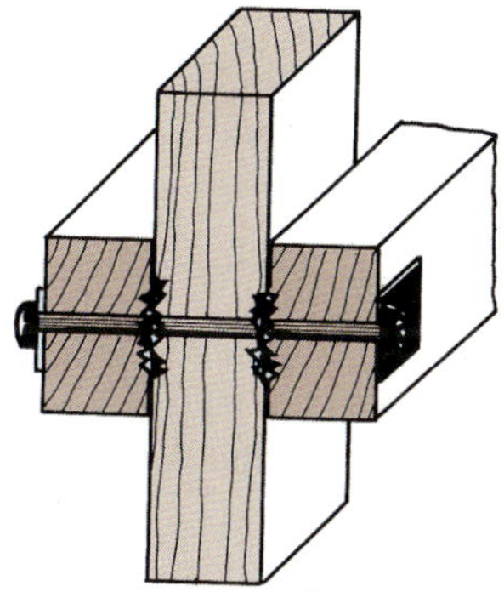

Die Dübel werden beim Anziehen der Mutter ins Holz gepresst

Zusammenfassung von Kapitel 10:

Einteilung der Holzverbindungen

- Holzverbindungen können zimmermannsmäßig oder ingenieurmäßig ausgeführt werden.
- **Zimmermannsmäßige Holzverbindungen** mit Kanthölzern (seltener Balken) werden vorwiegend noch bei Fachwerken und Dachkonstruktionen ausgeführt
- Holzverbindungen werden hierbei in Längs- und Eckverbindungen, Kreuzungen sowie Winkelverbänden (rechtwinklige/schiefwinklige) unterschieden.
- Nägel, Schrauben, Bolzen und Dübel sichern vorwiegend diese Verbindungen.
- **Holzverbindungen des Ingenieurbaues** sind in der Regel einfacher und schneller herzustellen als zimmermannsmäßige Holzverbindungen.
- Holzverbindungen dieser Art werden generell berechnet (Tragwerksplaner).
- Nägel, Nagelbleche und -platten, Bolzen, Stab- und Einpressdübel sind vorwiegende **Verbindungsmittel** des ingenieurmäßigen Holzbaues.

Testen Sie sich • Testen Sie sich

Nennen/Erläutern Sie ...

1. die Maße für Blatthöhe und Blattlänge bei einem geraden Blatt (Kantholz 14/14).
2. die Blatthöhe beim Eck- und Druckblatt (Kantholz 18/18).
3. das Maß für die Zapfenlochtiefe bei einer Zapfenlänge von 5 cm.
4. Merkmale, die beim Abnageln mit Holznägeln zu beachten sind.
5. mindestens fünf Blechformteile für ingenieurmäßige Holzverbindungen.
6. mindestens fünf „Fachbegriffe“ bei einer Fachwerkwand.

11 Holzkonstruktionen

Neben Fachwerken sind Dachstühle und Holzdecken Konstruktionen, die besonders angehende Zimmerer kennen (und herstellen) müssen.
→ Im Folgenden werden nur einfache Holzkonstruktionen dieser Art behandelt.

11.1 Dachkonstruktionen

Dachkonstruktionen müssen Eigengewicht, Schnee- und Windkräfte aufnehmen und diese in die darunter liegenden Bauteile ableiten (z. B. Decken und Wände).

Welche drei Grundformen der Dachkonstruktionen sind üblich?

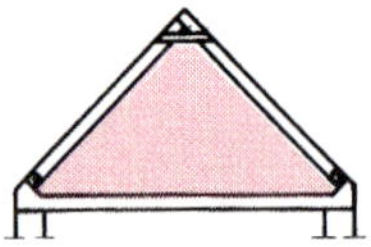

Sparrendach

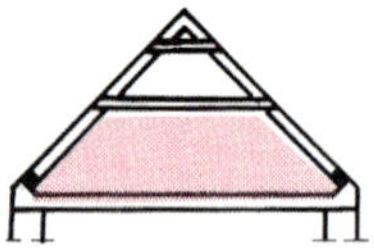

Kehlbalkendach

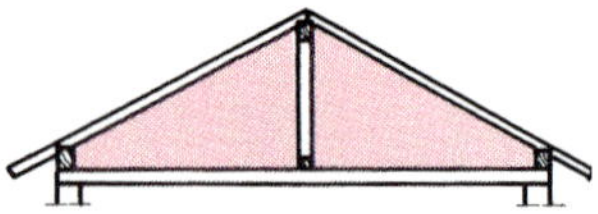

Pfettendach

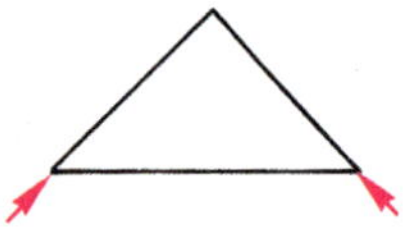

Tragverhalten des Sparrendaches

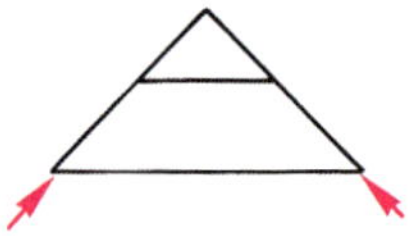

Tragverhalten des Kehlbalkendaches

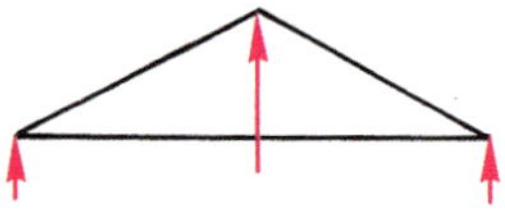

Tragverhalten des Pfettendaches

11.1.1 Das Sparrendach

Bei Sparrenlängen **bis zu 4,50 m** können **Sparrendächer** verwendet werden. Hierbei sind die Dachsparren mit der Deckenkonstruktion als **unverschiebliches Dreieck** konstruiert und werden durch einen Windverband (Windrispen) in der Längsrichtung ausgesteift.
Dieses Dach ist vorwiegend geeignet für Dachneigung über 30°. Die Dachlasten werden nur auf die Gebäudeaußenwände abgeleitet. Der Dachraum ist vollständig frei.

Das ist ein ausgebautes Sparrendach:

Systemskizze: **Sparrendach mit Sicherung durch Windrispe**

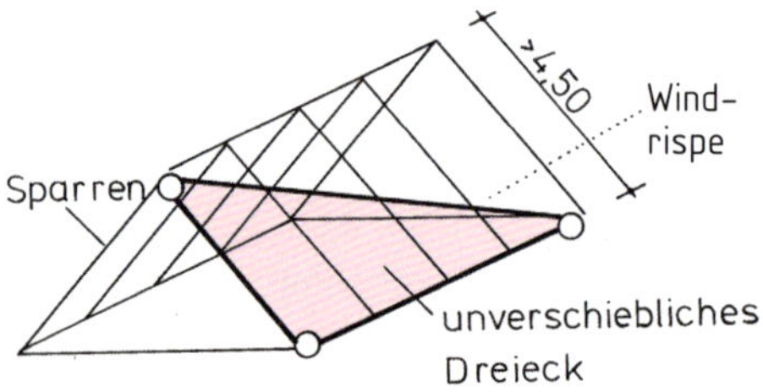

Und so sieht die Holzkonstruktion aus:

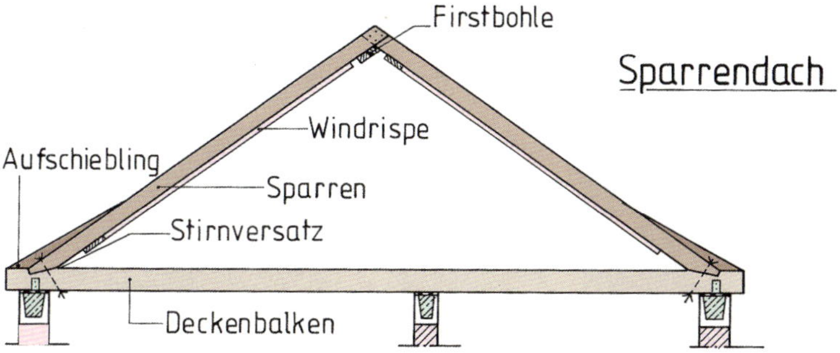

11.1.2 Das Kehlbalkendach

Vorwiegend geeignet für Dachneigungen zwischen 30° und 60°. Ist eine Abwandlung des Sparrendaches, wobei durch Kehlbalken die Sparren ausgesteift und unterstützt werden. Die Dachlasten werden direkt auf die Gebäudeaußenwände abgeleitet. Der Dachraum ist vollständig frei. Der Kehlbalken kann als Decke des ausgebauten Dachraumes genutzt werden.

Das ist ein Kehlbalkendach:

Und so sieht die Konstruktion aus:

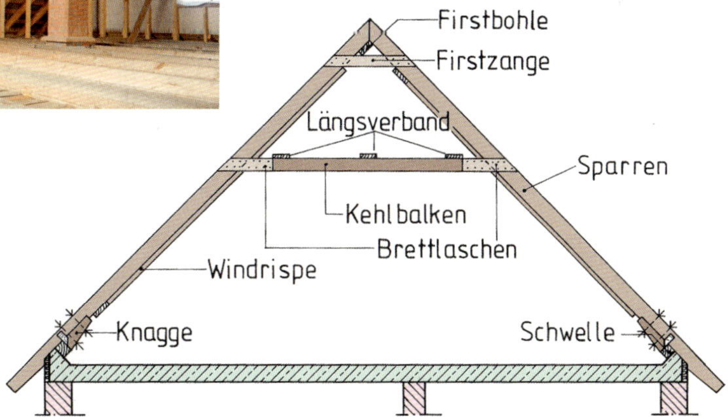

11.1.3 Das Pfettendach

→ *Diese Konstruktion ist auch bei „unserem" Ferienhaus vorgesehen.*

So sieht das Dach später aus:

Das ist die entsprechende Holzkonstruktion:

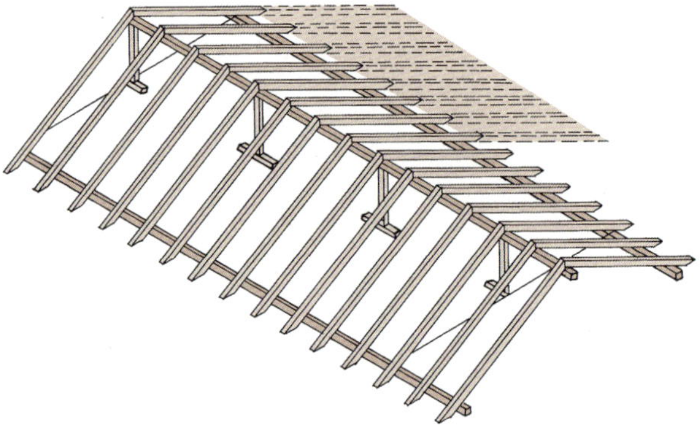

Vorwiegend geeignet für flach geneigte Dächer von 12° bis 30°. Die Dachlasten werden über die Sparren auf die Pfetten und Stiele zu den Schwellen in die darunter liegenden Bauteile weitergeleitet. Zur Windaussteifung in Längsrichtung dienen Streben und Kopfbänder. Der Dachraum ist durch die Stiele eingeengt.

Bezeichnungen der Holzteile am „reinen" Pfettendach

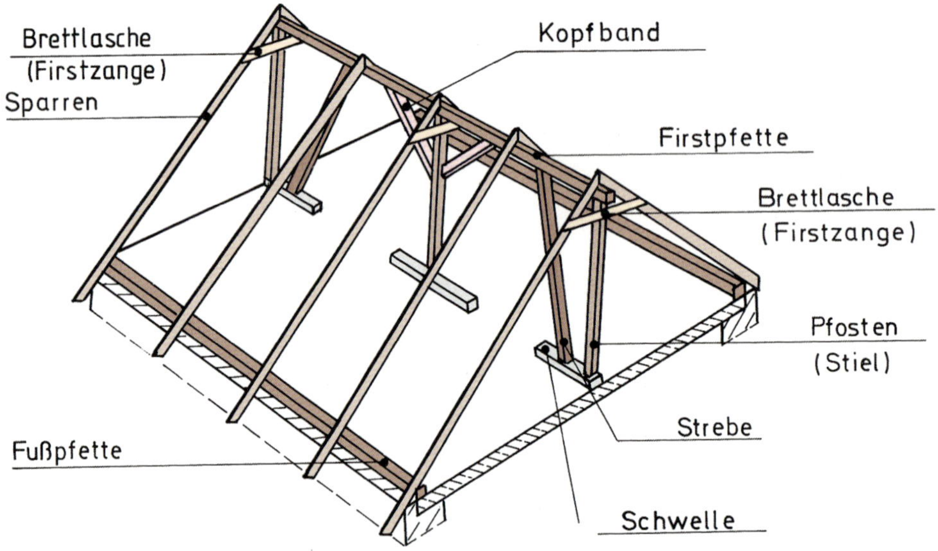

Zwei Punkte sind bei diesem Dach „interessant“!

Punkt 1: **Anschluss von Pfosten – Firstpfette – Kopfband**

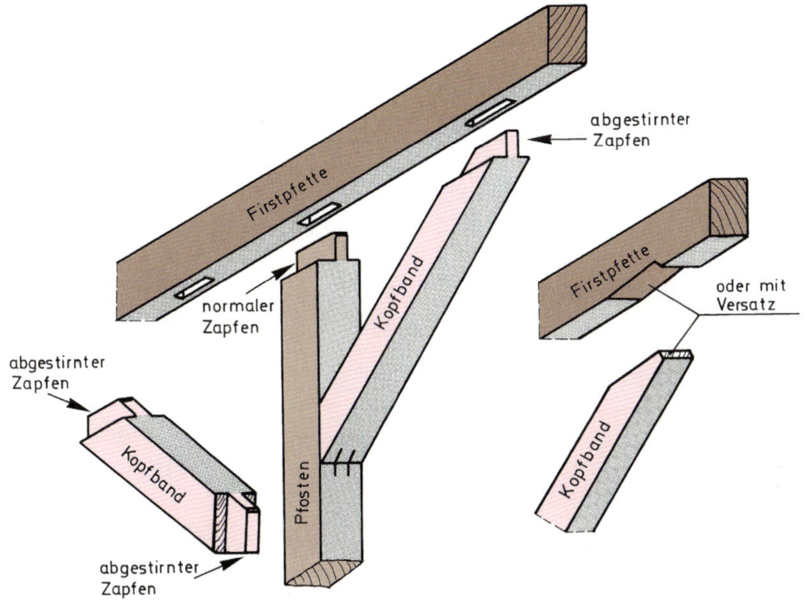

Die Kopfbänder werden in der Regel unter 45° angeschlossen. Sie dienen zur Aussteifung des Längsverbandes. Nehmen nur Druckkräfte auf.

Punkt 2: **Anschluss von Firstpfette und Sparren**

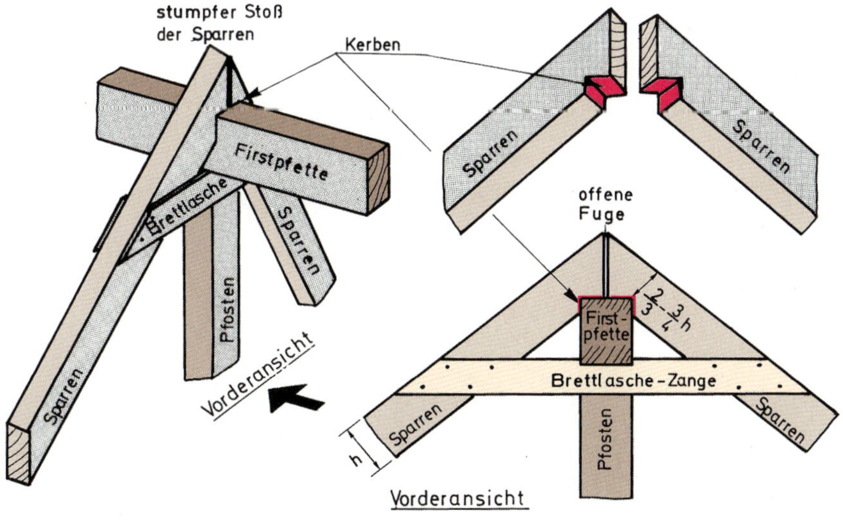

Die **Kerben** müssen so ausgeführt werden, dass genügend Obholz bleibt (2⁄3 – 3⁄4 der Sparrenhöhe).
Sicherung durch Nägel oder Holzblechverbinder.

11.2 Die Holzbalkendecke

Balken sind die tragenden Teile einer Holzbalkendecke. Den Verband aller Balken bezeichnet man als Balkenlage.

→ *Holzbalkendecken sind an sich den „reinen" Zimmerleuten in der Fachstufenausbildung vorbehalten, da aber bei „unserem" Ferienhaus eine Decke dieser Art vorgesehen ist, wollen wir uns kurz zwei „Knackpunkte" ansehen.*

Grundriss:
Bis zum Kamin bzw. bis zur Küche ist eine Holzbalkendecke geplant.

Detail:
Der Abschluss der Holzbalkendecke ist am Kamin, der Wohnraum bleibt „offen".

So sieht das in der Draufsicht aus:

Punkt 1: Wandverankerung der Balken

Punkt 2: Deckenaufbau

(→ *Diese beiden Punkte schauen wir uns genauer an!*)

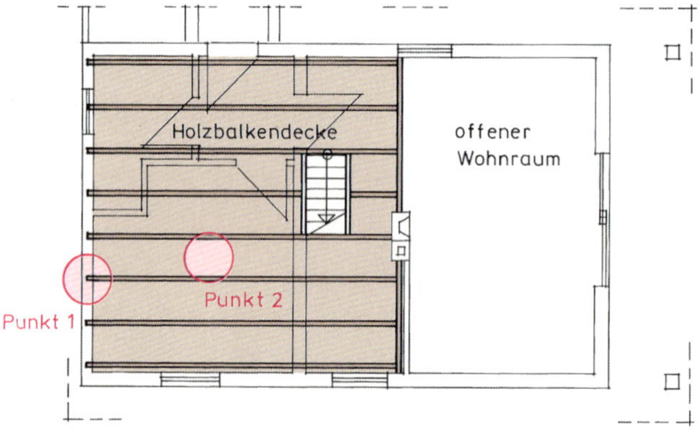

Punkt ①: Wandauflagerung der Holzbalkendecke auf der Außenmauer

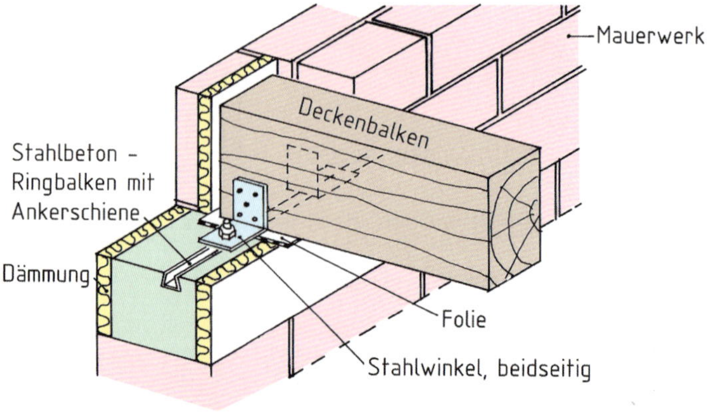

Punkt ②: Aufbau der Holzbalkendecke (mit möglichem späteren Ausbau)

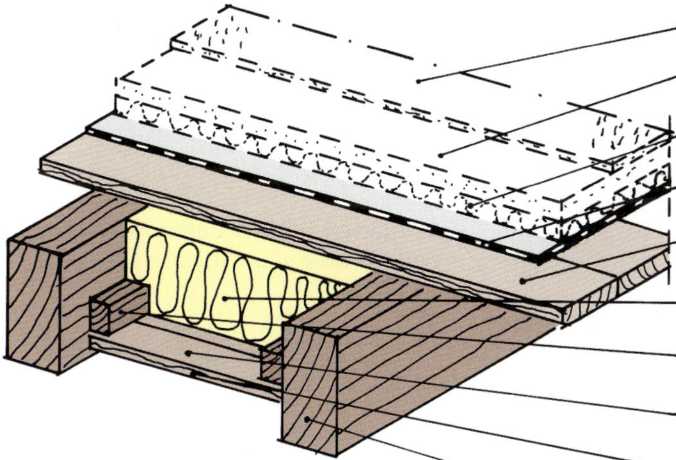

Zusammenfassung von Kapitel 11:

Holzkonstruktionen

- Pfettendach, Sparrendach und Kehlbalkendach sind die üblichen **Dachkonstruktionen**.
- Bei **Sparren- und Kehlbalkendächern** werden die Dachlasten auf die Außenwände übertragen.
- Beim **Pfettendach** werden die Dachlasten über die Sparren auf die Pfetten und Stiele zu den Schwellen und die darunter liegenden Bauteile weiter geleitet.
- Bei **Holzbalkendecken** sind die Balken die tragenden Teile.

A – TK *Darstellungen von Holzkonstruktionen sind nicht einfach. Freiwillige vor.*
Aufgaben hierzu → Arbeitsheft, Blatt 122.

12 Materialbedarf für Holzkonstruktionen

Holz ist ein teurer (und wertvoller) Baustoff. Um daher unnötige Kosten und Materialvergeudung zu vermeiden, kann man den Holzbedarf nicht „grob über den Daumen" bestimmen, sondern muss möglichst genau den Bedarf berechnen.

→ *Am Beispiel „unseres" Carportes wollen wir dieses aufzeigen.*

Für diesen Teil des Carportes wollen wir den Holzbedarf ermitteln.

Wie macht man das?

1. Schritt: **Grundlage ist eine Werkzeichnung mit Maßangaben.**

Das ist die zugehörige Werkzeichnung „unserer" Fachwerkwand:

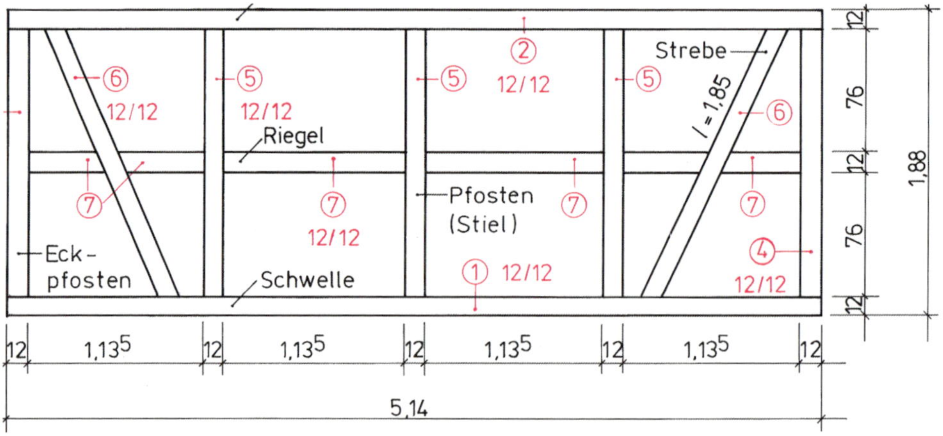

2. Schritt: **Hölzer der Fachwerkwand nummerieren und Holzquerschnitte angeben.**

Das sieht anschließend so aus:

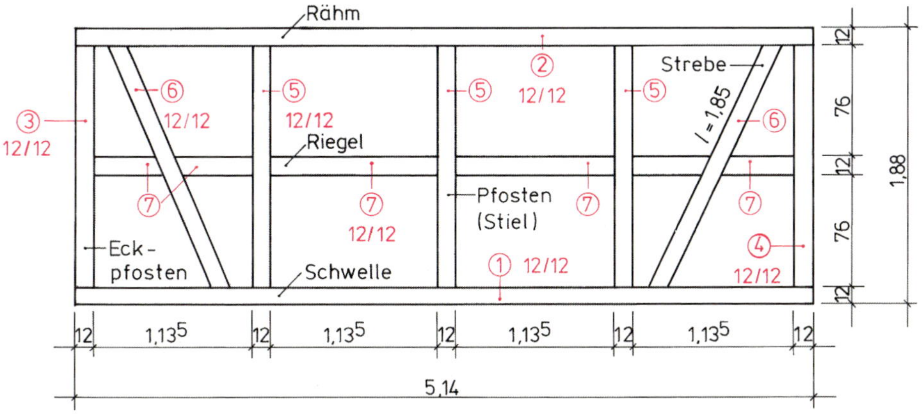

3. Schritt: **Erstellen einer Holzliste**

Was ist eine Holzliste und was muss man beachten?

Holzlisten bieten eine genaue Übersicht und vereinfachen die Rechenarbeit.
Zu beachten ist:

- Die „Holznummerierung" der Werkzeichnung muss mit der Nummerierung in der Holzliste übereinstimmen → sonst gibt es einen „Rechensalat".
- Die Hölzer müssen länger bestellt werden, als nachher benötigt wird.
  ⇒ Warum? a) Man (kann) sich verschneiden sog. „Verschnitt".
  b) Die Holzverbindungen (z. B. Zapfen) müssen berücksichtigt werden.

Und dies sind die „Zuschläge" an die Hölzer:

Rähm und Schwelle:	→ 3,5 cm für Verschnitt (insgesamt)
Pfosten:	→ Stielhöhe (zwischen Rähm und Schwelle) + 2 Zapfenlängen
Strebe:	→ + 2 Zapfenlängen
Riegel:	→ Maß zwischen den Pfosten + 2 Zapfenlänge (Teile eines Riegels werden wie ein Riegel berechnet)

Und so etwa kann eine Holzliste aussehen (Leerformular):

Holz-nummer	Benennung des Holzes	Anzahl	Querschnitt in m/m	Einzellänge in m	Gesamtlänge in m	Volumen in m³ (*)

(*) = Gesamtlänge in m × Querschnitt in m²

Beispiel: *Länge = 5,30 m; Querschnitt 0,10 m/0,12 m*
⇒ 5,30 m × 0,10 m × 0,12 m = 0,0636 m³

Und so sieht „unsere“ Holzliste für die Fachwerkwand ausgefüllt aus:
(→ Wir haben hier ganz genau gerechnet, damit Sie dieses nachrechnen können. In der Regel würde man immer auf volle 5 oder 10 cm aufrunden.

Beispiel: *genau 1,97 m ⇒ aufrunden auf 2,00 m)*

Holz-nummer	Benennung des Holzes	Anzahl	Querschnitt in m/m	Einzellänge in m	Gesamtlänge in m	Volumen in m³
1	Schwelle	1	0,12/0,12	5,175	5,175	0,075
2	Rähm	1	0,12/0,12	5,175	5,175	0,075
3	Eckpfosten	1	0,12/0,12	1,76 (¹)	1,76	0,025
4	Eckpfosten	1	0,12/0,12	1,76 (¹)	1,76	0,025
5	Pfosten	3	0,12/0,12	1,76 (¹)	5,28	0,075
6	Strebe	2	0,12/0,12	1,97 (¹)	1,97	0,028
7	Riegel	4	0,12/0,12	1,25 (¹)	5,00	0,072
				Summe:	26,12 m	0,375 m³

(¹) Zapfenlänge H 6 cm

4. Schritt: **Holzbestellung**

Nach der Holzliste kann man nun die Hölzer entsprechend nach Querschnitt und Länge bestellen ... und natürlich die Kosten ermitteln.

→ Dieses „schenken“ wir uns hier → können Sie im Arbeitsheft üben.

A – Ma *Aufgaben zur Materialberechnung finden Sie im Arbeitsheft, Blatt 123, 124.*

Proj – TK/Ma *Eine Projektaufgabe zum Zeichnen und zur Materialberechnung finden Sie im Arbeitsheft, Blatt 125, 126.*

T *Einen größeren Test zu den Holzverbindungen einschließlich Berechnungen zum Materialbedarf finden Sie im Arbeitsheft, Blatt 127–129.*

Lernfeld 6:
Bekleiden und Beschichten eines Bauteiles

In diesem Lernfeld erhalten Sie Informationen zu den Themen:

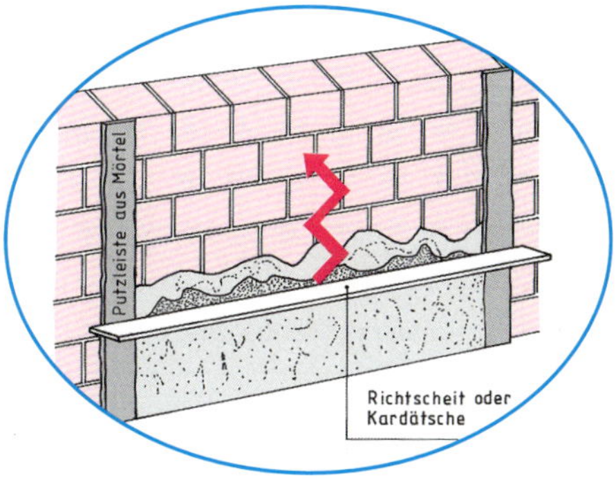

Putzmörtel
Seiten 300–313

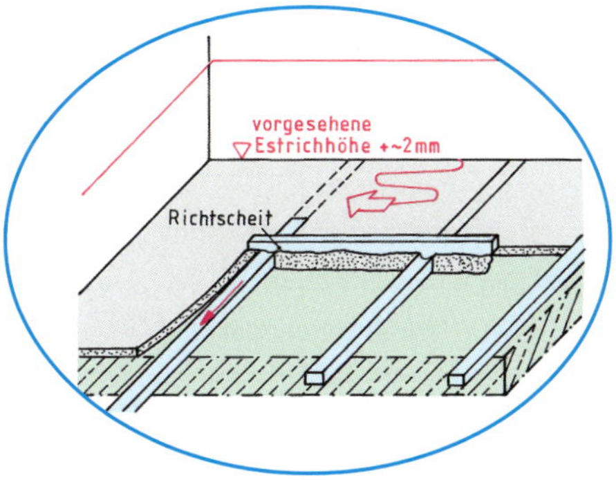

Estrich
Seiten 314–320

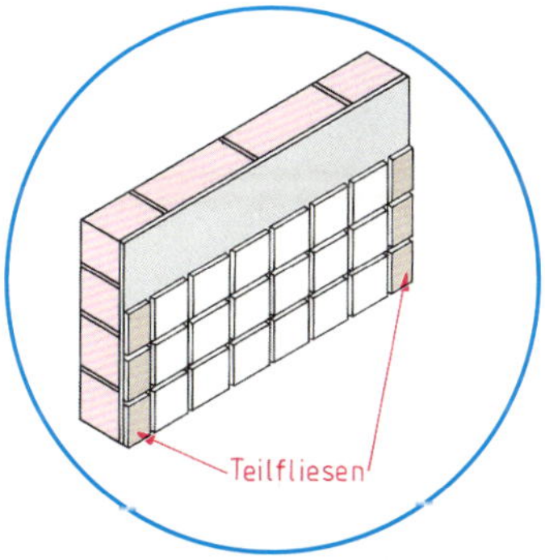

Fliesen und Platten
Seiten 321–336

1 Putz

Putz ist **Mörtel** – auch **Putzmörtel** genannt – der auf Wände und Decken aufgetragen wird. Hierdurch soll ein Bauwerk verschönert und gleichzeitig geschützt werden. Er kann sowohl einlagig als auch mehrlagig aufgetragen werden.

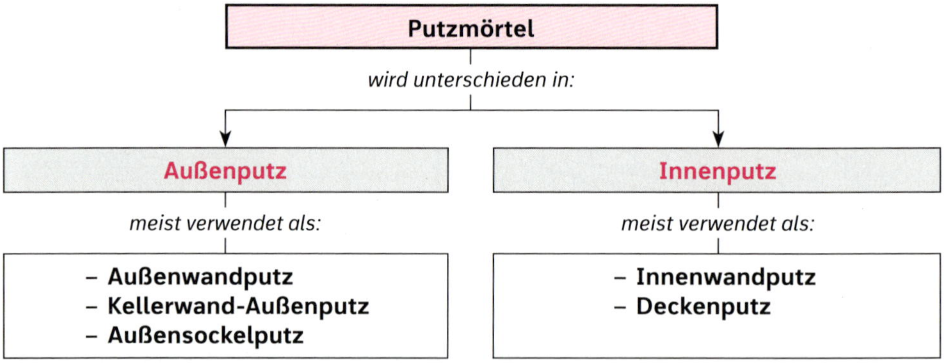

Außenputz

Innenwand- und Deckenputz

1.1 Die Aufgaben des Putzes

Der Putz muss allgemeinen Anforderungen entsprechen. Das sind u. a.:

- gute Haftung am Putzgrund
- gute Haftung der Putzlagen untereinander
- gutes Aussehen (durch Ausführung und Farbe)
- Wasserdampfdurchlässigkeit (von innen nach außen)
- Festigkeit gegen Abrieb und Stoß

1.2 Putzmörtel

Putzmörtel ist ein Gemisch von einem oder mehreren Bindemitteln, Zuschlag (Mörtelsand mit einer Körnung von 0 bis 4 mm) und Wasser (möglichst Leitungswasser).

Putzmörtel =

	+ 	+ 
Korngröße: **0–4 mm**	Baukalke, Zemente, Baugipse, Anhydritbinder oder Putz- und Mauerbinder	**Leitungswasser**

Was Sie über den mineralischen Putzmörtel wissen sollten:

Putzmörtel wird in 4 Putzmörtelgruppen eingeteilt.

Mörtelgruppe **P I**	Mörtelgruppe **P II**	Mörtelgruppe **P III**	Mörtelgruppe **P IV**
können hergestellt werden als:			
= Luftkalkmörtel = Wasserkalkmörtel = Mörtel mit hydraulischem Kalk	= Kalkzementmörtel = Mörtel mit hochhydraulischem Kalk = Mörtel mit Putz- und Mauerbinder	= Zementmörtel mit oder ohne Zusatz von Kalkhydrat	= Gipsmörtel = gipshaltige Mörtel
So könnten diese Mörtel zusammengesetzt sein (Beispiel):			
1 Teil hydraulischer Kalk + 3–4 Teile Sand	2 Teile Kalkhydrat + 1 Teil Zement + 9–11 Teile Sand	1 Teil Zement + 3 Teile Sand	1 Teil Gips + 1–3 Teile Sand
Besondere Eigenschaften:			
stark saugend, nicht wetterfest	schwach saugend, widerstandsfähig (z. B. gegen Stoß), wetterfest	wenig saugend, hart, sehr wetterfest	hart und stoßfest, feuerhemmend, nicht wetterfest
Besondere Verwendung für:			
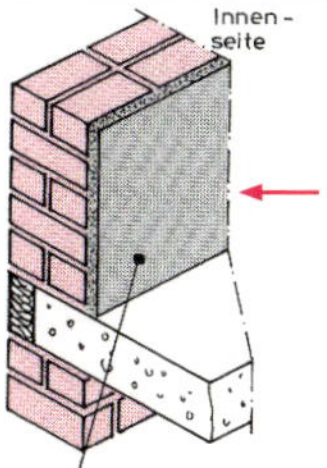 Innenputze	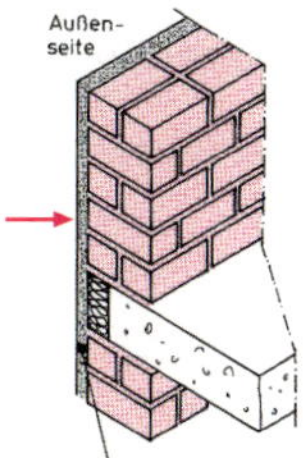 Außenputze	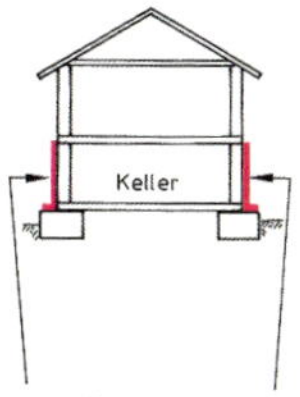 Außenwände von Keller und Sockel	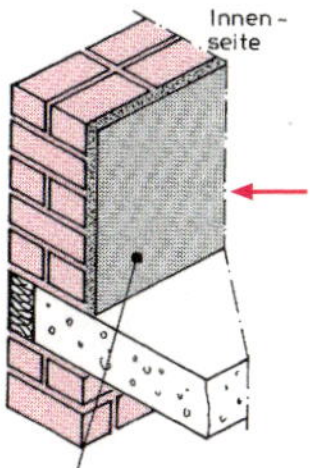 Innenputze
Verbrauchswerte für die Putzmörtel (Beispiele):			
Lieferform: 30-kg-Sack	Lieferform: 30-kg-Sack	Lieferform: 30-kg-Sack	Lieferform: 25-kg-Sack
Ergiebigkeit: 24 l Frischmörtel	Ergiebigkeit: 25 l Frischmörtel	Ergiebigkeit: 20 l Frischmörtel	Ergiebigkeit: 25 l Frischmörtel
bei 10 mm Putzdicke 2,4 m^2 Putzfläche	bei 10 mm Putzdicke 2,4 m^2 Putzfläche	bei 10 mm Putzdicke 2,5 m^2 Putzfläche	bei 10 mm Putzdicke 2,5 m^2 Putzfläche

Was kann man der Tabelle (Vorseite) entnehmen?

Der Tabelle *(sie ist hier etwas vereinfacht worden)* kann man entnehmen:
- **4 Putzmörtelgruppen** gibt es.
- **P I, P II** usw. sind die jeweiligen Kurzbezeichnungen (auch in der Praxis).
- Achtung bei Sand:
  Handmischung kleineren Sandanteil wählen;
  Maschinenmischung den größeren Sandanteil wählen.

Welche „Fachbegriffe" Sie beim Putzmörtel kennen sollten:

Begriff	Erläuterung
Werk-Trockenmörtel 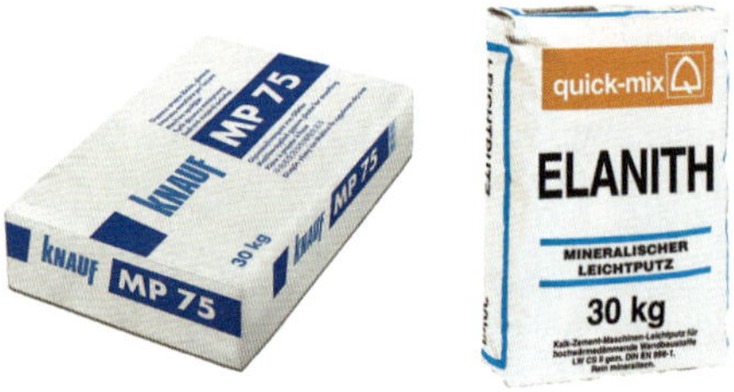 Beispiele für Werk-Trockenmörtel	- Wird in Säcken (30–40 kg) oder im Silo angeliefert, - besteht aus Bindemittel und Zuschlag im richtigen Mischungsverhältnis. **Wasser wird auf der Baustelle zugegeben!** Das ist heute die gebräuchlichste Art.
Werkfrischmörtel	Wird fertig **(mit Wasser)** im Mischfahrzeug zur Baustelle geliefert.
Trockenmischung	Aus Bindemitteln und Zuschlag auf der Baustelle selbst hergestellter Trockenmörtel (*heute selten*). In der Regel ist es der gemischte Werk-Trockenmörtel **(ohne Wasser)**.
Frischmörtel	Ist die schon mit Wasser angemachte verarbeitbare Trockenmischung.
Festmörtel	Ist der verfestigte Mörtel.

1.2.1 Der Putzmörtelbedarf

Das muss man wissen:

Beim „Anmachen" der Trockenmischung mit Wasser „schwindet" das Volumen auf etwa 5/6 zusammen. Das ergibt also eine kleinere **Mörtelausbeute**.

Als Anhalt sollten Sie sich merken:

40 kg	ergeben	**27 l**
Trockenmörtel	mit Wasser	Frischmörtel

oder anders ausgedrückt:

1,2 kg Trockenmörtel	ergeben / mit Wasser	**~ 1 kg*** Frischmörtel

* Anm.: zur genauen Berechnung lesen Sie die Angaben des Herstellers.

Wie wird der Putzmörtelbedarf errechnet?

☞ *Am Beispiel „unseres" Ferienhauses wollen wir Ihnen das verdeutlichen!*

Aufgabe: Für „unser" Ferienhaus soll für die gekennzeichnete Innenwand im EG der Mörtelbedarf grob errechnet werden.

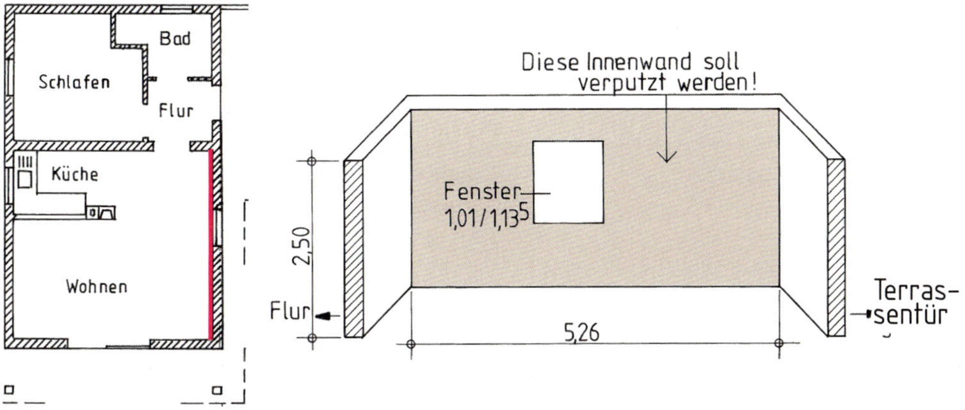

Die Innenwand soll einen 1,5 cm dicken Kalkmörtelputz als Glattputz erhalten.
a) Wie viel Liter Frischmörtel sind nötig?
b) Wie viel Kilogramm Trockenmörtel sind erforderlich?

Wie macht man das?

1. Schritt: **1. Wandfläche ermitteln:** *(Fensterfläche abziehen)*

$(5{,}26\text{ m} \times 2{,}50\text{ m}) - (1{,}01\text{ m} \times 1{,}135\text{ m}) = 13{,}15\text{ m}^2 - 1{,}15\text{ m}^2 = 12{,}00\text{ m}^2$
12,0 m² sind zu verputzen.

2. Schritt: **Frischmörtelbedarf für 1 m² suchen:**

In entsprechenden Tabellen dazu findet man als Anhalt:
siehe auch: Formelsammlung, Tabelle „Putzmörtelbedarf"

Putzfläche:	**Putzausführung:**	**Bedarf** (in Liter/m²)
	→ **Reibeputz** (1,0 cm)	13
Innenwandputz	→ **Glattputz** (1,5 cm) auf Mauer- oder Betonwand	18
	→ **Glattputz** (1,5 cm) auf Putzträger	*U* = 11; *O* = 8
	→ **„Zementputz"** (2,0 cm) auf Mauer- oder Betonwand	*U* = 15; *O* = 8

3. Schritt: **Frischmörtelbedarf für gesamte Putzfläche berechnen:**

$12{,}0\ m^2 \times 18\ l/m^2 = 216{,}0\ l$ Frischmörtel ☞ Aufg. a) gelöst

4. Schritt: **Trockenmörtelbedarf ermitteln:**

Bedarf: 1 l Frischmörtel 1,2 kg Trockenmörtel
$216{,}0\ l \times 1{,}2\ kg = 260$
260 kg Trockenmörtel ☞ Aufg. b) gelöst

A – Ma *Weitere Aufgaben zu Putzmörtelbedarfsberechnungen finden Sie im Arbeitsheft, Blatt 130–132.*

1.2.2 Die Eigenschaften des Putzmörtels

Putzmörtel soll als Frischmörtel …	Warum?
… sich gut verarbeiten lassen.	Der Mörtel soll geschmeidig sein, damit er sich gut anwerfen lässt und sich vollflächig auf dem Putzgrund anlegt.
… gute Haftung besitzen.	Damit er beim Anwerfen und Abreiben nicht abrutscht.
Putzmörtel soll als Festmörtel …	
… elastisch sein.	Um die Rissneigung so gering wie möglich zu halten und Spannungen im Mauerwerk geringfügig auszugleichen.
… saugfähig sein.	Der Mörtel soll bei hoher Luftfeuchtigkeit Wasserdampf aufnehmen und später an die Umgebungsluft wieder abgeben.
… ausreichend fest sein.	Um mechanische Belastungen (z. B. Stoß) aufzunehmen und Anstriche und Tapeten tragen zu können.
… ausreichend dick sein.	Die Norm schreibt 1,5 cm Dicke (bei Innenputz) vor, weil: – zu dünner Mörtel nicht ausreichend saugfähig ist, – zu dicke Putzmörtelschicht beim Auftragen zum Abrutschen führt.

1.3 Putzgrund und Putzhaftung

Putzgrund ist das Bauteil, das verputzt wird (z. B. eine Innenwand). Ein guter Putzgrund ist die Voraussetzung für eine gute Putzhaftung.

Was ist ein guter Putzgrund?

Ein guter Putzgrund ist:
- **eben, fluchtrecht** und **lotrecht**.
- **sauber**, sonst hält der Putz nicht dauerhaft (deshalb Verunreinigungen von Öl, Staub usw. entfernen, lose Stellen abschlagen).
- **rau, porig und saugfähig** (Besonders wichtig, damit sich der frische Putzmörtel fest mit dem Putzgrund „verklammern“ kann. Die Bindemittellösung des Putzmörtels dringt dabei in den Putzgrund ein).

Deshalb:

Ist ein guter Putzgrund nicht vorhanden, dann:
– Putzgrund prüfen und vorbehandeln.

1.4 Putzgründe und ihre Vorbehandlung

Die unterschiedlichen Putzgründe erfordern unterschiedliche Vorbehandlungen.

Putzgrund (Eigenschaften der Oberfläche)	**Vorbehandlung des Putzgrundes:**
Kalksandsteine: glatt und (stark) saugend	**Spritzbewurf – voll deckend** (mindestens aber: nicht volldeckend)
Mauerziegel: porig, normal saugend	**nur vornässen** Dadurch bleibt der Mörtel feucht und die Haftung besser.
Beton: rau bis glatt (je nach Schalmaterial)	**Spritzbewurf – nicht volldeckend** Achtung! Nur Mörtelgruppe P III (Zementmörtel) verwenden.
Leichtbauplatten: unterschiedlich, aber stark saugend	**Spritzbewurf – volldeckend** Platten nicht vornässen.
Ungeeigneter Putzgrund: z. B. Holzbauteile → Holz „arbeitet“	**Mit Putzträger überdecken**

Bei „unserem“ Ferienhaus haben wir als mögliche Putzgründe:
Kalksandsteine oder Mauerziegel (je nach Festlegung) sowie Leichtbauplatten oder leichte Trennwände als Montagewände.

Was ist eigentlich „Spritzbewurf“?

Spritzbewurf ist eine Mörtelschicht und Vorbehandlung zugleich.
Spritzbewurf ist keine Putzlage, sondern gehört zum Untergrund.

Nicht voll deckender Spritzbewurf = „warzenförmiger“ Spritzbewurf → ergibt eine verbesserte Putzhaftung	Voll deckender Spritzbewurf dient zum Feuchtigkeitsausgleich → gute Putzhaftung

1.5 Putzträger und Putzbewehrung

Putzträger sind Hilfsmittel, die verwendet werden, wenn der Putzgrund nicht ausreichend tragfähig oder ungeeignet ist. Der Putz wird auf den Putzträger gebracht und von diesem (fast) ausschließlich gehalten.

Putzträger werden verwendet:

- beim Überspannen von Stahl- und Holzteilen,
- zum Schließen von Mauerschlitzen (z. B. für Leitungen),
- für abgehängte Decken,
- als Putzprofile für Ecken und Kanten (z. B. Türen und Fenster),
- bei gedämmten Putzfassaden.

Wie werden ungeeignete Putzgründe und Schlitze mit Putzträgern überspannt?

Ausführung	Was ist zu beachten?
Überspannen eines Stahlträgers 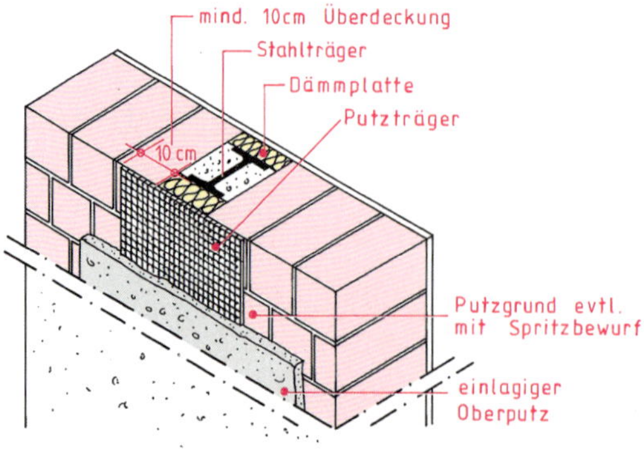 	– Stahlträger „ummörteln“. – Dämmplatte vorsetzen. Dadurch wird eine Kälte- und Feuchtigkeitsbrücke vermieden. – Putzträger **10 cm** beidseitig übergreifen lassen. – Putzträger straff spannen. – Putzträger mit Haken, Nägeln oder Klammern am Putzgrund befestigen.

Ausführung	Was ist zu beachten?
Überspannen eines Holzbalkens 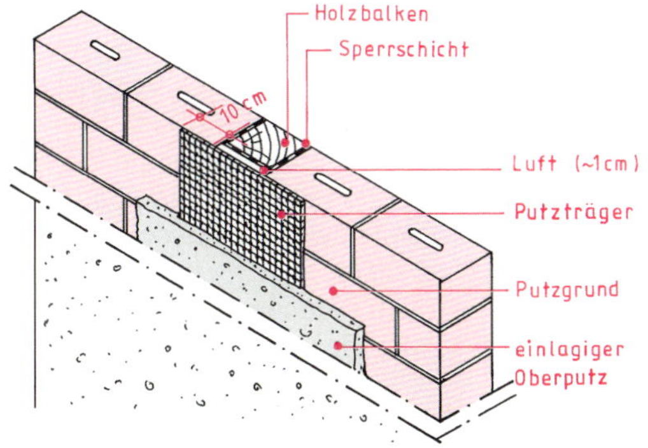	– Auf den Holzbalken Sperrpappe aufnageln. Dadurch wird das Eindringen von Feuchtigkeit verhindert. – Luftschicht von **0,5–1 cm** zwischen Putzträger und Holz lassen. Dadurch wird das Schwinden und Quellen des Holzes berücksichtigt. – Putzträger 10 cm beidseitig übergreifen lassen, spannen und befestigen.
Überspannen eines Mauerschlitzes 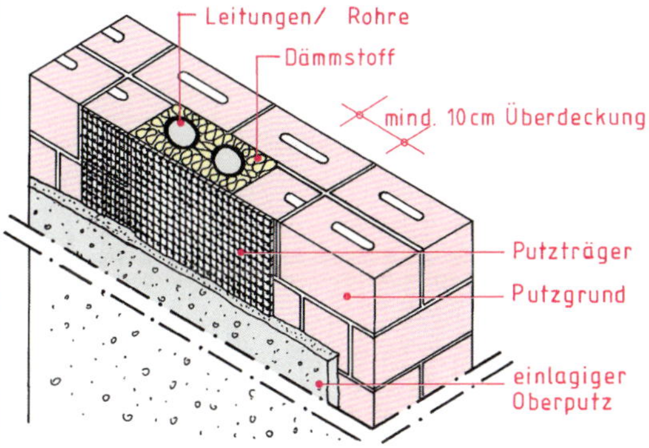	– Leitungen und Rohre mit Dämmstoff ummanteln. – Schlitz ganz mit Dämmstoff ausfüllen. – Putzträger **10 cm** beidseitig übergreifen lassen, spannen und befestigen.

Welche Materialien werden vorwiegend als Putzträger verwendet?

Als Putzträger werden verwendet:

Ziegeldraht 	– Ziegeldraht oder Drahtziegelgewebe ist ein Putzträger aus gewobenem Stahldraht mit gebrannten Tonrauten an den Kreuzungspunkten. Er verbindet damit mechanische mit keramischer Haftung und Wasseraufnahme gleich einem Ziegel. – Ziegeldraht lässt sich dreidimensional formen. – Der Vorspritz oder Putz kann sofort aufgebracht werden.

Rippenstreckmetall 	– Rippenstreckmetall wird aus Bandstahl hergestellt. Zwischen den Tragrippen liegen „Grätenfelder“. – Rippenstreckmetall wird im Allgemeinen durch Verzinken gegen Rost geschützt. – Je nach Blechdicke und Rippenhöhe beträgt die Spannweite zwischen 35 cm und 1,00 m. – Zum Befestigen geeignetes Material verwenden.

Weitere Putzträger, die aber nur noch selten verwendet werden, sind Rohrmatten, Holzwolle-Leichtbauplatten und Rabitzgewebe (reines Drahtgewebe).
Heute werden Putzträger auch eingesetzt als
- **Putzprofile** (Kantenschutz) bei Innen- und Außenwänden, Fenstern, Türen usw. sowie
- **Fassadenmatten** für gedämmte Außenputze.

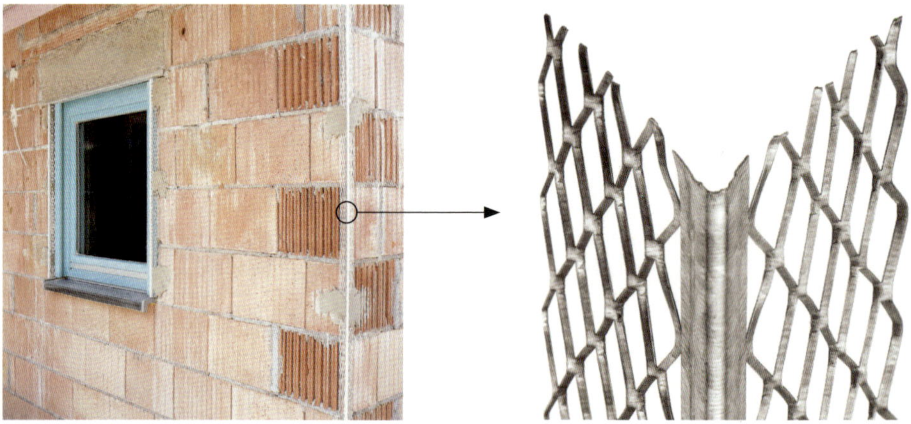

Putzprofile an Mauerecke und Fenster

Weitere Putzprofile sind z. B.:

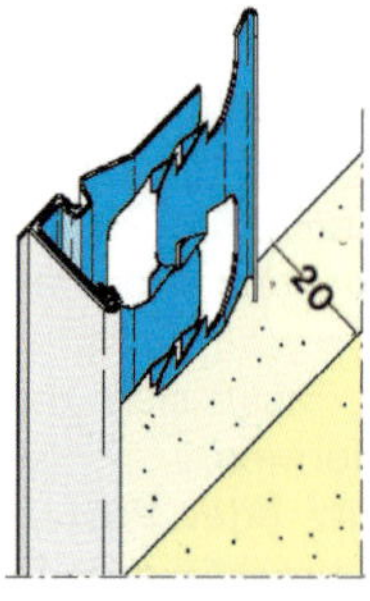

Abschlussprofil

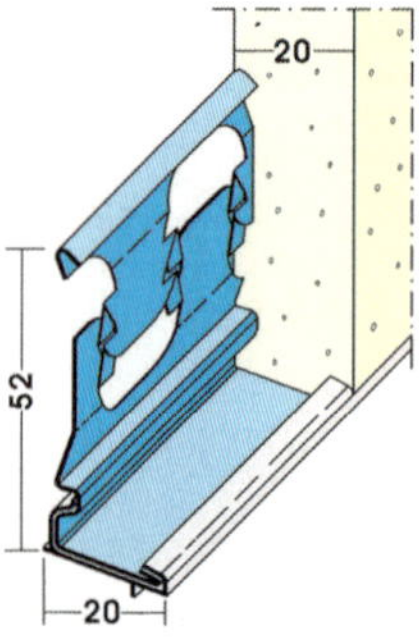

Sockelprofil

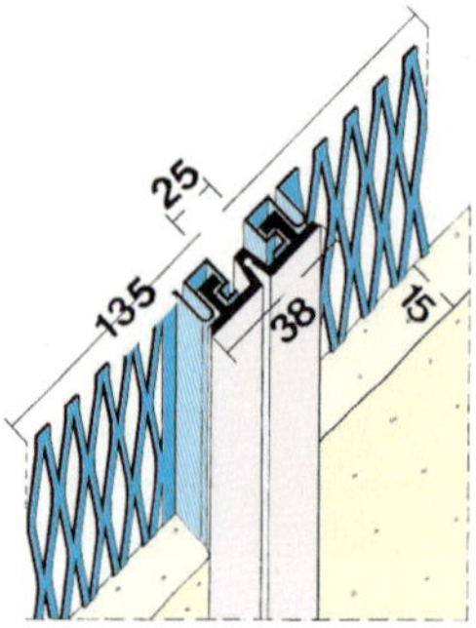

Dehnungsfugenprofil

Zusammenfassung von Kapitel 1:

Putze

- Putz wird unterschieden in **Außen-** und **Innenputz**.
- **Putzmörtel** ist ein Gemisch aus mineralischen **Bindemitteln, Zuschlag und Wasser**. Als Frischmörtel soll er sich gut verarbeiten lassen und gute Haftung besitzen. Als Festmörtel soll er elastisch, saugfähig, ausreichend fest und entsprechend dick sein.
- Die **Mörtelausbeute** (zu verwendende Frischmörtelmenge) beträgt etwa 2/3 der vorhandenen Trockenmörtelmenge.
- Jeder **Putzgrund** muss auf seine Eigenschaften beurteilt und evtl. vorbehandelt werden, damit die **Putzhaftung** gut ist.
- Der **Spritzbewurf** ist keine eigene Putzlage; es gibt warzenförmigen und voll deckenden Spritzbewurf.
- **Putzträger** werden bei nicht ausreichendem oder ungeeignetem Putzgrund verwendet.

A – Te *Aufgaben zur Wiederholung finden Sie im Arbeitsheft, Blatt 133.*

Testen Sie sich • Testen Sie sich

Nennen/Erläutern Sie ...

1. mindestens drei Anforderungen an den Putzgrund.
2. die vorwiegende Verwendung der Putzmörtelgruppen.
3. die Hauptaufgabe des Spritzbewurfes.

2 Die Herstellung eines Wandputzes

Putzarbeiten sollten erst nach dem „Setzen" des Mauerwerks begonnen werden, d. h., Wartezeiten von mindestens fünf Wochen bis zu einigen Monaten sollten eingehalten werden.

Bei Beginn der Putzarbeiten ist dann aber zu beachten:

für **Außenputze**	für **Innenputze**
– Nicht auf gefrorenem Untergrund putzen! – Nicht putzen, wenn Frost zu erwarten ist oder die frische Putzfläche von Regen getroffen werden kann. – Frischen Außenputz vor Sonne und starkem Wind schützen. (Sonst zu schneller Wasserentzug Schwindrisse)	– Bei Temperaturen unter 5 °C sollte nicht geputzt werden. – Nach Aufbringen des Putzes nur ab und zu kurz lüften. Fensteröffnungen schließen. (Dadurch wird das langsame Abbinden gefördert keine Rissbildung)

Und im Rahmen der Arbeitssicherheit gilt generell:

Mörtelspritzer im Auge? Verletzten hinlegen. Auge mit klarem Wasser ausspülen, notfalls Arzt aufsuchen!

2.1 Der Putzaufbau

Grundsätzlich wird der Putz in **Putzlagen** aufgebracht. Dabei unterscheiden wir:

Innenputz	Außenputz
meist:	*meist:*
1 Putzlage	**2 Putzlagen**
besteht aus:	*besteht aus:*
(evtl. Spritzbewurf +) **Unterputz**	(evtl. Spritzbewurf +) **Unterputz + Oberputz**

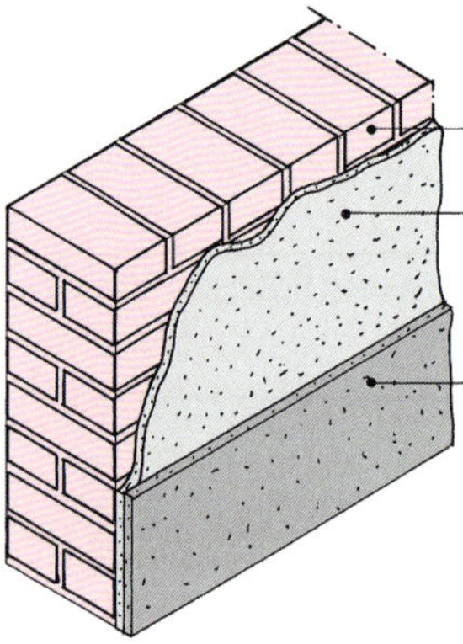

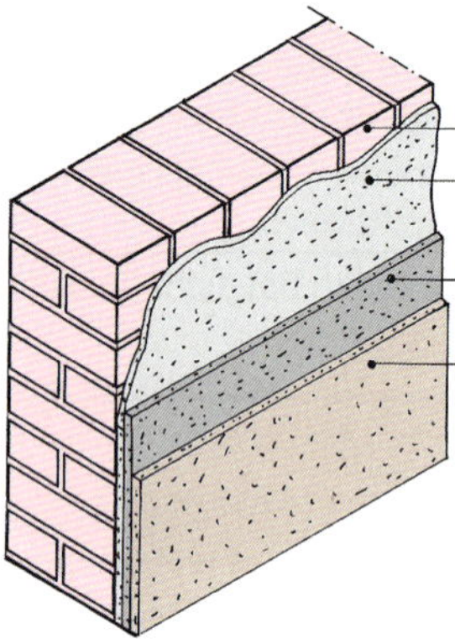

Welche Aufgaben haben die einzelnen Putzlagen?

Beim Innenputz:	Beim Außenputz:
Unterputz: Tragschicht für Anstriche und Tapeten sowie Regulieren der Luftfeuchte	Unterputz: vorwiegend Wetterschutz Oberputz: Schönheitsschicht

Im Folgenden gehen wir nur auf die Herstellung eines Innenputzes ein.

2.2 Das Putzen von Hand

Welche Werkzeuge sind erforderlich?

Werkzeuge und Hilfsmittel zum Putzen

Werkzeuge und Hilfsmittel sind:
- Maurer- oder Wurfkelle,
- Kardätsche oder Aufzieher,
- Reibebrett,
- Filzbrett
  ⇒ *zum „Filzen" des Putzes,*
- Spitzkelle
  ⇒ *zum Ausbessern des Putzes,*
- Putzhaken,
- Nagelbrett bzw. Zahnglättkelle.

Dazu gehören noch:
Abziehlatte oder Richtscheit und Wasserwaage

Wie geht man bei der Herstellung eines einlagigen Innenputzes von Hand vor?

1. Anlegen von Putzleisten (Putzlehren)

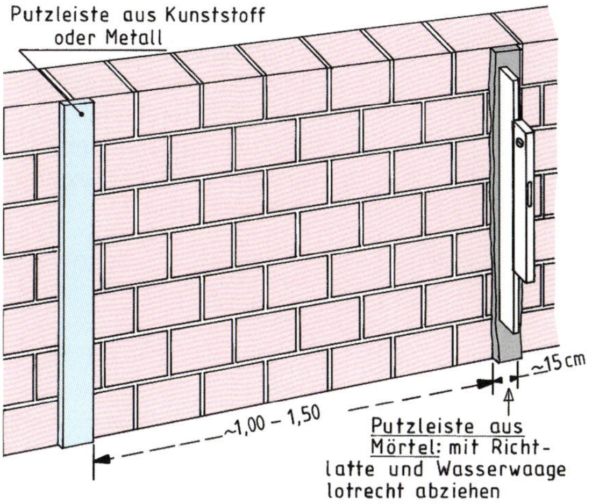

Dicke der Putzleiste = Putzdicke

Was ist zu beachten?

- Auf der zu verputzenden Fläche Putzleisten (aus Mörtel, Metall oder Kunststoff) anbringen; bei Mörtel: gleiche Mörtelgruppe wie Putzmörtel verwenden.
- Bei Ecken: Putzleisten (aus Kunststoff oder Metall) in der Dicke des Putzes verwenden.

2. In den Zwischenfeldern Mörtel aufwerfen, mit dem Richtscheit abziehen.

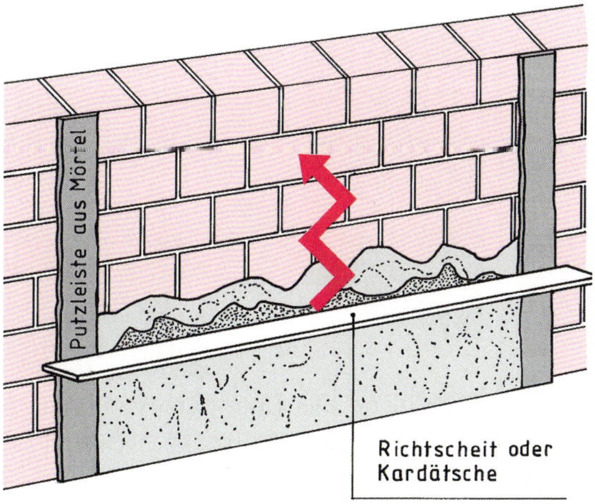

Was ist zu beachten?

- Evtl. Spritzbewurf aufbringen oder annässen (je nach Untergrund).
- Putzmörtel mit der Wurfkelle anwerfen dadurch wird die Luft „verdrängt", und es bleiben keine Hohlräume zurück. (Wird der Mörtel mit der Kardätsche aufgezogen, können durch den geringeren Druck Hohlräume entstehen).
- Mörtel von unten nach oben mit Richtscheit oder Kardätsche zickzackförmig abziehen.

3. Oberfläche mit dem Reibebrett glätten

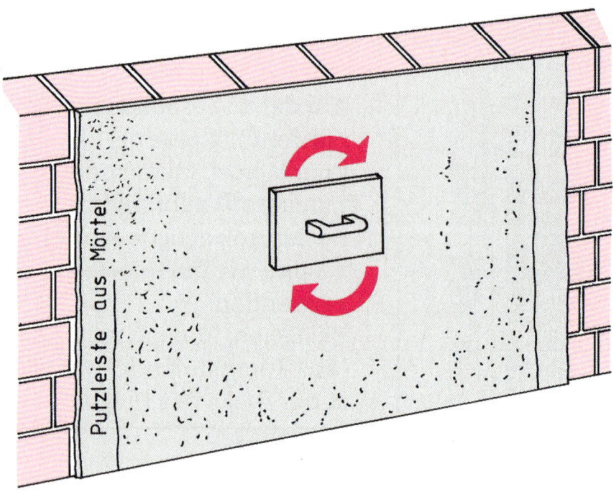

Was ist zu beachten?

- Mörtel unter stetem Annässen mit dem Reibebrett in kreisförmigen Bewegungen abreiben.
  Immer die Fläche von oben nach unten abreiben.
  Nicht zu lange abreiben, sonst trocknet der Putz aus (er sandet ab).

Was ist weiterhin noch zu berücksichtigen?

Ausspringende Ecken: z. B. Mauerecken, Fensterleibungen	Zwei- oder mehrlagiger Putz: (Ober- und Unterputz)
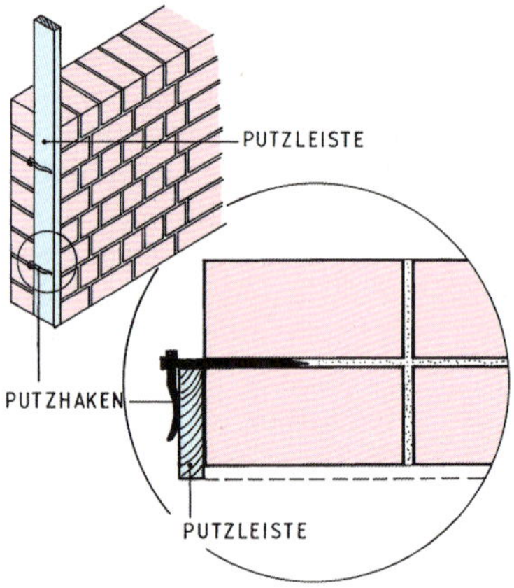	
Putzleiste aus Metall seitlich mit Putzhaken befestigen (Überstand nach vorne = Putzdicke) oder Putzprofile verwenden.	Oberfläche des Unterputzes mit Nagelbrett oder Zahnglättekelle aufrauen nur dann haftet der Oberputz gut.

Sonstige Hinweise:

- Die Dicke einer Putzlage wird durch das Größtkorn des Sandes bestimmt.

Beispiel: *Unterputzdicke 3 × Größtkorndurchmesser; z. B. Sand 0/4 mm, also: Unterputz 1,2 cm*

- Mörtelspritzer auf Holz- und Metallteilen sofort entfernen.
- Glas und Beschläge bei Putzarbeiten abdecken.

2.3 Gestaltung der Putzoberfläche

Putz soll die Innen- und Außenflächen des Hauses „verschönern“. Er wird daher nach dem Auftragen durch **Putzweisen** gestaltet. Die Putzweise gibt an, wie der Putz während oder nach dem Aufbringen bearbeitet und gestaltet wird.

Welche Gestaltungsmöglichkeiten gibt es?

Putzweisen für Innenwände sind z. B.:

Glattputz

Reibeputz

Putzweisen für Außenwände sind z. B.:

Kratzputz

Spritzputz

Für „unser“ Ferienhaus verwenden wir

- *für die Innenwände: Reibeputz*
- *Für die Außenwände haben wir ein Wärmedämm-Verbundsystem vorgesehen, dessen Außenlagen aus Unterputz und Oberputz bestehen.*
  Für den Oberputz wählen wir einen Kratzputz.

Wärmedämm-Verbundsystem

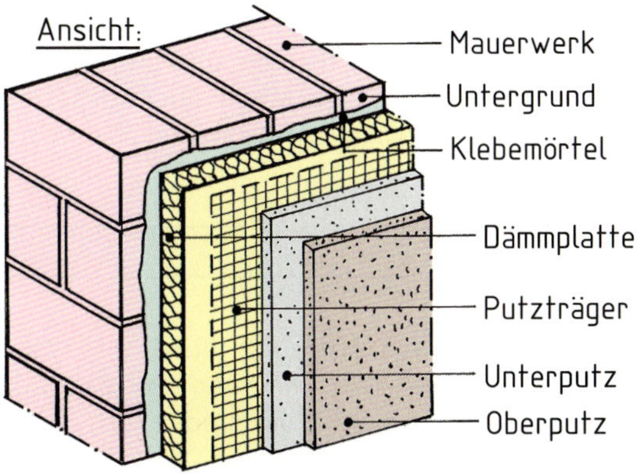

Was ein Wärmedämm-Verbundsystem ist, lernen Sie in der Fachstufenausbildung kennen.
Hier stellen wir nur den Aufbau eines solchen Systems vor.

T *Einen Test zum Lernabschnitt „Putzmörtel“ finden Sie im Arbeitsheft, Blatt 134, 135.*

3 Estrich

Was ist Estrich?

Estrich ist eine **Mörtelschicht**, die als Fahr- und Gehfläche oder Unterlage für Bodenbeläge dient. Der Estrich wird dabei auf einer massiven Unterlage (Rohdecke oder Rohfußboden) ein- oder zweilagig aufgebracht.

Woraus besteht Estrich?

Estrich ist ein Gemisch aus
- Zuschlägen (Kies, Sand, Splitt u. a.) und
- Bindemitteln (Zement, Anhydrit, Bitumen u. a.).

Welche Eigenschaften muss Estrich besitzen?

Estrich muss abriebfest und belastungsfähig sein.

Das ist nur möglich mit
- der richtigen **Estrichart** (nach Bindemittel) und
- der richtigen **Estrichausführung** (nach Bodenkonstruktion).

Über die einzelnen Estricharten werden Sie in der Fachstufenausbildung näher informiert. Uns interessieren hier mehr die Estrichausführungen und die Estrichherstellung.

Bei „unserem" Ferienhaus wird er vorwiegend eingebaut, um die Schall- und Wärmedämmung zu verbessern.

3.1 Estrichausführungen

Nach dem Verwendungszweck (befahrbare Fläche? Geh- oder Nutzfläche? sonstiges?) richtet sich der Aufbau der Bodenkonstruktion für die Estriche.
Wir unterscheiden dabei drei Möglichkeiten:

- Verbundestrich (V)
- Estrich auf Trennschicht (T)
- Schwimmender Estrich (S)

Eine weitere spezielle Estrichausführung ist der Heizestrich (Estrich auf Fußbodenheizung). In Heizestrichen verlaufen Warmwasserrohrsysteme aus Metall oder Kunststoff, Elektroheizsysteme bzw. Heizmatten. Der Estrich sollte zwischen 40 mm und 70 mm dick sein und die Rohre vollständig umschließen.

3.1.1 Verbundestrich – (V)

Anwendung:	Vorw. für Decken mit hoher Beanspruchung (durch z. B. Verkehrslasten).
Kennzeichen:	Der Estrich ist direkt mit dem Untergrund verbunden.
Dicke:	Zwischen 40 und 50 mm (je nach Estrichart).

Wie wird Verbundestrich ausgeführt?

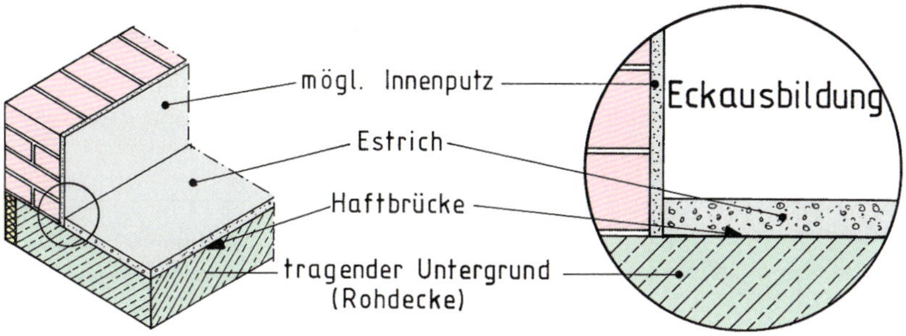

3.1.2 Estrich auf Trennschicht – (T)

Anwendung: Vorw. in Untergeschossräumen, bei denen die Trennschicht das Aufsteigen von Feuchtigkeit in den Estrich verhindert.

Kennzeichen: Der Estrich ist nicht direkt mit dem Untergrund verbunden. Er wird bewusst vom Untergrund getrennt.

Mindestdicke: Zwischen 20 und 35 mm (je nach Estrichart).

Wie wird ein Estrich auf Trennschicht ausgeführt?

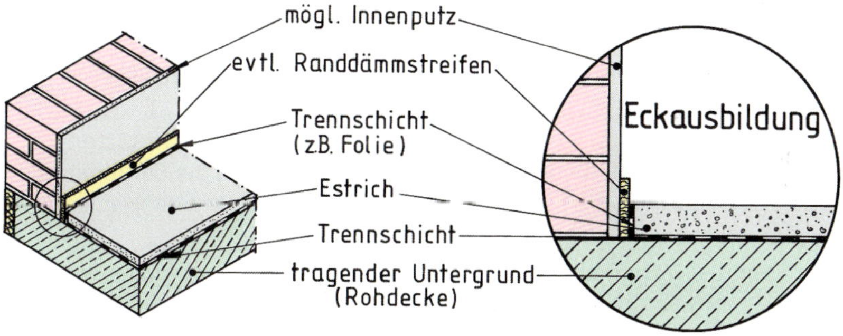

3.1.3 Schwimmender Estrich – (S)

Anwendung: Vorw. im Wohnungsbau zur Verbesserung der Trittschalldämmung und der Wärmedämmung.

Kennzeichen: Auf eine federnde Dämmschicht kommt eine Folie als Trennschicht, die an der Seite etwas hochgezogen wird. Der dann aufgebrachte Estrich hat deshalb keine Verbindung zu Untergrund und Wand und „schwimmt" auf der Dämmschicht.

Dicke: Zwischen 20 und 45 mm (je nach Estrichart und Belastung).

Wie wird ein Schwimmender Estrich ausgeführt?

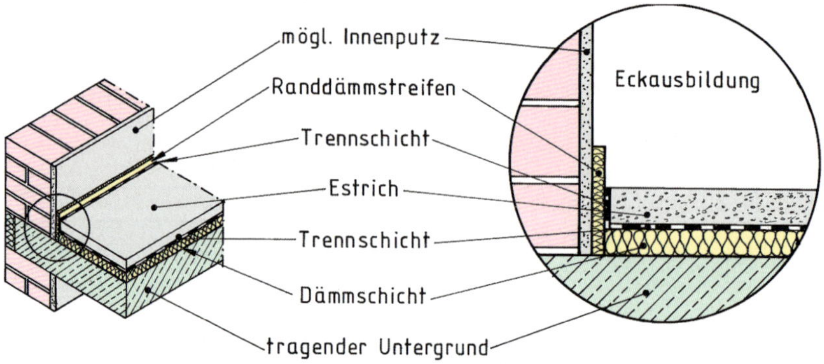

Diese Ausführung ist für „unser" Ferienhaus vorgesehen, daher schauen wir uns die Herstellung später noch einmal genauer an.

3.2 Estrichherstellung

Die Estrichherstellung erfolgt auf der Baustelle durch zwei Arbeitsverfahren:

Estrichherstellung

Nass-Bauweise (Baustellen-Estrich)

wird trocken angeliefert

Estrichmörtel erhält auf der Baustelle die Wasserzugabe
⇓
Danach kann er nass verarbeitet werden.

- Fließestrich (Thema der Fachstufe)
- Einbau von Hand (lernen Sie jetzt kennen)

Trocken-Bauweise (Fertigteile-Estrich)

wird vorgefertigt geliefert

Estrichplatten (Gips als Bindemittel) keine Wasserzugabe
⇓
werden trocken verlegt

Estrich wird heute fast ausschließlich als Fließestrich auf der Baustelle eingebracht, während der Einbau „von Hand" nur noch bei kleineren Flächen und „Flickarbeiten" vorkommt.

3.2.1 Der Einbau „von Hand“

Beispiel: *„Unser“ Ferienhaus*

Alle Räume sollen einen schwimmenden Estrich erhalten.

So sieht der Aufbau insgesamt aus:

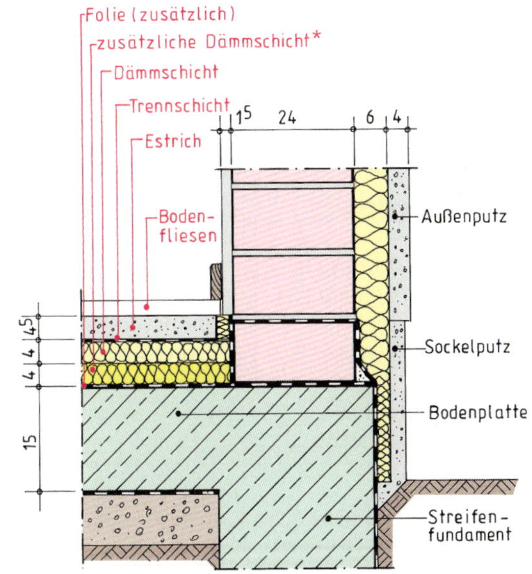

(*) Diese Dämmschicht ist hinsichtlich der Wärmedämmung nicht unterkellerter Bauteile hier erforderlich.

Welche Vorarbeiten sind für die Herstellung eines schwimmenden Estrichs nötig?

Zunächst müssen alle Putzarbeiten der Innenwände abgeschlossen sein. Anschließend werden die Vorarbeiten durchgeführt.

Bei „unserem“ Ferienhaus sind das:

1. Bodenplatte (Untergrund) abfegen oder absaugen
2. Unebenheiten ausgleichen — *Mittel: Reparaturmörtel*
3. Zusätzliche Folie auf Bodenplatte auslegen — *Grund: Darauf liegende Dämmschicht vor Beschädigung schützen*
4. Randdämmstreifen (+ Trennschicht) anbringen
5. Zusätzliche Dämmschicht auslegen (normalerweise reicht bei schwimmendem Estrich eine Dämmschicht) — *Grund: Notwendig, weil „unser“ Ferienhaus nicht unterkellert ist.*
6. Obere Trennschicht auslegen

Als Nächstes kann der Estrich eingebracht werden.
Der Estrich wird in Mischern (z. B. Freifallmischer) hergestellt und sollte steifplastisch sein. Anschließend wird der Estrich „von Hand“ transportiert und eingebaut.

So etwa sehen die Vorarbeiten für den schwimmenden Estrich in der Praxis aus:

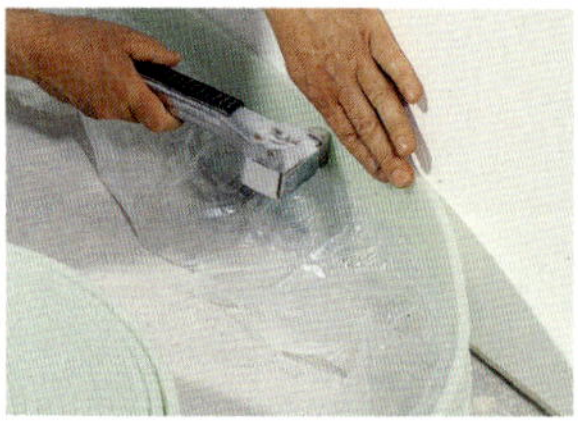

1. Randdämmstreifen anbringen
- Am besten Dämmung mit Folie (als gleichzeitige Trennschicht) ~ 10 mm dick vewenden;
- nicht in Höhe des Estrichs klammern!

2. Dämmschicht auslegen
- Dämmung unter die Folie der Randdämmung schieben;
- Dämmung Reihe für Reihe verlegen.

3. Trennschicht auslegen
- Überlappung der Bahnen ~ 10 cm;
- am Wandanschluss Trennschicht über die Folie der Randdämmung legen.

Wie erfolgt der Einbau des Estrichs?

1. Arbeitsschritt:

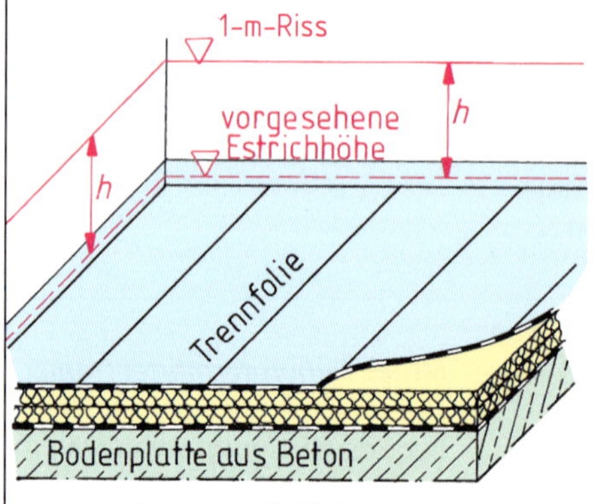

Vorgesehene Estrichhöhe vom 1-m-Riss abtragen und anzeichnen.

Berechnungsbeispiel „Estrichhöhenabtrag“:

1-m-Riss	=	*100,0 cm*
– vorg. Estrichhöhe	=	*– 4,5 cm*
⇒ Abgetragen von 1 m	=	*95,5 cm*

h = 95,5 cm

2. Arbeitsschritt:

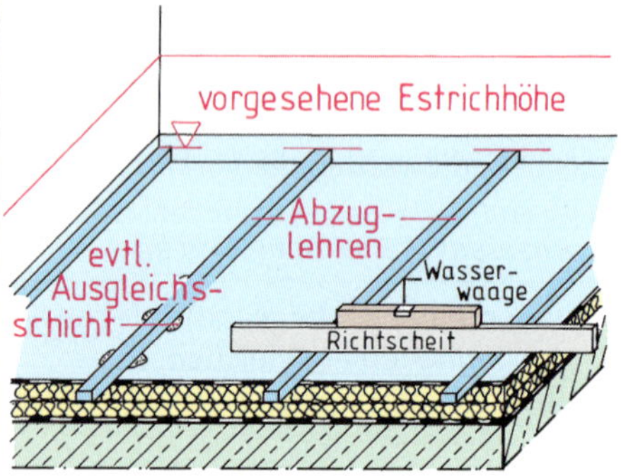

Abzuglehren (Metallschienen, -rohre, auch Holzleisten) auslegen, mit Richtscheit und Wasserwaage einmessen; (evtl. Höhenausgleich durch Estrichstreifen vornehmen).

Anm.: Der Estrichleger benutzt i. d. R. als Abzugslehren reine Mörtelleisten.

3. Arbeitsschritt:

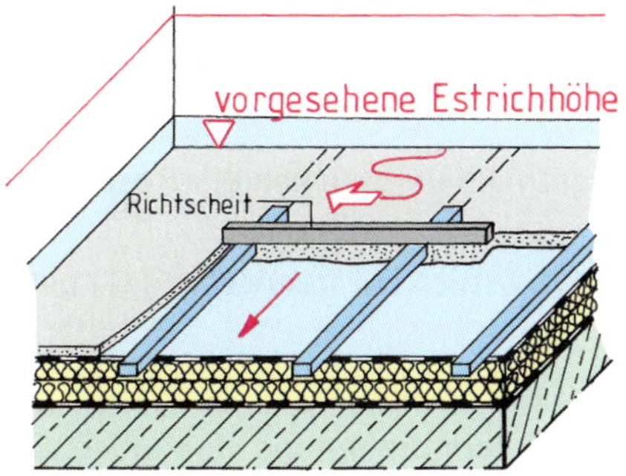

Estrich einbringen;
mit Richtscheit S-förmig abziehen;
Abzugslehren herausziehen;
Hohlräume auffüllen und glätten.

Was sollte man noch beachten?

Wenn Rohrleitungen vorhanden sind ...

- Leitungen auf dem Untergrund bis Oberkante der Rohre in eine Ausgleichsschicht einbetten (z. B. Styroporplatten und Perliteschüttung).
- Erst dann die eigentliche Dämmschicht aufbringen.

3.3 Die Fugenausbildung

Temperaturschwankungen (Raum beheizt – Raum unbeheizt) führen zu unvermeidlichen Längenänderungen, d.h. hierdurch können Risse entstehen. Durch „beabsichtigte" Fugen im Estrich werden solche Längenänderungen ausgeglichen und somit Risse vermieden. Dabei unterscheidet man Dehnungsfugen und Scheinfugen.

Wie werden die Fugen angelegt?

Dehnungsfugen: Fertige Fugenprofile (aus PVC oder verzinktem Blech) werden dafür vor dem Einbringen des Estrichs auf die Trennschicht oder den Untergrund gestellt.

Scheinfugen: Die Profile werden in den frisch eingebrachten Estrich eingedrückt.

Beispiel: *Fugenausbildung beim schwimmenden Estrich*

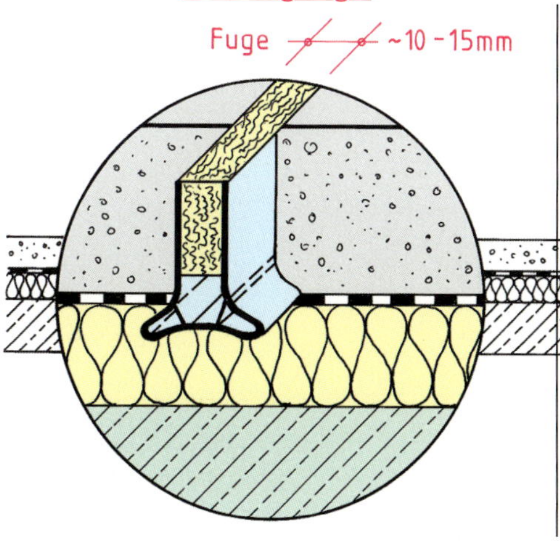

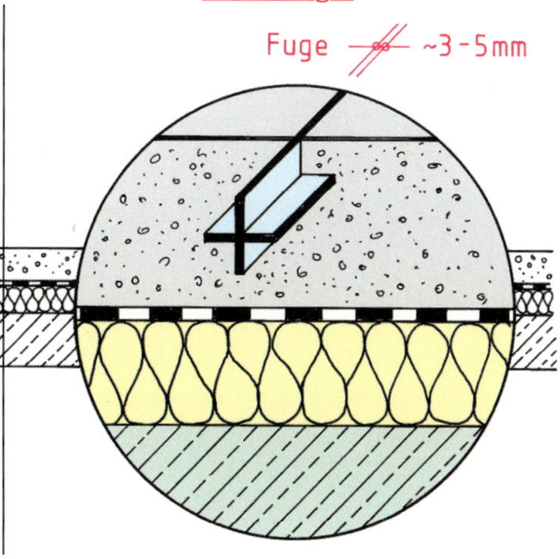

Zusammenfassung von Kapitel 3:

Estrich

- Estrich ist eine Mörtelschicht; Hauptbindemittel sind Zement, Bitumen und Anhydrit.
- Estrich wird entweder **nass** als Baustellenestrich oder **trocken** als Trockenestrich verarbeitet.
- **Estrichausführungen** sind: Verbundestrich (V), Estrich auf Trennschicht (T) und Schwimmender Estrich (S).
- **Verbundestrich (V)** ist direkt mit dem Untergrund verbunden.
- **Estrich auf Trennschicht (T)** ist nicht direkt mit dem Untergrund verbunden. Er wird durch eine Trennschicht getrennt.
- **Schwimmender Estrich (S)** dient vorwiegend zur Tritt- und Schalldämmung. Er ist durch eine Trennschicht und Dämmung von allen anderen Bauteilen getrennt.
- Notwendige **Fugen** werden als Dehnungs- und Scheinfugen angelegt.

A – Te *Aufgaben zum Estrich finden Sie im Arbeitsheft, Blatt 136.*

Proj – Ma *Putz- und Estrichmengen müssen berechnet werden können! Aufgaben hierzu – anhand eines Projektes – finden Sie im Arbeitsheft, Blatt 137–139. Dies ist gleichzeitig eine Testarbeit.*

Testen Sie sich • Testen Sie sich

Nennen/Erläutern Sie ...

1. die 3 verschiedenen Ausführungsarten von Estrich.
2. die Reihenfolge der Arbeitsschritte zur Herstellung eines Estrichs „von Hand".
3. die Eigenschaften, die Estrich erfüllen soll.
4. welche Aufgaben Fugen haben.

4 Die Einteilung der Platten

Platten werden für Wand- und Bodenbeläge verwendet.

Platten

werden eingeteilt in:

- **Natursteinplatten**
  - *dazu gehören:* Marmorplatten, Sandsteinplatten, Schieferplatten
- **Bindemittelgebundene Platten**
  - *dazu gehören:* Betonsteinplatten, Asphaltplatten
- **Gebrannte Platten (Keramikplatten)**
  - *werden unterteilt in:*
    - **Feinkeramische Platten** – *dazu gehören:* alle Fliesen
    - **Grobkeramische Platten** – *dazu gehören:* Ziegelplatten, Klinkerplatten, Spaltplatten

Natursteinplatten und bindemittelgebundene Platten sind Themen der Fachstufenausbildung *(besonders für angehende Fliesen-, Platten- und Mosaikleger)*.
Schwerpunkt der Grundstufenausbildung sind die Fliesen und – mit Einschränkung – die grob keramischen Platten.

4.1 Die gebrannten Platten

Gebrannte Platten heißen im Handel Keramikplatten *(griechisch: „Keramos" „Ton")*

Wie werden Keramikplatten hergestellt?

Keramikplatten —bestehen aus:→ **Ton + Quarz + Feldspat**

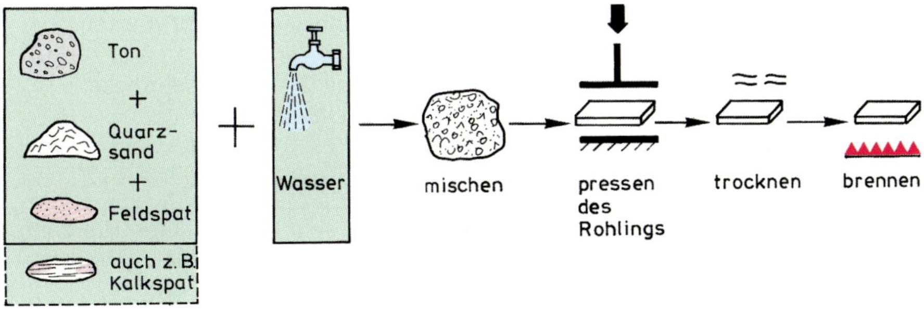

4.1.1 Die feinkeramischen Platten

Feinkeramische Platten heißen **Fliesen**. In den Rohstoffen dürfen keine Verunreinigungen oder schädliche Bestandteile vorhanden sein und – das ist das Wichtigste – die Rohstoffe müssen **rezeptgenau** gemischt werden.

Früher wurden Fliesen hauptsächlich im Bad und in der Küche verwendet, heute werden sie durch ihre vielfältigen Farben, Formen und Verzierungen (Dekore) als Wand- und Bodenbeläge fast überall im Haus benutzt.

Welche Fliesensorten gibt es und wie werden sie hergestellt?

<table>
<tr><td colspan="2"><u>St</u>ein<u>g</u>utfliesen STG</td><td colspan="3"><u>St</u>ein<u>z</u>eugfliesen STZ</td></tr>
<tr><td colspan="5">Herstellung</td></tr>
<tr><td>50 % Ton
45 % Quarz
5 % Feldsp.</td><td>1. Rohstoffe aufbereiten
2. Rohlinge ... pressen
3. ... trocknen
4. ... brennen (= 1. Brand)
(<u>Anm.:</u> entfällt heute z.T.)
5. ... glasieren
(auf Wunsch danach dekorieren)
6. brennen (= 2. Brand)

Kennzeichen
– fest durch 1. Brand
– wasserdicht durch Glasur + 2. Brand – nur Vorderseite</td><td>60 % Ton
20 % Quarz
20 % Feldsp.</td><td colspan="2">1. Rohstoffe aufbereiten
2. Rohlinge ... pressen
3. ... trocknen
4. ... sofort 5.
oder ...
... glasieren
(auf Wunsch danach dekorieren)
5. brennen

Kennzeichen
– fest durch Brennen
– ohne Glasur: nur wasserabweisend
– mit Glasur: wasserdicht (V.-Seite)</td></tr>
<tr><td colspan="5">Eigenschaften</td></tr>
<tr><td colspan="2">groß (großer Quarzanteil)
nein (saugt viel Wasser)

wenig beständig</td><td colspan="2">Porenvolumen?
Frostbeständig?
Beständig gegen
Säuren und Laugen?</td><td>sehr klein (kleiner Quarzanteil)
ja (saugt wenig Wasser)
w
beständig</td></tr>
<tr><td colspan="5">Verwendung vorwiegend für</td></tr>
<tr><td colspan="2">Wandbeläge im Innenbereich</td><td colspan="3">Bodenbeläge im Innen- und Außenbereich</td></tr>
</table>

Welches sind die gängigen Fliesenformen?

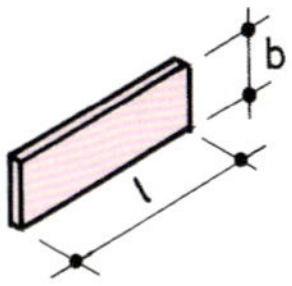

Quadratformat **Rechteckformat**
Beide Formate in Länge und Breite in einer Vorschrift festgelegt.

Riemchen
(Länge *l* ist 3-mal so groß wie die Breite *b*)

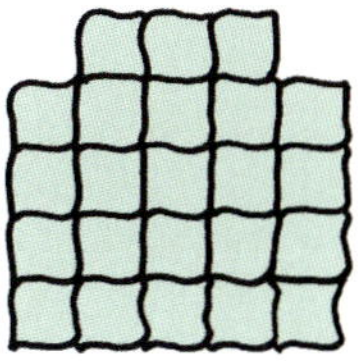

Mosaikformate

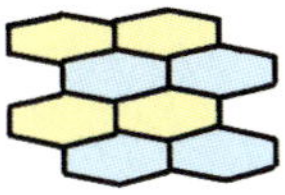

Vieleckformate

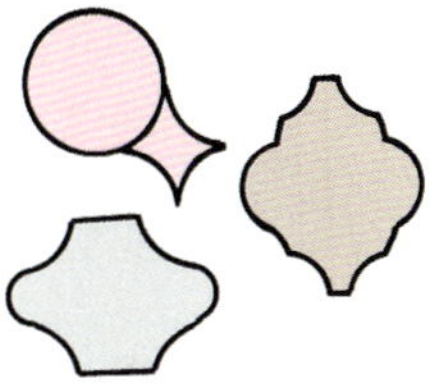

Formate mit Rundungen

Woran kann man „bessere" Fliesen erkennen?

Nach einer Vorschrift müssen rechteckige und quadratische Fliesen gekennzeichnet werden.

Schon auf der **Verpackung** kann man einige Kennzeichen sehen:

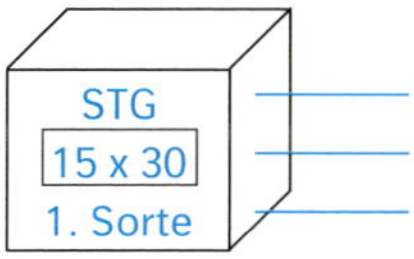

Bei den Kurzzeichen sind zu unterscheiden:

Steingutfliesen
STG
Steingutfliese

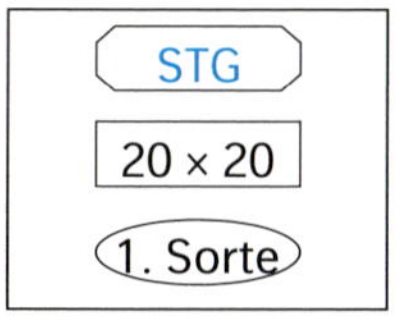

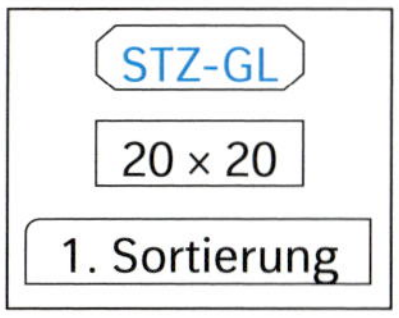

Steinzeugfliesen
STZ-GL
Steinzeugfliese – glasiert
STZ-UGL
Steinzeugfliese unglasiert

Und so können Sie „bessere" Fliesen i. d. R. sofort erkennen:

	Steingutfliesen		Steinzeugfliesen	
Sorte zu sehen an	1. Sorte	Mindersorte	1. Sorte	Mindersorte
Fliesen-Rückseite			–	–
Fliesen-Kante: Aufdruck	–	–	„1. Wahl"	Pfeilkreuz oder „1. Wahl"
Verpackung: Aufdruck	rot	blau	–	„2. Wahl" oder „3. Wahl"

4.1.2 Die grobkeramischen Platten

Grobkeramische Platten bestehen in der Regel aus den gleichen Rohstoffen wie die Fliesen. Jedoch sind die Rohstoffe **gröber** und nicht rezeptgenau gemischt.
Sie werden ebenfalls bei Wand- und Bodenbelägen verwendet.

Wir unterscheiden folgende Arten von keramischen Platten:

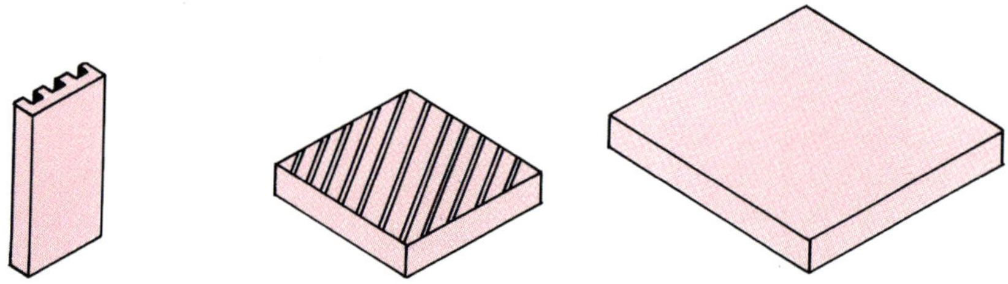

Spaltplatten **Klinkerplatten** **Ziegelplatten**

Die folgende Übersicht vermittelt das Wichtigste im „Telegrammstil".

	Eigenschaften	Verwendung	gängige Formate	Plattendicke
Spaltplatten	– sind frost- und säurebeständig	als Wand- und Bodenbelag	52 × 24, 73 × 24, 115 × 24, 94 × 19	zwischen 8 und 30 mm
Klinkerplatten	– sind frost- und säurebeständig – abriebfest	als Bodenbelag	52 × 24, 115 × 24, 20 × 20	in der Regel 35 mm
Ziegelplatten	– sind nicht frostbeständig – hohe Saugfähigkeit	als Bodenbelag im Innenbereich	20 × 20, 30 × 30	in der Regel 35 mm

Zusammenfassung von Kapitel 4:

Einteilung der Platten; die gebrannten Platten

- **Platten** werden in Natursteinplatten, bindemittelgebundene Platten und gebrannte Platten eingeteilt.
- **Gebrannte Platten** (Keramikplatten) bestehen aus Ton, Quarz und Feldspat.
- **Keramikplatten** werden in feinkeramische und grobkeramische Platten unterschieden.
- **Fliesen** sind feinkeramische Platten.
- Die **Hauptfliesensorten** sind Steingutfliesen und Steinzeugfliesen.

- **Steingutfliesen** sind porös im Gefüge, nicht frostbeständig und wenig säurefest. Sie eignen sich für Wandbeläge im Innenbereich.
- **Steinzeugfliesen** sind dicht im Gefüge, frostbeständig und säurefest. Sie eignen sich für Bodenbeläge im Innen- und Außenbereich.
- Die **Kennzeichnung der Fliesen** erfolgt durch Kurzzeichen: STG – Steingutfliesen, STZ = Steinzeugfliesen, GL = glasiert, UGL = unglasiert.
- Nach **Güteklassen** werden die 1. Sorte und die Mindersorte unterschieden. Die Güteklasse muss angegeben werden.

A – Te *Zur Wiederholung des Gelernten finden Sie Aufgaben im Arbeitsheft, Blatt 140.*

Testen Sie sich • Testen Sie sich

Nennen Sie ...

1. die Einteilung der gebrannten Platten.
2. die handelsübliche Bezeichnung für die feinkeramischen Platten.
3. die Anforderungen an die Rohstoffe bei Fliesen.
4. die Eigenschaften von STG- und STZ-Fliesen.
5. mindestens drei gängige Fliesenformen.
6. mindestens drei gängige Fliesenformate der STG- und STZ-Fliesen.
7. die Anforderungen an die Rohstoffe bei grobkeramischen Platten.

5 Das Verlegen von Fliesen

Das Verlegen von Fliesen verlangt neben dem Erlernen der Verlegetechniken und der Handhabung der Werkzeuge gedankliche Vorarbeit.

Planlos in irgendeiner Ecke mit einer ganzen Fliese zu beginnen, führt mit Sicherheit nicht zum Erfolg.

Um Ihnen diese Erfahrung zu ersparen, passen Sie im Folgenden bitte gut auf!

5.1 Der Verlegeplan

Was muss man bei Verlegearbeiten grundsätzlich beachten?

1. Fliesen stets lotrecht und waagerecht verlegen.
2. Beide Seiten der zu verfliesenden Fläche sollen symmetrisch sein, d. h. gleich aussehen.

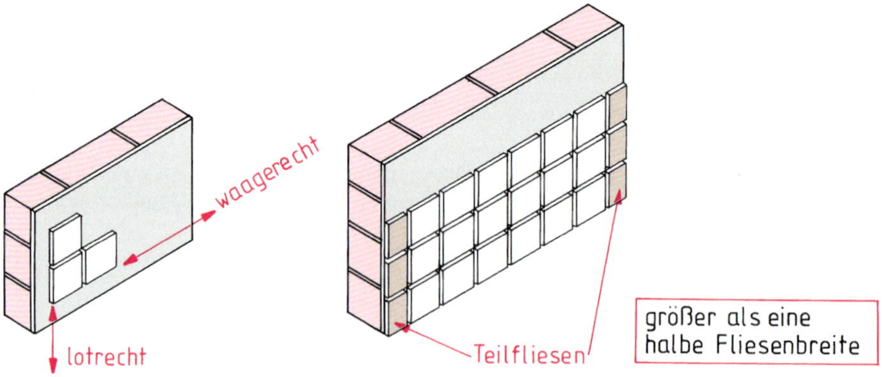

Um diesen Grundregeln gerecht zu werden, ist eine planvolle Einteilung – der **Verlegeplan** – unbedingt erforderlich. Er wird sowohl bei der Aufteilung von Wandfliesen als auch von Bodenfliesenbelägen aufgestellt.

5.1.1 Verlegeplan einer Wandverfliesung

Beispiel: *„Unser" Ferienhaus*

Die markierte Wand im Bad soll verfliest werden.

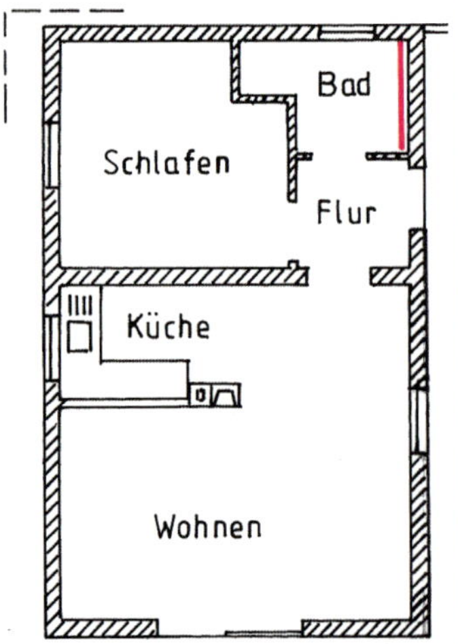

Das ist die zu verfliesende Wand:

Was ist bekannt?

- Wandinnenlänge = 1,73 m
- STG-Fliesen Format = 15 × 15
- Dehnungsfugenbreite u. Fugenbreite der Fliesen = 3 mm

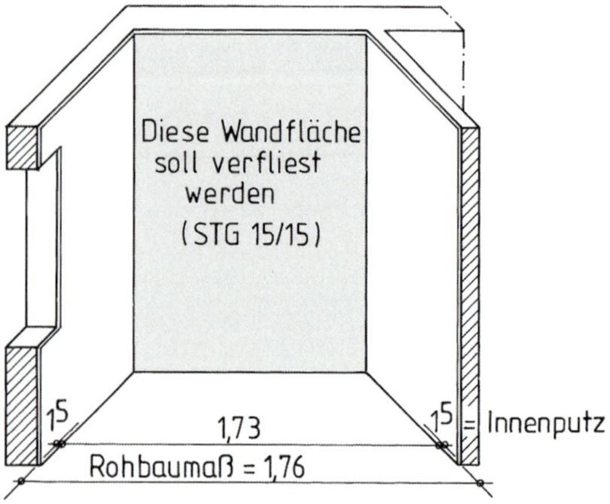

Wandinnenlänge = Rohbaumaß – evtl. seitlichen Wandputz

Das ist die Aufgabe:

Berechnen Sie die Verlegelänge, die Anzahl der ganzen Fliesen und die Breite der Teilfliesen.

Wenn Sie richtig rechnen, kommt dieses praktische Ergebnis heraus:

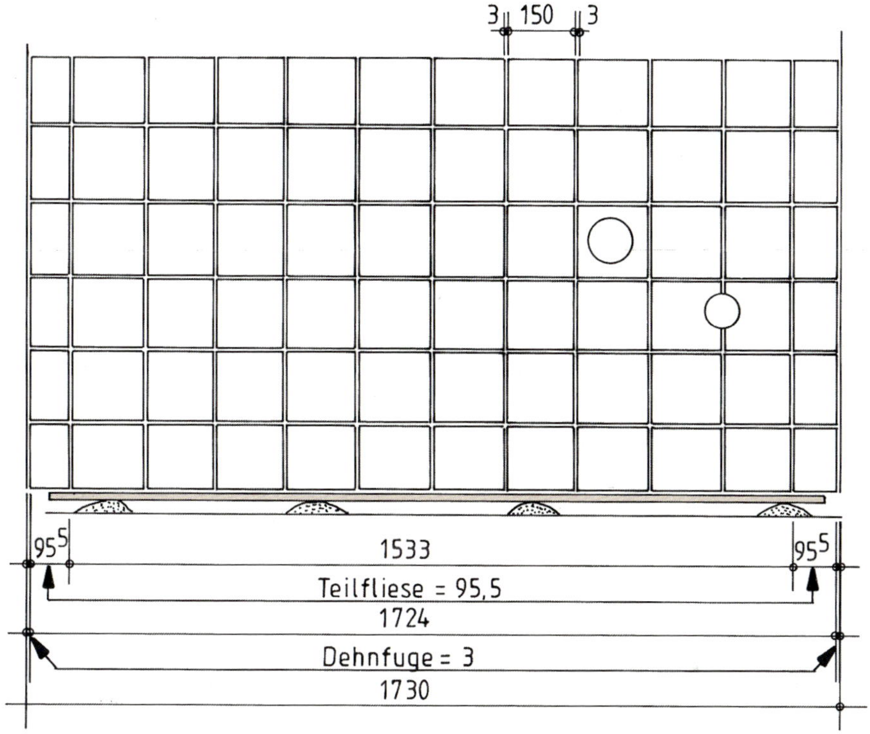

Zu dem Ergebnis kommt man durch folgende Berechnung:

Anhand der Skizzen können Sie den Rechengang verfolgen.

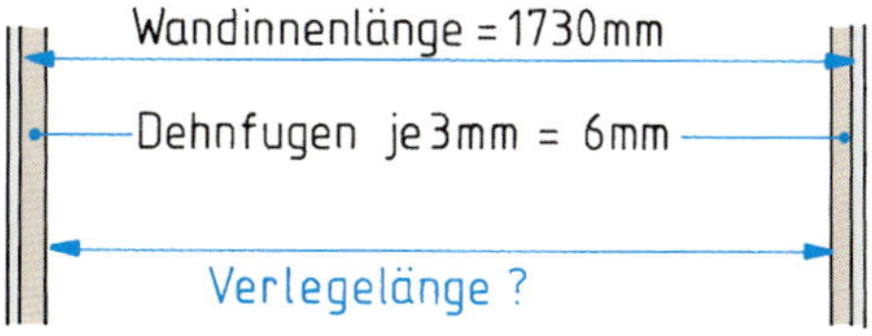

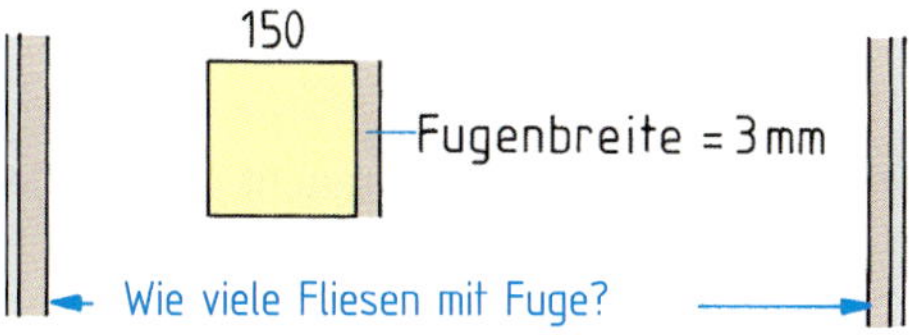

1. Verlegelänge berechnen

Verlegelänge = Wandinnenlänge – 2 Dehnfugenbreiten
= 1730 mm – 3 mm – 3 mm = 1724 mm

2. Fliesenzahl berechnen
(Anzahl ganzer Fliesen)

Breite von Fliesen und Fuge = 153 mm

Fliesenzahl = Verlegelänge: (Fliesenbreite + Fugenbreite)
= 1724 mm : (150 mm + 3 mm)
= 1724 mm : 153 mm = 11,26

Was besagt das Ergebnis Fliesenzahl = 11,26 ?

Das sind elf ganze Fliesen und zwei Teilfliesen links und rechts, je etwa daumenbreit.

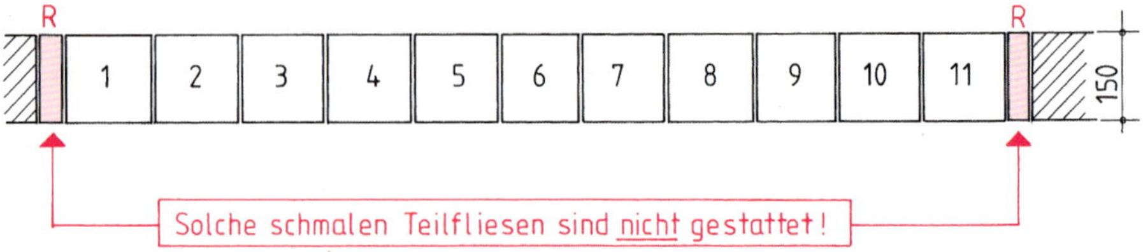

Da diese Lösung nicht gestattet ist → andere Möglichkeit wählen!

Lösung: **Statt elf nur zehn ganze Fliesen**
und den Rest mit „gestatteten" Teilfliesen auffüllen (halbe Fliese)!

Also wird neu gerechnet:

3. Teilfliesenbreite berechnen *Zunächst a), dann b):*

a) Gesamte Restfliesenbreite
= Verlegelänge – gewählte Fliesenzahl × (Fliesenbreite + Fuge) – Fuge
= 1724 mm – 10 × (150 + 3) mm – 3 mm
= 1724 mm – 1533 mm = 191 mm

Anm.:
Bei der symmetrischen Verfliesung gilt das gleiche wie beim Öffnungsmaß für Mauerwerk:
1 Fuge mehr als Fliesen.

b) Einzelfliesenbreite
= Gesamte Restbreite : 2
= 191 mm : 2 = 95,5 mm

Somit: **Restfliesenbreite = 95,5 mm = 9,55 cm > 7,5 cm → i. O.**

Aufteilung der Fliesen:

10 ganze Fliesen	15 × 15 und
2 Teilfliesen	15 × 9,55

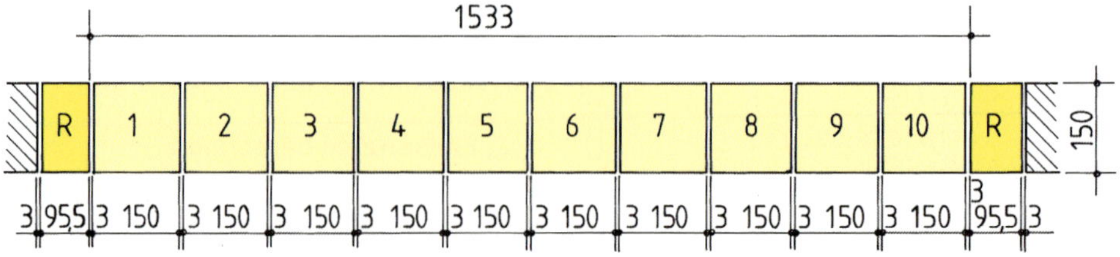

Die Aufteilung der Fliesen erfolgt mithilfe der Mittelachse. Wie man das macht, lernen Sie in der Praxis.

Was muss noch berücksichtigt werden?

- Nach der Berechnung der Verlegelänge muss dann die Fliesenspiegelhöhe nach dem gleichen Verfahren berechnet und aufgeteilt werden *schenken wir uns.*
- Die Fugenbreite ist unterschiedlich. Sie ist abhängig von Fliesenart, Fliesengröße und Verlegeart. Die Fugenbreite liegt zwischen **2 mm** und **5 mm**.

5.1.2 Verlegeplan einer Bodenverfliesung

Bei einer Bodenverfliesung muss in beiden Richtungen (Länge und Breite) die Verlegelänge berechnet und aufgeteilt werden. Dadurch ergeben sich möglicherweise unterschiedliche Teilfliesen.

Dafür wählen wir nicht das Bad „unseres" Ferienhauses aus, sondern das folgende Beispiel. „Unser Bad" können Sie im Arbeitsheft selber berechnen.

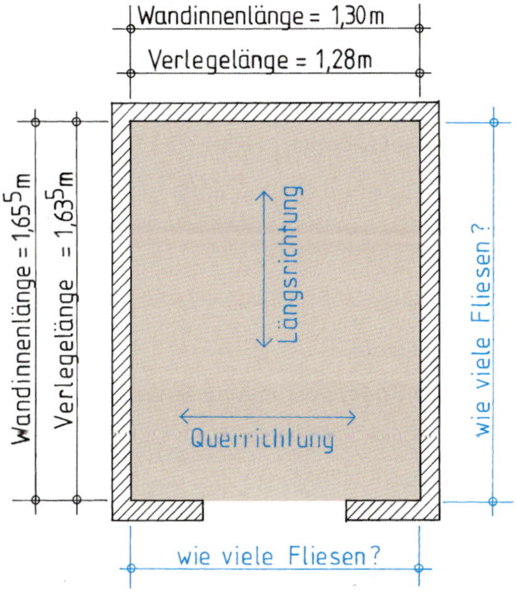

Beispiel: *Abstellraum*

Vorgaben:
- STZ-Fliesen 15 × 15 cm
- Dehnfugenbreite = 10 mm
- Fugenbreite = 4 mm

Aufgabe:
Berechnen Sie die Anzahl der ganzen Fliesen und die Teilfliesen für die Bodenfläche.

Abstellraum in Längsrichtung:

- Verlegelänge ist bekannt = 1635 mm
- Fliesenbreite (mit Fuge) = 154 mm

1. Fliesenzahl berechnen:
1635 mm : 154 mm = 10,62 **10 ganze Fliesen**
Anm.:
(Da die Zahl hinter dem Komma (...,62) **größer** als 0,5 ist, braucht man nicht unbedingt eine symmetrische Aufteilung, sondern kann auch nur eine Teilfliese berechnen.)

2. Teilfliesenbreite berechnen:
Teilfliesenbreite = Verlegelänge – 10 × (Fliesenbreite + Fuge)
= 1635 mm – 10 × (150 mm + 4 mm)
= 1635 mm – 1540 mm = 95 mm
Die Teilfliese misst 9,5 cm > halbe Fliese

Gewählt: 10 ganze Fliesen und 1 Teilfliese mit 9,5 cm

Anm.:
Bei der asymmetrischen Verfliesung (mit nur einer Teilfliese) ist es wie beim Vorsprungsmaß für Mauerwerk: Fugenzahl = Fliesenzahl.

Abstellraum in Querrichtung:

- Verlegelänge ist bekannt = 1280 mm;
- Fliesenbreite ist bekannt = 154 mm *(mit Fuge)*

1. Fliesenzahl berechnen:
1280 mm : 154 mm = 8,31 **7 ganze Fliesen**
Anmerkung:
(da die Zahl hinter dem Komma (...,29) **kleiner** als 0,5 ist, ist eine symmetrische Aufteilung unbedingt zu empfehlen) daher wurden 7 ganze Fliesen gewählt.

2. a) Restfliesenbreite berechnen:
Restfliesenbreite (2 Stück) = Verlegelänge – 7 × (Fliesenbreite + Fuge) – 1 × Fugenbreite
= 1280 mm – 7 × (150 mm + 4 mm) – 4 mm
= 1280 mm – 1078 min – 4 mm = 198 mm

2. b) Einzelfliesenbreite berechnen:
198 mm : 2 = 99 mm
Die Teilfliesen messen 9,9 cm > halbe Fliese

Gewählt: **7 ganze Fliesen und 2 Teilfliesen mit 9,9 cm**

Und so sieht die zeichnerische Darstellung der Bodenverfliesung aus!

Fliesenaufteilung des Abstellraumes:

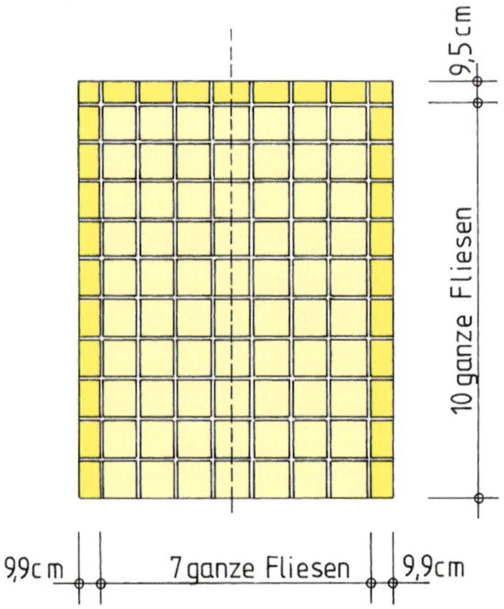

Proj. – Ma/Te *Den Verlegeplan mit seinen dazugehörigen Berechnungen sollen Sie üben. Dazu finden Sie Aufgaben im Arbeitsheft, Blatt 141–144.*

5.2 Die Fliesenwerkzeuge

Zur fachgerechten Durchführung von Fliesenarbeiten sollten Sie die Fliesenwerkzeuge kennen. Die folgende Übersicht stellt Ihnen die wichtigsten Werkzeuge vor:

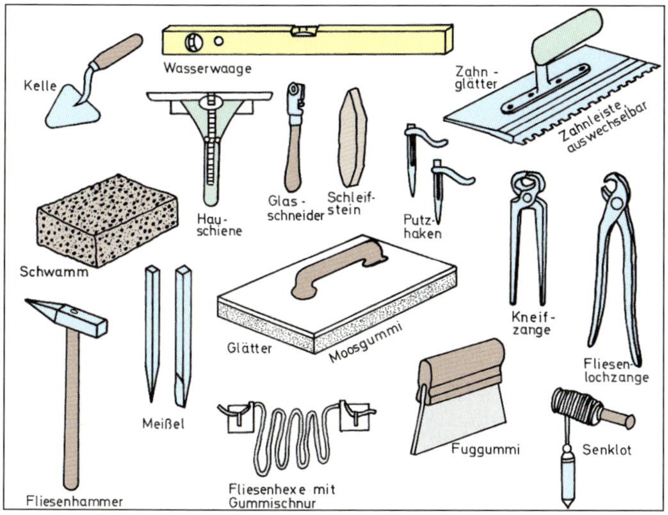

5.3 Die Fliesenbearbeitung

Das Schneiden und Zurichten von Fliesen sind die Hauptaufgaben in der Grundstufenausbildung. Weitere Aufgaben können das Ausklinken und Lochen der Fliesen sein.

Merke:

- Steingutfliesen sind leicht ritzbar und lassen sich leicht bearbeiten.
- Steinzeugfliesen sind schwer anzuritzen und schwer zu bearbeiten.

Wie werden STG-Fliesen geschnitten und bearbeitet?

Anhand der nachfolgenden Skizzen soll der Arbeitsgang erklärt werden:

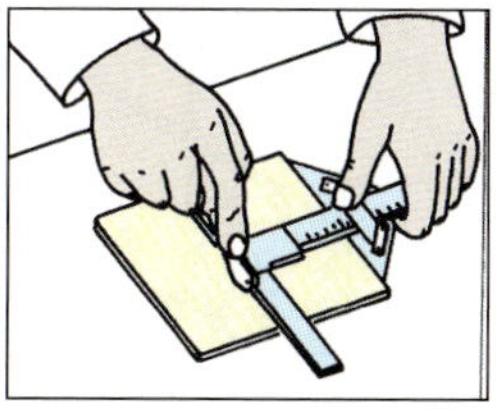

Ritzen der Trennlinie mit dem Glasschneider.

Brechen der Fliese, z. B. über einen Nagel.

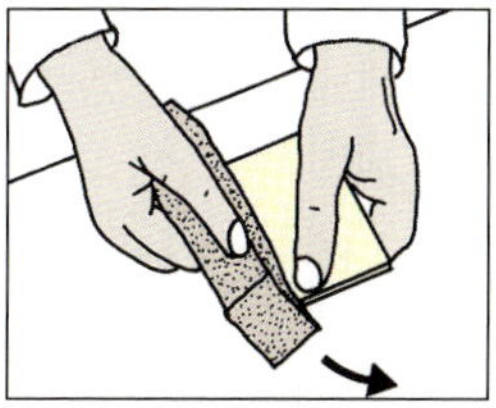

Schleifen der Glasurkante mit dem Handschleifstein (von schräg oben nach unten).

Wie werden STG-Fliesen ausgeklinkt?

Mit der Fliesenlochzange wird der angezeichnete Ausschnitt Stück für Stück herausgebrochen („ausgeklinkt“).

Wie werden STG-Fliesen gelocht?

In der Mitte des angezeichneten Loches mit dem spitzen Fliesenhammer ein kleines Loch schlagen. Die Fliese dabei auf eine harte Unterlage (z. B. Fäustel) legen.

Ist das Loch groß genug, wird mit der Fliesenlochzange weiter gearbeitet.

5.4 Die Verlegeverfahren

Wand- und Bodenverfliesungen können nach zwei Verlegeverfahren ausgeführt werden. Diese sind das Dünnbett- und das Dickbettverfahren.

Dünnbettverfahren

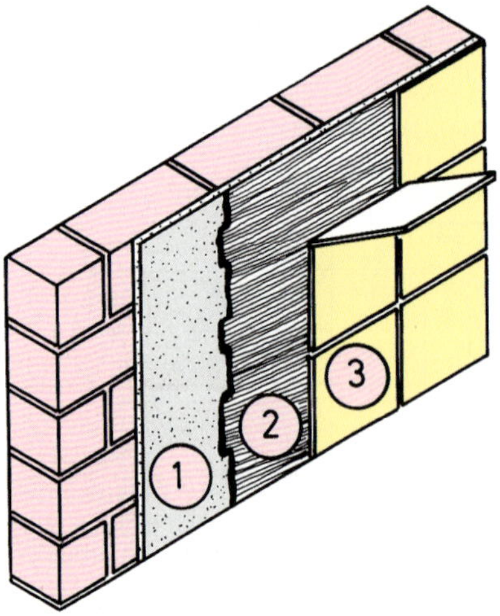

① Mauerwerk verputzen, erhärten lassen;
② Klebebett auftragen und durchkämmen;
③ Fliese ansetzen, andrücken und einschieben.

Dickbettverfahren

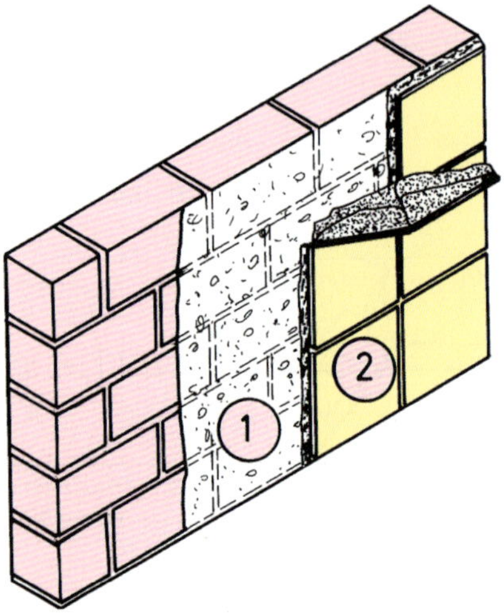

① Spritzbewurf anwerfen, erhärten lassen;
② Mörtel auf die Fliese aufbringen, ansetzen und anklopfen

Im Folgenden sollen die Arbeitsgänge der beiden Verfahren einschließlich der genauen Arbeitsregeln behandelt werden.

5.4.1 Der Herstellungsgang einer Dünnbettverfliesung

Mit dem Dünnbettverfahren können auch Wände verfliest werden, die für das Dickbettverfahren ungeeignet sind (z. B. Gipskarton- und Spanplatten).

Wie geht man vor, und was muss man beachten?

1. Anforderungen an den Klebegrund
- Die Putzflächen müssen lot- und fluchtrecht sein.
- Der Klebegrund muss sauber und tragfähig sein.

2. Auftragen des Klebers
- Kleber gleichmäßig dick (4 mm) und vollflächig auftragen → Unebenheiten des Klebegrundes können nicht ausgeglichen werden.
- Gespachtelte Fläche nicht zu groß wählen → Trockenhaut bildet sich und Fliese klebt nicht mehr.

„Kämmen" des Klebers

3. „Kämmen" des Klebers
- Mit dem Zahnglätter den Kleber durchziehen (Anstellwinkel 45°–60°).

4. Setzen der Fliesen
- Punktefliese zuerst setzen, andrücken und diagonal in das Klebebett schieben.
- Probefliesen abnehmen (2/3) muss mit Kleber behaftet sein.
- Schnur spannen.
- Fliese höher ansetzen, andrücken und diagonal in die endgültige Lage einschieben.

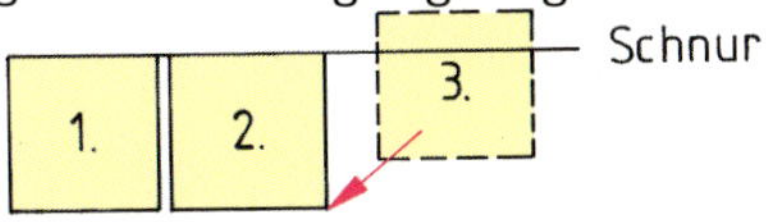

Die Schnur wird angelegt

- Fugen mit Holzstab auskratzen und mit Schwamm auswaschen.
  Anm.: Fliesen dürfen nur kurze Zeit (ca. 15 Minuten) nachgerichtet werden.

5. Verfugen der Fliesen
- Fugenmasse in die Fugen mit Fuggummi diagonal einarbeiten.
- Mit Schwamm und Wasser die Fläche reinigen.
- Nach dem Abtrocknen der Fugenmasse (ca. 15–20 Minuten) mit Lappen nachwischen.

Verfugen von Bodenfliesen

5.4.2 Der Herstellungsgang einer Dickbettverfliesung

Im Dickbettverfahren können nur Wand- und Bodenflächen verfliest werden, die als Mörtelträger geeignet sind.

Wie geht man vor, und was muss beachtet werden?

1. Vorbereiten des Untergrundes

- Putzreste, lose Teile und Verunreinigungen entfernen.
- Stark wassersaugende Flächen annässen.

2. Aufbringen des Spritzbewurfs

Zementmörtel im Mischungsverhältnis 1 : 3 (Zement : Sand) dünn anwerfen.

Anm.: Durch den Spritzbewurf wird die Mörtelhaftung des Fliesenmörtels verbessert.

Aufbringen des Spritzbewurfes

3. Anlegen des Höhenrisses und Einteilung der Wandfläche

- Höhenriss mit der Schlauchwaage oder Laserwaage auf die Wand übertragen.
- Ansetzbrett auf Höhe und in Waage bringen.
- Mithilfe des Verlegeplanes die Wandfläche einteilen (siehe Kap. 5.1)

4. Mischen des Ansetzmörtels

- Zementmörtel im Mischungsverhältnis 1 : 4 bis 1 : 6 (Zement : Sand) trocken herstellen, gründlich mischen!
- Jeweils nur Teilmenge im Kübel mit Wasser auf entsprechende Konsistenz mischen. (Konsistenz wird im Lerngebiet „Beton und Stahlbeton" näher erläutert.)

Faustregel: Für 1 m^2 Wandfläche braucht man je 1 cm Mörteldicke etwa 11 l Mörtel.
Beispiel: *Ansetzdicke 1,5 cm erfordert: 17 l Mörtel je m^2.*

5. Ansetzen der Fliesen

- Fliese kurz in Wasser tauchen (nur bei stark saugenden Fliesen).
- Mörtel auf die Fliese auftragen.
- Fliesen schräg ansetzen und anklopfen.
- Mörtelbett der Fliese soll etwa 15 mm dick sein.

Mörtel auf die Fliese auftragen.

Fliese schräg ansetzen und anklopfen.

6. Auskratzen der Fugen

- Vor dem Erstarren die Fugen fliesentief mit Holzstab auskratzen.
- Die Fliesen gründlich abwaschen.

7. Verfugen der Fliesen

- Etwa 1 Tag mit dem Verfugen warten.
- Fugenmasse in die Fugen mit Fuggummi diagonal einarbeiten.
- Mit Schwamm und Wasser die Fläche reinigen.
- Nach dem Abtrocknen der Fugenmasse (ca. 15 bis 20 Minuten) mit dem Lappen nachwischen.

Die Fugmasse wird eingearbeitet.
(Hier bei einer Bodenverfliesung)

Und so sieht der fertige Wandspiegel dann aus!

Was ist beim Verlegen von Bodenfliesen zu berücksichtigen?

Bodenfliesen können im Dick- oder Dünnbettverfahren verlegt werden. Der Herstellungsgang beim Dünnbettverfahren ist ähnlich der Wandverfliesung im Dünnbettverfahren. Für das Verlegen der Bodenfliesen im Dickbettverfahren wird der Zementmörtel vorweg aufgezogen und anschließend mit Zement „gepudert“. In den so vorbereiteten Untergrund werden die Fliesen „eingeklopft“.

5.4.3 Fliesen- und Plattenbedarf

Wenn Sie einmal eine Wand- oder Bodenverfliesung selbstständig ausführen wollen, kann Ihnen die nachstehende Tabelle helfen, die benötigte Anzahl Fliesen oder Platten auszurechnen.

Fliesen- und Plattenbedarf je m² (Anhalt):

Fliesen- oder Plattengröße in cm	$7^5 \times 15$	10 × 15	10 × 20	$12^5 \times 25$	15 × 20	15 × 30	15 × 15	20 × 20
Anzahl je m²	85	64	50	33	34	23	44	25

Beispiel: *Wie viele Fliesen werden für 9 m² Wandfläche benötigt? (gewählte Fliesengröße: 15 × 20)*

Ganz einfach!

34 · 9 = 306 Stück braucht man.

Zusammenfassung von Kapitel 5:

Das Verlegen der Fliesen

- Zur richtigen Aufteilung der Fliesenflächen wird ein **Verlegeplan** erstellt.
- Je nach Fliesengröße, Fliesenart und Verlegeart beträgt die **Fugenbreite** 2–5 mm.
- **Fliesenbearbeitung:** Schneiden, Zurichten, Ausklinken und Lochen.
- Das **Dünnbettverfahren** (= Klebeverfahren) eignet sich auch für Untergründe, die für das Dickbettverfahren ungeeignet sind, z. B. Gipskarton- und Spanplatten.
- Das **Dickbettverfahren** (= Mörtelverfahren) kann nur bei Wänden und Böden angewandt werden, die als Mörtelträger geeignet sind.

A – Te *Aufgaben zum Verlegen von Fliesen Arbeitsheft, Blatt 145.*

T *Eine Testarbeit zum Lernabschnitt „Fliesen und Platten" finden Sie im Arbeitsheft, Blatt 146.*

Testen Sie sich • Testen Sie sich

Nennen Sie ...

1. die beiden Grundregeln für die Fliesenarbeiten.
2. den Zweck eines Verlegeplanes.
3. mindestens vier Fliesenwerkzeuge.
4. den Arbeitsgang für das Schneiden von Fliesen.
5. den Unterschied zwischen Dünnbett- und Dickbettverfahren.
6. den Anwendungsbereich für das Dickbettverfahren.
7. das Mischungsverhältnis für den Spritzbewurf.

Fachwissen Bautechnik

Fachstufen
Lernfelder 7–17

Vorstellung des Projektes „6-Familien-Haus mit Tiefgarage“

Das Bauvorhaben „6-Familien-Haus mit Tiefgarage“ wird Sie im weiteren Buch begleiten. Dabei werden die einzelnen Probleme – wenn möglich – an diesem konkreten Fall erklärt. Wenn Sie das -Zeichen sehen, wird an „unserem“ Wohnhaus gearbeitet.

Das Bauvorhaben „6-Familien-Haus mit Tiefgarage“ wird Sie im gesamten Buch begleiten. Dabei werden die einzelnen Probleme – wenn möglich – an diesem konkreten Fall erklärt. Wenn Sie das ⌂-Zeichen sehen, wird an „unserem“ Wohnhaus gearbeitet.

Und so sieht „unser“ geplantes Wohnhaus im Plan aus:
(⇒ alle Pläne im Maßstab 1 : 100; sind hier im Druck verkleinert worden)

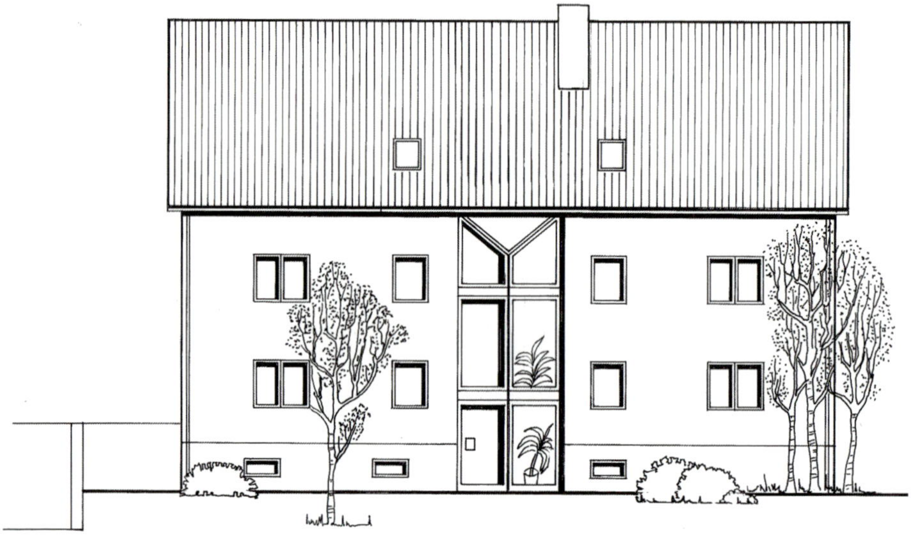

NORDANSICHT

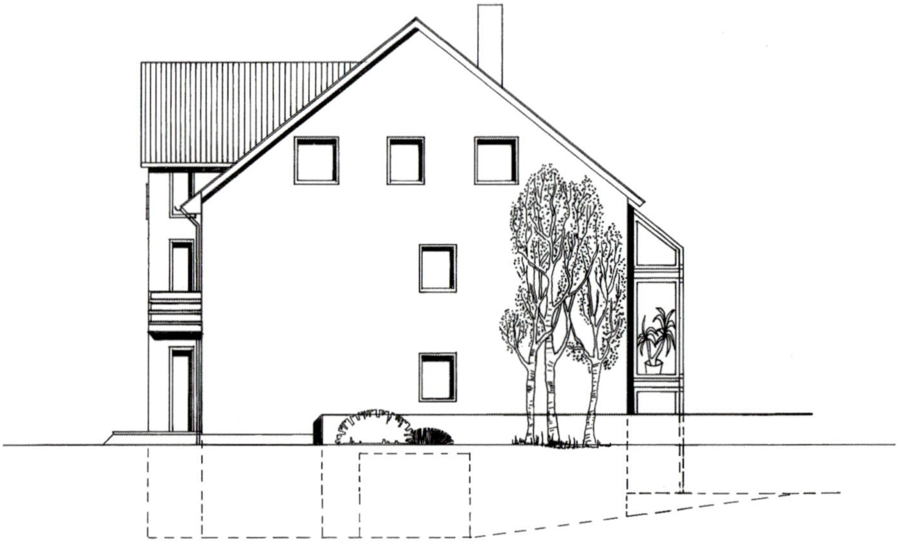

OSTANSICHT

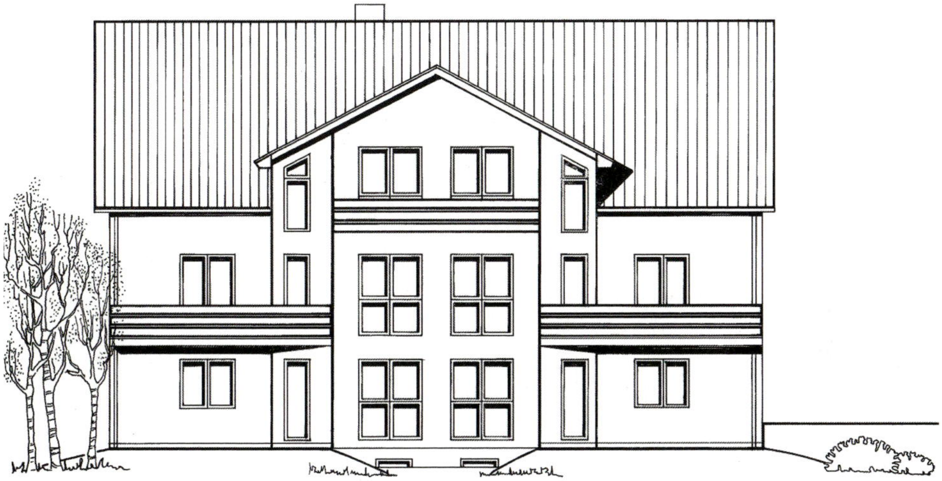

SÜDANSICHT

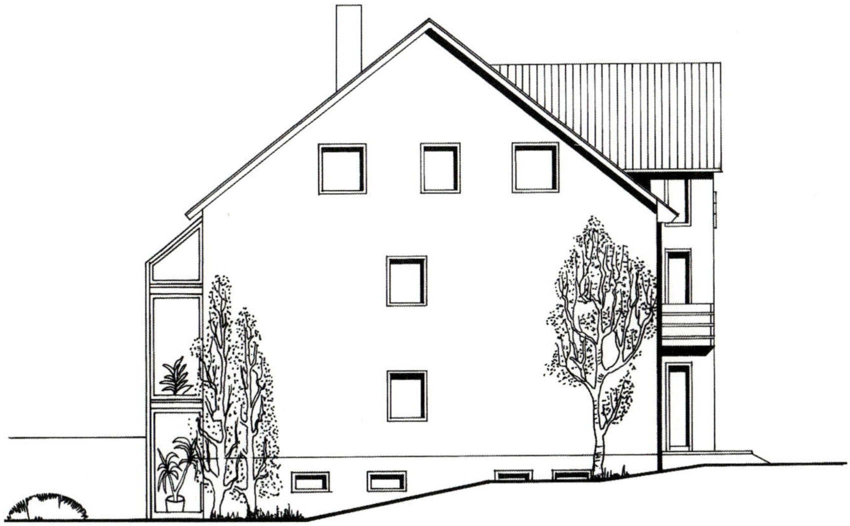

WESTANSICHT

Und so sieht „unser“ Wohnhaus im Schnitt aus:

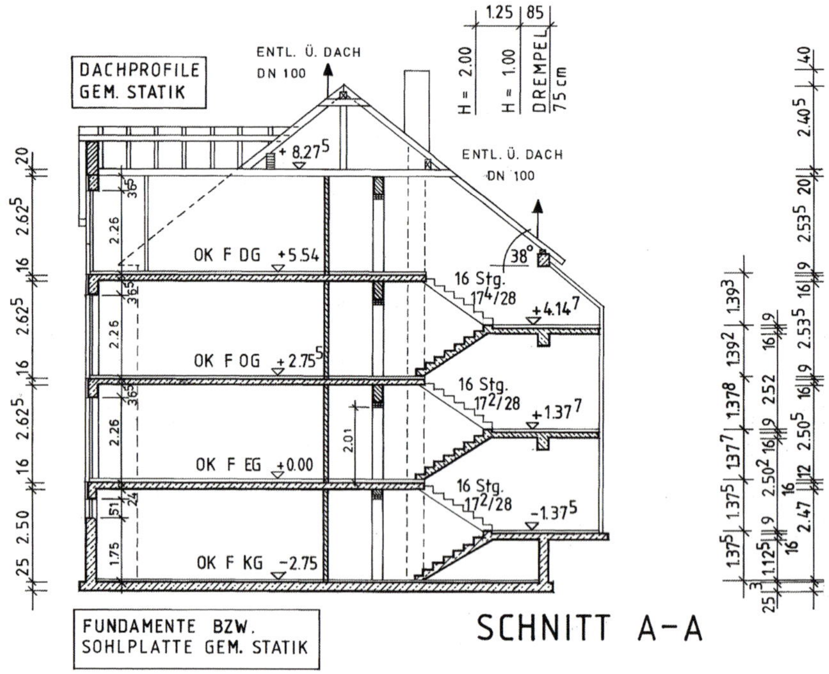

Und so sehen die einzelnen Geschosse im Grundriss aus:

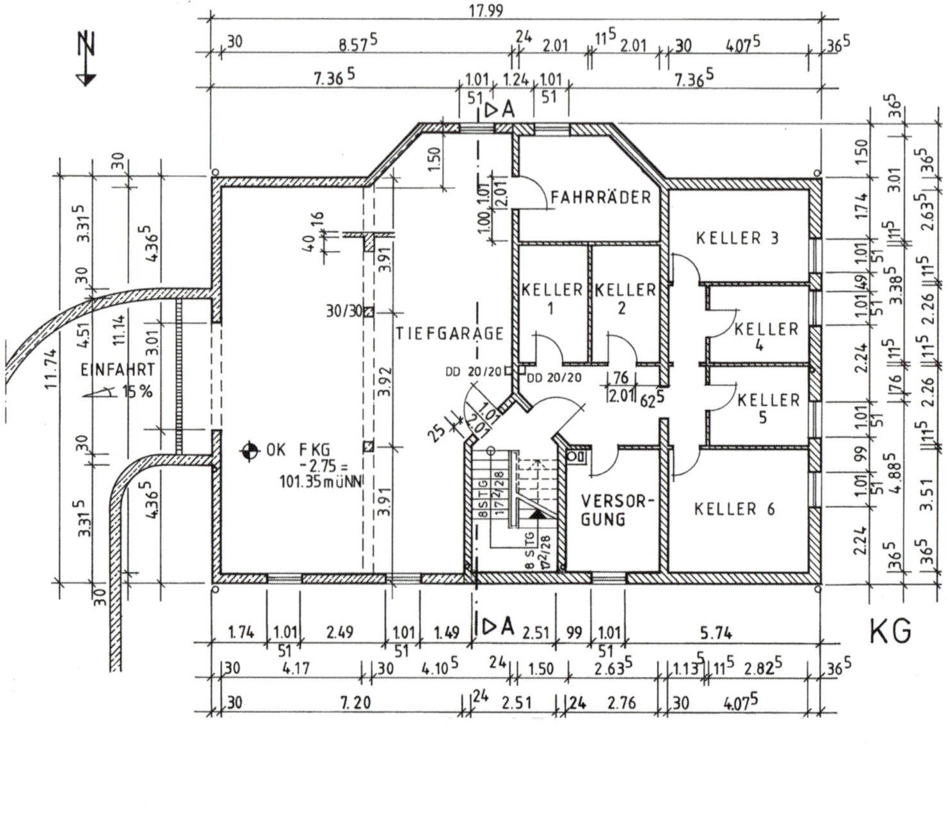

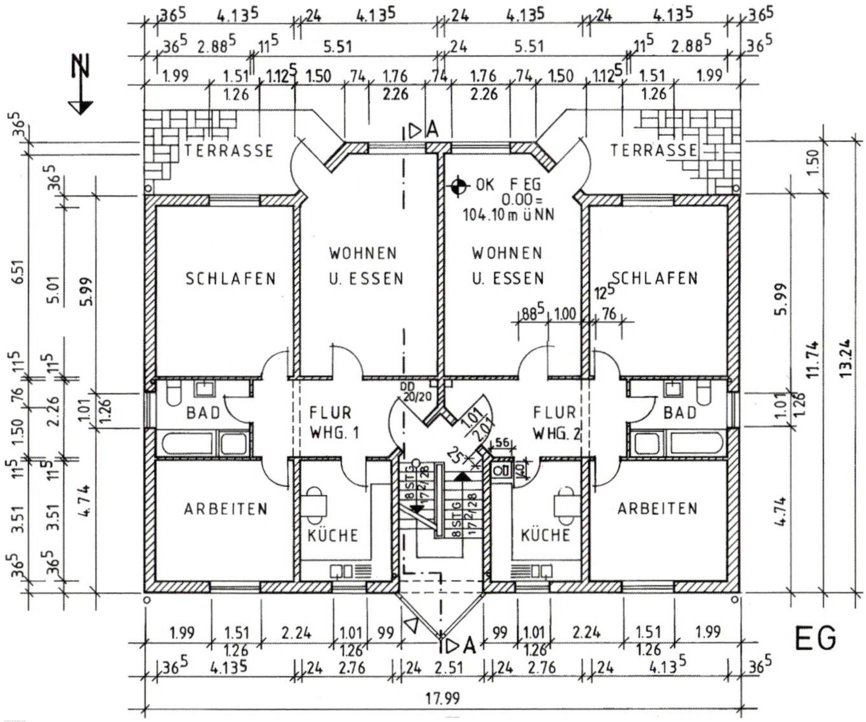
TERRASSE
TERRASSE
OK FEG 0.00 = 104.10 m ü NN
WOHNEN U. ESSEN
WOHNEN U. ESSEN
SCHLAFEN
SCHLAFEN
BAD
BAD
FLUR WHG. 1
FLUR WHG. 2
ARBEITEN
ARBEITEN
KÜCHE
KÜCHE
A
17.99
EG

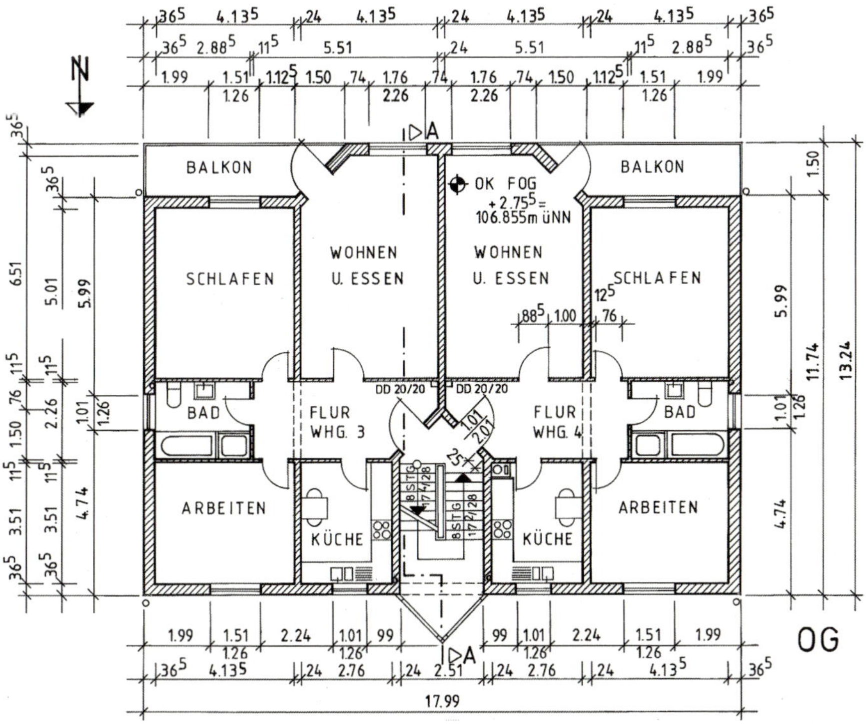
BALKON
BALKON
OK FOG + 2.75⁵ = 106.855m ü NN
WOHNEN U. ESSEN
WOHNEN U. ESSEN
SCHLAFEN
SCHLAFEN
BAD
BAD
FLUR WHG. 3
FLUR WHG. 4
ARBEITEN
ARBEITEN
KÜCHE
KÜCHE
A
17.99
OG

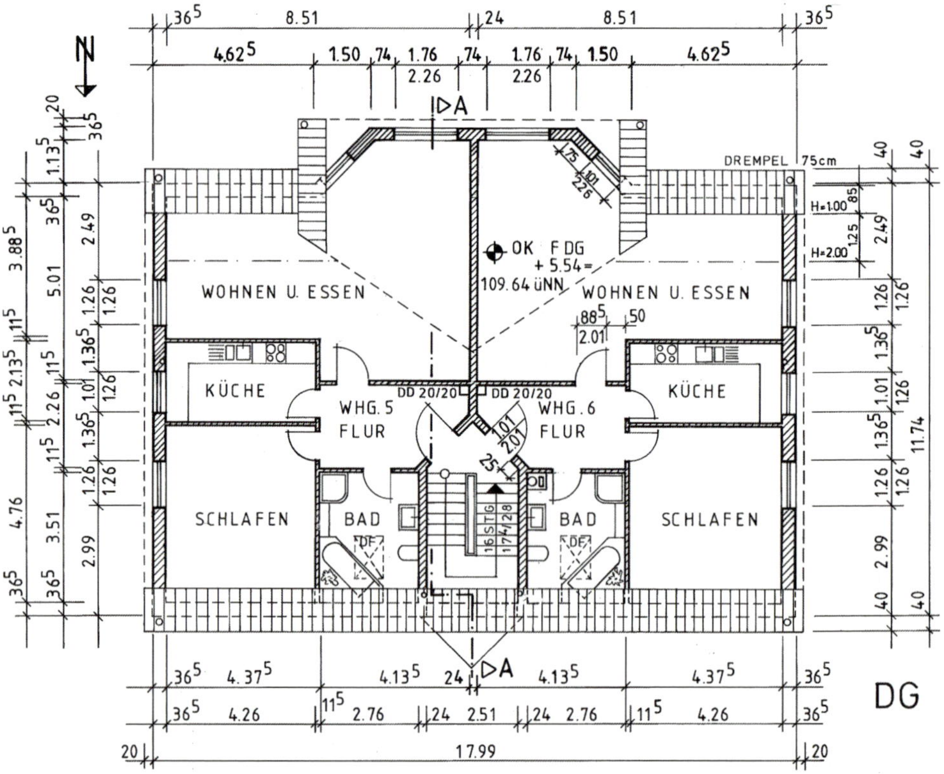

Versuchen Sie, nach dieser Vorstellung des geplanten Bauvorhabens zur „Einstimmung“ folgende Aufgaben mithilfe der Pläne zu lösen:

1. Welche Außenabmessungen hat das Wohnhaus?
2. Wie hoch ist das Haus von der Fundamentplatte bis zum Schornstein?
3. Welche Höhe über NN hat das Erdgeschoss?
4. Welche Baustoffe werden im Kellergeschoss verwendet?
   Hinweis: (Schraffuren beachten)
5. Was bedeuten die Abkürzungen DD und OKF OG?
6. Wie groß ist die Wohnfläche des Schlafzimmers in „WHG.1“?
7. Welche Neigung besitzt die Tiefgarageneinfahrt?

Lernfeld 7:
MAUERN EINER EINSCHALIGEN WAND

Hier behandeln wir die Lernabschnitte:

Wandarten
Seiten 344–353

Mauersteine/Mauermörtel
Seiten 354–374

Einschaliges Mauerwerk
Seiten 375–387

Mauerverbände für Großformate
Seiten 388–399

Bauweisen mit Bauplatten
Seiten 400–403

Gerüste
Seiten 404–413

1 Wandarten und ihre Ausführung

Wände begrenzen Räume, also Lebensräume von Menschen. Das künstliche Klima der Innenräume sollte behaglich, gesund und hygienisch sein. Gebäude schützen vor unerwünschten klimatischen Einflüssen von außen, schirmen allerdings auch vor positiven klimatischen Wirkungen ab. Die wesentlichen Anforderungen an Wände sind:

- Standsicherheit,
- Brandschutz,
- winterlicher und sommerlicher Wärmeschutz,
- Schallschutz,
- Feuchte- und Witterungsschutz,
- Gebrauchstauglichkeit,
- Dauerhaftigkeit,
- Wirtschaftlichkeit,
- Hygiene und Gesundheitsschutz,
- Ökologie und Ästhetik,
- raumbildende Anforderungen (Raumtrennung)

In Bezug auf die Standsicherheit unterscheiden wir:

Wände

werden eingeteilt in:

tragende Wände	**aussteifende** Wände	**nichttragende** Wände

Die **Ausführung** der Wände kann unterschiedlich sein:

Wandausführung

kann sein:

einschalig

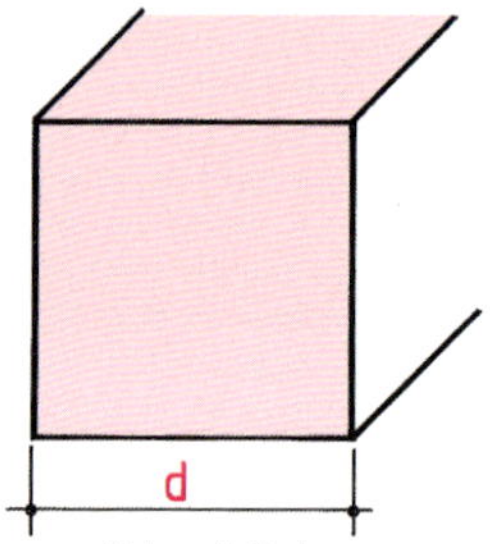

Wanddicke:

- Innenwände mind. d = **11,5 cm**
- Außenwände mind. d = **24 cm**

Anwendung:

→ für alle Wandarten

Kennzeichen:

Das Mauerwerk trägt die Lasten auf der gesamten Wandbreite.

zweischalig

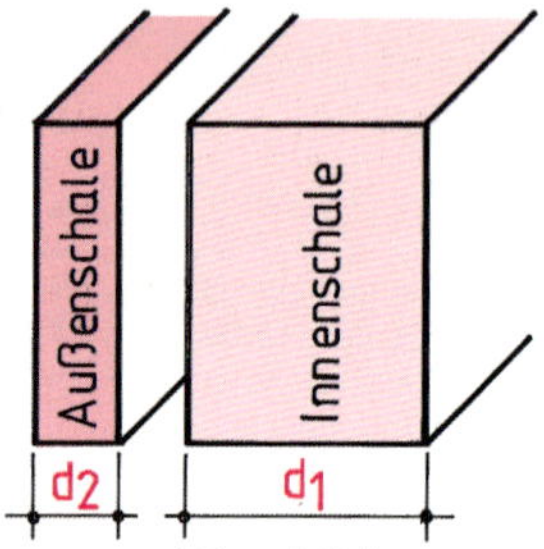

Wanddicke:

- Innenschale mind. d_1 = **11,5 cm**
- Außenschale mind. d_2 = **9 cm**
(bei Kerndämmung mind. d_2 = **11,5 cm**)

Anwendung:

→ vorw. für Außenwände

Kennzeichen:

Nur das Mauerwerk der Innenschale trägt die Lasten.

1.1 Tragende Wände in einem Wohngebäude

Tragende Außen- und Innenwände sind scheibenförmige Bauteile, die die vorwiegend **senkrechten** Belastungen aus dem Dach, den Decken, der Verkehrslast (Personen, Möbel usw.) und dem Eigengewicht der darüber stehenden Wände aufnehmen und weiterleiten. Eine waagerechte Belastung entsteht z. B. durch Wind bei Geschossaußenwänden und Erddruck bei Kelleraußenwänden.

Tragende Wände in einem Gebäude sind z. B.:
- Außenwände
- Innenwände (oft verlaufen sie parallel zur Außenwand)
- Haustrennwände, (vorwiegend bei Reihenhäusern)
- Kelleraußenwände
- Wohnungstrennwände
- Brandwände,
- Mauerpfeiler

Bei „unserem“ Wohnhaus kann man folgende Wände unterscheiden (Beispiel OG):

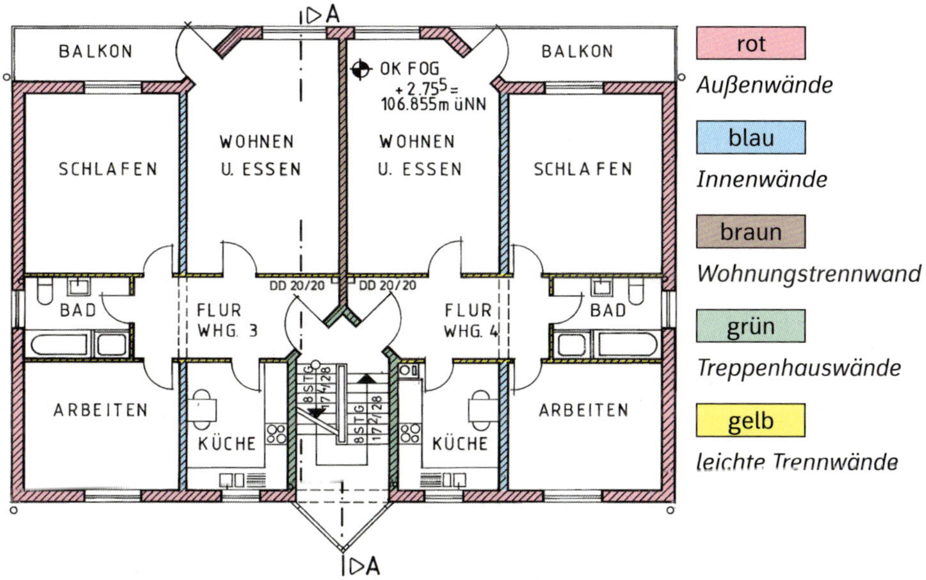

→ Im Folgenden sollen schwerpunktsmäßig einschalige Ausführungen behandelt werden, doch lassen sich Vergleiche mit zweischaliger Anwendung nicht vermeiden.

1.1.1 Außenwände – Anforderungen und Ausführungen

Tragende Wände sind überwiegend auf Druck beanspruchte, scheibenartige Bauteile. Sie dienen der Aufnahme vertikaler Lasten. Das sind z. B. Deckenlasten (V-Lasten) und Horizontallasten (H-Lasten).

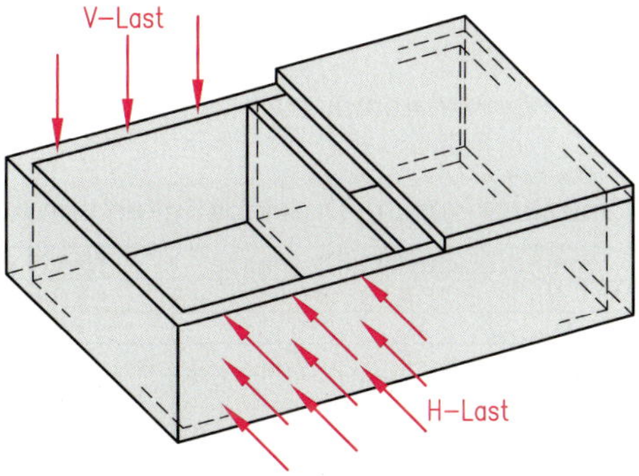

Alle Probleme, die sich aus Lärm, Schall, Wärme und Feuchtigkeit ergeben, werden in einem gesonderten Lernabschnitt (→ nach LF 17) ausführlicher behandelt.

Wie wird man bei der Ausführung diesen Anforderungen gerecht?

Bauweise: **einschalig**

Beispiel hier: **Beidseitig verputzte Außenwand mit Wärmedämm-Verbundsystem oder Wärmedämmputz**

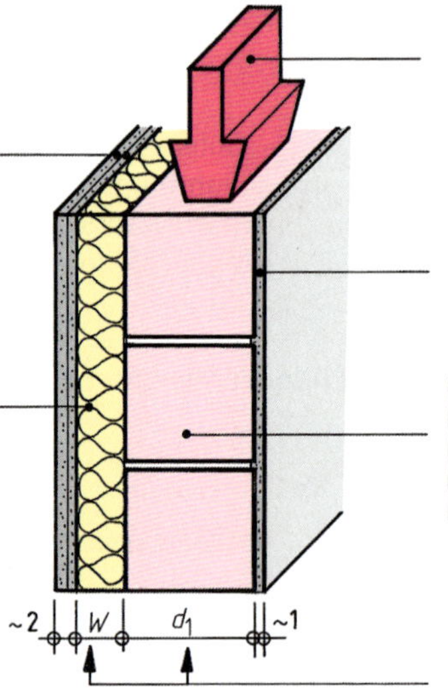

Bauweise: **zweischalig** → behandeln wir eingehender im Lernfeld 8

Beispiel hier: **Verblendmauerwerk mit Luftschicht und Kerndämmung**

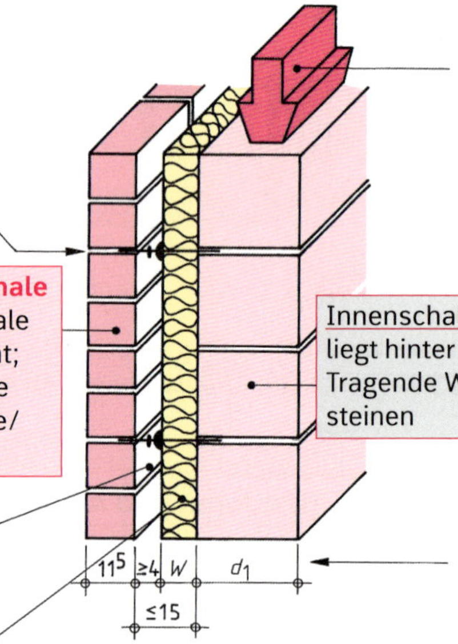

Charakteristische Druckfestigkeit von Mauerwerk in N/mm² (Auszug)

Steindruckfestigkeitsklasse	NM II	NM II a	NM III	NM III a
4	2,1	2,4	2,9	–
6	2,7	3,1	3,7	–
8	3,1	3,9	4,4	–
10	3,5	4,5	5,0	5,6
12	3,9	5,0	5,6	6,3

1.1.2 Kelleraußenwände – Anforderungen und Ausführungen

Kelleraußenwände werden hoch beansprucht: Sie tragen die vertikalen Lasten aus den Geschossdecken und den aufgehenden Wänden über die Fundamente in den Baugrund ab. Bei den Kelleraußenwänden ergibt sich zusätzlich eine horizontale Belastung durch den Erddruck. Wenn der Grundwasserspiegel über der Kellersohle liegt, entsteht eine zusätzliche horizontale Belastung.

Beanspruchungen der Kelleraußenwände auf einen Blick sind:

- größere Auflasten als bei Geschosswänden,
- besondere Beurteilung der Auflasten erforderlich,
- horizontaler Erddruck (→ Biegebeanspruchung),
- Grundwasserdruck,
- Schnee- und Spritzwasserbelastung,
- Gefahr aufsteigender Feuchtigkeit und
- verstärkte aussteifende Wirkung erforderlich.

Für Kellerwände aus Mauerwerk braucht kein Standsicherheitsnachweis für die Belastung durch Erddruck geführt werden, wenn folgende Voraussetzungen vorhanden sind:

- lichte Höhe der Kellerwand $h \leq 2{,}6$ m,
- Anschütthöhe $h_e \leq 1{,}15 \cdot h$
- Wanddicke $t \geq 24$ cm
- Nutzlast auf Geländeoberfläche $q_k = 5$ kN/m² (*b*)
- keine Einzellast > 15 kN im Abstand < 1,5 m von der Kellerwand vorhanden (*a*)
- kein Anstieg der Geländehöhe
- kein hydrostatischer Druck

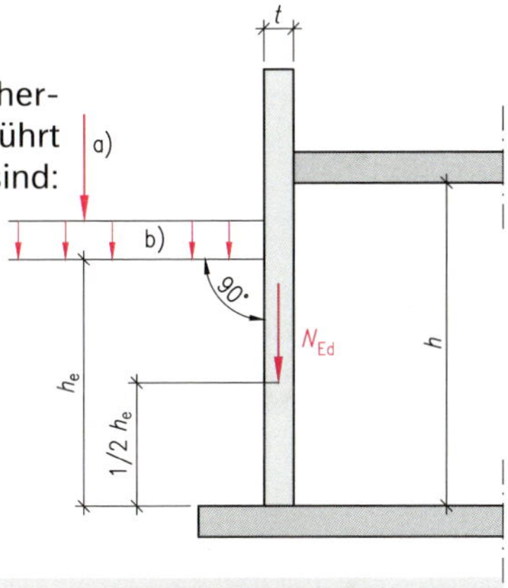

Was ist bei der Ausführung von Kelleraußenwänden zu berücksichtigen?

Beispiel: **Kelleraußenwand mit zusätzlicher Dämmung im Erdbereich**

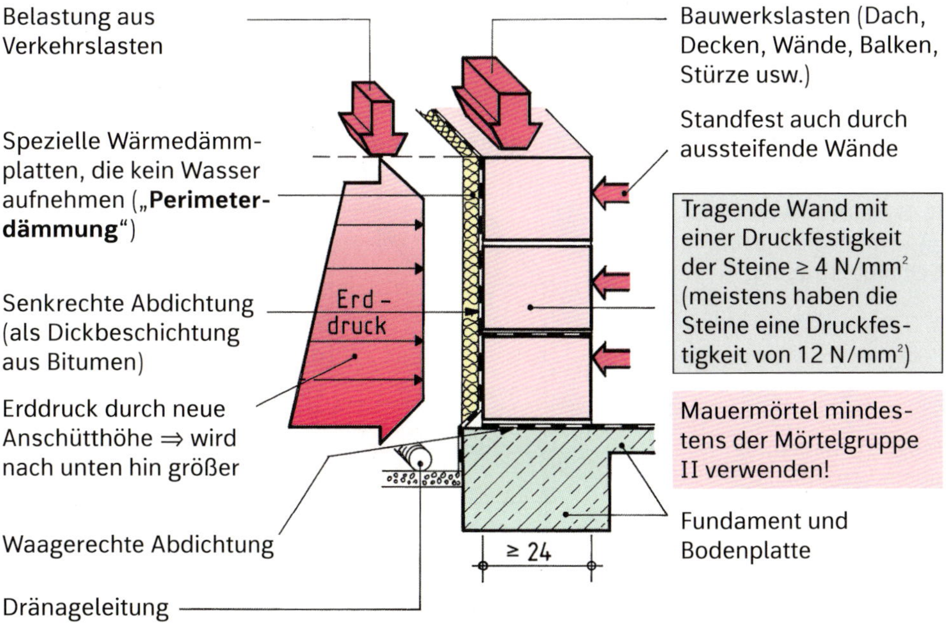

Wir überprüfen die gemauerten Kelleraußenwände in unserem Projekt „Mehrfamilienhaus“ und stellen fest, dass sämtliche Forderungen im Wesentlichen erfüllt sind:

- lichte Höhe der Kellerwand $h = 2{,}50$ m (erfüllt)
- Anschütthöhe im Mittelwert $h_e = 2{,}30$ m (erfüllt)
- Wanddicke $t = 36{,}5$ cm (erfüllt)
- Nutzlast auf Geländeoberfläche $q_k = 5$ kN/m² (bei Nutzungseinschränkung erfüllt)
- keine Einzellast > 15 kN im Abstand < 1,5 m von der Kellerwand vorhanden (a)
- kein wesentlicher Anstieg (erfüllt)
- kein hydrostatischer Druck (erfüllt)

1.1.3 Tragende Innenwände – Anforderungen und Ausführungen

Faustregel:

Im „normalen“ Wohnungsbau mauert man tragende Innenwände mit einer Dicke von **24 cm**. (Nur in Ausnahmefällen wird davon abgewichen.)

Von den aufzunehmenden Lasten könnte die Wanddicke geringer sein. Hier sind jedoch grundsätzlich sämtliche bauphysikalische Forderungen einschließlich Brandschutz zu beachten.

1.1.4 Tragende Wohnungstrennwände – Anforderungen und Ausführungen

Wohnungstrennwände sollen so wenig Geräusche wie möglich in die Nachbarwohnung dringen lassen. Deshalb müssen sie besonders schalldämmend sein. Gleichzeitig werden sie aus Platzgründen in der Regel einschalig ausgeführt.

Dazu merken Sie sich:

Je dicker die Wand, je schwerer die Steine, je fester der Putzmörtel
⇒ desto besser die Schalldämmung.

⇒ bei einschaligen gemauerten Wohnungstrennwänden wird z. B. ein Schalldämmmaß von 53 dB (Dezibel) gefordert.

Was ist bei der Ausführung von Wohnungstrennwänden zu berücksichtigen?

Beispiel: **beidseitig geputzte Wohnungstrennwand**

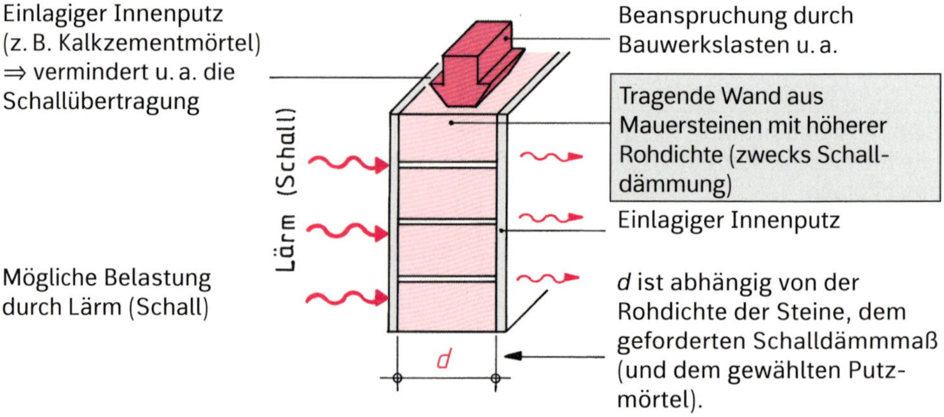

1.1.5 Brandwände – Anforderungen und Ausführungen

Brandwände sollen die Ausbreitung von Feuer auf andere Gebäude oder Gebäudeteile verhindern. Sie kommen oft in Verbindung mit tragenden Haustrennwänden (z. B. Reihenhäusern) oder Wohnungstrennwänden (besonders im Dachgeschoss) vor. In Industriebauten werden Brandwände auch oft als nicht tragende Wände in Leichtbauweise ausgeführt.

Welche Anforderungen gelten für Brandwände?

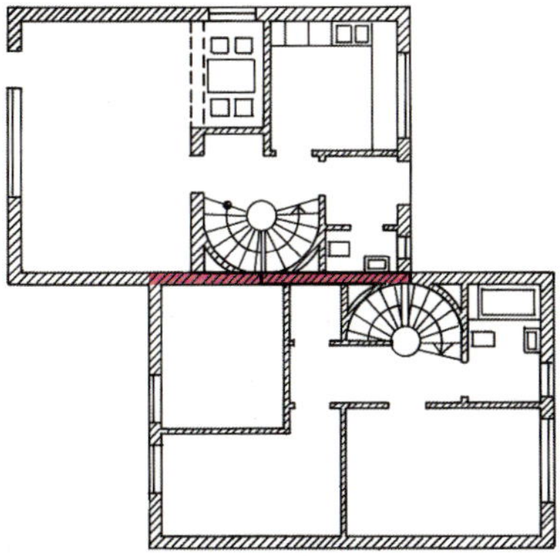

Das ist eine Brandwand!

Für Brandwände gilt:

1. Nichtbrennbare Materialien verwenden. Dazu gehören: Mauersteine, Beton, Faserdämmstoffe und Feuerschutzplatten aus Gipskarton/Gipsfaser
2. Brandwände müssen mindestens der Feuerwiderstandsklasse F90, manchmal auch F180, entsprechen; d.h. sie müssen einem Feuer 90 oder 180 Minuten ohne Schaden standhalten können.

So können Brandwände bei erhöhtem Feuerwiderstand ausgeführt sein:

Beispiel: **verputzte ein- und zweischalige Brandwand**

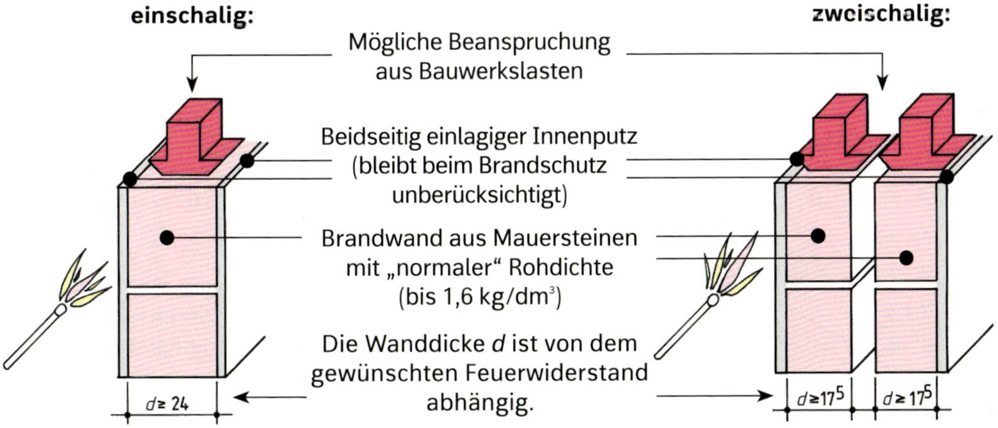

Für „unser“ Wohnhaus könnte im Dachgeschoss die Wohnungstrennwand als Brandwand ausgebildet werden. Beide Ausführungen sind möglich, wobei nur Mauersteine mit höherer Rohdichte ($\geq 1{,}6\ kg/dm^3$) – zwecks verbessertem Schallschutzes – verwendet werden müssten.

1.1.6 Haustrennwände – Anforderungen und Ausführungen

Haustrennwände sind immer Brandwände. Für sie gilt daher ebenfalls:

- einschalige Ausführung → $d = 24$ cm;
- zweischalige Ausführung → $d = 17{,}5$ cm; (für jede Schale mind. F90).

Weitere Forderungen sind:

a) Mindestschalldämmmaß von 57 dB,
b) durchgehende Trennfuge (mit/ohne Mineralfaserplatten) von der Dachhaut bis zur Kellersohlplatte bei zweischaliger Bauweise.

Wie können zweischalige Haustrennwände ausgeführt werden?

Beispiel:
verputzte Haustrennwand mit zusätzlicher Schalldämmung in der Gebäudetrennfuge

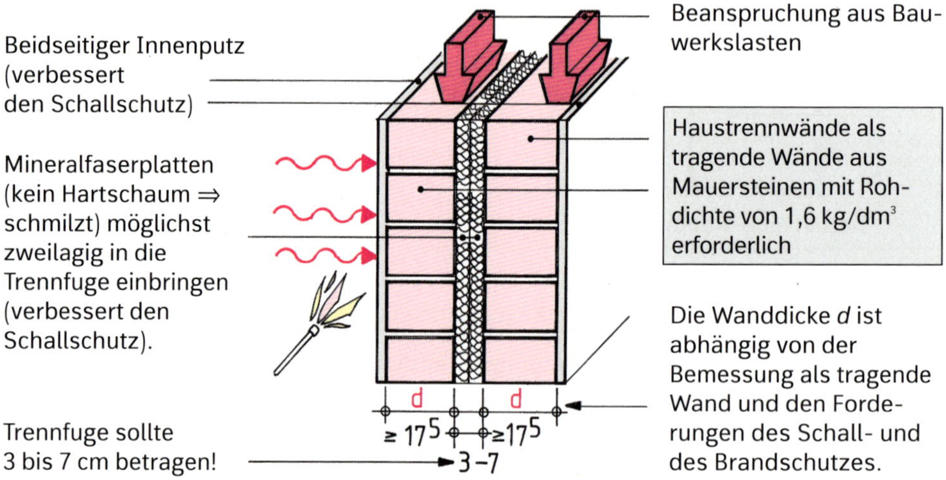

1.2 Aussteifende Wände

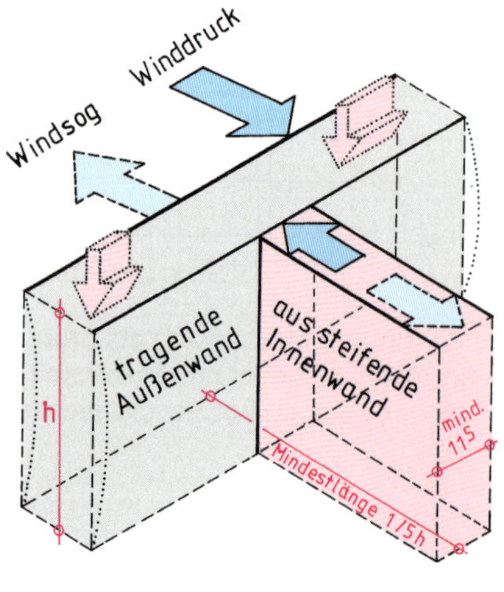

Damit tragende Wände nicht ausknicken oder ausbiegen (sie sind im Verhältnis von der Wanddicke zur Wandhöhe einfach zu „schlank“) oder infolge waagerechter Belastung durch Winddruck oder Windsog umfallen, müssen quer dazu (in der Regel rechtwinklig) aussteifende Wände angeordnet werden.

Diese sollen mindestens 1/5 mal so lang sein wie das Geschoss hoch ist (h), oder bei Öffnungen so lang sein wie die Öffnung hoch ist.

Die aussteifende Wand sollte mindestens eine Wanddicke von 11,5 besitzen. Grundsätzlich muss der Statiker im Einzelfall entscheiden, in welchen Dimensionen aussteifende Wände bzw. Pfeilervorlagen zu konstruieren sind. Das

bedeutet, dass die oben gemachten Angaben (z. B. Länge und Dicke der Pfeilervorlage) nur als grobe Richtwerte zu betrachten sind.
Aussteifende Wände sind wie tragende (Innen-) Wände zu bemessen → Tragwerksplaner. Sie werden jeweils druck- und zugfest mit der tragenden Wand verbunden. Im normalen Wohnungsbau dürfen aussteifende Wände nachträglich hochgemauert werden.

Wie werden aussteifende Wände zug- und druckfest mit tragenden Wänden verbunden?

Früher wurde das durch verschiedene Verzahnungstechniken gelöst, heute vorrangig durch die Verbindung mit einem Mauerstoß (bei kleineren Steinformaten) oder durch die Stumpfstoßtechnik (bei großformatigen Mauersteinen).

Das ist heute üblich:

Mauerstoß (Abtreppung)
Zug- und druckfest!

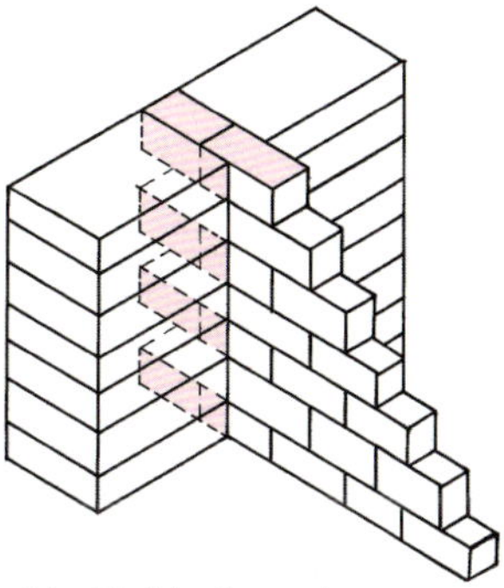

Die Einbindung der aussteifenden Wand richtet sich nach der Verbandslehre „Mauerstoß“.

Stumpfstoßtechnik
Zug- und druckfest!

Flachstahlanker (etwa 30 cm lang) werden eingelegt:
- alle 50 cm Mauerhöhe bei Gebäuden bis zu 2 Geschossen,
- alle 25 cm Mauerhöhe bei Gebäuden bis zu 4 Geschossen.

Vorteile:
- keine störenden Arbeitsgerüste,
- keine Ecken und Verzahnungen → Unfallgefahr,
- keine Einbindeprobleme bei unterschiedlichen Schichthöhen,
- bei unterschiedlichen Steinarten sind Langzeitverformungen weniger kritisch.

Das sind „altbewährte“ Techniken:

Lochverzahnung
Nur druckfest!

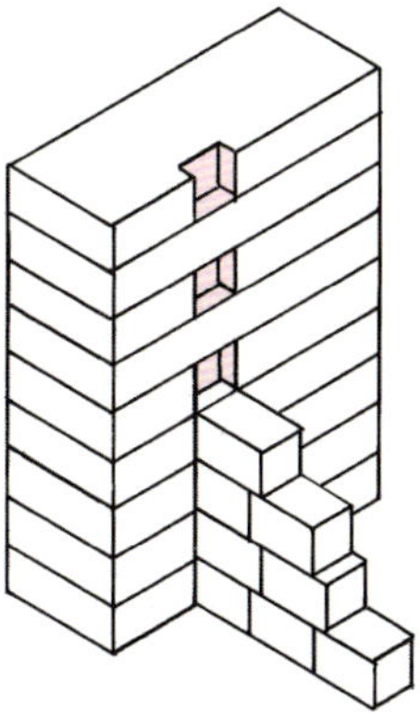

Stockverzahnung
Nur druckfest!

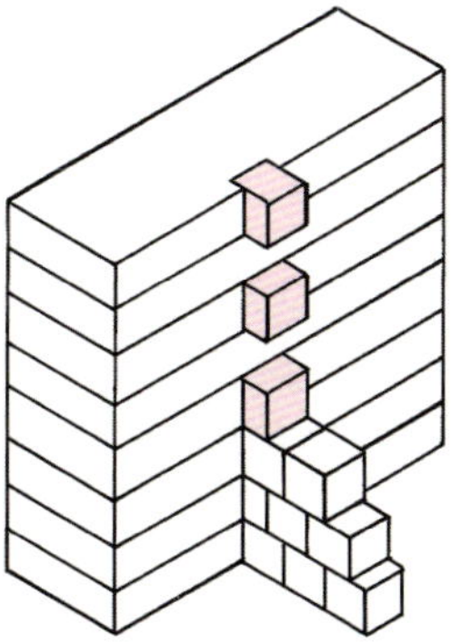

Bei diesen Verzahnungen sollten die aussteifenden Wände sich möglichst gegenüberliegen.

Stehende Verzahnung
Zug- und druckfest!

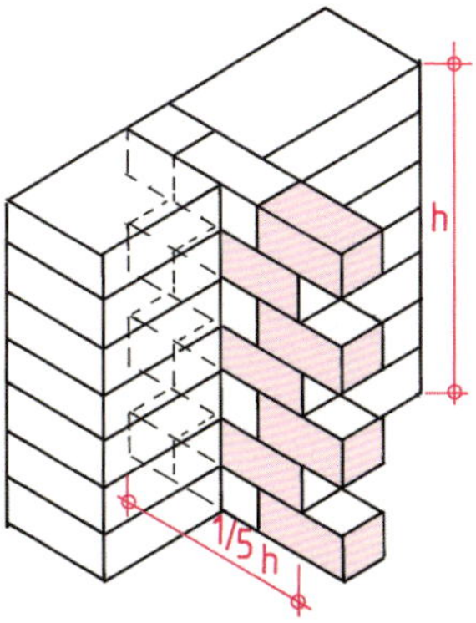

Die Mindestlänge der aussteifenden Wand (1/5·h) muss mitgemauert werden.

1.2.1 Treppenhauswände

Treppenhauswände können sowohl tragende als auch aussteifende Wände sein, das hängt von der geplanten Lage im Wohngebäude ab.
Sie umschließen das Treppenhaus und sollen im Wesentlichen den Trittschall, der sich aus der Benutzung des Treppenhauses ergibt, eindämmen.
Bei Wohngebäuden müssen Treppenhäuser als Fluchtwege genutzt werden. Damit müssen die Treppenhauswände auch den Anforderungen von Brandwänden genügen.

Die Anforderungen an den Schallschutz entsprechen für Treppenhauswände in Wohngebäuden annähernd denen von Wohnungstrennwänden.

Treppenräume müssen so angeordnet und ausgebildet sein, dass die Nutzung der Treppen im Brandfall ausreichend lang möglich ist.

Unser Mehrfamilienhaus entspricht übrigens der Gebäudeklasse 3 und verfügt über eine Nutzfläche von mehr als 200 m². Das bedeutet, dass der Treppenraum als raumabschließendes Gebäudeteil zu errichten ist. Dessen Wände müssen aus mindestens feuerhemmendem Material bestehen.

1.3 Nicht tragende Innenwände

Nicht tragende Wände tragen nur sich selbst (und Putz, Anstrich und hängende Gegenstände).

Die Wände haben keine statische Aufgabe und dienen auch nicht zur Aussteifung.

Als **leichte Trennwände** werden sie hergestellt
- aus verschiedenen Mauersteinen oder (meist)
- aus Gipskarton- oder Gipsfaserplatten.

(als Montagewände → siehe hierzu Lernabschnitt „Trockenbau“)

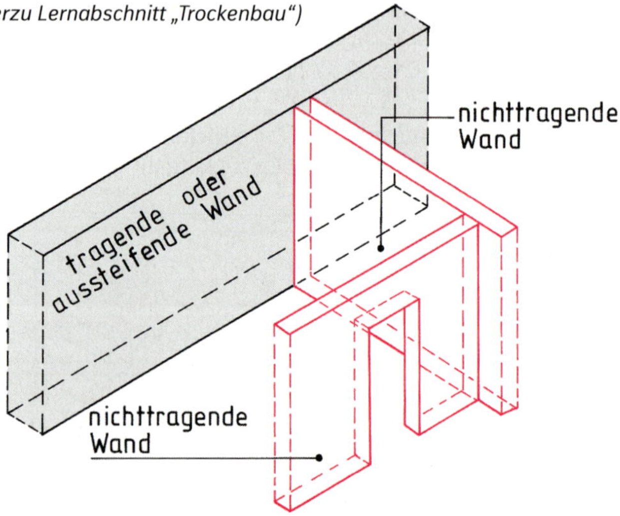

Der Anschluss gemauerter leichter Trennwände an tragende oder aussteifende Mauern geschieht heute fast ausschließlich mit Verbindungsankern, die am bereits vorhandenen Mauerwerk angedübelt bzw. angemauert werden.

Bei Montagewänden werden Metallständer am Mauerwerk befestigt, mit Gipskarton-/ Gipsfaserplatten „beplankt“ und der vorhandene Hohlraum wird mit Dämmstoff aufgefüllt.

Anschluss einer nichttragenden Innenwand mittels Verbindungsanker

Einbau einer nichttragenden Innenwand als Montagewand

Zusammenfassung von Kapitel 1:

Wandarten

- Mauern gewährleisten die Standsicherheit des Gebäudes; man unterscheidet **tragende**, **aussteifende** und **nicht tragende Wände**.
- **Tragende Wände** können sein: alle Außenwände, lang durchlaufende Innenwände, Wohnungs- und Haustrennwände, Brandwände und Pfeiler.

  Wandausführung: ein- oder zweischalig. Vorrangige Aufgabe: Ableiten der Bauwerkslasten.
- Außenwände müssen außer dem Ableiten von Bauwerkslasten noch bauphysikalische Aufgaben wie Wärmeschutz, Feuchteschutz usw. erfüllen.
- **Aussteifende Wände** können sein: Treppenhauswände und kurze Innenwände. Wandausführung: einschalig. Vorrangige Aufgabe: Ausknicken oder Ausbiegen tragender Wände verhindern.
- **Nichttragende Wände** sind dünnwandig (bis 11,5 cm), ohne statische Bedeutung. Zu ihnen zählen: a) gemauerte Wände und b) leichte Trennwände vorw. als Montagewände.
- Anforderungen an die Schalldämmung und den Brandschutz gelten besonders für Wohnungs-, Treppenhaus-, Brand- und Haustrennwände.

A – Te *Aufgaben zur Wiederholung der Wandarten ⟶ Arbeitsheft, Blatt 8.*

Testen Sie sich • Testen Sie sich

Nennen Sie ...

1. die Aufgaben, die tragende Außenwände zu erfüllen haben,
2. drei Anforderungen, die für gemauerte Kelleraußenwände einzuhalten sind,
3. die „Faustregel“, die für Innenwanddicken gilt,
4. die zwei Abhängigkeiten, die bei Wohnungstrennwänden zur Schalldämmung zu beachten sind,
5. die Mindestwanddicke einer einschaligen/zweischaligen Brandwand,
6. für aussteifende Wände mindestens zwei Vorteile der Stumpfstoßtechnik gegenüber Verzahnungsmöglichkeiten.

2 Künstliche Mauersteine

Die Anzahl der Baustoffe, aus denen künstliche Mauersteine normgerecht hergestellt werden, ist groß. Wenn man dann noch die Vielzahl der verschiedenen Formate, Formen und Sonderanfertigungen berücksichtigt, wird das Ganze für den „Mann vom Bau“ zum Chaos.
Deshalb findet man auf der Baustelle fast immer nur noch eine Baustoffart vor (z. B. nur Mauerziegel oder nur Kalksandsteine). Durch diese Spezialisierung wird es manchmal schwer, andere Baustoffe „im Auge zu behalten“.

Künstliche Mauersteine

werden unterschieden in:

Gebrannte Mauersteine	**Mauersteine aus Bindemitteln und Zuschlägen**
dazu gehören:	*dazu gehören:*
alle Ziegelarten (auch Leichtziegel und Klinker)	Kalksandsteine Porenbetonsteine Leichtbetonsteine Betonsteine Hüttensteine

Nach den Aufgaben der verschiedenen Wandarten richten sich auch die Auswahl und das Material der Mauersteine. Die acht wichtigsten Vorüberlegungen sind:

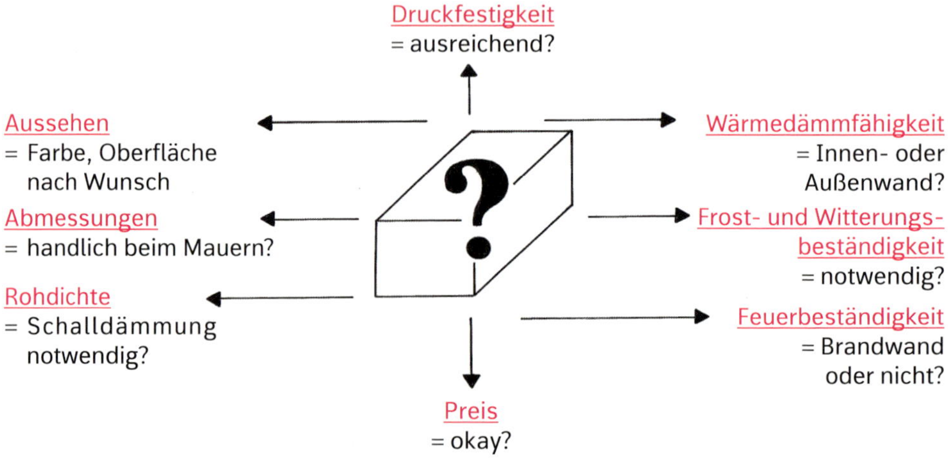

Die Palette der Formate zur Herstellung der verschiedenen Wandarten reicht von Groß- und Wandtafeln (z. B. aus Porenbeton) über Planelemente bis hin zu groß-, mittel- und kleinformatigen Steinen/Ziegeln.

2.1 Steinformate und Fugen

Die Formate der Mauersteine leiten sich aus den Baurichtmaßen ab und werden in DF (DF = Dünnformat) angegeben. Ausnahme: NF

Die Vielzahl der Steinformate kommt zustande durch:

1. die Art der Vermauerung und 2. den gewählten Mauermörtel.

1. Art der Vermauerung

a) „**normale**“ Mauerausführung:
(Stoß- und Lagerfuge werden beide vermörtelt.)

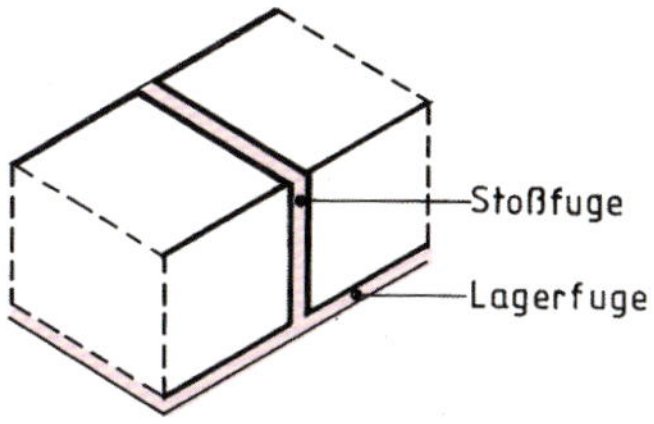

- Stoßfuge = 1,0 cm
- Lagerfuge = 1,2 cm

b) „**Knirschvermauerung**“:
(Stoßfuge wird nicht vermörtelt, die Steine liegen „knirsch“ aneinander.)

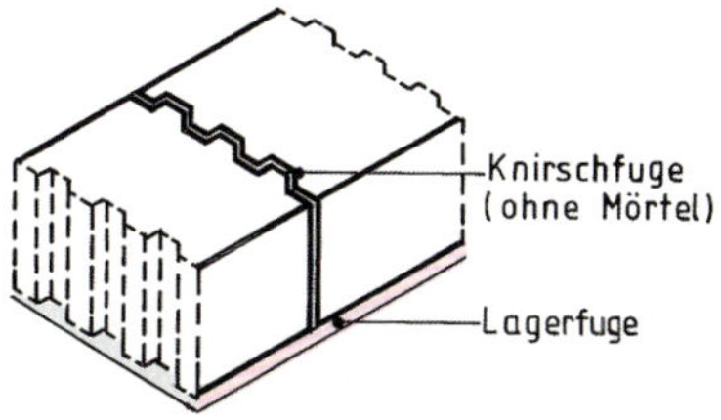

- Stoßfuge < **0,5 cm** (Regel: 0,1 – 0,3 cm)
- Lagerfuge = 1,2 cm

2. Gewählter Mauermörtel

a) **Normalmörtel**
(Mauermörtel der Mörtelgruppe I bis III)

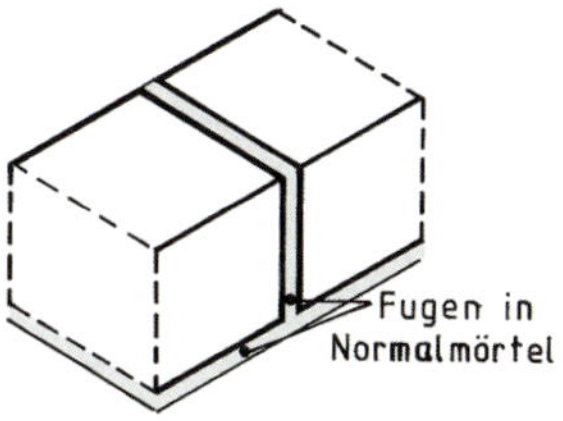

- Stoßfuge = 1,0 cm
- Lagerfuge = 1,2 cm

b) **Leichtmörtel**
(ein besonderer Mörtel)
⇒ siehe hierzu Lernabschnitt „Mauermörtel“

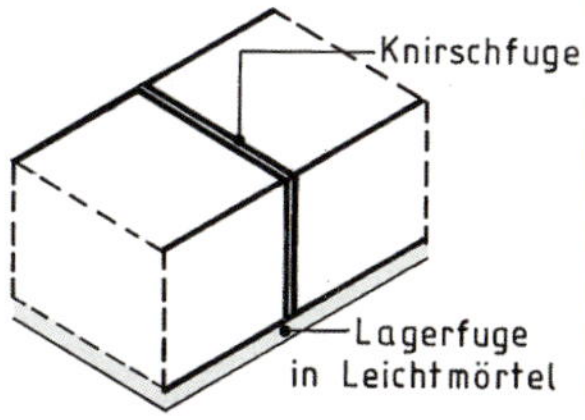

- Stoßfuge < **0,5 cm**
- Lagerfuge = 1,2 cm

c) **Dünnbettmörtel**
(ein besonderer Mörtel)
⇒ siehe hierzu Lernabschnitt „Mauermörtel“

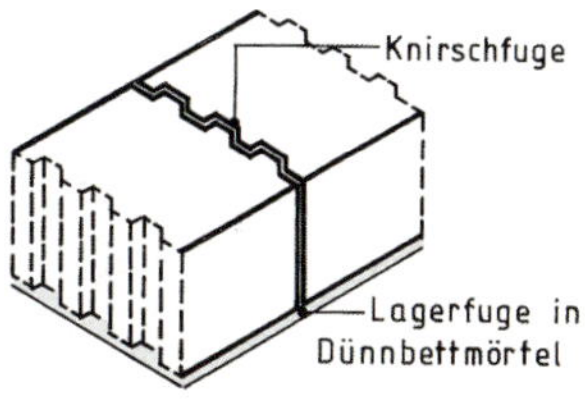

- Stoßfuge = **0,1 – 0,3 cm**
- Lagerfuge = **0,1 cm**

Nach der Steinhöhe werden die Steinformate der Mauersteine/-ziegel eingeteilt in:

Kleinformatige Steine ⇒ $h \leq 8{,}33$ cm,
mittelformatige Steine ⇒ $h = 12{,}5$ cm,
großformatige Steine ⇒ $h \leq 25$ cm.
] einschl. Lagerfuge

2.2 Mauerziegel

Mauerziegel werden aus Ton, tonigen Massen oder Lehm (teils unter Verwendung von Zusatzstoffen) gemischt, geformt, danach getrocknet und schließlich gebrannt.

Wo werden Mauerziegel verwendet und welche Kurzzeichen besitzen sie?

Mauerziegel
Verwendung für:

Tragendes Mauerwerk

Vollziegel	**Mz**
Hochlochziegel	**HLz**
...mit Lochung A	HLz**A**
...mit Lochung B	HLz**B**
...mit Lochung W	HLz**W**
Leichthochlochziegel	**HLz**

Verblendmauerwerk

→ behandeln wir im Lernfeld 8

Vormauer-Vollziegel	**VMz**
Vormauer-Hochlochziegel	**VHLz**
Vollklinker	**KMz**
Hochlochklinker	**KHLz**
Keramikklinker	**KK**
Formziegel	ohne

Besondere Aufgaben

Ziegelflachstürze	ohne
Anschlagziegel	ohne
Ziegel U-Schalen	ohne
Ziegel L-Schalen	ohne
Kanalklinker	ohne

Decken und Trennwände

Tonhohlplatten	**HT**
Leicht-Langlochziegel	**LLz**
Leicht-Langlochziegelplatten	**LLp**
Deckenziegel	ohne

→ Deckenziegel siehe Lernfeld 9

Merken Sie sich:

Alle Ziegel, die als Vorsatz „**Leicht**" haben, besitzen durch die Vergasung von Zusatzstoffen wie Sägespäne, Styropor o. ä. einen hohen Luftporenanteil.

Ihre Rohdichte ist daher klein: 0,6 – 1,0 kg/dm^3 (→ ergibt verbesserte Wärmedämmung).
Ihre Druckfestigkeit: 2 – 28 N/mm^2 (klein bis mittelmäßig).
„Leicht"ziegel und „Leichthochloch"ziegel werden meist unter Markennamen vertrieben, in denen die Silbe „por" auf den hohen Luftporengehalt hinweist.

2.2.1 Ziegelarten für tragendes Mauerwerk

Ziegelarten hierfür sind besonders:

HLz (vorwiegend aus Leichtmaterial)
Sie besitzen ein typisch poriges Aussehen mit Rechteck-Lochung:
Lochanteil: bis 50 % – Format: 2 – 16 DF

z. B. HLz**B** NF:

z. B. HLz**B** 3 DF:

HLzW (nur aus Leichtmaterial)
besitzt viele Lochreihen in Wärmestromrichtung ⇒ erhöhte Wärmedämmfähigkeit

viele Lochreihen, schmale Stege

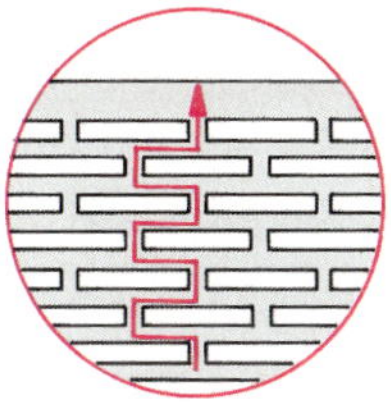

Lochreihen versetzt, dazu noch: Poren in den Stegen

Format: 2 – 16 DF

Ziegel dieser Art werden allgemein als **Hintermauerziegel** bezeichnet. Hintermauerziegel sind nicht frostbeständig und am fertigen Bau nicht sichtbar, weil sie verputzt oder „verblendet“ werden.

Wie lautet die Normbezeichnung der Mauerziegel?

Beispiel: **Vollziegel** ⇒ DIN 105 – Mz – 20 – 1,8 – 2 DF
Leichthochlochziegel mit Lochung W ⇒ DIN 105 – HLzW – 8 – 0,8 – 5 DF

Hinweis Mauerziegel:
Die DIN 105-100 regelt Bezeichnung, Festigkeitsklasse, Rohdichte, Format und Lochung von Mauerziegeln. Die Europäische Norm EN 771 ist ihr Nachfolgedokument. Gegenwärtig sind aber neben der EN 771 noch die alten Normteile, wie etwa der DIN 105-100, gültig.

Hintermauerziegel auf einen Blick:

Mauerziegel DIN 105 -100				Mauerwerksausführungen			
Ziegelart	Druckfestigkeitsklasse	Rohdichteklasse	Kurzzeichen -------- Formate	Verwendung (Wanddicken in cm)	tragend	Mörtel[1]	Stoßfugenausführung
Vollziegel	12 – 28	1,6 – 2,0	**Mz** 1 – 3 DF[2]	11,5 – 36,5	X	N	vermörtelt
Hochlochziegel/ Leicht- A+B	8 – 20	1,2 – 1,6	**HLz...** 2 – 12 DF[2]	11,5 – 36,5	X	N	
Leichthochlochziegel B+W	6 – 12	0,7 – 1,0	**HLz...** 2 – 16 DF	11,5 – 49		X L D	N bei L, D ohne Mörtel

[1] zu verwendender Mörtel: N = Normalmörtel; D = Dünnbettmörtel; L = Leichtmörtel [2] = auch NF

2.2.2 Ziegelarten für besondere Aufgaben

Wo früher zusätzliche Arbeiten erforderlich waren, erleichtern heute Sonderanfertigungen das Mauern. So z. B. U-Schalen für Stürze, die in Verbindung mit bewehrtem Beton Öffnungen (z. B. Fenster, Türen) überbrücken, oder L-Schalen als Randschalung für Decken, Flachstürze, Anschlagziegel für Öffnungen usw.

Hier einige Beispiele aus dem Angebot:

Leichtziegel U-Schale
⟶ Schalungsstein für RingbalkenWärmedämmung

Leichtziegel U-Schale
⟶ mit zusätzlicher

Ziegelrolladenkasten

Ziegelflachstürze
⟶ für Fenster und Türöffnungen

Kanalklinker
⟶ für besonders „harte“ Aufgaben

2.3 Kalksandsteine – KS

Kalksandsteine werden aus Kalk und kieselsäurehaltigen Zuschlägen (z. B. Sand) gemischt, in Pressen geformt und unter Dampfdruck **gehärtet**.

Für die nachfolgend aufgeführte Übersicht merken Sie sich:

- Der Begriff **„Ratio" (R)** bedeutet, dass mit dieser KS-Art ein rationelles Mauerwerk mit unvermörtelten Stoßfugen (Knirschvermauerung), jedoch mit Lagerfugen in Normalmörtel (oder Dünnbettmörtel) ausgeführt wird.
- Der Begriff **„Plan" (P)** weist darauf hin, dass diese KS-Art nur mit einer Lagerfuge in Dünnbettmörtel ausgeführt wird. Die Steine müssen somit maßgenau, d. h. planeben, sein.

Wo werden Kalksandsteine verwendet und welche Kurzzeichen besitzen sie?

Kalksandsteine
Verwendung für:

Tragendes und nicht tragendes Mauerwerk

Voll- und Blocksteine	**KS**
KS-Loch- und Hohlblocksteine	**KSL**
KS-Ratio-Steine	**KS-R**
KS-Ratio-Lochsteine	**KSL-R**
KS-Ratio-Plansteine	**KS-R(P)**

KS-Ratio-Plan-blocksteine	**KSL-R(P)**
KS-Planelemente	**KS-PE**
KS-Bauplatten	**KS-P ...**
KS-Leichtsteine	**KS-Yali**

Besondere Aufgaben

KS-U-Schalen	ohne
KS-L-Schalen	ohne
KS-Flachstürze	ohne
KS-Formsteine	ohne

Sichtmauerwerk

KS-Vormauersteine	**KSVm**
KS-Verblender	**KSVb**
KSL-Vormauersteine	**KSLVmL**
KSL-Verblender	**KSVbL**

→ *behandeln wir im Lernfeld 8*

2.3.1 Kalksandsteine für tragendes/nicht tragendes Mauerwerk

Alle folgenden Kalksandsteine können verwendet werden für die Wanddicken:
11,5; 17,5; 24; 30; 36,5 (Ausnahme: KS-P).

Steinarten hierfür sind:

<table>
<tr>
<td>KS (Vollstein)
z. B. 3 DF
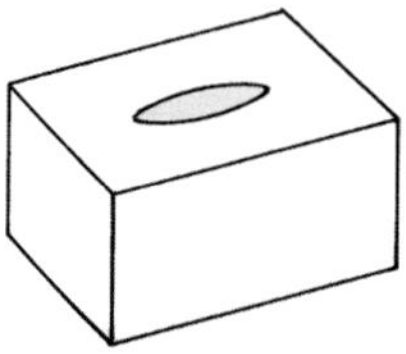
Formate: 1 – 5 DF</td>
<td>KSL (Lochstein)
z. B. 3 DF
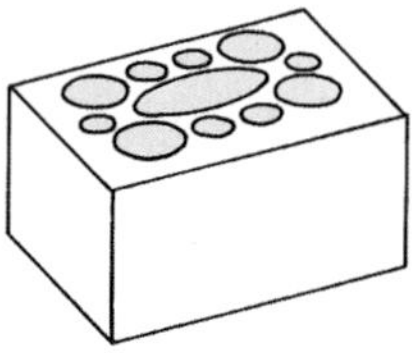
Formate: 1 – 5 DF</td>
<td>KS-R / KSL-R
z. B. Ratio-Blockstein
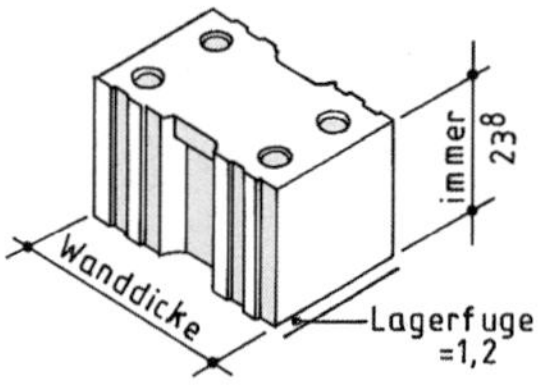
Formate: 4 – 12 DF</td>
</tr>
<tr>
<td>KS (Blockstein)
z. B. 7,5 DF (Sonderformat)
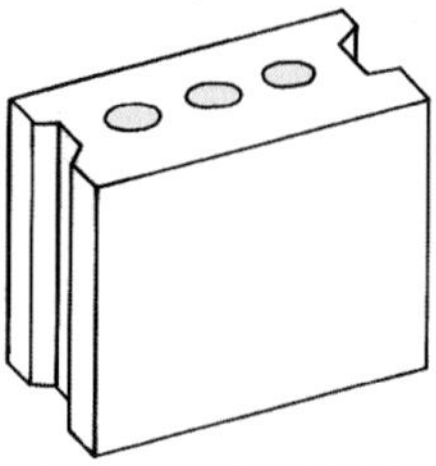
Formate: 4 – 12 DF</td>
<td>KSL (Hohlblockstein)
z. B. 12 DF
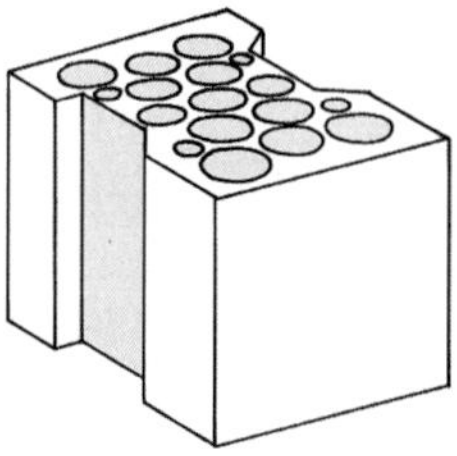
Formate: 4 – 12 DF</td>
<td>KS-R(P) / KSL-R(P)
z. B. Ratio-Planstein
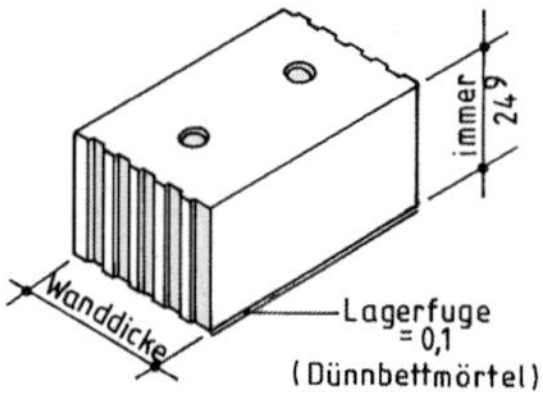
Formate: 8 – 20 DF</td>
</tr>
<tr>
<td>KS-PE
z. B. 30er Planelement
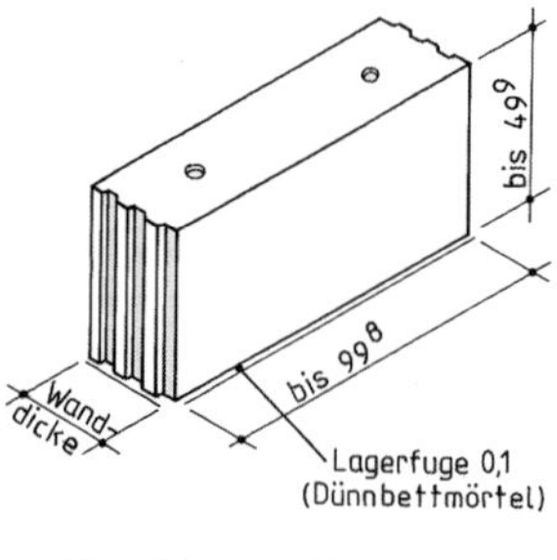
KS-PE = großformatige Elemente</td>
<td>KS-P(b)
z. B. 7 cm Bauplatte
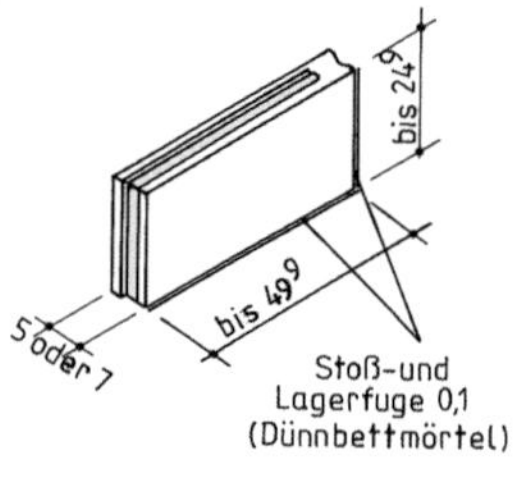
KS-P(b) = Wandbauplatten für nicht tragende Wände
(b) = Wandbreite, entweder 5 oder 7 cm</td>
<td>KS-Yali
z. B. 15 DF-Yali
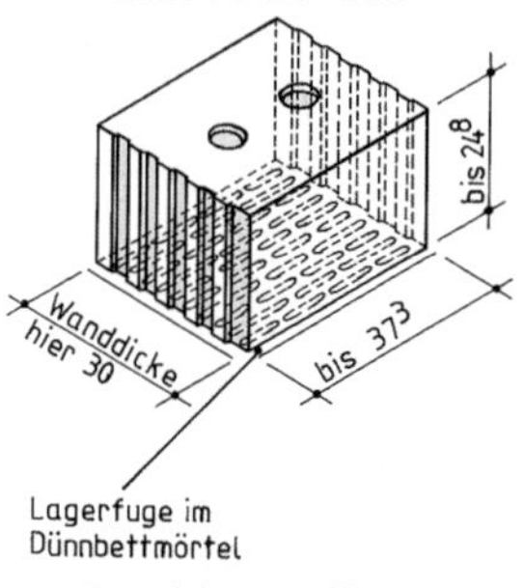
Zuschlagstoff aus Silikatsand gut geeignet für <u>ein</u>schalige Außenwände mit hohem Wärmeschutz</td>
</tr>
</table>

Kalksandsteinarten für tragendes/nicht tragendes Mauerwerk auf einen Blick:

Kalksandsteine DIN 106				Mauerwerksausführungen			
Format	KS-Art / Kurzzeichen	Festigkeitsklasse	Rohdichteklasse	Verwendung (Wanddicken in cm)	tragend	Mörtel[1]	Stoßfugenausführung
Klein-, Mittelformate	Vollsteine **KS**	12–28	1,6–2,0	11,5–36,5	x	N	vermörtelt
	Lochsteine **KSL**	12; 20	1,2–1,6	11,5–36,5	x	N	
Großformate	Blocksteine **KS**	12–28	1,6–2,0	11,5–36,5	x	N	vermörtelt
	Hohlblocksteine **KSL**	12; 20	1,2; 1,4; 1,6	11,5–36,5	x	N	
	Ratio-Blocksteine **KS-R**	12; 20	1,8; 2,0	11,5–36,5	x	N	in der Regel mörtelfrei verzahnt
	Ratio-Hohlblockst. **KSL-R**	6–12	1,2–1,6	11,5–36,5;	x	N	
	Ratio-Planblockst. **KS-R(P)**	12; 20	1,6–2,0	11,5–36,5	x	D	
	Ratioplanhohlblockst. **KSL-R(P)**	6; 12	1,2–1,6	11,5–36,5;	x	D	
	Planelement **KS-PE**	12; 20	1,8; 2,0	11,5–36,5	x	D	
	Leichtstein **KS-Yali**	4; 6	07; 1,0	11,5–36,5	x	D	
	Bauplatten **KS-P(b)**	–	2,0	5–7	–	D	vermörtelt

[1] *zu verwendender Mörtel: N = Normalmörtel; D = Dünnbettmörtel*

Merken Sie sich:

Diese Kalksandsteine sind nicht frostbeständig. Sie müssen daher (bei Außenmauerwerk) verputzt oder verblendet werden. Somit sind es reine Hintermauersteine!

Wie lautet die Normbezeichnung der Kalksandseine?

z.B. **KS-Lochsteine** (Höhe 11,3 cm) ⇒ DIN 106 – KSL – 12 – 1,2 – 3 DF
KS-R-Blocksteine (Höhe 23,8 cm) ⇒ DIN 106 – KS-R – 12 – 1,8 – 8 DF

2.4 Porenbetonsteine

Porenbetonsteine werden aus gemahlenem Quarzsand, Zement und/oder Kalk sowie porenbildenden Zusätzen (z. B. Aluminiumpulver) gemischt und gegossen, danach getrieben und geschnitten, anschließend unter Dampfdruck gehärtet.

So sieht die Oberfläche der Porenbetonsteine aus:

Porenbetonsteine Verwendung für:

Tragendes und nicht tragendes Mauerwerk

Blocksteine	**PB**
Plansteine	**PB**
Planbauplatten	**PPpI**
Bauplatten	**PpI**

Decken und Dächer

Dach- und Deckenplatten	ohne

Montagebauteile

Wandtafeln	ohne
Wandplatten	ohne
Sonderbauteile	ohne

→ behandeln wir am Ende von Lernfeld 7

Merken Sie sich:

- Porenbeton kann bewehrt oder unbewehrt hergestellt werden.
  Kennzeichen: geringe Rohdichte, hohe Wärmedämmfähigkeit.

[1] zu verwendender Mörtel: N = Normalmörtel; [2] = auch NF

- Die Steinformate werden **nicht** in DF angegeben, sondern immer mit Länge, Breite und Höhe: z. B.: DIN 4165 – PP 2 – 0,4 – 499 x 249 x 365.
- Porenbeton immer trocken lagern und im eingebauten Zustand vor Schlagregen schützen ⇒ sonst sinkt die Wärmedämmfähigkeit.
  Mauerwerk aus Porenbetonsteinen sollte daher immer verputzt oder verblendet werden!

PB/PP
mit ebenen Stirnflächen

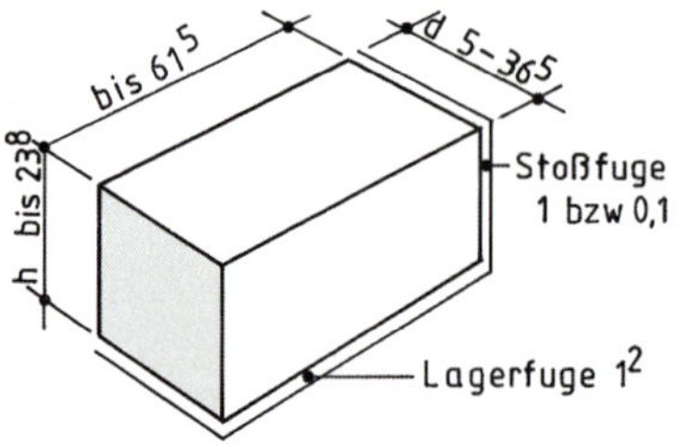

PB/PP
mit Nut und Feder

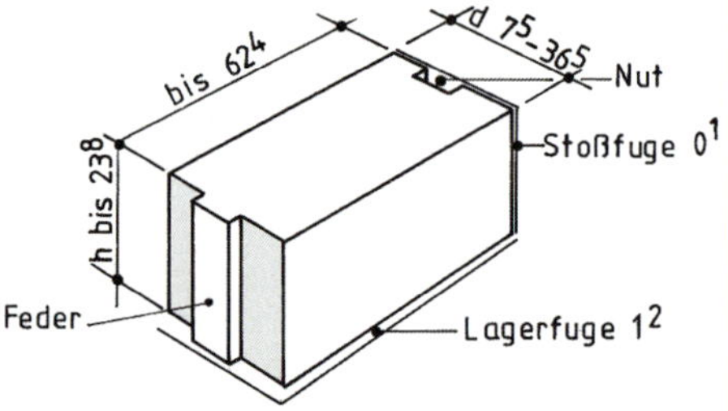

PP/PPpl
Ausführung: eben oder mit Nut und Feder;
Länge: bis 74,9 cm; Höhe: 24,9 cm;
Breite/Dicken: 5,0 – 36,5 cm
– Lagerfuge: nur im Dünnbettmörtel (0,1 cm);
– Stoßfuge: nur Knirschvermauerung

Hinweis Porenbetonsteine:
Europäische Norm: DIN EN 771-4; noch geltende alte Norm (Restnorm): DIN 4165-100

Porenbetonsteine auf einen Blick:

Porenbetonsteine DIN 4165-100				Mauerwerksausführungen			
Steinart	Druckfestigkeit (N/mm²)	Rohdichte (kg/dm³)	Kennzeichnung	Verwendung (Wanddicken in cm)	tragend	Mörtel[1]	Stoßfugenausführung
PB 2 Blockstein	2,5	0,4 0,5	grün	5; 7,5; 10; 11,5 – 36,5	X	N L	fast immer vermörtelt
PB 4 Blockstein	5,0	0,6 0,7	blau	wie bei PB 2	X	N L	
PB 6 Blockstein	7,5	0,7; 0,8; 1,0	rot	wie bei PB 2	X	N L	
PP 2 Planstein	2,5	0,4 0,5	grün	7,5; 10; 11,5 – 36,5	X	D	unvermörtelt
PP 4 Planblockstein	5,0	0,6 0,7	blau	wie bei PB 2	X	D	
PP 6 Planblockstein	7,5	0,7 0,8	rot	wie bei PB 2	X	D	

[1] *zu verwendender Mörtel: N = Normalmörtel; D = Dünnbettmörtel; L = Leichtmörtel*

Beispiel einer Normbezeichnung:
Planblockstein ⇒ DIN 4165 – PP 6 – 0,8 – 249 x 300 x 249

2.5 Leichtbetonsteine

Porige Leichtzuschläge (z.B. Naturbims, Blähton) werden mit Zement und/oder anderen hydraulischen Bindemitteln gemischt, geformt und verdichtet, anschließend gehärtet.

Leichtbetonstein: Zuschlag z. B. Bims

Leichtbetonsteine
Verwendung für:

Tragendes/nicht tragendes Mauerwerk
- Vollsteine **V**
- Vollblöcke **Vbl**
- Hohlblocksteine **Hbl**

Wände
- Hohlwandplatten **Hpl**
- Wandbauplatten **Wpl**

→ *siehe: „Bauweise mit Bauplatten“*

Hinweis Leichtbetonsteine:
Europäische Norm: DIN EN 771-3; noch geltende alte Norm (Restnorm): DIN 18151-100.

Leichtbetonsteine auf einen Blick:

Leichtbetonsteine DIN 18151-100				Mauerwerksausführungen				
Steinart	Druckfestigkeit (N/mm²)	Rohdichte (kg/dm³)	Kurzzeichen / Formate	häufige Verwendung (Wanddicken in cm)	tragend	nicht tragend	Mörtel[1]	Stoßfugenausf.
Vollsteine	2; 4; 6; 8; 12	0,5 – 1,8	**V...** 1 – 10 DF	11,5; 17,5; 24; 30	x	x	N; L	vermörtelt
Vollblöcke	2; 4; 6; 8; 12	0,5 – 2,0	**Vbl** 6 – 24 DF	17,5; 24; 30; 36,5; 49	x	x	N; L; D	in der Regel unvermörtelt
Hohlblocksteine	2; 4; 6; 8	0,5 – 1,4	**Hbl** 9 – 16 DF	17,5; 24; 30; 36,5; 49	x	x	D; L	
Hohlwandplatte	2	0,5 – 1,4	**Hpl**	10; 11,5	–	x	D; L	
Wandbauplatte	2	0,5 – 1,4	**Wpl** 5 – 10 cm	5; 6; 7; 10	–	x	D; L	

Beispiel einer Normbezeichnung:

Vollblock DIN 18152 Vbl S W 2 0,5 20 DF (300) NB

- DIN 18152 – Nummer des Normblattes
- Vbl – Steinart (Kurzzeichen)
- S – Ausführung: mit Schlitz
- W – Hinweis auf die Wärmedämmfähigkeit
- 2 – Druckfestigkeitsklasse
- 0,5 – Steinrohdichte
- 20 DF – Format
- (300) – Wandbreite in mm
- NB – Hinweis auf Zuschlag (Naturbims)

1) *zu verwendender Mörtel: N = Normalmörtel; D = Dünnbettmörtel; L = Leichtmörtel*

2.6 Mauersteine aus Normalbeton

Herstellung: wie Leichtbetonsteine; jedoch mit Gesteinskörnung aus dichtem Gefüge in gemischter Körnung (z. B. Sand, Kies, Splitt).

→ *Werden heute nur noch selten im Wohnungsbau eingesetzt.*

3 Mauermörtel

Die Herstellung von Mauermörtel auf der Baustelle ist heute „out". Das ist Sache der Hersteller (z. B. das Mörtelwerk). Durch beauftragte Prüfstellen werden die Mörteleigenschaften dort ständig überwacht, sodass Berechnungen zur Mörtelzusammensetzung für den Maurer Vergangenheit sind. Dieses ist nur noch bei Rest- und Flickarbeiten" als Baustellenmörtel erforderlich → *stellen wir daher nur kurz vor.*

Welche Eigenschaften soll Mauermörtel haben?

a) Als **Frischmörtel**:
1. geschmeidig und gut verarbeitbar sein
2. gute Haftung an Steinen besitzen
3. gut zusammenhalten (besonders bei Sichtmauerwerk)

b) Als **Festmörtel**:
1. ausreichend fest, aber elastisch sein
2. raumbeständig sein (d. h. wenig „Schwinden")
3. mäßigwassersaugend sein
4. ausreichend dampfdurchlässig sein
5. geringe Wärmeleitfähigkeit besitzen
6. witterungsbeständig sein (bei Sichtmauerwerk)

Soll der angelieferte Mauermörtel für Spezialarbeiten (z. B. höhere Festigkeit, längere Verarbeitbarkeit) verwendet werden, sind Zusätze erforderlich. Darüber sollten Sie wissen:

Zusätze für Mauermörtel

werden eingeteilt in:

Zusatz**stoffe**	Zusatz**mittel**
dazu gehören:	*dazu gehören:*
feinstkörnige, steinartige Stoffe, die bis zu 15 % des Sandanteils ausmachen dürfen.	chemische oder organische Stoffe, die nur in kleinen Mengen zugesetzt werden dürfen.
Zusatzstoffe sind z. B.: – **Trass,** – **Gesteinsmehle,** – **Flugasche,** – **Farbpigmente.**	Zusatzmittel sind z. B.: – **Verflüssiger** (BV), – **Luftporenbildner** (LP), – **Beschleuniger** (BE), – **Dichtungsmittel** (DM).
Merke:	Merke:
hierdurch sollen besonders Festigkeit und Widerstandsfähigkeit positiv beeinflusst werden. Eine Eignungsprüfung des Mörtels ist nicht erforderlich.	hierdurch können auch nicht gewünschte Nebenwirkungen auftreten. Daher nur die vorgeschriebenen Mengen zusetzen. Eine Eignungsprüfung des Mörtels ist erforderlich.

Merke:

Jeder Lieferung von Werkmörtel muss ein Lieferschein beigefügt sein, auf dem die Mörtelgruppe, das Mischungsverhältnis, Art des/der verwendeten Bindemittel und mögliche Zusätze angegeben sind.

3.1 Mörtelarten

Mauermörtel wird außer nach Baustellen- und Werkmörtel noch nach Mörtelarten unterschieden.

Mauermörtel

wird unterschieden in:

→ **Normalmörtel** ⇒ **als Baustellen- und Werkmörtel**

vorw. Verwendung:	Mauerwerk aus Klein- und Mittelformaten
Zusammensetzung:	Sand (bis 4 mm), Bindemittel (Kalk, Zement, PM-Binder), evtl. Zusätze
Mörtelgruppen:	**I, II, IIa, III, IIIa**
Fugendicke:	– Stoßfuge: 1,0 cm; – Lagerfuge: 1,2 cm
Druckfestigkeit:	bis 20 N/mm²

→ **Leichtmörtel** ⇒ **nur als Werktrocken- oder Werkfrischmörtel**

vorw. Verwendung:	Mauerwerk aus Großformaten mit erhöhter Wärmedämmung
Zusammensetzung:	Sand (bis 4 mm), Leichtzuschlag (z. B. Perlit, Blähton), Bindemittel (Kalk, Zement)
Mörtelgruppen:	**LM 21, LM 36**
Fugendicke:	– Stoßfuge: < 0,5 cm; – Lagerfuge: 1,2 cm
Druckfestigkeit:	≥ 5 N/mm²

→ **Dünnbettmörtel** ⇒ **nur als Werktrockenmörtel**

vorw. Verwendung:	Mauerwerk aus großformatigen Plansteinen
Zusammensetzung:	Sand (bis 1 mm), Bindemittel (nur Zement), Zusätze (erforderlich)
Mörtelgruppen:	**III**
Fugendicke:	– Stoßfuge: 0,1 – 0,3 cm; – Lagerfuge: 0,1 cm
Druckfestigkeit:	≥ 10 N/mm²

→ **Sonstige Mauermörtel** ⇒ **als Baustellen- und Werktrockenmörtel**

vorw. Verwendung:	schlagregensicheres Verblendmauerwerk, Schornsteine
Zusammensetzung:	richtet sich nach der jeweiligen Verwendung
Mörtelgruppen:	**II, IIa, mit Einschränkung: III, IIIa**
Fugendicke:	– Stoßfuge: 1,0 cm; – Lagerfuge: 1,2 cm
Druckfestigkeit:	bis 30 N/mm²

(→ behandeln wir im Lernfeld 8)

3.1.1 Normalmörtel

Für Normalmörtel verwendet man in der Regel Werkmörtel. Bei kleineren Bauvorhaben und gerade dann, „wenn der letzte Rest an Mörtel fehlt", greift man auf Baustellenmörtel zurück. Hierbei sind die Vorgaben des Tragwerksplaners zu beachten. Er legt das „Rezeptmauerwerk" (d. h. für die zu verwendenden Mauersteine muss die entsprechende Mörtelgruppe ausgewählt werden) nach den Vorschriften fest.

Welche Mischungsverhältnisse gelten für die Mörtelgruppen, und was ist zu beachten?

→ *In der Grundstufe haben Sie gebräuchliche Mischungsverhältnisse für Normalmörtel kennengelernt. Hier ist die Gesamtübersicht dazu:*

Mischungsverhältnisse für Normalmörtel nach Raumteilen

Festbestandteile		Mörtelgruppen: I			II				IIa		III	IIIa
Bindemittel	Kalkteig[1])	1			1,5							
	Kalkhydrat		1			2			1			
	Hydraulischer Kalk			1			2					
	Putz- + Mauerbinder							1		2		
	Zement				1	1	1		1	1	1	1
Gesteinskörnung	Lagerfeuchter Sand aus natürlichem Gestein	4	3	3	8	8	8	8	6	8	4	4
Mindestdruckfestigkeit in N/mm² nach 28 Tagen:		entfällt			2,5				5		10	20

Achtung! Für bestimmte Zwecke sind einige MG **nicht geeignet**:

	MG I	MG II und IIa	MG III und IIIa
Keller	X		
Gewölbe	X	X	
Außenschale 2-schaliger Wände	X		X[1]
Häuser mit mehr als 2 Geschossen und Wanddicke unter 24 cm	X		
Vormauermörtel			X

[1]) Ausnahme: nachträglich verfugen

Was ist beim Normalmörtel noch zu beachten?

1. Um Verwechslungen auf der Baustelle auszuschließen, sollten die Mörtelgruppen II und IIa nicht gleichzeitig verwendet werden.
2. Normalmörtel hat eine gute Wärmeleitfähigkeit. Fugen aus Normalmörtel sind daher Wärmebrücken.
3. Normalmörtel hat Sand bis 4 mm Korngröße. Er darf nicht für Dünnbettfugen verwendet werden.

3.1.2 Leichtmörtel

Herstellung einer 36,5-Außenwand mit Leichtmörtel LM 21

Bei Außenwänden aus Leichtziegeln/-steinen würden Fugen mit Normalmörtel „Wärmebrücken" sein. Bei Verwendung von Leichtmörtel (auch als Dämm-Mauermörtel bezeichnet) ist das kaum der Fall.

Das Wichtigste in Kurzfassung:

- Lieferung: nur als Werktrocken- und Werkfrischmörtel
- Durch die „Leichtstoffe" (z. B. Blähton, Blähschiefer, Bims, Perlit, Blähglimmer, Schaumpolystyrol) ist die Trockenrohdichte $\leq 1{,}0$ kg/ dm³.
- Mörtelgruppen: LM 21 und LM 36

→ die Einteilung wurde nach der Wärmeleitfähigkeit des Mörtels vorgenommen (z. B. LM 21: $\lambda \leq 0{,}21$ W /(m · K).

Leichtmörtel-Gruppe	Druckfestigkeit in N/mm²	**Beachten Sie:** Leichtmörtel ist nicht geeignet für:
LM 21	≥ 5	Gewölbe und der Witterung ausgesetztes Sichtmauerwerk
LM 36	≥ 5	

3.1.3 Dünnbettmörtel

Auftragen von Dünnbettmörtel

Bei Verwendung von Plansteinen ist die Fuge höchstens 3 mm dick. Hierfür kann nur Dünnbettmörtel benutzt werden, dessen Sandanteile höchstens 1 mm groß sind.

Das Wichtigste in Kurzfassung:

Durch Zusätze werden die Verarbeitbarkeit und das Wasserrückhaltevermögen verbessert.

Dadurch ergibt sich:
- Verarbeitbarkeit ⇒ mindestens 4 Std.,
- Korrigierbarkeit der Steine ⇒ mindestens 7 Min.,
- Lieferform: nur Werktrockenmörtel.

Bezeichnung	Druckfestigkeit in N/mm^2	**Beachten Sie:** Dünnbettmörtel ist nicht geeignet für:
Dünnbettmörtel	≥ 10 (entspricht MG III)	Gewölbe, andere Steine außer Plansteine, bewehrtes Mauerwerk

Noch eine Anmerkung: Der Dünnbettmörtel ist nicht mit dem Dünnbettkleber (für Fliesen o. ä.) zu verwechseln. Auf dem angelieferten Sack muss „...mörtel" stehen.

Normalerweise sollte man annehmen, dass eine solche 0,3 cm „dicke" Fuge wesentlich weniger Festigkeit (z. B. Haftscherfestigkeit) aufweist als eine Fuge mit Normalmörtel von 1,0 cm Dicke.
Dass dem nicht so ist, können Sie selbst überprüfen. Siehe hierzu:

V – Te *Versuchsblatt zur Haftscherfestigkeit von Mauermörtel ⟶ Arbeitsheft, Blatt 12*

3.2 Mörtelverarbeitung

Probleme beim Verarbeiten aller Mörtelarten treten nur bei Frost auf.

Was ist bei Frost oder Frostgefährdung zu beachten?

- Zwischen Mauersteinen und Mörtel darf sich keine Eisschicht bilden.
- Frischer Mörtel kann durch Frost in seiner Festigkeit geschädigt werden.
- Gefrorene Baustoffe (Sand, Bindemittel, Mauersteine) nicht verarbeiten.
- An gefrorenen Bauteilen darf nicht weitergemauert werden.
- Frostschutzmittel als Zusatzmittel dürfen nicht verwendet werden.
- Bei Temperaturen unter 5 °C mindestens MG II verwenden.
- Ist Frost zu erwarten, frisches Mauerwerk wärmedämmend abdecken.

Zusammenfassung von Kapitel 2.4 – 3:

Künstliche Mauersteine/Mauermörtel

- Mauerziegel werden für tragendes Mauerwerk, Sichtmauerwerk, Decken und Trennwände sowie für besondere Aufgaben verwendet.
- Kalksandsteine eignen sich für tragendes Mauerwerk, Sichtmauerwerk und besondere Aufgaben.
- Porenbetonsteine werden für tragendes und nicht tragendes Mauerwerk, Decken und Dächer sowie als Montagebauteile eingesetzt.
- Leichtbetonsteine eignen sich für tragendes und nicht tragendes Mauerwerk sowie für Wände aus Platten.

- Die Verwendung der einzelnen Baustoffe richtet sich nach den Anforderungen. Wichtige Faktoren hierbei sind die **Rohdichte**, die **Druckfestigkeit** und die **Frostbeständigkeit**.
- Durch das gewählte Format wird bei großformatigen Steinen in der Regel der zu verwendende Mauermörtel und das Herstellungsverfahren schon festgelegt.
- Mauermörtel wird als **Baustellen-** und **Werkmörtel** hergestellt.
- Werkvormörtel, Werktrockenmörtel und Werkfrischmörtel sind **Lieferformen** des Werkmörtels. Sie werden heute vorwiegend auf der Baustelle eingesetzt.
- Normalmörtel, Leichtmörtel und Dünnbettmörtel sind **Mauermörtelarten**.
- **Normalmörtel** gibt es in den Mörtelgruppen I, II, IIa, III und IIIa. Bei der Herstellung als Baustellenmörtel sind die Mischungsverhältnisse zu beachten.
- **Leichtmörtel** gibt es in den Mörtelgruppen LM 21 und LM 36 und wird für Mauerwerk aus Großformaten mit erhöhter Wärmedämmung eingesetzt.
- **Dünnbettmörtel** entspricht in seiner Druckfestigkeit der Mörtelgruppe III. Er wird nur für Mauerwerk aus Plansteinen benutzt.

ProjA - Te *Eine Aufgabe zur Festlegung der Mörtelarten finden Sie im Arbeitsheft, Blatt 13.*

Testen Sie sich • Testen Sie sich

Erläutern/Nennen Sie ...

1. die Bedeutung des Vorsatzes „Leicht-“ bei Ziegeln,
2. die Bezeichnung HLz W,
3. Beispiele für Steine/Ziegel für besondere Aufgaben,
4. je drei Eigenschaften, die der Frisch- und der Festmörtel erfüllen sollten,
5. die vorwiegenden Verwendungsbereiche der drei Mörtelarten,
6. die Unterschiede zwischen Werkvormörtel, Werktrockenmörtel und Werkfrischmörtel.

4 Überlegungen zur Materialauswahl und zum Materialbedarf

Wegen der großen Vielfalt der Baustoffe findet oft eine Spezialisierung auf *einen* bestimmten Baustoff statt, weil dann Formate, Eigenschaften, Verarbeitungsbedingungen u. ä. bekannt sind. Dabei wird übersehen, dass gleichwertige Baustoffe vorhanden sind, die kostengünstiger sind, sich besser verarbeiten lassen und am Ende sogar Zeit und Geld sparen.

Da Sie nun selbst die breite „Palette" der Mauersteine kennen, sind Sie auch in der Lage, sie den unterschiedlichen Aufgaben entsprechend auszuwählen und einzusetzen.

Welche Faktoren beeinflussen die richtige Auswahl an Mauersteinen wesentlich?

1. **Rohdichte:** ⇒ geringe Dichte der Mauersteine: vorwiegend geeignet, wenn die Wärmedämmfähigkeit groß sein soll.
2. **Druckfestigkeit:** ⇒ große Druckfestigkeit der Mauersteine: vorwiegend geeignet für höhere Belastungen und zur Schallschutzverbesserung.
3. **Frostbeständigkeit:** ⇒ erforderlich, wenn die Mauersteine als Sicht- oder Verblendmauerwerk verwendet werden.
4. **Steinformate:** ⇒ durch das Format wird bei manchen Steinen schon der zu verwendende Mörtel und das Herstellungsverfahren der Mauerwände festgelegt.

Und nun sollen Sie einmal selbst versuchen, den geeigneten Baustoff für ein Bauvorhaben auszuwählen.

Beispiel zur Materialauswahl:
Jetzt wenden wir uns dem Kellergeschoss zu:

Für den gemauerten Kellerteil ($h = 2{,}50$ m) „unseres" Wohnhauses wurden vom Tragwerksplaner folgende Werte festgelegt:

- Wanddicke: 36,5 cm; einschalig mit Perimeterdämmung: Rohdichteklasse: ≥ 0,8; Druckfestigkeitsklasse: ≥ 8

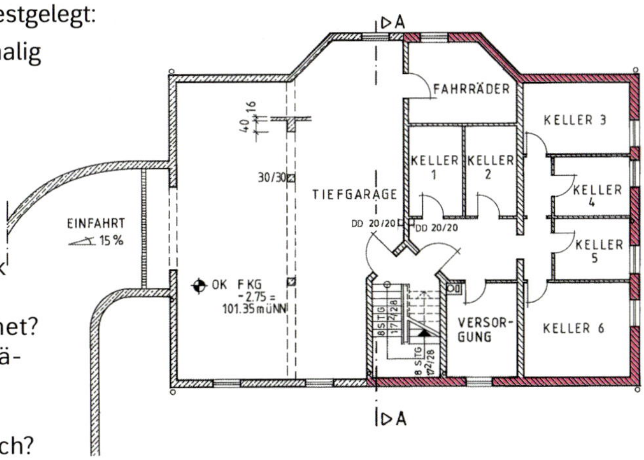

Überlegungen:
Was ist bei Kellermauerwerk zu berücksichtigen?
Welche Formate sind geeignet?
Welche Steinart ist zweckmäßig?
Welche Folgen bringt das gewählte Steinformat mit sich?

Was wir Ihnen jetzt einmal vormachen, sollte für Sie Anhalt sein bei den entsprechenden Aufgaben im Arbeitsheft.

Für unsere Kelleraußenwand gehen wir schrittweise vor:

1. Kelleraußenwand = tragendes Mauerwerk
   → zu berücksichtigen sind:
   seitlicher Erddruck, Belastung, aussteifende Wände, Höhe der Anschüttung.

   Ergebnis: ⇒ Alle Baustoffe haben geeignete Steine/Ziegel für „unser" Wohnhaus (⇒ Überprüfen Sie doch einmal unsere „Behauptung").

2. Geeignete Steinformate?
   → am zweckmäßigsten: Großformat mit $b = 36{,}5$ cm

   Ergebnis: ⇒ infrage kommen 12-DF- oder 18-DF-Steine/Ziegel.

3. Zweckmäßige Steinart?
   → in den Tabellen der Baustoffe nachsehen.

   Dort findet man
   - bei den Ziegeln: .... HLz A oder HLz B oder HLz W,
   - bei den KS-Steinen:............ KSL, KS-R; KSL-R; KS-R(P), KSL-R(P),
   - bei den Hüttensteinen: .... HHbl,
   - bei den Porenbetonsteinen:..... keine vorhanden,
   - bei den Leichtbetonsteinen: .... Vbl, Hbl,
   - bei den Normalbetonsteinen: ... Vbn, Hbn.

   Ergebnis: Wir wählen für „unser" Wohnhaus ⇒ KS-Ratio-Hohlblocksteine (KSL-R), Normbezeichnung: DIN 106 – KSL-R – 12 – 1,6 – 12 DF.
   (⇒ Auch hier sollten Sie einmal „unsere Wahl" überprüfen).

4. Welche möglichen Folgen ergeben sich?
   → Mörtelart, Fugenausbildung, Art der Vermauerung, Versetzen der Steine?

   Ergebnis: Für „unser" Wohnhaus ergibt sich: ⇒ Normalmörtel (auch Leichtmörtel möglich), mörtelfreie Stoßfuge, Lagerfuge (1,2 cm), Knirschvermauerung, Einsatz von Versetzgerät erforderlich.

Wie groß ist der Stein- und Mörtelbedarf für 1 m² Mauerwerk?

Der Bedarf an Steinen/Ziegeln und Mörtel ist abhängig

- vom Steinformat,
- von der Wanddicke,
- von der Art der Steine (Voll-, Loch- oder Hohlblocksteine) und
- von der Ausführung der Fugen.

Daher kann die folgende Tabelle nur als grober Anhalt dienen *(→ hierzu Hinweise der Herstellerfirmen beachten).*

Stein- und Mörtelbedarf je 1 m² Mauerwerk (Anhalt für die Praxis):

Wanddicke in cm	Steinformat	Anzahl der Steine¹)	Mörtelbedarf in Liter (Lagerfuge: 12 mm; Stoßfuge: 10 mm; mögl. Längsfuge: 10 mm) Vollsteine²) (heute selten)	Loch- bzw. Hohlblock³	Mörtelbedarf in Liter (Lagerfuge: 12 mm; Stoßfuge: mörtelfrei; Längsfuge: **keine** vorhanden) Vollsteine² (heute selten)	Loch- bzw. Hohlblock³
11,5	DF	66	27	29	–	–
	NF	50	24	26	–	–
	2 DF	33	18	19	–	–
17,5	3 DF	33	27	29	–	–
24	DF	132	66	70	–	–
	NF	99	60	65	–	–
	2 DF	66	47	50	–	–
	3 DF	45	40	44	–	–
	4 DF	33	37	40	27	29
	5 DF	27	35	38	27	29
	6 DF	22	34	36	27	29
	8 DF	16	24	26	16	22
	10 DF	14	22	24	13	15
	12 DF	11	21	22	13	15
	16 DF	9	19	21	13	15
30	2 DF+3 DF	33/33	56	60	–	–
	5 DF	33	46	50	33	36
	10 DF	17	30	33	17	18
	15 DF	12	28	30	17	18
	20 DF	9	24	26	17	18
36,5	DF	198	102	114	–	–
	NF	149	96	104	–	–
	2 DF	99	76	83	–	–
	6 DF	33	56	61	41	44
	12 DF	17	37	46	20	26
	18 DF	11	29	33	14	18
49	16 DF	17	49	53	32	35

Anm.: Bei den angegebenen Zahlen ist ein Bruch bzw. Verlust schon mit eingerechnet.

¹) = es wird von etwa 3 % Verlust (Bruch) ausgegangen.
²) = es wird mit etwa 15 % Verlust an Mörtel gerechnet.
³) = es wird mit etwa 25 % Verlust an Mörtel gerechnet (dringt/fällt in die Löcher und Kammern).

Zur Handhabung der Tabelle:

Beispiel: Wie viel KSL-R (12 DF) würden bei „unserem" Wohnhaus für 1 m² Mauerfläche benötigt?

Lösung: 36,5er mit 12 DF ergibt:
17 KSL-R und 26 Liter Normalmörtel *(→ Stoßfuge: unvermörtelt)*

➧ Können Sie das • Können Sie das ➧

Stein- und Mörtelbedarf

Für den dargestellten Grundriss sollen Sie:

a) die Steinart für die drei Wände festlegen,

b) den Stein- und Mörtelbedarf je m^2 Mauerwerk bestimmen gemäß Tabelle S. 373,

c) die jeweiligen Mauerflächen für 2,50 m Mauerhöhe berechnen.

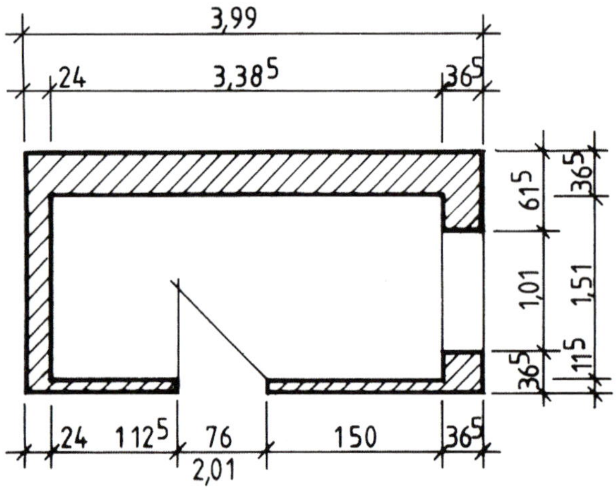

T *Einen Test über die Lernabschnitte „Wandarten, künstliche Mauersteine und Mauermörtel" finden Sie im Arbeitsheft, Blatt 14 und 15.*

Ü - Ma *Eine kleine Vorübung zu Materialberechnungen von Steinen und Mörtel ⟶ Arbeitsheft, Blatt 16*

Proj - Ma *Berechnungen zu verschiedenen Wandarten einschließlich Materialbedarf für „unser" Haus finden Sie im Arbeitsheft, Blatt 17 und 18.*

5 Mauerwerksausführungen einschaliger Wände

Einschalige Wände bestehen aus einer einzigen Mauerschale, die in der Regel über ihre gesamte Breite **tragend** ist. Sie werden verputzt oder unverputzt (→ bei Sichtwänden) hergestellt.

Einschalige (gemauerte) **Wände**

können auftreten bei:

- **Außenmauerwerk**
  als:
  Kelleraußenmauern
  Außensichtmauern
  Außenmauern
- **Innenmauerwerk**
  als:
  Innenmauern
  Innensichtmauern

- Mauerwerksausführung:
  - Sichtmauerwerk mit Klein- und Mittelformaten,
  - verputzte Wände fast nur mit Großformaten.
- Steinanforderungen:
  - für Außensichtmauern:
    → Verblendung (= außenliegende Steine) muss **frostbeständig** sein,
    → Hintermauerung (= innenliegende Steine) Frostbeständigkeit nicht erforderlich.
  - für verputzte Wände und Innensichtmauern
    → „normale" Steine für tragende Wände
    ⇒ *siehe hierzu nachfolgende Übersichten*
- Mindestwanddicken:
  - unterschiedlich

5.1 Mauersteine für einschalige Wände

Folgende Mauersteine werden vorwiegend bei den nachfolgenden einschaligen Wänden eingesetzt:

<table>
<tr><th>Kelleraußenmauer</th><th>Verputzte Außenmauer</th></tr>
<tr><td>Tragendes Mauerwerk aus Großformaten
z. B.: HLz, KS, KSL, KS-R, PB, PP, Hbl, Hbn
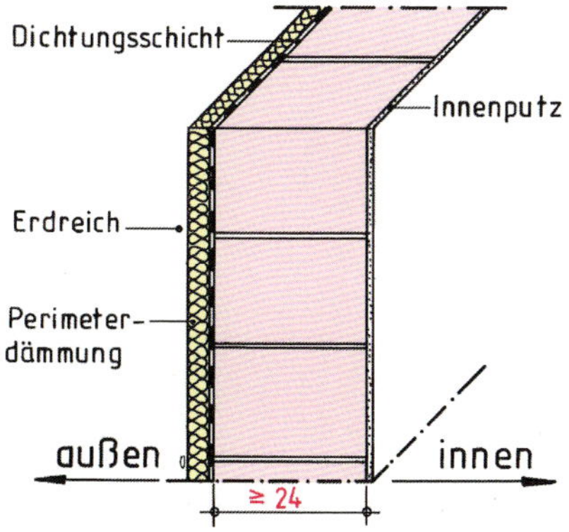
</td><td>Tragendes Mauerwerk aus Großformaten
z. B.: HLz, KSL, KS-R, KS-Yali, PB, PP
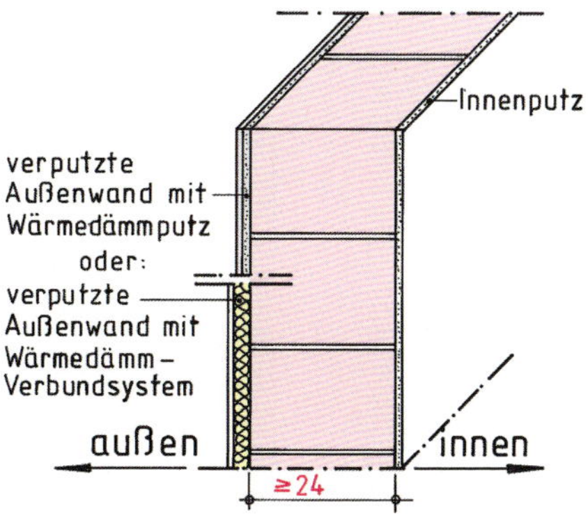
</td></tr>
</table>

Außensichtmauer	**Innensichtmauer**	**Verputzte Innenmauer**
Tragendes Mauerwerk aus frostbeständigen Vormauersteinen bzw. -ziegeln (außen)	Tragendes/nichttragendes Mauerwerk aus Klein-/Mittelformaten z. B.: KS, KSL, Mz, HLz	Tragendes/nichttragendes Mauerwerk aus Groß-/Mittelformaten z. B.: HLz, KS-PE, PB, Ppl
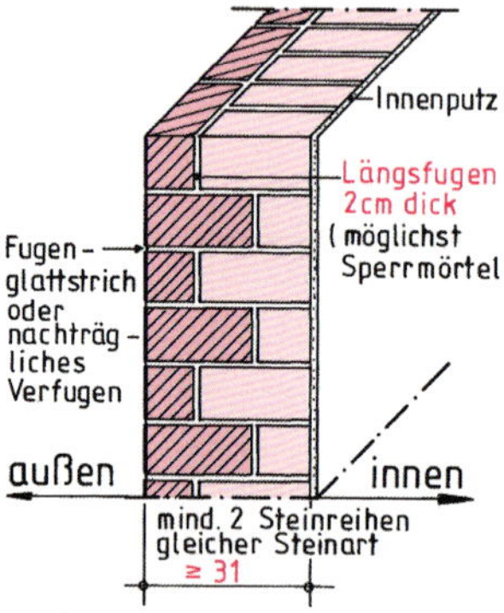	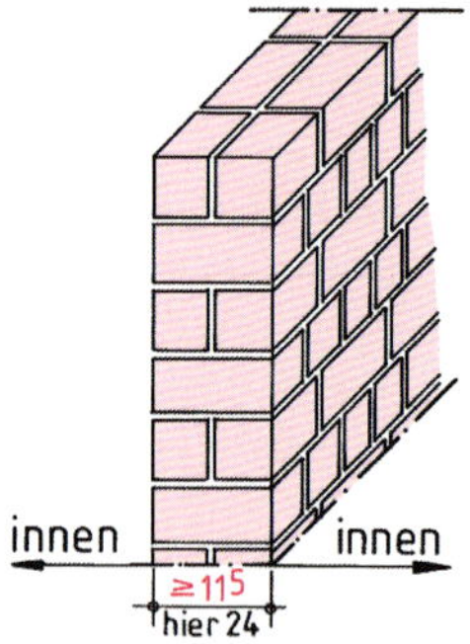	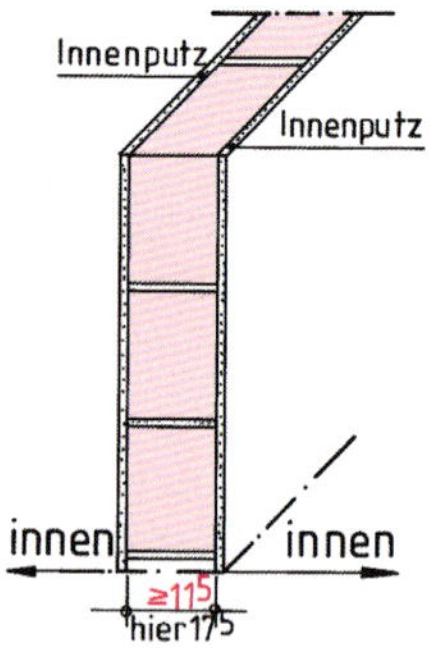
Tragendes Mauerwerk aus <u>nicht frostbeständigen</u> Klein-/Mittelformaten (innen) z. B.: KS, KSL, Mz, HLz.	verbandsgerecht mauern	auch möglich mit PP_{pl}

Die Längsfuge wirkt als „Schlagregenbremse"; unbedingt **vollfugig** mauern.

5.2 Ausführung einschaliger Außenwände

Von großer Bedeutung ist die Ausführung einschaliger Wände als Außenwände, daher wenden wir uns diesen im Folgenden genauer zu.
Hier hat das Mauerwerk nicht nur die Bauwerkslasten abzutragen, sondern auch eine Dämm- und Schutzfunktion zu erfüllen.

→ *Da Dämm- und Schallschutz von sehr großer Bedeutung sind und nicht nur bei Mauern, sondern auch im Betonbau zu berücksichtigen sind, finden Sie nach Lernfeld 17 eingehende Informationen hierzu.*

Trotzdem stehen im Folgenden immer folgende Überlegungen im Vordergrund:

Welche Schutz- und Dämmmaßnahmen sind erforderlich?

Einschalige Außenwände

können ausgeführt werden mit:

- Außenputz (ohne Dämmung)
- Außenputz (mit Dämmung)
- Außensichtmauerwerk
- Bekleidungen (mit/ohne Dämmung)

Generell gilt für alle Ausführungen: → Lastabtragung durch das gesamte Mauerwerk

5.2.1 Außenwände ohne Dämmung

Typische Beispiele hierfür sind:

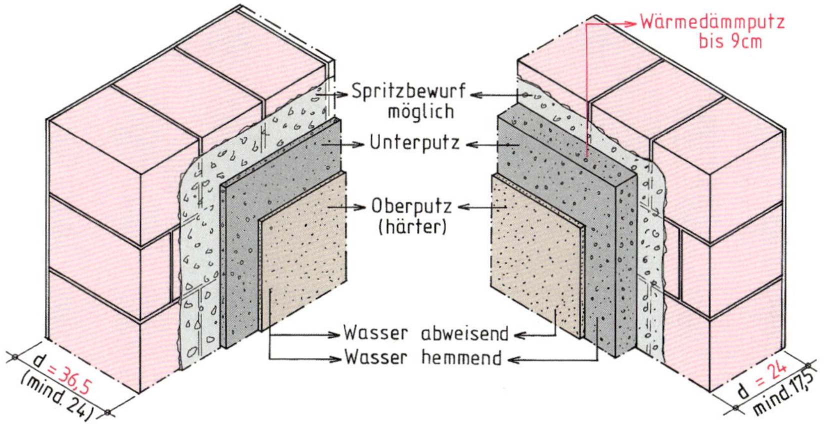

Außenwand **mehrlagig verputzt**	Außenwand **mit Wärmedämmputz**
Allgemeine Hinweise: – Mauersteine → nicht frostbeständig, – Putz: 2-lagig (mind.)	Allgemeine Hinweise: – Mauersteine → nicht frostbeständig, – Wärmedämmputz = Unterputz bis 5 cm 1-lagig, über 5 cm 2-lagig, enthält porige Zuschläge
Das erfordert: – eine große Wanddicke (36,5 cm) – ein abgestimmtes Putzsystem z. B. Spritzbewurf-Unterputz-Oberputz	Das erfordert: – geringere Wanddicke (i. d. R. ab 24 cm) – hohe Anforderung an Wärmedämmputz (wegen seiner Dämmfunktion)

5.2.2 Außenwände mit Dämmung

Der Wärmeschutz wird bei einschaligen Außenwänden erheblich verbessert, wenn ein Wärmedämm-Verbundsystem (→ auch als Thermohaut bezeichnet) aufgebracht wird → *heute Regelausführung.*

Bei Altbauten darf eine nachträgliche Verbesserung des Wärmeschutzes – bedingt durch möglichen Denkmalschutz – an der Außenseite oft nicht vorgenommen werden. Hier bleibt nur eine Innendämmung der Außenwand übrig (Ausnahme!).

Außenwand mit **Wärmedämm-Verbundsystem (WDVS)**	Außenwand mit **Innendämmung**
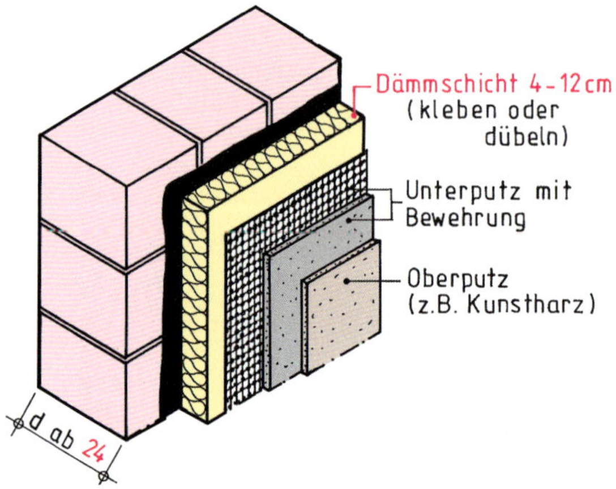 	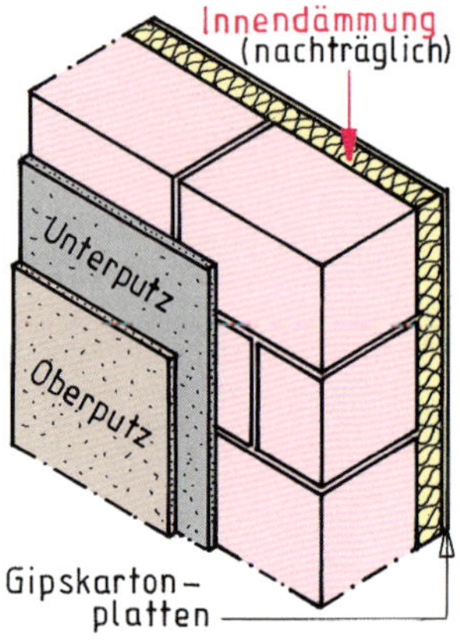
Allgemeine Hinweise: - Mauersteine → nicht frostbeständig - Verbundsystem besteht aus: 1. Dämmschicht 2. Unterputz → ein- oder mehrlagig mit Einlagen (Putzbewehrung), wasserhemmend 3. Oberputz → oft Kunstharzputz	Allgemeine Hinweise: - Innendämmung → keine zusätzliche Wärmespeicherung, nur Verbesserung des Wärmeschutzes. *(Durch die Dämmschicht wird die Raumluft zwar schneller erwärmt, kühlt aber auch schnell wieder ab.)*
Das erfordert beim WDVS: - Wanddicke: ab 24 cm - abgestimmte Dämmschichtdicke → *berechnet der Tragwerksplaner* - Konstruktion erfordert Erfahrung → *möglichst Spezialfirmen überlassen*	Daher gilt: Innendämmung daher nur im „äußersten Notfall" anwenden (oder wenn ausdrücklich so gewünscht).

6 Einschaliges Mauerwerk aus Klein- und Mittelformaten

Einschaliges Mauerwerk aus Klein- und Mittelformaten (2 und 3 DF) kennen Sie bereits aus der Grundstufe.

→ *Tipp: Sollten Sie „Lücken" bei sich feststellen, finden Sie diese Inhalte ausführlich aufgearbeitet in den Lernfeldern 1 bis 6. Wiederholen Sie diese, denn in der Zwischenprüfung für Maurer – nach der Fachstufe I – kommen Verbände mit Klein- und Mittelformaten garantiert (noch) an die Reihe.*

Ü - Te *Aufgaben hierzu zur Wiederholung finden Sie an kleinen Beispielen im Arbeitsheft, Blatt 19 und 20.*

7 Einschaliges Mauerwerk aus großformatigen Steinen/Ziegeln

Durch die Verwendung immer größerer Steinformate wird die Arbeitsleistung gesteigert, der Mörtelbedarf herabgesetzt und eine Kostensenkung erreicht. Neu entwickelte Geräte und Maschinen erleichtern dabei die Arbeit des Maurers.

7.1 Die sieben Grundregeln großformatiger Mauerverbände

→ *Es folgen jetzt einige Grundregeln, die das Basiswissen für die späteren Verbände sind:*

1. Grundregel:

Wände aus Großformaten sind immer einschalig (d.h. nur eine Steinreihe).

2. Grundregel:

Wände aus Großformaten werden nur im Läufer- oder Binderverband hergestellt.

Merke: Die Steinbreite bei der Formatangabe gibt Mauerdicke und Verbandart vor.

Vom Stein zur Mauer (Beispiel 12-DF-Stein)
Formatangabe: 1. Steinlänge, **2. Steinbreite (= Mauerdicke)**, 3. Steinhöhe

Läuferverband **Binderverband**

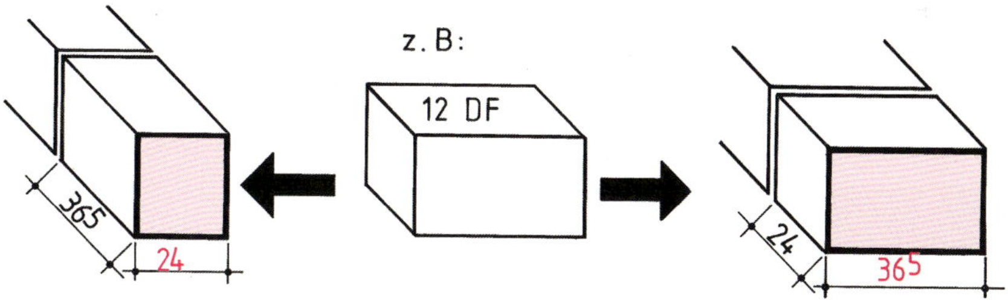

Läuferverband		Binderverband
Stein**breite** 36,5 / **24** / 23,8 Steinlänge Steinhöhe	Derselbe Stein, aber **anderes Format**.	Stein**breite** 24 / **36,5** / 23,8 Steinlänge Steinhöhe
24-er Mauer im **Läuferverband**	Derselbe Stein, aber **andere Mauerdicke**.	**36,5**-er Mauer im **Binderverband**

3. Grundregel:

Die Steinüberbindung (*ü*) beträgt bei Großformaten mindestens 9,5 cm.

– bei Großformaten (ab 8 DF):
(*h* bis 23,8) ⇒ $ü = 0{,}4 \times h \geq 9{,}5$ cm

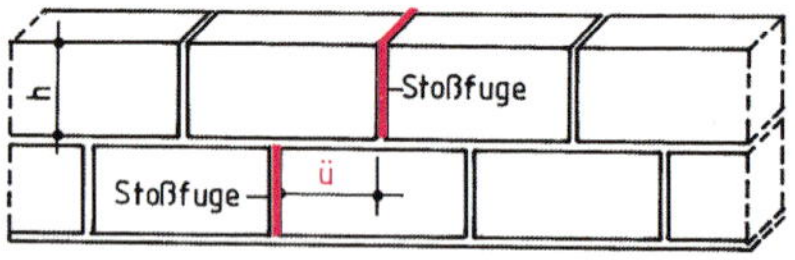

h = Steinhöhe; *ü* = Überbindung

Zur Erinnerung bei Klein- und Mittelformaten (bis 6 DF):
h bis 11,3 ⇒ $ü = 0{,}4 \times h \geq$ 4,5 cm

4. Grundregel:

Es wird im mittigen oder schleppenden Verband gemauert.

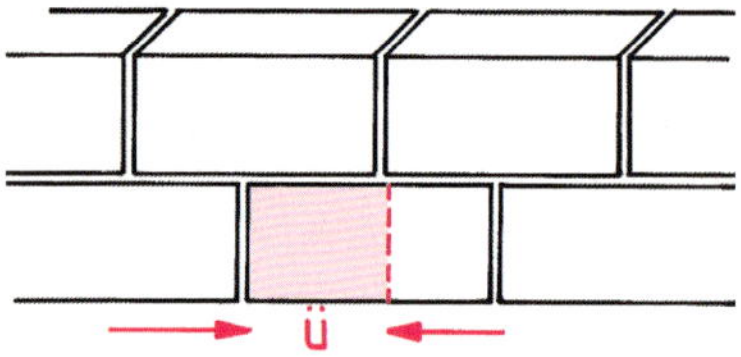

Fuge mittig = mittiger Verband

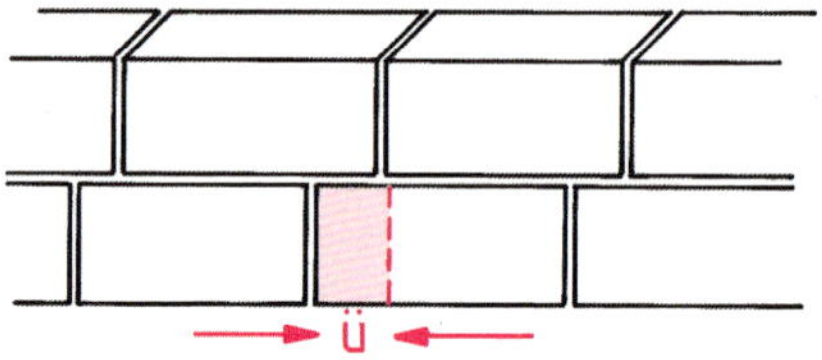

Fuge „schleppend" = schleppender Verband
(Beachte: *ü* → ≥ 9,5 cm)

5. Grundregel:

Lagerfugendicke:
- **bei Normal- oder Leichtmörtel 1,2 cm,**
- **bei Dünnbettmörtel 0,1 – 0,3 cm.**

Bei **Normal- und Leichtmörteln** werden neben der traditionellen Maurerkelle heute bei langen Wandfluchten ohne größere Unterbrechungen Mörtellehren oder Mörtelschlitten verwendet.

Mörtelschlitten für Normal- und Leichtmörtel

Vorteile:
- Ist in der Breite verstellbar,
- auf beiden Seiten bleibt etwa 1 cm frei → dadurch quillt der Mörtel beim Aufsetzen der Steine kaum über,
- gleichmäßige Fugendicke.

Bei **Dünnbettmörtel** wird die dünne Lagerfuge bei der Verwendung von Plansteinen/-ziegeln oder Planelementen mittels Dünnbettmörtelschlitten, Dünnbettkelle, Auftragsrolle oder durch Tauchverfahren aufgebracht.

Dünnbettkelle
Mörtel wird aufgetragen.

Auftragsrolle
Mörtel wird aufgewalzt.

Tauchverfahren
Die Unterseite des zu setzenden Ziegels wird in Dünnbettmörtel getaucht, so dass an der Lagerfläche der Mörtel haften bleibt.

6. Grundregel:

Stoßfugendicke:
- **bei Normal- oder Leichtmörtel 1,0 cm bzw. ≤ 0,5 cm** (je nach Vermörtelung),
- **unvermörtelt oder mit Dünnbettmörtel ≤ 0,5 cm.**

Die Ausführung der Stoßfuge richtet sich nach der Besonderheit der Steinart.

Besonderheit der Stein-/Ziegelart	Ausführung der Stoßfuge
Glatte Stirnseiten z. B. HLzB, KSL, V, PB 	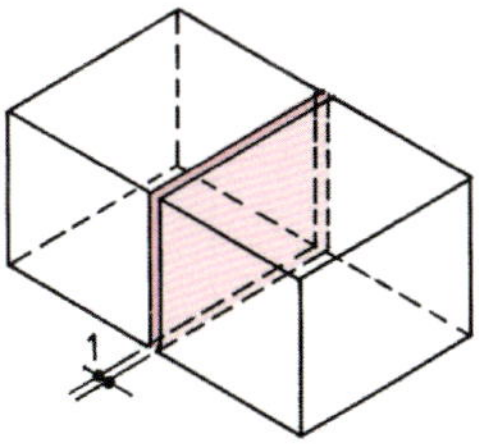 voll vermörtelt
Nut und Feder z. B. Hlz, KS-R 	Stoßfuge unvermörtelt („Knirschverlegung“) 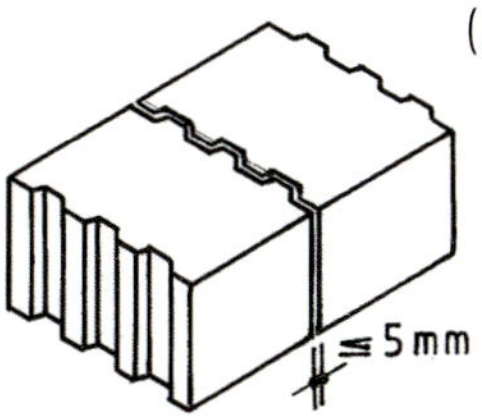

Besonderheit der Stein-/Ziegelart	Ausführung der Stoßfuge
Einseitige Mörteltasche z. B. HLzW oder: **beidseitige Mörteltasche** z. B. HLz, KS (Block), KSL, KSL-R, Vbl, Vbn	so: – 2 Mörtelstreifen am Rand, – Mörteltasche unvermörtelt 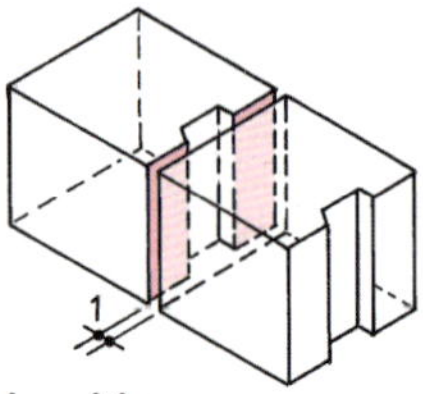 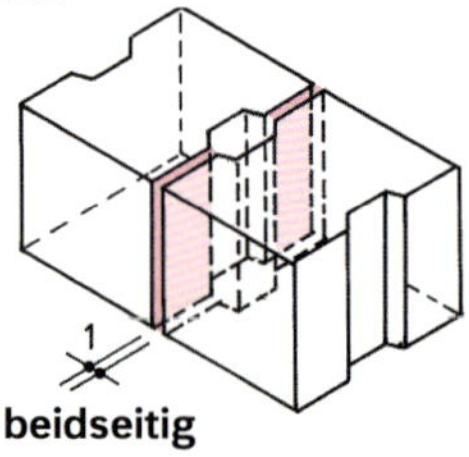 **einseitig** **beidseitig** oder so: – Mörteltasche mit Mörtel füllen, – Stoßfuge (Knirschverlegung) unvermörtelt 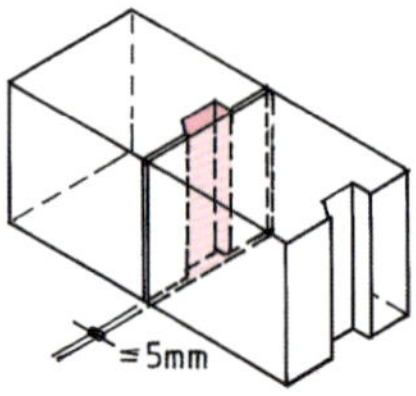 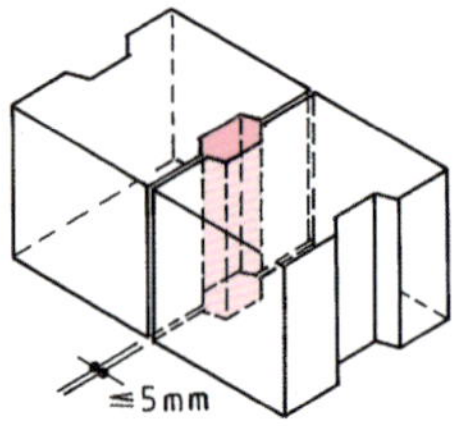 **einseitig** **beidseitig**
Plansteine/ Planblöcke 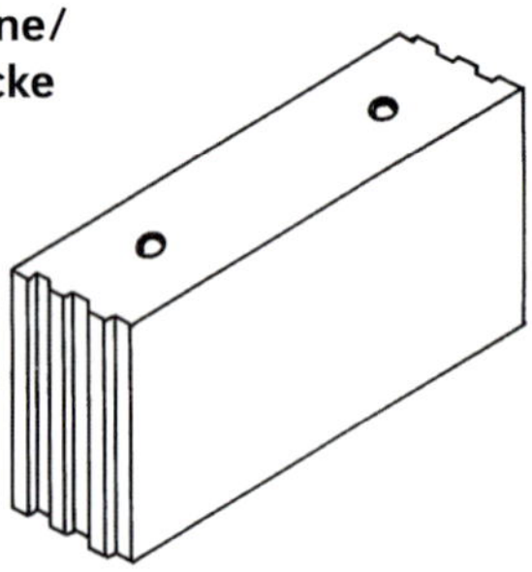 z. B. KS-R(P), KS-PE, PPpl	Stirnseite mit Nut und Feder: **nicht** vermörteln (Knirschverlegung) Stirnseite glatt: mit Dünnbettmörtel „bestreichen" Fuge ≤ 0,5 cm

7. Grundregel:

Die Schichthöhe der Großformate ab 8 DF ist immer 25 cm
(egal ob die Steinhöhe 23,8 oder 24,9 cm beträgt).

⇒ **Diese 7 Grundregeln sind das A und O für Mauerwerk mit Großformaten. Diese müssen Sie beherrschen.** → *Setzen wir ab jetzt voraus.*

7.2 Versetzen der Steine

Um den Maurer nicht zu belasten und Gesundheitsgefahren zu vermeiden, hat die Bauberufsgenossenschaft in einem Merkblatt „Handhaben von Mauersteinen" festgelegt, ab welchem Gewicht Versetzgeräte zu verwenden sind. Dazu merken Sie sich:

Mauersteine über 25 kg dürfen nur mit Versetzgeräten verlegt werden!

Mauersteine, die von Hand bzw. nur mit Versetzgeräten verarbeitet werden dürfen (Auszug)

	Rohdichteklasse nach DIN																				
	0,4	**0,5**	**0,6**		**0,7**		**0,8**		**0,9**		**1,0**		**1,2**		**1,4**		**1,6**		**1,8**		**über 2,0**
Format-kurz-zeichen	G GP	Hbl V Vbl G GP	Hlz KS	Hbl V Vbl G GP	Hlz KS	Hbl V Vbl G GP	Hlz KS	Hbl V Vbl G GP	Hlz KS Hbn	Hbl V Vbl G GP	Hlz KS Hbn	Hbl V Vbl G GP	Mz KS Hbn	Hbl V Vbl	Mz KS Hbn	Hbl V Vbl	Mz KS Hbn	V Vbl	Mz KS Hbn	V Vbl	Mz KS Hbn V Vbl
Einhand-Mauersteine																					
1 DF																					
NF																					
2 DF													↓								
3 DF																					
4 DF																					
5 DF																					
Zweihand-Mauersteine																					
6 DF																					
8 DF																					
10 DF																					
12 DF										←											
(G/GP)																					
15 DF																					
16 DF																					
18 DF																					
20 DF																					
(G/GP)																					
24 DF																					
(G/GP)																					

Mauersteine, die von Hand verarbeitet werden dürfen

Mauersteine, die nur mit Versetzgeräten verarbeitet werden dürfen

Wie arbeitet man mit der Tabelle?

Beispiel: KS-R(P) der Rohdichteklasse 1,2 sollen verwendet werden.
Bis zu welchem Format dürfen sie von Hand versetzt werden?

→ Senkrechte Spalte mit Rohdichte 1,2 für KS suchen.
(Rohdichteklasse der Steine/Ziegel ist auf dem Lieferschein angegeben.)

→ Bis zum letzten weißen Feld (bei den Zweihandsteinen) heruntergehen, dann in waagerechter Spalte das Format ablesen
⇒ hier 12 DF.

Was Sie über die Arbeit mit Versetzgeräten wissen sollten:

Hebewerkzeuge (z. B. ein Minikran) können je nach Steinformat mit verschiedenen Greifzangen ausgerüstet werden. Auf diese Weise können alle Steinformate und Platten versetzt werden. Die Reihenverlegung (z. B. vier Steine auf einmal) ist die Regelausführung. Eine Feinregulierung ermöglicht die passgenaue Einbindung.

Baustellen-Minikran mit Greifzange für KS

Einsetzen einer KS-Reihe mit Versetzgerät

7.2.1 Versetzen der ersten Steinreihe

Normalerweise macht die ersten Steinreihe keine Probleme, weil sich Unebenheiten in der Unterlage durch die Höhe der Lagerfugen ausgleichen lassen.

Beim Arbeiten mit Dünnbettmörtel jedoch ist ein Höhenausgleich in den Lagerfugen (1 bis 3 mm) nicht mehr möglich. Das kann nur beim Anlegen der ersten Schicht geschehen.

Wie wird die ersten Schicht angelegt?

Folgende Arbeitsschritte sind zu beachten:

1. **Ausgleichschicht** aus Normalmörtel (nur MG IIa oder III) aufbringen und ansteifen lassen.
2. **Bitumenpappe** auflegen (nur erforderlich im Kellerbereich = Feuchtigkeitssperre nach unten).
3. **Mörtelbett** aus Normalmörtel aufbringen (auch nur MG IIa oder MG III) und 1. Mauerschicht setzen.

Merke:
Stoßfugen mit Dünnbettmörtel (falls Vermörtelung vorgeschrieben).
Steinlage mit Wasserwaage kontrollieren, notfalls durch Klopfen korrigieren.

Anlegen der ersten Schicht bei Porenbetonsteinen

Ab 2. Mauerschicht:

Nur noch mit Dünnbettmörtel arbeiten.
Achtung! Steinunebenheiten abschleifen (Schleifgerät).

Beachten Sie: Vor dem Weitermauern Lagerfuge mit einem Handfeger entstauben (→ Dünnbettmörtel haftet sonst schlecht oder gar nicht).

Frage zum Verständnis:
Warum darf in der ersten Schicht wohl kein Normalmörtel MG I verwendet werden?

Beseitigen von Unebenheiten mittels Schleifbrett bei Porenbetonsteinen

7.3 Teilsteine, Ergänzungssteine

Teilsteine benötigt man an Mauerenden, -anschlüssen, -kreuzungen und -ecken.

Wie werden Teilsteine auf der Baustelle zugeschnitten?

- Spalten mit einem Steinspaltgerät,
- Trennen mit einem Trennschleifer,
- Sägen mit Ziegelsäge oder Bandsäge (bei Porenbetonsteinen),
- Verwenden anderer geeigneter Steinformate (z. B. 4-DF-Mittelformat bei 8 DF).

Merke: Kleinformate nur in Ausnahmefällen verwenden,
→ dann aber mit höherer Festigkeitsklasse.

Schneiden von Teilziegeln mit der Ziegelsäge

Auf größeren Baustellen wird bei Porenbetonsteinen die Bandsäge eingesetzt

<u>**Für die Praxis:**</u> Ab Steinhöhe > 11,3 cm darf kein Hammer zum „Schlagen" der Teilsteine verwendet werden.
Die Folgen wären: ⇒ Ungenaues Ablängen und breite Fehlstellen, die mit Mörtel verstrichen werden. Dies sind Wärmebrücken → Tauwasserbildung an den Innenseiten der Wände.

Ergänzungssteine sind zusätzliche Hilfen und ersparen aufwendige Maurerarbeiten. Anschlagziegel/-steine, Elektro-Installationsziegel oder auch Höhenausgleichsteine/-ziegel sollten daher eingeplant werden.

Zusammenfassung von Kapitel 7:

Mauerwerk aus großformatigen Steinen/Ziegeln

- Wände aus Großformaten sind immer einschalig.
- Wände aus Großformaten werden nur im <u>Läufer- oder Binderverband</u> gemauert. Wanddicke *d* = Steinbreite *b*.
- Die <u>Mindestüberbindung *ü*</u> beträgt **9,5 cm.**
- Es wird im mittigen oder schleppenden Verband gemauert.
- Die <u>Lagerfugendicke</u> beträgt 1,2 cm (bei Normal- und Leichtmörtel); bei Dünnbettmörtel 0,1 – 0,3 cm.
- Die <u>Stoßfugendicke</u> ist 1,0 cm bzw. ≤ 0,5 cm (bei Normal- oder Leichtmörtel); unvermörtelt oder mit Dünnbettmörtel ≤ 0,5 cm.
- Die <u>Schichthöhe</u> beträgt immer **25,0 cm**.
- Mauersteine werden je nach Rohdichteklasse **von Hand** oder mit **Versetzgeräten** versetzt. Ab einem <u>Steingewicht von 25 kg</u> müssen immer Versetzgeräte verwendet werden.

- Die Lagerfuge der ersten Mauerschicht wird immer mit Normalmörtel (MG IIa oder MG III) ausgeführt.
- Teilsteine werden durch Spalten, Trennen oder Sägen (nicht durch Schlagen mit dem Hammer) hergestellt.

A - Te *Mauerausführungen und Regeln einschaliger Wände sollten Sie üben → Arbeitsheft, Blatt 21.*

Testen Sie sich • Testen Sie sich

Nennen Sie ...

1. die Verbandsart, wenn 20-DF-Steine verwendet werden,
2. rationelle Möglichkeiten zur Erstellung von Lagerfugen,
3. Möglichkeiten der Stoßfugenvermörtelung für Plansteine,
4. die Arbeitsschritte beim Anlegen der ersten Mauerschicht,
5. den Punkt, der bei der Schichthöhe zu beachten ist,
6. den Grund, warum bei einer Dünnbettverlegung die erste Mauerschicht mit Normalmörtel gemauert werden muss.

8 Mauerverbände mit Großformaten

Die Ausführung von einschaligem Mauerwerk ab 24er-Dicke geschieht heute in der Regel mit großformatigen Mauersteinen. Alle Ausführungsmöglichkeiten können wir hier nicht behandeln, daher werden wir uns nur auf „Knackpunkte" beschränken aus den Bereichen:

- **Endverbände** (Mauerenden, Mauerecken, Maueranschläge),
- **Zwischenverbände** (Mauernischen, Mauervorlagen, Maueranschläge),
- **Pfeilerverbände**,
- **Besonderheiten** (Schlitze, Aussparungen).

Das sind die entscheidenden Punkte im Mauerwerk:

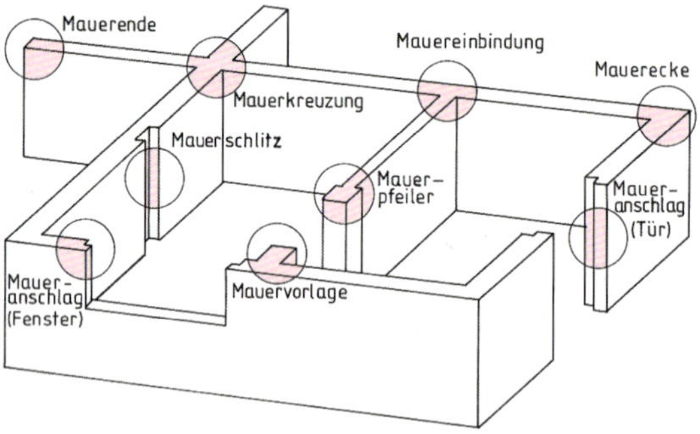

Es werden nur die Mauerdicken **24; 30 und 36,5** behandelt!

Zu beachten: Bei den Abbildungen in diesem Kapitel werden dargestellt:

- Stirnseiten aller Steine glatt (egal, ob mit Mörteltasche, Nut oder nicht),
- Stoßfugen immer gleich dick (auch bei Knirschfuge),
- die „entscheidenden" Mauersteine farbig.
- „Steinlänge" wird immer mit Stoßfuge gerechnet.
  Beispiel: 20 DF ⇒ „Steinlänge" = 49 cm + 1 cm = 50 cm

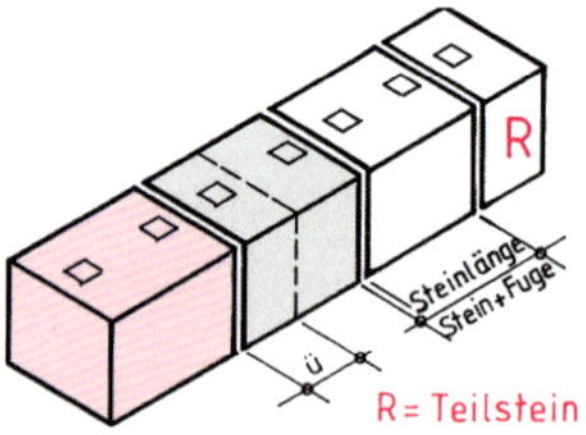

8.1 Endverbände an Mauerenden

Beim Mauerende (z. B. bei einer frei stehenden Mauer) lautet die Frage immer:
„Ist die Mauerlänge durch die ‚Steinlänge' teilbar oder bleibt ein Rest?"

Beispiel 1:	– Mauerlänge (Baurichtmaß) = 3,50 m – verwendetes Steinformat = 12 DF (24,0/36,5/23,8)
Frage:	Ist die Mauerlänge durch die „Steinlänge" (24 + 1 = 25) teilbar? Rechengang: Mauerlänge (in cm): „Steinlänge" = 350 : 25 = 14
Antwort:	**Ja**, dann gilt Möglichkeit 1.

Beispiel 2:	– Mauerlänge (Baurichtmaß) = 3,5625 m – verwendetes Steinformat = 12 DF (36,5/24,0/23,8)
Frage:	Ist die Mauerlänge durch die „Steinlänge" (36,5 + 1 = 37,5) teilbar? Rechengang: Mauerlänge (in cm): „Steinlänge" = 356,25 : 37,5 = 9,5
Antwort:	**Nein**, dann gilt Möglichkeit 2.

<table>
<tr>
<th>Möglichkeit 1: Mauerlänge durch „Steinlänge“ teilbar</th>
<th>Möglichkeit 2: Mauerlänge durch „Steinlänge“ nicht teilbar</th>
</tr>
<tr>
<td>
z. B. 12 DF (24/36,5/23,8)

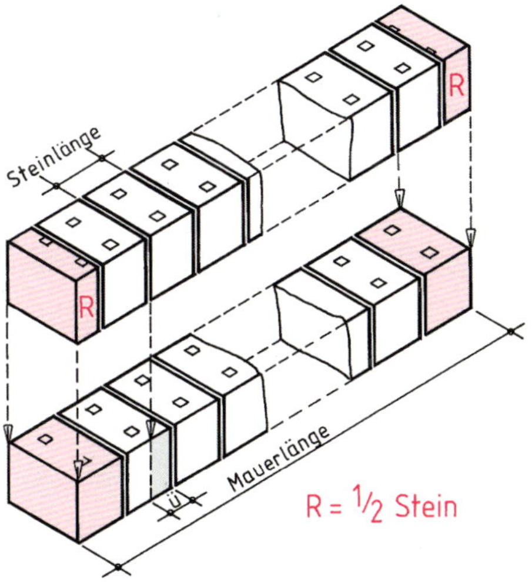

1. Schicht: Ganzer Stein – Ganzer Stein
2. Schicht: Halber Stein – Halber Stein
ü = halber Stein
</td>
<td>
z. B. 12 DF (36,5/24/23,8)

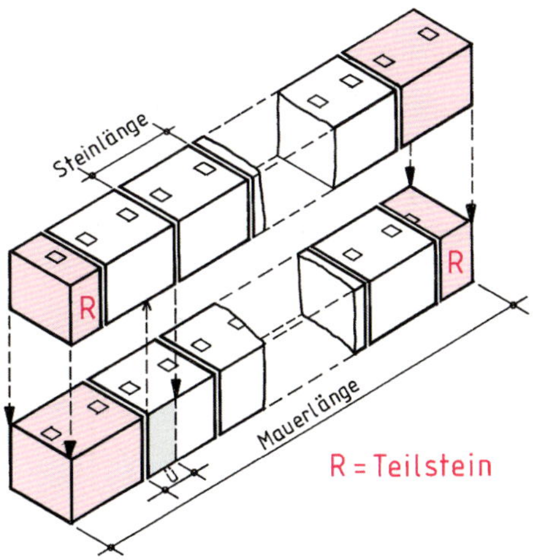

1. Schicht: Ganzer Stein – Teilstein
2. Schicht: Teilstein – Ganzer Stein
ü = unterschiedlich (je nach Steinformat)
</td>
</tr>
</table>

Bei schleppendem Verband beträgt bei manchen Steinformaten die Überbindung nur 6,25 cm. Dies ist < 9,5 cm und somit nicht erlaubt.
Hierfür bietet sich u. a. folgende Lösungsmöglichkeit an:

Steinformat beliebig; mittiger Verband → ü = 1/2 Stein

Draufsicht 2. Schicht:

Draufsicht 1. Schicht:

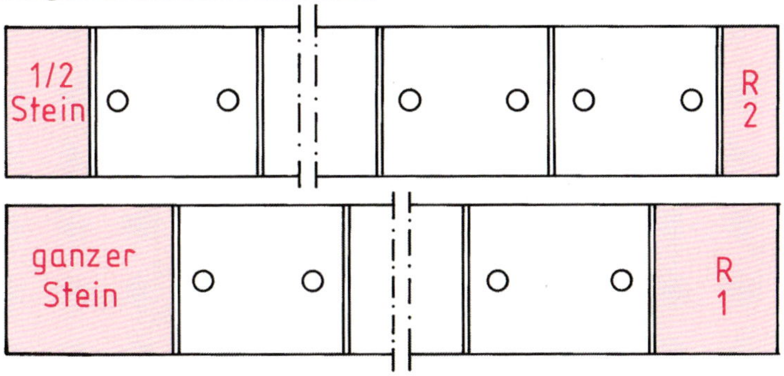

8.2 Eckverbände

Die nachfolgenden Regeln gelten für alle Verbände, bei denen Mauerschichten unter 90° (also rechteckig) zusammentreffen.
(→ z. B.: Mauerecken, -einbindungen, -kreuzungen)

1. Die Mauerschichten binden abwechselnd durch *(eine Schicht hat „Vorfahrt")*.
2. Die letzte Stoßfuge vor der Innenecke heißt **Regelschnittfuge**.
3. **A**bstand **R**egelschnittfuge – Innenecke = a_R = **mind. 11,5 cm**
4. **Überbindung** ***ü*** in Mauermitte auch immer mind. 11,5 cm anstreben.

Eckverband – hier Mauerecke

Regelschnittfuge beachten!

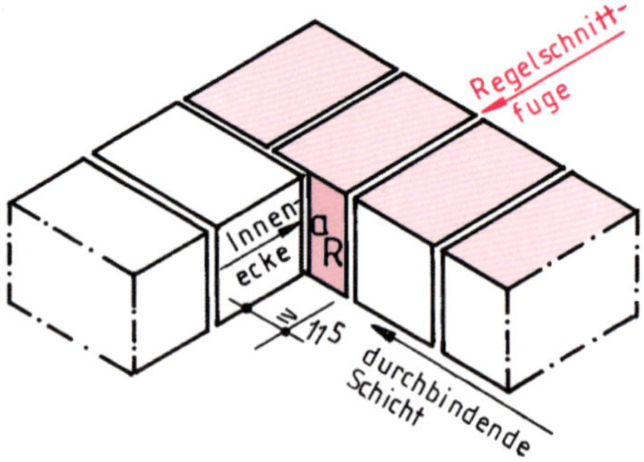

Wie sieht die Ausführung der Eckverbände bei einschaligen Außenwänden aus?

Im Folgenden werden beispielhaft für gängige Steinformate verschiedene Ausführungsmöglichkeiten gezeigt.

1. 30er-Mauerecke mit 15-DF-Steinen (36,5/30/23,8) im mittigen Verband

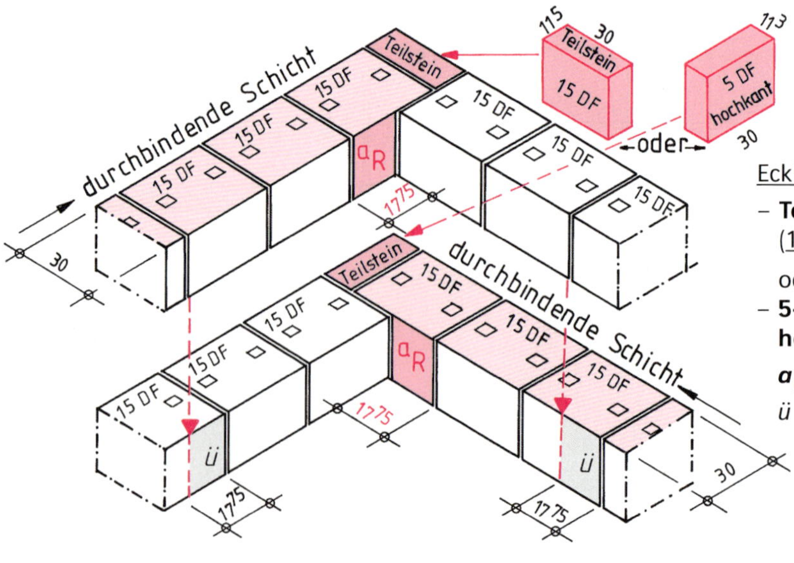

Eckbeginn:
- **Teilsteine** (11,5 / 30 / 23,8)

oder
- **5-DF-Stein hochkant**

a_R = **17,75** cm
$ü$ = 17,75 cm

Achtung! Jetzt kommt ein Beispiel, das vorrangig bei „unserem“ Wohnhaus vorkommt.

2. 36,5er-Mauerecke mit 12-DF-Steinen (24/36,5/23,8) im mittigen Verband

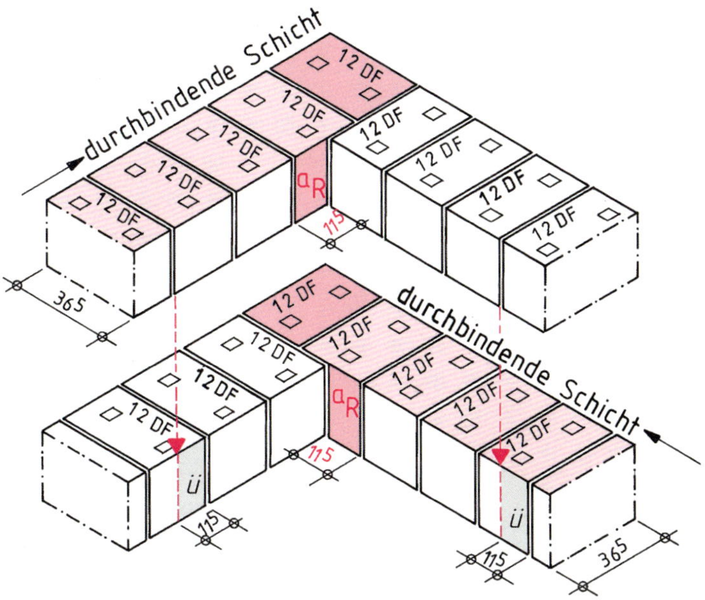

Eckbeginn:
jeweils mit **ganzem 12-DF-Stein**
a_R = **11,5** cm
ü = 11,5 cm

3. 36,5/24er-Mauerecke mit 12-DF-Steinen (24/36,5/23,8 und 36,5/24/23,8) im mittigen/schleppenden Verband

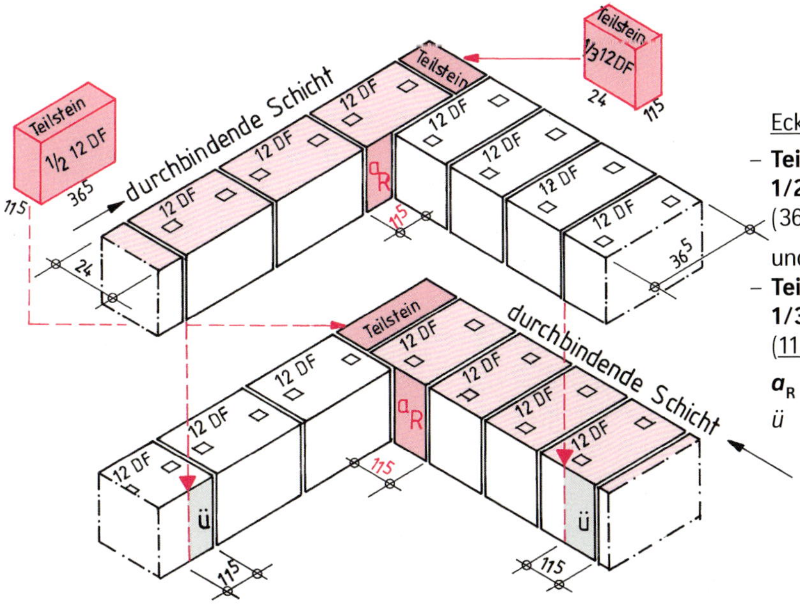

Eckbeginn:
- **Teilstein 1/2 12 DF** (36,5/11,5/23,8)

und
- **Teilstein 1/3 12 DF** (11,5/24/23,8)

a_R = **11,5** cm
ü = 11,5 cm

Proj/Ü – Te *Zur Wiederholung finden Sie konstruktive Aufgaben hierzu im Arbeitsheft, Blatt 23.*

8.3 Mauereinbindungen, Maueranschlüsse (Mauerstöße)

Das sind Beispiele für gängige Einbindungen:

- 30/24er-Mauereinbindung mit 10-DF/12 DF-Steinen,
- 36,5/24er-Mauereinbindung mit 12-DF-Steinen.

1. 30/24er-Mauereinbindung mit 10-DF - (24/30/23,8) und 12-DF-Steinen (36,5/24/23,8)

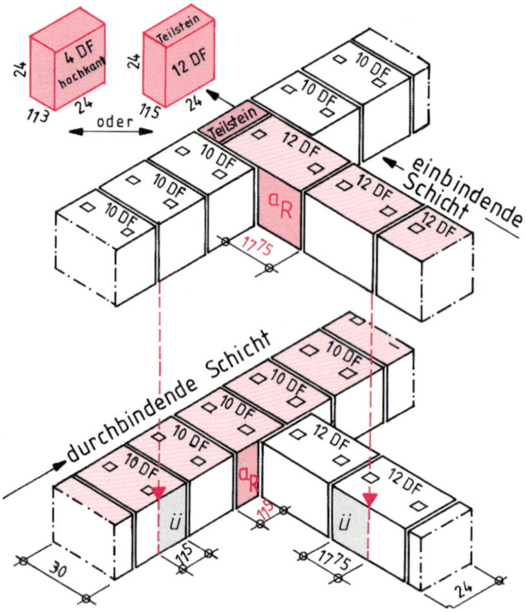

Einbindung:
- **Teilstein 1/3 12 DF** (11,5 / 24 / 23,8)

oder
- **4-DF-Stein hochkant**

a_R = **17,75** cm
oder
a_R = **11,5** cm

ü = 17,75 cm
oder
ü = 11,5 cm

Bei „unserem" Wohnhaus treten u. a. auch 36,5/24er Einbindungen auf.

2. 36,5/24er-Mauereinbindung mit 12-DF-Steinen (24/36,5/23,8 und 36,5/24/23,8)

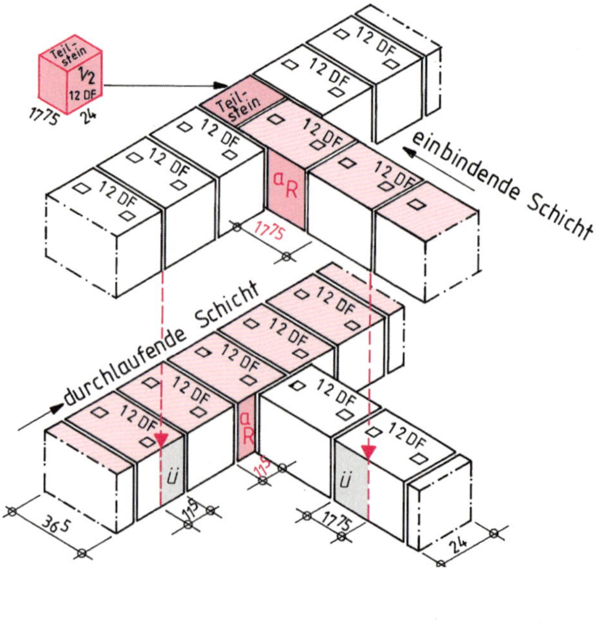

Einbindung:
Teilstein 1/2 12 DF
(24 / 17,75 / 23,8)

a_R = **17,75** cm
oder
a_R = **11,5** cm

ü = 17,75 cm
oder
ü = 11,5 cm

Was könnte bei einer Mauereinbindung passieren?

Trifft die einbindende Wand nicht auf eine Stoßfuge der durchgehenden Wand, sind Teilsteine einzubauen
(diese müssen mind. 11,5 cm breit sein).

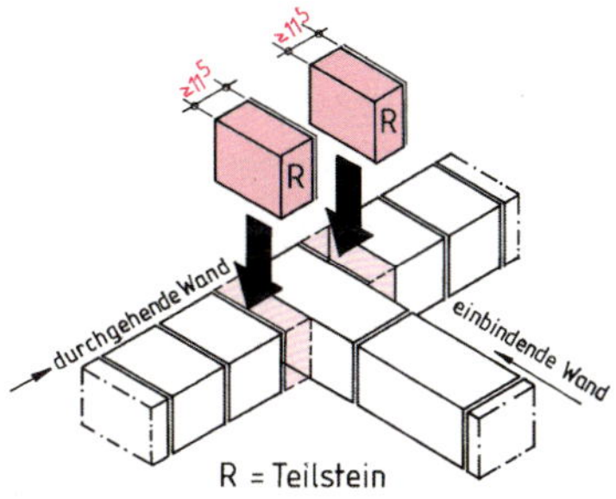

Proj – Te *Konstruktive Aufgaben finden Sie im Arbeitsheft, Blatt 24.*

Wie errichtet man Maueranschlüsse?

Beim Maueranschluss (auch als Mauerstoß bezeichnet) stößt eine neue Mauer immer „stumpf" gegen eine vorhandene Mauer. Die Verbindung wird hergestellt durch eingelegte Flachstahl- oder Bewehrungsanker. Der Anschluss ist dann zug- und druckfest. Diese Verbindungsmöglichkeit wird fachmännisch als **Stumpfstoßtechnik** bezeichnet.

Aufgabe:
An die gekennzeichnete Stelle soll eine Mauer angeschlossen werden:

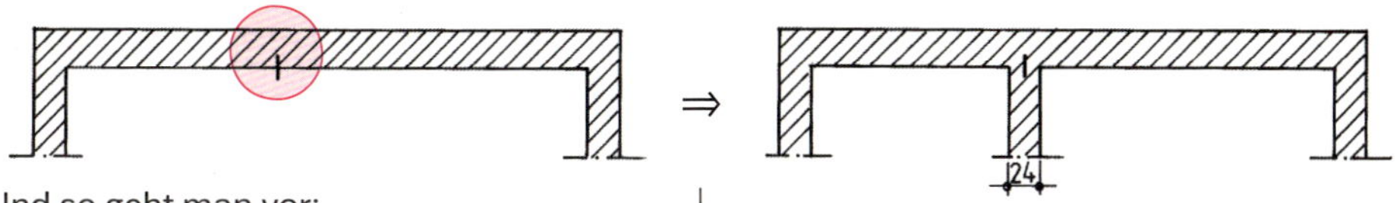

Und so geht man vor:

1. An die vorgesehene Anschlussstelle werden Flachstahlanker eingelegt und zunächst abgebogen.

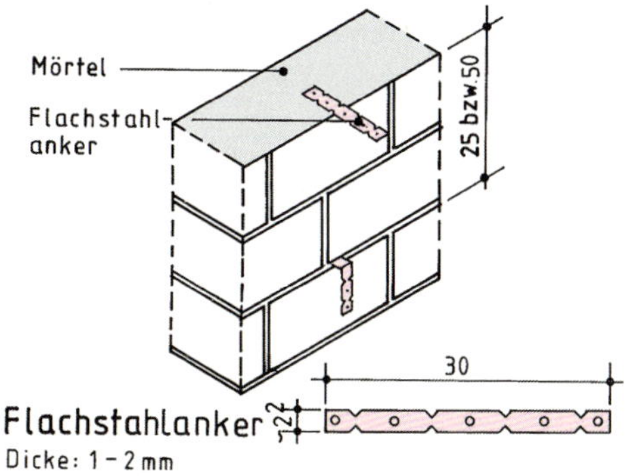

2. Später werden die Flachstahlanker aufgebogen, „gerichtet" und die neue Mauer wird angebunden.

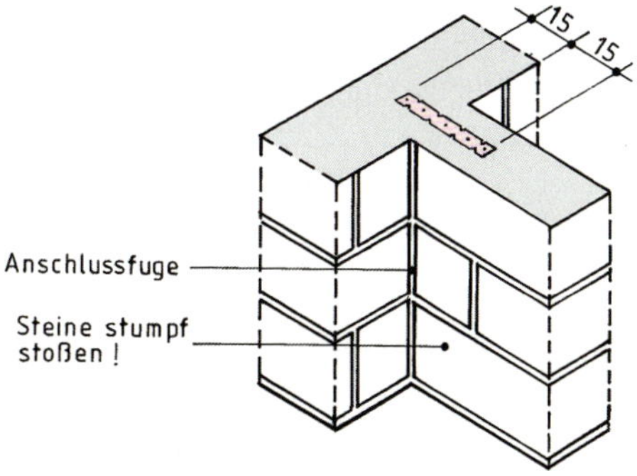

Merke:
Flachstahlanker werden eingelegt:
- alle 50 cm bei Gebäuden bis zu 2 Geschossen,
- alle 25 cm bei Gebäuden bis zu 4 Geschossen.

Merke:
- Alle Schichten werden **stumpf** gestoßen,
- die Anschlussfuge muss **voll** vermörtelt werden.

Welche Vorteile haben Maueranschlüsse gegenüber Mauereinbindungen?

1. Die Wände können ohne störende Verzahnungen in einem Arbeitsgang hochgemauert oder mit Versetzgeräten errichtet werden.
2. Anstoßende Wände können später hergestellt werden.
3. Arbeitsgerüste können ungehindert umgebaut werden.
4. Bei glatten Wandanschlüssen braucht man weniger Teilsteine.
5. Keine Verbandsprobleme wie bei Mauereinbindungen und -kreuzungen.
6. Keine Einbindeprobleme, wenn die Mauern mit unterschiedlichen Schichthöhen gemauert werden.

Und welche Nachteile?

Bei langen Wänden und während des Aufmauerns ist keine Aussteifung vorhanden. → Die Wand kann bei hohem Winddruck (Herbststürme etc.) umkippen und muss daher abgestützt werden.

Zusammenfassung von Kapitel 8.1 – 8.3:

Mauerverbände für Großformate (I)

- Mauerverbände gibt es als **mittiger** und **schleppender** Verband.

  Überbindemaß: ≥ 9,5 cm
- **Mauerenden** und ihre Teilsteine ergeben sich aus der Steinart. Dabei geht es um die Frage, ob die Mauerlänge durch die Steinlänge teilbar ist oder nicht.
- Bei **Mauerecken, -einbindungen und -kreuzungen** gilt:
  1. Abstand Regelschnittfuge/Innenecke a_R mind. **11,5 cm**. (Regelschnittfuge = letzte Stoßfuge der durchbindenden Schicht vor der Innenecke)

     Dazu sind **Teilsteine** oder ersatzweise andere Steinformate erforderlich.
  2. Mauerschichten müssen **abwechselnd** ein- und durchbinden.
  3. Überbindung (*ü*): ≥ **11,5 cm**.

8.4 Mauervorlagen, Mauernischen

Mauervorlagen sind Mauervorsprünge, die das Mauerwerk verstärken oder aussteifen sollen. Große Belastungen (z.B. aus Unterzügen oder Trägern) sollen hier weitergeleitet werden.

Dazu merken wir uns:

Ausführung:	– in der Regel einseitig *(→ Vorsprung an einer Mauerseite),*
Steinformate:	– auch gemischtformatig *(→ Groß- und Klein-/Mittelformate)*
Vorlagenmaße:	– meist 6,25 cm oder 11,5 cm
Ausführungsregeln:	– wie bei **Mauereinbindung**

Was sollte bei Mauervorlagen mit Großformaten beachtet werden?

Generell gilt (egal, wie groß die Länge (l) oder der Vorsprung (v) der Vorlage ist):

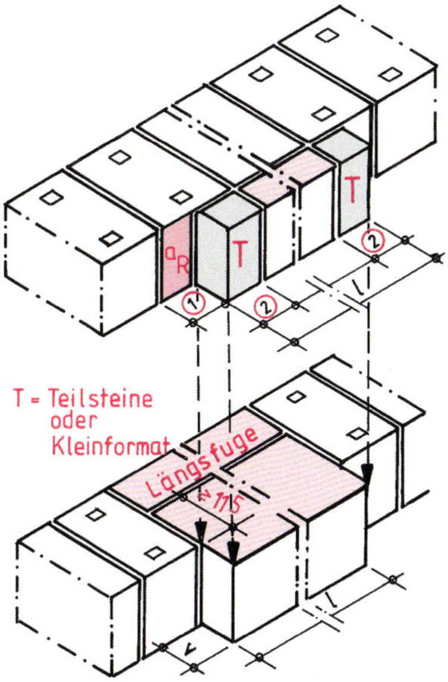

① a_R ≥ **11,5** cm

② **Teilsteine**: ≥ **11,5** cm
oder:
Kleinformate

Vorlage:
- im Wechsel **durchbinden** oder **stoßen**
- **Längsfuge** mind. 11,5 cm aus Innenecke

Mauernischen, die früher für Heizkörper genutzt wurden, schwächen die Mauer. Durch die hohen Anforderungen an den Wärmeschutz (die „Restwand" muss sehr stark gedämmt werden) sieht man sie immer seltener.
→ *Heizkörper werden heute in der Regel vor die Wand gesetzt.*

Was Sie dennoch über Mauernischen wissen sollten:

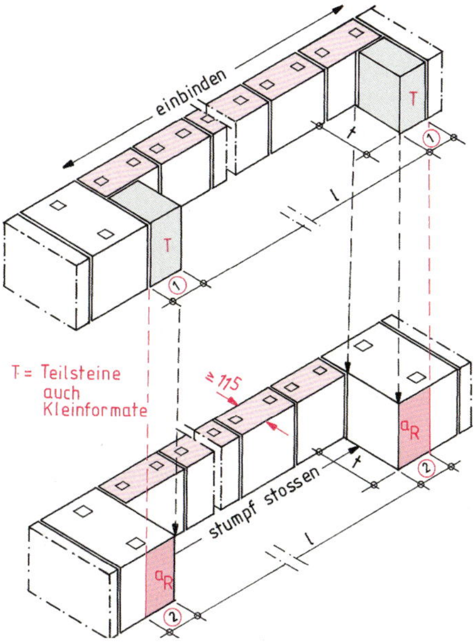

① **Teilsteine: ≥ 11,5 cm**
oder Kleinformate

② **a_R ≥ 11,5 cm**
von der Außenkante

Nischen:
- Mindestwanddicke: **11,5 cm**
- im Wechsel **einbinden** oder stumpf stoßen

Zusätze:
- In der **Nische** werden (*je nach Restmauerdicke*) andere Groß- oder Kleinformate verwendet.
- Ab einer Nischenlänge l ≥ 50 cm **2 Bewehrungsstäbe** Ø 6 mm in die Lagerfugen einlegen. (*So vermeidet man Risse.*)

8.5 Wandschlitze und Aussparungen

Schlitze und Aussparungen dienen zur Aufnahme von elektrischen Leitungen und Installationsrohren. Sie sind Schwachstellen im Mauerwerk. Ihr Verlauf muss daher vorher planmäßig festgelegt werden (→ Architekt). Hierfür gibt es besondere Mauersteine (z. B. Elektro-Installationsziegel).

Merke:
- Schlitze und Aussparungen nicht unter Auflagern hochbelasteter Stürze und Pfeiler anordnen,
- waagerechte Schlitze möglichst dicht unter der Decke oder über dem Fußboden vorsehen (nicht im mittleren Bereich).

Wurden Schlitze und Aussparungen vergessen und müssen nachträglich hergestellt werden, dann sind:
- unbedingt Fräswerkzeuge zu benutzen (z. B. Mauernutfräse)
  → sonst werden die Abmessungen des Schlitzes „unkontrollierbar“ und möglicherweise wird der Mauerverband gelockert,
- bestimmte Maße einzuhalten.

Welche Abstände und Abmessungen in Tiefe (*t*) und Breite (*b*) sind einzuhalten?

Die Bilder sind ein grober Anhalt, Abweichungen sind möglich (DIN EN 1996-1).

Für **waagerechte** Wandschlitze gilt:	Für **senkrechte** Wandschlitze gilt:
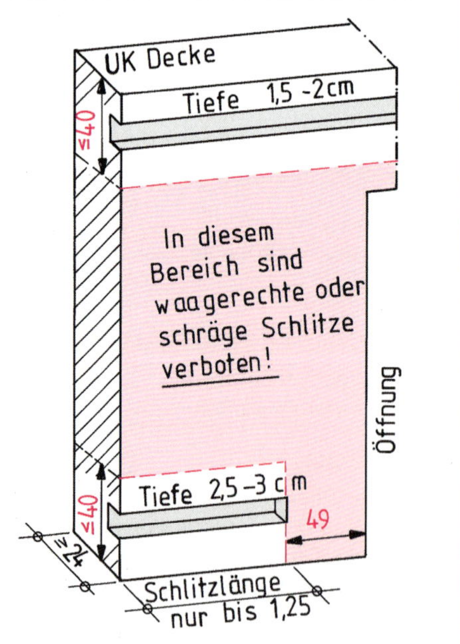	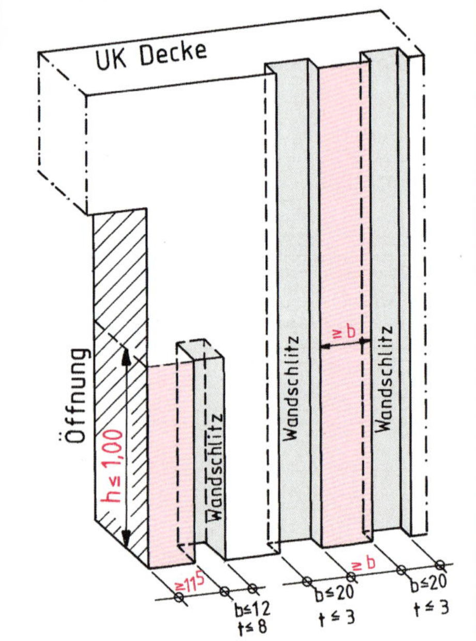

Waagerechtes Fräsen von Wandschlitzen

8.6 Maueranschläge für Fenster und Türen

Öffnungen in Außenwänden sind Wärmebrücken (→ *Bildung von Tauwasser an den Innenseiten*). Um die Abdichtung zwischen Fenster- oder Türrahmen zu verbessern, werden *Anschläge* gemauert.
Bei Mauerwerk aus Klein- und Mittelformaten werden diese Anschläge mit Teilsteinen hergestellt, bei Großformaten sind spezielle Ergänzungssteine (sog. Anschlagsteine) zu verwenden oder Teilsteine zu sägen.

Welche Anschlagmöglichkeiten gibt es?

1. Innenanschlag	2. Außenanschlag	3. Anschlaglose Laibung
→ Blendrahmen des Fensters von *innen* gegen Anschlagstein setzen. – Fenster öffnet nach innen. – Heute Regelausführung. 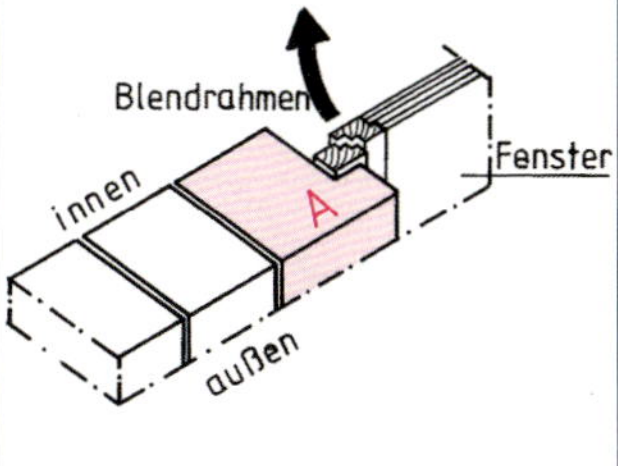	→ Blendrahmen von *außen* gegen Anschlagstein setzen. – Fenster öffnet nach außen. (Winddruck verstärkt die Abdichtung → oft an Küsten zu finden). 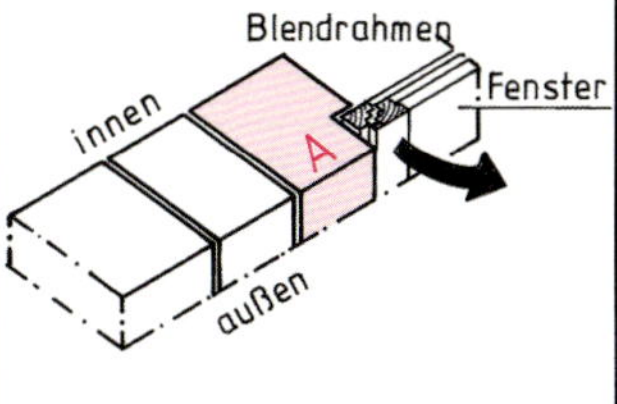	Meist nur bei zweischaligen Mauern → Blendrahmen mittig oder von außen an Normalstein setzen. Verblendung (z. B. Klinker) dichtet mit ab. 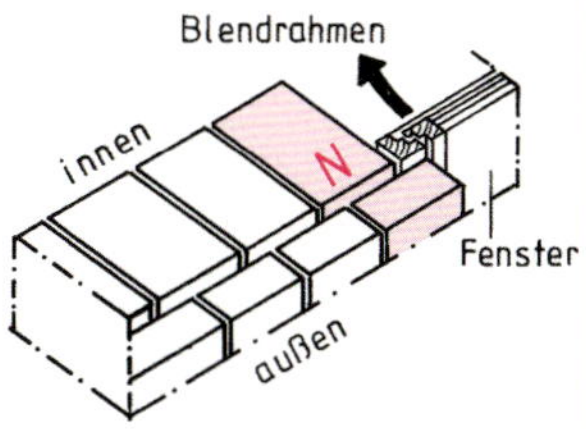

A = Anschlagstein, **N** = Normalstein

Was muss bei Maueranschlägen beachtet werden?

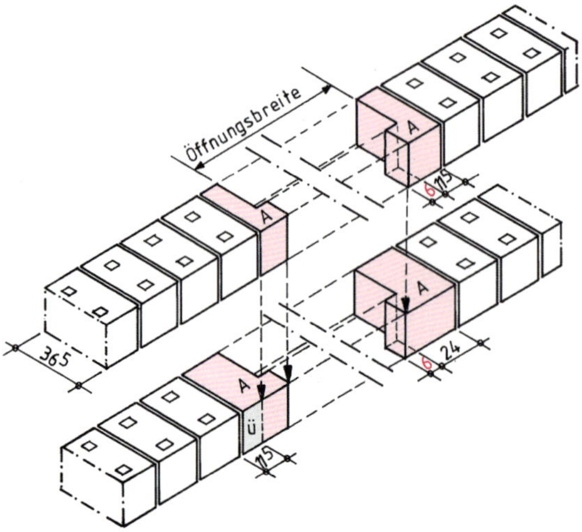

Anschläge:

- Regeln wie **Mauerende** → d. h. erforderliche Teilsteine vor dem Anschlagstein einbauen.
- Anschlag**breite** = **6,0** cm

Anm.: Anschlagsteine gibt es für alle Mauerdicken; ⇒ hier für 36,5er-Mauer mit 30 und 17,5 cm breiten Steinen.

8.7 Mauerpfeiler, Fensterpfeiler

Mauerpfeiler aus großformatigen Steinen sind in Normalmörtel → *mind. MG IIa* auszuführen.

Dabei sind folgende Regeln einzuhalten:

- Mindestüberbindung (*ü*) = 11,5 cm;
- Anzahl der Stoßfugen möglichst gering halten;
- Teilsteine möglichst vermeiden, lieber andere Steinformate nehmen,
- Hohlblocksteine nicht unter einer Pfeilerbreite von 36,5 cm verwenden.

Die Übersicht zeigt häufig vorkommende Möglichkeiten (andere Lösungen sind möglich).

<table>
<tr><th></th><th></th><th colspan="3">Pfeilerbreite in cm</th></tr>
<tr><th></th><th></th><th>36,5</th><th>49</th><th>61,5</th></tr>
<tr><td>Pfeilerdicke in cm</td><td>24</td>
<td>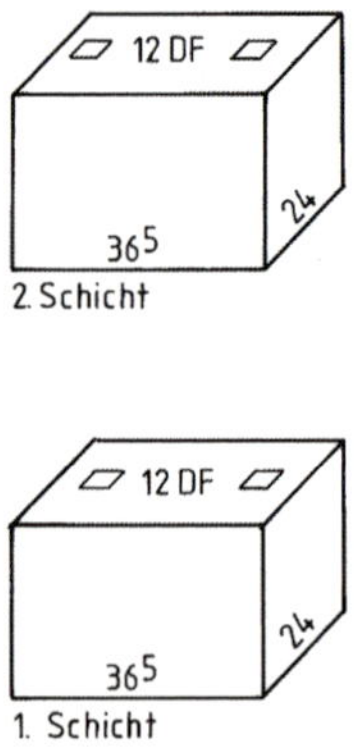
</td>
<td>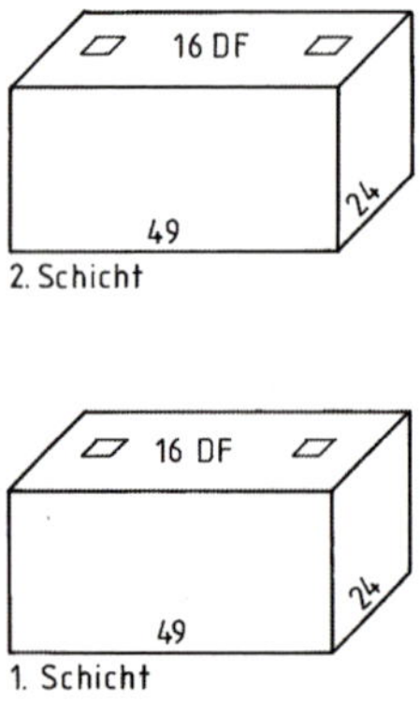
</td>
<td>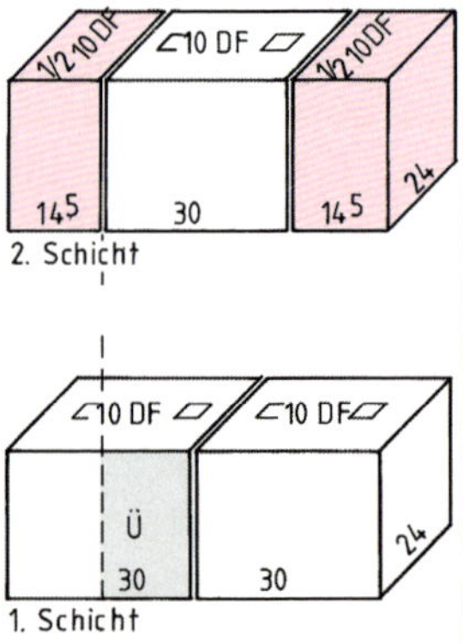
</td></tr>
</table>

	Pfeilerbreite in cm		
	36,5	**49**	**61,5**
Pfeilerdicke in cm **30**	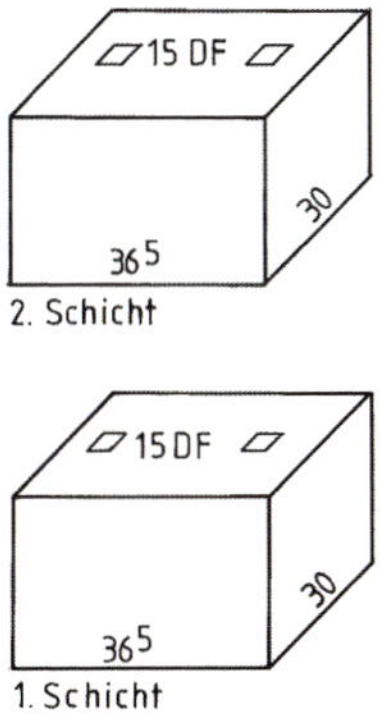	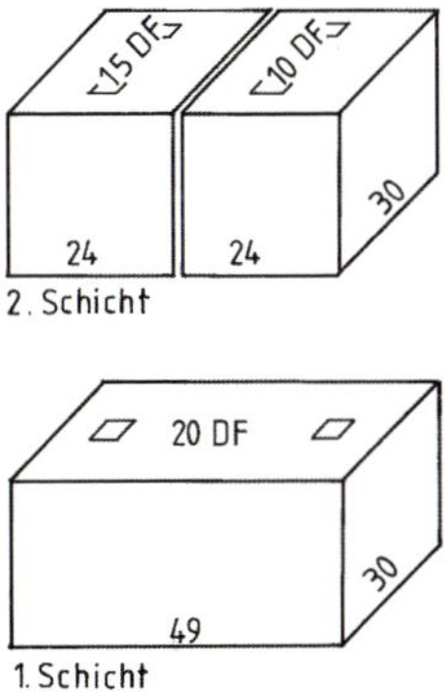	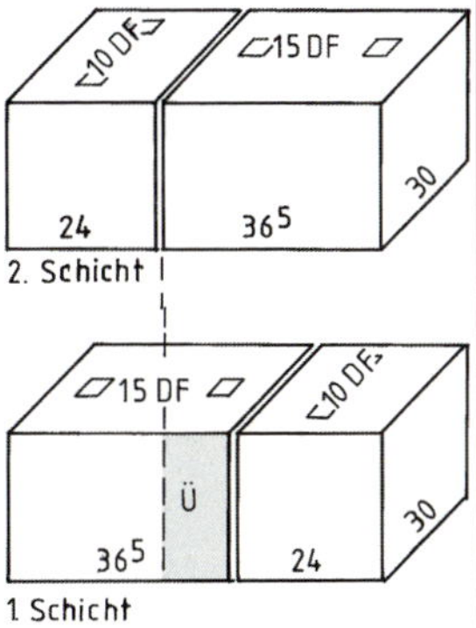

An Mauerpfeiler schließen sich sehr oft rechts und links Fenster an.
Diese Pfeiler heißen **Fensterpfeiler**.

Hier sollten zweckmäßigerweise Anschlagsteine verwendet werden.
Dabei sind die Regeln für Mauerpfeiler und Anschläge zu beachten.

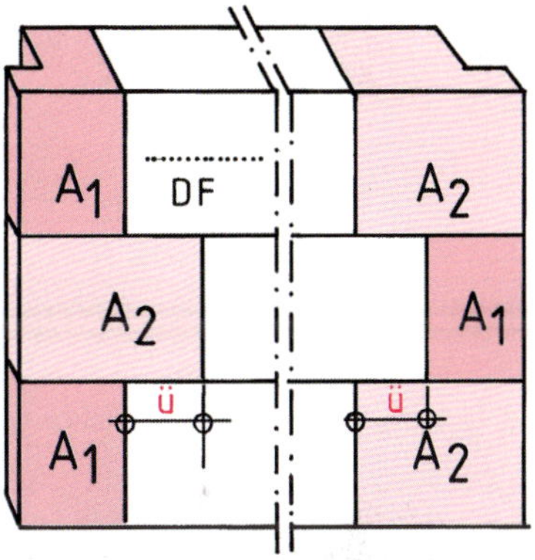

Fensterpfeiler (Prinzip)
A_1 = „kleinerer" Anschlagstein
A_2 = „großer" Anschlagstein

Zusammenfassung von Kapitel 8.4 – 8.7:

Mauerverbände für Großformate II

- Mauer**vorlagen** verstärken, Mauer**nischen** schwächen das Mauerwerk.
- Für nachträglich hergestellte Wand**schlitze** und Aussparungen sind bestimmte Abstände und Abmessungen in Tiefe und Breite einzuhalten.
- Für Anschläge an Fenstern und Türen sind möglichst **Anschlagsteine** zu verwenden.
- Bei Mauer**pfeilern** aus großformatigen Steinen gilt: Mindestüberdeckung = 11,5 cm, Stoßfugenzahl möglichst gering halten, Teilsteine vermeiden (→ andere Steinformate verwenden).
- **Fertigteile** für gemauerte Wände sind Flachstürze, Randschalungssteine, U-Schalen und Rollladenkästen.

Proj/Ü – Te *Fenster- und Mauerpfeiler zu „unserem" Haus → Arbeitsheft, Blatt 26*

Proj – Ma *Eine Projektaufgabe zur Materialberechnung von einschaligem Mauerwerk finden Sie im Arbeitsheft, Blatt 27 und 28.*

Und als „krönender" Abschluss:

T *Mauerverbände und ihre Darstellung: Arbeitsheft, Blatt 29 und 30*

9 Bauweisen mit Bauplatten

Rationelle Bauweisen und -systeme bestimmen immer mehr die Arbeit „auf dem Bau“. Dabei werden bevorzugt **Planelemente** und **Bauplatten** verwendet.

9.1 Außenwandbauweisen

Großflächige Außenwände für Hallen oder Wohnhäuser werden „vorgeplant“, d.h. sie werden als komplette Wandbausätze hergestellt, geliefert und auf der Baustelle nur noch aufgestellt.

Industriebauten und Hallen

Bauweise i. d. R.: Skelettbau

Beton- oder Stahlskelette sind der Ausgangspunkt.
Vor- oder zwischengesetzt werden:
- Wandplatten (stehend oder liegend)
- Geschosshohe Wandtafeln
- auch: Planelemente

Material: vorw. bewehrter Porenbeton oder Bimsbeton, KS-PE

Mehrfamilien-Wohnungsbau

Bauweise i. d. R. für: wenig gegliedertes Mauerwerk

(„Schottenbauweise“ = ohne großen „Schnickschnack“)

Für jedes Bauteil sind die Planelemente Passstücke und Dachschrägen im Werk zugeschnitten und positioniert.

Material: vorw. KS-PE, Ppl

9.1.1 Außenwände mit Planelementen

Durch diese Bauweise können große Wohneinheiten schnell erstellt werden. Die „vorbestellten“ Wände werden samt Verlegeplänen, Versetzgerät, Dünnbettmörtel und Zubehör zum gewünschten Termin geliefert und dann erstellt.

So sieht z. B. ein Verlegeplan aus: (alle Angaben in mm)

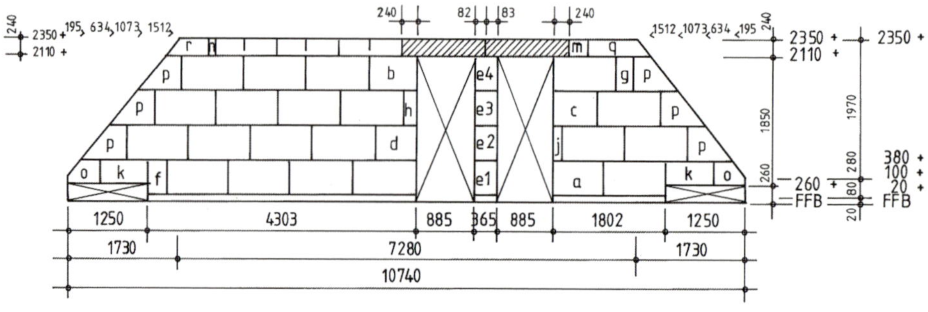

So sieht dazu die Stückliste aus: (Auszug)

Kennz.	Stärke	Höhe × Länge	Anzahl
ohne	240	498 × 998	20
a	240	498 × 802	1
b	240	498 × 766	1
c	240	498 × 704	1
d	240	498 × 998	1
Es folgen die Positionen e – n			
o	240	338 × 496	2
p	240	498 × 712	6
q	240	248 × 998	1
r	240	248 × 712	1

Ausgleichschicht 20 mm Normalmörtel MG III			
Stoßfugendicke 2 mm			
	Stück	m²	Tonnage
Ganze Elemente	20	9.94	2.88
Passelemente	29	6.12	1.77
Kimmsteine	–	–	–
Es folgen weitere Detailangaben			
Gesamtsumme		16.58	4.81
Datum 05-06-...	Anzahl		Wand-Nr.
Maßstab 1:60			
Objekt-Nr. 2W961851	1		401

Nach diesen Vorgaben können dann die Maurerarbeiten erfolgen.

Was ist bei der Herstellung solcher Wände zu beachten?

1. Arbeitsschritt:

- Ausgleichschicht zwei bis drei Tage vorher mit „normalen“ Steinen/Ziegeln in **MG III** anlegen. (Anm.: bei schmaleren Wänden können auch Kimmsteine = passende „Füße“ zu den Planelementen verwendet werden.)

Anlegen der Kimmschicht

Verlegen der Planelemente

2. Arbeitsschritt:

- Versetzen der Planelemente
  dazu: mind. **2 mm** Dünnbettmörtel mit Mörtelschlitten aufziehen.

3. Arbeitsschritt:

- Passelemente zuletzt ansetzen.

Was muss noch beachtet werden?

- Planelemente auf Kanthölzer oder Latten absetzen
  → Kanten können leicht abplatzen.
- Falls erforderlich: Planelemente nur mit Gummihammer nachrichten.
- Herausquellenden Lagerfugenmörtel erst nach dem Ansteifen mit Spachtel abstoßen.

Einfügen der Passelemente

9.2 Innenwandbauweisen

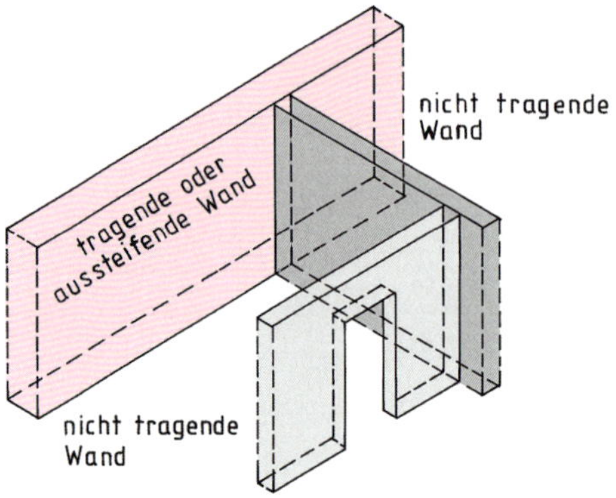

Innenwände werden unterschieden in tragende und nicht tragende Wände.

Tragende Wände werden i. d. R. als einschalige Wände „gemauert".
Nicht tragende Innenwände in Bürohäusern oder Industriehallen sollen vorwiegend Räume abgrenzen.

(„Fach"bezeichnung: **Trennwände**)
Sie müssen so hergestellt werden, dass sie den Erfordernissen (ohne großen Aufwand) angepasst werden können.

9.2.1 Trennwände aus Bauplatten

Nicht tragende Innenwände als **Trennwände**

können ausgeführt werden mit:

- Mauersteinen — *vorw. Anwendung als:* Sichtmauerwerk in Wohnräumen
- Wandbauplatten — *vorw. Anwendung als:* Raumteiler in Wohn- und Arbeitsräumen
- „Trockenbauplatten" — *vorw. Anwendung als:* Montagewände in Großraumbüros

An dieser Stelle interessieren uns nur die Trennwände aus Wandbauplatten; Montagewände werden im Lernfeld 11 behandelt.

Bei der Ausführung mit Wandbauplatten muss beachtet werden:

Wanddicke (in cm)	zulässige Höhe (in m)	zulässige Länge (in m)
10	4,50	6,00
7	3,50	6,00
6	3,50	6,00
5	3,50	6,00

Das ist bei den verschiedenen Baustoffen zu beachten:
Leichtbeton: Längs- und Stoßfugen nur in Normalmörtel
Porenbeton und Kalksandsteine: Ansetzen (1. Schicht) in Normalmörtel, ansonsten kann Dünnbettmörtel verwendet werden; Stoßfugen entweder unvermörtelt oder mit Dünnbettmörtel.

Entscheidend sind die Anschlüsse an die anliegenden Wände, an Fußboden und Decke.

Beispiel 2: **Decken- und Bodenanschluss von Wandbauplatten im Schnitt**

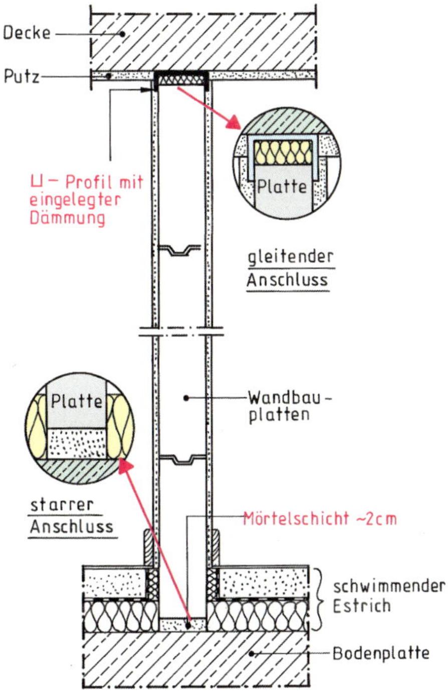

Beispiel 3: **Seitlicher starrer Anschluss mit Einschlaganker**

⇐ Die Anschlussfuge kann zur Verbesserung des Schall- und Brandschutzes mit Dämmstoff ausgelegt werden.

Nicht vergessen! ⇒
Ansetzen der ersten Schicht in Normalmörtel

Zusammenfassung von Kapitel 9:

Industrielle Bauweisen

- Im Wohnungs- und Industriebau werden die Ausführungsmöglichkeiten weitestgehend durch rationelle Bauweisen bestimmt.
- Außenwände werden u.a. mit Planelementen und Wandplatten „vorgeplant“ und ausgeführt.
- Wandbauplatten bieten sich als Trennwände in Wohn- und Arbeitsräumen an.

10 Gerüste

Das „Einrüsten“ von Bauten wird normalerweise von Spezialfirmen gemacht *(Ausbildungsberuf hierzu ist der Gerüstbauer)*. Nur an kleineren Baustellen wird noch selbst eingerüstet.
Da der Arbeitsplatz in der Höhe nur durch Gerüste sicherzustellen ist, müssen Sie etwaige Gefahrenstellen erkennen und melden können. Daher gehört das Folgende mit zum Fachwissen des Maurers.

Gerüste sind „Hilfskonstruktionen“, die nur während der Bauphase genutzt werden.

10.1 Einteilung der Gerüste

Nach dem Verwendungszweck unterscheidet man:

Gerüste

werden verwendet als:

Arbeitsgerüste

Ausführung:

- *außen als:* Fassadengerüste
- *innen als:* Raumgerüste

Aufgaben:
- Arbeitsplatz erreichen,
- Arbeiten ermöglichen,
- Lasten tragen.

Schutzgerüste

Ausführung als:

- Fanggerüste
- Dachfanggerüste
- Schutzdächer

Aufgaben:
- gegen Herabstürzen (ab)sichern,
- Schutz vor herabfallenden Gegenständen.

Beispiel eines Arbeitsgerüstes

Beispiel eines Schutzgerüstes

10.2 Wesentliche Gerüstbauteile

Fassadengerüste dieser Bauweise sind heute überall anzutreffen.

Durch ihren einfachen Aufbau – die einzelnen Teile werden wie ein „Baukasten“ zusammengesteckt und gesichert – haben sie das Ihnen aus der Grundstufe bekannte Stahlrohr-Kupplungsgerüst fast verdrängt.
Alle Bauteile sind hierbei ganz oder in großen Teilen aufeinander abgestimmt, d. h. sie gehören zu einem *System*.

Daher werden Gerüste dieser Bauart auch als **Systemgerüste** bezeichnet.

Hierzu gehören:

- **Rahmengerüste** und
- **Modulgerüste**.

Wie heißen die wesentlichen Teile eines Gerüstes?

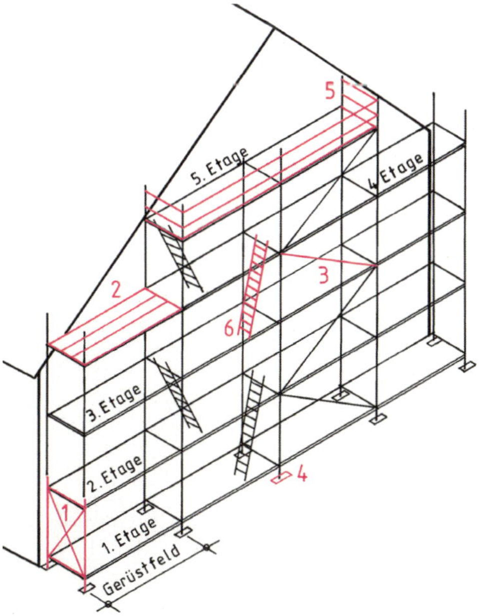

Die Skizze zeigt Ihnen vereinfacht den Konstruktionsaufbau und wesentliche Teile des hier dargestellten Gerüstes.

(Zur besseren Übersicht sind die Belagflächen und der überall umlaufende Seitenschutz nur einmal dargestellt.)

Dieses Gerüst besteht aus
4 Gerüstfeldern und
5 „Etagen“.

Die Hauptteile sind:

1 = Vertikalrahmen,
2 = Horizontalrahmen oder Belagtafeln,
3 = Längsverstrebung,
4 = Fußspindeln,
5 = Seitenschutz,
6 = Aufstieg.

10.3 Prüfungen und Sicherheitshinweise

Für die betriebssichere Herstellung und den Abbau ist der Aufsteller (→ in der Regel die Gerüstbaufirma), für die Erhaltung und sichere Verwendung der Gerüstnutzer (→ also die Arbeiter der Baufirma) verantwortlich.

Was ist bei einem festgestellten Mangel zu tun?

Mangel sofort melden → Selbstständige Veränderungen am Gerüst können sonst zu Unfällen führen.

Merke: Nur Umsicht und Gewissenhaftigkeit schaffen **Sicherheit am Bau!**

→ Daher: „Knackpunkte" am Gerüst von Zeit zu Zeit überprüfen.

Worauf müssen wir bei der Überprüfung von Gerüsten achten?

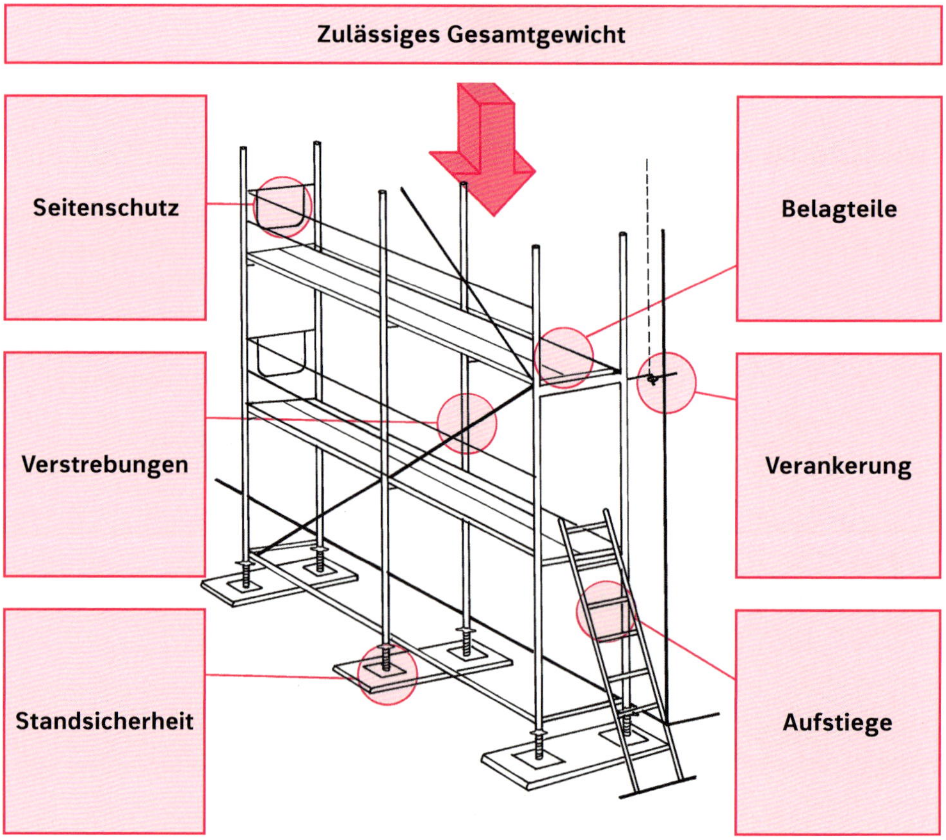

Standsicherheit:

- Ständer oder Rahmen müssen lotrecht stehen.
- Bei nicht ausreichend tragfähigem Untergrund:
  Fußplatten mit druckverteilender Unterlage (wie Bohlen, Kanthölzer, Träger usw.) verwenden.
- Fußspindeln zum Höhenausgleich nutzen.

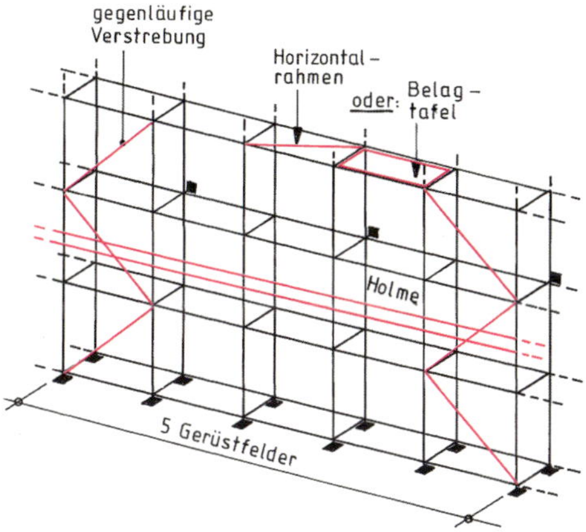

Verstrebungen:

⇒ sorgen dafür, dass das Gerüst nicht zusammenklappt. Sie müssen über die gesamte Höhe und Länge eingebaut sein. Die Anordnung wird festgelegt.

- **waagerecht** (horizontal)

→ bei Systemgerüsten durch Horizontalrahmen bzw. Belagtafeln und Holme (Rahmen) sichergestellt,

→ bei Stahlrohrkupplungsgerüst durch Riegel.

Kontrollieren: Verriegelung

- **senkrecht** (vertikal)

→ bei allen Systemen: vorw. durch gegenläufige Längsstreben.

Kontrollieren: Kupplungen

Belagteile: Tafeln oder Bohlen

a) Tafeln:
- Jede Gerüstlage voll auslegen, (→ auch bei seitlichem „Anbau"),
- in Vertikalrahmen unbedingt einrasten,
- beschädigte Tafeln auswechseln.

b) Bohlen:
- Die Bohlen müssen sich an den Stößen mind. 20 cm überlappen,
- der Belag darf nicht wippen.

Aufstiege:

- Aufstiege (Leitern, Treppen) müssen grundsätzlich vorhanden sein ⇒ meistens als innenliegende Leiteraufstiege.
- Bei kleineren Gerüsten auch Anstellleiter (von außen) möglich, Anstellwinkel: zwischen 68° und 75°.
- Leitern müssen gegen Abrutschen, Kippen und Schwanken befestigt sein.

Nur für Bockgerüste gilt:

- Leitern müssen mind. 1,00 m über den Austritt hinausragen

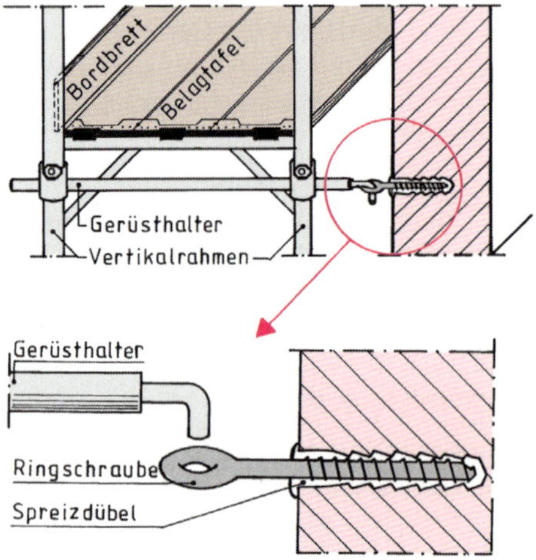

Verankerung (im Mauerwerk):

- Es dürfen nur Ringschrauben und Spreizdübel verwendet werden.

Kontrollieren:

- Festen Sitz der Ringschrauben mit Gerüsthalter und
- Kupplungsverbindung Gerüsthalter – Vertikalrahmen.

3-teiliger Seitenschutz:

- Alle Gerüstlagen, die höher als 2,00 m liegen oder über Verkehrswege und Gewässer führen, müssen einen festsitzenden, 3-teiligen Seitenschutz haben aus:
  Geländerholm, Zwischenholm (→ beides zur Absturzsicherung) und Bordbrett (→ damit kein Werkzeug herunterfällt).
- Abstand zum Bauwerk nicht größer als 30 cm → sonst ist innen auch ein Seitenschutz nötig.
- Es können auch Netze als Seitenschutz verwendet werden.

Zulässige Höchstbelastung der Belagfläche nach Gerüstgruppe

Gerüst-gruppe	Gewicht (zul.) in KN/m²	gilt für eine Belagfläche		Belastung etwa mit	Verwendungsbeispiele
1	0,75	ohne	⇒	1 Person + Werkzeug	Inspektionsarbeiten
2	1,50	2,50 m x **0,60 m**	⇒	1 Person + Werkzeug	Inspektions- und Wartungsarbeiten
3	2,00	2,50 m x **0,60 m**	⇒	1 Person + 200 kg Material	Putzarbeiten, Verfugen, Montagearbeiten
4 **5** **6**	3,00 4,50 6,00	2,50 m x **0,90 m**	⇒	1 Person, Steine, Kübel, Werkzeug, Material	Maurer-, Putz-, Naturstein-arbeiten, Montagearbeiten mit Materiallagerung

Wie könnte die Belastung in der Praxis aussehen?

Beispiel zur Belastung einer Belagfläche für Gerüstgruppe 4:

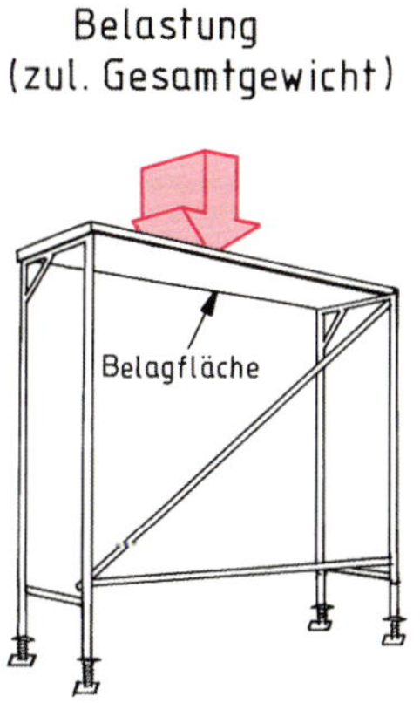

⇒

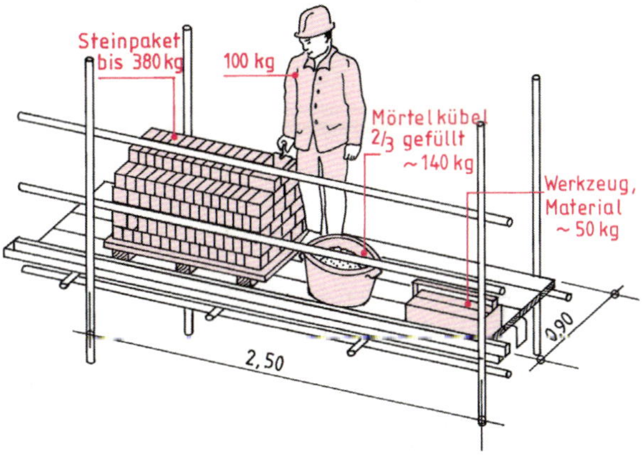

10.4 Bauarten der Gerüste

In der Praxis werden Gerüste nach ihrer Bauart eingeteilt und zwar nach dem
- Tragsystem (→ Wie und wo wird es befestigt?) oder/und nach der
- Ausführungsart (→ Welches Material und welche Bauweise?).

1. Nach dem **Tragsystem** werden die Gerüstarten eingeteilt in:

Gerüstarten
- **Stand-**gerüste
- **Konsol-**gerüste
- **Fahr-**gerüste
- **Trag-**gerüste

Anm.: *Weitere Gerüstarten wie Hängegerüste, Auslegergerüste werden hier nicht weiter behandelt, da sie entweder „am Bau" selten vorkommen oder durch andere Gerüstarten ersetzt worden sind.*

2. Nach der **Ausführungsart** werden die Gerüste eingeteilt in:

Gerüstarten

- Gerüste **besonderer** Bauart
  - *hierzu gehören vorwiegend:*
    - Rahmen- und Modulgerüste[1]
- Gerüste **üblicher** Bauart[2]
  - *hierzu gehören:*
    - Stahlrohr-Kupplungsgerüste
    - Bockgerüste

[1] *Modulgerüste = Rahmengerüste, die durch zusätzliche Verbindungsstücke eine Kombination mit Gerüsten üblicher Bauart ermöglichen ⟶ braucht man beim Einrüsten von schrägen oder runden Flächen.*

[2] *Gerüste üblicher Bauart sind auch Leitergerüste ⟶ werden kaum noch verwendet.*

Nach dieser Einteilung kann man die Gerüste eindeutiger zuordnen.

Beispiel:

Hier wird errichtet ein:
Fassadengerüst
als **Standgerüst**
mit einem **Rahmengerüst**.

10.4.1 Standgerüste

Einsatzbereich: fast ausschließlich als Fassadengerüst,
Ausführungsarten: vorwiegend mit *Gerüsten besonderer Bauart:*
→ **Systemgerüste** (Rahmen- oder Modulgerüst),

seltener mit *Gerüsten üblicher Bauart:*
→ **Stahlrohr-Kupplungsgerüst**.

Woran kann man die beiden Bauarten eigentlich unterscheiden?

Die beiden Bauarten lassen sich z. B. an den Verbindungsarten:

Beim Systemgerüst werden alle Verbindungen meistens eingesteckt und durch Keilverbindung oder Kippverschluss gesichert – fertig!

Beim Stahlrohr-Kupplungsgerüst werden alle Verbindungen mit Kupplungen hergestellt und verschraubt – das dauert dadurch länger.

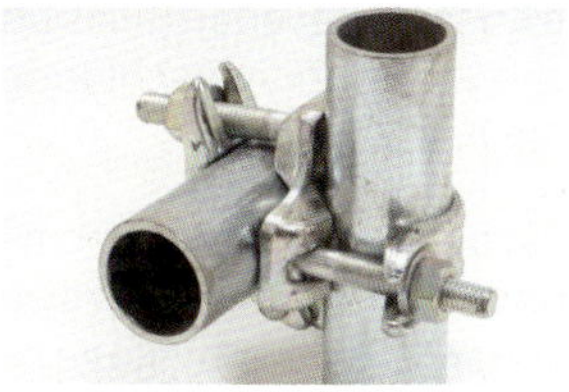

z. B. Normalkupplung

z. B. Drehkupplung

z. B. Halbkupplung

Das einfachste Standgerüst ist das **Bockgerüst**.

Einsatzbereich: fast ausschließlich auf Kleinbaustellen für Maurerarbeiten
Arbeitsbereich: bis höchstens 4,00 m Höhe; Gerüstgruppe 1 – 5

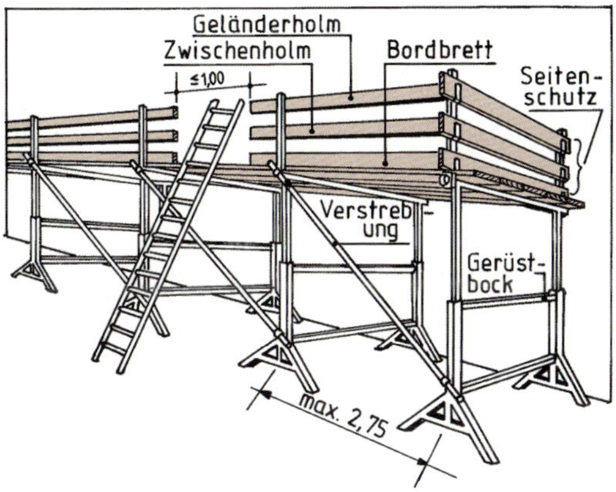

Was ist zu beachten?

- Nur noch stählerne Gerüstböcke verwenden,
- es dürfen nicht mehr als zwei Gerüstböcke übereinander gestellt werden,
- Seitenschutz ab 2,00 m Gerüstbockhöhe erforderlich.

Und so müssen sich die Gerüstbohlen überlappen:

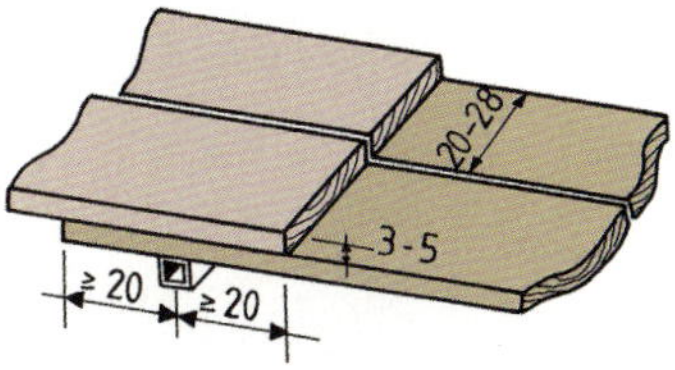

10.4.2 Konsolgerüste

Das Konsolgerüst ist ein Fassadengerüst, das von „oben“ an das Bauwerk angehängt wird.

Einsatzbereich: bei „kniffligen Situationen“, z. B. schmale Baustelle, Verkehrsprobleme

Ausführungsart: spezielle Rahmenkonstruktion (→ Fachbegriff: Konsole); Belag: meist mit Belagtafeln (auch Gerüstbohlen möglich)

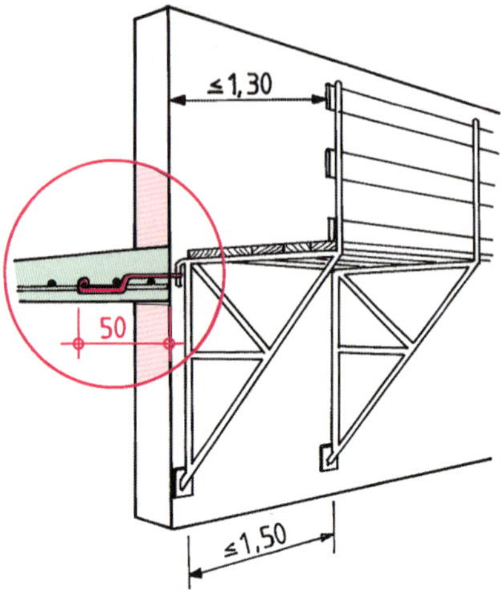

Was ist zu beachten?

- Jede einzelne Konsole hat oben (links und rechts) mind. zwei Einhängeschlaufen, die die Konsole halten.
- Die Einhängeschlaufen müssen 50 cm in die Stahlbetondecke ragen und mit ihren Enden in die untere Bewehrungslage geführt sein.

→ Schon bei der Deckenherstellung ist dies zu berücksichtigen.

10.4.3 Fahrgerüste

Fahrbare Arbeitsbühnen unterliegen ebenfalls den Gerüstbauvorschriften.

Fahrgerüste werden dort eingesetzt, wo der Arbeitsort schnell wechselt (z. B. im Gebäude oder außen).

Was ist hier zu beachten?

- Zulässige Aufbauhöhe (bis Arbeitsplattform): im Freien 8,00 m; in Räumen 12,00 m,
- bei mehreren Arbeitsplattformen übereinander beträgt der Höchstabstand zur 1. Arbeitsplattform 4,00 m,
- die Fahrrollen müssen unverlierbar befestigt sein und Bremshebel besitzen,
- beim Gebrauch sind zusätzliche Sicherungen erforderlich,
- beim „Fahren“ dürfen sich keine Personen auf dem Fahrgerüst aufhalten.
- Gerüstgruppe: 2 und 3

10.4.4 Traggerüste

Sie werden vorwiegend im Stahlbetonbau eingesetzt, weil man eigentlich nur die Deckenkonstruktion der Schalung „verlängern" muss. Besondere Sicherung an den Seiten und der Tragkonstruktion beachten!
(→ siehe hierzu auch: „Schalungen für Decken" im Lernabschnitt Betonschalungen)

Was ist zu beachten?

Der Einsatz von Traggerüsten darf nur nach Anweisung der Bauleitung erfolgen.

10.5 Anlegeleitern

Nach den Unfallverhütungsvorschriften (UVV) dürfen Anlegeleitern als „Dauerarbeitsplatz" bei Bauarbeiten – außer bei Bockgerüsten – nicht mehr verwendet werden. Da jedoch kleinere Arbeiten (z. B. Reparaturen) nicht vermieden werden können, sind geringe Abweichungen erlaubt.

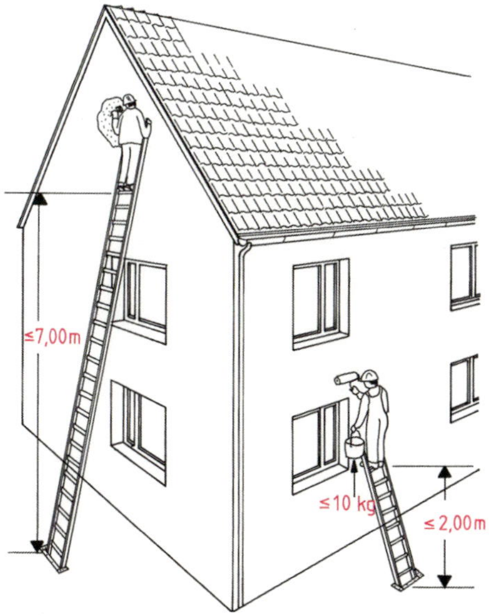

Was ist zu beachten?

- Der Standplatz auf der Leiter darf nicht höher als 7,00 m sein.
- Liegt der Standplatz höher als 2,00 m, dürfen die notwendigen Arbeiten nicht länger als zwei Stunden dauern.
- Es darf nur Werkzeug oder Material mit einem Gewicht von bis zu 10 kg mitgeführt werden.
- Dauern die Arbeiten länger als zwei Stunden oder ist die Arbeitshöhe größer als 7,00 m, müssen Gerüste, Hubarbeitsbühnen oder Ähnliches benutzt werden.

Lernfeld 8:
MAUERN EINER ZWEISCHALIGEN WAND

Hier behandeln wir die Lernabschnitte:

1 Außenwände

Kurzwiederholung:

Außenwände werden **ein**- oder **zweischalig** ausgeführt.

Einschalige Außenwände	**Zweischalige** Außenwände
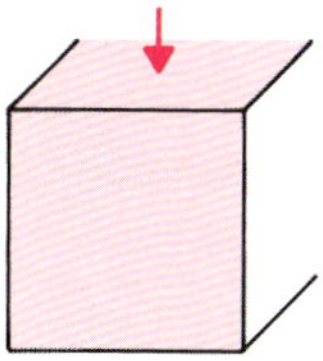	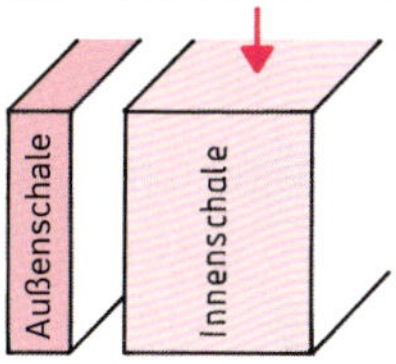
Kennzeichen:	*Kennzeichen:*
Das Mauerwerk trägt die Lasten auf der gesamten Wandbreite.	Nur das Mauerwerk der Innenschale trägt die Lasten.

Zweischalige (Außen)wände haben zwei getrennte Einzelwände:

- **die <u>nicht tragende</u> Außenschale (auch Verblendschale genannt) und**
- **die <u>tragende</u> Innenschale (auch Hintermauerschale genannt).**

Das gehört zur zweischaligen Mauer:

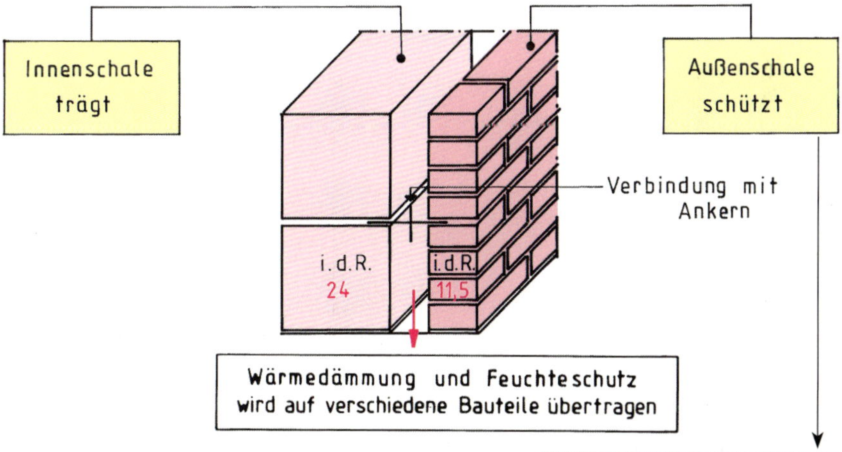

Mit dieser Wand beschäftigen wir uns in diesem Lernfeld vorwiegend.

Die Materialien der einschaligen Wände werden auch für die tragende Innenschale der zweischaligen Außenwände verwendet *(→ werden daher nicht mehr behandelt).*
Da die Außenschale andere Aufgaben als die Innenschale zu erfüllen hat, werden hier andere Anforderungen an die Materialien gestellt.

Welche Aufgaben soll die Außenschale erfüllen?

1. Schutz der Innenschale vor Feuchtigkeit und Witterung,
2. Schutz vor Lärm, Hitze und Kälte sowie
3. gutes und schönes Aussehen des Hauses gewährleisten.
   ⇒ daher muss das Material (Steine/Ziegel und Mörtel):
   - **frostbeständig** sein,
   - eine **hohe Druckfestigkeit** besitzen.

1.1 Materialien für die Außenschale

Da vorwiegend Ziegel und Kalksandsteine eingesetzt werden, werden diese hier eingehender vorgestellt.

1.1.1 Ziegelarten für die Außenschale und Sichtmauerwerk

Ziegel dieser Art werden allgemein als Vormauerziegel oder Verblender bezeichnet. Hierzu gehören auch die Klinker.

Vormauerziegel werden auch bei einschaligem Außenmauerwerk verwendet, während Verblender und Klinker fast nur bei zweischaligem Mauerwerk oder hochbelasteten Mauerpfeilern vorkommen.

Kennzeichen aller Ziegelarten:
- Sie sind frostbeständig.
- Sie bleiben am Bau sichtbar.

Anm.: Oft werden auch Keramikklinker (**KK**) eingesetzt. Sie sind frostbeständig, säure- und laugebeständig, besonders verschleißfest und haben eine Druckfestigkeitsklasse ≥ 36.

Wodurch unterscheiden sich Ziegel und Klinker?

	Ziegel	Klinker
1. Wärmedämmfähigkeit:	gut	schlechter
2. Druckfestigkeit:	mittel	hoch
3. Rohdichte:	mittel	hoch
4. Wasseraufnahme:	saugend	kaum saugend
5. Wichtig für die Baustelle: Klang beim Anschlagen mit dem Hammer	**dunkler bis heller Klang**	**heller, fast metallischer Klang**

Vormauerziegel und Klinker auf einen Blick:

Mauerziegel DIN 105-100				Mauerwerksausführungen			
Ziegelart	Druck-festig-keits-klasse	Roh-dichte-klasse	Kurz-zeichen --------- Formate	Verwendung (Wanddicken in cm)	tra-gend	Mör-tel[1]	Stoßfugen-ausführung
Vormauer-Vollziegel	12 – 28	1,6 – 2,0	**VMz** 1 – 3 DF[2]	11,5 – 36,5	X	N	ver-mörtelt
Vormauer-hochloch-ziegel A/B	12 – 28	1,0 – 1,8	**VHLz...** 1 – 3 DF[2]	11,5 – 36,5	X	N	
Vollklinker	28	≥ 1,9	**KMz** 1 DF[2]	11,5	–	N	
Hochloch-klinker A/B	28	≥ 1,9	**KHLz...** 1 – 3 DF[2]	11,5; 17,5	–	N	

[1] zu verwendender Mörtel: N = Normalmörtel; D = Dünnbettmörtel; L = Leichtmörtel

[2] = auch NF

Für die verschiedenen Gestaltungsmöglichkeiten der Außenschale (Fassade) werden auch Formziegel eingesetzt.

Formziegel:

- Sie sind nicht genormt, doch den Formaten allgemein angepasst.
- Verwendung: zur Gestaltung von Fassaden aus Sichtmauerwerk, zur Abdeckung von frei stehenden Wänden, für winklige Maueranschlüsse u. a.
- Formziegel gibt es in mehr als 100 verschiedenen Arten.

Beispiele für die Verwendung von Formziegeln:

z. B. Mauerabdeckung

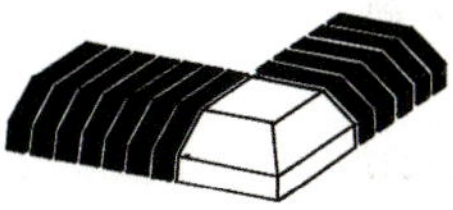

z. B. Mauerecke 90°

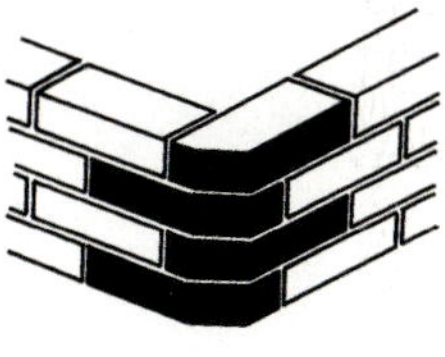

1.1.2 Kalksandsteine für Außenschale und Sichtmauerwerk

KS-Vormauersteine und KS-Verblender besitzen die gleichen Merkmale wie die entsprechenden Ziegel: Sie sind frostwiderstandsfähig und bleiben in der Regel sichtbar. Ob nun Ziegel oder KS-Steine zur „Ansicht" verwendet werden, ist Geschmackssache und keine Frage der Materialkosten (etwa gleich).

Glatte KS-Verblender

Bruchraue KS-Verblender

Bossierte KS-Verblender

Was Sie über diese Kalksandsteinarten wissen sollten:

KS-Vormauersteine sind als Vollsteine (KSVm) und Lochsteine (KSVmL) in den Formaten DF bis 5 DF lieferbar. Druckfestigkeitsklasse ≥ 12; Steinhöhe ≤ 11,3 cm.

KS-Verblender sind als Vollsteine (KSVb) und Lochsteine (KSVbL) im Format DF bis 3 DF lieferbar. Druckfestigkeitsklasse ≥ 20. Es werden erhöhte Anforderungen an gleichmäßiges Aussehen der Steine (z. B. Farbton) gestellt.

KS-Vormauersteine und KS-Verblender auf einen Blick:

Kalksandsteine DIN 106				Mauerwerksausführungen			
KS-Art	Druckfestigkeitsklasse	Rohdichteklasse	Kurzzeichen --------- Formate	Verwendung (Wanddicken in cm)	tragend	Mörtel[1]	Stoßfugenausführung
KS-Vormauersteine	10 – 20	1,0 – 2,2	**KSVm** **KSVmL** 1 – 5 DF[2]	11,5 – 36,5	X	N	vermörtelt
KS-Verblender	16, 20	1,0 – 2,2	**KSVb** **KSVbL** 1 – 3 DF[2]	11,5; 17,5	–	N	

Formsteine für Sichtmauerwerk werden u. a. hergestellt als:

z. B. **KS-Vb rund**

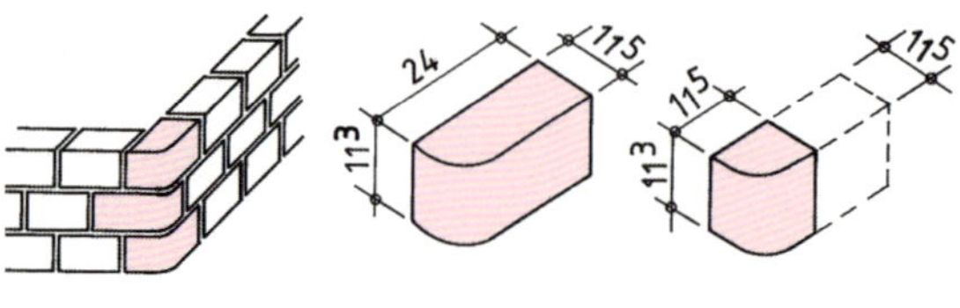

z. B. **135°-Eckstein**

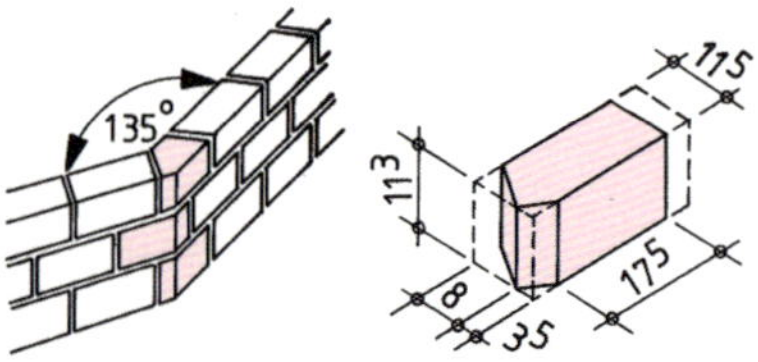

V -Te *Versuche über Saugverhalten und Wasseraufnahme verschiedener Mauersteine finden Sie im Arbeitsheft, Blatt 31 und 32.*

1.1.3 Mauermörtel für die Außenschale

Für das Mauern der Außenschale wird Normalmörtel (N) verwendet.

Vormauermörtel (Verfugen im „eigenen Saft")

Vormauermörtel

Das Wichtigste in Kurzfassung:

- besonders für schlagregenbeanspruchtes Sicht- und Verblendmauerwerk,
- am besten geeignet: Mörtelgruppe II und IIa, (alle Kalkzementmörtel und eine „besondere" Mischung aus: 1 RT hydraulischem Trasskalk mit 2,5 RT Sand → 0 – 4 mm ⇒ gibt es fabrikfertig).

Merke:

- Arbeitsvorgang: Vollfugig mauern und anschließender Fugenglattstrich (bekannt als „Fugen im eigenen Saft"), Tipp: Fugenglattstrich mit Schlauchstück.
- Werkfrischmörtel mit Abbindeverzögerer sind im allgemeinen nicht geeignet.
- Auf den Säcken muss vermerkt sein, ob der Vormauermörtel geeignet ist für a) schwachsaugende Steine (z. B. Klinker) oder/und b) stark saugende Steine (z. B. manche KS-Steine oder Vormauerziegel).

1.2 Ausführung zweischaliger Außenwände

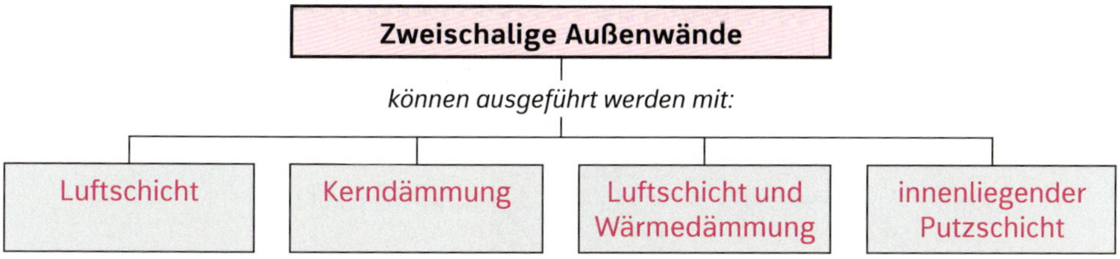

Worauf muss weiter geachtet werden?

Anders als bei einschaligem Mauerwerk müssen zusätzliche Konstruktionsregeln beachtet werden. Diese betreffen:

- Auflagerfläche der Außenschale,
- Anzahl und Lage der Dehnungsfugen in der Außenschale,
- Anzahl und Stärke der Verankerung (Drahtanker),
- Anzahl und Größe von Belüftungs- und Entwässerungsöffnungen.

⇒ *Infos hierzu erhalten Sie im Lernabschnitt „Herstellen der Außenschale".*

1.2.1 Zweischalige Außenwand mit Luftschicht

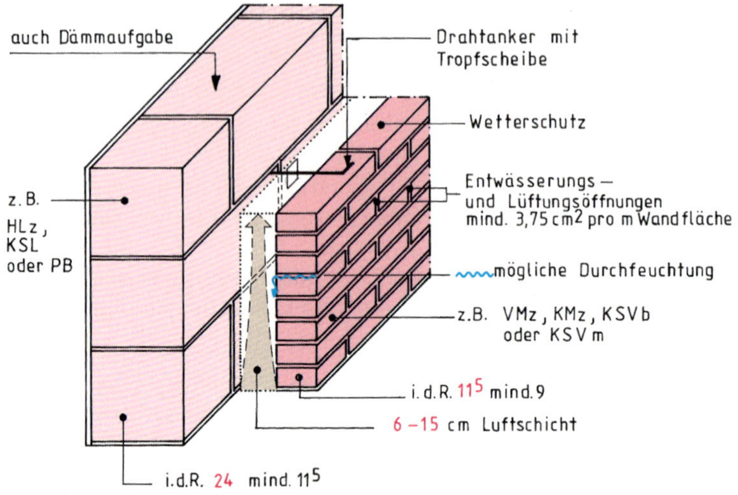

Worauf kommt es an?

- Gute Luftzirkulation über Lüftungsöffnungen
  → dadurch kann eine durchfeuchtete Außenschale (durch Regen) schneller abtrocknen.
- Außen- und Innenschale mit Drahtanker und Tropfscheibe „vermörteln“
  → an der Tropfscheibe muss „Stopp“ für eingedrungene Feuchte sein.

1.2.2 Zweischalige Außenwand mit Kerndämmung

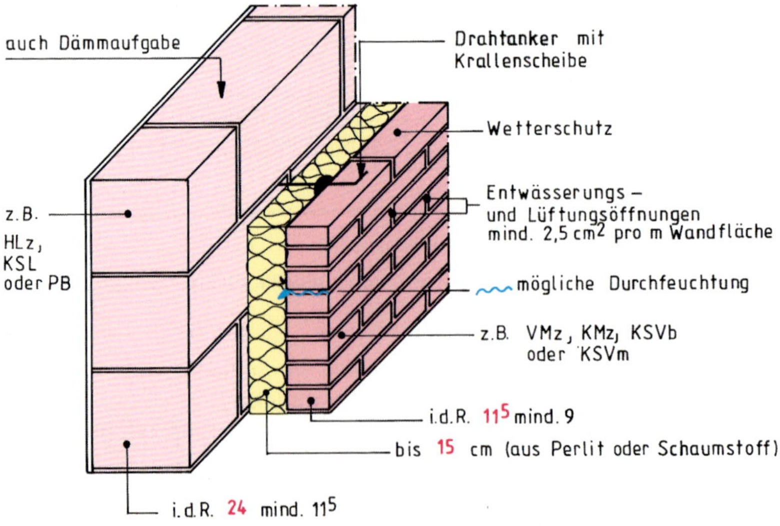

Worauf kommt es an?

- Nur schwache Luftzirkulation, daher kleinere Entlüftungsöffnungen möglich.
- Kerndämmung muss dauerhaft wasserabweisend sein
  → durch körnigen Dämmstoff dringt keine Feuchte, vorhandenes Wasser tropft ab ⇒ daher „Hyperlite" oder festen Schaumstoff verwenden.
- Drahtanker mit Krallenscheibe verwenden
  → zum „Anpressen" der Dämmung (Tropfscheibe = nicht erforderlich).
- Steine der Außenschale müssen dampfdurchlässig sein ⇒ zwecks Trocknung.

Fragen aus der Praxis:
1. Was passiert, wenn die Außenschale nass geworden ist?
2. Glasierte Klinker in der Außenschale sehen gut aus. Warum dürfen sie hier aber nicht verwendet werden?
3. Die Außenschale liegt direkt an der Kerndämmung an. Warum sind dann Krallenscheiben erforderlich?

So kann eine zweischalige Außenwand mit Kerndämmung ausgeführt werden:

Beispiel:

Kerndämmung durch Platten

1.2.3 Zweischalige Außenwand mit Luftschicht und Wärmedämmung

⇒ Ist heute die Regelausführung bei zweischaligen Außenwänden.

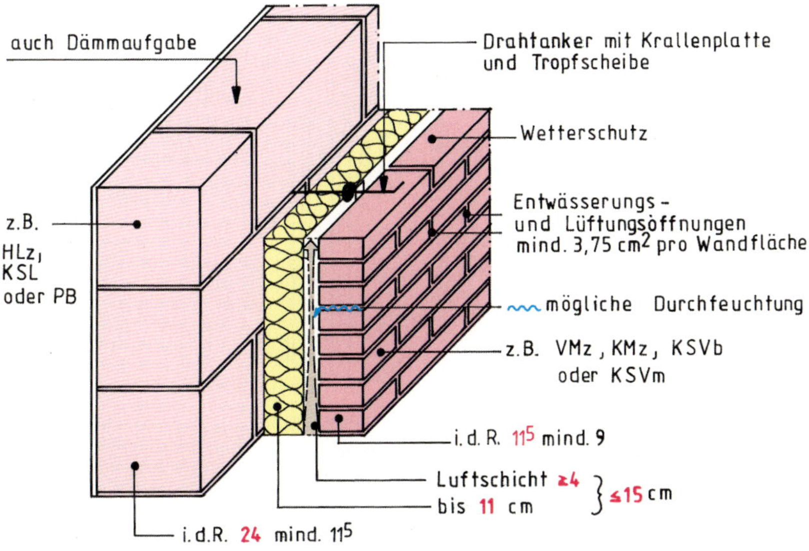

Worauf kommt es an?

- Gute Luftzirkulation durch Lüftungsöffnungen
  → Aufpassen! Mörtel darf nicht in die Luftschicht fallen ⇒ abdecken.
- Drahtanker mit Krallenscheibe (→ Verklemmen der Dämmung) und mit Tropfscheibe (→ „Wasserstopp“).
- Außenschale kann durchfeuchtet sein
  → trocknet schnell durch die Luftschicht wieder aus.

Fragen aus der Praxis:
1. Warum sind der Feuchteschutz und die Wärmedämmung hier erheblich wirksamer?
2. Können hier glasierte Klinker für die Außenschale verwendet werden?
3. Warum können hier feinporige Dämmplatten oder faserige Dämmstoffe verwendet werden?

Deutlich sind hier die Krallenscheibe und die Tropfscheibe am Drahtanker erkennbar.

← **Zweischaliges Mauerwerk mit Wärmedämmung und Luftschicht**

Im Industriebau hat sich in letzter Zeit eine Variante herauskristallisiert, die statt der herkömmlich gemauerten Außenschale eine metallische Bekleidung verwendet. Trotzdem ist sie zweischalig!

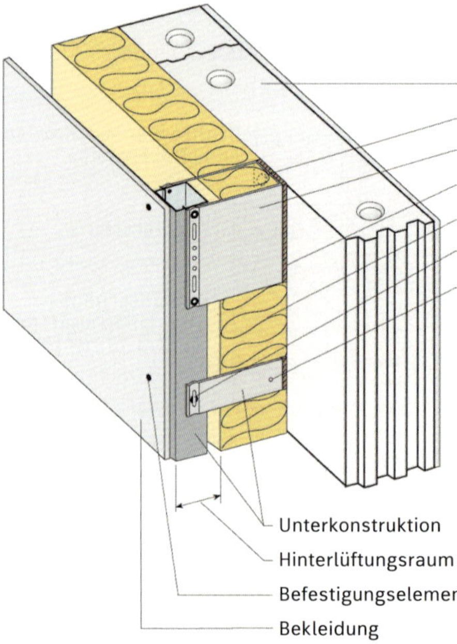

1.2.4 Zweischalige Außenwand mit innen liegender Putzschicht

⇒ Diese Ausführung ist heute kaum noch üblich, daher wird sie hier nur in Kurzform vorgestellt.

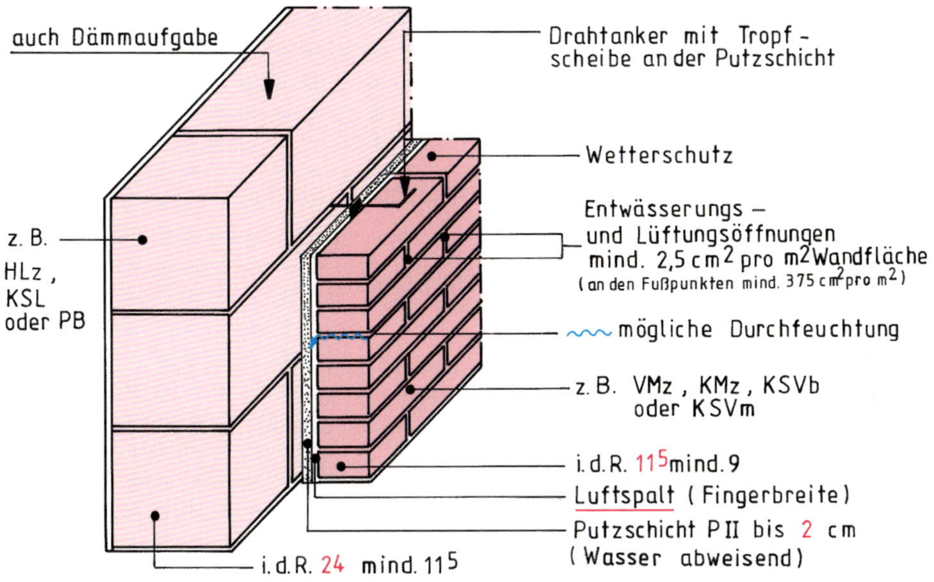

Merke: Keine glasierten Steine oder Klinker in der Außenschale verwenden.
→ Trocknung?

Zusammenfassung von Kapitel 1:

Außenwände

- Außenwände werden **ein-** oder **zweischalig** ausgeführt.
- Zweischalige Außenwände können ausgeführt werden mit Luftschicht, Kerndämmung, Luftschicht + Wärmedämmung und innenliegender Putzschicht.
- Regelausführung bei zweischaligen Außenwänden ist die Luftschicht mit Wärmedämmung.

A – Te *Aufgaben zur Wiederholung finden Sie im Arbeitsheft, Blatt 33.*

Testen Sie sich • Testen Sie sich

Nennen/Erläutern Sie ...

1. die fünf Aufgaben der Außenwände,
2. den Aufbau eines Wärmedämm-Verbundsystems,
3. die Mindestwanddicken zweischaliger Außenwände.

2 Herstellung zweischaliger Außenwände

Zweischalige Außenwände haben gegenüber einschaligen Außenwänden Vor- und Nachteile:

Vorteile 2-schaliger Außenwände:	Nachteile 2-schaliger Außenwände:
– besserer Wetterschutz,	– Aufbau ist „komplizierter“,
– besserer Wärme- und Schallschutz.	– höhere Herstellungskosten.

→ Gerade der „komplizierte“ Aufbau (⇒ *zwei voneinander getrennte Wände müssen zu einer Einheit verbunden werden)* erfordert die Einhaltung bestimmter Regeln.

2.1 Standsicherheit der Außenschale (Verblendschale)

Grundsätzlich gilt:

Innen- und Außenschale müssen auf tragfähigen Unterlagen (sprich: Auflagern)* stehen.

Innenschale = tragende Wand
⇒ muss mit der gesamten Breite auf dem Auflager stehen

Außenschale = nicht tragende Wand (in der Regel 11,5 cm)
⇒ kann mit oder ohne Überstand (*ü*) auf dem Auflager stehen.

also so: oder so:

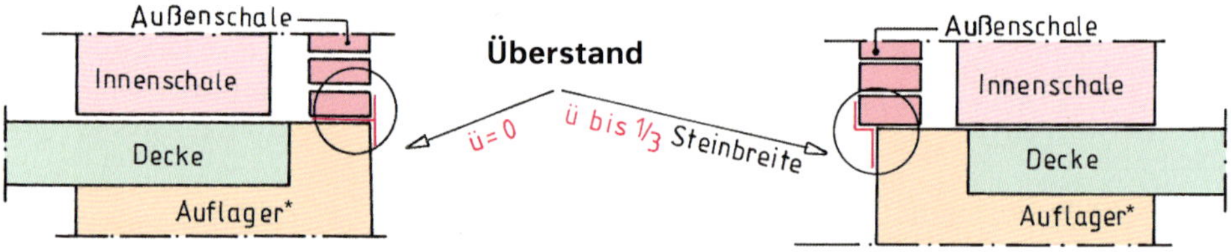

Was ist für den Überstand (*ü*) bei der Außenschale zu beachten?

Ausführung: **ohne** Überstand (*ü*)

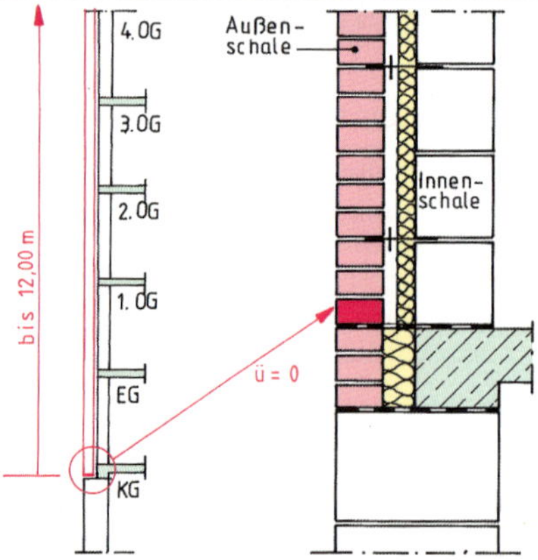

⇒ ***ü* = 0**
→ **Höhe bis 12,0 m,**
dann Abfangung

Ausführung: **mit** Überstand (*ü*)

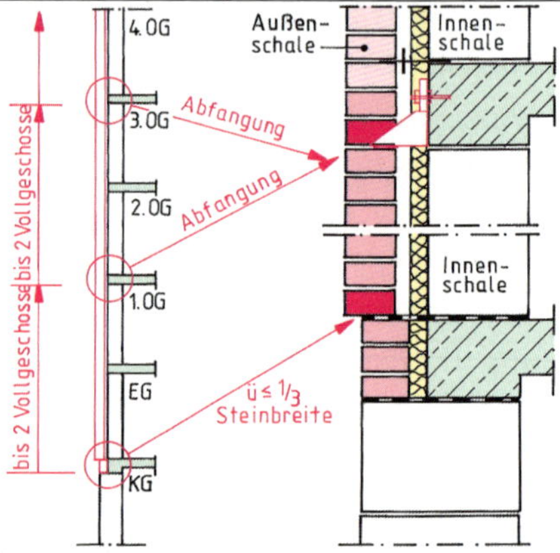

⇒ ***ü* ≤ 1/3 Steinbreite**
→ **Höhe bis 2 Vollgeschosse,**
dann Abfangung oder *ü* ≤ 2,5 cm

*) Auflager → z. B. Fundament, Decke, andere Wand

Was ist unter einer Abfangung zu verstehen und wie wird sie ausgeführt?

Eine Abfangung ist ein neues Auflager und verhindert ein „Umkippen“ der Außenschale. Hier wird das Mauerwerk auf angeschraubten Winkeln neu aufgesetzt
→ Fachbezeichnung: Abfangkonsolen.

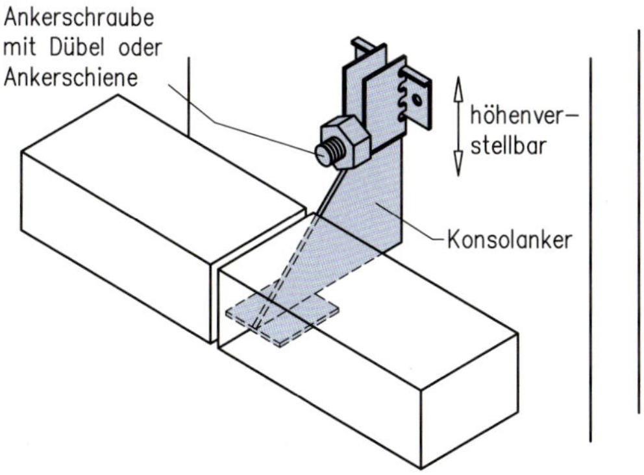

Fußpunktausbildung einer Abfangkonsole

So sieht das im Schnitt aus:

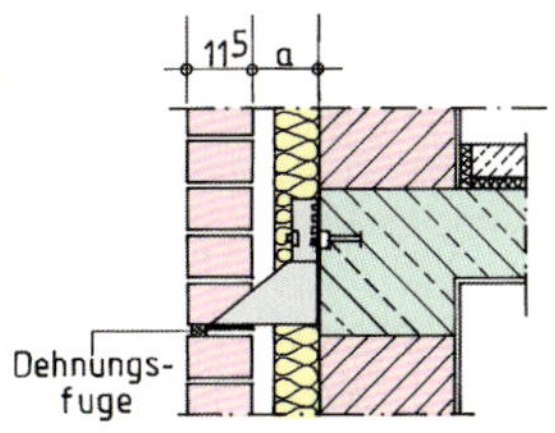

Abfangkonsolen (Einzel-, Eck- oder Konsolwinkel) aus nicht rostendem Stahl werden an die Betondecke angeschraubt oder angedübelt. Der gewünschte Abstand der Außenschale (*a*) ist durch die Konsolbreite „einstellbar“. Der Zwischenraum wird gedämmt (meist wie hier: Dämmung und Luftspalt).

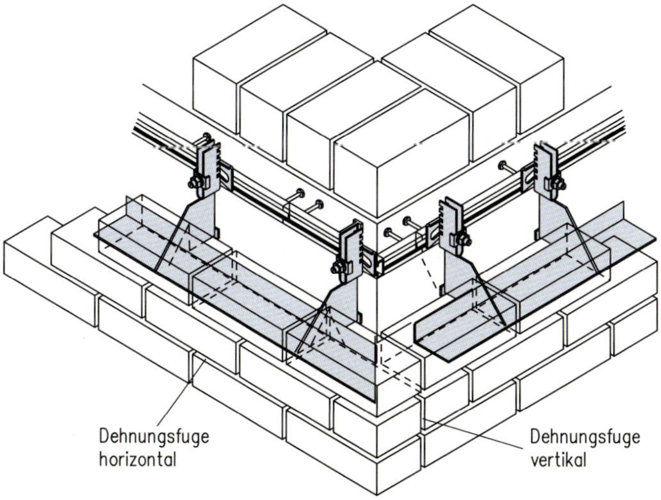

Abfangkonstruktion für den Eckbereich mit höhenverstellbaren Konsolankern

Für die Abfangungen werden eine Vielzahl von Standardkonstruktionen verschiedener Hersteller angeboten. Diese werden durch spezialisierte Ingenieurbüros, objektbezogen bemessen. Die Verankerung der Abfangungen an der tragenden Innenschale erfolgt mit zugelassenen Schwerlastdübeln oder Ankerschienen. Dies geschieht vorzugsweise im Deckenbereich.

2.2 Anordnung von Dehnungsfugen

Die Außenschale ist der Wettereinwirkung direkt ausgesetzt. Damit machen sich Sonneneinstrahlung, Frost und Feuchte stärker bemerkbar als bei der Innenschale. Ganz besonders gilt das für Temperaturunterschiede.

Folge für die Außenschale: → Dehnen und Zusammenziehen

Damit sich diese Verformungen ohne Schaden anzurichten an vorbestimmten Stellen **ausgleichen** können, werden in der Außenschale durchgehende Dehnungsfugen in senkrechter und waagerechter Richtung angeordnet, die später durch einen dauerelastischen Fugendichtstoff verschlossen werden.

Wo müssen Fugen überhaupt angeordnet werden?

1. zwischen zwei Gebäuden ⇒ „Gebäudetrennfugen"
2. zwischen verschiedenartigen Bauteilen ⇒ „Bauteilfugen"
   → z. B. „unser" Haus: im Keller zwischen der Betonwand und der gemauerten Wand
3. an besonders kritischen Stellen
   – sowohl senkrecht als auch waagerecht – als ⇒ „Dehnungsfugen"

Dehnungsfugen in einem Gebäude:

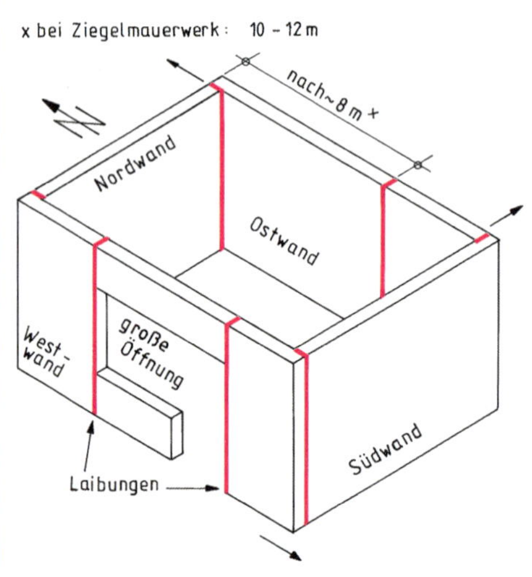

In **senkrechter Richtung:**
- an den Gebäudeecken
- nach etwa 8 m langen Mauerscheiben
- nach großen Fenster- und Türöffnungen in Verlängerung der Laibungen

Die Anordnung der senkrechten Dehnungsfugen muss dem Lauf der Sonne folgen.
Ostwand: Aufgehende Sonne erwärmt diese
→ Ostwand muss sich vor die Nordwand schieben können.
Südwand: Stärkere Sonne, steiler Strahlungswinkel und wärmere Luft
→ Südwand muss sich vor die Ostwand schieben können
Westwand: Hauptwetterseite, starke Sonnenstrahlung, schnelle Abkühlung möglich
→ Westwand muss sich nach beiden Seiten ausdehnen können.

Ausführung einer senkrechten Dehnungsfuge

In **waagerechter Richtung** werden Dehnungsfugen angeordnet:
- unter Attiken und Dachüberständen
- unter Fenster- und Sohlbänken
- unter Abfangungen von Außenschalen bei mehr als 12 m Höhe
- unter Balkonplatten und -trägern

Wie können Dehnungsfugen „verschlossen" werden?

Dazu bieten sich Fugendichtungsmassen, Dichtungsbänder und Abdeckprofile an.
Die Dehnungsfugen sind vorher:

- sorgfältig zu säubern (herausquellenden Mörtel sofort entfernen),
- vor dem Verfugen möglichst zu grundieren (Haftgrundierung).

Und so kann abgedichtet werden:

a) mit Schaumstoffschnur und Fugmasse	b) mit vorgesetztem Abdeckprofil	c) mit selbstklebendem Dichtungsband

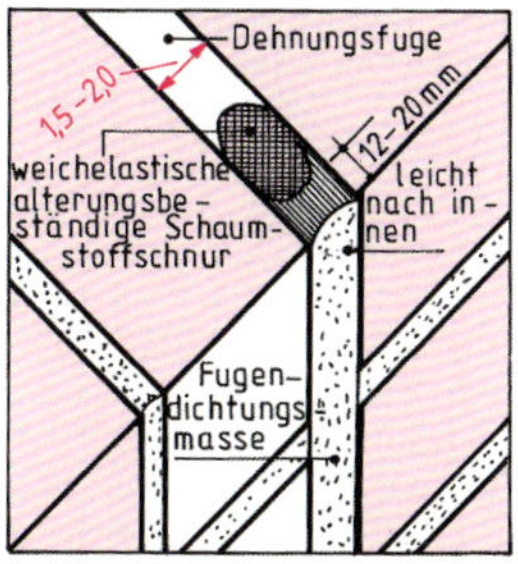

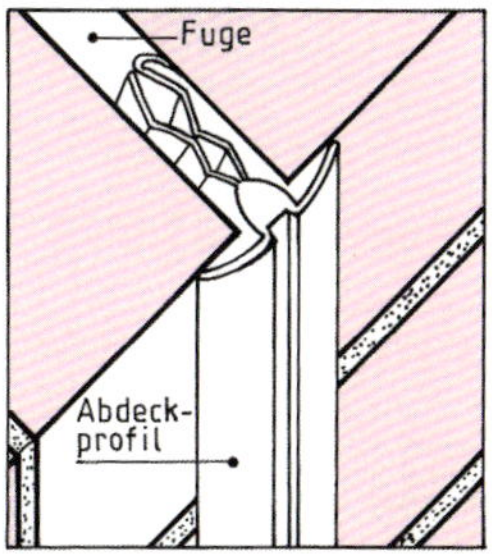

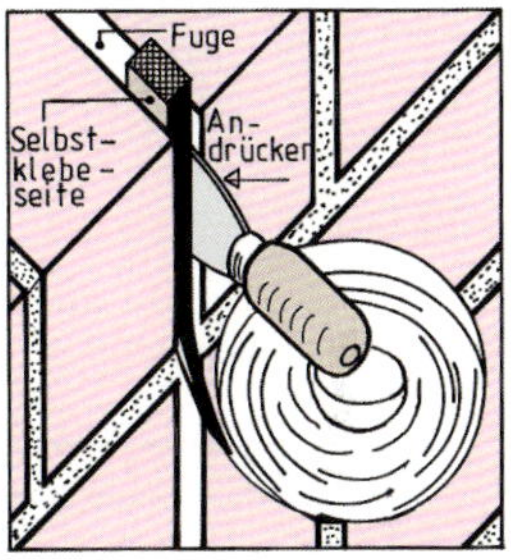

Der Innenraum der Dehnungsfuge bleibt immer leer.

Anm.: „Offene" Fugen sollten vermieden werden → Wasser dringt ein → Feuchteschäden, Ausblühungen und dann noch Ungeziefer, Dreck.

2.3 Drahtanker – Verbindung zwischen Innen- und Außenschale

Drahtanker verbinden nicht nur die Außenschale mit der Innenseite, sondern sorgen auch für gleichmäßigen Abstand. Damit die Anker nicht zur „Wasserbrücke" werden, sind (oder werden) sie mit Tropfscheiben ausgerüstet. Üblicherweise werden die Anker beidseits ins Mauerwerk eingelegt. Auch nachträgliches Einschlagen ins Mauerwerk ist zulässig.

Welche Drahtanker sind üblich?

a) S-Anker zum Einlegen:	b) Luftschichtanker mit Dämmkralle	c) Flachstahlanker für Dünnbettfugen

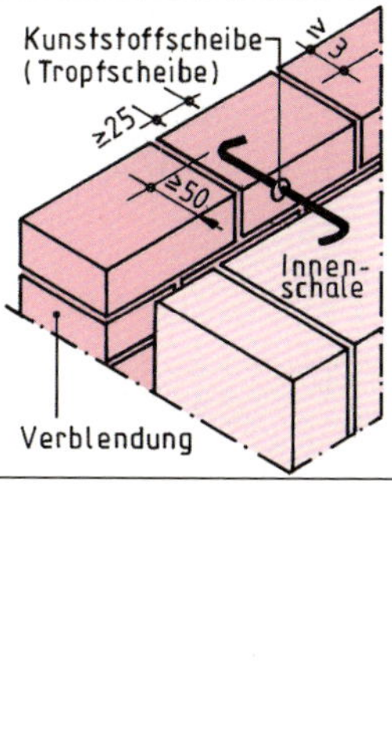

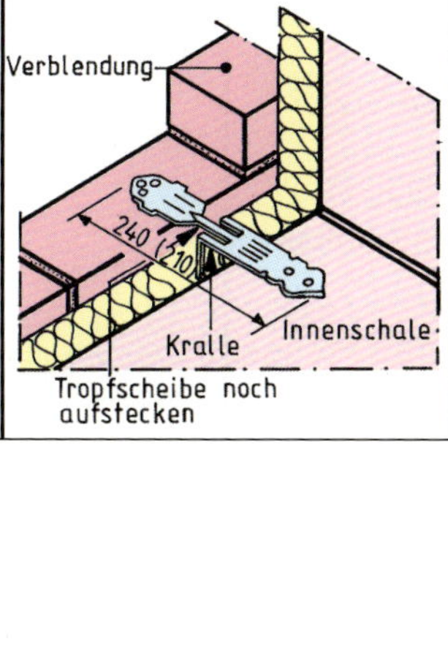

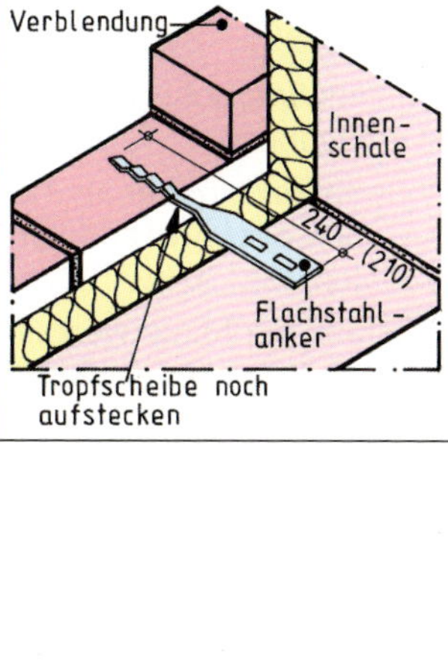

Solle einschaliges Mauerwerk nachträglich mit Dämmung und Außenschale versehen werden, empfiehlt sich, Dübel einzusetzen und Einschlag- oder Einschraubanker (bei Holzbalken) zu verwenden.

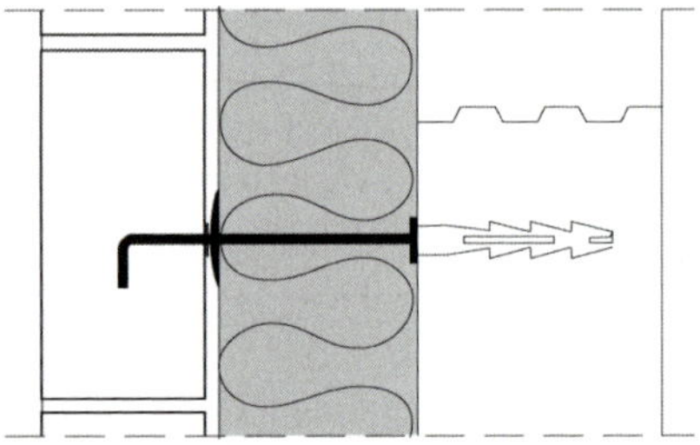

Einschlaganker mit Klemm- und Abtropfscheibe zum nachträglichen Eindübeln

Wo überall müssen Drahtanker eingelegt werden?

5* Anker (mind.) je 1 m² Mauerwerk	+ 3 Anker je m an „freien Rändern“
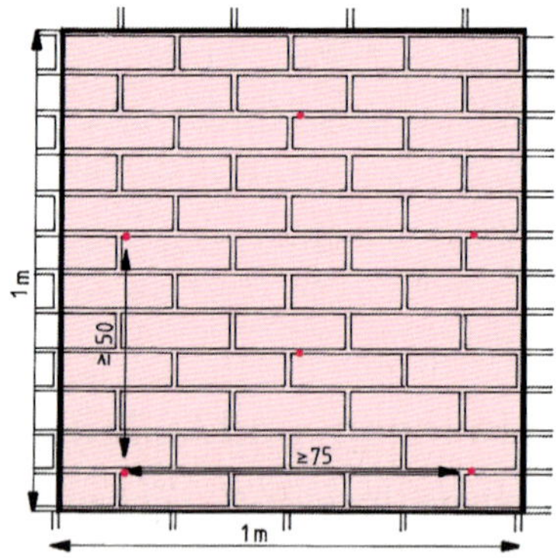	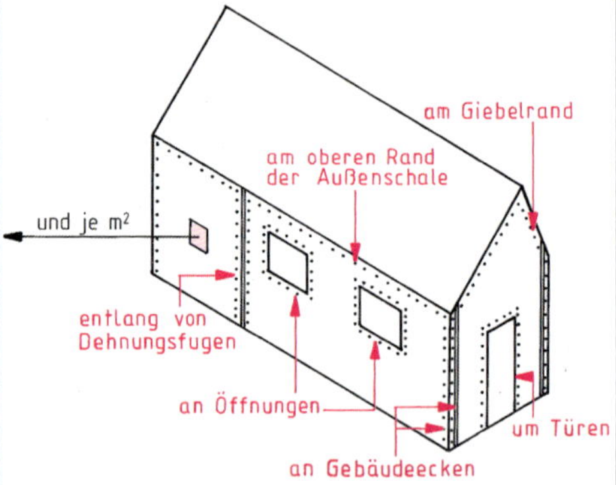

* = siehe Tabelle Hier wurden zur Sicherheit sechs Anker je m² gesetzt.	„Freie Ränder“ sind die Dehnfugen an Öffnungen, Ecken und sonstigen Rändern.

Mindestanzahl und Durchmesser der Drahtanker je m² Wandfläche:

	Drahtanker	
	Mindestanzahl (St./m²)	Durchmesser (mm)
mindestens, sofern nicht Zeilen 2 oder 3 maßgebend	5	Ø 3
Wandbereich höher als 12 m über Gelände oder Abstand der Mauerwerksschalen über 70 bis 120 mm	5	Ø 4
Abstand der Mauerwerksschalen über 120 bis 150 mm	7 oder 5	Ø 4 oder Ø 5
Abstand der Mauerwerksschalen über 150 bis 170 mm	8	Ø 4
Abstand der Mauerwerksschalen über 170 bis 200 mm	9	Ø 4

2.4 Belüftungs- und Entwässerungsöffnungen, Schutz vor Feuchtigkeit

Lang anhaltender Schlagregen, hohe Luftfeuchtigkeit u. a. können dazu führen, dass

a) die Außenschale durchfeuchtet,
b) Wasser an der Innenseite der Außenschale herabläuft oder spätestens an der Tropfscheibe des Drahtankers abtropft.

Das kann passieren:	Und so wird das verhindert:
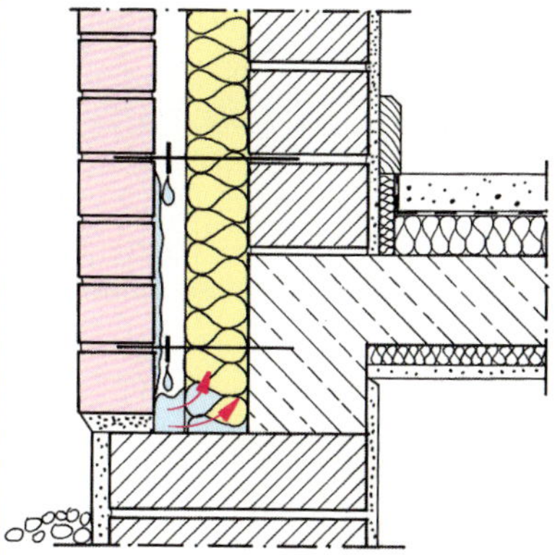	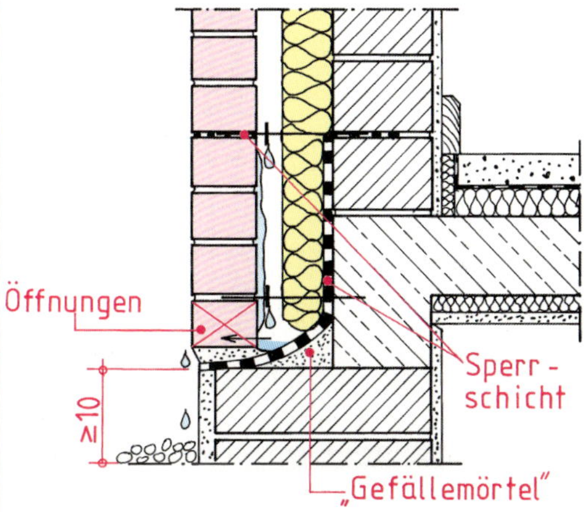
Wasser sammelt sich in der Luftschicht und dringt in die Dämmung ein! ⇒ Eine durchfeuchtete Wärmedämmung wird zur **Wärmebrücke**.	1. durch **Entwässerungsöffnungen** 2. durch **Sperrschichten** (mit „Gefällemörtel") 3. durch **„Abtropfhöhe"** (mind. 10 cm)

Eingedrungenes Wasser muss schnell nach außen abgeleitet werden oder verdunsten können.

Wie kann eingedrungenes Wasser schnell abgeleitet werden?

1. Durch Abfluss des Wassers: Öffnungen **am Fußpunkt** der Außenschale → „offene" Stoßfugen oder Belüftungssteine.
2. Durch Verdunsten des Wassers: Nur wenn Luft strömt, kann Wasser verdunsten oder „mitgenommen" werden. Die Strömung kommt zustande durch Öffnungen **am oberen Rand** der Außenschale und unter Fenstern.

Strömen der Luft:

a) normalerweise b) unter Fenstern

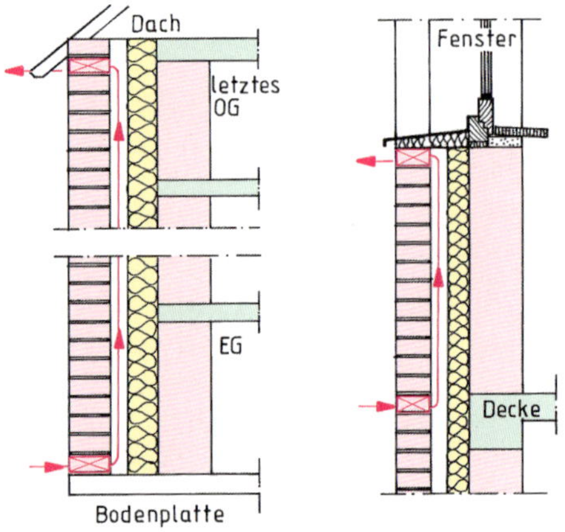

Belüftung und Entwässerung am Fußpunkt
→ offene (nicht vermörtelte) Stoßfugen

Belüftung unter Fenstern:

Wichtig:

Die Außenschale darf die Innenschale nicht berühren! (höchstens über die Drahtanker)

→ Das gilt auch für „schwierige Stellen", z. B. Fensteranschlag.

In Belüftungs- und Entwässerungsöffnungen dürfen keine Mörtelreste bleiben.

→ Unten in der 1. und 2. Steinreihe bleibt jede 2. Stoßfuge unvermörtelt.

2.5 Verfugen der Außenschale

Zum guten Aussehen der Außenseite gehört auch ein gutes Fugenbild. Hierfür sind zwei Arbeitsverfahren üblich:

1. Nachträgliches Verfugen

= Verfugt wird erst nach Abschluss der Maurerarbeiten.
⇒ sehr arbeitsaufwendig, wird nur gemacht, wenn die Fugen farbig gestaltet werden sollen.

Arbeitsgang:
- Stoß- und Lagerfugen etwa 1,5 cm tief auskratzen (mit Hartholzstab oder Fugkelle → keine Spitzkelle)
- Ränder und Mauerwerk säubern (Bürste)
- Fugmörtel kräftig eindrücken und glätten

2. Fugenglattstrich

Verfugt wird sofort beim Mauern.
Das nennt man auch „Verfugen im eigenen Saft“.

Arbeitsgang:
- Überquellenden Mörtel abstreifen
- Ansteifender Mörtel wird mit einem Schlauchstück glatt gestrichen

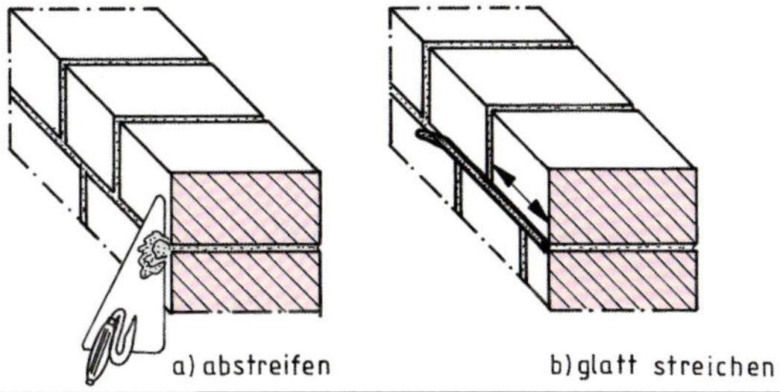

So sollen die **Fugen** ausgebildet werden:

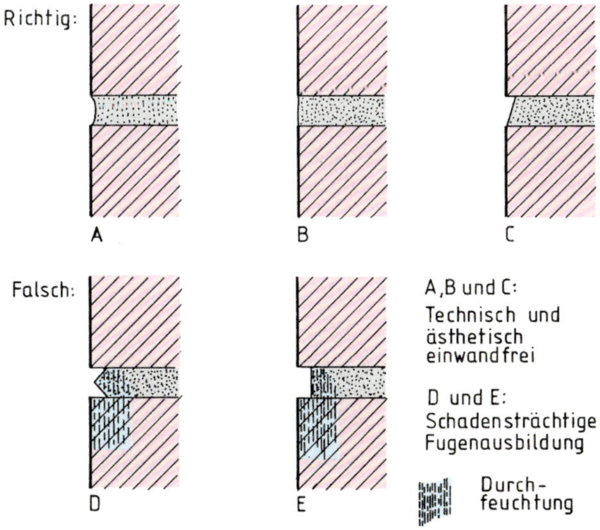

Zum Verfugen gehört natürlich auch der richtige Mörtel:

Fugmörtel
(nachträgliches Verfugen)

Fugmörtel

Das Wichtigste in Kurzfassung:

- nur zum nachträglichen Verfugen von Sichtmauerwerk oder Schornsteinen,
- am besten geeignet: Mörtelgruppe II und IIa (auch Zementmörtel MG III mit 1 RT CEM I → Portlandzement und 4 RT Sand 0 – 2 mm ggf. möglich);
- zur Erhöhung der Geschmeidigkeit und Wasserdichtigkeit kann bis zu 20 % Kalkhydratpulver zugesetzt werden.
- Farbstoffe nur in geringen Mengen zusetzen; am besten:
  farbige Fertig-Fugmörtel verwenden (→ gute Materialzusammensetzung ergibt ein gleichmäßiges Farbbild).

Sollte trotz bester Ausführung das Mauerwerk später ausblühen, kann Abhilfe geschaffen werden. Sehen Sie hierzu Lernfeld 17 „Ausblühungen".

2.6 Materialberechnungen zur Außenschale

Für die Außenschale müssen die Materialien (Ziegel/Steine, Mörtel, Dämmung, Anker) berechnet und bestellt werden können. Das funktioniert wie bei den Berechnungen des einschaligen Mauerwerks ⇒ „Schenken" wir uns hier.

A/Proj – Ma *Materialberechnungen für die Außenschale → Arbeitsheft, Blatt 34, 35*

Zusammenfassung von Kapitel 2:

Ausführung zweischaliger Außenwände

- Die Außenschale kann mit und ohne **Überstand *ü*** ausgeführt werden.
- Abfangungen durch Konsolen sind erforderlich bei:
  ü = 0 nach 12 m, *ü* = 1/3 Steinbreite nach zwei Vollgeschossen.
- **Dehnungsfugen** sind an vorbestimmten Stellen anzuordnen.
- Im Regelfall sind mind. **fünf Drahtanker** je m^2 Außenschale anzubringen. Zusätzlich sind drei Drahtanker je lfd. m bei allen „freien Rändern" erforderlich.
- Eingedrungenes Wasser zwischen Außen- und Innenschale muss durch Entwässerungs- und Belüftungsöffnungen schnellstens abgeleitet werden oder verdunsten können.
- Am Fußpunkt der Luftschicht ist die Sperrschicht mit Gefälle zu versehen.
- Das Verfugen der Außenschale wird mit Fugenglattstrich oder durch nachträgliches Verfugen ausgeführt.

A –Te *Aufgaben zur Wiederholung der Herstellungsregeln → Arbeitsheft, Blatt 36, 37*

3 Ein- und zweischalige Außenwände im Vergleich

„Der Teufel liegt im Detail“ – dieser Spruch trifft auch beim Bauen zu. Ein kleiner Fehler kann große Auswirkungen haben → Beispiel: Eine kleine vergessene Tropfscheibe kann bei einer zweischaligen Außenwand die gesamte Dämmung unwirksam werden lassen.

Im Folgenden stellen wir wichtige „Knackpunkte“ am ein- und zweischaligen Außenmauerwerk gegenüber, damit Sie Konstruktionsfehler möglichst vermeiden. Die Beispiele beziehen sich auf „unser Haus“ und können daher nur Anhalt sein.

Einschaliges Mauerwerk mit Wärmedämmputz	**Zweischaliges Mauerwerk** mit Dämm- und Luftschicht

1. Sockelanschluss (Übergang Kelleraußenmauerwerk – Außenwand)

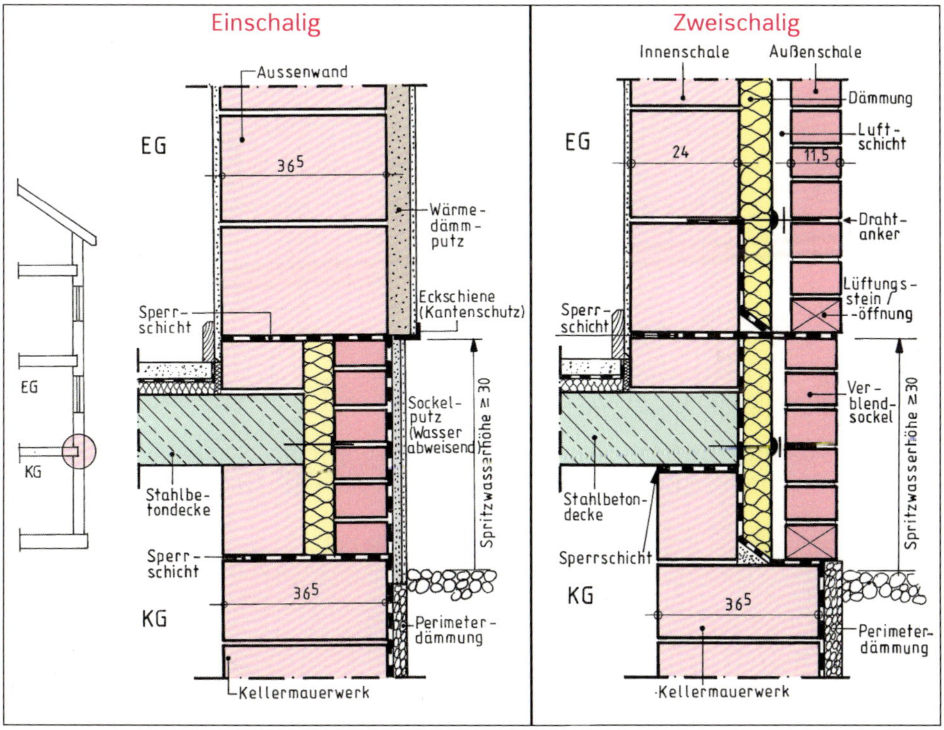

Beantworten Sie anhand der Skizzen folgende Fragen:

1. Welche Ausführung ist von den Sperrschichten her komplizierter?
2. Welche Ausführung bietet einen höheren Wärme- und Wetterschutz?

2. Fensteranschluss (Erdgeschoss mit Rollladenkasten)

Einschalig

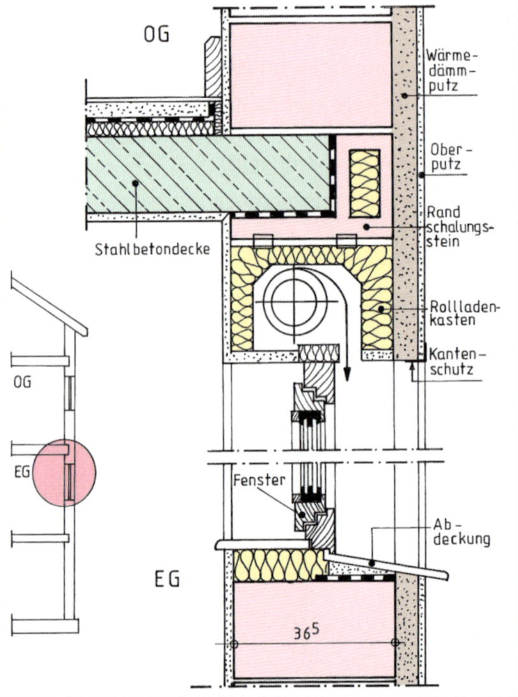

Zweischalig

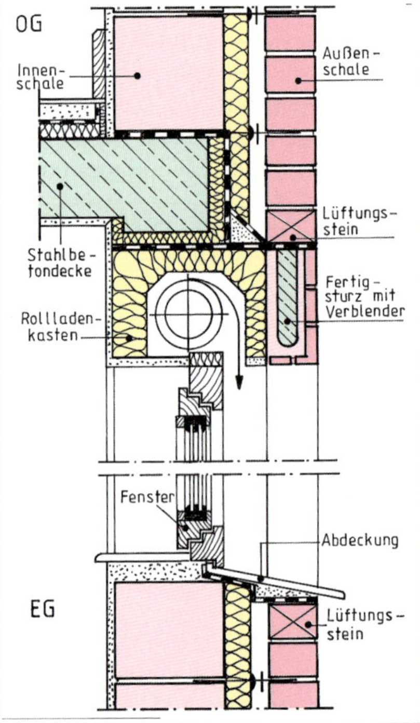

Beantworten Sie anhand der Skizzen folgende Fragen:

1. Wodurch unterscheiden sich die Ausführungen der Stahlbetondecke?
2. Welche Aufgaben erfüllen die Lüftersteine bei der zweischaligen Wand?

3. Fensteranschläge

Einschalig

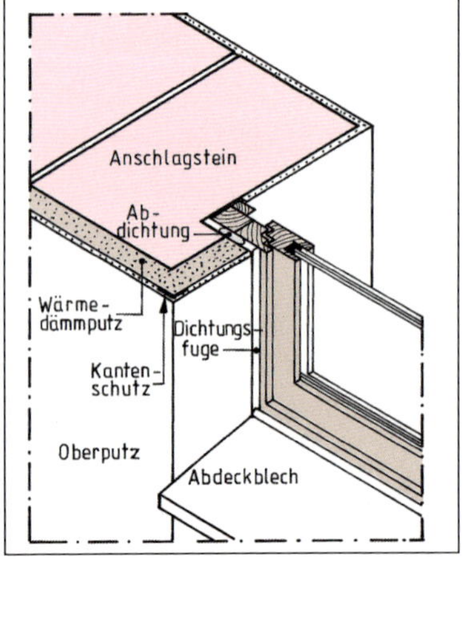

So könnte der **seitliche Fensteranschluss** im Detail aussehen!

Zweischalig

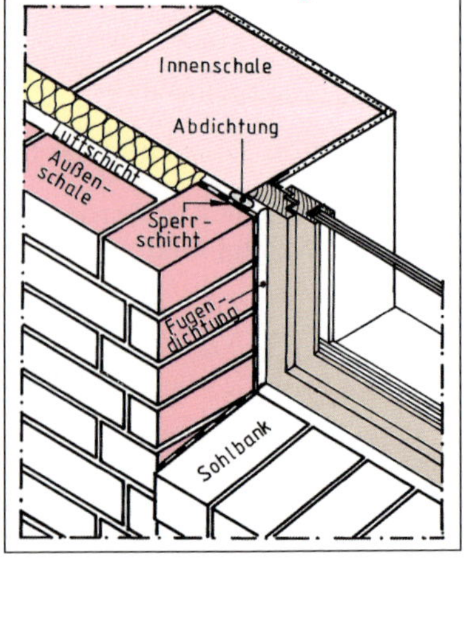

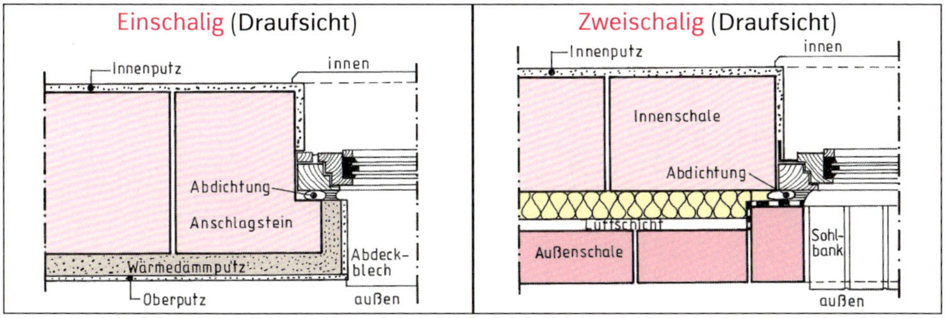

Beantworten Sie anhand der Skizzen folgende Fragen:

1. Welche Aufgabe erfüllt die Sperrschicht beim Fensteranschluss im zweischaligen Mauerwerk?
2. Besteht ein prinzipieller Unterschied bei der Fugenabdichtung?

4. Dachanschluss (Dach als Satteldach)

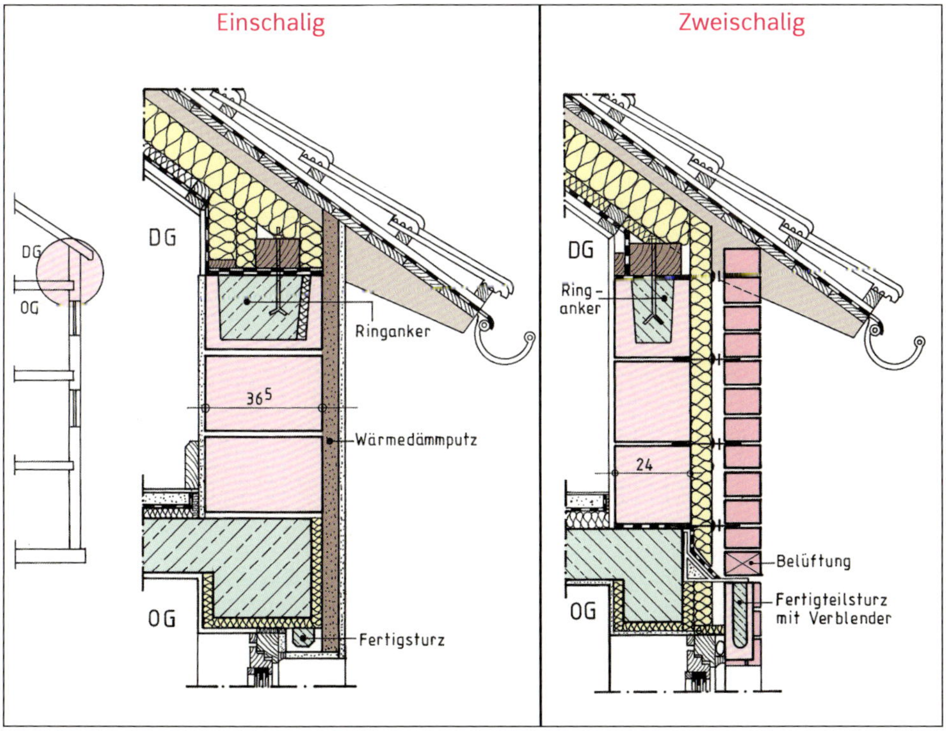

Beantworten Sie anhand der Skizzen folgende Fragen:

1. Bis wohin reichen der Wärmedämmputz bzw. die Außenschale zwischen den Sparren?
2. Wozu dienen die Sperrschichten oberhalb des Ringankers?

Wenn Sie den Aufbau ein- und zweischaliger Wände genau betrachten, werden Sie Folgendes feststellen:

- der Aufbau zweischaliger Wände ist wesentlich komplizierter,
- die Herstellung zweischaliger Wände ist teurer und zeitaufwendiger.

Daher erhebt sich die Frage:

Warum werden überhaupt zweischalige Außenwände „gemauert"?

Die Antwort:

- Die einzelnen Schalen können auf ihre „Hauptaufgabe" besser abgestimmt werden.
  → Innenschale: Tragfunktion, Außenschale: Wetterschutz und Gestaltung
- Durch indirektes Trockenhalten der Innenschale wird der Wärmschutz (und auch der Schallschutz) besser als bei einschaliger Bauweise
  und
- eine gemauerte Außenwandfläche wirkt „natürlicher" als eine verputzte Fläche → große gestalterische Vielfalt.

Ü - TK *Konstruktionszeichnungen verschiedener Art und Schwierigkeit finden Sie im Arbeitsheft, Blatt 38 – 40*

T *Eine Vorbereitung auf eine mögliche Klassenarbeit über zweischalige Wände → Arbeitsheft, Blatt 41, 42*

Die Berechnungen zum Wärme- und Schallschutz haben wir an dieser Stelle bewusst ausgeklammert. Diese werden als zusätzliche Information im Anschluss an Lernfeld 17 behandelt. Dort können Sie gravierende Unterschiede hinsichtlich des Dämmwertes ein- und zweischaliger Wände nachvollziehen und berechnen.

4 Gestaltung der Außenseiten und Fassaden

Die Außenseite eines Gebäudes (Fassade) soll wetterfest sein, aber auch „schön" aussehen.
Möglichkeiten hierzu:

1. Putz und Farbanstrich → *vorw. bei einschaligem Mauerwerk,*
2. Verblend- oder Sichtmauerwerk → *interessiert uns an dieser Stelle.*

Was ist der Unterschied zwischen Verblend- und Sichtmauerwerk?

Da diese beiden Fachbegriffe immer „vermischt" werden, wollen wir das zunächst klarstellen.

- **Sichtmauerwerk** ist immer einschaliges Mauerwerk.
  Es wird in ganzer Dicke aus Steinen gleicher Art und gleichen Formats im Verband gemauert und bleibt sichtbar → z. B. Innen- und Außensichtmauerwerk.
- **Verblendmauerwerk** ist immer zweischaliges Mauerwerk.
  Hier bleibt nur das Mauerwerk der Außenschale i. d. R. sichtbar und wird daher auch als „Verblendschale" bezeichnet.
  Die Verblendschale kann man mauern
  - normal im Läuferverband (mit Abwandlungen) oder
  - als „Zierverband".

Das ist der Unterschied:

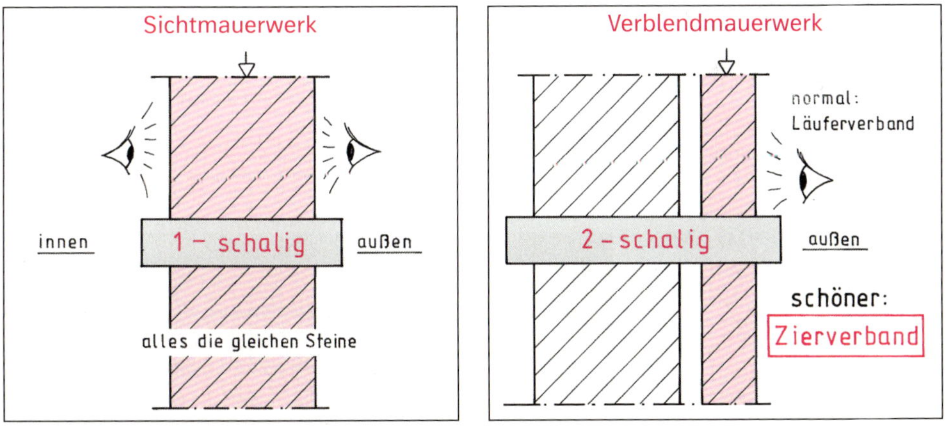

4.1 Zierverbände als Verblendmauerwerk

Diese Verbände werden auch als „historische" Verbände bezeichnet. Sie sollen die Verblendschale schön aussehen lassen („verzieren").

Verwendet werden vor allem kleinformatige Steine.

<u>Beim Mauern beachten:</u>
- Verblender „quermischen“
→ Steine von mehreren Paletten nehmen (ergibt gleichmäßiges Farbenspiel).
- Zum Mauern und Verfugen am besten Werktrockenmörtel nehmen (oder mind. Mauermörtel MG II).
- Verfugen: „Nass in Nass“ oder nachträglich verfugen.

Zierverbände wirken durch Genauigkeit und saubere Verarbeitung. Daher: Besonders sorgfältig mauern. Das bedeutet im Einzelnen:
- gleichmäßige Fugenbreite,
- „Einloten“ des Mauerwerks in kleinen Abständen,
- unbedingt mittig mauern.

Für alle Zierverbände ein „Muss“:
- Überbindung → *ü* = 6,25 cm oder 0,5 am = ¼ Steinlänge mindestens aber *ü* = **4,5 cm**
- Steine nie hacken, sondern schneiden (Steinschneider) → *sonst sieht die Mauer „besch . . . eiden“ aus.*

<u>Baustoffe:</u> vorw. VMz, VHLz, KMz, KSVb (als DF, NF und 2 DF)

<u>Zierverbände</u> sind:
- Gotischer Verband,
- Holländischer Verband,
- Märkischer Verband,
- Schlesischer Verband,
- Amerikanischer Verband,
- Wilder Verband

und natürlich auch:
- Block-,
- Kreuz- und der
- Läuferverband mit seinen Abwandlungen.

Merken Sie sich:
Wie bei allen Verbänden kommt es auch bei den **Zierverbänden** darauf an:

⇒ das **Muster** (das der Verband bildet) zu kennen und
⇒ den **Maueranfang** richtig zu können (um richtig in den Verband zu kommen)
→ Eine Ausnahme bildet hier der „Wilde Verband“.

Beachten Sie bei den folgenden Zeichnungen:

- Läufer = Köpfe = → Verband so deutlicher
- Die Überbindung (*ü*) beträgt bei den Zierverbänden i. d. R. ½ am = 6,25 cm.

Der Maueranfang und das Muster sind jeweils angegeben, das Mauerende richtet sich nach der Mauerlänge und muss dann jeweils passend gemacht werden.

4.1.1 Läuferverbände

→ Der normale Läuferverband ist Ihnen bekannt (wird nicht vorgestellt).

1. mit 1/2 am (= 6,25 cm) **Überbindung**

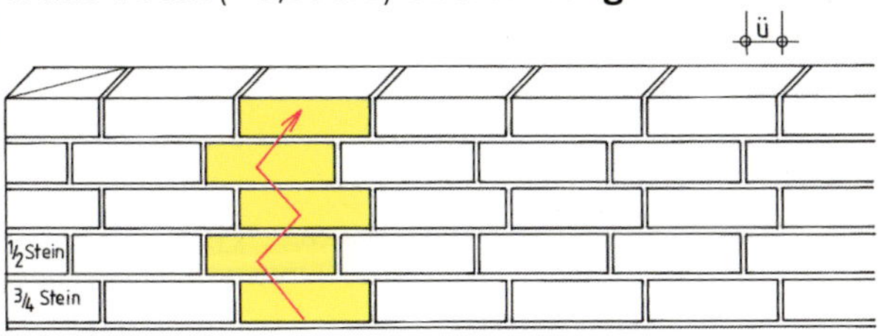

Kennzeichen:

- nur Läuferschichten,
- „Versprung“ von Schicht zu Schicht um 1/2 am (= 1/4 Steinlänge)

(Aussehen: wie „Zick-zack“)

2. mit einseitiger Abtreppung

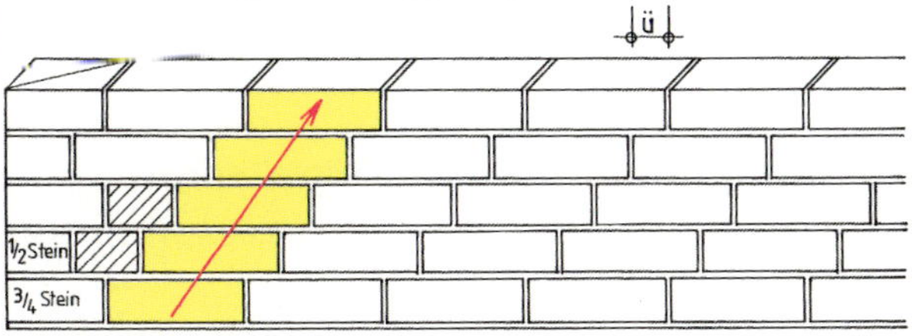

Kennzeichen:

- Stoßfugen sind um 1/4 Steinlänge (= 6,25 cm) versetzt.
- „Füllköpfe“ erforderlich

(Aussehen: „Treppe“)

3. mit wechselnder Abtreppung (links/rechts)

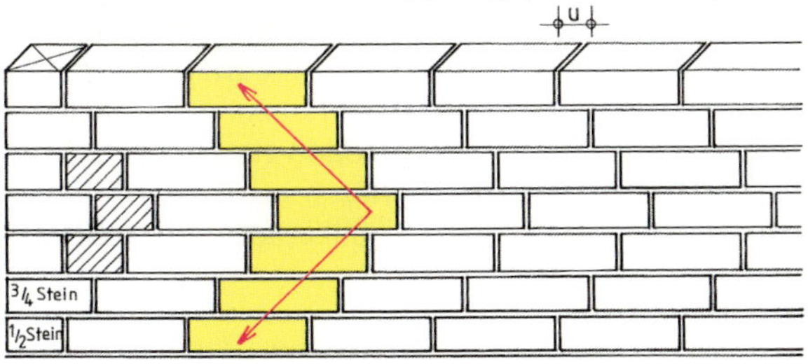

Kennzeichen:

- Stoßfugen sind um 1/4 Steinlänge nach rechts/links versetzt.
- „Füllköpfe“ erforderlich

(Aussehen: „Vogelflug“)

4.1.2 Gotische Verbände

Grundsätzlich gilt:

- Überbindung 1/2 am
- In allen Schichten folgt auf **einen Läufer ein Kopf**

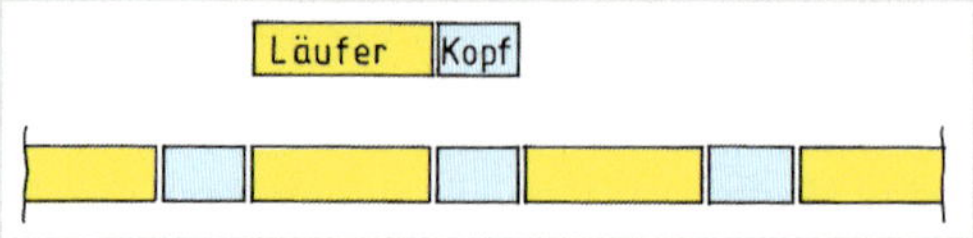

1. Grundform:

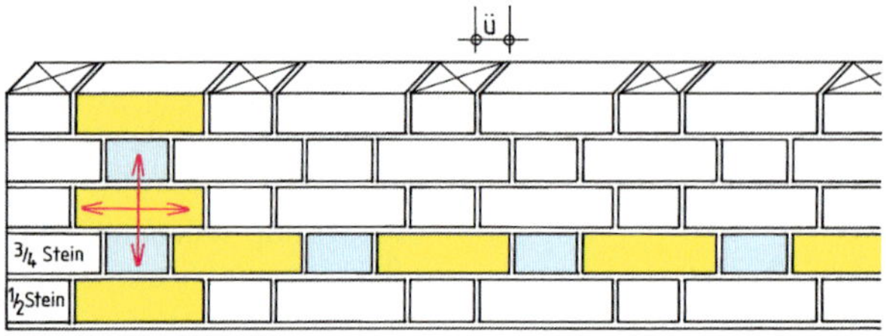

Kennzeichen:

L - K

- Die Läufer der nächsten Schicht liegen immer genau über den Köpfen ($ü$ = 6,25 cm).

(Aussehen: „Kreuz“)

2. Um 1/2 am (= 6,25 cm) **versetzte Köpfe**

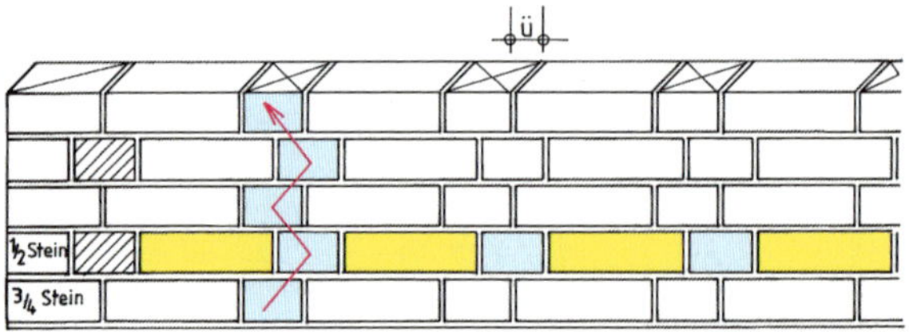

Kennzeichen:

- Die Köpfe der übereinanderliegenden Schichten liegen übereinander bzw. 1/2 am versetzt.
- „Füllköpfe“ erforderlich

(Aussehen: „Zick-zack“)

3. Mit wechselnder Abtreppung der Köpfe

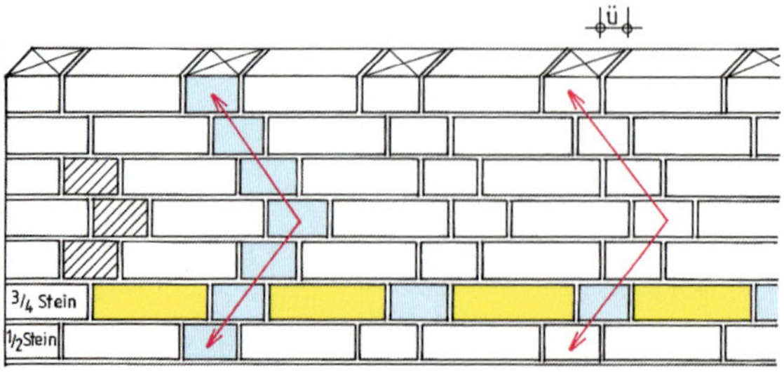

Kennzeichen:

- Übereinander liegende Köpfe wandern einige Schichten zur einen Seite und dann zur anderen Seite.
- „Füllköpfe“ erforderlich

(Aussehen: „Vogelflug“)

4. Mit eingefügter Läuferschicht

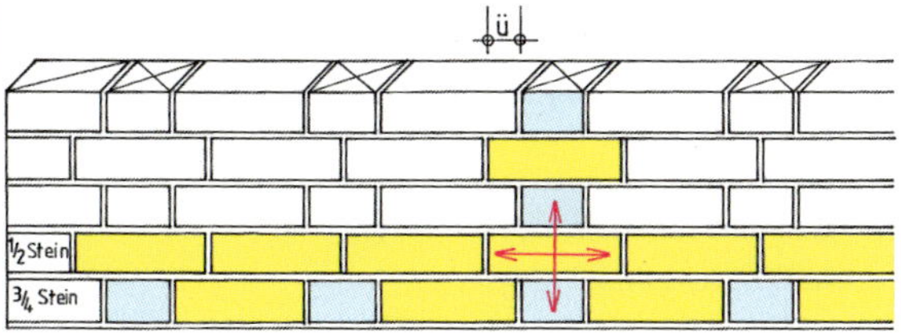

Kennzeichen:

– Grundform, jedoch ist jede 2. Schicht eine komplette Läuferschicht.

(Aussehen: „Flachkreuz“)

4.1.3 Holländischer Verband

Dieser Verband kann leicht vom Gotischen Verband abgeleitet werden.
Es wird eine Schicht der Grundform gemauert und dann eine komplette Kopfschicht.

Grundform:

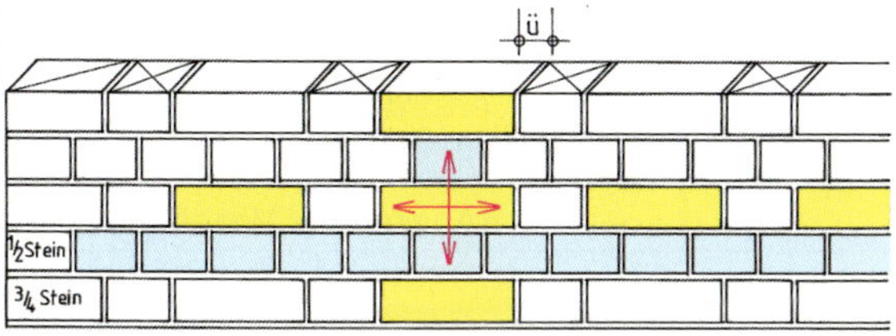

Kennzeichen:

– Eine Schicht:
Läufer – Kopf – Läufer ...
– Nächste Schicht:
Kopf – Kopf – Kopf ...

(Aussehen: „Kreuz“)

4.1.4 Märkische Verbände

Grundsätzlich gilt:

– Überbindung 1/2 am
– In allen Schichten folgt auf **zwei Läufer ein Kopf**.

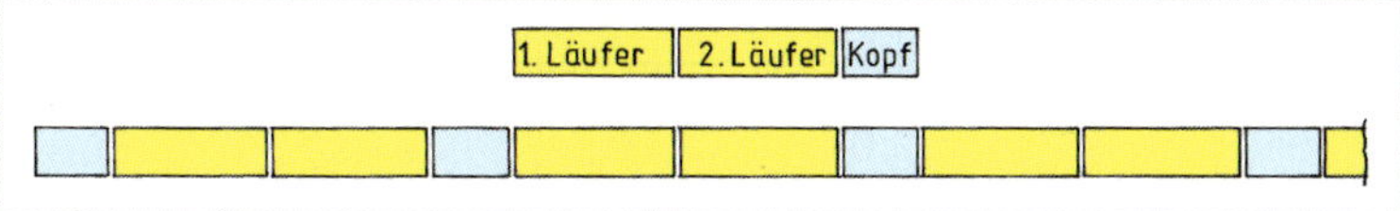

1. Grundform

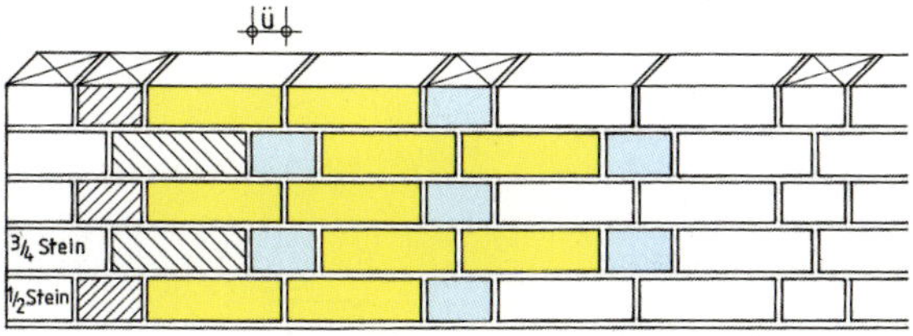

Kennzeichen:

L – L – K

– Die **Köpfe** liegen **zwischen** den **Stoßfugen** der Schicht darüber und darunter.
– Füllköpfe/-steine erforderlich

2. Um 1/2 am (= 6,25 cm) **versetzte Köpfe**

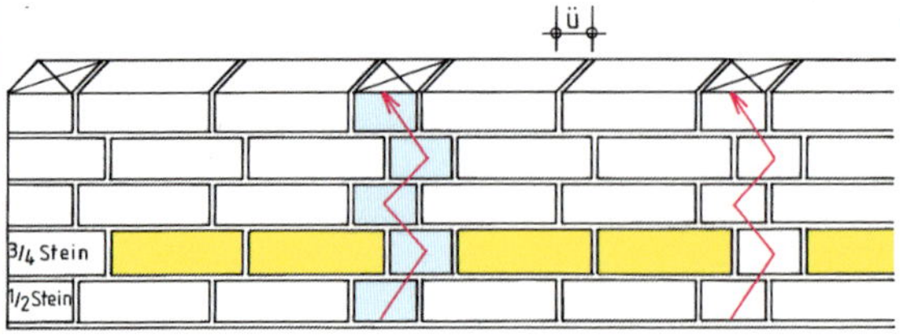

Kennzeichen:

– Die Köpfe der übereinanderliegenden Schichten liegen um 1/2 am versetzt.

(Aussehen: „Zick-zack“)

3. Mit wechselnder Abtreppung der Köpfe

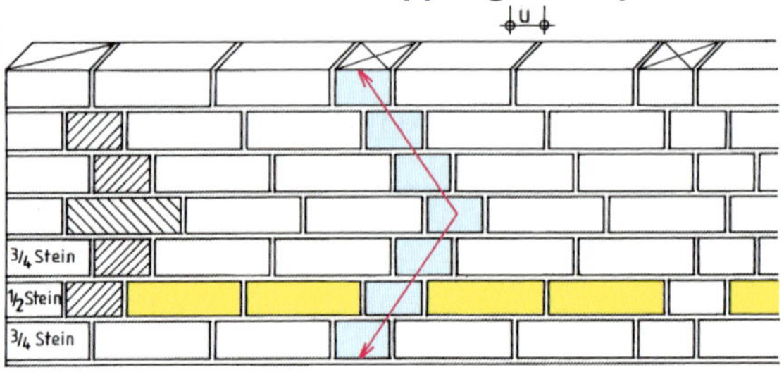

Kennzeichen:

– Die übereinanderliegenden Köpfe wandern einige Schichten zur Seite und dann zur anderen Seite.
– Füllköpfe/-steine erforderlich

(Aussehen: „Vogelflug“)

4. Mit eingefügter Läuferschicht

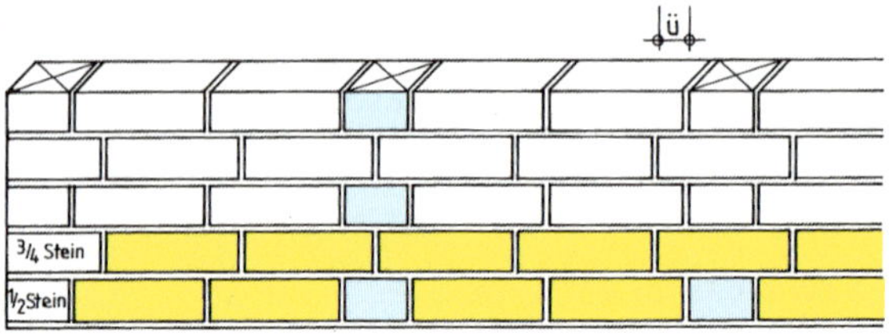

Kennzeichen:

– wie bei Grundform, nur ist jede 2. Schicht eine komplette Läuferschicht

4.1.5 Schlesischer Verband

→ Da dieser Verband recht selten ist, betrachten wir nur die Grundform.

Grundsätzlich gilt:

– Überbindung 1/2 am
– In allen Schichten folgt nach **drei Läufern ein Kopf**.

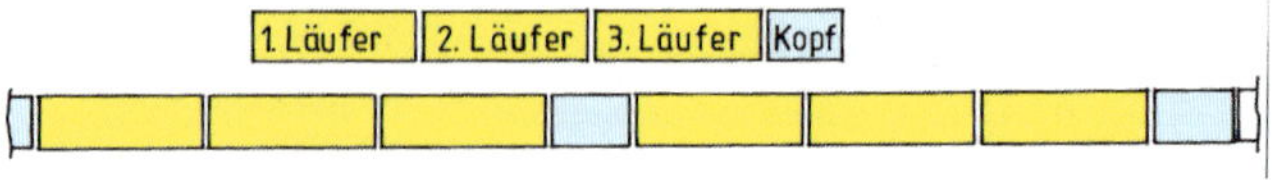

Grundform

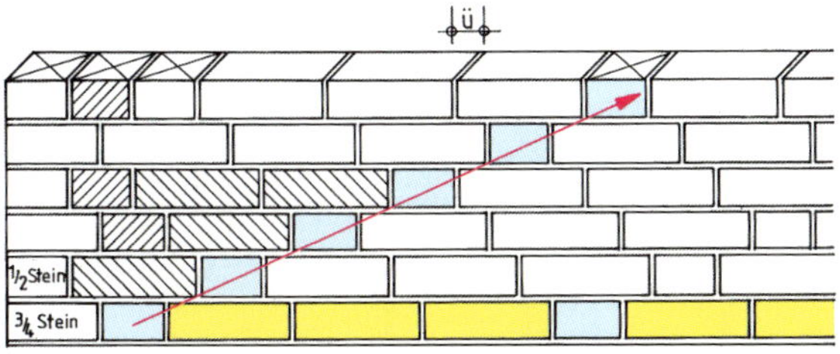

Kennzeichen:

L – L – L – K

– Versatz um 1/2 am in der Diagonalen
– Füllkörper/-steine erforderlich

(Aussehen: „Flache Treppe")

4.1.6 Amerikanischer Verband

→ Auch dieser Verband ist recht selten → daher nur Grundform.

Grundsätzlich gilt:

– Überbindung 1/2 am
– Nach mindestens **drei Läuferschichten folgt eine Kopfschicht**.

Grundform:

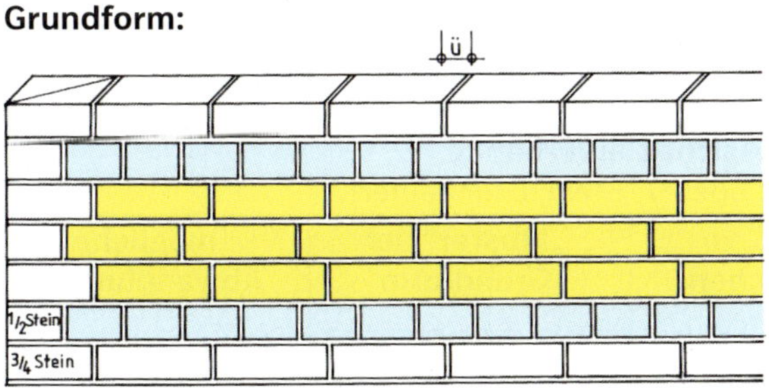

Kennzeichen:

Kopfschicht
Läuferschicht
Läuferschicht
Läuferschicht
(evtl. Läuferschicht)
Kopfschicht

4.1.7 Wilder Verband

Grundsätzlich gilt:

– Überbindung 1/2 am
– **Läufer und Köpfe** werden bewusst **unregelmäßig** angeordnet.

In der Praxis wurden im Laufe der Zeit „Anhaltsregeln" aufgestellt, die aber nicht verbindlich sind:

- nicht mehr als drei Köpfe und nicht mehr als fünf oder acht Läufer hintereinander
- nicht mehr als sechs oder acht Abtreppungen in Folge
- keine Kreuze mauern

So kann ein „Wilder Verband“ aussehen:

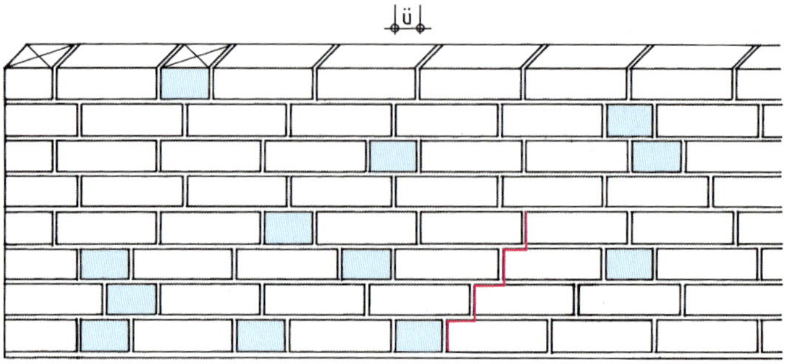

Welche der hier vorgestellten Möglichkeiten man für „sein“ Haus wählt, ist eine Frage

- des persönlichen Geschmacks,
- der regionalen Gegebenheiten,
- der fachlichen Qualifikation
  → „Vor Ort“ muss manchmal improvisiert werden
  und natürlich
- der Kosten
  → hier kann nicht im Akkord gemauert werden und Verblender sind nicht gerade billig.

4.1.8 Zierverbände – auf einen Blick

Wie kann man sich die Zierverbände merken?

Übersicht Zierverbände
(**K** für Kopf oder 1/2 Stein; **L** für Läufer)

Verbandsname	„Bild“ bzw. Kennzeichen	„Muster“ der Grundform	mögliche Abwandlungen
Gotischer Verband	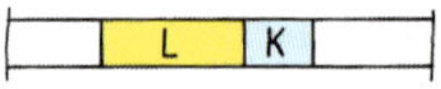 **L – K**	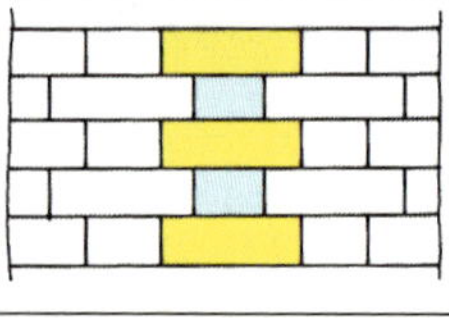	1. 1/2 am versetzte Köpfe 2. Abtreppung der Köpfe 3. eingefügte Läuferschicht
Holländischer Verband	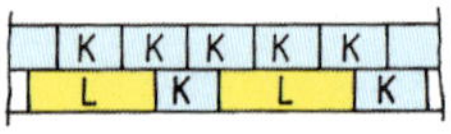 **K – K – K – K** **L – K – L – K**		keine
Märkischer Verband	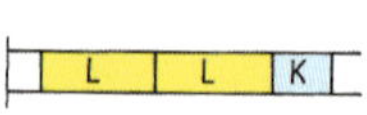 **L – L – K**	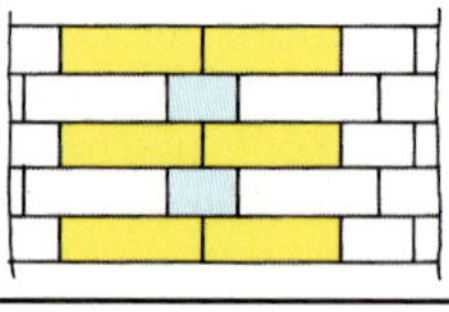	1. 1/2 am versetzte Köpfe 2. Abtreppung der Köpfe 3. eingefügte Läuferschicht

Schlesischer Verband	 **L – L – L – K**	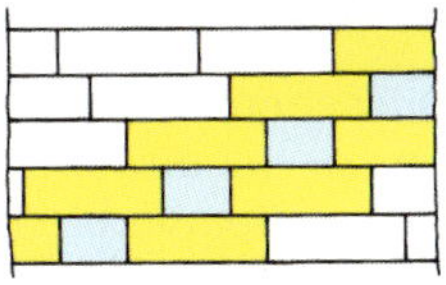	möglich
Amerikanischer Verband	**....K – K – K – K....** **....L – L – L – L....** **....L – L – L – L....** **....L – L – L – L....**		keine
Wilder Verband	unregelmäßig	kein regelmäßiges Muster erkennbar	keine
Läuferverband	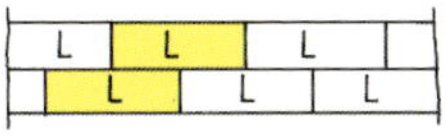 ....L – L – L.... ....L – L – L....	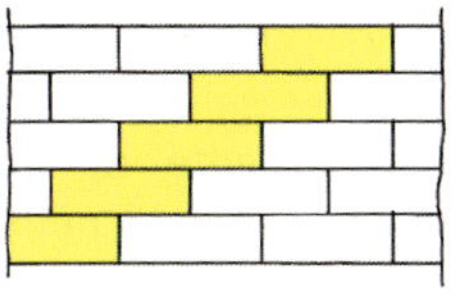	1. mit 1/2 Überbindung 2. einseitige Abtreppung 3. wechselnde Abtreppung

4.2 Zierschichten

Zierschichten betonen einzelne Elemente eines Sicht- oder Verblendmauerwerks.
→ *sind der i-Punkt eines Verblendmauerwerks.*

Die dadurch vor- oder zurücktretenden Schichten können durch Lichteffekte zusätzlich betont werden.

Beispiele für Zierschichten sind:
- Rollschicht,
- Stehschicht,
- Zahnrollschicht,
- Schränkschicht.

Beispiel: am oberen Fenster eine schräg gemauerte Stehschicht

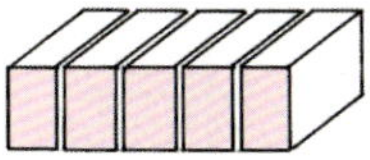	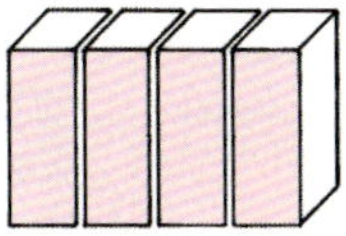	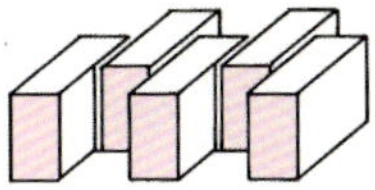	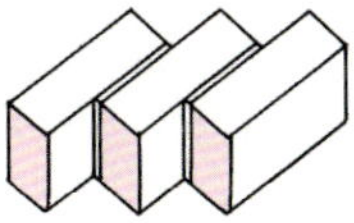
Rollschicht	**Stehschicht**	**Zahnrollschicht**	**Schränkschicht**

4.3 Modernisierung bei Altbauaußenwänden

Zur Verbesserung des Aussehens und insbesondere des Wärmeschutzes werden heute die alten Außenwände zu Innenwänden „umfunktioniert" und i. d. R. mit einer **Vorsatzschale** (aus Klinkern, Sparverblendern oder verputztem Mauerwerk) versehen.

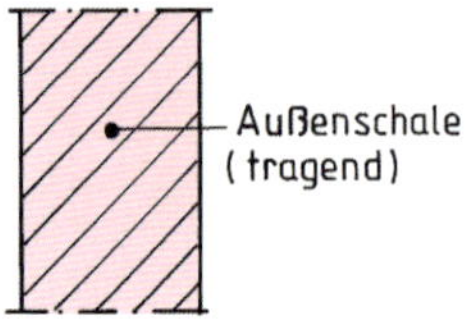

vorher

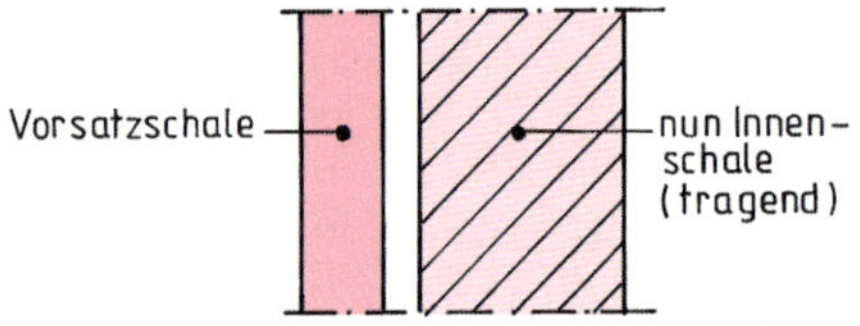

nachher

Das Problem ist meist nicht die Ausführung der Vorsatzschale, sondern die Auflagermöglichkeit.

Welches Problem stellt sich beim Auflager von Altbauten?

In der Regel haben „Altfundamente" nur einen kleinen Fundamentvorsprung (bis 10 cm). Diesen als Auflager für die neue Vorsatzschale zu nutzen, bringt wärmetechnisch keine wesentliche Verbesserung, da dann nicht gedämmt werden kann.

So sieht das meistens aus!

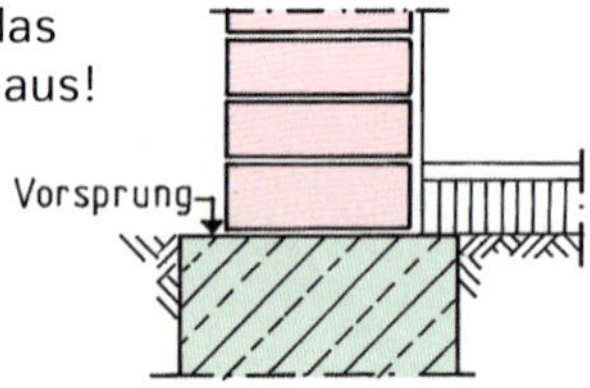

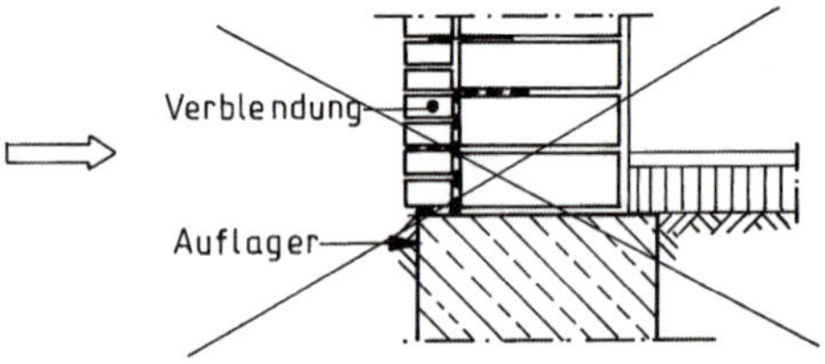

Schlechte Lösung → Dämmwert gering!

So kann man das machen:

a) Zusatzgründung für die Vorsatzschale neu anlegen	b) Abfangen der Vorsatzschale durch Auflagerkonsole über/unter Erdreich
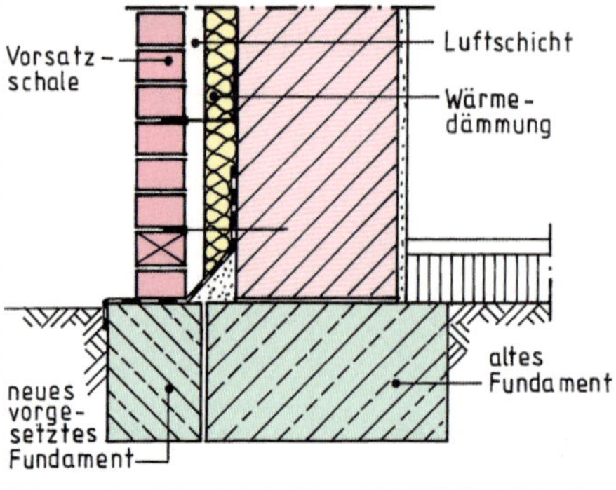	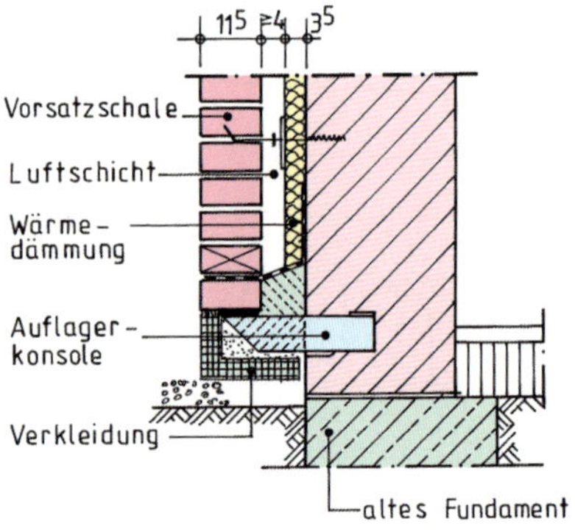

Oft ist sonst alles in Ordnung, nur der Putz sieht schlicht „vergammelt“ aus. In diesem Fall kann man die Außenfassade statt mit neuem Putz mit Sparverblendern oder mit Riemchen verschönern.

Außenwandbekleidung mit:

Sparverblender		**Riemchen**
auf Fundamentüberstand	auf Winkelkonstruktion	auf Sockelputz
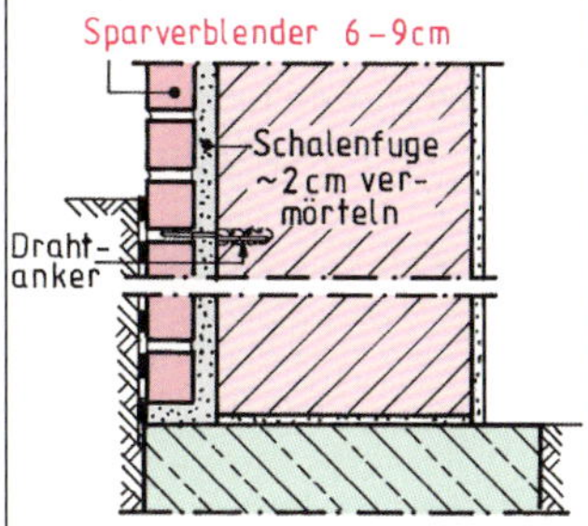	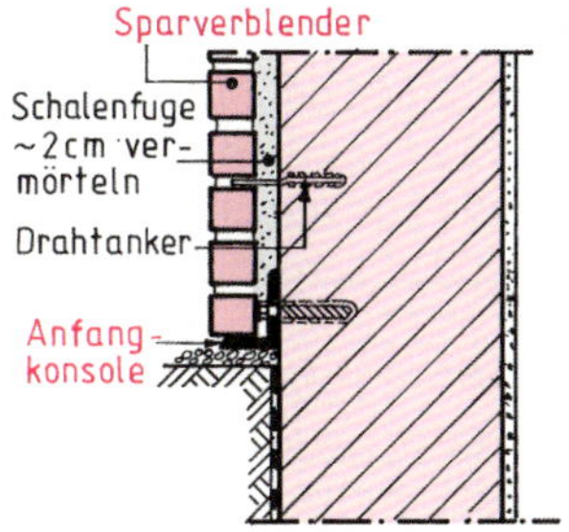	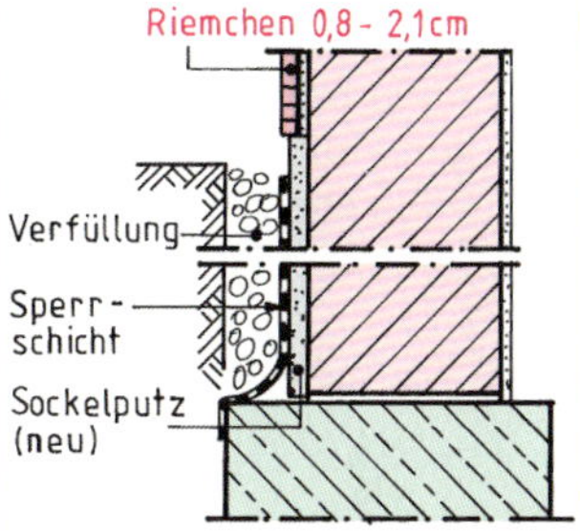

Kleben der Riemchen

Fertige Fassade

Die Bekleidung mit Riemchen ist die einfachste Verschönerungsform und hat mit Mauern wenig zu tun. Hier werden die „Ziegel“ geklebt (Baukleber verwenden!).

Zusammenfassung von Kapitel 4:

Gestaltung der Außenseiten und Fassaden

- Die Außenschale (auch Verblendschale) kann durch Verblend- und **Zierverbände** gestaltet werden.
- Läuferverband, Gotischer, Märkischer, Schlesischer, Holländischer und der Wilde Verband sind typische Ausführungen der Verblend- bzw. Zierverbände.
- Zierschichten betonen einzelne Elemente des Verblendmauerwerks.
- Außenwände von Altbauten können durch **Vorsatzschalen** wärmetechnisch und gestaltungsmäßig modernisiert werden. Sparverblender und Bekleidungen (Riemchen) dienen vorwiegend zur Verschönerung.

A - TK *Eine Wiederholung „Zierverbände" finden Sie im Arbeitsheft, Blatt 43.*

Ü - TK *„Verblendung einer Außenwand" = Konstruktionsübung, Arbeitsheft, Blatt 44.*

Testen Sie sich • Testen Sie sich

Nennen / Erklären Sie ...

1. woran der Gotische Verband sofort erkennbar ist,
2. das Maß der Überbindung, das bei Zierverbänden unbedingt einzuhalten ist,
3. ein Ausführungsbeispiel für Zierschichten,
4. den Unterschied zwischen Sicht- und Verblendmauerwerk.

Lernfeld 9:
HERSTELLEN EINER MASSIVDECKE

Hier behandeln wir die Lernabschnitte:

1 Schalungsbau

Schalhaut, Aussteifung und Unterstützung ergeben zusammen den Abbund, das ist die einsatzfertige **Schalung**. Dabei werden unterschieden:

Schalungen

werden eingeteilt in:

Systemlose Schalungen	**Systemschalungen**	**Sonderschalungen**
Kennzeichen:	*Kennzeichen:*	*Kennzeichen:*
Für jedes Bauteil wird eine eigene Schalung (aus Holz) erstellt.	Für gleichartige Bauteile werden vorgefertigte Schalelemente eingesetzt.	Für das Sonderbauteil muss eine „besondere" Schalung konstruiert werden.

Systemlose Schalung

Hierbei werden die Betonschalungen meist aus Brettern oder Schaltafeln aus Vollholz hergestellt. Der „Einschaler" richtet sich beim Zusammenbau nach vorhandenen Schalplänen oder nach seinen praktischen Erfahrungen.
→ *Das sind die (Holz)Schalungen, die Sie in der Grundstufe hergestellt haben.*

Merke:
- Jede systemlose Schalung ist eine Einzelanfertigung.
- Der Aufwand an Schalungsmaterial und Zeit ist groß.

2 Systemschalungen

Hierbei werden Betonbauteile mit industriell vorgefertigten, standardisierten Elementen eingeschalt. Durch die leichte Montage und die verschiedenen Schalhäute sowie Aussteifungen können fast alle Bauaufgaben gelöst werden.

Systemschalungen

werden nach der Anwendung eingeteilt in:

- Schalungen für **Wände**
- Schalungen für **Stützen und Säulen**
- Schalungen für **Decken**

Dazu gehören auch: Schalungen für **Fundamente** und **Unterzüge**.

Das richtige Verbinden der Einzelelemente ist die Hauptaufgabe bei Systemschalungen. Die Verbindungen müssen ausgeführt sein:

bündig = dicht an dicht, fluchtend = senkrecht und „in Flucht", dicht = ohne Fuge

⇒ *Im Folgenden behandeln wir nur Deckenschalungen.*

2.1 Schalungen für Decken

Decken sind große Flächen, die schnell und ohne hohen Arbeitsaufwand eingeschalt werden sollen. Die Deckenschalung soll dabei über die entsprechende Unterstützung folgende **Lasten** aufnehmen:

- Frischbeton und Bewehrung,
- Eigenlast und Verkehrslasten (bei den Arbeitsgängen).

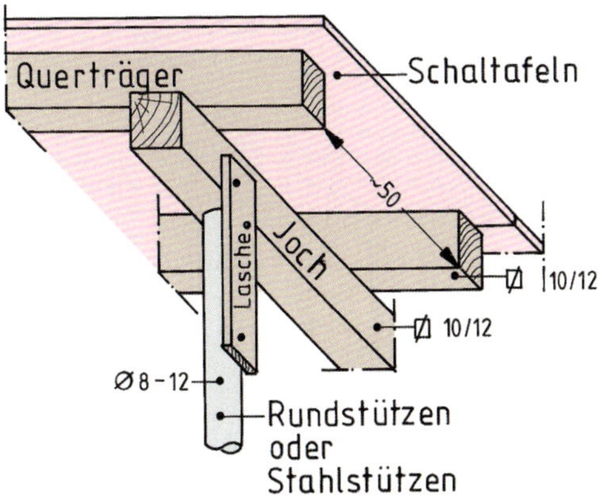

So wurde früher eine Decke eingeschalt.

Für die Deckenschalung „alter Art“ brauchte man:

- Schaltafeln,
- Kanthölzer für Querträger und Joch,
- Stützen aus Holz oder Stahl.

Sie wurden auf die erforderliche Höhe „hoch“ gekeilt.

Heute setzen sich diese herkömmlichen Deckenschalungen aus folgenden Teilen zusammen:

- großflächige Schaltafeln (Schalhaut),
- Kantholzquerträger,
- Kantholzjoche (Rähme),
- verstellbare Stahlstützen.

Bedingt durch das hohe Gewicht dieser Schalung, dem großen Zeit- und Materialaufwand nimmt man heute Systemschalungen entweder mit oder ohne Kranhilfe.

Deckenschalungen

werden unterschieden in:

- Kran**unabhängige** Schalungen
  dazu gehören:
  - **Träger-**schalungen
  - **Modul-**schalungen
- Kran**abhängige** Schalungen
  dazu gehören:
  - **Rahmen-** und **Portal**tische

2.1.1 Trägerschalungen

Der Aufbau ist wie bei den herkömmlichen Deckenschalungen, jedoch werden Schalungsträger (→ Holzvollwand- oder Holzgitterträger) verwendet.

Wichtig: Schalungsträger sind wesentlich höher belastbar als Kantholzträger.

⇒ durch die Verarbeitungs- und Verleimungstechnik,

→ daher werden weniger Teile zum Ein- und Ausschalen benötigt.

Prinzipskizze zur Trägerschalung:

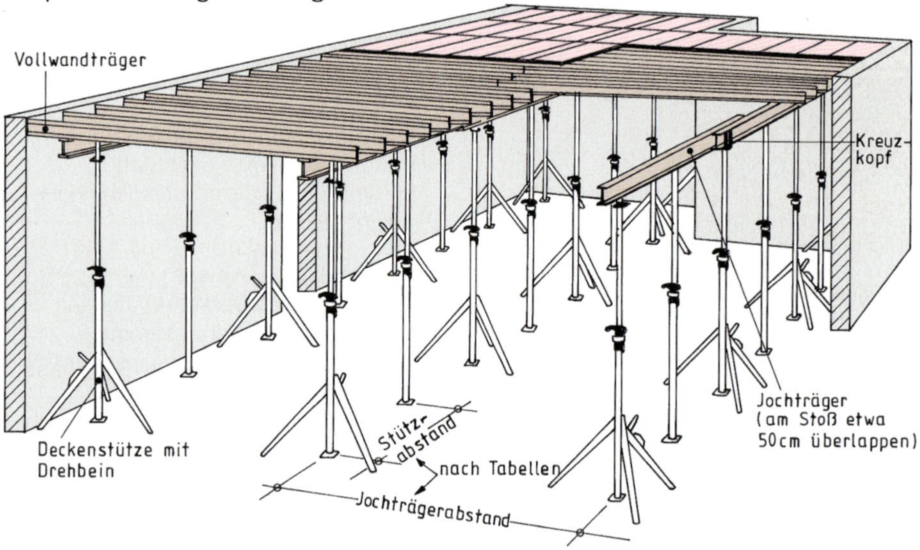

So kann ein Trägerrost von unten aussehen:

Schalhaut wird verlegt:

Das spätere Entschalen der Decke ist einfach: Durch Hammerschlag können die Stützenköpfe um einige Zentimeter abgesenkt werden → es kann problemlos entschalt werden.

2.1.2 Modulschalungen

Kennzeichen: *Schaltafel* und *Querträger* sind in **einem Rahmen** zusammengefasst. Sie bilden eine Einheit mit einheitlichen Grundmaßen (Modul).

Der Rahmen aus Aluminium (Eigengewicht unter 20 kg) wird in Deckenträger (Jochträger) eingehängt.So sieht der Einsatz einer Modulschalung in der Praxis aus:

Manche dieser Schalungssysteme verwenden Stützen mit Fallkopf.
Der Fallkopf nimmt zwei Jochträger auf und leitet die auftretenden Lasten in die Stütze ab.

Durch einen Hammerschlag auf den Keil kann der Fallkopf entspannt werden, und die daraufliegenden Träger mit Rahmen senken sich. Träger und Rahmen können ausgehängt werden.

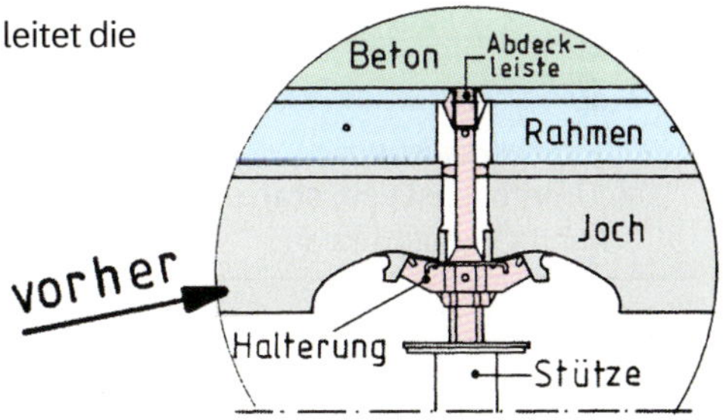

Nach dem Betonieren „formen“ Schalhaut (im Rahmen) und Abdeckleiste den Beton.

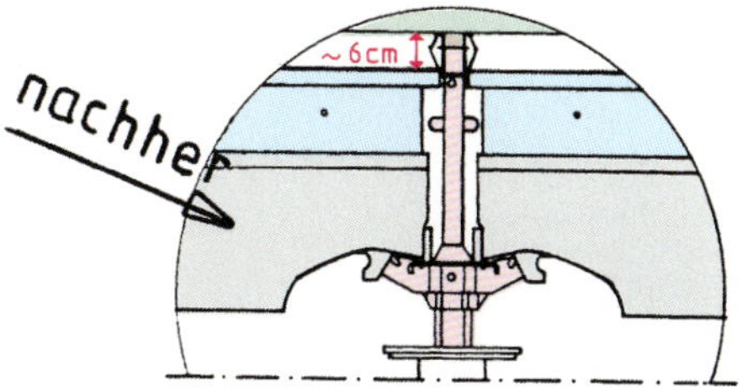

Fallkopf mit Abdeckleiste bleibt stehen. Die Rahmen und Träger können ausgeschalt werden.

2.1.3 Kranabhängige Großflächenschalungen für Decken

Großflächige Schalungen werden auf Großbaustellen dann eingesetzt, wenn sich gleichartige Betonierabschnitte Etage für Etage wiederholen. Die Schalfläche beträgt mind. 6 m^2. Umsetzen der Schalung nur mit Kran.

Großflächige Schalungen

werden eingesetzt als:

Rahmentische	Portaltische

Kennzeichen: Der Unterbau ist eine **starre** Rahmenkonstruktion.	*Kennzeichen:* Der Unterbau ist durch Deckenstützen **einklapp-** oder **abnehmbar**.

1. Rahmentische

Schalhaut, Quer-, Jochträger und Unterstützung bilden ein System. Durch den Rahmen können abgeleitet werden:

große senkrecht wirkende Kräfte, jedoch nur:
geringe waagerecht wirkende Kräfte,
→ daher muss die Schalhaut auf den seitlichen Wänden aufliegen.

2. Portaltische

Portaltische besitzen keinen Rahmen, sondern als Unterbau normale Deckenstützen, die durch besondere Köpfe (**Portalköpfe**) umgeklappt werden können.
Dadurch kann der ganze „Tisch" durch Öffnungen im Bauteil (Portal = Tür) gebracht werden. Als zusätzliche Hilfen gibt es dazu fahrbare Untersätze,

→ sind daher besser einsetzbar als Rahmentische, wenn „Hindernisse" (z. B. Unterzüge) unterfahren werden müssen.

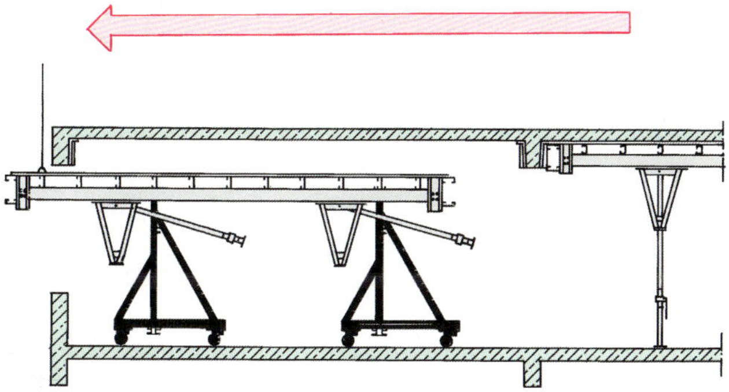

So können Portaltische umgeklappt, ausgefahren und umgesetzt werden.

Portaltische gibt es auch als **Schubladen-Schaltische**.

Merkmal:
Deckenschalung liegt auf Wandkonsolen auf, die an der Betonwand befestigt sind.

Vorteile:
- Keine Stützen notwendig, da Last aus Schalung direkt in die Wände geleitet wird.
- Kann beim Ausschalen abgesenkt, wie eine Schublade aus dem Raum gezogen und dann vom Kran versetzt werden.

Nachteil:
- Anbringen von Wandkonsolen erforderlich.

Zusammenfassung von Kapitel 3:

Systemschalungen

- Schalungen werden in systemlose Schalungen, Systemschalungen und Sonderschalungen eingeteilt.
- **Systemschalungen** werden für gleichartige Bauteile aus vorgefertigten Schalelementen hergestellt.
- **Deckenschalungen** werden in kranunabhängige (Träger-, Modulschalungen) und kranabhängige Schalungen (Rahmen-, Portaltische) eingeteilt.

A – Te *Eine Kurzwiederholung zu Deckenschalungen ⟶ Arbeitsheft, Blatt 46*

Proj – Te/TK *Eine Projektaufgabe zur Herstellung einer Trägerschalung finden Sie im Arbeitsheft, Blätter 47 – 51*

3 Vor- und Nacharbeiten im Schalungsbau

Schalungen sind teuer, daher müssen sie a) wirtschaftlich eingesetzt und b) pfleglich behandelt werden.
Der wirtschaftliche Einsatz der Schalung wird von der Baufirma gesteuert ⇒ sie erstellt hierzu als Vorarbeit die notwendigen **Schalpläne**.

- **Vorarbeiten**

Beachten Sie:
- Die Trennmittel dünn und gleichmäßig auf die Schalhaut auftragen.
- Lösungsmittelfreie Trennmittel bevorzugen.
- Flüssige Mittel möglichst mit Sprühgeräten auftragen.
- Die Bewehrung **nicht** mit Trennmittel verunreinigen, sonst **kein Verbund** zwischen Stahl und Beton möglich.
- Generell **immer** beachten:

UVV und Gefahrstoffverordnungen!

- **Nacharbeiten**

Nach dem Ausschalen werden die Schalungsteile – falls nötig –
- **entnagelt**,
- **gesäubert** von Betonresten,
- **repariert** an Schadstellen,
- **gestapelt**, getrennt nach Art und Abmessungen.

T *Einen Test als Vorbereitung auf eine mögliche Klassenarbeit zum Lernabschnitt „Betonschalungen" finden Sie im Arbeitsheft, Blatt 53.*

4 Betonstähle

Zur Erinnerung aus der Grundstufe:

→ **Stahlbeton** ist kein Stahl und kein Beton, sondern ein Verbundbaustoff aus beiden Stoffen.
→ **Betonstahl** ist der Stahl, der beim Stahlbeton verwendet wird.

Mit Betonstahl hat ein Maurer immer dann zu tun, wenn es um die Bewehrung geht. Bezüglich der Einteilung der Betonstähle sollten Sie hierzu ebenfalls noch wissen:

Lieferformen genormter Betonstähle

Betonstabstahl	Betonstabstahl in Ringen	Betonstahlmatten
	B500A , B500B oder B500C	
Betonstabstahl wird in geraden Stäben geliefert und ist zum Flechten der Bewehrung aus einzelnen Stäben geeignet.	Betonstabstahl in Ringen ist glatter oder profilierter Betonstahl, der zu Ringen gerollt geliefert und für eine werkmäßige Weiterverarbeitung vorgehalten wird.	Betonstahlmatten werden in Werken gefertigt und ergeben netzartige Matten aus sich kreuzenden Stäben. Die Stäbe werden mithilfe von Schweißautomaten an den Kreuzungspunkten durch Punktschweißung miteinander verbunden.

Was ist bei Arbeiten mit Betonstahl unbedingt zu beachten?

Egal ob Sie einen Stahlbetonbalken (mit Betonstabstahl) oder eine Stahlbetondecke (mit Betonstahlmatten) bewehren, als oberstes Gebot gilt:

Die Betondeckung muss unbedingt eingehalten werden!

4.1 Betondeckung

Die Betondeckung (*c*) immer einhalten!
Das wird gewährleistet durch den Einbau von **Abstandhaltern**.
Abstandhalter dürfen sich bei Einbau und späterem Verdichten des Betons nicht verschieben, verformen oder in die Schalhaut drücken.

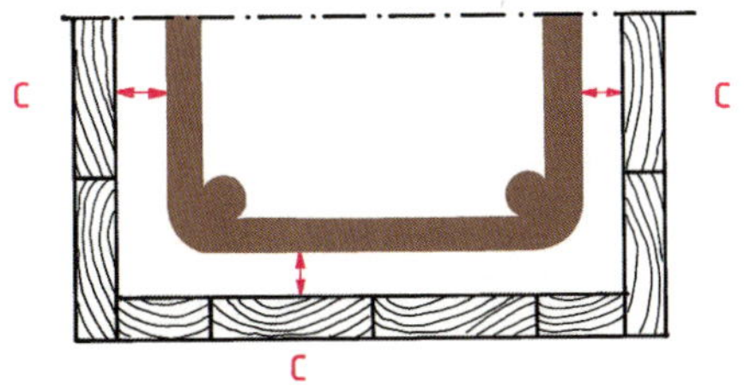

Aufgaben der Betondeckung sind:
- Schutz der Bewehrung vor Rost (Korrosion),
- Verbund zwischen Bewehrung und Beton zu sichern,
- den Stahl vor vorzeitigem Festigkeitsverlust im Brandfall zu schützen.

Die Dicke der Betondeckung hängt ab:
- vom gewählten Stahldurchmesser und
- von den Umweltbedingungen (= wo steht das Bauteil?)

Expositionsklassen bei Bewehrungskorrosion, verursacht durch Karbonatisierung (Auszug)

Klassen-bezeichnung	Umgebung	Beispiele für die Zuordnung
X0	Für Beton ohne Bewehrung, alle Umgebungsbedingungen, ausgenommen Frostangriff, Verschleiß oder chemischer Angriff	Fundamente ohne Bewehrung, ohne Frost, Innenbauteile ohne Bewehrung
XC1	trocken oder ständig nass	Bauteile in Innenräumen mit üblicher Luftfeuchte, Bauteile ständig im Wasser
XC2	nass, selten trocken	Teile von Wasserbehältern, Gründungsbauteile
XC3	mäßige Feuchte	Bauteile, zu denen die Außenluft häufig oder ständig Zugang hat, aber vor Regen geschützt
XC4	wechselnd nass und trocken	Außenbauteile mit direkter Beregnung

Die Betondeckung c (wird angegeben in mm) ist der Abstand zwischen der Oberfläche eines Bewehrungsstabs und der nächstgelegenen Betonoberfläche -> besonders wichtige Größe für den Brandschutz. Stabdurchmesser und Expositionsklasse stehen im Zusammenhang und daraus ergeben sich die Betondeckungsmaße.

Betondeckungsmaße c in mm (Auszug)

	Stabdurchmesser d in mm						
Expositionsklasse	**≤10**	**12**	**14**	**16**	**20**	**25**	**28**
XC0 und XC1	20	22	24	26	30	35	38
XC2 und XC3	35	35	35	35	35	35	38
XC4	40	40	40	40	40	40	40

4.2 Betonstabstahl

Betonstabstahl war das zentrale Thema der Grundstufe → wird daher an dieser Stelle nicht mehr behandelt.

4.3 Betonstahlmatten

Alle Betonstahlmatten sind

a) werkmäßig vorgefertigte Bewehrungen,
b) werden bevorzugt für flächige Bauteile (Decken, Platten, Wände u.ä.) verwendet.

Betonstahlmatten haben prinzipiell immer den gleichen **Aufbau**:
Sie bestehen aus Längsstäben und Querstäben. Es sind Betonstähle aus B 500 (kaltverformt und gereckt), die an den Kreuzungspunkten scherfest miteinander verbunden sind.
(→ Widerstands-Punkt-Schweißung)

Betonstahlmatten

4.3.1 Lieferformen von Betonstahlmatten

Lagermatten	Listenmatten (Zeichnungsmatten)	Vorratsmatten	Sondermatten
Lagermatten sind standardisierte Betonstahlmatten mit festgelegten Abmessungen und festgelegtem Aufbau. Sie können direkt ab Lager geliefert werden.	Listenmatten sind für einen bestimmten Einsatzzweck entworfene Betonstahlmatten mit rechteckigem Grundriss, die wie alle anderen Betonstahlmatten in Werken industriell hergestellt werden.	Vorratsmatten sind ebenfalls standardisierte Betonstahlmatten, die die Vorteile der Lagermatten und der Listenmatten miteinander verknüpfen. Die Standardisierung sorgt dabei für verkürzte Lieferzeiten.	Für verschiedene Anwendungsbereiche werden Sonderformen aus Betonstahlmatten angeboten. Diese können die Bewehrungsarbeit auf der Baustelle erleichtern, wie z. B. Bewehrungskörbe.

Was Sie über Lagermatten wissen sollten

Lagermatten werden auf der Baustelle am häufigsten verwendet. Sie werden beim Werk nach einer Nummer bestellt.

Beispiel:

R 335 A/B

gibt an: → **Mattenart**

gibt an: → **Querschnitt** (der Längsstäbe pro Meter)

Die **Mattenart** gibt an:	– welche Form Längs- (Ls) und Querstäbe (Qs) bilden *→ z. B.* ***Rechteck*** *oder* ***Quadrat*** – die Größe dieser Form *→ z. B. 150 mm x 250 mm (siehe folgende Tabelle)*
Die **Querschnittsfläche** bezieht sich auf:	– den Stahlquerschnitt der Längsstäbe/Querstäbe in cm^2 je m Mattenbreite → *z. B. R 335 A/B, in Tabellen wird das mit 3,35/1,13* $\mathbf{cm^2/m}$ *angegeben.*

Das ist das „Lieferprogramm“ für Lagermatten B 500 A

Mattentyp	Querschnitte längs / quer	Länge / Breite	Gewicht je Matte / je m²	Mattenaufbau in Längsrichtung und Querrichtung: Stababstände		Stabdurchmesser: Innenbereich	Randbereich		Anzahl der Längsrandstäbe (Randeinsparung): links		rechts	Überstän links/rech
	cm²/m	m	kg	mm		mm			links		rechts	mm
Q 188	1,88		**41,7**	150	•	6,0						75
A/B	1,88		3,02	150	•	6,0						25
Q 257	2,57		**56,8**	150	•	7,0						75
A/B	2,57		4,12	150	•	7,0						25
Q 335	3,35	6,00	**74,3**	150	•	8,0						75
A/B	3,35	**2,30**	5,38	150	•	8,0						25
Q 424	4,24		**84,4**	150	•	9,0	/ 7,0	–	4	/	4	75
A/B	4,24		6,12	150	•	9,0						25
Q 524	5,24		**100,9**	150	•	10,0	/ 7,0	–	4	/	4	75
A/B	5,24		7,31	150	•	10,0						25
Q 636	6,36	6,00	**132,0**	100	•	9,0	/ 7,0	–	4	/	4	62,5
A/B	6,28	**2,35**	9,36	125	•	10,0						25
R 188	1,88		**33,6**	150	•	6,0						125
A/B	1,13		2,43	250	•	6,0						25
R 257	2,57		**41,2**	150	•	7,0						125
A/B	1,13		2,99	250	•	6,0						25
R 335	3,35	6,00	**50,2**	150	•	8,0						125
A/B	1,13	**2,30**	3,64	250	•	6,0						25
R 424	4,24		**67,2**	150	•	9,0	/ 8,0	–	2	/	2	125
A/B	2,01		4,87	250	•	6,0						25
R 524	5,24		**75,7**	150	•	10,0	/ 8,0	–	2	/	2	125
A/B	2,01		5,49	250	•	8,0						25

So sieht der Aufbau einer **Q 188 A/B** aus:

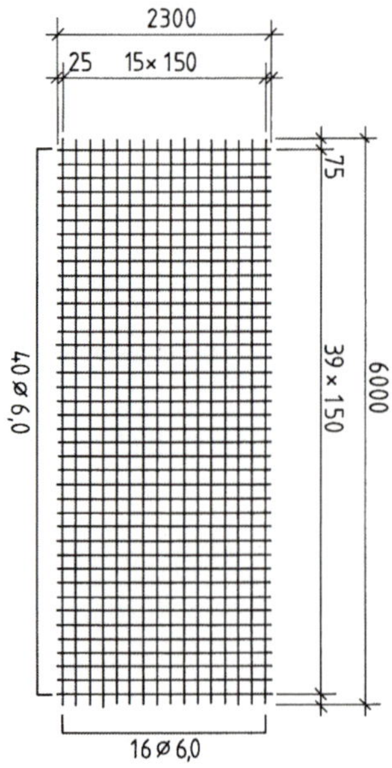

So sieht der Aufbau einer **R 424 A/B** aus:

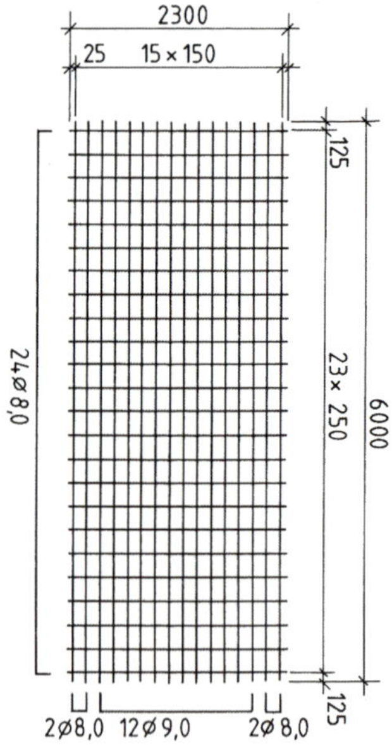

4.3.2 Unterschiede zwischen Lager- und Listenmatten

Die folgende Übersicht verdeutlicht die Unterschiede:

	Lagermatte:	**Listenmatte:**
Bestellung:	ab (Vorrats-)Lager	nach Angaben des Bestellers
Wie?	durch Kennnummer (z. B.: R 335 A/B)	durch Mattenliste (= gesonderte Angabe der Wünsche)
Besonderheit:	keine	nach Positionen anzugeben
Mattenlängen:	6,00 m x 2,30 m 6,00 m x 2,35 m	bis 2,65 m x 12,00 m
Abstände der Stäbe: Durchmesser: Randbereiche:	sind vorgegeben	nach Wunsch
Randüberstände:	sind vorgegeben	nach Wunsch

Am leichtesten aber sind die beiden Mattenarten an ihrer Kennzeichnung zu unterscheiden:

Lagermatten → **eckiges Schild**

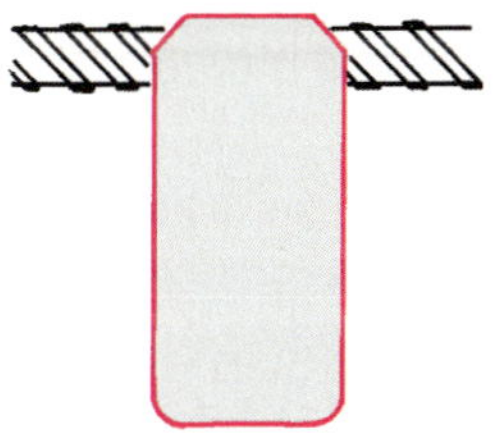

Listenmatten → **rundes Schild**

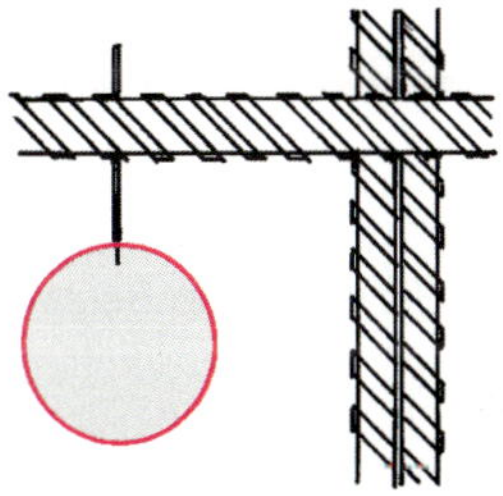

Zusammenfassung von Kapitel 3:

Betonstähle

- **Betonstahlmatten** werden geliefert als Lager-, Listen- und Zeichnungsmatten.
- **Lagermatten** gibt es als R- und Q-Matten in festgelegten Abmessungen und Stahlquerschnitten *ab Lager*, sie werden mit ihrer Kurzbezeichnung (Kennbuchstabe und -zahl) angegeben.
- Listenmatten werden nach einer Mattenliste bestellt und gefertigt. Die Liste enthält alle geforderten Einzelheiten.
- Die Betondeckung *(c)* muss eingehalten werden. Sie ist im Bewehrungsplan angegeben und wird durch Verwendung von Abstandhaltern sichergestellt.
- Die Betondeckung hängt ab von dem Stabdurchmesser und den Umweltbedingungen, die auf das Bauteil einwirken.

A – Te *Aufgaben zur Wiederholung der Betonstahlmatten → Arbeitsheft, Blatt 54.*

Testen Sie sich • Testen Sie sich

Nennen/Erklären Sie ...

1. woran Lagermatten zu erkennen sind,
2. den Unterschied zwischen Lager- und Listenmatten,
3. die Kurzbezeichnung R 513, A,
4. die Kennzeichnung einer Lager- und einer Listenmatte,

5 Bewehren von Betonbauteilen

Sobald Betonstähle für eine Verwendung in Bauteilen vorgesehen werden, bezeichnen wir sie als **Bewehrung**.

Merken Sie sich:

- Die Beanspruchung der Bauteile bestimmt die **Lage** der Bewehrung;
- Bewehrungsrichtlinien legen die richtige **Ausführung** der Bewehrung fest.

In der Praxis hilft Ihnen ein Bewehrungsplan, die Bewehrung richtig auszuführen. Darüber hinaus sollen Sie aber verstehen, wo und vor allem warum die Bewehrung an einer bestimmten Stelle notwendig ist, damit Sie erkennen, wie verantwortungsvoll Ihre Arbeit ist.

Bewehrung ist immer notwendig bei (Fachausdruck!) **biegebeanspruchten** Bauteilen. Das sind Bauteile, die sich unter Belastung geringfügig durchbiegen.

Zum Verständnis sollten Sie hierzu wissen:
Belastungen (äußere Kräfte) erzeugen in Bauteilen „innere Kräfte" (sprich: Spannungen). Diese Spannungen sind vom Beton bzw. der Bewehrung aufzunehmen, wobei die Bauteile auf Biegung beansprucht werden.

(→ Den Zusammenhang zwischen Kraft und Spannung sollten Sie aus der Physik noch wissen.)

Für „gängige" biegebeanspruchte Bauteile müssen Sie kennen:
- die **Arten** der auftretenden Kräfte,
- die erforderliche **Lage** der Bewehrung,
- das **„Herauslesen"** der erforderlichen Informationen aus Bewehrungsplänen,
- die wichtigsten **Ausführungsregeln** zur Bewehrung.

→ *An verschiedenen Beispielen von Decken wollen wir dieses verdeutlichen.*

5.1 Bewehren von großflächigen Bauteilen – z. B. Decken

Stahlbetondecken sind flächige Bauteile, die vorwiegend Räume nach oben oder unten abschließen. Sie steifen ein Gebäude wie Scheiben aus.
Es leuchtet sicher ein, dass Decken eine sehr große Auflagefläche brauchen. Aus der vorhandenen Auflagefläche ergibt sich die Spannrichtung.

Decken

werden nach der Spannrichtung unterschieden in:

Decke, einachsig gespannt	**Decke, zweiachsig gespannt**
darunter versteht man:	*darunter versteht man:*
Die Last wird auf **zwei gegenüberliegende Auflager** übertragen.	Die Last wird auf **alle vier Auflager** übertragen.
So wird die Spannrichtung dargestellt:	*So wird die Spannrichtung dargestellt:*

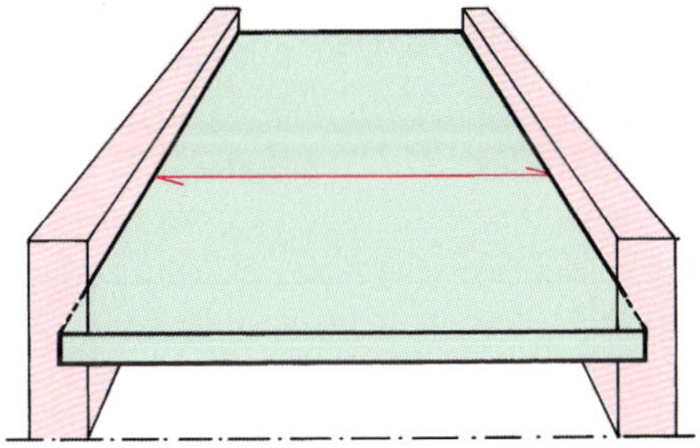

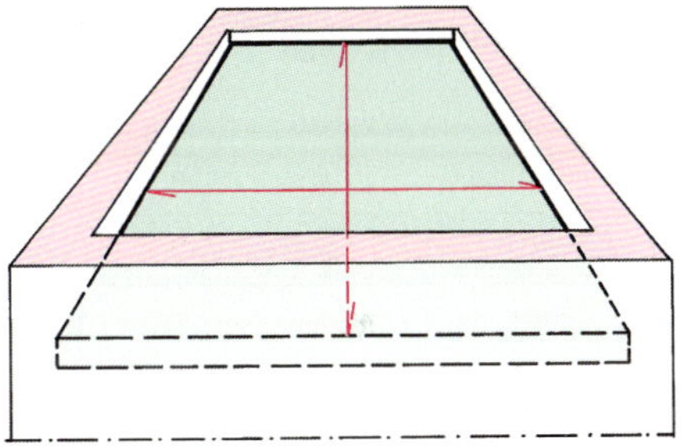

Als Anhalt gilt: Die Spannrichtung gibt Lage und Richtung der Zugbewehrung an.

5.1.1 Bewehrungsbeispiele für Decken

Auch für Decken gibt es keine einheitliche Deckenbewehrung, wohl aber wieder typische, immer wieder vorkommende Belastungsfälle. Dazu merken Sie sich:

Stahlbetondecken haben immer eine untere **und** eine obere Bewehrung.

Typische Belastungsfälle sind vorhanden bei:
- Stahlbetondecke, einachsig gespannt (= Einfeldplatte) → Beispiel 1,
- Stahlbetondecke, zweiachsig gespannt (= Kreuzweise-Einfeldplatte) → Beispiel 2,
- Stahlbetondecke über drei Stützen (= Zweifeldplatte) → Beispiel 3,
- Stahlbetondecke mit Kragarm (= Einfeldplatte mit Kragarm) → Beispiel 4.

Beispiel 1: **Stahlbetondecke, einachsig gespannt (= Einfeldplatte)**

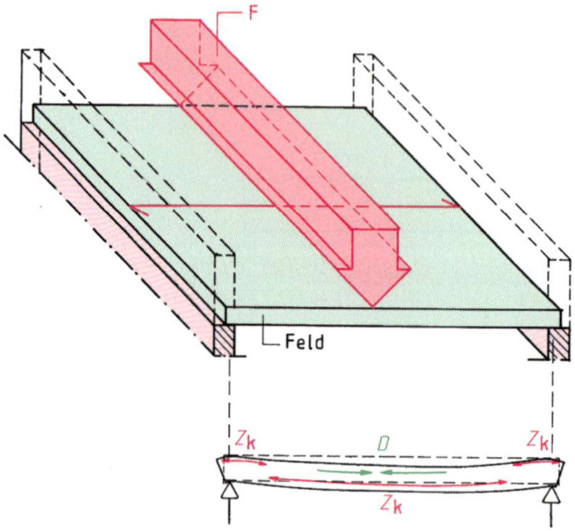

Belastungsfall:

Belastung in Feldmitte

- **Kräfteverlauf und Durchbiegung in Spannrichtung**

Z_k = Zugkräfte **D** = Druckkräfte

Randbereich: Z_k oben gering

Feldbereich: Z_k unten, D oben

- **Lage der Bewehrung**

Z_b = Zugbewehrung Z_r = Randbewehrung

Untere Bewehrungslage

Schnitt:

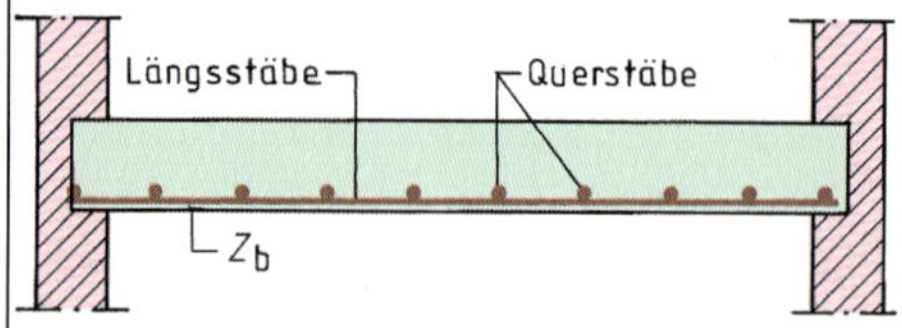

So sieht die Draufsicht dazu aus:

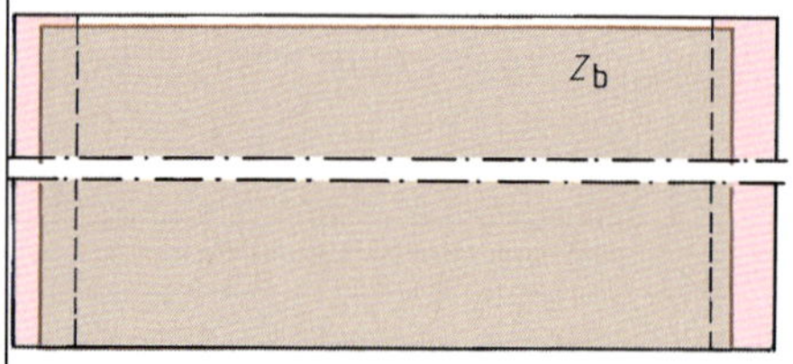

Z_b **unten**: im ganzen Feld

Obere Bewehrungslage

Schnitt:

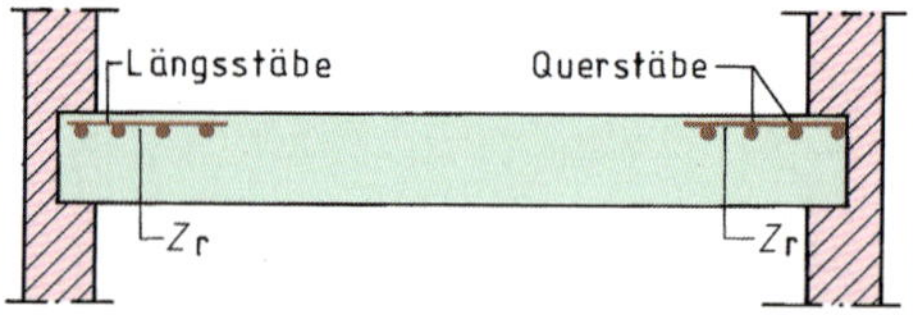

So sieht die Draufsicht dazu aus:

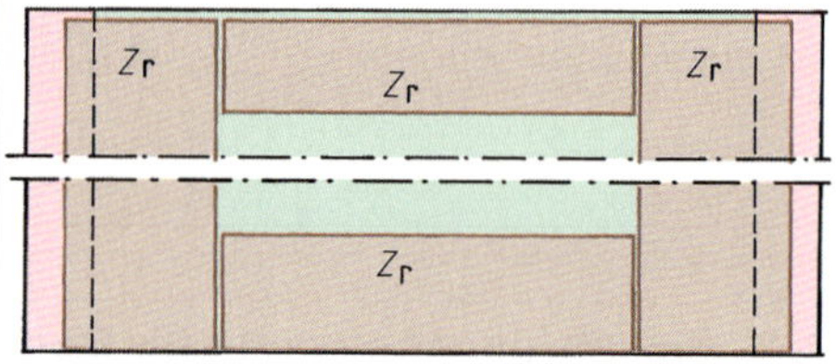

Z_r: konstruktive Zugbewehrung im Randbereich und quer zu den Auflagern

Merke:

Längsstäbe = Zugbewehrung in Spannrichtung;

Querstäbe = (sog. Verteilerstäbe) verteilen die „Querlast“ auf die Längsstäbe und nehmen die geringen Schubkräfte auf.

Beispiel 2: **Stahlbetondecke, zweiachsig gespannt (= Kreuzweise-Einfeldplatte)**

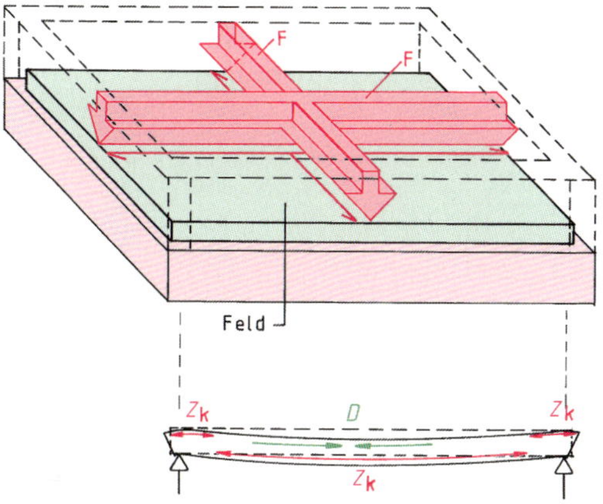

Belastungsfall:

Belastung in Feldmitte (beide Spannrichtungen)

- **Kräfteverlauf und Durchbiegung für beide Spannrichtungen**

$\boldsymbol{Z_k}$ = Zugkräfte **D** = Druckkräfte

Randbereich alle vier Auflagerseiten: Z_k oben gering
Feldbereich: Z_k unten, D oben
an den Ecken: Z_k unten stark

- **Lage der Bewehrung**

$\boldsymbol{Z_b}$ = Zugbewehrung $\boldsymbol{Z_r}$ = Randbewehrung

Untere Bewehrungslage
Schnitt: (gilt für beide Spannrichtungen)

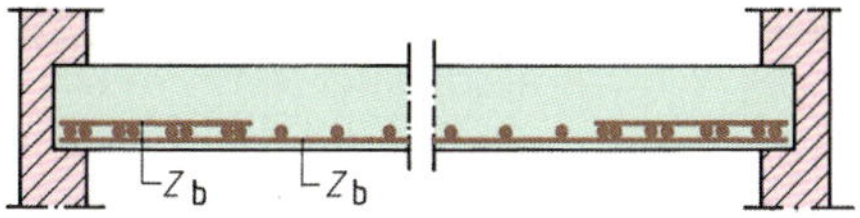

So sieht die Draufsicht dazu aus:

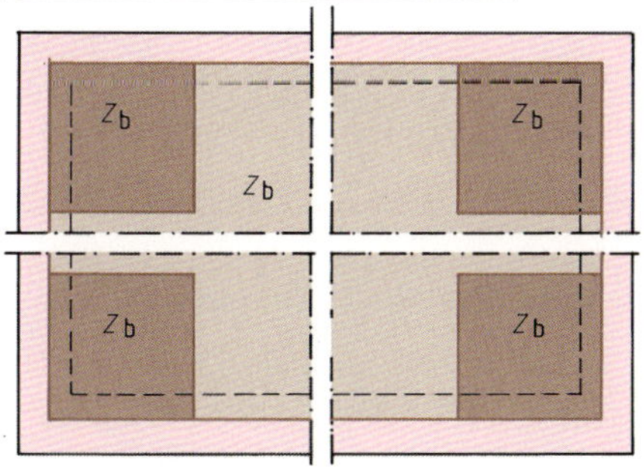

$\boldsymbol{Z_b}$ **unten**: im ganzen Feld
$\boldsymbol{Z_b}$ **unten**: in den Ecken

Obere Bewehrungslage
Schnitt: (gilt für beide Spannrichtungen)

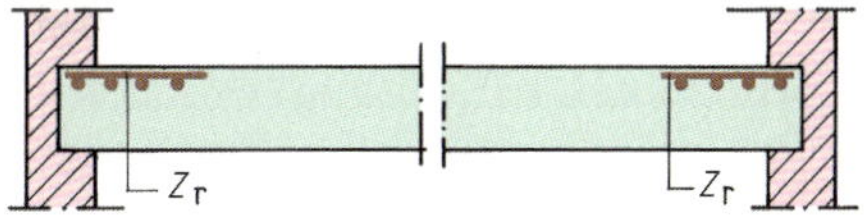

So sieht die Draufsicht dazu aus:

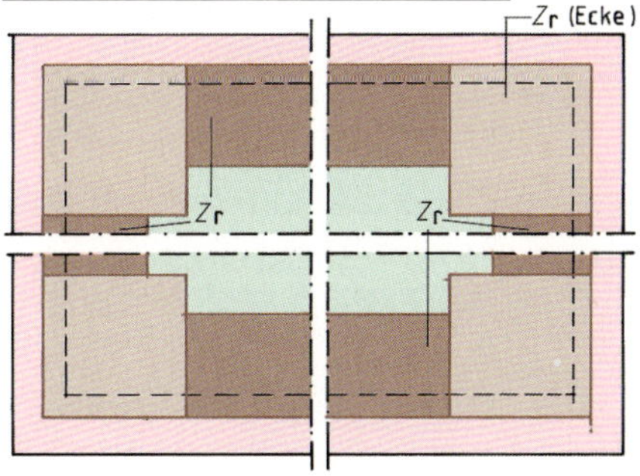

$\boldsymbol{Z_r}$ **oben**: im ganzen Randbereich
(an den Ecken größer →„Eckbewehrung")

Beachten Sie:
- Für die Zugbewehrung im Feld sollten die Längs- und Querstäbe etwa gleich dick sein (besonders wichtig bei quadratischem Grundriss der Decke).
- In Ecken: Zugbewehrung sichert gegen ein „Aufwölben" der Decke.

Beispiel 3: **Stahlbetondecke über drei Stützen (= Zweifeldplatte)**

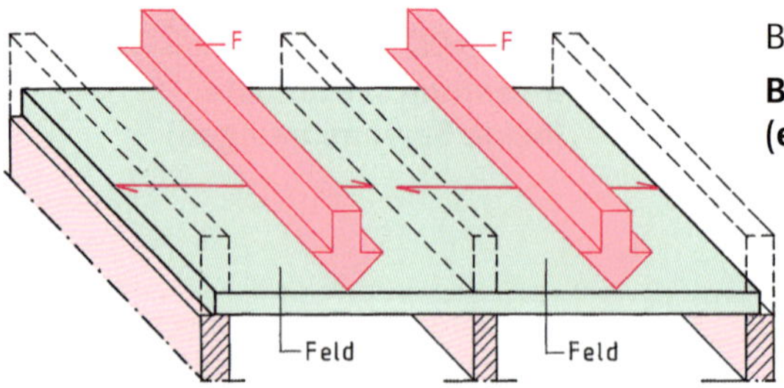

Belastungsfall:

Belastung jeweils in Feldmitte (eine Spannrichtung)

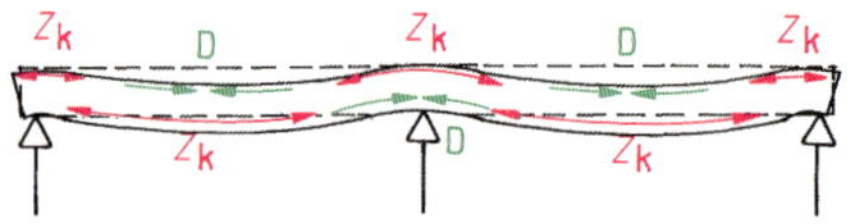

- **Kräfteverlauf und Durchbiegung**

Z_k = Zugkräfte **D** = Druckkräfte

über Mittelstütze: Z_k oben, *D* unten
im Randbereich: Z_k oben gering
in beiden Feldern: Z_k unten, *D* oben

- **Lage der Bewehrung**

Z_b = Zugbewehrung – Z_r = Randbewehrung

Untere Bewehrungslage

Schnitt:

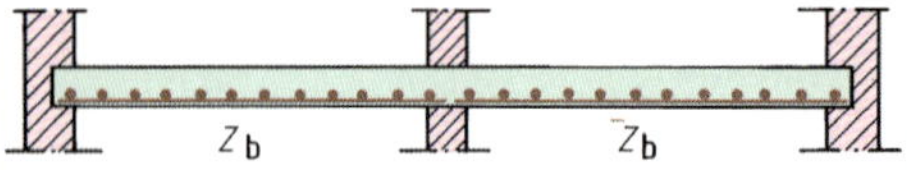

So sieht die Draufsicht dazu aus:

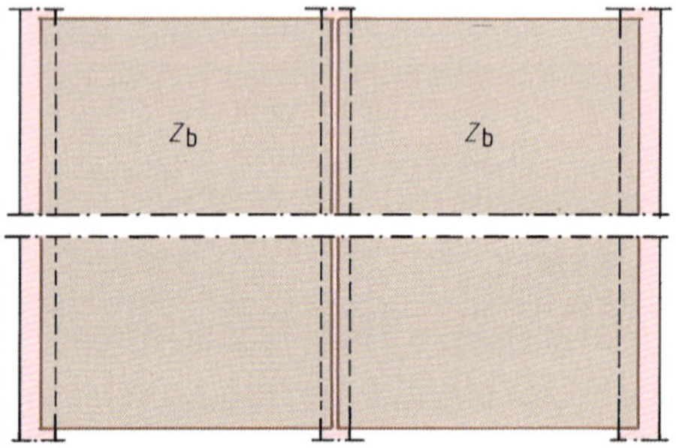

Z_b **unten**: in beiden Feldern

Obere Bewehrungslage

Schnitt:

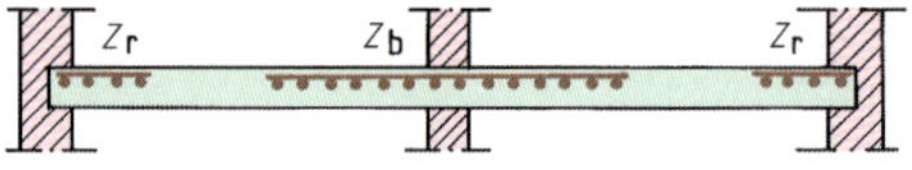

So sieht die Draufsicht dazu aus:

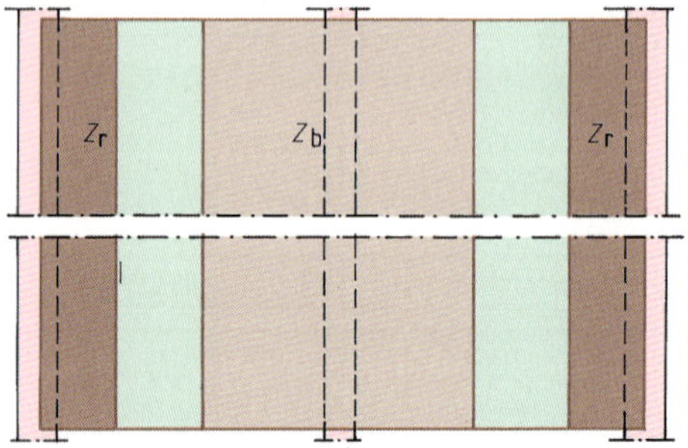

Z_r **oben**: im Randbereich
Z_b **oben**: über der Mittelstütze

Beachten Sie:
- Zugbewehrung über die Stütze nennt man Stützbewehrung → ragt in die Felder hinein.
- Bei zweiachsiger Spannrichtung: Zug- und Randbewehrung wie Beispiel 2.

Beispiel 4: Stahlbetondecke mit Kragarm (= Einfeldplatte mit Kragarm)

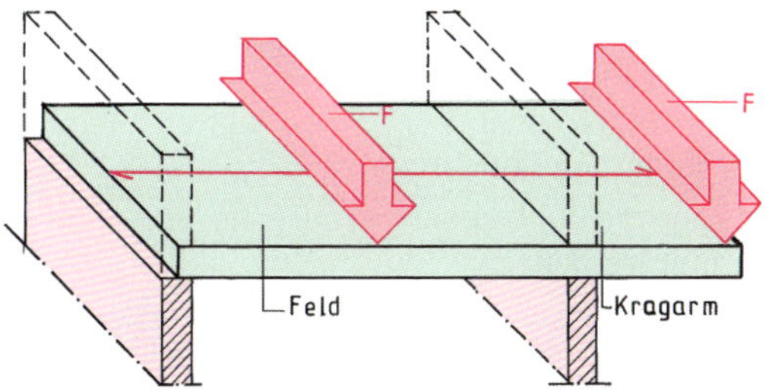

Belastungsfall:

Belastung in Feldmitte und am Kragarmrand (eine Spannrichtung)

- **Kräfteverlauf und Durchbiegung**

$\boldsymbol{Z_k}$ = Zugkräfte **D** = Druckkräfte

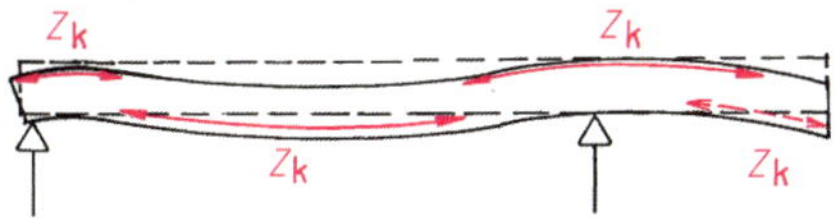

über der Stütze: Z_k oben, *D* unten
im Kragarm: Z_k oben und (geringere) unten[1])
im Randbereich: Z_k oben gering
im Feld: Z_k unten, *D* oben

- **Lage der Bewehrung**

$\boldsymbol{Z_b}$ = Zugbewehrung – $\boldsymbol{Z_r}$ = Randbewehrung

Untere Bewehrungslage

Schnitt:

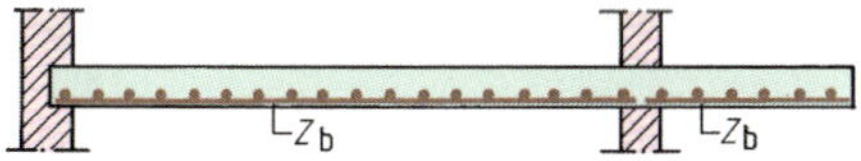

So sieht die Draufsicht dazu aus:

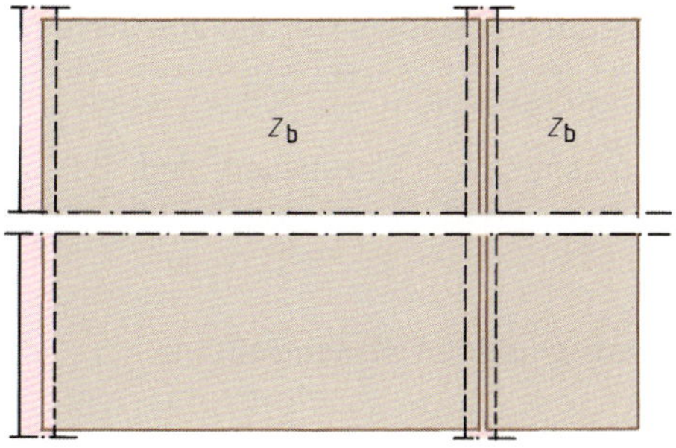

$\boldsymbol{Z_b}$ **unten**: im Feld und im Kragarm

Obere Bewehrungslage

Schnitt:

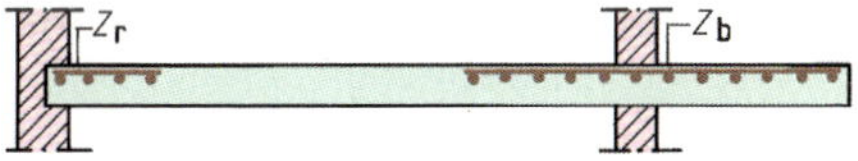

So sieht die Draufsicht dazu aus:

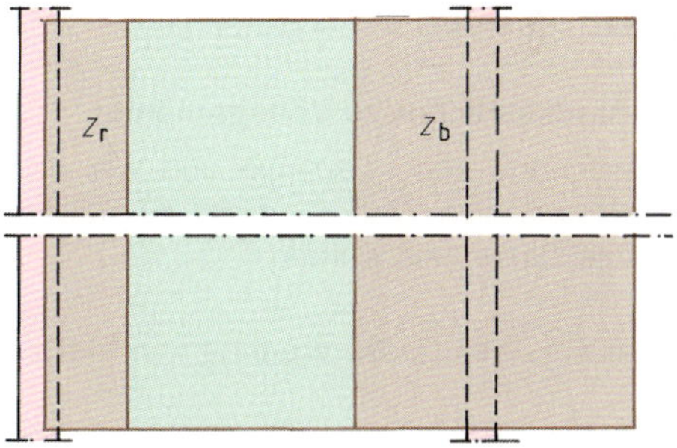

$\boldsymbol{Z_b}$ **oben**: über den ganzen Kragarm und weit ins Feld
$\boldsymbol{Z_r}$ **oben**: im Randbereich

Beachten Sie:
[1]) – Zugbewehrung an der Unterseite Kragarm wegen hoher Temperaturunterschiede
→ dadurch können Zugkräfte entstehen.

Was sollten Sie aus diesen Bewehrungsbeispielen noch gelernt haben?

1. Zug- **und** Querbewehrung bilden durch die Matte eine Einheit.
2. Je nach Spannrichtung bilden die Zugbewehrung:
   die Längsstäbe (→ bei einachsiger Spannrichtung) oder
   die Längs- und Querstäbe (→ bei zweiachsiger Spannrichtung).
3. Abhängig von der Lage der Bewehrung kann die Zugbewehrung auch als Feld-, Stützen-, Rand- oder Eckbewehrung bezeichnet werden.

I/Ü – Ma *Einfache Berechnungen zur Ermittlung von Auflagerkräften sollten Sie können. Infos und Übungen hierzu finden Sie im Arbeitsheft, Blatt 55, 56.*

5.1.2 Bewehrungsplan für Decken/Platten

Grundsätzlich muss – wie bei schmalen Bauteilen – zum Herstellen und zum Einbau der Bewehrung ein Bewehrungsplan erstellt werden.

Zum **Bewehrungsplan** für Decken / Platten gehören:

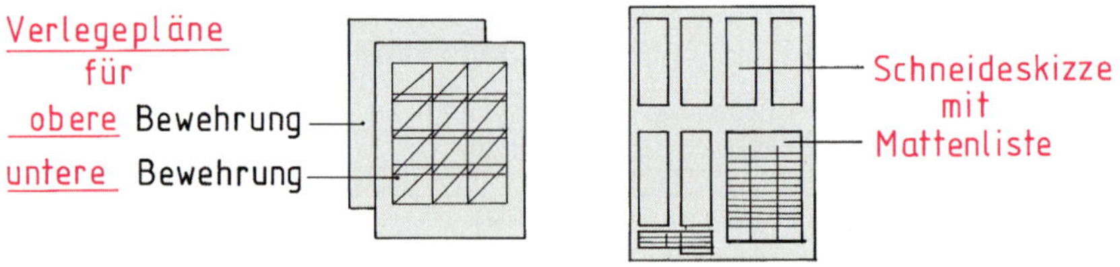

Manchmal müssen Matten oder Mattenteile z.B. für die obere Bewehrung passend zugeschnitten werden → daher ist eine Schneideskizze (mit Mattenliste) unentbehrlich.

1. Grundsätzliches zu Verlegeplänen

Verlegepläne geben an, wo und wie die Betonstahlmatten einzubauen sind. Bei der Bewehrung von Decken muss für die obere und untere Bewehrung je ein eigener Verlegeplan erstellt werden.

Was Sie über die Darstellung von Matten in Verlegeplänen wissen sollten:

Gezeichnet werden nicht die einzelnen Stäbe einer Matte, sondern immer nur die Matte in ihren Abmessungen.

Dazu gibt es unterschiedliche Darstellungsformen. Wir unterscheiden:

Verlegepläne

gibt es als:

- Einzelmattendarstellung
- Gruppendarstellung (diagonal)
- Gruppendarstellung (achsenbezogen)

So sehen die Verlegepläne für drei Matten aus:

Einzelmattendarstellung

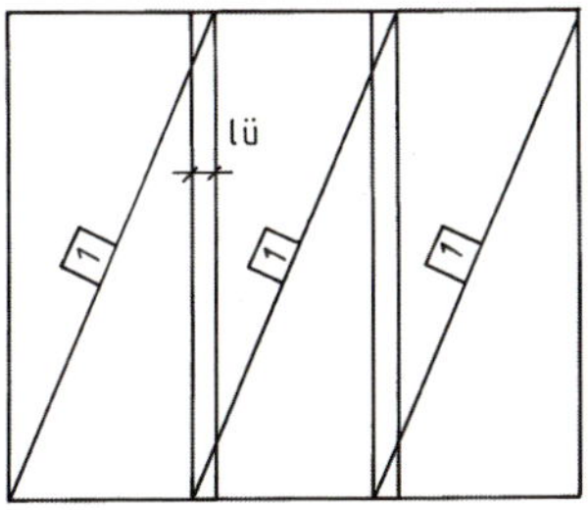

Kennzeichen:

- Jede einzelne Matte wird mit Umrisslinie und Diagonale dargestellt.
- Die Positionsnummer steht im rechteckigen Kästchen.
- **Übergreifungslängen (lü)** sind deutlich erkennbar.

Gruppendarstellung (diagonal)

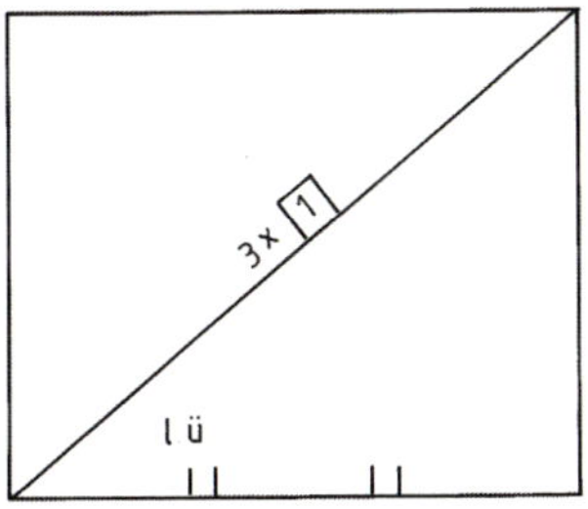

Kennzeichen:

- Für Matten gleicher Positionsnummer erscheint eine gemeinsame Umrisslinie mit einer einzigen Diagonalen.
- Mattenanzahl, Positionsnummer und Übergreifungslänge sind anzugeben.

Gruppendarstellung (achsenbezogen)

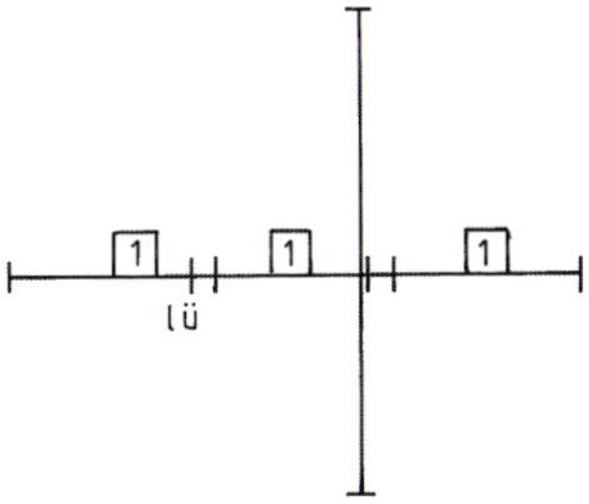

Kennzeichen:

- Statt der Umrisslinie erscheinen nur die Achsen der Längs- und Querstäbe (vom Anfang bis Ende).
- Die Matten werden einzeln positioniert; Übergreifungslängen sind anzugeben.

2. Darstellung von Verlegeplänen und Schneideskizzen

Das Verlegen der Betonstahlmatten nach Plan muss jeder Maurer beherrschen → Sehen Sie sich deshalb das Folgende gut an.

Beispiel: Eine einachsig gespannte Garagendecke ist zu bewehren.
Wie sehen aus: **1. Verlegepläne, 2. Schneideskizze und Mattenliste?**

Diese Garagendecke soll bewehrt werden.

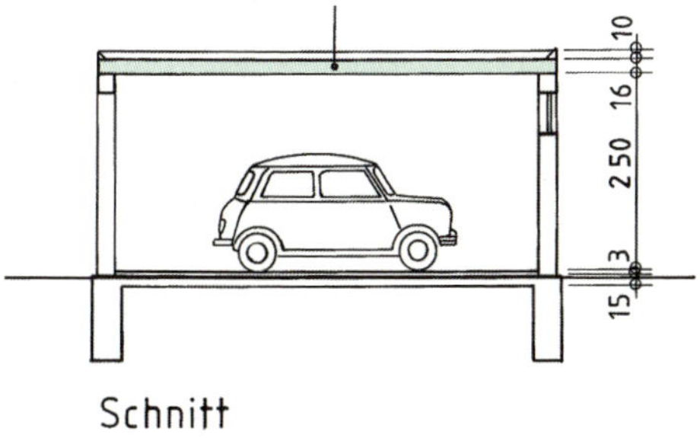

Das ist der zugehörige Grundriss.

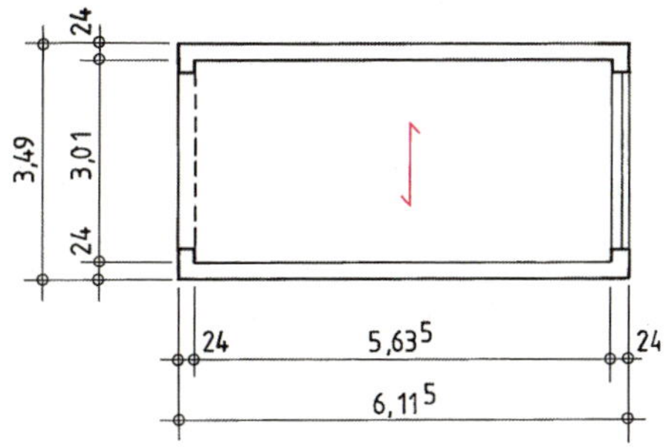

1. Verlegepläne, hier in Einzelmattendarstellung:

Bauteil: **Stahlbetondecke über Garage**
d = 16 cm; Beton: C25/30; BSt IV M; Betondeckung: 3,5 cm

untere Bewehrung

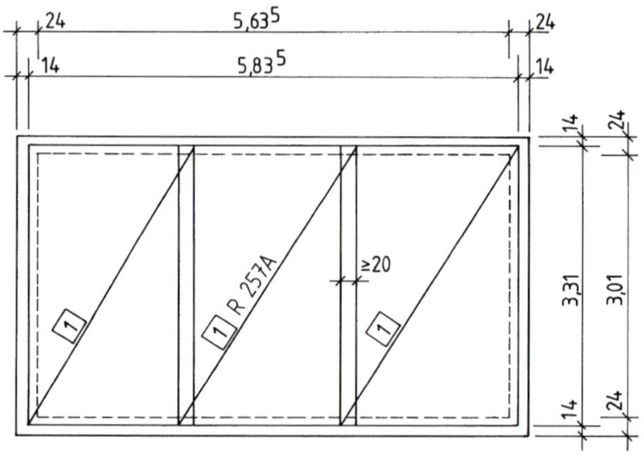

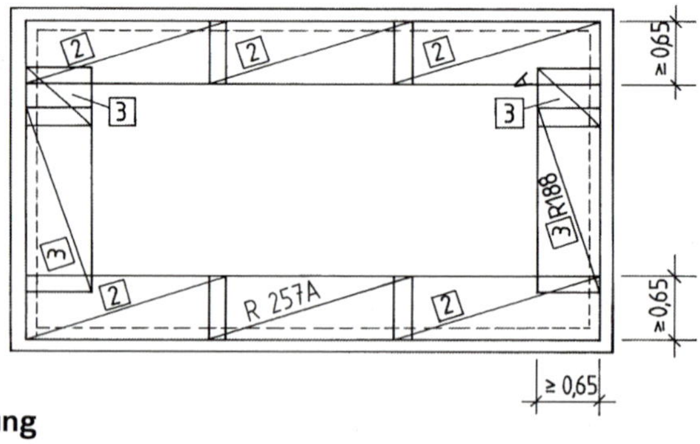

obere Bewehrung

Welche Angaben enthält der Verlegeplan?

- Pos.-Nr. der Matten (im Rechteck) → *hier: 1 – 3,*
- Art der Matten → *hier: R 257A + R 188A,*
- Verankerungslänge der Matte am Rand → *hier: 24 – 14 = 10 cm,*
- Übergreifungslänge der Matten untereinander → *hier: ≥ 20 cm,*
- Breite der Randbewehrung → *hier: ≥ 0,65 m,*

weiter: Dicke der Decke, Betonfestigkeitsklasse, Betonstahlsorte, Betondeckung.

Welche Angaben sind dem Verlegeplan nicht zu entnehmen?

- Abmessungen der Matten,
- Art der Unterstützungskörbe für die obere Bewehrung,
- Gesamtbedarf an Matten.

Diese Angaben entnimmt man der Schneideskizze und der Mattenliste.

2. Schneideskizze und Mattenliste

Schneideskizze für Lagermatten B 500 A/B

Bauvorhaben: GARAGENNEUBAU

Datum: 20.01. ....

Bauteil: STAHLBETONDECKE ÜBER GARAGE

Blatt Nr.: 1

Verlegeplan:

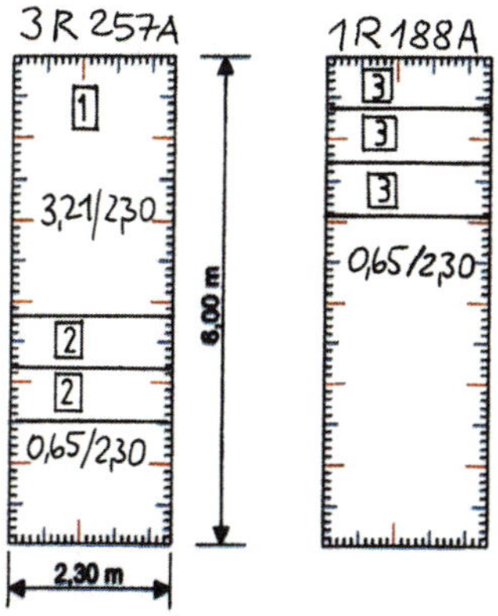

Matten- und Quadratmetergewichte	
Q188 A 41,7 kg 3,02 kg/m²	**R188 A** 33,6 kg 2,43 kg/m²
Q257 A 56,8 kg 4,12 kg/m²	**R257 A** 41,2 kg 2,99 kg/m²
Q335 A 74,3 kg 5,38 kg/m²	**R335 A** 50,2 kg 3,64 kg/m²
Q424 A 84,4 kg 6,12 kg/m²	**R424 A** 67,2 kg 4,87 kg/m²
Q524 A 100,9 kg 7,31 kg/m²	**R524 A** 75,7 kg 5,49 kg/m²
Q636 A 132,0 kg 9,36 kg/m²	

Maßstab 1 : 100 – Maßteilung in mm

Lagermatten

Anzahl	Bezeichnung	Gewicht kg
3	R257A	123,6
1	R188A	33,6
4	◂ Gesamt ▸	157,2

Sonstiges:
- Unterstützungskörbe APSTA
= 8 Stück; APSTA U 12; Gewicht: 8,65 kg

Was liest man aus dieser Schneideskizze?

Aus 3 Matten R 257A werden geschnitten	Aus 1 Matte R 188A werden geschnitten:
– 3 x 1 von Pos. 1; Größe 3,21 x 2,15 – 3 x 2 von Pos. 2; Größe 0,65 x 2,15	– 1 x 3 von Pos. 3; Größe 0,65 x 2,15

und 8 Unterstützungskörbe U 12 (Korblänge = 2,00 m) braucht man.

Beispiel: *Gruppendarstellung eines Verlegeplans*

Gruppendarstellung

diagonal	achsenbezogen
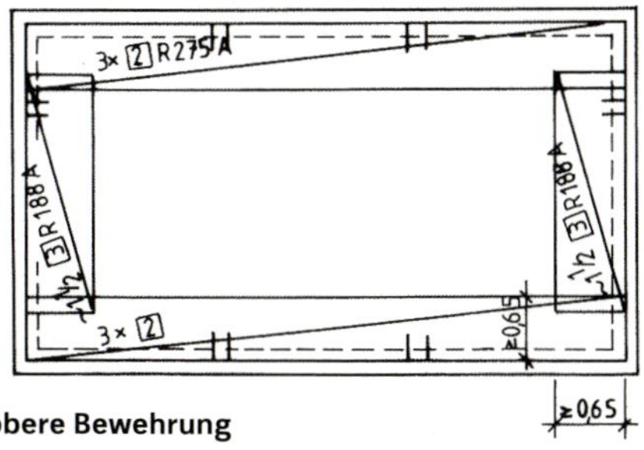	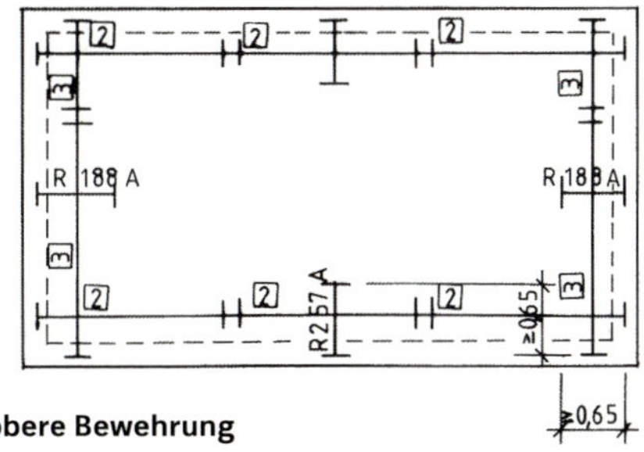
obere Bewehrung	obere Bewehrung

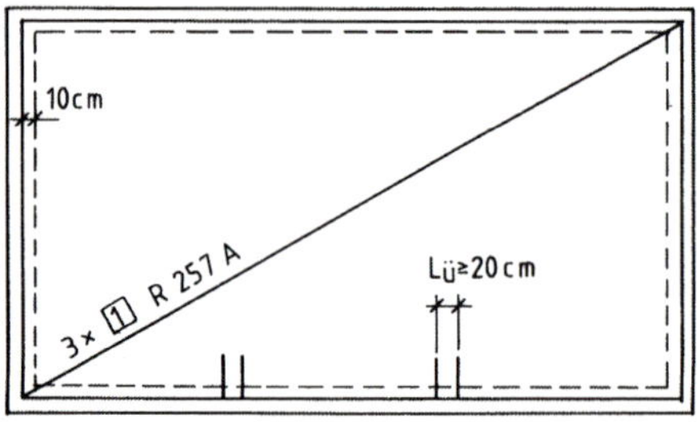

untere Bewehrung

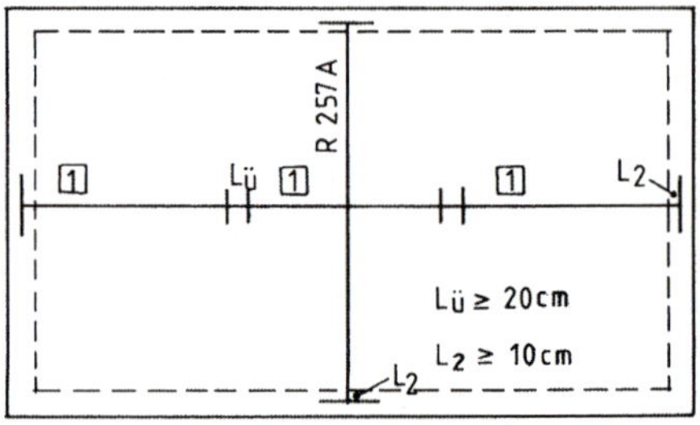

untere Bewehrung

5.1.3 Bewehrungsgrundsätze für großflächige Bauteile – Decken

Damit die auftretenden Kräfte sicher übertragen werden, gelten für Stahlbetondecken Mindestanforderungen hinsichtlich

- Dicke der Decke,
- Art des Deckenauflagers,
- der Zusatzbewehrung,
- Auflagertiefe der Decke,
- Stöße der Betonstahlmatten,
- der Einfassbewehrung,

- Mindestplattendicke

Die **Dicke der Decke** ist u.a. von der Stützweite abhängig. Als Anhalt gilt:

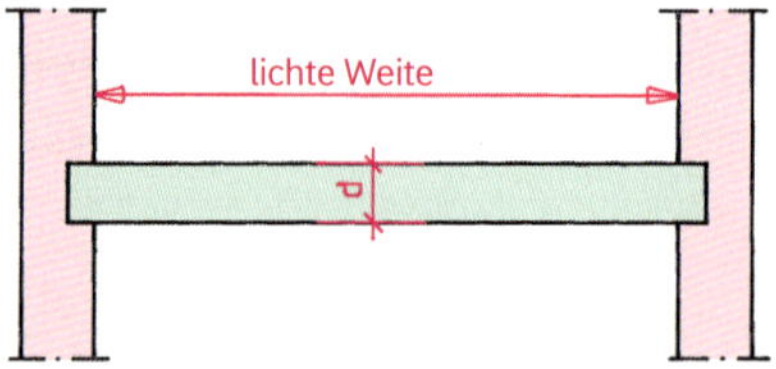

– lichte Weite **bis 4,00 m → *d* ~ 14 cm**

– lichte Weite **bis 4,50 m → *d* ~ 16 cm**

Sofern keine weiteren statischen oder bauphysikalischen Forderungen bestehen, betragen die Mindestdicken 7 cm, bei Platten mit Aufbiegungen mindestens 16 cm.
Bei Anwendung der vereinfachten Berechnungsmethoden beträgt die Deckenauflagertiefe $a_{min} \geq 0{,}5 \cdot t$.

Wanddicke *t*	Deckenauflager *a*
mm	mm
≤ 175	≥ 100
240	≥ 120
300	≥ 150
365	≥ 183
425	≥ 213
490	≥ 245

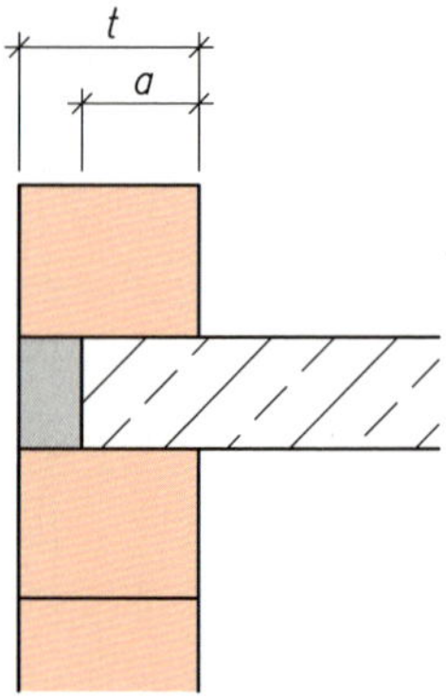

Weitere Mindestauflagertiefen:

- auf Mauerwerk und Beton C12 ≥ 7 cm
- auf Beton C16 bis C50 und Stahlbauteilen ≥ 5 cm
- auf Stahlbeton und Stahlträgern ≥ 3 cm
  (wenn seitliches Ausweichen verhindert ist und die Stützweite der Platte ≤ 2,50 m ist)

Was ist bei Decken besonders zu beachten?

- **Zusatzbewehrung (Wechsel)** bei Aussparungen

Bei Deckendurchbrüchen (z.B. Schornstein, Treppen oder Aussparungen für Leitungen und Rohre) Rand durch zusätzliche Bewehrungsstäbe in der unteren Bewehrungslage verstärken.
Fachausdruck:
Wechselstäbe
oder **Wechsel**

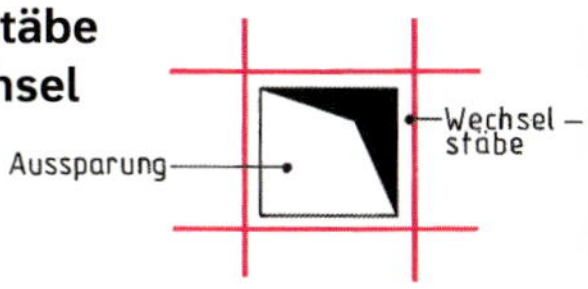

- **Einfassbewehrung** an Rändern.

Alle frei liegenden, ungestützten Deckenränder durch eine Einfassbewehrung sichern.
→ Steckbügel und zwei zusätzliche Bewehrungsstäbe

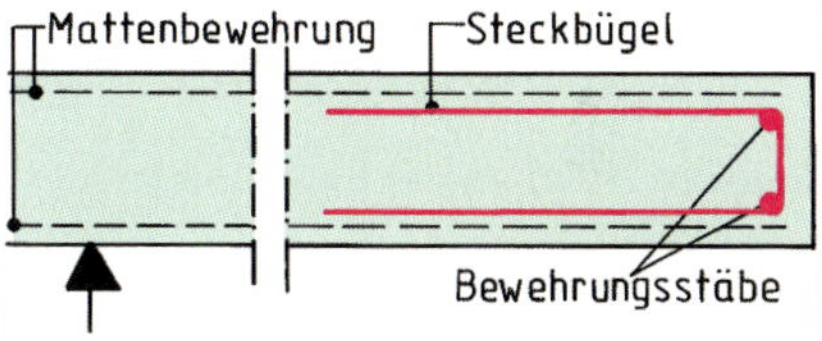

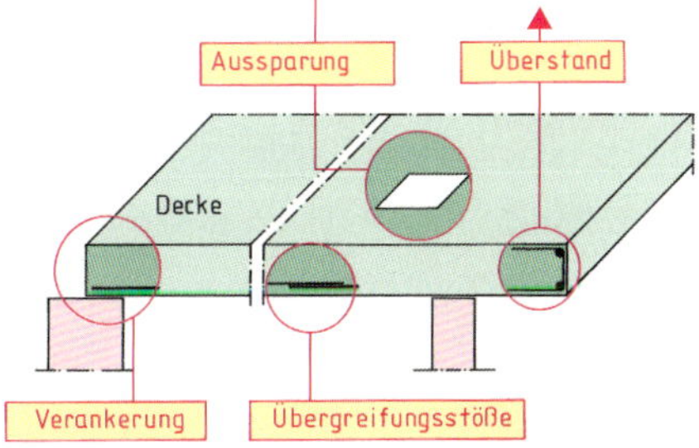

- **Verankerungslänge** bei Mattenbewehrung: mindestens **6 d_s**.

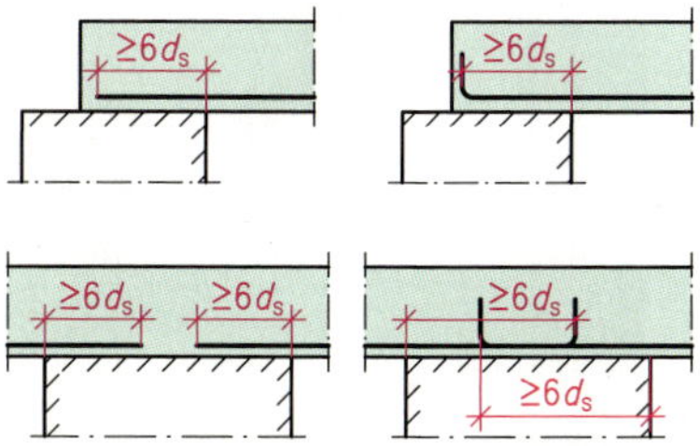

- **Übergreifungsstöße** bei Mattenbewehrung

Ein-Ebenen-Stoß → Die Stäbe liegen in einer Ebene nebeneinander.

Zwei-Ebenen-Stoß → Die Stäbe liegen übereinander.

→ Auf Zusatz- und Einfassbewehrung werden wir später bei „unserem" Haus noch einmal zu sprechen kommen.

5.1.4 Bewehrungsarbeiten mit Matten

Auf der Baustelle sind bei Bewehrungsarbeiten mit Betonstahlmatten einige Faktoren zu beachten, die (leider) manchmal vergessen werden:

- beim „Zurichten“ der Bewehrung

– Schnittlängen der Matten → Schneideskizze entnehmen

- beim möglichen „Biegen“ der Bewehrung

– Im Krümmungsbereich der Matte dürfen keine angeschweißten Querstäbe liegen (wenn doch, sollte $d_{br} \geq 20\ d_s$ betragen.)
– Liegen keine Querstäbe im Krümmungsbereich, darf $d_{br} < 20\ d_s$ (d_{br} = Durchmesser der Biegerolle, d_s = Durchmesser des Stahls) sein.

Merke:
Es dürfen keine einzelnen Mattenstäbe, sondern nur **alle** Stäbe (Längs- und Querstäbe) zusammen aufgebogen werden.

- beim Verlegen der Bewehrung

Zunächst einmal:

Für einachsig gespannte Platten gilt:

In der unteren Bewehrungslage liegt die *Zugbewehrung* (Längsstäbe) in Spannrichtung der Platte ***unten***.
In der oberen Bewehrungslage liegt die Zugbewehrung ***oben***
(→ über der Stütze und am Rand).

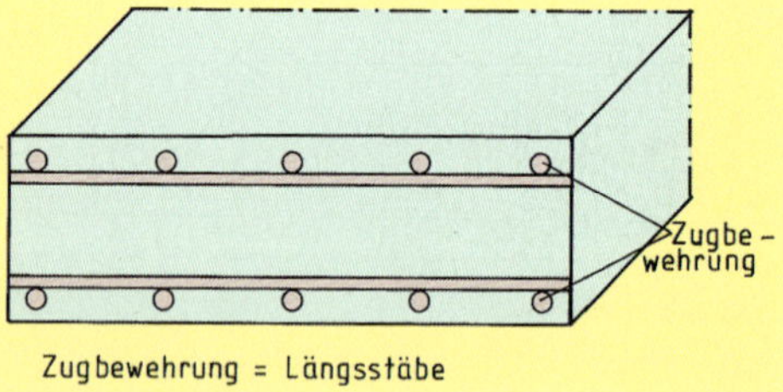

Weiterhin gilt:

❶ Beim Verlegen in einer Gebäude- oder Feldecke beginnen.

(Verlegerichtung, Überdeckungs- und Verankerungsmaße stehen im Bewehrungsplan.)

❷ Rüttellücken einplanen!

❸ Abstandhalter einbauen, um die erforderliche Betondeckung einzuhalten.

Für die untere Bewehrungslage: punkt- oder linienförmige Abstandhalter.
Für die obere Bewehrungslage: Stehbügel oder Unterstützungskörbe.

Über Anzahl und Abstände der Abstandhalter gilt als Anhalt:

Untere Bewehrungslage:			**Obere Bewehrungslage:**		
Durchmesser der Zugbewehrung	Punktförmige Abstandhalter Stück pro m²	Linienförmige Abstandhalter Stück pro m²	Stabdurchmesser für Stehbügel Plattendicke	Stabdurchmesser für Stehbügel Ø Stehbügel	Unterstützungskörbe
bis 6 mm	4	2	bis 15 cm	8 mm	etwa 1 m Abstand
8 bis 12 mm	4	1,5	15 bis 30 cm	12 mm	
			30 bis 50 cm	14 mm	

❹ Verlegte Oberbewehrung gegen „Herunterdrücken" sichern.

→ Laufbohlen auslegen, Montageböcke aufstellen als Abstützungen für Pumpleitungen beim späteren Betonieren.

❺ Zum Abschluss: Kontrolle der Mattenbewehrung auf Verunreinigungen.

→ z. B. Erdreich, Schnee, Eis, Bitumen, Anstriche oder Öl.

Für zweiachsig gespannte Platten gilt noch: Stablage steht im Bewehrungsplan.

So könnte eine Deckenbewehrung nach dem Verlegen aussehen:

Deckenbewehrung mit Abstandhaltern für untere und obere Bewehrungslage

❻ Last not least: Halten Sie die Betondeckung ein!

→ *zur Erinnerung (wird oft in Prüfungen abgefragt)*

Aufgaben der Betondeckung sind:
- Verbund zwischen Bewehrung und Beton zu sichern,
- Schutz der Bewehrung vor Rost (Korrosion),
- den Stahl vor vorzeitigem Festigkeitsverlust im Brandfall zu schützen.

Nach Fertigstellung der Bewehrung (vor dem Betonieren!) ist unbedingt eine technische Abnahme erforderlich. Dafür ist ein von der Bauaufsichtsbehörde bestellter Prüfingenieur zuständig. In den meisten Fällen nimmt der Tragwerkplaner die Bewehrungskonstruktion ab und fertigt ein Protokoll an.

Zusammenfassung von Kapitel 5:

Bewehrung von Betonbauteilen

- Vorbereitete oder eingebaute Betonstähle werden als Bewehrung bezeichnet.
- Die Beanspruchung der Bauteile bestimmt die **Lage** der Bewehrung;
  Bewehrungsrichtlinien legen die richtige Ausführung der Bewehrung fest.
- Großflächige Bauteile (z. B. Decken, Wände) werden mit **Betonstahlmatten** bewehrt.
- Die (Biege-)**Zugbewehrung** liegt im Bauteil immer da, wo (Biege-)Zugkräfte auftreten.
- Decken können **einachsig** oder **zweiachsig** gespannt werden.
- Stahlbetondecken haben immer eine untere und eine obere Bewehrung.
- Verlegepläne können als Einzelmatten- oder Gruppendarstellung (diagonal/achsenbezogen) erstellt werden.
- Die im Bewehrungsplan vom Tragwerksplaner festgelegten Betonstähle, die Anordnung und die Maße (z. B. Verankerungs- und Übergreiflängen) sind unbedingt einzuhalten. Notwendige Änderungen bedürfen der Rücksprache.
- Bewehrungsarbeiten müssen sorgfältig und genau ausgeführt werden.

Ü – TK *Als Aufgabe zur Bewehrungsdarstellung bei Decken finden Sie zunächst eine kleine Übung im Arbeitsheft, Blätter 57, 58.*

Proj – Te/TK *Ein größeres Projekt ⟶ Arbeitsheft, Blätter 59 – 62*

A – Te *Aufgaben zur Bewehrung von Decken ⟶ Arbeitsheft, Blatt 63*

T *Einen Test als Vorbereitung auf eine mögliche Klassenarbeit finden Sie im Arbeitsheft, Blätter 64, 65.*

Testen Sie sich • Testen Sie sich

Nennen/Erklären Sie ...

1. die Lage der Zugbewehrung beim Durchlaufträger,
2. mindestens fünf Punkte, die der Bewehrungszeichnung zu entnehmen sind,
3. welchen Einfluss die Spannrichtung auf die Zugbewehrung hat,
4. die Darstellung der Positionsnummern im Verleplan,
5. mindestens fünf Punkte, die dem Verlegeplan zu entnehmen sind,
6. die drei Aufgaben der Betondeckung.

6 Bauteile aus Beton

Einfache Stahlbetonbauteile muss ein Maurer herstellen können. Im „normalen“ Wohnungs- und Industriebau sind das:

Flachgründungen:	⇒	Plattenfundamente *(Streifen- und Einzelfundamente = Grundstufe)*
Stützen/Balken:	⇒	Einzelstützen, Stahlbetonbalken
Wände:	⇒	unter Verwendung von Fertigteilen
Decken/Platten:	⇒	Geschossdecken, Platten- und Ziegeldecken

Zu den Arbeiten gehören insbesondere:

- Herstellen der Schalung nach Schalplan,
- Verlegen der Bewehrung nach Bewehrungsplan und
- sämtliche Betonarbeiten (Einbringen, Verdichten ...)
  → *diese müssten Ihnen aus Ihrer bisherigen Ausbildung bekannt sein und werden hier daher nur „am Rande“ gestreift.*

Damit Sie diese Arbeiten fachgerecht ausführen können, haben wir sie in den vorangegangenen Kapiteln ausführlich behandelt.
→ *Blättern Sie bei Unklarheiten einfach zurück.*

Am Beispiel „unseres“ Hauses werden wir nun die Herstellungsgänge – besonders die Schal- und Bewehrungsarbeiten – erläutern, wobei wir uns auf den Bereich der Platten und Decken beschränken.

7 Verbindungen von Decken mit Mauerwerk

Decken müssen nicht nur „(auf)gelagert“ werden, sondern müssen auch die Belastungen und Kräfte weiterleiten.

Übergänge von **Betonbauteil – Mauerwerk**

werden ausgeführt als:

Ringanker*

ausgeführt als:

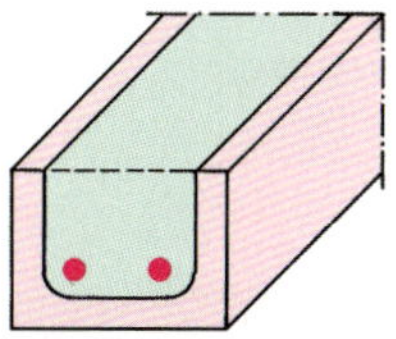

mind. 2 Stabstählen Ø 10

Ringbalken*

ausgeführt als:

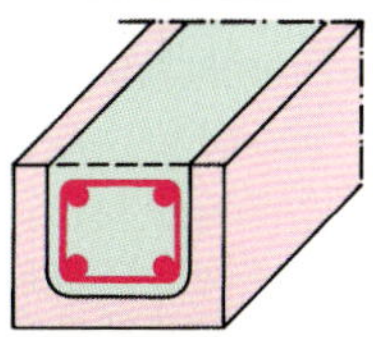

4 Stabstähle + Bügel als Bewehrungskorb

* = *„Ring“-, weil Anker und Balken rings um das Bauwerk geführt werden.*

Jede Betondecke im Mauerwerk ist eine stabile Scheibe. Alle diese Scheiben gut mit dem tragenden Mauerwerk zu verbinden, ist Aufgabe von Ringankern oder Ringbalken.

Ringanker, Ringbalken (und auch bewehrtes Mauerwerk) sollen dabei:

- die tragenden Wände (wie mit einem Gürtel) zusammenhalten,
- vorwiegend Zugspannung aufnehmen → Zugkraft.

Wie ist das mit der „stabilen Scheibe" zwischen Beton und Mauerwerk?

In der Regel liegt die Betondecke **direkt** auf dem Mauerwerk auf. Dadurch entsteht eine Haftreibung zwischen Beton und Stein. Diese Haftreibung erzeugt die **stabile Scheibe**.

→ So sieht das vergrößert aus:

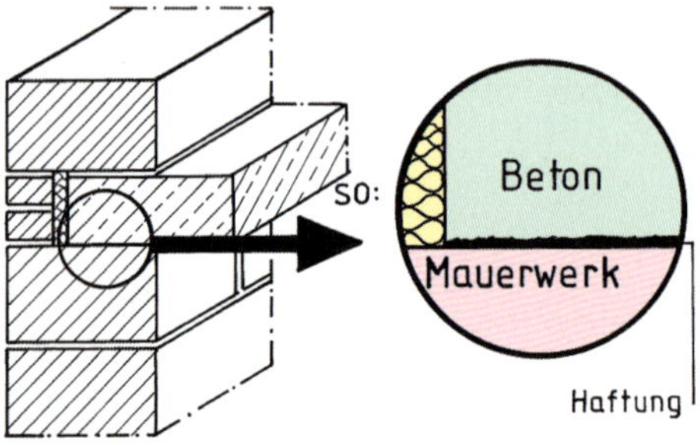

⇒ **Scheibenwirkung!**

⇒ Ist eine Scheibenwirkung vorhanden, reicht ein Ringanker.

Liegt der Beton nicht direkt auf dem Mauerwerk auf, sondern ist durch eine Trennschicht vom Stein getrennt, entfällt die Haftreibung

→ Die Wirkung einer „stabilen Scheibe" ist durch die Gleitfuge aufgehoben!
→ So sieht das vergrößert aus:

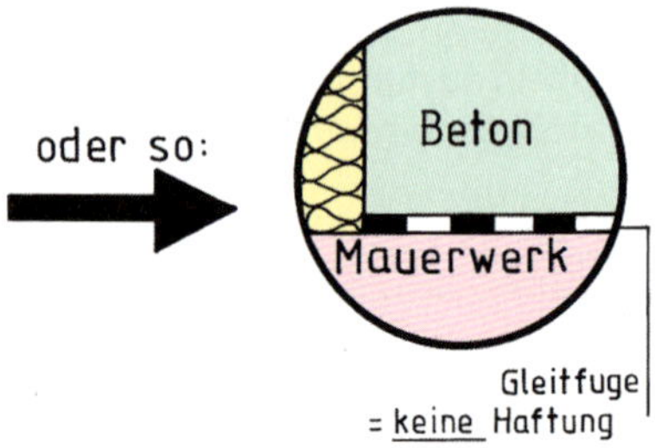

⇒ **Keine Scheibenwirkung!**

⇒ Ist keine Scheibenwirkung vorhanden, muss ein Ringbalken eingelegt werden.

Als „Scheibenersatz" muss der Ringbalken neben Zug- auch Biegebeanspruchungen aufnehmen. Daher ist er stärker zu bemessen als ein Ringanker ⇒ *macht der Tragwerksplaner*. U-Schalen erleichtern die Einschalarbeiten.

7.1 Ringanker

Wann sind Ringanker erforderlich?

Sie sind immer anzulegen auf den gemauerten, tragenden Wänden, wenn:

- das Bauteil mehr als zwei Vollgeschosse hat,
- länger als 18,00 m ist,
- Wände mit großen und vielen Öffnungen erstellt werden und
- ungünstige Baugrundverhältnisse vorliegen.

Ausführungsbeispiele

Ringanker wirken wie ein Zugband für einen gedachten Druckbogen in der Deckenplatte und müssen alle Außenwände und durchgehende Querwände zusammenhalten. Ringanker können mit Massivdecken oder Fensterstürzen aus Stahlbeton vereinigt werden.

Ringanker sind zugbeansprucht. Das gilt nicht für umlaufende Ringbalken mit Ringankerfunktion.

Beispiel 1: bei Fertigteildecken daneben	Beispiel 2 und 3: bei „normal" erstellten Decken unmittelbar darunter oder in der Stb-Decke		Beispiel 4: (selten) in den Lagerfugen unter der Decke
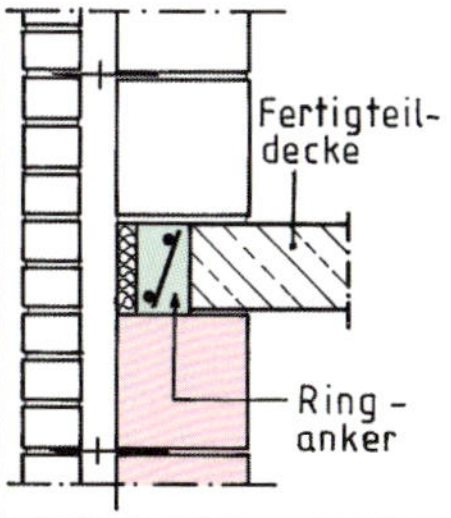	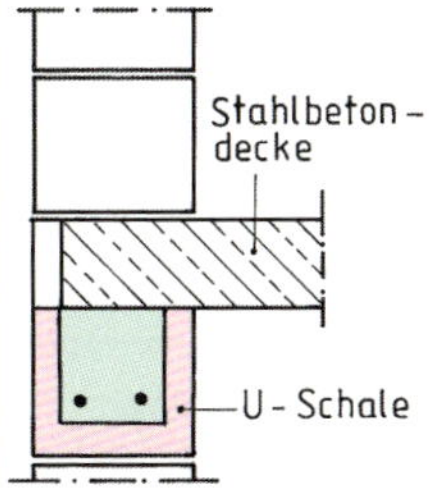	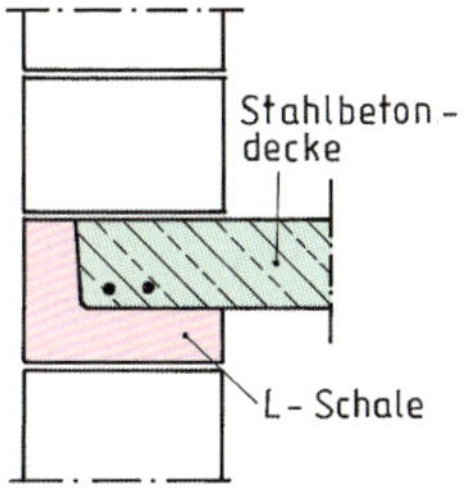	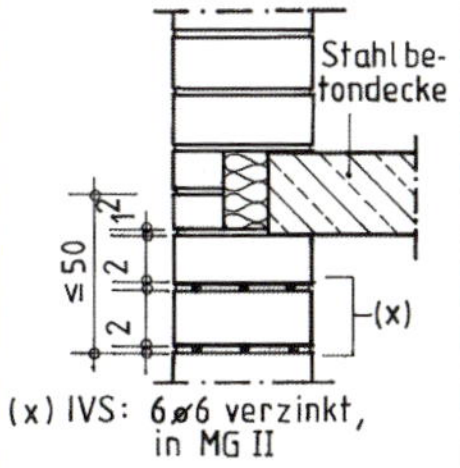

So soll „unsere" Decke aufgelagert werden:

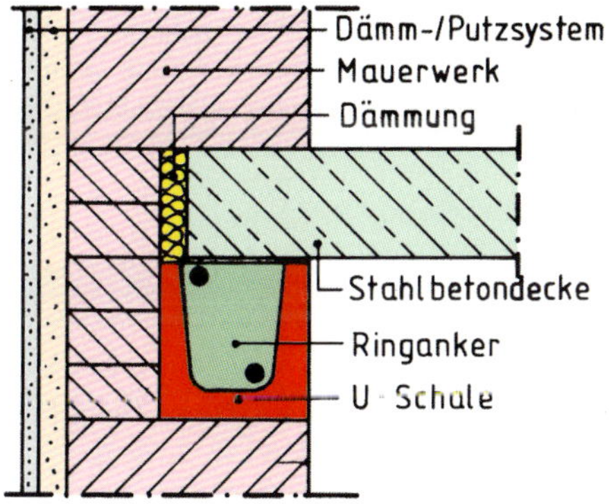

Ringanker sind an den Hausecken als „verstärkte Eckbewehrung" auszubilden.

Der Ringanker verläuft ringsum.	So sieht die verstärkte Eckbewehrung beim Ringanker aus:
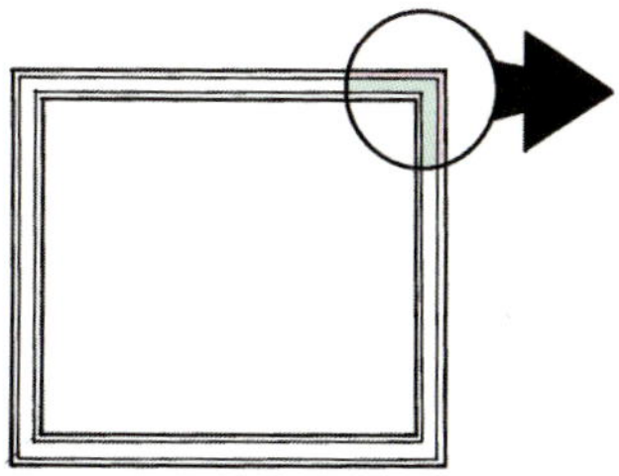	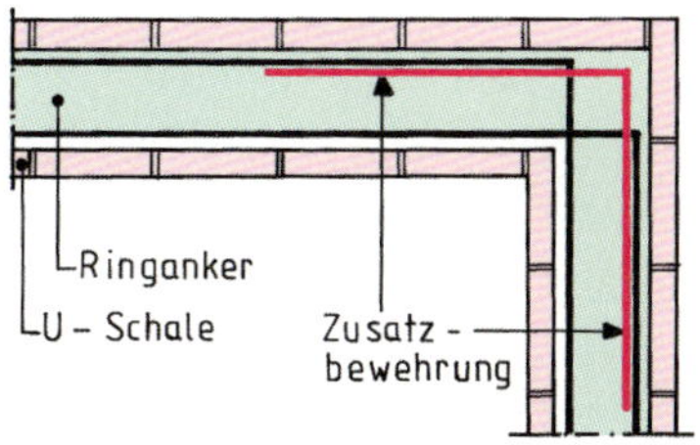

7.2 Ringbalken

Ist keine Scheibenwirkung vorhanden und treten zusätzliche horizontale Belastungen auf, werden Ringbalken unter Decken angeordnet.

Dabei gilt:
Der Ringbalken muss als Bewehrungskorb erstellt werden!
⇒ (4 Bewehrungsstäbe + Bügel)

Zwei typische Fälle sind:

- **Holzbalkendecke** anstelle einer Stb-Decke

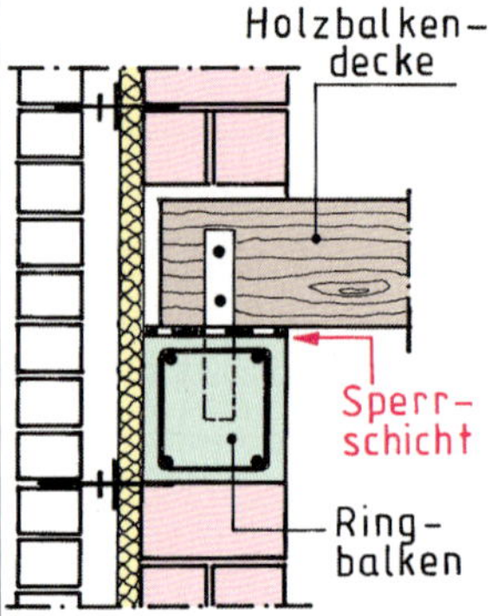

Der eingemauerte Holzbalken liegt auf einer Sperrschicht → damit ist die Scheibenwirkung aufgehoben. Gleichzeitig haben Holzbalkendecken eine geringe Steifigkeit ⇒ Ringbalken erforderlich! Verankerung Holzbalken – Ringbalken durch Stahlverbindung.

- Stb-Decke als **Dachdecke** (z. B. Flachdach)

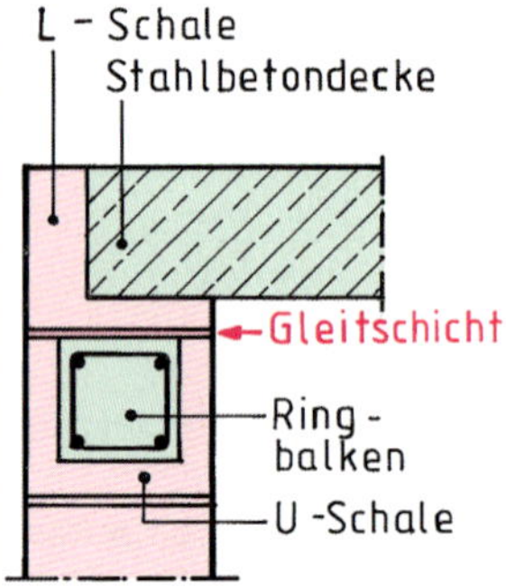

Durch die Temperatureinwirkungen dehnt sich die Decke aus bzw. zieht sie sich zusammen. Nur durch eine Gleitschicht können die Längenänderungen aufgefangen werden. Folge: keine Scheibenwirkung ⇒ Ringbalken erforderlich!

Zusammenfassung von Kapitel 7:

Ringanker, Ringbalken

- **Ringanker** sollen die tragenden Wände zusammenhalten und vorw. Zugkräfte aufnehmen. Sie bestehen aus mind. zwei Stabstählen Ø 10–12 mm.
- Ringbalken sind erforderlich, wenn die Scheibenwirkung durch Decken nicht erreicht werden kann (z. B. Trenn- oder Gleitschichten). Sie werden als Bewehrungskorb hergestellt.

8 Decken und Platten – Deckensysteme

Decken sind flächige Bauteile, die vorwiegend Räume nach oben/unten abschließen. Sie steifen ein Gebäude wie Scheiben aus.

Die erforderliche Nutzhöhe *d* (Plattendicke) wird z. B. im Bereich Stahlbeton so berechnet: $d \geq \frac{l}{35}$ (in cm) oder Decken mit leichten Trennwänden $d \geq \frac{l^2}{15000}$ (in cm).

Decken werden senkrecht zu ihrer Ebene beansprucht und daher auch als **Platten** bezeichnet.

Zur Erinnerung:

einachsig gespannte Decken	**zwei**achsig gespannte Decken

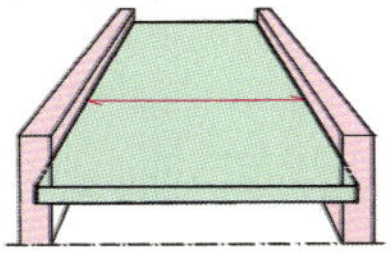

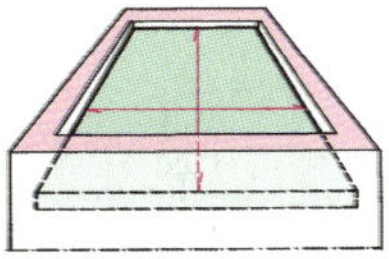

Die Spannrichtung gibt die Lage und die Richtung der Zugbewehrung an.
Stahlbetondecken haben immer eine untere und obere Bewehrungslage.

8.1 Ausführungsmöglichkeiten für Stahlbetondecken

Die Auswahl der Deckenkonstruktion erfolgt nach folgenden Kriterien:
- Tragverhalten (z. B. ein- oder zweiachsig gespannte und räumliche Tragwerke),
- Herstellungskosten,
- Auswirkung auf die Gesamtstabilität,
- Auswirkung auf die Geschosshöhe und
- Integrationsmöglichkeiten für technische Gebäudeausrüstung.

Stahlbetondecken

können ausgeführt werden als:

Massivdecken	Balkendecken	Rippendecken	**Platten**decken
⇓	⇓	⇓	⇓
bestehen aus: **Ortbeton**	bestehen aus: **Fertigteilen + Zwischenbauteilen** *→ streifen wir nur kurz (da seltener)*		bestehen aus: **Fertigteilen (+ evtl. Ortbeton)**

8.2 Massivdecken

Massivdecken werden komplett auf der Baustelle hergestellt → d.h. sämtliche Schal-, Bewehrungs- und Betonarbeiten.
Hiermit wollen wir uns im Folgenden näher auseinandersetzen!

Das soll bei „unserem" Haus nicht an der Kellerdecke, sondern am Beispiel der Decke über dem EG (= Erdgeschossdecke) verdeutlicht werden.

→ weil dort der Balkon eine Kragplatte darstellt und sie damit etwas „anspruchsvoller" wird als die Kellerdecke.

⇒ *Um das Ganze überschaubar zu machen, wird nur die linke Hälfte der Decke behandelt. Für die rechte Hälfte gilt natürlich Entsprechendes.*

Dies ist die Erdgeschossdecke, die hergestellt werden soll:

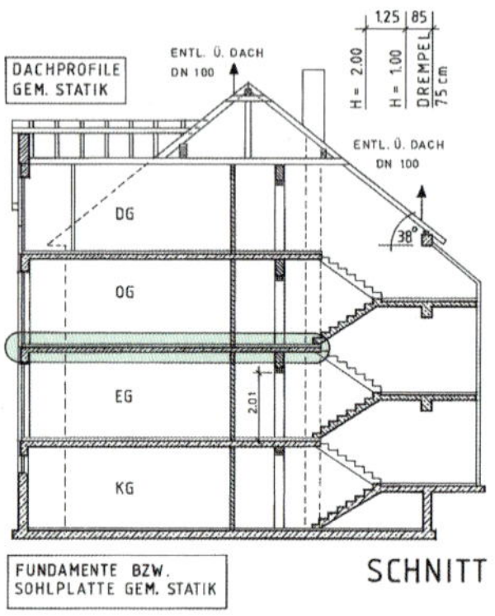

SCHNITT A–A

Das ist die entsprechende Draufsicht:

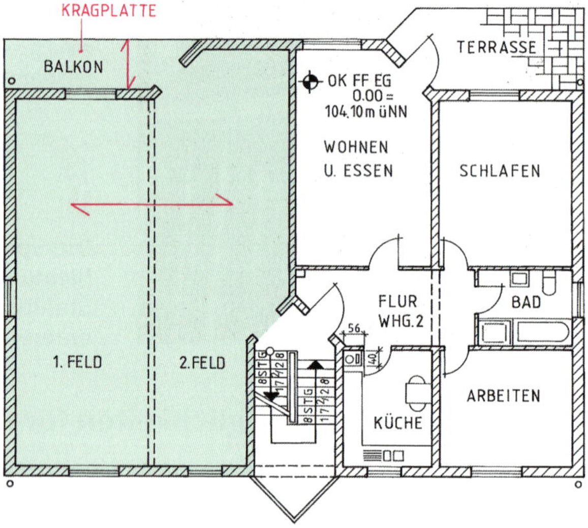

8.2.1 Herstellung einer Massivdecke

Zunächst erfolgt viel Planung!
→ Dieses ist Aufgabe des Tragwerksplaners und der Baufirma.

Die Aufgaben umfassen zum Beispiel:

- **Berechnung und Bemessung der Massivdecke**
  - Welcher Belastungsfall liegt vor?
  - Mindestplattendicke, Mindestauflagertiefe
  - Statik usw.

☞ *Prüfen Sie dieses für „unsere" Decke einmal nach!*
(Siehe hierzu: Kap. 5.1.3 „Bewehrungsgrundsätze für großflächige Bauteile")
Vorgaben:
- In Längsrichtung: Einfeldplatte mit Kragarm
- In Querrichtung: Zweifeldplatte
- „Unsere" Decke liegt etwa zur Hälfte auf dem Außenmauerwerk (36,5 cm) und voll auf der gemauerten Innenwand (24 cm) auf.
- „Unsere" Plattendicke beträgt 16 cm.

Des Weiteren gehören dazu:

- **Erstellen des Bewehrungsplanes,**
- **Betonauswahl und**
- **Auswahl des Schalsystems und Erstellen des Schalplanes.**

Was Sie über Schalpläne wissen sollten!

Das Erstellen eines Schalplans ist EDV-Angelegenheit. Die Firmen haben entsprechende Programme, die sowohl die erforderlichen Berechnungen als auch die Darstellung von Schalplänen erstellen.
Die Auswahl an Schalsystemen ist mannigfaltig und ist vorrangig eine Kosten- und Verfügbarkeitsfrage.
So stehen z. B. folgende Systeme zur Verfügung:

Deckenschalung

Trägerschalungen	Modulschalungen	Deckentische
	Schalungsangebote (Beispiele)	
Multiflex	Skydeck	PD8-Tische

Die Entscheidung trifft das Bauunternehmen, alles andere macht der PC!

Für die Erdgeschossdecke wurde ausgewählt:

Modulschalung
Schalungssystem: Skydeck
- Modul (auch Paneele)
- Längsträger
- Stützköpfe (als Fallkopf)
- Stützen

Nach Abschluss aller Vorarbeiten sind dann Sie gefordert!

1. Arbeitsschritt:
Erdgeschossdecke gemäß Schalplan einschalen.

→ *So sieht der Schalplan für „unsere" halbe EG-Decke im Grundriss aus:*

Schalplan 1/2 Decke über EG; M: 1 : 105 *Schalungssystem: Skydeck Stützkopf*

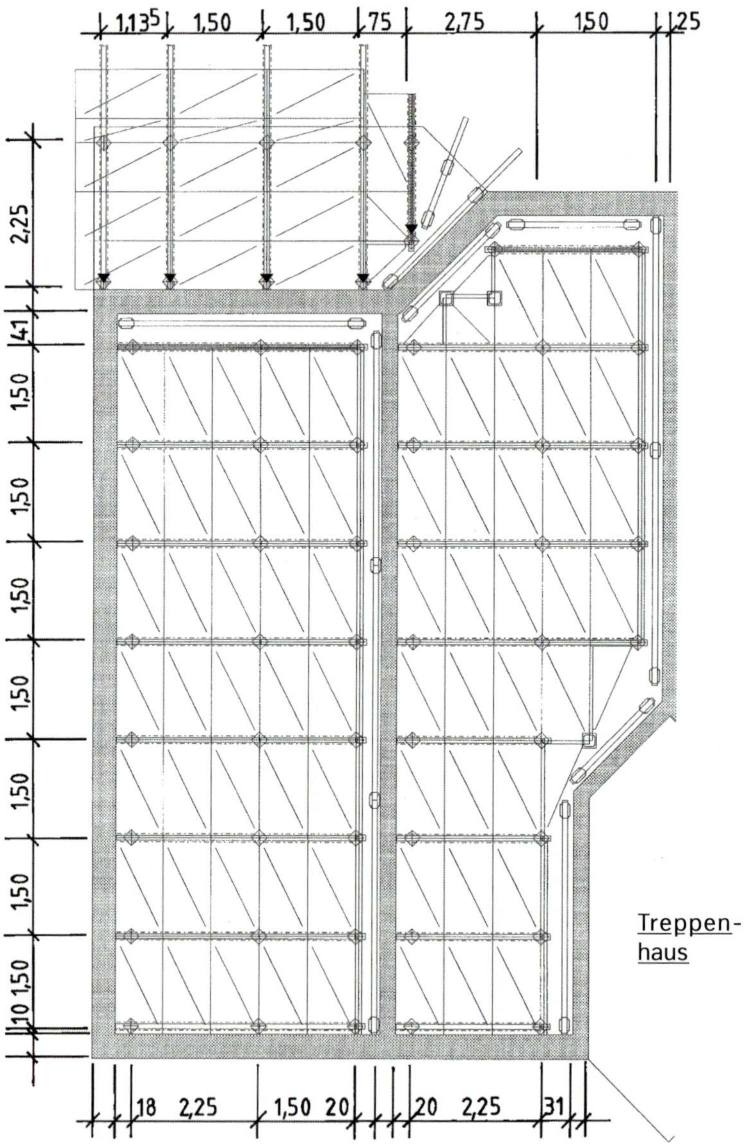

Angaben zur Schalung:

- Die Schalungsstützen sind gemäß Schalplan zu stellen.
- max. Stützweite: 2,25 m < zul. Stützweite;
- Paneel SDP 150 x 75,21 mm

Zum Schalplan gehört natürlich auch eine Stückliste:

Stückliste: *für System: Skydeck Stützkopf*

Projekt:	**6-Familien-Haus mit Tiefgarage**	
Betoniertakt-Nr.:	**1 – 1/2 Decke über Erdgeschoss**	
Deckenfläche: **103,67 m²**	Schalungsfläche: **93,10 m²**	Gesamtgewicht: **3198,5 kg**

Bezeichnung:	Stück
Multiprop 250	57
Paneel SDP 150 x 75	79
Stirnlager SSL	19

Bezeichnung:	Stück
Längsträger SLT 150	8
Fallkopf SFK	57
Abspannöse SAO	5

Randträger SRT 150-2	13
Längsträger SLT 225	18

Träger GT24 360	6
Träger GT24 300	1

Zubehör:			
Kreuzkopf 20 – 24 S, verz.	21	Schalungskette L = 2,5 m	5
Gurtanschluss CB-2	5	Spannschloss M12/3,0 KN	5

Gesamtzahl Einzelteile:	**323 Stück**

Merken Sie sich:

> Der Schalplan ist „optimiert“. Veränderungen dürfen nur vom Bauleiter oder Polier angeordnet werden.

Und so geht man beim Einschalen vor:

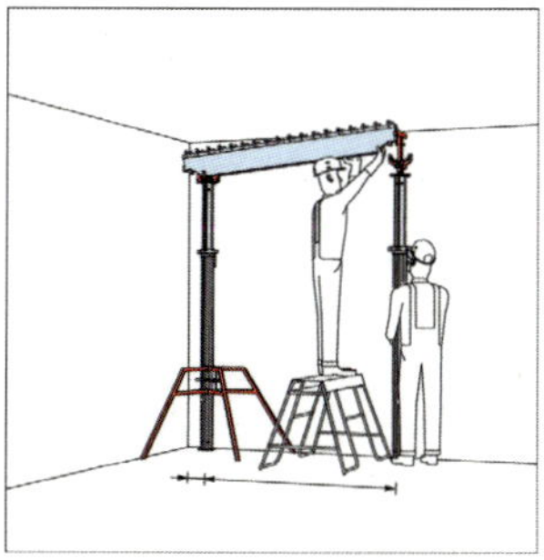

Montage: 1. Längsträger

Montage: 2. Längsträger

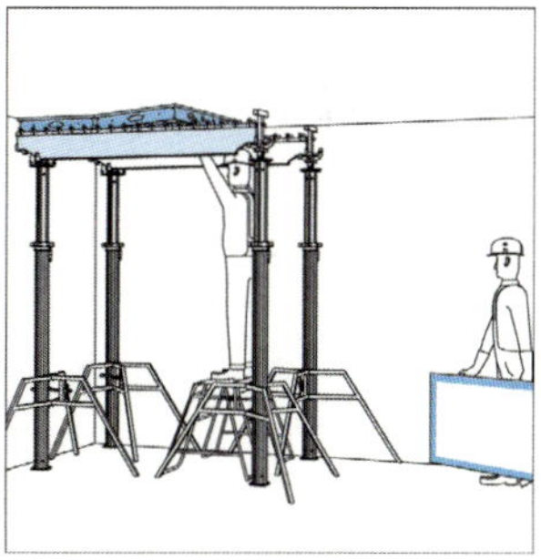

Feld mit Paneele auflegen

Wandhalter montieren

neue Längsträger montieren

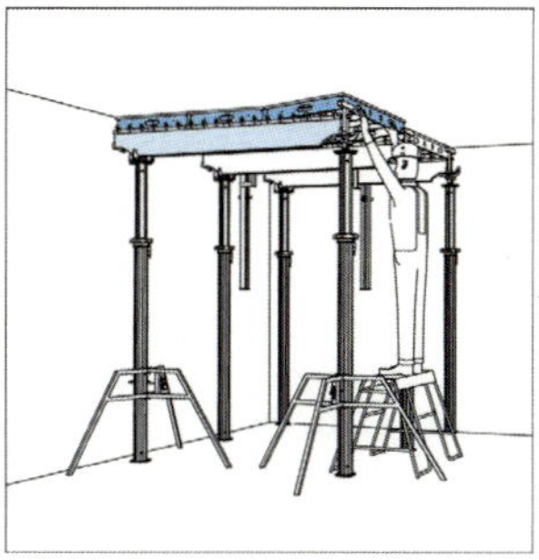

weitere Paneelen montieren

	bis zum Abschluss ...	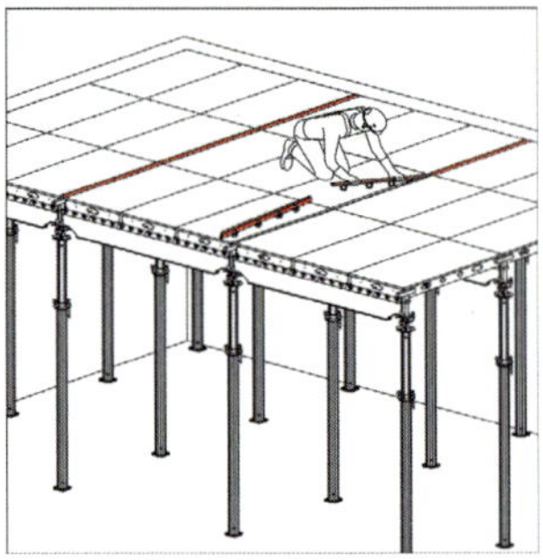
weitere Längsträger und Paneelen montieren		**die Abdeckleisten montiert werden**

Weitere Arbeiten, die zur Schalung gehören, sind:

- ☞ Randschalung anbringen,
- ☞ Ausgleiche und Anpassungen an den Deckenrändern vornehmen,
- ☞ evtl. Aussparungen (z. B. Deckendurchbrüche) einschalen,
- ☞ die Schalung vor Beginn der Bewehrungsarbeiten mit Schalöl besprühen.

2. Arbeitsschritt:
Bewehrung verlegen.

Und das sind die entsprechenden Bewehrungspläne für die halbe EG-Decke:

Bewehrungsplan: Decke über EG – UNTERE BEWEHRUNGSLAGE

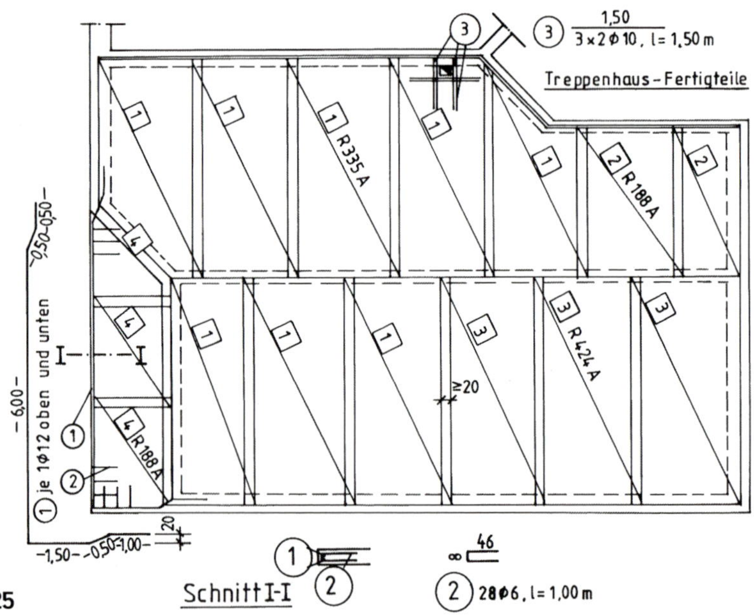

Beton: C20/25
Betonstahl: B 500 A nach DIN 488;
Plattendicke: *d* = 16 cm
Betondeckung: 2 cm; Balkon: 4 cm

(Plan um 90° gedreht)

Bewehrungsplan: Decke über EG – OBERE BEWEHRUNGSLAGE

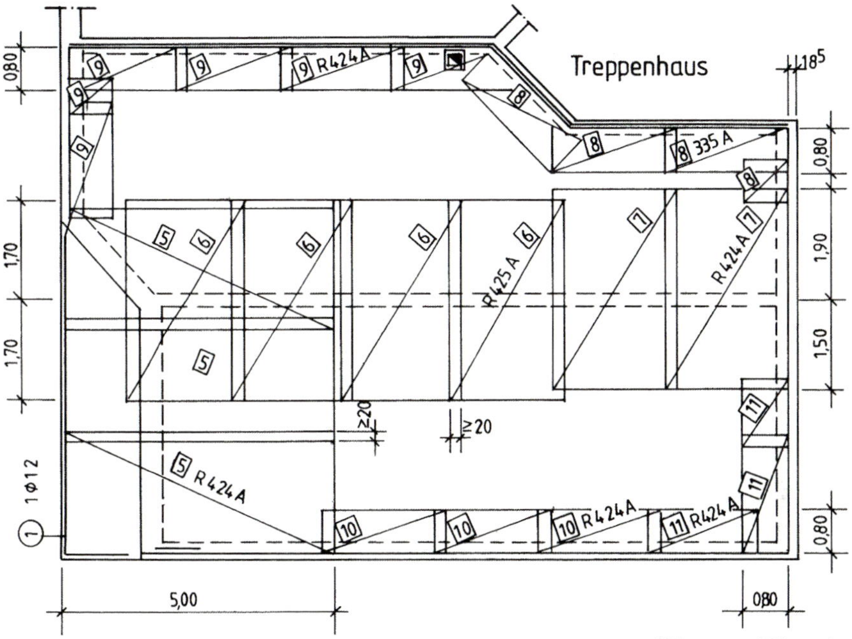

(Plan um 90° gedreht)

Natürlich gehört dazu auch eine Schneide- und Mattenliste: *(hier: Auszug)*

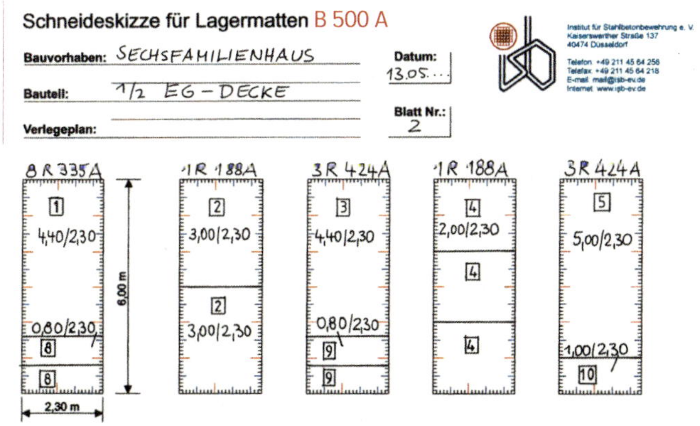

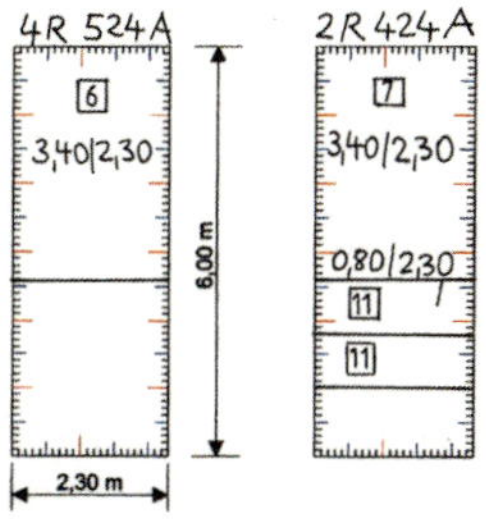

Sonstiges:
- Unterstützungskörbe APSTA

= 60 Stück; APSTA U 14; Gewicht: 57,12 kg
= 18 Stück; APSTA U 12; Gewicht: 10,32 kg
67,44

Matten- und Quadratmetergewichte	
Q188 A/B 41,7 kg 3,02 kg/m²	R188 A/B 33,6 kg 2,43 kg/m²
Q257 A/B 56,8 kg 4,12 kg/m²	R257 A/B 41,2 kg 2,99 kg/m²
Q335 A/B 74,3 kg 5,38 kg/m²	R335 A/B 50,2 kg 3,64 kg/m²
Q424 A/B 84,4 kg 6,12 kg/m²	R424 A/B 67,2 kg 4,87 kg/m²
Q524 A/B 100,9 kg 7,31 kg/m²	R524 A/B 75,7 kg 5,49 kg/m²
Q636 A/B 132,0 kg 9,36 kg/m²	

Maßstab 1 : 100 – Maßteilung in mm

Lagermatten

Anzahl	Bezeichnung	Gewicht kg
8	R 335 A	401,6
2	R 188 A	67,2
8	R 424 A	537,6
4	R 524 A	302,8
22	◂ Gesamt ▸	1309,2

Und die Betonstahlliste für Zusatz- und Einfassbewehrung:

BETONSTAHLLISTE für B 500 A – ½ **Decke über Erdgeschoss** –

Pos.-Nr.	Stück	Ø mm	Schnitt-länge	Form	Gesamtlänge Ø 6	Ø 10	Ø 12	dbr mm
1	2	12	10,00	(siehe untere Bewehrung)			20,00	
2	28	6	1,00		28,0			30
3	6	10	1,50			9,00		
				Gesamtlänge m	28,0	9,00	20,00	
				Masse je m kg/m	0,222	0,617	0,888	
				Masse je Ø kg	6,2	5,60	17,8	
				Masse ges. kg	29,6			

Merken Sie sich:

Die Zusatz- und Einfassbewehrung darf nicht vergessen werden!

Bei „unserer" Decke sieht das dann so aus:

Balkonrand (Schnitt)

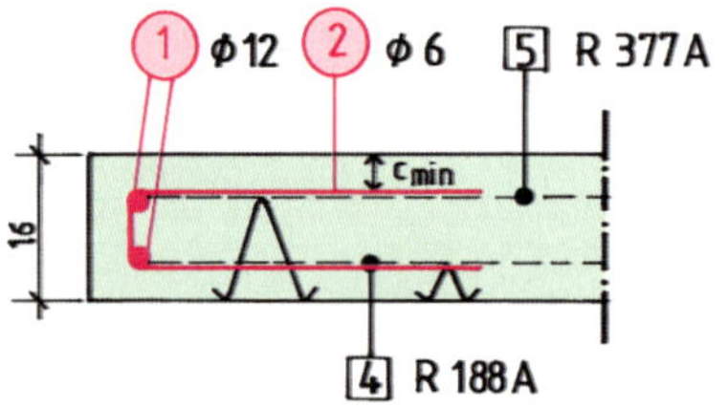

- Betondeckung c_{-} = 4 cm
- Pos. ② = Einfassbewehrung am freien Rand (Steckbügel)
- Pos. ① = zusätzliche Bewehrungsstäbe in Längsrichtung

Am Deckendurchbruch (Draufsicht)

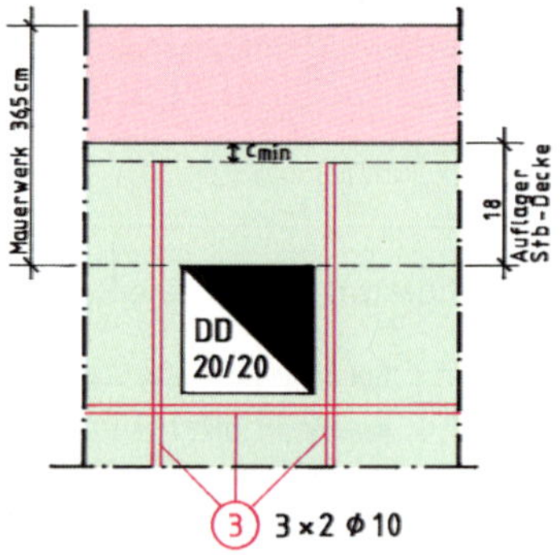

- Betondeckung c_{-} = 2 cm
- Pos. ③ = Zusatzbewehrung (Wechsel)

Und so geht man arbeitsmäßig vor:

- ☞ Untere Abstandhalter (2 bzw. 4 cm) auf der geölten Schalhaut verlegen.
- ☞ Untere Mattenbewehrung nach Verlegeplan auflegen. (Tragrichtung!)
- ☞ Untere Zusatz- und Einfassbewehrung anbringen.
- ☞ Obere Abstandhalter (U 12 bzw. U 14) aufstellen.
- ☞ Obere Mattenbewehrung nach Verlegeplan auflegen.
- ☞ Obere Einfassbewehrung verlegen und befestigen. („Rödeldraht")

Ü – TK *Aufgaben zur Wiederholung der Massivdecke → Arbeitsheft, Blatt 76–78*

3. Arbeitsschritt:
Gesamte Schalung und Bewehrung kontrollieren.

Sowohl Schalung als auch Bewehrung müssen genau überprüft werden bevor der Beton „kommt".
(Schallücken?, Befestigungen?, Verunreinigungen?, Rüttellücken? etc.)

4. Arbeitsschritt:
Beton einbringen, verdichten und nachbehandeln.

→ wird an dieser Stelle nicht weiter behandelt
(siehe dazu: Lernabschnitt „Betontechnolgie“).

5. Arbeitsschritt:
Abbau der Schalung.

Nach Ablauf der Ausschalungsfristen kann (auf Anweisung des Poliers) die Schalung entfernt werden.
Der Abbau „unserer“ Schalung geschieht folgendermaßen:

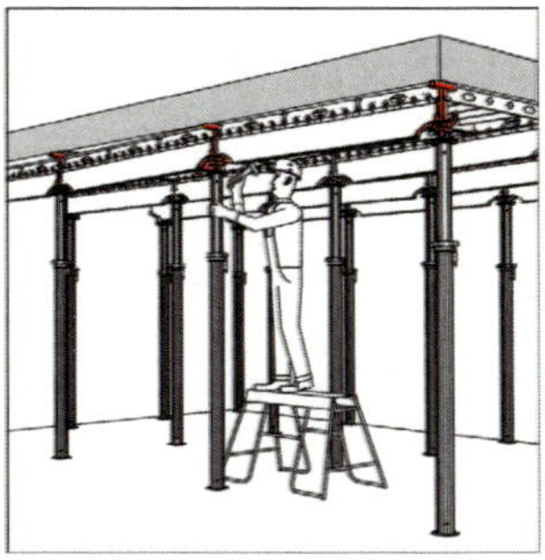

Stützköpfe (Fallköpfe) lösen

Randausgleich entfernen

Paneelen ausbauen

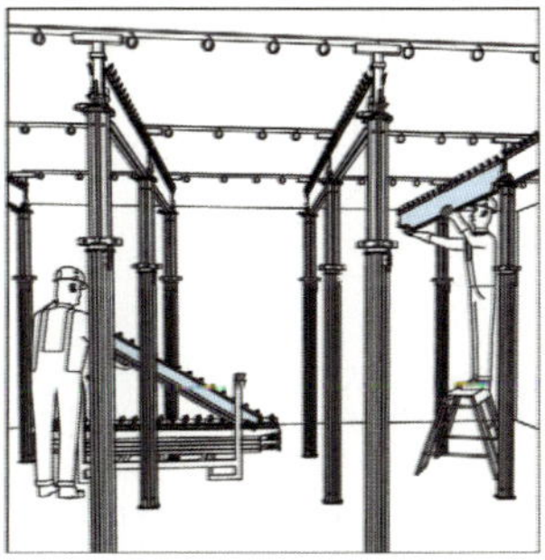

Längsträger ausbauen

Stützen (mit Abdeckleisten) teilweise ausbauen. Hilfsjoche bleiben noch stehen!

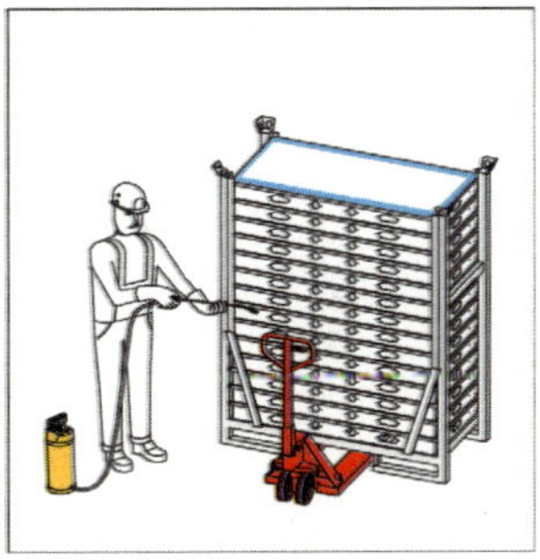

Last but not least: Reinigung und Pflege der Schalung

Damit sind die Arbeitsgänge zur Herstellung „unserer“ Massivdecke abgeschlossen.

Zusammenfassung von Kapitel 8:

Decken und Platten; Massivdecken

- Stahlbetondecken können ausgeführt werden als Massiv-, Balken, Rippen- und Plattendecken.
- Die **Bewehrungsrichtlinien** für Massivdecken umfassen: Deckenverankerung, Übergreifungsstöße der Matten, Deckenaussparungen und Deckenüberstände.
- Notwendige Unterlagen zur Herstellung von Massivdecken sind: Schalpläne, Stücklisten, Bewehrungspläne für untere und obere Bewehrungslage, Schneideskizzen und mögliche Betonstahllisten.

Testen Sie sich • Testen Sie sich

Nennen / Erklären Sie ...

1. die Kennzeichen der einzelnen Ausführungsarten von Stahlbetondecken,
2. die Mindestauflagertiefe einer Stahlbetondecke auf Außenmauerwerk,
3. das Mindestmaß der Verankerungslänge bei einer Mattenbewehrung,
4. bei welchen Teilen einer Decke eine Einfassbewehrung erforderlich ist,
5. die Begriffe „Wechselstäbe“ bzw. „Wechsel“.

Überprüfen Sie Ihre Kenntnisse zum Bewehrungsplan → „unser“ Haus:

6. Wie groß ist die Übergreifungslänge der einzelnen Matten untereinander?
7. Wie groß ist die Verankerungslänge der Matten am Rand?
8. Wie groß ist die Auflagerbreite der Decke?
9. Welche Bedeutung haben die Positionen ① und ②?

T *Einen Test – als Vorbereitung auf eine mögliche Klassenarbeit – über die Massivdecke finden Sie im Arbeitsheft, Blatt 79.*

8.3 Plattendecken

Decken aus oder unter Verwendung von Betonfertigteilen werden immer häufiger eingesetzt. Es entfallen meist aufwendige Schalungs- und Bewehrungsarbeiten. Dabei werden großflächige Deckenteile als Platten bezeichnet → der Sammelbegriff hierfür: **Plattendecken**.

Welche Arten von Plattendecken werden heute verwendet?

Plattendecken

werden eingesetzt als:

Elementplatten	Vollplatten	Hohlplatten	TT-Platten	Plattenbalkendecken
Ausführung (als) in:				
„Filigran“-Platten + Ortbeton	Normalbeton-, Leichtbeton-, Porenbetonplatten	Leichtbeton (schlaff bewehrt) – Spannbeton	Normalbeton (schlaff bewehrt) – Spannbeton	Balken + Fertigplatte + Ortbeton

→ *Hiermit wollen wir uns noch einmal näher beschäftigen, die anderen streifen wir nur „am Rande“.*

8.3.1 Elementdecken (Filigrandecken)

Elementdecken sind Halbfertigdecken, die auf der Baustelle montiert und dort mit Ortbeton verfüllt werden. Sie bestehen aus großformatigen, dicken Stahlbetondeckenplatten von 5 bis 8 cm Dicke, die im Fertigteilwerk vorgefertigt werden. Andere Bezeichnungen wie Deckenplatten, Elementplattendecken, Gitterträgerplatten oder Halbfertigteildecken sind ebenfalls geläufig.

Verlegen einer Fertigteil-Elementplatte: Hier Gitterträgerplatte („Filigran-Platte")

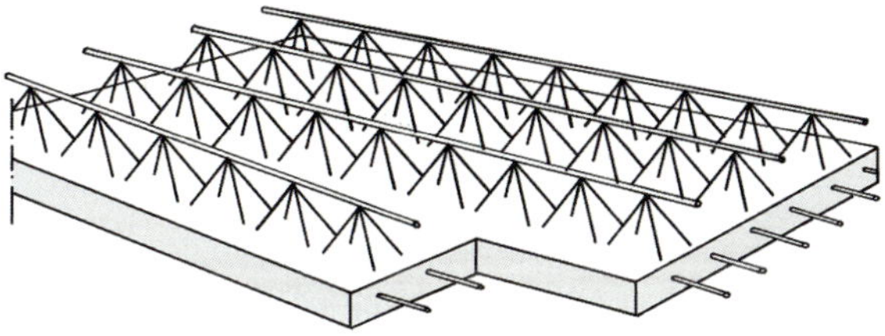

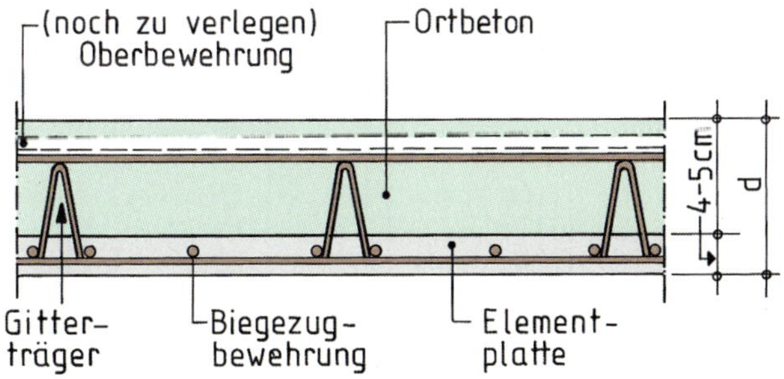

Das sollten Sie über die „Filigran-Platten" wissen!

„Filigran" = Drahtgeflecht

Herstellung:
Dünne Stahlbetonplatten (mit eingelegter „Unterbewehrung") werden durch ein Drahtgeflecht (Gitterträger) ausgesteift.

Gitterträgerplatten ergeben zusammen mit dem Ortbeton eine Vollplatte. Durch die Gitter ist eine schubfeste Verbindung vorhanden.

Was ist anders als bei normalen Massivdecken?

Die Filigran-Platte wird als „verlorene Schalung" bezeichnet, da sie die Schalhaut ersetzt. Daher werden nur Schalungsstützen (Joche) und Schalungsträger im Schalplan ausgewiesen.
Für die bis zu 2,50 m breiten Platten werden im Betonfertigteilwerk der Schalplan, der Verlegeplan nebst Erläuterungen, Verlegehinweise und erforderliche Zulagenpläne (Betonstahlliste) erstellt und bereits vor der Lieferung der Baufirma zugestellt.

Merken Sie sich:

Der Verlegeplan für die Oberbewehrung und die Ortbetonmenge müssen selbst erstellt bzw. berechnet werden → *macht der Tragwerksplaner.*

So könnte der Verlegeplan für „unsere“ EG-Decke aussehen:

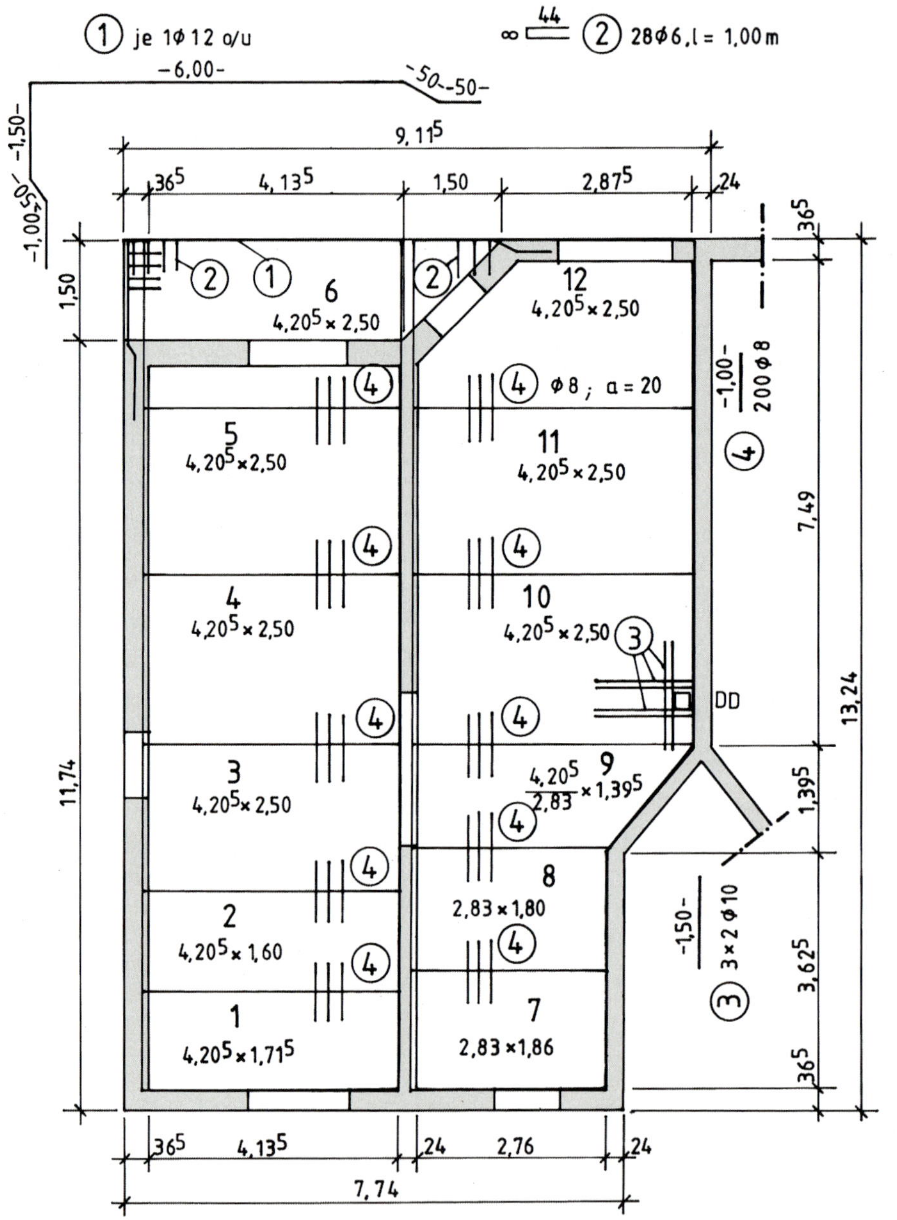

Erläuterungen:

- Berechnungen auf Grundlage der Eingabepläne mit Deckenstärke 16 cm
- Beton der Platten: C 30/37 erfordert mind. C20/25 → vorh.: C 25/30
- Betondeckung der Platten: c = 20 mm; Sonderanfertigung für **6 + 12** (c = 40 mm)
- Plattendicke: Normal = 5 cm; **6 + 12** = 7 cm
- Sonderanfertigung für **9** (schräge Kante)
- Gewichtsangaben der Platten: siehe Extrabeilage; dito: Auflistung Betonstabstähle
- Schalplan für Stützen und Träger = Extraplan

<u>Auszug aus den weiteren Unterlagen:</u>
- Stützbewehrung gemäß Statik
- Bewehrung über Plattenstößen gemäß Skizze; $l_ü$ = 50 cm
- Alle Maße sind bauseitig zu prüfen.
- Jochabstände: max. 1,50 m
- Betonstahlliste für Zulagen: siehe nachfolgende Übersicht.

Anmerkung:
Randjoche sind generell zu stellen, um die versatzfreie Ausbildung der Decke-Wand-Fuge im Bereich der Deckenstöße zu gewährleisten.

BETONSTAHLLISTE für B 500 A – 1/2 **Decke über Erdgeschoss**

Pos.-Nr.	Stückanzahl	Ø mm	Schnittlänge	Form	Gesamtlänge Ø 6	Ø 8	Ø 10	Ø 12
1	2	12	10,00	siehe Verlegeplan	–	–	–	20,00
2	28	6	1,00		28,0	–	–	–
3	6	10	1,50		–	–	9,00	–
4	200	8	1,00			200,00	–	–
				Gesamtlänge in m	28,00	200,00	9,00	20,00
				Masse je m kg/m	0,222	0,395	0,617	0,888
				Masse je Ø kg	6,22	79,00	5,55	17,76
				Masse gesamt kg	108,53			

Welche Arbeitsgänge sind für die Deckenerstellung erforderlich?

1. Arbeitsschritt:
Unterstützung für Decke nach Schalplan aufstellen.

Dazu gehören folgende Arbeiten:
- Joche aufstellen und ausrichten,
- Jochträger und Querträger auflegen,
- Auflagertiefe der Filigranplatten auf Mauerwerk übertragen,

So könnten Joche und Träger aufgestellt werden (Beispiel):
→ *Auf den Originalschalplan für „unsere“ Decke verzichten wir hier.*

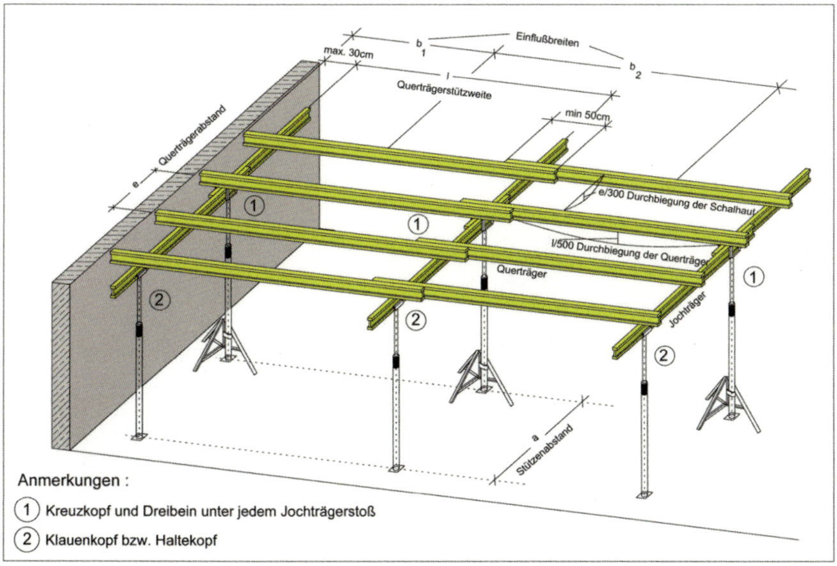

2. Arbeitsschritt:
Elementarplatten nach Verlegeplan verlegen.

- Lage der Fertigteilplatten mit Positionsnummer im Grundriss,
- Anordnung und Angaben über Zulagenbewehrung (→ bei Stoßfugen, Zwischenauflagern).

Was ist beim Verlegen allgemein zu beachten?

Besonders an folgenden „Knackpunkten" aufpassen:

1. Endauflager (z. B. Außenmauer)

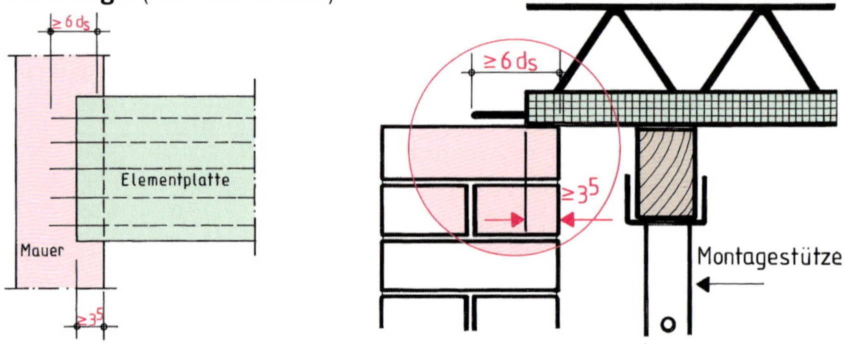

2. Zwischenauflager (z. B. Innenmauer, Unterzug)

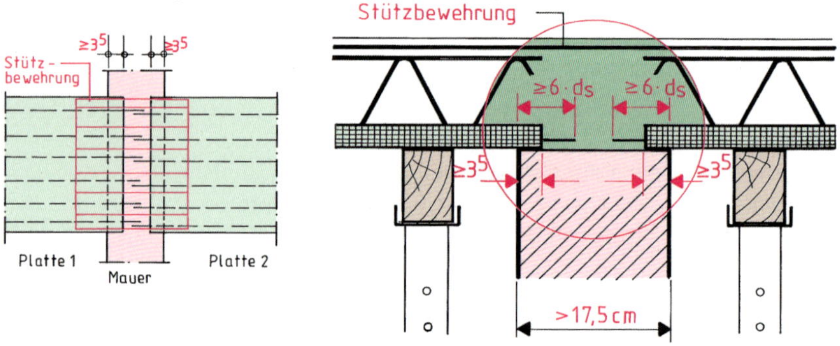

3. Bewehrung über Fugen (z. B. seitlicher Stoß der Fertigplatten)

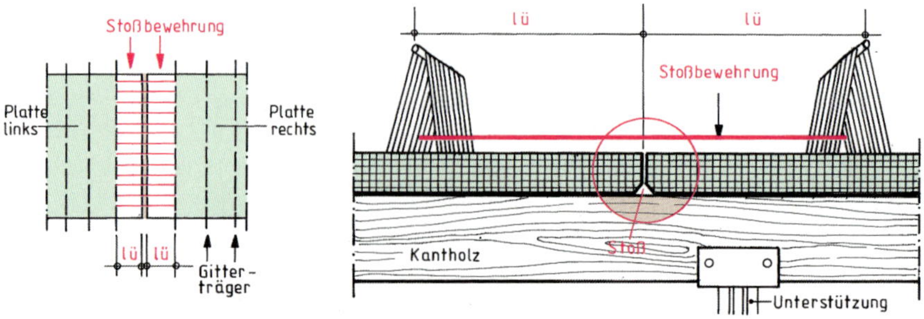

→ $l_ü$ steht im Verlegeplan

3. Arbeitsschritt:
Randschalung auf Deckenhöhe anbringen.

4. Arbeitsschritt:
Obere Bewehrung und Zulagen nach gesondertem Verlegeplan verlegen.

→ *ist bei „unserem" Haus entsprechend der oberen Bewehrungslage der Massivdecke*

Anm.: In der Regel werden die Gitterträger der Filigran-Platte in der Höhe für den Abstand der Oberbewehrung „passend" gemacht.

5. Arbeitsschritt:
Kontrolle der Verlegung der Platten und der Bewehrung.

Dies geschieht gerade bei Plattenverlegung durch einen Prüfstatiker, ansonsten durch Bauleiter/Polier.

Dabei ist zu prüfen:

- Ist die Lage der Deckenplatten gemäß Verlegeplan okay?
- Sind die Deckenteile ordnungsgemäß abgestützt?
- Wandauflagerung eingehalten?
- Sind keine Höhenunterschiede an der Deckenunterseite vorhanden?
- Zulagenbewehrung okay?
- Ist die Oberbewehrung richtig verlegt?
- Sind Aussparungen berücksichtigt worden?

6. Arbeitsschritt:
Beton einbringen, verdichten und nachbehandeln.

→ *gewählt bei „unserem" Haus: C25/30, XC4 und XF1 (für Balkonplatte), XC1 (für Platte, innen), F3, Rapid, 32 mm*

Nach dem Einbringen des Betons muss kontrolliert werden:

- Fugendichtigkeit an der Unterseite → Zementschlämme darf nicht auslaufen
  → sonst Fugen und Wandanschlüsse sofort säubern.

7. Arbeitsschritt:
Abbau der Unterstützung nach Ausschalfristen, auch Randschalung.

A – Te *Vielleicht sollten Sie die Decken noch einmal wiederholen! Möglichkeit hierfür finden Sie im Arbeitsheft, Blatt 80 sowie in dem Projekt „Betonbewehrung", Blatt 59 – 62*

8.3.2 Decken aus Vollplatten

Vollplatten werden wie Massivplatten bewehrt.
Je nach Anforderung werden sie mit unterschiedlichen Materialien ausgeführt.

Das Wichtigste hierzu in Kurzfassung:

Art:	**Normalbeton**	**Leichtbeton**	**Porenbeton**
Verwendung:	Industriebau	Wohnungsbau	Dachbau
Belastbarkeit:	hoch (auch befahrbar)	gering	gering
Wärmeschutz:	gering	gut	sehr gut
Gewicht:	normal	gering	gering
Besonderheiten:	hier können sogar Gabelstapler fahren	Deckenunterseite meist schon „streichfertig“	Dämmschichten nicht notwendig

Worauf muss besonders geachtet werden?

Besonders wichtig ist der Fugenverschluss.
So sehen die Fugen aus:

Normalbeton

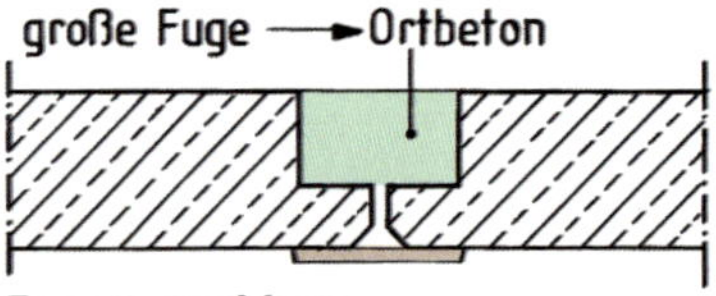

Fugenverschluss:
Oberseite: mit Ortbeton ausfüllen
Unterseite: abdichten, später verspachteln

Leichtbeton

Fugenverschluss:
Oberseite: Vergussbeton einfüllen
Unterseite: nur verspachteln

Porenbeton

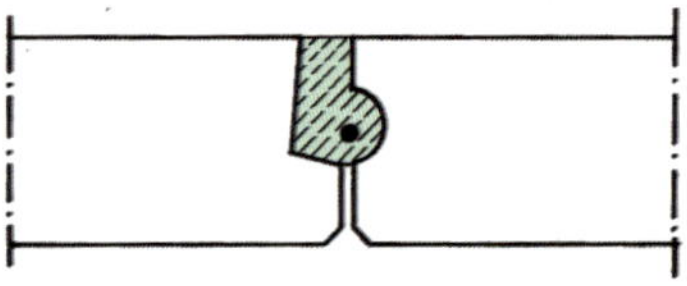

Fugenverschluss:
Oberseite: evtl. Bewehrung einlegen + Vergussbeton
Unterseite: nur verspachteln

So werden Porenbetonplatten aufgelagert:

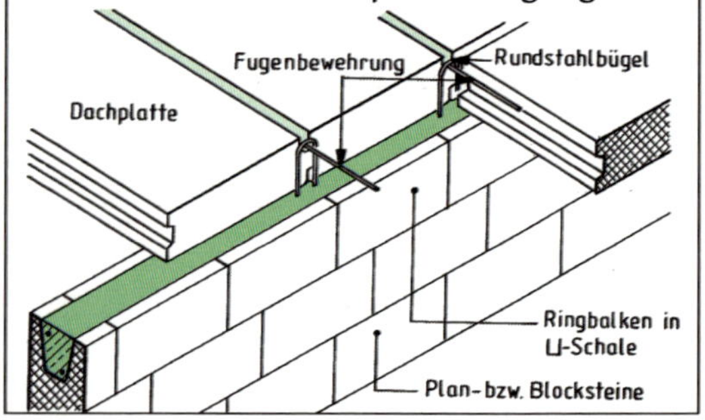

8.3.3 Hohlplattendecken

Diese Decken bestehen heute aus Spannbeton. Hohlplatten haben ein geringes Gewicht und dennoch eine gute Tragfähigkeit.
Ursache: Bewehrung mit Spannstählen.

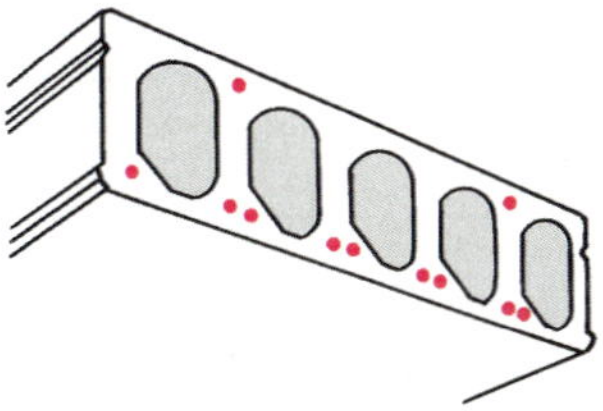

rot = Lage der Spannstähle

Spannbeton-Hohlplatten

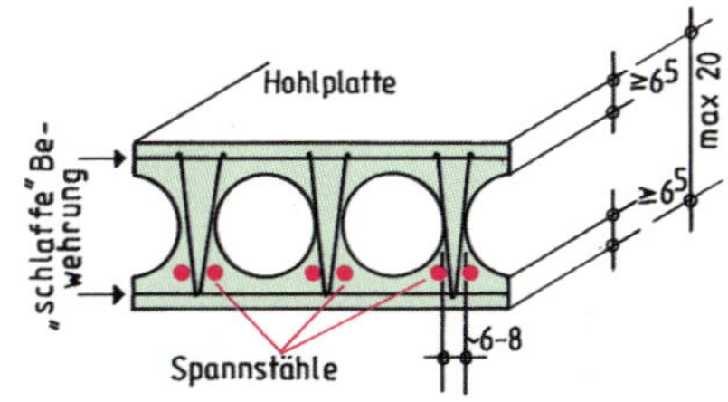

So etwa sieht der Aufbau der Hohlplatten aus.

Worauf muss besonders geachtet werden?

Über tragenden Bauteilen (z. B. Außenwände, tragende Innenwände) dürfen keine Hohlräume liegen → Ringanker anordnen.

Fugenverschluss:

Oberseite:
mit fließfähigem Beton oder Mörtel auffüllen

Unterseite:
verspachteln oder Decke „abhängen"

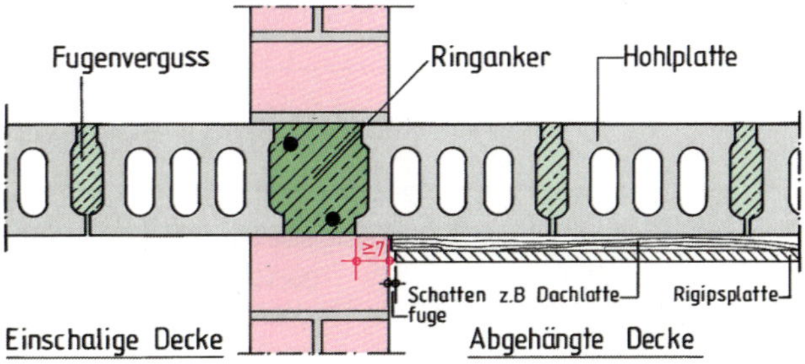

8.3.4 TT-Plattendecken

TT-Platte

Bei großen Stützweiten und hohen Nutzlasten bieten sich Decken aus großformatigen Fertigteilen an, dazu gehören:

- TT-Platten,
- T-Platten,
- Trogplatten.

Sie können schlaff bewehrt oder vorgespannt ausgeführt werden, wobei sich bei vorgespannten Bauteilen die Gesamtdicke der Decke gering halten lässt.

In vielen Fällen wird eine dünne Ortbetonschicht aufgebracht. (→ sog. Aufbeton = ein „verdickter" Fließestrich als Grundlage des Bodenbelags)

8.3.5 Plattenbalkendecke

Ähnlich den TT-Platten ist der Anwendungsbereich von Plattenbalken(decken). Sie können in verschiedener Weise ausgeführt werden:

1. Möglichkeit:

Vorgefertigte Stahlbetonbalken und Fertigteilplatten (+Ortbeton)

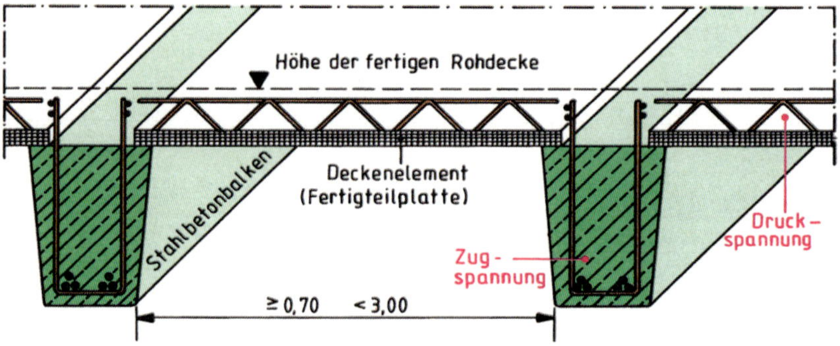

Kennzeichen:
Stahlbetonbalken und aufgelegtes Deckenelement (Fertigteilplatte) werden durch Bewehrung und die noch zu betonierende Rohdecke **fest** miteinander verbunden.

→ So entsteht eine **Einheit** und
→ beide Teile tragen.
Deckenelement nimmt die Druckspannungen, Stahlbetonbalken die Zugspannungen auf.

8.3.6 Deckenausführungen mit Ziegeln und Hohlkörpern

Neben den großen Massivdecken werden besonders im Wohnungsbau oft auch Balkendecken mit Zwischenbauteilen (Ziegel, Hohlkörper) verwendet.

2. Möglichkeit: **Ziegelträgerdecke** (sog. „Einhängedecke“)

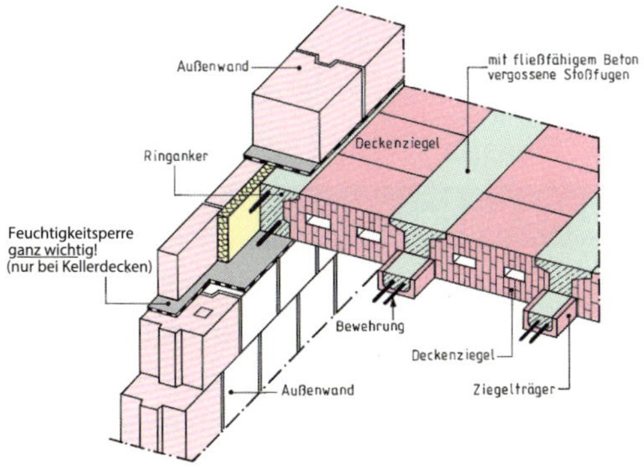

3. Möglichkeit: **Balkendecke mit Zwischenbauteilen (Hohlkörper)**

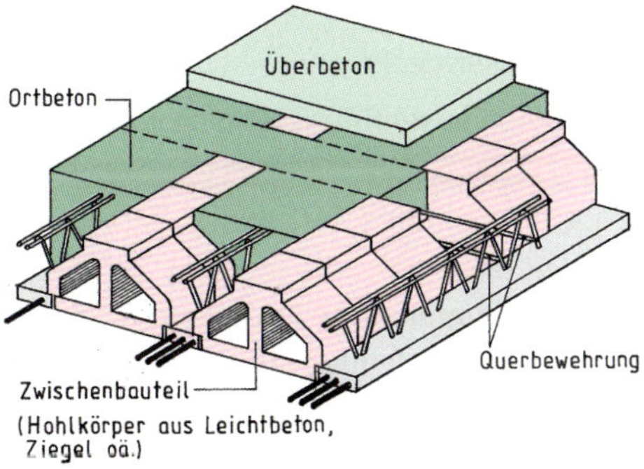

Worauf muss besonders geachtet werden?

Verlegeanfang

Der erste Hohlkörper soll etwa 3 cm auf dem Mauerwerk aufliegen.

Verlegeende

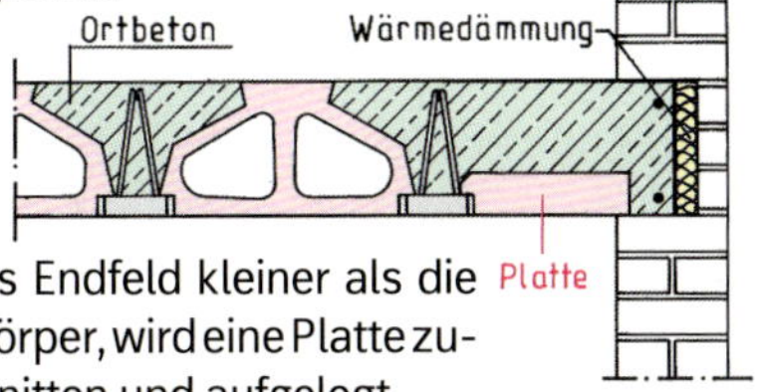

Ist das Endfeld kleiner als die Hohlkörper, wird eine Platte zugeschnitten und aufgelegt.

Kennzeichen:
Nur die nebeneinander stehenden Balken übertragen die Lasten an die Auflager.
Die Zwischenbauteile bzw. der „Überbeton“ (= Druckzone) tragen nicht mit (nur Lastverteilung → erhalten aber eine Querbewehrung).

Arbeitsschritte (Balkendecke mit Zwischenbauteilen):

1. Stb-Montageträger nach Verlegeplan verlegen
   → Abstände unbedingt einhalten.
2. Montagestützen (bei größeren Spannweiten) aufstellen.
3. Eventuell Randeinschalung anbringen.
4. Zwischenbauteile einhängen.
5. Hohlkörper befeuchten, Ortbeton einbringen und abziehen.
6. Eventuell Überbeton aufbringen.

Zusammenfassung von Kapitel 8.3:

Plattendecken

- Plattendecken werden eingesetzt als Element-, Voll-, Hohl-, TT-Platten und Plattenbalkendecke.
- **Elementplatten** (Teilmontagedecken) bestehen aus einem Stahlbetonfertigteil, z. B. Gitterträgerplatte („Filigran-Platte"). Sie werden „nach Maß" hergestellt und nach Verlegeplan auf der Baustelle per Kran verlegt. Ortbeton wird nachträglich eingebracht.
- Vollplattendecken werden aus Normal-, Leicht- und Porenbeton hergestellt.
- Sie entsprechen den Bewehrungsrichtlinien der Massivdecke.
- Hohlplattendecken werden vorrangig in Spannbeton ausgeführt. Dadurch kann die Spannweite vergrößert werden.
- TT-Platten sind wie Plattenbalkendecken großformatige Fertigteile. Sie werden besonders im Industriebau eingesetzt.
- Plattenbalkendecken können als Stb-Balken + Fertigteilplatte (+ Ortbeton) oder als Stb-Balken einschließlich Plattenteil (ohne Ortbeton) ausgeführt werden.
- Eine Balkendecke wird durch nebeneinander stehende Balken und eingehängte Ziegel bzw. Hohlkörper gebildet. Maximale Stützweite der Balken < 70 cm.

Testen Sie sich • Testen Sie sich

Nennen / Erklären Sie ...

1. den Aufbau einer „Filigran-Platte",
2. den Höchstabstand zwischen den einzelnen Plattenbalken einer Plattenbalkendecke,
3. was beim Verlegen von Hohlplatten zu beachten ist,
4. Vorteile der Plattendecken gegenüber Massivdecken,
5. mindestens drei Arten von Stahlbetondecken.

Lernfeld 10:
PUTZEN EINER WAND

Hier behandeln wir die Lernabschnitte:

Putze, Putzmörtel
Seiten 502–512

Wand- und Deckenputze
Seiten 513–518

Putzen, Putztechniken
Seiten 519–525

1 Putze

Putz ist **Mörtel-** auch **Putzmörtel** genannt – der auf Wände und Decken aufgetragen wird. Hierdurch soll ein Bauwerk verschönert und gleichzeitig geschützt werden. Er kann sowohl einlagig als auch mehrlagig aufgetragen werden.

Putzmörtel

wird unterschieden in:

Außenputz

meist verwendet als:

- **Außenwandputz,**
- **Kellerwand-Außenputz,**
- **Außensockelputz.**

Innenputz

meist verwendet als:

- **Innenwandputz,**
- **Deckenputz.**

Außenputz

Innenwand- und Deckenputz

1.1 Aufgaben des Putzes

Der Putz muss allgemeinen Anforderungen entsprechen. Das sind u. a.:

- gute Haftung am Putzgrund,
- gute Haftung der Putzlagen untereinander,
- gutes Aussehen (durch Ausführung und Farbe),
- Wasserdampfdurchlässigkeit (von innen nach außen),
- Festigkeit gegen Abrieb und Stoß,
- Umweltbedingungen gerecht werden (z. B. Schlagregen, Wind).

1.1.1 Besondere Anforderungen an den Außenputz

Außenputz soll … — Warum?

… witterungsbeständig sein.
⇒ um den Einflüssen von Feuchtigkeit und Temperaturen zu widerstehen. Der Putz muss wasserabweisend/wasserhemmend gegen Regen (besonders Schlagregen) sein.

… dampfdurchlässig sein.
⇒ damit sich die Feuchtigkeit nicht an der Außenmauer staut. (Folge: Nässestau, Pilz- und Schimmelbildung).

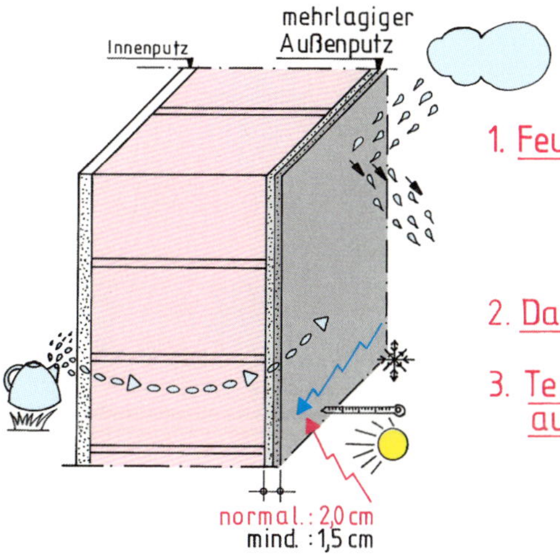

Als **Putzmörtelgruppe** sollte verwendet werden:

⇒ **P II**: für Außenwandputze bei aufgehendem Mauerwerk,
⇒ nur **P III**: für Sockel und Wände unter der Erdoberfläche.

Die **Putzdicke** ist vorgeschrieben (siehe Tabelle „Putzdicken"):

⇒ **2,0 cm**: bei mehrlagigen Putzschichten,
⇒ **1,5 cm**: (mindestens) bei Verwendung von Werkfrischmörtel.
Hinweis: Werkfrischmörtel = fertig gemischter Mörtel, der vom Werk geliefert wird.

Merken Sie sich: Außenputzmörtel hat große Belastungen auszuhalten.

1.1.2 Besondere Anforderungen an den Innenputz

Innenputz soll … — Warum?

… Raumklima verbessern.
⇒ damit die Luftfeuchte im Raum etwa konstant bleibt. Ansonsten bildet sich ein Feuchtefilm an der Wandoberfläche.
Anm.: Tapeten verbessern, Ölfarben verhindern die Feuchteregulierung.

... Schall- und Wärmedämmung verbessern. ⇒ um Geräusche zu mindern und die Wärmespeicherung zu erhöhen.

... Träger für Anstriche und Tapeten sein. ⇒ zwecks Verschönerung und Erhöhung des Wohnklimas.

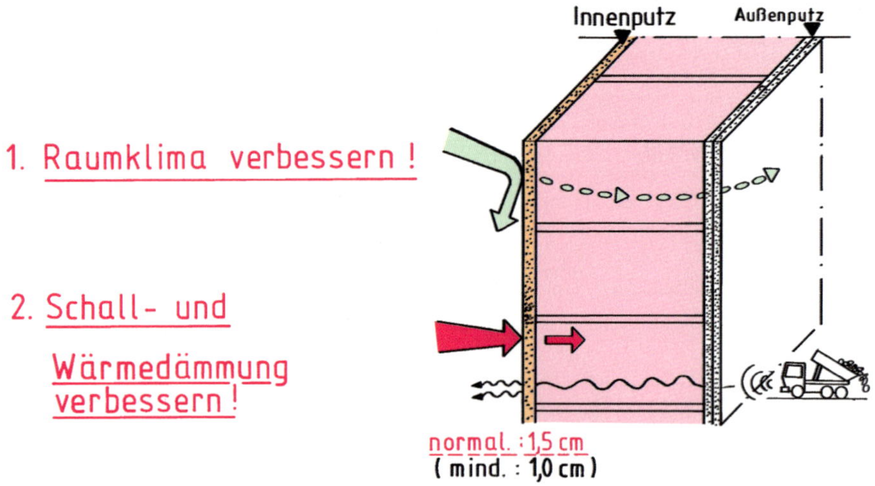

Als **Putzmörtelgruppen** sollten verwendet werden.

⇒ **P II** oder **P IV**: in allen Räumen mit üblicher Luftfeuchte; auch in Küchen, Bädern. (Bei Verwendung von **P I**: Gipszusätze benutzen.)
⇒ **P III**: bei Normalbeton als Putzgrund.
⇒ **P I – PV**: bei Innendecken (**P III**: sehr selten).

Die **Putzdicke** ist vorgeschrieben (siehe Tabelle „Putzdicken"):

⇒ **1,5 cm**: bei einlagigen oder zweilagigen Putzen,
⇒ **1,0 cm**: (mindestens) bei Verwendung von Werktrockenmörtel oder beim Überputzen von Leitungen und Schlitzen.

Hinweis: Werktrockenmörtel = im Werk fertig hergestellter Mörtel, dem nur noch Wasser zugegeben werden muss.

Merken Sie sich:

Innenputze haben meist geringere Beanspruchungen als Außenwandputze auszuhalten. Hier kommt es vorwiegend auf glatte und ebene Flächen an.

2 Putzmörtel

Bedingt durch zahlreiche Änderungen der Normen gelten neben (noch) deutschen Normen nun auch die europäischen Normen, die eine große Veränderung hinsichtlich der Einteilung und Verwendung der Putzmörtel hervorgerufen haben.

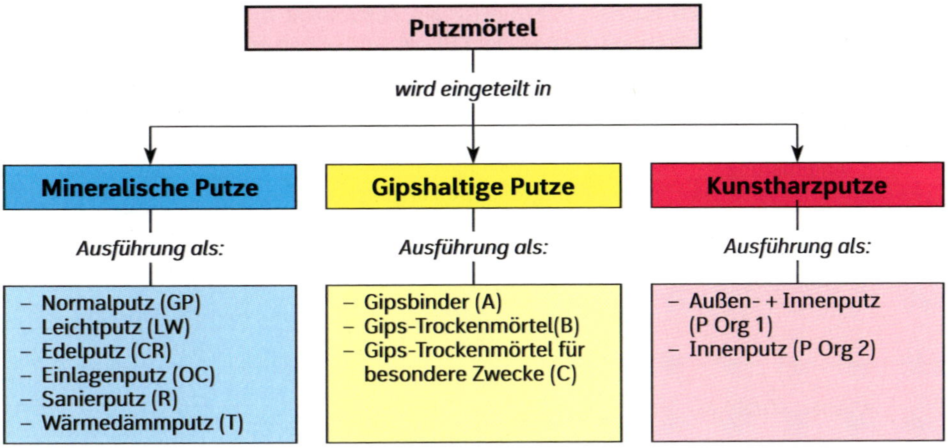

2.1 Mineralische Putze

Mineralische Putze werden nicht nur nach der Mörtelart in **Putzmörtelgruppen**, sondern auch nach Eigenschaften und Verwendungszweck in **Putzmörtelarten** eingeteilt.

- Einteilung nach Putzmörtelgruppen ⇒ *dürfte Ihnen bekannt sein*

Mörtelgruppe	dazugehörige Mörtelausführung
P I	Luftkalkmörtel, Wasserkalkmörtel, Mörtel mit hydraulischem Kalk
P II	Kalkzementmörtel, Mörtel mit hochhydraulischem Kalk, Mörtel mit Putz- und Mauerbinder
P III	Zementmörtel mit und ohne Zusatz von Kalkhydrat
P IV	Gipsmörtel, gipshaltige Mörtel (aktives Bindemittel ist Luftkalk)

- Einteilung nach der Putzmörtelart

Putzmörtelarten nach Eigenschaft und Verwendung	
Normal- putzmörtel Abk.: (**GP**)	– Mörtel ohne besondere Eigenschaften vorwiegend für Unterputze – Herstellung nach „Rezept“
Leicht- putzmörtel (**LW**)	– Mörtel für leichte Verarbeitung und günstigem Temperaturschwankungsverhalten – Herstellung nach Eignungsprüfung
Edel- putzmörtel (**CR**)	– farbiger Putzmörtel (mit Pigmenten) – nur als Oberputz verwenden
Einlagen- putzmörtel für außen (**OC**)	– Mörtel, der einlagig verarbeitet wird (Dicke wie mehrlagiger Putzaufbau) – Mörtel ist i.d.R. farbig eingefärbt – Herstellung nach Eignungsprüfung
Wärmedämm- putzmörtel (**T**)	– Mörtel mit wärmedämmenden Eigenschaften – Herstellung nach Eignungsprüfung
Sanier- putzmörtel (**R**)	– Mörtel für noch feuchtes Mauerwerk mit hoher Wasserdampfdurchlässigkeit und gutem Trocknungsverhalten – Herstellung nach Eignungsprüfung

Desgleichen gelten auch für den Putzmörtel als Festmörtel Anforderungen, die nach Kategorien (mit entsprechenden Werten) festgelegt sind und in deren Produktunterlagen der Hersteller angegeben sein müssen.

Festmörteleigenschaften		
Anforderung	Einteilung nach **Kategorien** (Abkürzung)	Zugeordnete **Werte**
Erforderliche Mörtel-**Druckfestigkeit** (nach 28 Tagen)	**CS I**	0,4 bis 2,5 N/mm²
	CS II	1,5 bis 5,0 N/mm²
	CS III	3,5 bis 7,5 N/mm²
	CS IV	> 6,0 N/mm²
Kapillare **Wasseraufnahme**	**W 0**	–
	W 1	$c \leq 0{,}40$ kg/(m² × min^{0,5})
	W 2	$c \leq 0{,}20$ kg/ m² × min^{0,5})
Wärmeleitfähigkeit	**T 1**	< 0,1 W/m × K
	T 2	< 0,2 W/m × K
Wasserdampfdurchlässigkeit	μ	zwischen 15 und 25
Baustoffklasse (Brandverhalten)	**A 1**	keine brennbaren Anteile
	A 2	geringe brennbare Anteile

Weitere Angaben über Frostwiderstand, Frischmörteleigenschaften (z. B. Verarbeitbarkeitszeit, Verarbeitungsweise) sollen in verständlicher Art angegeben werden.

Beispiel einer gängigen Herstellerkennzeichnung:
- Mörtelart: – Kalk-Zement-Putz zum Verputzen von Mauerwerk und Beton
- Verwendung: innen und außen
- Putzweise: zum Filzen *(→ siehe hierzu Kap. 5)*
- Beachten: MK 3 = nicht hydrophobiert (nicht wasserdicht)
- Mörtelart/Druckfestigkeit: GP/CS II (nach DIN EN 998-1)
- Putzmörtelgruppe: P II (nach DIN V 18550)
- Baustoffklasse: A 1

Weitere Hinweise des Herstellers können sein:
- Verbrauch: ca. 22 kg/m² bei 15 mm Putzdicke
- Ergiebigkeit: ca. 20 Liter/Sack

Konkretere Angaben (z. B. Festmörteleigenschaften) sind dem zugehörigen technischen Merkblatt zu entnehmen!

2.2 Eigenschaften mineralischer Putze

Über die einzelnen Putzmörtelarten erhalten Sie im Folgenden jeweils eine „Kurzinfo"

2.2.1 Normalmörtel

Abkürzung:	– **GP** *(General Purpose Rendering/Plastering Mortar)*
Merkmal:	– Trockenrohdichte über 1300 kg/m^3 – Anforderungen an den Putz „normal" – i.d.R. als Rezeptmörtel hergestellt → *hierzu LF 6*
Verwendung:	– häufig als Kalkzementputze (P II) für Unterputze

2.2.2 Leichtmörtel

Abkürzung:	– **LW** *(Lightweight Rendering/Plastering Mortar)*
Merkmal:	– Trockenrohdichte bis 1 300 kg/m^3 – Anforderungen an Unterputz für Außenwände: wasserabweisend
Einteilung[2]:	• Typ I (Rohdichte von 1 000–1 300 kg/mm^2) für normalwärmedämmende Wandbaustoffe • Typ II (Rohdichte von 600–1 000 kg/mm^2) für hochwärmedämmendes Mauerwerk (z. B. Leichthochlochziegel) → „Faserleichtputz", „Ultraleichtputz"
Verwendung:	– häufig als Kalkzementputze (P II) für Unterputze **Beispiel**: *U = P II/CS II ; O = P I/CS I*
Beispiel:	Faserverstärkter, hochergiebiger, mineralischer Grund- und Leichtoberputz speziell für extrem leichte Wandbaustoffe. Ohne Grundierung auf stark saugenden Untergründen, z. B. Porenbeton. Leichtputz Typ II gem. der „Leitlinien für das Verputzen von Mauerwerk und Beton", IWM 2007. Für außen und innen. Wasserabweisend. Farbton: naturweiß Verbrauch: ca. 12 kg/m^2 bei 15 mm Putzdicke

2.2.3 Edelputzmörtel

Abkürzung:	– **CR** *(Coloured Rendering Mortar)*
Merkmal:	– weißer oder farbiger Werk-Trockenmörtel mit UV-beständigen, mineralischen Farbpigmenten
Verwendung:	– Dünnschichtig (Korngröße 2–5 mm) – Dickschichtig (Korngröße 10–15 mm) – vorwiegend für geriebene und aufgeraute Putzweisen *(→ Kap. 5)*
Beispiel:	Auch auf „Altputzen" zu verwenden Gute Dampfdurchlässigkeit durch hohen Luftporenanteil Auch bei „dickeren" Putzschichten (z. B. Einlagenputze bis 2,0 mm) entstehen selten Schwindrisse

2.2.4 Sanierputzmörtel

Abkürzung:	– **R** (*Renovation Mortar)*
Merkmal:	– Porenreicher Spezialputz mit sehr hoher Wasserdampfdiffusions-Vermögen und verminderter kapillarer Leitfähigkeit. – Gelöste Salze werden aus dem Untergrund in den Porenraum des Putzes befördert und kristallisieren dort aus ohne das die Salze an der Putzoberfläche sichtbar werden. – Putzgefüge wird nicht beschädigt
Verwendung:	– Einsatz bei Sanierungsarbeiten (z. B. Denkmalschutz)
Beispiel:	Mineralischer WTA-Sanierputz gem. quicksan Sanierputzsystem für feuchtes und salzhaltiges Mauerwerk. Sulfatbeständig. Für außen und innen. Farbton: grau Verbrauch: ca. 14 kg/m² je 10 mm Putzdicke Körnung: 0–4 mm R CS II gem. DIN EN 998-1 P II gem. DIN V 18550 Baustoffklasse: A 1

2.2.5 Wärmedämmputzmörtel

Abkürzung:	**T**
Merkmal:	– Putz mit sehr hohem Anteil an leichten Zuschlägen (vorw. geschäumte Polystyrole) – Rechenwert der Wärmeleitfähigkeit < 0,2 W/(m × k) (in Deutschland wird ein Bemessungswert von 0,06 W/(m × k) verwendet) – Trockenrohdichte < 600 kg/m³
Verwendung:	– als Unterputz im Innen- und Außenbereich – Putzdicken: • einlagig bis 5 cm; mehrlagig bis 10 cm – evtl. Armierungsputz mit Gewebe zwischen Unter- und Oberputz vorsehen
Beispiel:	Kalkzementputz mit organischen Leichtzuschlägen mit WLG 070 der Kategorie CS I nach DIN 998-1

Kategorie	CS I	Zuschlag	Quarzfeinsande, Org. Leichtstoff EPS
Bindemittel	Zement, Baukalk		
Größtkorn	ca. 1,2 mm	Baustoffklasse B1 (schwer entflammbar)	
Wasserbedarf	ca. 12 l/Sack	Druckfestigkeit ca. 0,5 N/mm²	
Wärmeleitfähigkeit	0,07 W/(mk)		

2.2.6 Putze mit besonderen Eigenschaften

„Solarputze" Solche Putze enthalten mikroverkapselte „Phase Change Materials" (sog. PMC-Putze). Beim Erreichen einer bestimmten Temperatur verbrauchen die PMC einen Teil der Wärmeenergie, die über diese erreichte Temperatur noch zugeführt wird. Dadurch tragen sie zur Klimatisierung eines Raumes bei.

2.3 Gipshaltige Putze

Gips-Trockenmörtel wird vorwiegend als Gipsmaschinenputz innerhalb von Gebäuden eingesetzt. Je nach den gegebenen Voraussetzungen und den Anforderungen ist die Zusammensetzung abgestimmt. Daher werden der Verwendungszweck, der Versteifungsbeginn, die Druckfestigkeit und eventuelle Zusatzstoffe bei der Bezeichnung angegeben.

Einteilung von Gips-Trockenmörtel und Anforderungen (Auszug)			
Bezeichnung	Kurzzeichen	Versteifungsbeginn in Minuten	geforderte Druckfestigkeit
Gips-Trockenmörtel	**B 1**	> 50	> 2,0
Gipshaltiger Trockenmörtel	**B 2**		
Gipskalk-Trockenmörtel	**B 3**		
Gipsleicht-Trockenmörtel	**B 4**		
Gipskalkleicht-Trockenmörtel	**B 6**		

Beispiel einer gängigen Herstellerkennzeichnung:
- Mörtelart: – Gips-Trockenmörtel zum Verputzen von Decken und Wänden
- Verwendung: innen
- Putzweise: zum Glätten *(→ siehe hierzu Kap.5)*
- B1/50/2 (nach DIN EN 19279-1) = Mörtelart: B1/– Versteifungsbeginn: nach 50 Min. Druckfestigkeit: 2,0 N/mm^2
- Putzmörtelgruppe: P IV (nach DIN V 18550)
- Baustoffklasse : A 1

Weitere Hinweise des Herstellers können sein:
- Verbrauch: ca. 12,5 kg/m^2 bei 10 mm Putzdicke
- Ergiebigkeit: ca. 24 Liter/Sack

Konkretere Angaben (z. B. Festmörteleigenschaften) sind dem zugehörigen technischen Merkblatt zu entnehmen!

2.4 Kunstharzputze (aus organischen Bindemitteln)

(⇒ Organisch hat nichts mit „Organen“ z. B. Leber, Milz usw. zu tun, sondern bedeutet hier: künstlich hergestellte Verbindungen aus Kohlenstoff.)

Kunstharzstoffe sind ein Gemisch aus **Füllstoffen** (z. B. Sand, Granulat, Perlit) und **organischen Bindemitteln** (z. B. Polymerisatharze, geschäumte Kunststoffe) sowie **Zusätzen** (z. B. Verdickungsmittel).

Was Sie über die Kunstharzputze wissen sollten:

- Kunstharzputze gelten als **Beschichtungen** mit putzartigem Aussehen.
  ⇒ *werden daher heute oft auch von Malern ausgeführt.*
- Kunstharzputze werden nur als **Oberputze** verwendet (→ oberste Putzschicht).
- Der Unterputz darf nur aus einem Putzmörtel mit mineralischen Bindemitteln der Mörtelgruppe P II bis P V bestehen.
- Der Unterputz muss mit einem Grundanstrich versehen werden, bevor der Oberputz aufgetragen wird.
- Kunstharzputze müssen witterungsbeständig, wasserabweisend, rissfrei und schwer entflammbar sein.

- Nach Anwendung und Bindemittelanteil unterscheidet man:
  - **P Org 1** ⇒ für Außen- und Innenputz,
  - **P Org 2** ⇒ für Innenputz.

- Anwendungsbereiche für Kunstharzputze:

→ bei Außenwänden:
  - in der Regel: Unterputz P II, Oberputz P Org 1.
  - Ausnahme bei Außensockel: Unterputz P III, Oberputz P Org 1.

→ bei Innenwänden:
  - in der Regel: Unterputz P II – P V, Oberputz P Org 1 oder P Org 2.
  - Ausnahme bei Feuchträumen (z. B. Waschküche, Bad): Unterputz P II oder P III, Oberputz P Org 1.

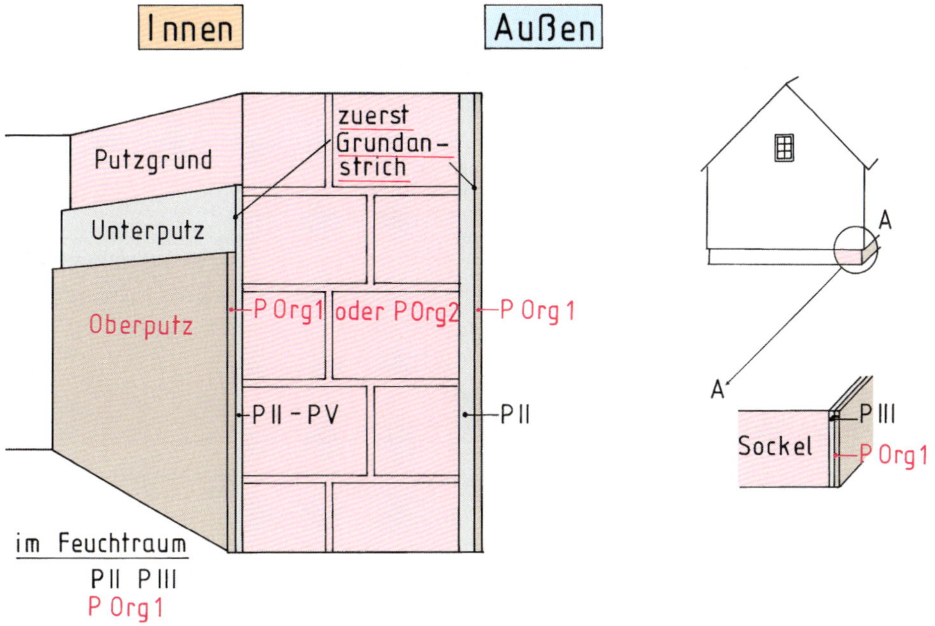

Was ist beim Putzen mit organisch gebundenen Mörteln zu beachten?

- Der Unterputz sollte mind. 14 Tage alt und trocken sein, bevor der Kunstharzputz aufgetragen wird.
- Ist der Unterputz trocken, dann erst Grundanstrich auftragen.
- Achtung: Putzgebinde trocken lagern. (Putzgebinde – so nennt man die gekaufte Ware → in der Regel als Paste im 25-kg-Eimer.)
- Falls sich das Putzgebinde schlecht verarbeiten lässt, kann man es noch etwas verdünnen (Lösungsmittel, Wasser etc. → siehe Gebrauchsanweisung). Anschließend Putzarbeiten durchführen.
- Nicht bei direktem Sonnenschein putzen! (Lösungsmittel verdunstet zu schnell.)

Kunstharzputz aus Natursteingranulat
für außen

Kunstharzputz aus Naturquarz oder Marmor
für innen

Beachte: Wasserhaltige Kunstharzputze dürfen nicht bei Temperaturen < 5 °C verarbeitet werden ⇒ Erhärtung wird verzögert, Verfestigung gestört.

2.5 Zusätze für Putzmörtel

Zusätze sollen die Putzmörteleigenschaften „günstig“ verändern. Sie werden in geringen Mengen beigegeben und können die Güte und Verarbeitbarkeit des Mörtels erheblich verbessern.

Zusätze

werden unterschieden in:

Zusatz**mittel**	Zusatz**stoffe**

Merken Sie sich:

Vor der Verwendung eines Mörtels mit Zusätzen:
Erst muss eine **Eignungsprüfung** durchgeführt werden!

1. Zusätze bei Putzmörtel mit **mineralischen** Bindemitteln:

Zusatz**mittel** sind z. B.:

- Luftporenbildner ⇒ ergeben besseren Frostwiderstand.
- Verflüssiger ⇒ Mörtel lässt sich besser verarbeiten.
- Dichtungsmittel ⇒ wasserabweisend
  Wichtig: vorw. nur dem Unterputz beizumischen.
- Erstarrungsbeschleuniger ⇒ Putz wird schneller fest.
- Erstarrungsverzögerer ⇒ Putz wird langsamer fest.

Zusatz**stoffe** sind z. B.: Gesteinsmehle, Flugaschen oder auch Pigmente.

2. Zusätze bei Putzmörtel mit **organischen** Bindemitteln:

Zusatz**mittel** sind z. B.: Filmbildehilfsmittel, Entschäumer, Verdickungsmittel.

Zusatz**stoffe** sind z. B.: Weiß- und Buntpigmente.

A – Te *Wiederholungsaufgaben hierzu im Arbeitsheft, Blatt 58*

Zusammenfassung von Kapitel 1 und 2:

„Putze“

- Putz wird unterschieden in **Außen-** und **Innenputz**.
- **Außenputz** (1,5 – 2,0 cm) muss witterungsbeständig und dampfdurchlässig sein.
- **Innenputz** (1,0 – 1,5 cm) muss feuchtigkeitsregulierend sein. Er soll die Schall- und Wärmedämmung verbessern sowie Anstriche und Tapeten tragen.
- Putzmörtel mit **mineralischen** Bindemitteln (Kalk, Zement, Gips) werden z. Zt. noch am meisten verwendet, jedoch gewinnen Putzmörtel mit **organischen Bindemitteln** (Harze) immer mehr an Bedeutung.
- **Putzmörtel** wird eingeteilt nach Putzmörtelgruppen, Putzmörtelarten sowie zugehörigen Festmörteleigenschaften.
- **Gipshaltige Putze** werden vorwiegend als Maschinenputz innerhalb von Gebäuden verwendet.
- **Kunstharzputze** sind ein Gemisch aus mineralischen oder organischen Füllstoffen und organischen Bindemitteln.
- Kunstharzputze sind **Beschichtungen** mit putzartigem Aussehen.

3 Herstellung von Wand- und Deckenputzen

Putzarbeiten sollten erst nach dem „Setzen“ des Mauerwerks begonnen werden. Dazu sind „Wartezeiten“ von mindestens 5 Wochen bis zu einigen Monaten einzuhalten.

Bei Beginn der Putzarbeiten ist dann aber zu beachten:

für **Außenputze**	für **Innenputze**
• Nicht auf gefrorenem Untergrund putzen! • Nicht putzen, wenn Frost zu erwarten ist oder die frische Putzfläche von Regen getroffen werden kann. • Frischen Außenputz vor Sonne und starkem Wind schützen.	• Bei Temperaturen unter 5 °C sollte nicht geputzt werden. • Nach Aufbringen des Putzes nur ab und zu kurz lüften. Fensteröffnungen schließen.

Und im Rahmen der Arbeitssicherheit gilt generell:

Mörtelspritzer im Auge ⇒ Verletzten hinlegen, Auge mit klarem Wasser spülen, notfalls Arzt aufsuchen!

3.1 Putzaufbau

Alles, was mit der Herstellung des Putzes zu tun hat, muss aufeinander abgestimmt sein: die evtl. Putzgrundvorbehandlung, der mögliche Einsatz von Putzträgern sowie Art und Anzahl der Putzlagen.

Im Allgemeinen arbeitet man bei:

Außenputz	Innenputz	Deckenputz
2-lagig (ca. 2 cm), selten 1-lagig (bei Kunststoffputzen)	**1-lagig** (ca. 1,5 cm), selten 2-lagig (bei hoher Beanspruchung)	**1-lagig** (ca. 1 – 2 cm)

Regeln bei zwei- oder mehrlagigem Putzaufbau:

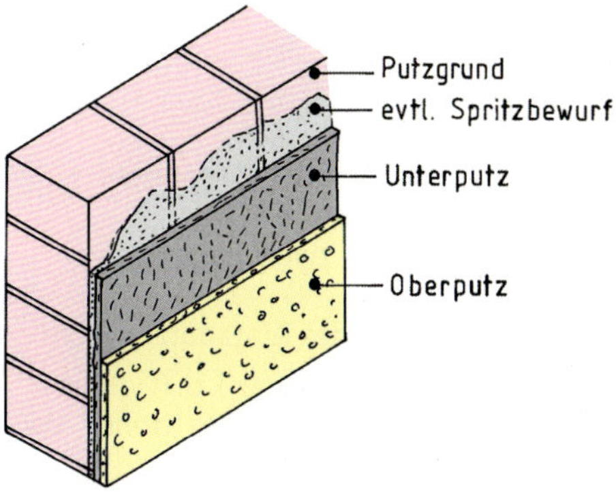

- Die Putzmörtelfestigkeit muss schichtweise vom Unter- zum Oberputz abnehmen.
- Mindeststandzeiten von ca. 1 Tag je 1 mm Putzdicke (zwecks Vermeidung von Schwindrissen) einhalten.
- Unterputz muss eine raue Oberfläche haben, damit der Oberputz sich fest „verzahnen“ kann.

Immer darauf achten:

Oberputz niemals fester als Unterputz!

Die Festigkeit der Putzlagen soll von innen nach außen abnehmen oder gleich sein.
⇒ Sonst kann der Oberputz nicht halten, er bröckelt ab.

Beispiel:	**Unterputz: P II** (z. B. Kalkzementmörtel; Druckfestigkeit = **2,5** N/mm²)	**Oberputz: P I** (P II) (z. B. Kalkmörtel; Druckfestigkeit = **1,0** N/mm²)

- Der Oberputz wird beim Außenputz durch Putzweisen gestaltet. → siehe Kap. 5

3.2 Putzdicken und Standzeiten

Putzanforderungen und Putzgrund bestimmen den Aufbau des Putzes. Um die geforderten Putzdicken zu erreichen, wird der Putz in Putzlagen aufgetragen.

	Putzdicke in mm		Standzeiten des Putzes
	Mittlere Dicke	Zul. Mindestdicke	
Bei „normalen“ Außenputz	20	15	Je 1 mm Putzdicke = 1 Tag
Bei wasserabweisenden Außenputz aus Werktrockenmörtel: – Einlagenputz	15	10	
Bei Innenputz	15	10	Je 1 mm Putzdicke = ¾ Tag
Bei einlagigem Innenputz aus Werk-Trockenmörtel	10	5	
Spritzbewurf	–	–	1–2 Tage

Durch die erhöhten Anforderungen an die Wärmedämmung werden Außenwände immer mehr mit **Dämmputz** oder als **Wärmedämm-Verbundsystem** ausgeführt.

Wie sehen die Ausführungen hierzu aus und welche Dicken sind erforderlich?

Außenmauerwerk mit
Wärmedämmputz → *zur Verbesserung* der Wärmedämmung

Ansicht:

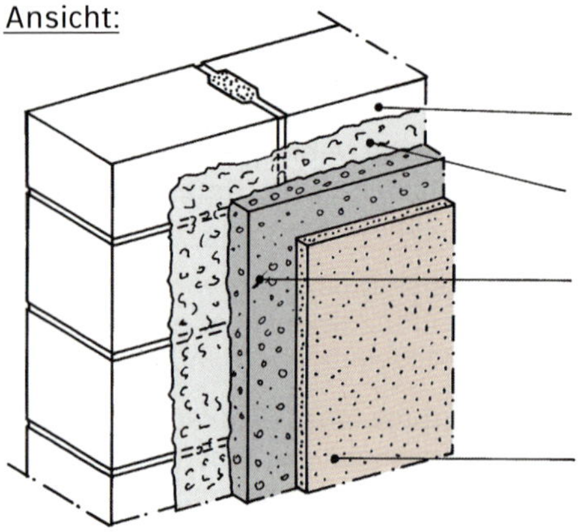

Putzgrund (Mauerwerk)

evtl. Spritzbewurf

Unterputz als Dämmputz;
Zuschlag: Schaumstoff-Polystyrolkügelchen oder Perlite,
einlagig: bis 5 cm, zweilagig: über 5 cm

Oberputz (z. B. als Edel-Kratzputz) ~ 1 cm

Anm.: Hier ist der Oberputz i. d. R. „härter“ als der Dämmputz → *sollte daher von Spezialisten ausgeführt werden.*

Außenmauerwerk mit
Wärmedämm-Verbundsystem → *zur Verteilung* der Aufgaben auf einzelne Schichten (z. B. Wärmeschutz an die Dämmplatte, Witterungsschutz an den Putz)

Ansicht:

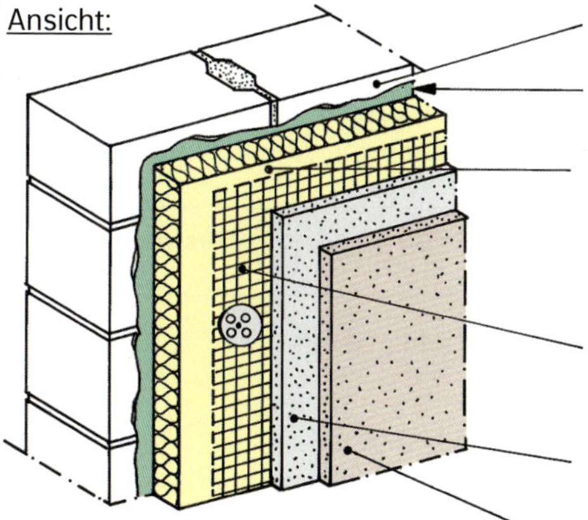

3.3 Putzsysteme und ihre Anwendung

Ein Putz ist immer als Ganzes zu sehen. Man kann keinen Unterputz festlegen, ohne sich über den Putzgrund und den möglichen Oberputz im Klaren zu sein. In diesem Zusammenhang gebraucht man den Begriff: **Putzsystem**.

Zur Verdeutlichung:

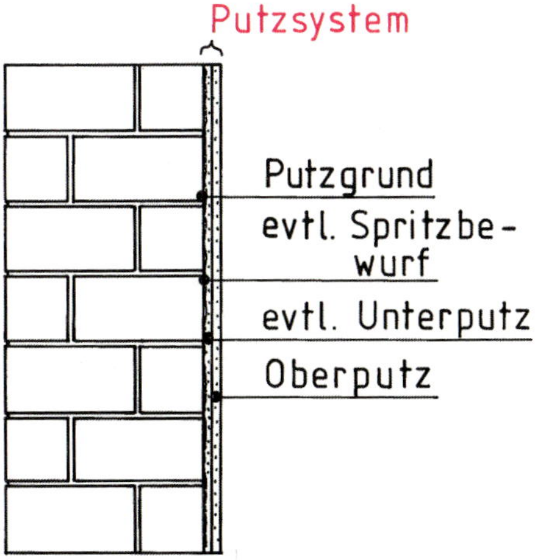

In der Praxis wird die Arbeit durch „Rezepte" erleichtert. Diese Rezepte gibt es für Putzsysteme in fast allen Einsatzbereichen.

Dabei wurden zu den verschiedenen Untergründen die Putzmörtelgruppen festgelegt und aufeinander abgestimmt.

Zu jedem Untergrund gibt es also passend die Putzmörtelgruppen zum:
- Spritzbewurf (falls nötig),
- Unterputz (falls nötig),
- Oberputz.

⇒ *Im Folgenden werden nur beispielhaft einige Putzsysteme vorgestellt.*
Genauere Angaben sind in der entsprechenden DIN V 18550 nachzulesen.

Von entscheidender Bedeutung ist dabei die Beachtung des Regenschutzes. Hierfür gilt folgende Einteilung:

Beanspruchung durch Regen:	Anforderungen an das Putzsystem:
– geringer Schlagregen – Niederschlagmenge im Jahr < 600 mm	⇒ **keine** besonderen Anforderungen an den Putz erforderlich
– mittlerer Schlagregen – Niederschlagmenge im Jahr bis 800 mm	⇒ **wasserhemmender** Putz erforderlich
– starker Schlagregen – Niederschlagmenge im Jahr über 800 mm	⇒ **wasserabweisender** Putz erforderlich

Anm.: Generell muss jeder Außenputz witterungsbeständig sein!

3.3.1 Putzsysteme für Außenputze

Die Eigenschaften der verschiedenen Putzlagen sind dabei so aufeinander abgestimmt, dass die entstehenden Spannungen zwischen Putzgrund, Unter- und Oberputz aufgenommen werden können.

Gängige Putzsysteme für Außenwände (Beispiele)

	Anforderungen aus Regenschutz	Mörtelgruppe/Druckfestigkeitskategorie für		Anmerkungen:
		Unterputz	Oberputz	
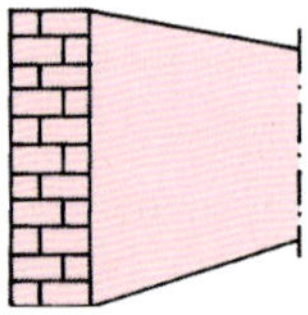	ohne besondere Anforderungen	P II / CS II	P I / CS I	– Anforderungen sind vom Fachmann zu beurteilen (Schlagregen, Niederschlagsmenge) – Spritzbewurf (falls erforderlich) mind. wie Unterputz → ab P II aufwärts
		P II / CS III	P II / CS II	
		P II / CS III	P Org 1	
	wasserhemmend	P I / CS I	P I / CS I	
		P II / CS II	P I / CS I	
		P II / CS III	P II / CS II	
	wasserabweisend	P II / CS II	P I / CS I	
		P II / CS III	P II / CS II	
		P II / CS III	P Org 1	
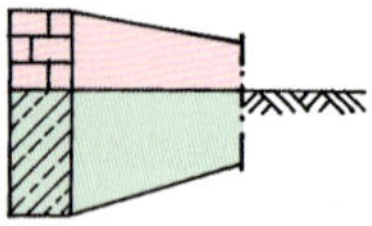	Kellerwände / Außensockel (wasserabweisend)	–	P III[1]	[1] = immer abdichten. (Putz ist Träger der Abdichtung)
		P III / CS IV	P III[1] / CS IV	
		P III / CS IV	P II[1] / CS III	
		P II / CS III	P II[1] / CS III	

Wie ist mit solch einer Tabelle umzugehen?

Bei „unserem“ Wohnhaus sollen die Kelleraußenwände im Sockelbereich mit einem Außenwandputz versehen werden.

Fragen: a) Welches Putzsystem würden Sie empfehlen?
b) Welche Mörtelart(en) würden Sie wählen?

Die hier gekennzeichneten Flächen (z. B. West- und Nordansicht) erhalten einen Außenwandputz im Sockelbereich!

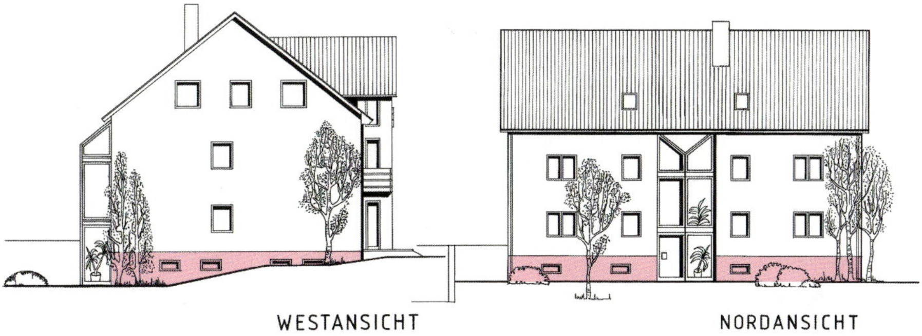

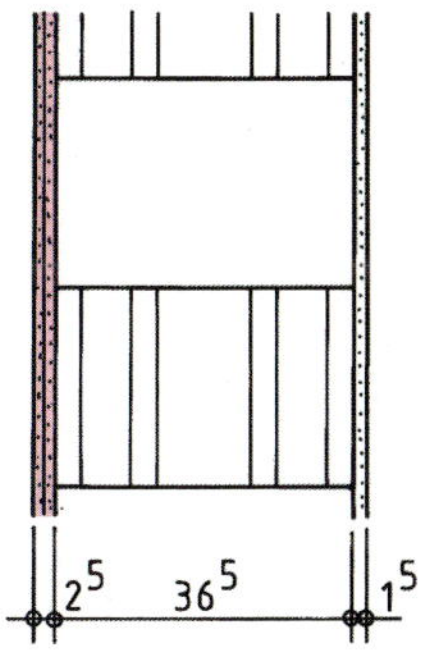

Und so sieht der Wandaufbau im Schnitt dazu aus:

- einlagiger Innenputz = 1,5 cm
- Wanddicke 36,5 cm (KSL-R 12 DF)
- zweilagiger Außenputz mit Putzbewehrung = 2,5 cm

Wie geht man vor?

Gegeben: Kellersockelputz
→ in Tabelle „Kellerwände/Außensockel“ suchen:

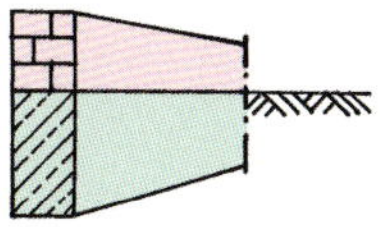	**Kellerwände / Außensockel** (wasserabweisend)	-	P III[1]	[1] = immer abdichten. (Putz ist Träger der Abdichtung)
		P III / CS IV	P III[1] / CS IV	
		P III / CS IV	P II[1] / CS III	
		P II / CS III	P II[1] / CS III	

Dieses könnte ihre „Empfehlung“ z. B. sein:

- Unterputz P III (Zementmörtel) wasserabweisend in der Druckfestigkeitskategorie IV (> 6 N /mm²) → evtl. Putzarmierung aus Glasfasergewebe einbetten
- Oberputz P II (Kalkzementmörtel) wasserabweisend in der Druckfestigkeitskategorie III (3,5–7,5 N/mm²), anschließend Farbbeschichtung oder farbiger Oberputz benutzen

⇒ *Es können auch andere Zusammensetzung gem. DIN V 18550 gewählt werden.*

3.3.2 Putzsysteme für Innenputze

Die wichtigsten Aufgaben des Innenputzes sind die Herstellung ebener, fluchtrechter Flächen und die vorübergehende Aufnahme von hoher Raumfeuchte.

Gängige Putzsysteme für Innenwände (Beispiele)

	Anforderungen an Putzanwendung	Mörtelgruppe/Druckfestigkeitskategorie für		Anmerkungen:
		Unterputz	Oberputz	
Innenwände in normalen Räumen (auch Küchen)	Räume mit üblicher Beanspruchung	–	P I / CS I	Auswahl ist abhängig von der Wandausführung
		P I / CS II	P I / CS I	
		P II / CS II	P Org 2	
		P III / CS III	P Org 1	
		P IV / CS II	P IV / CS II	
Innenwände in Feuchträumen (z. B. Waschraum)	Feuchträume (auch Bäder)	–	P II / CS II	Oberflächengestaltung i.d.R. nicht erforderlich
		P II / CS II	P II / CS II	
		–	P III / CS III	
		P III / CS III	P II / CS II	
		P II / CS III	P Org 1	

Innenwandputzflächen unterliegen bestimmten Qualitätsstufen (Q1–Q4). Dieses ist von den entsprechenden Putzweisen abhängig → *siehe Kap. 5*. Standardausführung im normalen Wohnungsbau ist die Qualitätsstufe Q2 (geglättete oder gefilzte Putze).

Zusammenfassung von Kapitel 3:

Wandputze

- **Außenputze** sind i. d. R. zweilagig, **Innenputze** einlagig.
- Bei Außenputzen sollte der **Oberputz** niemals härter als der **Unterputz** sein.
- **Putzsysteme** berücksichtigen alle Anforderungen an den Putz und sind daher sowohl im Unterputz – falls erforderlich – als auch im Oberputz aufeinander abgestimmt.

A – Te *Aufgaben zur Wiederholung finden Sie im Arbeitsheft, Blatt 86.*

4 Aufbringen des Putzes

Hierbei unterscheiden wir zwei Arbeitsweisen:

- maschinelles Putzen ⇒ bei großen Putzflächen (innen und außen),
- Putzen von Hand ⇒ bei kleinen Putzflächen, Restaurierungsarbeiten sowie „Flickarbeiten".

4.1 Planen des Arbeitsablaufs

Je nach Ausführung gliedert sich der Arbeitsablauf.
Bei „unserem" Wohnhaus könnte er für die Außenwände so aussehen:

1. **Vorbereitungsarbeiten.** Dazu gehören:
   - Prüfen des Putzgrundes
   - Festlegen des Putzsystems
   - Säubern des Putzgrundes
   - evtl. Spritzbewurf bzw. Grundierung aufbringen
   - Abkleben der Fenster und Türen (Schutz)

2. **Unterputzarbeiten.** Dazu gehören:
   - Ansetzen der Putzprofile
   - Aufbringen des Putzes
   - Ebnen der Putzflächen (z. B. Kartätsche)
   - Einbringen des Bewehrungsgewebes (z. B. Fenster-/Türecken)
   - Ebenheit der Putzfläche mit Richtscheit kontrollieren
   - Durchreiben des Putzes
   - Aufrauen mit Nagelbrett

3. **Oberputzarbeiten.** Dazu gehören:
   - Aufbringen des Oberputzes
   - Ebnen mit Kartätsche
   - Glätten und Verdichten der Oberfläche
   - später: Gestalten der Oberfläche durch Putzweisen.

4.2 Aufbringen des Putzes (maschinelles Putzen)

Aufbringen von Außenputz

Vorteile:
- Zeitersparnis,
- geringere Lohnkosten.

zu verwendender Mörtel:

Nur Werktrockenmörtel; Anlieferung in Säcken, Containern oder Silos

Arbeitsablauf:
- Mischpumpen stellen unter Zugabe von Wasser Putzmörtel her,
- Förderpumpen oder hydraulische Förderanlagen transportieren den Putz zum Einbauort,
- mit Spritzschläuchen (+ Düsen) Putz auftragen.

Worauf sollte bei einlagigen Innenputzarbeiten auf Gipsbasis geachtet werden?

⇒ *Dies ist heute die häufigste Anwendung!*

1. Vor und während des Putzens:

Einlagiger Innenputz auf Gipsbasis

- Unbedingt auf die mögliche Vorbehandlung des Untergrundes achten! (⇒ *siehe Kap. 2*)
- Gipsputz nicht auf frischen oder feuchten Beton aufbringen.
- Deckenflächen nach dem Verputzen senkrecht von den Wandflächen freischneiden.
- Putzbewehrung bei schlechten Untergründen in den Putz einlegen.
- Putzdicke: 1 – 1,5 cm
- Aufpassen! Grobes Korn darf nicht am Putzgrund abprallen. Pressdruck daher nicht höher als 2 bar.

2. Nacharbeiten:

⇒ Putz mit der Kartätsche oder Richtscheit fluchtrecht abziehen.

⇒ Putz ansteifen lassen; leicht annässen und mit der Schwammscheibe „durchschwämmen“.

⇒ Putz anschließend mit der Glättekelle glätten.

Bei „unserem“ Wohnhaus werden sämtliche Putzarbeiten (außen und innen) maschinell erstellt. Im Innenbereich wird vorwiegend einlagiger Innenputz auf Gipsbasis verwendet.

5 Putzweisen

Unter Putzweisen versteht man die Gestaltung oder Bearbeitung der Oberflächen von Oberputzen. Die nachfolgend beschriebenen Putzweisen können sowohl für mineralische Putze als auch für Kunstharzputze verwendet werden. Nach dem Arbeitsverfahren unterscheiden wir:

Putzweisen

werden eingeteilt in:

geglättete oder gefilzte Putze	**geriebene Putze**	**aufgeraute Putze**
vorw. Herstellung als:	*vorw. Herstellung als:*	*vorw. Herstellung als:*
– Glattputz, – Kellenstrichputz.	– Reibeputz, – Scheibenputz, – Münchener Rauputz.	– Kratzputz, – Nesterputz, – Kellenwurfputz, – Spritzputz, – Waschputz, – Steinputz.

Besondere Putzweisen sind: Einlagenputz, Stuck und Sgraffito.

5.1 Geglättete oder gefilzte Putze

- Vorwiegende Anwendung: im Innenbereich (besonders geeignet für Farbanstriche und Tapeten).
- Werkzeuge zur Oberflächengestaltung: Filzscheibe und Glättkelle (Traufel).
- Beachte: Zu langes Verreiben führt zu einer Bindemittelanreicherung an der Oberfläche ⇒ Schwindrisse entstehen; bei Luftkalkmörtel: Erhärtung der tieferen Schichten wird gehemmt.

Glattputz	**Kellenstrichputz**

– glatte bis feinkörnig raue Oberfläche; – Putz sollte möglichst wasserarm sein; – Schmutzablagerungen kaum möglich.	– Putz wird mit der Glättkelle verdichtet; – Kellenstrich bleibt sichtbar; – Ausführung: waagerecht, bogen- oder fächerförmig.

5.2 Geriebene Putze

Vorwiegende Anwendung: als Innen- und Außenputz.
Werkzeuge zur Oberflächengestaltung: Glättkelle, Reibebrett.

Reibeputz	Scheibenputz	Münchener Rauputz

Anmerkungen		
– Im Zuschlag sind Rundkörner vorhanden ⇒ hinterlassen beim Reiben rillenartige Vertiefungen.	– Oberputz ist grobkörnig; – beim Reiben werden grobe Körner mitgerissen, die unregelmäßige Rillen und Erhebungen hinterlassen.	– Körnung 0–6 mm; – beim Reiben bleiben tiefe Rillen zurück.

Geriebene Putze: Welche Ausführungsarten sind heute üblich?

Die bekanntesten sind:

Senkrecht gerieben	Waagerecht gerieben	Altdeutsch verwaschen

Struktur mit Rolle	Lehmputz	Nicht vergessen: Bei Innenputzen Grundierung auftragen!

5.3 Aufgeraute Putze

Vorwiegende Anwendung: als Außenputz.
Werkzeuge zur Oberflächengestaltung: Nagelbrett, Sägeblatt, Glättkelle, Scharrierwerkzeug.

Kratzputz, 2 mm	**Nesterputz**	**Struktur Rille, 5 mm**

	Anmerkungen	
– Nach begonnener Erhärtung mit dem „Kratzen“ beginnen (Nagelbrett verwenden). – Richtiger Zeitpunkt: Das Korn muss herausspringen und nicht im Nagelbrett hängenbleiben.	– Oberputz ungleichmäßig (zweilagig) dick auftragen; – mit Glättkelle leicht abreiben und mit Nagelbrett „abbürsten“; – untere Lage bleibt als vertieftes Nest sichtbar.	– Das so genanntes Überkorn bestimmt die Struktur der Rillen. – Rund-, längs- oder querverlaufende Putzstrukturen sind möglich.

Waschputz	**Steinputz**

Anmerkungen	
– Struktur wird durch Abwaschen der noch nicht erhärteten Bindemittelschlämme an der Oberfläche erreicht. (Bürste und Wasser verwenden.) – Z. B. für Sockel geeignet.	– Edelputz mit besonderen Steinkörnungen. – Die Oberfläche wird steinmetzmäßig bearbeitet (stocken oder scharrieren).

5.4 Besondere Putzweisen

Hierunter fallen u.a. **Einlagenputz, Stuckputz** und **Sgraffito**.

Was kennzeichnet den Einlagenputz?

- Wird in einem Arbeitsgang ohne Putzgrundvorbehandlung bis zu 3 cm Dicke maschinell aufgetragen.
- Durch Luftporenbildner wird das Gewicht verringert. Man bezeichnet diesen Putz auch als Luftporenputz.
- Besitzt gute Wärmedämmeigenschaften und Dampfdurchlässigkeit.

Was Sie über **Stuckputz** wissen sollten:

- Gipsmörtel, dem für längere Verarbeitungszeiten Leim oder ein anderer Verzögerer beigegeben wird. Auftragen des Putzes von Hand.
- Vorwiegende Verwendung:
  Bei Verzierungen und plastischer Hervorhebung von Putzarbeiten.

Was ist Sgraffito?

- Ein Sgraffito ist ein aus mehreren farbigen Putzlagen herausgekratztes Bild mit Linien- oder Flächenstruktur.
- Putzaufbau: Unterputz, Kratzschichten und Deckschicht
- Größte Dicke jeder einzelnen Schicht: 5 mm (Kratzschichten und Deckschichten)
- Das „herauszukratzende" Bild erfordert Schablonen und wirkt durch die unterschiedliche Putztiefe plastisch.

Sgraffitoputz

So könnte der Putzaufbau für Sgraffitoarbeiten sein. (Zeichnung ohne Maßstab)	Dies ist das geplante Sgraffito.	So würde die ausgeführte Sgraffitoarbeit im Mittelschnitt später aussehen.
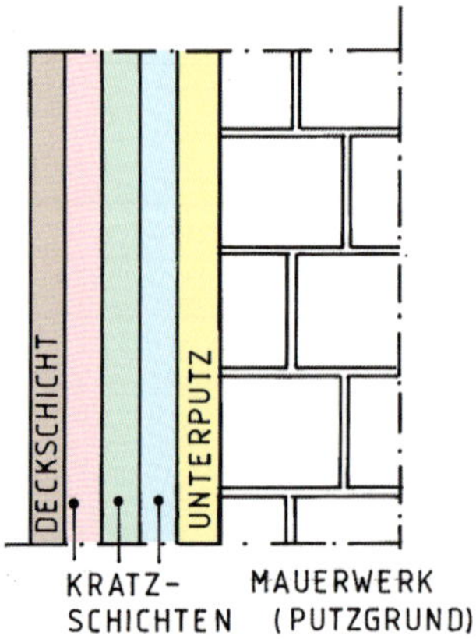		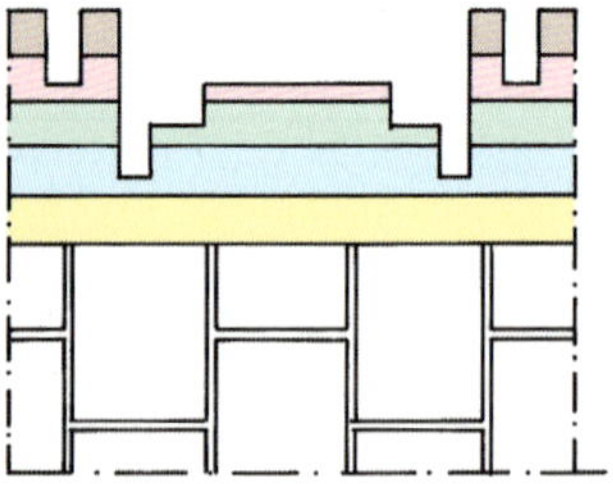

Zusammenfassung von Kapitel 4 und 5:

Aufbringen des Putzes, Putzweisen

- **Arbeitsweisen** bei Putzarbeiten sind: maschinelles Putzen und das Putzen von Hand.
- **Putzweisen** werden eingeteilt in geglättete oder gefilzte Putze, geriebene Putze und aufgeraute Putze.
- Glattputz und Kellenstrichputz sind Beispiele für **geglättete oder gefilzte Putze**.
- Zu den **geriebenen Putzen** gehören: Reibeputz, Scheibenputz und Münchener Rauputz. Innenputze werden oft als **Reibeputz** ausgeführt.
- Zu den **aufgerauten Putzen** gehören: Kratzputz, Nesterputz, Kellenwurfputz, Spritzputz, Waschputz und Steinputz. Außenputze werden sehr oft in **Kratzputz** ausgeführt.
- Einlagenputz, Stuckputz und Sgraffito sind **besondere Putzweisen**.

A/Te *Aufgaben zur Putzaufbringung und zu den Putzweisen ⟶ Arbeitsheft, Blatt 87.*

T *Einen Test zum Lernfeld 10 finden Sie im Arbeitsheft, Blätter 88, 89.*

Testen Sie sich • Testen Sie sich

Nennen Sie ...

1. Ausführungsarten bei geriebenen Putzen (mind. drei Stück),
2. den richtigen Zeitpunkt für die Kratzputzbearbeitung,
3. Werkzeuge zur Herstellung aufgerauter Putze (mind. drei Stück),
4. die Merkmale des Einlagenputzes,
5. den Putzaufbau eines Sgraffitobildes.

Lernfeld 11:
HERSTELLEN EINER WAND IN TROCKENBAUWEISE

Hier behandeln wir die Lernabschnitte:

1 Trockenbau

Bei „Nass-Putzen“ werden die Bindemittel mit einem Lösungsmittel – meist Wasser – angemacht und dann die Flächen gestaltet. Anders beim Trockenbau. Hier können Innenflächen mit schon „getrockneten“ Platten errichtet, ausgebaut und gestaltet werden. Die Platten sind großflächig und dünnwandig vorgefertigt.

Herstellung einer leichten Trennwand
(Das Einbauen einer Dämmschicht ist die Regel)

Anwendungsbereiche:
⇒ **Vor allem bei Wohnanlagen, Industrie- und Verwaltungsbauten.**

Ausführung als:
⇒ Wandverkleidungen
Beispiel: Wand-Trockenputz
⇒ Montagewände
Beispiel: Leichte Trennwände
⇒ Montagedecken
Beispiel: Abgehängte Decken
⇒ Trockenunterboden
Beispiel: Trockenestrich

Vorteile:
⇒ Verkürzung der Bauzeit,
⇒ besserer Brand-, Schall- und Wärmeschutz.

Merke: Das Bindemittel der Trockenbauplatten ist **Gips**.
⇒ *Bevor wir in den Trockenbau „einsteigen“, müssen Sie die bauchemischen und bautechnischen Eigenschaften von Gips sowie seine Anwendungsbereiche kennenlernen.*

1.1 Gips – Eigenschaften und Anwendung

Gipse sind Bindemittel, die vorwiegend für den Ausbau benutzt werden.
Gebräuchlich sind:
reine Gipse oder
Gipse mit Zusätzen (→ werkseitig beigemischt).

Über die bauchemischen Eigenschaften sollten Sie wissen:

Gips ist ein Mineral, das in großen Massen als Gestein vorkommt. In der Natur enthält es immer einen ganz bestimmten Wasseranteil. Entzieht man dem gemahlenen Gestein etwas von dem Wasser, dann zieht es anschließend so lange Wasser an, bis der natürliche Zustand wieder hergestellt ist. Gleichzeitig verfilzt es und wird hart.
In der Praxis erhitzt man den Gips. Dabei erhält man verschiedene Gipssorten. Durch die Zugabe von bestimmten Mitteln kann das Abbinden des Gipses beschleunigt (u. a. durch Säuren) oder verlangsamt werden (u. a. durch organische Stoffe). Diese werden vom Hersteller je nach Bedarf dem Gips als Zusätze beigemischt. Dadurch verändern sich die Eigenschaften, und die Anwendungsbereiche des Gipses vergrößern sich.

Verwendbarkeit/Anwendbarkeit und Kennzeichnung von Bauprodukten

Es gibt im europäischen Baurecht vier Möglichkeiten, ein Bauprodukt oder eine Bauart zuzulassen. Die häufigste Form ist die Herstellung von Bauprodukten nach DIN-Norm.

DIN-Norm	EU-Bauprodukte-Verordnung (BauPVO)	Bauprodukt	Bauart
Ü-Zeichen	Leistungserklärung für alle bauwerksbezogenen Anforderungen	Allgemeine Bauaufsichtliche Zulassung	Allgemeines bauaufsichtliches Prüfzeugnis o. ä.
Teilweise nur Angabe der technischen Regel	CE-Zeichen	Ü-Zeichen	Übereinstimmungserklärung
z. B. der Prüfstatiker überprüft, ob das Tragwerk der entsprechenden DIN entspricht	z. B. Brandschutztüren mit dem CE-Zeichen	z. B. nichttragende, raumabschließende Trennwände einer bestimmten Feuerwiderstandsklasse	z. B. einer bereits genehmigten Bauart wird die Übereinstimmung bescheinigt.
verwendbar und damit genehmigungsfähig			anwendbar nur mit Gutachten

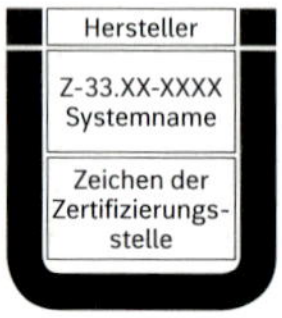

Wo werden die verschiedenen Gipse hauptsächlich verwendet?

Gipssorte	Eigenschaften	Anwendungsbereiche
Baugipse ohne Zusätze		
Stuckgips	Versteifungsbeginn: nach 8 – 25 Minuten	Innenputze, Stuckarbeiten, Herstellung von Trockenbauplatten
Putzgips	längere Verarbeitungsdauer als beim Stuckgips	Innenputze aus Gips-, Gipssand- u. Gipskalkmörtel
Baugipse mit Zusätzen		
Fertigputzgips	langsame Versteifung; Beginn nach 25 Minuten	Innenputze
Maschinenputzgips	besonders für großflächige Verarbeitung	Innenputze unter Einsatz von Putzmaschinen
Haftputzgips	sehr gute Haftfähigkeit	Innenputz, vorwiegend auf schwierigem Putzgrund
Ansetzgips	gute Haftfähigkeit, langsames Versteifen	Ansetzen von Trockenbauplatten als Wandtrockenputz
Fugengips	geschmeidig, langsames Versteifen	Verbinden und Verfugen von Trockenbauplatten
Spachtelgips	geschmeidig, rascheres Versteifen als Fugengips	Verspachtelung von Wandbauplatten aus Gips, kleinere Reparaturarbeiten

Für Arbeiten mit Gips sollte man die besonderen Eigenschaften dieses Materials kennen und sie „am Bau" nutzen.

Welche bautechnischen Eigenschaften weist Gips auf?

Aufbau/Eigenschaften	Auswirkungen am Bau:
Was passiert, wenn Gips fest wird? **1. Nadelförmige Gipskristalle entstehen.** (Das sieht man mit dem Mikroskop.) 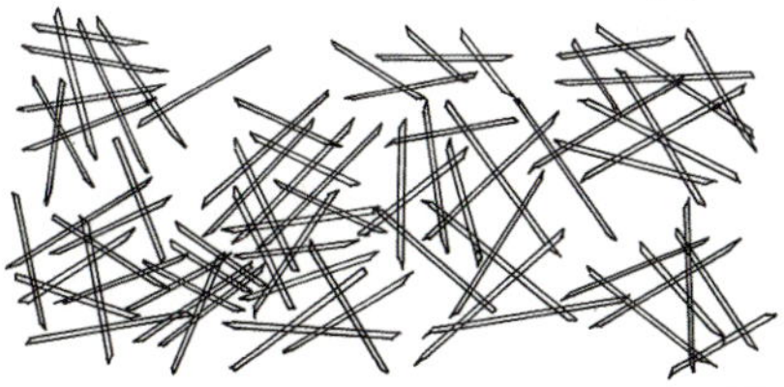	**Gute Haftung** →bei Putz: Gipskristalle können sich auch auf glattem Putzgrund „verkrallen". →bei Bauplatten: gute Festigkeit und Stabilität.
2. Ein poriges Gipsgefüge entsteht.	**Ausgleich des Raumklimas**, da Gips in seinem Kristallgefüge Feuchtigkeit aufnehmen und auch wieder abgeben kann.
3. Stuckgips vergrößert sein Volumen. (Das machen die entstehenden Kristallnadeln.) 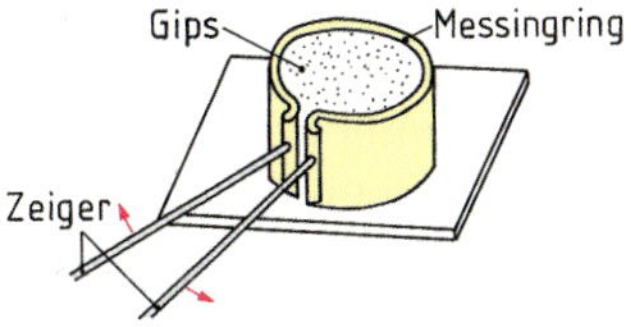	**Hohlräume werden fest ausgepresst.** →bei Putz: Verfüllen von Löchern, →bei Bauplatten: Verfugen der Platten mit und ohne Gewebe möglich.
4. Fester Gips ist nicht wasserfest! 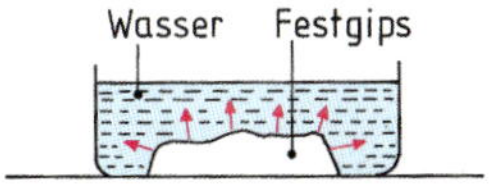	**Verwendung nur im Innenbereich.** →bei Bauplatten: durch Imprägnierung kann die Wasseraufnahme verzögert werden.
5. Gips fördert die Rostbildung! 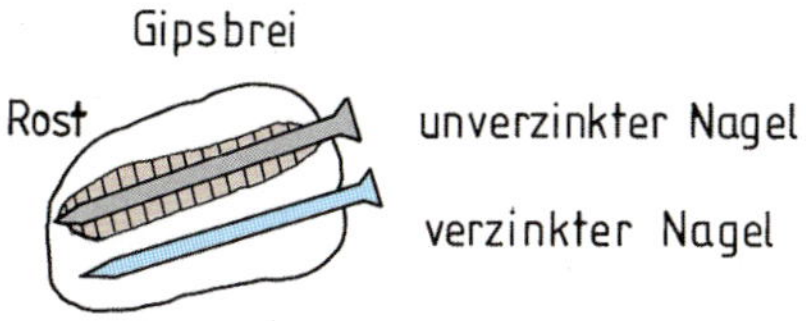	**Metallteile** in Gips müssen geschützt werden durch **Verzinken** oder durch **Lackschichten**. →bei Putz: Dübel verwenden, →bei Bauplatten: nur verzinktes Befestigungsmaterial verwenden. (Nägel, Schrauben, Profile.)
6. Gips ist feuerhemmend. Im Brandfall gibt Gips Wasserdampf ab. 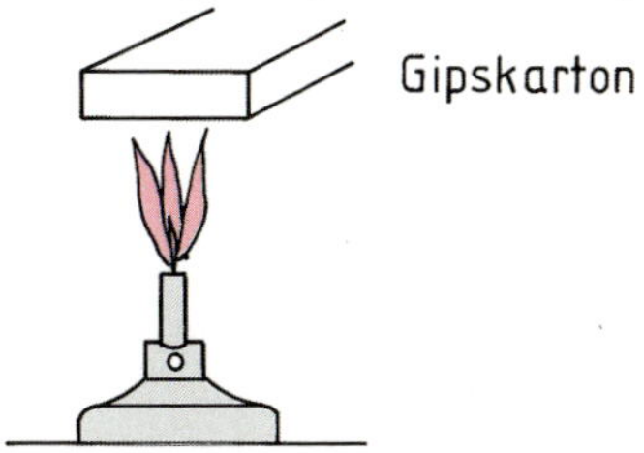	Gips verwenden für feuerhemmende **Trennwände** oder zur feuerhemmenden **Ummantelung** von **Stahlstützen**! 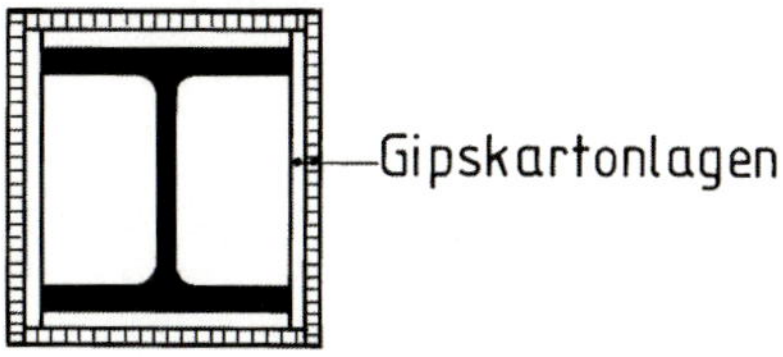

V - Te *Versuche bezüglich Gipseigenschaften finden Sie im Arbeitsheft, Blätter 90, 91.*

1.2 Fertigteile für den Trockenbau

Die verwendeten Fertigteile werden als Trockenbauplatten bezeichnet.
Heute sind eigentlich nur noch Gipskartonplatten und Gipsfaserplatten im Handel, während Wandbauplatten aus Gips und Mehrschicht-Leichtbauplatten kaum noch verwendet werden.

Trockenbauplatten selbst sind ausreichend stoß- und schlagfest, schwer entflammbar und besitzen eine ausreichende Wärmedämmfähigkeit.

Was Sie über Trockenbauplatten wissen sollten:

Trockenbauplatten

werden vorwiegend hergestellt als:

Gipskartonplatten	Gipsfaserplatten
Herstellung: Gipsbrei wird zu dünnen (rechtwinkligen oder quadratischen) Platten gepresst und anschließend mit fest haftendem Karton ummantelt. Die Querkanten bleiben dabei frei. Dem Gipsbrei können Zuschläge aus porigem Material zugegeben werden.	Herstellung: Gips und Zellulosefasern (z. B. Altpapier) werden unter Wasserzugabe vermischt und unter hohem Druck gepresst. Anschließend werden die entstandenen Platten (meist rechtwinklig) zugeschnitten.
Verwendung: → vorwiegend für Wände: - Bauplatten, - Feuerschutzplatten, → vorwiegend für Decken: - Schallschluckplatten in Kassettenform, → besonders für Böden: - Unterbodenplatten zur Schall- und Wärmedämmung.	Verwendung: → für Decken und Wände: - Ausbauplatten, - Verbundplatten, → für Böden: - Estrichelemente.
Fugenbearbeitung: - unterschiedlich je nach Kantenform der Platten (z. B. scharfkantig, abgerundet). Die Fugen sind in der Regel zu „bewehren“ (z. B. Binden, Vliespapier).	Fugenbearbeitung: - Platten werden mit Spachtelmaterial geliefert und in der Regel ohne „Bewehrung“ verfugt.

2 Trockenbauanwendungen

Gipskarton- und Gipsfaserplatten sind gleichzeitig Putzträger und Putz. Man könnte sie als „selbsttragende Putzschicht aus Gips" bezeichnen.

Die Platten sind überall einsetzbar, wo man sonst verputzen würde.
Hauptsächlich werden sie verwendet:

- als **Wandtrockenputz** direkt auf Mauerwerk oder Beton, mit Gipsbatzen aufgeklebt oder auf Trockenputzprofile montiert,
- als **Montagewände** auf Holzunterkonstruktion oder auf Ständerwerk aus Metallprofilen,
- als **Montagedecken** (Deckenbekleidungen, abgehängte Decken) auf Lattenrost oder Metallkonstruktionen direkt an der Decke oder abgehängt,
- als **Trocken-Unterboden-Elemente** (Trockenestrich) mit oder ohne Dämmschicht,
- als **Brandschutzummantelung** von tragenden Bauteilen (Säulen, Unterzügen).

→ Die Arbeiten werden heute im Rahmen der Spezialisierung zwar noch von Maurern mitgemacht, doch ist hieraus der Beruf des Trockenbaumonteurs entstanden.

Bei „unserem" Wohnhaus könnten alle Wände im EG, OG und DG mit einem Wandtrockenputz versehen werden. Die nicht tragenden Wände könnten auch als Montagewände ausgeführt werden. Eine Verwendung für evtl. abzuhängende Decken oder auch einen Trockenestrich mit Gipskarton- oder Gipsfaserplatten ist möglich.

2.1 Wandtrockenputz

Beim Wandtrockenputz kommen Gipskartonplatten oder Gipsfaserplatten an eine vorhandene Wand. Der Halt wird hergestellt durch Gipsbatzen oder Gipsstreifen, die – vorher auf den Platten gut verteilt – mit den Platten zusammen an die Wand gepresst werden.

Wie wird der Wandtrockenputz hergestellt?

1. Arbeitsgang: Zuschneiden der Platten

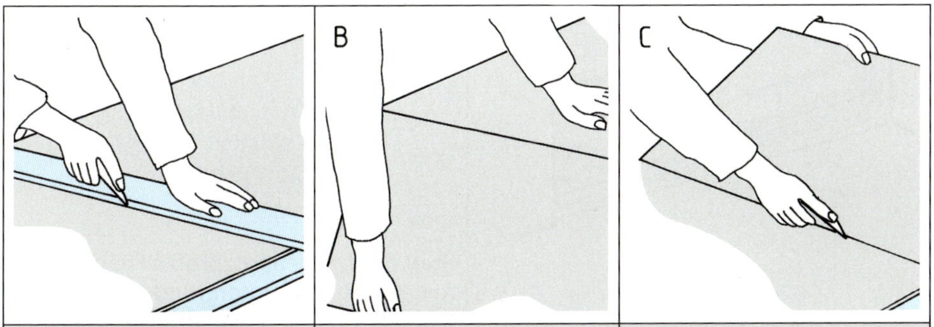

– Ummantelung der Gipskartonplatten aufschneiden*	– Gipskern brechen	– Rückseite durchschneiden

*) = Gipsfaserplatten können – da sie keine Ummantelung haben – auch gesägt werden.

2. Arbeitsgang: Vorbereiten des Untergrundes

Dazu gehören im Einzelnen:

→ Untergrund prüfen (Untergrund muss fest, schwindfrei, trocken und sauber sein).

→ Saugenden Untergrund unbedingt vornässen.

Falls der Untergrund nicht für ein direktes Ansetzen der Platten geeignet ist, sind

1. Putzprofile anzubringen,
2. die Platten auf den Putzprofilen zu befestigen.

So geht man dann vor:

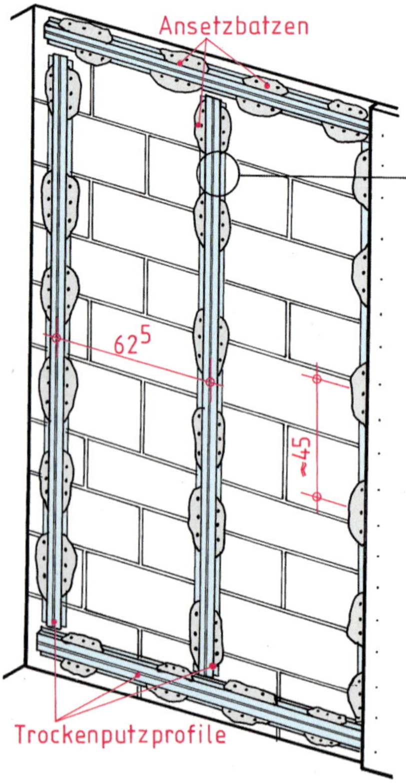

So sieht ein Trockenputzprofil aus:

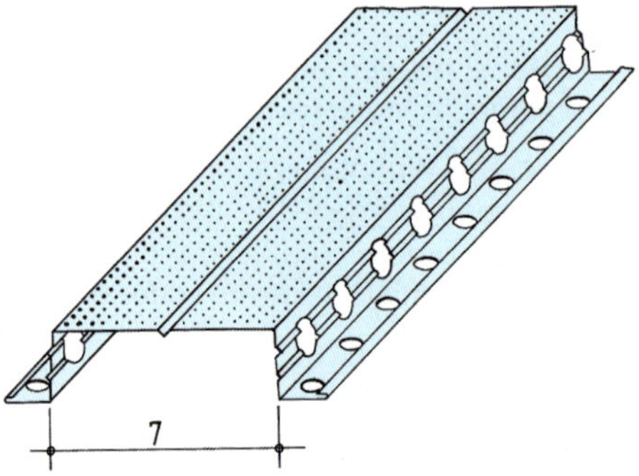

- Putzprofile mit Ansetzbatzen auf dem Untergrund anbringen.
  →Abstand der Batzen ~ 45 cm;
  →Abstand der Putzprofile entspricht der Plattenbreite (in der Regel 62,5 cm).
- Platten anschließend auf die Profile aufschrauben (Hierfür gibt es die kleinen Löcher).

Ersatzweise kann man verwenden:

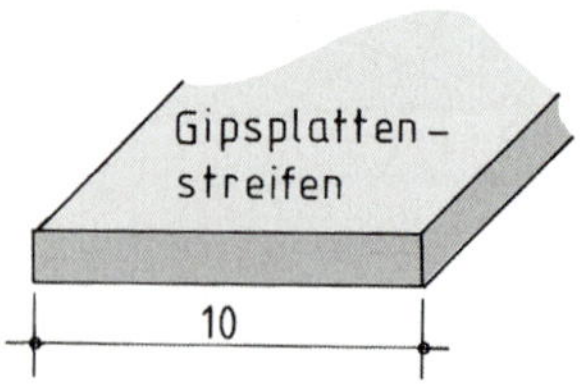

Statt der Trockenputzprofile können zum Ausgleich des Untergrundes auch ca. 10 cm breite Gipsplattenstreifen mit Ansetzbatzen an der Wand angebracht werden:
Die Platten werden anschließend – wie im 3. Arbeitsgang beschrieben – befestigt.

3. Arbeitsgang: Auftragen des Ansetzgipses und Ansetzen der Platten

Ist der Untergrund für ein direktes Ansetzen der Platten geeignet, dann geht man so vor:

1. Beim Auftragen des Gipses:
   - In „Batzen“ oder bei maschinellem Einsatz in „Wulsten“ (mind. 1,5 cm dick) aufbringen.
     → Plattendicke 9,5 mm: **3** Batzenreihen; → Plattendicke 12,5 mm: **4** Batzenreihen
     → Plattendicke ≥ 18 mm: **5** Batzenreihen *(hier der Fall)*
   - Abstand der Batzen: etwa 30 cm
   - Nicht mehr Ansetzgips herstellen, als innerhalb ~ 1/2 Stunde verarbeitet werden kann.

2. Zum Ansetzen der Platten:
   - **Fuge** zwischen Fußboden und Platte ~ **2,0 cm**. (Tipp: Latte unterlegen!)
   - **Fuge** zwischen Decke und Platte ~ **0,5 cm**.
     → Dadurch wird das Belüften und Austrocknen der Hohlräume möglich; verdeckt wird die Bodenfuge später durch eine Fußleiste; die Deckenfuge wird in der Regel verspachtelt.)
   - Platten mit Wasserwaage und Richtscheit anklopfen und ausrichten.
   - Vom Ansetzen des Batzens bis zum Ausrichten der Platte sollten max. **10 Min.** vergehen.

4. Arbeitsgang: Verfugen der Platten

- Spachtel- oder Fugengips in die Fugen „einspachteln“.
- Bewehrungsstreifen (aus Glasfaser) auflegen und andrücken,
  → um spätere Risse durch das „Arbeiten“ der Gipsplatten zu vermeiden.
  → Bei Gipsfaserplatten ist das nicht erforderlich.
- Nach Erhärten eine zweite Gipslage aufziehen, später feinschleifen.

Fugen einspachteln

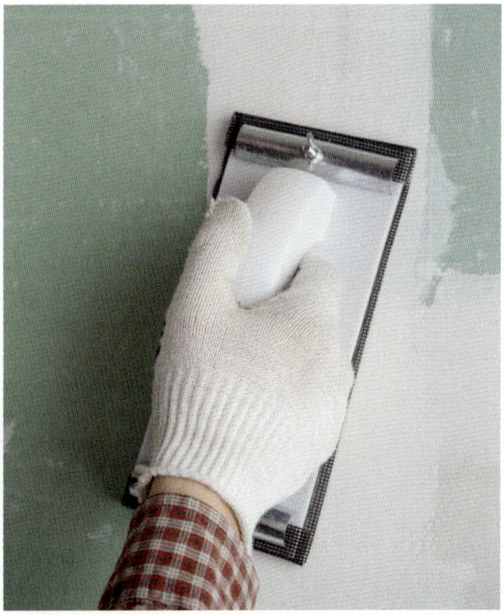

Schleifen

Welche Besonderheiten sind beim Wandtrockenputz noch zu beachten?

- Bei Schornsteinen: Ansetzgips vollflächig auf den Untergrund auftragen
- Bei Waschbecken, Spülkästen u. a.: Ebenfalls vollflächig Ansetzgips auftragen
- Bei Anschlüssen an Fenster, Außentüren und Rollladenkästen: Streifen aus Ansetzgips dicht ansetzen
- Bei Betonflächen: Haftbrückenanstrich auftragen, dann erst Platten ansetzen

– Merke: Trockenputz ist zur Trockenlegung feuchter Wände **nicht geeignet**.

2.2 Montagewände (Leichtwände)

Will man die Raumeinteilung für sich passend machen, ohne die Statik des Hauses zu beeinflussen, kann man leichte Montagewände aus Gipskarton- oder Gipsfaserplatten aufstellen. Trotzdem werden an diese nicht tragenden Wände Anforderungen gestellt.

Anforderungen für **Montagewände** sind:

1. Die Anforderungen zum Brand-, Schall- und Wärmeschutz müssen erfüllt sein (→ *ist Angelegenheit des Herstellers).*
2. Die Wände müssen standsicher aufgestellt sein, dürfen sich nicht durchbiegen und müssen gegen Verschiebungen gesichert werden (→ dies ist Sache des „Arbeiters vor Ort").

Welche Ausführungsarten der Montagewände sind heute üblich?

Das Ganze in Kurzübersicht.

• Halterung:	Metallprofile (Aluminium, Stahlblech), kaum noch aus Holz; → Mindestdicke der Gipsplatten = 12,5 mm.
• Ausführung in:	Ständerbauweise, teilweise mit Querriegeln.
• Bauweisen:	Einfachständerwerk (→ gemeinsame Unterkonstruktion) Doppelständerwerk (→ zwei voneinander getrennte Unterkonstruktionen) → Abstand der Ständer untereinander in der Regel: 62,5 mm.
• Beplankung:	ein-, zwei- oder dreifach → je nach Anforderungen (d. h. es werden bis zu drei Platten übereinander gesetzt und verschraubt).

Verwendbarkeit/Anwendbarkeit und Kennzeichnung von Bauprodukten

Einschalige Bauteile (schwere, biegesteife Bauteile)	**Zweischalige Bauteile**
Je schwerer ein Bauteil, desto größer der Widerstand gegen die relativ energiearmen Schallwellen.	Zweischalige Konstruktionen ohne Schallbrücken mit möglichst ungleich schweren Schalen verbessern den Luftschallschutz erheblich.

Massekurve für Kalksandstein

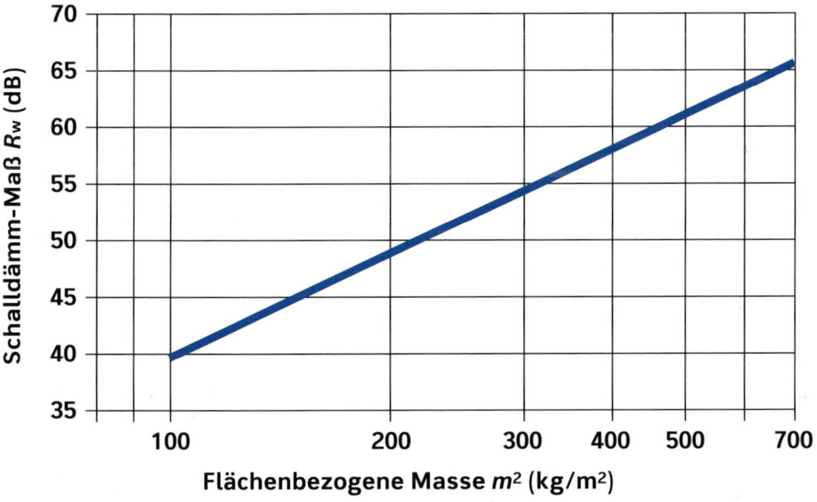

Vergleich der Schalldämmwerte bei Massiv- und Trockenbauwänden				
Wände aus Mauerwerk einschl. Putz			**Trockenbauwände**	
Steinrohdichte von 1,4 kg/dm³	Masse in kg/m²	Schalldämmmaß in dB	Beispiele für Einfachständerwerke mit CW-Profilen	Schalldämmmaß in dB
d = 11,5 cm	228	50	einfach beplankt, Wanddicke d = 125 mm, Dämmschicht d = 80 mm	50
d = 17,5 cm	318	55	zweilagig beplankt, Wanddicke d = 125 mm, Dämmschicht d = 60 mm	59
d = 24 cm	415	58	zweilagig beplankt, Wanddicke d = 150 mm, Dämmschicht d = 80 mm	60
d = 30 cm	505	63	dreilagig beplankt, Wanddicke d = 175 mm, Dämmschicht d = 80 mm	63

Beispiel Montagewand 1: **Einfachständerwerk mit Einfachbeplankung**
Wanddicke 7,5 cm, Wandhöhe bis 3,00 m

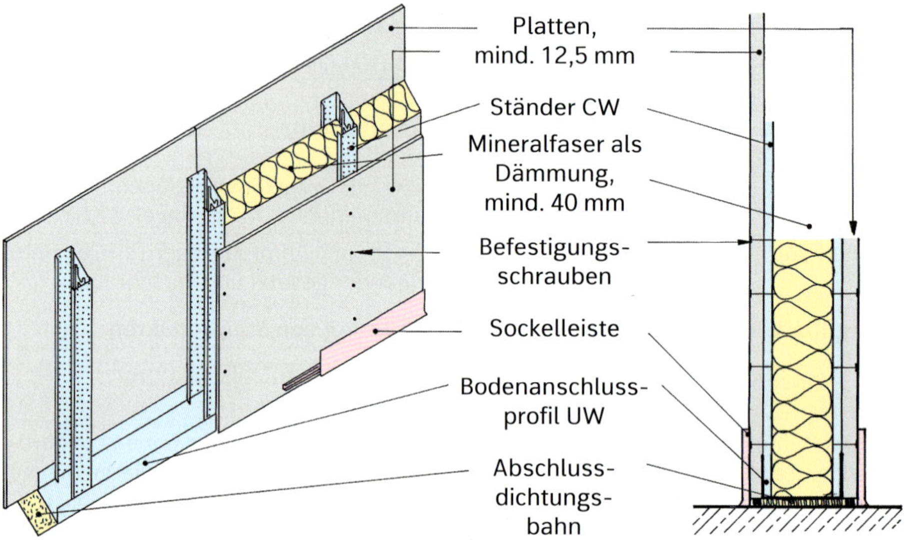

Beispiel Montagewand 2: **Doppelständerwerk mit Zweifachbeplankung**
Wanddicke 15,5 cm, Wandhöhe bis 4,50 m (auch als Schallschutzwand geeignet)

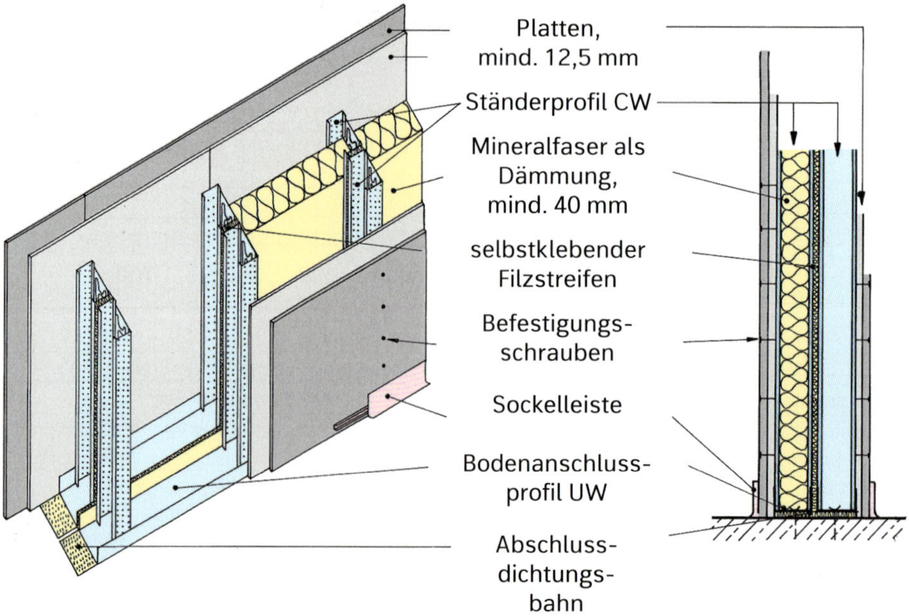

2.2.1 Herstellungsgang einer Montagewand

Eine Montagewand ist herzustellen. Wie geht man vor?

1. Arbeitsgang:

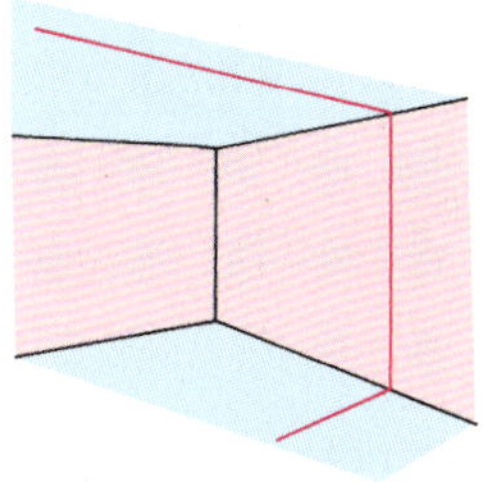

Den geplanten Wandverlauf umlaufend markieren (→ an Decke, Boden und Seitenwänden), Türöffnungen einzeichnen.

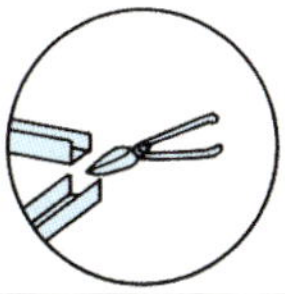

Anschließend:
Profile mit der Blechschere maßgerecht zuschneiden (CW-Profile etwa 1 – 2 cm kürzer).

2. Arbeitsgang:

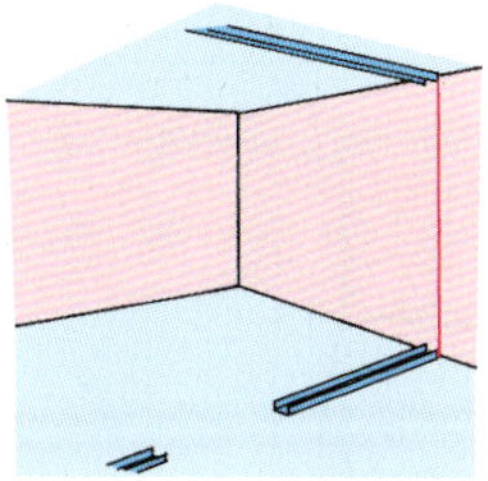

UW-Rahmenprofile entlang des markierten Verlaufs mit Dübeln und Schrauben an Decke und Boden befestigen (→ max. Dübelabstand 1 m).

WICHTIG!
Dichtungsband auf die Profile für Decke, Boden und Wand kleben!

So sieht dieser Arbeitsablauf in der Praxis aus:

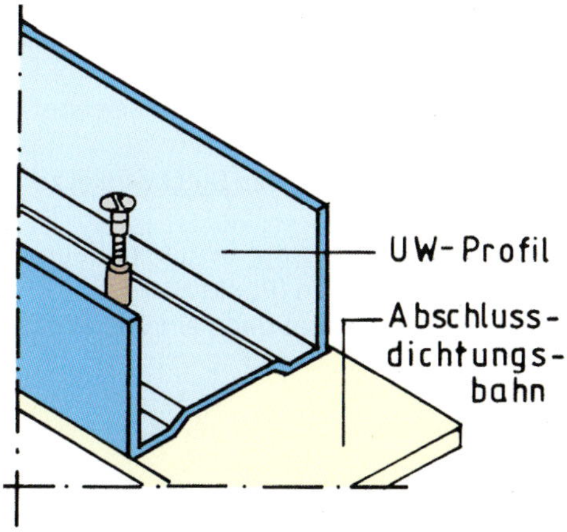

3. Arbeitsgang:

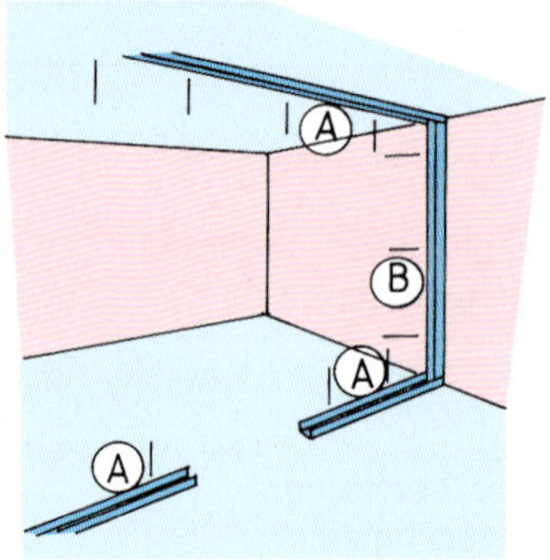

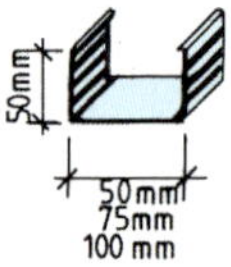

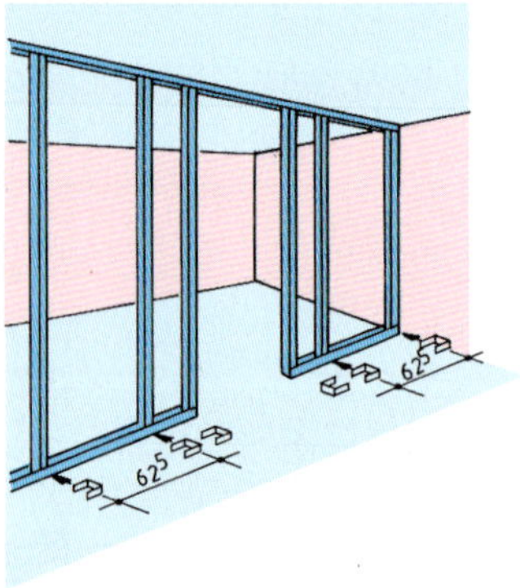

Zunächst **CW**-Ständerprofile an den Seitenwänden befestigen (B) (→ mind.drei Befestigungspunkte = Dübel +Schrauben).

Alle weiteren **CW**-Ständerprofile im entsprechenden Achsabstand (i.d.R. 62,5cm) in die UW-Rahmenprofile einstellen. Evtl. Türmaße berücksichtigen. Richtung der Profile beachten.

So sieht das dann in der Praxis aus!

4. Arbeitsgang (bei vorgesehenen Türen):

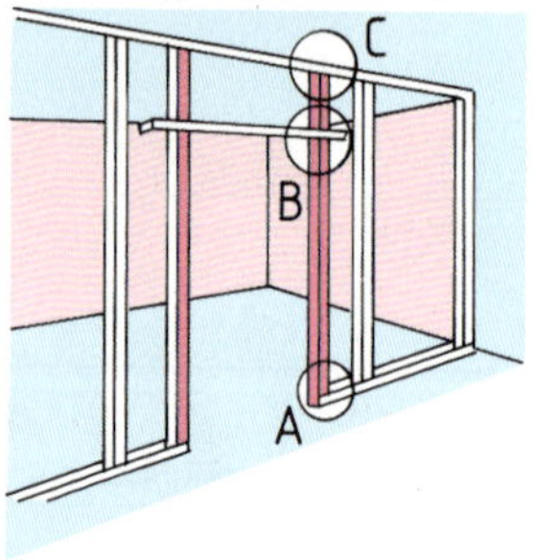

An der Tür werden UA-Profile (hier rot gekennzeichnet) in voller Höhe eingebaut.
Unten und oben (Punkt A und C) werden Steckwinkel zur Verstärkung angebracht.
Für den Türeinbau ein Türsturzprofil in der richtigen Höhe an dem UA-Profil anbringen (Punkt B).
→ Zur Verstärkung wird manchmal noch ein CW-Profil in das Türsturzprofil eingestellt.

Punkt A:

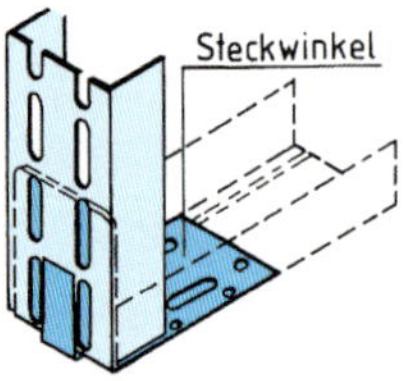

Punkt B:

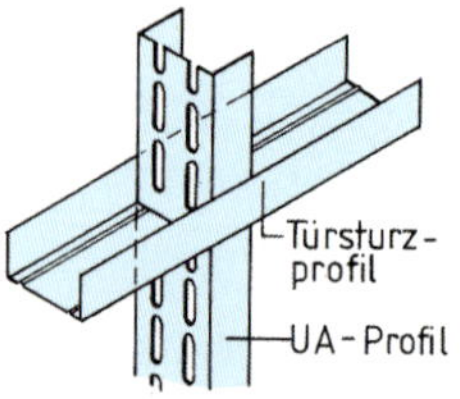

Punkt C:

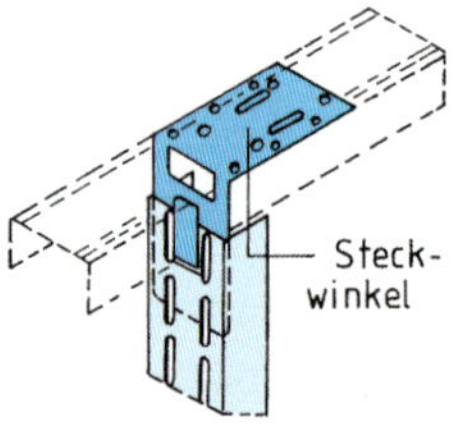

5. Arbeitsgang:
Die CW-Ständer werden zunächst auf einer Seite beplankt (alle 20 – 25 cm schrauben).

6. Arbeitsgang:
Anschließend wird zwischen die Ständer die Dämmung eingelegt.

7. Arbeitsgang:

Anschließend die Rückseite beplanken (ebenfalls alle 20 – 25 cm schrauben).

Tipp:

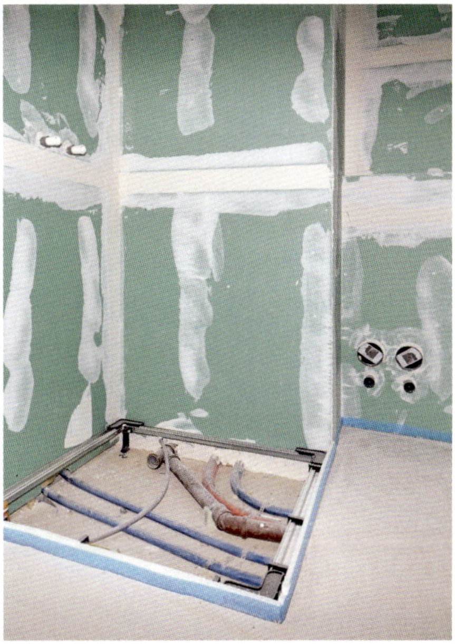

Wandhohlräume zum Einbau der Installation nutzen.

8. Arbeitsgang:

Die Fugen der Gipsplatten werden mit geeigneter Spachtelmasse und evtl. Bewehrungsstreifen (nach Herstellerangaben) ein erstes Mal verspachtelt. Anschließend wird die Fläche geschliffen und ein zweites Mal verspachtelt, bis die Oberfläche der Gipsplatte ganz eben wirkt.
→ *Diese Arbeit kann recht mühselig werden!*

2.2.2 Konstruktionsdetails

Im Folgenden sollen Ihnen die „Knackpunkte“ noch einmal detailliert vorgestellt werden:

Senkrechter Schnitt durch ein Einfachständerwerk, 1-lagig beplankt

Waagerechter Schnitt durch ein Einfachständerwerk, 1-lagig beplankt

Deckenanschluss:

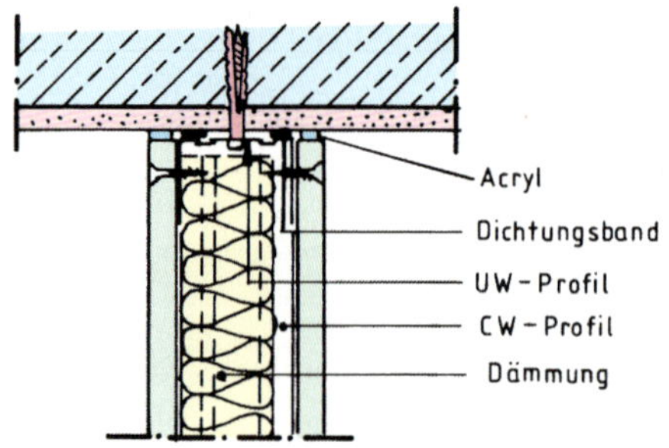

Wandanschluss:

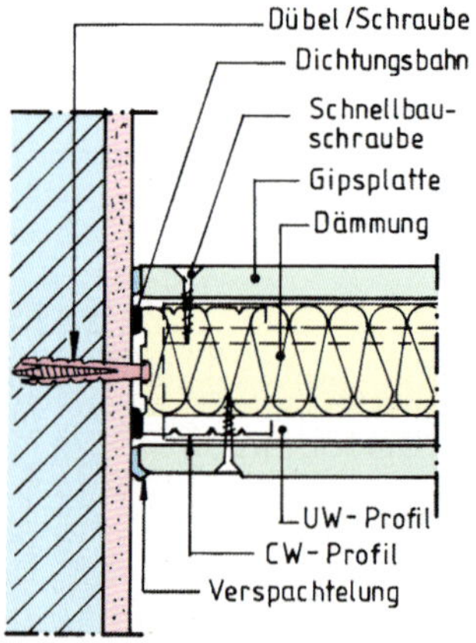

Bodenanschluss:

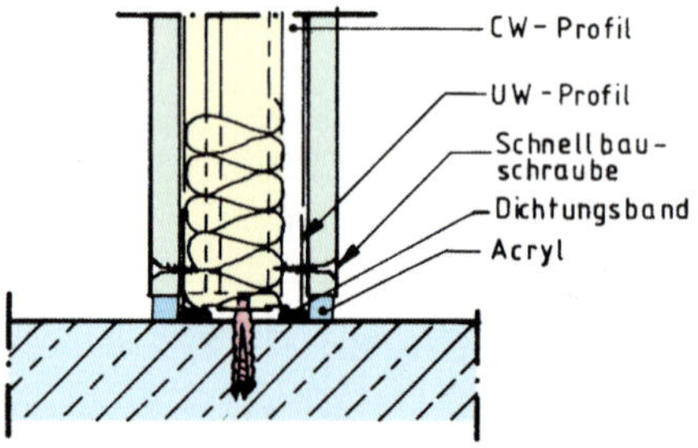

Gipsplattenstoß:

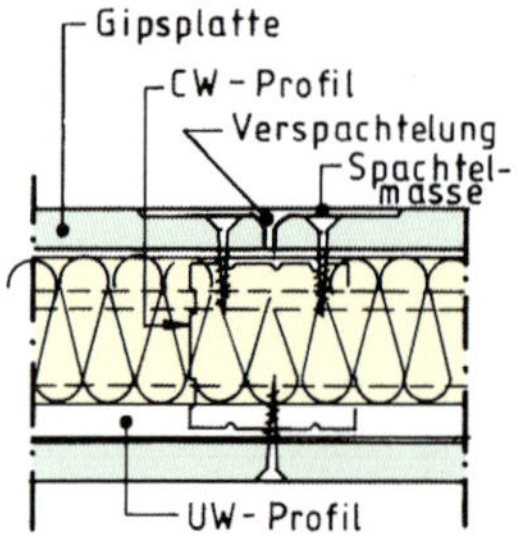

Schwieriger werden **Eckausbildungen und frei stehende Wandenden**. Eine Ausführungsart ist folgende:

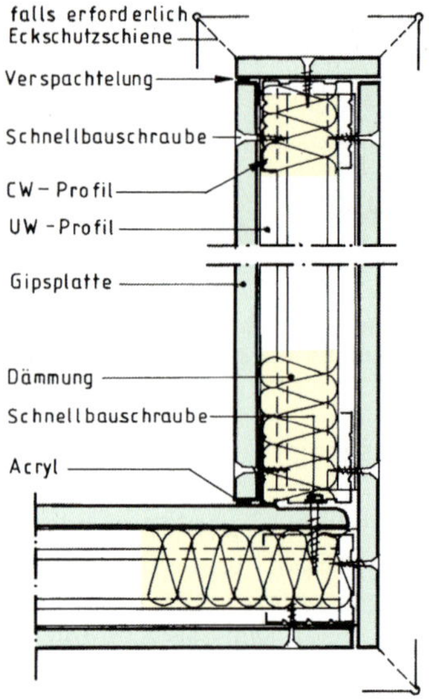

2.2.3 Mengen- und Materialermittlung

Trotz aller vorhandenen Programme und Tabellen seitens der Herstellerfirmen, ist der „sicherste" Weg, eine möglichst genaue Materialermittlung zu erhalten, folgende Vorgehensweise:

1. Erstellen einer eigenen Aufmaßskizze (nach Grundriss und Schnitt),
2. benötigte Profile einzeichnen,
3. eventuell Beplankung anzeichnen,
4. Material/Mengen nach Aufmaß und Tabellen (für „Kleinmaterial") berechnen.

Am Beispiel „unseres" Hauses wollen wir dies einmal nachvollziehen.

Die dargestellte Wand soll als Montagewand ausgeführt werden:

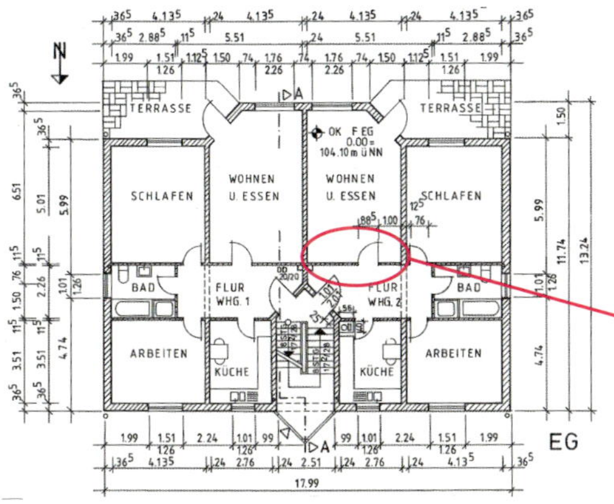

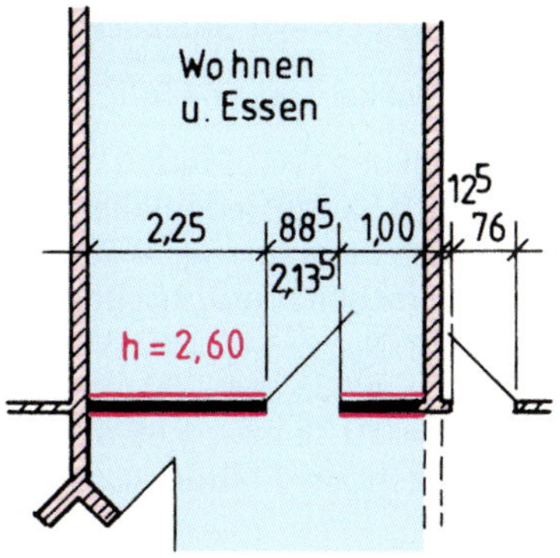

Vorgaben:

- l_{Wand} = 4,135 m; – h_{Wand} = 2,60 m; – d_{Wand} = 12,5 cm; – Tür: 0,885 m/2,135 m
- Verwendete Profile: UW 100; CW 100; UA 100; Türsturzprofil 100 *L* = 88,5 cm
- Beplankung: einlagig, GKB-Platten (*L*/*H*/*D* = 1,25 m/0,90 m/12,5 mm)
- Dämmmaterial: Min P = Mineralfaserplatte (*L*/*B*/*D* = 1,00 m/0,625 m/80 mm)

So geht man vor:

1. **Aufmaßskizze** anfertigen (Rohbaumaße)

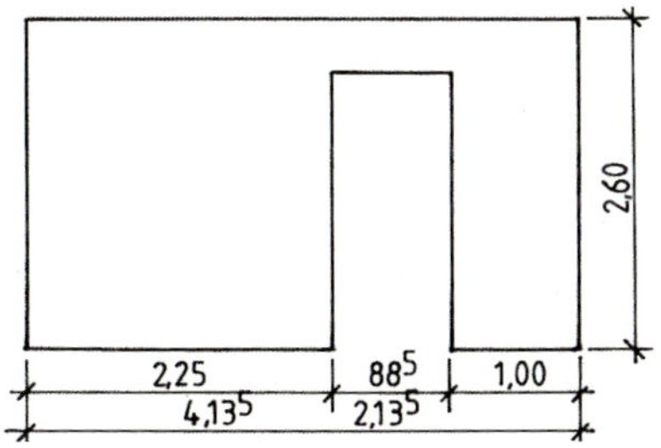

2. Alle **Profile** einzeichnen (Vorgaben beachten)

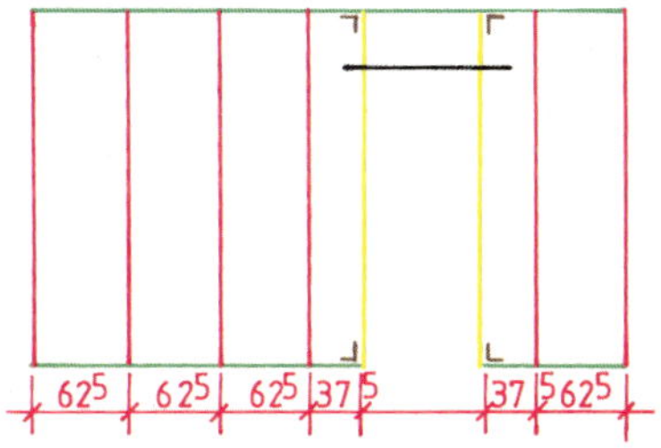

UW = grün CW = rot UA = gelb
Türsturz = **schwarz**
Steckwinkel = **braun**

3. Evtl. Skizze mit **Beplankung** ergänzen

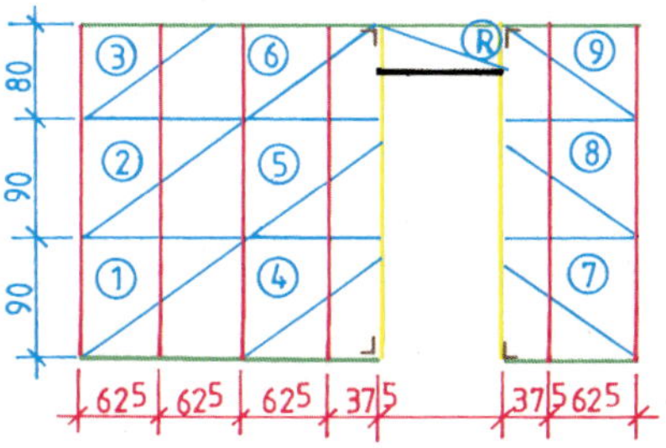

4. **Bedarfsermittlung**

– aus den Skizzen ablesbar:

- UW 100 = 4,135 m + 1,00 m + 2,25 m = 7,385 m
  → 2 Profile à 4,00 m
- CW 100 = 6 Ständer
  → 6 Profile à 2,60 m

- UA 100 = 2 Ständer → 2 Profile à 2,60 m
- Türsturz 100 → 1 Stück à 88,5 cm
- Steckwinkel 100 → 4 Stück (= 1 Satz)
- Beplankung GKB-Platten
  a) nach Skizze: jede Seite 9 Platten → 18 GKB-Platten (1,25 m/0,90 m/12,5 mm)
  b) nach Berechnung: → *kann von Zeichnung abweichen*
  (Verschnitt berücksichtigen; Öffnungen abziehen)
  $A_G = (A_{Wand} - A_{Tür}) \times 2$ (Vorder- + Rückseite) x Verschnitt (%)
  $= (4{,}135\ m \times 2{,}60\ m) - (0{,}885\ m \times 2{,}135\ m) \times 2 \times 1{,}05$
  $= (10{,}75\ m^2 - 1{,}89\ m^2) \times 2 \times 1{,}05 = 18{,}61\ m^2$
  Anzahl der Platten: $A_G : A_{Platte} = 18{,}61\ m^2 : (0{,}90\ m \times 1{,}25\ m) = 16{,}54$
  → 17 GKB-Platten (1,25 m/0,90 m/12,5 mm)
  Entscheidung: Bestellung nach Zeichnung

- Dämmmaterial Min P
  nach Berechnung:
  (Verschnitt berücksichtigen; Öffnungen abziehen)
  $(A_{Wand} - A_{Tür}) \times 1{,}05 : A_{Dämmplatte} = (10{,}75\ m^2 - 1{,}89\ m^2) \times 1{,}05 : (1{,}00\ m \times 0{,}625\ m)$
  $= 9{,}30\ m^2 : 0{,}625\ m^2 = 14{,}9$
  → 15 Platten Min P (1,00 m/0,625 m/80 mm)

– Die restlichen „Kleinmaterialien" werden überschlägig – ohne Öffnungsabzüge und Verschnitt – nach Tabellenvorgaben berechnet: *(hier: Wandfläche = 10,75 m²)*

Materialbedarf für 1 m² Trennwand in Trockenbauweise:

Ausführung:	**Einfachständerwand**
Materialart:	Bedarf:
Dämmstreifen (Anschlussdichtung)	1,3 m/m²
Dübelverankerung (Schlagdübel)	2,0 St./m²
Schnellbauschrauben (einlagig) → *jede Seite für sich*	20 St./m²
Fugenfüller (einlagig beplankt)	0,6 kg/m²

Ausführung :	**Doppelständerwand**
Materialart:	Bedarf:
Dämmstreifen (Anschlussdichtung)	2,6 m/m²
Dübelverankerung (Schlagdübel)	4,0 St./m²
Schnellbauschrauben (zweilagig)	je 15 St./m² (je Lage)
Fugenfüller (zweilagig beplankt)	0,9 kg/m²

- Dämmstreifen (Abschlussdichtung): $A_{Wand} \times 1{,}3\ m/m^2 = 10{,}75\ m^2 \times 1{,}3\ m/m^2 = 14{,}0\ m$
  → <u>1 Rolle eins.kleb, 30 m</u>
- Dübelverankerung (6/35): $A_{Wand} \times 2\ St/m^2 = 10{,}75\ m^2 \times 2\ St/m^2 = 21{,}5$ Stück
  → <u>1 Paket mit 50 Stück</u>
- Schnellbauschrauben (TN 25): $A_{Wand} \times 2 \times 25\ St/m^2 = 10{,}75\ m^2 \times 2 \times 25\ St/m^2$
  = 538 Stück
  → <u>1 Paket mit 1000 Stück</u>
- Fugenfüller (Spachtelmasse): $A_{Wand} \times 2 \times 0{,}6\ kg/m^2 = 10{,}75\ m^2 \times 2 \times 0{,}6\ kg/m^2$
  = 12,9 kg
  → <u>3 Sack à 5 kg</u>

Proj – Te/Ma *Einfache Wandberechnungen sollten Sie üben → Arbeitsheft, Blatt 92 – 95*

A – TK *Eine Zeichenleseübung für Montagewände → Arbeitsheft, Blatt 96*

2.3 Montagedecken (Unterdecken)

Manchmal wird eine Decke nicht direkt verputzt, sondern, z. B. wegen der besonderen Höhe des Raumes, eine zusätzliche Decke eingebaut. Diese Unterdecke kann direkt an die vorhandene Decke befestigt oder – was heute die Regelausführung ist – als **abgehängte Decke** ausgeführt werden. Wegen der hauptsächlichen Verwendung von Metallprofilen (Holzkonstruktionen sind selten) werden sie auch als **Montagedecken** bezeichnet.

Welche Vorteile bieten Montagedecken?

- Aufnahme von Be- und Entlüftungen sowie Installationen aller Art,
- Verminderung der Raumhöhe (besonders in Altbauten),
- Verbesserung der Raumakustik (z. B. in Konzert- und Sitzungsräumen).

Welche Ausführungsarten der Montagedecken sind heute üblich?

Das Ganze wieder in Kurzübersicht:

- **Halterung:** Nur noch **Metallunterkonstruktionen** (Aluminium, verzinkt), → Mindestdicke der Platten = 12,5 mm.
- **Bauweisen:** Fast ausschließlich **abgehängte Decken** mit Trage- und Querprofilen.
- **Fugen:** **Offene oder verdeckte** Fugenausbildung.
- **„Beplankung“:** Gipskartonplatten als Bau-und Feuerschutzplatten; meist jedoch Loch- und Schallschluckplatten in Kassettenform. Sie sind unter dem Begriff **„Dekorplatten“** im Handel.

Beispiel Montagedecke 1: **Abgehängte Decke mit darunter befestigter Bauplatte.**

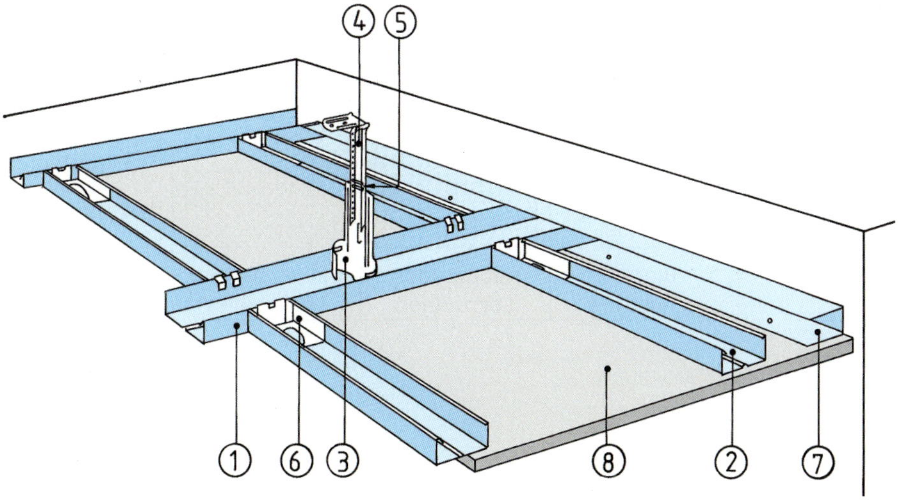

1 = Trageprofil,
2 = Querprofil,
3 = Anhängevorrichtung,
4 = Abhängevorrichtung mit Justierstab,
5 = Justiernagel oder Sicherheitsklammer,
6 = Sicherheitsquerverbinder,
7 = Wandanschlussprofil,
8 = Bauplatte

Beispiel Montagedecke 2:

Abgehängte Decke mit Dekorplatten (Einlegemontage)

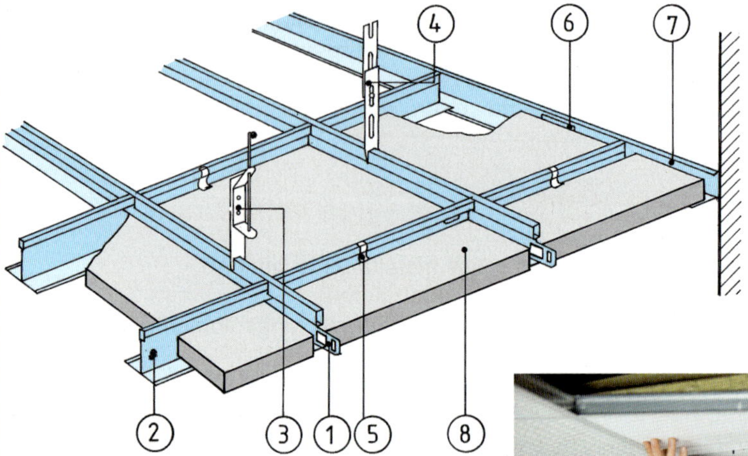

1 = Trageprofil,
2 = Querprofil,
3 = Abhängevorrichtung mit Spannfeder,
4 = Abhängevorrichtung mit Schlitzbandeisen,
5 = Plattenklammern,
6 = Wandfeder,
7 = Wandwinkel,
8 = Dekorplatte, eingelegt

Das sind Beispiele für **Dekorplatten**:

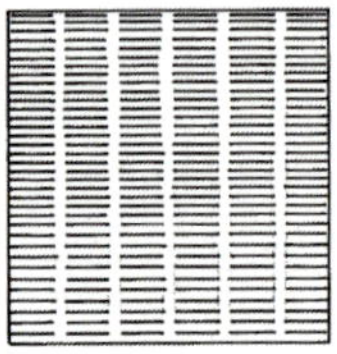	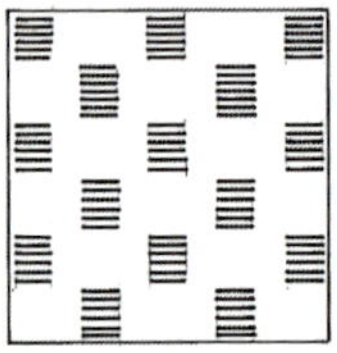	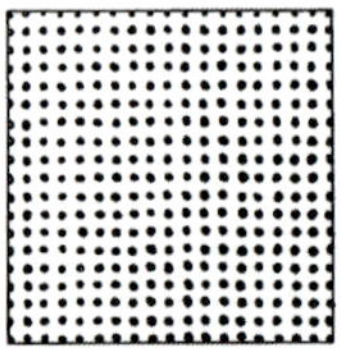	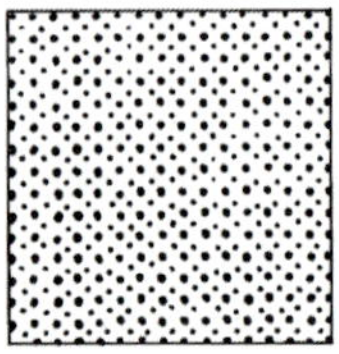	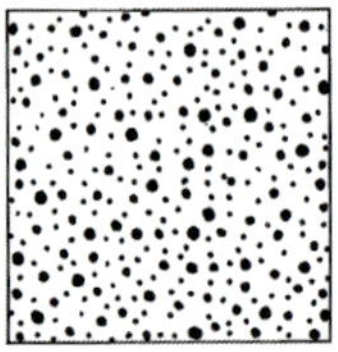
geschlitzt	Blockschlitzung	mit geraden Lochreihen	mit versetzten Lochreihen	mit Streulochung

A – Te *Wiederholungsaufgaben zu Wänden/Decken finden Sie → Arbeitsheft, Blatt 97.*

Zusammenfassung von Kapitel 1 und 2:

Trockenbau

- Der Trockenbau wird vorwiegend mit **Gipskartonplatten** und **Gipsfaserplatten** ausgeführt.
- **Trockenbauplatten** sind ausreichend stoß- und schlagfest, schwer entflammbar und besitzen eine ausreichende Wärmedämmfähigkeit.
- **Anwendungen** finden die Trockenbauplatten als Wandtrockenputz, Montagewände und -decken, Trockenunterböden und zur Brandschutzummantelung von Stahlteilen.
- Als **Wandtrockenputz** bezeichnet man das Verkleiden einer vorhandenen Wand mit Trockenbauplatten.
- **Montagewände** sind Zwischenwände (auch Raumteiler), die nicht belastet werden können (= „nicht tragende Wände"). Sie werden in Ständerbauweise mit Metallprofilen in Ein- oder Mehrfachbeplankung ausgeführt.
- **Montagedecken** sind „abgehängte Decken". Die Gipsplatten werden in oder an einem Metallgestell befestigt. Montagedecken sollen Installationen verdecken, die Raumhöhe regulieren oder für eine bessere Raumakustik sorgen.

T *Trockenbauberechnungen zur Vorbereitung auf eine mögliche Klassenarbeit sollten Sie nochmals wiederholen! Nutzen Sie dazu Ihre Berechnungen im Arbeitsheft, Blatt 92 – 95.*

Testen Sie sich • Testen Sie sich

Nennen/Erläutern Sie ...

1. mindestens drei Eigenschaften des Gipses und seine Auswirkungen am Bau,
2. den Unterschied in der Herstellung zwischen Gipskartonplatten und Gipsfaserplatten,
3. die Arbeitsschritte zur Herstellung eines Wandtrockenputzes,
4. den Bereich, für den Wandtrockenputz nicht geeignet ist,
5. die Mindestplattendicke bei der Herstellung von Montagedecken und -wänden,
6. die Arbeitsschritte zur Herstellung eines Trockenunterbodens.

Lernfeld 12:
HERSTELLEN VON ESTRICH

Hier behandeln wir die Lernabschnitte:

1 Estriche

Estrich ist eine besondere Mörtelschicht, die als Fahr- und Gehfläche oder als Unterlage für Bodenbeläge dient.

Estrich wird in der Regel verwendet,
- wenn ein Boden gegen Schall und Wärme besonders gut gedämmt werden soll (Wohnungsbau),
- wenn ein Boden besonders widerstandsfähig sein soll (Industriebauten).

1.1 Baustoff Estrich

Nach der Art des verwendeten **Bindemittels** unterscheidet man folgende Arten:

Calciumsulfat- estrich	**Zement-** estrich	**Magnesia-** estrich	**Gussasphalt-** estrich	**Kunstharz-** estrich

mit den Abkürzungen:

CA	**CT**	**MA**	**AS**	**SR**
häufig als:	häufig als:			
CAF Calciumsulfat-fließestrich	**CT*** Hartstoff-estrich			

* = Angabe des Verschleißwiderstandes erforderlich

Welche Anforderungen werden an Estriche gestellt?

Allgemein muss Estrich eben, abriebfest und belastungsfähig sein. Je nach Verwendungszweck werden jedoch erhöhte Anforderungen gestellt.

Bei Verkehrs- und Industriebauten zum Beispiel:
- größere Druck- und Biegezugfestigkeit,
- geringeres Schwinden,
- besonders abriebfest und trittsicher.

Bei Wohnungen zum Beispiel:
- bessere Schall- und Wärmedämmung,
- bessere Wärmeableitung (besonders bei Fußbodenheizung).

Bei Estrichen im Freien zum Beispiel:
- sehr witterungsbeständig,
- sehr widerstandsfähig gegen chemische Einflüsse (Salze, Säuren u. a.).

Diesen Anforderungen kann Estrich nur gerecht werden, wenn man die Eigenschaften jeder Estrichart klassifizieren und die Anforderungen damit anpassen kann.

Die besonderen Eigenschaften an die Estriche umfassen die Bereiche („Klassen"):

Eigenschaft und Einheit	Abkürzung	Beispiel:
• **Druck**festigkeit (N/mm^2)	**C**	*C25 = Der Estrich hat eine Druckfestigkeit von 25 N/mm^2.*
• **Biegezug**festigkeit (N/mm^2)	**F**	*F3 = Der Estrich hat eine Biegezugfestigkeit von 3 N/mm^2.*
• **Verschleiß**widerstand ($cm^3/50\ cm^2$) (nach Böhme)	**A**	*A6 = Der Estrich hat eine Abriebmenge von 6 cm^2 auf 50 cm^2.*
• **Oberflächenhärte** (N/mm^2)	**SH**	*SH40 = Der Estrich hat eine Oberflächenhärte von 40 N/mm^2.*
• **Haftzug**festigkeit (N/mm^2)	**B**	*B2,0 = Der Estrich hat eine Haftzugfestigkeit von 2,0 N/mm^2.*
• **Eindringtiefe** (in 1/10 mm) → gilt nur für Gussasphalt	**IC**	*IC40 = Der Estrich besitzt eine Eindringtiefe von 4,0 mm.*

Weitere Angaben können vom Hersteller gemacht werden, z. B. Schlagfestigkeit (IR), chemische Beständigkeit (CR), Biegeelastizitätsmodul (E) sowie Konsistenz, pH-Wert, Isolierung etc.

1.2 Estricharten

Nachfolgend werden die verschiedenen Estriche in Kurzübersicht vorgestellt.

1.2.1 Calciumsulfatestrich – CA *(calcium sulfate screed)*

• Verwendung:	– vorw. in Wohnungen, Büroräumen
• Ausgangsstoffe:	– als *Bindemittel:* Calciumsulfat (= Gips) oder Anhydrit (= Vorstufe von Gips) – als *Gesteinskörnung:* Sande aus Quarz oder Silikat bis 8 mm Korngröße – evtl. Zusätze (z. B. Fließmittel) *Mischungsverhältnis:* Calciumsulfatbinder : Sand = 1 : max. 2,5 RT
• Bindemittelgehalt:	– mindestens 450 kg je 1 m^2 Estrich
• Festigkeitsklassen:	– üblich sind C25 bzw. C35 in Verbindung mit F4 bzw. F5
• Darstellungsform (Beispiel):	DIN EN 13813-**CA-C25-F4** bedeutet: Calciumsulfatestrich mit einer Druckfestigkeit von 25 N/mm^2 und einer Biegezugfestigkeit von 4 N/mm^2
• Merke:	– Calciumsulfatestriche ... ... nicht bei Temperaturen unter 5 °C einbringen, ... mind. zwei Tage vor Wärme und Zugluft schützen, ... sind nach zwei Tagen begehbar, nach fünf Tagen belastbar, ... sind als Verbundestrich ungeeignet. WICHTIG! Ständige Feuchtigkeit zerstört den Estrich. (→ daher Dampfsperren anordnen)

1.2.2 Calciumsulfatfließestrich – CAF

• Verwendung:	– wie vorher
• Ausgangsstoffe:	– wie vorher – erhöhter Anteil der Zusätze (besonders Fließmittel)
• Bindemittelgehalt:	– mindestens 550 kg je 1 m³ Estrich → dadurch kann die Estrichdicke verringert werden
• Festigkeitsklassen:	– wie vorher
• Darstellungsform (Beispiel):	DIN 18560-**CAF-C25-F4-S45** *bedeutet:* Calciumsulfatfließestrich mit der Druckfestigkeit von 25 N/mm² und einer Biegezugfestigkeit von 4 N/mm², der als schwimmender Estrich mit einer Estrichdicke von 45 mm eingebaut wird.
• Vorteile:	– Calciumsulfatfließestriche ... ... verkürzen die Einbauzeit, ... flüssiges Einbringen, leicht pumpfähig, ... nahezu selbstnivellierend, ... Verdichten, Abziehen und Glätten entfallen → *Arbeit auf Knien entfällt = gesunde Arbeitshaltung,* ... als Heizestrich besonders geeignet, da die Heizrohre vollkommen umschlossen werden und weniger Wärmeverluste auftreten.

1.2.3 Zementestrich – CT *(cementitous screed)*

Zementestrich wird neben Calciumsulfatestrich am häufigsten verwendet.

• Verwendung:	– bei hochbelasteten Böden, z.B. Industrieböden – für Böden mit Fußgänger- und Fahrverkehr.
• Ausgangsstoffe:	– als <u>*Bindemittel:*</u> in der Regel <u>*Normzemente*</u> der Festigkeitsklasse CEM 32,5 R und CEM 42,5 R; – als <u>*Gesteinskörnung:*</u> Sand-/Kies-Gemische mit günstiger Sieblinie 0/4, 0/8 und 0/16 <u>Merke:</u> • Estrichdicke ≤ 50 mm ⇔ Größtkorn ≤ 8 mm • Estrichdicke > 50 mm ⇔ Größtkorn ≤ 16 mm <u>Mischungsverhältnis:</u> Zement : Gesteinskörnung = 1 : 5 bis 1 : 6 RT
• Festigkeitsklassen:	– üblich sind C25 bis C50 in Verbindung mit F4 bzw. F5
• Darstellungsform (Beispiel):	DIN EN 13813-**CT-C25-F4** *bedeutet:* Zementestrich mit einer Druckfestigkeit von 25 N/mm² und einer Biegezugfestigkeit von 4 N/mm².
• Hinweise zur Verarbeitung: (gilt nur beim Einbringen „von Hand“)	– Zementestrich sofort nach dem Mischen oder Anliefern einbringen, verdichten und abziehen; (Estrichzustand sollte steif-plastisch sein).
	– Oberfläche abreiben, evtl. glätten – <u>Wichtig:</u> Oberfläche NICHT mit Zement „pudern"! → Folge: Schwindrisse und schichtweises Abplatzen

• Merke:	– Zementestriche ... ... nicht bei Temperaturen unter 5 °C einbringen, ... mind. drei Tage vor starker Sonneneinstrahlung und Zugluft schützen und feucht halten, ... sind nach etwa drei Tagen begehbar, nach etwa sieben Tagen belastbar, ... sind wegen „Schrumpfgefahr" auf Dämmung oder Trennlage nur bedingt geeignet.

1.2.4 Hartstoffestrich – CT

Immer mehr an Bedeutung gewinnt eine Sonderform der Zementestriche: die **Hartstoffestriche.**

• Verwendung:	– meist für Böden mit besonders hohem Widerstand gegen Verschleiß und besonders hoher Festigkeit (z. B. Parkhäuser)
• Ausgangsstoffe	– wie vorher, aber mit Hartstoffzuschlägen. Diese sind *(nach DIN 1100)*: M = Metalle; A = allg. harte Stoffe (z. B. Natursteine, Schlacke); K = Korund (mineralisches Gestein); S = Siliziumkarbid
• Festigkeitsklassen:	– Druckfestigkeit ab C60; – Biegezugfestigkeit ab F9; – Verschleißwiderstand ab A 1,5
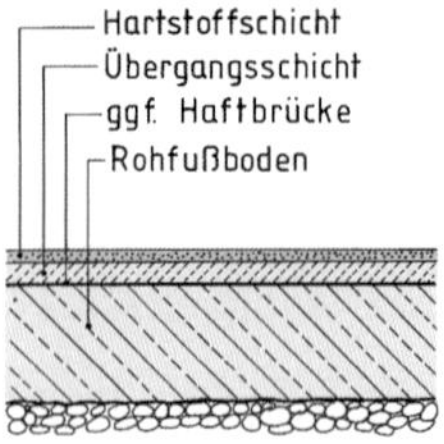 **Aufbau von Hartstoffestrich**	– Ausführung: meist als zweilagiger Verbundestrich, bestehend aus: Übergangsschicht und Hartstoffschicht. Die Hartstoffschicht möglichst auf die noch nicht erstarrte Übergangsschicht aufbringen („frisch auf frisch"). – Estrichdicke: – Übergangsschicht mind. 25 mm (Festigkeitsklassen: mind. C35 bzw. F5) – Hartstoffschicht: zwischen 5 und 15 mm (je nach Belastung)
• Darstellungsform (Beispiel):	DIN 18560-**CT-C60-F10-A1,5-DIN 1100-A-V10/30** *bedeutet:* zweischichtiger zementgebundener Hartstoffestrich mit der Druckfestigkeit von 60 N/mm², der Biegezugfestigkeit von 10 N/mm², dem Verschleißwiderstand von 1,5 cm³/50 cm², mit Hartstoffen nach DIN 1100 der Gruppe A als Verbundestrich mit Nenndicken von 10 mm für die Hartstoffschicht und 30 mm für die Übergangsschicht.

1.2.5 Magnesiaestrich – MA *(magnesite screed)*

• Verwendung:	– meist als leichte Industrieböden
• Ausgangsstoffe:	– als *Bindemittel:* Magnesit und Magnesiumchlorid – als *Zuschlag/Gesteinskörnung:* Füllstoffe (z. B: Sägespäne, Sande) und Farbstoffkörner (Pigmente)
• Festigkeitsklassen:	– üblich sind C30 bis C50; F 8 bis F11 und eine Oberflächenhärte SH von 100 bis 200 (N/mm^2)
• Hinweise zur Verarbeitung:	– bei Einbringen „von Hand": wie beim Zementestrich – kann ein- oder zweischichtig eingebracht werden – frischer Magnesiaestrich greift Metalle an – nur in trockenen Räumen verwenden
• Darstellungsform (Beispiel):	DIN 18560-**MA-C50-F10-SH150-V15** *bedeutet:* einschichtiger Magnesiaestrich mit der Druckfestigkeit von 50 N/mm^2, der Biegezugfestigkeit von 10 N/mm^2, der Oberflächenhärte von 150 N/mm^2 als Verbundestrich mit 15 mm Nenndicke.
• Merke:	– Magnesiaestriche ... ... nicht bei Temperaturen unter 5 °C einbringen, ... mind. zwei Tage aufwärmen, ... mind. zwei Tage vor Wärme und Zugluft schützen, ... sind nach zwei Tagen begehbar, nach fünf Tagen belastbar. WICHTIG! Magnesiaestrich ist nicht feuchtebeständig. (→ daher Dampfsperren anordnen)

1.2.6 Gussasphaltestrich – AS *(asphalt screed)*

• Verwendung:	– meist für schwere Industrieböden und Parkhäuser
• Ausgangsstoffe:	– als *Bindemittel:* Bitumen – als *Gesteinskörnung:* Sand, Splitt (von 5 – 11mm) und Gesteinsmehle
• Härteklassen:	– üblich sind IC 10 bis IC 100 (abhängig vom Verwendungsort)
• Hinweise zur Verarbeitung:	– wird mit Temperaturen von 210 °C bis 250 °C eingebracht – vor dem Erkalten mit feinem Sand abreiben
• Darstellungsform (Beispiel):	DIN EN 13813-**AS-IC100** *bedeutet:* Gussasphalt AS mit einer Härteklasse von IC 100 (Eindringtiefe somit 10 mm)
• Merke:	– Gußasphaltestriche ... ... sind nach zwei bis drei Stunden belastbar, ... sind wasserundurchlässig, ... sind thermoplastisch, d. h. sie verformen sich bei Erwärmung, ... sind in der Regel einschichtig bis 40 mm Nenndicke.

1.2.7 Kunstharzestrich – SR *(synthetic resin screed)*

• Verwendung:	– meist in Industriebauten mit hoher Beanspruchung
• Ausgangsstoffe:	– als *Bindemittel:* Kunststoffe (z. B. Harz, Polyurethan u. a.) – als *Gesteinskörnung:* feuergetrockneter Quarzsand
• Festigkeitsklassen:	– üblich sind C40 bis C60 in Verbindung mit F12 bis F20 – die Haftzugfestigkeit B liegt bei 2 N/mm^2
• Hinweise zur Verarbeitung:	– ein Schleifverschleiß ist zu berücksichtigen – Aushärtungszeit beachten
• Darstellungsform (Beispiel):	DIN EN 13813-**SR-C60-F20-B2,0** *bedeutet:* Kunstharzestrich SR mit der Druckfestigkeit von 60 N/mm^2, einer Biegezugfestigkeit von 20 N/mm^2 und einer Haftzugfestigkeit von 2 N/mm^2.
• Merke:	– Kunstharzestriche ... ... sind wasserbeständig, ... evtl. gesundheitsgefährdend durch Härter, ... nach zehn Stunden begehbar, nach drei Tagen belastbar.

Zusammenfassung von Kapitel 1:

Estriche

- **Estrich** ist eine Mörtelschicht, die als Gehwegfläche oder Unterlage für Bodenbeläge dient.
- Estrich soll **eben, abriebfest und belastungsfähig** sein.
- Nach dem verwendeten Bindemittel unterscheidet man: Zementestrich (**CT**), Calciumsulfatestrich (**CA**), Magnesiaestrich (**MA**), Gussasphaltestrich (**AS**) und Kunstharzestrich (**SR**) sowie besondere Herstellungsformen.
- Die Verwendung der Estriche richtet sich nach den Anforderungen.

  Als Anhalt gilt:
  → Wohnungsbau und leichte Industrieböden → CA und MA, Industrieanlagen, Parkhäuser und im Freien: CT, AS und SR.
- Je nach Bodenkonstruktion gelten für die einzelnen Estriche unterschiedliche Estrichdicken und Verarbeitungsregeln.

A - Te *Durch Übung wird man Meister! Aufgaben finden Sie im Arbeitsheft, Blatt 98.*

Testen Sie sich • Testen Sie sich

Nennen/Erläutern Sie ...

1. mindestens vier (allgemeine und erhöhte) Anforderungen, die an Estriche gestellt werden,
2. die Ausgangsstoffe der verschiedenen Estriche,
3. den Unterschied zwischen Zementestrich und Gussasphaltestrich hinsichtlich der frühesten Belastbarkeit,
4. die vorwiegende Verwendung für Hartstoffestriche,
5. die Bedeutung folgender Normbezeichnung: Estrich DIN 18560 – CAF-C35-F5.

2 Einbringverfahren für Estriche

Estricharbeiten gelten heute als Spezialarbeiten, die überwiegend vom Estrichleger durchgeführt werden. Bei „kleineren Bauten“ ist aber auch der Maurer gefordert.

Estrich selbst ist ein auf einem tragenden Untergrund oder auf einer zwischenliegenden Trenn- oder Dämmschicht hergestelltes Bauteil, das unmittelbar als Boden nutzfähig ist oder mit einem Belag – ggf. „frisch in frisch“ – versehen werden kann.

Die Estricheinbringung erfolgt durch die **zwei Arbeitsverfahren**:

- **Nass**bauweise → dem angelieferten Estrichmörtel wird auf der Baustelle erst **das Wasser** zugesetzt (Baustellenestrich); er wird damit anschließend „nass“ verarbeitet; und
- **Trocken**bauweise → die vorgefertigten Estrichplatten (Ausführung nur auf Gipsbasis) werden auf der Baustelle **ohne Wasserzugabe** „trocken“ verlegt (Fertigteilestrich).

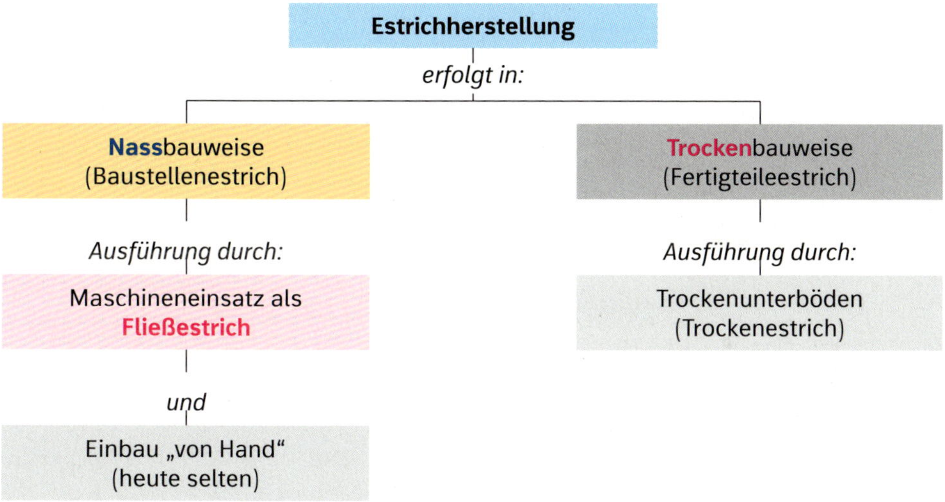

2.1 Nassbauweise (Baustellenestrich)

Estrich wird heute fast ausschließlich als Fließestrich auf der Baustelle eingebracht, während der Einbau „von Hand“ nur noch bei kleineren Flächen und Flickarbeiten vorkommt.
Baustellenestrich ist ein Estrich, der aus den – gegebenenfalls vorgemischten – Ausgangsstoffen auf der Baustelle hergestellt oder einbaufertig in gemischtem Zustand auf die Baustelle geliefert und dort in frischem Zustand eingebracht wird.

2.1.1 Fließestrich

Estrichmörtel wird in der Regel als Sackware oder in Containern angeliefert. Die eigentliche Herstellung des Fließestrichs besorgen Mischpumpen, die Estrichmörtel, Wasser und ein Fließmittel miteinander mischen und dann zum Verlegeort auf der

Baustelle pumpen. Um immer die gleiche Fließfähigkeit (Konsistenz) zu gewährleisten, muss der Estrich ständig überprüft werden.

Anlieferung des Estrichmörtels in Containern oder als Sackware

Estrichherstellung durch Mischpumpen

Wichtig:

Mit der Konsistenzprüfdose das richtige Fließmaß feststellen und regelmäßig kontrollieren

Wie wird Fließestrich eingebracht?

Vor Beginn der Arbeiten müssen folgende Überpüfungen erfolgen:
- Sind Fenster und Türen eingebaut und schließbar?
- Sind sämtliche Putzarbeiten (Decken- und Wandputze) abgeschlossen?
- Sind alle Rohrleitungen (besonders bei Heizestrich) ordnungsgemäß verlegt?
- Ist der Untergrund eben oder sind Ausgleicharbeiten erforderlich?
- Meterriss bzw. Bezugspunkt vorhanden?
- Raumtemperatur mindestens 5 °C?

Je nach Bodenkonstruktion sind verschiedene Vorarbeiten notwendig (abhängig von der gewünschten Ausführung des Bodens → siehe dazu Kap. 3). Erst wenn diese abgeschlossen sind, kann der Estrich „fließen“.

1. Arbeitsschritt:

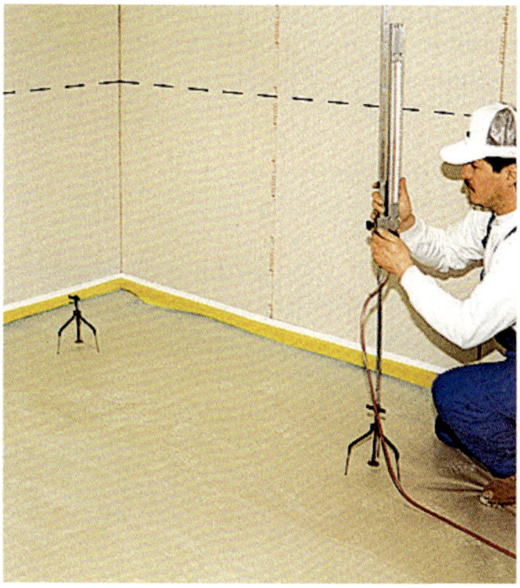

Spätere Estrichhöhe einrichten
Hilfe: Nivellierböcke und Nivelliertaster

2. Arbeitsschritt:

Vergießen der Estrichscheibe
→ Schlauch „kurz" halten, damit sich kein Wasser vom Estrichmörtel trennt.

3. Arbeitsschritt:

Eingebrachten Estrich mit Wappler bearbeiten
→ dadurch werden Luftblasen entfernt und der Estrich dicht.

Was Sie noch über den Fließestrich wissen sollten:

- Fließestrich kann für alle Estricharten – außer Gussasphaltestrich – verwendet werden.
- Zusätzliche Arbeiten wie Abziehen, Verdichten und Glätten des eingebrachten Estrichs entfallen, da sich der Fließestrich selbst einnivelliert und fast von selbst verdichtet
  → dadurch sind kurze Verarbeitungszeiten möglich.
- Fließestrich ist besonders geeignet
  a) im Wohnungsbau als Heizestrich,
     → „fließt" in alle Hohlräumen und ummantelt die Heizrohre vollständig.
  b) bei großflächigen Industrieböden.

Bei „unserem" Wohnhaus werden die Wohneinheiten mit Fließestrich als schwimmender Estrich ausgeführt.

2.2 Trockenbauweise (Fertigteileestrich)

Die Gemeinsamkeit zu Estrichen in Nassbauweise liegt nicht im Material und der Verarbeitung begründet, sondern nur in der Funktion: einen ebenen Aufbau für einen Bodenbelag zu schaffen. Ansonsten haben sie mit herkömmlichem Estrich wenig gemeinsam und werden daher nur kurz vorgestellt.

2.2.1 Trockenunterböden (Trockenestrich)

Trockenestrichsysteme bestehen aus einzelnen Platten (z. B. Gipskarton- und Gipsfaserelementen), die i. d. R. auf Dämmung verlegt und miteinander verbunden werden. Sie sind vorwiegend auf Gipsbasis aufgebaut und müssten daher statt Trockenestrich als „Trockengips" bezeichnet werden. Die Elemente sind mit 20 – 25 mm nur halb so dick wie die Baustellenestriche. Gerade bei der Altbausanierung und beim Dachausbau sind sie schon aufgrund ihres geringen Gewichts häufig die einzige Alternative.

Welche Vor- und Nachteile bestehen gegenüber herkömmlichen Estrichböden?

- Vorteile:
  - geringeres Gewicht,
  - sofort begehbar,
  - gute Trittschalldämmung,
  - leicht zu verarbeiten,
  - witterungs- und temperaturunabhängig.
- Nachteile:
  - kleinerer Wärmedurchlasswiderstand (zwischen 0,1 – 0,8 m^2 K/W),
  - geringere Belastungsfähigkeit.

Was Sie über Trockenunterböden wissen sollten:

Das Ganze in Kurzübersicht.

- **Material:**

Bei Gipskartonplatten:
In der Regel sind drei Unterbodenplatten (je 8 mm) versetzt miteinander verklebt worden.
(→ *vom Hersteller)*
Fachbezeichnung:
„Unterbodenelement".
Zusätzlich kann eine Dämmschicht aus Hartschaum aufgebracht werden.

Bei Gipsfaserplatten:
zwei Estrichplatten (je 10 mm) sind versetzt verleimt worden.
(→ *vom Hersteller)*
(Den Ausdruck „Unterbodenelement" gibt es auch hier.)
Eine Dämmschicht kann ebenfalls zusätzlich aufgebracht werden.

Unterbodenelement aus Gipsfaser

• Fußbodenhöhe:	Zwischen 20 mm und 75 mm. Zum Ausgleich von Unebenheiten werden Hartschaumkügelchen („Ausgleichsschüttung“) verwendet.
• Hilfsmittel:	Kleber zum Verbinden der einzelnen Platten, Spachtelmasse zum Schließen der Fugen.

Welche Arbeitsschritte sind zur Herstellung eines Trockenunterbodens erforderlich?

1. Arbeitsschritt: Randdämmstreifen anbringen	2. Arbeitsschritt: Platten verlegen	3. Arbeitsschritt: Platten verkleben	4. Arbeitsschritt: Verfugen
		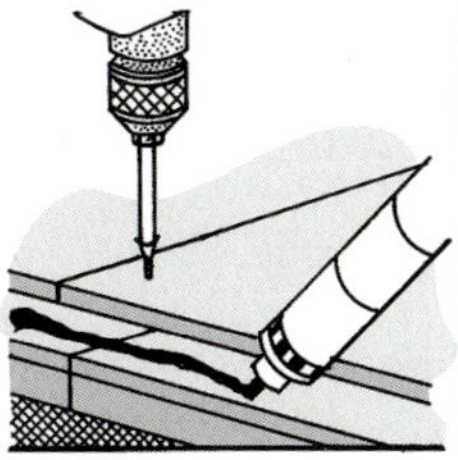	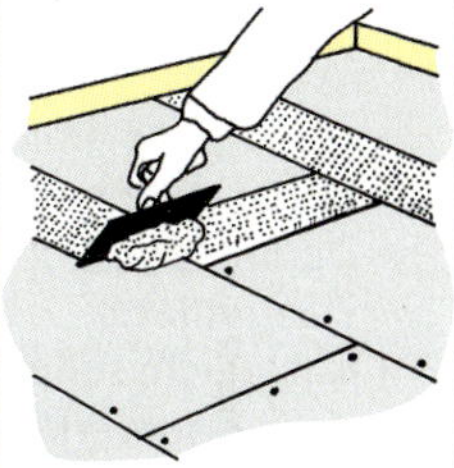
Merke: Alle angrenzenden Bauteile abdämmen. (→ Vermeidung von Schallübertragung)	Merke: Je nach Untergrund und Anforderung vorher Ausgleichsschüttung aufbringen.	Merke: Alle Kanten kleben; Gipsfaserplatten zusätzlich verschrauben.	Merke: Nach dem Verfugen ist eine Grundierung der Platten für viele Beläge erforderlich.

Wie könnte die Ausführung von Trockenunterböden bei unterschiedlichen Untergründen aussehen?

Beispiel 1:
Auf altem Dielenboden

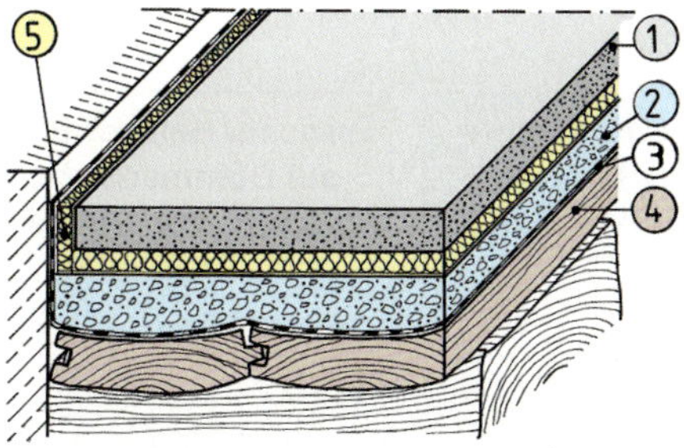

1 = Unterbodenelement mit zusätzlicher Dämmschicht,
2 = Ausgleichsschüttung,
3 = Rieselschutzfolie (verhindert das Eindringen der Kügelchen in 4),
4 = alter Dielenboden,
5 = Randdämmstreifen

Beispiel 2:
Zwischengesetzte Holzbalkendecke

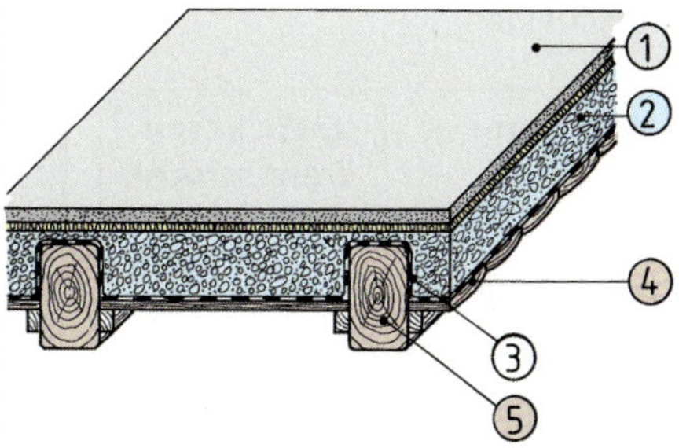

1 = Unterbodenelement mit zusätzlicher Dämmschicht,
2 = Ausgleichsschüttung,
3 = Rieselschutzfolie (verhindert das Eindringen der Kügelchen in 4),
4 = zwischengesetzte Bretter,
5 = Holzbalken

Beispiel 3:
Bodenplatte im Keller

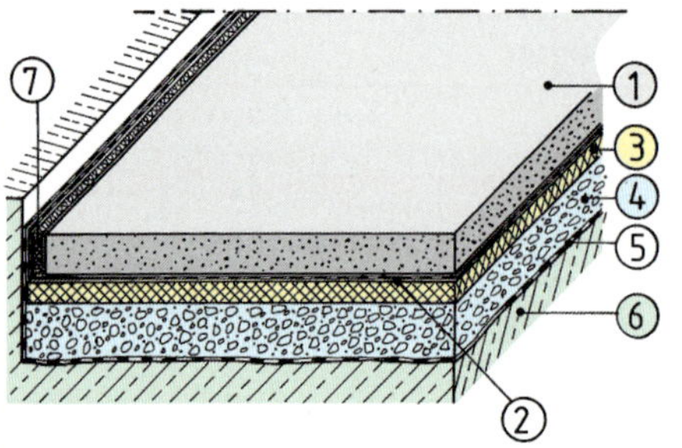

1 = Unterbodenelement,
2 = Dampfsperre, z. B. PE-Folie,
3 = Dämmplatte,
4 = Ausgleichsschüttung (falls erforderlich),
5 = Feuchtigkeitssperre, z. B. Folie,
6 = Bodenplatte,
7 = Randdämmstreifen

Beispiel 4:
Decke mit Fußbodenheizung

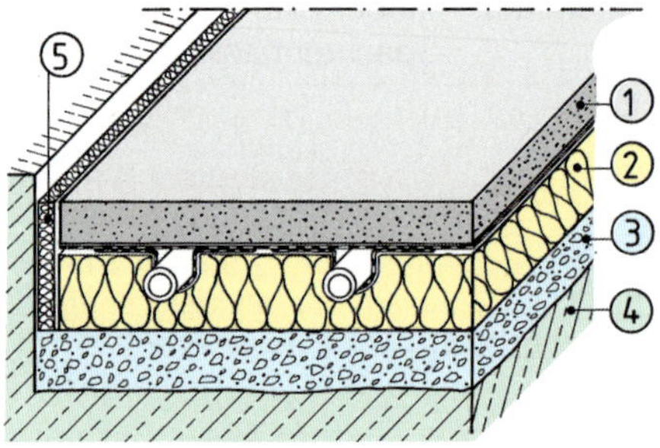

1 = Unterbodenelement,
2 = Fußbodenheizungssystem (Heizrohre + Dämmung),
3 = Ausgleichsschüttung (falls erforderlich),
4 = Decke,
5 = Randdämmstreifen

A – Te *Aufgaben zur Estricheinbringung finden Sie im Arbeitsheft, Blatt 99.*

3 Estrichanwendungen in Nassbauweise

Nach der Art der Anwendung/des Nutzungszwecks (Wohn-, Lager- oder befahrbare Fläche) richtet sich der Aufbau der Bodenkonstruktion für Nassestriche. Hiernach werden unterschieden:

Verbundestriche	**Estriche auf Trennschicht**	**Hochbeanspruchte Estriche** (Industrieestriche)	**Estriche/Heizestriche auf Dämmschicht** (schwimmende Estriche)
Abkürzung: **V**	Abkürzung: **T**	keine	**S/H**

3.1 Verbundestrich (V)

Dazu merken Sie sich:

• Anwendung:	– vorw. für Decken mit stärkerer Beanspruchung auch hinsichtlich Abrieb (z. B. durch Verkehrslasten)
• Kennzeichen:	– Der Estrich ist direkt mit dem Untergrund verbunden.
• Dicke des Verbundestrichs:	– bei Gussasphaltestrich ≤ 40 mm, – bei Calciumsulfat- und Zementestrich ≤ 50 mm.

Wie wird Verbundestrich ausgeführt?

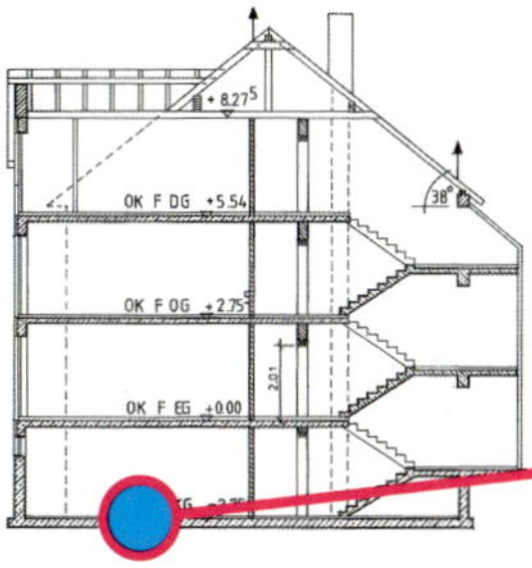

Beispiel: Belag in Tiefgarage

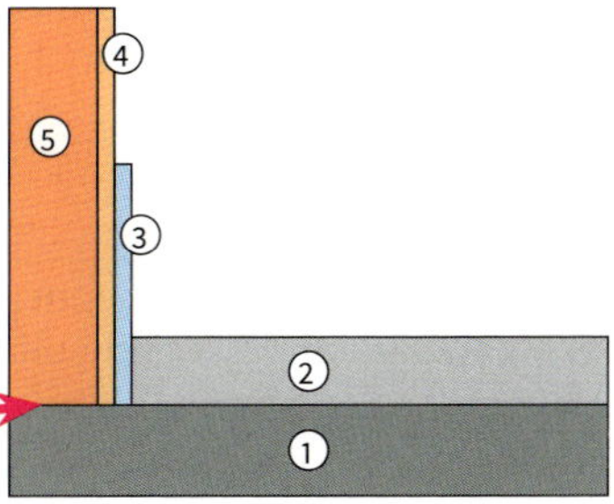

Ausführung möglich als:
CT – C30 – F5 – A15 – V35

Verbundestrich
(hier: Randausbildung)

1 = Stahlbetonplatte
2 = Estrich (≥ 25 mm)
3 = Randdämmstreifen (< 5 mm)
4 = Innenputz
5 = Mauerwerk bzw. Betonwand

⇒ generell Haftgrundanstrich zwischen ① und ②

Welche Vorarbeiten sind für die Herstellung eines Verbundestrichs zu machen?

Staub entfernen

1. Untergrund säubern

Dazu gehören:

- Untergrund muss trocken sein;
- Untergrund muss sauber sein (Staub, Öl, Anstrichstoffe o. Ä. entfernen, mürbe Oberschicht abtragen)
  ⇒ dadurch wird der Untergrund ausreichend fest, oberflächenrau, fett- und rissfrei.
- Merke: Nicht zulässig ist, Leitungen auf dem Untergrund zu verlegen und mit Verbundestrich abzudecken. Leitungen müssen in einer **Ausgleichsschicht** liegen.

Grundieren des Untergrunds

2. Haftbrückenanstrich auftragen

Dazu gehören:

- Je nach Saugfähigkeit des Untergrunds Haftemulsion (Schlämme aus Zement oder Kunststoff) in einem oder zwei Anstrichen auftragen. Dies wird als „Grundieren" bezeichnet
  ⇒ dadurch wird die Haftung des Verbundestrichs mit dem Untergrund wesentlich verbessert.
- Kontaktfläche zwischen Wand und Estrich mitgrundieren, um Feuchtigkeitsabgabe an die Wand zu verhindern.

Anschließend kann mit dem Einbringen des Verbundestrichs begonnen werden.

3.2 Estrich auf Trennschicht (T)

• Anwendung:	– Vorw. bei Untergeschossräumen, in denen das Aufsteigen von Feuchtigkeit in den Estrich verhindert werden soll. Auch bei biegebeanspruchten Bauteilen üblich.
• Kennzeichen:	– Der Estrich ist <u>nicht direkt</u> mit dem Untergrund verbunden. Er wird bewusst vom Untergrund getrennt.
• Mindestdicke der Estrichschicht:	– bei Gussasphaltestrich 20 mm (→ selten), – bei Magnesia- und Calciumsulfatestrich 30 mm, – Zementestrich 35 mm.

Wie wird ein Estrich auf Trennschicht ausgeführt?

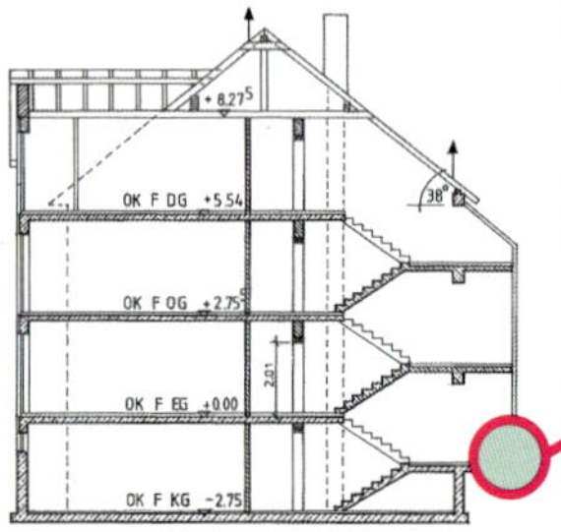

Beispiel: „unser" Haus
→ Belag im Eingang

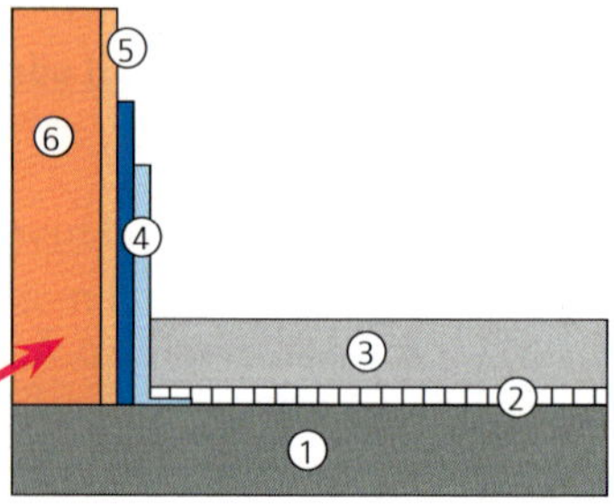

Ausführung möglich als:
CT – C25 – F4 – T30

Estrich auf Trennschicht
(Randausbildung)

1 = Stahlbetondecke
2 = Trennschicht *(auch Schrenzlage genannt)*
3 = Estrich (≥ 30 mm) → *Zementestrich*
4 = Randdämmstreifen mit Folienlasche
5 = Innenputz
6 = Mauerwerk

Verlegen der Trennschichten

Trennschicht auslegen

Dazu gehören:

- Untergrund mechanisch reinigen,
- Unebenheiten beseitigen, um Beschädigungen der Trennschicht zu vermeiden,
- Randdämmstreifen mit Folienlasche (Dicke ~ 8 mm) befestigen.
- Normalerweise arbeitet man mit zwei Trennschichten, also **zweilagig**. Trennschichten möglichst glatt und übereinander verlegen.

Merke: Die Bahnen müssen sich ~ 10 cm überlappen.

- Trennschichten (z. B. aus Folie oder Rohglasflies) faltenfrei verlegen. In der Ecke möglichst <u>nicht</u> knicken (Bruchgefahr!).

3.3 Hochbeanspruchte Estriche (Hartstoffestrich)

Dazu merken Sie sich:

• Anwendung:	– Vorw. bei Bauteilen, die durch Art, Größe und/oder Häufigkeit der Beanspruchung sehr stark belastet werden (z. B. durch Stahlketten, Vollgummireifen).
• Kennzeichen:	– Der Estrich besteht i. d. R. aus zwei Schichten mit etwa gleichem Zementgehalt. Die oberste Schicht enthält Hartstoffe. Trennschichten entfallen.
• Mindestdicke der Estrichschicht:	– Übergangsschicht 25 mm – Hartstoffschicht (Zementestrich) 5 – 15 mm

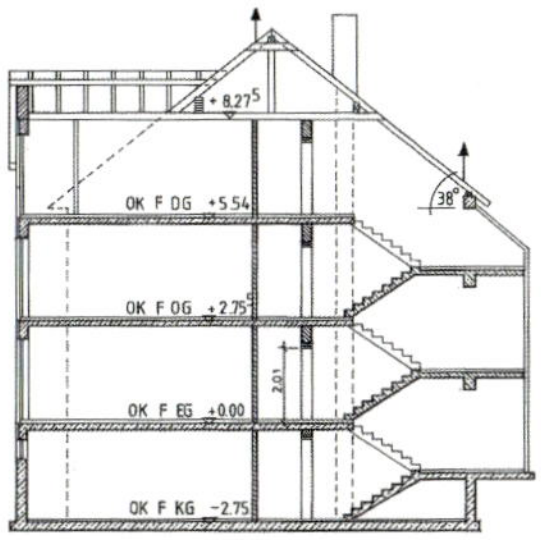

Beispiel: „unser" Haus → nicht vorhanden

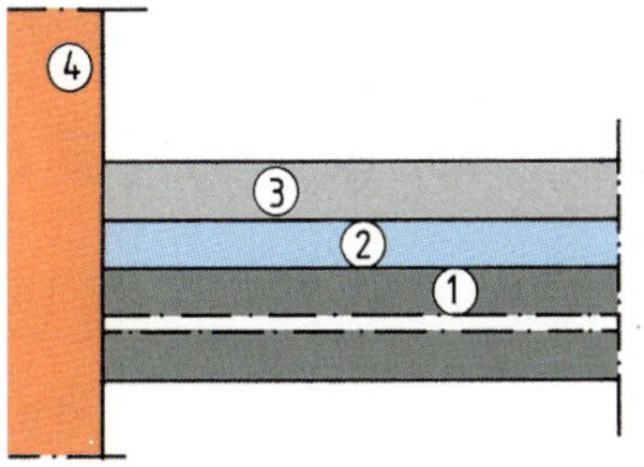

Ausführung möglich als: CT – C60 – F10 – A1,5 – DIN 1100 – A – V10/30

Hartstoffestrich
(Randausbildung)

1 = Stahlbetondecke
2 = Übergangsschicht
3 = Hartstoffschicht
4 = Mauerwerk oder Stahlbetonwand

3.4 Estriche/Heizestriche auf Dämmschicht

Estriche können unbeheizt oder beheizt auf Dämmschicht(en) ausgeführt werden. Da die Ausführung teilweise abweicht, unterscheidet man schwimmenden Estrich und Heizestrich.
Im Zuge der Energie- und Wärmeeinsparung werden an die Dämmung des schwimmenden Estrichs und des Heizestrichs erhöhte Anforderungen gestellt. Dabei müssen bestimmte Vorgaben hinsichtlich des Trittschalls und des Wärmeverlusts eingehalten werden.

3.4.1 Schwimmender Estrich (S)

Dazu merken Sie sich:

• Anwendung:	– Vorw. im Wohnungsbau zur Verbesserung der Trittschalldämmung und der Wärmedämmung.
• Kennzeichen:	– Ein auf Dämmschicht oder Dämmschichten hergestellter Estrich, der auf seiner Unterlage beweglich ist und keine unmittelbare Verbindung mit angrenzenden Bauteilen, z. B. Wänden oder Rohren, aufweist.
• Dicke des schwimmenden Estrichs: (ohne Dämmung)	– bei Gussasphaltestrich ≥ 20 mm, – bei Magnesia-, Calciumsulfat- und Zementestrich je nach Belastung ≥ 35 mm bzw. 40 mm.

Wie wird schwimmender Estrich ausgeführt?

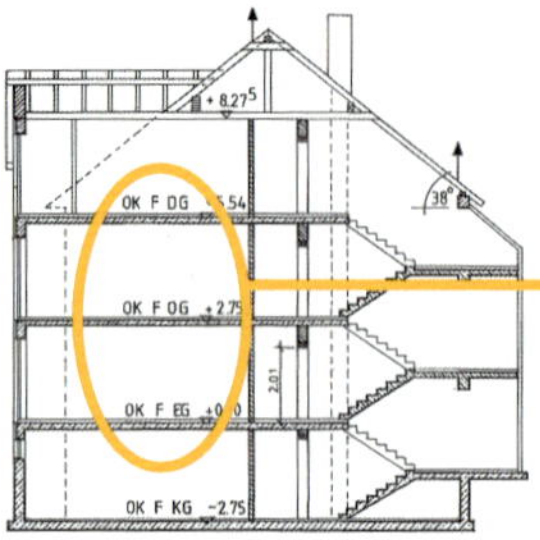

Beispiel: „unser" Haus
⟶ alle Geschossdecken

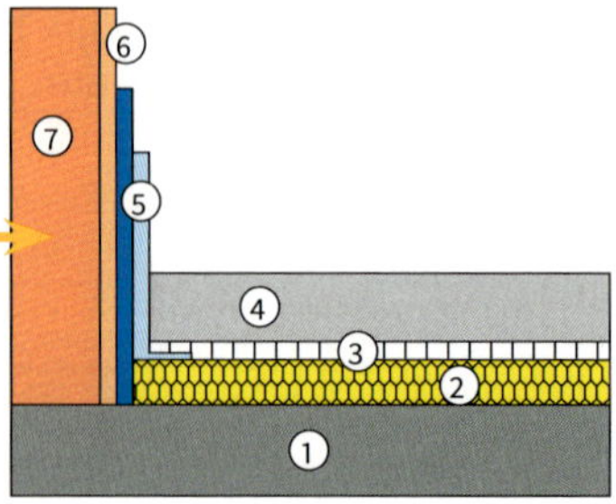

Ausführung möglich als:
CT – C 25 – F 4 – S 40

Estrich auf Dämmschicht (Randausbildung)

1 = Stahlbetondecke
2 = Wärmedämmung/Trittschalldämmung
3 = Trennschicht bzw. Schrenzlage
4 = Estrich (≥ 35 mm)
5 = Randstreifen mit Folientasche
6 = Innenputz
7 = Mauerwerk

Welche Anforderungen werden heute an den schwimmenden Estrich gestellt?

Im „normalen" Wohnungsbau gilt: < 53 dB Trittschall/0,8 $W/m^2 \cdot K$ Wärmeschutz. Diese Vorgaben in die Praxis umzusetzen ist Aufgabe des Planers.

Bedeutung vor Ort:

Der schwimmende Estrich wird in der Regel mit zwei Lagen Dämmschicht (eine zur Trittschallminderung und eine zur Minderung des Wärmeverlusts) eingebaut.
Die Angaben hinsichtlich Dicke und Material der Dämmung sind einzuhalten.

Was Sie bezüglich des Dämmmaterials wissen sollten!

Zur **Trittschalldämmung** (⇒ Ziel: den Schall zu „schlucken") sind geeignet:
- **„weichere"** Dämmplatten (z. B. Mineralfaserplatten mit dem Kurzzeichen T).
  ⟶ *T = geeignet als **T**rittschalldämmstoff*

Zur **Wärmedämmung** (⇒ Ziel: Wärmeverluste „abzubauen") sind geeignet:
- **„härtere"** Dammplatten (z. B. Polyesterplatten mit dem Kurzzeichen WD).
  ⟶ *WD = **W**ärmedämmstoff, **d**ruckbelastbar*

Wie ist der Arbeitsablauf für die Herstellung eines schwimmenden Estrichs?

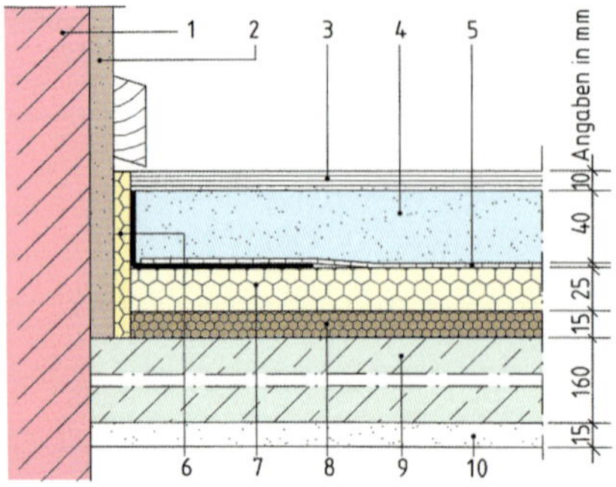

So soll der Estrichaufbau bei den Geschossen „unseres" Hauses sein!

1 = Mauerwerk
2 = Wandputz
3 = Bodenbelag
4 = Estrich
5 = Trennschicht
6 = Randdämmstreifen mit Folientasche
7 = Wärmedämmung
8 = Trittschalldämmung
9 = Stahlbetondecke
10 = Deckenputz (unten)

1. Arbeitsschritt:
   - Höhenmarkierung (Meterriss) anreißen
   - Stahlbetondecke grob reinigen
   - Unebenheiten beseitigen

2. Arbeitsschritt:
   - Randdämmstreifen mit Folienlasche verlegen
     (8 – 10 mm + Folienbezug)
     → *Nicht in Höhe des späteren Estrichs klammern*

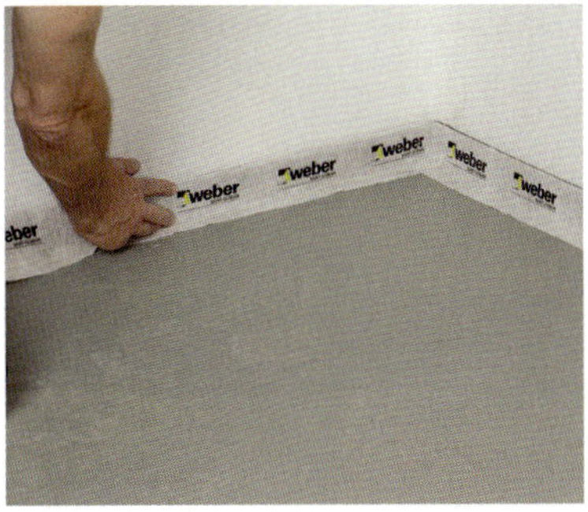

Randdämmstreifen anbringen

3. Arbeitsschritt:
   - Verlegen der Trittschalldämmung, anschließend der Wärmedämmschicht
     → *beide Dämmungen unter die Folienlasche der Randdämmung schieben*
     → *Dämmung Reihe für Reihe verlegen, Fugen versetzen*
   - Eventuelle Leitungen bis Oberkante Dämmung in Ausgleichsschicht (Perliteschüttung) auffüllen,
   - anschließend Wärmedämmung auflegen.

Dämmung auslegen

4. Arbeitsschritt:
   - Trennschicht über der Dämmung auslegen
     → *Überlappung der Bahnen < 10 cm*
     → *Trennschicht wird über die Folienlasche der Randdämmung verlegt*
     → *Stöße evtl. verkleben (bei Fließestrich nötig)*
     → *Faltenbildung vermeiden*

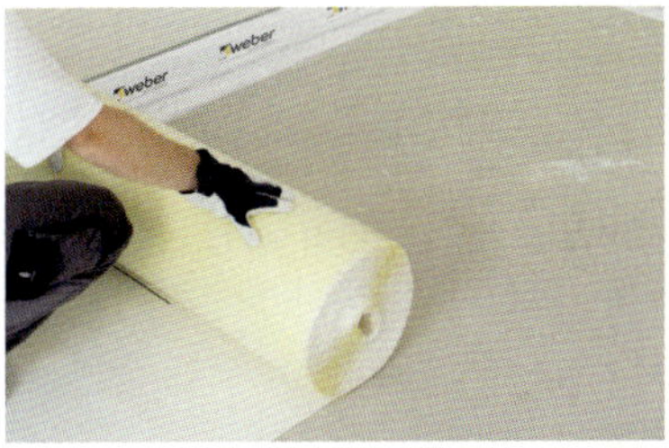

Trennschicht auslegen

5. Arbeitsschritt: ⇒ siehe hierzu auch Kapitel „Fließestrich“
   - Aufstellen und Einmessen der Nivellierböcke
   - Mischen und Pumpen des Fließestrichs in den Raum
   - evtl. Verteilen des Estrichs
   - mit Besen oder Schwabbelstange „durchschlagen“, d. h. entlüften des Estrichs
   - ausreichende Trocknungszeit für den Estrich vorsehen

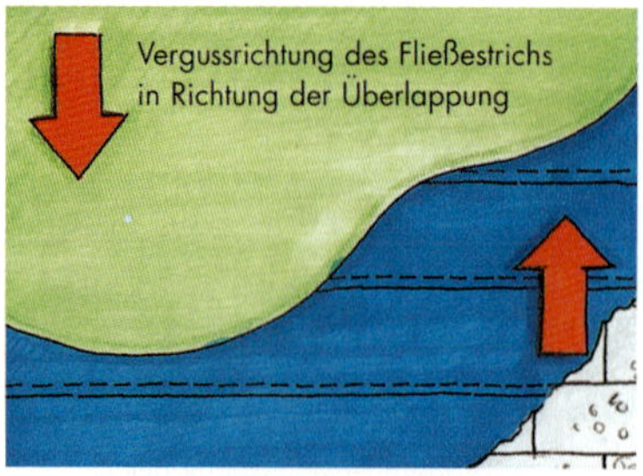

Fließrichtung des Estrichs

Beachte:
Estrich von oberer nach unterer Trennschicht „laufen" lassen.

Entlüften des Estrichs

Merke: Je höher die Belastung, desto dicker muss der Estrich sein!

Abschlussarbeiten:
- Nach ausreichender Trocknung kann der Bodenbelag (Fliesen, Parkett oder Teppichboden) verlegt und die Fußleisten angebracht werden.

3.4.2 Heizestrich (H)

Dazu merken Sie sich:

• Anwendung:	– als Fußbodenheizungsschicht in verschiedenen Anwendungen.
• Kennzeichen:	– Der Heizestrich besteht aus einer oder zwei schwimmenden, beheizbaren Mörtelschichten zur Wärmeübertragung und Wärmespeicherung.
• Dicke der Deckschicht:	– mindestens 35 mm über der höchsten Stelle des Heizsystems (z. B. Oberkante Heizrohr).

Fußbodenheizungen werden oft anstelle eines schwimmenden Estrichs verwendet. Dieses ist auch bei „unserem" Haus möglich.

Welche Ausführungen sind üblich?

Die Ausführungsmöglichkeiten sind unterschiedlich: **Nass- oder Trockensysteme**.

1. Nasssystem:
- Die Heizrohre liegen direkt oder mit geringem Abstand auf einer Wärmedämmplatte (heute schon mit speziellen Rohrhalterungen) auf.

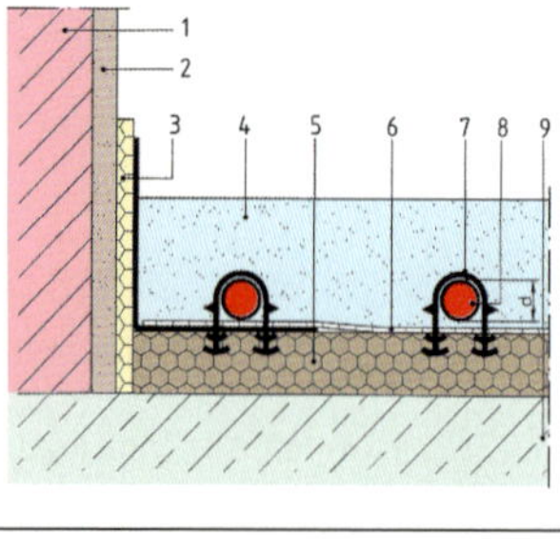

1 = Mauerwerk
2 = Putz
3 = Randdämmstreifen mit Folientasche
4 = Estrich (≥ 35 mm + *d*)
5 = Wärmedämmung
6 = Trennschicht
7 = Heizelementhalterung
8 = Heizelement
9 = Stahlbetondecke

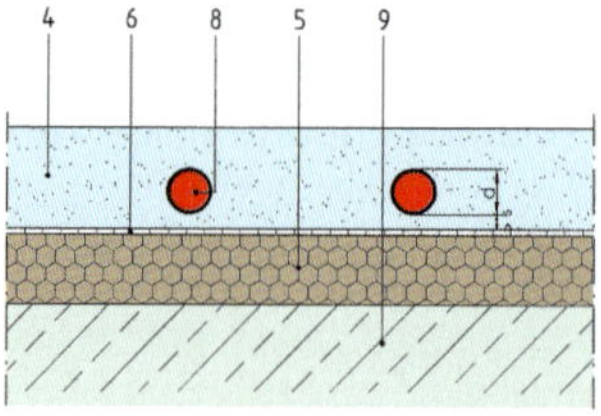

Sonderbauweise:

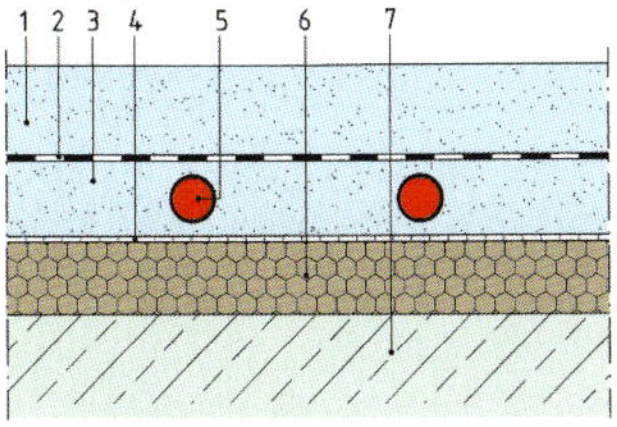

1 = Estrich (≥ 35 mm)
2 = Abdichtung
3 = Ausgleichestrich
4 = Trennschicht
5 = Heizelement
6 = Wärmedämmung
7 = Stahlbetondecke

Die Heizrohre werden in einen Ausgleichestrich eingebettet, der 20 mm dicker als der Rohrdurchmesser sein muss.

2. Trockensystem:

Die Heizrohre liegen oberkantengleich oder leicht innerhalb der Wärmedämmung, wobei zur Verbesserung der Wärmeübertragung Leitbleche (meist Aluminium) verwendet werden. Statt Fließestrich können auch Trockenausbauplatten auf Zementbasis verwendet werden.

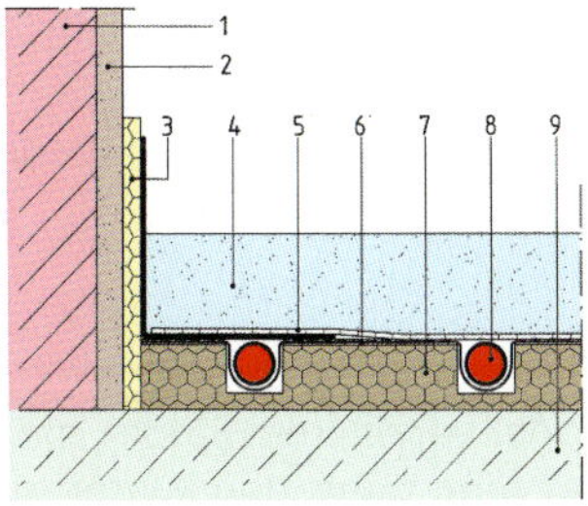

1 = Mauerwerk
2 = Putz
3 = Randdämmstreifen mit Folientasche
4 = Estrich (≥ 35 mm)
5 = Trennschicht
6 = Wärmeleitbleche
7 = Wärmedämmung
8 = Heizelement
9 = Stahlbetondecke

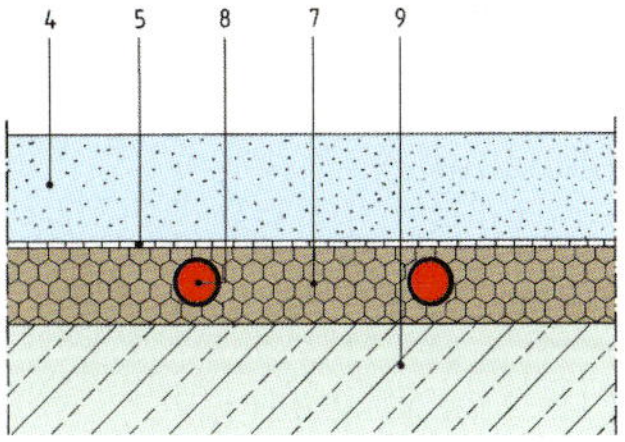

Was Sie noch über Heizestriche wissen sollten!

- Der Heizestrich muss grundsätzlich den Anforderungen des schwimmenden Estrichs genügen. Die Einbaudicke richtet sich nach der Bauart. Die Überdeckung der Heizelemente muss jedoch mindestens 45 mm betragen.
- Gemäß Musterbauordnung müssen Decken entsprechend der Gebäudeklasse mindestens aus feuerhemmendem Material bestehen. Eine brandschutztechnische Gesamtbewertung einer Decke besteht aus der Beurteilung des Tragwerks und des Fußbodenaufbaus.
- Wärmedämmstoffe: Anwendungstyp **WD** (Wärmedämmstoff, druckbelastbar)
- Trittschalldämmung: Anwendungstyp **TK** (Trittschalldämmstoff mit geringerer Zusammendrückbarkeit)

Das Einbringen des Fließestrichs wird heute in einem Arbeitsgang gemacht und hat die bisherige Bauweise (Verguss und anschließender Deckguss) fast abgelöst.

4 Fugenausbildung

Besonders bei der Verwendung von Zement- und Calciumsulfatestrich führen Temperaturschwankungen zu unvermeidlichen Längenänderungen. Diese treten bei allen Estrichausführungen auf.
Um Auswirkungen dieser Längenänderungen zu vermeiden, werden Fugen im Estrich angelegt. Sie gleichen die Längenänderungen aus. Die dadurch entstehenden „Felder" sollten nicht größer als ~ 40 m² sein.

Bei der Fugenausbildung unterscheiden wir:

- **Bewegungsfugen**
  = ~ 10 – 15 mm breit, gehen durch den gesamten Estrich
  → dadurch kann der Estrich sich insgesamt „ausdehnen",
- **Scheinfugen**
  = ~ 3 – 5 mm breit, durchschneiden den Estrich etwa zur Hälfte
  → dadurch können mögliche Risse „vorgeplant" werden.
- **Randfugen**
  = sind die seitlichen Begrenzungen an die angrenzenden Bauteile und werden durch die Randdämmstreifen gebildet.

Bewegungs- und Scheinfugen werden im Fugenplan vorher festgelegt und sind unbedingt einzuhalten.

Wie werden die Fugen angelegt?

Für Dehnungsfugen gibt es fertige Fugenprofile (aus PVC oder verzinktem Blech), die vor dem Einbringen des Estrichs einfach auf die Trennschicht oder den Untergrund gestellt werden.
Bei Scheinfugen werden die Profile nur in den frisch eingebrachten Estrich eingedrückt (beim Heizestrich in den Deckguss).

Beispiel: **Fugenausbildung beim schwimmenden Estrich**

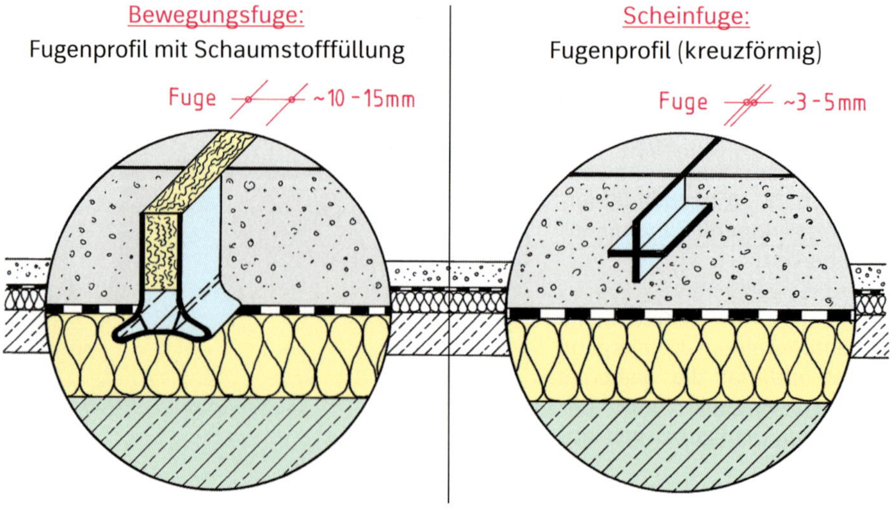

5 Materialbedarf

Vor der Ausführung steht die Planung! Sie ist gerade bei der Herstellung von Estrichausführungen von Bedeutung. Die Angaben
- der gewählten Estrichkonstruktion (Verbundestrich, Estrich auf Trennschicht etc.),
- die Materialauswahl einschließlich Längen bzw. Dicken und
- die Nutzflächengrößen (nach Zeichnung)

sind Grundlagen für die Bedarfsberechnungen.

Die Angaben sind je nach Hersteller unterschiedlich. Daher sind die folgenden Tabellenwerte nur Anhalt:

1. Mengenwerte für Dämmmaterialien

Trittschalldämmplatten (Abmessungen *L* x *B* (1,25 m x 0,60 m)	
Dicke (mm)	m^2/Paket
15	18,00
20	13,50
25	10,50
30	9,00
35	7,50
40	6,75

Wärmedämmplatten (Abmessungen *L* x *B* (2,50 m x 0,60 m)	
Dicke (mm)	m^2/Paket
30	21,00
40	15,00
50	12,00
60	10,50
80	7,50
100	6,00

2. Verbrauchswerte für **Estrichmörtel**

- 1 cm Estrichdicke erfordern ≈ 18 kg Trockenmörtel je m^2
- 1000 kg Trockenmörtel ergeben ≈ 550 Liter Nassmörtel (Estrich)

Proj – Te *Eine Projektaufgabe mit Bedarfsberechnungen finden Sie im Arbeitsheft, Blätter 100–102.*

Zusammenfassung von Kapitel 2 – 5:

Estricheinbringung, Estrichanwendungen

- Estrich wird entweder **nass** als Baustellenestrich oder **trocken** als Trockenestrich verarbeitet.
- **Baustellenestrich** wird fast ausschließlich als Fließestrich ausgeführt.
- Einbau „von Hand“ ist heute selten.
- Beim **Fließestrich** entfallen Abzieh-, Verdichtungs- und Glättarbeiten. Er wird vorwiegend mit Zement- und Calciumsulfatestrich ausgeführt.
- **Trockenunterböden (Trockenestrich)** eignen sich durch ihr geringes Gewicht und gute Trittschalldämmung besonders für den Ausbau von Dachböden und bei der Altbausanierung.
- **Estrichausführungen** sind: Verbundestrich (V), Estrich auf Trennschicht (T), hochbeanspruchte Estriche und schwimmender Estrich (S).
- **Verbundestrich (V)** ist direkt mit dem Untergrund verbunden.

- **Estrich auf Trennschicht (T)** ist nicht direkt mit dem Untergrund verbunden.
- Er wird durch eine Trennschicht getrennt.
- **Schwimmender Estrich (S)** dient vorwiegend zur Tritt- und Schalldämmung.
- Er ist durch eine Trennschicht und Dämmung von allen anderen Bauteilen getrennt.
- **Heizestrich** ist als Nass- und Trockensystem möglich und wird in der Regel als schwimmender Estrich ausgeführt.
- Notwendige **Fugen** werden als Bewegungs- und Scheinfugen angelegt.

A – Te *Aufgaben zur Wiederholung finden Sie im Arbeitsheft, Blätter 103, 104.*

T *Einen Test zum gesamten Kursabschnitt „Estricharbeiten" im Arbeitsheft, Blatt 105*

Testen Sie sich • Testen Sie sich

Nennen/Erläutern Sie ...

1. die Reihenfolge der Arbeitsschritte, die zur Herstellung eines Fließestrichs erforderlich sind,
2. den Unterschied zwischen Nass- und Trockenbauweise,
3. die Reihenfolge der Arbeitsschritte zur Herstellung eines Estrichs „von Hand",
4. die Ausführungen von Estrichen,
5. den Unterschied zwischen einem Verbundestrich und einem Estrich auf Trennschicht,
6. die Überlappungsbreite (in cm) der Trennschichtbahnen,
7. den hauptsächlichen Unterschied zwischen einem Heizestrich und einem schwimmenden Estrich.

Lernfeld 13:
HERSTELLEN EINER GERADEN TREPPE

Hier behandeln wir die Lernabschnitte:

1 Treppen

Merke:

Definition Treppe:
Bauteil aus mindestens drei aufeinanderfolgenden Treppenstufen. Die Treppe kann aus mehreren Treppenarmen (Treppenläufen) und dazwischenliegenden Podesten bestehen. Die Treppe dient zur Verbindung verschiedener Geschossebenen. Die Anzahl der Treppenstufen soll pro Treppenlauf max. 18 Stufen betragen.

Notwendige Treppen	Nicht notwendige Treppen
Als notwendige Treppe wird in Deutschland eine Treppe bezeichnet, die nach den baurechtlichen Vorschriften unbedingt vorhanden sein muss.	Nicht notwendige Treppen können zusätzlich zu notwendigen Treppen vorhanden sein und auch der Hauptnutzung dienen. Sie gehören jedoch nicht zum ersten Rettungsweg → deshalb keinerlei besondere Anforderungen an Mindestmaße, Steigungsverhältnis, Podeste etc.

1.1 Treppenformen

Treppenformen

werden unterschieden in:

Gerade Treppen

Gewendelte Treppen

Die Form der Treppe richtet sich in erster Linie nach dem Platzbedarf und nach der Nutzung. Erst in zweiter Linie spielt die (künstlerische) Gestaltung eine Rolle.
Um die Fülle der Bauformen einordnen zu können, müssen Treppen „benannt“, d.h. eindeutig bezeichnet werden.

Treppenbezeichnungen:

Anzahl Treppenläufe
→ zwischen einem Geschoss

Treppenart
→ gerade oder gewendelt

Laufrichtung
→ immer von unten nach oben
→ Rechtstreppe: im Uhrzeigersinn hoch (rechts herum hoch)
→ Linkstreppe: gegen Uhrzeigersinn hoch (links herum hoch)

Zwischenpodest
→ zwischen Geschossen

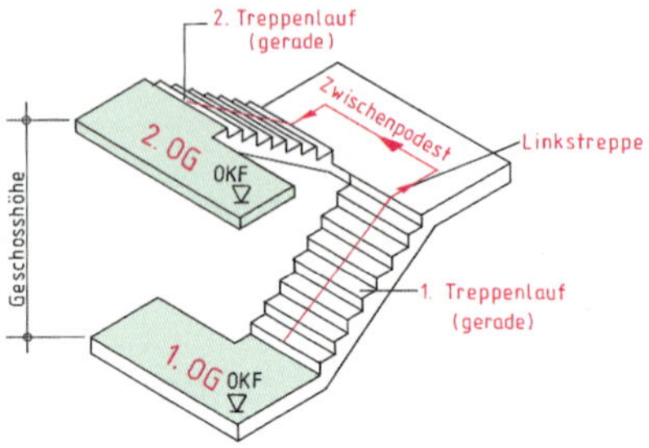

Beispiel:
Zweiläufige, gerade Treppe (mit Zwischenpodest)

1.1.1 Gerade Treppen

In Treppenzeichnungen bedeuten:

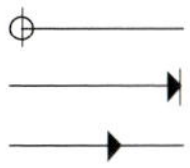

= Kennzeichnung für Treppen-Antritt.
= Kennzeichnung für Treppen-Austritt.
= Laufrichtung der Treppe (von unten nach oben)
→ **Lauflinie** liegt immer mittig.

Die gebräuchlichsten geraden Treppenformen sind:

1. Einläufige, gerade Treppe:

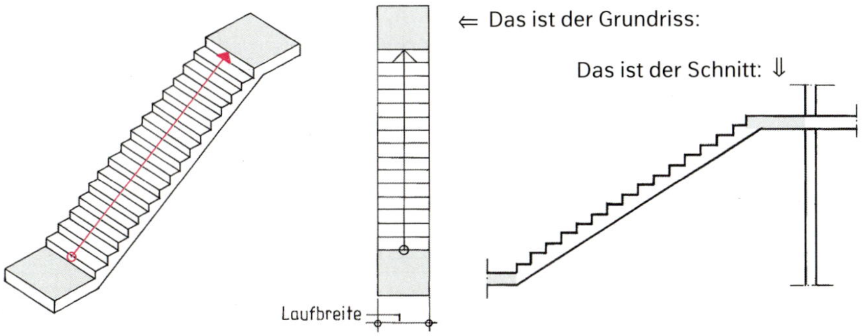

2. Zweiläufige, gerade Treppe mit Zwischenpodest:

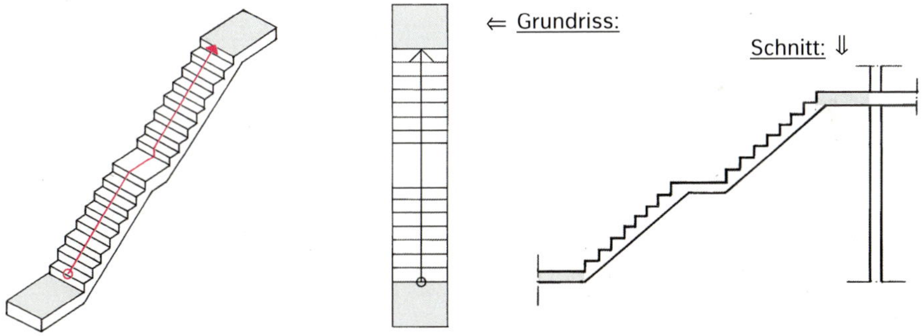

3. Zweiläufige Linkstreppe (oder auch gegenläufige Linkstreppe) mit Zwischenpodest:

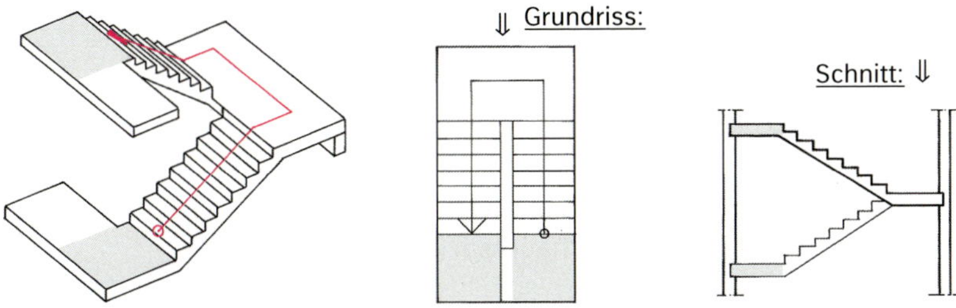

Die Laufrichtung ändert sich um 180° → daher auch die Bezeichnung „gegenläufige" Treppe.

1.1.2 Gewendelte Treppen

→ *Die Herstellung gewendelter Treppen ist vorwiegend Aufgabe für Beton- und Stahlbetonbauer, jedoch „einfache" Konstruktionen muss auch ein Maurer beherrschen.*

Gängige Treppenformen sind hierbei:

1. Einläufige, im Antrittsbereich viertelgewendelte Linkstreppe:

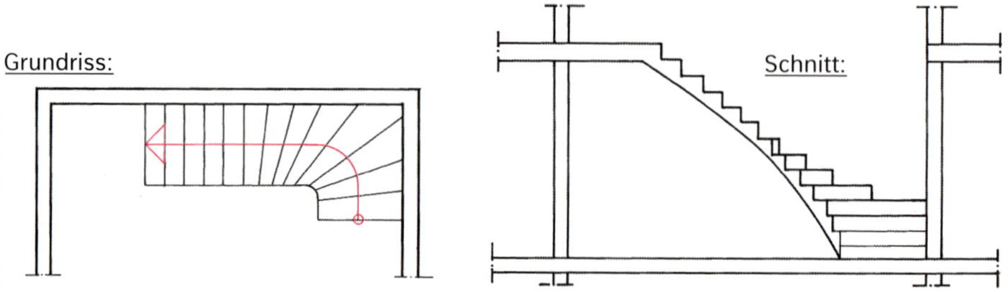

2. Einläufige, zweimal viertelgewendelte Linkstreppe:

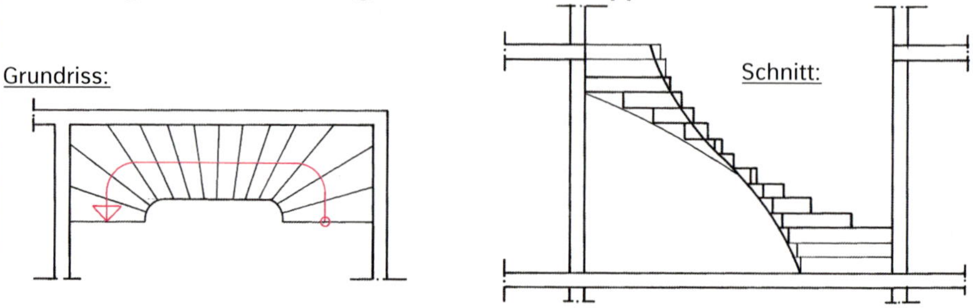

3. Einläufige, halbgewendelte Linkstreppe:

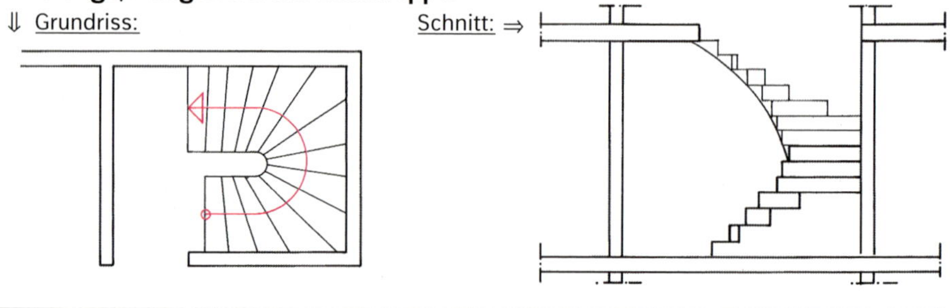

Wann wird welche Treppe verwendet?

Einläufige gerade Treppen:
→meist in Wohngebäuden mit geringer Geschosshöhe.

Zweiläufige gerade Treppen mit Zwischenpodest:
→in vielgeschossigen Wohngebäuden, hauptsächlich „gegenläufig".

Gewendelte Treppen:
→überall, wo nur eine kleine Grundfläche zur Verfügung steht, am platzsparendsten sind Spindel- und Wendeltreppen. Nachteil: unsicherer und unbequemer zu begehen.

1.2 Fachbegriffe im Treppenbau

Fachbegriffe erleichtern die Verständigung untereinander:

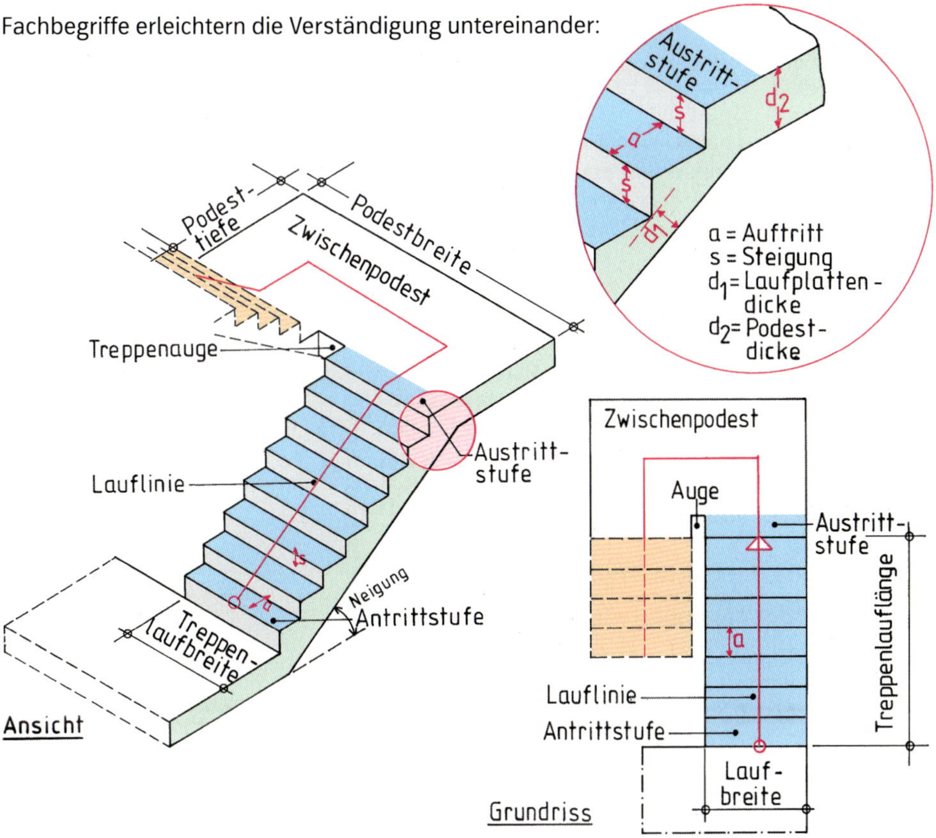

In mehrgeschossigen Wohnhäusern mit einem extra Treppenhaus – *so auch bei „unserem" Haus* – sind zur Berechnung einer Treppe noch zwei Größen von Bedeutung: Geschosshöhe und lichte Durchgangshöhe.

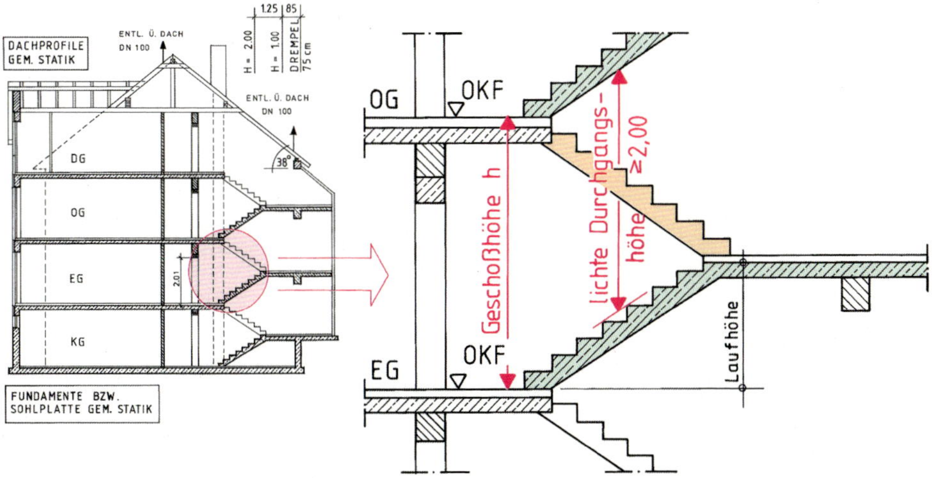

1.3 Treppenmaße

Die Einteilung der Treppenarten hängt vom Neigungswinkel ab.
Eine „normale“ Treppe hat eine Neigung zwischen 20° und 45°.
Im Wohnungsbau haben sich Neigungen von etwa 30° als „angenehme Steigungen“ erwiesen.

Zulässige Neigungswinkel der Treppenarten ⇒

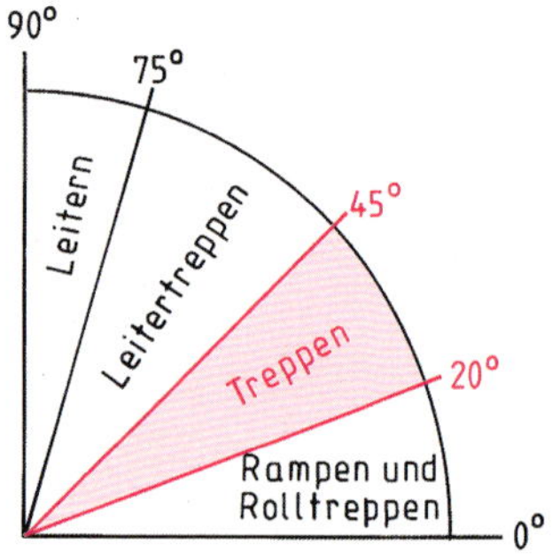

Die <u>nutzbare Treppenlaufbreite</u> ist das Maß zwischen den beidseitig begrenzenden Bauteilen des Treppenlaufs → besonders wichtig, wenn es sich um Flucht- und Rettungswege handelt. Gemäß Musterbauordnung muss die nutzbare Treppenlaufbreite für den größten zu erwartenden Verkehr ausreichen. In der folgenden Tabelle sind als Beispiel die Richtgrößen aus der Arbeitsstättenverordnung dargestellt.

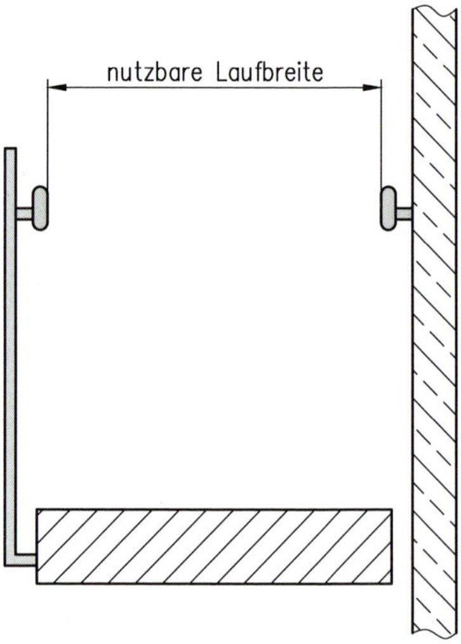

Mindestbreite der Fluchtwege

	Anzahl der Personen	Lichte (nutzbare) Breite (in m)
1	bis 5	0,875 (1,00*)
2	bis 20	1,00
3	bis 200	1,20
4	bis 300	1,80
5	bis 400	2,40

** Festlegung in den Bauordnungen der Bundesländer*

Manche Treppen sind unangenehm zu (be)gehen → Verhältnis von Steigung zu Auftritt stimmt nicht mit unserem Schrittmaß überein. Das hat im Allgemeinen zwei Gründe: Die „Rohtreppe“ (meist aus Beton) wird durch Tritt- und Setzstufen „bekleidet“. Dabei passiert oft:

1. die **Steigungshöhe *s*** ist zu klein / groß ⇒ Setzstufe falsch berechnet,
2. der **Auftritt *a*** ist zu schmal / breit ⇒ Trittstufenbreite stimmt nicht.

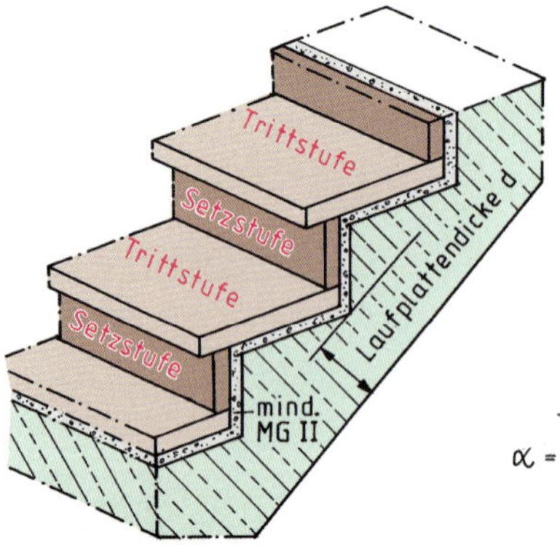

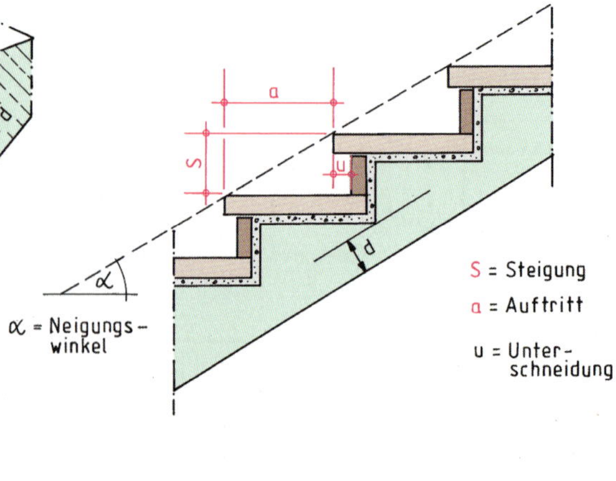

Aus Grenzmaßen ergeben sich auch Gestaltungsspielräume (Toleranzen). An dieser Stelle können Wünsche der Bauherren einfließen. Entscheidungen (innerhalb der Toleranzen) zur Wahl geeigneter Schrittmaße für unterschiedliche Benutzerkreise unterliegen keinen gesetzlichen Grundlagen.

→ Hier sind für das jeweilige Bauvorhaben Sachkenntnis und Verantwortung gefragt.

Die folgende Tabelle enthält Empfehlungen geeigneter Treppenmaße für verschiedene Anforderungen:

	Treppe bevorzugt geeignet als:	**Steigung in cm**	**Auftritt in cm**
1	Steilste mögliche und wenig benutzte Zweittreppe zu Wohnräumen	21	21
2	Steile, platzsparende Wohnungstreppe bzw. Treppe für Ein- und Zweifamilienhäuser	20	24
3	Normal begehbare und zum Gütertransport bereits geeignete Treppe für Wohnungen und Ein- und Zweifamilienhäuser	18,5	26
4	Gut begehbare Einfamilienhaustreppe, platzsparende Gebäudetreppe	18	27
5	Altengerechte Wohnungstreppe – Handläufe beidseitig empfohlen; zum Transport größerer Gegenstände geeignet	17	29
6	Bequeme Gebäudetreppe für innen, bei mehreren Geschossen und auch im Freien an Gebäuden	16	31
7	Kindereinrichtungen	16	32
8	Gut begehbare Freitreppen	13	37

1.4 Treppenstufen: Baustoffe und Stufenarten

Treppenstufen können sowohl vom Baustoff als auch von der Ausführung unterschiedlich sein.

Baustoffe für Treppenstufen

können sein:

Holz | **Natursteine** | **Gebrannte Steine** | **Beton**

nur im **Innenbereich**

nur im **Außenbereich**

Außen- und Innenbereich

Außen- und Innenbereich

Die **Stufenarten** sind ebenfalls unterschiedlich und werden neben den gestalterischen Gesichtspunkten meist durch den verwendeten Baustoff bestimmt.

1. Keil- oder Dreiecksstufen

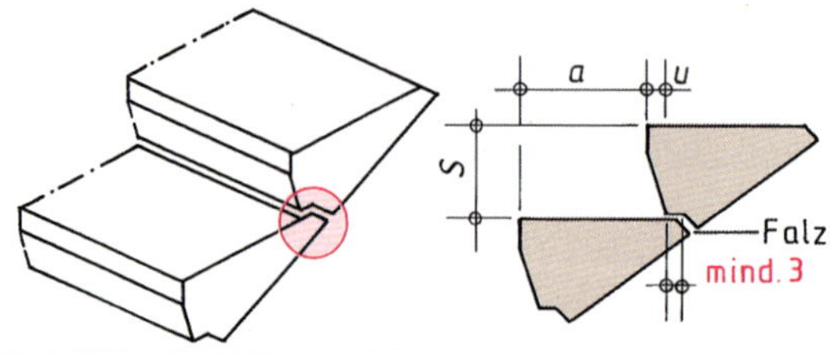

Baustoff:
Betonwerkstein
Formen:
als Dreieck mit und ohne Falz

Verwendung:
Geschosstreppen u. a.
⇒ Unterseite bleibt sichtbar

2. Blockstufen

a) **rechteckig:**

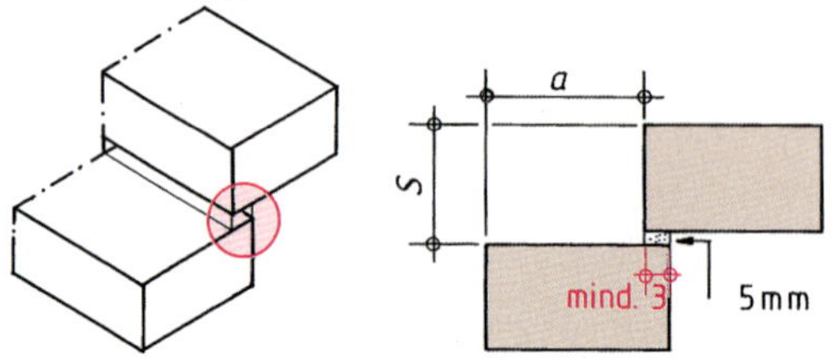

b) **unterschnitten:**

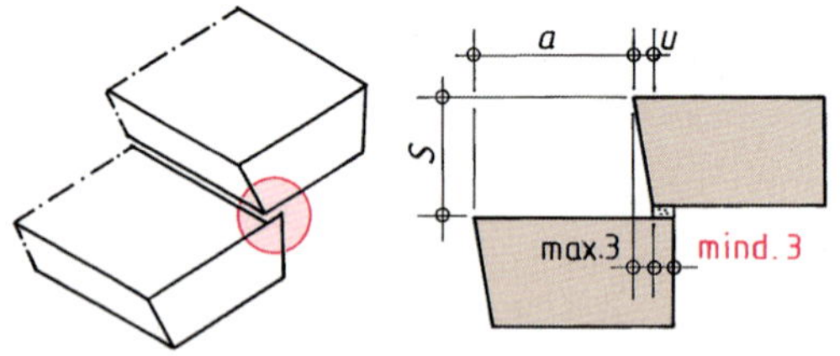

Baustoffe:
Natursteine, Ziegelsteine; Beton-(Werk-)stein
→ Betonkern mit Vorsatzbeton, z. B. Waschbeton

Verwendung:
Vorw. im Außenbereich, Hauseingangstreppen, Kelleraußentreppen
⇒ Unterseite nicht sichtbar

Aufpassen! Bei Verwendung von Natursteinen ist die Auftrittfläche *a* und die Steigung *s* selten genau gleich.
→ *Evtl. durch Mörtelschicht ausgleichen.*

3. Plattenstufen

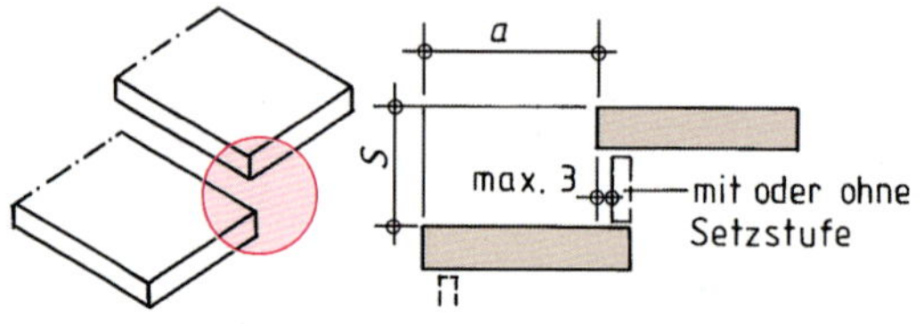

Baustoffe:
Betonwerkstein, Natursteinplatten

Verwendung:
z. B. freitragend auf einem Stahlbetonbalken
→ dann entfällt die Setzstufe oder als „Verkleidung" für eine Ortbetontreppe
⇒ Unterseite entweder sichtbar oder nicht sichtbar

4. Winkelstufen

a) **Tritt- + Setzstufe:**

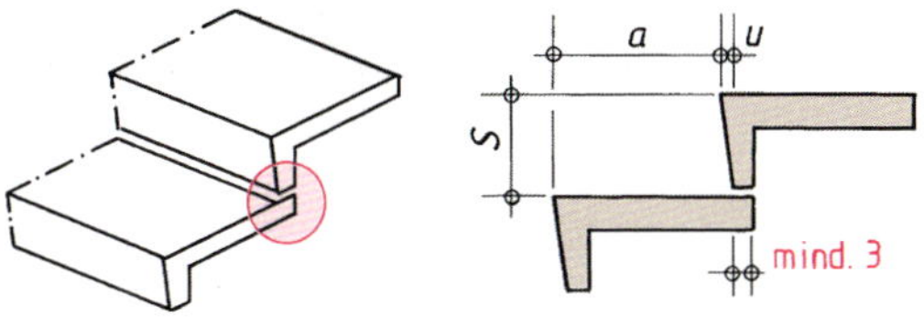

Baustoff:
Betonwerkstein
(rechteckig oder unterschnitten)

Verwendung:
Geschosstreppen u. a.
⇒ Unterseite bleibt sichtbar

b) **L-Form:**

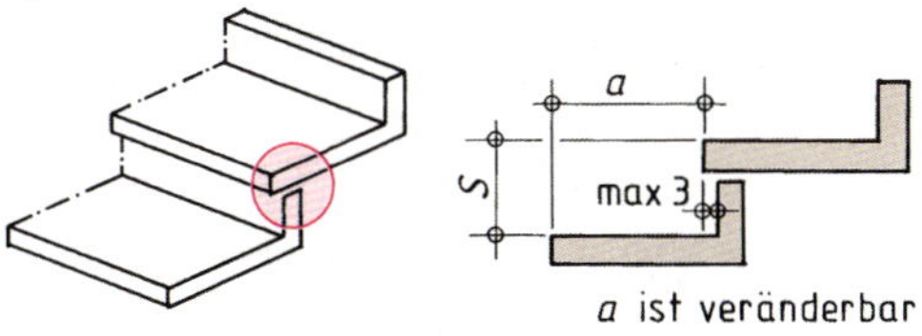

Zusammenfassung von Kapitel 1:

Treppen

- Man unterscheidet gerade und gewendelte Treppen.
- Eine **Treppenbezeichnung** hat folgende Angaben: Anzahl der Treppenläufe, Art (gerade / gewendelt), Laufrichtung (Links- / Rechtstreppe) und evtl. Angaben über Geschosse.
- Eine (Geschoss-)treppe kann aus einem oder mehreren **Treppenläufen** bestehen. Ein Treppenlauf besteht aus mindestens drei und höchstens 18 Stufen.
- Die Steigung (*s*) und die Auftrittsfläche (*a*) sollen möglichst angenehm zu begehen sein. Sie sind aufeinander abzustimmen.
- Treppenstufen können aus Holz, Natursteinen, gebrannten Steinen oder Betonwerkstein hergestellt werden.
- Stufenarten sind: Block-, Keil- oder Dreieck-, Platten- oder Winkelstufen.

A – Te *Aufgaben zur Wiederholung von Treppenbegriffen finden Sie im Arbeitsheft, Blatt 106.*

Testen Sie sich • Testen Sie sich

Nennen / Erläutern Sie ...

1. drei mögliche Ausführungsarten gerader Treppen,
2. je einen Vor- und Nachteil gewendelter Treppen,
3. das Grundmaß der nutzbaren Treppenbreite (in cm) für normale Wohngebäude,
4. die Bezeichnungen bei einer Stufe,
5. mindestens sechs Fachbegriffe im Treppenbau.

2 Treppenberechnungen

Die Steigung *s* und die Auftrittbreite *a* müssen aufeinander abgestimmt sein, wenn wir uns auf der Treppe „sicher“ fühlen wollen. Unterschiedliche Steigungen (→ auch wenn es manchmal nur wenige mm sind), zu schmale oder zu tiefe Auftritte spüren wir sofort und reagieren darauf ⇒ *mit Vorsicht und Unsicherheit.*

Daher gilt:

Um gleiche Steigungen und Auftritte zu bekommen, muss eine Treppe berechnet werden.

⇒ *Einfache Berechnungen von Treppen werden vom Maurer erwartet und in Prüfungen abgefragt. Da dieses nicht ganz einfach ist, wollen wir darauf näher eingehen.*

2.1 Berechnung einer geraden Treppe

Durch eine Treppenberechnung werden bestimmt:
- Anzahl der Stufen *n*,
- Steigungshöhe *s* (einschl. „Belag“),
- Auftrittbreite *a*,
- Treppenwlänge *l* und
- (wenn erforderlich) die lichte Durchgangshöhe.

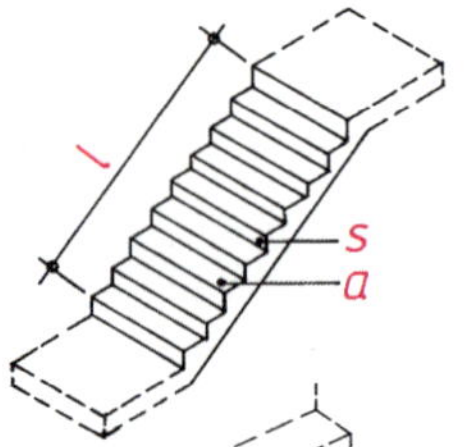

Was muss bei der Stufenanzahl *n* beachtet werden?

Die Austrittstufe gehört zum Podest!
Sie zählt nicht mehr als Auftritt.

Deshalb aufpassen:

Ein Treppenlauf hat immer:
1 Auftritt weniger als Anzahl der Steigungen (Stufen).

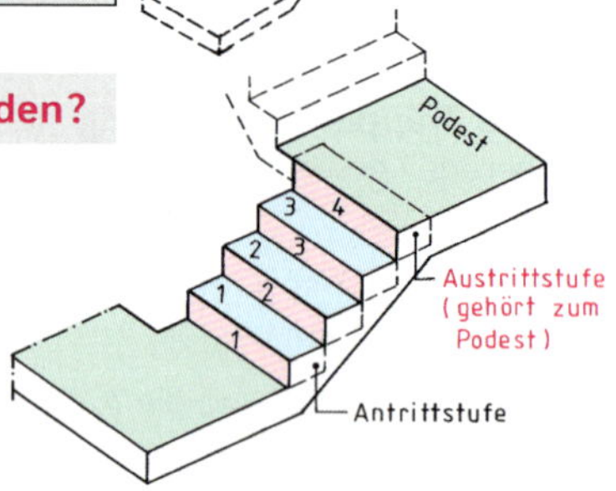

Dieser Treppenlauf hat vier Steigungen, aber nur drei Auftritte!

2.1.1 Berechnungsgrundlagen

Ausgangspunkt für alle Berechnungen ist die Schrittmaßregel für die Durchschnittsgröße eines Menschen.

Prinzip: Steigung = kleinere Schritte

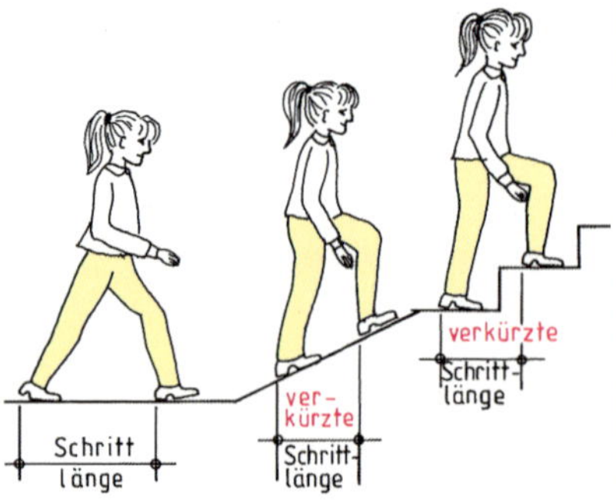

Schrittmaßregel:

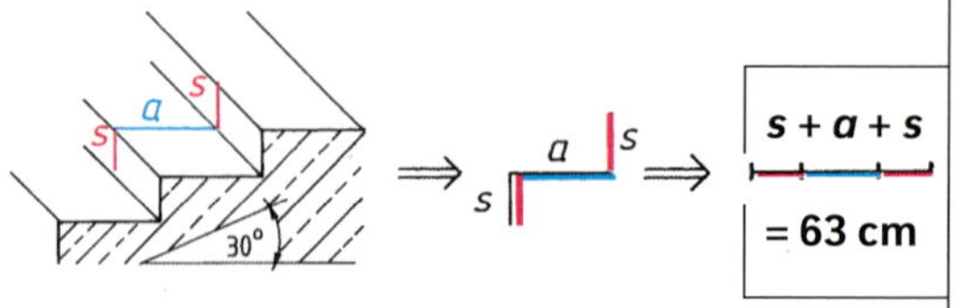

Die Schrittregel lautet also:

$s + a + s \approx 63$ cm

Wenn für die Planung keine Einschränkungen durch vorgegebene Abmessungen bestehen, versucht man, an dieses optimale Steigungsverhältnis so dicht wie möglich heranzukommen.

Gibt es durch den Grundriss oder durch die Geschosshöhen für die Treppenplanung Einschränkungen, so können zur Berechnung zwei „abgeleitete" Regeln verwendet werden:

Bequemlichkeitsregel:	Auftritt ***a*** – Steigung **s = 12 cm**	$\Rightarrow a = 12\text{ cm} + s$
Sicherheitsregel:	Auftritt ***a*** + Steigung **s = 46 cm**	$\Rightarrow a = 46\text{ cm} - s$

Merke:

Das Steigungsverhältnis darf sich in einem Geschoss **nicht verändern.**
(auch nicht bei mehreren Treppenläufen)

2.1.2 Berechnungsbeispiel einer geraden Treppe

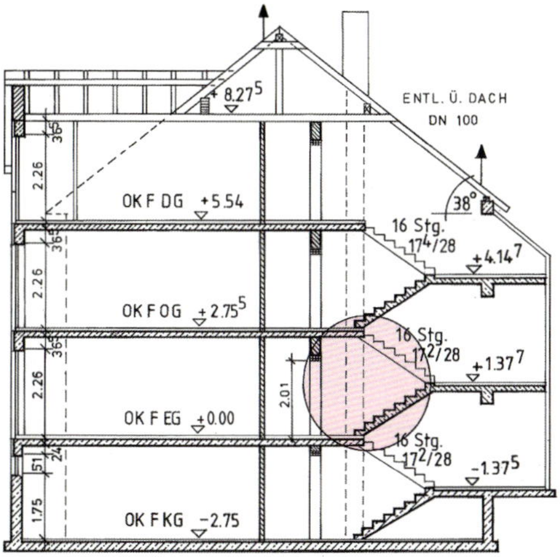

Beispiel:

„Unser" Haus → Treppe zwischen EG und OG

Aus dem Schnitt ist für die Treppe zu entnehmen:

- **Anzahl der Steigungen = 16,**
- **Steigungsverhältnis $s/a = 17{,}2/28$.**

Wie diese Treppenberechnung zustande gekommen ist und ob sie richtig ist, wollen wir im Folgenden überprüfen!

Das Bild zeigt die perspektivische Darstellung „unserer" zweiläufigen, geraden Treppe mit Zwischenpodest.

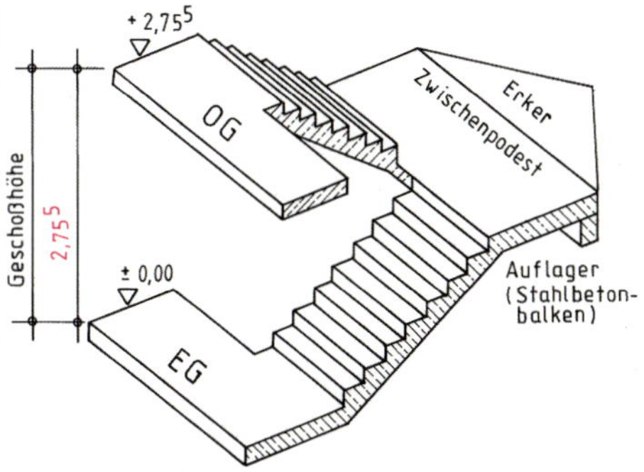

Aufgaben:

Zu berechnen sind:

1. die Anzahl (n) der Stufen,
2. die Steigungshöhe (s),
3. die Auftrittbreite (a),
4. die Treppenlauflänge (l) jedes Treppenlaufs.

Die Berechnung erfolgt zunächst ohne Berücksichtigung des Zwischenpodests → also wie eine einläufige Treppe. Und so geht man vor:

1. Schritt: **Stufenanzahl *n***

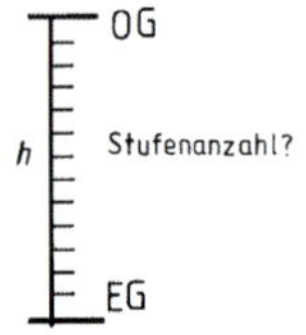

Stufenanzahl ***n*** = Geschosshöhe ***h*** : ideale Steigung *s*
= 275,5 cm : 17 cm

n = 275,5 cm : 17,0 cm = **16,2** → **<u>*n* = 16</u>**

⇒ *n* = 16 wird gewählt, weil es ja nur ganze Stufen gibt.
(Anm.: Unter 5 wird hier abgerundet, über 5 aufgerundet.)

2. Schritt: **Steigung *s***

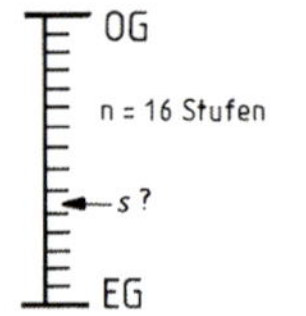

Steigung *s* = Geschosshöhe ***h*** : Anzahl der Stufen ***n***
= 275,5 cm : 16

s = 275,5 cm : 16 = **<u>17,2 cm</u>**
→ Diese Steigungshöhe ist „günstig"
(nach Tabelle „Treppenmaße" → Kap. 1.3).

3. Schritt: **Auftrittbreite *a***

> Schrittmaßregel
> ***s* + *a* + *s* ≈ 63 cm**
> beachten!

Auftrittbreite *a* ≈ 63 cm – 2 x *s*
63 cm – 2 x 17,2 cm = 63 – 34,4 = 28,6 cm

Auftrittbreite ***a* = 28,6 cm** → **<u>*a* = 28 cm</u>**

⇒ Der Auftritt darf (ab)gerundet werden.

4. Schritt: **Die einzelne Treppenlauflänge *l*** (→ jetzt wird das Podest berücksichtigt!)

Treppenlauflänge ***l*** = (Anzahl Steigungen ***n* – 1**) x Auftrittbreite ***a***
= (8 – 1) x 28 cm

l = 7 x 28 cm = **<u>196 cm</u>**

⇒ Somit gibt es zwei Treppenläufe mit je 1,96 m Länge.

Formeln zur Berechnung der Treppenlauflänge
(besonders wichtig, wenn die Treppenlauflänge „vorbestimmt" und die Auftrittsbreite *a* zu berechnen ist)

- **Einläufige** Treppen: $l = (n - 1) \times a$
- **Zweiläufige** Treppen: $l = (n/2 - 1) \times a$
- **Dreiläufige** Treppen: $l = (n/2 - 1) \times a$

So werden die Ergebnisse dann im Grundriss angegeben:

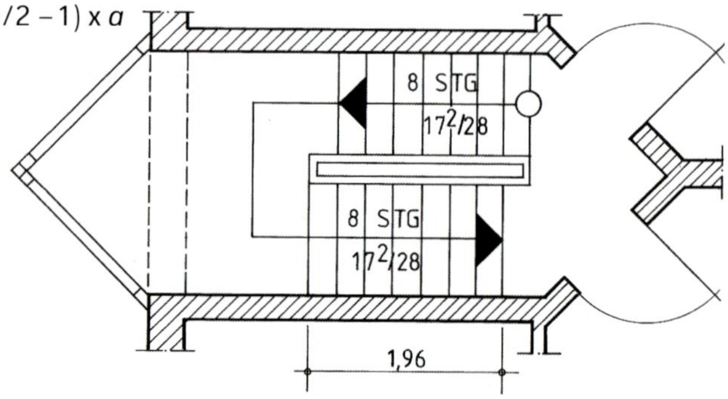

<u>Anm.:</u> *Kommen bei n/2 oder n/3 „krumme Zahlen" heraus, müssen die Steigungen (Stufen) „auf- bzw. abgerundet" werden → z. B. dreiläufige Treppe: n = 16; ergibt 2 Treppenläufe mit je 5 Steigungen und 1 Treppenlauf mit 6 Steigungen.*

A – Te/Ma *Eine Treppenberechnung können Sie durchführen → Arbeitsheft, Blatt 107*

Zusammenfassung von Kapitel 2:

Treppenberechnungen

- Die Steigung (*s*) und die Auftrittbreite (*a*) sollen möglichst an das **Steigungsverhältnis 17/29** angepasst werden, um bei einem normalen Schrittmaß von **63 cm** als angenehm zu gelten.
- Ein Treppenlauf hat immer einen Auftritt weniger als die Anzahl der Steigungen (Stufen), da die Austrittstufe bereits ein Teil des Podests ist.
- Mit der **Treppenberechnung** werden bestimmt: Anzahl (*n*) der Stufen (Steigungen), Höhe der Steigung (*s*), Auftrittbreite (*a*), Treppenlauflänge und evtl. die lichte Durchgangshöhe.

Testen Sie sich • Testen Sie sich

Nennen / Erläutern Sie ...

1. die Schrittmaßregel,
2. was bei der „Austrittstufe“ zu berücksichtigen ist,
3. wo die „Knackpunkte“ bei gewendelten Treppen liegen,
4. die Begriffe: Wange, Setzstufe, Treppenauge und Auftrittstufe.

3 Treppenausführungen

3.1 Anforderungen an Treppen

Die Lage im Gebäude, die Wahl der Baustoffe und die gewünschte Treppenart bestimmen die Ausführung von Treppen.
Folgende Anforderungen werden gestellt:

- Treppen müssen sicher und bequem zu begehen sein.
- Für Treppen in Gebäuden mit mehr als zwei Vollgeschossen gilt:
  Alle tragenden Teile aus nicht brennbaren Baustoffen
  ⇒ also Baustoffklasse A
  → daher dürfen hier keine Holztreppen oder Holzstufen mehr verwendet werden.
- Steintreppen oder mit keramischen Platten belegte Stufen müssen rutschsicher, abriebfest und pflegeleicht sein (im Außenbereich: frostbeständig).

3.2 Auflagerung und Spannrichtung von Treppen

Treppenkonstruktionen

können ausgeführt werden als:

Aufgelagerte Treppe	**Eingespannte Treppe**	**Stahlbeton-Laufplattentreppen**

3.2.1 Aufgelagerte Treppen

Merkmal: Die Stufen können liegen
- vollfächig auf einem Fundament → vorw. bei Außen- oder Freitreppen
  oder
- beidseitig auf Mauern oder Wangen → vorw. bei Hauseingangs- und Kellertreppen.

Die „Spannrichtung" der Stufen verläuft dabei *quer* zur Laufrichtung.

Beispiele:

1. Beidseitig freie Auflagerung der Stufen auf Mauerwerk

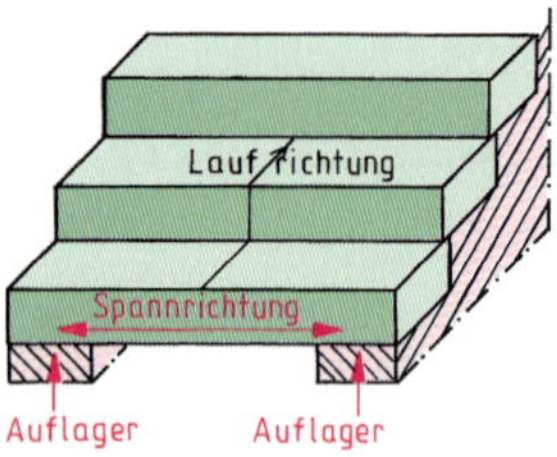

2. Beidseitig freie Auflagerung der Stufen in einer Stahlbetonwange („L-Stein")

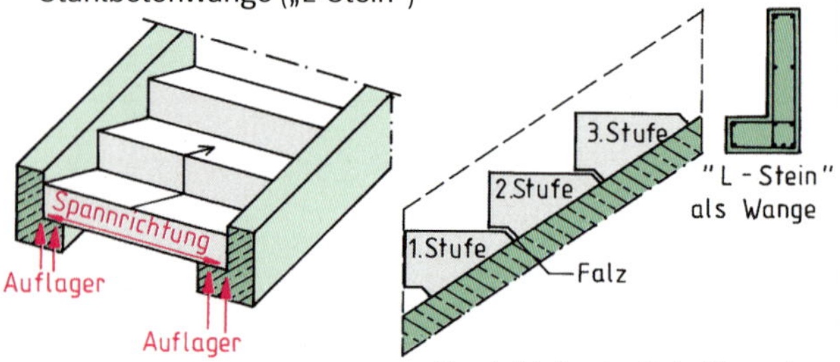

So sieht das im Schnitt aus!

In der Regel werden die Stufen steinmetzmäßig bearbeitet.

3.2.2 Eingespannte Treppen

Merkmal: Die Stufen sind eingespannt
- zweiseitig im Mauerwerk → vorw. bei Treppenhäusern ohne Setzstufe oder
- einseitig im Mauerwerk (Dicke ≥ 24 cm) → vorw. zur dekorativen Ausstattung.

Die „Spannvorrichtung“ der Stufen verläuft dabei ebenfalls *quer* zur Laufrichtung.
Variante: Eine Seite einspannen, die andere Seite frei auflagern (z. B. Sichtmauer im Innenbereich).

Beispiele:

1. Beidseitig im Mauerwerk eingespannte Stufen

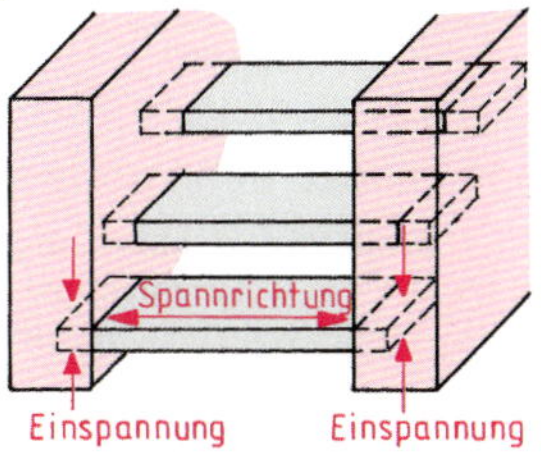

2. Einseitig links eingespannte Stufen, Bolzen rechts zur Kraftableitung

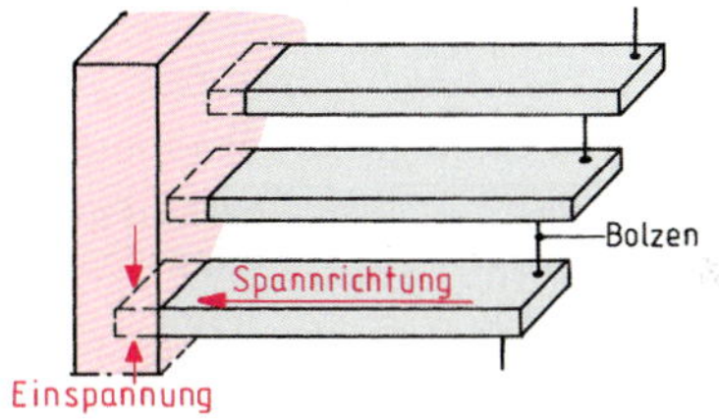

3.2.3 Stahlbeton-Laufplattentreppen und ihre Spannrichtungen

Merkmal: Unterstützung (Stb-Platte) und Stufen bilden eine Einheit. Sie sind in „einem Guss“ hergestellt. Die Stufen erhalten anschließend noch einen „Belag“.

Der Treppenlauf ist in Laufrichtung **längs gespannt**;
→ d. h. in Laufrichtung liegt die Zugbewehrung der Stahlbeton-Laufplatte.

Wir unterscheiden zwei Ausführungsmöglichkeiten:

Laufplattentreppen

können ausgeführt werden als:

Zwischengesetzte Laufplatte

bedeutet:

Zwischen quer gespannten Podestplatten wird die Treppenlaufplatte eingesetzt.

Draufsicht:

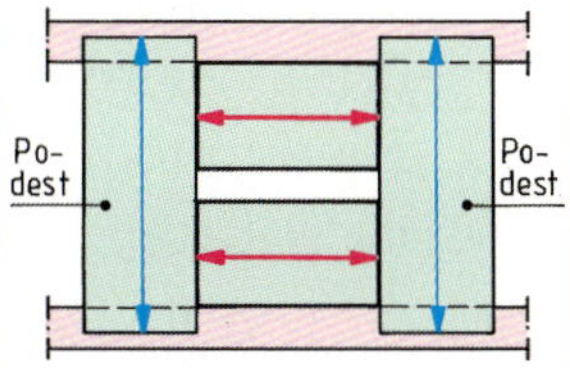

So sieht die Laufplattentreppe aus:

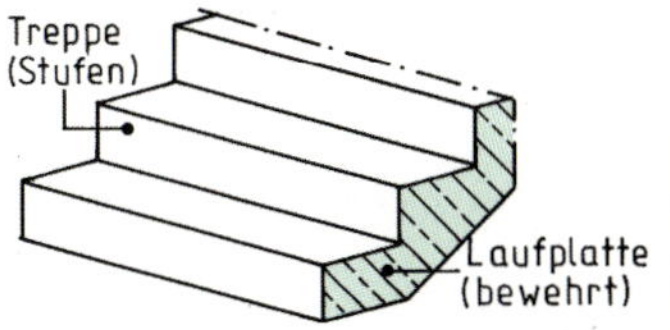

Abgeknickte Laufplatte

bedeutet:

Die Treppenlaufplatte wird an den Podesten „abgeknickt“ und spannt von Wand zu Wand.

Draufsicht:

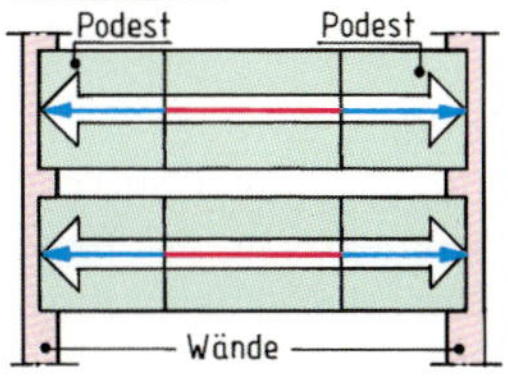

Zwischengesetzte Laufplatte
Und so sieht das dann „vor Ort“ aus:

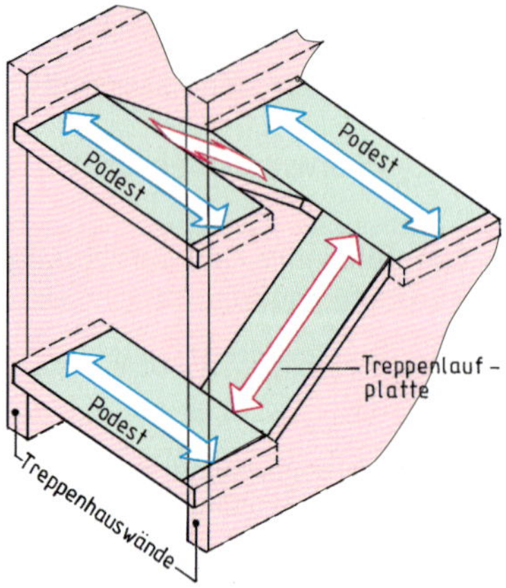

Abgeknickte Laufplatte
Und so sieht das dann „vor Ort“ aus:

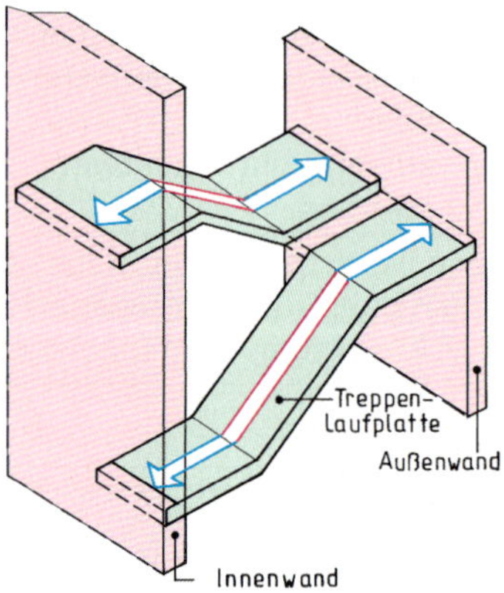

So könnten andere gerade Treppen als Laufplattentreppen ausgeführt werden:

Einläufig, gerade Treppe:

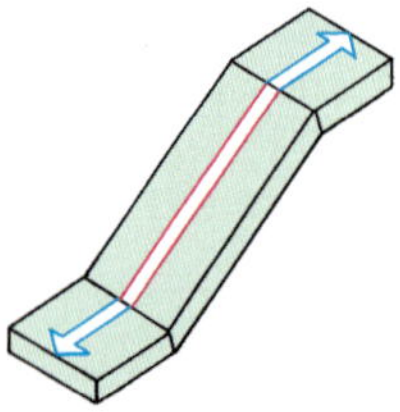

Zweiläufige gewinkelte Linkstreppe (mit Zwischenpodest)

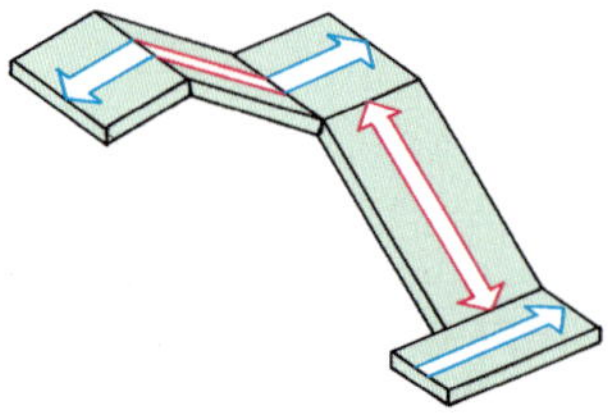

Dreiläufig, zweimal abgewinkelte Linkstreppe (mit zwei Zwischenpodesten)

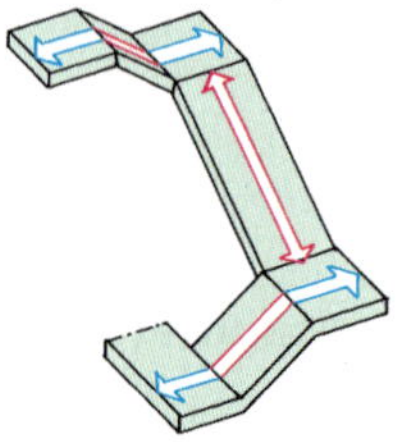

Die Laufplattentreppe kann auch auf einen oder zwei **Stahlbetonbalken** „zusammenschrumpfen“. Auch hier wird der Stahlbetonbalken zwischen die Podeste eingespannt oder eingehängt. Die Stufen müssen mit dem Balken biegesteif verbunden werden.

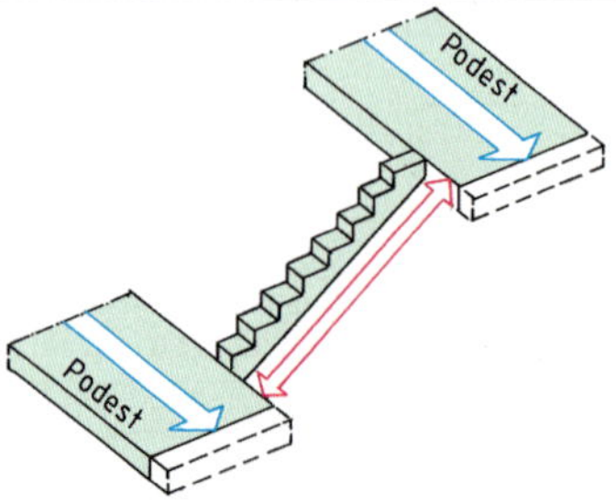

So sieht die Einspannung des Stahlbetonbalkens zwischen den Podesten aus!

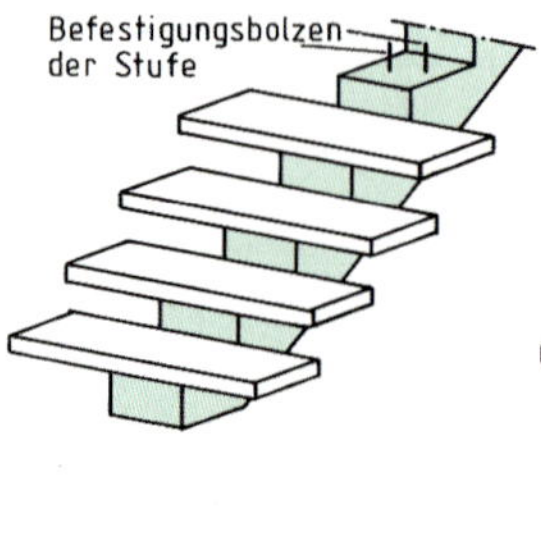

Ausführung: Mittiger Stahlbetonbalken

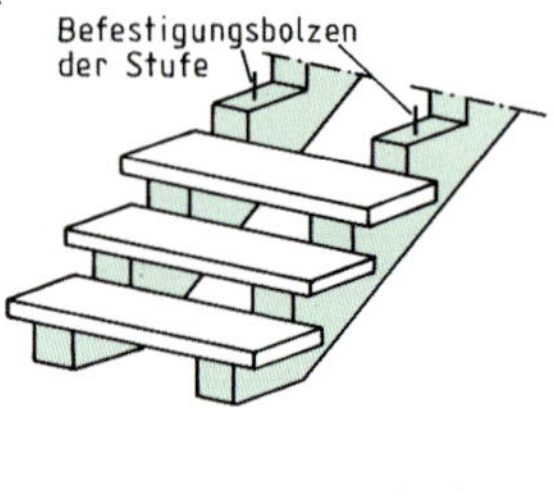

Ausführung: Zwei seitliche Stahlbetonbalken

Merke:

Längs gespannte Treppenlaufplatten oder -balken werden wegen ihrer einfachen Herstellung bevorzugt.
Dabei werden abgeknickte Laufplatten meist „vor Ort“ auf der Baustelle hergestellt, während zwischengesetzte Laufplatten meist als Fertigteil geliefert werden.

3.3 Stahlbetontreppen aus Ortbeton

Stahlbetontreppen aus Ortbeton (z. B. abknickende, von Wand zu Wand durchlaufende Laufplatten, gewendelte Treppen) ermöglichen fast jede gewünschte Form von Treppen, haben dann aber den Nachteil, dass sie aufwendig herzustellen sind.
D. h. es muss **eingeschalt, bewehrt** und **betoniert** werden.

3.3.1 Herstellen einer geraden Treppe

Schalungsarbeiten

Ortbetontreppen werden im Bauwerk eingeschalt. Besonders das Einschalen der schrägen Unterfläche und der senkrechten Stufenflächen ist sehr arbeitsaufwendig.

Wie wird eine gerade Treppe eingeschalt?

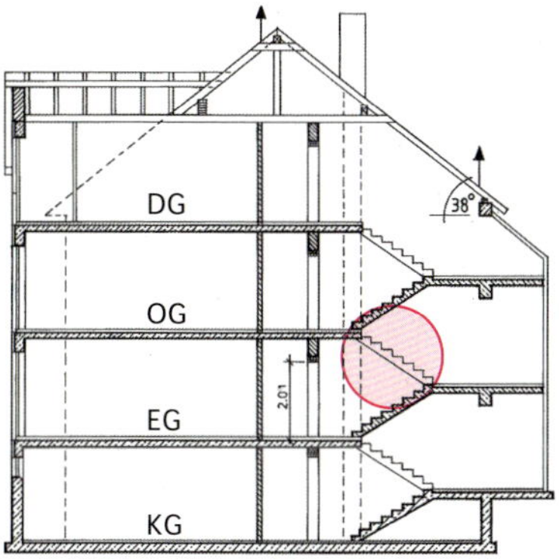

Beispiel: Oberer Treppenlauf „unserer“ Treppe zwischen EG und OG

Treppenart:
Zweiläufige Linkstreppe mit Zwischenpodest

Vorgaben:
- Treppenlauflänge: 1,96 m (siehe Treppenberechnung)
- Anzahl der Steigungen: 16 = 2 x 8 Stufen
- Steigungsverhältnis s/a = 17,2 / 28
- Geschosshöhe: 2,755 m
  → Treppenhöhe somit: 2 x 1,377 m

So etwa müsste die Schalung für den oberen Treppenlauf „stehen“:

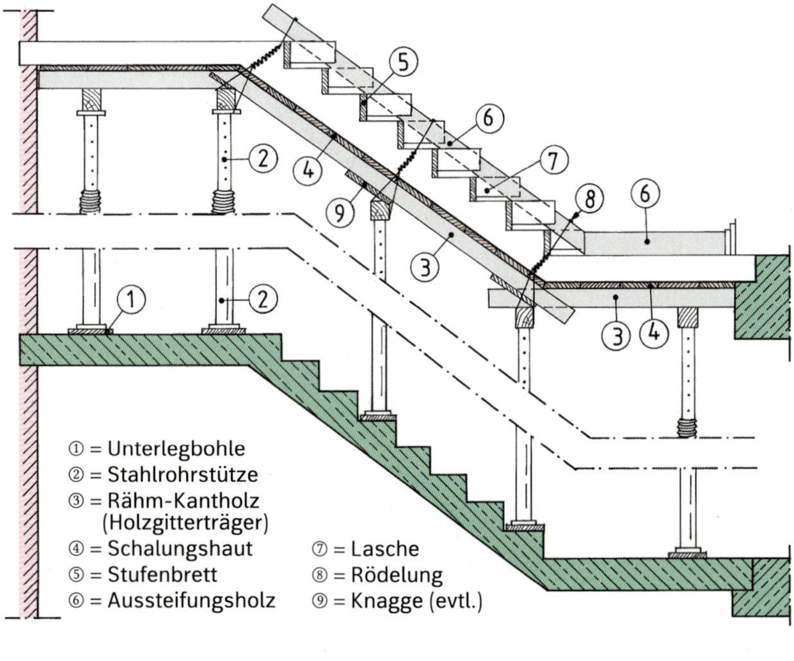

Welche Aufgaben übernehmen die einzelnen Teile?

1. Die **Schalhaut** formt → Positionen 4, 5, 7, 8 und die nicht dargestellten Wangenbretter.
2. Die **Aussteifung** nimmt die Kräfte auf → Positionen 6, 9.
3. Die **Unterstützung** leitet die Kräfte ab → Positionen 1, 2, 3.

Von oben betrachtet müsste die Schalung für die Treppe so aussehen:

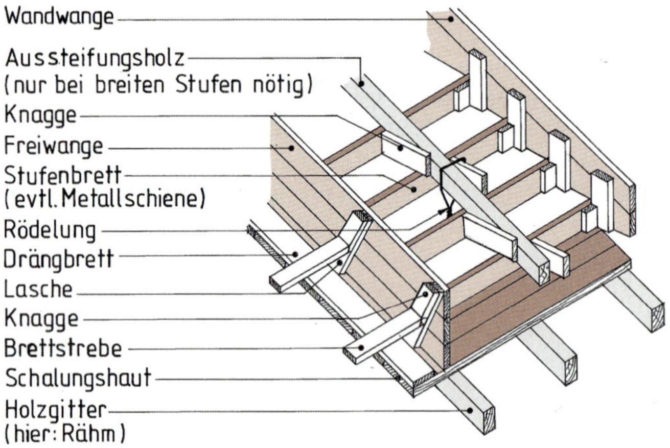

Welche Arbeitsschritte sind für die Herstellung der Schalung erforderlich?

1. Arbeitsschritt: Aufreißen der Treppe (am Boden)

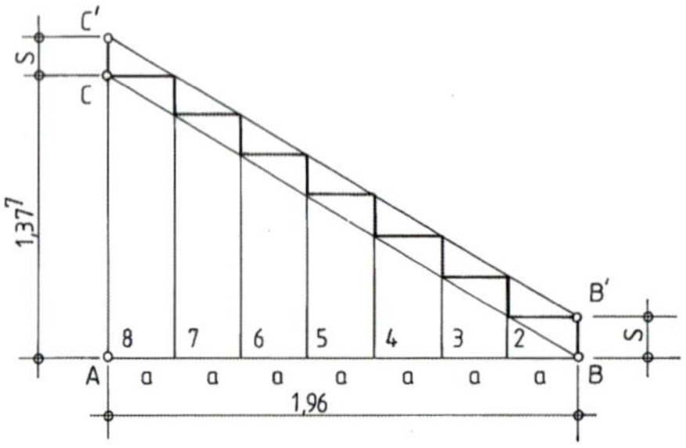

Und so geht man vor:

1. Linie zeichnen: Treppenlauflänge (A – B = 1,96 m) auftragen.
2. Treppenhöhe (A – C = 1,377 m) senkrecht über A auftragen.
3. Treppenlauflänge in die Anzahl der Auftritte (a = 28 cm) einteilen. → 7 Stück
4. Steigung eintragen (s = 17,2 cm): <u>über</u> B und über C → ergibt B' und C'
5. Mit Linien verbinden: B' – C' und B – C → Stufenbegrenzung
6. Alle Stufen zeichnen.

2. Arbeitsschritt: Konstruktionshöhen berücksichtigen und anreißen

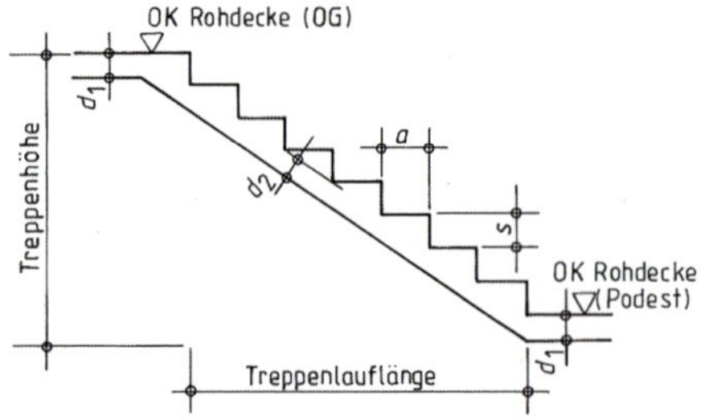

Für „unsere" Treppe müssen wir berücksichtigen:

- d_1 = Dicke der Podestrohdecke = 16 cm
- d_2 = Dicke der Laufplatte = 14 cm

3. Arbeitsschritt:

- Wangentafeln herstellen (nach dem Aufriss),
- erforderliche Schalhaut, Aussteifung und Unterstützung erstellen und aufbauen,
- anschließend Treppenschalung anbringen.

Da man sich diese Arbeitsgänge schwer vorstellen kann, hier zur Übersicht noch einmal die Umsetzung an einem anderen Beispiel:

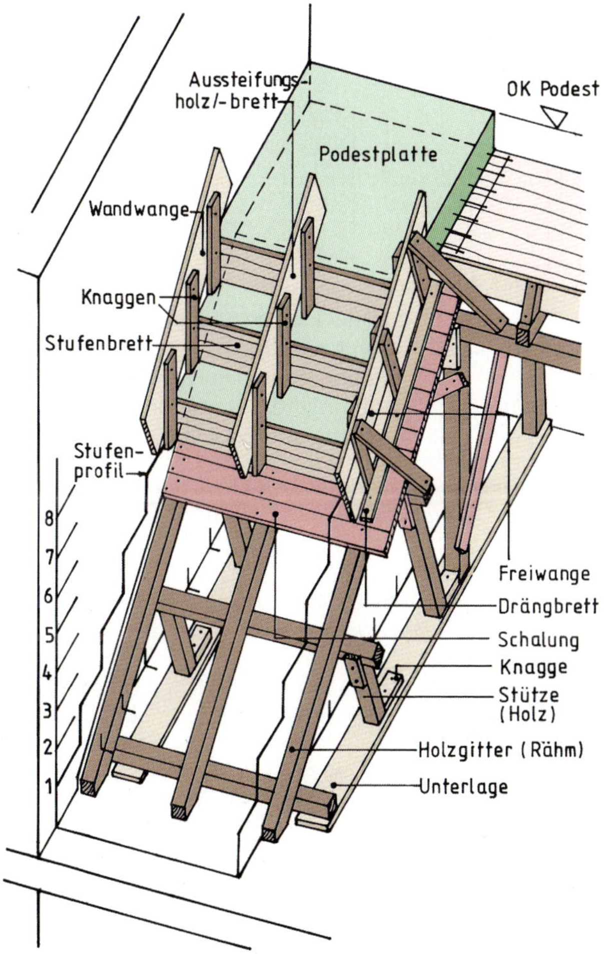

Arbeitsschritte zur Herstellung der Schalung:

1. Aufreißen der geraden Treppe an der vorhandenen Wand (Stufen- und Laufplattendicke)
2. Wandwange über der eingemessenen Schalhauthöhe an die Wand dübeln oder nageln.
3. Laschen für die Befestigung der Stufenbretter über der eingemessenen Stufenoberkante an die Wandwange nageln
4. Podestunterbau aufstellen, Laufplattenunterbau aufstellen
5. Laufplattenschalung dicht abbrettern
6. Drängbrett für die Befestigung der Freiwangentafel annageln
7. Freiwangentafel herstellen
8. Freiwangentafel lotrecht einrichten und absteifen
9. Seitenbrett der Podestplatte einpassen und abdrängen
10. Nach dem Einbau der Bewehrung Stufenbretter maßgenau einbauen
    ⇒ *Auf die Bewehrungslage wurde im Bild zwecks Übersichtlichkeit verzichtet.*
11. Mittlere Aussteifung herstellen, Spanndraht einziehen und abspannen
    (Der Beton wird natürlich als Letztes eingebracht → *hier zur Veranschaulichung schon gemacht.)*

Bewehrungsarbeiten

Folgende Bewehrungsgrundsätze sind zu beachten:

1. Die Bewehrung hängt von den Auflagerkräften ab.

Abgeknickte Laufplatte

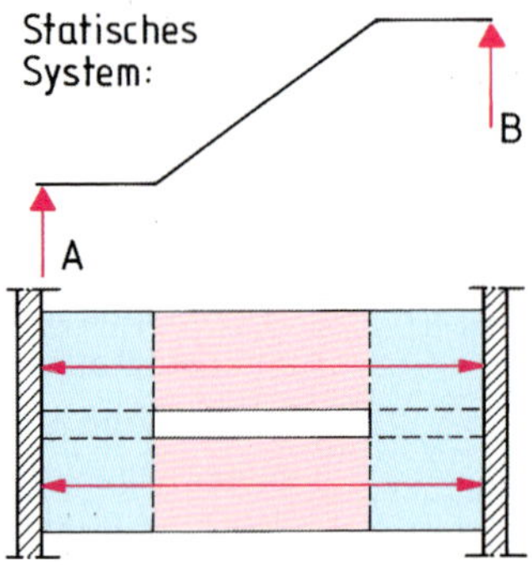

„Zwischengesetzte“* Laufplatte

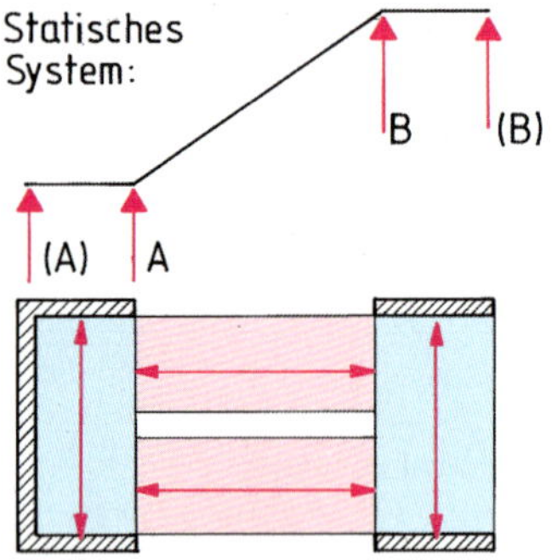

Das erfordert:

→ bei der großen Spannweite (von A nach B) mit zwei Knickstellen
- dicke und lange Bewehrung
- hohe Stahlbetondicke in Laufplatte und Podest / Decke

→ bei der kleinen Spannweite (von A nach B)
- dünnere und kürzere Bewehrung
- geringere Stahlbetondicke in Laufplatte und Podest / Decke

** Anm.: Obwohl Laufplatte + Podest/Decke gleichzeitig hergestellt werden, betrachtet man eine solche Laufplatte aufgrund der Spannrichtung als zwischengesetzt.*

2. Bei der abknickenden Laufplatte müssen „Knickstellen“ besonders bewehrt werden
→ weil hier die Kräfte „umgelenkt“ werden. Daher Bewehrungszeichnung beachten.

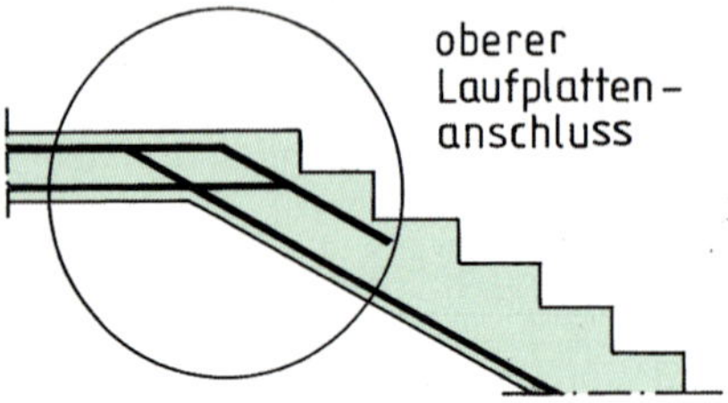

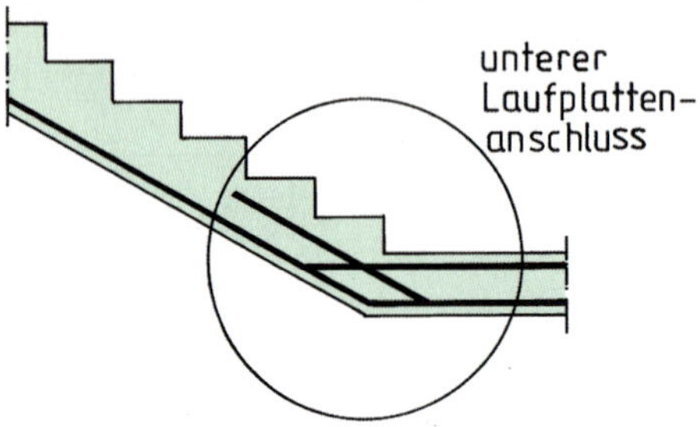

Wie sieht der Herstellungsgang einer Treppenbewehrung aus?

1. Schritt: – Bewehrung gemäß Bewehrungsplan ablängen und zurichten
2. Schritt: – Einteilen der Bewehrungsabstände auf der Schalhaut
3. Schritt: – Schalung säubern und mit Trennmittel behandeln
4. Schritt: – Verlegen der Bewehrung
   → **Abstandhalter** nicht vergessen!

Für „unser" Haus wird die „abgeknickte Laufplatte" gewählt.
Und so sieht der dazugehörige Bewehrungsplan aus:

Schnitt: obere Treppenlaufbewehrung – 8 Stufen 17,2/28 cm (EG – OG)

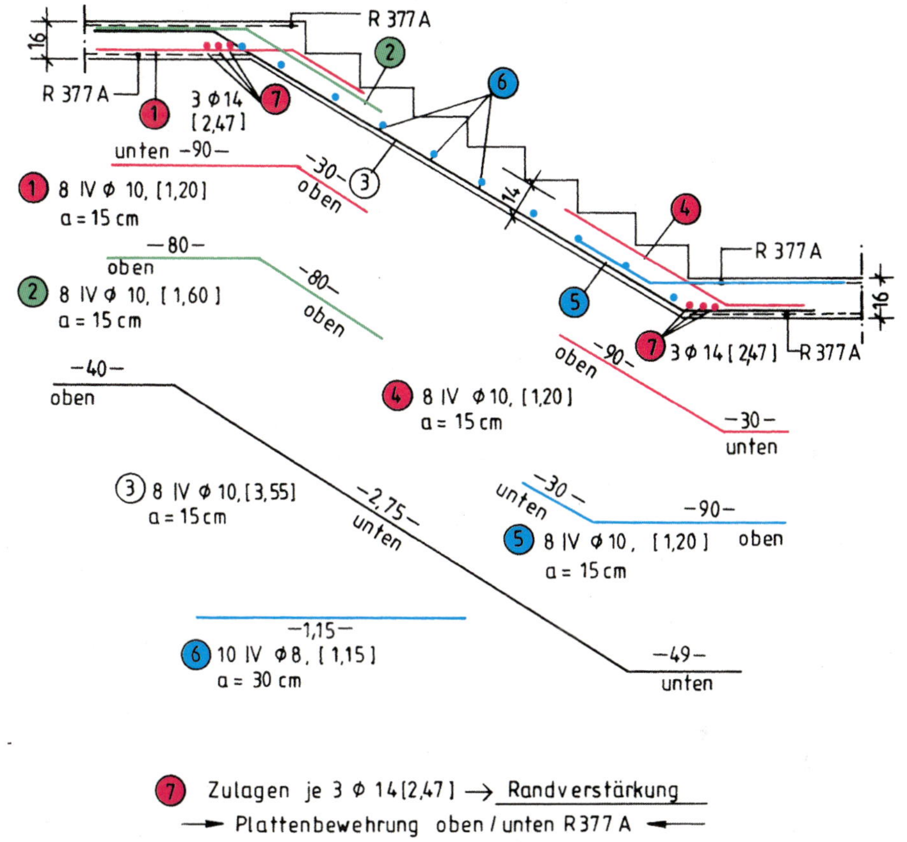

Beton: C 25/30; Betonstahl IV S und M;
Betondeckung: $c = 2$ cm

Arbeitsfuge: am unteren Knickpunkt
Bewehrung: je Treppenlauf
Stufenzahl: siehe Positionsplan

Anm.: Um die Bewehrungslage der einzelnen Stäbe zu verdeutlichen, wurden diese farblich unterschieden.

BETONSTAHLLISTE für B 500 – obere Treppenlaufbewehrung								
Pos.-Nr.	Stückzahl	Ø mm	Schnittlänge	Form	Gesamtlänge Ø 8	Ø 10	Ø 14	Ø
1	8	10	1,20	siehe	–	9,60	–	
2	8	10	1,60	Verlege-	–	12,80	–	
3	8	10	3,55	plan	–	28,40	–	
4	8	10	1,20		–	9,60	–	
5	8	10	1,20		–	9,60	–	
6	10	8	1,15		11,50	–	–	
7	(2x3)	14	2,47		–	–	14,82	
		Gesamtlänge in		m	11,50	70,00	14,82	
		Masse je m		kg/m	0,395	0,617	1,21	
		Masse je Ø		kg	4,54	43,19	17,93	
		Masse gesamt		kg	65,66			

Betonverarbeitung

Dazu merken Sie sich:

- Betonkonsistenz F2 oder C2,
  sonst zu weicher Beton → Frischbeton könnte an der Stufenschalung „aufschwimmen“;
  zu steifer Beton → gerade an der Arbeitsfuge (z. B. Podest – Treppenlauf) könnten Kiesnester entstehen → *darf nicht passieren*.
- Sieblinie 0/16, damit bei Laufplatten mit hohem Bewehrungsanteil die Betonverarbeitung erleichtert wird.
- Betoneinbringung von unten nach oben,
  damit durch den Eigendruck des Frischbetons möglichst wenige Hohlräume entstehen.
- Betonverdichtung mit Innenrüttler.

3.3.2 Materialbedarfsberechnungen für eine Ortbetontreppe

Für eine Ortbetontreppe muss natürlich auch der Materialbedarf grob berechnet werden können. In der Regel werden Podest(e) und Lauftreppe(n) zusammen als Einheit behandelt.

→ *Hier soll für „unser“ Haus exemplarisch nur eine Laufplatte bezüglich Schalhaut und Betonbedarf berechnet werden.*

Oberer Treppenlauf „unseres“ Hauses

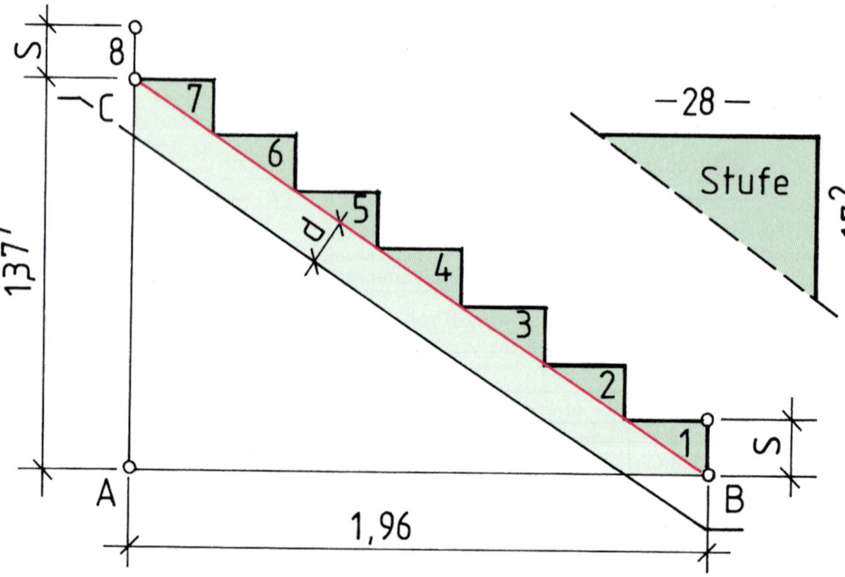

Wie geht man vor?

1. Schritt: Berechnen der Laufplattenlänge *(rote Linie in der Skizze)*

→ Pythagoras

$l_{Laufplatte} = (1{,}96\ m)^2 + (1{,}377\ m)^2 = \underline{2{,}40\ m}$

2\. Schritt: Berechnen der Schalungsfläche

$A_{Schalung} = l_{Laufplatte} \times b_{Treppe}$ (b „unserer" Treppe = 1,10 m)
$= 2{,}40\ m \times 1{,}10\ m = 2{,}64\ m^2$

⇒ Der Schalungsbedarf für eine Laufplatte beträgt somit 2,64 m^2 (ohne Wangentafeln, Knaggen etc. ... und ohne Podeste).

3\. Schritt: Berechnen des Betonbedarfs

a) für die Laufplatte

$= A_{Schalung} \times d_{Laufplatte} = 2{,}64\ m^2 \times 0{,}14\ m = \underline{0{,}37\ m^3}$

b) für die Keilstufen

$= V_{Stufen} \times (n - 1)$ Steigungen → *Austritt gehört zum Podest*

$= (0{,}28\ m \times 0{,}172\ m) : 2 \times 1{,}10\ m \times (8-1)$ Stufen

$= 0{,}024\ m^2 \times 1{,}10\ m \times 7 = \underline{0{,}18\ m^3}$

Gesamtbetonbedarf für die Laufplatte + 7 Stufen ~ 0,55 m^3

→ *Den Materialbedarf an Schalung für Wangen, Unterkonstruktion und Aussteifung „schenken" wir uns, da er jeweils „vor Ort" gemessen und berechnet werden muss. Dies gilt auch für den Betonbedarf für die Podeste!*

A – Te *Anhand einer praxisgerechten Aufgabe können Sie Ihr Wissen testen. Siehe hierzu Arbeitsheft, Blatt 109.*

Proj – Te/Ma *Eine kleine Projektaufgabe finden Sie im Arbeitsheft, Blätter 110, 111.*

A – TK *Zeichnungslesen: Gerade, zweiläufige Treppe → Arbeitsheft, Blätter 112, 113.*

A – TK *Eine Konstruktionsaufgabe „Gerade Treppe" finden Sie im Arbeitsheft, Blatt 114.*

3.4 Treppen aus Stahlbetonfertigteilen

Um das zeitaufwendige Schalen und Bewehren von Treppen „vor Ort" einzusparen, werden Treppen- und Podestfertigteile im Betonwerk bestellt und entsprechend dem Baufortschritt eingebaut.
Fertigteiltreppen und -podeste sind sehr passgenau und haben eine dichte und gleichmäßige Oberflächengüte → durch werkmäßige Herstellung in Stahlschalungen.
Der gewünschte Treppenbelag wird entweder später oder sofort bei der Herstellung aufgebracht.

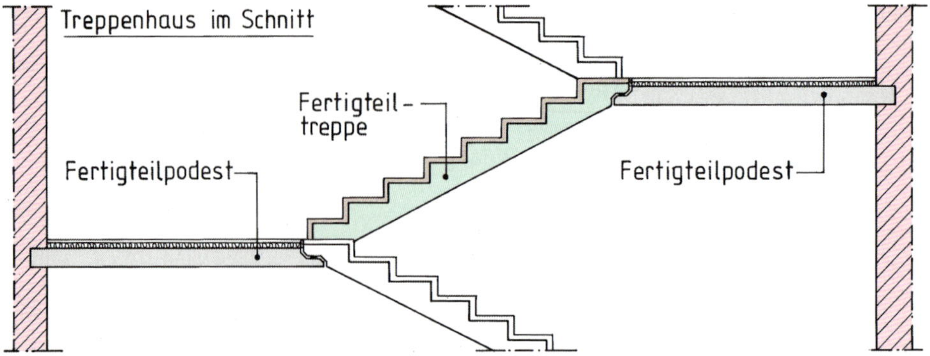

So wird ein quer gespanntes **Fertigpodest** auf den Außenwänden aufgelegt!

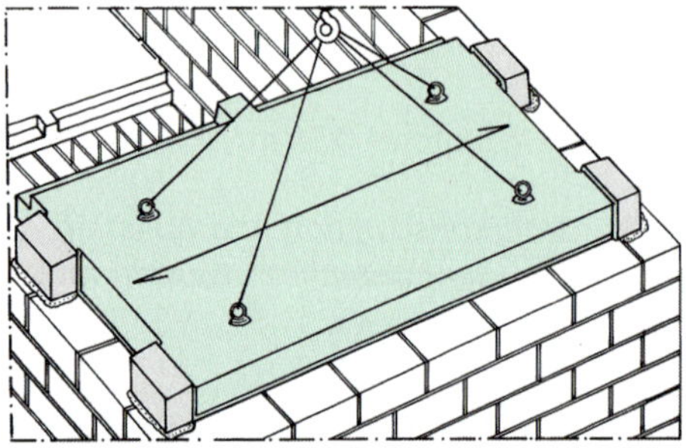

Zwischen die Podeste wird anschließend die Laufplattentreppe eingehängt (wichtig: Auflagerfalz).

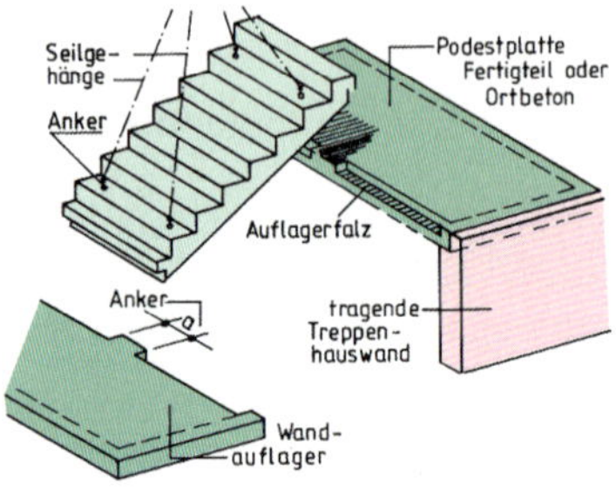

So sieht das in der Praxis aus:

Worauf muss besonders geachtet werden?

„Knackpunkte“ sind:

- Auflagerung der Podeste (Wandverankerung) und
- die Treppenauflager (Falze).

Sie müssen sowohl die Kräfte übertragen als auch „schallgedämmt“ sein!

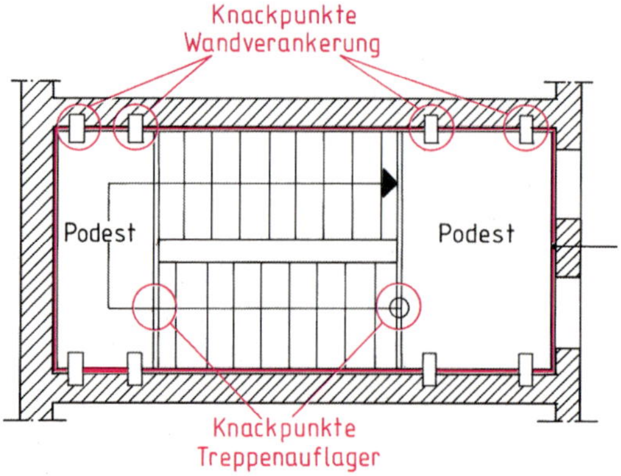

Wichtig!
Ringsum muss eine **Randfuge** von ~ 1 cm bleiben. (Vermeidung von Schallübertragungen)

So werden die Podestplatten im Mauerwerk verankert:

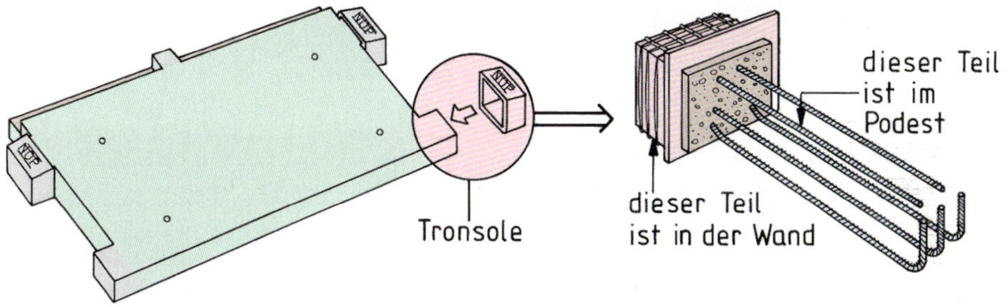

Nur die Ecken (Fachbegriff: **Tronsolen**) liegen auf dem Mauerwerk auf. Die Kappe verhindert Trittschall.

So sieht eine Tronsole mit Bewehrung aus! Sie dient zur Kraftübertragung auf die Wand.

Vorteile:

- Einfache Herstellung, schnelle Verlegung und besonders: **gute Trittschalldämmung**.
  → Die Podeste berühren die Außenwände nur an ganz wenigen Stellen, ansonsten ist eine Mindestrandfuge ringsum von 1 cm vorhanden,
  → *dadurch entfallen die späteren lästigen Schallübertragungen der Treppengeräusche.*

So wird die Fertigteiltreppe eingehängt:

Unterer Treppenanschluss: **Oberer** Treppenanschluss:

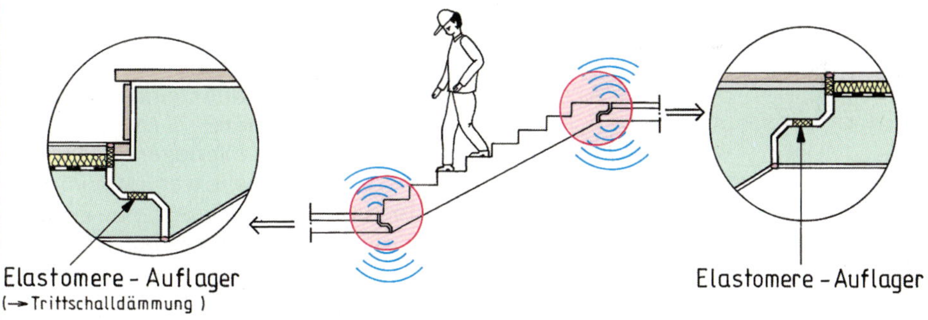

3.5 Gemauerte Treppen im Außenbereich

Außentreppen werden als Freitreppen in Park- und Gartenanlagen sowie als Eingangstreppen von Gebäuden erstellt.
Material: Natursteine, Mauerziegel, Klinker oder Fertigtreppenstufen (Betonkern mit Keramikklinkern).

Gartentreppe mit Basaltplatten verkleidet

Treppe mit Fertigtreppenstufen

⇒ *Hier ist der Maurer „gefordert"!*

3.5.1 Natursteintreppen

Verwendung: vorw. als Freitreppen in Außenanlagen.

Was muss beachtet werden?

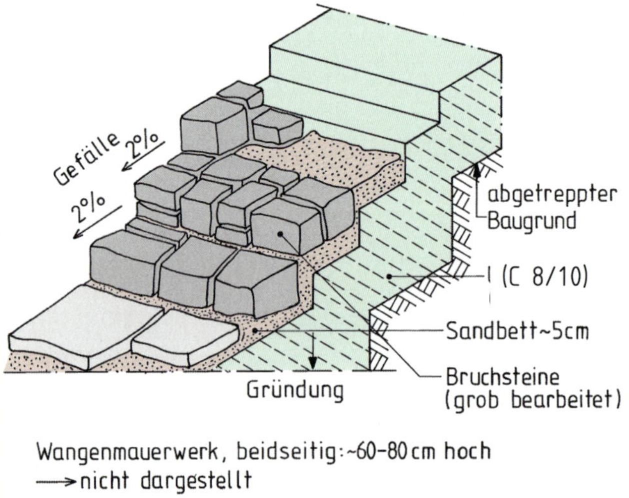

- **Frostfrei gründen** und Baugrund abtreppen → gilt besonders für Antritt- und Austrittstufe sowie das Wangenmauerwerk.
- **Unterbeton** (unbewehrter C8/10 oder C 12/15) bei Publikumsverkehr.
- Natursteine im **Sandbett** (~ 5 cm) verlegen → Verlegeregeln wie beim Natursteinmauerwerk.
- **Natursteine** in **MG III** verlegen.
- **Gefälle ~ 2 %**

Zwei Punkte, die Sie sich merken sollten:

1. Damit am Treppenanfang keine Schubkräfte entstehen, soll das Fundament abgetreppt werden.

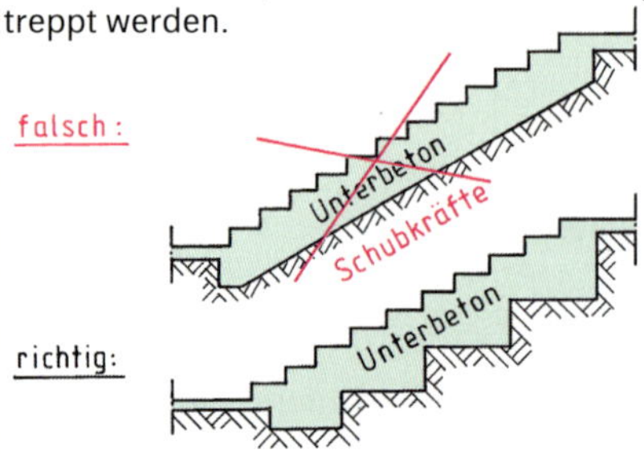

2. Bei Hauseingängen, die über dem Erdreich liegen, sollte die Stahlbetonwange so gegründet werden:

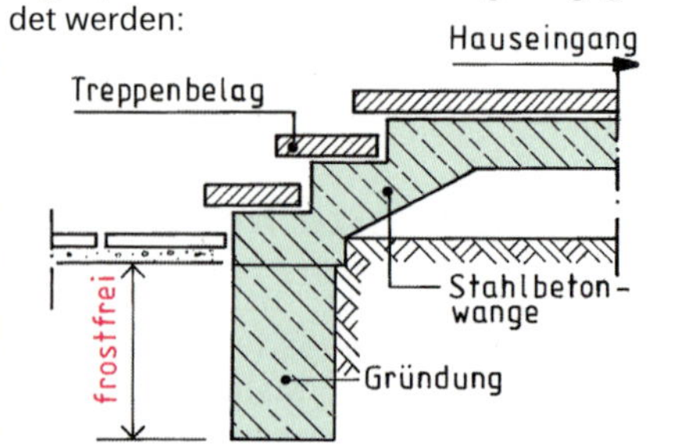

3.5.2 Treppen aus Mauerziegeln

Verwendung: vorw. bei Gestaltung von Parkanlagen zur Überwindung geringer Höhen.

Was muss beachtet werden?

Auch hier gilt wie bei Natursteintreppen:

- frostfrei gründen und Baugrund abtreppen,
- Unterbeton C8/10 oder C12/15,
- Verfugen mit MG III,
- Gefälle ~ 2 %.

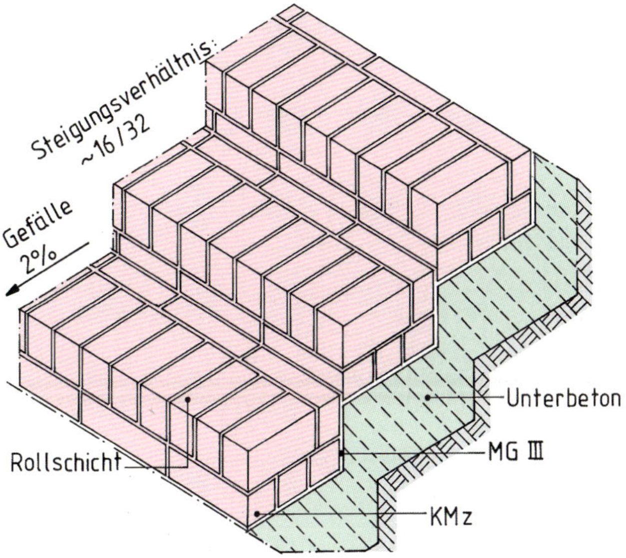

- Hochfeste und **frostbeständige** Ziegel oder Klinker verwenden. (→ Empfehlung: KMz)
- **Ausführung**: Mit und ohne Unterschneidung der Stufen.
- **Steigungsverhältnis 16/32 anstreben;** Rollschicht als letzte Schicht der Stufe empfiehlt sich. → Verbandsart ist nicht vorgeschrieben.
- Werden Treppen um Ecken gemauert, empfiehlt sich die Ausführung **bewehrtes Mauerwerk** → Ecken brechen dann kaum ab.

Oft zu sehende Ausführungen der Stufenausbildung:

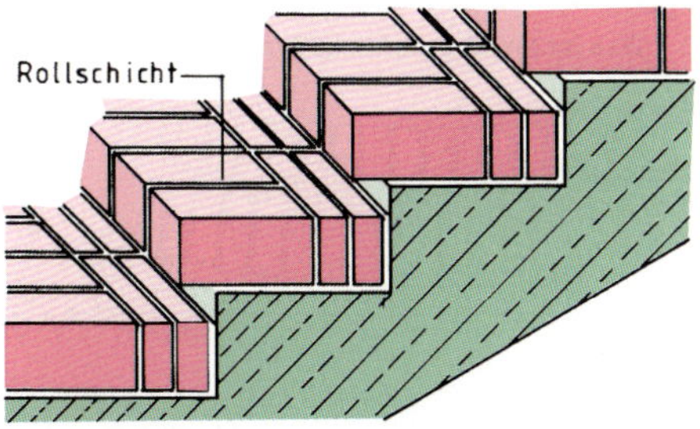

Die Auflagerfläche bei Unterschneidung sollte 4/5 der Steinlänge nicht unterschreiten.

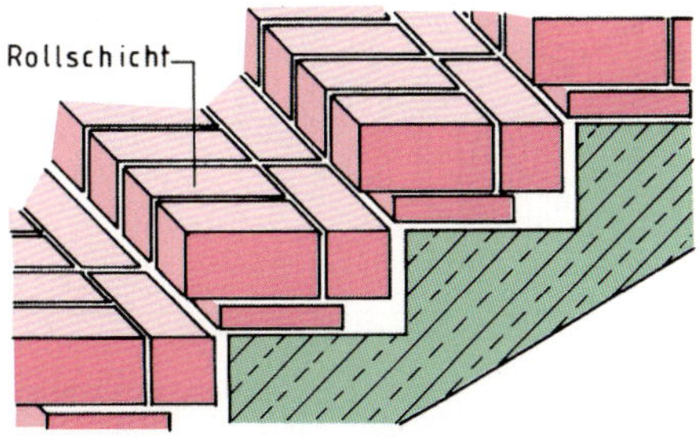

Achtung! Hier besteht Kippgefahr bzw. die Gefahr des Verkantens der hinteren Steinreihe.

3.5.3 Fertigtreppenstufen

Gemauerte Treppen werden heute immer seltener erstellt → zu hoher Zeitaufwand, Lohnkosten. Daher findet man bei großen Park- und Freizeitanlagen immer mehr Fertigstufen vor.
Herstellung: Betonkern (C 55/60) wird mit Keramikklinkern belegt. Auf der Baustelle wird die fertige Stufe in ein Betonbett verlegt.
Standardbreite: 30 cm; Ausführung: gerade Stufe oder gerundet.

So werden Fertigtreppenstufen einschließlich Abdeckung der Mauerwange eingebaut:

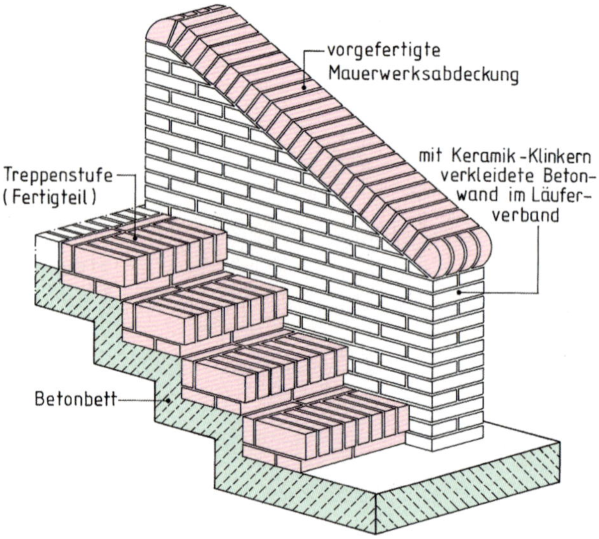

So kann eine Fertigtreppenstufe auch aussehen:

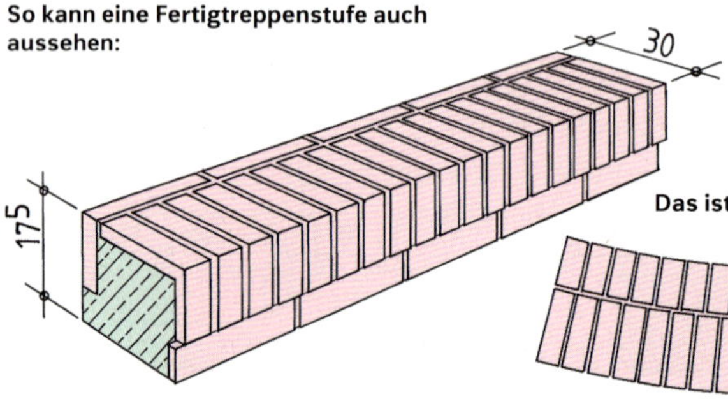

Das ist ein Bogenstück (Draufsicht):

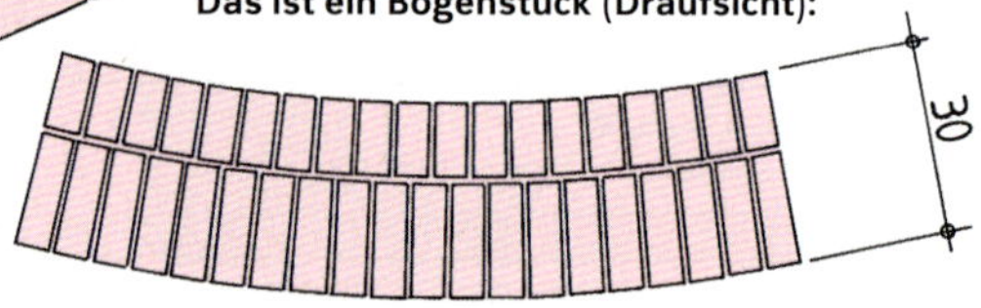

Testen Sie sich • Testen Sie sich

Nennen / Erklären Sie ...

1. die beiden Ausführungsarten aufgelagerter Treppen,
2. das Merkmal der Stahlbeton-Laufplattentreppe,
3. den Begriff „längs gespannt“,
4. Vorteile der Fertigteiltreppen gegenüber herkömmlich geschalten Treppen,
5. die Aufgaben einer Tronsole,
6. vier Punkte, die bei der Anlage einer Natursteintreppe zu beachten sind.

Hauseingang mit Fertigsystemtreppe:

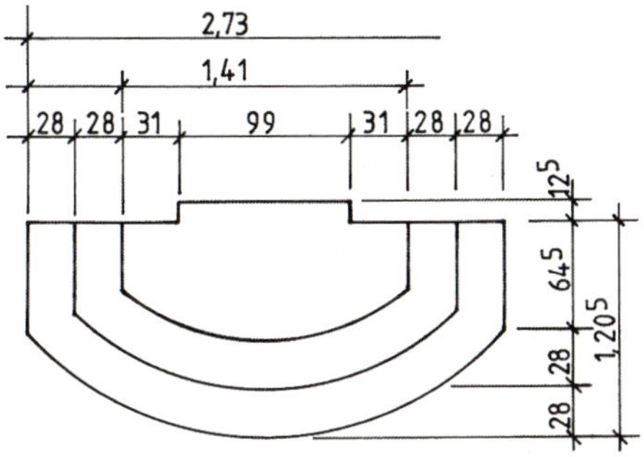

Zusammenfassung von Kapitel 3:

Treppenausführungen

- Die Lage im Gebäude, die Wahl der Baustoffe und die gewünschte Treppenart bestimmen die Ausführung der Treppen.
- Generelle **Anforderungen an Treppen** sind: Sie müssen sicher und bequem zu begehen sein, alle tragenden Teile müssen aus nicht brennbaren Baustoffen bestehen und die Stufen müssen rutschsicher, abriebfest und pflegeleicht sein.
- **Treppenkonstruktionen** können ausgeführt werden als aufgelagerte Treppen, eingespannte Treppen und Stahlbeton-Laufplattentreppen.
- **Laufplattentreppen** werden als zwischengesetzte oder abgeknickte Laufplatten verwendet.
- **Fertigteilpodeste und Fertigteiltreppen** ersetzen immer mehr die herkömmliche Treppenschalung. Besonderer Vorteil: gute Trittschalldämmung.
- **Gemauerte Treppen** im Außenbereich werden aus Natursteinen, Mauerziegeln (Klinkern) und Fertigtreppenstufen (Betonkern mit vorgesetzten Klinkern) ausgeführt.

A – Te *Aufgaben zur Wiederholung finden Sie im Arbeitsheft, Blatt 115.*

T *Einen Test zum gesamten Lernfeld finden Sie im Arbeitsheft, Blätter 116/117.*

Lernfeld 14:
ÜBERDECKEN EINER ÖFFNUNG MIT EINEM BOGEN

Hier behandeln wir die Lernabschnitte:

1 Rundungen

Rundungen und Bögen dienen vorwiegend der künstlerischen Gestaltung und stellen – gemauert oder gepflastert – hohe Anforderungen an den Ausführenden
→ *Maurer, Betonbauer oder Straßenbauer.*

1.1 Herstellen von Rundungen

Gepflasterte Rundungen

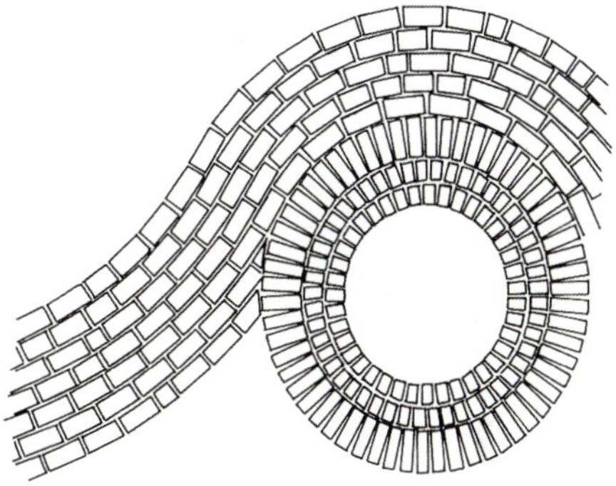

Gepflasterte Rundung im Straßenbau

Gerundete Gebäudeecken („Runderker"), geschwungene Einfriedungen von Grundstücken (z. B. Gartenmauern) oder Brunnen und Sitzpilze in Anlagen sind typische Beispiele für abgerundete gemauerte Bauteile.

Merkmale:
- Ausführung: fast immer mit **Klein- und Mittelformat (2 DF)** → sind am besten an die Rundung anzupassen
- Verbandsart: **Binderverband** → bedingt durch die Fugendicke
- Überbindung: 1/2 Kopf = **6,25 cm**

Am Beispiel der Einfriedung bei „unserem" Haus soll die Vorgehensweise zum Erstellen von Rundungen erläutert werden.
Die gekennzeichneten Punkte an der Tiefgarageneinfahrt und am Fußweg sollen mit einem Viertelkreis abgerundet werden:

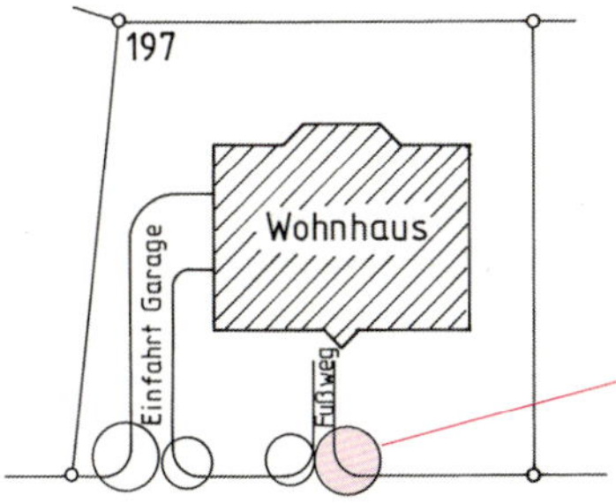

So stellt sich das Problem dar!

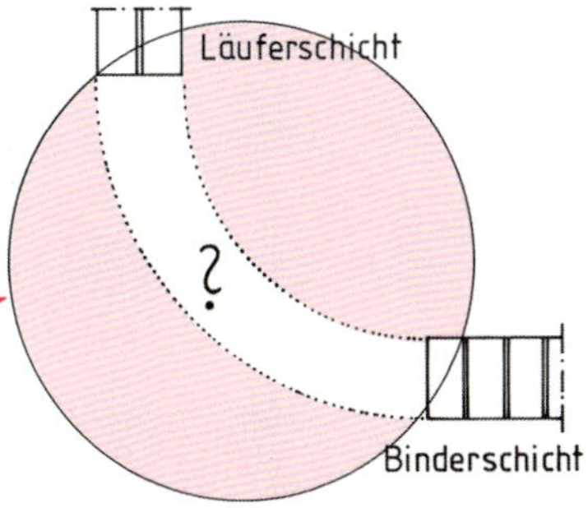

Wie wird die Rundung (Viertelkreis) ermittelt?

So geht man vor:

① An Läuferschicht 6,25 cm eingerückt markieren
→ wichtig für Überbindung in 2. Schicht

② Rechte Winkel abtragen

③ Schnittpunkt markieren und Schnurnagel fest einschlagen

④ Schnur spannen, Kreisbogen anreißen (gemeint ist dabei immer der Außenradius)
→ jede Steinschicht immer mithilfe der waagerecht gespannten Schnur kontrollieren (oder Wasserwaage)

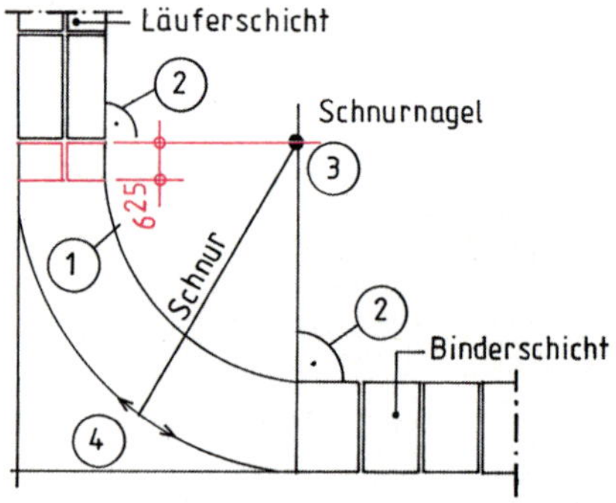

Wie wird die Rundung gemauert?

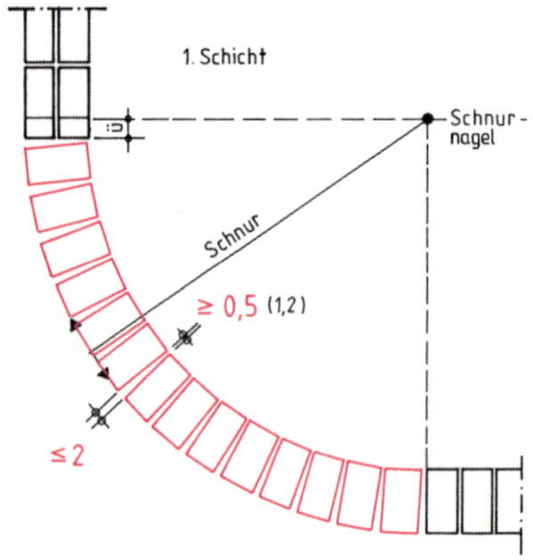

- 1. Schicht so auslegen oder nach Berechnung (siehe hierzu nachfolgend bei „Mauerbögen“)
- Stoßfugendicke **innen** ⇒ mind. 0,5 cm
  → höchstens jedoch 1,2 cm
- Stoßfugendicke **außen** ⇒ höchstens 2,0 cm
  (→ Fuge reißt sonst)
- Rundung nur im **Binderverband** mauern
  → da sonst die Stoßfugendicke außen (2,0 cm) überschritten wird

Das wäre die zugehörige 2. Schicht:

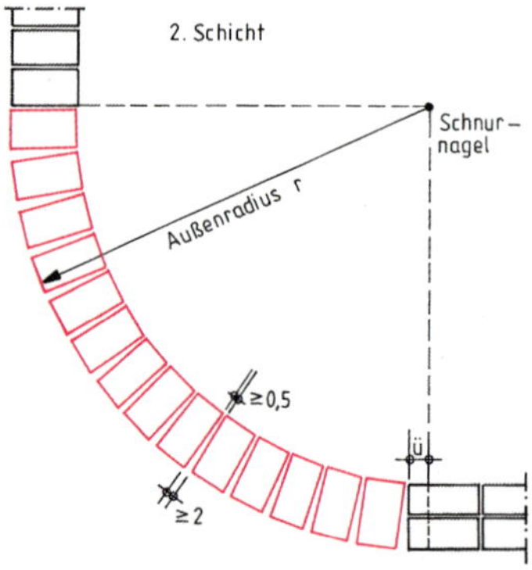

Zur Einhaltung der Stoßfugendicke sind bei verschiedenen Steinformaten **Mindestaußenradien** einzuhalten.

A – Te/TK *Aufgaben zur Rundung finden Sie im Arbeitsheft, Blatt 118.*

2 Stehende Bögen

Im Gegensatz zu Rundungen (die auch als „liegende Bögen" bezeichnet werden) werden Bögen über Maueröffnungen, z. B. Fenster, Türen oder Durchgänge (siehe Foto), als „stehende Bögen" bezeichnet.

Hierfür sind erforderlich:

- arbeitsaufwendige, technische Vorbereitungen → Lehrbogen erstellen
- hohe Arbeitskosten → Spezialarbeit (Einzelanfertigung), evtl. „Spezialsteine" und
- die exakte Einhaltung von Regeln → statische Aufgabe: Lastübertragung.

Daher ist auch hier die Verwendung von Fertigteilen im „Vormarsch".

⇒ *Trotzdem müssen angehende Maurer Bögen konstruieren, berechnen und „per Hand" herstellen können. Diese hohe Kunst des Mauerns wird daher von uns eingehender vorgestellt.*

Mauerbögen
werden unterschieden in:
Rundbogen
Segmentbogen
scheitrechter Bogen ⇒ *scheitrechter Sturz*
Spitzbogen
Korbbogen
einhüftiger Bogen

Aufgaben der Mauerbögen:
die von oben kommenden Lasten aufnehmen und nach unten übertragen.

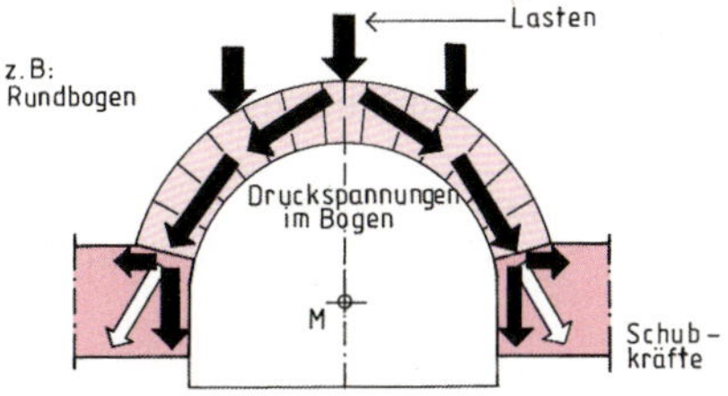

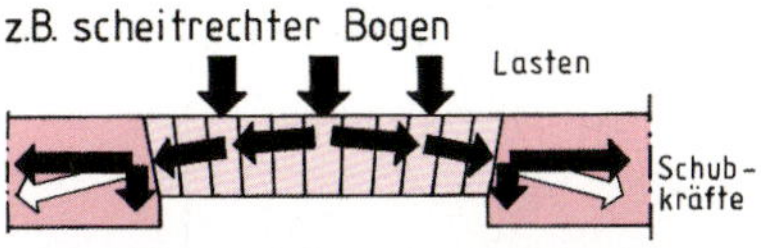

Merke: Je **flacher** der Bogen, desto **größer** sind die Schubkräfte am Auflager

V – Te *Einen Versuch über das Belastungsverhalten finden Sie im Arbeitsheft, Blatt 119.*

2.1 Bogenteile und Herstellungsregeln

Wie heißen die wichtigsten Bogenteile?

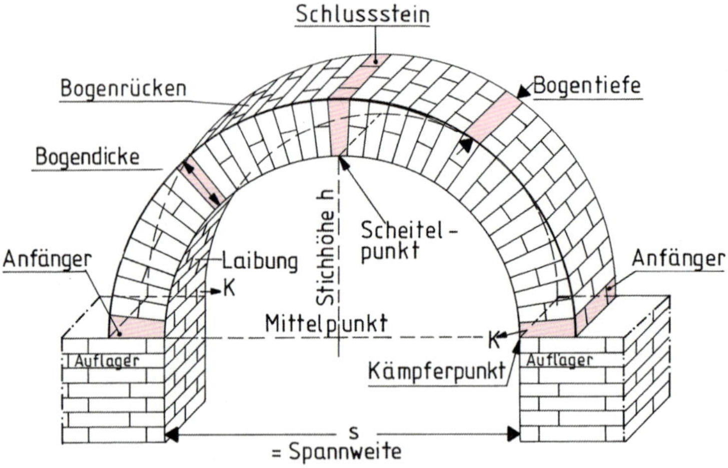

Für alle Bogenarten gelten diese **Fachbegriffe**:

Spannweite *s*	= lichte Weite der Öffnung
Kämpferpunkt K	= Übergang vom Auflager zum Bogen
Laibung	= untere Bogenfläche → bleibt sichtbar
Bogenrücken	= obere Bogenfläche → nicht sichtbar
Scheitelpunkt	= höchster Punkt der Laibung
Stichhöhe *h*	= Abstand Mittelpunkt – Scheitelpunkt
Mittelpunkt	= von dort wird der Bogen „aufgerissen“
Schlussstein	= zuletzt eingesetzter Stein → auch „König“ genannt
Anfänger	= 1. Stein am Auflager

Welche Regeln müssen generell beachtet werden?

Folgende Regeln sind unbedingt einzuhalten:

1. **Fugendicke einhalten**	2. **Steinachsen zum Mittelpunkt einfluchten!**	3. **Am Scheitelpunkt darf keine Fuge sein!**
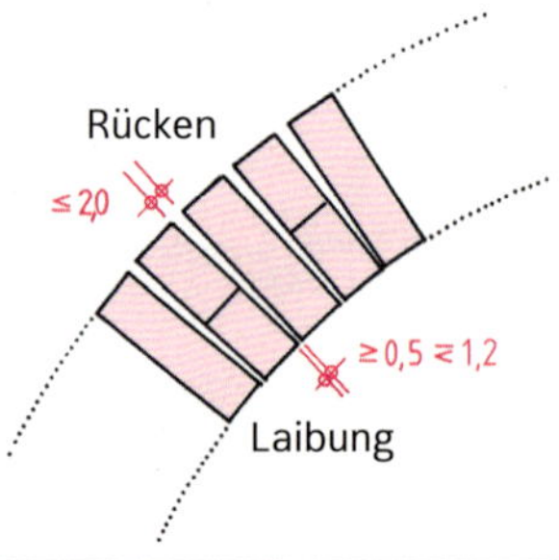	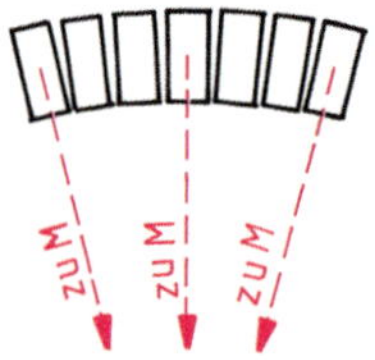 → Aufpassen: Korb- und Spitzbogen haben mehrere Mittelpunkte!	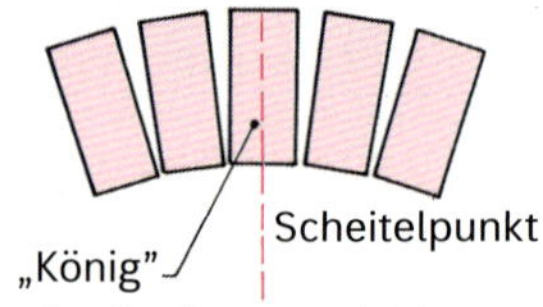 → In der Bogenschicht muss die Steinanzahl **ungerade** sein. → Der Schlussstein „krönt“ und verspannt den Bogen.

4. **Das Auflager muss so begonnen werden, dass der Schlussstein in einer Lagerfuge des weiteren Mauerwerks endet!**
→ Sonst sind zusätzliche Schneidarbeiten im durchlaufenden Mauerwerk erforderlich.

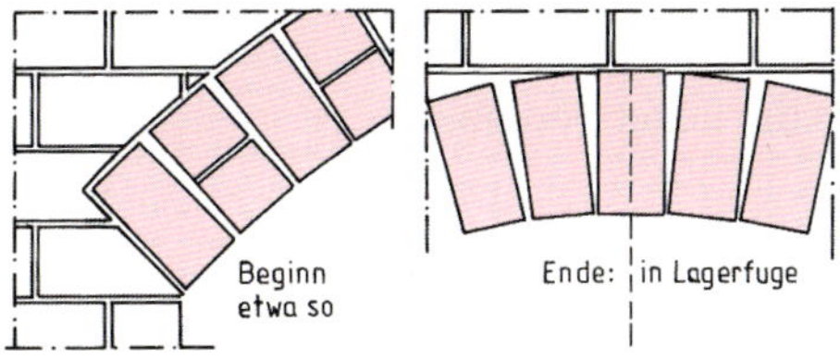

5. **Es wird immer gleichzeitig von beiden Auflagern mit dem Mauern begonnen!**
→ Dadurch wird eine einseitige Belastung des (Lehr-)Bogens vermieden.

6. **Steinfestigkeitsklasse mind. 12 N/mm²;**
Mörtelgruppe mind. MG II

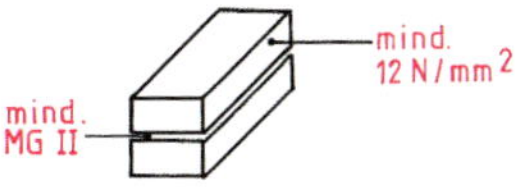

So wird der Bogen richtig ausgeführt:

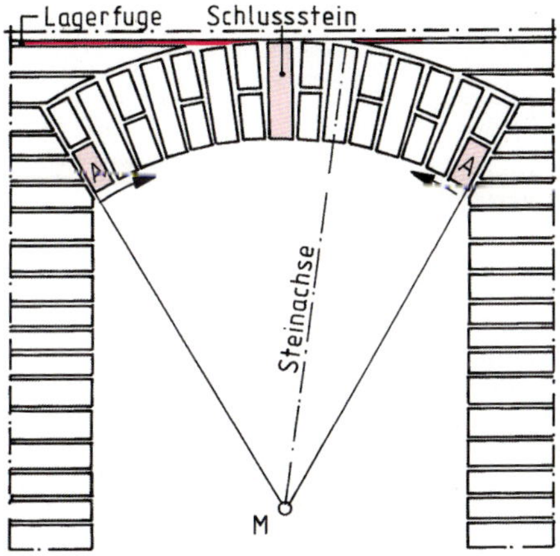

Beispiel: Segmentbogen
→ Hier sind die vorher genannten Regeln eingehalten.

Weitere Regeln, die in der Praxis beachtet werden sollten:

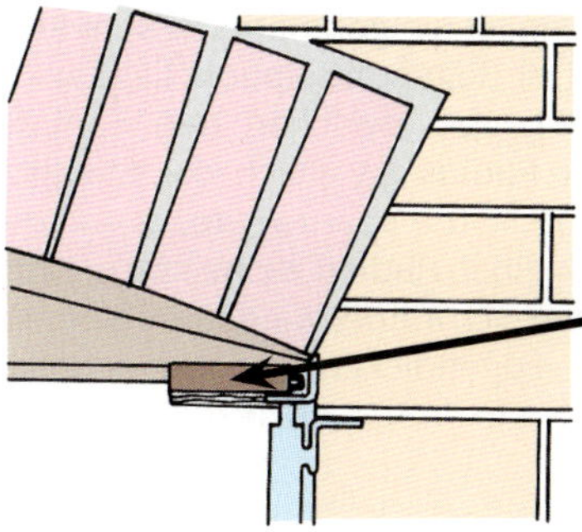

7. „Ausrichten“ der Steine ist mithilfe einer Rolle vorteilhafter als mit einem Schnurnagel (→ das „Augenmaß“ ist der schlechteste Partner).
8. Etwa eine Stunde nach Ende der Arbeiten sollten die Keile an der Unterstützung etwas gelockert werden, damit sich der Bogen „setzt“.
9. Der Lehrbogen sollte nach fünf bis acht Tagen entfernt werden.

In welcher Bogendicke und Bogentiefe werden Mauerbögen ausgeführt?

In der Regel sind üblich:

Bogen 11,5/24 cm	Bogen 24/24 cm	Bogen 24/36,5 cm	selten: Bogen 36,5/36,5 cm
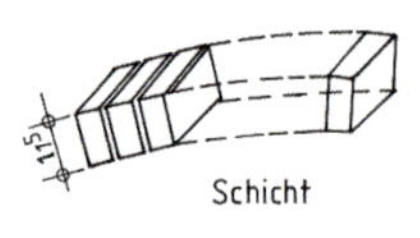	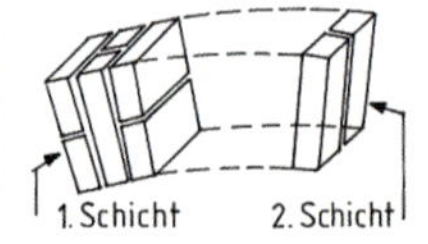	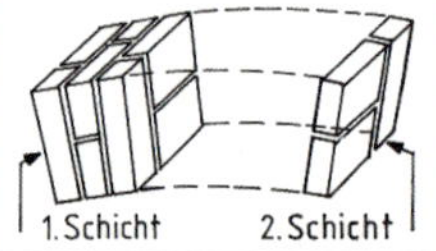	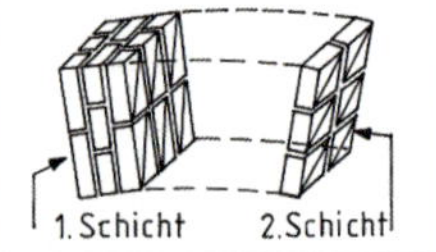

Werden Mauerbögen noch gemauert und nicht mit Fertigteilen hergestellt, wird in der Praxis zuerst eine **Bogenschalung** hergestellt.

Bogenschalung = Lehrbogen + Unterstützung (die den Lehrbogen hält)

Der Lehrbogen muss „aufgerissen“, ausgeschnitten und ausgesteift werden.

Wie wird die Bogenschalung aufgestellt?

Das sind die Einzelteile:
(Beispiel: Segmentbogen)

Lehrbogen

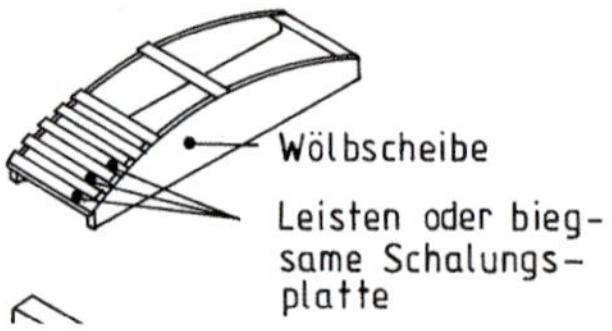

Abstützung
Rundhölzer oder bei größeren Stützweiten Stahlrohrstützen

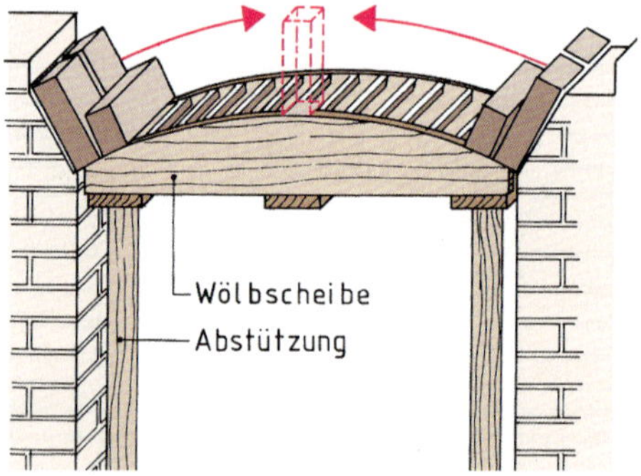

A - Te *Wiederholungsaufgaben zu den Grundsätzen → Arbeitsheft, Blatt 120.*

⇒ Im Folgenden werden wir schwerpunktmäßig nur Rund-, Segment-, Spitz- und scheitrechten Bogen sowie Bogenfertigteile behandeln, da sie vorwiegend auf der Baustelle verwendet werden.
Die anderen Bögen sind sehr schwierig auszuführen → *sind daher der Meisterausbildung vorbehalten.*

2.2 Rundbögen

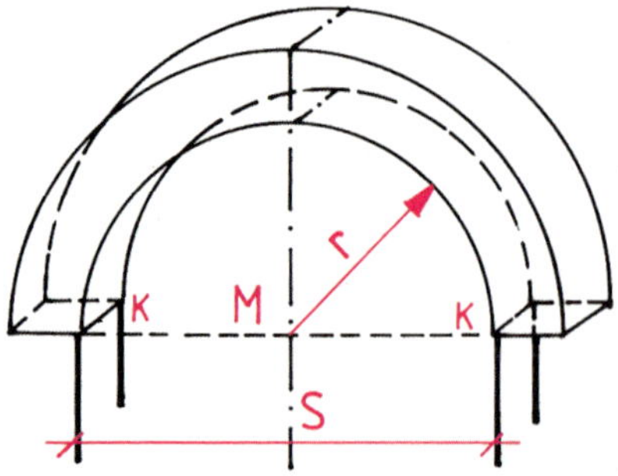

Der Rundbogen ist ein geometrisch sehr einfacher Bogen. Der Bogenmittelpunkt liegt auf der Kämpferlinie genau zwischen den Kämpferpunkten. Der Radius ist gleich der Stichhöhe und beträgt die halbe Spannweite.
Durch seine kleinen Radien, seine starke Krümmung, ergeben sich immer wieder Probleme bei den großen Fugendicken am Bogenrücken. Deshalb hat man früher auch Keilsteine verwendet.

Vorwiegender Anwendungsbereich:
bei Fenster- und Türöffnungen, Hallenbauten.

Ausführung:
meist DF- und NF-Steine, auch Radialsteine
(→ keilförmig geschnittene Steine)

Kennzeichen:

- Stichhöhe $h = 1/2$ Spannweite s
- Der Bogen ist ein Halbkreis, $r = {}^1/_2\, s$.

Zur Herstellung des Lehrbogens muss die Spannweite bekannt sein.

Wie wird der Lehrbogen aufgerissen?

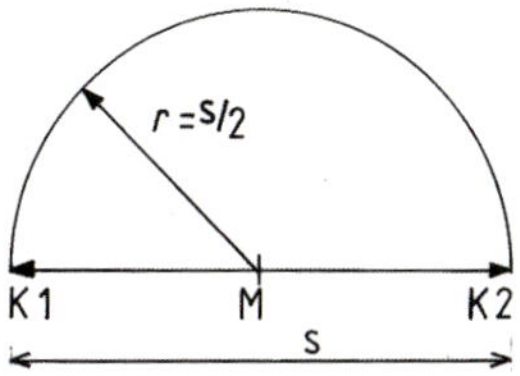

1. Spannweite s abtragen, → ergibt Endpunkte K_1 und K_2
2. Strecke $K_1\,K_2$ halbieren (Mittelpunkt M)
3. Kreisbogen um M mit Radius $MK_1 = r = {}^1/_2\, s$
   (r = Innenradius)

Nach dem

① Aussägen der Wölbscheiben (mind. 2),
② dem Zusammenbau einschließlich „Schalhaut" sowie
③ dem Aufstellen der Bogenschalung erfolgt
④ die Einteilung der Steine.

Möglichkeiten hierzu sind:

- Auslegen der Steine auf dem Lehrbogen
  ⇒ zeitraubend und arbeitsaufwendig

oder

- Berechnen und anzeichnen der **„Schichtzahl" = Steinanzahl** und Fugendicke am Lehrbogen.
  (→ Zur Kontrolle wird die Fugendicke am Rücken „nachgerechnet".)

⇒ In der Abschlussprüfung wird die Berechnung von Ihnen meistens gefordert, daher wollen wir das exemplarisch einmal zeigen:

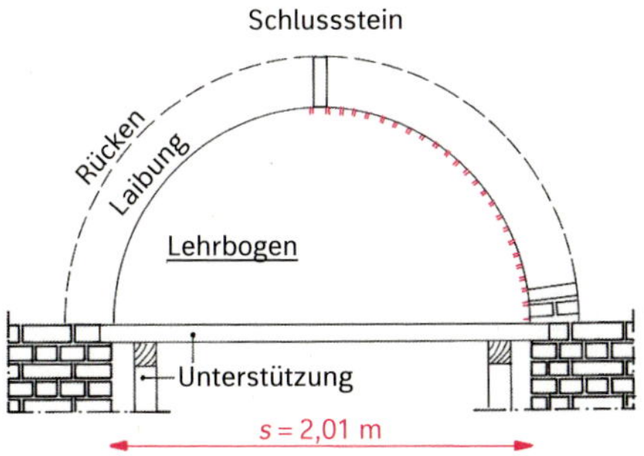

Aufgabe:
Auf den dargestellten Lehrbogen soll die Schichtzahl (Steinzahl + Fuge) abgetragen werden.

Berechnen Sie dazu:

- Anzahl (n) der Mauersteine,
- Die Fugendicke …
  … an der Laibung,
  … am Rücken (zur Kontrolle).

Wie macht man das?

Verwendet werden:
DF-Steine

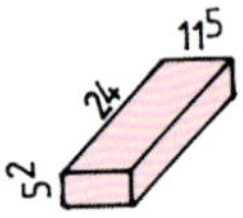

Bogendicke soll sein:
Bogendicke
$b = 24$ cm

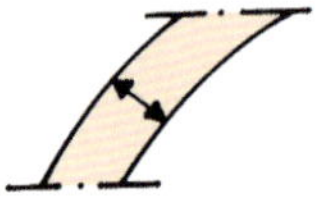

1. Länge der Laibung (B_L) berechnen

→ in der Praxis misst man die Laibungslänge

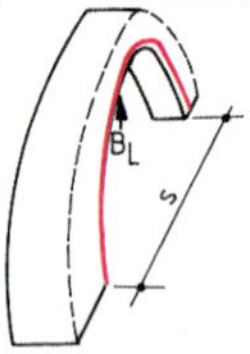

als Formel:

$$B_L = \frac{s \times \pi}{2}$$

Beispiel:

$$B_L = \frac{2{,}01 \times 3{,}14}{2}$$

$$B_L = \underline{\underline{3{,}16\ \text{m}}}$$

2. Länge des Rückens (B_R) berechnen

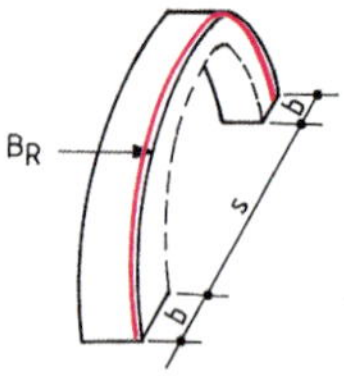

als Formel:

$$B_R = \frac{(s + 2b) \times \pi}{2}$$

Beispiel:

$$B_R = \frac{(2{,}01) + 2 \times 0{,}24) \times 3{,}14}{2}$$

$$B_R = \underline{\underline{3{,}91\ \text{m}}}$$

3. Anzahl (n) der Mauersteine berechnen

→ <u>ungerade</u> Anzahl wegen „König"

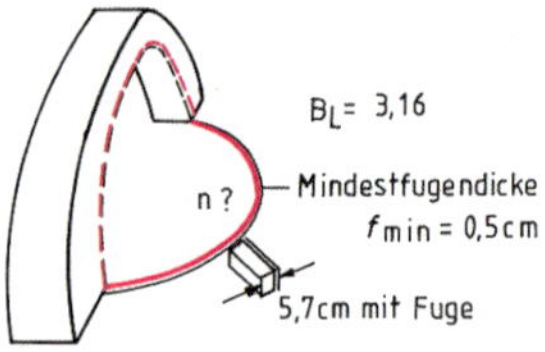

als Formel:

$$n = \frac{B_L\ (\text{in cm}) - f_{min}}{\text{Steinhöhe} + f_{min}}$$

Beispiel:

$$n = \frac{316 - 0{,}5}{5{,}2 + 0{,}5}$$

$$n = \underline{\underline{55{,}4}}$$

→ <u>ungerade</u> Anzahl = 55

4. Fugendicke (d_L) an der Laibung berechnen

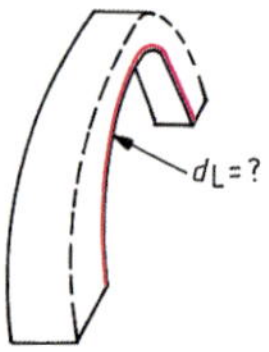

als Formel:

$$d_L = \frac{B_L - (n \times \text{Steinhöhe})}{(n + 1)}$$

Beispiel:

$$d_L = \frac{316 - (55 \times 5{,}2)}{(55 + 1)}$$

$$d_L = \underline{\underline{0{,}54\ \text{cm} > 0{,}5}} \rightarrow \text{i.O.}$$

Zur Kontrolle: **5. Fugendicke (d_R) am Rücken berechnen**

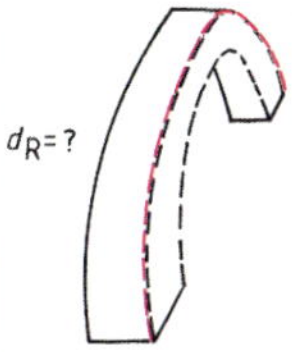

als Formel:

$$d_R = \frac{B_R - (n \times \text{Steinhöhe})}{(n+1)}$$

Beispiel:

$$d_R = \frac{391 - (55 \times 5{,}2)}{(55+1)}$$

d_R = **1,87 cm** < 2,0 → i.O.

6. Anreißen am Lehrbogen:

55 Steine (je 5,2 cm) bei einer Fugendicke von etwa **0,5 cm**

⇒ *Nach diesem Verfahren können Sie Rundbögen schnell berechnen und anreißen. Für unser Beispiel „schenken" wir uns hier die Anreißübung.*

Was ist zu tun, wenn die Fugendicke d_R größer als 2,0 cm wird?

Das darf NIE passieren:

Eine Lösung wäre:

Keilsteine verwenden!

Weitere Lösungen sollten sein (und sind die Regel):

- ein anderes Steinformat wählen → statt DF evtl. NF oder
- den Bogen mit zwei Rollschichten mauern → für jede Rollschicht muss dann B_L, B_R, d_L und d_R einzeln berechnet werden.

Noch einmal! Hinweis für die Praxis:

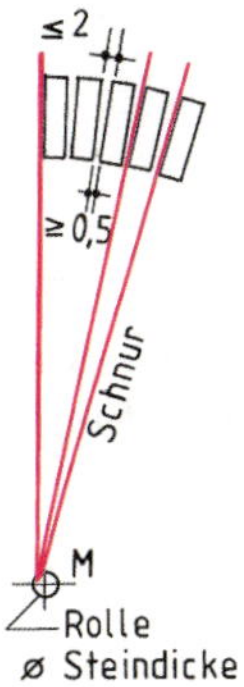

1. Nicht nur beim Rundbogen, sondern generell bei allen Bögen bereitet das „Ausrichten" der Steine im Bogen Schwierigkeiten. Das kann man vermeiden, wenn man statt dem Schnurnagel (zur Markierung des Mittelpunkts) eine Rolle (Ø = Steinbreite) anbringt.
   Vorteil: Die Schnur kann dann an die *Außenseite* der Steine zum Ausrichten angelegt werden und nicht in Steinmitte
   → „Augenmaß" meist ungenau.
2. Etwa eine Stunde nach Ende der Arbeiten sollten die Keile an der Unterstützung etwas gelockert werden, damit sich der Bogen „setzt".
3. Der Lehrbogen kann nach fünf bis acht Tagen entfernt werden.

Übrigens! Bei Rundbögen sind Mindestwerte für die Spannweite *s* vorgegeben → dadurch werden die zulässigen Fugendicken an der Laibung und am Rücken eingehalten.

Bogendicke *d* in cm	**Mindestspannweite *s*** (in m) **für Rundbögen** (bei einer Steinhöhe im Bogen von ...)		
	5,2 cm (DF)	7,1 cm (NF)	11,3 cm (2 DF/3 DF)
11,5	0,88	1,18	1,82
24,0	1,84	2,44	3,78
36,5	2,78	3,70	5,76

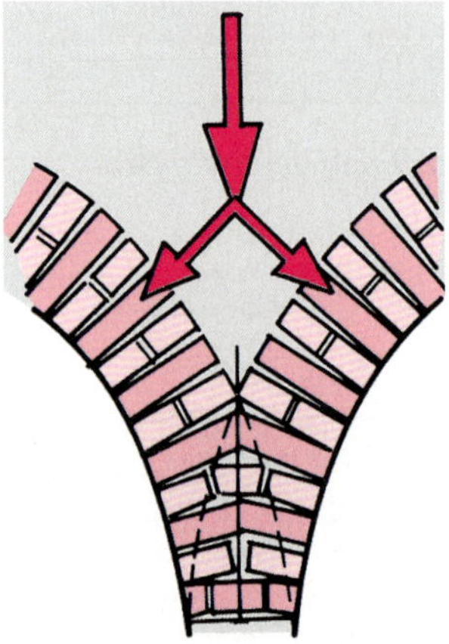

Treffen mehrere Rundbögen zusammen und sind im Pfeilerbereich größere Lasten von den darüberliegenden Geschossen zu erwarten, so ist es besser den Rundbogen auskragend (rechtes Bild) zu mauern. ⇒ Die großen Kräfte finden so eine waagerechte Aufstandsfläche. Sie würden nicht, wie im linken Bild dargestellt, den Bogen zusätzlich belasten.

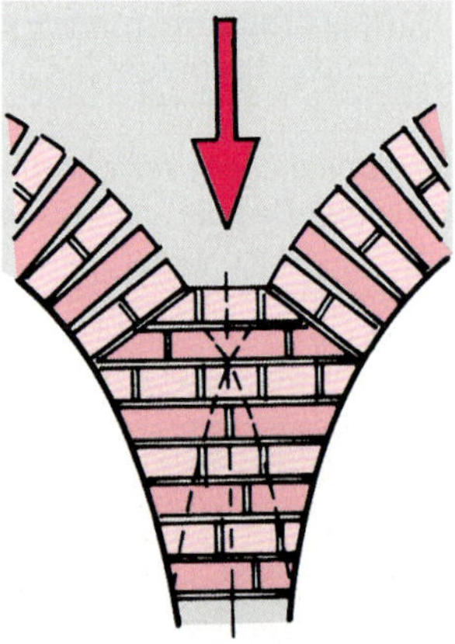

Rundbögen werden nicht nur als **Halbrundbogen**, sondern auch als **ganzer Rundbogen** ausgeführt. Wegen der Herstellungsschwierigkeit sollte man hier immer auf Fertigteile zurückgreifen.

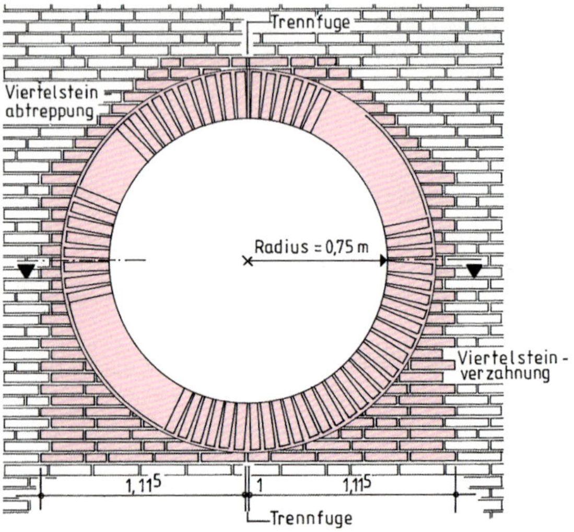

Einschließlich anschließendem Mauerwerk (Viertelsteinverzahnung) wird ein Fertigrundbogen geliefert und eingebaut.

Beispiel: **Rundfenster Ø 1,50 m** (aus Montagegründen wird das Element in zwei Teilen angeliefert), daher die Trennfuge.

So können Fertigrundbögen aussehen:

Ansicht

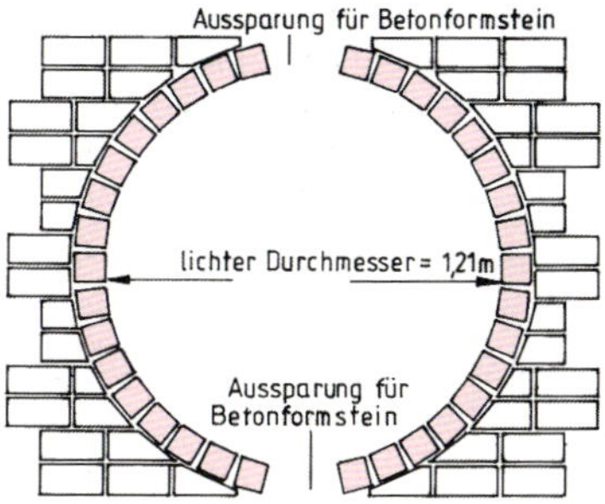

Querschnitt

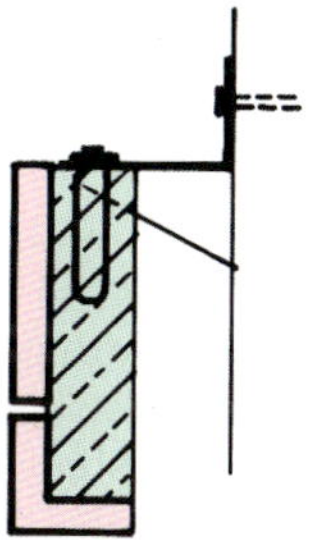

I/A – Te/MA *Berechnungen zum Rundbogen ⟶ Arbeitsheft, Blätter 121, 122*

2.3 Segment- oder Flachbögen

Allgemeines:

- Segment- oder Flachbögen sind das **mittlere** Teilstück eines Rundbogens.
- Zur Herstellung des Lehrbogens müssen – *wie immer* – bekannt sein:
  - **Spannweite *s*** und
  - **Stichhöhe *h*.**
- Die Stichhöhe ist i. d. R. **1/6 bis 1/12** der Spannweite.
- Durch den flachen Bogen sind die **Schubkräfte** groß und erfordern meist eine „Verstärkung" im Auflagerbereich (meist durch ausreichende Hintermauerung und zusätzliche Zuganker).

Was muss beim Segmentbogen beachtet werden?

Neben den bekannten Regeln für Bogenteile soll eingehalten werden:

- Auflager in Verlängerung vom MK anlegen (im Bild M_1 nach K_2).
- Die Kämpferpunkte K dürfen **nicht** auf eine Lagerfuge des Auflagers treffen ($a \sim 1/2 - 2/3$ Steinhöhe) → sonst Gleitwirkung infolge Schubkräfte.

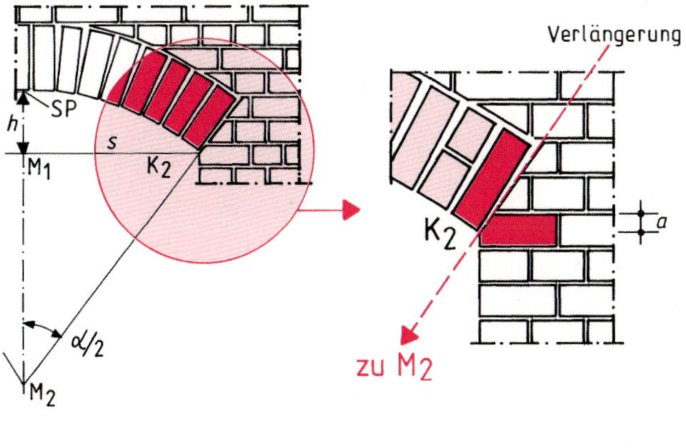

Wie wird der Lehrbogen aufgerissen?

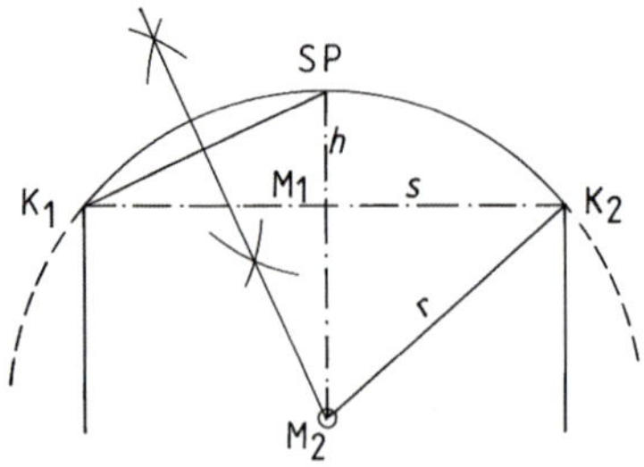

1. Spannweite *s* abtragen (Endpunkte: K_1 und K_2)
2. Strecke K_1 K_2 halbieren (Mittelpunkt M_1)
3. Senkrechte in M_1 errichten und nach oben *h* abtragen (Strecke M_1 SP)
4. K_1 und SP verbinden, Strecke halbieren und Senkrechte errichten → ergibt Schnittpunkt M_2 (ist der Mittelpunkt des Segmentbogens)
5. Kreisbogen um M_2 mit dem Radius $r = M_2K_2$ schlagen. (Lehrbogen kann ausgesägt werden.)

Wie wird ein Segmentbogen berechnet?

Zur Erinnerung: Das sind die Berechnungsgrößen beim Segmentbogen:

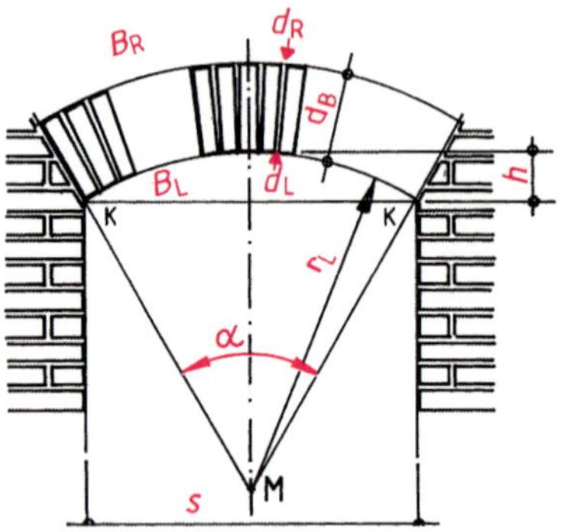

B_L = Bogenlänge der Laibung
B_R = Bogenlänge des Rückens
d_B = Bogendicke
r_L = Bogenradius
d_L = Fugendicke der Laibung ($f_{min} \geq 0{,}5$ cm)
d_R = Fugendicke am Rücken ($f_{max} \leq 2{,}0$ cm)
h = Stichhöhe
α = Mittelpunktswinkel
n = Anzahl der benötigten Mauersteine
s = Spannweite des Bogens
M = Mittelpunkt
K = Kämpferpunkte

Den Radius *r* und die Bogendicke d_B können Sie dem aufgerissenen Bogen entnehmen.
⇒ für den Winkel α gilt:

Stichhöhe *h*	1/6	1/7	1/8	1/9	1/10	1/11	1/12	der Spannweite *s*
Winkel α	74°	64°	56°	50°	45°	41°	38°	

Und so geht man vor:

Formeln:	**Beispiel:**
	$s = 3{,}01$ m; $d_b = 36{,}5$ cm; DF-Steine $h = 1/8\ s = 37{,}5$ cm; $\alpha = 56°$
1. Bogenradius an der Leibung (r_L): $r_L = \frac{h}{2} + \frac{s^2}{8 \cdot h}$	$r_L = \frac{0{,}375\text{ m}}{2} + \frac{(3{,}01\text{ m})^2}{8 \cdot 0{,}375\text{ m}} = 3{,}21\text{ m}$
2. Bogenlänge der Leibung (B_L): $B_L = 2 \cdot \pi \cdot r_L \cdot \frac{\alpha}{360}$	$B_L = 2 \cdot 3{,}14 \cdot 3{,}21\text{ m} \cdot \frac{56°}{360°} = 3{,}14\text{ m}$

3. Bogenlänge des Rückens (B_R): $$B_R = 2 \cdot \pi \cdot (r_L + d_B) \cdot \frac{\alpha}{360}$$	$B_R = 2 \cdot 3{,}14 \cdot (3{,}21\ \text{m} + 0{,}365\ \text{m}) \cdot \frac{56°}{360°}$ $= 3{,}49\ \text{m}$
→ ***Berechnung nun wie beim Rundbogen:***	Ergebnisse sind:
Anzahl der Mauersteine (n): → ungerade	$n = 55$
Fugendicke an der Laibung (d_L):	$d_L = 0{,}5$ cm
Fugendicke am Rücken (d_R):	$d_R = 1{,}13$ cm

Segmentbögen sind wie Rundbögen Spezialteile, die heute als Fertigteile im Handel sind. Sie werden einschließlich Auflager und Übermauerung hergestellt. In der Regel haben sie Riemchen als Verblender mit dahinterliegendem Betonkern.

Beispiel: Segmentbogen mit $s = 1{,}815$ m; $h = 42$ cm; Bogendicke = 24 cm

Schnitt:

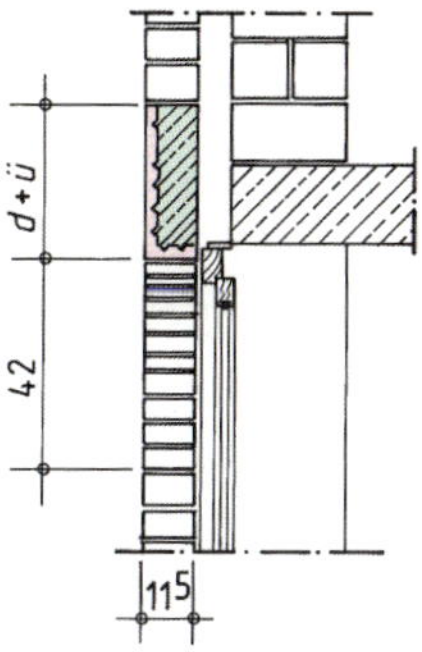

Ansicht:

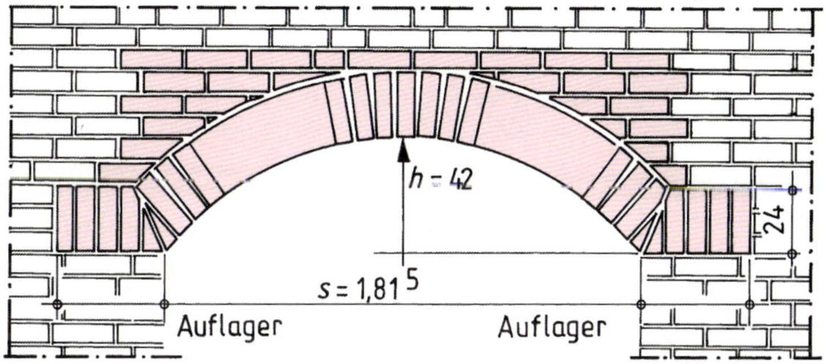

I/A – Ma *Berechnungen von einem Segmentbogen → Arbeitsheft, Blätter 123, 124*

2.4 Spitzbögen

Der Spitzbogen ist eine typische Form, die in der gotischen Baukunst (Zeitepoche: ~ 13. – 15. Jahrhundert) verwendet wurde.

Kennzeichen:
- große Stichhöhe
- Scheitelpunkt annähernd keilförmig

Richtwerte für die Spannweite:

Bogendicke in cm	Spannweite in m
< 24,0	< 2,00
24,0	2,00 – 3,50
36,5	3,50 – 5,50
49,0	5,50 – 8,50

Bei Spitzbögen werden unterschieden:

normal	gedrückt	überhöht
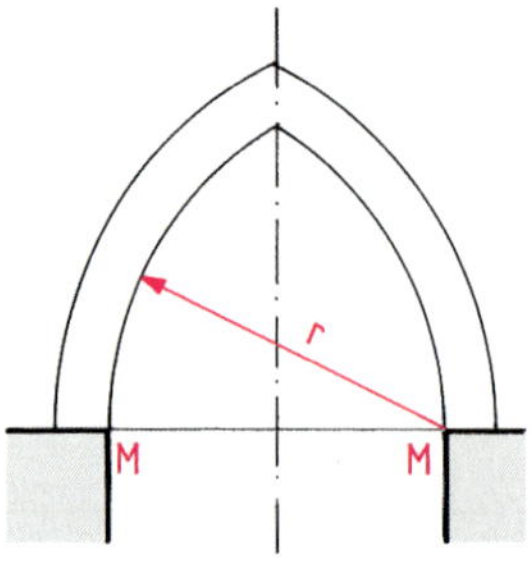	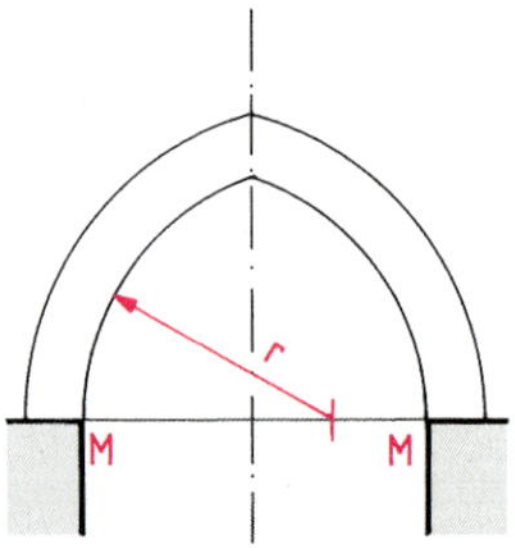	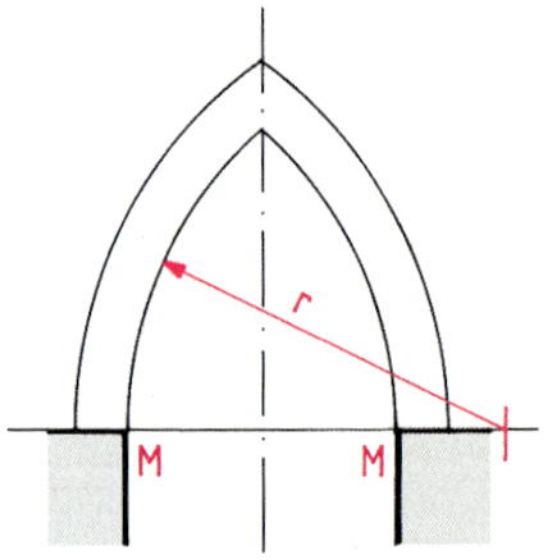
Der Bogenmittelpunkt liegt beim gegenüberliegenden Kämpferpunkt. → Bogenradius = Spannweite	Der Bogenmittelpunkt liegt zwischen dem gegenüberliegenden Kämpferpunkt und der Mitte der Kämpferlinie.	Der Bogenmittelpunkt liegt auf der Höhe der Kämpferlinie, aber bereits außerhalb des gegenüberliegenden Widerlagers.

Der Bogenschluss erfordert besondere Sorgfalt:

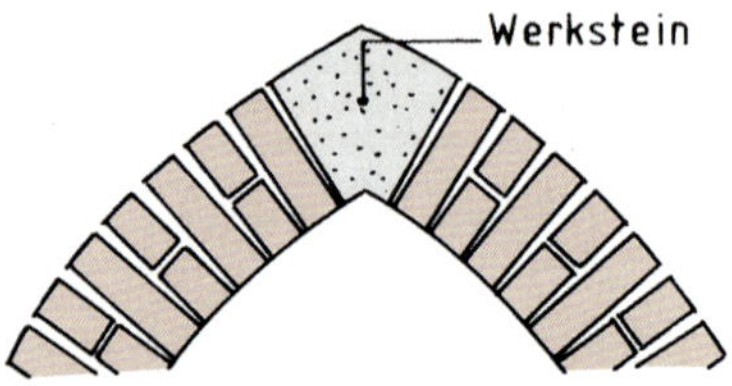

Werkstein einfügen

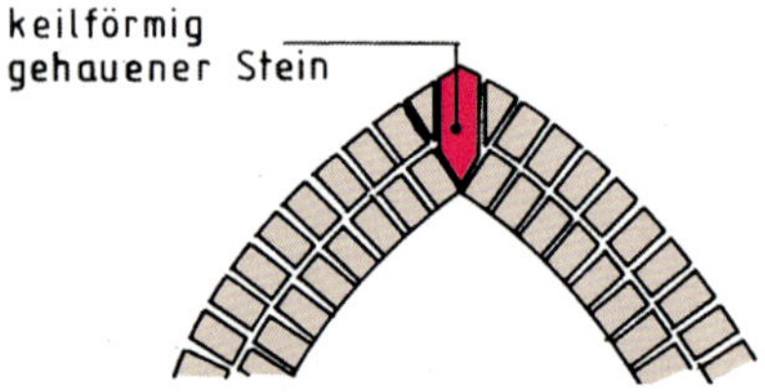

bearbeiteten Teilstein einfügen

Wie wird der normale Spitzbogen berechnet?

Formeln:	**Beispiel:**
1. Bestimmung des Bogenradius (r_L): $r_L = s$	$s = 2{,}10$ m; $d_b = 24{,}0$ cm; DF-Steine $r_L = s = 2{,}10$ m
2. Ermittlung der Stichhöhe h: h = Spannweite x$\sqrt{3}$: 2	$h = s \times \sqrt{3} : 2 = 2{,}10 \text{ m} \times 1{,}732 : 2$ $= 1{,}82$ m
3. Berechnung der Bogenlaibung B_L: $B_L = 1/3 \times r_L \times \pi$	$B_L = 1/3 \times 2{,}10 \text{ m} \times 3{,}14$ $= 2{,}20$ m
→ ***Berechnung nun wie beim Rundbogen:*** Anzahl der Mauersteine (n): Fugendicke in der Laibung (d_L): Fugendicke am Rücken (d_R):	Ergebnisse sind: $n = 39$ $d_L = 0{,}56$ cm $d_R = 1{,}42$ cm

2.5 Scheitrechter Bogen (Sturz)

Bei Öffnungen bis 1,26 m Spannweite kann anstelle eines normalen Flachsturzes auch ein scheitrechter Bogen verwendet werden.

Allgemeines:

- Die Stichhöhe *h* ist beim scheitrechten Bogen kaum wahrnehmbar*. Daher wird der Bogen auch als **Mauersturz** bezeichnet.
- Stichhöhe *h* beträgt **1/50 bis 1/100** der Spannweite *s*.
- Wegen der geringen Tragfähigkeit darf die **Spannweite höchstens 1,26 m** betragen → **größte Stichhöhe 2,5 cm!**
- Die Neigung am Auflager soll höchstens **30°** betragen.
- Sehr hohe Schubkräfte am Auflager, daher Mauerwerk bewehren oder Fertigteil verwenden.

* *Eine gerade Bogenunterkante wird vom menschlichen Auge immer als „durchhängend" gesehen; deshalb „Stich"→ optisch gerade.*

Wie wird der scheitrechte Bogen am besten aufgerissen?

Waagerechte Schaltafel als „Lehrbrett" verwenden und die Stichhöhe durch Auftragen von feuchtem Sand „formen" → Sand wird trocken und fällt beim Ausrüsten runter.

Was ist beim Auflager zu beachten?

Der Neigungswinkel von höchstens 30° am Auflager bedeutet in der Praxis eine Abweichung von der Senkrechten von 2 – 4 cm

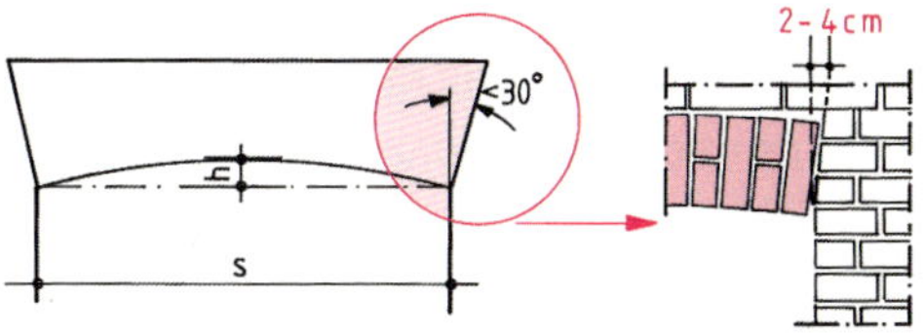

Woran kann ein Fachmann einen gemauerten scheitrechten Sturz „erkennen"?

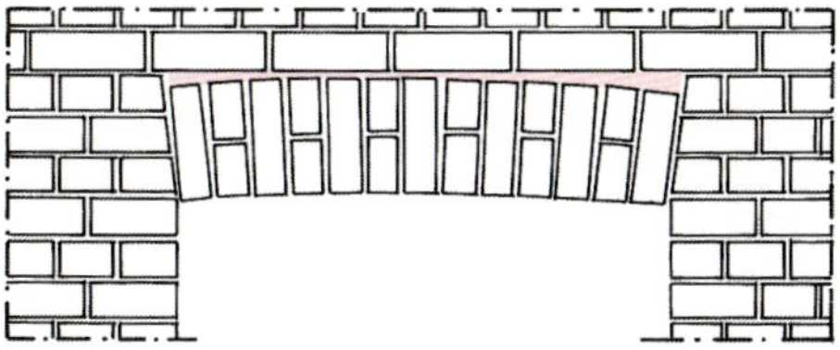

Ganz einfach!
Bei einem gemauerten scheitrechten Sturz wird die obere Lagerfuge zu den Auflagern hin immer dicker als in Bogenmitte sein.
Andere Möglichkeit: Die Steine werden in Bogenmitte etwas gekürzt und somit die Fuge dünner → selten.

Heute werden scheitrechte Bögen kaum noch hergestellt → sie werden durch Fertig-Verblendstürze bzw. abgehängte Sturzbalken fast ganz abgelöst.

Beispiele für Fertigstürze ⇒ *siehe auch Lernfeld 16 „Fertigteile im Außenwandbereich“*

abgehängt

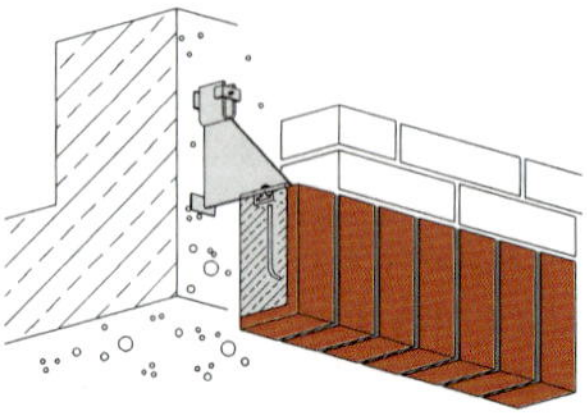

aufgelegt

Zusammenfassung von Kapitel 1 und 2:

Rundungen und Bögen

- **Rundungen** sind „liegende Bögen“, die in der Regel im Binderverband mit einer Überbindung von 6,25 cm aus Klein- (DF, NF) und Mittelformat (2 DF) erstellt werden.
- Mauerbögen (auch als „stehende Bögen“ bezeichnet) werden unterschieden in: Rundbogen, Segment- oder Flachbogen, scheitrechter Bogen.
  Weitere Bogenarten sind: Spitz-, Korb- und einhüftige Bögen.
- **Bögen** leiten hohe Schubkräfte in die Auflager.
- **Allgemeine Regeln** zur Bogenherstellung sind:
  - Fugendicke einhalten (Laibung: 0,5 – 1,2 cm; Rücken: ≤ 2,0 cm),
  - Steinachsen zum Mittelpunkt einfluchten,
  - am Scheitelpunkt darf keine Fuge sein,
  - von beiden Widerlagern mit dem Mauern beginnen,
  - Widerlager so beginnen, dass der „König“ an einer Lagerfuge endet,
  - Steinfestigkeitsklasse mind. 12 N/mm^2; Mörtelgruppe mind. II.
- Bogenherstellung mit **Bogenschalung** (Lehrbogen + Unterstützung),
- Lehrbogen ist jeweils zu konstruieren und auszusägen; berechnete Schichtenzahl (Steinanzahl) und Fugendicke in Laibung antragen.

A - TK *Konstruktionsübungen für verschiedene Bögen → Arbeitsheft, Blätter 125, 126*

Ü - Ma *Berechnungen für Rundung und Bögen zum Üben → Abeitsheft, Blatt 127*

T *Einen Test zu den Rundungen und Bögen → Arbeitsheft, Blätter 128, 129*

Testen Sie sich • Testen Sie sich

Nennen/Erklären Sie ...

1. mindestens fünf Fachbegriffe am Bogen,
2. was Sie unter der Stichhöhe *h* und der Spannweite *s* verstehen,
3. die übliche Bezeichnung für den Schlussstein,
4. wie der Lehrbogen beim Rundbogen aufgerissen wird.

Lernfeld 15:
HERSTELLEN EINER NATURSTEINMAUER

Hier behandeln wir die Lernabschnitte:

1 Natursteinmauerwerk

Der moderne Mauerwerksbau ist ohne die Verwendung künstlicher Mauersteine, von Beton und Kunststoffen nicht mehr denkbar.
Die Bedeutung des Natursteinmauerwerks liegt mehr in der Denkmalspflege, Restaurierung, Altstadtsanierung und „Dekoration" großer Bauwerke, als im neu zu errichtenden Mauerwerk aus Natursteinen.
Die Kenntnisse über die wichtigsten Natursteinarten, ihre Eigenschaften und Einsatzmöglichkeiten sind für den Maurer, der Natursteine verarbeitet, unerlässlich.

Burgmauer

1.1 Naturgesteine und ihre Verwendung

Naturgesteine

werden nach dem Entstehungsort eingeteilt in:

Erstarrungsgesteine	**Ablagerungsgesteine**	**Umwandlungsgesteine**
hierzu gehören:	*hierzu gehören:*	*hierzu gehören:*
Alle Gesteine, die direkt aus dem heißen Gesteinsbrei der Erde entstanden.	Alle Gesteine, die auf der Erdoberfläche entstanden.	Alle Gesteine, die in der Erde nachträglich verändert wurden.

Die Entstehung der Gesteine und ihre Eigenschaften haben wir in der Grundstufe behandelt → Lernabschnitt „Mauersteine".

Der Abbau der Naturgesteine erfolgt in Steinbrüchen. Sie dienen vorwiegend als Rohstoffe für andere Baustoffe.

Naturgesteine

werden verwendet als:

Bausteine ~ 5%	**Rohstoffe** ~ 95%	
Verwendung im:	*daraus werden u. a. hergestellt:*	
Mauerwerksbau Straßenbau	Bindemittel, Putze, Keramik, Glas	künstliche Mauersteine
Kennzeichen: Die Steine werden „passend" bearbeitet und: direkt verwendet.	**Kennzeichen:** Durch die Verarbeitung der natürlichen Rohstoffe entstehen neue Stoffe mit neuen Eigenschaften.	

Wobei werden z. B. natürliche Bausteine verwendet?

Granit	⇒ Pflasterung, Grabsteine u. a.
Marmor, Sandstein	⇒ Treppenstufen, Fensterbänke, Bodenbeläge
Dachschiefer	⇒ Dachdeckung
und natürlich als	

Mauerwerk aus Natursteinen

Granit	Schiefer	Sandstein	Basalt

• sehr druckfest • witterungsbeständig • hart bis sehr hart	• nicht bruchfest • wetterfest • feuerfest	• fest • teilweise witterungsbeständig	• hart, druckfest • witterungsbeständig • schwer bearbeitbar

Steine für Natursteinmauern werden im Steinbruchbetrieb gewonnen. Sie sind daher vergleichsweise preisgünstig, vor allem dann, wenn die Transportkosten gering sind, der Steinbruch also in der Nähe liegt. (→ Darum ist ihr Gebrauch oft „ortsgebunden“: z. B. Kalkstein im Harz, roter Sandstein in der Pfalz.)

Vor ihrer Verwendung müssen Natursteine auf bestimmte Eigenschaften überprüft werden. (→ Eine Vorschrift gibt es dafür nicht.)

Natursteine sollten ... sein:

- widerstandsfähig gegen Witterungseinflüsse,
- druckfest und gleichmäßig im Gefüge,
  (→ ohne Verwitterungsschäden wie Spalten, Risse, weiche Einsprengungen usw.),
- „schön“ in Farbe und evtl. Maserung und
- möglichst gut zu bearbeiten.

Daher werden die Natursteine schon beim Ankauf einer „Bewertung“ unterzogen.

Merkmale:	„Gesundes“ Gestein:	„Minderwertiges“ Gestein:
Klang	hell	dumpf, scheppernd
Schlagfestigkeit	schwer zerschlagbar	leicht zerschlagbar
Abrieb	gering	absandend
Kantenfestigkeit	schwer abzubrechen	leicht abzubrechen
Verwitterungshaut	fehlend, sehr dünn	dick
Farbe	glänzend	stumpf
Kornbindung	fest	locker
Wasseraufnahme	gering, abweisend	hoch, aufsaugend

2 Mauerwerk aus Natursteinen

Wodurch unterscheidet sich Natursteinmauerwerk von Mauerwerk aus „künstlichen“ Steinen?

Künstliche Mauersteine haben exakte Maße. Daher kann man mit ihnen nach Verbandsregeln *(→ die Sie kennen)* mauern.

Natursteine haben keine festen Maße. Sie sind nach Form und Größe sehr unterschiedlich. Es gibt daher keine festen Verbandsregeln. So ist bei der Arbeit oft der „passende“ Stein auszusuchen.

> Beim Natursteinmauerwerk gibt es nur allgemeine Regeln, die für alle Mauerwerksausführungen gelten.

Die einzelnen Mauerwerksausführungen unterscheiden sich durch:
- den Grad der Bearbeitung (→ unbearbeitet, wenig bearbeitet, allseitig bearbeitet),
- die „Regelmäßigkeit“ der Form (→ rundlich, eckig, geordnet, ungeordnet).

2.1 Die zehn allgemeinen Regeln für Natursteinmauerwerk

Handwerksgerecht wird ein Natursteinmauerwerk nur dann ausgeführt, wenn folgende Regeln möglichst eingehalten werden:

1. Regel

Steinlänge *l* nicht größer als 5-fache Steinhöhe *h*

→ flache Steine brechen leicht (Diese Regel gilt nicht für Quadermauerwerk)

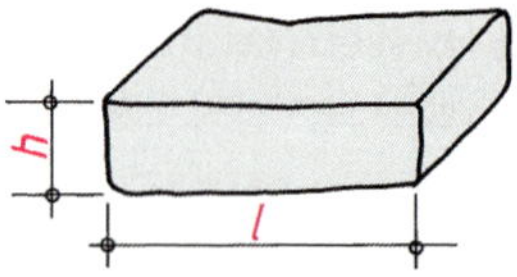

$l \leq 4 \times 5h$

2. Regel

Steinhöhe *h* nicht größer als Steinbreite *b*

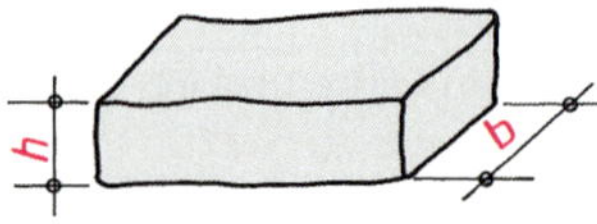

$b \geq h$

3. Regel

Keine „Kreuzfuge“ in der Ansicht und höchstens zwei Stoßfugen übereinander

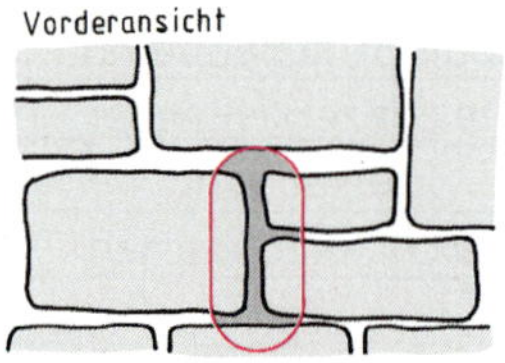

Nur 2 Stoßfugen
(Bezeichnung: „T“-Fuge)
Gut!

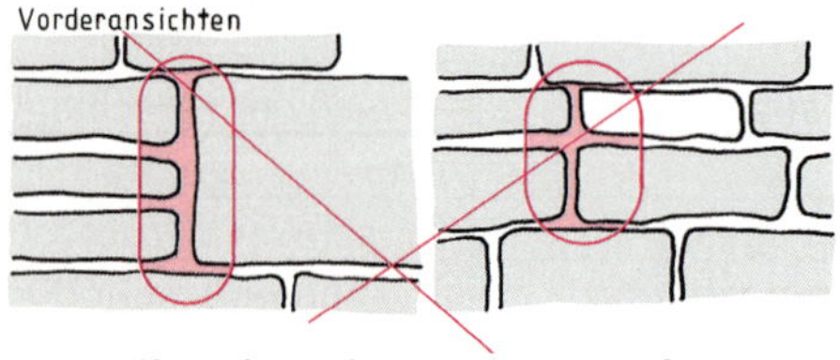

4 Fugen übereinander Kreuzfuge
Das ist falsch!

Beachte! Die Lagerfugen sollen rechtwinklig (i. d. R. waagerecht) zum Kraftangriff verlaufen.

4. Regel

Überbindung = 10 cm (mind.)
(bei Quadermauerwerk 15 cm)

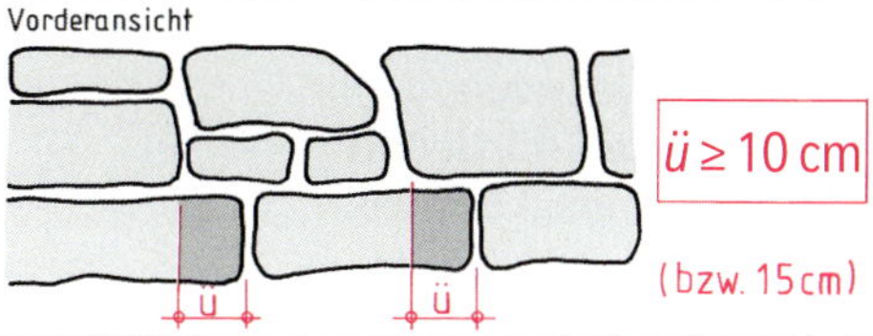

5. Regel

Nach zwei Läufern kommt immer ein Binder.
oder: Läufer- und Binderschichten wechseln regelmäßig ab.

6. Regel

Waagerecht:
Möglichst durchgehende Schichten
Sonst:
Nach höchstens 1,50 m Höhe waagerecht ausgleichen

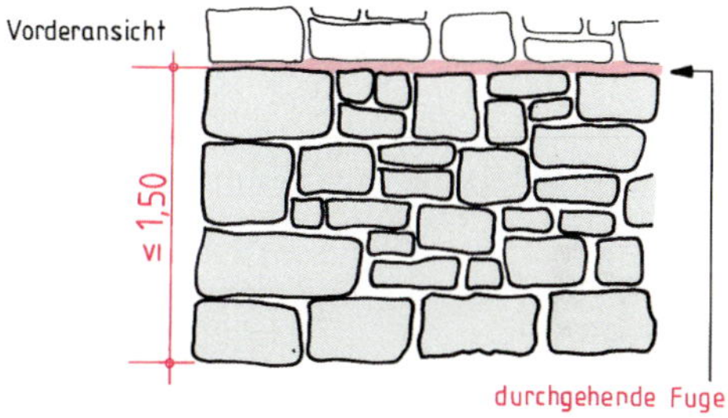

7. Regel

„Geschichtete" Steine (Sandstein/Schiefer u. a.) waagerecht vermauern

→ Steht die Schichtung senkrecht, nennt man das „auf Spalt" vermauert. Folge: Regenwasser kann zwischen die Schichten gelangen und der Frost dann ein Abplatzen bewirken.

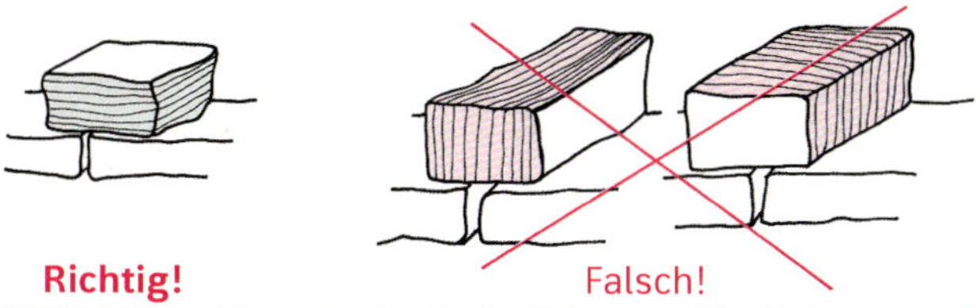

8. Regel

Große Steine immer:
- an das Mauerende,
- in die erste Schicht und
- in die Mauerecke setzen.

→Mindestwanddicke: 24 cm
→Mindestquerschnitt: 0,1 m^2

Für „dickeres“ Mauerwerk, das aus mehreren nebeneinander liegenden Steinreihen besteht, gelten noch folgende Regeln:

9. Regel

Mehrreihige Natursteinwände:
- Dicke: 40 cm mindestens
- Binder müssen 30 cm mind. ins Wandinnere einbinden

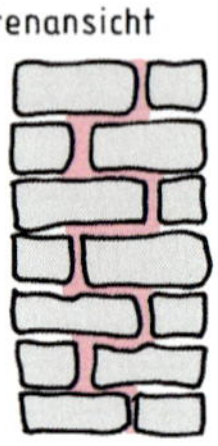

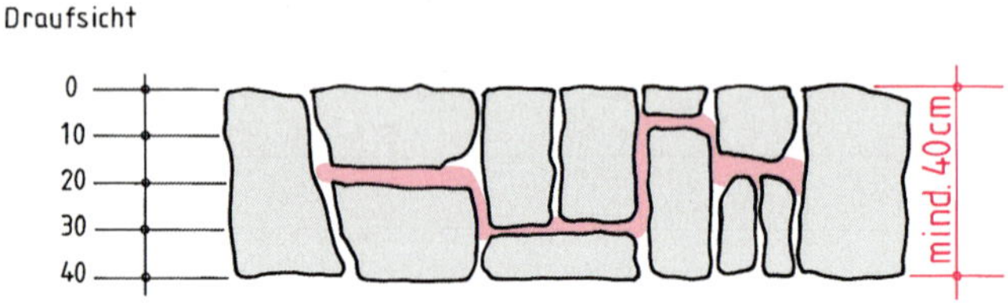

Das ist eine falsche Ausführung der 9. Regel:

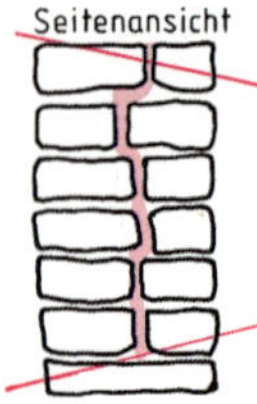

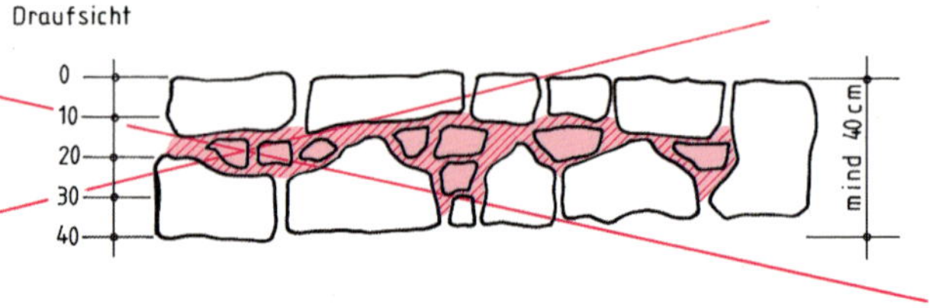

10. Regel

Große, unregelmäßige Steine:
Hier die Lücken mit kleinen, möglichst plattigen Steinen „auszwickeln“.

→ gilt für die Seitenansicht und Draufsicht

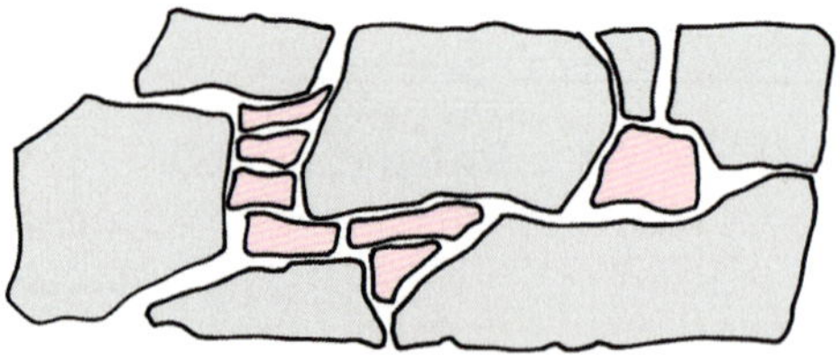

Alle Regeln noch einmal im Überblick:

So sollte eine Natursteinmauer nicht „zusammengestückelt“ werden!
→ Die Regelverstöße sind „nummeriert“.

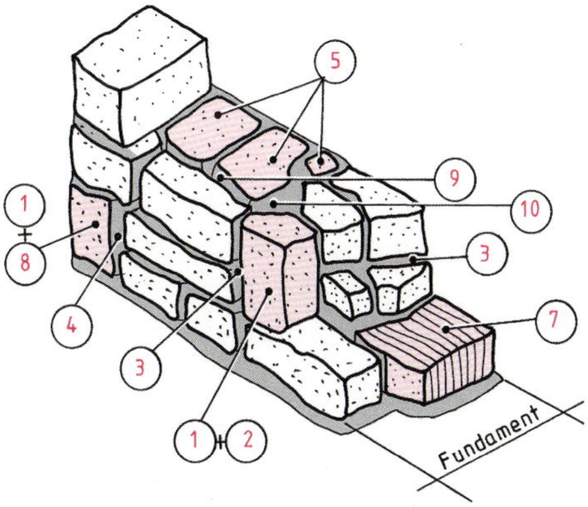

So sieht ein „regelgerechter“ Maueraufbau in etwa aus!

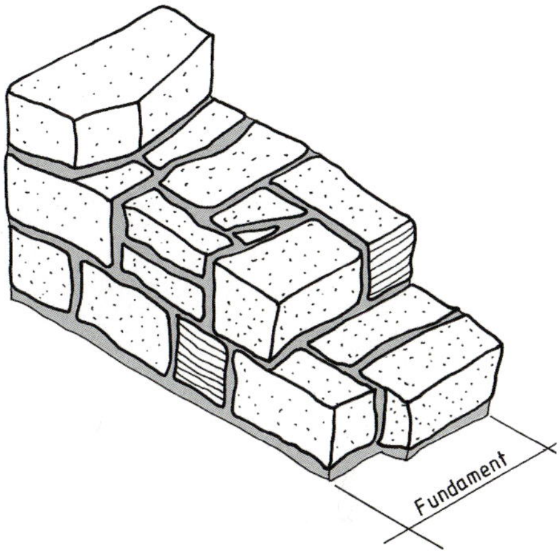

2.2 Mörtel für Natursteinmauerwerk

Was sollte beim „Vermauern“ der Natursteine beachtet werden?

- Mörtelgruppe: MG II, IIa und III (→ MG I ist für außen ungeeignet)
- Maurer- und (Ver-)Fugmörtel: je nach Dichte und Festigkeit der Steine
- Fugendicke nicht mehr als 3 cm

Da die Fugendicke größer als bei Mauerwerk aus künstlichen Steinen ist, sollte der verwendete Mörtelsand auch gröber sein → Sand 0/4 bis 0/8.

Als Anhalt gilt:

Steinart, allgemein	MG
• Dichte und feste Steine → dichter Mörtel	**IIa** (III)
• Porige Steine → „poriger“ = plastischer Mörtel	**II** (IIa)

Zusammensetzung der Mörtelgruppen:

MG	Kalkhydrat	Trass	Zement	Sand 0/8
II	2		1	8
II		1	1	3
IIa	1		1	6
IIa		2	1	8
III			1	4

Was sollte beim „Verfugen“ der Natursteine beachtet werden?

- Nachträglich verfugen (am besten).
- Etwa 3 – 4 cm „auskratzen“ (→ So tief, wie die Fuge dick ist.)
- Fugenoberfläche aufrauen (→ Sie sollte zur Steinoberfläche passen.)

So ist Fugenausbildung RICHTIG!

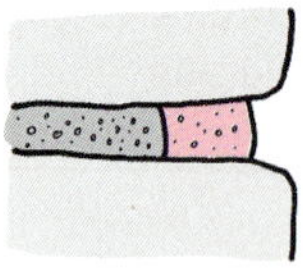

Gute Fuge.
→ Der Stein kommt voll zur Wirkung.

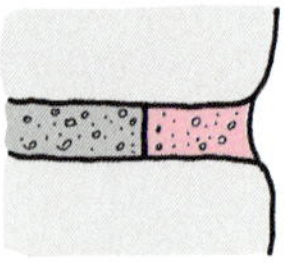

Gute Fuge.
→ Verfugung bis zur Setzkante

So ist Fugenausbildung „nicht gut“!

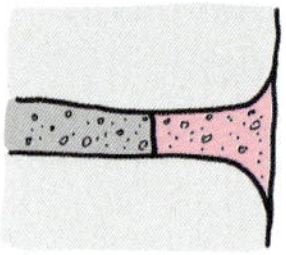

Schlechte Fuge.
→ Die Setzkante wurde „zugeschmiert“.

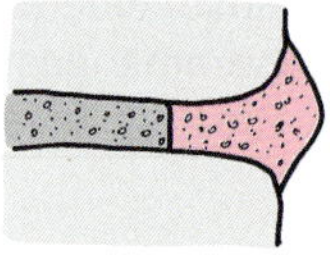

Schlechte Fuge.
→ Die Fuge wird betont, nicht der Stein.

Und so kann die Fugenausbildung „vor Ort“ aussehen:

Gute Fuge (bis zur Setzkante)

Schlechte „verschmierte“ und teils „vorspringende“ Fuge

2.3 Bearbeitungsarten von Natursteinen

Dieses sind vorwiegend steinmetzmäßige Arbeiten, doch sollte der Maurer in der Lage sein, die vorangegangenen Bearbeitungsarten zu unterscheiden.

Scharrieren:
⇒ waagerechte oder senkrechte Riffeln

Sägen:

Stocken:
⇒ grobkörnige Oberfläche

Spalten:

Spitzen:
⇒ starkes Aufrauen der Oberfläche

Schleifen/Polieren:
⇒ glatte Oberfläche bei dichten Steinen

2.4 Verwitterung von Natursteinen

Von jeher setzen Sonne, Wind, Regen und Frost als natürliche Faktoren dem Naturstein zu und führen je nach Gesteinsart zu unterschiedlichen Verwitterungsprozessen. Die Industrialisierung brachte zusätzliche schädigende Einflüsse.

> Als wesentliche Ursachen der Verwitterung fungieren in der Regel immer Wasser oder durch Wasser transportierte Schadsalze.

Natursteinverwitterung

Schadensbilder	→	Absanden, Abbröckeln, Abschuppen, Schalenbildung, Krustenbildung, Rissbildung		
↓		↑		
... als Folge unterschiedlicher Verwitterungsprozesse	→	Physikalische Korrosion	→	• Frost-Tau-Wechsel, • Salzkristallisation, • Schwinden
	→	Chemische Korrosion	→	• Umwandlung der Bindemittel in lösliche Salze (Kalk → Gips)
	→	Biologische Korrosion	→	• Bildung von Säuren ausgelöst durch Algen oder Pilze
↓		↑		
... ausgelöst durch	→	Aufnahme von Wasser und in Wasser gelösten Schadstoffen (Salze und saure Gase ⇒ SO_2NO_x)		

⇐ Herausbrechen bzw. Abbröckeln

Absanden, Abschuppen ⇒

A – Te *Ein paar Fragen zum Natursteinmauerwerk finden Sie im Arbeitsheft, Blatt 130.*

Zusammenfassung von Kapitel 1 und 2:

Naturgesteine, Natursteinmauerwerk

- Naturgesteine werden als **natürliche Bausteine** im Mauerwerksbau vorwiegend für Wände und Mauern verwendet.
- **Natursteine** müssen widerstandsfähig gegen Witterungseinflüsse, gleichmäßig im Gefüge und druckfest sein, „schön" aussehen und möglichst gut zu bearbeiten sein.
- Damit Natursteinmauerwerk tragfähig und dauerhaft ist, müssen **zehn allgemeine Regeln** beachtet werden.
- Für Natursteinmauerwerk darf nur **Normalmörtel** verwendet werden.

3 Mauerwerksarten aus Natursteinen

Natursteine werden unbearbeitet oder bearbeitet vermauert. Die manuelle oder mechanische Bearbeitung der Steine macht der Steinmetz *(→ eigener Ausbildungsberuf)*.

Die Mauerwerksarten werden nach der Art der Bearbeitung unterschieden in:

keine (bis geringe) **Bearbeitung**	**teilweise Bearbeitung**	**vollständige Bearbeitung**
dazu gehören:	dazu gehören:	dazu gehört:
– Trocken-, – Findlings-, – Zyklopen-, – Bruchstein- **Mauerwerk**	– hammerrechtes – regelmäßiges – unregelmäßiges **Schichtenmauerwerk**	– Quader- **Mauerwerk**

3.1 Trockenmauerwerk

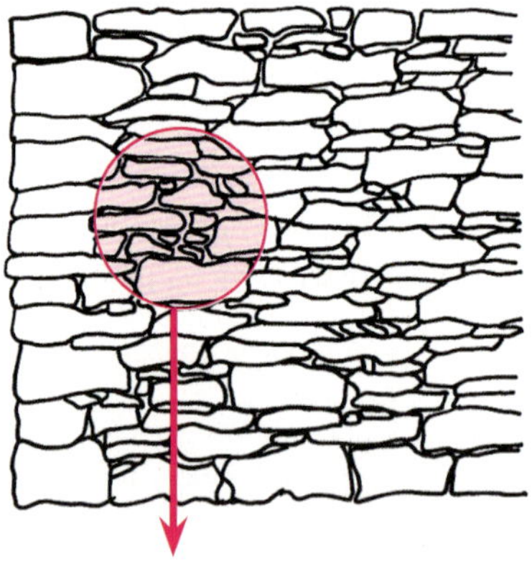

„Kurzinfo":
- kein Fundament erforderlich,
- Feld- oder Bruchsteine,
- Standfestigkeit durch „Auszwickeln" und enge Fugen,
- Verband ohne Mörtel (evtl. Lehm oder Erde) → Begrünung?

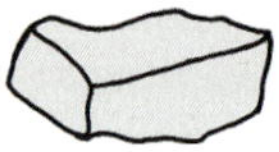

Verwendung: z. B.: – vorw. zur Sicherung kleinerer Geländesprünge,
– kleine Stützmauern

3.2 Findlingsmauerwerk

Skizze und Bild

„Kurzinfo":
- Fundament erforderlich,
- abgerundete Findlinge oder Bruchsteine,
- große Steine spalten → Auflagerfläche vergrößern,
- Hohlräume mit Splittern auffüllen, hoher Mörtelbedarf.

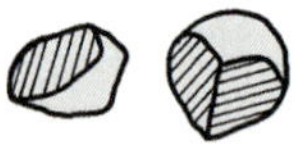

Verwendung z. B.: – Stadtmauern, Einfriedungen
– Umfassung alter Klöster (besonders in Norddeutschland)

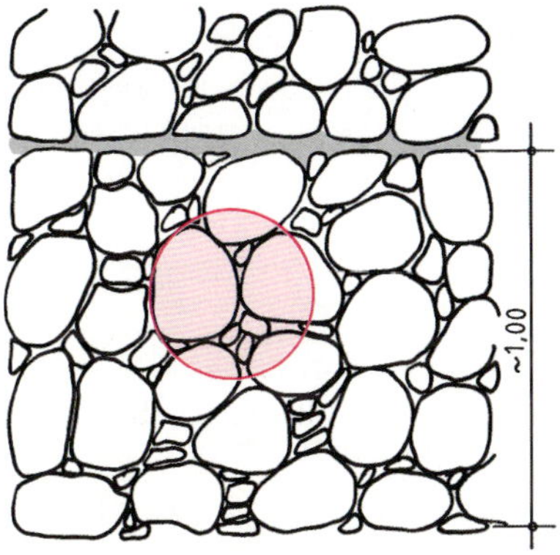

Hinweis: Bei höheren Mauern sollte nach etwa 1,00 m eine durchgehende Fuge angelegt werden.

3.3 Zyklopenmauerwerk

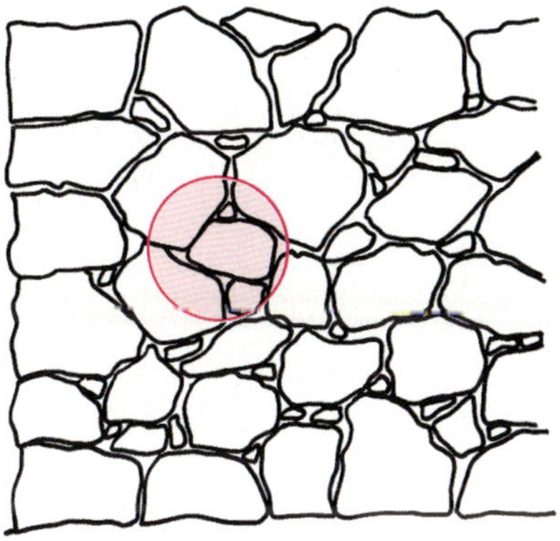

„Kurzinfo“:

- unregelmäßige Steine (z. B. „Ergussgesteine“) mit – fast immer – mehr als vier Ecken, → z. B. Basalt,
- Fugenverlauf ergibt sich aus der Steinform,
- geringe Festigkeit des Verbandes,
- schiebt stark, daher am besten Zementmörtel verwenden.

Verwendung z. B.: Außenwände historischer Bauten, Stützmauern

3.4 Bruchsteinmauerwerk (aus geschichteten Steinen)

Skizze und Bild

„Kurzinfo“:

- Fundament erforderlich, Schichthöhe ~ 15–30 cm,
- Ecksteine bearbeitet,
- ab 1,0 m sollte alle 50 cm eine durchgehende Lagerfuge angelegt werden.

Verwendung z. B. bei: Außenwände historischer Bauten, Stützmauern

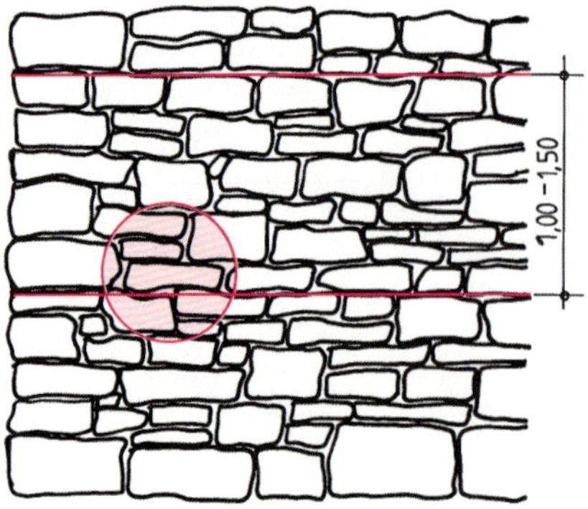

3.5 Hammerrechtes Schichtenmauerwerk

„Kurzinfo":

- Alle Steine sind an den Sichtflächen der Lager- und Stoßfugen mind. 12 cm tief bearbeitet, *(→ meist nur grob mit dem Hammer zugehauen)*.
- Lagerfuge verläuft nahezu waagerecht, verspringt aber in der Höhe.

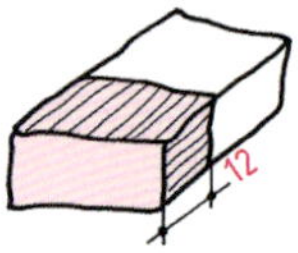

Verwendung z. B. bei: Stützmauern, Außenwänden

3.6 Unregelmäßiges Schichtenmauerwerk

Skizze und Bild

„Kurzinfo":

- Sichtflächen der Lager- und Stoßfugen mind. 15 cm tief bearbeitet,
- Lager- und Stoßfuge sind genau rechtwinklig,
- Fugenbreite höchstens 3 cm,
- Schichthöhe darf innerhalb einer Schicht unterschiedlich sein.

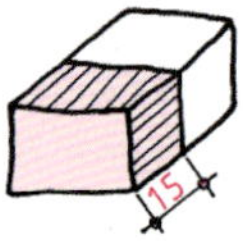

Verwendung z. B. bei: Stützmauern, Außenwänden

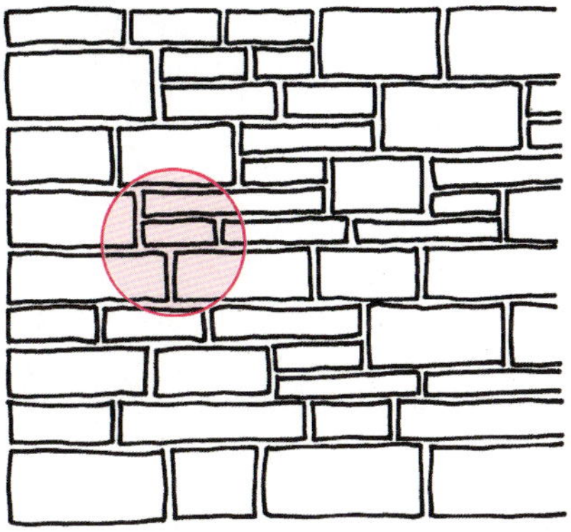

3.7 Regelmäßiges Schichtenmauerwerk

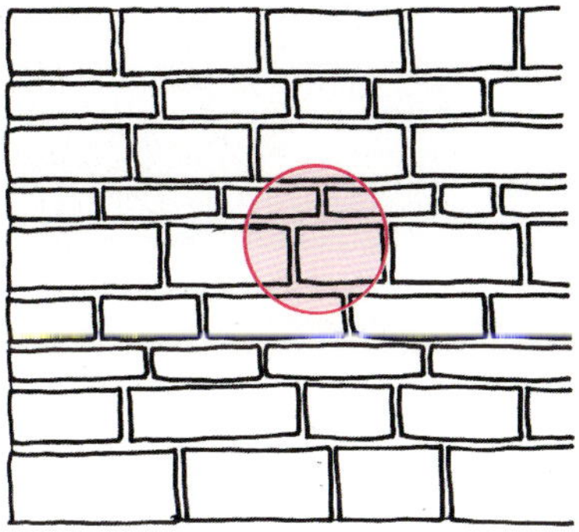

„Kurzinfo“:
- Bearbeitung: wie bei unregelmäßigem Schichtenmauerwerk,
- Steine einer Schicht haben gleiche Höhe,
- Schichten können unterschiedlich hoch sein.

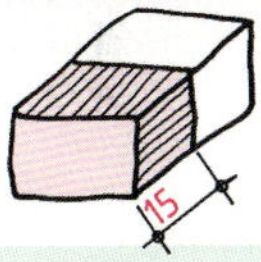

Verwendung z. B. bei: Stützmauern, Außenwänden

3.8 Quadermauerwerk

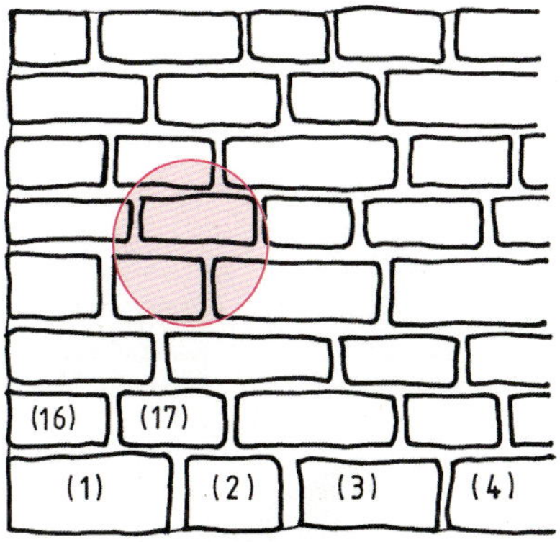

„Kurzinfo":
- Gleiche Regeln wie regelmäßiges Schichtenmauerwerk,
- jeder Stein wird vom Steinmetz an allen Seiten und in ganzer Tiefe genau rechtwinklig bearbeitet,
- die Steine werden zueinander passend gefertigt, nummeriert und nach einem Verlegeplan auf der Baustelle versetzt.

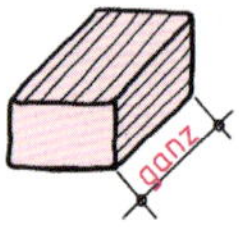

Verwendung z. B. bei: Stützmauern, Außenwänden

3.9 Mauerausführungen mit anderen Natursteinen

Aus den zahlreichen Möglichkeiten hier drei Arten:

Feldsteinmauer

Trockenmauer

Schiefermauerwerk

3.10 Mauerabdeckungen

Eine Abdeckung mit Natursteinplatten

Wie bei frei stehenden Mauern (→ *siehe Lernfeld 16*) müssen Natursteinmauern durch entsprechende Abdeckungen vor eindringendem Wasser geschützt werden. Dabei sollte die Abdeckung zum Mauerwerk passen ⇒ am besten: bearbeiteter Naturstein.
Eine Mischung mit künstlichen Abdeckungen ist zwar einfacher und billiger, aber leider nicht stilgerecht.

Abdeckungsmöglichkeiten von Natursteinmauerwerk:

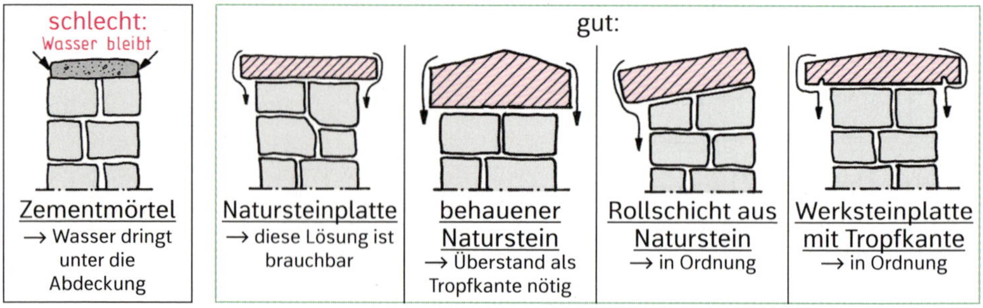

3.11 Mischmauerwerk (Verblendmauerwerk)

Natursteinmauerwerk wird sehr gern bei großen Bauwerken (z. B. Stützwänden aus Beton, Hotelanlagen) als „Dekoration" der Fassade in Form von Verblendmauerwerk verwendet. Da es sich bei solchen Wänden um verschiedene Materialien handelt, bezeichnet man sie als **Mischmauerwerk**. Dabei kann das Natursteinmauerwerk mittragend oder nicht tragend sein.

Welche Regeln müssen hierbei beachtet werden?

Beispiel 1:
Betonstützmauer + mittragendes, regelmäßiges Schichtenmauerwerk als „Verblender"

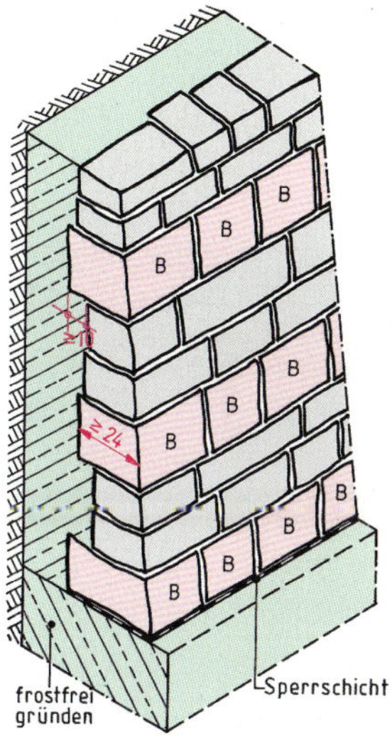

1. Natursteinmauerwerk und „Hintermauer" gleichzeitig im Verband ausführen
2. Beide Wandteile verzahnen durch Binder oder Binderschichten
3. Länge der Verzahnung **10 cm** mind.
4. Binderlänge **24 cm** mind.
5. Jede 3. Schicht muss eine Binderschicht sein.

Werden Bauteile mit Natursteinplatten „verkleidet", müssen:
a) die Platten im Bauteil verankert werden und
b) mind. 11,5 cm dick sein.

Beispiel 2:
Einschaliges Mauerwerk aus Kleinformat + regelmäßigem Schichtenmauerwerk als „Verblender"

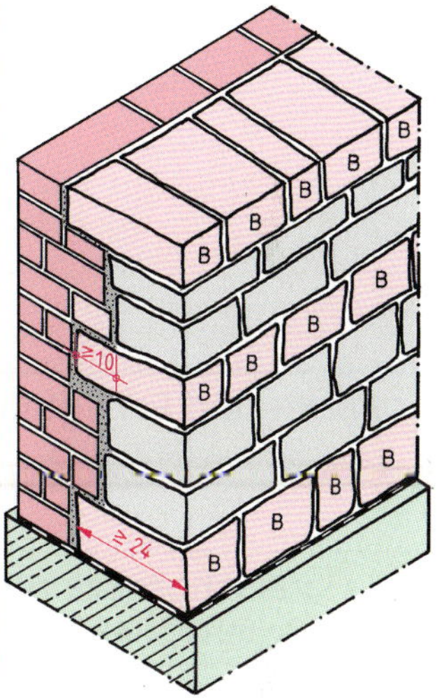

Zusammenfassung von Kapitel 3:

- Natursteinmauerwerk wird als Trockenmauerwerk (ohne Mörtel), Findlings-, Zyklopen- und Bruchsteinmauerwerk **fast ohne** jegliche Bearbeitung ausgeführt, während für Schichten- (hammerrechtes, regelmäßiges, unregelmäßiges) und Quadermauerwerk eine **Steinbearbeitung** erforderlich ist.
- **Mischmauerwerk** (Verblendmauerwerk) besteht aus künstlich hergestelltem Material (Beton oder Mauersteinen) und der sichtbaren Verblendung aus Natursteinen. Die Wände können ein- oder zweischalig (mit Natursteinplatten) ausgeführt werden.

A – Te *Aufgaben zur Wiederholung finden Sie im Arbeitsheft, Blätter 131, 132.*

T *Einen Test hierzu gibt es im Arbeitsheft, Blatt 133.*

Lernfeld 16:
MAUERN BESONDERER BAUTEILE

Hier behandeln wir die Lernabschnitte:

Besondere Bauteile – welche sind das?

Das ist Mauerwerk, das von der „normalen Regelausführung“ abweicht. Dazu gehören:

1. Wände oder Wandteile, die nicht rechtwinklig gemauert werden

nicht rechtwinklige Formen sind:

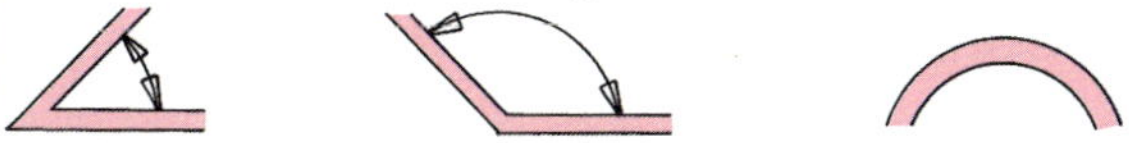

spitzwinklig stumpfwinklig rund

rechtwinklige Formen

rechtwinklig

2. Mauerwerk, das besondere Belastungen auszuhalten hat

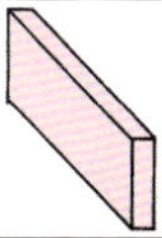

z. B. Fachwerk oder frei stehende Mauern im Außenbereich

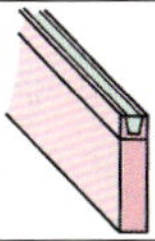

oder Mauern mit Bewehrungen

3. Kombinationen aus Mauerwerk und/oder speziellen Fertigteilen

z. B. Formteile

oder Schornsteine

1 Schiefwinklige Mauern

Eckgrundstücke, Baulücken, Einfriedungen u. a. erfordern oft schiefwinklige Mauerecken und -anschlüsse.

Beispiel: **Gebäude auf Eckgrundstück**

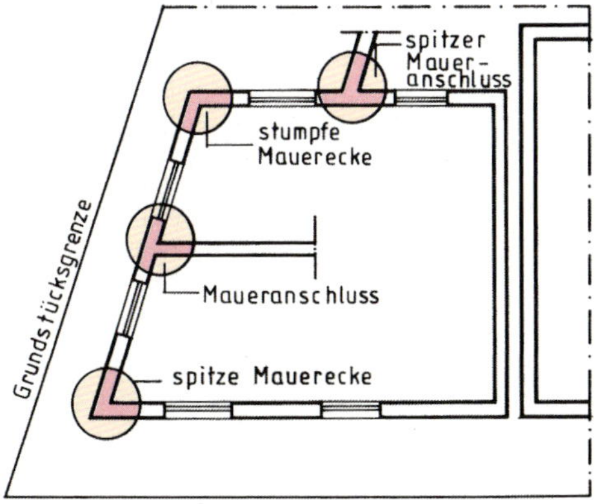

Schiefwinklige Mauern

werden unterschieden in:

Stumpfwinklige Mauerecken	Spitzwinklige Mauerecken
Ausführung: i. d. R. unter:	Ausführung: i. d. R. unter:
– 120° – 135° – 150°	– 60° – 45° – 30°

Maueranschlüsse, Mauerkreuzungen

In der Praxis sind bei schiefwinkligen Mauern üblich:

- Großformate für tragende Wände,
- Klein- und Mittelformate für Sichtmauerwerk und frei stehende Mauern

Eck- und Teilsteine immer schneiden → nie „hacken“, nie „Bruch“ verwenden!

Bei der Herstellung des Mauerwerks sind zwei Fugen von entscheidender Bedeutung:

- Regelschnittfuge a_R ⇒ ihr Abstand bestimmt das Überbindemaß im Mauerwerk.
- Eckfuge ⇒ sie ist die Schnittfuge an der Innenecke.

1.1 Stumpfwinklige Mauerecke

Das sind die entscheidenden Fugen, Steine und der Abstand bei einer stumpfwinkligen Ecke!

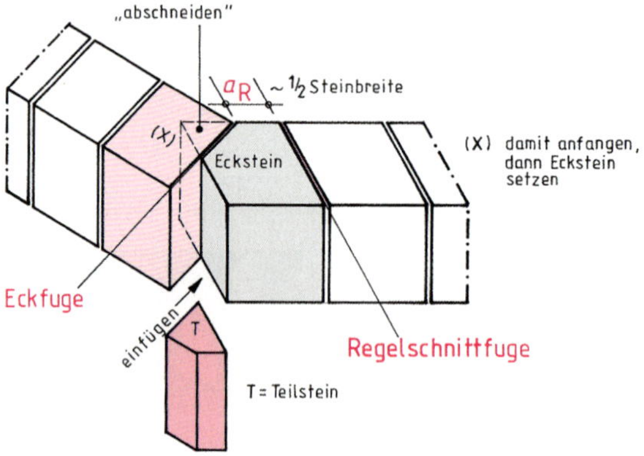

Merke: Die Regelschnittfuge a_R ist die letzte Fuge vor dem „Stopp". Der „Stopp" ist die Eckfuge.

Beispiel 1: **Mauerecke unter 135°**

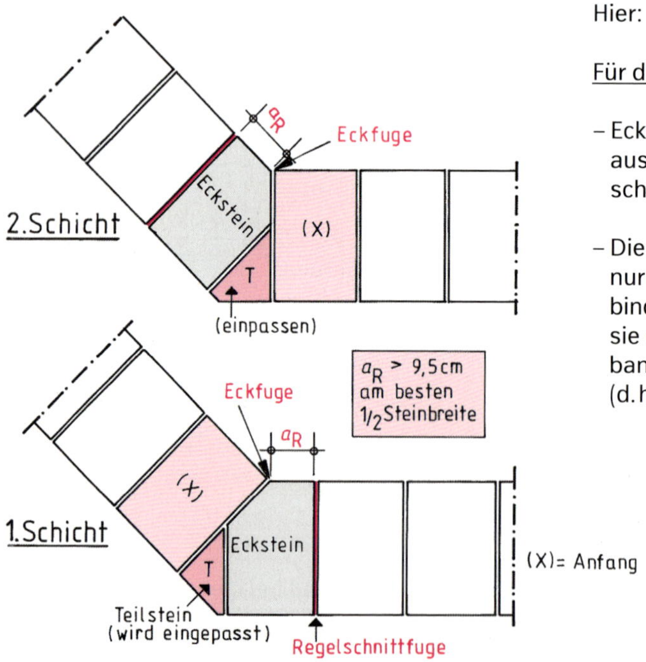

Hier: Großformat

Für die Praxis gilt:

- Ecksteine und Teilsteine aus gleichem Steinformat schneiden.
- Die Regelschnittfuge ist nur für das Maß von 9,5 cm bindend, ansonsten kann sie dem gewünschten Verband „angepasst" werden (d. h. man kann sie verlegen).

Bei „unserem“ Haus sind an den Erkern stumpfwinklige Mauerecken von 135°:

So sieht die Ausführung mit 12-DF-Steinen aus!

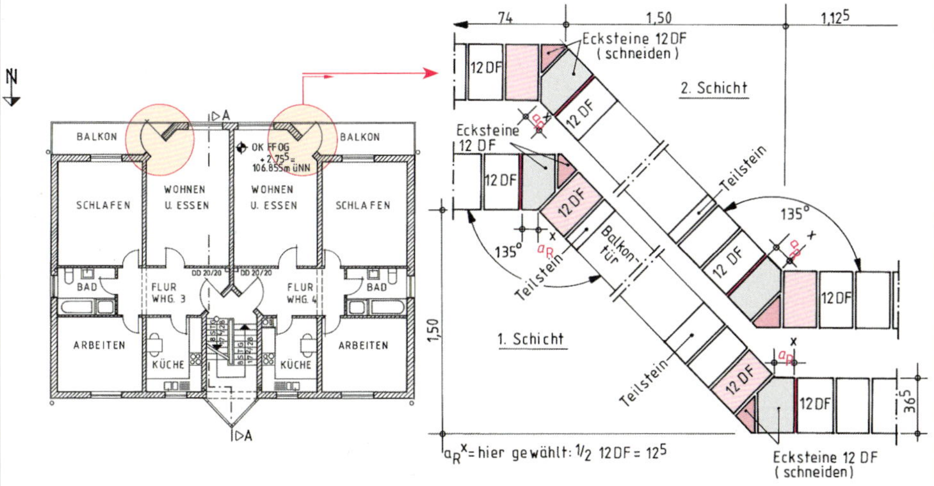

Etwas anders sieht das bei frei stehenden Mauern aus, wo die **Ansicht** betont werden soll. Hier werden vorwiegend Kleinformate vermauert.
Aufpassen! Abstand Regelfuge a_R mind. a_R **= 4,5 cm**
→ normal ist: 1/2 Steinbreite oder $a_R = 6{,}25$ cm

Beispiel 2: **24er-Mauerecke**

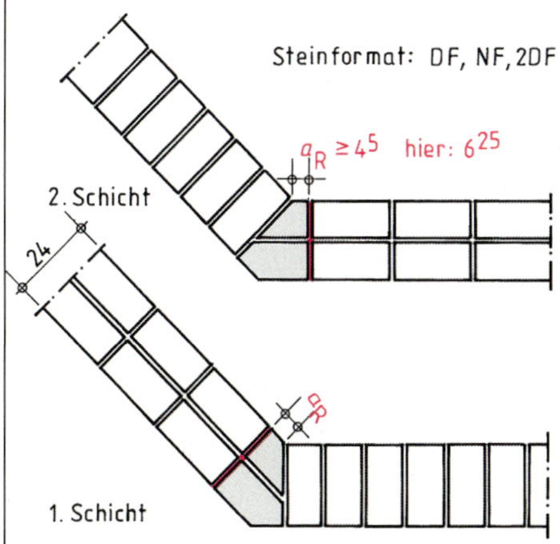

Beispiel 3: **36,5er-Mauerecke**

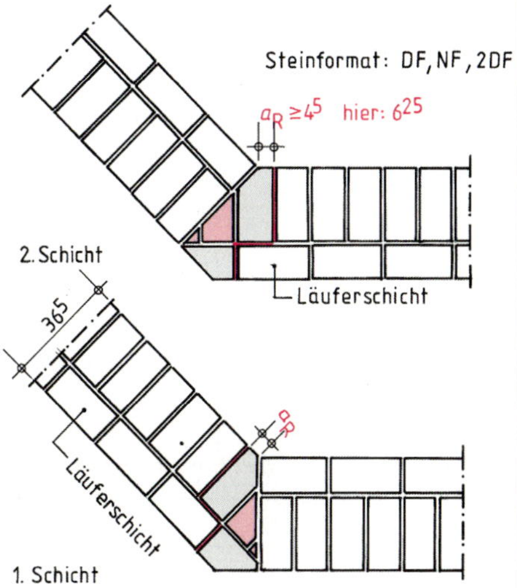

Die Regelschnittfuge „springt“ um 1 am in der Läuferschicht.

Was fällt hierbei besonders auf?

Nachteil bei Verwendung kleinformatiger Steine: viel „Schneidarbeit“.
→ Abhilfe: Formsteine verwenden, besonders bei zweischaligem Mauerwerk (Verblendschale)

Formsteine sind eine „saubere und schnelle“ Lösung. Sie sind für jeden Winkel erhältlich.

z. B. 135°

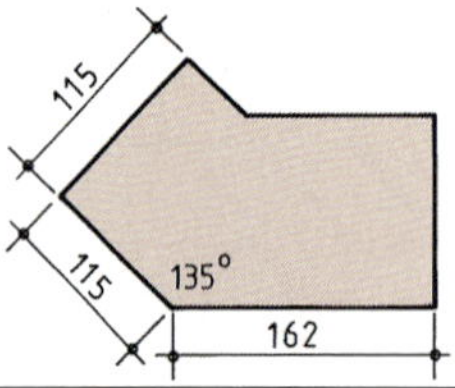

150°

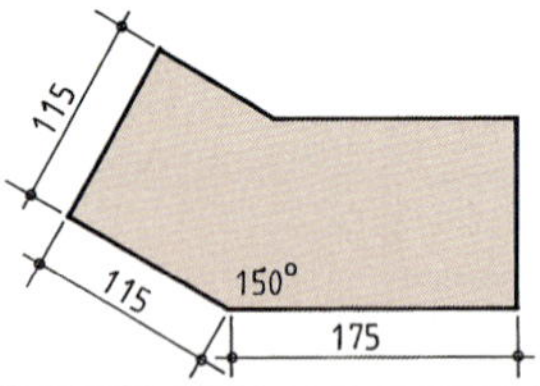

120°

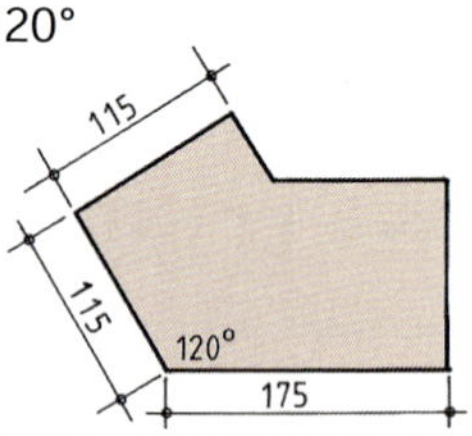

Unter Verwendung von Formsteinen wird eine zweischalige stumpfwinklige Mauerecke (mit Wärmedämmung und Luftschicht) dann etwa so aussehen:

Beispiel 4: **Mauerecke, zweischalig, unter 135°**

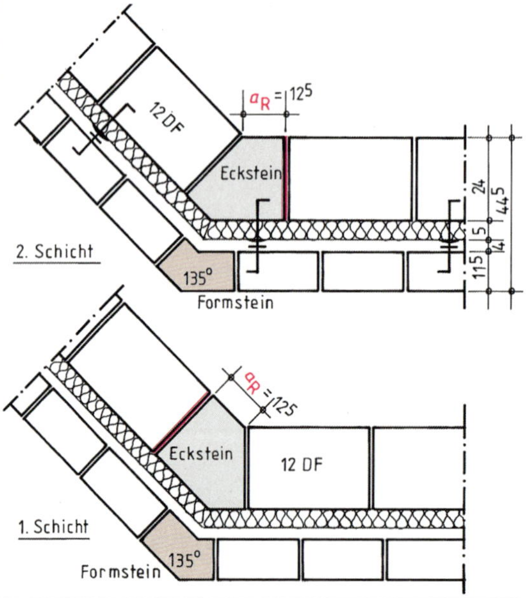

Innenschale: 12 DF
(Überbindung: 1/3 Steinlänge
→ bedeutet: a_R = 12,5 cm)

Dämmschicht: PUR 035

Luftschicht: 4,0 cm

Außenschale *(Verblendschale)*:
NF und Formsteine im wilden Verband

Verankerung: jede 2. Schicht

Beachte: Eck- und Regelschnittfuge gehen nicht durch das gesamte Mauerwerk.

1.2 Spitzwinklige Mauerecke

Grundsätzlich gelten die gleichen Regeln wie bei der stumpfwinkligen Mauerecke:
1. Eckfuge setzt genau an der Innenecke an (in Abb.: siehe Winkel α).
2. Regelschnittfuge $a_R \geq$ **9,5 cm** aus der Innenecke (meist 1/2 Steinbreite).
   Hinzu kommt:
3. Abwechselnd binden die Schichten bis zur Ecke durch.

Das sind die entscheidenden Steine, Fugen und Abstände bei einer spitzwinkligen Ecke:

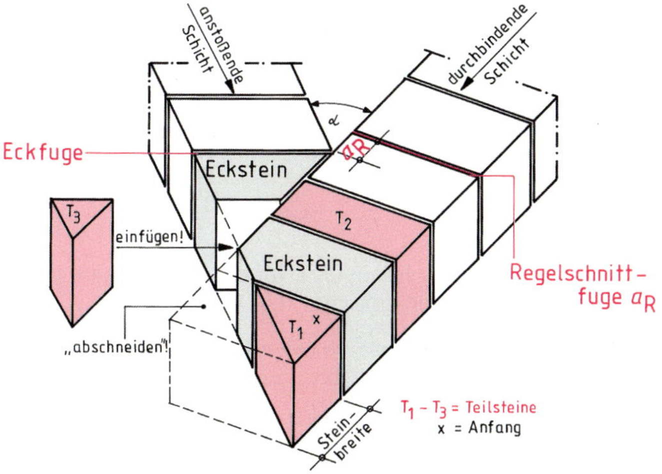

Welche Lösung bietet sich in der Praxis an?

Eine „Superlösung" gibt es nicht, aber:
Damit gerade in der Ecke nicht viele kleine Teilstücke liegen und somit die Standfestigkeit der Mauer gefährdet wird, sollte man so vorgehen:

Beispiel 1: **36,5er-Wand unter 45°**

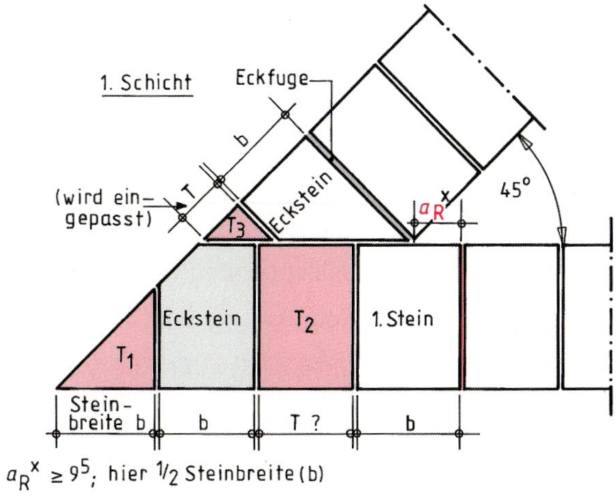

Hier: Großformate

Für die durchbindende Schicht:

1. mit einem ganzen **Stein an der Ecke** beginnen
   → schräg „ab"schneiden
2. **Eckstein** setzen
3. **1. Stein** setzen, dabei: Regelschnittfuge a_R **„anpassen"**
   → Achtung: a_R nicht kleiner 9,5 cm
   (am besten 1/2 Steinbreite b
   ⇒ dadurch wird mittiger Verband erreicht)
   ↓

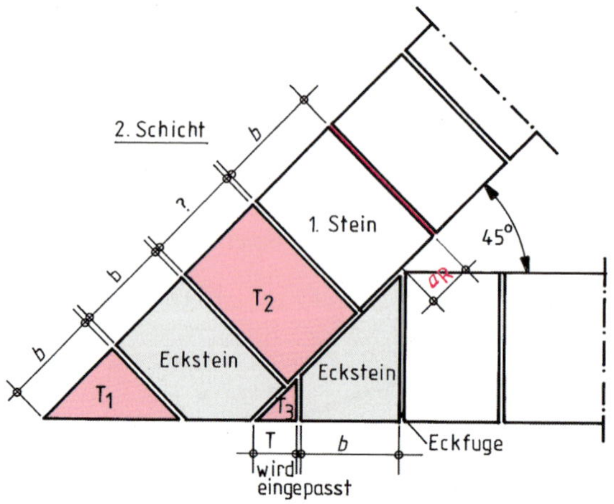

↓

4. **Teilstein** T 2 zurechtschneiden und einfügen.

Für die anstoßende Schicht: Von der **Eckfuge** mit Eckstein (in Steinbreite) und Teilstück T 3 „einpassen“.

Die 2. Schicht (Abb. links) wird entsprechend angelegt.

Bei zweischaligem Mauerwerk wieder Formsteine für die Außenschale verwenden → dadurch wird ein schönes Aussehen erreicht.

Beispiele für Formsteine zur spitzwinkligen Ecke:

45°	60°	83,5°
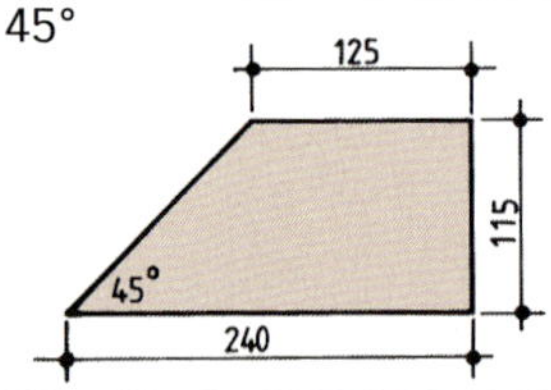	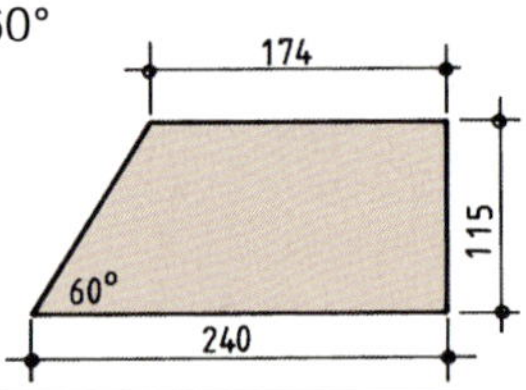	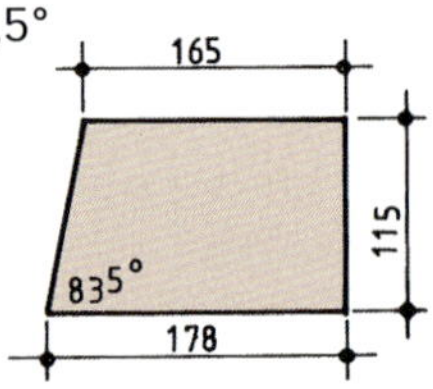

Beispiel 2: **Mauerecke, zweischalig, unter 45°**

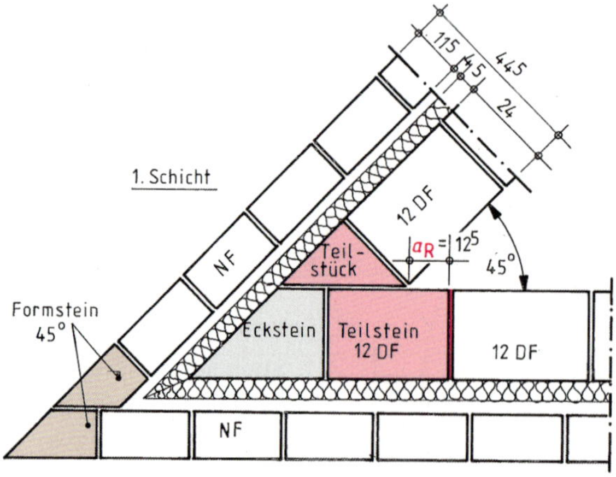

Hier: mit Luftschicht und Wärmedämmung

Innenschale: 24 cm mit 12 DF (Überbindung: 1/3 Steinlänge → bedeutet: a_R = 12,5 cm)

Dämmschicht: 5 cm PUR 035

Luftschicht: 4,0 cm

Außenschale *(Verblendschale):* NF und Formsteine im schleppenden Verband

Verankerung: jede 2. Schicht

Beachte: Eck- und Regelschnittfuge gehen nicht durch das gesamte Mauerwerk.

Zweischalige Mauerecke: 2. Schicht

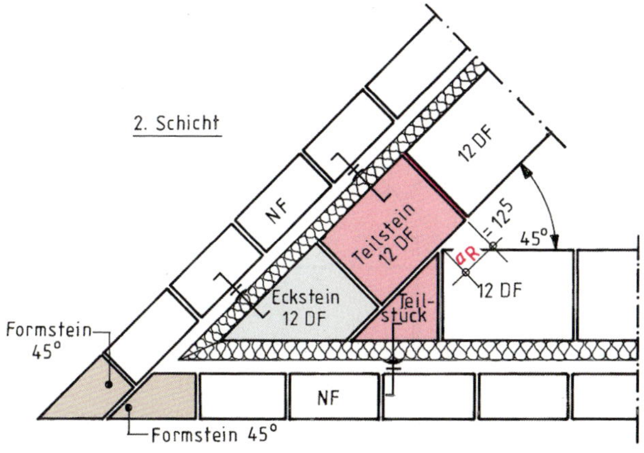

Bei Mauern, die im Sichtmauerwerk erstellt und daher mit Steinen bis 2 DF gemauert werden, fällt Folgendes auf:

- Die „spitze Ecke" bildet ein zugeschnittener etwa $^3/_4$ langer Stein.
- Die Eckfuge gibt es nicht mehr.
- Der Abstand der Regelschnittfuge wird durch die Läuferschicht festgelegt, er darf aber **4,5 cm** nicht unterschreiten.

Beispiel 3: **24er-Mauerecke**

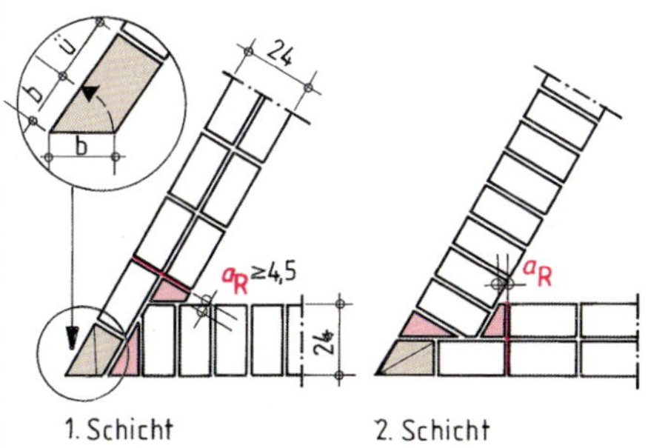

Beispiel 4: **36,5er-Mauerecke**

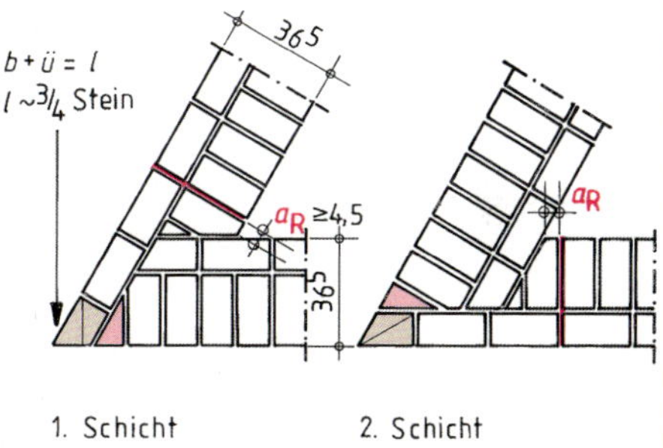

1.3 Schiefwinkliger Maueranschluss

Maueranschlüsse dieser Art kommen nicht häufig vor → i. d. R. sind die Mauern unterschiedlich breit.
Mauerkreuzungen sind noch seltener → werden wir daher nicht behandeln.

Was ist bei einem schiefwinkligen Maueranschluss verschiedener Wandbreiten zu beachten?

Obwohl es unterschiedliche Ausführungsarten gibt, hat sich die nachfolgende Ausführung in der Praxis bewährt.

Beispiel: **Maueranschluss 36,5/24 cm,** schiefwinklig – Großformat

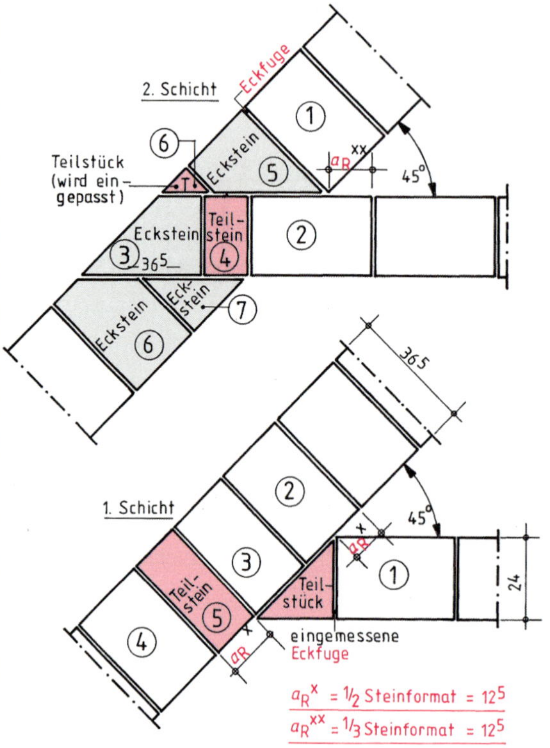

Anm.: Die Herstellung eines schiefwinkligen Anschlusses ist nicht einfach, daher haben wir die Arbeitsschritte in ihrer Reihenfolge „nummeriert".

Regeln:

1. **Die Schichten binden abwechselnd durch.**
2. Eckfuge → rechtwinklig im Wechsel zur **„spitzen Mauerinnenecke".**
3. Bei durchbindender Außenwand: (1. Schicht) Regelschnittfuge a_R beidseitig vom Stoß der Innenwand anlegen → am besten 1/2 Steinformat, dadurch wird die Außenwand mittig überbunden.
4. Bei durchbindender Innenwand: (2. Schicht) Regelschnittfuge a_R ≥ 9,5 cm (besser 1/3 Steinformat) aus der „spitzen Mauerinnenecke" anlegen.

Für die Praxis gelten als Anhalt die Hinweise wie bei der spitzwinkligen Mauerecke.

Beispiel mit kleinformatigen Steinen: **36,5/24er-Maueranschluss**

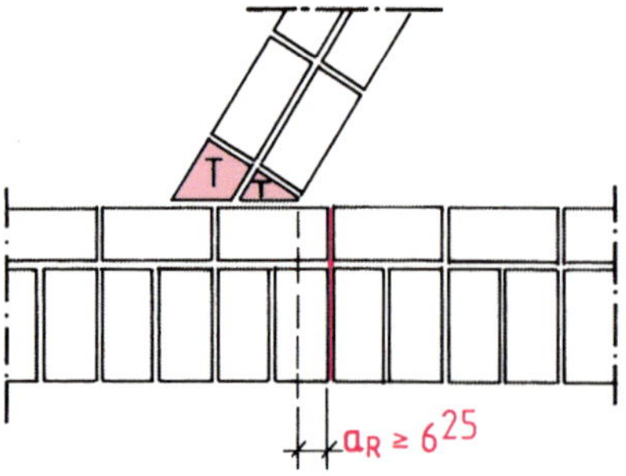

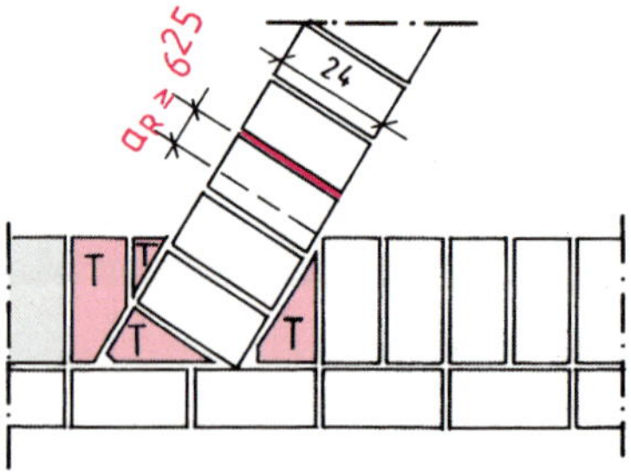

Beispiel mit mittelformatigen Steinen: **30/24er-Maueranschluss**

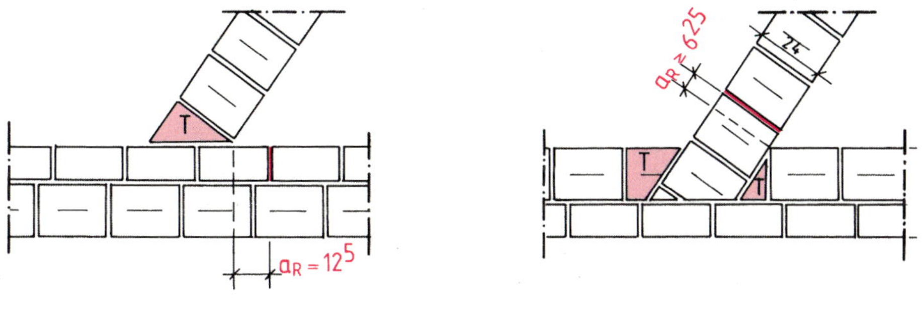

A – Te/TK *Aufgaben zur Konstruktion schiefwinkliger Mauern finden Sie im Arbeitsheft, Blätter 134, 135.*

Zusammenfassung von Kapitel 1:

Schiefwinklige Mauern

- Schiefwinklige Mauern werden unterschieden in: stumpfwinklige und spitzwinklige Mauerecken sowie schiefwinklige Maueranschlüsse und -kreuzungen.
- Alle **Eck- und Teilsteine** sind grundsätzlich mit der Steinsäge zu schneiden.
- Zwei Fugen sind von entscheidender Bedeutung:
  1. die **Eckfuge** → wechselt schichtweise rechtwinklig von der „Innenecke“,
  2. die **Regelschnittfuge(n)** a_R → mind. 9,5 cm (bei Großformaten) oder 4,5 cm (bei Klein- und Mittelformat) aus der Innenecke entfernt.
- In der Praxis ist ein Regelschnittfugenabstand von einer halben Steinbreite des verwendeten Steinformats anzustreben → mittiger Verband.

2 Freistehende Mauern

Freistehende Mauern im Außenbereich sind nicht nur der Witterung, sondern vor allem dem Winddruck ausgesetzt. Beispiele: Sichtschutzmauer, Gartenmauer u. Ä. Für sie gelten daher besondere Anforderungen.

2.1 Anforderungen an freistehende Mauern

Allgemeine Anforderungen an freistehende Mauern im Außenbereich sind:

1. Die Mauer muss frostfrei gegründet werden.
   → bedeutet: Die Gründung nach der örtlichen Frosttiefe anlegen.
2. Alle Baustoffe müssen frostbeständig sein.
   → bedeutet: Der richtige Baustoff am richtigen Ort.
3. Die Mauer muss standsicher sein.
   → bedeutet: Festgelegte Abmessungen (nach Statik, Norm und Erfahrung) sind einzuhalten.

Freistehende Mauern werden vorwiegend durch Windkräfte beansprucht. Damit sie nicht „umkippen", dürfen bestimmte **Mauerhöhen** nicht überschritten werden.

Welche Mauerhöhen sind zulässig?

Für die Standsicherheit frei stehender Mauern ist die erforderliche 1,5-fache Kippsicherheit (Lastfall Wind) maßgebend.

Zulässige Mauerhöhen in Abhängigkeit von Wanddicke und Eigengewicht:

Steinrohdichte in kg/dm³	Eigengewicht in kg/m³	*d* = 17,5 cm	*d* = 24,0 cm	*d* = 30,0 cm	*d* = 36,5 cm
≥ 1,9	2000	---	1,96	---	3,36
1,8	1800	1,35	1,86	2,36	3,09
1,6	1700	1,31	1,80	2,28	2,96
1,4	1500	1,24	1,70	2,13	2,71

Außerdem sind die bauaufsichtlichen Forderungen der Bundesländer zu beachten. Gemäß Musterbauordnung (MBO) sind zum Beispiel Sichtschutzmauern bis zu einer Höhe von 2,00 m verfahrensfrei, d. h., dass keine Baugenehmigung erforderlich ist.

Und das sind die Anforderungen im Einzelnen:

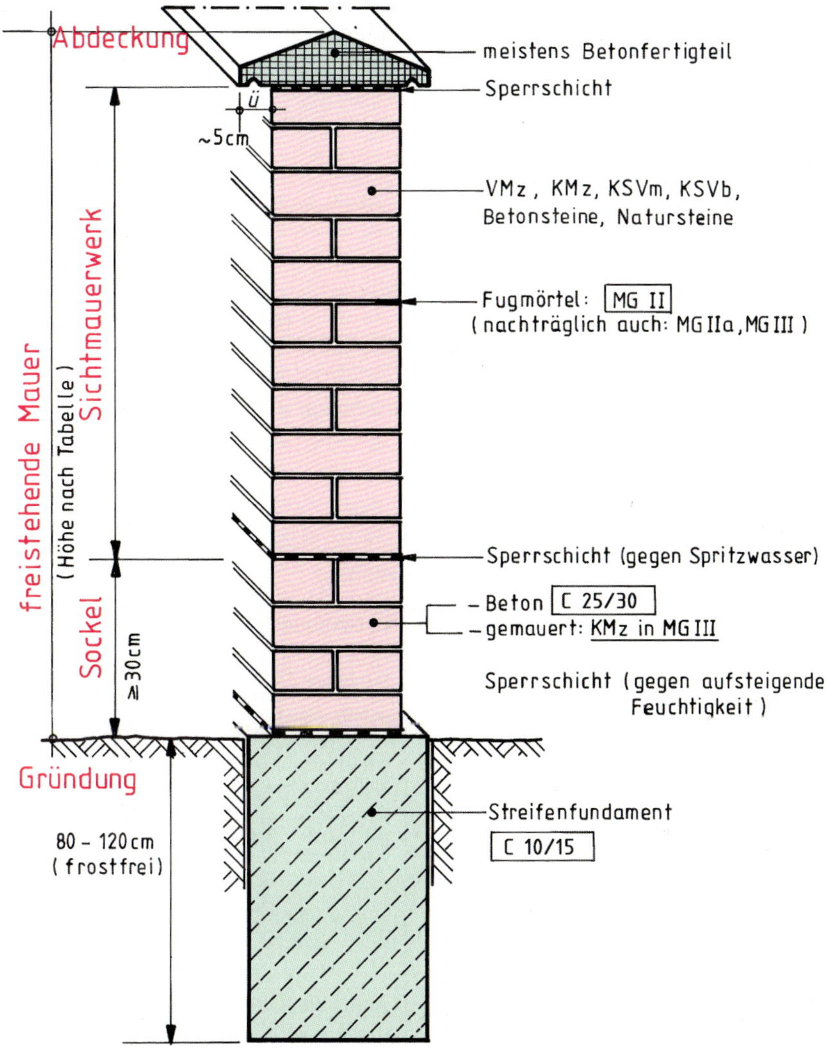

2.2 Ausführung frei stehender Mauern

Freistehende Mauern unterliegen hohen Umweltbelastungen. Das betrifft bei der **Erstellung** besonders die Mauersteine und die Fugen.

Daher: ⇒ Mauersteine evtl. bei warmer Witterung vornässen
→ sonst wird dem Mauermörtel das Wasser entzogen.
⇒ Frisches Mauerwerk gegen Witterung schützen → Folien, Planen.
⇒ Alle Fugen „vollsatt" und haftschlüssig vermörteln und

Dehnungsfugen nach höchstens **6 – 8 m** anordnen.
(Dehnungsfugen gehen von unten bis oben durch (Sockel – Mauerwerk – Abdeckung).

Warum müssen Mauern über 6 – 8 m Länge Dehnungsfugen haben?

Durch Dehnungsfugen sollen die Längenveränderungen durch Temperatureinflüsse aufgefangen werden.
Bei Mauerscheiben in Gebäuden sind etwa alle 8 m Dehnungsfugen zwingend vorgeschrieben, da die Temperaturunterschiede hier noch deutlicher sind.

Anordnung von Dehnungsfugen:

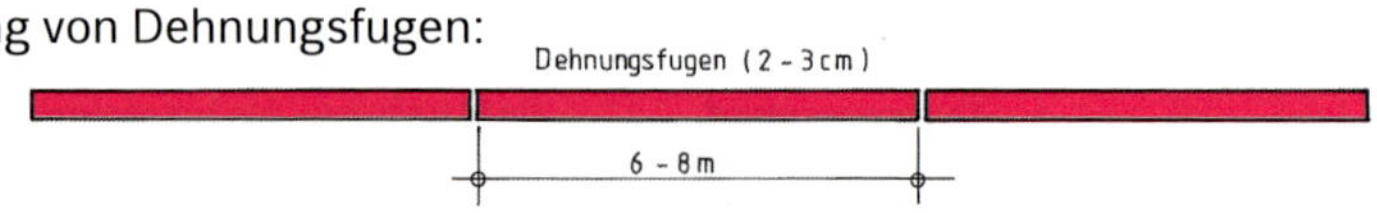

Eine Alternative dazu: versetzte Mauerlängen

→ *Ausführung der Dehnungsfugen: siehe zweischalige Wände*

Was ist bei der Sockelausbildung zu beachten?

Der Sockel kann betoniert oder gemauert werden.

a) Betonierter Mauersockel:

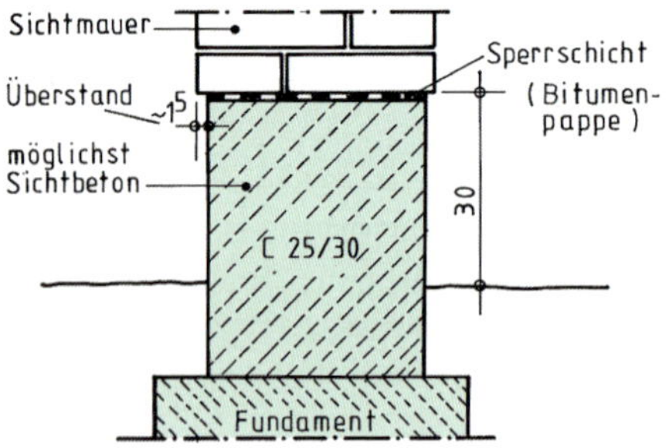

Anm.: Sichtbeton = gut aussehender Beton (Zusammensetzung und Verarbeitung → i. O.)

b) Gemauerter Mauersockel:

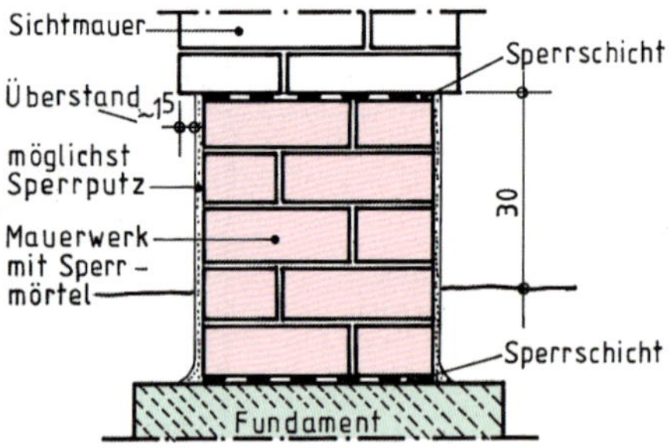

Anm.: Bleibt der Sockel unverputzt, dann KMz (Vollklinker) in MG III.

Was sollte bei der Mauerabdeckung beachtet werden?

Die Mauerabdeckung (auch Mauerkrone genannt) soll das Sichtmauerwerk vor Durchfeuchtung von oben schützen und das Wasser so ableiten, dass es das Mauerwerk nicht erreicht.
Wird die Abdeckung mit einem anderen Material als das Sichtmauerwerk ausgeführt, sind einige Maßnahmen (z. B. Haltestifte, Bewegungsfugen) nötig.
Egal, welche Abdeckung aber gewählt wird, es gilt:

- Die Abdeckung muss in Sperrmörtel verlegt werden.
- Ein seitliches Gefälle von mind. 2 % ist einzuhalten.
- Ausreichender Überstand und Tropfkanten sind erforderlich.

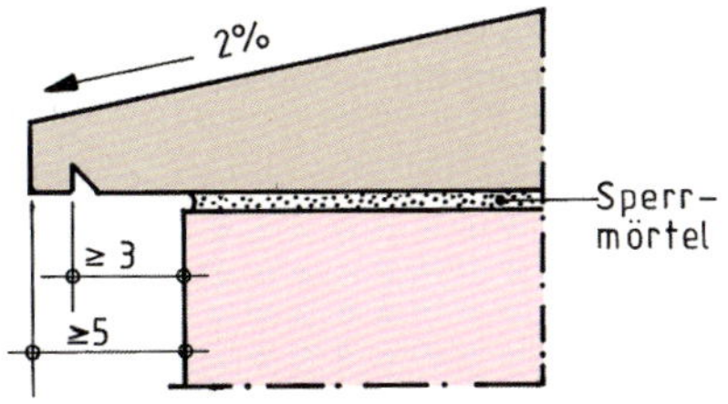

Beispiele von Abdeckungsmöglichkeiten:

Stahlbetonfertigteil

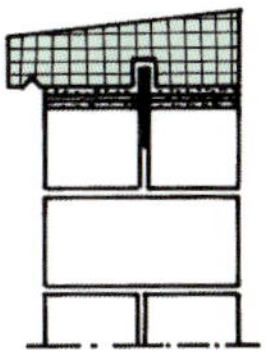

Geklebte Riemchen auf Betonkern

Zinkblech-Abdeckung

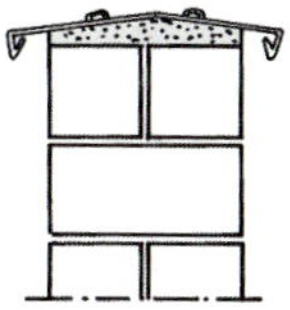

Pultdachstein

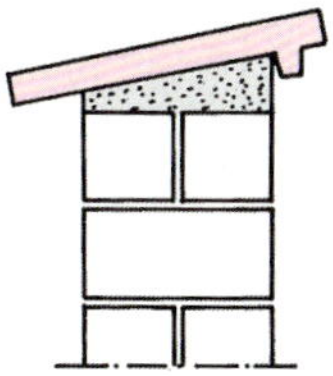

Diese Abdeckung wurde mit einer „Rollschicht“ ausgeführt. Das Foto verdeutlicht mögliche Probleme → daher möglichst vermeiden!

Welche Probleme können auftreten?

1. Sehr hohe Fugenanzahl → größere Feuchtigkeit?
2. Sehr geringer Überstand → Wasser kann an der Mauer ablaufen und tropft nicht ab.
3. Hohe Anforderung an die Fugenabdichtung

Was kann man machen, wenn die Mauer höher als die zulässige Mauerhöhe werden soll?

In solchen Fällen muss die Mauer durch Pfeiler (und evtl. durch einen oberen Querriegel) ausgesteift werden.

Zur Aussteifung eignen sich Stahlprofile oder Stahlbetonpfeiler. Die Pfeiler sind als Stützen, eventuelle Querriegel als Ringbalken ausgebildet.

→ *siehe hierzu auch Lernfeld 9*

Aussteifung <u>ohne</u> oberen Querriegel
→ dadurch ist die Wand an drei Seiten gehalten

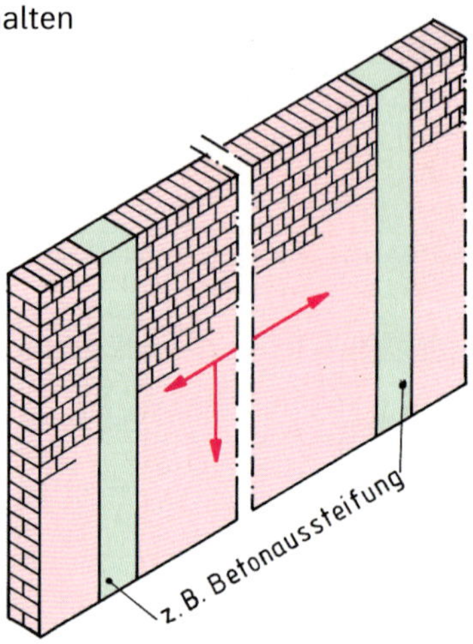

Aussteifung <u>mit</u> oberem Querriegel
→ dadurch ist die Wand an vier Seiten gehalten

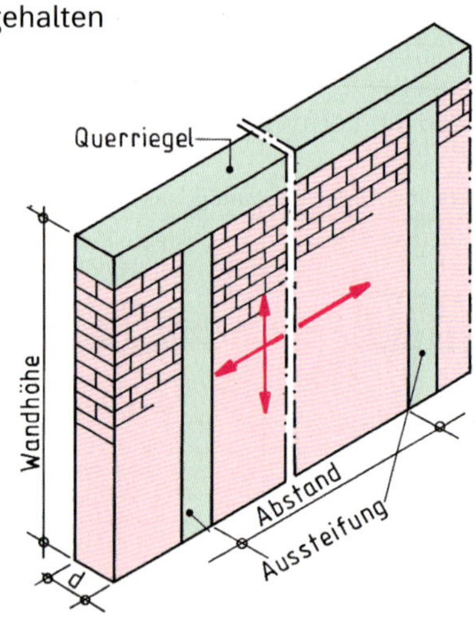

Aufpassen! <u>Dehnungsfugen nicht vergessen</u> (unterschiedliches Material)!

So wird der Anschluss zwischen Pfeiler und Mauerwerk richtig gemacht:

a) bei einer Stahlbetonstütze

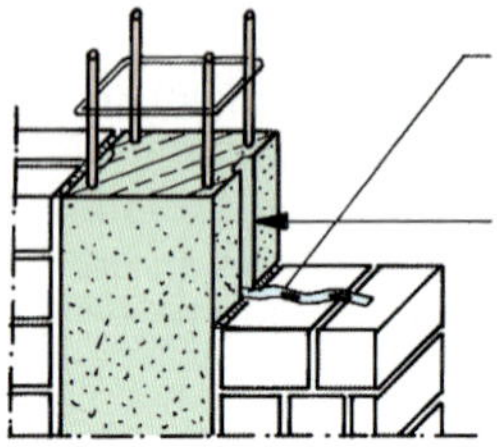

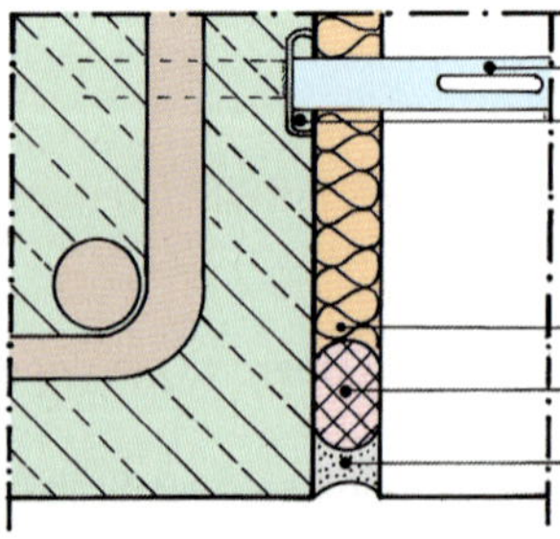

b) bei einer Stahlstütze

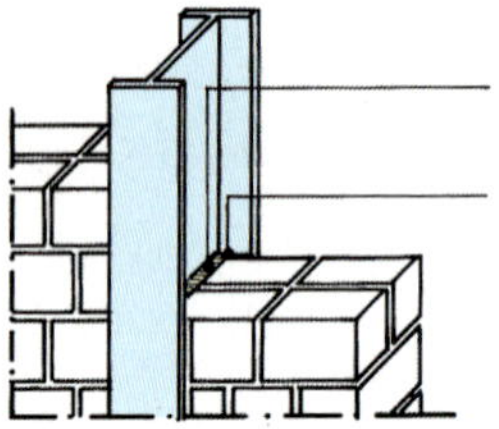

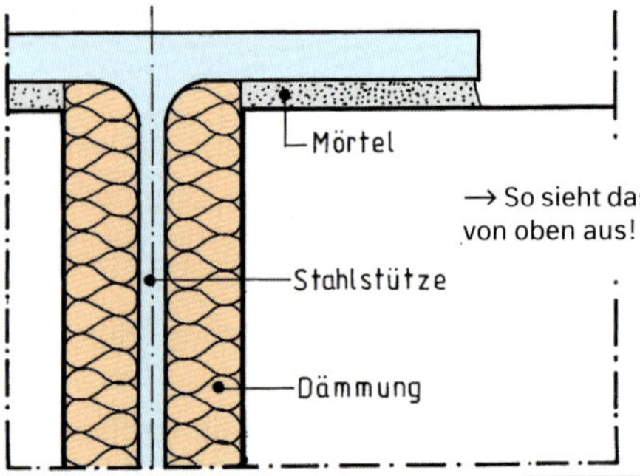

*) *Ankerschienen einbetonieren, in denen die Drahtanker (stufenlos in der Höhe verschiebbar) für die Lagerfugen eingelegt werden.*

3 Vorgesetzte Fachwerkwände

Wer seinem Haus ein ländlich-bäuerliches Aussehen verleihen will, lässt sich eine Fachwerkwand als Außenschale vorsetzen.

Sie besteht aus
- dem Fachwerk und
- dem in den „Gefachen“ eingebauten Verblendmauerwerk (i. d. R. als Zierverbände).

Die Aufgabenverteilung bleibt unverändert:
- Innenschale = tragend,
- Fachwerkwand = nicht tragend

Vorgesetztes Fachwerk als Außenschale

Das Fachwerk (ob tragend oder vorgesetzt) ist vom Zimmerer zu erstellen und aufzurichten.
Holzverbindungen: Zimmermannsmäßig oder ingenieurmäßig.

→ *siehe hierzu Lernfeld 5*

<u>Benennung der Teile eines Fachwerks</u>
➡ *kann zur Prüfung verlangt werden*

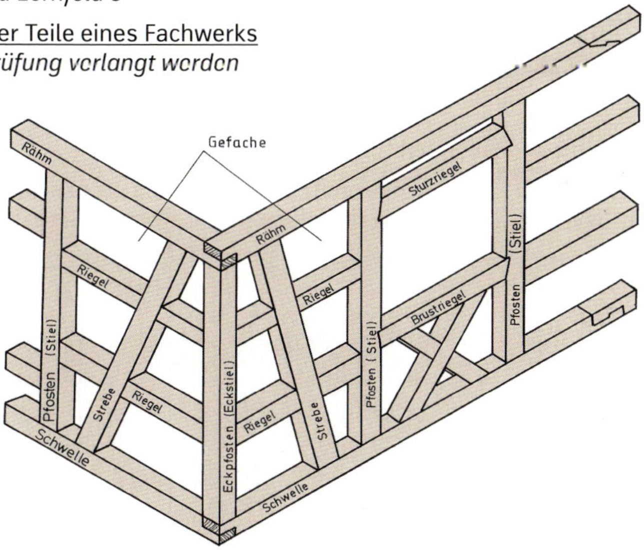

Erinnern Sie sich noch, wie die einzelnen Holzverbindungen zimmermannsmäßig erstellt werden?

Wie ist die Arbeitsfolge beim Vorsetzen einer Fachwerkwand?

1. Sockel erstellen (= Maurer) → wenn nicht schon vorhanden,
2. Innenschale mit Dämmung herstellen (= Maurer) → wenn nicht schon vorhanden,
3. Fachwerk standsicher (mit Dübeln am Mauerwerk) errichten (= Zimmerer),
4. Gefache ausmauern (= Maurer).

Welche Punkte sind bei der Sockelausbildung eines vorgesetzten Fachwerks zu beachten?

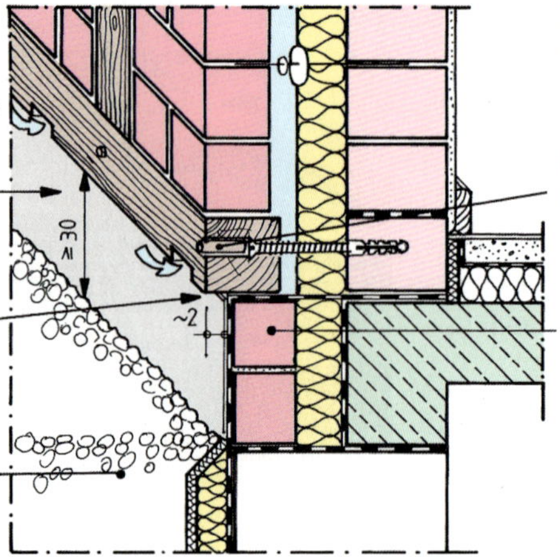

Belüftungsschlitze

Spritzwasserhöhe (Abdichtung nicht vergessen)

Überstand 2 cm (Tropfkante)

Grobkiesstreifen ~ 50 cm breit

generell: Fachwerk geschossweise abfangen

Holznagel verschließt Dübelloch

Sockel

Zusätzlicher Feuchteschutz: ausreichender Dachüberstand, Fensteranschläge, Fachwerk imprägnieren

Wie wird richtig „ausgefacht“?

Die Verbindung Holz – Mauerwerk im Gefache ist das Problem:

- Holz arbeitet → quillt und schwindet ⇒ Folge: Die Verbindung muss elastisch sein. Lösung: Ringsum mit Fugenband ausgefüllte Dehnungsfuge anlegen.
- Die Verbindung (Holz – Mauerwerk) muss stabil sein. Lösung: Befestigung aus Winkeln, Rundstählen oder Nägeln verwenden.

So verankert man Holz im Mauerwerk:

1. **Edelstahlwinkel** (jede 2. – 3. Schicht)	2. durchgehende **Stahlstäbe** (Holz durchbohren)	3. eingeschlagene **Nägel** (jede 2. Schicht; z. B. 3,8 x 100)
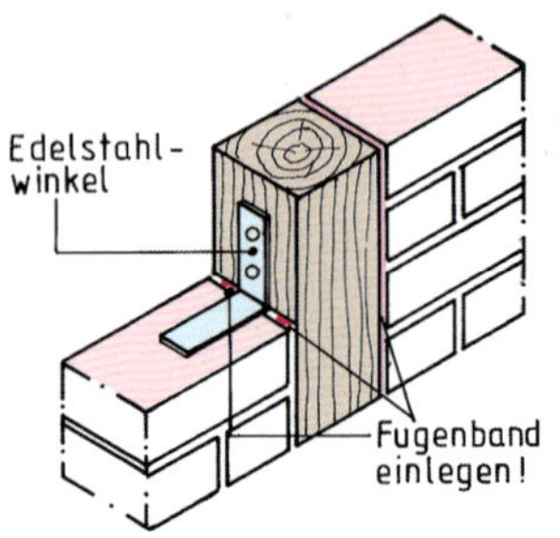	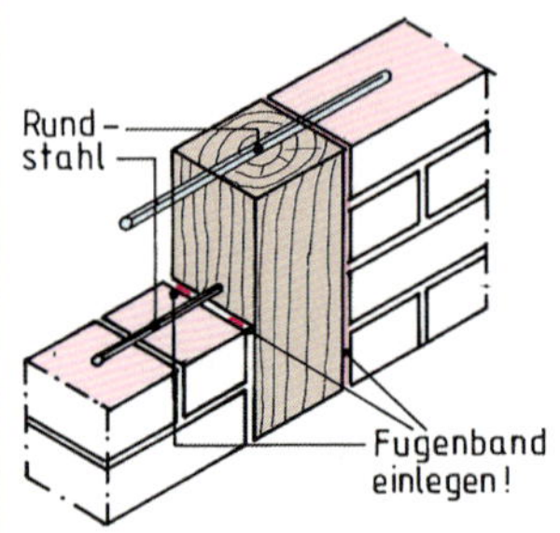	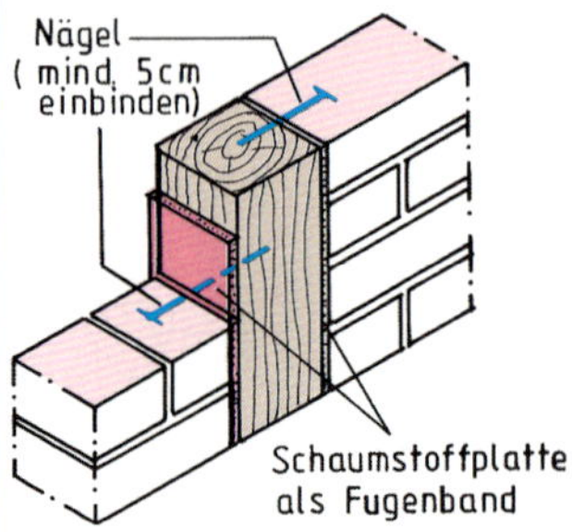

So wird das Fugenband richtig eingelegt und anschließend verfugt!

Draufsicht

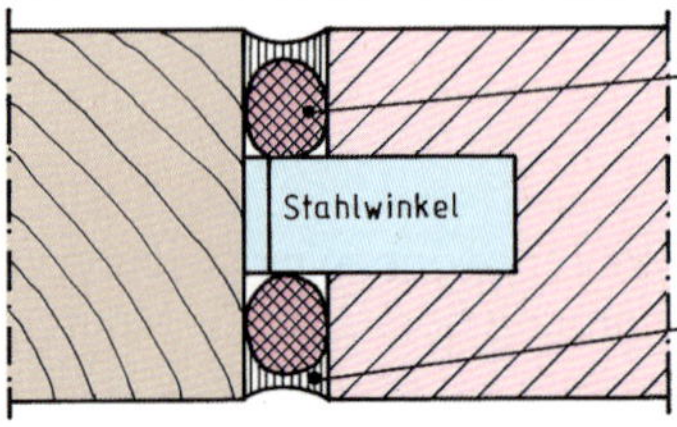

Fugenband aus Schaumstoffschnur oder Schaumstoffplatte

dauerelastische Dichtungsmasse

(beidseitige Abdichtung nur bei frei stehendem Mauerwerk → sonst nur Wetterseite)

Eine „alte" – nicht mehr so übliche Verankerung – sind Dreikantleisten:

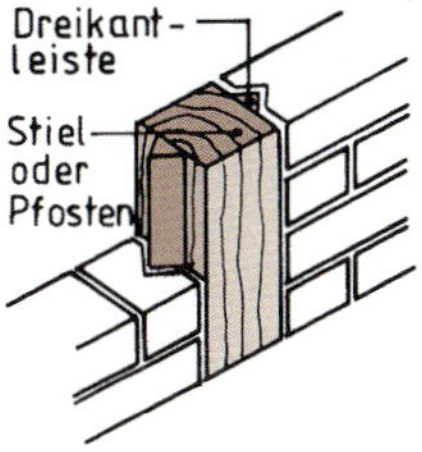

→ erfordern Dreikantleisten aus „hartem" Holz, z. B. Eiche,

→ Steine müssen mit einer Nut „geschnitten", oder gesondert bestellt werden.

Das Gefache muss „beweglich" sein,
⇒ Dehnungsfuge somit „ringsum" im Gefache.

Das Mauerwerk im Gefache wie bei einer Außenschale errichten (Drahtanker, Feuchtigkeitsschutz, Verfugen).

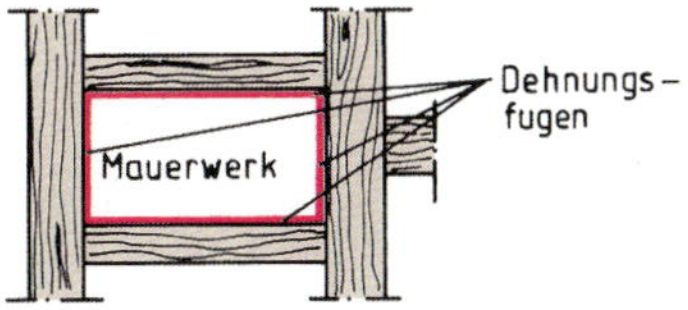

Die Gefache haben selten eine Höhe und Breite entsprechend einem Baurichtmaß. Deshalb vorher eine **Schichteinteilung** anhand der verwendeten Steine „ausrechnen" und evtl. anzeichnen.

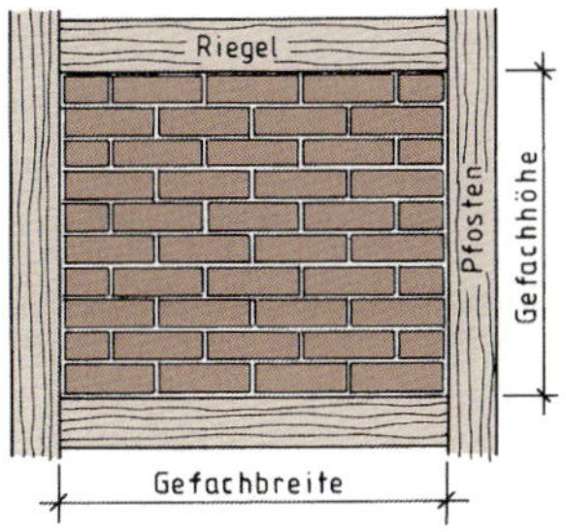

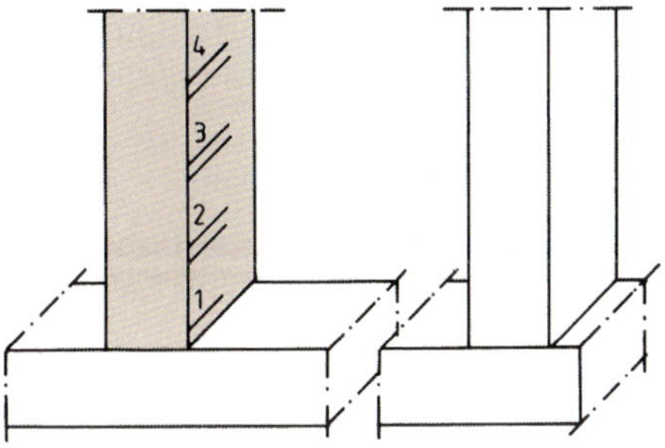

Fragen, die immer auftauchen:

- Steinformat – ist es zweckmäßig?
- Breite des Gefaches – welche Steinlänge am Anfang und Ende?
- Fugen – wie dick? → damit die Höhe passt

3.1 Ausfachen in Lehmbauweise

Dieses Verfahren wird vorwiegend bei der Sanierung von Lehmfachwerken angewendet durch

- Aufbringen einer Stakung mit anschließender Lehmverputzung oder
- Ausmauern mit Lehmziegeln.

Sanierungsbedürftiges Lehmfachwerk

1. Möglichkeit: Stakhölzer + Geflecht einbauen und Lehmbewurf aufbringen

2. Möglichkeit: Fachwerk erneuern und Lehmziegel einbauen

Was ist zu beachten?

- Stakhölzer in das Fachwerk einlassen → Löcher vorbohren
- Geflecht (am besten Weidenruten) um die Stakhölzer „winden“
- Evtl. zusätzliche Putzträger (auch die Weide) **nicht** am Fachwerk befestigen
- Der Lehmputz darf mit dem Fachwerk keine Verbindung haben → damit bei Erschütterungen keine Risse oder Abfallen des Putzes auftreten.
- Möglichst dem Lehm keinen oder nur geringen Zementanteil zumischen, da sonst eine zu starre Putzfläche entsteht → kann reißen.
- Lehmziegel sind wie bei den Mauerziegeln am Fachwerk zu „befestigen“.

3.2 Ausfachen von Stahlskelettbauten

siehe hierzu: Lernfeld 7 „Bauweise mit Bauplatten“, Kap. 9

Zusammenfassung von Kapitel 2 und 3:

Freistehende Mauern und Fachwerke

- Gründung, Sockel, Sichtmauerwerk und Abdeckung sind Teile einer freistehenden Mauer, an die bestimmte Anforderungen gestellt werden.
- Freistehende Mauern müssen frostfrei gegründet, frostbeständig in den Baustoffen und standsicher sein.
- Die **zuverlässige Mauerhöhe** hängt u. a. von der Mauerdicke, der Steinrohdichte und der Sockelhöhe über Gelände ab.
- Dehnungsfugen sollten nach einer Mauerlänge von etwa 6 – 8 m angelegt werden.
- Höhere Mauern sind durch Stahlprofile oder Stahlbetonstützen auszusteifen.
- **Vorgesetzte Fachwerkwände** sind eine besondere Form der Außenschale. Das Fachwerk ist nach den Fachregeln des Zimmerers herzustellen. Die Gefache sind unter Berücksichtigung von Dehnungsfugen (Bewegungsfugen) vom Maurer auszumauern.

A - Te *Aufgaben zur Wiederholung frei stehender Mauern finden Sie im Arbeitsheft, Blatt 136.*

A - TK *Aufgaben zur Wiederholung einer Fachwerkwand finden Sie im Arbeitsheft, Blatt 137.*

4 Fertigteile im Mauerwerksbau

Arbeitsaufwendige Arbeiten (→ z. B. Mauern von Bögen) werden heute immer mehr durch den Einsatz von Fertigteilen ersetzt. Hier die wichtigsten Beispiele im Außenwandbereich.

4.1 Fertigteile für den Kellerbereich

- Kellerfenster:

Fertigteil: Kellerwohnraumfenster

Kellerräume werden heute immer mehr in den Wohnbereich einbezogen → Partykeller, Gästezimmer. Je nach Verwendungszweck werden eingesetzt:
- Stahlrahmenfenster → für „reine“ Kellerräume
- Fertigrahmen aus Glasfaserbeton oder Kunststoff (24–36,5er-Mauerwerk) → für „bewohnte“ Räume

- Die Fenstereinsätze (Stahl, Kunststoff oder Holz) mit Einfach- oder Isolierglas werden in den Laibungsrahmen eingesetzt.

- Lichtschächte:

Lichtschächte sollen Kellerräume mit Licht und notfalls mit Frischluft versorgen. Früher wurden sie betoniert oder gemauert. Heute werden vorwiegend glasfaserverstärkte Kunststofflichtschächte verwendet.

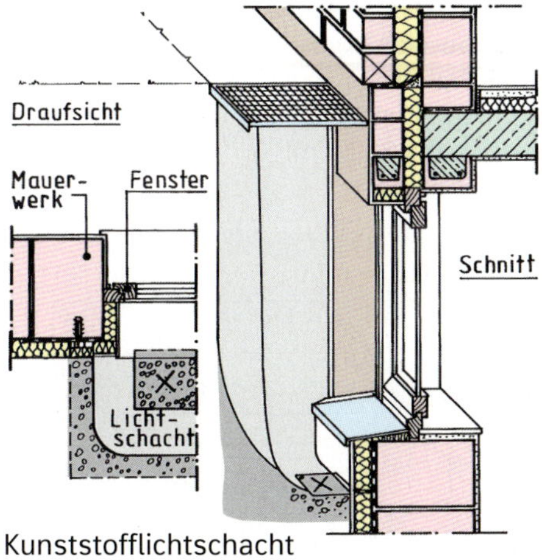

Kunststofflichtschacht
Aufpassen! Sickeröffnung frei halten.

An eine Kellerwand angeschraubte Fertiglichtschächte.
Aufsätze machen die Höhe variabel.

Im Randbereich und an den Dübellöchern anbringen und mit Dichtungsmittel „abspritzen“ → sonst sammelt sich dahinter Wasser und dringt in das Mauerwerk ein.

4.2 Fertigteile im Außenwandbereich

4.2.1 Formteile für die Außenwand

Formteile für Außenwände (ein- oder zweischalig) stehen in großer Zahl zur Verfügung und erleichtern die fachgerechte Mauerausführung erheblich.

Häufig werden die folgenden Formteile – als Ziegel oder Steine – verwendet:

Anschlagsziegel

Höhenausgleichziegel

Fachwerkziegel

Zur Verstärkung als Ringbalken oder zur Deckenbegrenzung verwendet man:

Hierzu sollten Sie wissen:

U-Schalen dienen zur Aussteifung der Außenwand und umfassen das Mauer-werk wie ein stabiler Ring.
Sie werden knirsch oder mit Stoßfuge vermauert, anschließend mit Betonstabstahl bewehrt und betoniert.
U-Schalen (WU-Schalen) gibt es für die Mauerdicke bis 36,5 cm.

So sieht der Einbau der U-Schalen als Ringbalken aus:

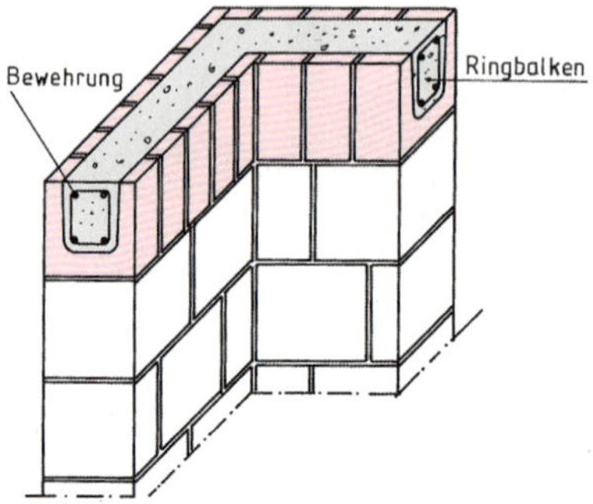

U-Schale **WU-Schale**

Randschalungssteine (mit und ohne Hartschaum zwecks Wärmedämmung) ersparen das Einschalen von Decken im Randbereich.
Die Schalen dienen als „verlorene Schalung".
Randschalungssteine gibt es für die Mauerdicke bis 36,5 cm.

So sieht der Einbau der Randschalungssteine aus:

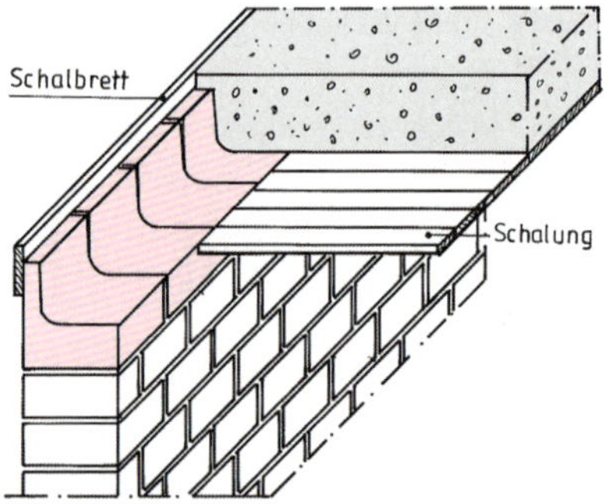

4.2.2 Fertigteile für die Außenwand

Für die tragende Außenwand werden i.d.R. folgende Fertigteile verwendet:
- Flachstürze,
- Rolladenkästen.

• Flachstürze

KS- oder Ziegelstürze überspannen Fenster- und Türöffnungen.

Das Wichtigste in Kurzform:
- Spezialteil mit Stahleinlage (B 500) in Beton (C25/30),
- Formate: NF, 2 DF, 3 DF,
- Länge: von 1,00 m bis 3,00 m,
- Druckfestigkeit: 12 N/mm^2,
- Stürze werden auf **Biegung** beansprucht (Sturz ist die *Zugzone*, das weiterführende Mauerwerk die *Druckzone)*.

Flachstürze

Was ist beim Einbau von Flachstürzen zu beachten?

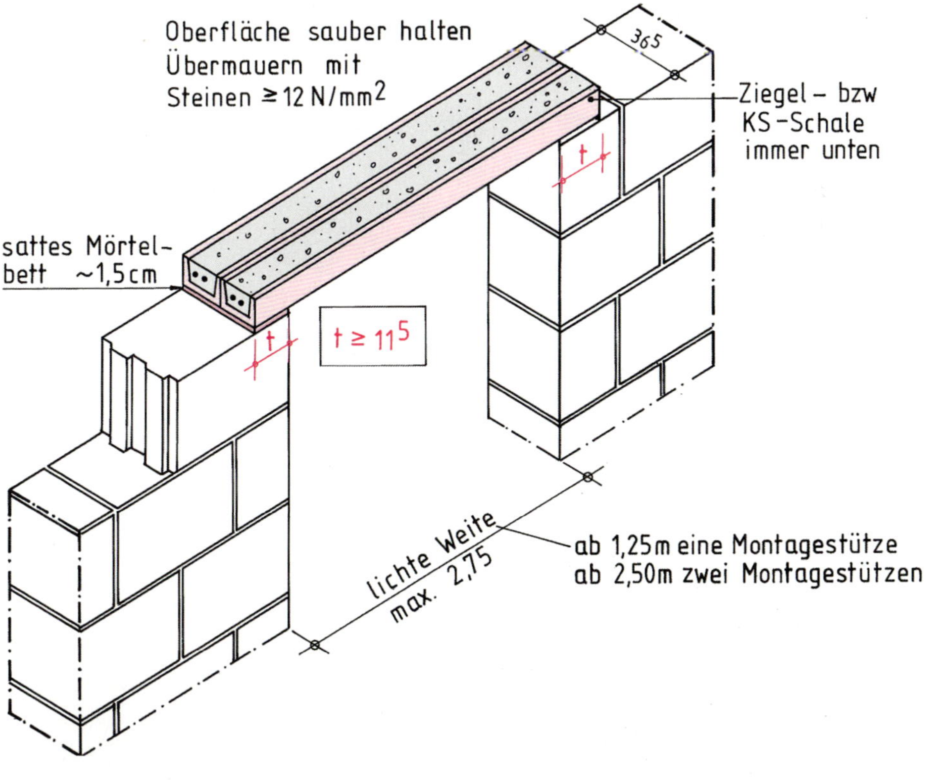

• Rolladenkästen

Auch beim Einbau eines Rolladenkastens sind die Mindestauflagerlängen von 11,5 cm beidseitig zu beachten.

Für die Außenschale bei zweischaligen Wänden werden u. a. verwendet:
- Fertigverblendstürze,
- Fensterbänke,
- Fassadenfertigteile,
- Bögen → *kennen Sie bereits.*

• Fertigverblendstürze: ⇒ anstelle scheitgerechter Stürze

Schnitt:

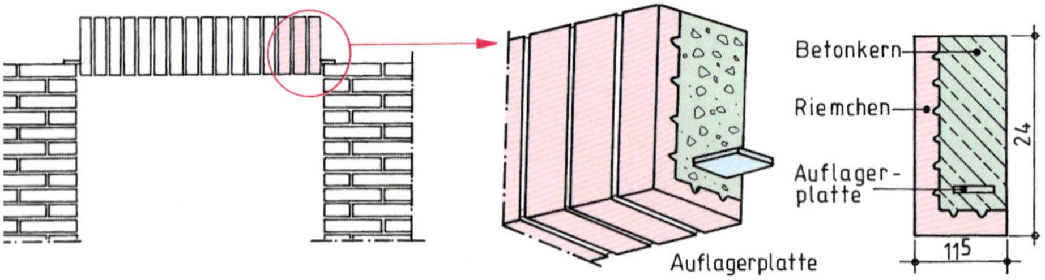

Aufbau: Betonkern mit eingelegten Auflagerplatten und Winkelriemchen als Verkleidung.
Der Sturz ist von der Belastung wie ein Einfeldbalken zu behandeln
→ Länge daher: bis 4,00 m.

Ausführungsmöglichkeiten:

Aufgelagerter L-Sturz

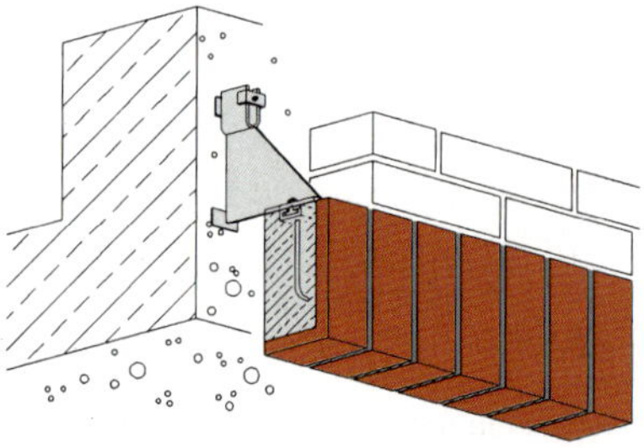

Abgehängter Sturzbalken mit Konsolanker

• Fensterbänke und Brüstungselemente

Ausführungsmöglichkeiten:

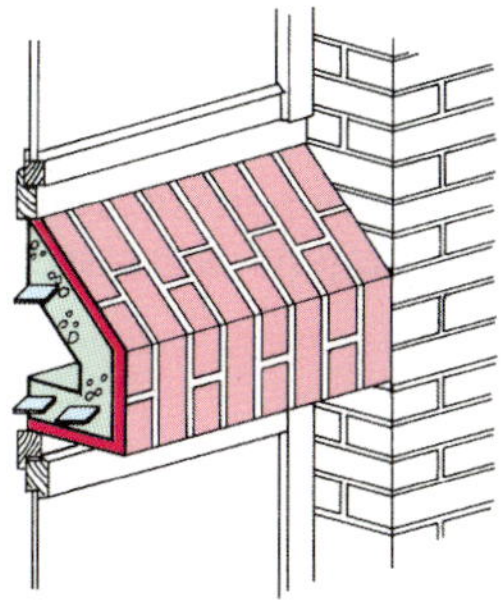

Einfache Brüstung/Fensterbank

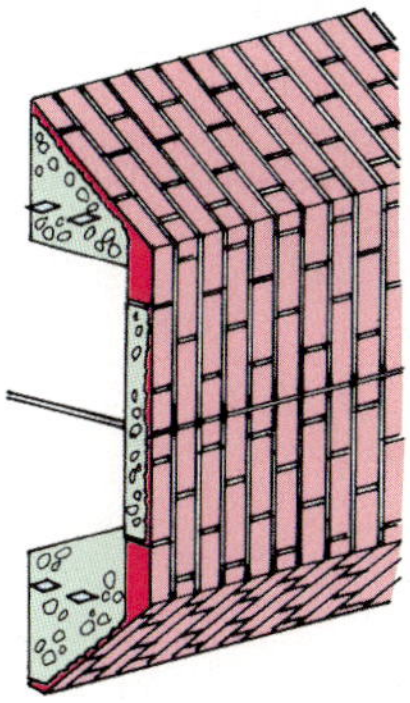

Vorgesetztes Brüstungselement

Ansicht:

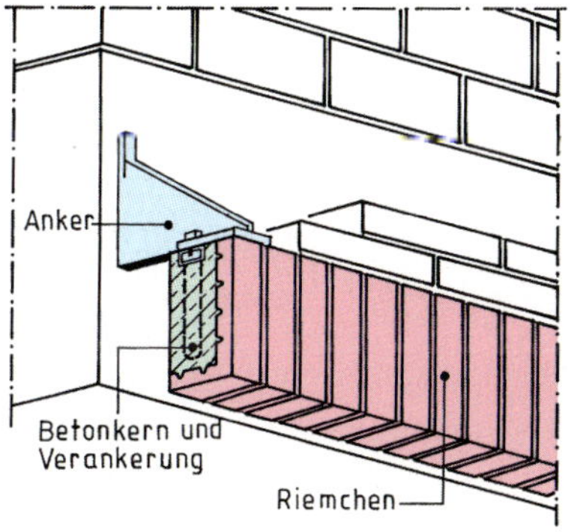

Ansicht (Fensterbank):

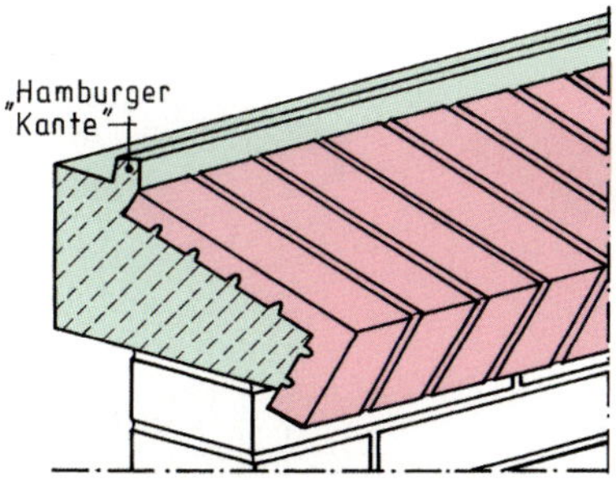

Fensterbank mit Betonanker und Riemchen als Rollschicht mit „Hamburger Kante"

So sieht der Einbau aus von
Verblendsturz und Fensterbank
(einschl. Abdichtung und Dämmung):

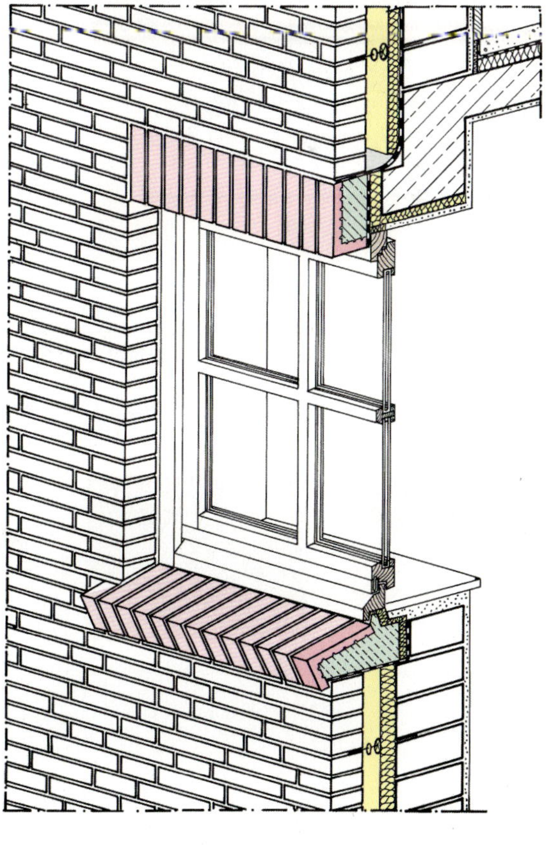

- **Fassadenfertigteile**

Bei Büro- oder Geschäftshäusern wird eine Verblendung mit vorgefertigten Fassadenplatten immer üblicher.

Herstellung:
Riemchen (mit Rückseite nach oben) in Schalung einlegen, Fugen mit Sand verfüllen.
→ Verhindern das Eindringen von Beton.
Beton einbringen, Fugen „ausblasen" und verfugen.

Einbau:
An der Rückseite angebrachte Stahlhaken werden an die Innenschale angehängt.

- **Bögen**

→ *Siehe hierzu auch: Lernfeld 14*

Halbbogen

Eingebauter Segmentbogen (Skizze)

4.2.3 Weitere Fertigteile im Außenbereich

Im Folgenden soll Ihnen ein „Bildüberblick" verschiedene Möglichkeiten aufzeigen.

- **Abdeckungen**

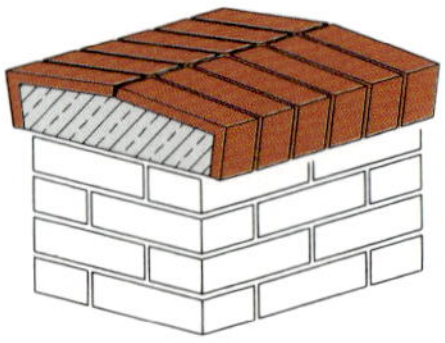

- **Treppen/Treppensysteme**

Einstufige Halbrund-Fertigstufe

Dreistufiges abgekantetes Treppensystem

Zusammenfassung von Kapitel 4:

Fertigteile

- Durch den Einsatz von Fertigteilen werden arbeitsaufwendige Arbeiten eingespart.
- Fertigteile werden in diesen Bereichen eingesetzt:
  ⇒ Kellerwände (z. B. Fenster, Lichtschacht)
  ⇒ bei tragende Innen- und Außenschalen (z. B. U-Schalen, L-Steine, Flachstürze, Rolladenkästen, Sturzbögen, Wandplatten)
  ⇒ für die Verblendschale (Stürze, Fensterbänke, Brüstungen, Fassadenfertigteile
  ⇒ als Sonderbauteile im Außenbereich (z. B. Abdeckungen, Eingänge).
- Die Verankerung im Mauerwerk hängt vom jeweiligen Fertigteilsystem ab.

5 Grundwissen über Hausschornsteine

Schornsteine, auch Kamine, Schlote oder Essen genannt, haben die Aufgabe, Abgase von Feuerungsstätten ins Freie zu leiten.

Schornsteine werden heute nicht mehr gemauert, sondern aus Fertigteilen zusammengesetzt. Wo früher der Maurer mit Verantwortung und Fachwissen den Schornstein aus geeigneten Mauersteinen mauerte, fügt er heute aus Systemfertigteilen einen Schornstein als Spezialbauteil zusammen.

5.1 Einteilung und Aufbau

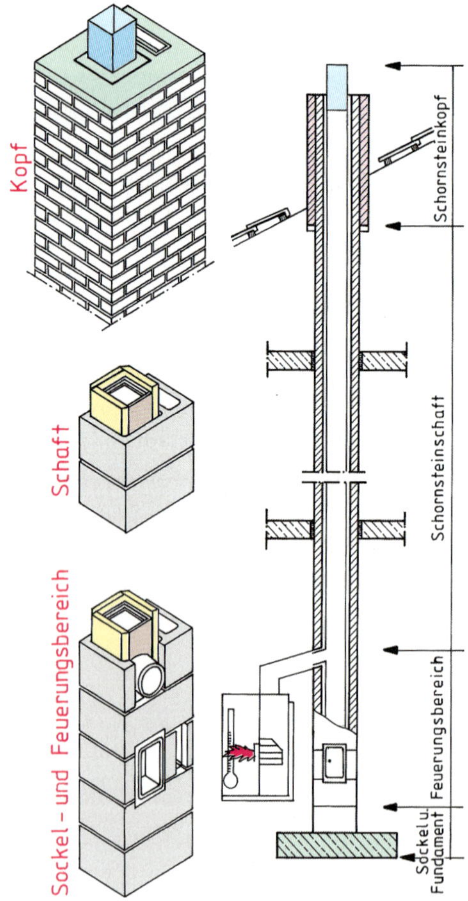

Hausschornsteine

werden unterschieden in:

Universal-schornsteine	Luft-Abgas-Schornsteine
verwendet bei:	*verwendet bei:*
Zentralheizung (eine Feuerstelle) für alle Brennstoffe (z. B. Kohle, Holz, Gas, Erdöl)	**Dezentraler Heizung** (mehrere angeschlossene Feuerstellen) nur für Gas
hierbei entstehen vorwiegend:	*hierbei entstehen vorwiegend:*
Rauchgase Rußteile Kondensate*	Abgase Kondensate*

Der Schornstein besteht im Wesentlichen aus vier Teilen:

1. Fundament und Schornsteinsockel
2. Feuerstellenbereich
3. Schornsteinschaft
4. Schornsteinkopf

*Kondensate = Schadstoffe, die bei der Verbrennung entstehen; Schwefeldioxid (SO_2), Stickoxide (NO_X) und Wasserdampf.

5.2 Probleme beim Schornstein

Die Verwendung neuer Brennmaterialien (von festen Brennstoffen wie Kohle, Koks, Holz zu Öl und Gas) sowie die Veränderung der Heizungstechnik (höherer Wärmegewinn durch bessere Heizungsanlagen) hat am Schornstein zu Problemen geführt, die man früher nicht gekannt hatte. Um sie zu verstehen, müssen wir „ins Detail" einsteigen.

5.2.1 Schornsteinzug als Hauptproblem

Die wichtigste Anforderung an den Schornstein ist:

Der Schornstein muss ziehen!

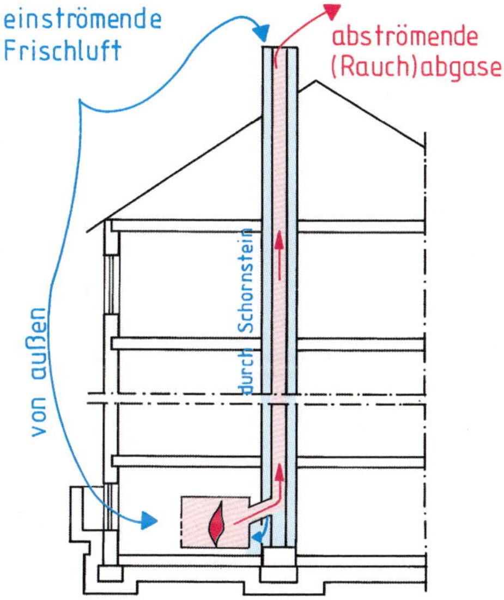

Wie funktioniert das „Ziehen"?

Aus der Physik sollten Sie noch wissen: Warme Luft ist leichter als kalte Luft.

Das Gasgemisch, das bei der Verbrennung entsteht, ist heiß und somit leichter als die kalte Außenluft. Dadurch erhalten die warmen (Rauch-)Abgase einen **Auftrieb** und steigen im Schornstein nach oben.

Die aufsteigenden (Rauch-)Abgase ziehen Luft von außen an die Brennstelle nach und liefern dadurch die notwendige **Frischluft** für die weitere Verbrennung.

Aus der nachströmenden Frischluft wird durch den Verbrennungsvorgang wieder warmes (Rauch-)Abgas → und das steigt hoch.

Das **Nachobensteigen der Verbrennungsabgase und das Nachführen der Frischluft** wird als **Schornsteinzug** bezeichnet.
Er ist für die richtige Wirkung eines Schornsteins von entscheidender Bedeutung.

V – Te *Einen Versuch zum „Schornsteinzug" finden Sie im Arbeitsheft, Blatt 138.*

Anhand der Versuche können Sie feststellen:

1. Je **höher** die Temperatur der (Rauch-)Abgase ist, desto **stärker** ist der Schornsteinzug.

2. Je **höher** der Schornstein ist, desto **stärker** ist der Schornsteinzug.

3. Je **geringer** die Widerstände für die (Rauch-)Abgase im Schornstein sind, desto **besser** ist der Schornsteinzug.

Früher wurde so geheizt, dass die Rauchgase mit hohen Temperaturen (mind. 180 °C) fast alle Schadstoffe, die in den Verbrennungsgasen vorhanden waren, aus dem Schornstein hinaus „fegten“.

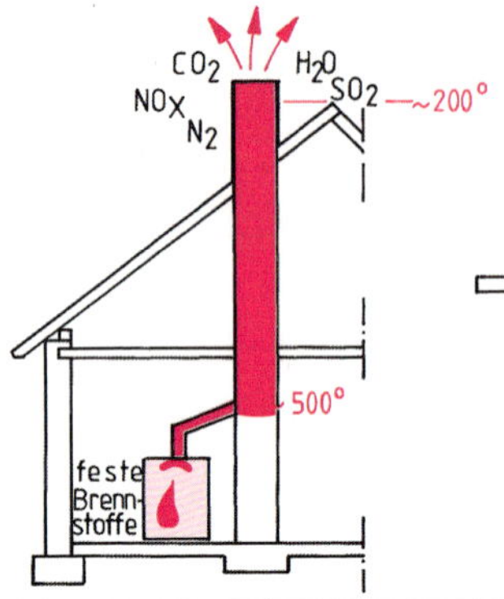

Brennstoff früher:

Hohe Temperatur der Rauchabgase
⇒ wenig Schadstoffe im Schornstein

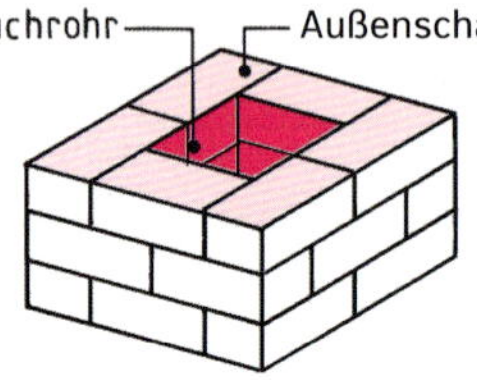

→ Dafür reichte ein gemauerter „einschaliger“ Schornstein aus!

Durch die Energiekrisen (→ Energieeinsparung) bedingt, wurden wirtschaftlichere Heizkessel entwickelt und Heizöl und Gas lösten die festen Brennstoffe ab. Das führt(e) zu erheblichen Veränderungen mit problematischen Folgen.

Brennstoff heute

Heizöl		**Gas**
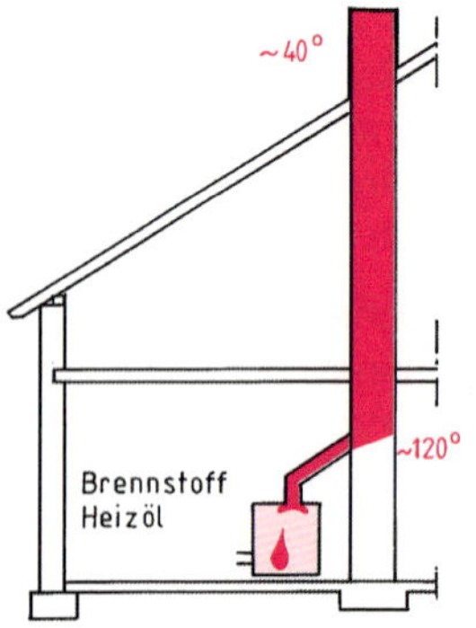	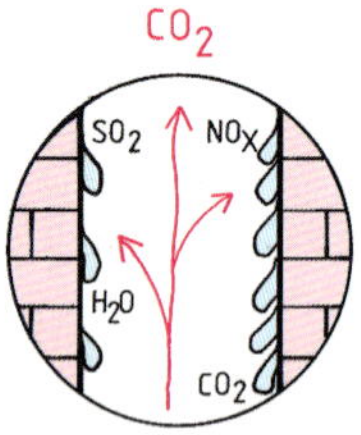	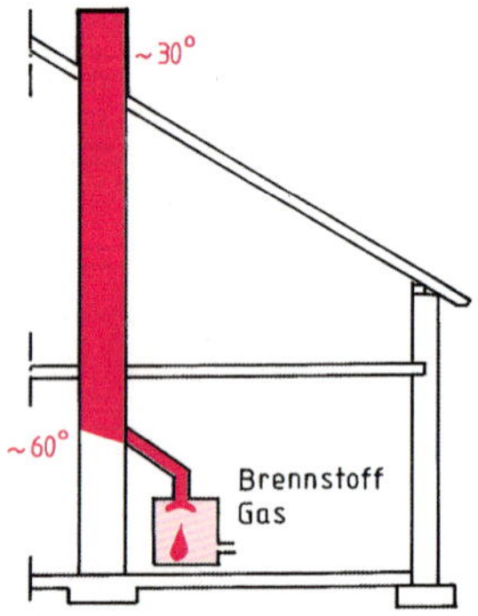

geringe Temperatur der Rauchabgase → geringer Schornsteinzug	Folgen: 1. Der Schornstein zieht schlecht! 2. Die Schadstoffe zerstören den Schornstein („versottet“).*	noch geringere Temperatur der Abgase → noch weniger Schornsteinzug

* *„versottet“ = das Kondensat mit den Schadstoffen (Säure, Ruß usw.) dringt in den Schornstein ein → er wird feucht und weniger wärmedämmend → noch mehr Kondensat setzt sich ab, bis schließlich eine dunkelbraune, übel riechende Verfärbung an der Außenseite des Schornsteins auftritt. Sie schreitet von oben nach unten fort.*

Diese negativen Auswirkungen mussten verhindert werden.
Dabei scheiden zwei Grundsätze eines ehemals „guten Schornsteinzugs“ aus:

1. Die Temperatur der (Rauch-)Abgase erhöhen, um den Schornsteinzug zu verbessern → zu hohe Energiekosten und zu große Wärmeverluste.
2. Den Schornstein erhöhen, um einen stärkeren Schornsteinzug zu erreichen → es entstehen erhebliche zusätzliche Baukosten.

Wodurch können die negativen Auswirkungen denn nun vermieden werden?

Alle Möglichkeiten ausschöpfen, damit:
a) die (Rauch-)Abgase im Schornstein nicht weiter abkühlen
→ z. B. bessere und stärkere „Dämmung“,
b) die (Rauch-)Abgase ungehindert durch den Schornstein ins Freie gelangen
→ z. B. durch geeignete Materialauswahl, glatte Innenrohrseite und strömungstechnisch guten Querschnitt, bauliche Maßnahmen,
c) die Schadstoffe schnellstens aus dem Schornstein entfernt werden
→ z. B. Ablaufen und Auffangen des Kondensats.

Diese Möglichkeiten hat man untersucht, entwickelt und in **Anforderungen** an die Schornsteine zusammengefasst.

5.3 Anforderungen an Hausschornsteine

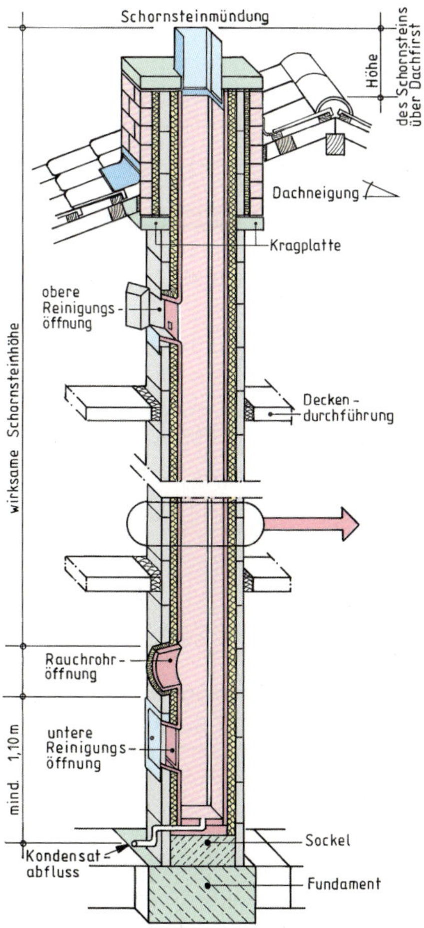

Die Anforderungen betreffen:
1. die **Gesamtkonstruktion** des **Schornsteins:**
→ Sache des **„Erbauers“** = Maurer

und beziehen sich auf:
a) die Lage des Schornsteins,
b) die wirksame Schornsteinhöhe,
c) die Dachneigung und Windeinwirkung
→ danach richtet sich der Abstand vom First zur Schornsteinmündung,
d) Entsorgung des Kondensats.

Und sie betreffen
2. das **Innenleben** des Schornsteins
→ Sache des **„Herstellers“.**

Fertigschornstein im Prinzip:

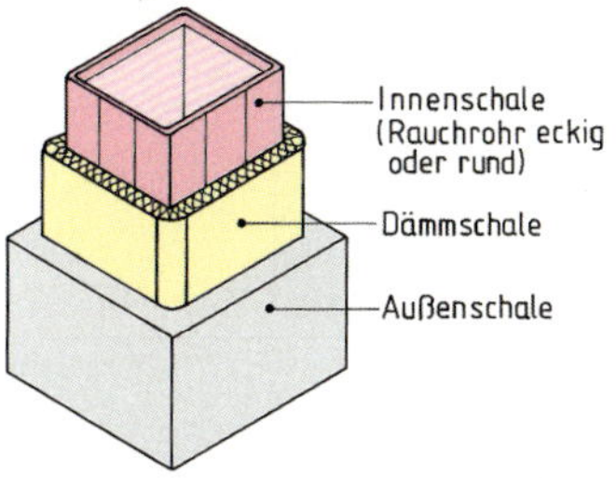

Innenschale = Rauchrohr:
Keramik- oder Edelstahlrohrelement
→ möglichst glatt

Dämmschale: mind. 4 cm Mineralfasern oder Dämmplatten

Außenschale: Formstück aus Leichtbeton (sog. Mantelstein)

5.3.1 Baulichen Anforderungen

Die folgenden Auflagen haben alle ein Ziel: **Verbesserung des Schornsteinzugs.**

Welche Anforderungen werden an die bautechnische Ausführung des Schornsteines gestellt?

Der Schornstein darf die: **„wirksame Schornsteinhöhe"** nicht unterschreiten.

→ „wirksame Schornsteinhöhe" = Abstand vom letzten Anschlussrohr bis zur Schornsteinmündung.

→ Je höher der Schornstein, desto größer ist der Auftrieb = Schornsteinzug.

→ Wird die Mindesthöhe unterschritten, ist kaum Auftrieb vorhanden.

Die „wirksame Schornsteinhöhe" beträgt bei:

Zentralheizung mind. **4 m;** **mehreren Feuerstätten** mind. **5 m.**

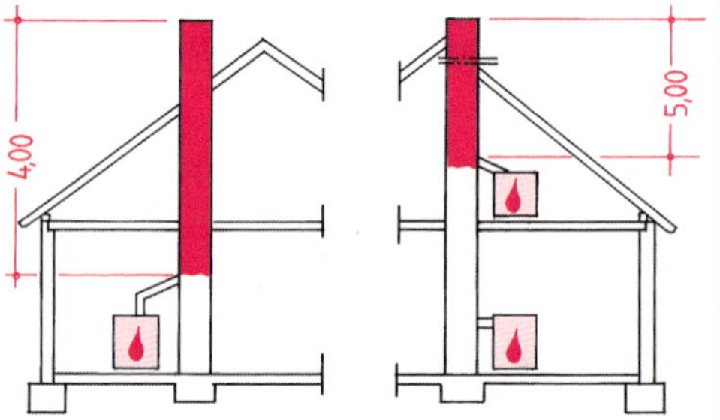

Die Schornsteinmündung muss im **„freien Windstrom"** liegen

→ Der Wind hat einen großen Einfluss auf den Schornsteinzug. Je nachdem, wie er an der Schornsteinmündung angreift, kann er den Schornsteinzug verstärken oder vermindern. Daher sind folgende Vorschriften bezüglich Abstand First – Schornsteinmündung ***h*** einzuhalten:

1. Fall: **Dachneigung** ab **20°**
⇒ ***h*** mind. **40 cm**

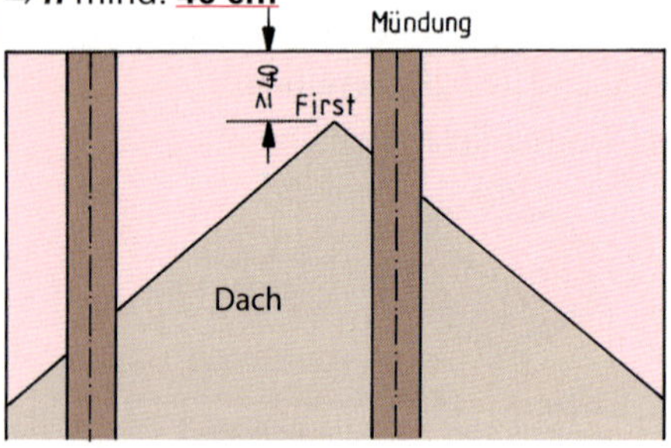

2. Fall: **Dachneigung** unter **20°**
⇒ ***h*** mind. **1,00 m**

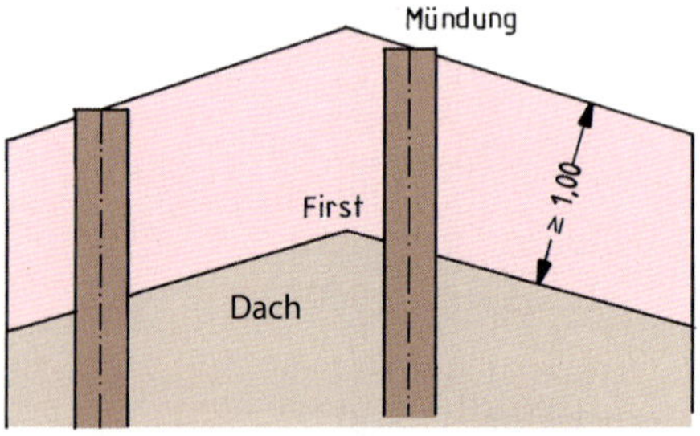

3. Fall: **Flachdach**
⇒ ***h*** mind. **1,00 m**

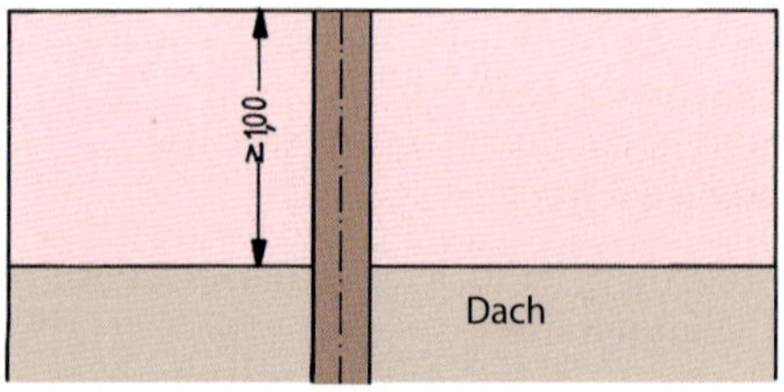

Der Schornstein sollte nicht am Dachrand liegen → zusätzliche Wirbelbildung.

4. Fall: **Dachterrassenwohnung**
⇒ **Haushöhe (*H*) + mind. 1,00 m**

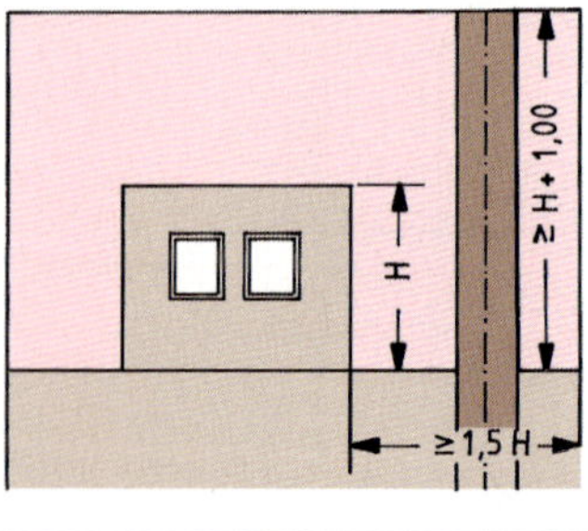

Der Schornstein sollte möglichst im **„inneren Bereich“** des Hauses angeordnet sein!
→ Dadurch wird die „Hauswärme“ noch genutzt,
→ falls mehrere Schornsteine erforderlich, möglichst zur Schornsteingruppe zusammenfassen.

In diesem Bereich sollte der Schornstein liegen!

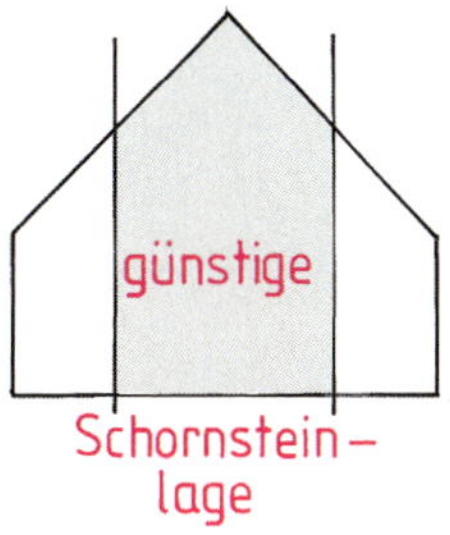

Wie wirkt der Wind auf den Schornstein ein?

Schornsteinmündung liegt: **richtig**	Schornsteinmündung liegt: **falsch**
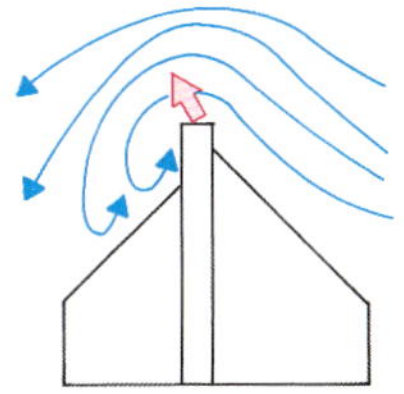	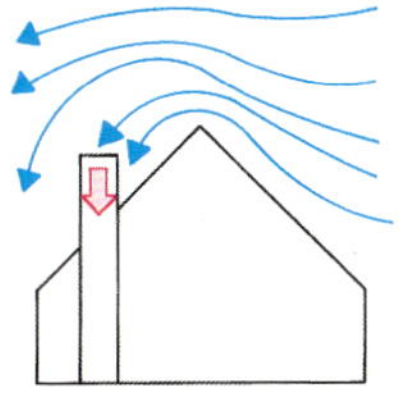
Rauchabgase werden vom Windstrom mitgenommen (zusätzliche Sogwirkung).	Im schlimmsten Fall: Rauchabgase werden in den Schornstein zurückgedrückt.

5.3.2 Technische Anforderungen

Die Auflagen in diesem Bereich fordern im Schwerpunkt:
- einen schnellen Abzug der Abgase
- Vermeidung der Abkühlung; im Schornstein;
- Beseitigung des sich bildenden Kondensats (= Dünnsäure).

Hier sind die Konstrukteure und Hersteller gefordert.

Lösungsmöglichkeiten sind:

1. **Innen** soll das Rauchrohr glatt (nicht saugend) und möglichst glasiert sein.
(→ „feuchteunempfindlich“)

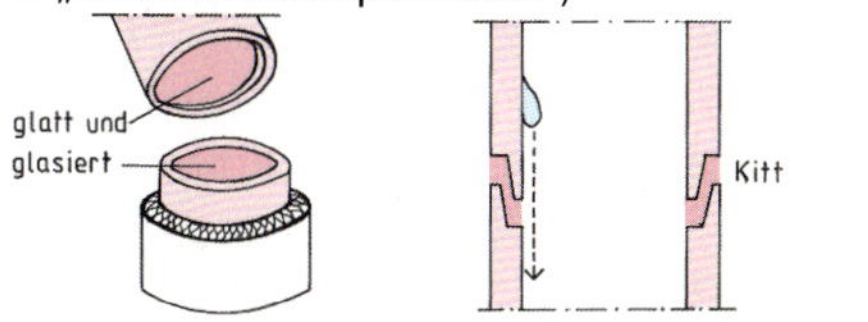

Fugen der Rauchrohre mit säurefestem Kitt abdichten!

2. Der **Durchmesser** des Rauchrohres muss auf Leistung und Abgasmenge der Feuerungsstelle abgestimmt sein.

Ø zu klein:

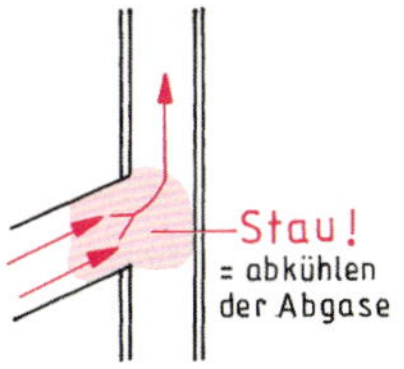

Ø zu groß:

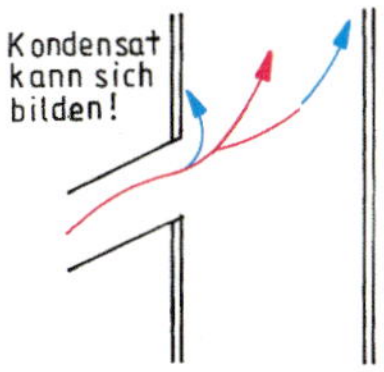

3. Der **Querschnitt** des Rauchrohres muss die Strömung der Abgase begünstigen.

günstig

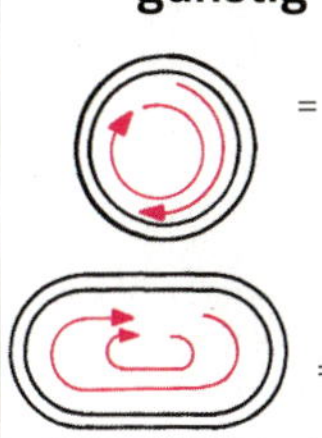

= sehr gut

= gut

ungünstig

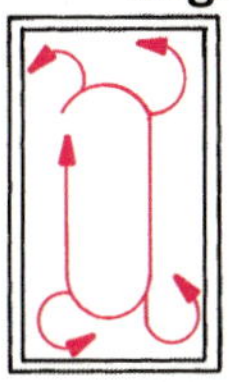

= geht noch, bis Seitenverhältnis 1:1,5
→ Wirbelbildung

4. Das **Rauchrohr** muss dünnwandig sein und sich wenig ausdehnen.

günstig: Keramikrohre

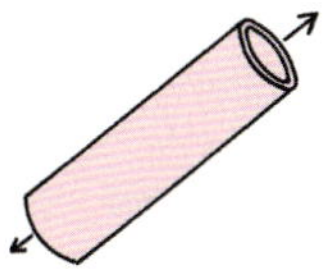

ungünstiger: Metallrohre

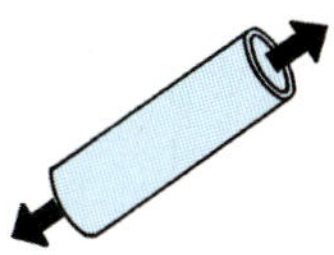

5. Hinterlüftung der Dämmschale und aufgefangenes **Kondensat** entsorgen (→ in „ÖKO-Box“)

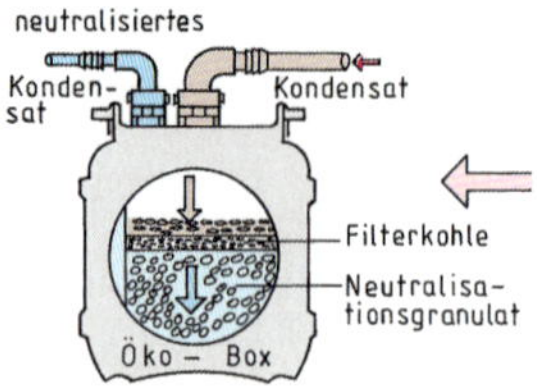

⇒ *Das neutralisierte Kondensat kann in das Abwassersystem eingeleitet werden, außer bei Ölfeuerung!*

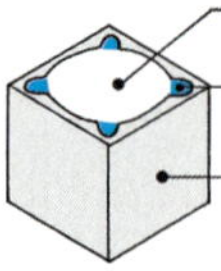

So sieht dieser „belüftete“ Mantelstein aus!

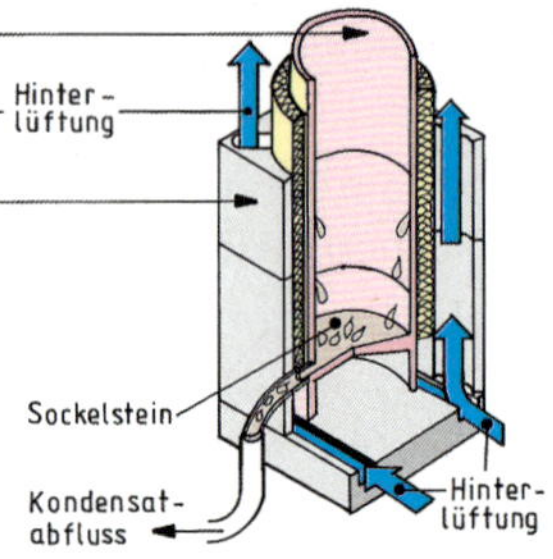

Die baulichen und technischen Anforderungen legt der Fachmann = (Schornsteinfeger) fest, die Ausführung ist Sache des Ausführenden = (Maurer).

5.4 Bauweisen des Schornsteins

So stellen sich die beiden Schornsteinsysteme (Universal-/Luft-Abgas-Schornsteine) in der Praxis dar:

Schornsteinsysteme

mit

einer Feuerstelle
(Zentralheizung)

in der Regel:

Schornstein mit **H**interlüftung, **d**reischalig und **f**euchteunempfindlich

das heißt:

Hinterlüftung
= senkrechte Belüftungskanäle
→ Die Verbrennungsluft für die Feuerstelle wird „extra“ zugeführt.
Dreischalig
= Innen-, Dämm- und Außenschale
Feuchteunempfindlich
= glasiertes Innenrohr (Rauchrohr)

mit

mehreren Feuerstellen
(dezentrale Heizung)

in der Regel:

Luft-Abgas-Schornstein
(nur für Gasbetrieb)

das heißt:

Luft
= jeder Gaskessel wird durch einen Lüftungsschacht mit Verbrennungsluft „versorgt“.
Abgase
= werden über die isolierte Innenschale abgeleitet. (**Ruß** fällt nicht an.)

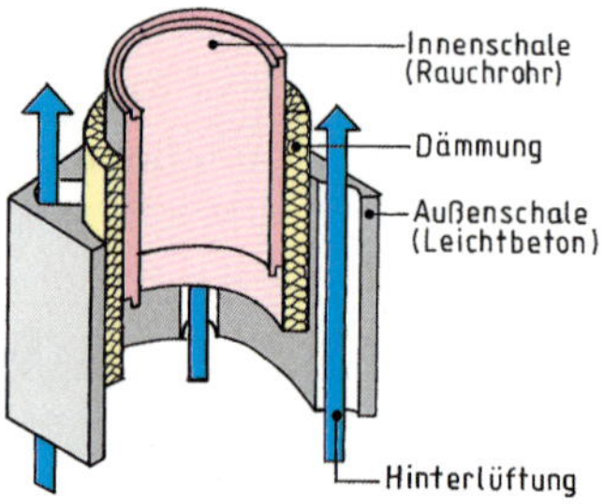

Dreischaliger, feuchteunempfindlicher Schornstein mit Hinterlüftung

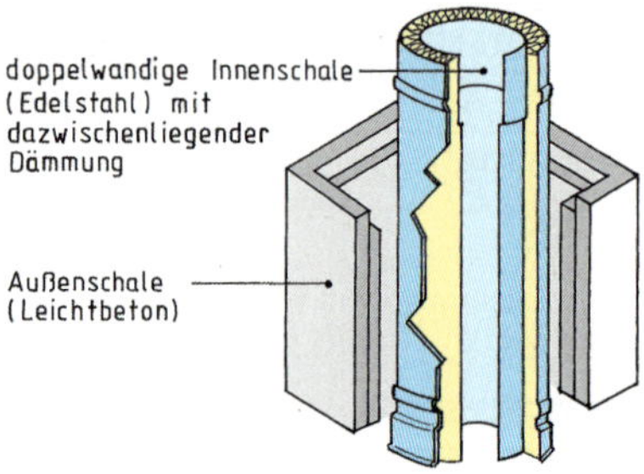

Luft-Abgas-Schornstein

5.5 Lüftungsschächte

Sind Lüftungsschächte eigentlich zwingend erforderlich?
Das hängt von dem gewählten Heizungssystem ab:

Ein **Luft-Abgas-Schornstein** erfordert immer einen eigenen Belüftungsschacht

oder

eine Belüftung des ganzen inneren Schornsteinzugs.

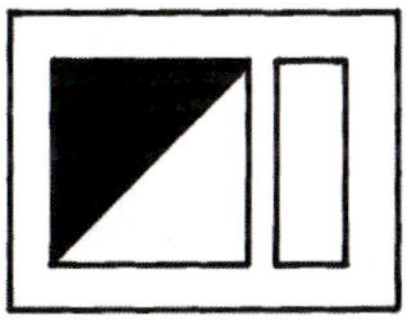

So sieht der einzügige Schornstein dann aus!

Ein **Universalschornstein** (→ Zentralheizung für alle Brennstoffarten) kann betrieben werden:

a) bei ausreichender Raumluft im Aufstellraum ohne einen Lüftungsschacht
(⇒ Luftzufuhr wird durch Fenster oder Lüftungen sichergestellt).

b) bei nicht ausreichender Raumluft im Heizraum ist der **Lüftungsschacht** notwendig
(⇒ Luftzufuhr durch Fenster oder Lüftungen nicht möglich).

So sieht ein einzügiger Schornstein z. B. bei Ölheizung aus:

Einzügiger Schornstein

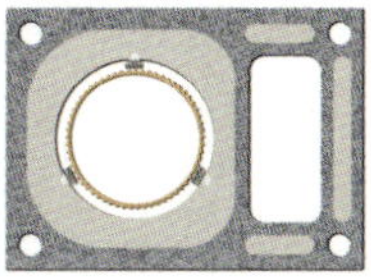
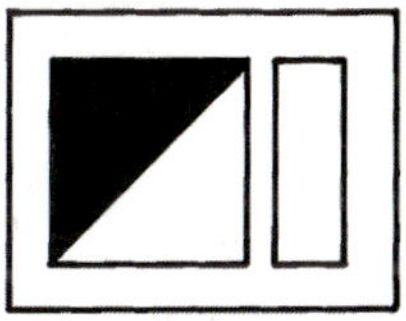

Einzügiger Schornstein mit Lüftungsschacht

Werden verschiedene Befeuerungsarten im Haus verwendet (z. B. Zentralheizung und Kamin oder Gasetagenheizung = dezentrale Befeuerung und Kamin) sind mindestens **zweizügige Schornsteine** mit/oder ohne Lüftungsschacht erforderlich.

Beispiel: Zweizügig ohne Lüftungsschacht

Befeuerungsmöglichkeiten könnten sein:
- Zentralheizung für alle Brennstoffe bei ausreichender Raumluft und Kamin

Beispiel: Zweizügig mit Lüftungsschacht

Befeuerungsarten könnten z. B. sein:
- Zentralheizung (für alle Brennstoffe) ohne ausreichende Raumluft und Kamin
- Gasetagenheizung und Kamin

Zusammenfassung von Kapitel 5:

Das Grundwissen über Hausschornsteine

- Hausschornsteine werden nicht mehr gemauert, sondern aus **Fertigteilen** zusammengesetzt.
- Hausschornsteine werden eingeteilt in Universalschornsteine und Luft-Abgas-Schornsteine.
- **Universalschornsteine** sind geeignet für eine Zentralheizung. Es können alle Brennstoffarten verwendet werden.
- Regelausführung der Universalschornsteine ist ein dreischaliger, feuchteunempfindlicher Schornstein (mit Hinterlüftung).
- **Luft-Abgas-Schornsteine** sind nur für Gas bei dezentraler Heizung zu verwenden. Sie müssen belüftet werden.
- Das „Nachobensteigen der Verbrennungsgase und das Nachführen der frischen Verbrennungsluft" wird als **Schornsteinzug** bezeichnet.
- Der Schornsteinzug wird bei der Verwendung von Heizöl und Gas infolge geringerer Temperatur der (Rauch-)Abgase problematisch. Es bilden sich **Kondensate**, die eine Zerstörung („Versottung") des Schornsteines bewirken können.
- Die **Entsorgung** des Kondensats erfolgt mit einer Öko-Box. Das neutralisierte Kondensat kann bei Gas in das Abwassersystem eingeleitet werden; bei Ölheizungen muss es extra entsorgt werden.
- **Anforderungen** an die Gesamtkonstruktion und Anlage des Schornsteins sowie an den Aufbau sollen die Kondensatbildung verhindern und den Schornsteinzug verbessern.
- Jede Brennstoffart erfordert einen eigenen Schornsteinschacht.
- Schornsteinanlagen sind nach Brennstoffart und erforderlicher Be- und Entlüftung in Bauplänen zu kennzeichnen.

A – Te *Aufgaben zur Wiederholung finden Sie im Arbeitsheft, Blätter 139, 140.*

Testen Sie sich • Testen Sie sich

Nennen / Erklären Sie ...

1. die drei Teile, aus denen sich der Schornstein zusammensetzt,
2. die Unterschiede zwischen Universal- und Luft-Abgas-Schornsteinen,
3. das Prinzip des Schornsteinzugs,
4. fünf Anforderungen, die an Hausschornsteine gestellt werden,
5. die Entstehung von Kondensat im Schornstein,
6. den Aufbau eines dreischaligen, feuchteunempfindlichen Schornsteins,
7. die Kennzeichnungsarten verschiedener Schornsteinanlagen,
8. wann ein Lüftungsschacht bei einem Universalschornstein erforderlich ist.

6 Ausführung von Hausschornsteinen

Fertigschornsteine werden wie ein Baukasten aus verschiedenen Teilen zusammengesetzt. Dieser Zusammenbau, sprich: Montage, ist das A und O des Maurers.
Dabei müssen betriebs- und sicherheitstechnische Vorschriften beachtet werden.
Als oberster Grundsatz gilt:

☞ Alle Baustoffe müssen aus **nicht brennbaren Materialien der Brennbarkeitsklasse A1** bestehen! ⇒ Z.B. Leichtbeton, Schamotte, Edelstahl, mineralische oder silikatische Dämmstoffe, Fugenkleber. Verantwortlich hierfür: Hersteller

6.1 Zusammenbau (Grundmontage)

Weiterer Grundsatz:
Schornsteine müssen **standsicher**, d.h. auf einem (eigenen) tragfähigen Fundament errichtet werden. ⇒ Verantwortlich: Tragwerksplaner

Wie geht man vor und was muss man beachten?

Für den richtigen Zusammenbau trägt der Maurer die Verantwortung.

Wichtig sind:
- Vor Aufbau Anschlusshöhe der Feuerstätte prüfen → mind. 1,10 m (mögl. Anschlusshöhen dann alle 25 cm).
- Reinigungstür muss frei zugänglich sein.
- **Fugendicke** bei
  - Mantelsteinen: max. 1 cm; MG II oder IIa,
  - Innenschale: max. 7 mm (bei Keramikrohren).
- Fugenkleber verwenden (Mischung nicht ändern).

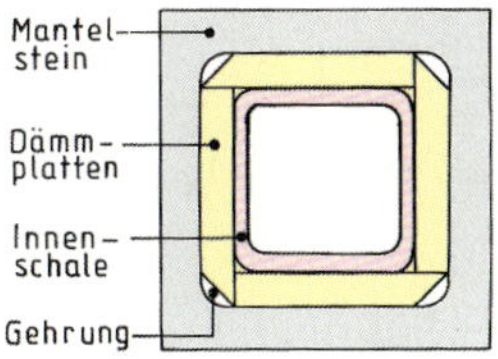

Beachte: Gehrung der Dämmplatten nicht an der Innenschale anliegen lassen!

⇐ So ist es richtig.

In dieser Art wird der Schornstein „hochgezogen".

Dabei aufpassen:
Keinen Fugenkleber in die Innenschale (Rauchrohr) ragen lassen.
(Fugenkleber = säurefester Kitt)
→ Sonst sammelt sich Kondensat und
→ Abgase werden am „Abströmen" gehindert.

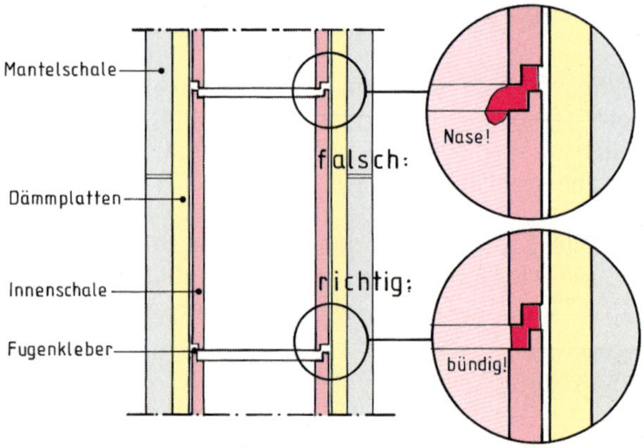

Der Schornsteinkopf kann dann verschieden ausgeführt werden:
a) durch bauliche Ummauerung (sieht man heute immer seltener)

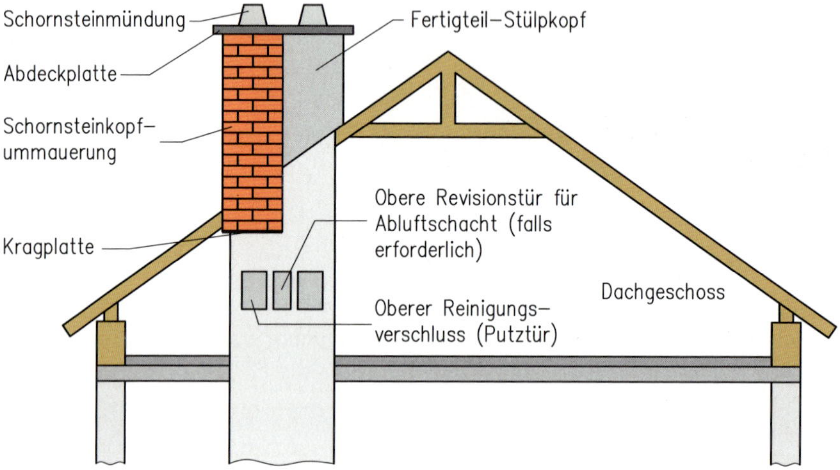

Wichtig!
Dehnungsfuge nicht vergessen.

Warum?
Im Innenrohr gibt es Temperaturunterschiede (beim Heizen = warm, beim Nichtheizen = kalt). Das Rohr muss sich dabei ausdehnen können.
→ sonst reißt es.

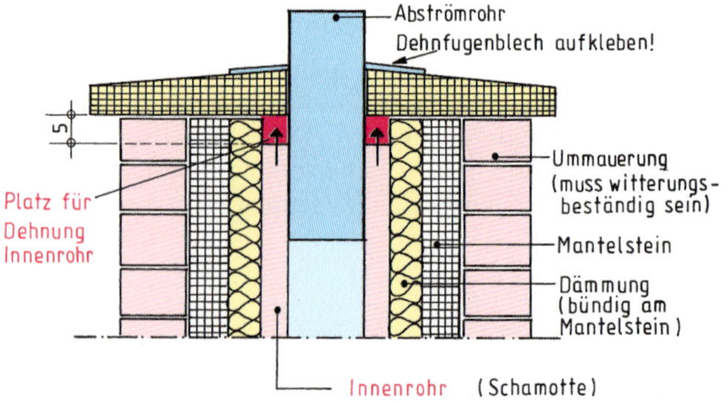

b) durch aufgesetzten Stülpkopf

Der Schornsteinkopf ist der Blickfang eines Hauses. Abgestimmt durch Farbe und Struktur fügt er sich harmonisch in die Dachlandschaft ein. Moderne Montageschornsteine werden mit einem vorgefertigten Schornsteinkopf, auch Stülpkopf genannt, eingebaut. Zum sicheren Betrieb müssen bei der Herstellung eines Schornsteins sämtliche sicherheitstechnischen Vorschriften eingehalten werden.

6.2 „Knackpunkte" am Schornstein

Besondere Aufmerksamkeit gilt folgenden Bereichen:
Sockelbereich, Decken- und Dachdurchführungen sowie dem Schornsteinkopf.

6.2.1 Sockelbereich

Hier müssen **Mindesthöhen** für Reinigungstüren, Rauchanschlussrohre und Sockel eingehalten werden. Sie sind je nach System und Belüftung unterschiedlich.

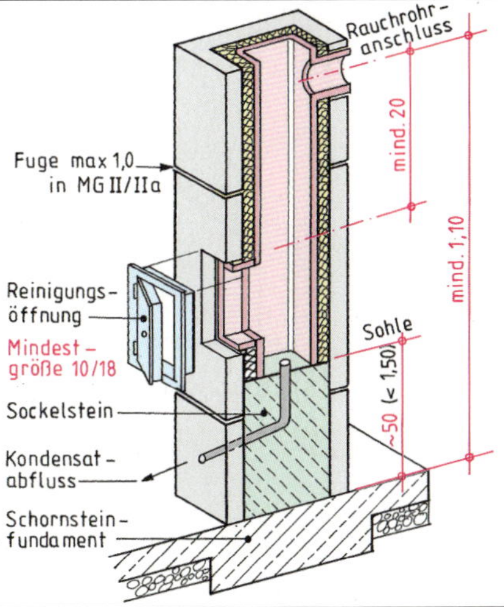

Als Mindestmaße sind einzuhalten:

- Sockelhöhe ~ 50 cm (bei Kondensatanfall),
- Abstand Reinigungstür – 1, Rauchrohranschluss: mind. 20 cm,
- Höhe Boden – Rauchrohranschluss mind. 1,10 m (dann alle 25 cm möglich),
- Größe der Reinigungstür: mind. 10/18 cm.

6.2.2 Deckendurchführungen

Der Schornstein soll so durch die Decken geführt werden, dass er zwar gestützt, aber nicht an senkrechten Bewehrungen (Ausdehnungen) gehindert wird → Dämmung. Gleichzeitig müssen alle tragenden Teile, die **brennbar** sind, wie Sparren, Balken usw, von der Außenfläche des Schornsteins min. 5 cm entfernt sein.
Für den Fußbodenaufbau (z.B. Fußleisten, Dachlatten) ist – obwohl sie brennbar sind – kein Abstand erforderlich (warum? → sie sind nicht „tragend").

Mindestabstände bei Deckendurchführungen

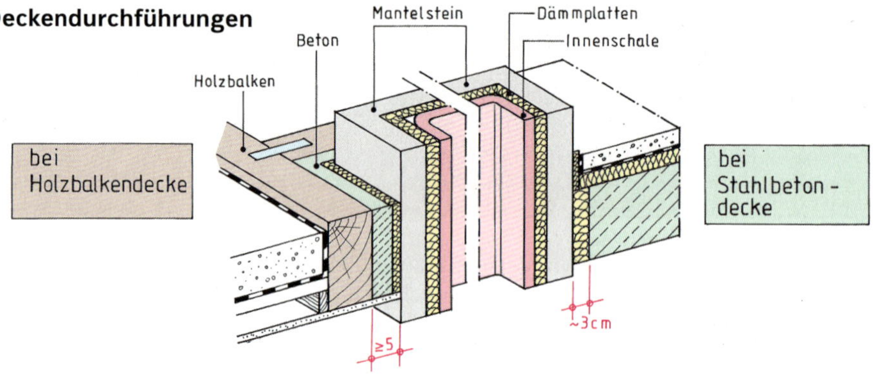

6.2.3 Dachdurchführungen

Mindestabstände beim Dachdurchbruch:

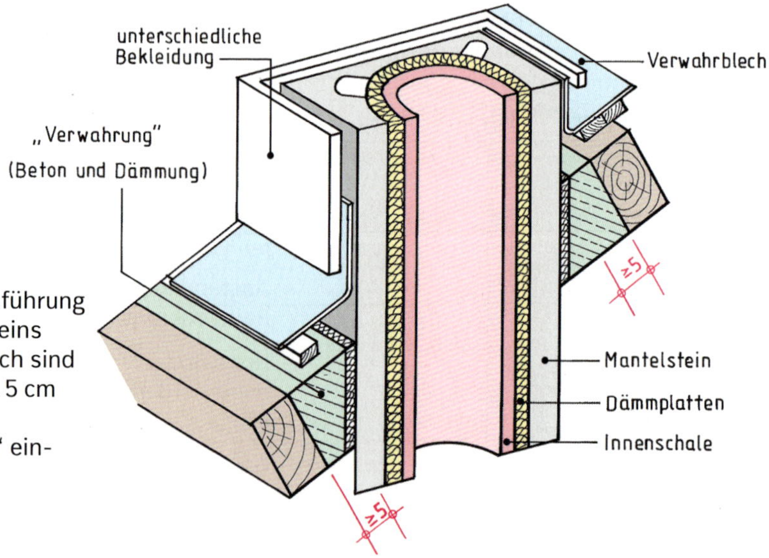

Bei der Durchführung des Schornsteins durch das Dach sind seitlich mind. 5 cm in Form einer „Verwahrung" einzuhalten.

6.2.4 Schornsteinkopf

Der Schornsteinkopf ist den Witterungseinflüssen besonders ausgesetzt. Hoch oben auf dem Dach belastet der Wind den Schornstein auf Umkippen. Feuchtigkeit (Regen, Schnee) von der Seite und von oben sowie die Temperaturänderungen im Laufe des Tages und des Jahres stellen für dieses Bauteil eine hohe Belastung dar. Beim Schornsteinkopf kommen aber noch die Temperaturveränderungen durch die (Rauch-)Abgase dazu. Während der Heizperiode im Winter sind die (Rauch-)Gastemperaturen am höchsten und die Außentemperaturen am niedrigsten. Der Schornsteinkopf muss in der Lage sein, diese hohen Temperaturdifferenzen dauerhaft zu ertragen.

Was wird daher vom Schornsteinkopf mindestens gefordert?

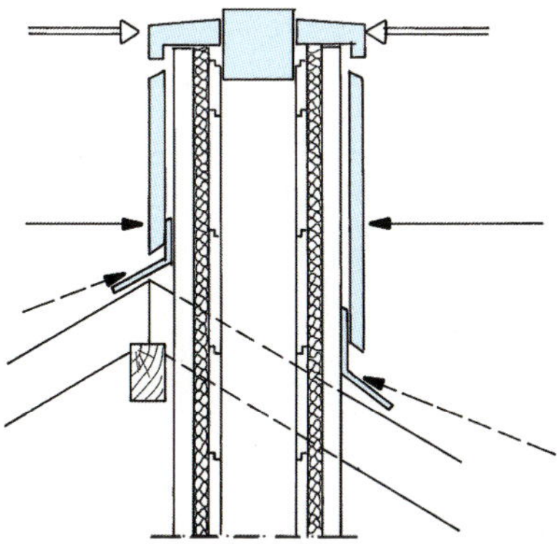

Abdeckung oben
i. d. R. eine Betonfertigteilplatte (eine Platte aus Ortbeton ist möglicherweise nicht ausreichend wetterfest); dazu eine Abdeckvorrichtung

Seitenschutz
1. Möglichkeit: Ummauerung mit frostbeständigen Vormauerziegeln, Klinker oder Schiefer
2. Möglichkeit: wetterbeständige Bekleidung aus Faserbeton (Fertigteil)

Regendichter Anschluss an die Dachdeckung
(macht der Dachdecker oder Klempner)

Ummauerter Schornsteinkopf bei einem einzügigen Universalschornstein ohne Lüftungsschacht:

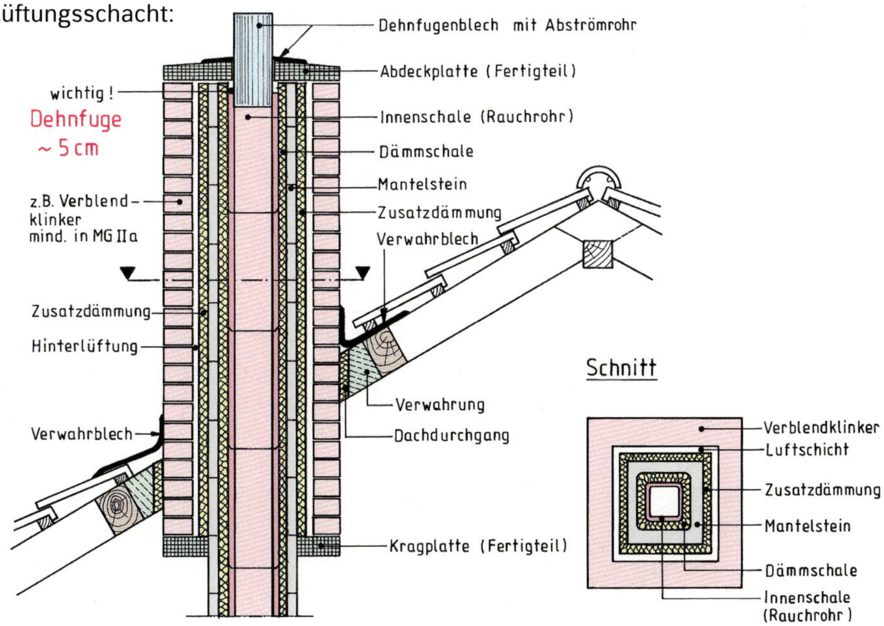

Wird ein Stülpkopf als Fertigteil verwendet, kann dieser (wie vorher) ummauert geliefert werden. In der Regel wird die Ummauerung durch eine Strukturplatte aus Faserzement ersetzt. Gleichzeitig entfällt dann die Kragplatte.

Stülpkopf bei einem einzügigen Universalschornstein ohne Lüftungsschacht:

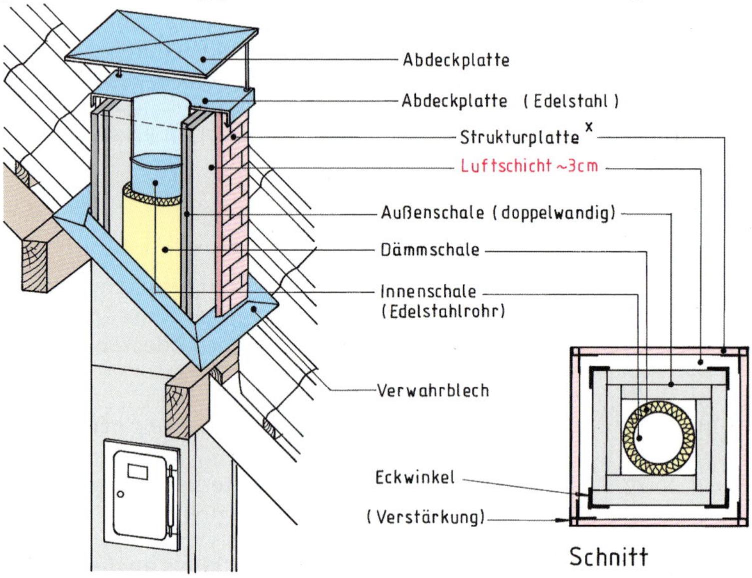

x Strukturplatten aus Faserzement (verschiedene Strukturen möglich)

6.3 „Gemauerter" Schornstein

Höchstens bei Renovierungsarbeiten wird der Schornstein noch gemauert, ansonsten gehört diese alte Kunst des Maurers ins „Museum".

Daher das Ganze nur in Kurzform:

- **Mauersteine** hierfür sind: alle Mz (→ außer HLzB und LLz), KS, HSV; im Kopfbereich: Klinker
- **Mörtelgruppe:** MG II oder MG IIa
- **Ausführungsarten:** ein-, zweizügig; selten: dreizügig
- **Gebräuchliche Schornsteinquerschnitte:** 13,5 x 13,5 cm; 20 x 13,5 cm
- **Hinweise:** – Generell gelten die allg. Mauerwerksverbandregeln der Kleinformate.
  – Rauchabgasschacht innen nicht verputzen (Putz platzt schnell ab).
- **Bezeichnungen am mehrzügigen Schornstein:**

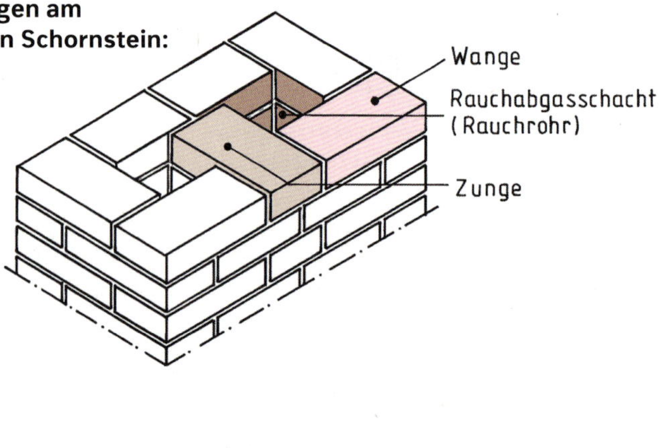

- **Bauausführung:** – Der Schornstein ist von allen anderen Bauteilen (Wänden) durch Fugen zu trennen.
  – maximale Höhe: 10,0 m
  – Querschnitt des Rauchabgasschachtes darf sich auf der ganzen Höhe nicht verändern.
- **Zusätzliche Regeln:**
  - Unnötige Stoßfugen im Rauchrohr vermeiden!
  - Keine Viertelsteine im Rauchrohr!
    (→ wenn überhaupt nach außen an die Ecken)
  - Zungen schichtweise wechselseitig einbinden!
  - Möglichst viele ganze Steine verarbeiten!
  - Kreuzfugen vermeiden!
  - Steine bündig am Rauchrohr vermauern!

Wie werden Schornsteine somit richtig gemauert?

Einzügiger Schornstein	**Zweizügiger Schornstein**	**Dreizügiger Schornstein**
Ø Rauchrohr **13,5 × 13,5 cm**	Ø Rauchrohre **13,5 × 13,5 cm**	Ø Rauchrohre **13,5 × 13,5 cm**
1. Schicht: 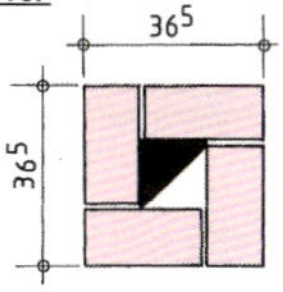 2. Schicht: 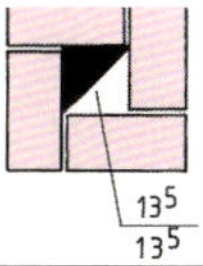 	1. Schicht: 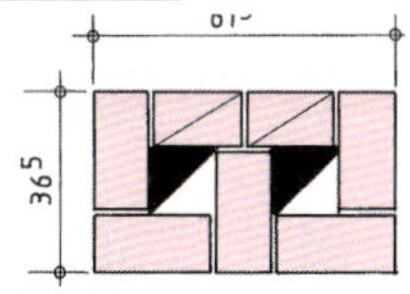 2. Schicht: 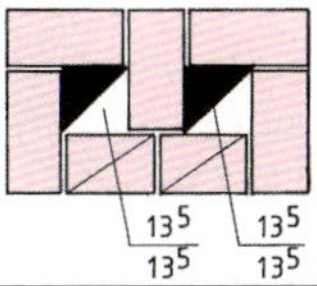 	1. Schicht: 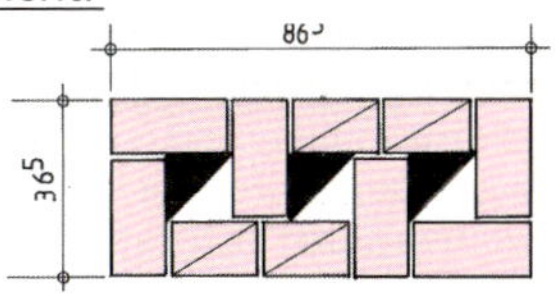 2. Schicht: 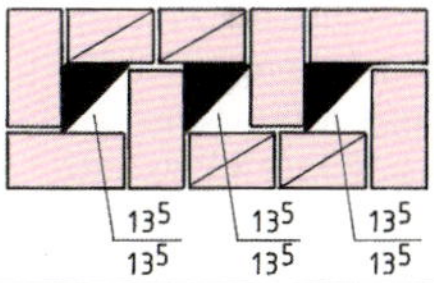
Ø Rauchrohr **20 × 13,5 cm**	Ø Rauchrohre **13,5 × 13,5 cm** **20 × 13,5 cm**	zu selten (→ daher: entfällt)
1. Schicht: 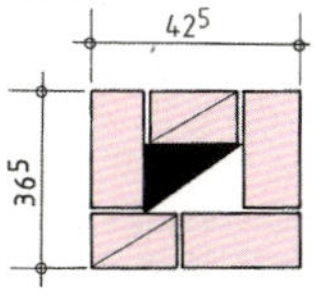 2. Schicht: 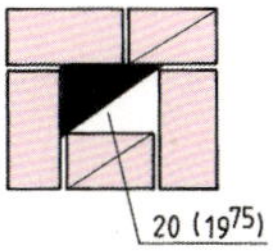 	1. Schicht: 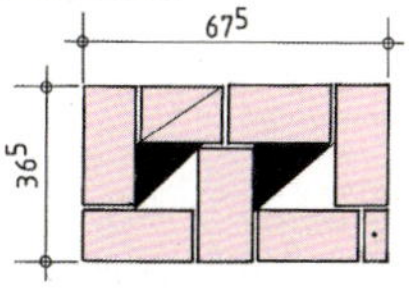 2. Schicht: 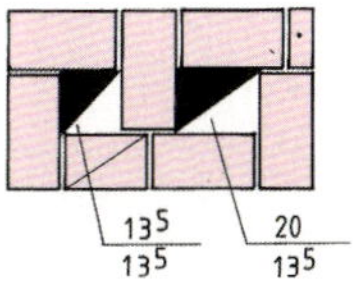 	

6.3.1 Sanieren alter Schornsteine

Schornsteine wurden früher ausschließlich vom Sockel bis zur Mündung gemauert. Diese **„einschaligen"** Schornsteine genügen heutigen Anforderungen nicht mehr und werden daher immer mehr auf moderne Anlagen (vorw. im Gas-, seltener Ölbetrieb) „umgestellt". Das ist für den Fachmann relativ einfach.

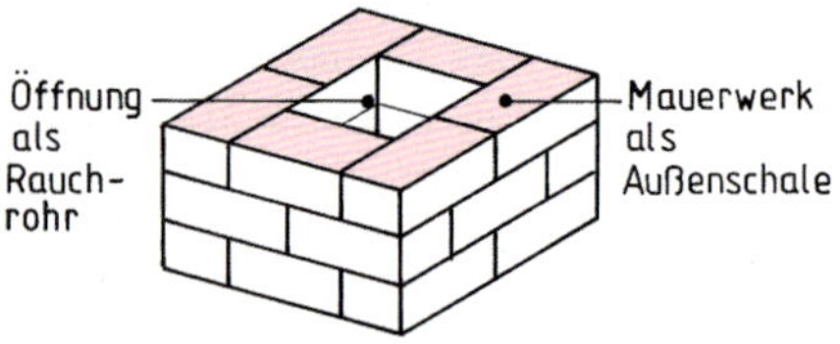

So ist ein gemauerter einschaliger Schornstein aufgebaut

Wie kann man alte Schornsteine sanieren?

Generell werden hier (fast) alle Arbeiten von Spezialfirmen gemacht.

Arbeitsschritte sind:

1. Vorgefertigten Sockel von oben ablassen und einsetzen.

2. Rohre mit den Formstücken und der Dämmung auf dem Dach zusammenstecken, herablassen. Durch die Klemmen stützt sich das Rohr am Mauerwerk ab.

3. Mauerwerk an den vorgesehenen Reinigungsöffnungen, Anschlussstellen und der Entsorgung durchbrechen, Zubehörteile einsetzen. **Öffnungen anschließend schließen → nur das ist noch „Maurerarbeit".**

4. Vorgefertigte Betonplatte auf Schornsteinkopf auflegen, Schornsteinaufsatz befestigen.

Anm.: Der Luftraum dient hier zur Hinterlüftung der Dämmschicht (→ kann aber auch zur Frischluftzufuhr genutzt werden).

Beispiel: **Universalschornstein für Zentralheizung**

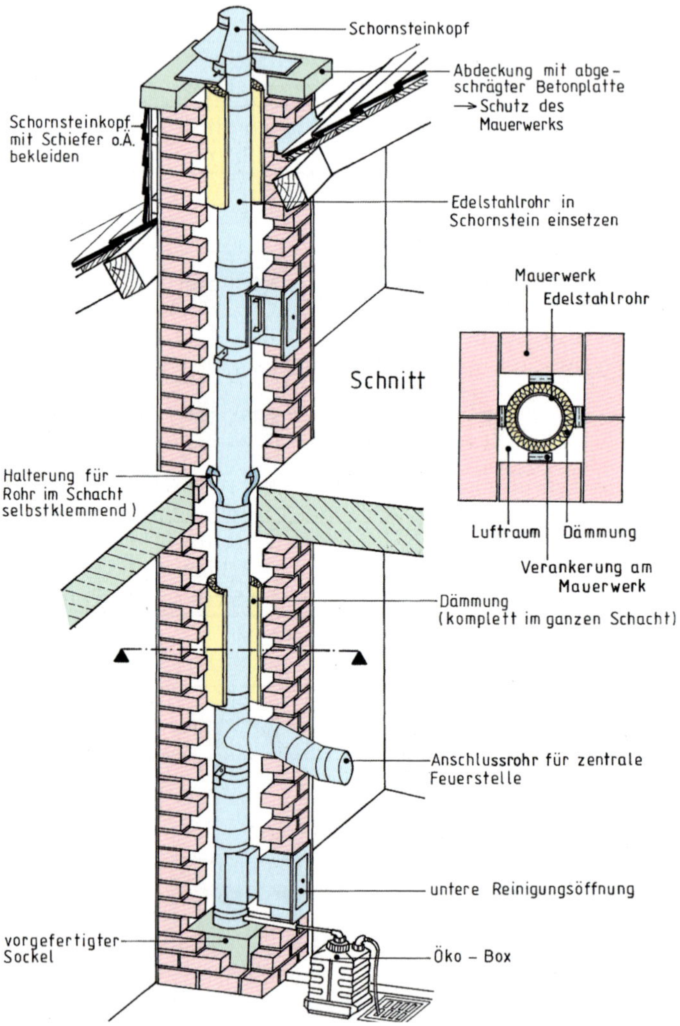

6.4 Entwicklung im Schornsteinbau

Die weitere Entwicklung – besonders im Bereich der Gasanlagen – zielt auf eine noch größere Ausnutzung der Wärmeenergie, die die Temperatur der Abgase noch weiter herabsetzt (unter 40°) → „Brennwertanlagen“.

Folge: Die Abgase können „nicht mehr aus eigener Kraft“ im Schornstein hochsteigen. Sie müssen dann mit Überdruck ins Freie gepresst werden. Das erfordert überdrucksichere Rohre.

Wie kann der Schornstein der Zukunft aussehen?

1. Nur noch ein Rohr aus drucksicherem Spezialglas
Warum? → Abgase werden herausgepresst, → Dämm- und Außenschale sind nicht mehr erforderlich.

2. Sockel und Fundament sind nicht mehr erforderlich
Warum? → geringes Gewicht des Glasrohres; es reicht eine Halterung.

3. Kleine Öko-Box zum Auffangen des Kondensats
Warum? → Wenn kein Ruß anfällt (z.B. Gasheizung), reicht die Entsorgung des Kondensats.

4. Der Schornsteinfeger wird nicht mehr fegen, sondern den Schornstein „spülen“.
Warum? → um Rückstände des Kondensats zu entfernen.

Zusammenfassung von Kapitel 6:

Die Ausführung von Schornsteinen

- Fertigschornsteine werden nach einem Baukastensystem zusammengesetzt.
- Die Ausbildung des Schornsteinkopfes kann entweder durch eine bauliche Ummauerung oder durch einen aufgesetzten Stülpkopf erfolgen.
- **Sicherheitstechnische Vorschriften** gelten besonders beim Sockelbereich, bei Decken- und Dachdurchgängen, möglichen Verziehungen und beim Schornsteinkopf.
- Bei „gemauerten“ Schornsteinen sind neben den allgemeinen Verbandsregeln für Kleinformate zusätzliche Regeln zu beachten.

A - Te *Aufgaben zur Wiederholung finden Sie im Arbeitsheft, Blatt 141.*

A - Te *Da in Prüfungen (leider) immer noch gefordert, finden Sie Aufgaben über „gemauerte“ Schornsteine im Arbeitsheft, Blatt 142.*

A - TK *Die Konstruktion eines Schornsteinkopfes können Sie üben → Arbeitsheft, Blatt 143.*

T - Te *Als Vorbereitung auf eine mögliche Klassenarbeit dient der Test „Schornsteine“ im Arbeitsheft, Blätter 144, 145.*

Testen Sie sich • Testen Sie sich

Nennen / Erklären Sie ...

1. welche Brennbarkeitsklasse alle Baustoffe im Schornsteinbau haben müssen,
2. welche Anschlusshöhe der Feuerstätten mindestens einzuhalten ist,
3. die maximale Fugendicke für Mantelsteine und Innenschale,
4. die Auswirkung von „Nasen" in der Innenschale,
5. „Knackpunkte" am Schornstein,
6. die Mindestabstände bei Deckendurchführungen (Holzbalken- / Stahlbetondecke).

7 Schutz vor Feuchtigkeit

Feuchteschutz ist der Schutz eines Gebäudes gegen das Einwirkung von Wasser. Dieses kann folgende Ursachen haben: Baufeuchte, Bodenfeuchte, Niederschläge, Wohnfeuchte und Tauwasserbildung.

Baufeuchte	→ Wasser, das beim Einbau der Baustoffe in die Bauwerke gelangt.
Bodenfeuchte	→ stammt aus dem Grundwasser oder dem Oberflächenwasser.
Niederschläge	→ dringen besonders an schadhaften Stellen in das Bauwerk ein oder durch Durchfeuchtung über den Putz. Durch Kapillarwirkung wird das Wasser weiter nach innen transportiert.
Wohnfeuchte	→ ergibt sich durch das Wohnen (insbesondere beim Kochen, Duschen, Baden, Wäschetrocknen und Geschirrspülen).
Tauwasserbildung	→ Bildung von Kondensat auf und im Inneren von Bauteilen.

Zuviel Feuchtigkeit ist für alle üblichen Baustoffe schädlich, z. B. Holz quillt, Stahl rostet, Mauersteine können platzen. Daher gilt:

1. Wasser auf dem schnellsten Wege vom Bauwerk ableiten.
2. Alle Bauteile, die im Erdreich stehen, durch geeignete Stoffe und vorbeugende Maßnahmen vor Feuchtigkeit schützen.

Die Auswahl des richtigen Abdichtungssystems hängt von der Art der Wasserbeanspruchung ab. Erst das richtige Einordnen der Belastung ermöglicht eine dauerhaft funktionsfähige Bauwerksabdichtung. Nach mehreren Überarbeitungen und Neufassungen wurde die DIN 18195 an die Entwicklung der Abdichtungstechnik angepasst und durch die DIN 18 531 bis DIN 18 535 ersetzt.
Die neuen Normen gliedern sich nicht mehr nach der Art der Wasserbeanspruchung, sondern bauteilbezogen nach ihrem Anwendungsbereich.

Die folgende Tabelle zeigt die bauteilbezogenen Wassereinwirkungsklassen nach DIN 18533-1:

Wassereinwirkungsklassen nach DIN 18533-1, Tabelle 1

Klasse	Art der Einwirkung
W 1-E	Bodenfeuchte und nicht drückendes Wasser
W 1.1-E	Bodenfeuchte und nicht drückendes Wasser bei Bodenplatten und erdberührten Wänden
W 1.2-E	Bodenfeuchte und nicht drückendes Wasser bei Bodenplatten und erdberührten Wänden mit Dränung
W 2-E	Drückendes Wasser
W 2.1-E	Mäßige Einwirkung von drückendem Wasser ≤ 3 m Eintauchtiefe
W 2.2-E	Hohe Einwirkung von drückendem Wasser > 3 m Eintauchtiefe
W 3-E	Nicht drückendes Wasser auf erdüberschütteten Decken
W 4-E	Spritzwasser und Bodenfeuchte am Wandsockel sowie Kapillarwasser in und unter Wänden

Gegen welche Feuchtigkeit müssen im Erdreich stehende Bauteile geschützt werden?

Die Abbildungen zeigen vier Situationen (Lastfälle) der angepassten Wassereinwirkungsklassen:

Bodenfeuchte

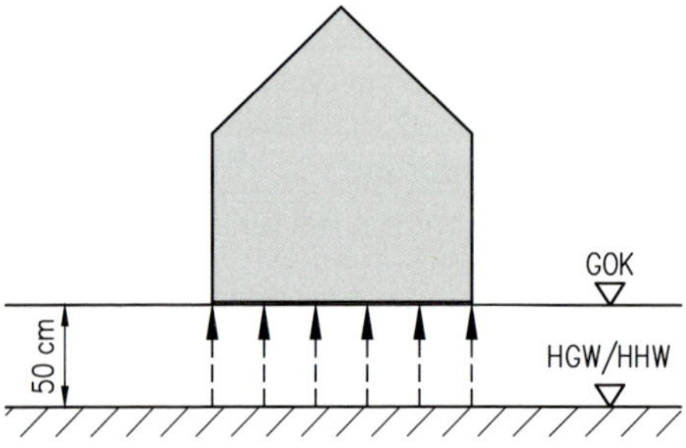

W1.1-E bei Bodenplatten

Bodenfeuchte und nicht stauendes Sickerwasser – Dränung

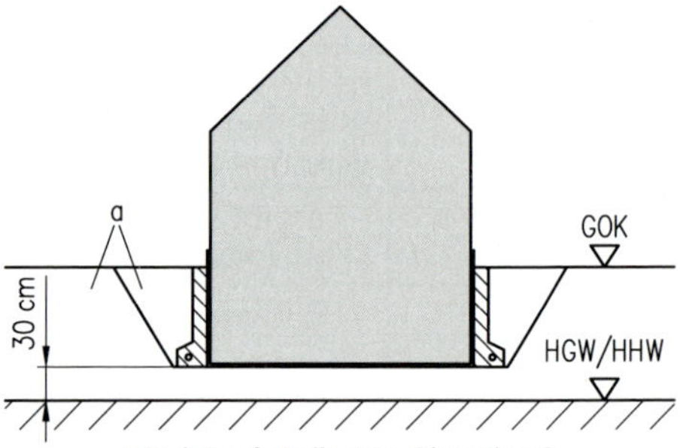

W1.2-E mit Dränung, Situation 2
1 Dränung, a wenig wasserdurchlässig

Mäßige Einwirkung von drückendem Wasser

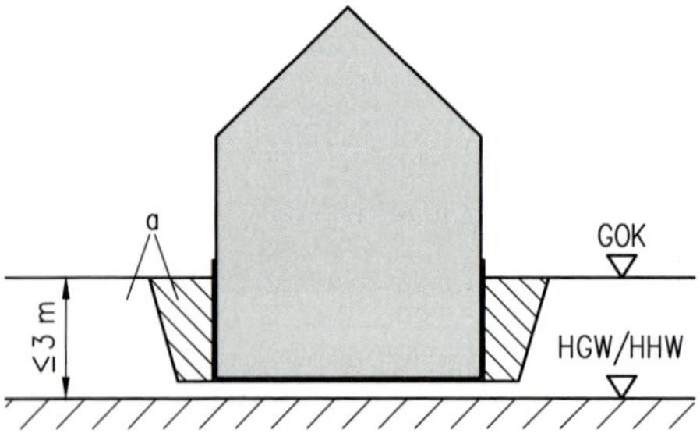

W2.1-E ohne Dränung, Situation 1
a wenig wasserdurchlässig

Grundwasser oder Hochwasser mehr als 3 m

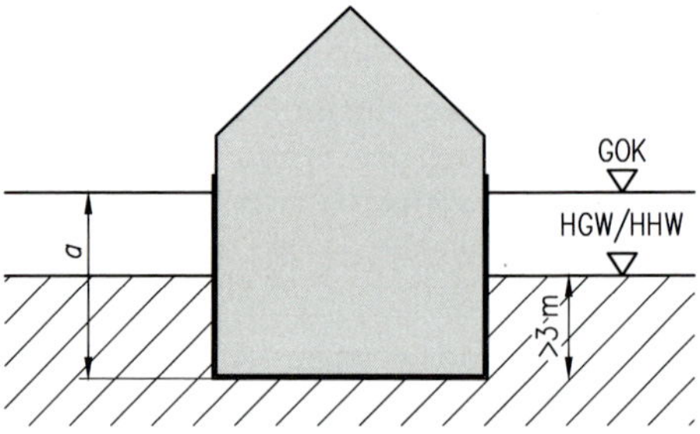

W2.2-E Situation 2
a beliebig

Legende:
HHW = höchstes Hochwasser, HWG = Bemessungswasserstand, GOK = Geländeoberkante
Bemessungswasserstand = der höchste, nach Möglichkeit aus langjähriger Beobachtung ermittelte Grundwasserstand/Hochwasserstand

7.1 Abdichtung gegen Bodenfeuchte und nicht drückendes Wasser

Folgende Punkte bereits in der Planungsphase besonders beachten:

Vermeiden von:
- Wissensdefiziten über die verschieden Wasseraufnahmemechanismen,
- Fehleinschätzung der tatsächlichen Wasserbeanspruchung (Lastfall),
- Defiziten in den Materialeigenschaften oder in der Materialqualität, nicht fachgerechter Ausführung, z. B. von Untergrundvorbehandlung, Materialschichtdicke, Anschlüssen, Durchdringungen sowie Gewebeeinbettungen,
- Nichtbeachtung der späteren Raumnutzung,
- fehlende oder ungeeignete flankierende Maßnahmen, wie z. B. Dränung, Anfüllschutz etc.

Die nächsten Bilder zeigen eine Auswahl von Maßnahmen, die den Schutz vor Feuchtigkeit am Bauwerk gewährleisten:

<table>
<tr><th>Baugrund</th><th>anfallende Wasserarten</th><th>erforderliche Maßnahmen</th></tr>
<tr><td>**Nichtbindiger** Boden
⇒ für Wasser sehr gut durchlässig
Beispiele: Sandboden, Kiesboden</td><td>

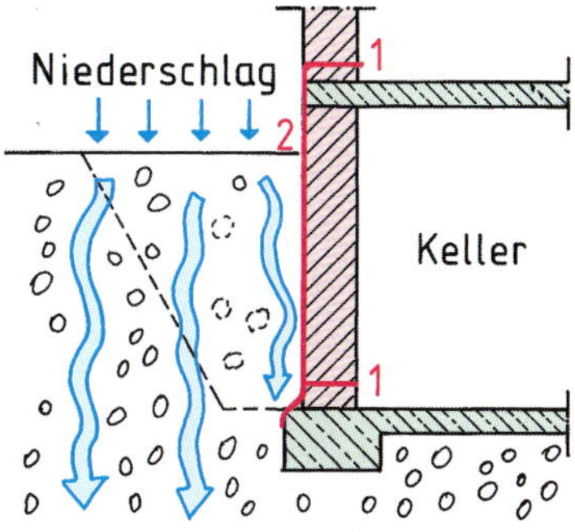

nur Sickerwasser</td><td>1 = waagerechte Abdichtungen (mind. 2) im Mauerwerk
2 = senkrechte Abdichtung des Mauerwerks</td></tr>
<tr><td>**Nichtbindiger + bindiger** (undurchlässiger) Boden (darunter)
⇒ für Wasser teils durchlässig, teils undurchlässig
Beispiel: Mischboden (sehr häufig)</td><td>

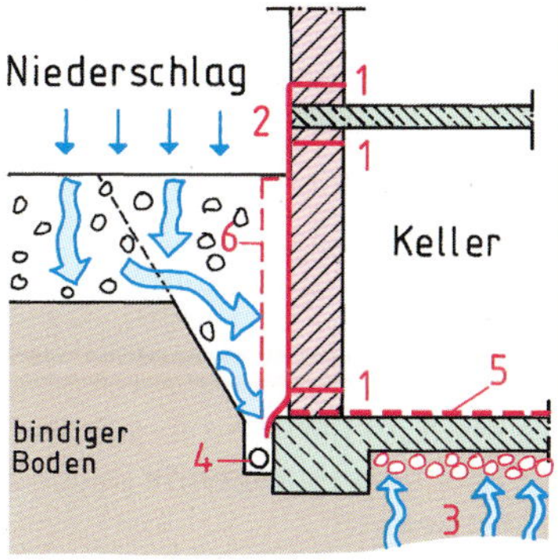

Sicker-, Stau- und Schichtenwasser, Kapillarfeuchte</td><td>1 = waagerechte Abdichtungen im Mauerwerk
2 = senkrechte Abdichtung des Mauerwerks
3 = Kiesschicht unter der Kellersohle
4 = Anlage einer Dränage
5 = evtl. waagerechte Abdichtung unter oder über der Sohlplatte
6 = evtl. Schutzschicht vor der senkrechten Abdichtung (z. B. Dränplatten, Wellplatten)</td></tr>
<tr><td>**Bindiger** Boden (mittel bis schlecht durchlässig)
⇒ für Wasser schwer durchlässig
Beispiel: Lehmboden</td><td>

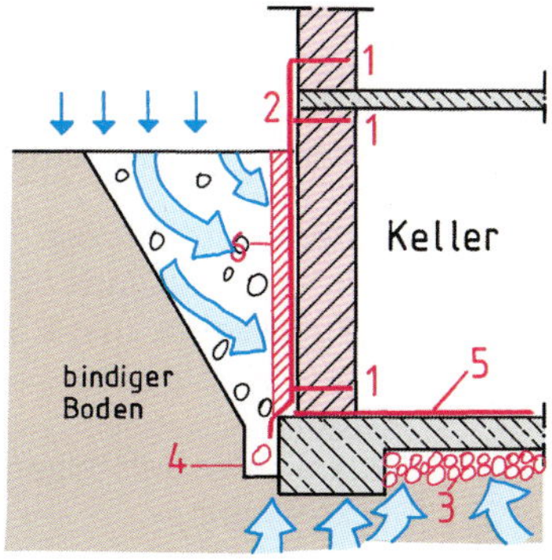

Stauwasser, Kapillarfeuchte</td><td>1 = waagerechte Abdichtungen im Mauerwerk
2 = senkrechte Abdichtung des Mauerwerks
3 = Kiesschicht unter der Kellersohle
4 = Anlage einer Dränage
5 = waagerechte Abdichtung unter oder über der Sohlplatte
6 = Schutzschicht vor der senkrechten Abdichtung</td></tr>
</table>

Zum Schutz vor nicht drückendem Wasser und Bodenfeuchte sind daher – je nach vorhandener Bodenart – folgende Fragen zu prüfen:

- Welche waagerechten Abdichtungen sind erforderlich?
  → wo überall?
- Welche senkrechte Abdichtung ist erforderlich?
  → welcher Art?
- Sind weitere Schutzmaßnahmen nötig, wie
  - Schutz-/Dränschicht,
  - Dränage,
  - Abdichtungen über/unter der Sohlplatte,
  - Kiesschicht?

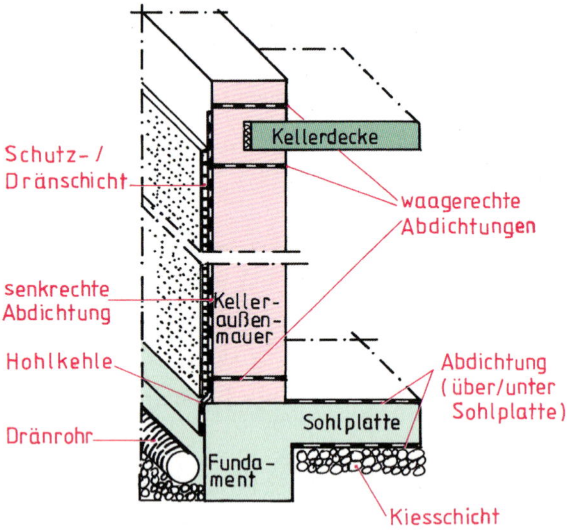

Am Beispiel „unseres 6-Familien-Hauses“ sollen daher die einzelnen Abdichtungsmaßnahmen nacheinander vorgestellt werden.

7.1.1 Waagerechte Abdichtungen

In der Regel liegt die Kellerdecke etwa in der Höhe des Erdbodens. Bauwerke dieser Art sollten *(→ so wie „unser“ Haus)* gegen aufsteigende Feuchte und nicht drückendes Wasser **waagerecht** so abgedichtet sein:

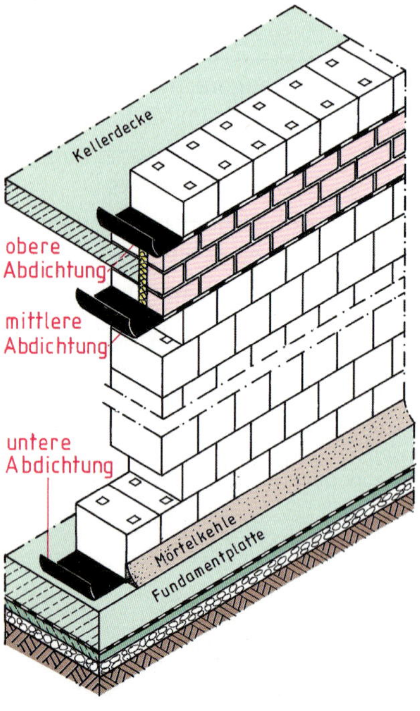

Obere Abdichtung:
mind. **30 cm** über Boden (= Spritzwasserhöhe, → so hoch können die Regentropfen „spritzen“)
Warum?
→ damit eindringendes Wasser und das Spritzwasser nicht in der Außenwand aufsteigen kann.

Mittlere Abdichtung:
entweder direkt unter oder einen Stein unterhalb der Kellerdecke (mind. aber 5 cm = gilt für Mauern aus DF-Steinen)
Warum?
→ damit evtl. aufsteigendes Wasser nicht in die Decke eindringt.

Untere Abdichtung:
entweder direkt auf der Fundamentplatte in Mörtelschicht (bewährt bei Steinhöhe > 11,3 cm) oder nach der 1. Steinreihe (bei Klein- und Mittelformaten)
Warum?
→ damit wird evtl. eingedrungene Feuchte in der Fundamentplatte „gesperrt“.

Anmerkung: Liegt die Kellerdecke höher als die Spritzwasserhöhe des Regens, dann braucht die obere Abdichtung nicht mehr angelegt zu werden.

Zusätzliche waagerechte Abdichtungen sind notwendig,

- wenn der Keller als Wohn- oder Arbeitsraum genutzt wird, dann:
  durchgehende Folie **über** der Fundament- oder Sohlplatte → darauf dann Estrich;
- damit kein Zementleim in die Kiesschicht eindringen kann, dann:
  durchgehende Folie **unter** die Sohlplatte (aber über die Kiesschicht) legen.

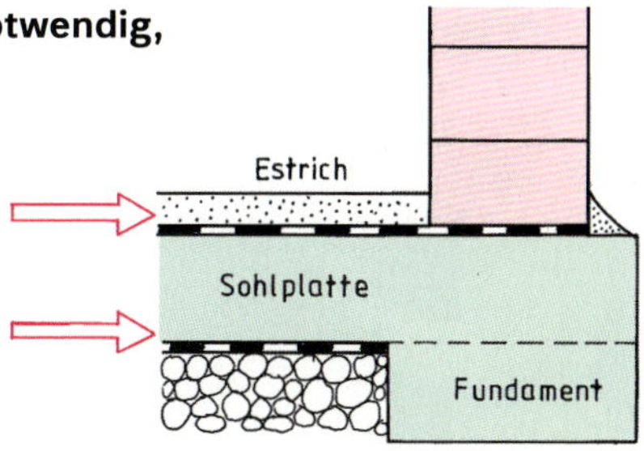

Übrigens! Der Unterschied zwischen Sohl- und Fundamentplatte ist:

- **Sohlplatte**: In der Regel unbewehrte Bodenplatte, die über die Streifenfundamente reicht. Zwischen den Fundamenten liegt die Kiesschicht (→ „Sperrschicht" gegen Kapillarwasser).
- **Fundamentplatte**: In der Regel eine bewehrte Bodenplatte, die gleichzeitig Fundament ist. Darunter liegt eine ≈ 5 cm dicke „Sauberkeitsschicht" aus magerem Beton (C8/10 oder C12/15).

Merke:

- Dichtungsbahnen dürfen nicht seitlich überstehen → drücken sonst einen später aufgebrachten Putz ab,
- Dichtungsbahnen werden an den Stößen mind. 20 cm überlappt.

7.1.2 Senkrechte Abdichtungen

So kann ein Bauwerk gegen seitlich angreifende Feuchtigkeit **senkrecht** abgedichtet werden:

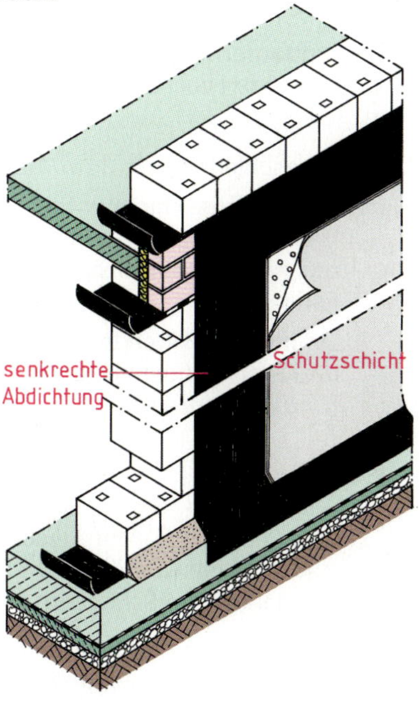

Senkrechte Abdichtung:
reicht vom Fundament bis zur Spritzwasserhöhe. In der Regel werden dafür verwendet:

bituminöse Stoffe oder Dichtungsbahnen

(→ siehe hierzu auch Kap. 7.2, „Abdichtungsstoffe und ihre Anwendung")

Wichtig:
- Mauerwerk muss frei von Rissen und Graten sein,
- voll und bündig verfugt sein,
- Kehlen und Kanten mit Mörtel abrunden.

Schutzschicht:
leitet das Wasser schon **vor** der Abdichtung ab (hier Noppenbahn mit Filtervlies)

und soll die Abdichtung **schützen** beim Verfüllen der Baugrube.

So könnte ein bituminöser Stoff auf die Kelleraußenwand „kalt“ aufgetragen werden:

So sieht eine Schutzschicht aus Noppenbahn mit Filtervlies aus:

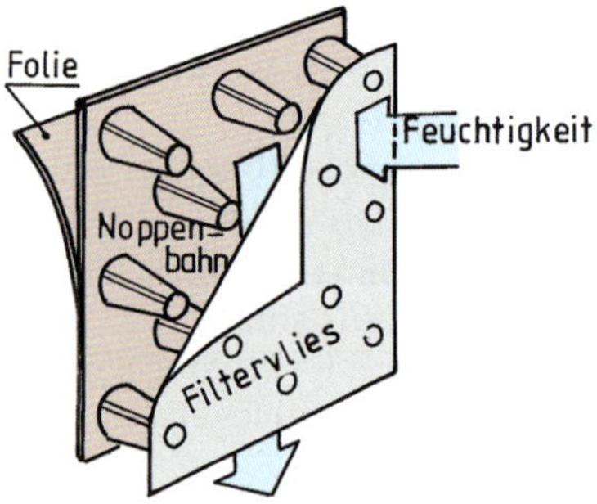

Filtervlies, was ist das? ⇒ Wasser kann eindringen, aber nicht wieder hinaus. (→ wie bei der Dränage)

Merke:

Bis Spritzwasserhöhe wird die senkrechte Abdichtung entweder durch einen wasserabweisenden Putz, Klinker (in MG III) oder Verkleidungen geschützt und für das Auge „unsichtbar“.

7.1.3 Weitere Schutzmaßnahmen

Weitere Schutzmaßnahmen betreffen den **Bereich der Fundamentplatte**. Hier muss von oben kommendes Wasser schnell abgeleitet und aufsteigende Feuchtigkeit von unten gesperrt werden.

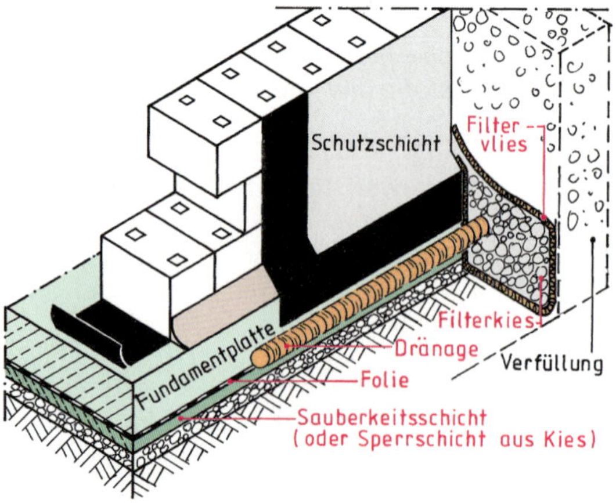

Dies geschieht durch:

1. Sauberkeitsschicht und Folie (bei Sohlplatte: Sperrschicht aus Kies mit darüberliegender Folie),
2. Dränage mit Filterkies und darüberliegendem Filtervlies. (Darüber wird verfüllt.)

Zusammengefasst sieht „unsere“ gemauerte Kellerwand vorschriftsmäßig dann so im Schnitt aus.

V - Te *Versuche zum Feuchtigkeitsschutz an Außenwänden im Erdreich finden Sie im Arbeitsheft, Blatt 146.*

So könnte die komplette Abdichtung – einschließlich „Putzabdichtung" bei „unserem" Haus – im gemauerten Kellerbereich aussehen:

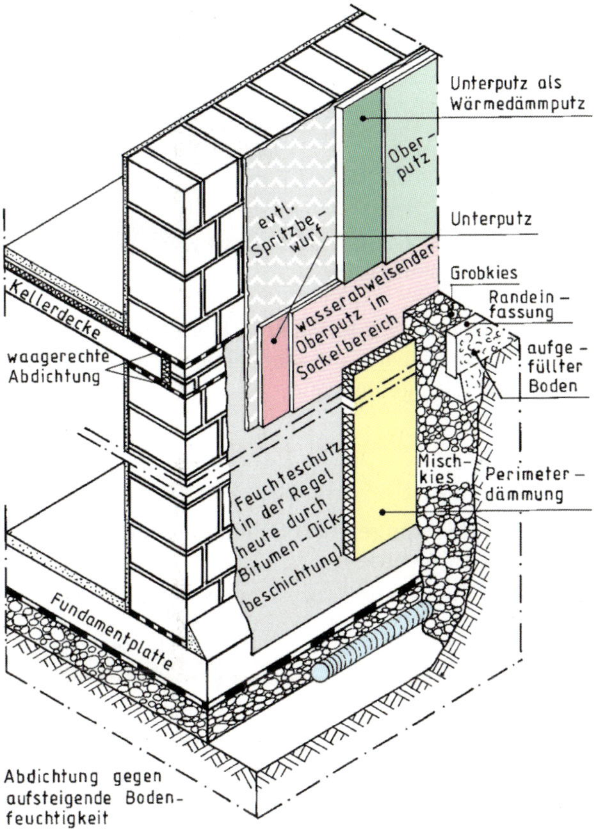

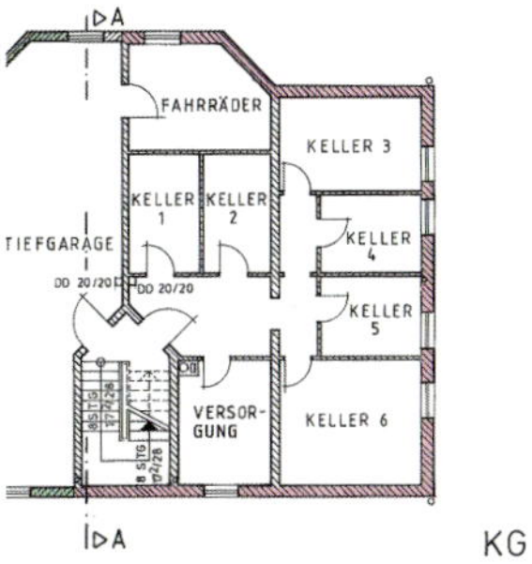

Abdichten mit Dränplatten

Nicht vergessen! Spülschächte für Dränage anordnen.

Anstelle einer normalen Dränage kann auch ein **Schal-Dränsystem** verwendet werden.

⇒ Hierbei werden zum Einschalen der Fundamentplatte Kunststoffprofile verwendet, die anschließend die Aufgabe der Dränage übernehmen.

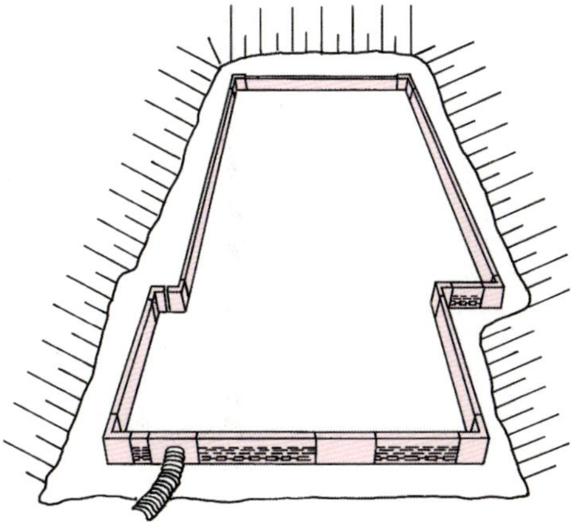

Prinzip des Schal-Dränsystems

Was ist eigentlich eine Perimeterdämmung?

Darunter versteht man eine Hartschaumplatte die wasser- und druckbeständig ist.

Perimeterdämmung

Die Abdichtung einer gemauerten Kelleraußenwand dürfte damit „klar sein"; das Prinzip gilt auch für nicht unterkellerte Bauten oder Häuser, die statt einer Fundamentplatte (siehe „unser" Projekt) auf Streifenfundamenten gebaut sind.

Wie sieht die Abdichtung für betonierte Kellerwände bei nicht drückendem Wasser aus?

Generell besteht kein Unterschied. Alle Abdichtungen und Schutzmaßnahmen (i.d.R. außer Perimeterdämmung) sollten angebracht werden.
Umgesetzt würde das bei „unserem" Haus so aussehen:

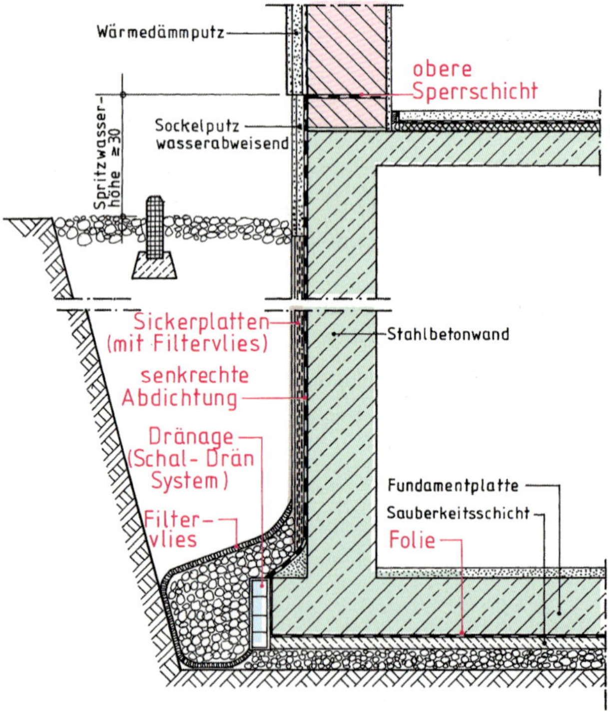

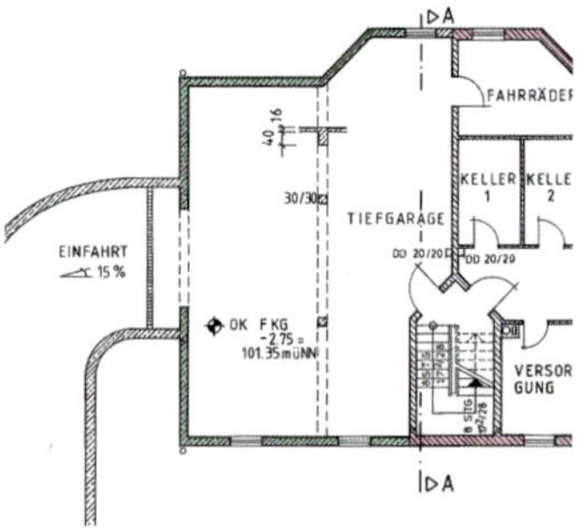

7.2 Abdichtungsstoffe und ihre Anwendung

Abdichtungsstoffe werden fast ausschließlich auf Bitumenbasis hergestellt. Dabei unterscheiden wir:

Abdichtungsstoffe

werden unterschieden nach

- **Bahnen und Folien**
  hierzu gehören:
  - Kunststofffolien
  - Dichtungsbahnen
  - Schweißbahnen
- **Bituminöse Schutzmittel**
  hierzu gehören:
  - Anstriche
  - Spachtelmassen
  - Dickbeschichtung

Bahnen und Folien sind vorwiegend „Dachdeckerarbeiten" → interessieren uns daher nicht.

Was Sie über Anstriche, Spachtelmassen und Dickbeschichtungen wissen sollten:

Bitumen ist bei normalen Temperaturen fest und lässt sich nicht streichen oder spachteln. Das Aufbringen von Bahnen und Folien mithilfe von erhitztem Bitumen ist Sache des Dachdeckers und kommt daher für uns nicht (oder kaum) infrage.

Bitumen kann aber auch besonders aufbereitet und dann kalt verarbeitet werden. Das Aufbringen dieser bituminösen Schutzmittel ist dann aber „unsere" Sache.

- **Anstriche**
  Für Voranstrich: dünnflüssige Bitumenlösung = mit Lösungsmittel (z. B. Benzin) aufgelöstes Bitumen,
  für Deckanstrich: dickflüssige Bitumenlösung, auch als Bitumenlack bezeichnet.

- **Verwendung:** als senkrechte Abdichtung gegen Bodenfeuchtigkeit,
- **Verarbeitung**: trockenes Bauwerk mit Voranstrich versehen, drei Deckanstriche aufbringen (senkrecht, waagerecht, diagonal), Baugrube erst nach Trocknung verfüllen: **Trocknungszeit: ~ 1 Woche einhalten.**

Sicherheitshinweise:
- entzündlich,
- nur in belüfteten Bereichen verwenden, Dämpfe nicht einatmen,
  → Dämpfe schwerer als Luft, deshalb:
  Vorsicht vor zu tiefer Kopfhaltung in der Baugrube!
- Berührung mit Augen und Haut vermeiden,
- bei Verarbeitung nicht in Erdreich oder Kanalisation gelangen lassen.

- **Spachtelmasse**
  - Material: faserverstärkte Spezialbitumenlösung, hochelastisch,
  - **Verwendung**: besonders für **senkrechte Abdichtung** bei Maueranschlüssen und zu Reparaturarbeiten,
  - **Verarbeitung**: Untergrund mit Voranstrich grundieren, Spachtelmasse in Schichten auftragen (2fach bei Außenwänden),
    Trocknungszeit: 1 mm in 24 Std.,
  - Sicherheitshinweise: wie bei Anstrichen.

- **Dickbeschichtung (Dichtungssystem)**
  Dies ist heute das „gängigste" Verfahren, wenn der Grundwasserspiegel unterhalb des Bauwerks liegt.
  - Material: mit Polystyrol gefüllte lösungsmittelfreie Bitumen-Latex-Emulsion (Emulsion = Mischung aus Bitumen, Wasser und Latex als Emulgator → hält die Bitumenteilchen im Wasser in der Schwebe),
  - **Verwendung**: zur senkrechten Abdichtung gegen Bodenfeuchtigkeit und nicht drückendes Wasser,
  - **Verarbeitung**: voll und bündig verfugtes Mauerwerk (Betonflächen müssen eben sein) mit Voranstrich behandeln. Dickbeschichtung in einem Arbeitsgang etwa 5 mm dick von unten nach oben auftragen.
    Auftrag ist nach 4 Std. regenfest.
    Nicht bei Regen und unter + 8 °C verarbeiten.
    Trocknungszeit: etwa 3 – 7 Tage.

  - Sicherheitshinweise: keine, da kein Lösungsmittel vorhanden.

A – Te *Aufgaben zur Wiederholung finden Sie im Arbeitsheft, Blatt 147.*

Proj – Ma *Materialberechnungen für Feuchteschutzmaßnahmen → Arbeitsheft, Blätter 148, 149*

Proj – TK *Eine Konstruktionsübung zur Abdichtung von Wänden → Arbeitsheft, Blätter 150, 151*

7.3 Abdichtung gegen drückendes Wasser

Das Problem:
Durch einen sehr hohen Grundwasserspiegel würde das geplante Gebäude ständig „nasse Füße" haben.

Gegen dieses **drückende Wasser** muss das Gebäude (im Bild Fundamentplatte und Kelleraußenwand) dauerhaft geschützt werden.

Frage:
Wie macht man das?

Lösung:
Fundamentplatte und Kelleraußenwand mit geeigneten Baustoffen abdichten.

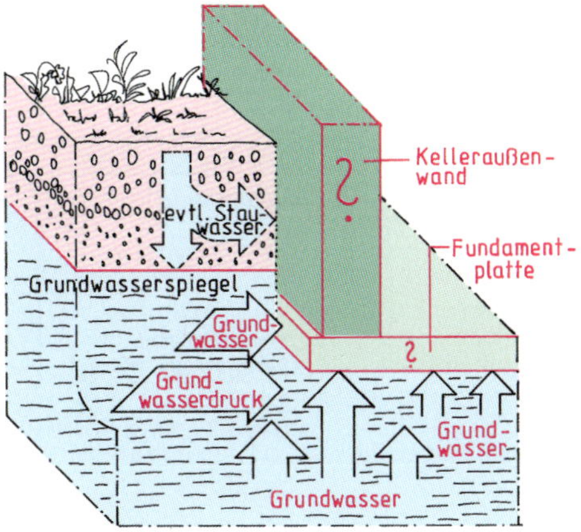

Beides zusammen bildet für das Bauwerk eine (Abdichtungs-)Wanne:
Abdichtungswanne = Fundamentplatte + Außenwände

Abdichtungswannen

gibt es als

„schwarze Wanne"	„weiße Wanne"	„Braune Wanne"
werden ausgeführt mit:		
mehrfachen Schutzanstrichen	**wasserundurchlässigem Beton**	**quellfähigem Material als Dichtungshaut**
„schwarze" Wanne → weil bituminöse Abdichtungen dunkel sind.	„weiße" Wanne → weil der Beton eine helle Farbe hat.	„braune" Wanne → weil das Quellmaterial braun ist.
↓ heute üblich	↓ nur noch selten	↓ Tunnelbau, Deponien

* Das quellfähige Material bei der „braunen Wanne" ist ein besonderer Ton (Bentonit), der nur in den USA vorkommt. Er kann das 5- bis 7-Fache seines Gewichts an Wasser aufnehmen und zugleich sein Volumen bis auf das 15-Fache vergrößern. Folge: Der entstehende Quelldruck dichtet das Bauteil ab.

7.3.1 Abdichtung mit einer „schwarzen Wanne"

Die „schwarze Wanne" ist eine hautförmige Abdichtung gegen drückendes Wasser. Sie wird wannenförmig ausgebildet und besitzt eine Schutzwand aus Mauerwerk oder Beton gegen Beschädigungen.

Was fällt besonders auf?
- Ausführung kompliziert
- hohe Baukosten
- Herstellung: von außen nach innen

So wird eine Kelleraußenwand hergestellt mit bituminösen Abdichtungsstoffen als sog. **„schwarze Wanne“** hergestellt:

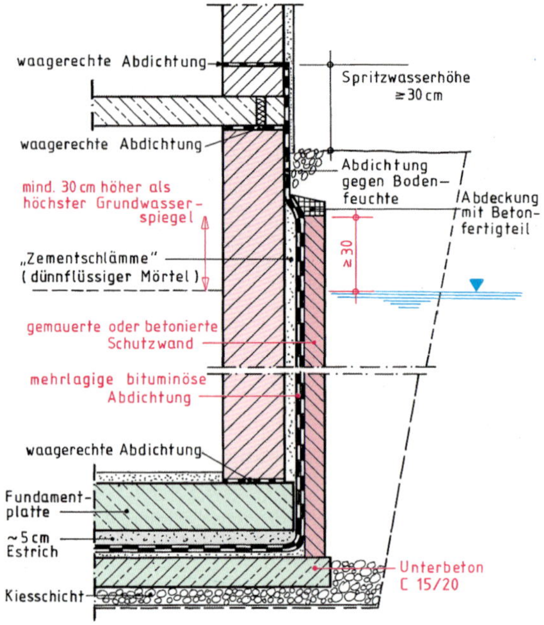

Herstellungsablauf:

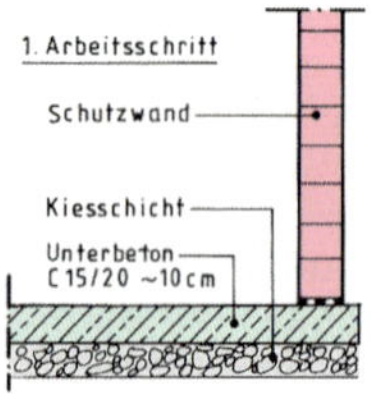

Nach der Grundwasserabsenkung wird auf einer Kiesschicht ein Unterbeton aufgebraucht. Anschließend wird eine Schutzwand gemauert bzw. betoniert.

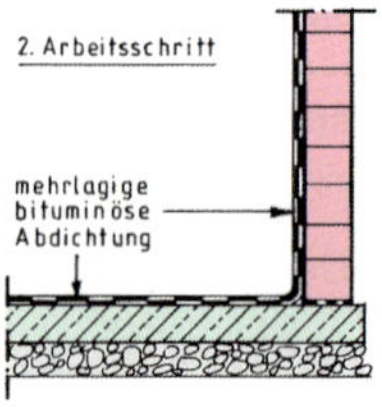

Aufbringen einer mehrlagigen (mind. 2) Abdichtung → i. d. R. Bitumen. An der Schutzwand erfolgt eine punktförmige Klebebefestigung.

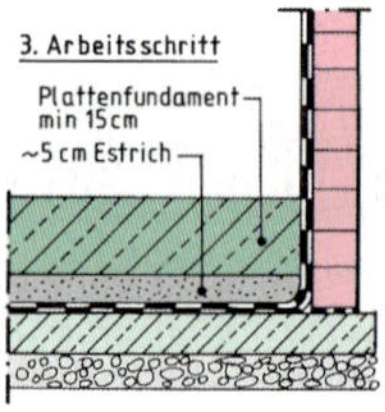

Auftragen einer Schutzschicht (i. d. R. Estrich). Plattenfundament mind. 15 cm dick einbringen und verdichten.

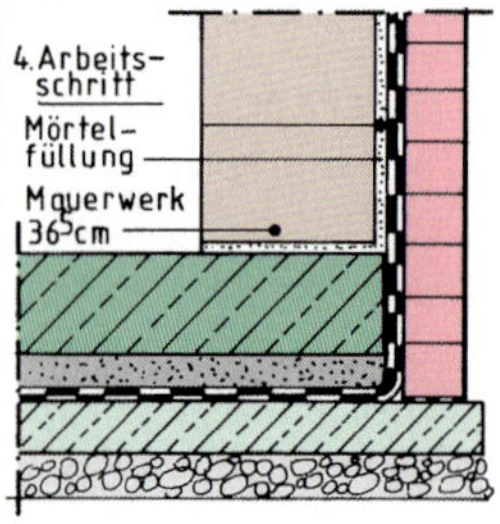

Mauern der 36,5er-Kellerwand. Hinterfüllung mit Mörtel (MG III) als sog.

„Zementschlämme“

Achtung! Die Arbeiten erfordern große Sorgfalt, da Baufehler (z. B. Leckagen) kaum beseitigt werden können.

7.3.2 Abdichtung mit einer „weißen Wanne"

So wird eine Kelleraußenwand mit wasserundurchlässigem Beton: als sog. **„weiße Wanne"** hergestellt:

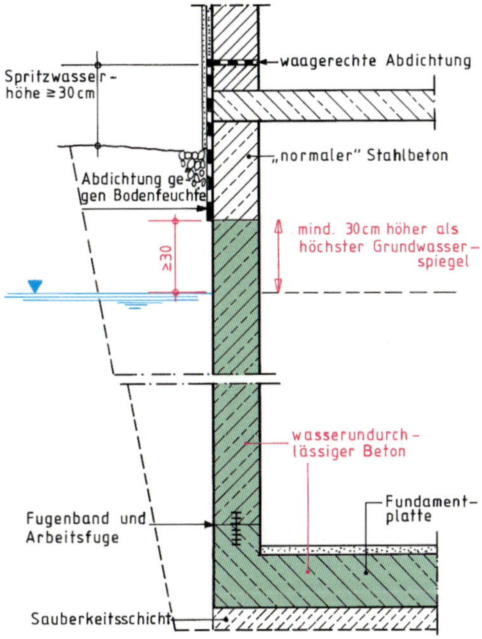

Was fällt besonders auf?

- relativ einfache Ausführung
- betonieren einer Wanne
- Baukosten: gering

Wodurch wird eine „weiße Wanne" dicht?

1. Wasserundurchlässigen Beton verwenden → heißt nicht: „wasserdicht"
2. Möglichst wenig Angriffspunkte für das Wasser lassen.

→ Zu beachten für die Konstruktion:
- einfache Form (Rechteck gut, Achteck z.B. schlecht)
- wenig Betonierabschnitte (je weniger, desto besser)
- wenige Fugen
- nichts einplanen, was die Abdichtung erschwert (keine unnötigen Rohrleitungen oder Lichtschächte)

Das ist das richtige Prinzip für eine gute Konstruktion:

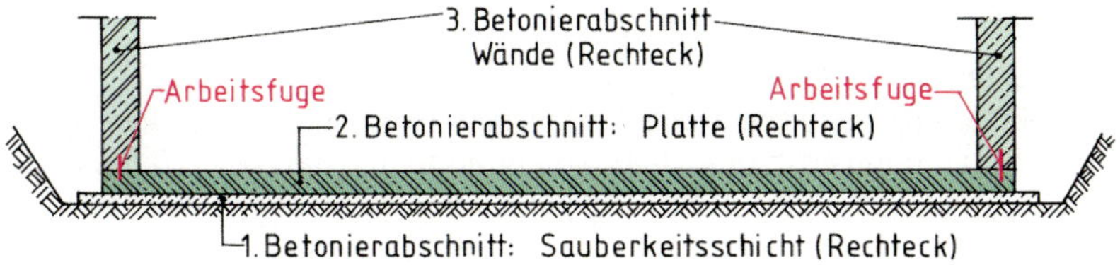

3. Bautechnisch richtige Ausführung

→ Zu beachten bei der Ausführung:

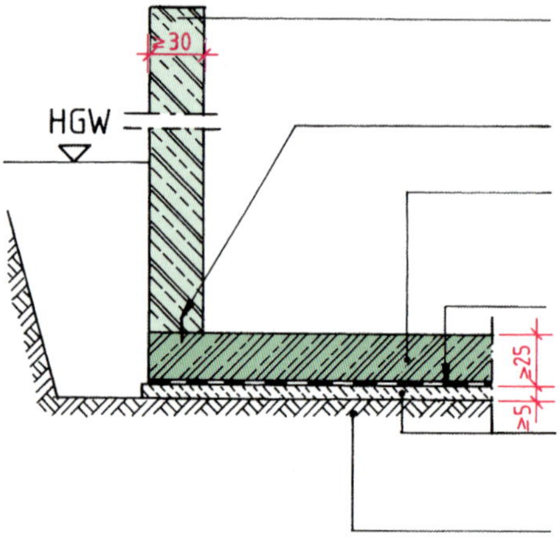

Stahlbetonwände: $d \geq 30$ cm aus mind. C25/30 nach Eigenschaften oder Zusammensetzung; w/z: max. 0,60; XC4 gefordert

Arbeitsfuge: Fugenbänder oder Fugenbleche

Stahlbetonsohle: $d \geq 25$ cm; mind. C 25/30; Betondeckung mind. 3 cm; ansonsten wie bei der Wand

Trennschicht: (nicht zwingend); 2 Lagen PE-Folie (≥ 0,2 mm); ohne Falten

Sauberkeitsschicht: $d \geq 5$ cm aus mind. C10/15, als Fließbeton, unbewehrt

Baugrund: eben und tragfähig

4. Richtige Betonverarbeitung

- Eignungsprüfungen, Güteprüfungen durchführen *(→ Prüfstelle F einschalten)*
- Beton nachverdichten *(durch Rütteln)*
- Beton mind. drei Tage gegen Abkühlen schützen *(→ Wärmedämmung)*
- Beton mind. sieben Tage gegen Austrocknen schützen *(→ Folie)*

Wo ist die Schwachstelle bei der „weißen Wanne"?

Das ist fast immer die Arbeitsfuge zwischen Fundamentplatte und Außenwand.
Das ist der Grund:

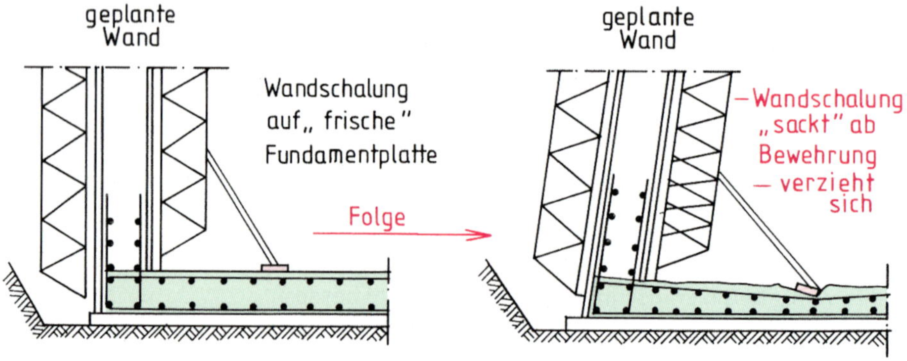

⇒ Daher:

5. Bautechnisch richtige Betonerhärtung

→ Zu beachten für die Betonerhärtung:

- Für die Erhärtung ausreichend Zeit einplanen *(→ mindestens sieben Tage für die Platte)*
- Zwischen der dann erhärteten Fundamentplatte und der neuen Betonaußenwand muss eine wasserdichte Verbindung geschaffen werden: **die Arbeitsfuge.**

Herkömmliche Materialien zum Abdichten der Fuge:

Fugenbleche: (sog. „Schwarzblech")

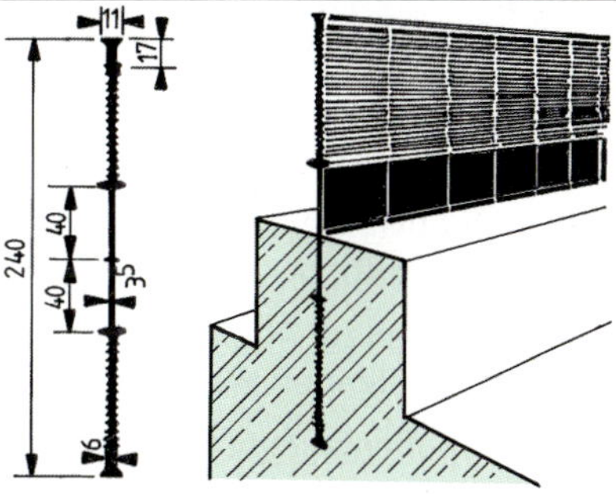

Fugenbänder (aus Rippenstreckmetall)

Wie wird eine Arbeitsfuge richtig abgesichert?

Das ist unterschiedlich und hängt ab von Wanddicke, Grundwasserhöhe und Lage der Bewehrung.

→ *Von den vielen Möglichkeiten werden hier nur die beiden gängigsten vorgestellt:*

1. Möglichkeit:

Durchgehende Arbeitsfuge mit Fugenband an der Außenseite

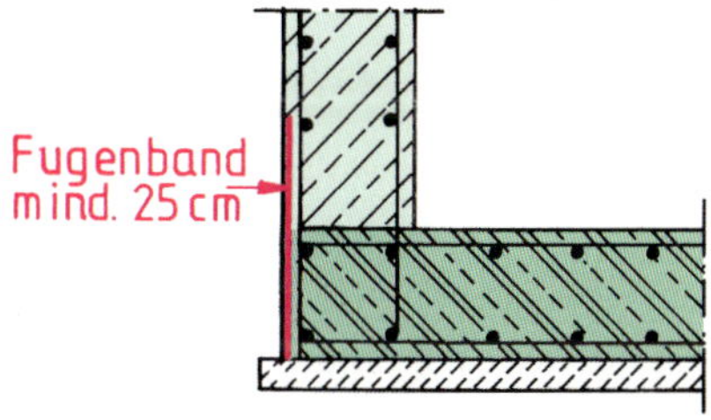

2. Möglichkeit:

Durchgehende Arbeitsfuge mit Fugenband oder Fugenblech in Wandmitte

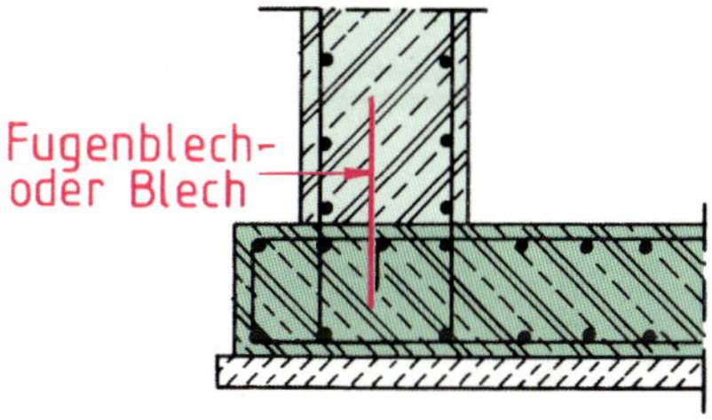

7.3.3 Abdichtung mit einer „braunen Wanne"

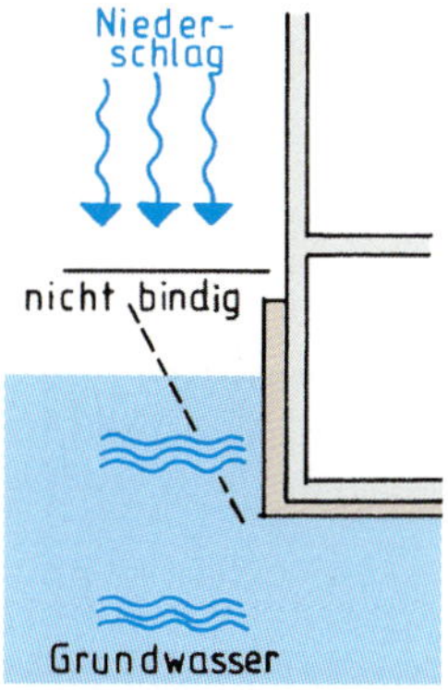

Der Begriff „braune Wanne" leitet sich von der Braunfärbung des Betonits (= quellfähiger Ton) ab.
Hierbei werden die mit dem drückenden Wasser in Berührung kommenden Gebäudeteile erdseitig in Betonitbahnen gehüllt. Die abdichtende Funktion übernimmt das Betonitgranulat, das in textile Trägerbahnen eingewebt ist.
Durch die Wassereinwirkung erfolgt eine Quellung des Granulats und das Betonit verwandelt sich in eine gelartige Masse, die ein weiteres Durchdringen des Wassers verhindert.

Merke:

Ein wasserundurchlässiger Beton ist nicht erforderlich, da die Abdichtung der Bauteile (Fundamentplatte und Stb-Wände) vom Betonit übernommen wird.
Der Beton kann sich auf seine „Tragaufgabe konzentrieren".

Zusammenfassung von Kapitel 7:

Schutz vor Feuchtigkeit

- Schutz vor Feuchtigkeit bei Bauteilen im Erdreich umfasst **Schutzmaßnahmen** gegen Bodenfeuchtigkeit, nicht drückendes Wasser und drückendes Wasser.
- Der Grundwasserspiegel liegt bei Bodenfeuchtigkeit und nicht drückendem Wasser **unterhalb,** bei drückendem Wasser **oberhalb** der Fundamente.
- Maßnahmen zur Abdichtung sind abhängig vom vorhandenen **Baugrund** und den damit anfallenden **Wasserarten.**
- Gegen Bodenfeuchte und nicht drückendes Wasser wird eine gemauerte Kelleraußenwand durch **waagerechte** und **senkrechte Abdichtungen** sowie mögliche weitere Schutzmaßnahmen (z. B. Sperrschicht, Dränage) geschützt.
- Betonierte Kellerwände brauchen keine waagerechten Abdichtungen.
- Gegen drückendes Wasser werden Kelleraußenwände entweder mit wasserundurchlässigem Beton oder durch mehrlagige bituminöse Abdichtungen geschützt.
- **Abdichtungsstoffe** werden eingeteilt in:
  - Bahnen und Folien (Kunststofffolien, Dichtungs- und Schweißbahnen) und
  - bituminöse Schutzmittel (Anstriche, Spachtelmassen und Dickbeschichtungen).

T - Te *Eine Test zum Feuchtigkeitsschutz finden Sie im Arbeitsheft, Blatt 152.*

Lernfeld 17:
INSTANDSETZEN UND SANIEREN EINES BAUTEILES

Hier behandeln wir die Lernabschnitte:

1 Sanierung und Instandsetzung

Was bedeutet eigentlich „Sanieren" und „Instandsetzen"?

Im Zusammenhang von Sanierung und Instandsetzung müssen noch zwei weitere Begriffe geklärt werden → Modernisierung und Rekonstruktion. Die Tabelle zeigt die entsprechenden Abgrenzungen:

Sanierung	Modernisierung	Instandsetzung	Rekonstruktion
– Erneuerung von Gebäuden oder Siedlungsgebieten (§§ 136 ff. BauGB) – Dieser Begriff ist vage → sollte deshalb z. B. in Verträgen genau definiert sein.	– dient der Werterhaltung eines Gebäudes – verleiht dem Gebäude eine früher nicht vorhandene Qualität	– Im Gegensatz zur Modernisierung werden hier lediglich defekte Bauteile und Anlagen der Haustechnik repariert, aber in der Regel nicht nach dem Stand der Technik ausgetauscht.	– getreue Nachbildung eines nicht mehr erhaltenen, schadhaften Baukörpers – dabei Verwendung ursprünglicher Baustoffe und Baumethoden

Die in diesem Umfeld anfallenden Bauarbeiten sollte der zukünftige Maurer in seiner Ausbildung lernen. Es handelt sich um ein großes Betätigungsfeld, das eigentlich eine eigene Berufsbezeichnung verdient.

Altbausanierung:
links in der Bauphase (mit WDVS), rechts nach der Fertigstellung

Die Verteilung von Schäden an Gebäuden sind sowohl bei den Bauteilen als auch im Vergleich Altbau/Neubau unterschiedlich. Das Diagramm zeigt diese Unterschiede:

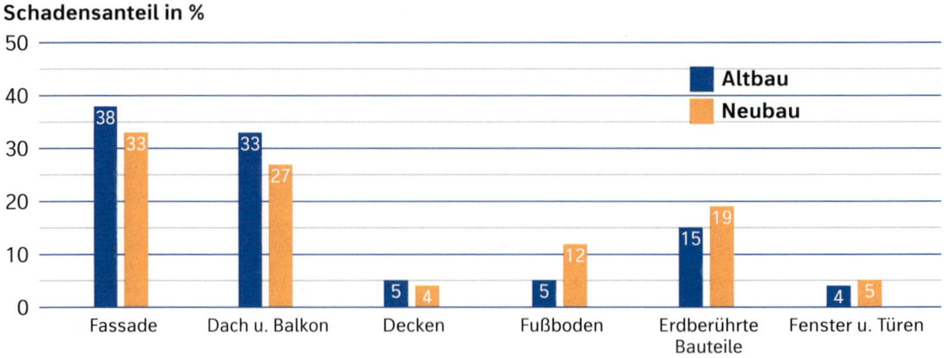

Gebäude und Bauteile müssen nach ihrer Fertigstellung gewartet werden. Ihre Lebenserwartung hängt von ihrer Funktion, Nutzung und Pflege ab. Der Übergang zwischen Wartung, Instandhaltung, Reparatur oder Ersatz ist fließend. Die Lebenserwartung von Bauteilen und Gebäuden lassen sich durch die Ausführungs- und Wartungsqualität beeinflussen.

Bauteile und ihre Lebenserwartung (Auswahl):

bis 10 Jahre:	**bis 20 Jahre:**	**bis 40 Jahre:**
– Kalkanstriche Fassade – Fensterlacke außen – Innenputz: Wand und Decke – Tapeten – Textilbeläge – Oberflächenbehandlung der Böden	– Pappdachbeläge – Mineralfarben – Markisen – Außenbauteile aus Kunststoff – Kunststofffarben – Fundamente: Lösungsmittelanstrich – Isolierglas – Silikondichtungen und -fugen – Linoleum, PVC-Bodenbeläge – Armaturen – Mess- und Steuergeräte – Elektrogeräte, Heizkessel – raumlufttechnische Anlagen	– Außenputz – Verfugungen Sichtmauerwerk – Kunststofffenster, Fensterbeschläge – Dachdeckung Faserzement – Regenrinnen Zinkblech – Wärmedämm-Verbundsysteme (WDVS) – schwimmender Estrich – Heizkörper einschl. Leitungen – Wasserinstallation – Elektroinstallation – Aufzugsanlagen
bis 80 Jahre:	**über 80 Jahre:**	
– Außenputz – Sichtbeton – Dachstühle aus Nagelbindern und Leimbindern – Dachziegel – Innentreppen Weichholz – Außentüren aus Hartholz – Holz- und Alufenster – Fensterbänke außen aus Beton, Naturstein – Verbundestriche – Bodenbeläge: Stein, Keramik – Sanitärgegenstände Porzellan – Abwasserleitungen	– Massivkonstruktionen: Ziegel, Kalksandstein, Beton – Stahlkonstruktionen – Fassadenverkleidungen aus: Glas, Stein – Holz mit konstruktiven Wetterschutz – Außenbauteile aus nicht rostendem – Stahl – Dachdeckung Schiefer – Fensterbänke innen: Stein, Hartholz – Fensterbänke außen: Klinker	

Sanierungsmaßnahmen umfassen eine Bestandsaufnahme, mögliche Schadensanalyse und Vorschläge zur Sanierung.
Dieses wird in einem Sanierungskonzept zusammengetragen.
Die Überprüfungen umfassen i. d. R. folgende Bereiche/Schwerpunkte:

(Zur Veranschaulichung wurde ein „Rohbau" genommen.)

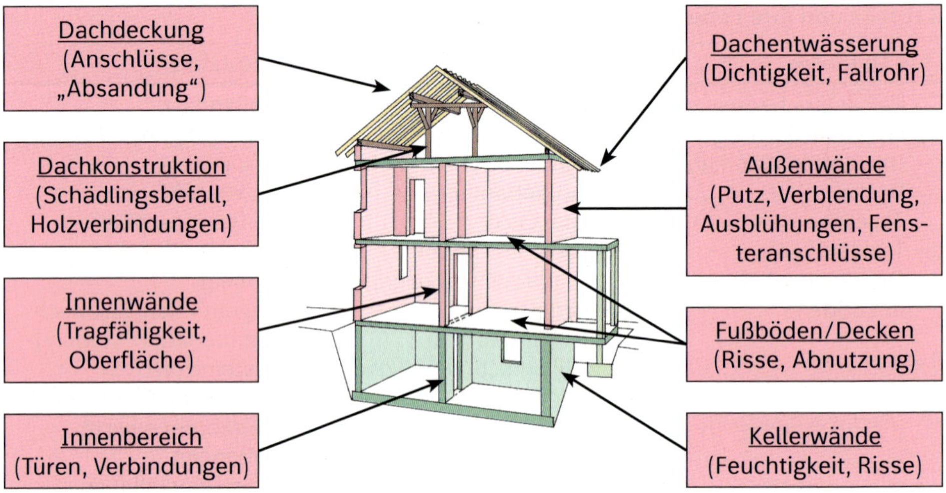

Die Untersuchungsmethoden sind unterschiedlich:
- Kellerwände → notfalls Freimachen der Fundamente
- Außenwände → evtl. Abschlagen von Putzteilen
- Holzteile → evtl. Holzproben, i. d. R. Holzfeuchtemessung
- Beton- und andere Baustoffe → Proben oder Einsatz von CM-Geräten

Die Bestandsaufnahme wird dokumentiert und ist die Basis für die weitere Arbeit.

1.1 Schadensursachen

Nach der Bestandsaufnahme müssen die möglichen Schadensursachen für das Bauteil festgestellt werden. Diese können im Hochbau sein:

Schadensursache:	Beispiele:
Überlastungen	Schnee, Wasserflächen bei Flachdächern, Wind, Schwingungen
Schubeinwirkung	Unterschiedliches Verhalten bei Kälte/Wärme
Ungleiche Setzungen	Änderung des Grundwasserspiegels, mangelhaft verdichteter Untergrund
Niederschläge	Spritzwasser im Sockelbereich
Wasserdampf	Fehlende Dampfsperre, mangelhafte Belüftung, falsche Lage der Wärmedämmung, Wärmebrücken
Sickerwasser	Nässestau an der Kelleraußenwand
Aufsteigende Feuchtigkeit	Salztransport ins Mauerwerk
Umwelteinflüsse	Saurer Regen, aggressive Gase
Nutzungsbedingt	Arbeiten mit Säuren, Laugen, Ölen, Fetten
Pilzbefall	Holzverfärbung, Zersetzung des Tragwerkes
Insektenbefall	Holzfraß
Volumenveränderung	Schwinden, Quellen

Nach der „Ursachenforschung“ muss das Sanierungskonzept durch entsprechende Vorschläge ergänzt werden. Die können sein:

- Vollständige/teilweise Sanierung des Bauwerks/der Bauteile
- Großflächige/örtliche Instandsetzung der geschädigten Bauteile

Maurerarbeiten sind hierbei besonders im Rahmen der Instandsetzung zu sehen.

2 Instandsetzung von Mauerwerk

Hauptaufgaben des Maurers in diesem Bereich sind:

- Beseitigung von Verunreinigungen und Ausblühungen,
- Instandsetzen von Feuchtigkeitsschäden und
- Verbessern der Wohnqualität durch Zusatzmaßnahmen (Sanierung).

2.1 Beseitigung von Verunreinigungen und Ausblühungen

Außenwände oder Bekleidungen sind zwar pflegeleicht und behalten ihr gutes Aussehen jahrelang, aber ab und zu sind auch Verunreinigungen und Ausblühungen sichtbar, die beseitigt werden müssen.

Salzausblühung am Ziegelmauerwerk

So sollte Mauerwerk später nicht aussehen!

Starke Ausblühungen durch Verunreinigungen und Feuchtigkeit

Daher:

- Verunreinigungen (Verschmutzungen) vor dem nachträglichen Verfugen des Mauerwerks beseitigen
- Ausblühungen durch bautechnisch richtige Ausführung vermeiden (z. B. Abdichtungen, Dampfdiffusion)

2.1.1 Verunreinigungen

Entstehen besonders in der Bauphase bei:

- Maurerarbeiten
  → z. B. Mörtelreste am Stein, überquellender Fugmörtel,
- Putz- und Estricharbeiten
  → z. B. Putzspritzer, Ränder beim Einbringen von Estrich.

Wie werden verschmutzte Verblendflächen vor dem Verfugen gereinigt?

So geht man vor:

1. Schritt: Mit Wasserschlauch von oben nach unten kräftig vornässen.
2. Schritt: Abschrubben mit harter Bürste.
3. Schritt: Harte einzelne Mörtelspritzer mit Holzstück (Buchenkeil) abstoßen.
4. Schritt: Gut durchnässte Fläche nochmals mit harter Bürste oder Dampfstrahlgerät und verdünnter Säure* reinigen.
   ⇒ Arbeitssicherheit! Brille, Handschuhe verwenden.

• Dampfstrahlgerät

→ Achtung! Strahl nicht so stark einstellen, da sonst Steinteilchen abgesprengt werden können.

* = ca. 0,5 Liter Salzsäure vorsichtig in 10 Liter Wasser geben (<u>nie</u> umgekehrt)

5. Schritt: Hartnäckige Stellen mit Holzstück „scheuern" → kein Metallspachtel.
6. Schritt: Nach dem „Absäuern" sofort mit viel Wasser von oben nach unten abspülen.
7. Schritt: Nach oberflächlicher Trocknung kann gefugt werden.

Reicht das Abbürsten nicht, sollten bei stärker verunreinigten Verblendflächen eingesetzt werden:

• Spezialreiniger	z. B.: – bei Verfärbungen, Algenwuchs, fettigen Verschmutzungen: 8 % Phosphorsäure, 5 % Ameisensäure, 5 % Essigsäure, Zementschleierentferner – bei öligen Verschmutzungen: Fassadenreinigungspaste, Sanitärreiniger, Puronil, Benzol

Beachte:

- Bei glasierten oder lackierten Verblendern keine Säure verwenden.
- Säurehaltiges Wasser gesondert auffangen → Umweltschmutz: Grundwasser.

2.1.2 Ausblühungen

Was sind Ausblühungen?

Ausblühungen sind die berühmten „weißen Flecken", die z. B. so entstehen:

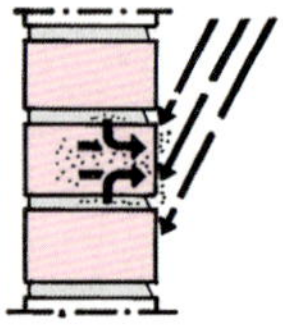

Regen prallt auf das Mauerwerk. Das durch die Steine und die Fuge eindringende Wasser schwemmt ausblühfähige Bestandteile des Mörtels (lösliche Sulfate und Karbonate) aus.

Die ausblühfähigen Bestandteile des Mörtels wandern beim Austrocknen an die Oberfläche des Mauerwerks, kristallisieren aus und hinterlassen wenig ansehnliche weiße Flecken (Ausblühungen).

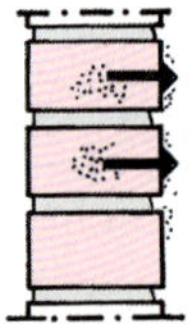

Weitere Möglichkeiten für Ausblühungen können auftreten durch:
- aufsteigende Feuchtigkeit aus dem Boden ⇒ durch fehlende Abdichtungen,
- von Regen durchnässtes Mauerwerk ⇒ durch nicht abgedecktes Mauerwerk in den Arbeitspausen.

Wie kann man sich helfen?

Arbeitsmaterialien:	Hinweise:
• Bürsten • Schleifpapier • Spezialreiniger • notfalls neu verfugen	z. B.: – Sulfat- oder Karbonatausblühung → kräftiges Abbürsten (evtl. mehrmals) reicht, bei Klinker: Klinkerreiniger verwenden – Chlorid- oder Nitratausblühungen → unbedingt Ursache feststellen lassen (Fachfirmen), meist: mangelhafte Abdichtung oder nicht gewollter Wasserzutritt

Wichtig:

- **Kein Wasser verwenden,** nur trocken abbürsten!

→ Salze lösen sich sonst wieder auf und werden vom Mauerwerk aufgesogen
→ kommen später dann wieder

Wie kann man Ausblühungen möglichst vermeiden?

Das wirksamste Mittel ist:

Bautechnisch richtig ausführen!
→ z. B. Abdichtungen, Öffnungen für Dampfdiffusion, Werktrockenmörtel statt Baustellenmörtel

Weitere Hilfsmittel sind:
- **Silikonimprägnierte Verblender** (lassen zwar Wasserdampf durchgehen, aber keine Sulfate oder Karbonate nach außen gelangen)
- **Farblose Imprägnierungen** (keine Kunstharz-Gemische verwenden → Gefahr: Die Austrocknung der Steine bei Durchfeuchtung wird behindert)
- **Deckende Beschichtungen**, z. B. Farbanstrich bei KS-Steinen (keine Kunststoff-Dispersionsfarben verwenden → Gefahr: wie vorher)

2.2 Beseitigung von Feuchtigkeitsschäden

Unsachgemäße, unvollständige und unwirksam gewordene Abdichtungsmaßnahmen sind nicht nur ein Problem von alten Gebäuden, sondern auch vermehrt bei Neubauten zu finden.

Welche Folgen können am Bauwerk auftreten?

- Zersetzung der vorhandenen Bitumenabdichtung bzw. des Altputzes im Kellerbereich
  → *feuchte, nasse Wände, Wände „bröckeln" aus*
- Salzverseuchung und Zerstörung an den befallenen Bauteilen
  → *Putzabsprengungen, Mörtel- und Steinzerstörungen*

Aufsteigende Feuchtigkeit durch Kapillarwasser

- Herabsetzung der Wärmedämmung durchfeuchteter Bauteile
  → *starke Kondensatbildung*
- Frostschäden, Zersetzungs- und Auflösungserscheinungen organischer Baustoffe, Schwamm- und Schimmelbildung, Verformungen der Bauteile etc.

Fazit:
Das Eindringen von Wasser ist unbedingt zu verhindern.

Welche Möglichkeiten der Instandsetzung bieten sich an?

Je nach anfallender Feuchtigkeit wählt man:

- Verkieselung/künstliche Versteinerung
  (nachträgliche erdberührte Abdichtung von Kelleraußenwänden)
- Horizontalsperren
  (gegen aufsteigende Feuchtigkeit)
- Vertikalabdichtungen
  (gegen drückendes Wasser)

Auch innen sollte das nicht auftreten!

2.2.1 Verkieselung

Dieser Prozess gleicht stark einer Abdichtung eines Neubaus, nur das hier Spezialmittel eingesetzt werden.
Das nachfolgende Bild verdeutlicht die Vorgehensweise bei gemauerten Kellerwänden:

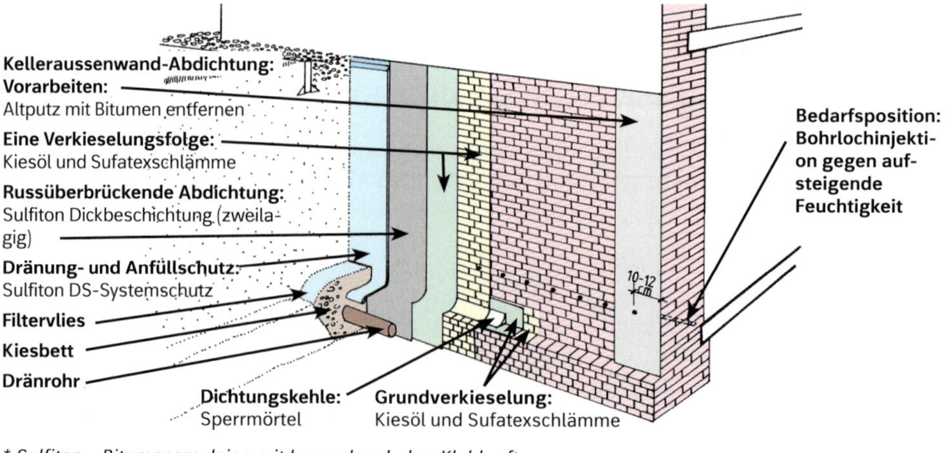

* *Sulfiton = Bitumenemulsion mit besonders hoher Klebkraft*

2.2.2 Horizontalsperren gegen aufsteigende Feuchtigkeit

Zum Schutz gegen aufsteigende Feuchtigkeit (Kapillarfeuchtigkeit) benötigt jedes Mauerwerk eine waagerecht angeordnete Feuchtigkeitssperre → *z.B. Dachpappe*. Ist diese beschädigt, unwirksam oder vielleicht „vergessen" worden, zerstören die mitgeführten Erdsalze auf Dauer den Putz, die Fugen und das Mauerwerk. Hinzu kommen noch Feuchtigkeitsschäden im Innenbereich, wie feuchte Innenwände, abblätternde Tapeten und im schlimmsten Fall gesundheitsgefährdende Schimmelbildung.
Damit die Schäden dauerhaft verhindert werden, hilft nur die Beseitigung der Ursachen, durch nachträgliches Einbringen einer Sperrschicht. Dies geschieht durch Injektion von dauerelastischen Harzen.

Wie wird die Horizontalsperre angelegt?

1. Im Mauerwerk wird ein „Sperrgürtel" aus Bohrlöchern angelegt.

2. Harz wird drucklos oder mit Druck injiziert → *Das Harz verschließt die Kapillaren, Risse und Hohlräume.*

2.2.3 Vertikalsperren gegen drückendes Wasser

Ist die senkrechte Abdichtung von Mauerwerk „kaputt" (z.B. die Dickbeschichtung zerstört), so kann drückendes und nicht drückendes Wasser durch die Wand eindringen.

Früher wurde das Bauwerk bis auf die Fundamente freigelegt und eine neue Sperrschicht aufgebracht → *hohe Kosten, umfangreiche Arbeiten.*

Heute wird die gesamte Wand (die mit dem Erdreich in Berührung kommt) „verbohrt" und mit Harz verpresst.
Aufpassen! Anschlussstellen, Durchbrüche besonders sorgfältig abdichten.

Zusammenfassung von Kapitel 2:

Instandsetzung von Mauerwerk

- **Verunreinigungen** und **Ausblühungen** der Außenschale sollten vermieden oder schnellstens beseitigt werden.
- **Feuchtigkeitsschäden** am Mauerwerk werden bei aufsteigender Bodenfeuchtigkeit durch Horizontalsperren und bei nicht-/drückendem Wasser durch Vertikalsperren beseitigt.

Testen Sie sich • Testen Sie sich

Nennen/Erklären Sie ...

1. wodurch Ausblühungen entstehen,
2. Hilfsmittel, um Ausblühungen zu vermeiden,
3. Folgen, die durch Feuchtigkeitsschäden auftreten können,
4. wann eine Horizontalsperre angelegt wird.

3 Betonschäden und Betoninstandsetzung

Beton ist ein Baustoff mit hoher „Lebensdauer". Trotzdem ist auch ein (Beton-)Bauwerk nicht unvergänglich. Neben dem natürlichen Altwerden tragen besonders Baufehler zum Verfall bei.
Die in den letzten Jahren anwachsende Zahl von Oberflächenschäden an Außenbauteilen sind meist auf zwei Ursachen zurückzuführen:

- unsachgerechte Bauplanung (→ betrifft den Planer und Architekten) und
- Mängel bei der Bauausführung (→ betrifft die Baufacharbeiter = Beton- und Stahlbetonbauer sowie Maurer „vor Ort").

3.1 Erkennen von Betonschäden

Je früher Betonschäden erkannt werden, desto kleiner ist der Reparaturaufwand.

Woran können Betonschäden frühzeitig erkannt werden?

Typische Beispiele für Schäden an Betonbauteilen zeigen Ihnen die nachfolgenden Bilder:

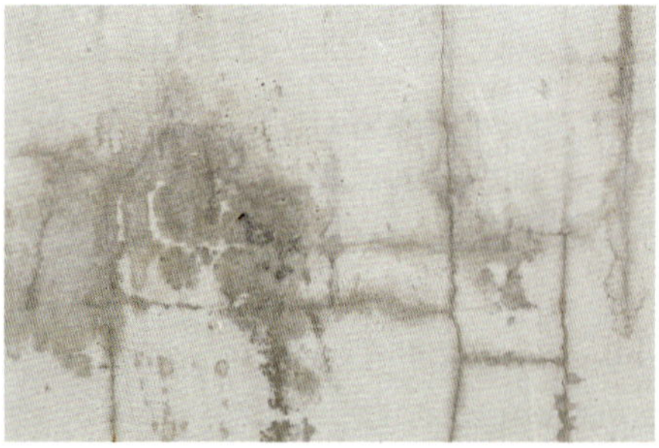

Gerichtete Netzrisse

Baufehler: zu geringe Betondeckung

Betonwand nach Regen

Baufehler: Betongefüge nicht dicht genug (viele Kapillarporen)

Tausalzausblühungen

Baufehler: kein Beton mit hohem Frost- und Tausalzwiderstand verwendet

Rostfahne

Baufehler: Wasser ist in Kapillarporen bis zur Bewehrung gelangt ⟶ Rost

Aufwölbungen über rostender Bewehrung

Baufehler: zu geringe Betondeckung oder „undichter" Beton

Abplatzungen oder Durchscheinen der Bewehrung

Baufehler: zu geringe Betondeckung

Treten solche oder ähnliche Merkmale auf, sind sofort Instandsetzungsmaßnahmen zu ergreifen. Hierbei steht nicht so sehr die Beseitigung des Schadens im Vordergrund, als vielmehr die Frage: Was ist die Ursache? → *Für die Beantwortung unbedingt einen „Betonfachmann" zu Rate ziehen.*

- Was ist die Schadensursache? ⇒ Chemische Vorgänge? Einwirkungen auf den Beton?
- Wie wirkt sich der Schaden aus? ⇒ Grad der Schädigung? Veränderung der Baustoffeigenschaften? Zukünftige „Gebrauchsfähigkeit" des Bauteils?
- Wie groß sind der Schadensumfang und die damit verbundenen Kosten? ⇒ Klein- oder großflächige Sanierung? Späteres Aussehen?

3.2 Mögliche Schadensursachen

Die Schadensursachen können sehr unterschiedlich sein.

Ursachen von Betonschäden

treten i. d. R. auf durch:

- **Karbonatisierung des Betons**
- **Verunreinigungen im Beton**
- **Bewehrungsfehler und mangelhafte Betonverarbeitung**

3.2.1 „Karbonatisierung" von Beton

Karbonatisierung ist eine Umwandlung des Betons. Sie findet im Oberflächenbereich statt und kann zum Rosten der Bewehrungsstähle führen.
Sie hängt besonders ab von

- den vorhandenen Umweltbedingungen und
- der Feuchtigkeit im Bauteil sowie
- der Beschaffenheit der Betonoberfläche (z.B. porös).

Was passiert bei der Karbonatisierung? → Ein Ausflug in die Bauchemie

Kommt die Betonoberfläche jahrelang mit Wasser und Kohlendioxid (→ daraus bildet sich „saurer Regen") in Berührung, verändern sich langsam die Betoneigenschaften.

1. Im Oberflächenbereich des Betons entsteht Kalkstein.
(→ Fachbegriff hierfür: **Karbonatisierung des Betons.**)

bautechnisch:	Kalkhydrat im **Zementstein**	wird umgewandelt in:	**Kalkstein**
als chemische Formel:	$Ca(OH)_2$ Calciumhydroxid	$+ H_2O + CO_2$ + Kohlensäure	$= CaCO_3 + 2\,H_2O$ = Calciumcarbonat + Wasser

> Karbonatisierung des Betons ist:
> Umwandlung des Zementsteins (Calciumhydroxid) zu Kalkstein (Calciumcarbonat).

2. Der pH-Wert des Betons sinkt und der Bewehrungsstahl „rostet".

Die Bildung von Kalkstein in der Oberflächenzone des Betons ist ganz natürlich und führt nicht zwangsläufig zu einem Schaden.
Erst eine zu geringe Betonüberdeckung (→ durch Umwandlung des Zementsteins unter Einfluss von Feuchtigkeit) führt zu einer Abnahme des pH-Werts. Das hat Folgen!

Was passiert, wenn der pH-Wert sinkt?

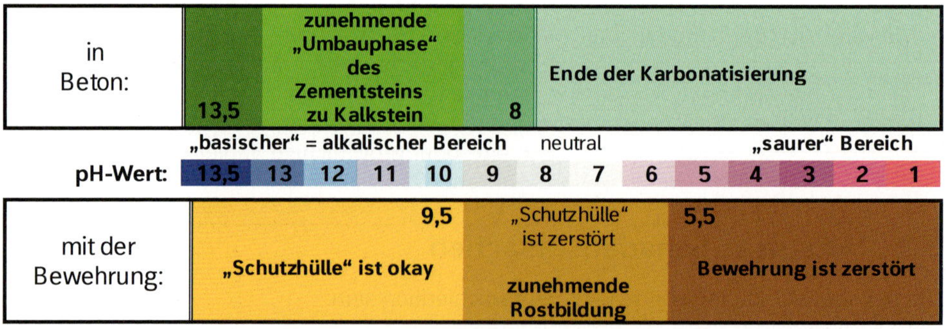

Was bedeutet das?

1. Bis zu einem pH-Wert von etwa 9,5 ist die Bewehrung durch eine „Schutzhülle" (= Passivschicht) geschützt. Sinkt der pH-Wert, wird die „Schutzhülle" zerstört.

2. Bei einem pH-Wert von etwa 9,5 beginnt die **Rostbildung** (= Korrosion) der Bewehrung.
   Folgen:
   - Zugfestigkeit des Stahls wird geringer!
   - Rost führt zu einer Volumenvergrößerung des Stahls (bis zu 250 %)

   ⇒ **Der Rost sprengt die Betondeckung ab!**

Anm.: Das „Rosten“ kann nur mit Wasser (Feuchtigkeit) in Gang kommen; ist es trocken, passiert nichts!

Und so läuft der Vorgang in der Praxis ab:

So sieht eine frisch ausgeschalte Betonwand aus!

→ Betonoberfläche: okay

Im Laufe der Zeit kann „saurer“ Regen ($CO_2 + H_2O$) in die Betonporen eindringen:
→ Der pH-Wert sinkt.
→ Zementstein wird zu Kalkstein umgebaut („Karbonatisierung“).

Die Bewehrung ist noch geschützt!

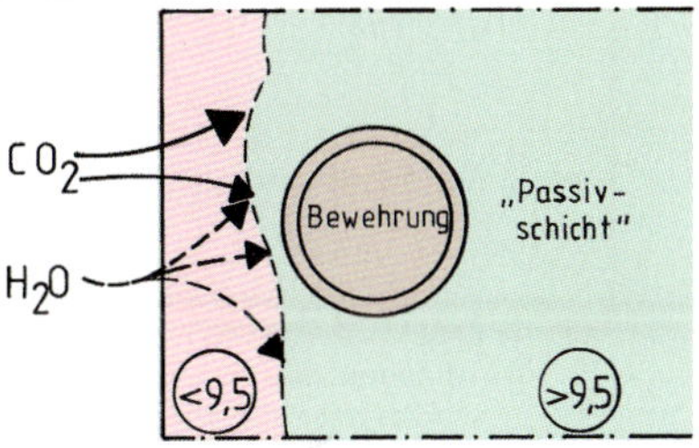

Die Karbonatisierung hat die Bewehrung erreicht.
→ Rost bildet sich und dringt durch die Poren nach außen. sichtbar als: „Rostfahne“
→ Die Festigkeit der Bewehrung wird vermindert.

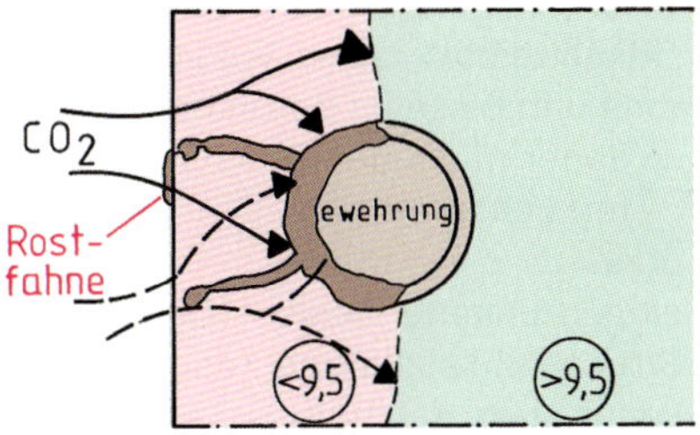

Die Karbonatisierung schreitet weiter fort. Der Rost vergrößert das Volumen und „drängt“ nach außen.
→ Die Betondeckung wird abgesprengt.
→ Die Festigkeit der Bewehrung nimmt weiter ab.

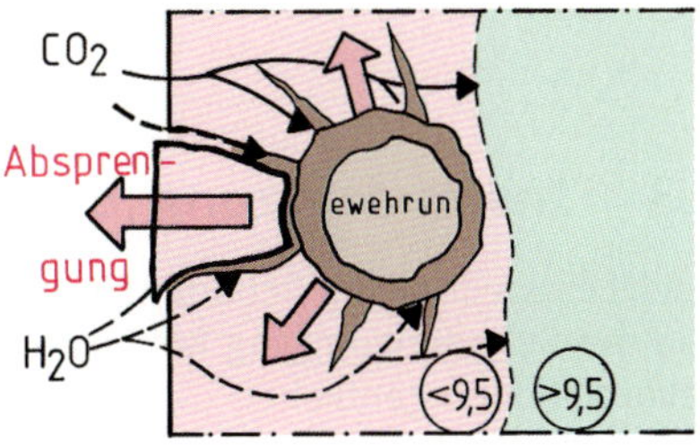

Der Betonschaden sieht dann etwa so aus:

V – Te *Einen Versuch zur Karbonatisierung finden Sie im Arbeitsheft, Blatt 153.*

Kann die Karbonatisierung verhindert werden?

Grundsätzlich: **nein**, aber der Verlauf kann zum Teil verzögernd beeinflusst werden.

Karbonatisierung

Einflussfaktoren hierfür sind:	beeinflussbar durch:
1. Umweltbedingungen (${CO_2}$-Gehalt der Luft, relative Luftfeuchte)	⇒ z. Zt. nicht möglich
2. Betonzusammensetzung (Zementgehalt; w/z-Wert)	⇒ – höheren Zementgehalt – höhere Zementfestigkeitsklasse – niedrigen w/z-Wert
3. Nachbehandlung des Betons	⇒ ausgiebige und längere Nachbehandlungsdauer
4. Zeit (Abnahme des Karbonatisierungsfortschritts mit zunehmendem Betonalter)	⇒ nicht möglich

Neben der Karbonatisierung können auch
- Verunreinigungen des Zuschlags, z.B. „Alkalitreiber“, eine Volumenvergrößerung und Risse im Beton bewirken
  → daher muss der Zuschlag vorher untersucht werden

  oder
- eingedrungene Salze (Chloride), z.B. Streusalz, salzhaltige Zusatzmittel oder sogar stark salzhaltige Seeluft, die Bewehrung angreifen und „zerfressen“
  → Lochfraß.

Lochfraßkorrosion unter Chlorideinwirkung

3.3 Instandsetzung (Beseitigung) von Betonschäden

Nach Feststellung der Schadensursache werden durch „Fachleute“ der Schädigungsgrad und der Schadensumfang festgestellt sowie ein **Instandsetzungskonzept** entwickelt, bevor mit der eigentlichen Instandsetzung begonnen werden kann.
Bei Fassadenflächen und Skelettkonstruktionen sind zwei Verfahren üblich.

Beseitigung von Korrosionsschäden

werden nach der Größe der Instandsetzungsfläche eingeteilt in:

Punktuelle Ausbesserung	**Vollflächige Ausbesserung**
Arbeitsverfahren hierfür:	*Arbeitsverfahren hierfür:*
„Spachtelmethode"	**„Spritzverfahren"**

Vollflächige Ausbesserungen sind Aufgaben der Beton- und Stahlbetonbauer, Maurer können aber bei punktueller Ausbesserung (Spachtelmethode) „zum Einsatz kommen".

3.3.1 Instandsetzung von Rissen

Folgende Fragen bestimmen die Instandsetzungsart von Rissen:

- Soll der Riss nur abgedichtet werden?
- Soll das Eindringen korrosionsfördernder Stoffe verhindert werden?

Dann Instandsetzung durch:

Tränkung

- Wirken in dem gerissenen Bereich Zugkräfte (z. B. Zugzone eines Trägers)?
- Ist durch den Riss die Bewehrung gefährdet?

Dann Instandsetzung durch:

Injektion

Was versteht man unter Tränkung und Injektion?

Rissinstandsetzung

durch

Tränkung	**Injektion**
bedeutet:	*bedeutet:*
Der Riss wird **ohne Druck** gefüllt	Der Riss wird **unter Druck** gefüllt
→ d. h. hier wird mit einem Pinsel das Dichtungsmittel aufgetragen *(Dichtungsmittel: Epoxidharz).*	→ d. h. hier wird mit einem Einfüllstutzen (sog. Klebe- oder Bohrpacker) das Dichtungsmittel eingepresst *(Dichtungsmittel: Polyurethan, Zementleim, Epoxidharz).*

Pinseltränkung

Klebepacker zur Rissverpressung

3.3.2. Punktuelle Instandsetzung (Spachtelmethode)

Ziel: Wiederherstellung der ursprünglichen Oberfläche des Bauteils

Wie werden punktuelle Ausbesserungen richtig ausgeführt?

Arbeitsablauf in sechs Schritten:

1. Schritt:
- Abschlagen aller erkennbaren Schadensstellen.
- Freilegen bis auf den tragfähigen Beton.

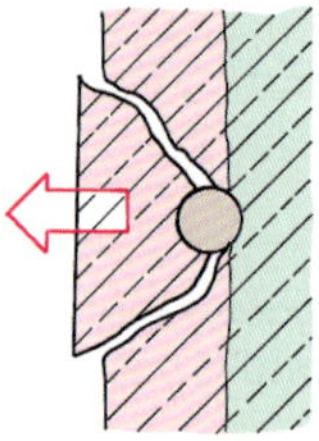

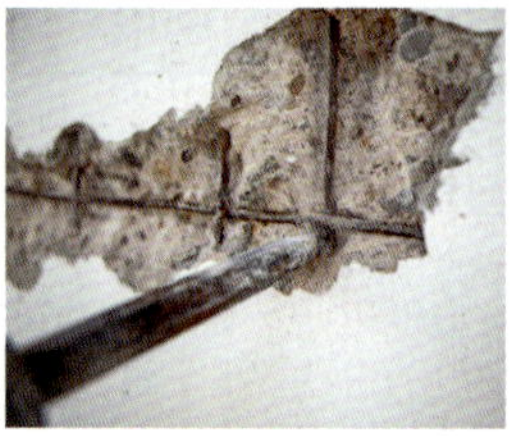

2. Schritt:
- Entrosten der freigelegten Bewehrung durch Sandstrahlen.
- Reinigen der vorgesehenen Reparaturstelle von allen verbundmindernden Bestandteilen.

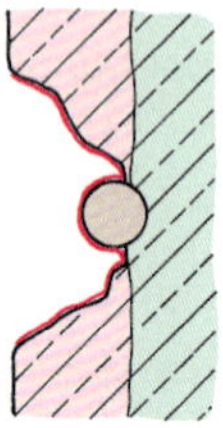

3. Schritt:
- Konservieren der entrosteten Bewehrung durch einen zweifachen Korrosionsschutzanstrich.

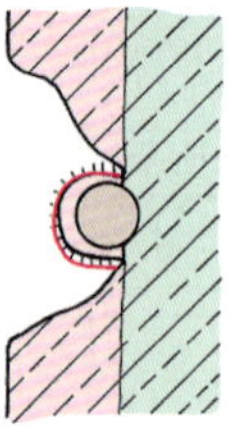

4. Schritt:
- Herstellen einer Haftbrücke zwischen Altbeton und Reparaturmörtel.

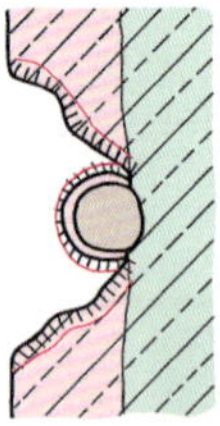

5. Schritt:
- Ausbessern der Ausbruchstellen mit Reparaturmörtel.

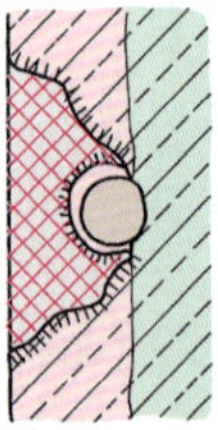

6. Schritt:
- Porenverschluss und ggf. Strukturangleich durch Feinspachtel oder Schlämme.
- Karbonatisierungsschutz und Farbangleichung durch mehrschichtigen Anstrich (→ macht der Maler).

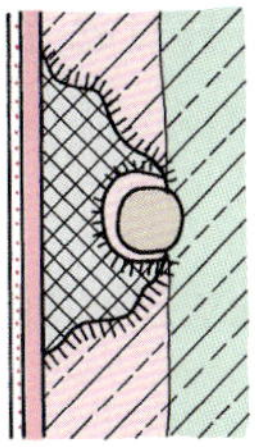

3.3.3 Oberflächenschutzmaßnahmen für Beton

Folgende Möglichkeiten sind üblich:

Oberflächenschutz für Beton

kann hergestellt werden durch:

Imprägnierung	Versiegelung	Beschichtung
	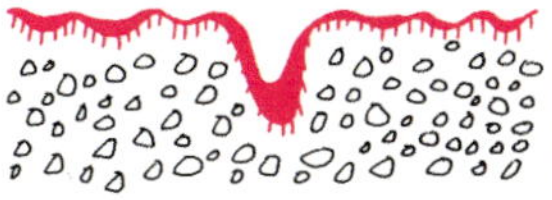	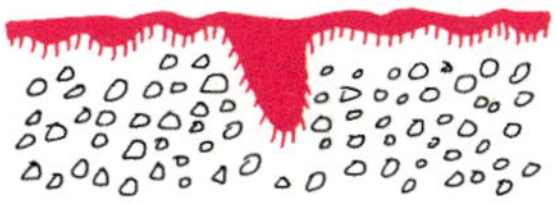
+ Erhöhung des Frost- u. Tausalzwiderstands + Behinderung der Schadstoffaufnahme – zeitlich begrenzt wirksam – keine geschlossene Filmbildung	+ Vermindern der Wasseraufnahme + Steigerung des Verschleißwiderstandes + gute Grundierung für eine spätere Beschichtung	+ Verhinderung des Eindringens von Wasser + gezielter Einsatz (durch mehrere Schichtdicken) gegen die „negativen“ Einflüsse + ständige filmbeschichtete Fläche
z. B. Silikonharz	z. B. Epoxidharz	z. B. Polyurethan

Zusammenfassung von Kapitel 3:

Betonschäden und Betoninstandsetzung

- Oberflächenschäden an Außenbauteilen sind oft auf unsachgemäße Bauplanung und **Mängel bei der Bauausführung** zurückzuführen.
- Ursachen von Betonschäden sind vorwiegend die **Karbonatisierung** des Betons, Verunreinigungen im Beton und Bewehrungs- sowie Betonverarbeitungsfehler.
- Die Umwandlung von Kalkhydrat im Zementstein zu Kalkstein wird als Karbonatisierung des Betons bezeichnet.
- Sinkt der pH-Wert des Zementsteins unter 9,5, beginnt die **Rostbildung** (Korrosion) der Bewehrung. Folge davon: Der Rost sprengt die Betondeckung ab.
- Verunreinigungen im Beton können durch alkalilösliche Zuschläge oder eingedrungene Salze entstehen. Sie führen zum Lochfraß der Bewehrung.
- Betoninstandsetzungsmaßnahmen bedürfen eines Instandsetzungskonzepts. Je nach Größe der Instandsetzungsfläche sind **punktuelle oder vollflächige Ausbesserungen** erforderlich.

A – Te *Aufgaben zur Wiederholung finden Sie im Arbeitsheft, Blatt 154.*

4 Putzschäden und ihre Instandsetzung

Putzschäden entstehen am häufigsten durch Mängel in der Bauausführung. Reine putzbedingte Schäden sind bei der heute üblichen Anwendung von Maschinenputzen seltener.

Grundsätzlich gilt bei der Instandsetzung/Sanierung von Putzschäden oder bei genereller Modernisierung:

1. mögliche Schadensursache feststellen oder feststellen lassen,
2. Art der Instandsetzung/Sanierung oder Modernisierung vorschlagen,
3. Putzschäden beseitigen oder Modernisierung durchführen.

Rissbildungen sind das „Hauptübel" der Putzschäden. Wir unterscheiden:

- **bauwerksbedingte Risse;**
- **putzgrundbedingte Risse;**
- **putzbedingte Risse.**

Risse sind Kennzeichen von Baumängeln und den daraus folgenden Schäden. Entsprechend ihrer Erscheinungsformen können sie so folgt klassifiziert werden:

- Biege- und Schubrisse,
- Setzungsrisse,
- Risse aufgrund Frosthebung,
- Spannungsrisse,
- Risse infolge Durchfeuchtung,
- Risse durch Schwinden der Baukonstruktion (z. B. Wand),
- Risse aufgrund Temperaturdehnung,
- Risse infolge Deckendurchbiegung bzw. Deckenaufbiegung.

Bauwerksbedingte Risse		
Beschreibung	**Ursachen**	**Beispiele**
Baudynamische Risse, die durch Setzungen und/oder Bewegungen des Baukörpers entstehen. Durchfeuchtung und Frosthebung können ebenfalls eine Rolle spielen.	– Baugrundbewegungen, – Bodenerschütterungen, – Biegung und Verformung von Bauteilen durch zu hohe Belastung. → Risse bilden sich an den Bauteiloberflächen und können das gesamte Bauteil durchziehen.	– Schubrisse: Im Bereich von Materialwechseln, z.B. beim Übergang von Mauerwerk auf Stahlbeton. – Biegeriss: Riss infolge hoher Belastung, z. B. bei einer Betondecke mit Belastung von oben und einer Rissbildung an der Unterseite.

Putzbedingte Risse		
Beschreibung	**Ursachen**	**Beispiele**
Rissbildung aufgrund ungünstiger Spannungs- und Kräfteverhältnisse in der Putzschale	– Erhärtung der Bindemittel, – Bindemittelstörungen an der Oberfläche während der Verarbeitung (→ Materialfehler).	– Sackriss: U-förmige Rissbildung infolge zu fetten Putzes oder zu großer Schichtstärke. – Fettriss: Haarrisse, die nur an der Oberfläche im Putzsystem zu fetter Putze auftreten. – Schrumpfriss: Risse durch zu hohen Wasseranteil im Putz oder fehlende Nachbehandlung. – Schwindrisse: ähnlich den Schrumpfrissen, z. B. durch fehlende Nachbehandlung des Putzes und Nichteinhaltung der Standzeiten.

Putzuntergrundbedingte Risse		
Beschreibung	**Ursachen**	**Beispiele**
Spannungsrisse durch Verformungen aus dem Putzuntergrund (z. B. durch hygrisches Quellen und Schwinden, wie es bei Mischmauerwerk besonders ausgeprägt ist). (hygrisches Quellen = Volumenzunahme durch Wasseraufnahme)	Staub oder Absandungen auf der Oberfläche (Putzgrund) führen zu Rissen im erhärteten Putz. Der Untergrund verfügt nicht über eine ausreichende Tragfähigkeit (→ Haftungsstörungen).	Im Bereich von Arbeitsfugen bewegen sich Bauteile gegeneinander. Werden diese Bereiche überputzt, kann es zu Rissbildung im Putzsystem im Bereich der Fuge kommen. – Haarrisse mit meist netzförmiger Ausbildung. Bei nicht ausreichend tragfähigem Untergrund löst sich die Putzschale vom Untergrund und liegt in Teilbereichen hohl. – Deckenschubrisse sind horizontale Rissbildung im Bereich von Geschossdecken, verursacht durch unterschiedliche thermische Ausdehnung der Stahlbetondecke gegenüber des Mauerwerks.

Anmerkung:
Ein besonderes Phänomen sind Schrägrisse im Eckbereich von Fenstern → besonderes Schadensbild an Fassaden.

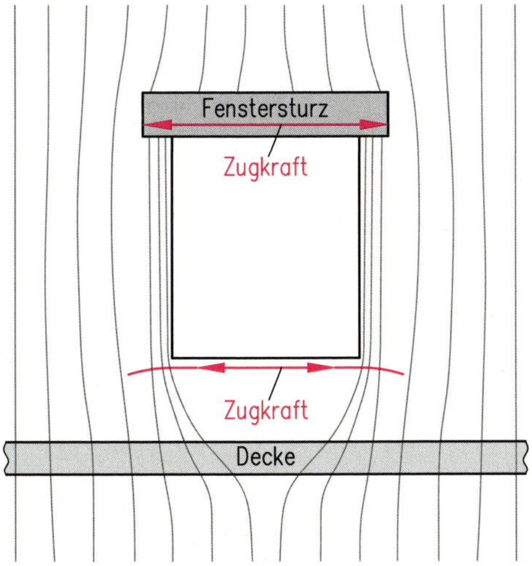

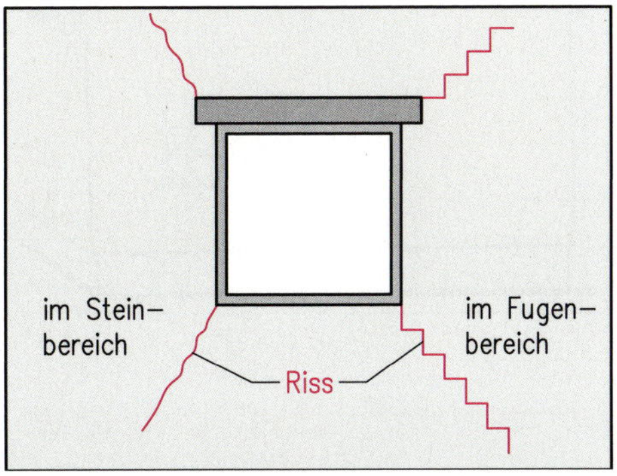

Je nach Festigkeitsverhältnissen entstehen die Risse im Bereich von Stoß- und Lagerfugen des Mauerwerks oder nahezu geradlinig durch die Mauersteine.

Drucktrajektoren (senkrechte Kraftableitungen) im Bereich von Öffnungen:
Werden Drucktrajektoren umgeleitet, erzeugen sie Zugkräfte als Umlenkkräfte, die Risse in den Eckbereichen hervorrufen können.

4.1 Bauwerksbedingte Risse

Rissbildungen dieser Art können entstehen durch:

So können bauwerksbedingte Risse aussehen!

- Formänderungen der anschließenden Bauteile
  (z. B. Flachdächer, Decken),
- Formänderungen der Materialien infolge Wärmedehnung oder Schwinden und Quellen.
  (→ Meist sind dann **Trennfugen „vergessen“** worden.)
- Setzungen des Bauwerks oder unterschiedliche Lastabtragungen,
- starke Erschütterungen
  (z. B. Schwerlastverkehr).

<table>
<tr><th>Wie zeigen sich bauwerksbedingte Risse?</th><th>Mögliche Schadensursache:</th></tr>
<tr><td rowspan="4"></td><td>Merkmale:
Die Risse treten fast immer an besonders anfälligen Stellen auf!</td></tr>
<tr><td>①
Formänderung der Decke</td></tr>
<tr><td>②
Formänderung durch Schwinden des Mauerwerks</td></tr>
<tr><td>③
Unterschiedliche Lastabtragungen</td></tr>
</table>

Bauwerksbedingte Risse: Wie können sie saniert werden?

Dazu gibt es mehrere Möglichkeiten. Diese können sein:

<table>
<tr><th>Bei vereinzelten Rissen bis 1 mm:</th><th>Bei mehreren Rissen über 1 mm:</th></tr>
<tr><td>Risssanierung mit Drahtnetzgewebe als Putzbewehrung</td><td>Flächensanierung mit Wärmedämm-Verbundsystem</td></tr>
<tr><td>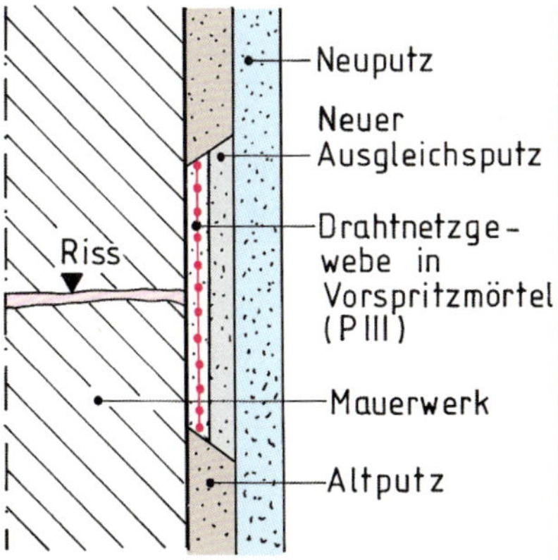
</td><td>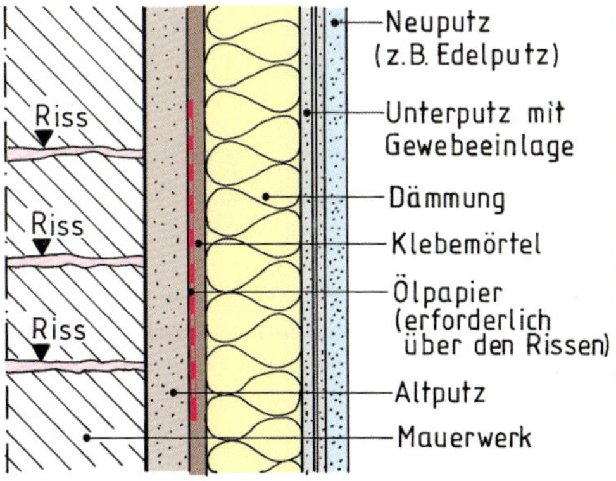
</td></tr>
<tr><td>Merke:
- Am Riss den Putz ca. 20 cm breit bis auf das Mauerwerk entfernen.
- Putzbewehrung aus Drahtnetzgewebe (Dicke ≥ 1 mm; Weite ~ 20 x 20 mm) vollständig in Mörtel einbetten.</td><td>Merke:
~ 10 cm breiten Ölpapierstreifen über die Risse anbringen, evtl. mit Putzträger überspannen;
- Verbund von Klebemörtel (= ein spezieller Mörtel) mit Rissen unbedingt verhindern!</td></tr>
</table>

Immer beachten: **Unterputz muss fester als der Oberputz sein.**

4.2 Putzgrundbedingte Risse

Rissbildungen dieser Art können entstehen durch:

So können putzgrundbedingte Risse aussehen!

- ungeeignetes Material (z. B. falsche Rollladenkästen, Steine, Mörtel),
- mangelhafter Verbund von Steinen und dem Mörtel,
- unterschiedliche Putzgründe ⇒ besonders im Übergangsbereich.

Wie zeigen sich putzgrundbedingte Risse?	Mögliche Schadensursache:
	Merkmale: Die Risse reichen einige Zentimeter in den Putzgrund hinein. Rissbildung kann sehr lange andauern.
	① Unsachgemäße Vermörtelung oder mangelhafter Mauermörtel.
	② Zu geringes Überbindemaß der Steine oder Fuge über Fuge.
	③ Zu unterschiedliche Putzgründe oder nicht geeigneter Rollladenkasten.

Putzgrundbedingte Risse: **Wie können sie saniert werden?**

Bei feinen Einzelrissen **bis ~ 0,2 mm:**	Bei flächigen Rissen **über 0,2 mm:**
Risssanierung mit **Glasseidengittergewebe** als Putzbewehrung in Spezialmörtel Ausführung: Wie mit Putzbewehrung aus Drahtnetzgewebe.	**Flächensanierung** mit **Wärmedämm-Verbundsystem** (oder Wärmedämm-Putzsystem anwenden) Ausführung: Wie bei bauwerksbedingten Rissen gezeigt.
Merke: – statt Drahtgewebe → Glasseidengittergewebe als Putzbewehrung verwenden, – Statt Vorspritzmörtel (P III) → Spezialmörtel (mit erhöhter Abdichtung) verwenden.	Merke: – 10 cm breiten Ölpapierstreifen über die Risse anbringen, evtl. mit Putzträger überspannen, – Verbund von Klebemörtel mit Rissen unbedingt verhindern!

Auch hier beachten: **Unterputz muss fester als der Oberputz sein.**

4.3 Putzbedingte Risse

Putzbedingte Risse können entstehen durch:

So können putzbedingte Risse aussehen!

- falsche Endbearbeitung oder zu schnelles Austrocknen des Putzes
  ⇒ **Schwindrisse** in der Oberputzschicht,
- zu dickes Auftragen des Oberputzes oder auch Hohlstellen im Putz
  ⇒ **Sackrisse** in der Oberputzschicht,
- Oberputz fester als Unterputz, zu dicke Putzschichten, zu starkes Schwinden
  ⇒ **Spannungsrisse** im gesamten Putz.

Wie zeigen sich putzbedingte Risse?	Mögliche Schadensursache:
	<u>Merkmale:</u> Die Risse verändern sich nach ihrem Auftreten kaum noch.
	① Schwindrisse
	② Sackrisse
	③ Spannungsrisse

Putzbedingte Risse: **Wie können sie saniert werden?**

Schwindrisse und Sackrisse:	**Spannungsrisse:**
Sanierung richtet sich nach der Beschaffenheit des Altputzes. – <u>Fest anhaftender, nicht gestrichener Altputz</u> ⇒ Oberfläche säubern, Neuputz aufbringen (möglichst Edelputz). – <u>Glatter Altputz</u> ⇒ warzenförmigen Spritzbewurf (P II) aufbringen, anschließend Neuputz.	Sanierung richtet sich nach der Art der Risse: – <u>Risse ohne Hohlstellen</u> ⇒ wie putzgrundbedingte Einzelrisse (Sanierung mit Glasseidengittergewebe in Spezialmörtel), Neuputz aufbringen.

– Kunstharzputz oder gestrichener Altputz ⇒ am besten entfernen. Putzsystem (Unter- und Oberputz) neu aufbringen.	– Risse mit Hohlstellen ⇒ Altputz entfernen, Flächensanierung mit Wärmedämm-Verbundsystem oder ein Wärmedämm-Putzsystem anwenden.

Wichtig: **Unterputz muss fester als Oberputz sein.**

4.4 Sonstige Schäden – Putzzerstörungen

Zerstörungen der Putzflächen treten vorwiegend durch aufsteigende Feuchtigkeit, veränderte Umweltbedingungen, fehlerhafte Putzzusammensetzung, Arbeitsfehler beim Putzen und nachträglich aufgebrachte, unsachgemäße Beschichtungen auf.

Zerstörungen durch aufsteigende Feuchtigkeit:

Das sind mögliche Folgen von Feuchtigkeitsschäden!

Ursachen können sein

bei Außenputzen:
- ausblühende Salze,
- falsche Verarbeitung von Frostschutzmitteln,
- Außenputz bildet Sperrschicht für die Dampfdurchlässigkeit.

bei Innenputzen:
- Bildung von Kondenswasser.

Abhilfe durch:

⇒ „Trockenlegung" des Mauerwerks mit anschließender Neuverputzung,
⇒ Einsatz von Sanierputzsystemen.

Zerstörungen durch veränderte Umweltbedingungen:

Ursache kann sein:
- zu starke Erschütterungen durch erhöhtes Verkehrsaufkommen,
- Putz ist längere Zeit überhöhten Ozon- und CO_2-Werten ausgesetzt gewesen.

Abhilfe durch

⇒ völlige Putzerneuerung:
→ Entfernen des Altputzes, Putzgrund säubern, evtl. vorhandene Risse überspannen,
→ Spritzbewurf anbringen,
→ Unterputz als Wärmedämmputz,
→ Oberputz möglichst aus Edelputz.

Zerstörungen durch Arbeitsfehler
oder nachträglich aufgebrachte, ungeeignete Anstriche oder Beschichtungen:

Das können die Folgen sein:
Abscheren des Oberputzes

Arbeitsfehler können sein:
- falscher Putzaufbau (Oberputz fester als Unterputz),
- der Unterputz wurde nicht aufgeraut,
- Frosteinwirkung auf den frischen Oberputz,
- zu große Putzdicke in einem Arbeitsgang aufgetragen,
- zu geringer Bindemittelanteil im Oberputz.

Ursachen bei falschen Anstrichen oder Beschichtungen können sein:
- Oberputz ist zu „schwer" geworden,
- Umkristallisation des Kalks wird behindert.

Abhilfe durch:
⇒ Sanierung des Unterputzes (gründlich reinigen, evtl. vorbehandeln → grundieren),
⇒ Putzerneuerung (Oberputz) → Oberputz als Kunstharzputz oder Edelputz.

Zerstörungen durch fehlerhafte Putzzusammenstellung:

Sprengwirkung des Putzes

Ursachen können sein:
- nachlöschende Bestandteile des Kalks (Bindemittelanteil zu hoch),
- Zuschlag hat zu viele Tonanteile oder andere „Fremdanteile".

Abhilfe durch:
⇒ Sanierung der Putzfläche durch Wärmedämm-Verbundsystem.

Zusammenfassung von Kapitel 4:

Putzschäden und ihre Instandsetzung

- Rissbildungen und Putzzerstörungen sind **Putzschäden**.
- **Rissbildungen** unterscheiden sich in bauwerksbedingte, putzgrundbedingte und putzbedingte Risse.
- Aufsteigende Feuchtigkeit, veränderte Umweltbedingungen, fehlerhafte Putzzusammensetzung und Arbeitsfehler sowie nachträglich aufgebrachte, unsachgemäße Beschichtungen/Anstriche führen zu **Putzzerstörungen**.
- **Risssanierungen mit Gewebeeinlagen** und **Flächensanierung mit Wärmedämm-Verbundsystem** sind geeignete Maßnahmen zur Vermeidung von Putzschäden.

A – Te *Aufgaben zu Putzschäden finden Sie im Arbeitsheft, Blatt 155.*

T *Einen Test zum Lernfeld finden Sie im Arbeitsheft, Blatt 156.*

Testen Sie sich • Testen Sie sich

Nennen Sie ...

1. Sanierungsmöglichkeiten bei putzgrundbedingten Rissen,
2. mögliche Ursachen putzbedingter Risse,
3. zwei Beispiele für Putzzerstörungen.

Bildquellenverzeichnis

alamy images, Abingdon/Oxfordshire: 265.2 (Sergii Petruk), 665.1 (JacopoDR), 594.1(Michael Stubblefield)

Arbeitsgemeinschaft Betonlasur, Berlin: 227.1, 227.2

Bär, Paul Klaus-Dieter, Leipzig: 300.1, 521.1, 521.2, 521.4, 521.6, 522.7, 522.8, 523.1, 523.3, 523.4, 692.1, 692.2

BASF SE, Ludwigshafen: 167.3

Bauch, Klaus-Gunnar, Dresden: 313.1

Bauunternehmen Wilhelm Ehret GmbH, Weisweil: 56.3

BetonMarketing Deutschland GmbH, Erkrath, Bau+Technik Verlag: 214.1, 214.2, 214.3

bildredaktion1.de, Gabriela Schneider-Albert, Berlin: 407.1, 407.3, 408.1, 408.3, 412.2, 511.2, 511.3, 522.1, 522.3, 622.5

BOMAG GmbH, Boppard: 226.5

Boots Bauunternehmung GmbH, Schwalmtal: 83.1

Bundesamt für Arbeitsschutz und Arbeitsmedizin: 31.2

Catnic GmbH, Sinsheim-Dühren: 308.1, 308.3

CEMEX Deutschland AG, Rüdersdorf b. Berlin: 218.1, 220.1, 224.1, 224.2, 224.3

Christiane Knudsen, Troisdorf: 30.16, 30.17

Conzett Bronzini Gartmann AG, Chur, Schweiz: 225.1

Deutsche Doka Schalungstechnik GmbH, Maisach: 413.1, 454.1, 456.1

Di Gaspare, MD-Grafikdesign (Bild und Technik Agentur für technische Grafik und Visualisierung), Bergheim: 34.1, 34.3, 34.5, 69.1, 165.1, 165.2, 165.3, 165.4, 345.2, 347.2, 425.1, 428.1, 472.4, 473.4, 485.1, 485.2, 485.3, 485.4, 485.5, 485.6, 486.1, 486.2, 489.1, 489.2, 489.3, 489.4, 489.5, 489.6, 493.1, 574.2, 666.2, 676.1, 676.2, 676.3, 676.4, 495.1, 495.2

Doka GmbH, Amstetten, Österreich: 175.4

Euroquarz GmbH, Dorsten: 171.3, 205.1

Ewald Dörken AG, Herdecke: 167.1

FETZER GmbH & Co. KG, Gundelfingen: 210.1, 210.2, 210.3, 215.1 215.2

Fotolia.com, New York: 28.3 (Peter Atkins), 28.4 (Kaarsten), 29.1(Dan Race), 29.2(FM2), 29.3 (Bernd_Leitner), 29.3 (ArtHdesign), 33.2 (Schlegelfotos), 34.2 (hcast), 38.1 (fefufoto), 57.1 (jokatoons), 57.2 (jokatoons), 70.1 (fefufoto), 84.10 (bofotolux), 91.1 (Kara), 91.2 (Jeanette Dietl), 102.1 (iBart), 102.6 (Dagmara_K), 114.5 (tournee), 170.1 (plysuikvv), 191.1 (Christian Jung), 225.2 (lulu), 232.2 (emer), 234.1 (juliasv), 277.11 (Janni), 322.1 (mitev), 333.1 (Kzenon), 333.3 (PicSieben), 362.1 (tournee), 601.1 (Cartagena), 607.1 (Ewe Degiampietro), 617.2 (Edith Ochs), 684.1 (T. Michel)

Gala-Lusit-Betonsteinwerke GmbH, Braunschweig: 98.1, 98.2

geo-FENNEL, Baunatal: 43.1

Harsco Infrastructure Services GmbH, Ratingen: 33.1, 33.2, 404.1, 404.2

Hessler Kalkwerke GmbH, Wiesloch: 119.1

Hötger, Siegrid: 25.1, 25.2, 32.1, 120.1, 426.1, 434.1, 434.2, 472.3, 308.4, 308.5, 308.6, 531.1, 531.2, 531.3, 564.1, 577.1, 602.1, 602.2, 602.4, 605.2, 614.1, 614.2

Hünnebeck Deutschland GmbH, Ratingen: 411.1, 411.2, 413.2, 452.1, 453.1, 454.2 455.1

Institut für konstruktiven Ingenieurbau, FG Massivbau, Kassel: 217.1, 217.2

Institut für Schädlingskunde, Groß Zimmern: 248.1, 248.2, 248.3

iStockphoto.com, Calgary: 269.5 (Alfsky), 300.1 (yunava1), 353.2 (FluxFactory), 363 (Kenny10),

Kaspar Röckelein KG, Wachenroth: 115.1, 115.2

Kettler, Kurt: 5.1, 23.1, 23.2, 24.1, 24.2, 26.1, 26.2, 26.3, 27.3, 30.18, 40.1, 52.1, 65.6, 78.1, 99.1, 99.2, 104.1, 139.1, 162.1, 162.3, 178.2, 182.2, 183.1, 183.2, 192.1, 192.2, 200.1, 230.4, 241.3, 241.4,

241.6, 241.7, 242.1, 242.2, 242.4, 242.5, 263.1, 230.2, 292.1, 294.1, 294.2, 296.1, 306.1, 306.2, 308.2, 310.3, 313.3, 313.4, 317.1, 334.1, 335.1, 335.2, 335.3, 335.4

Knauf Gips KG, Iphofen: 302.1, 318.1, 318.2, 318.3, 333.2, 524.1, 537.4, 538.3, 539.1, 554.1, 556.1

Leica Geosystems AG, München: 43.2

MAFELL AG, Oberndorf/Neckar: 263.6

Magnaplast GmbH, Emstek: 84.5

Max Frank GmbH & Co. KG, Leiblfing: 202.5, 203.5

MEA Bautechnik GmbH, Aichach: 649.1, 649.3

Michel, Wolfgang, Köln: 607.2, 698.2, 704.1, 704.2, 705.1, 705.2

NOE-Schaltechnik Georg Meyer-Keller GmbH + Co. KG, Süssen: 176.1, 176.2

Odenwälder Baumaschinen GmbH & Co.KG, Merseburg: 74.6

Otto Martin Maschinenbau GmbH & Co. KG, Ottobeuren: 265.3, 265.4

PantherMedia GmbH, München: 34.3 (pics), 34.6 (RobertSchneider), 77.1 (nostal6ie), 77.2 (DieterM), 193.1 (majorosl66), 193.2 (Wapi), 226.3 (JuergenL), 247.1 (Alexandre17), 271.4 (sarahdoow), 291.2 (sergeysikharuli), 356.1 (roxanabalint), 599 (oocoskun), 616.1 (Imagebroker), 631.2 (Goodphotos), 647.5 (koi88), 703.1 (ViktoriaSapata)

Paulus Dach-Baustoffe, Oelsnitz: 113.2

PERI GmbH, Weißenhorn: 75.2, 179.1, 179.2, 179.3, 180.1, 226.4

Pipelife Deutschland GmbH & Co. KG, Bad Zwischenahn: 90.1

quick-mix Gruppe GmbH & Co. KG, Osnabrück: 302.1

Rickert-Krings, Ricarda / Rickert, Sascha, Lippstadt: 37.2

Saint-Gobain Weber GmbH, Düsseldorf: 310.3, 520.1, 520.2, 520.3, 554.3, 555.1, 555.3, 559.4, 560.3, 563.1, 563.2, 536.3, 564.2, 680.1, 706.6, 706.6,

SAKRET Trockenbaustoffe Europa GmbH & Co. KG, Berlin: 313.2

Satzteam Bleifrei, Hildesheim: 528.2, 535.1, 692.3

Schalbau Vitzthum GmbH, Salzburg, Österreich: 177.2, 177.3

Schiedel GmbH & Co. KG, München: 663.1, 663.2, 663.3, 663.4, 663.5

Science Photo Library: 206.3 (Goetgheluck, Pascal) 232.3 (Dr. Burgess, Jeremy), 232.4 (Power And Syred), 249.1 (Stammers, Sinclair)

Shutterstock.com, New York: 34.7 (Dmitry Kalinovsky), 167.2 (serato), 196.1 (bogdanhoda), 498.1 (Roman023_photography)

Stauss-Perlite GmbH, St. Pölten, Österreich: 307.8

Steinzeug-Keramo GmbH, Frechen: 83.2, 84.1, 84.2, 84.3, 84.4

stock.adobe.com, Dublin: Umschlag (bildlove, Rawf8, imageBROKER), 94.1 (manu), 94.2 (pookpiik), 94.6 (Ga_Na), 94.7 (rootstocks), 113.3 (Gundolf Renze), 405.1 (pics), 410.2 (martinfredy), 343.1 (Ingo Bartussek), 357.1 (akf), 357.2 (Christian Schwier), 357.3 (martinprague), 358.1 (Pictures news), 358.3 (Pictures news), 358.9 (Konstantin), 359.1 (Gundolf Renze), 363.2 (titipong8176734), 364 (pixelrobot), 368.1 (masoning 7), 368.2 (Kadmy), 381.2 (lamax), 381.3 (galinette17), 381.5 (sanyo), 384.2 (Kara), 385.1 (StudioLaMagica), 386.1 (StudioLaMagica), 386.2 (tournee), 400.1 (ThomBal), 400.2 (schulzie), 414.1 (tl6781), 416.1 (sonnee101), 417.2 (johnnywalker61), 419.1 (breedfoto), 421.1 (mmphotographie.de), 422.1 (Kara), 426.1 (miket), 430.2 (GM Photography), 430.3 (GM Photography), 432.1 (Ingo Bartussek), 438.1 (GM Photography), 438.2 (quaximo), 445,7 (Horst Schmidt), 447.4 (StudioLaMagica),447.5 (GM Photography), 449.1 (Gina Sanders), 452.2 (Kara), 474.1 (Nenov Brothers), 475.1 (Ingo Bartussek), 481.1 (miket), 491.1 (schulzfoto), 597.1 (Budimir Jevtic), 501.1 (Stefan Körber), 502.1 (Ralf Geithe), 502.1 (msdnv), 519.1 (Stefan Körber), 522.2 (fotoliaanjak) 522.4 (waldemarus), 522.9 (vipmen35), 523.2 (Robert Schneider), 523.5(Jareck), 526.1 (viennapro), 527.1 (view7), 528.1 (made_by_nana), 533.1 (Tomasz Zajda), 533.2 (StockphotoVideo), 534.1 (Matthias Buehner), 539.2 (photo 5000), 539.3 (Syda Productions), 544.2 (auremar), 546.1 (schulzfoto), 554.2 (schulzfoto), 555.2 (mmphoto), 565.4 (mmphoto), 569.1 (geargodz), 570.1 (geargodz), 575.1 (Delphotostock), 575.2 (Roy Pedersen), 575.3 (h368k742), 575.4 8

(Kim), 594.2 (ThomBal), 598.1(aphotostory), 605.1(Claudia Paul), 608.3 (photo-corona), 609.3 (aberenyi), 611.3 (lehic), 613.1 (GM Photography), 615.2 (detailfoto), 615.1 (Karl-Heinz H), 617.1 (M. Schuppich), 617.3 (Ralf Gosch), 617.4 (Heinz Waldukat), 622.6 (mg photo), 623.1 (Aptyp_koK), 624.2 (johndavidphoto), 625.2 (art63), 625.4 (Unclesam), 626.2 (wjarek), 626.4 (Ian), 627.2 (Anatoliy Lukich), 627.4 (Andrea Geiss), 627.6 (vulcanus), 628.1 (Heinz Waldukat), 628.2 (noppol), 628.3 (k_samurkas), 628.4 (Elenathewise), 630.1 (katiah), 631.5 (galinette17), 643.6 (soundaholic), 645.1 (Kalle Kolodziej), 647.6 (Fotoschlick), 647.7 (Phatthaya), 667.1 (tl6781), 675.1 (Gina Sanders), 681.3 (sommersby), 682.1 (Jurapix), 683.1 (Dagmara_K), 689.1 (schulzfoto), 691.1 (stgrafix), 695.1 (focus finder), 695.2 (David), 698.1 (Fotoschlick), 699.1 (PhotographyByMK), 700.1 (kenkuza), 700.2 (romantsubin), 701.1 (Veronika), 701.2 (bernd_fuelle), 701.3 (benjaminlion), 701.4 (crimson), 706.2 (Helmut), 707.2 (Gray wall studio), 710.1 (animaflora), 711.3 (Dieter Pregizer), 713.1 (freedom_naruk), 714.1 (animaflora), 714.2 (srckomkrit), 715.1 (vulcanus), 715.2 (siloto)

SVLFG, Bayreuth: 29.5

Technische Universität, München: 209.2

UNIPOR-Ziegel Marketing GmbH, München: 112.5

vdd Industrieverband Bitumen-, Dach- und Dichtungsbahnen e. V., Frankfurt a. M.: 168:2

VELUX / Adam Mørk: 290.7

Wagner Metalltechnik GmbH, Perlesreut-Prombach: 265.1

Walther-Werke – Ferdinand Walther GmbH, Eisenberg/Pfalz: 31.3,

Westruper Holz- & Ingenieurbau Wehmeyer GmbH & Co. KG, Stemwede-Westrup: 276.1,

Wienerberger GmbH, Hannover: 95.9, 112.3, 112.4, 113.1, 358.2, 358.3, 358.4, 650.3, 650.6, 650.7, 651.1, 652.1

Wienerberger GmbH, Hannover: 95.9.

Wilhelm Layher GmbH & Co KG, Güglingen-Eibensbach: 411.3

Xella Aircrete Systems GmbH, Duisburg: 401.2

Xella Deutschland GmbH, Duisburg: 351.2, 351.3, 353.1, 353.2, 380.4, 384.1, 381.1, 385.2, 397.1, 401.1, 401.3, 403.2, 403.3, 403.4, 403.5,410.1, 418.1, 418.2, 418.3, 520.4

Ziegel-Kontor Ulm GmbH, Ulm: 112.1

Wir arbeiten sehr sorgfältig daran, für alle verwendeten Abbildungen die Rechteinhaberinnen und Rechteinhaber zu ermitteln. Sollte uns dies im Einzelfall nicht vollständig gelungen sein, werden berechtigte Ansprüche selbstverständlich im Rahmen der üblichen Vereinbarungen abgegolten.

Sachwortverzeichnis